John D. Cutnell Kenneth W. Johnson
David Young Shane Stadler

La fisica di Cutnell e Johnson

Le misure, l'equilibrio, il moto, il calore, la luce

a cura di Danilo Cinti

W0331675

PER IL COMPUTER E PER IL TABLET

L'eBook multimediale

1 REGÌSTRATI A MYZANICHELLI

Vai su **my.zanichelli.it** e regìstrati come studente

2 SCARICA BOOKTAB

- Scarica **Booktab** e installalo
- Lancia l'applicazione e fai login

3 ATTIVA IL TUO LIBRO

- Clicca su **Attiva il tuo libro**
- Inserisci il **codice di attivazione** che trovi sul **bollino argentato adesivo** in questa pagina

4 CLICCA SULLA COPERTINA

Scarica il tuo libro per usarlo offline

PER LO SMARTPHONE

LOSAI? Ripassa con lo smartphone prima della verifica

1 SCARICA LA APP DA:

Scarica su App Store — DISPONIBILE SU Google Play

2 AGGIUNGI IL LIBRO

con le tue credenziali **myZanichelli** e con la **chiave di attivazione**

3 CLICCA SUL CAPITOLO

che vuoi ripassare

4 SCEGLI LA TEORIA O IL TEST

Trovi:
- **sintesi di capitolo** per rivedere la teoria
- **test** per metterti alla prova

SCIENZE ZANICHELLI

Questa edizione deriva da Cutnell, Johnson, Young, Stadler *I problemi della fisica* (NP 35738), 2015,
e da Cutnell, Johnson *Fisica* (NP 06759), 2009, entrambi a cura di Claudio Romeni.

Realizzazione editoriale:
- Redazione: Serena Gradari
- Segreteria di redazione: Deborah Lorenzini e Rossella Frezzato
- Progetto grafico e impaginazione: Studio Emme Grafica +, Bologna
- Disegni: Piero Valli

Contributi:
- Consulenza didattica: Markus Cirone
- Collaborazione alla stesura e revisione degli esercizi: Markus Cirone, Giuseppe Gennaro, Giuseppe Morana, Salvatore Spagnolo, Marco Vincoli
- Schede di laboratorio: Paolo Mora
- Rilettura critica: Fausto Bersani, Carlo Bertoni, Lidia Ceresara, Giuseppe Morana
- Traduzione: Maria Luisa Giuffrè (*Meccanica*), Casimira Fischetti (*Termodinamica*)

Si ringrazia l'Associazione per l'Insegnamento della Fisica, AIF (www.aif.it) per la gentile concessione dei testi delle Olimpiadi Italiane della Fisica.

Copertina:
- Progetto grafico: Miguel Sal & C., Bologna
- Ideazione: Studio 8vo, Bologna
- Realizzazione: Roberto Marchetti e Francesca Ponti
- Immagine di copertina: Artwork Studio 8vo, Bologna

Prima edizione: marzo 2017

Ristampa:
7 6 5 2020 2021 2022

File per sintesi vocale
L'editore mette a disposizione degli studenti non vedenti, ipovedenti, disabili motori o con disturbi specifici di apprendimento i file pdf in cui sono memorizzate le pagine di questo libro. Il formato del file permette l'ingrandimento dei caratteri del testo e la lettura mediante software screen reader. Le informazioni su come ottenere i file sono sul sito http://www.zanichelli.it/scuola/bisogni-educativi-speciali

---

Grazie a chi ci segnala gli errori
Segnalate gli errori e le proposte di correzione su **www.zanichelli.it/correzioni**.
Controlleremo e inseriremo le eventuali correzioni nelle ristampe del libro.
Nello stesso sito troverete anche l'errata corrige, con l'elenco degli errori e delle correzioni.

Zanichelli editore S.p.A. opera con sistema qualità
certificato CertiCarGraf n. 477
secondo la norma UNI EN ISO 9001:2015

Questo libro è stampato su carta che rispetta le foreste.
www.zanichelli.it/chi-siamo/sostenibilita

Fotocomposizione: Litoincisa Paganelli, Bologna

Stampa: Grafica Veneta
Via Malcanton 2, 35010 Trebaseleghe (PD)
per conto di Zanichelli editore S.p.A.
Via Irnerio 34, 40126 Bologna

Indice

LA MATEMATICA PER COMINCIARE

CAPITOLO 1 LE GRANDEZZE FISICHE

CAPITOLO 2 LA MISURA DI UNA GRANDEZZA

CAPITOLO 3 I VETTORI E LE FORZE

CAPITOLO 4 L'EQUILIBRIO DEI SOLIDI

CAPITOLO 5 L'EQUILIBRIO DEI FLUIDI

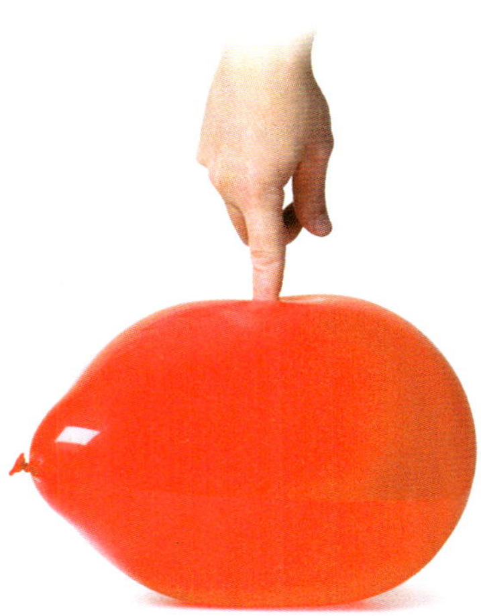

CAPITOLO 6 LA VELOCITÀ

CAPITOLO 7 L'ACCELERAZIONE

CAPITOLO 8 IL MOTO IN DUE DIMENSIONI

CAPITOLO 9 I PRINCIPI DELLA DINAMICA E LE LORO APPLICAZIONI

CAPITOLO 10 LAVORO ED ENERGIA

CAPITOLO 11 LA RIFLESSIONE E LA RIFRAZIONE DELLA LUCE

CAPITOLO 12 TEMPERATURA E CALORE

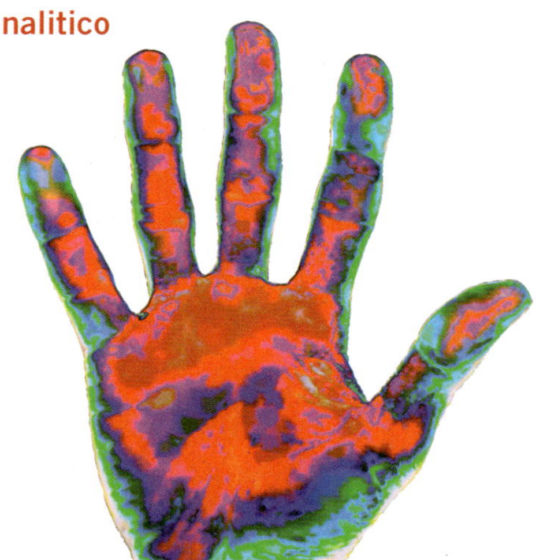

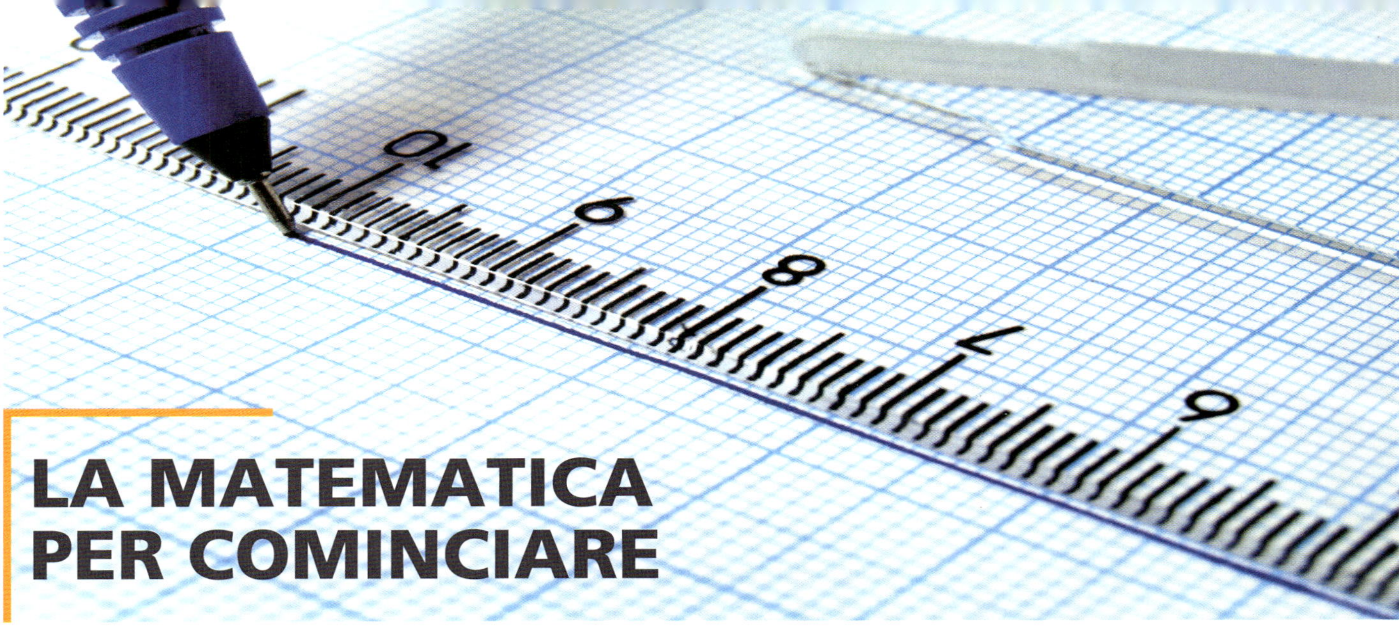

Aleksandar Stokic/Shutterstock

LA MATEMATICA PER COMINCIARE

1 LE PROPORZIONI

Una **proporzione** è un'uguaglianza tra rapporti.

Per esempio, è una proporzione:

medi

$$4 : 5 = 8 : 10 \qquad \text{oppure} \qquad \frac{4}{5} = \frac{8}{10}$$

estremi

e si legge «4 sta a 5 come 8 sta a 10».

In una proporzione il prodotto dei medi è uguale al prodotto degli estremi.

Nell'esempio precedente:

$$4 : 5 = 8 : 10 \quad \leftrightarrow \quad 4 \times 10 = 5 \times 8$$

Per risolvere una proporzione:

- se l'incognita x è un medio, il suo valore è uguale al prodotto degli estremi diviso il medio che conosciamo:

$$4 : 5 = x : 10 \quad \rightarrow \quad x = \frac{4 \times 10}{5} = 8$$

- se l'incognita x è un estremo, il suo valore è uguale al prodotto dei medi diviso l'estremo che conosciamo:

$$x : 5 = 8 : 10 \quad \rightarrow \quad x = \frac{5 \times 8}{10} = 4$$

Esempio 1 La larghezza di una stanza

La mappa di un appartamento ha una scala 1 : 200. Con un righello hai trovato che la larghezza di una stanza è 2,5 cm.

▶ Quanto è larga la stanza?

La soluzione

La scala 1 : 200 significa che a 1 cm sulla mappa corrispondono 200 cm nella realtà. Per ricavare la larghezza reale della stanza dobbiamo risolvere la proporzione:

$$1 : 200 = 2{,}5 : x$$

SEGUE ▶

Il valore della x è il prodotto dei medi diviso l'estremo che già conosciamo:

$$x = \frac{200 \times 2,5}{1} = 500$$

La larghezza della stanza è $x = 500$ cm = 5 m.

ESERCIZI

1 $3 : 20 = 4,5 : x$

2 $36 : x = 5 : 15$

3 $360 : 18 = x : 4$

4 Per preparare un dolce per 4 persone servono 150 g di zucchero.
▶ Quanto zucchero serve per preparare un dolce per 6 persone? [225 g]

5 La mappa di una città ha una scala 1:200 000. Il municipio dista 1,5 km dalla piscina comunale.
▶ A quale distanza si trovano sulla cartina? [0,75 cm]

2 LE PERCENTUALI

La **percentuale** è un rapporto che ha come denominatore 100 e si indica con il simbolo %.

Per esempio, 75% si legge «75 per cento» e significa $\frac{75}{100} = 0,75$.

Percentuale di un numero

Il 15% di 200 è:

$$\frac{15}{100} \times 200 = 30$$

Percentuale di un numero rispetto a un altro

Una torta è stata tagliata in 6 parti uguali e ne sono state mangiate 5. La percentuale di torta mangiata è:

$$5 : 6 = x : 100 \quad \rightarrow$$

$$x = \frac{5 \times 100}{6} = 83,3 \quad \rightarrow \quad 83,3\%$$

Esempio 2 L'aumento della CO_2 in atmosfera

Nel 1980 la concentrazione di CO_2 in atmosfera era di circa 340 ppm, cioè 340 molecole di CO_2 ogni milione di molecole d'aria. Nel 2010, la concentrazione di CO_2 era aumentata di circa il 10% rispetto al 1980.

▶ Qual era la concentrazione di CO_2 presente in atmosfera nel 2010?

La soluzione

L'aumento della concentrazione di CO_2 in atmosfera tra il 1980 e il 2010 è stato pari al 10% della concentrazione di CO_2 registrata nel 1980:

$$\frac{10}{100} \times (340 \text{ ppm}) = 34 \text{ ppm}$$

Nel 2010 la concentrazione di CO_2 in atmosfera era:

340 ppm + 34 ppm = 374 ppm.

ESERCIZI

1 Quanto è il 3% di 500?

2 Quanto è il 30% di 170?

3 Se il numero 44 aumenta del 58%, quanto si ottiene?

4 Il prezzo di un giaccone che costava 275 € è diminuito del 20%.
▶ Quanto costa il giaccone?

5 A quale percentuale equivale la frazione $\frac{48}{60}$?

6 Se l'8% di un numero è 1846, qual è il numero?

7 50 g di albicocche contengono circa il 4,6 g di zuccheri.
▶ Qual è la quantità di zucchero in percentuale?

3 LE POTENZE DI 10

La **potenza di (base) 10 di grado (o ordine) *n*** è data dall'espressione $\mathbf{10^n}$.

Esponente positivo

$$10^n = \underbrace{10 \times 10 \times \ldots \times 10}_{n \text{ volte}} = 1\underbrace{00\ldots0}_{n \text{ zeri}}$$

Per esempio: $10^3 = 10 \times 10 \times 10$

Esponente uguale a zero

$$10^0 = 1$$

Esponente negativo

$$10^{-n} = \frac{1}{10^n}$$

Per esempio: $10^{-2} = \frac{1}{10^2} = \frac{1}{100}$

Tabella 1

Potenza di 10	Frazione	Numero	Nome
10^{-9}	$\frac{1}{10^9}$	0,000 000 001	un miliardesimo
10^{-6}	$\frac{1}{10^6}$	0,000 001	un milionesimo
10^{-3}	$\frac{1}{10^3}$	0,001	un millesimo
10^{-2}	$\frac{1}{10^2}$	0,01	un centesimo
10^{-1}	$\frac{1}{10}$	0,1	un decimo
10^0		1	uno
10^1		10	dieci
10^2		100	cento
10^3		1000	mille
10^6		1 000 000	un milione
10^9		1 000 000 000	un miliardo

Proprietà delle potenze

Consideriamo due numeri scritti con le potenze di 10

$$p \times 10^m \qquad \text{e} \qquad q \times 10^n$$

dove p e q sono numeri razionali, positivi o negativi, e hanno un valore assoluto compreso tra 0 e 10.

Moltiplicazione

$$(p \times 10^m) \times (q \times 10^n) = pq \times 10^{m+n}$$

Per esempio:

$$(3 \times 10^3) \times (-2 \times 10^{-5}) = -6 \times 10^{-2}$$

Divisione

$$\frac{p \times 10^m}{q \times 10^n} = \frac{p}{q} \times 10^{m-n}$$

Per esempio:

$$\frac{2 \times 10^3}{4 \times 10^{-2}} = \frac{1}{2} \times 10^5 = 0{,}5 \times 10^5$$

Potenza

$$(p \times 10^m)^n = p^n \times 10^{m \times n}$$

Per esempio:

$$(2 \times 10^{-2})^3 = 8 \times 10^{-6}$$

Esempio 3 Il volume di uno spaghetto

Uno spaghetto ha una lunghezza $l = 2{,}5 \times 10^{-1}$ m e una circonferenza di base di raggio $r = 1{,}0 \times 10^{-3}$ m.

▸ Calcola il volume dello spaghetto.

La soluzione

Consideriamo lo spaghetto come un cilindro. L'area A del cerchio di base è:

$$A = \pi r^2 = \pi(1{,}0 \times 10^{-3}\ \text{m})^2 = 3{,}14 \times 10^{-6}\ \text{m}^2$$

Calcoliamo il volume V moltiplicando l'area di base A per la lunghezza l dello spaghetto:

$$V = A \times l = (3{,}14 \times 10^{-6}\ \text{m}^2) \times (2{,}5 \times 10^{-1}\ \text{m}) = 7{,}9 \times 10^{-7}\ \text{m}^3$$

ESERCIZI

1 Scrivi in numero le seguenti potenze:

$10^4 =$ ....

$10^{-5} =$ ....

$10^6 =$ ....

$10^{-3} =$ ....

$10^{-8} =$ ....

2 Scrivi in potenze di 10 il risultato delle seguenti operazioni:

$10^6 \times 10^{12} =$ ....

$10^{-3} \times 10^4 =$ ....

$10^2 : 10^9 =$ ....

$10^{-5} \times 10^{11} =$ ....

$10^7 : 10^8 =$ ....

$10^0 \times 10^0 =$ ....

3 Scrivi in potenze di 10 il risultato delle seguenti operazioni:

$10^0 \times 10^2 =$ ....

$(5 \times 10^6) \times (6 \times 10^{-3}) =$ ....

$10^6 \times 10^{-3} =$ ....

$(3 \times 10^{18}) : 10^4 =$ ....

$(2 \times 10^3) : (4 \times 10^7) =$ ....

4 SENO, COSENO E TANGENTE

Il seno, il coseno e la tangente di un angolo sono numeri privi di unità di misura, perché sono definiti come rapporti tra le lunghezze di due lati di un triangolo rettangolo.

$$\cos\theta = \frac{h_a}{h}$$

$$\text{sen}\,\theta = \frac{h_o}{h}$$

$$\tan\theta = \frac{h_o}{h_a}$$

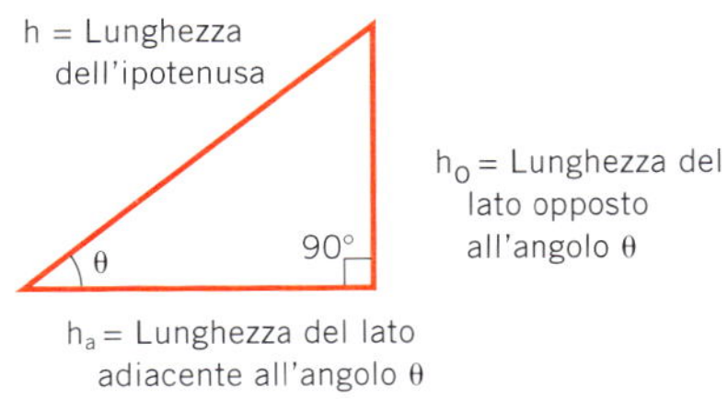

Nella tabella seguente sono riportati i valori di seno, coseno e tangente per alcuni valori degli angoli. I valori per angoli diversi si ottengono con la calcolatrice.

Angolo θ	cos θ	sen θ	tan θ
0°	1	0	0
30°	$\frac{\sqrt{3}}{2}$	$\frac{1}{2}$	$\frac{\sqrt{3}}{3}$
45°	$\frac{\sqrt{2}}{2}$	$\frac{\sqrt{2}}{2}$	1
60°	$\frac{1}{2}$	$\frac{\sqrt{3}}{2}$	$\sqrt{3}$

ESERCIZI

1 Una scala mobile collega l'atrio di una stazione ferroviaria con la biglietteria. La scala mobile è lunga 18 m e ha un'inclinazione di 30°.
▸ Calcola l'altezza della biglietteria rispetto all'atrio.

2 L'ombra proiettata da un grattacielo in un giorno soleggiato è lunga 130 m. La direzione dei raggi solari forma un angolo θ di 60° con il terreno.
▸ Qual è l'altezza dell'edificio?

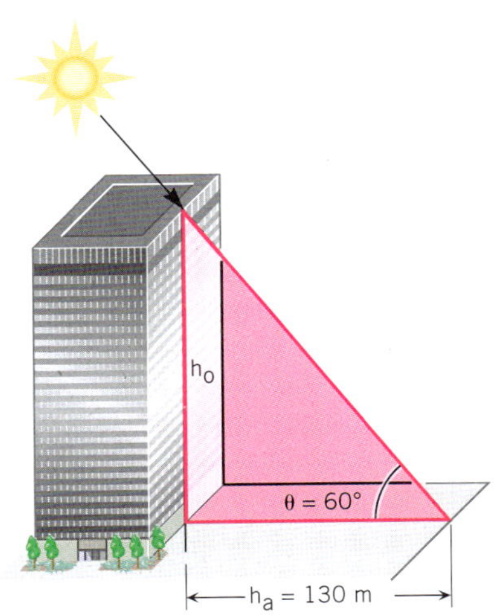

3 Una scala lunga 3,8 m è appoggiata a un muro verticale in modo tale che il punto d'appoggio della scala sul terreno dista 1,9 m dal muro.
▸ Calcola l'angolo che la scala forma col terreno.
▸ Calcola l'altezza da terra del punto d'appoggio della scala al muro.

4 In un magazzino, un montacarichi lungo 7,5 m collega due piani che distano 6,5 m.
▸ Calcola l'angolo che il montacarichi forma col pavimento.

5 Un cartoncino ha la forma di un parallelogramma, con i lati rispettivamente di 16 cm e 25 cm e con un angolo di 30° fra i lati.
▸ Calcola l'area del cartoncino.

6 La faccia di una gomma da cancellare è un parallelogramma con un angolo di 60° e i lati lunghi 1,2 cm e 4,6 cm.
▸ Qual è l'area della faccia?

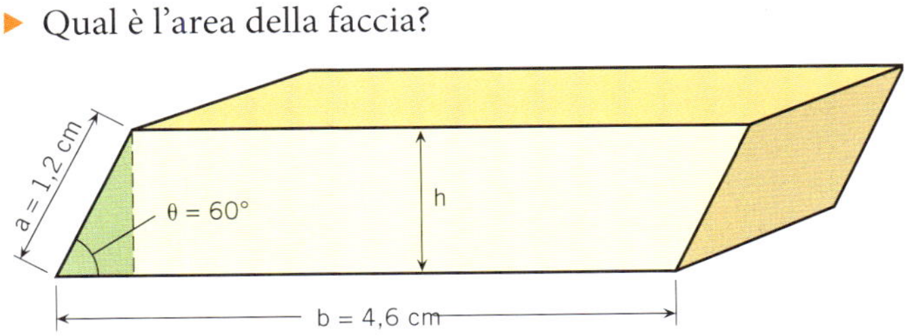

5 I GRAFICI

Un **grafico** rappresenta visivamente la relazione tra due grandezze.

Un grafico può essere realizzato a partire da un insieme di dati oppure dalla formula che mette in relazione le grandezze.

Esempio 4 La pioggia al Nord

Nella tabella seguente sono indicate le precipitazioni annue registrate nelle regioni del Nord Italia dal 2004 al 2014.

tempo (anno)	precipitazioni annue (mm)
2004	950
2005	860
2006	680
2007	700
2008	1020
2009	950
2010	1200
2011	860
2012	900
2013	1150
2014	1380

▶ Disegna il grafico.

La soluzione

Il grafico si costruisce in tre passi:

1. si tracciano l'asse orizzontale, o **asse delle ascisse**, e l'asse verticale, o **asse delle ordinate**, con le relative grandezze e unità di misura;
2. si sceglie una scala per ogni asse;

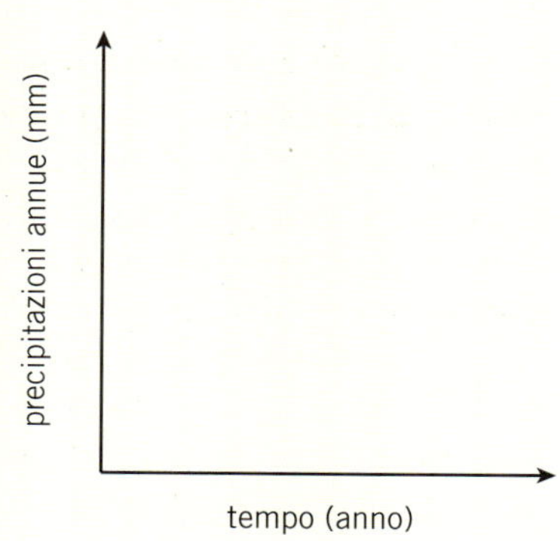

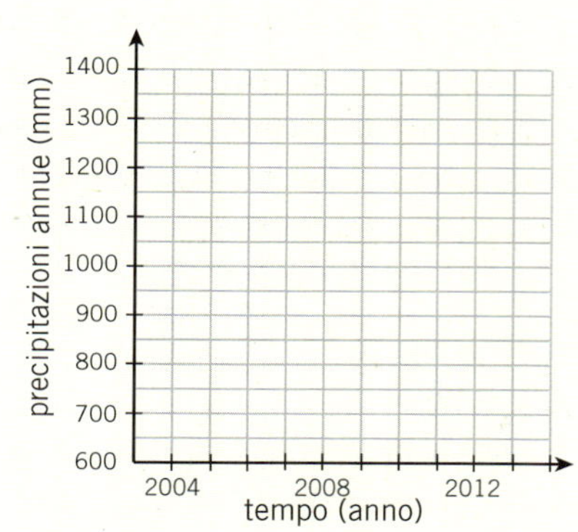

3. si inseriscono i punti che hanno come coordinate le coppie di valori della tabella.

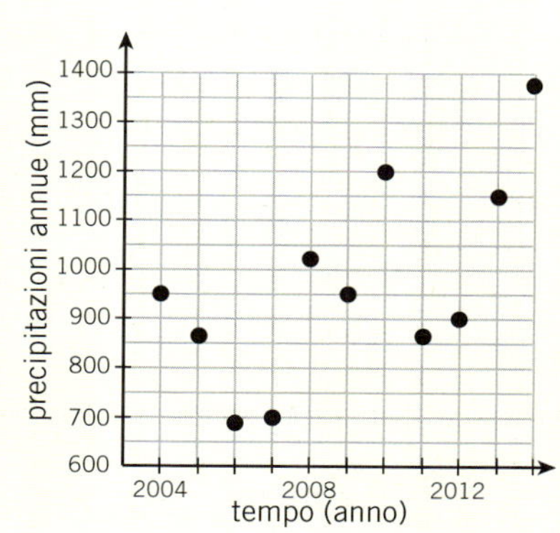

Il grafico di una tabella è un insieme di punti.

L'asse delle ascisse rappresenta la *variabile indipendente*; l'asse delle ordinate rappresenta la *variabile dipendente*. La lettura di un grafico ci consente dunque di dire se la variabile dipendente cresce, diminuisce o resta costante in un determinato intervallo di valori della variabile indipendente; inoltre possiamo individuare rapidamente qual è il valore massimo e minimo della variabile dipendente.

6 LA PROPORZIONALITÀ DIRETTA

Due grandezze x e y sono **direttamente proporzionali** se:

- la relazione matematica che le lega ha la forma:

$$\boldsymbol{y = kx}$$

  dove k è una costante;
- il **grafico** è una **retta** che passa per l'origine degli assi e il rapporto $y/x = k$ indica la *pendenza* della retta rispetto all'asse x.

Esempio 5 Il costo del pane

1 kg di pane costa 3 €.

▶ Disegna il grafico della spesa in funzione della massa di pane.

La soluzione

Se 1 kg di pane costa 3 €, il prezzo del pane è 3 €/kg.
Quando compriamo 2 kg di pane, quindi, spendiamo 6 €; quando ne compriamo 3 kg, spendiamo 9 €. La spesa è quindi direttamente proporzionale alla massa di pane che acquistiamo.
Il grafico della spesa in funzione della massa del pane è una retta del tipo:

$$(\text{spesa}) = k \times (\text{massa})$$

con $k = 3$ €/kg.

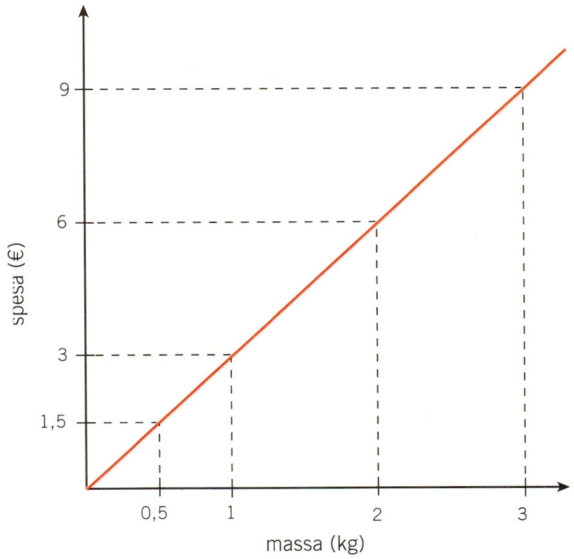

7 LA PROPORZIONALITÀ INVERSA

Due grandezze x e y sono **inversamente proporzionali** se:

- la relazione matematica che le lega ha la forma:

$$y = k/x$$

  dove k è una costante;
- il **grafico** è un **arco di iperbole equilatera**.

Esempio 6 Cilindri da laboratorio

Versiamo un volume d'alcol $V = 200$ ml in quattro cilindri di vetro da laboratorio con area di base: 10 cm^2, 25 cm^2, 50 cm^2 e 100 cm^2.

▶ Calcola l'altezza raggiunta dall'alcol nei diversi cilindri e traccia il grafico dell'altezza in funzione dell'area.

La soluzione

Il volume di un cilindro è $V = Ah$, dove A è l'area di base e h è l'altezza.
Il volume d'alcol da versare è sempre lo stesso per cui:

$$200 \text{ ml} = Ah \quad \rightarrow \quad h = \frac{200 \text{ ml}}{A}$$

L'altezza e l'area del cilindro sono quindi inversamente proporzionali.
Usando la relazione, calcoliamo i valori dell'altezza in base all'area:

area (cm^2)	altezza (cm)
100	2
50	4
25	8
10	20

Riportiamo ora i valori trovati nel grafico dell'altezza in funzione dell'area:

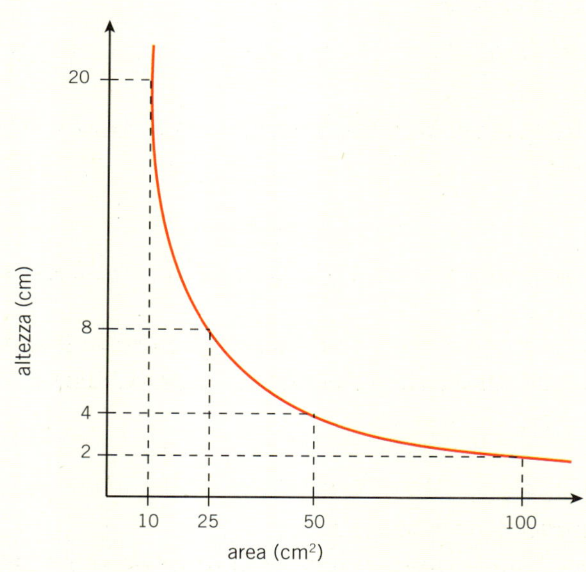

8 LA PROPORZIONALITÀ QUADRATICA

Una grandezza y è **direttamente proporzionale al quadrato** di una grandezza x se:

- la relazione matematica che le lega ha la forma:

$$y = kx^2$$

  dove k è una costante;
- il **grafico** è una **parabola** con il *vertice* nell'origine degli assi.

Per esempio, in un quadrato l'area è direttamente proporzionale al quadrato del lato: $A = kl^2$, con $k = 1$. Costruiamo una tabella con 4 punti:

l (m)	A (m²)
1	1
2	4
3	9
4	16

Il grafico dell'area di un quadrato in funzione del lato sarà quindi:

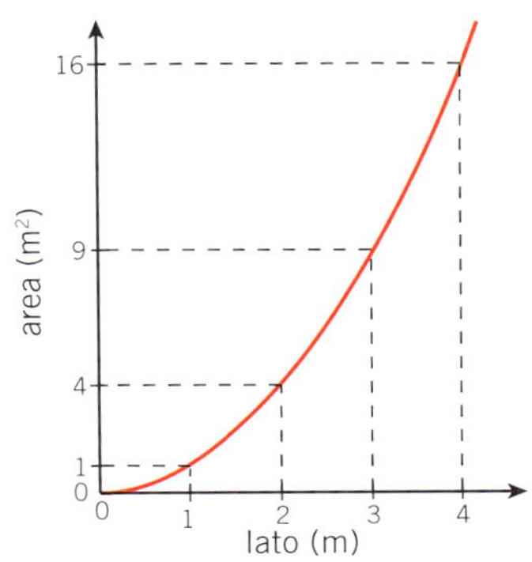

Esempio 7 La crostata

Per fare una crostata di 16 cm di diametro, un pasticcere utilizza 300 g di pastafrolla.

▶ Quanta pastafrolla deve utilizzare il pasticcere per una crostata con un diametro di 32 cm?

La soluzione

Visto che la crostata ha una forma circolare, la sua area è $A = \pi r^2$, dove r è il raggio della crostata.

Supponiamo che le crostate abbiano lo stesso spessore; in questo caso la massa di pastafrolla è direttamente proporzionale all'area della crostata, dunque al quadrato del raggio:

$$m_{pastafrolla} \propto r^2$$

Il simbolo $\propto$ significa «proporzionale a».

In base alla precedente relazione, possiamo dire che se il raggio raddoppia (cioè il diametro raddoppia), la massa di pastafrolla che il pasticcere deve utilizzare diventa 4 volte maggiore:

$$m_{pastafrolla} = 4 \times (300 \text{ g}) = 1200 \text{ g} = 1{,}2 \text{ kg}$$

9 GRANDEZZE LINEARMENTE DIPENDENTI

Due grandezze x e y sono **linearmente dipendenti** quando, al crescere di una, l'altra cresce secondo la relazione matematica:

$$y = kx + q$$

L'equazione è una **retta**: k è la pendenza; q è il valore di y per $x = 0$.

Esempio 8 Il pieno di benzina

Nel serbatoio di un'auto ci sono 10 L di benzina nell'istante $t = 0$ s. Una pompa di benzina eroga 0,5 L di benzina al secondo. La tabella mostrati come varia il volume di benzina nel serbatoio in funzione del tempo di erogazione del carburante.

t (s)	V (L)
0	10
2	11
10	15
20	20

▸ Scrivi la relazione che lega il volume in funzione del tempo e disegna il corrispondente grafico.

La soluzione

La relazione che lega il volume V della benzina in funzione del tempo t di erogazione è del tipo:

$$V = kt + V_0$$

dove k è la velocità di erogazione della benzina, uguale a 0,5 L/s, e $V_0 = 10$ L è il volume di benzina nel serbatoio nell'istante $t = 0$ s.
Sostituendo i dati:

$$V = (0{,}5\ \text{L/s})t + 10\ \text{L}$$

Inserendo i dati della tabella nel grafico del volume in funzione del tempo, si ottiene:

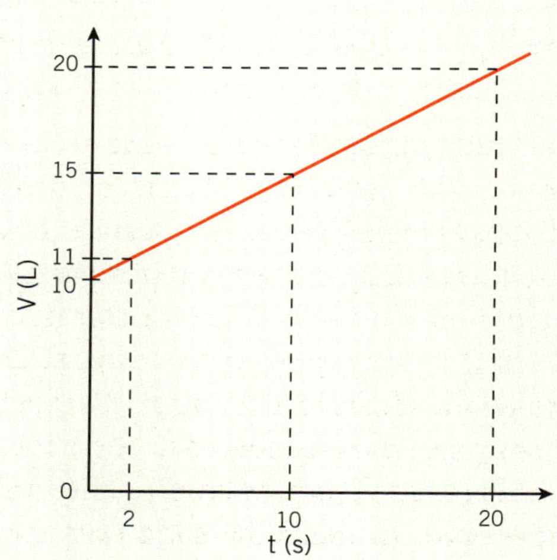

© NASA

CAPITOLO 1 LE GRANDEZZE FISICHE

“Immagina che tutti gli italiani formino un grande girotondo. I cittadini italiani sono circa 60 milioni e ognuno occupa circa 1 metro di spazio. L'equatore terrestre è lungo circa 40 000 kilometri.”

▶ **Riuscirebbero tutti gli italiani ad abbracciare la Terra con un girotondo?** ▶ Risposta a pag. 16

1 LA NATURA DELLA FISICA

La fisica è una scienza nata dai tentativi di spiegare l'ambiente in cui viviamo. Questi tentativi hanno avuto così tanto successo che oggi le leggi fisiche spiegano fenomeni che avvengono in vari campi, dall'astronomia alle nanoscienze.

> Una legge fisica esprime la regolarità di un fenomeno naturale attraverso il linguaggio matematico.

Una legge fisica è dunque una generalizzazione delle osservazioni della natura, perché non descrive un fenomeno singolo, ma tutti i fenomeni dello stesso tipo. Per questa ragione, la sua formulazione è il frutto di una lunga serie di esperimenti che hanno dato gli stessi risultati.

A partire dalle leggi fisiche, si possono poi dedurre matematicamente nuovi sviluppi della teoria, che di volta in volta dovranno essere confermati dagli esperimenti. Questa capacità di previsione pone la fisica alla base della tecnologia moderna e quindi ha una grande influenza sul nostro modo di vivere.

Le tecnologie impiegate per la costruzione dei razzi e lo sviluppo dell'esplorazione spaziale hanno le radici nelle leggi fisiche scoperte da Galileo Galilei (1564-1642) e Isaac Newton (1642-1727). L'industria dei trasporti si avvale delle leggi della fisica per lo sviluppo di motori e la progettazione di veicoli aerodinamici. Tutta l'industria elettronica e quella dei computer devono la loro esistenza all'invenzione dei transistor, resa possibile dalla scoperta delle leggi fisiche che descrivono il comportamento elettrico dei solidi. L'industria delle telecomunicazioni dipende in gran parte dalle conoscenze che abbiamo sulle onde elettromagnetiche, previste da James Clerk Maxwell (1831-1879) nella sua teoria sull'elettricità e il magnetismo. In medicina sono comunemente usati metodi diagnostici basati sulle leggi della fisica come i raggi X, gli ultrasuoni e la risonanza magnetica per ottenere immagini dell'interno del corpo umano.

I fenomeni a cui la fisica dà, o tenta di dare, una spiegazione sono innumerevoli. È sufficiente guardarsi attorno, anche in un ambiente familiare come una cucina, per formulare domande a cui la fisica dà una risposta. (**figura 1**).

Figura 1
Gli oggetti presenti in una cucina possono far nascere molte domande che riguardano la fisica.

Oltre alle sue innumerevoli applicazioni pratiche, la fisica ha un ruolo di primaria importanza nella cultura moderna. Per esempio, l'analisi fisica di concetti quali lo spazio e il tempo, mediante i quali organizziamo la nostra esperienza quotidiana, ci permette di riflettere in modo approfondito sul significato stesso di «conoscenza».

2 LE GRANDEZZE FISICHE

Figura 2
Qual è l'auto più bella? La Bugatti Royale o la Ferrari 488?

© Flickr-Photo

© yonsang / Shutterstock

Gli oggetti attorno a noi presentano una grande varietà di caratteristiche o *proprietà*, come il colore e la forma. Spesso persone diverse percepiscono queste proprietà in modo differente.

Per esempio, è più bella la Bugatti Royale o la Ferrari 488 (**figura 2**)? Probabilmente un amante di auto d'epoca indicherà la Bugatti, mentre un appassionato di auto sportive la Ferrari. Il concetto di «bellezza» è infatti soggettivo, perché può variare da persona a persona. Esistono però proprietà degli oggetti che non dipendono dall'osservatore e che possono essere valutate in modo oggettivo. Per esempio, due persone in disaccordo sulla bellezza delle auto non avranno dubbi nel dire che la Ferrari 488 è più veloce della Bugatti Royale.

Una **grandezza fisica**, o più semplicemente grandezza, è una proprietà di un corpo o di un fenomeno che può essere misurata con uno strumento.

Sono esempi di grandezze fisiche la lunghezza, la velocità e l'energia.

Le unità di misura

Prima di misurare una grandezza bisogna stabilire quale unità di misura si vuole utilizzare.

L'**unità di misura** è la grandezza di riferimento a cui viene assegnato arbitrariamente il valore numerico uguale a 1.

Per questa ragione,

eseguire una misura significa stabilire quante volte l'unità di misura fissata è contenuta in quella grandezza.

Consideriamo la parete nella figura 3. Se scegliamo come unità di misura la piastrella, la lunghezza della parete è 8 piastrelle. La misura è facilmente riproducibile e chiunque la esegue trova lo stesso risultato.

Figura 3
Si può esprimere la misura della parete dicendo che la sua lunghezza è pari a 8 piastrelle.

Definizione operativa di una grandezza

La **definizione operativa** di una grandezza consiste nello stabilire una procedura attraverso la quale determinare la sua misura in modo oggettivo, che non dipende cioè da chi la esegue.

L'esempio della misura della larghezza della stanza illustra bene le caratteristiche di questo procedimento (figura 3):

- si sceglie una unità di misura come campione (la piastrella);
- si confronta la grandezza (la larghezza della stanza) con il campione e si stabilisce il numero *n* di campioni che bisogna addizionare per ottenere una grandezza uguale a quella che si deve misurare;
- si esprime il numero *n* seguito dall'indicazione dell'unità di misura utilizzata.

Spesso una grandezza fisica è misurata in modo indiretto, attraverso le misure di grandezze fisiche legate a essa. Per esempio, l'area della parete può essere calcolata a partire dalla misura della sua larghezza e della sua altezza.

3 IL SISTEMA INTERNAZIONALE DI UNITÀ

Il numero che esprime la misura di una grandezza dipende anche dall'unità di misura scelta. Nel caso della parete di figura 3, se le piastrelle fossero lunghe il doppio, la lunghezza della parete sarebbe espressa da un numero che è la metà di 8, cioè 4.

A livello internazionale è stato quindi concordato un insieme di unità di misura comuni. L'Unione Europea ha adottato il **Sistema Internazionale di Unità**, abbreviato in **SI**, che comprende sette grandezze fisiche fondamentali e ne fissa le unità di misura come riportato nella tabella 1.

SI units

Grandezza fisica	Unità di misura	Simbolo
Intervallo di tempo	secondo	s
Lunghezza	metro	m
Massa	kilogrammo	kg
Intensità di corrente	ampere	A
Temperatura	kelvin	K
Intensità luminosa	candela	cd
Quantità di sostanza	mole	mol

Tabella 1
Le unità fondamentali del SI.

Le unità di misura del Sistema Internazionale sono dette **unità fondamentali** perché le unità di misura di tutte le altre grandezze fisiche possono essere ottenute a partire da queste applicando le leggi della fisica.

Multipli e sottomultipli

A volte il valore numerico della misura di una grandezza fisica è molto grande o molto piccolo. In questi casi è conveniente usare multipli o sottomultipli, secondo le potenze di 10, delle unità SI. Per indicare i multipli o i sottomultipli e le relative potenze di 10 si usano prefissi e simboli che precedono il nome dell'unità di misura (**tabella 2**).

Tabella 2
Prefissi standard per i multipli e i sottomultipli delle unità di misura.

Prefisso	Simbolo	Fattore
tera	T	$1\,000\,000\,000\,000 = 10^{12}$
giga	G	$1\,000\,000\,000 = 10^{9}$
mega	M	$1\,000\,000 = 10^{6}$
kilo	k	$1000 = 10^{3}$
etto	h	$100 = 10^{2}$
deca	da	$10 = 10^{1}$
deci	d	$\frac{1}{10} = 10^{-1}$
centi	c	$\frac{1}{100} = 10^{-2}$
milli	m	$\frac{1}{1000} = 10^{-3}$
micro	μ	$\frac{1}{1\,000\,000} = 10^{-6}$
nano	n	$\frac{1}{1\,000\,000\,000} = 10^{-9}$
pico	p	$\frac{1}{1\,000\,000\,000\,000} = 10^{-12}$
femto	f	$\frac{1}{1\,000\,000\,000\,000\,000} = 10^{-15}$

Per esempio, 1000 m equivalgono a 1 kilometro (simbolo km) o a 10^3 m, mentre 0,001 m equivale a 1 millimetro (simbolo mm) o a 10^{-3} m.

Esempio 1 La 500 miglia di Indianapolis

La 500 miglia di Indianapolis è una gara automobilistica che si svolge ogni anno negli Stati Uniti, nel famoso circuito ad anello di Indianapolis. La lunghezza della gara è espressa in miglia: il *miglio* è un'unità di misura che non appartiene al SI e si utilizza prevalentemente nei paesi anglosassoni. Un miglio corrisponde a circa 1609 m.

▶ Quanti kilometri è lunga la 500 miglia di Indianapolis?

La soluzione

Sappiamo che un miglio equivale a 1609 m. Questo significa che:

$$1 \text{ miglio} = 1609 \text{ m} = 1609 \cdot 10^{-3} \text{ km} = 1{,}609 \text{ km}$$

Dato che la gara è lunga 500 miglia, per calcolare la sua lunghezza L in kilometri dobbiamo moltiplicare per il numero di miglia percorse, cioè per 500:

$$L = 500 \times (1{,}609 \text{ km}) = 804{,}5 \text{ km}$$

4 LA NOTAZIONE SCIENTIFICA

In fisica si incontrano spesso numeri molto grandi o molto piccoli. Per esempio:

raggio della Terra $r_T = 6\,400\,000$ m

raggio dell'atomo di idrogeno $r_H = 0{,}000\,000\,000\,053$ m

Utilizzando le potenze di 10 possiamo scrivere questi valori in **notazione scientifica**:

$$r_T = 6\,400\,000 \text{ m} = 6{,}4 \cdot 10^{6} \text{ m}$$

$$r_H = 0{,}000\,000\,000\,053 \text{ m} = 5{,}3 \cdot 10^{-11} \text{ m}$$

Un numero scritto in **notazione scientifica** è il prodotto di un coefficiente, maggiore o uguale a 1 e minore di 10, e di una potenza di 10.

Il vantaggio più evidente della notazione scientifica è che fornisce una scrittura più compatta di un numero. Il fattore 10^6 corrisponde a 1 milione, perciò la misura del raggio della Terra è $6{,}4 \cdot 10^6$ m, una forma più facile da scrivere e ricordare rispetto a 6 400 000 m.

Inoltre, eseguire moltiplicazioni e divisioni con numeri in notazione scientifica è facile grazie alle proprietà delle potenze:

$$2\,600\,000 \cdot 3500 = (2{,}6 \cdot 10^6)(3{,}5 \cdot 10^3) = (2{,}6 \cdot 3{,}5) \cdot 10^{6+3} = 9{,}1 \cdot 10^9$$

$$\frac{94\,000\,000}{21000} = \frac{9{,}4 \cdot 10^7}{2{,}1 \cdot 10^4} = \left(\frac{9{,}4}{2{,}1}\right) \cdot 10^7 \cdot 10^{-4} = \left(\frac{9{,}4}{2{,}1}\right) \cdot 10^{7-4} = 4{,}5 \cdot 10^3$$

MATEMATICA

Alcune proprietà delle potenze (n, m interi positivi)

$10^n \cdot 10^m = 10^{n+m}$

$\frac{10^n}{10^m} = 10^{n-m}$

$10^{-n} = \frac{1}{10^n}$

$(10^n)^m = 10^{n \cdot m}$

L'ordine di grandezza

L'**ordine di grandezza** di un numero è la potenza di 10 con esponente intero che meglio approssima quel numero.

Quando una misura è espressa in notazione scientifica valutare il suo ordine di grandezza è immediato. Per esempio:

raggio del Sole $r_S = 7{,}0 \cdot 10^8 \text{ m} \approx 10 \cdot 10^8$ m ordine di grandezza: 10^9 m

raggio della Luna $r_T = 1{,}7 \cdot 10^6 \text{ m} \approx 1{,}0 \cdot 10^6$ m ordine di grandezza: 10^6 m

diametro di un globulo rosso $d_g = 7{,}5 \cdot 10^{-6} \approx 10 \cdot 10^{-6}$ m ordine di grandezza: 10^{-5} m

L'uso degli ordini di grandezza aiuta nel fare rapide stime numeriche. Per esempio, il rapporto fra gli ordini di grandezza del raggio solare e del raggio lunare indica che il raggio del Sole (figura 4) è circa $10^9/10^6 = 10^3 = 1000$ volte più grande di quello lunare.

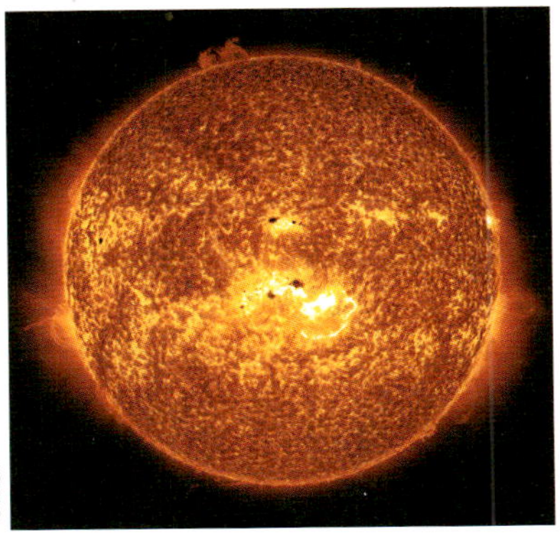

Figura 4
Il raggio del Sole ha un ordine di grandezza di 10^6 km.

L'ordine di grandezza di una misura dipende dall'unità scelta. Per esempio, l'ordine di grandezza dell'altezza in metri di un uomo è $10^0 = 1$, mentre è 10^3 se l'altezza è espressa in millimetri.

Esempio 2 Un grande girotondo

Gli italiani sono circa 60 milioni. Immaginiamo un girotondo formato da tutte queste persone e supponiamo che ogni partecipante occupi lo spazio di 1 m.

▶ Qual è l'ordine di grandezza della lunghezza del girotondo formato da tutti gli italiani?

La soluzione

Per semplificare i calcoli, scriviamo il numero 60 milioni in notazione scientifica:

$$60 \text{ milioni it} = 60\,000\,000 \text{ it} = 60 \times 10^6 \text{ it} = 6{,}0 \times 10^7 \text{ it}$$

Dato che ogni italiano occupa 1 m di spazio, la lunghezza totale L_{tot} sarebbe:

$$L_{tot} = (6{,}0 \times 10^7 \text{ it}) \times (1 \text{ m/it}) = 6{,}0 \times 10^7 \text{ m} = 6{,}0 \times 10^4 \text{ km}$$

L'ordine di grandezza di questo girotondo è 10^5 km.

5 LE GRANDEZZE FONDAMENTALI

Le **grandezze fondamentali** sono riassunte nella tabella 1 del paragrafo 3, dove abbiamo discusso le unità fondamentali del SI. Sono sette: *intervallo di tempo, lunghezza, massa, intensità di corrente, temperatura, intensità luminosa* e *quantità di sostanza*.

In questo capitolo parleremo dell'intervallo di tempo, della lunghezza e della massa.

L'intervallo di tempo

Quanto dura un film? Quanto tempo impiega un treno per andare da Roma a Milano? Per quanto tempo riesci a stare in apnea? Quando nella vita di tutti i giorni parliamo di tempo, in realtà ci riferiamo quasi sempre a *intervalli di tempo* tra due eventi ben precisi: i titoli di testa e i titoli di coda di un film; la partenza e l'arrivo di un treno; l'inizio e la fine di un'immersione. Quando parliamo di tempo ci riferiamo dunque alla *durata* di un evento. La durata di alcuni fenomeni naturali è utilizzata per definire unità di misura del tempo che utilizziamo quotidianamente. Il *giorno*, per esempio, è l'intervallo di tempo impiegato dalla Terra per compiere una rotazione completa intorno al proprio asse, mentre l'*anno* corrisponde al periodo di rivoluzione del nostro pianeta intorno al Sole.

Quelli che abbiamo citato sono esempi di moti periodici che si ripetono sempre uguali a se stessi. La misura del tempo richiede sempre un confronto con un moto periodico; in altre parole:

la misura di un **intervallo di tempo** consiste nel contare quante volte la durata di un fenomeno periodico si ripete durante quell'intervallo di tempo.

Figura 5
Il moderno orologio a pendolo di Kra Snoyarsk, una città della Russia.

I primi orologi meccanici utilizzavano i moti periodici di un pendolo (figura 5) oppure di una molla a bilanciere. Ancora oggi molti orologi da polso scandiscono il tempo contando le oscillazioni periodiche di un cristallo di quarzo.

Nel corso dei secoli, gli scienziati sono andati alla ricerca di fenomeni periodici sempre più accurati per definire il *secondo* (s), cioè l'unità di misura del tempo nel SI.

La prima definizione del secondo era basata sul giorno solare medio, cioè sul tempo medio impiegato dalla Terra per compiere una rotazione attorno all'asse terrestre, a cui fu attribuita una durata di 86 400 secondi. Il numero 86 400 è semplicemente il prodotto tra il numero di ore in un giorno (24) per il numero di minuti in un'ora (60) per il numero di secondi in un minuto (60).

Gli scienziati capirono però che la durata del giorno solare medio non è abbastanza costante da poter costituire un campione sufficientemente preciso dell'unità di misura degli intervalli di tempo. Un accordo internazionale del 1967 stabilì di definire il secondo usando una proprietà dell'atomo di cesio-133, che è infatti usato nei cosiddetti orologi atomici, come il NIST-F1 (figura 6).

© Geoffrey Wheeler

Figura 6
L'orologio atomico NIST-F1, che si trova negli Stati Uniti, è considerato uno dei più precisi del mondo. Indica l'ora con una incertezza di circa 1 secondo ogni sessanta milioni di anni.

Il **secondo** (s) è l'intervallo di tempo impiegato da una particolare radiazione, emessa da atomi di cesio-133 per compiere 9 192 631 770 oscillazioni.

Tabella 3 Principali multipli e sottomultipli del secondo.

Nome	Simbolo	Valore in secondi
anno	a	$3{,}16 \times 10^7$
giorno	d	86 400
ora	h	3600
minuto	min	60
millisecondo	ms	$\frac{1}{1000} = 10^{-3}$
microsecondo	µs	$\frac{1}{1\,000\,000} = 10^{-6}$

Esempio 3 Quanti secondi hai?

Immagina che oggi sia il giorno del tuo quindicesimo compleanno.

▶ Quanti secondi fa sei nato?

La soluzione

Sappiamo che un anno è formato da 365 giorni, un giorno da 24 ore, un'ora da 60 minuti e un minuto da 60 secondi. Così un anno ha una durata:

$$\Delta t = (365 \times 24 \times 60 \times 60)\ \text{s} = 31\,536\,000\ \text{s} = 3{,}1536 \times 10^7\ \text{s}$$

A questo punto dobbiamo moltiplicare il numero di secondi presenti in un anno per 15:

$$(3{,}1536 \times 10^7\ \text{s}) \times 15 = 4{,}7304 \times 10^8\ \text{s}$$

Quando una persona compie 15 anni, ha dunque circa mezzo miliardo di secondi.

La lunghezza

Un'antica unità di misura della lunghezza era la spanna, pari alla distanza tra la punta del pollice e quella del mignolo di una mano aperta (figura 7). Come si può immaginare, la spanna non era un'unità di misura oggettiva, perché variava da persona a persona. Il termine è sopravvissuto fino ai giorni nostri proprio a indicare una «misura approssimativa», cioè fatta «a spanne».

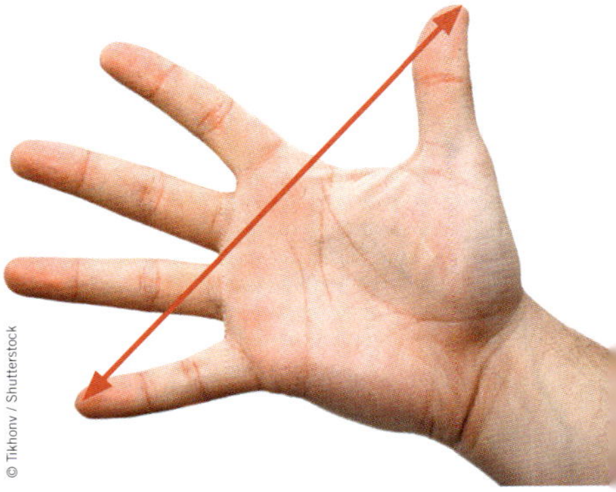

© Tikhonv / Shutterstock

Figura 7
La doppia freccia indica la spanna.

Figura 8
Il metro campione costituito da una barra di platino-iridio.

Nel Sistema Internazionale l'unità di misura della lunghezza è il **metro (m)**.

La prima definizione del metro fu data nel 1791, quando si stabilì che il metro è la decimilionesima parte della distanza tra l'Equatore e il Polo Nord, calcolata lungo il meridiano passante per Parigi. La necessità di avere un campione più preciso portò nel 1799 a ridefinire il metro come la distanza tra due linee sottili incise su una barra composta da una lega di platino e iridio e mantenuta a temperatura costante (**figura 8**). Anche questa definizione fu poi abbandonata per la necessità di una maggiore precisione. La definizione che usiamo oggi fu stabilita per accordo internazionale nel 1983.

Il **metro** è la distanza percorsa dalla luce nel vuoto in un intervallo di tempo di 1/299 792 458 secondi.

Questa definizione di metro è ottimale perché la velocità della luce nel vuoto ha un valore costante in ogni punto dello spazio.

Tabella 4 Principali multipli e sottomultipli del metro.

Nome	Simbolo	Valore in metri
kilometro	km	$1000 = 10^3$
ettometro	hm	$100 = 10^2$
decametro	dam	10
decimetro	dm	$\frac{1}{10} = 10^{-1}$
centimetro	cm	$\frac{1}{100} = 10^{-2}$
millimetro	mm	$\frac{1}{1000} = 10^{-3}$

Esempio 4 Quanti nanometri sei alto?

Un tuo compagno di classe è alto 176 cm.

▶ Esprimi la sua altezza in nanometri.

La soluzione

Per rispondere alla domanda dobbiamo calcolare a quanti nanometri equivalgono 176 cm. Sappiamo che:

$$1\ \text{cm} = 0{,}01\ \text{m} = 10^{-2}\ \text{m}$$

e dunque

$$176\ \text{cm} = 1{,}76 \times 10^2\ \text{cm} = 1{,}76 \times 10^2 \times (10^{-2}\ \text{m}) = 1{,}76\ \text{m}$$

L'equivalenza tra metri e nanometri è la seguente:

$$1\ \text{m} = 10^9\ \text{nm}$$

Il risultato espresso in nanometri è:

$$1{,}76\ \text{m} = 1{,}76 \times (10^9\ \text{nm}) = 1{,}76 \times 10^9\ \text{nm}$$

La massa

Figura 9
Una bilancia a bracci uguali che non si trova in equilibrio.

La massa di un corpo è definita in modo operativo come la grandezza che si misura con la *bilancia a bracci uguali* (**figura 9**). In particolare, due oggetti hanno la stessa massa se quando sono posti sui due piatti della bilancia, i piatti non salgono, né scendono, cioè restano in equilibrio.

Nel Sistema Internazionale l'unità di misura della massa è il **kilogrammo** (**kg**).

Anche la definizione del *kilogrammo* è stata cambiata varie volte. Il kilogrammo fu definito nel 1795 come la massa del cilindro di 39 mm di altezza e di diametro composto da una lega di platino e iridio conservato a Sèvres (figura 10). Come accaduto al metro con la velocità della luce, negli ultimi anni gli scienziati hanno cercato di usare una costante universale per definire anche il kilogrammo.

Dal 20 maggio 2019 la definizione del **kilogrammo** è basata sul valore di una costante fondamentale, la costante di Planck.

Figura 10
Il kilogrammo campione costituito da un cilindro di platino-iridio conservato al Bureau International des Poids et Mesures a Sèvres, nei pressi di Parigi.

Tabella 5 Principali multipli e sottomultipli del kilogrammo.

Nome	Simbolo	Valore in kilogrammi
tonnellata	t	$1000 = 10^3$
ettogrammo	hg	$\frac{1}{10} = 10^{-1}$
grammo	g	$\frac{1}{1000} = 10^{-3}$
decigrammo	dg	$\frac{1}{10000} = 10^{-4}$
milligrammo	mg	$\frac{1}{1\,000\,000} = 10^{-6}$

Esempio 5 Quante tonnellate «pesa» questo libro?

Il libro che stai leggendo ha una massa $m = 900$ g.

▶ Esprimi la sua massa in tonnellate.

La soluzione

Per rispondere alla domanda dobbiamo calcolare a quante tonnellate equivalgono 900 g. Sappiamo che:

$$1 \text{ g} = 0{,}001 \text{ kg} = 10^{-3} \text{ kg}$$

e dunque

$$900 \text{ g} = 9{,}00 \times 10^2 \text{ g} = 9{,}00 \times 10^2 \times (10^{-3} \text{ kg}) = 9{,}00 \times 10^{-1} \text{ kg}$$

L'equivalenza tra kilogrammi e tonnellate è la seguente:

$$1 \text{ kg} = 10^{-3} \text{ t}$$

Il risultato espresso in tonnellate è:

$$9{,}00 \times 10^{-1} \text{ kg} = 9{,}00 \times 10^{-1} \times (10^{-3} \text{ t}) = 9{,}00 \times 10^{-4} \text{ t}$$

6 LE GRANDEZZE DERIVATE

Le **grandezze derivate** sono definite a partire dalle grandezze fondamentali applicando le leggi della fisica.

Le unità di misura delle grandezze derivate si deducono dalle unità di misura delle grandezze fondamentali di partenza.

In questo capitolo studieremo tre esempi di grandezze derivate: l'*area*, il *volume* e la *densità*. Nel resto del corso ne incontreremo molte altre, perché la maggior parte delle grandezze fisiche sono grandezze derivate.

L'area

La copertina di questo libro è rettangolare. Che cosa dobbiamo fare per calcolare la sua *area*? In base alla definizione sappiamo che dobbiamo misurare la larghezza e l'altezza della copertina, per esempio con un righello, e poi moltiplicarle tra loro. La *misura indiretta* che abbiamo appena descritto ci suggerisce che l'**area** di una superficie è il prodotto di due lunghezze.

Nel Sistema Internazionale l'unità di misura dell'area è il **metro quadrato (m^2)**, definito come l'area di un quadrato di lato 1 m:

$$1\ m^2 = (1\ m) \times (1\ m)$$

Se volessimo eseguire una *misura diretta* dell'area di una superficie, dovremmo contare quanti quadrati di lato 1 m sono contenuti in quella superficie. Nella maggior parte dei casi, però, questa operazione non è agevole, così si procede per via geometrica, calcolando l'area in modo indiretto, come descritto nel caso della copertina del libro.

L'area di una superficie può essere misurata anche utilizzando multipli e sottomultipli del metro quadrato.

Per passare da una misura espressa in metri quadrati a una espressa, per esempio, in decimetri quadrati, dobbiamo sapere quanti quadrati di lato 1 dm sono contenuti in un quadrato di lato 1 m, cioè a quanti dm^2 equivale 1 m^2 (**figura 11**):

$$1\ m^2 = (1\ m) \times (1\ m) = (10\ dm) \times (10\ dm) = 100\ dm^2$$

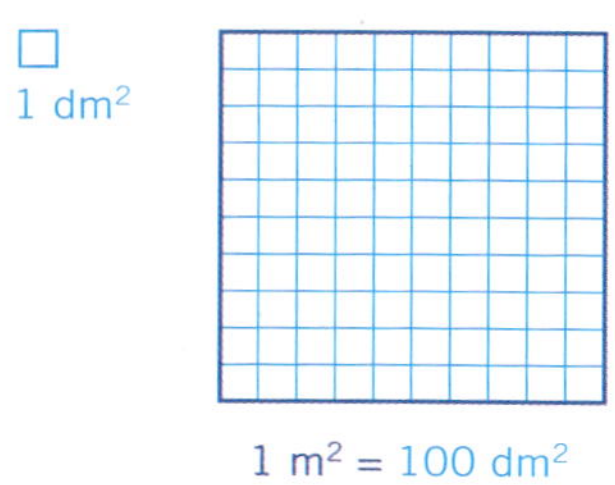

Figura 11
Un quadrato di lato 1 m contiene 100 quadrati di lato 1 dm.

Quanti dm^2 misura una stanza di 15 m^2? Per calcolarlo dobbiamo eseguire questa equivalenza:

$$15\ m^2 = 15 \times (1\ m)^2 = 15 \times (10\ dm)^2 = 15 \times 100\ dm^2 = 1500\ dm^2 = 1{,}5 \times 10^3\ dm^2$$

In maniera analoga a quanto osservato per il decimetro quadrato, 1 cm^2 è l'area di un quadrato di lato 1 cm; così risulta che:

$$1\ m^2 = (1\ m) \times (1\ m) = (100\ cm) \times (100\ cm) = 10^4\ cm^2$$

$$1\ dm^2 = (1\ dm) \times (1\ dm) = (10\ cm) \times (10\ cm) = 10^2\ cm^2$$

Allo stesso modo si possono ottenere rapidamente altre equivalenze come queste:

$$1\ m^2 = (10^3\ mm)^2 = 10^6\ mm^2$$

$$1\ dm^2 = (10^2\ mm)^2 = 10^4\ mm^2$$

$$1\ mm^2 = (10^{-1}\ cm)^2 = 10^{-2}\ cm^2$$

$$1\ cm^2 = (10^{-2}\ m)^2 = 10^{-4}\ m^2$$

Esempio 6 Quanto spazio occuperebbero gli italiani?

Nell'esempio 2 abbiamo visto che gli italiani sono 60 milioni. Supponiamo che in 1 m^2 si trovino 4 persone, come capita in un concerto.

- ▶ Quanti kilometri quadrati occuperebbero gli italiani se si mettessero tutti vicini?

La soluzione

Calcoliamo per prima cosa la superficie S in metri quadrati occupata dagli italiani. Dividiamo poi il numero degli italiani per il numero di persone che si trovano in un metro quadrato:

$$S = \frac{60\,000\,000 \text{ it}}{4 \text{ it/m}^2} = 1{,}5 \times 10^7 \text{ m}^2$$

Adesso calcoliamo l'area della superficie in km^2:

$$1{,}5 \times 10^7 \text{ m}^2 = 1{,}5 \times 10^7 \times (10^{-3} \text{ km})^2 = 1{,}5 \times 10^7 \times 10^{-6} \text{ km}^2 = 15 \text{ km}^2$$

Se questa superficie fosse quadrata, avrebbe il lato lungo poco meno di 4 km!

Il volume

Che cosa dobbiamo fare per calcolare il *volume* d'acqua contenuto in una piscina olimpica? Dobbiamo misurare la lunghezza della piscina, la sua larghezza, la sua profondità e poi moltiplicare queste tre misure. Il **volume** di un oggetto, di una regione di spazio oppure di un contenitore è infatti il prodotto di tre lunghezze.

Nel Sistema Internazionale l'unità di misura del volume è il **metro cubo (m^3)**, definito come il volume di un cubo di lato 1 m:

$$1 \text{ m}^3 = (1 \text{ m}) \times (1 \text{ m}) \times (1 \text{ m})$$

Come nel caso dell'area, anche il volume può essere misurato utilizzando multipli e sottomultipli del metro cubo.

Per passare da una misura espressa in metri cubi a una espressa, per esempio, in decimetri cubi, dobbiamo sapere quanti cubi di lato 1 dm sono contenuti in un cubo di lato 1 m, cioè a quanti dm^3 equivale 1 m^3 (**figura 12**):

$$1 \text{ m}^3 = (1 \text{ m}) \times (1 \text{ m}) \times (1 \text{ m}) = (10 \text{ dm}) \times (10 \text{ dm}) \times (10 \text{ dm}) = 1000 \text{ dm}^3$$

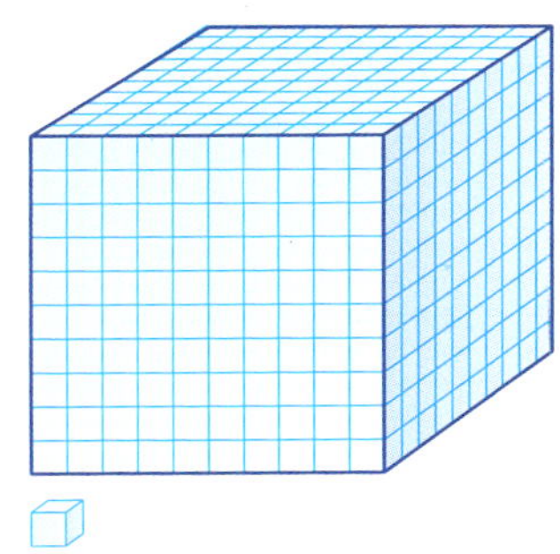

Figura 12
Un cubo di lato 1 m contiene 1000 cubi di lato 1 dm.

In maniera analoga a quanto osservato per il decimetro cubo, 1 cm^3 è il volume di un cubo di lato 1 cm; così risulta che:

$$1 \text{ m}^3 = (100 \text{ cm})^3 = 10^6 \text{ cm}^3$$
$$1 \text{ dm}^3 = (10 \text{ cm})^3 = 10^3 \text{ cm}^3$$

Allo stesso modo si possono ottenere rapidamente altre equivalenze come queste:

$$1 \text{ m}^3 = (10^3 \text{ mm})^3 = 10^9 \text{ mm}^3$$
$$1 \text{ dm}^3 = (10^2 \text{ mm})^3 = 10^6 \text{ mm}^3$$
$$1 \text{ mm}^3 = (10^{-1} \text{ cm})^3 = 10^{-3} \text{ cm}^3$$
$$1 \text{ cm}^3 = (10^{-2} \text{ m})^3 = 10^{-6} \text{ m}^3$$

Molto spesso per esprimere il volume di liquidi e gas si usa un'unità di misura che non appartiene al SI: il litro.

Un **litro** (**L**) è uguale a un decimetro cubo:

$$1 \text{ dm}^3 = 1 \text{ L}$$

Questo vuol dire che:

$$1 \text{ L} = 1 \text{ dm}^3 = 10^{-3} \text{ m}^3$$

Esempio 7 Un sacco d'acqua!

In Italia ogni anno vengono consumati 10 milioni di metri cubi di acqua minerale. Supponiamo che tutta quest'acqua sia contenuta in bottiglie di platica da 1,5 L.

▶ Quante bottiglie di acqua minerale vengono consumate in Italia ogni anno?

La soluzione

Calcoliamo a quanti litri corrispondono 10 milioni di metri cubi d'acqua:

$$10 \cdot 10^6\ \mathrm{m}^3 = 10^7\ \mathrm{m}^3 = 10^7 \times (10^3\ \mathrm{L}) = 10^{10}\ \mathrm{L}$$

Per calcolare il numero delle bottiglie, dividiamo il numero totale dei litri d'acqua per il volume di una singola bottiglia:

$$\frac{10^{10}\ \mathrm{L}}{1{,}5\ \mathrm{L/bot}} = 6{,}6 \times 10^9\ \text{bottiglie}$$

In Italia vengono consumate più di 6 miliardi e mezzo di bottiglie di plastica all'anno.

La densità

A parità di volume occupato, «pesa» più un palloncino pieno d'aria o pieno d'acqua? Sulla risposta abbiamo pochi dubbi: pesa più il palloncino pieno d'acqua, perché l'acqua è più «densa» dell'aria.

La **densità** di un corpo è uguale al rapporto tra la sua massa m e il suo volume V:

$$d = \frac{m}{V}$$

Questo significa che:

- a parità di volume, come nel caso dei due palloncini, la densità è *direttamente proporzionale* alla massa;
- a parità di massa, la densità è *inversamente proporzionale* al volume.

Visto che la densità è data dal rapporto tra massa e volume, la sua unità di misura è uguale al rapporto tra le unità di misura della massa e del volume.

Nel SI la densità si misura in **kilogrammi al metro cubo ($\mathrm{kg/m^3}$)**.

Esempio 8 Quanto sangue abbiamo nel nostro corpo?

Il corpo di una persona adulta contiene circa 5,2 L di sangue. La densità del sangue è $d = 1060\ \mathrm{kg/m^3}$.

▶ Calcola la massa del sangue presente nel corpo di una persona adulta.

La soluzione

Calcoliamo a quanti metri cubi equivalgono 5,2 litri:

$$5{,}2\ \mathrm{L} = 5{,}2\ \mathrm{dm}^3 = 5{,}2 \times 10^{-3}\ \mathrm{m}^3$$

Sappiamo che la densità di una sostanza è $d = m/V$. Per esplicitare la massa m, moltiplichiamo entrambi i membri dell'espressione per V e otteniamo che:

$$m = dV$$

Sostituiamo i valori numerici nell'espressione precedente e calcoliamo la massa del sangue di una persona adulta:

$$m = (1060 \text{ kg/m}^3) \times (5{,}2 \times 10^{-3} \text{ m}^3) = 5{,}5 \text{ kg}$$

Sostanza	Densità d(kg/m³)	Sostanza	Densità d(kg/m³)
Solidi		**Liquidi**	
Alluminio	2700	Acqua (a 4 °C)	$1{,}000 \cdot 10^3$
Argento	10 500	Alcool etilico	806
Cemento	2200	Mercurio	13 600
Diamante	3520	Olio (lubrificante)	800
Ferro (acciaio)	7860	Sangue umano	1060
Ghiaccio	917	**Gas**	
Legno (di pino)	550	Aria	1,29
Oro	19 300	Azoto	1,25
Ottone	8470	Biossido di carbonio	1,98
Piombo	11 300	Elio	0,179
Quarzo	2600	Idrogeno	0,0899
Rame	8890	Ossigeno	1,43

A meno che non sia indicato diversamente, i valori si riferiscono alle densità a 0 °C e alla pressione di 1 atm.

Tabella 6
La densità di alcune sostanze.

7 LE DIMENSIONI FISICHE DELLE GRANDEZZE

Ogni grandezza richiede un certo *tipo* di unità di misura. La distanza deve essere misurata con un'unità di lunghezza, la durata di un evento con un'unità di tempo e la massa con un multiplo o sottomultiplo del kilogrammo.

La natura fisica di una grandezza e il tipo di unità di misura usata per specificarla sono indicati con il termine **dimensione**.

Per esempio, la distanza ha le dimensioni di una lunghezza, che è indicata con il simbolo [l], le dimensioni dell'intervallo di tempo si indicano con il simbolo [t] e quelle della massa con [m].

Sommare grandezze che hanno dimensioni diverse non ha senso: per esempio, la somma di 2 metri e 5 secondi non esiste. È invece possibile moltiplicare o dividere tra loro grandezze di tipo diverso. Per esempio, visto che la densità è il rapporto tra la massa e il volume, le sue dimensioni fisiche sono:

$$[\mathrm{d}] = \frac{[\mathrm{m}]}{[\mathrm{l}^3]} = [\mathrm{ml}^{-3}]$$

Supponi di dover fare un calcolo e di non ricordare quale tra due formule simili è quella corretta.

Per decidere puoi effettuare una **analisi dimensionale**, cioè controllare se le quantità che si trovano prima e dopo il segno «=» hanno le stesse dimensioni: la relazione in cui le dimensioni non sono uguali non è corretta.

I CONCETTI FONDAMENTALI

LOSAI? RIPASSA CON LO SMARTPHONE

1 LA NATURA DELLA FISICA

Una legge fisica esprime la regolarità di un fenomeno naturale attraverso il linguaggio matematico

2 LE GRANDEZZE FISICHE

- **Grandezza fisica**: proprietà di un corpo o di un fenomeno che si può misurare con uno strumento.
- Misurare una grandezza: stabilire quante volte l'unità di misura è contenuta in quella grandezza.

3 IL SISTEMA INTERNAZIONALE DI UNITÀ

Grandezza fisica	Unità di misura	Simbolo
Intervallo di tempo	secondo	s
Lunghezza	metro	m
Massa	kilogrammo	kg
Intensità di corrente	ampere	A
Temperatura	kelvin	K
Intensità luminosa	candela	cd
Quantità di sostanza	mole	mol

4 LA NOTAZIONE SCIENTIFICA

Ordine di grandezza di un numero: la potenza di 10 con esponente intero che meglio approssima quel numero.

$$r_{Sole} = 7{,}0 \cdot 10^8\ \text{m} \approx 10 \cdot 10^8\ \text{m}$$

ordine di grandezza: 10^9

5 LE GRANDEZZE FONDAMENTALI

lunghezza	intensità di corrente
intervallo di tempo	temperatura
massa	intensità luminosa
	quantità di sostanza

In particolare:

- **intervallo di tempo**: misura (nel SI in *secondi*) quante volte la durata di un fenomeno periodico si ripete in un intervallo di tempo.
  secondo: intervallo di tempo impiegato da una particolare radiazione emessa da atomi di cesio-133 per compiere 9 192 631 770 oscillazioni.
- **lunghezza**: nel SI la sua unità di misura è il metro.
  metro: 1 m è la distanza percorsa dalla luce nel vuoto in un intervallo di tempo di 1/299 792 458 s
- **massa**: si misura con la bilancia a bracci uguali; la sua unità di misura SI è il *kilogrammo*.
  kilogrammo: massa del cilindro, di 39 mm di altezza e di diametro, composto da una lega di platino e iridio conservato a Sèvres.

6 LE GRANDEZZE DERIVATE

Sono definite a partire dalle grandezze fondamentali applicando le leggi della fisica.

In particolare:

- **area**: la sua unità di misura SI è il *metro quadrato* (m^2):
  $$1\ \text{m}^2 = (1\ \text{m}) \times (1\ \text{m})$$
- **volume**: la sua unità di misura SI è il *metro cubo* (m^3):
  $$1\ \text{m}^3 = (1\ \text{m}) \times (1\ \text{m}) \times (1\ \text{m})$$
- **densità**: rapporto tra la massa m di un corpo e il suo volume V, la sua unità di misura è *kilogrammi al metro cubo* (kg/m^3):
  $$d = \frac{m}{V}$$

7 LE GRANDEZZE DERIVATE

La natura fisica di una grandezza e il tipo di unità di misura usata per specificarla sono indicati con il termine di **dimensione**.

Per esempio, la dimensione di una lunghezza è [l].

LABORATORIO

Grandezze proporzionali

Difficoltà ★★★ | 1 ora | 2/3 studenti

Obiettivo

- Mostrare che la relazione di proporzionalità diretta tra massa e volume non cambia quando si considerano oggetti dello stesso materiale.
- Rappresentare in un grafico la proporzionalità diretta tra due grandezze.

Cosa serve

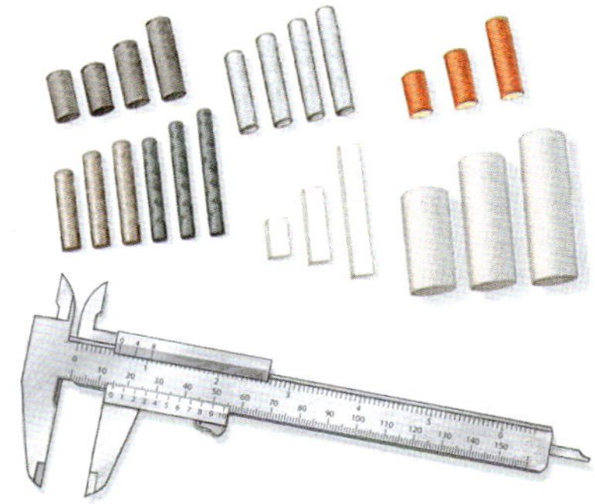

- ☐ Calibro decimale: sensibilità 0,1 mm.
- ☐ Piccoli oggetti di forma cilindrica di vari materiali (ad esempio ferro, alluminio, gesso, plastica).
- ☐ Una bilancia elettronica: portata 500 g e sensibilità 1 g (o migliore).
- ☐ Calcolatrice scientifica.
- ☐ Quaderno, biro, matita, righello.

Come si fa

- Ogni gruppo numera i vari cilindri disponibili in modo da non confonderli e misura con il calibro diametri e altezze.
- Con la bilancia elettronica, ogni gruppo misura la massa degli oggetti.
- Ogni studente calcola il volume, $V = \pi R^2 h$, dei cilindri del proprio gruppo.

Come usare i dati

- Ogni studente compila sul proprio quaderno una tabella analoga alla seguente:

n°	Materiale	Diametro(cm)	Altezza (cm)	Volume (cm^3)	Massa (g)	Densità (g/cm^3)
1	Ferro	...	...			
2	Ferro					
...	...					

- Ogni gruppo controlla se gli oggetti dello stesso materiale hanno valori di densità simili tra loro e, dove possibile, li confronta con i valori noti per quel materiale.
- Per ciascun materiale, ogni studente disegna un grafico cartesiano mettendo in ascisse il volume e in ordinata la massa.

A casa

- Su ogni grafico che hai creato durante l'esperienza, traccia una retta che abbia le seguenti caratteristiche: passa per l'origine ed è il più vicino possibile ai punti del grafico.
  Se usi un foglio di calcolo sul tuo computer, questa retta si chiama *linea di tendenza*.
- Misura le pendenze delle rette disegnate con questo metodo:
  - scegli un punto P sulla retta che si trovi più lontano dall'origine degli assi rispetto ai punti trovati per via sperimentale;
  - calcola il rapporto tra l'ordinata e l'ascissa del punto P (non dimenticare le unità di misura).
- Confronta le pendenze così determinate con le densità riportate nella tabella compilata in laboratorio.

ESERCIZI

© NASA

1 LA NATURA DELLA FISICA
2 LE GRANDEZZE FISICHE
3 IL SISTEMA INTERNAZIONALE DI UNITÀ

1 ★ Completa la tabella convertendo le lunghezze indicate tra metri e kilometri.

METRI (m)	KILOMETRI (km)
1000	1
25000	25
47 000	47
14	0,14
1000	1

2 ★ Completa la tabella convertendo le masse indicate tra grammi e kilogrammi.

GRAMMI (g)	KILOGRAMMI (kg)
10	0,01
1000	1
18 000	18
150	0,15
5200	5,2

3 ★ Completa la tabella convertendo il tempo indicato tra secondi, minuti e ore.

SECONDI	MINUTI	ORE
1800	30	0,5
4800	80	1,2
900	15	0,25

4 ★ Scrivi i nomi dei prefissi dei multipli e dei sottomultipli e la potenza di 10 corrispondente.

SIMBOLO	PREFISSO	POTENZA
M		
μ		
k		
T		
n		

5 ★ Controlla se le misure in tabella sono espresse in modo corretto. Se sono sbagliate, scrivi l'espressione corretta.

hm 15	
5 cm	
13 Km	
150 gr	
15 moli	

6 ★ Esegui le conversioni nelle unità di misura indicate nella tabella.

10 m	0,01	km
200 mm	0,2	m
34 cm	0,34	m
18 g	0,018	kg
5 kg	5000000	mg
65 000 μg	...	kg

7 ★★ Esegui le conversioni nelle unità di misura indicate nella tabella.

82 mm	0,082	m
33 g	0,3	kg
12 min	720	s
3700 mA	...	A
1 cmol	...	mol
1500 μcd	...	cd

8 ★★ Esegui le conversioni nelle unità di misura indicate nella tabella.

18 nm	...	μm
3 Mg	...	mg
48 min	...	ore
640 pm	...	nm
0,1 Tg	...	Mg
12 μg	...	mg

9 **PROBLEM SOLVING**

Un tipo di batterio detto micoplasma è lungo circa 0,000 000 2 m.

▶ Converti la lunghezza del micoplasma nel sottomultiplo più conveniente.

La soluzione

Convertiamo la misura in alcuni sottomultipli del metro:

0,000 000 2 m	0,0002 mm	0,2 μm	200 nm

L'unità di misura più conveniente è il μm, oppure, in alternativa, il nm.
È quindi conveniente dire che la lunghezza del batterio è 0,2 μm, oppure 200 nm.

10 ★★☆ Lo spessore massimo di un capello umano è 0,000 10 m.

▶ Esprimi lo spessore massimo di un capello nell'unità di misura più conveniente.

© Daniel Christensen/Wikimedia

11 ★★☆ Il pianeta Giove dista dal Sole, in media, circa 780 miliardi di metri.

▶ Esprimi la distanza media di Giove dal Sole nell'unità di misura più conveniente.

© NASA

4 LA NOTAZIONE SCIENTIFICA

12 ★☆☆ Completa la tabella seguendo l'esempio riportato.

8 decine	80
6 migliaia	
5 centinaia	
3 milioni	
4 decimi	
6 milionesimi	
11 centesimi	

13 ★☆☆ Esprimi il numero a parole seguendo l'esempio riportato.

700 000	7 centinaia di migliaia
30 000	
500	
9 000 000	
0,01	
0,004	
0,000 002	

14 ★☆☆ Ordina in modo crescente i seguenti ordini di grandezza.

10^{-2}	10^{-6}	10^{3}	10^{7}	10^{4}

15 ★★☆ Ordina in modo decrescente i seguenti ordini di grandezza.

Centinaia	Decine di migliaia	Milionesimi	Centesimi di millesimi	Millesimi

16 ★★☆ Cerca le dimensioni dei seguenti oggetti e ordinali in base alla loro lunghezza, indicando il loro ordine di grandezza.

Cellula	Atomo	Torre Eiffel	Everest	Penna

17 ★★☆ Cerca le dimensioni dei seguenti oggetti e ordinali in base alla loro massa, indicando il loro ordine di grandezza.

Auto	Zanzara	Cellula	Terra	Stella Betelgeuse	Titanic

18 ★★☆ Esprimi i valori delle grandezze indicate nella loro corrispondente notazione scientifica.

1000 m	
0,0005 s	
800 g	
0,012 km	
6 400 000 m	

19 ★★☆ Converti i valori delle grandezze indicate dalla notazione scientifica al numero corrispondente.

$1{,}6 \cdot 10^{1}$ km	
$5{,}2 \cdot 10^{-3}$ A	
$1{,}1 \cdot 10^{3}$ g	
$1{,}3 \cdot 10^{-2}$ km	
$6{,}0 \cdot 10^{2}$ s	

20 ★★☆ Ordina in modo crescente i seguenti numeri espressi in notazione scientifica.

$1{,}2 \cdot 10^{-3}$	$1{,}9 \cdot 10^{-6}$	$1{,}0 \cdot 10^{-6}$	$9{,}9 \cdot 10^{2}$	$1{,}0 \cdot 10^{3}$

21 ★★☆ Completa la tabella convertendo le grandezze indicate nelle unità di misura fondamentali del SI seguendo l'esempio indicato.

GRANDEZZA	NOTAZIONE SCIENTIFICA	NUMERO
32 μm	$3{,}2 \cdot 10^{-5}$ m	0,000 032 m
75 km		
12 ns		
4,2 mA		
9,6 mg		
500 μs		

ESERCIZI

22 ★★★ Esegui le seguenti operazioni tra numeri in notazione scientifica e indica l'ordine di grandezza.

OPERAZIONE	RISULTATO	ORDINE DI GRANDEZZA
$(1{,}5 \cdot 10^2) + (7{,}8 \cdot 10^2)$	1130	10^3
$(1{,}1 \cdot 10^2) - (7{,}8 \cdot 10^1)$	32	10^1
$(3{,}2 \cdot 10^7) \cdot (1{,}0 \cdot 10^1)$	320000000	10^9
$(9{,}5 \cdot 10^3) : (1{,}3 \cdot 10^2)$	73,07	10^2

23 ★★★ Esegui le seguenti operazioni tra numeri in notazione scientifica, approssimando il risultato a due cifre e indica l'ordine di grandezza.

OPERAZIONE	RISULTATO	ORDINE DI GRANDEZZA
$(5{,}9 \cdot 10^3) + (3{,}1 \cdot 10^2)$	6210	10^4
$(5{,}5 \cdot 10^7) - (4{,}8 \cdot 10^9)$	4,75	10^1
$(5{,}1 \cdot 10^7) \cdot (1{,}2 \cdot 10^5)$	6120000000000	10^{15}
$(1{,}2 \cdot 10^2) : (1{,}8 \cdot 10^6)$	6,66	10^1

24 ★★★ In un anno un raggio di luce percorre una distanza di circa 9 460 500 000 000 km.
- ▶ Scrivi questo numero in metri approssimandolo a due sole cifre e in notazione scientifica. $9{,}46 \cdot 10^{15}$ m
- ▶ Indica l'ordine di grandezza. m

25 ★★★ La distanza media tra il Sole è la Terra è di 150 milioni di chilometri.
- ▶ Scrivi tale distanza in notazione scientifica usando l'unità di misura fondamentale del SI.
- ▶ Se l'orbita terrestre fosse una circonferenza, quanto misurerebbe? $9{,}4 \cdot 10^{11}$

[$9{,}4 \cdot 10^{11}$ m]

26 ★★★ L'Universo è nato circa 14 miliardi di anni fa in un'enorme esplosione chiamata Big Bang.
- ▶ Calcola l'età dell'Universo in secondi e indica il suo ordine di grandezza. $4{,}4 \cdot 10^{17}$

[$4{,}4 \cdot 10^{17}$ s]

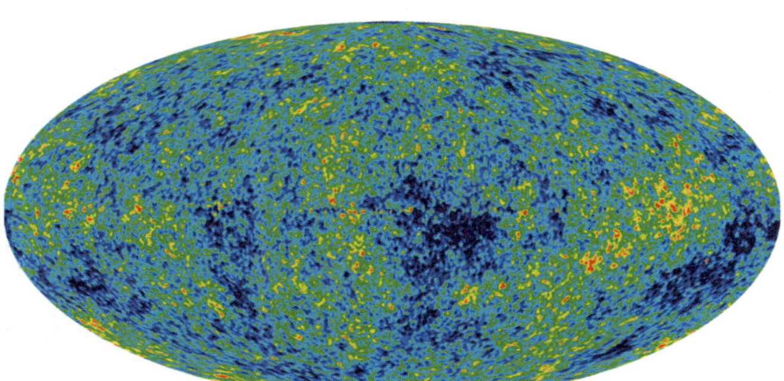

© NASA/WMAP

5 LE GRANDEZZE FONDAMENTALI

27 ★★★ Durante una partita di calcio, una squadra va in vantaggio a 5 minuti dalla fine.
- ▶ Quanti secondi ha la squadra avversaria per recuperare lo svantaggio?

28 ★★★ In un gioco da tavola il tempo a disposizione per fare una mossa viene misurato con una clessidra di durata 0,5 minuti. La clessidra può essere girata per un massimo di 4 volte.
- ▶ Qual è il tempo massimo a disposizione per eseguire una mossa?

29 ★★★ **QUANTI SU 100?**
In base a recenti osservazioni astronomiche, si ipotizza che solo una piccola parte, circa il 10%, della massa delle galassie sia materia visibile. Il restante 90% è costituito da materia invisibile chiamata Materia Oscura.
- ▶ Calcola quanta materia visibile è presente in una galassia di massa $1{,}2 \cdot 10^{40}$ kg.

[$1{,}2 \cdot 10^{39}$ kg]

30 ★★★ Utilizziamo delle piastrelle quadrate per misurare la lunghezza di un pavimento. Le disponiamo in modo ordinato una dietro l'altra e le contiamo ottenendo in totale 32 piastrelle. Sappiamo che ogni piastrella ha il lato di 10 cm.
- ▶ Calcola la lunghezza dal pavimento.

$32 \cdot 10$ = 320 cm → 3,2 m

[3,2 m]

© Sanya Muangkot/Shutterstock

31 ★★★ Marco e Luca misurano la lunghezza di una motocicletta con le loro braccia. Marco ottiene una misura di 7 braccia mentre Luca ottiene una misura di 5,5 braccia.
- ▶ Il braccio di Luca è lungo 40 cm: quanto è lunga la motocicletta?
- ▶ Quanto è lungo il braccio di Marco?

[2,2 m; 31cm]

32 ★★★ Un camion può portare un carico massimo di 10 Mg.
- ▶ Quanti scatoloni da 120 kg possono essere caricati sul camion?

[83]

33 ★★★ Il pianeta Saturno impiega 29,45 anni terrestri per compiere un giro completo intorno al Sole.

- ▶ Se un diciottenne, abitante del pianeta Terra, andasse su Saturno, quanti anni saturniani avrebbe?
- ▶ Se un diciottenne di Saturno, venisse sulla Terra, quanti anni terrestri avrebbe?

[0,61 anni saturniani; 530 anni terrestri]

© Nasa/JPL/Space Science Institute

34 Per misurare il tempo in modo molto preciso usiamo l'impulso luminoso di un laser che si accende ogni 100 ns e contiamo il numero di impulsi.

- ▶ Quanto tempo è durato l'esperimento se abbiamo contato 4001 impulsi luminosi?

[$4{,}0 \cdot 10^{-4}$ s]

35 Misuriamo la lunghezza di un tavolo con matite lunghe 16 cm, penne lunghe 14 cm e gomme lunghe 3,0 cm.

- ▶ Quanto è lungo il tavolo se per ricoprire la sua intera lunghezza abbiamo utilizzato 3 matite, 4 penne e 2 gomme?

[1,1 m]

36 La massa del Sole è di circa $M_S = 2{,}0 \cdot 10^{30}$ kg, mentre la massa di un elettrone è di circa $m_e = 9{,}1 \cdot 10^{-31}$ kg.

- ▶ Calcola l'ordine di grandezza del rapporto M_S/m_e.

[10^{60}]

37 **QUANTI SU 100?**

In una miniera di ferro, per ogni 1000 kg di roccia solo lo 0,01% è costituita da ferro.

- ▶ Calcola quanto ferro è stato estratto da 10 Mg di roccia.

[1,0 kg]

6 LE GRANDEZZE DERIVATE

38 Completa la tabella convertendo i valori delle aree nell'unità di misura indicata.

100 cm^2	…	m^2
2 cm^2	…	m^2
440 dm^2	…	m^2
3 km^2	…	m^2
7500 mm^2	…	m^2
$6{,}2 \cdot 10^{-4}$ km^2	…	m^2

39 Completa la tabella convertendo i valori delle aree nelle unità di misura indicate.

15 m^2	…	cm^2
3 m^2	…	cm^2
0,45 m^2	…	dm^2
6900 m^2	…	km^2
$1{,}2 \cdot 10^{-4}$ m^2	…	mm^2
810 m^2	…	km^2

40 Completa la tabella convertendo i valori dei volumi nell'unità di misura indicata.

10 000 cm^3	…	m^3
2400 cm^3	…	m^3
5700 dm^3	…	m^3
0,001 km^3	…	m^3
4900 mm^3	…	m^3
0,03 km^3	…	m^3

41 Completa la tabella convertendo il volume nell'unità di misura indicata.

0,001 m^3	…	cm^3
6 m^3	…	cm^3
93 m^3	…	dm^3
5300 m^3	…	km^3
0,047 m^3	…	mm^3
19 000 m^3	…	km^3

42 Un campo da calcio ha dimensioni 90 m per 120 m.

- ▶ Calcola l'area del campo da calcio.
- ▶ Esprimi l'area del campo da calcio in ettari. Un ettaro (ha) corrisponde a $1{,}0 \cdot 10^4$ m^2.

[10 800 m^2; 1,08 ha]

43 Il raggio della Terra è di circa $6{,}4 \cdot 10^6$ m.

- ▶ Calcola l'area della superficie terrestre ed esprimi il risultato in km^2.

[$5{,}1 \cdot 10^8$ km^2]

44 Un agronomo vuole stimare quanta terra ha a disposizione per una coltura di vigne. Misura i lati dei suoi tre appezzamenti di forma quadrata e ottiene per il primo un lato di 100 m, per il secondo un lato doppio rispetto al primo e per il terzo un lato triplo rispetto al secondo.

- ▶ Calcola l'area totale destinata alla coltura delle vigne.

[$4{,}1 \cdot 10^5$ m^2]

45 Il litro è un'unità di misura che non appartiene al SI ma è comunemente usato per indicare la capacità dei recipienti.

- ▶ Converti il volume di una lattina da 33 cL in litri.
- ▶ Converti il volume di un recipiente da 100 L in m^3.

[0,33 L; 0,10 m^3]

46 Il raggio della Terra è circa $6{,}4 \cdot 10^6$ m.

▶ Calcola il volume della terra ed esprimi il risultato in km^3.

[$1{,}1 \cdot 10^{12}$ km^3]

47 Vogliamo stimare il volume di un recipiente versandoci all'interno dell'acqua contenuta in una bottiglia da mezzo litro. Il recipiente si riempie completamente dopo 20 travasi.

▶ Calcola il volume del recipiente ed esprimi il risultato in m^3.

[$1{,}0 \cdot 10^{-2}$ m^3]

© Africa Studio/Shutterstock

48 Completa la tabella convertendo la densità nell'unità di misura indicata.

1 g/cm^3	...	kg/m^3
0,38 g/cm^3	...	kg/m^3
0,0043 g/cm^3	...	kg/m^3

49 Completa la tabella convertendo i valori delle densità nell'unità di misura indicata.

3700 kg/m^3	...	g/cm^3
28 kg/m^3	...	g/cm^3
$4{,}6 \cdot 10^{-3}$ kg/m^3	...	g/cm^3

50 Per determinare la densità di un cubo misuriamo uno dei suoi lati, ottenendo il valore di 10 cm, e misuriamo la sua massa, ottenendo un valore di 100 g.

▶ Calcola la densità del cubo in g/cm^3.

▶ Converti questa densità in kg/m^3.

[0,1 g/cm^3; 100 kg/m^3]

51 Il volume di un cilindro di vetro è di $1{,}2 \cdot 10^{-3}$ m^3, la densità del vetro è di 2,4 g/cm^3.

▶ Calcola la massa del vetro.

[2,9 kg]

52 Il raggio della Terra è circa $6{,}4 \cdot 10^6$ m, mentre la sua massa è circa $6{,}0 \cdot 10^{24}$ kg.

▶ Calcola la densità della Terra.

[$5{,}5 \cdot 10^3$ kg/m^3]

7 LE DIMENSIONI FISICHE DELLE GRANDEZZE

53 L'area di un triangolo si trova con la formula $A = (b \cdot h)/2$.

▶ Determina le dimensioni fisiche dell'area di un triangolo e indica l'unità di misura nel SI.

54 Il volume di una sfera si trova con la formula $V = (4/3)\pi r^3$.

▶ Determina le dimensioni fisiche del volume e indica l'unità di misura del SI.

55 La densità di un cubo è definita come la sua massa diviso il suo volume.

▶ Determina le dimensioni fisiche della densità di un cubo e indica la sua unità di misura nel SI.

56 PROBLEM SOLVING

Durante un esperimento, si misura più volte la posizione s di un oggetto in diversi istanti di tempo t. I dati raccolti mostrano che la posizione e il tempo sono legati da una relazione espressa dalla legge $s = kt^3$, dove k è un parametro di valore 2,3.

▶ Quali sono le dimensioni del parametro k?

▶ Qual è una sua possibile unità di misura?

La soluzione

- Invertiamo la legge $s = kt^3$, isolando il parametro k:

$$k = \frac{s}{t^3}$$

Da questa relazione deduciamo che le dimensioni di k sono quelle di una lunghezza diviso il cubo di un tempo, cioè

$$[k] = \left[\frac{l}{t^3}\right] = [l] \cdot [t^{-3}]$$

- Una possibile unità di misura del parametro k è m/s^3

PROBLEMI FINALI

57 ★★☆ Completa la tabella convertendo nelle unità di misura indicate.

52 g	...	kg
350 m	...	km
76 km	...	m
420 s	...	min
0,02 kg	...	g
2,4 h	...	s

58 ★★☆ Completa la tabella convertendo nelle unità di misura indicate.

6 km^2	...	m^2
260 m^3	...	km^3
12 g/cm^3	...	kg/m^3
3600 s	...	h
0,02 kg/m^3	...	g/cm^3
2,4 km^2	...	m^2

59 ★★☆ Esegui le seguenti operazioni tra numeri in notazione scientifica e indica l'ordine di grandezza.

OPERAZIONE	RISULTATO	ORDINE DI GRANDEZZA
$(1{,}2 \cdot 10^5) + (5{,}8 \cdot 10^5)$		
$(1{,}6 \cdot 10^3) - (6{,}0 \cdot 10^2)$		
$(4{,}2 \cdot 10^5) \cdot (1{,}5 \cdot 10^3)$		
$(6{,}0 \cdot 10^7) : (2{,}0 \cdot 10^2)$		

60 ★★☆ Supponi di avere un grande foglio di carta di spessore 0,1 mm e di ripiegarlo su se stesso per 10 volte.

▶ Calcola lo spessore del foglio di carta così ripiegato.

[10 cm]

61 ★★☆ La luce percorre $3{,}0 \cdot 10^8$ m ogni secondo.

▶ Calcola a quanti metri corrisponde un anno-luce, ovvero quanto spazio percorre la luce in un anno.

[$9{,}5 \cdot 10^{15}$ m]

62 ★★☆ Un astrobus del futuro percorre la tratta Luna-Terra. Il contametri segna 1,3 Tm di spazio percorso. La distanza media tra la Terra e la Luna è circa 384 400 km.

▶ Quante volte l'astrobus ha percorso la tratta Luna-Terra?

[3400]

63 ★★☆ La distanza media tra il Sole e la Terra è di 150 milioni di chilometri. La luce percorre $3{,}0 \cdot 10^8$ m ogni secondo.

▶ Se il Sole si spegnesse all'istante, dopo quanti minuti percepiremmo l'assenza di luce?

[8,3 min]

64 ★★☆ La lunghezza del ponte di Brooklyn a New York è di 1825 m.

▶ Indica l'ordine di grandezza se esprimiamo la lunghezza del ponte in centimetri.

65 ★★☆ In un parco comunale l'albero più vecchio ha 71 anni.

▶ Esprimi l'età dell'albero in secondi.

[$2{,}2 \cdot 10^9$ s]

66 ★★☆ Un allevatore deve acquistare la recinzione per il suo terreno di forma quadrata. Sa che l'area del terreno è 1600 m^2.

▶ Calcola quanti metri di recinzione deve acquistare.

[160 m]

67 ★★☆ La massa di un uomo adulto è di 92 kg.

▶ Determina l'ordine di grandezza della massa dell'uomo in grammi.

[10^5]

68 ★★☆ Vogliamo determinare il volume di un oggetto di forma irregolare immergendolo in un contenitore cilindrico di raggio 10 cm contenente acqua. Prima di immergere l'oggetto, l'acqua raggiunge un'altezza di 4,8 cm; dopo aver immerso l'oggetto, l'altezza dell'acqua è 8,0 cm.

▶ Determina il volume dell'oggetto incognito.

[$1{,}0 \cdot 10^{-3}$ m^3]

69 ★★☆ Una sfera d'oro ha un raggio di 1,2 mm. L'oro ha una densità di 19 300 kg/m^3.

▶ Calcola il volume della sfera.

▶ Quanti grammi di oro sono stati usati per realizzare la sfera?

[$7{,}2 \cdot 10^{-9}$ m^3; 0,14 g]

70 ★★☆ Un cubo di lato 10 cm ha una massa di 150 g; un altro cubo dello stesso materiale ha un lato di 32 cm.

▶ Calcola la massa del secondo cubo.

[4,9 kg]

71 ★★☆ Un cilindro di alluminio ha una massa di 1400 g ed è alto 26 cm. La sua densità è di 2700 kg/m^3.

▶ Calcola la superficie di base del cilindro ed esprimi il risultato in m^2.

[$2{,}0 \cdot 10^{-3}$ m^2]

72 ★★☆ Da una tubatura fuoriescono 50 litri d'acqua ogni minuto. L'acqua che fuoriesce si accumula in una vasca da 150 m^3.

▶ Calcola il tempo necessario affinché la vasca si riempia completamente.

[50 h]

73 ★★☆ Un parallelepipedo ha una massa di 12 g, è largo 0,010 m, è profondo 10 mm ed è alto $1{,}0 \cdot 10^5$ μm.

▶ Determina la sua densità in kg/m^3.

[1200 kg/m^3]

SEI PRONTO PER LA VERIFICA?

IN UN'ORA

10/100 **Problema 1**

Scrivi in notazione scientifica i seguenti numeri:
2,5 miliardi; 70,31; 4583; 0,000 014 7; 161; 758 000 000; 0,067; 45 002; 0,000 008 90; 5,3

10/100 **Problema 2**

È possibile che due quantità abbiano le stesse dimensioni ma diverse unità di misura?
È possibile che abbiano le stesse unità di misura ma dimensioni diverse?

10/100 **Problema 3**

Una vasca d'acqua ha la forma di un parallelepipedo retto con area di base pari a 6 m². La sua capienza è 18 000 L. In un certo istante contiene 15 000 L di acqua.

▸ Calcola in metri la distanza tra la superficie dell'acqua e il bordo superiore della vasca. [0,5 m]

10/100 **Problema 4**

Una sfera di massa 15 kg ha una densità di 454,5 kg/m³.

▸ Qual è il raggio della sfera? [20 cm]

Problema 5

Anche se è il sistema di misura ufficiale, il Sistema Internazionale di misura non è adottato in tutto il mondo per l'uso quotidiano. Il caso più noto di sistema di misura alternativo è quello degli Stati Uniti, detto USCS (United States Customary System). In questo sistema, lunghezza, massa e volume dei liquidi (nonché altre grandezze) hanno unità di misura con multipli e sottomultipli non basati sul sistema decimale. Per questo nella conversione da un'unità di misura a un'altra, le cifre del valore della grandezza cambiano.

13/100 **A** La tabella mostra alcune unità di misura delle lunghezze del sistema USCS e alcuni fattori di conversione:

Unità di misura	Nome inglese e simbolo	Equivalente a
Pollice	Inch (in)	1/12 di piede
Piede	Foot (ft)	1/3 di iarda
Iarda	Yard (yd)	91,44 cm
Miglio	Mile (mi)	1760 iarde

Converti queste unità di misura nel SI.

13/100 **B** La tabella mostra alcune unità di misura delle masse del sistema USCS e alcuni fattori di conversione:

Unità di misura	Nome inglese e simbolo	Equivalente a
Oncia	Ounce (oz)	28,35 g
Libbra	Pound (lb)	16 once
Ton	Ton (ton)	2000 libbre

Converti queste unità di misura nel SI.

13/100 **C** La tabella mostra alcune unità di misura dei volumi del sistema USCS e alcuni fattori di conversione:

Unità di misura	Nome inglese e simbolo	Equivalente a
Pinta	Pint (pt)	473,18 mL
Quarto	Quart (qt)	2 pinte
Gallone	Gallon (gal)	4 quarti

Converti queste unità di misura nel SI.

21/100 **D** Un contenitore di volume $2,5 \cdot 10^3$ cm³ contiene 2,5 kg di acqua. Calcola la sua densità usando le unità di misura del sistema USCS. [8,3 lb/gal]

…/100

© choi hyekyung / Shutterstock

CAPITOLO 2 LA MISURA DI UNA GRANDEZZA

“Nonostante si trovi anche a più facce, il dado classico è un cubo, spesso con gli spigoli un po' smussati, con il lato che varia tra 1 cm e 2 cm.”

▶ **Qual è il volume di un dado?**

▶ Risposta a pag. 45

1 GLI STRUMENTI DI MISURA

Forse non ce ne rendiamo conto, ma ogni giorno abbiamo a che fare con moltissimi strumenti di misura.

A casa, per esempio, abbiamo una sveglia e un orologio da parete per misurare il tempo, una bilancia pesapersone e una da cucina, un termostato per la temperatura degli ambienti e un termometro per quella corporea. Un contatore misura il volume di gas che consumiamo per il riscaldamento domestico, un altro il volume d'acqua che adoperiamo per le nostre necessità e un altro ancora la quantità di energia elettrica che alimenta lampade ed elettrodomestici.

Anche i mezzi di trasporto sono dotati di numerosi strumenti di misura: automobili e scooter, per esempio, hanno un contakilometri per misurare le distanze percorse e un tachimetro per la velocità.

In tasca, poi, abbiamo quasi tutti uno smartphone, nel quale possiamo scaricare applicazioni che lo trasformano in uno strumento in grado di misurare i kilometri percorsi durante una corsa, la velocità di un pallone calciato da un amico oppure la frequenza di una nota musicale.

Strumenti analogici e digitali

Per quanto possano sembrarci diversi gli uni dagli altri, tutti gli strumenti di misura appartengono a due categorie: strumenti analogici e strumenti digitali.

- In uno **strumento analogico** il valore della misura si legge su una scala graduata;
- in uno **strumento digitale** il valore della misura si legge su un display.

© jultud / Shutterstock

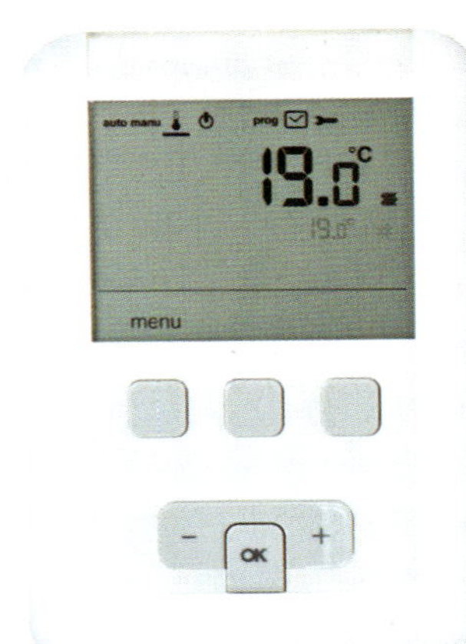

© Pixavril / Shutterstock

Portata

La **portata di uno strumento** è il valore massimo della grandezza che lo strumento è in grado di misurare.

La portata è sempre indicata sullo strumento, perché oltre quel valore lo strumento non fornisce misure corrette e può danneggiarsi. Negli strumenti analogici la portata è il valore più grande della scala, mentre in quelli digitali è il numero più grande che può apparire nel display.

Per esempio,

questa bilancia da cucina ha una portata di 10 kg;

© Kosam / Shutterstock

questa bilancia pesa persone ha una portata di 120 kg.

© Picsfive / Shutterstock

Sensibilità

La **sensibilità di uno strumento** è la minima variazione della grandezza che lo strumento è in grado di apprezzare.

Negli strumenti analogici la sensibilità è la differenza fra i valori corrispondenti a due tacche successive, mentre in quelli digitali è il più piccolo valore che può apparire nel display.

Per esempio,

la sensibilità di questo cronometro è 0,1 s;

© Solovova Liudmyla / Shutterstock

la sensibilità di questo cronometro è 0,001 s.

© Jan van der Hoeven / Shutterstock

Prontezza

La **prontezza di uno strumento** indica la rapidità con cui lo strumento risponde a una variazione della grandezza che sta misurando.

La prontezza di uno strumento è tanto maggiore quanto minore è il tempo che impiega per assestarsi su un valore stabile a seguito di una variazione della grandezza che sta misurando. La prontezza dipende dai fenomeni fisici che stanno alla base del funzionamento dello strumento.

Per esempio,

un termometro digitale rileva quasi immediatamente la temperatura corporea;

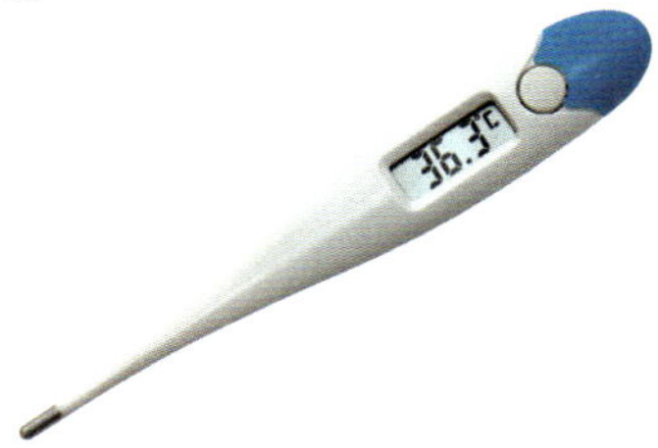

A

© Igor Semend / Shutterstock

un normale termometro sanitario a scala graduata impiega più di un minuto per assestarsi sul valore definitivo della misura.

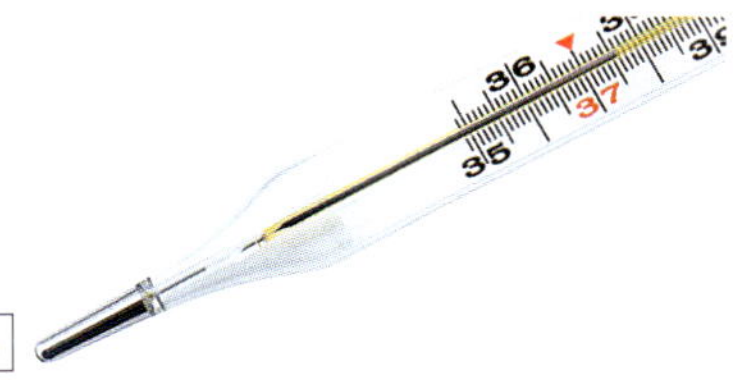

B

© Andrii Gorulko / Shutterstock

2 GLI ERRORI DI MISURA

Prova a fare questo esperimento: chiedi a un tuo amico di lasciar cadere una pallina da tennis da un'altezza di 2,5 m e cronometra quanto tempo impiega a toccare terra. Se ripeti l'esperimento più volte, ti renderai conto che la misura ottenuta con il cronometro è ogni volta diversa.

L'esperienza mostra che:

non possiamo conoscere il valore *esatto* di una grandezza ma solo quello più *attendibile*: il risultato di un processo di misura è sempre affetto da una incertezza.

I motivi che ci impediscono di conoscere la misura *vera* di una grandezza sono essenzialmente due:

- la sensibilità degli strumenti di misura, che non ci consente di distinguere il valore di una grandezza al di sotto di una certa quantità;
- gli errori che inevitabilmente si commettono nel processo di misura.

Gli errori di misura possono essere di due tipi: *errori sistematici* ed *errori casuali*.

Errori sistematici

Vogliamo cuocere 100 g di spaghetti ma non sappiamo se quelli che abbiamo tirato fuori dal pacco sono troppi, così decidiamo di pesarli. Per assicurarci che la misura sia attendibile, prima di appoggiare gli spaghetti sul piatto della bilancia dobbiamo controllare che la lancetta dello strumento sia allineata con lo zero della scala. Infatti, se la lancetta si trova a destra dello zero, la misura avrà un valore più grande di quello reale; se invece la lancetta si trova a sinistra dello zero, otterremo un valore minore. Nel primo caso la misura sarà sempre sovrastimata, nel secondo caso sempre sottostimata.

Il mancato allineamento della lancetta sullo zero di una bilancia da cucina è un esempio di errore *sistematico*.

Gli **errori sistematici** avvengono sempre nello stesso verso: o sempre per eccesso o sempre per difetto.

sistematic error

Gli errori sistematici non sono causati solo dalla mancata taratura o dal malfunzionamento degli strumenti di misura, ma anche dagli errori di chi esegue la misura. Ecco alcuni esempi:

- errore di utilizzo dello strumento, come nel caso di un righello con lo zero non allineato bene all'oggetto da misurare;

Figura 1
Se si guarda una bilancia analogica da una posizione laterale, la lancetta posta sullo zero sembrerà segnare un valore maggiore.

- *errore di parallasse*, che si commette quando si usa uno strumento analogico e non ci si posiziona esattamente davanti durante la lettura della misura (**figura 1**);
- *tempo di reazione*, come nel caso di un cronometro che azioniamo sempre in ritardo.

Anche se non abbiamo la certezza di poterli eliminare del tutto, gli errori sistematici possono essere ridotti notevolmente con un po' di esperienza e attenzione e in molti casi si possono trascurare.

Errori casuali

Consideriamo nuovamente la misura del tempo di caduta della pallina da tennis. La ragione per la quale non otteniamo sempre risultati uguali quando ripetiamo l'esperimento è che commettiamo degli errori. A volte capiterà di far partire il cronometro un po' in anticipo, molte altre in ritardo. Lo stesso vale alla fine: alcune volte fermeremo il cronometro in anticipo rispetto all'istante in cui la pallina tocca terra, altre volte in ritardo.

Quelli che abbiamo appena descritto sono esempi di errori casuali, che dipendono cioè dal caso.

Gli **errori casuali** influenzano il risultato di una misura in modo imprevedibile, a volte per eccesso, a volte per difetto.

random error

L'errore di posizionamento del righello in una misura di lunghezza è un errore sistematico quando lo zero della scala si trova *sempre* a destra o *sempre* a sinistra del punto da dove inizia la misura. Se il mancato allineamento dello zero avviene invece in modo imprevedibile, si tratta di un errore casuale.

Oltre che dall'imprecisione di chi compie la misura, gli errori casuali sono causati da variazioni imprevedibili della grandezza misurata, oppure dalla variazione delle condizioni in cui avviene l'esperimento. Nel caso della pallina da tennis, per esempio, l'altezza da cui viene lasciata cadere può variare tra una ripetizione e l'altra e questo influenza il risultato della misura.

Purtroppo non è possibile eliminare gli errori casuali, perché sono imprevedibili e perché dipendono da molte variabili. Come vedremo, però, possono essere ridotti aumentando il numero delle misure.

3 L'INCERTEZZA NELLE MISURE

Visto che gli errori di misura non possono essere eliminati, non ha senso domandarsi quale sia il valore *esatto* della grandezza che stiamo misurando. Il risultato di una misura è il *valore più attendibile* di quella grandezza, e dobbiamo associargli sempre una *incertezza*.

Quando eseguiamo una misura:

- stimiamo il **valore più attendibile** della grandezza in esame;
- valutiamo quantitativamente l'**incertezza** del risultato.

La stima del valore di una grandezza x si esprime come:

$$x = \overline{x} \pm \Delta x \qquad [1]$$

dove $\overline{x}$ è il valore più attendibile della misura e Δx (si legge «delta x») è la sua incertezza.

L'espressione [**1**] indica che il valore esatto della misura è compreso, con buona approssimazione, tra il valore $\bar{x} - \Delta x$ e il valore $\bar{x} + \Delta x$.

Le regole che si utilizzano per stimare il valore più attendibile di una grandezza e l'entità della sua incertezza dipendono dalla grandezza in esame, dagli strumenti di misura e dal numero di misure che dobbiamo eseguire per esprimere il risultato.

L'incertezza in una misura singola

Misuriamo con un righello la larghezza di questo libro. Il risultato della misura è 21,0 cm. Quanto vale l'incertezza? In questo caso consideriamo come incertezza la sensibilità del righello, cioè 0,1 cm.

La misura della larghezza del libro è dunque:

$$l = (21{,}0 \pm 0{,}1)\ \text{cm}$$

Questo vuol dire che stimiamo che la larghezza del libro sia compresa tra 20,9 cm e 21,1 cm.

La stima di una misura singola di una grandezza x si esprime come:

$$x = \text{valore misurato} \pm \text{sensibilità dello strumento}$$

In alcuni casi, quando utilizziamo uno strumento analogico come un righello e siamo abbastanza sicuri che la misura «cada» tra due tacche della scala, possiamo anche scegliere di fornire come incertezza un valore pari alla metà della sensibilità dello strumento.

L'incertezza in una misura con più ripetizioni

Non sempre le misure che dobbiamo eseguire sono semplici come quella della larghezza del libro. Nel caso della pallina da tennis lasciata cadere da 2,5 m di altezza, per esempio, il tempo di reazione nell'azionare e fermare il cronometro è la sorgente di errori casuali che inevitabilmente caratterizzano la misura. In casi come questo, è utile ripetere la misura più volte.

Nella tabella 1 abbiamo riportato i risultati di cinque misure del tempo di caduta della pallina, per le quali abbiamo usato un cronometro con una sensibilità di 0,01 s.

Tabella 1

Misura	Valore (s)
1	0,67
2	0,83
3	0,77
4	0,69
5	0,61

Come immaginavamo, i risultati ottenuti sono sempre diversi: si va da un valore minimo di 0,61 s a un valore massimo di 0,83 s.

Visto che gli errori casuali sono qualche volta per eccesso e qualche volta per difetto, è ragionevole pensare che il valore più attendibile della misura sia il valore medio $\bar{t}$ delle misure eseguite:

$$\bar{t} = \frac{(0{,}67\ \text{s} + 0{,}83\ \text{s} + 0{,}77\ \text{s} + 0{,}69\ \text{s} + 0{,}61\ \text{s})}{5} = 0{,}71\ \text{s}.$$

Quando si ripete una misura n volte si sceglie come risultato il valore medio, cioè il rapporto tra la somma delle misure e il numero n delle misure:

$$\bar{x} = \frac{(x_1 + x_2 + \ldots + x_n)}{n}$$

Quale incertezza dobbiamo associare al risultato della misura che abbiamo eseguito? Quando il numero delle ripetizioni non è troppo elevato, una stima dell'incertezza causata da errori casuali è l'*errore assoluto*.

L'**errore assoluto** è uguale alla differenza tra il valore massimo e il valore minimo della grandezza x diviso due:

$$e_m = \frac{x_{max} - x_{min}}{2}$$

Nel caso del tempo di caduta della pallina da tennis, l'errore assoluto è:

$$e_m = \frac{0{,}83\ \text{s} - 0{,}61\ \text{s}}{2} = 0{,}11\ \text{s}$$

Come si vede questo valore è più grande della sensibilità dello strumento che abbiamo utilizzato per eseguire le misure. Il risultato finale sarà quindi:

$$\bar{t} = (0{,}71 \pm 0{,}11)\ \text{s}.$$

L'errore assoluto è anche detto **semidispersione massima** perché quanto più sono *dispersi* i dati, ovvero quanto più sono diversi tra loro, tanto più la misura risulterà incerta.

4 LA SCRITTURA DI UNA MISURA

Misuriamo la lunghezza di una gomma con un righello con sensibilità 1 mm e troviamo il valore $l = 4{,}26 \pm 0{,}03$ cm. Possiamo dire che:

- le cifre 4 e 2, corrispondenti rispettivamente alle unità e ai decimi di centimetro, sono esatte;
- la cifra 6, quella dei centesimi di centimetro, è incerta, perché può variare da 3 a 9.

Si dice che la misura ha tre cifre significative. Infatti per convenzione:

le **cifre significative** di una misura sono tutte quelle esatte e la prima incerta.

Per esempio, se scriviamo che una persona è alta 1,78 m, significa che nella misura dell'altezza le cifre 1 e 7 sono esatte mentre la cifra 8 è incerta perché affetta da errore di misura. Se la misura dell'altezza è scritta come 1,780 m le cifre significative sono quattro e anche la seconda cifra decimale è nota con certezza.

Gli zeri che precedono la virgola decimale non sono considerati significativi, a meno che non siano compresi tra due cifre significative non nulle. Per esempio, la misura 150,2 m ha quattro cifre significative; mentre la misura 0,02 m ha una sola cifra significativa, perché si può scrivere come 2×10^{-2}.

Le cifre significative nella stima di una misura

Supponiamo che il valore medio di una serie di misure di tempo sia:

$$\bar{t} = 15{,}58\ \text{s}$$

e l'errore assoluto sia:

$$e_m = 0{,}21\ \text{s}$$

Questo vuol dire che la misura è compresa tra 15,37 s e 15,79 s: visto che la prima cifra incerta è quella dei decimi, non ha senso fornire l'incertezza anche dei centesimi.

Prima di scrivere la misura, dunque, è necessario:

1. arrotondare l'errore a una cifra significativa: $e_m = 0{,}2$ s;
2. arrotondare il valore medio a una sola cifra dopo la virgola: $\bar{t} = 15{,}6$ s.

MATEMATICA

Arrotondamento di un numero

- *per difetto*: si approssima al decimale inferiore quando l'ultima cifra significativa è 0, 1, 2, 3 o 4: per esempio, 20,42 diventa 20,4
- *per eccesso*: si approssima al decimale superiore quando l'ultima cifra significativa è 5, 6, 7, 8 o 9: per esempio, 0,58 diventa 0,6

Così la scrittura corretta della misura è:

$$t = (15{,}6 \pm 0{,}2)\ \text{s}$$

Per scrivere in modo corretto la stima di una misura bisogna seguire queste due regole:

- l'incertezza di una misura deve essere sempre arrotondata a una cifra significativa;
- la stima della misura deve essere scritta in modo tale che l'ultima cifra significativa sia nella stessa posizione decimale della cifra significativa dell'incertezza.

5 ACCURATEZZA E PRECISIONE DI UNA MISURA

Una misura è tanto più **accurata** quanto più il valore medio delle misure eseguite si avvicina al valore più attendibile della grandezza.

L'*accuratezza* di una misura è influenzata dagli errori sistematici.

Una misura è tanto più **precisa** quanto più i singoli valori misurati si concentrano intorno al valore medio delle misure eseguite.

La *precisione* di una misura è influenzata dagli errori casuali.

Per comprendere meglio il significato di accuratezza e precisione utilizziamo la metafora del tiro al bersaglio. Supponiamo che il valore più attendibile di una certa grandezza sia il centro di un bersaglio e che il lancio di una freccetta rappresenti una misura.

Analizziamo quattro casi significativi:

Questa misura è accurata e precisa: le misure si concentrano tutte attorno al valore più attendibile. Si tratta di una misura ottimale.

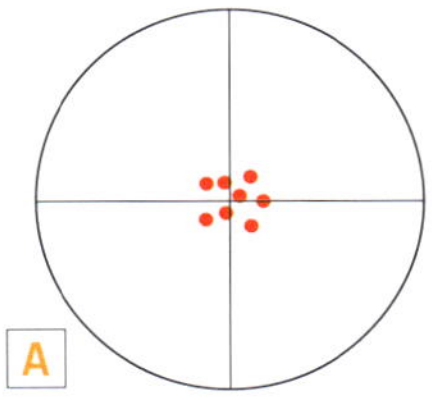

A

Questa misura è accurata, ma non precisa: le misure sono centrate sul valore più attendibile, ma sono sparpagliate e l'incertezza è grande.

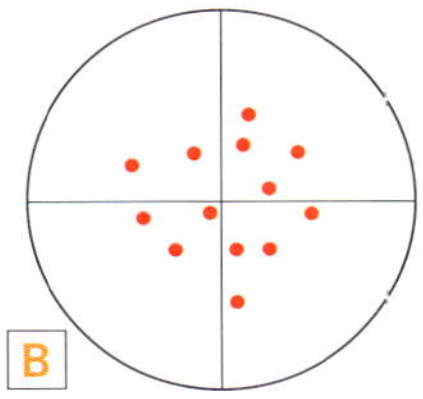

B

Questa misura è precisa, ma non accurata: le misure si concentrano tutte intorno a un valore distante da quello più attendibile.

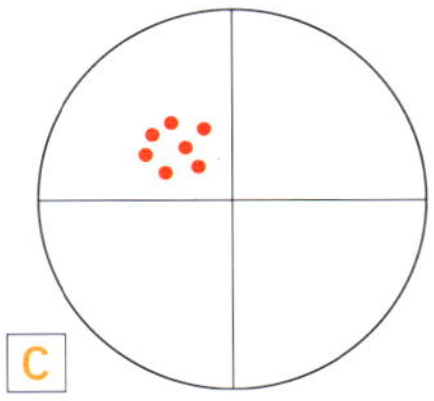

C

Questa misura non è né accurata, né precisa: le misure sono sparpagliate e il valore medio è lontano dal valore più attendibile.

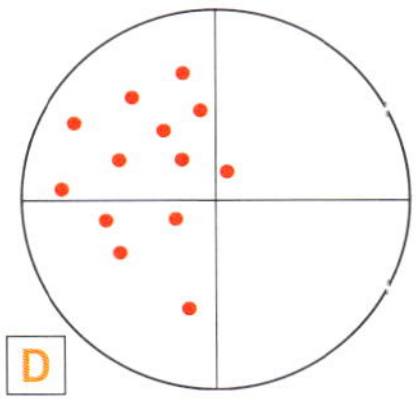

D

6 L'INCERTEZZA RELATIVA

Come abbiamo detto all'inizio del capitolo, gli errori sistematici possono essere ridotti notevolmente con un po' di esperienza e in molti casi non incidono sul risultato di una misura. Questo ci consente di ottenere spesso misure con una buona accuratezza. Una misura molto precisa è invece più difficile da realizzare, perché ridurre l'incertezza dovuta agli errori casuali non è semplice.

Come facciamo a quantificare la precisione di una misura dopo aver stimato l'incertezza? Un indice della precisione di una misura è l'*incertezza relativa*.

L'**incertezza relativa** e_r è il rapporto tra l'incertezza Δx e il valore medio $\overline{x}$:

$$e_r = \frac{\Delta x}{\overline{x}} \qquad [2]$$

Diciamo che una misura è più precisa se l'incertezza è molto piccola rispetto al valore medio.

Per esempio, l'incertezza relativa sulla misura $l = (4{,}26 \pm 0{,}03)$ cm è:

$$e_r = \frac{0{,}03\ \text{cm}}{4{,}26\ \text{cm}} = 0{,}007$$

Come mostra il calcolo precedente, l'incertezza relativa è una quantità adimensionale. Per questo motivo, in molti casi può essere utile esprimerla in forma percentuale, cioè come *incertezza relativa percentuale*.

L'**incertezza relativa percentuale** $e_{\%}$ è l'incertezza relativa espressa in percentuale:

$$e_{\%} = (e_r \times 100)\% \qquad [3]$$

La misura appena vista ha un'incertezza relativa percentuale:

$$e_{\%} = (0{,}007 \times 100)\% = 0{,}7\%$$

In questo caso, si dice che la misura ha una precisione dello 0,7%.

L'incertezza relativa è utilizzata anche per confrontare la precisione di due misure diverse. Consideriamo la misura $L = (120{,}4 \pm 0{,}1)$ m. Anche se l'errore assoluto è maggiore di quello dell'esempio precedente (0,1 m rispetto a 0,03 cm), la misura di L è più precisa di quella di l perché ha un'incertezza relativa minore:

$$e_r = \frac{0{,}1\ \text{m}}{120{,}4\ \text{m}} = 0{,}0008$$

7 L'INCERTEZZA STATISTICA

Supponiamo di aver eseguito n misure di una grandezza x e di aver ottenuto i valori $x_1, x_2, x_3, ..., x_n$. Il valore più attendibile della grandezza è la media dei valori trovati:

$$\overline{x} = \frac{x_1 + x_2 + x_3 + \ldots + x_n}{n}$$

Quando n è grande, cioè quando sono state eseguite molte misure, si può assumere come incertezza della misura lo **scarto quadratico medio σ** dei valori x_1, $x_2, x_3, ..., x_n$:

$$\sigma = \sqrt{\frac{(x_1 - \overline{x})^2 + (x_2 - \overline{x})^2 + \ldots + (x_n - \overline{x})^2}{n}}$$

La stima della misura si scrive dunque

$$x = \overline{x} \pm \sigma$$

In generale l'incertezza σ è minore dell'errore assoluto, come mostra il prossimo esempio.

Esempio 1 Quanto è lungo il bancone da laboratorio?

La lunghezza di un bancone da laboratorio è stata misurata 20 volte utilizzando 20 metri diversi con sensibilità 1 cm. I risultati sono riportati nella tabella.

Misure espresse in metri

x_1	6,62	x_6	6,65	x_{11}	6,64	x_{16}	6,61
x_2	6,60	x_7	6,62	x_{12}	6,58	x_{17}	6,58
x_3	6,57	x_8	6,56	x_{13}	6,62	x_{18}	6,63
x_4	6,59	x_9	6,59	x_{14}	6,60	x_{19}	6,60
x_5	6,61	x_{10}	6,61	x_{15}	6,63	x_{20}	6,64

▶ Calcola il valore più attendibile della lunghezza del bancone e l'errore statistico associato alla misura.

La soluzione

Il valore più attendibile della lunghezza del bancone è il valore medio delle misure:

$$\bar{x} = \frac{x_1 + x_2 + x_3 + \ldots + x_{20}}{20} = \frac{6{,}62\ \text{m} + 6{,}60\ \text{m} + 6{,}57\ \text{m} + \ldots + 6{,}64\ \text{m}}{20} =$$

$$= \frac{132{,}15\ \text{m}}{20} = \boxed{6{,}61\ \text{m}}$$

Il calcolo dell'incertezza statistica, cioè dello scarto quadratico medio, è più laborioso ma può essere svolto in modo rapido impostando un foglio di calcolo. Il risultato è:

$$\sigma = \sqrt{\frac{(6{,}62\ \text{m} - 6{,}61\ \text{m})^2 + (6{,}60\ \text{m} - 6{,}61\ \text{m})^2 + \ldots + (6{,}64\ \text{m} - 6{,}61\ \text{m})^2}{20}} =$$

$$= \sqrt{\frac{0{,}01137\ \text{m}^2}{20}} = 0{,}024\ \text{m} = \boxed{0{,}02\ \text{m}}$$

La lunghezza del bancone è quindi:

$$x = (6{,}61 \pm 0{,}02)\ \text{m}$$

Notiamo che l'errore assoluto, calcolato come semidifferenza fra i valori massimo e minimo, vale:

$$e_\text{m} = \frac{6{,}65\ \text{m} - 6{,}56\ \text{m}}{2} = 0{,}045\ \text{m} = 0{,}04\ \text{m}$$

ed è maggiore dell'incertezza statistica.

Istogramma dei dati

Per analizzare i risultati di una misura ripetuta di una grandezza, come nel caso della lunghezza del bancone dell'esempio precedente, si può utilizzare una rappresentazione grafica nota come **istogramma**.

Per costruire un istogramma dei dati si usa questa procedura:

1. si riportano su un asse il valore massimo x_{max} e il valore minimo x_{min} delle n misure $x_1, x_2, x_3, \ldots, x_n$;
2. si divide l'intervallo di valori $(x_{\text{min}}, x_{\text{max}})$ in k intervalli di ampiezza

$$d = \frac{x_{\text{max}} - x_{\text{min}}}{k}$$

In genere si sceglie come numero k un numero vicino alla radice quadrata del numero di misure effettuate, cioè $k = \sqrt{n}$;

3. per ciascuno dei k intervalli di valori

$$I_1 = (x_{\min}, x_{\min} + d),\ I_2 = (x_{\min} + d, x_{\min} + 2d),\ \ldots,\ I_k = (x_{\min} + (k-1)\,d, x_{\max})$$

si conta il numero di misure $M_1, M_2, \ldots M_k$ comprese nell'intervallo. Una misura è compresa nell'intervallo quando è maggiore o uguale all'estremo sinistro e minore dell'estremo destro dell'intervallo;

4. su ciascun intervallo si disegna un rettangolo con altezza proporzionale al numero di misure di ogni intervallo di valori.

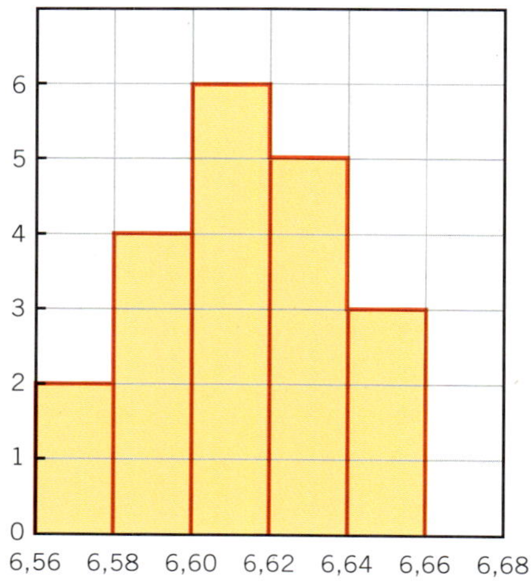

Figura 2
Istogramma dei dati relativo all'esempio 1.

Applichiamo la procedura nel caso dell'esempio 1:

1.

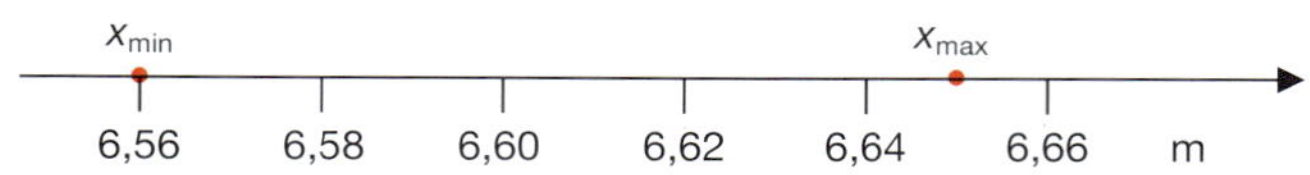

2. Scegliamo $k = 5$; l'ampiezza di ogni intervallo è

$$d = \frac{6{,}65\ \text{m} - 6{,}56\ \text{m}}{5} = \frac{0{,}09}{5} = 0{,}018\ \text{m} = 0{,}02\ \text{m}$$

3. Riportiamo in una tabella la distribuzione dei dati:

$6{,}56 \le x < 6{,}58$	2
$6{,}58 \le x < 6{,}60$	4
$6{,}60 \le x < 6{,}62$	6
$6{,}62 \le x < 6{,}64$	5
$6{,}64 \le x < 6{,}66$	3

4. L'istogramma dei dati è riportato nella **figura 2**.

Notiamo che il maggior numero di dati si concentra attorno ai valori centrali. Ciò significa che sono rare le misure che si discostano molto, in eccesso o in difetto, dal valore medio, che nell'esempio è 6,61 m. Questo non è un caso.

In generale:

quando le incertezze delle misure sono dovute a errori casuali e il numero di misure è molto grande, l'istogramma tende ad assumere una forma simmetrica attorno al valore medio e il suo profilo tende a diventare una curva a campana chiamata **curva di Gauss**, in onore di Carl Friedrich Gauss (1777 - 1855) (**figura 3**).

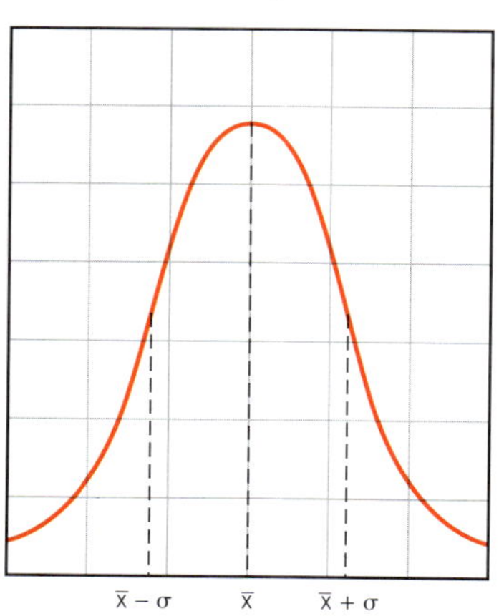

Figura 3
Aumentando moltissimo il numero delle misure, tutte le distribuzioni di dati tendono ad assumere la stessa forma a campana (curva di Gauss).

Si possono dimostrare i seguenti risultati:

- il valore medio $\bar{x}$ dei dati è l'ascissa del massimo della curva;
- il 68% dei dati è compreso fra e $\bar{x} - \sigma$ e $\bar{x} + \sigma$, dove σ è lo scarto quadratico medio.

8 L'INCERTEZZA IN UNA MISURA INDIRETTA

La misura indiretta di una grandezza si ottiene eseguendo opportuni calcoli sulle misure dirette delle grandezze da cui essa dipende. Per esempio, il volume di un cubo si determina misurandone il lato l e calcolando l^3. Vediamo come si scrive il risultato di una misura indiretta e quali sono le regole per valutare la sua incertezza.

Le cifre significative nei calcoli

Quando si eseguono operazioni con misure di grandezze, prima di scrivere il risultato occorre tenere conto delle cifre significative che compaiono nei dati iniziali.

Il numero di cifre significative di una somma o di una differenza di misure è limitato dal numero di cifre significative dei dati iniziali. Supponiamo per esempio di voler calcolare la lunghezza totale di un percorso ciclistico formato da tre tratti rettilinei di lunghezza 2,3 km, 4,13 km e 3,25 km:

2,3 km
4,13 km
3,25 km
―――
Totale 9,68 km
↑
cifra non significativa

Perché una cifra del risultato sia significativa deve essere somma di cifre tutte significative. La cifra 8, ottenuta come somma di 0 (non significativa), 3 (significativa) e 5 (significativa) è dunque una cifra **non significativa**.

Quindi la lunghezza totale deve essere scritta in modo approssimato per eccesso: 9,7 km.

In generale:

quando si calcola una somma o una differenza di misure, **l'ultima cifra significativa** del totale si trova in corrispondenza dell'ultima colonna a destra che contiene il risultato di un'operazione tra cifre tutte significative.

In modo simile si stabilisce che:

il numero di **cifre significative** di un prodotto di due o più misure è uguale al numero di cifre significative del fattore che ne ha di meno.

Il risultato di un calcolo fra misure si effettua mediante la seguente procedura:

- si calcola il risultato utilizzando tutte le cifre delle misure;
- si determina il numero n di cifre significative del risultato con le regole appena viste;
- si approssima il risultato con n cifre significative.

Esempio 2 L'area di un'aiuola

Un'aiuola ha la forma di un rettangolo di dimensioni 7,9 m e 11,7 m.

▶ Calcola l'area A dell'aiuola.

La soluzione

Risolviamo il problema seguendo questa procedura:

- utilizziamo tutte le cifre e otteniamo $A = (7{,}9\text{ m})(11{,}7\text{ m}) = 92{,}43\text{ m}^2$.
- il fattore che ha meno cifre significative è 7,9, per cui il risultato deve essere espresso con due sole cifre significative;
- il risultato approssimato (per difetto) è quindi $A = \boxed{92\text{ m}^2}$.

Il calcolo dell'incertezza

Il principio fondamentale su cui si basa la stima dell'incertezza di una misura indiretta è il seguente:

una **misura indiretta** ottenuta mediante un calcolo svolto con misure affette da incertezze ha sempre un'**incertezza** maggiore o uguale a quella della misura più incerta.

L'incertezza della misura indiretta di una grandezza è dovuta all'incertezza delle grandezze da cui essa dipende e alle operazioni che sono state eseguite su di esse. Nel caso del volume di un cubo, per esempio, l'incertezza dipende dall'incertezza sulla misura del lato e dal fatto che per giungere al risultato dobbiamo effettuare due moltiplicazioni.

Le seguenti regole aiutano nei casi più frequenti:

- l'errore assoluto di una **somma** di due o più misure è la somma degli errori assoluti delle misure;
- l'errore assoluto di una **differenza** di due misure è la somma degli errori assoluti delle due misure;
- l'incertezza relativa di un **prodotto** di due o più misure è la somma delle incertezze relative delle misure;
- l'incertezza relativa di un **quoziente** di due misure è la somma delle incertezze relative delle due misure;

Consideriamo le misure di due grandezze: $a = \overline{a} \pm \Delta a$ e $b = \overline{b} \pm \Delta b$.

Le regole che abbiamo appena visto sul prodotto e il quoziente di queste due grandezze ci forniscono l'incertezza relativa. Per calcolare l'errore assoluto del prodotto o del quoziente dobbiamo moltiplicare il valore della misura indiretta $\overline{a}\,\overline{b}$ o $\overline{a}/\overline{b}$ per la corrispondente incertezza relativa:

$$\Delta(\overline{a}\,\overline{b}) = \overline{a}\,\overline{b}\left(\frac{\Delta a}{\overline{a}} + \frac{\Delta b}{\overline{b}}\right)$$

$$\Delta\left(\frac{\overline{a}}{\overline{b}}\right) = \frac{\overline{a}}{\overline{b}}\left(\frac{\Delta a}{\overline{a}} + \frac{\Delta b}{\overline{b}}\right)$$

Valori delle grandezze derivate e corrispondenti incertezze		
Grandezza	Valore più attendibile	Incertezza
$a + b$	$\overline{a} + \overline{b}$	$\Delta a + \Delta b$
$a - b$	$\overline{a} - \overline{b}$	$\Delta a + \Delta b$
ka	$k\overline{a}$	$k\Delta\overline{a}$
$a \cdot b$	$\overline{a} \cdot \overline{b}$	$\overline{a} \cdot \overline{b}\left(\frac{\Delta a}{\overline{a}} + \frac{\Delta b}{\overline{b}}\right) = \overline{b} \cdot \Delta a + \overline{a} \cdot \Delta b$
$\frac{a}{b}$	$\frac{\overline{a}}{\overline{b}}$	$\frac{\overline{a}}{\overline{b}}\left(\frac{\Delta a}{\overline{a}} + \frac{\Delta b}{\overline{b}}\right)$

Durante l'esecuzione dei calcoli è bene conservare la prima cifra non significativa dei risultati intermedi, come mostra l'esempio seguente.

Esempio 3 Il volume di un dado

▶ Determina il volume V di un dado di lato $l = (1{,}61 \pm 0{,}01)$ cm.

La soluzione

Calcoliamo V senza considerare l'errore:

$$V = (1{,}61\ \text{cm})^3 = 4{,}17\ \text{cm}^3$$

Il risultato è approssimato in modo da conservare la prima cifra non significativa, cioè 7. Poiché $V = l^3 = l \cdot l \cdot l$, l'errore relativo e_r del volume è il triplo dell'errore relativo di l:

$$e_r = 3 \cdot \frac{0{,}01\ \text{cm}}{1{,}61\ \text{cm}} = 3 \cdot 0{,}0062 = 0{,}0186$$

Anche in questo caso abbiamo conservato la prima cifra non significativa, cioè 6. L'errore assoluto del volume è:

$$e_{\text{m}} = V \cdot e_r = (4{,}17\ \text{cm}^3) \cdot 0{,}0186 = 0{,}1\ \text{cm}^3$$

In definitiva il volume è:

$$V = \boxed{(4{,}2 \pm 0{,}1)\ \text{cm}^3}$$

9 MISURE, INCERTEZZE E VERIFICHE SPERIMENTALI

Abbiamo visto come stimare il valore più attendibile di una grandezza e come calcolare l'incertezza associata alla sua misura. Ma per quale ragione è così importante quantificare l'incertezza delle misure che eseguiamo?

Le ragioni sono principalmente due:

1. non si può **stabilire se due misure sono compatibili** senza tenere conto delle loro incertezze;
2. la **conferma (o la smentita) di una legge fisica** è fornita dagli esperimenti, quindi da una serie di misure che sono affette da incertezza.

Accordo tra due misure

Nel 2012, presso i laboratori del CERN di Ginevra, è stato scoperto il bosone di Higgs, una particella di grande importanza per la teoria che descrive i fenomeni del mondo microscopico. La scoperta è stata effettuata da due rivelatori di particelle completamente diversi, chiamati ATLAS e CMS (figura 4), in modo indipendente l'uno dall'altro. Per quale motivo sono stati costruiti *due* apparati sperimentali per misurare la massa della stessa particella? Non era sufficiente utilizzarne solo uno?

Figura 4
Il *Compact Muon Solenoid* (CMS), uno degli esperimenti usati per cercare il bosone di Higgs al CERN di Ginevra.

Per essere attendibile, il risultato di una misura deve essere indipendente dagli strumenti utilizzati, dalle procedure adottate e dal gruppo di scienziati che lo ha raggiunto. Quando questo accade, siamo certi che l'esperimento è *ripetibile* e che i gruppi di ricerca hanno ottenuto **misure compatibili**, cioè in **accordo sperimentale entro le incertezze**.

Supponiamo di avere effettuato due misure di densità:

$$d_1 = (0{,}794 \pm 0{,}005)\ \text{g/cm}^3$$

$$d_2 = (0{,}787 \pm 0{,}004)\ \text{g/cm}^3$$

Anche se i valori medi delle due misure sono diversi, sappiamo che:

$$0{,}789\ \text{g/cm}^3 \leq d_1 \leq 0{,}799\ \text{g/cm}^3$$

$$0{,}783\ \text{g/cm}^3 \leq d_2 \leq 0{,}791\ \text{g/cm}^3$$

Questi due intervalli si sovrappongono, quindi le misure sono compatibili.

Anche gli esperimenti ATLAS e CMS, prima di annunciare la scoperta del bosone di Higgs, hanno dovuto confrontare i risultati in maniera del tutto simile, verificando cioè la compatibilità delle proprie misure all'interno delle incertezze sperimentali.

Verifica sperimentale di una legge fisica

Nel capitolo 1 abbiamo visto che la densità d è una proprietà caratteristica di una sostanza ed è uguale al rapporto tra la massa m e il volume V: $d = m/V$. Questo significa che la massa m di una sostanza è *direttamente proporzionale* al volume V occupato da quella sostanza:

$$m = dV$$

Verifichiamo sperimentalmente la validità di questa relazione tra grandezze fisiche nel caso dell'alcol etilico.

Eseguiamo questo esperimento: misuriamo la massa dell'alcol etilico contenuto in un becher (di cui conosciamo la massa) cambiando più volte il volume della sostanza. La tabella seguente mostra i dati raccolti nell'esperimento.

numero misura	volume V(cm^3)	massa m(g)
1	5,0 ± 0,2	4,2 ± 0,1
2	7,8 ± 0,2	6,2 ± 0,1
3	10,8 ± 0,2	8,3 ± 0,1
4	12,4 ± 0,2	9,8 ± 0,1
5	15,2 ± 0,2	12,0 ± 0,1
6	17,8 ± 0,2	14,0 ± 0,1
7	20,2 ± 0,2	15,9 ± 0,1
8	22,6 ± 0,2	17,8 ± 0,1

Riportiamo i dati sperimentali della tabella in un grafico che ha come asse delle ascisse il volume V e come asse delle ordinate la massa m.

In corrispondenza di ogni punto sperimentale abbiamo riportato le **barre di errore**, che indicano il valore dell'incertezza associata alla misura delle grandezze.

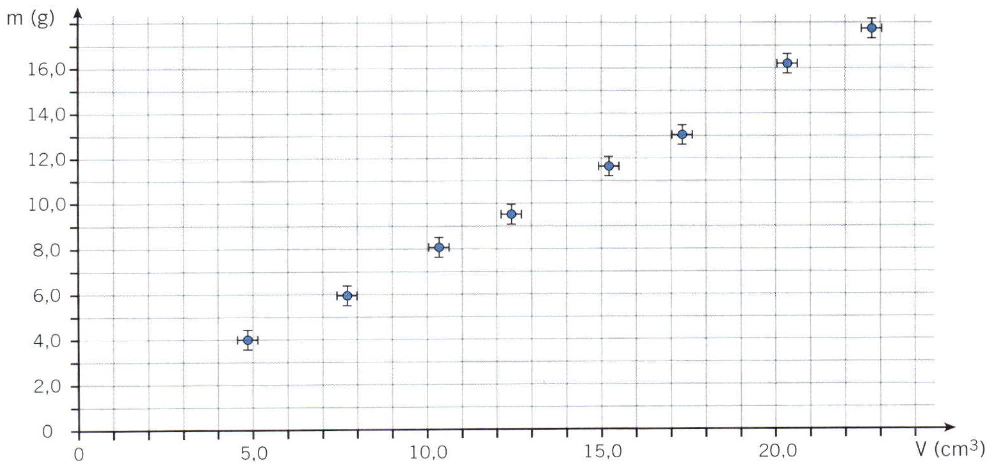

In questo caso, gli estremi di una barra di errore orizzontale si trovano in corrispondenza degli estremi dell'intervallo nel quale è compresa quella particolare misura del volume di alcol etilico. Per esempio, la barra orizzontale centrata sul punto del grafico che sta più a sinistra, di coordinate (5,0 cm^3, 4,2 g), è lunga 0,4 cm^3: questo significa che il primo valore del volume V è compreso tra 4,8 cm^3 e 5,2 cm^3. Le stesse considerazioni valgono per le barre verticali. Nel caso dello stesso punto sperimentale, possiamo dire che il valore della massa m è compreso tra 4,1 g e 4,3 g.

Se la relazione di proporzionalità diretta tra massa e volume è valida, deve esistere una retta che passa per tutti i punti del grafico. Sappiamo, però, di aver commesso degli errori e che le misure sono affette da incertezza; così, al posto dei punti sperimentali, dobbiamo considerare i rettangoli definiti dalle barre di errore (**figura 5**).

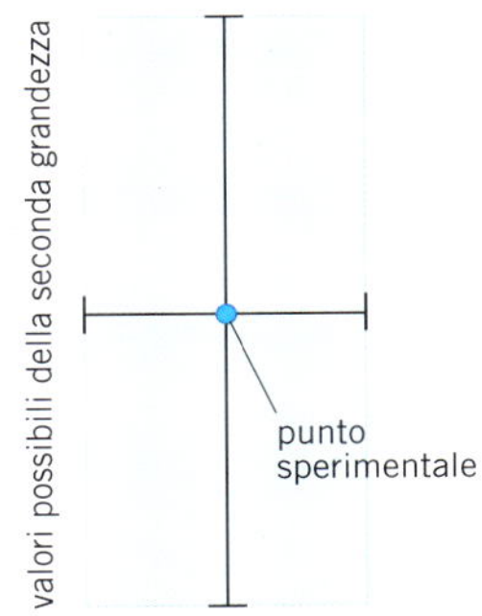

Figura 5
Le barre di errore intorno al punto sperimentale coprono un'area rettangolare.

> Se esiste una retta che passa per tutti i rettangoli, allora l'esperimento conferma la validità della relazione entro gli errori di misura e la retta viene chiamata **retta di interpolazione dei dati**.

Nell'esempio che stiamo studiando questa retta esiste:

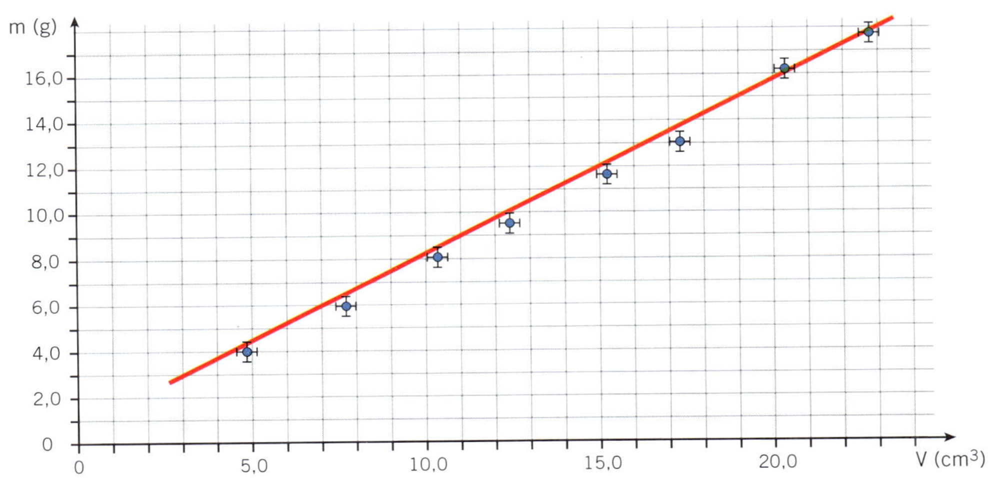

Se non avessimo trovato l'equazione di una retta in grado di tagliare tutti i rettangoli, avremmo dovuto controllare nuovamente i dati alla ricerca di gravi errori ed eventualmente ripetere l'esperimento. Nel caso in cui la ripetizione dell'esperimento confermasse l'incompatibilità dei dati con la costruzione di una retta, dovremmo concludere che la relazione è falsa.

I CONCETTI FONDAMENTALI

LOSAI? RIPASSA CON LO SMARTPHONE

1 GLI STRUMENTI DI MISURA

Strumento analogico	Strumento digitale
Il valore della misura si legge sua una scala graduata.	Il valore della misura si legge su un display.

portata	sensibilità	prontezza
Valore massimo misurabile da uno strumento.	Minima variazione della grandezza che lo strumento può misurare.	Rapidità con cui lo strumento risponde a una variazione della grandezza.

2 GLI ERRORI DI MISURA

Errore sistematico	Errore casuale
Influenza il risultato sempre per eccesso o sempre per difetto.	Influenza il risultato di una misura in modo imprevedibile.

3 L'INCERTEZZA NELLE MISURE

stima del valore della grandezza — $x = \bar{x} \pm \Delta x$ — incertezza; valore più attendibile

- Misura singola:

x = valore misurato ± sensibilità dello strumento

- Misura con n ripetizioni $x_1, \ldots, x_n$:

valore medio

$$\bar{x} = \frac{(x_1 + x_2 + \ldots + x_n)}{n}$$

$$\Delta x = e_m = \frac{(x_{max} - x_{min})}{2}$$

errore assoluto; valore massimo; valore minimo

4 LA SCRITTURA DI UNA MISURA

Le *cifre significative* di una misura sono tutte quelle esatte e la prima incerta.

$l = (4{,}26 \pm 0{,}03)$ cm

cifra esatta; cifra incerta; cifra esatta

- L'incertezza di una misura deve essere sempre arrotondata a una cifra significativa.
- L'ultima cifra significativa della misura deve avere la stessa posizione decimale della cifra significativa dell'incertezza.

$\bar{t} = 15{,}58$ s

$e_m = 0{,}21$ s $\rightarrow$ $t = (15{,}6 \pm 0{,}2)$ s

5 ACCURATEZZA E PRECISIONE DI UNA MISURA

Misura accurata	Misura precisa
Il valore medio delle misure eseguite si avvicina al valore più attendibile della grandezza.	I singoli valori misurati si concentrano intorno al valore medio delle misure eseguite.

6 L'INCERTEZZA RELATIVA

incertezza relativa

$$e_r = \frac{\Delta x}{\bar{x}}$$

incertezza; valore più attendibile

incertezza percentuale

$$e_{\%} = (e_r \times 100)\%$$

7 L'INCERTEZZA STATISTICA

Quando il numero n delle misure è elevato:

stima del valore della grandezza

$$x = \bar{x} \pm \sigma$$

valore medio

$$\sigma = \sqrt{\frac{(x_1 - \bar{x})^2 + (x_2 - \bar{x})^2 + \ldots + (x_n - \bar{x})^2}{n}}$$

scarto quadratico medio

8 L'INCERTEZZA IN UNA MISURA INDIRETTA

Grandezza	Valore più plausibile	Incertezza
$a + b$	$\bar{a} + \bar{b}$	$\Delta a + \Delta b$
$a - b$	$\bar{a} - \bar{b}$	$\Delta a + \Delta b$
ka	$k\bar{a}$	$k\Delta\bar{a}$
$a \cdot b$	$\bar{a} \cdot \bar{b}$	$\bar{a} \cdot \bar{b}\left(\frac{\Delta a}{\bar{a}} + \frac{\Delta b}{\bar{b}}\right) = \bar{b} \cdot \Delta a + \bar{a} \cdot \Delta b$
$\frac{a}{b}$	$\frac{\bar{a}}{\bar{b}}$	$\frac{\bar{a}}{\bar{b}}\left(\frac{\Delta a}{\bar{a}} + \frac{\Delta b}{\bar{b}}\right)$

LABORATORIO

Il pendolo

Difficoltà ★★★ | 1 ora | 2/3 studenti

Obiettivo

- Stimare il valore più attendibile di una misura e l'incertezza associata in presenza di errori accidentali.

Cosa serve

- ☐ Treppiede con asta metallica (80–100 cm).
- ☐ Asticella metallica da fissare all'asta con un morsetto.
- ☐ Un bullone o un altro oggetto di piccole dimensioni.
- ☐ Filo.
- ☐ Cronometro digitale: sensibilità 0,01 s.
- ☐ Calcolatrice scientifica.
- ☐ Quaderno, biro, matita.

Come si fa

- Ogni gruppo collega il bullone all'asticella metallica tramite il filo e inizia a farlo dondolare come un pendolo.
- Si misura con il cronometro quanto tempo impiega il pendolo a compiere 10 oscillazioni complete.
- Ogni studente effettua a turno la sua misura e poi ogni gruppo calcola la media dei valori misurati e l'errore assoluto associato.
- Ogni studente riporta in un'unica tabella i risultati ottenuti dai vari gruppi, come nell'esempio seguente:

	Tempo misurato per 10 oscillazioni (s)	Periodo di oscillazione (s)
Gruppo 1	2,5 ± 0,1	0,25 ± 0,01
Gruppo 2	2,55 ± 0,05	0,255 ± 0,005
...	...	...
Gruppo 9	2,6 ± 0,1	0,26 ± 0,01

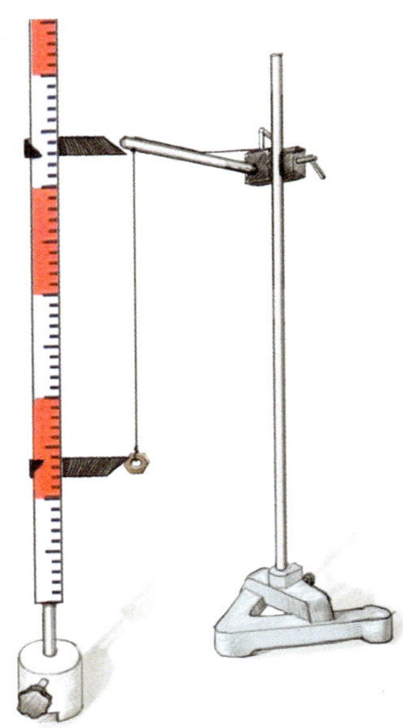

Come usare i dati

- Ogni gruppo confronta i risultati ottenuti, motivando l'eventuale variabilità dei dati.
- Ogni studente calcola la media di tutti i valori misurati.
- Ogni gruppo discute su quale sia la corretta incertezza da associare alla misura del periodo.

A casa

- Scegli una serie di piccoli oggetti, come una gomma, una pallina di plastica o una castagna. Lascia cadere questi oggetti da un'altezza di 2 m e misura quanto tempo impiegano ad arrivare a terra. Ripeti la misura per 10 volte.
- Calcola il valore medio e l'errore assoluto.

LABORATORIO

Quattro metodi, un volume

Difficoltà ★★★ | 1 ora | 2/4 studenti

Obiettivo

- Mostrare che la misura di una grandezza fisica può avvenire in tanti modi diversi.
- Confrontare i risultati ottenuti con i diversi metodi.
- Stimare la precisione e l'affidabilità di ciascun metodo.

Cosa serve

- ☐ Alcuni solidi di forma regolare, di materiali diversi e con un gancetto (per immergerli ed estrarli dall'acqua).

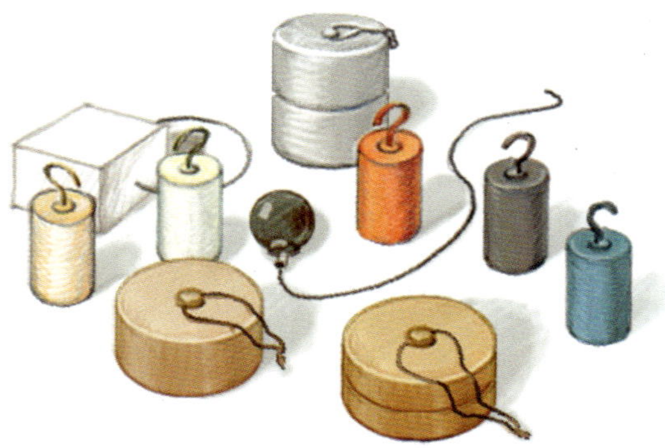

- ☐ Cilindri graduati di plastica.
- ☐ Asta metallica piegata a uncino per calare gli oggetti nei cilindri.
- ☐ Becher con beccuccio per sforamento dell'acqua e becher più piccolo per la raccolta dell'acqua fuoriuscita dal beccuccio.
- ☐ Calibro decimale: sensibilità 0,1 mm.
- ☐ Bilancia elettronica: portata 500 g e sensibilità 0,1 g (o migliore).
- ☐ Calcolatrice scientifica.
- ☐ Quaderno, biro, matita.

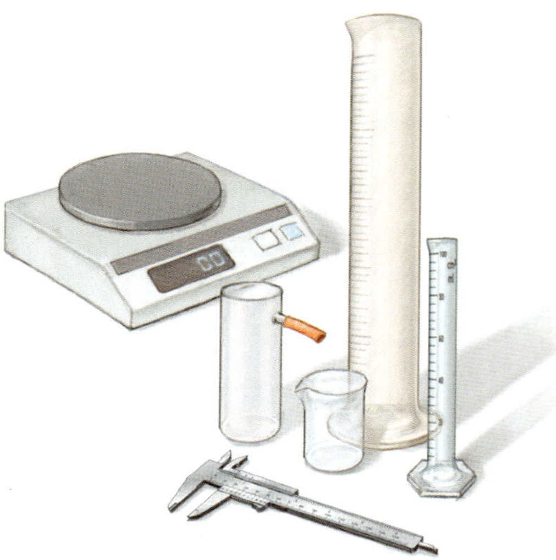

Come si fa

L'esperienza è divisa in quattro parti, che corrispondono a quattro diversi metodi per la misura del volume del solido: metodo geometrico, metodo della densità, metodo di immersione in un cilindro graduato contenente un liquido, metodo di Archimede.

1. **Metodo geometrico**
   Ogni studente misura con il calibro decimale le dimensioni dei solidi a disposizione e ne calcola i volumi (valore medio e errore assoluto) con le opportune formule geometriche.
2. **Metodo della densità**
   Ogni gruppo misura le masse con la bilancia elettronica e le divide per le corrispondenti densità.

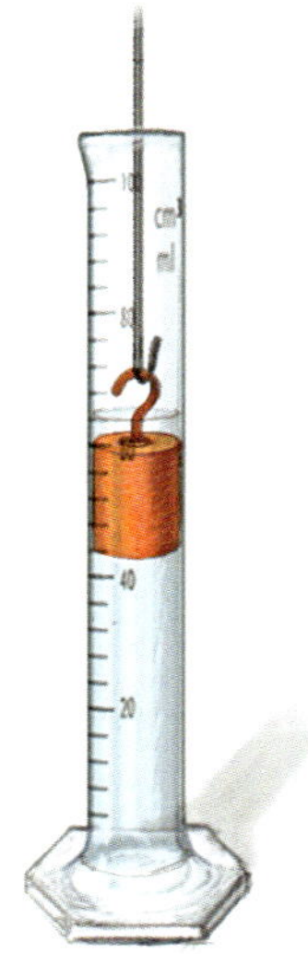

3. **Metodo dell'immersione**
   Ogni gruppo riempie il cilindro graduato di acqua fino a un livello opportuno di cui si segna il valore. A questo punto si immergono i solidi nel cilindro e si registra il nuovo livello raggiunto dall'acqua. Per differenza si ricava il volume del solido (valore medio e incertezza).

4. **Metodo di Archimede**
   Ogni gruppo dispone i due becher e la bilancia nella configurazione riportata in **figura A** e riempie di acqua il becher con il beccuccio oltre il punto di sforamento.
   Attende quindi che il sistema raggiunga la sua posizione di equilibrio e poi porta a 0 il valore della bilancia. Quindi immerge lentamente nel becher più grande l'oggetto di cui vuole misurare il volume e legge sulla bilancia un valore che indica il peso del solido scelto (**figura B**). Da questo si può calcolare il volume in cm^3.

A

B

Come usare i dati

Ogni studente esegue i calcoli necessari per associare a ogni oggetto le 4 diverse misure di volume e prende nota delle sensibilità degli strumenti utilizzati.

A casa

- Associa a ogni misura di volume effettuata in classe la corrispondente incertezza assoluta (usa il metodo di propagazione degli errori).
- Tieni conto delle incertezze di misura: i risultati sono in accordo tra loro?
  Per rispondere, prova a rappresentare graficamente gli intervalli associati a ciascuna misura e ragiona sulla loro sovrapposizione.
- Quale metodo di misura ti sembra più preciso?
  Riesci a elaborare una strategia generale per rispondere alla domanda?
- Quale metodo di misura ti sembra più affidabile e per quali motivi?

ESERCIZI

© choi hyekyung/Shutterstoc

1 GLI STRUMENTI DI MISURA

1 ★☆☆ La figura mostra un goniometro, lo strumento usato per misurare gli angoli. Determina:

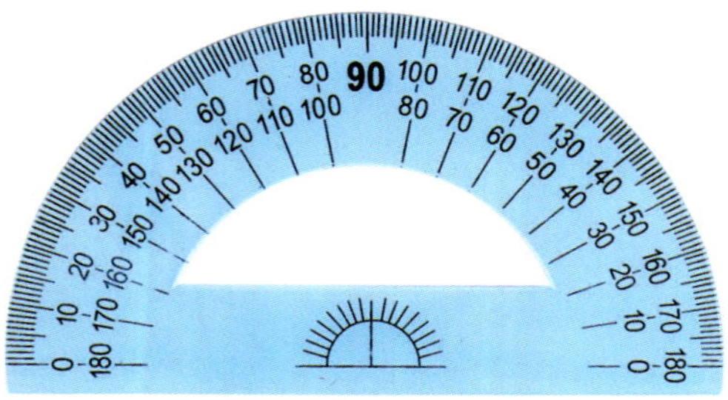

© excopixel/Shutterstock

- la portata;
- la sensibilità.

2 ★☆☆ La figura mostra due termometri uguali capaci di indicare temperature sotto i 0 °C. Determina:

- la portata;
- la sensibilità.

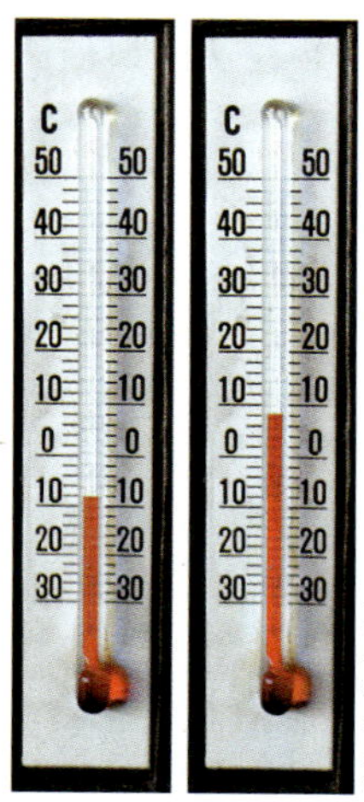

© aldoaldoz/Shutterstock

3 ★☆☆ La figura mostra un tachimetro, lo strumento che misura la velocità istantanea dell'auto. Determina:

© Commercial Photography/Shutterstock

- la portata;
- la sensibilità.

4 ★☆☆ I termostati che controllano i sistemi di riscaldamento domestici come quello in figura contengono anche un termometro digitale. Determina:

- la portata;
- la sensibilità.

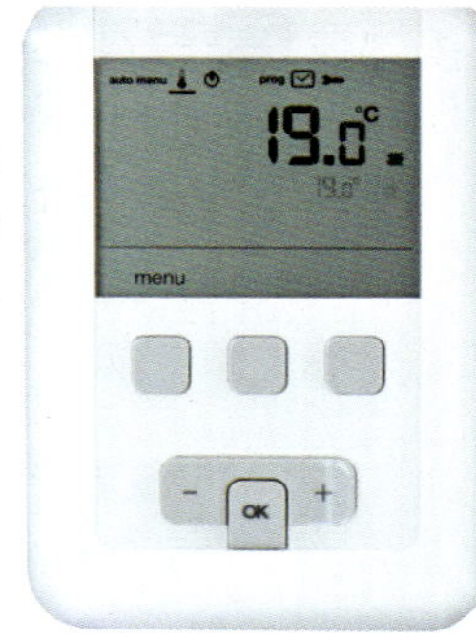

© Pixavril/Shutterstock

5 ★★☆ Un cilindro graduato è uno strumento usato in laboratorio per le misure di volumi. Ilaria vuole riempire il cilindro con acqua: dal rubinetto fluiscono cinque millilitri di acqua ogni decimo di secondo.

- Determina in quanto tempo l'acqua arriva fino alla tacca superiore del cilindro.

[10 s]

© gloverk/Shutterstock

2 GLI ERRORI DI MISURA

3 L'INCERTEZZA NELLE MISURE

6 ★☆☆ La figura mostra una bilancia da cucina di tipo analogico.

© 108 Motion B4/Shutterstock

- Stima (valore attendibile e incertezza) la massa misurata dalla bilancia.

7 ★☆☆ Paolo misura la lunghezza della sua matita con un righello:

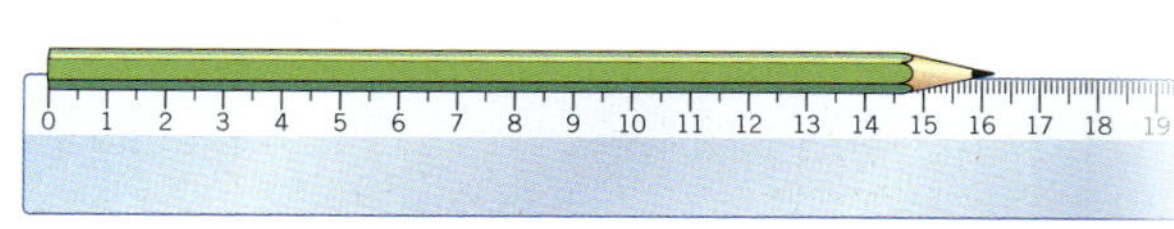

- Stima (valore attendibile e incertezza) la lunghezza della matita.

8 ★☆☆ Maria si pesa con una bilancia pesapersone.

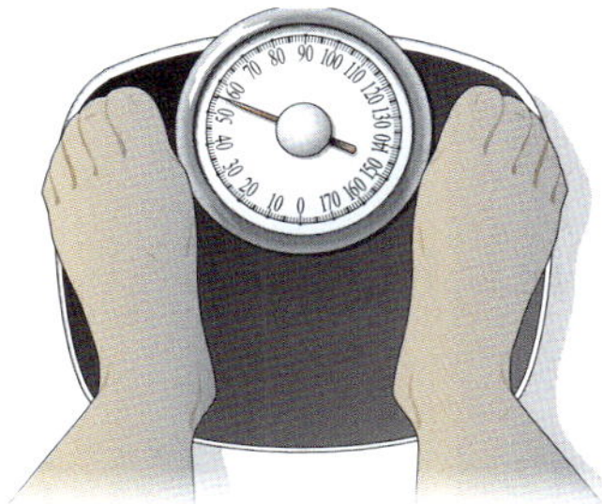

▶ Stima (valore attendibile e incertezza) la massa di Maria.

9 ★★☆ Un tratto di strada viene misurato due volte: la lunghezza massima trovata è 12,4 m; la lunghezza minima è 10,8 m.

▶ Stima (valore attendibile e incertezza) la lunghezza del tratto.

[(11,6 ± 0,8)m]

10 PROBLEM SOLVING

Quattro studenti misurano con i loro cronometri il tempo di caduta di un oggetto. Le misure ottenute da 3 studenti sono 1,25 s, 1,26 s e 1,30 s. La media delle misure è 1,29 s.

▶ Qual è il risultato della misura del quarto studente?

▶ Qual è l'incertezza sul tempo di caduta?

La soluzione

- Indichiamo con x la misura sconosciuta del quarto studente. Dall'espressione della media

$$\bar{t} = \frac{(1{,}25\ \text{s}) + (1{,}26\ \text{s}) + (1{,}30\ \text{s}) + x}{4} = 1{,}29\ \text{s}$$

si ricava:

$$x = 4 \cdot (1{,}29\ \text{s}) - (1{,}25\ \text{s}) - (1{,}26\ \text{s}) - (1{,}30\ \text{s}) = 1{,}35\ \text{s}$$

- L'incertezza sul tempo di caduta è l'errore assoluto delle 4 misure:

$$e_m = \frac{t_{\text{max}} - t_{\text{min}}}{2} = \frac{(1{,}35\ \text{s}) - (1{,}25\ \text{s})}{2} = 0{,}05\ \text{s}$$

11 ★★☆ Paolo corre su una pista di 100 m. Papà, mamma e nonno misurano il suo tempo con tre cronometri che hanno ciascuno una sensibilità di 0,01 s. La tabella mostra i tempi registrati:

Papà	14,56 s
Mamma	14,78 s
Nonno	14,61 s

▶ Stima il tempo di Paolo sui 100 m.

[(14,65 ± 0,11)s]

12 ★★☆ Filippo, Maurizio e Pamela misurano quanto tempo impiegano tre diversi pendoli a compiere un'oscillazione completa. La tabella riporta alcune misure:

	Pendolo 1	Pendolo 2	Pendolo 3
Filippo	1,66 s	2,54 s	
Maurizio	1,78 s	2,64 s	0,72 s
Pamela	1,54 s		
Valore attendibile		2,63 s	0,72 s
Errore assoluto			0,06 s

▶ Riempi la tabella dei dati mancanti e spiega nel dettaglio il caso del pendolo 3.

4 LA SCRITTURA DI UNA MISURA

13 ★★☆ Quattro alunni misurano l'allungamento di una molla. I risultati ottenuti sono:

A	B	C	D
(4,38 ± 1,2) cm	(4,16 ± 0,7) cm	(4 ± 0,1) cm	(4,4 ± 0,2) cm

▶ Individua quale alunno ha scritto in modo corretto la misura.

▶ Scrivi in modo corretto le misure degli altri alunni.

14 PROBLEM SOLVING

In laboratorio 5 studenti misurano quanto tempo impiega un carrellino a percorrere una guida, usando un cronometro ciascuno. Le loro misure sono:

2,76 s	2,86 s	2,71 s	2,79 s	2,83 s

▶ Stima il tempo di percorrenza del carrellino.

La soluzione

Le misure effettuate dai 5 studenti sono diverse tra loro e sono probabilmente condizionate da errori casuali. Per stimare il valore attendibile calcoliamo la media delle misure:

$$\bar{t} = \frac{(2{,}76\ \text{s}) + (2{,}86\ \text{s}) + (2{,}71\ \text{s}) + (2{,}79\ \text{s}) + (2{,}82\ \text{s})}{5} = 2{,}788\ \text{s}$$

Per stimare l'incertezza della misura, calcoliamo l'errore assoluto. I valori minimo e massimo sono:

$$t_{\text{min}} = 2{,}71\ \text{s}, \qquad t_{\text{max}} = 2{,}86\ \text{s}$$

e quindi l'errore è:

$$e_m = \frac{t_{\text{max}} - t_{\text{min}}}{2} = \frac{(2{,}86\ \text{s}) - (2{,}71\ \text{s})}{2} = 0{,}075\ \text{s}$$

Arrotondiamo a una cifra significativa: il valore ottenuto è esattamente a metà tra 0,07 s e 0,08 s e in questi casi si sceglie di arrotondare per eccesso. Quindi l'incertezza della stima è 0,08 s.
Dal momento che la cifra incerta è quella dei centesimi di secondo, il valore attendibile $\bar{t}$ deve essere approssimato ai centesimi, arrotondando per eccesso:

$$\bar{t} = 2{,}788\ \text{s} \approx 2{,}79\ \text{s}$$

In conclusione, la stima del tempo di percorrenza della guida è:

$$t = (2{,}79 \pm 0{,}08)\text{s}$$

15 ★★★ In laboratorio viene determinato il periodo di un pendolo, cioè il tempo necessario per compiere un'oscillazione completa. Si utilizza un cronometro la cui sensibilità è 0,01 s. I risultati delle misure sono:

1,76 s	1,84 s	1,81 s	1,75 s	1,67 s	1,71 s

▶ Calcola il valore attendibile e l'errore assoluto del periodo del pendolo.

▶ Scrivi in modo corretto il risultato della misura.

[(1,76 ± 0,09)s]

5 ACCURATEZZA E PRECISIONE DI UNA MISURA

6 L'INCERTEZZA RELATIVA

16 ★★★ Giorgio misura la sua temperatura con un termometro digitale. La stima del valore della sua temperatura è (36,6 ± 0,1)°C.

▶ Determina l'incertezza relativa e l'incertezza relativa percentuale.

[0,003]

17 PROBLEM SOLVING

Laura ed Elisabetta usano la stessa bilancia per misurare la massa di due oggetti e concordano che l'incertezza delle misure è metà della sensibilità della bilancia. Il valore attendibile della massa misurata da Laura è 1,25 kg, con un'incertezza relativa percentuale del 4,0%. L'incertezza relativa percentuale della misura di Elisabetta è dell'1,0%.

▶ Determina il valore attendibile della massa misurata da Elisabetta.

La soluzione

L'incertezza di entrambe le misure è la stessa. Dai dati relativi alla misura di Laura ricaviamo l'incertezza relativa della sua misura della massa $m_L = 1{,}25$ kg:

$$e_{r,L} = \frac{e_{\%,L}}{100} = \frac{4{,}0}{100} = 0{,}04$$

e da questa l'incertezza della massa misurata da Laura:

$$\Delta m = e_{r,L} \cdot m_L = 0{,}04 \cdot (1{,}25\ \text{kg}) = 0{,}05\ \text{kg}$$

L'incertezza relativa della massa m_E misurata da Elisabetta è

$$e_{r,E} = \frac{e_{\%,E}}{100} = \frac{1{,}0}{100} = 0{,}01$$

e quindi il valore attendibile della massa misurata da Elisabetta è

$$m_E = \frac{\Delta m}{e_{r,E}} = \frac{0{,}05\ \text{kg}}{0{,}01} = 5{,}00\ \text{kg}$$

Da notare che abbiamo scritto il risultato con due cifre decimali in quanto l'incertezza Δm ci dice che è la seconda cifra decimale a essere incerta.

18 ★★☆ Completa la seguente tabella:

Valore attendibile	Incertezza	Incertezza relativa	Incertezza relativa percentuale
130,1 m	0,5 m		
49,75 g		0,0002	
45,20 m/s			0,04%

19 ★★☆ La lunghezza del lato di un quadrato viene misurata con un'incertezza relativa percentuale di $e_{\%} = 0{,}4\%$. Il valore attendibile della lunghezza del lato del quadrato è 2,566 m.

- ▶ Determina l'errore assoluto della misura e stima la lunghezza del lato.

[(2,57 ± 0,01)m]

20 ★★☆ Alberto e Bruno usano lo stesso modello di termometro digitale da cucina, che ha una sensibilità di 0,1 °C. L'incertezza relativa percentuale della temperatura misurata da Bruno è 0,20%. Alberto misura una temperatura di 83 °C.

- ▶ Stima la temperatura misurata da Bruno.
- ▶ Determina l'incertezza relativa percentuale della temperatura misurata da Alberto.

[50 °C; 0,12%]

21 ★★☆ Completa la seguente tabella e correggi, quando necessario, i dati già inseriti:

Valore attendibile	Incertezza	Incertezza relativa	Incertezza relativa percentuale
8,512 mm	1,8 mm		
$5{,}8 \cdot 10^{-27}$ kg	$1{,}23 \cdot 10^{-30}$ kg		
$6{,}12 \cdot 10^{-6}$ m	$2{,}14 \cdot 10^{-8}$ m		
2146657 s	63512 s		

7 L'INCERTEZZA STATISTICA

22 ★☆☆ In laboratorio vengono fatte quattro misure del tempo di caduta di un oggetto dalla stessa altezza. I tempi sono misurati con un cronometro che ha una sensibilità di un centesimo di secondo. La tabella riporta i tempi misurati:

0,61 s	0,64 s	0,71 s	0,68 s

- ▶ Determina il valore attendibile del tempo di caduta dell'oggetto.
- ▶ Calcola lo scarto quadratico medio dei dati. È un parametro attendibile per stimare l'incertezza della misura?

[0,66 s; 0,038 s]

23 ★☆☆ Un oggetto di massa incognita viene posto su diverse bilance con sensibilità di 1 mg. I valori ottenuti sono:

12,352 g	12,353 g	12,346 g	12,348 g
12,347 g	12,351 g	12,350 g	12,347 g

- ▶ Determina il valore attendibile della massa incognita.
- ▶ Calcola lo scarto quadratico medio dei dati.

[12,349 g; 0,0024 g]

24 ★★☆ Una ditta produce dei pesi del valore nominale di 10 g. Per controllare la correttezza del processo di produzione, vengono presi 15 pesi e vengono pesati con una bilancia di precisione che ha la sensibilità di 1 mg. I risultati sono:

10,002 g	9,999 g	10,001 g	9,999 g	10,000 g
9,999 g	9,997 g	9,998 g	10,001 g	10,002 g
9,999 g	10,000 g	10,000 g	10,000 g	10,001 g

- ▶ Disegna l'istogramma che rappresenta i dati.

25 ★★☆ Degli studenti misurano il periodo di un pendolo, cioè il tempo necessario per compiere un'oscillazione completa. Gli studenti utilizzano un cronometro con sensibilità uguale al centesimo di secondo. Le misure ottenute sono:

1,33 s	1,35 s	1,46 s	1,42 s	1,40 s
1,47 s	1,41 s	1,39 s	1,46 s	1,31 s

- ▶ Determina il valore attendibile del periodo del pendolo.

- ▶ Calcola lo scarto quadratico medio dei dati. È un parametro adatto a esprimere l'incertezza della misura?
- ▶ Stima il periodo del pendolo.

[(1,40 ± 0,05)s]

26 ★★★ Tre gruppi di studenti, A, B e C, misurano il tempo di oscillazione di un pendolo. Ogni gruppo effettua tre misurazioni.

- ▶ Completa la tabella e riscrivi i dati in modo corretto.
- ▶ Quante tabelle compatibili con i dati presenti è possibile compilare?

	T_1	T_2	T_3	$\overline{T}$	σ
Gruppo A	2,54 s	2,43 s	2,38 s		
Gruppo B	2,36 s		2,50 s	2,42 s	
Gruppo C	2,48 s			2,48 s	0,08 s

[due tabelle]

8 L'INCERTEZZA IN UNA MISURA INDIRETTA

27 ★ Le dimensioni di una stanza rettangolare sono misurate con una rotella metrica che ha una sensibilità di un centimetro. Le misure sono (5,15 ± 0,01)m e (6,47 ± 0,01)m.

- ▶ Stima il perimetro della stanza.

[(23,24 ± 0,04)m]

28 ★ L'altitudine di un monte è (3542 ± 4)m. Il campo base di un gruppo di alpinisti si trova a un'altitudine di (1844 ± 2)m.

- ▶ Determina il dislivello che devono superare gli alpinisti per raggiungere la cima del monte.

[(1698 ± 6)m]

29 ★★ Lisa misura le dimensioni del suo libro con un righello. La larghezza misura (18,5 ± 0,1)cm e la lunghezza (28,6 ± 0,1)cm.

- ▶ Stima l'area della superficie del libro misurata da Lisa.

[(529 ± 5)cm^2]

30 ★★ Completa la tabella:

l_1	(30,57 ± 0,06)m
l_2	(12,24 ± 0,05)m
$l_1 + l_2$	
$l_1 - l_2$	
l_1 / l_2	
$l_1 l_2$	

31 ★★ Marco vuole determinare l'area della superficie della moneta da 2 € e ne misura il diametro con un righello. Poiché è abbastanza sicuro che il bordo della moneta cada tra due tacche consecutive della scala, stabilisce che il diametro è pari a (2,55 ± 0,05)cm.

- ▶ Stima l'area della superficie della moneta.

[(5,1 ± 0,2)cm^2]

32 ★★ Il volume di un cubo è (420 ± 5)cm^3 e la sua massa è (295 ± 1)g.

- ▶ Stima la densità del cubetto insieme al suo errore assoluto.

[(0,70 ± 0,01)g/cm^3]

33 ★★ Per stimare lo spessore di una moneta da 10 centesimi di euro, Gianluca sovrappone 15 monete una sull'altra e misura con un righello l'altezza della pila di monete ottenuta. La misura è (2,9 ± 0,1)cm, dove 0,1 cm è la sensibilità del righello.

- ▶ Stima lo spessore della moneta.

[(1,93 ± 0,07)mm]

34 ★★ In geologia, è utile usare un modello che rappresenta la Terra come una sfera. Il raggio di questa sfera è R = (6371,23 ± 0,01)km.

- ▶ Determina il valore attendibile e l'errore assoluto del volume della Terra.
- ▶ Determina l'incertezza relativa percentuale della misura del volume.

[(1 083 324 ± 5) · 10^6 km^3; (5 · 10^{-4})%]

9 MISURE, INCERTEZZE E VERIFICHE SPERIMENTALI

35 ★ Anna misura la lunghezza di un libro con un metro da sarto e ottiene l_A = (30,0 ± 0,5) cm. Saverio misura la lunghezza dello stesso libro con un righello e ottiene l_S = (29,8 ± 0,1) cm.

- ▶ Le due stime sono compatibili?

36 ★ Tre gruppi di studenti misurano il periodo di oscillazione T dello stesso pendolo, cioè quanto tempo impiega il pendolo a fare un'oscillazione completa. I valori ottenuti sono:

GRUPPO 1	GRUPPO 2	GRUPPO 3
(0,65 ± 0,04) s	(0,68 ± 0,06) s	(0,57 ± 0,03) s

- ▶ Le stime dei 3 gruppi sono compatibili?

37 ★★ Mario e Roberta misurano 5 volte il tempo di caduta di un oggetto da un'altezza fissata.

Mario	Roberta
0,68 s	0,62 s
0,75 s	0,76 s
0,63 s	0,69 s
0,82 s	0,74 s
0,78 s	0,71 s

▶ Le stime dei tempi di caduta di Mario e Roberta sono tra loro compatibili?

[(0,73 ± 0,09)s; (0,70 ± 0,07)s]

38 ★★ La tabella mostra la temperatura registrata in una città in alcuni momenti del mattino:

Ora (hh:mm)	06:00	07:00	08:00	09:00	10:00
Temperatura (°C)	12,3	13,0	13,7	14,3	15,1

Le temperature sono misurate con un'incertezza pari a 0,2 °C.

▶ Disegna il grafico che rappresenta i dati in un piano cartesiano, posizionando in ascissa le ore trascorse a partire dalle 5:00 del mattino e la temperatura T in ordinata.

▶ Stabilisci se i dati sono compatibili con l'ipotesi di una relazione lineare tra la temperatura T e il tempo trascorso t espressa dalla legge $T = (0{,}7\ °C/h)t + (11{,}6\ °C)$

PROBLEMI FINALI

39 ★★ Il righello mostrato nella figura è un righello americano la cui unità di misura è il pollice, equivalente a 2,54 cm. Determina:

▶ la portata in centimetri;

▶ la sensibilità in centimetri.

[15,2 cm; 0,3 cm]

40 ★★ La figura mostra il display di una bilancia americana, che misura la massa in libbre. Una libbra è equivalente a 453,59237 g. Determina:

▶ la sensibilità in libbre;

▶ la sensibilità in grammi.

[0,1 lb; 45 g]

41 ★★ **LEGGI IL GRAFICO**

La figura mostra la variazione di una grandezza al variare del tempo t.

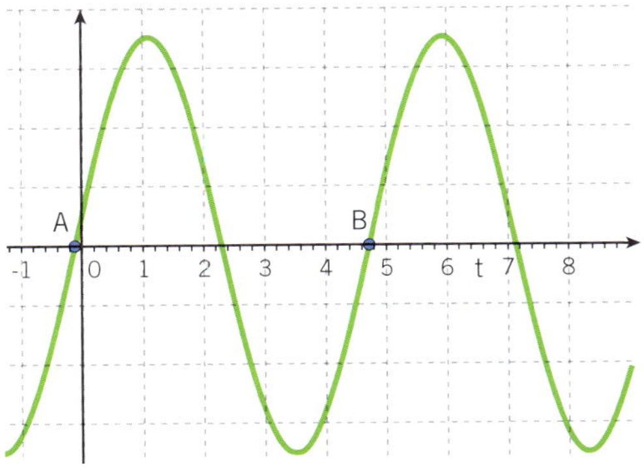

Ogni quadretto del reticolo (linee tratteggiate) corrisponde, in ascissa, a un tempo uguale a $0{,}25 \cdot 10^{-4}$ s.

▶ Stima il valore attendibile della durata dell'intervallo di tempo da A a B e la sua incertezza.

[$(1{,}2 \pm 0{,}1) \cdot 10^{-4}$ s]

42 ★★ Una stima molto precisa della distanza media Terra-Luna ha un valore attendibile di 384 403 km e un'incertezza assoluta di 2 cm.

▶ Determina l'incertezza relativa percentuale della stima.

[$(5 \cdot 10^{-9})$%]

43 ★★ Giulia vuole misurare una lunghezza di 3 cm con un'incertezza non superiore al 2%. Ha a disposizione un righello che ha una sensibilità di un millimetro e un calibro che ha una sensibilità del decimo di millimetro.

▶ Quale strumento deve utilizzare Giulia per ottenere la precisione desiderata?

44 ★★ Eleonora vuole stimare l'altezza h di una scogliera rispetto al livello del mare. Sa che, se misura il tempo t impiegato da un sasso a finire in mare quando viene lasciato cadere dalla scogliera, può calcolare l'altezza con la formula $h = gt^2/2$, in cui $g = 9{,}81$ m/s^2. Eleonora misura venti volte il tempo di caduta. La tabella riporta le misure ottenute:

1,50 s	1,51 s
1,60 s	1,63 s
1,57 s	1,49 s
1,52 s	1,41 s
1,47 s	1,52 s
1,54 s	1,59 s
1,51 s	1,61 s
1,51 s	1,51 s
1,44 s	1,43 s
1,65 s	1,62 s

▶ Costruisci l'istogramma dei dati.

▶ Calcola il valore attendibile $\bar{t}$ e lo scarto quadratico medio σ dei tempi di caduta. Stima il tempo di caduta.

▶ Stima l'altezza della scogliera (l'incertezza del parametro g è trascurabile).

[(1,53 ± 0,07) s; (11 ± 1) m]

45 ★★☆ Un carrello si muove con velocità costante su una rotaia senza attrito. Vengono effettuate venti misurazioni dell'intervallo di tempo che il carrello impiega per percorrere la distanza di (2,12 ± 0,01) m. La tabella mostra le misure effettuate:

1,204 s	1,179 s
1,201 s	1,192 s
1,206 s	1,197 s
1,198 s	1,182 s
1,193 s	1,195 s
1,205 s	1,197 s
1,195 s	1,208 s
1,195 s	1,219 s
1,213 s	1,214 s
1,212 s	1,189 s

- ▶ Costruisci l'istogramma dei dati.
- ▶ Calcola il valore attendibile $\bar{t}$ e lo scarto quadratico medio σ.

[(1,20 ± 0,01) s]

46 ★★☆ Sofia vuole stimare la sua altezza ma non ha un metro a disposizione. Sa che vale la legge $d = gt^2/2$, dove d è la distanza percorsa in un intervallo di tempo t e che $g = 9{,}81\ \text{m/s}^2$. Sofia lascia quindi cadere una gomma dalla sommità della sua fronte mentre un amico misura il tempo che la gomma impiega ad arrivare al suolo: dal tempo misurato calcola la distanza percorsa dalla gomma. Il tempo misurato con un cronometro di sensibilità pari al centesimo di secondo è pari a 0,54 s.

- ▶ Determina il valore attendibile e l'errore assoluto dell'altezza di Sofia.

[(143 ± 5) cm]

47 ★★☆ Uno studente deve misurare il periodo di un pendolo, cioè la durata di una sua oscillazione completa. La misura degli intervalli di tempo viene effettuata con un cronometro che ha una sensibilità del centesimo di secondo. Per diminuire l'incertezza assoluta sulla misura da fare, lo studente misura l'intervallo di tempo corrispondente a 6 oscillazioni complete del pendolo e trova il valore 15,54 s.

- ▶ Determina il valore attendibile e l'errore assoluto del periodo del pendolo.
- ▶ Determina l'incertezza relativa percentuale della misura.

Un altro studente misura con lo stesso cronometro l'intervallo di tempo di una singola oscillazione, ottenendo 2,59 s.

- ▶ Determina l'incertezza relativa percentuale di questa misura e confrontala col caso precedente. I risultati sono compatibili?

[(2,590 ± 0,002) s; 0,08%; 0,4%]

48 ★★☆ Marco vuole misurare la densità di un cubetto: con un righello misura lo spigolo del cubetto, ottenendo $l = (1{,}4 \pm 0{,}1)$ cm, e con una bilancia digitale misura la massa, ottenendo $m = (23{,}0 \pm 0{,}1)$ g.

- ▶ Determina il valore attendibile e l'errore assoluto della densità del cubetto.
- ▶ Marco può determinare il materiale di cui è costituito il cubetto?

[(8000 ± 2000) kg/m³; no]

49 ★★★ Le stime dei valori delle masse di quattro oggetti sono $m_1 = (5{,}84 \pm 0{,}02)$ kg, $m_2 = (6{,}1 \pm 0{,}2)$ g, $m_3 = (32{,}16 \pm 0{,}01)$ g, $m_4 = (425 \pm 5)$ g.

- ▶ Scrivi le misure delle masse in ordine di precisione crescente.

50 ★★★ **LEGGI IL GRAFICO**

Un sensore misura la temperatura T di un forno a intervalli di 1 minuto dal momento in cui viene acceso. La sensibilità del sensore è di 5 °C. La figura mostra il grafico ottenuto con i dati registrati dal sensore.

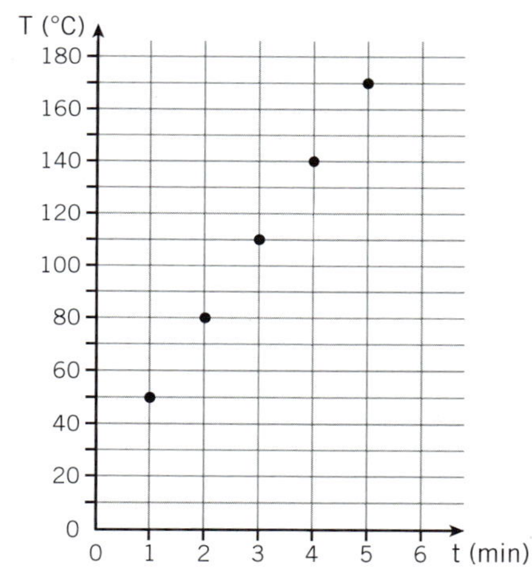

- ▶ Stabilisci se i dati sono compatibili con l'ipotesi di una relazione lineare tra la temperatura T del forno e il tempo t di accensione espressa dalla legge $T = (30\ °\text{C/min})\ t + (20\ °\text{C})$
- ▶ Qual era la temperatura iniziale del forno?

[20 °C]

$T_{INIZIALE} = 20\ °C$

$50 - 30 = 20$

TEST

1 La sensibilità di uno strumento è
- **A** il valore massimo della grandezza che lo strumento è in grado di misurare.
- **B** il valore minimo della grandezza che lo strumento è in grado di misurare.
- **C** la minima variazione della grandezza che lo strumento è in grado di apprezzare.
- **D** la rapidità con cui lo strumento fornisce la misura.

2 Quale delle seguenti affermazioni è vera?
- **A** Uno strumento con alta sensibilità può avere una piccola prontezza.
- **B** Uno strumento con alta sensibilità deve avere anche una grande prontezza.
- **C** Uno strumento con bassa sensibilità ha sempre una bassa prontezza.
- **D** Uno strumento con grande portata non può avere una grande prontezza.

3 Quale delle seguenti affermazioni è vera?
- **A** Per effettuare una misura senza errore bisogna usare strumenti con sensibilità altissima.
- **B** Per effettuare una misura senza errore bisogna usare strumenti con grandissima prontezza.
- **C** Per effettuare una misura senza errore bisogna usare strumenti con portata piccolissima.
- **D** Nessuna delle precedenti affermazioni è vera.

4 Mediante un metro da falegname si stabilisce che l'altezza di una porta è compresa fra i valori h_{min} e h_{max}. Il valore medio h e l'errore assoluto e sono rispettivamente:
- **A** $h = \dfrac{h_{\text{min}} + h_{\text{max}}}{2}$ $\quad e = \dfrac{h_{\text{min}} - h_{\text{max}}}{2}$
- **B** $h = \dfrac{h_{\text{min}} + h_{\text{max}}}{2}$ $\quad e = \dfrac{h_{\text{max}} - h_{\text{min}}}{2}$
- **C** $h = \dfrac{h_{\text{min}} - h_{\text{max}}}{2}$ $\quad e = \dfrac{h_{\text{min}} + h_{\text{max}}}{2}$
- **D** $h = \dfrac{h_{\text{max}} + h_{\text{min}}}{2}$ $\quad e = \dfrac{h_{\text{min}} + h_{\text{max}}}{2}$

5 Il risultato di una misura di lunghezza è

$$l = (2{,}35 \pm 0{,}05)\ \text{m}$$

Quant'è l'errore relativo percentuale?
- **A** $e_{\%} = \dfrac{2{,}35\ \text{m}}{0{,}05\ \text{m}} \cdot 100$
- **B** $e_{\%} = \dfrac{0{,}05\ \text{m}}{2{,}35\ \text{m}} : 100$
- **C** $e_{\%} = \dfrac{0{,}05\ \text{m}}{2{,}35\ \text{m}} \cdot 100$
- **D** $e_{\%} = \dfrac{2{,}35\ \text{m}}{0{,}05\ \text{m}} : 100$

6 Un rettangolo ha dimensioni $a = 2{,}31$ m e $b = 1{,}8$ m. Quali sono le scritture corrette del perimetro p e dell'area A del rettangolo?
- **A** $p = 8{,}22$ m $\quad A = 4{,}158\ \text{m}^2$
- **B** $p = 8{,}2$ m $\quad A = 4{,}2\ \text{m}^2$
- **C** $p = 8{,}0$ m $\quad A = 4{,}0\ \text{m}^2$
- **D** Non si possono determinare perché le dimensioni hanno un diverso numero di cifre significative.

7 In quale delle seguenti situazioni si compie certamente un errore sistematico misurando la lunghezza di un tappeto?
- **A** Ripetendo più volte la misura.
- **B** Misurando il tappeto prima da un lato e poi dall'altro.
- **C** Usando un metro con sensibilità di solo 1 cm.
- **D** Usando un metro che si è incurvato.

8 Quale delle seguenti affermazioni è vera?
- **A** L'errore assoluto di una somma di due o più misure è la somma degli errori relativi delle misure.
- **B** L'errore assoluto di una differenza di due misure è la differenza degli errori assoluti delle due misure.
- **C** L'errore relativo di un prodotto di due o più misure è il prodotto degli errori relativi delle misure.
- **D** L'errore relativo di un prodotto di due o più misure è la somma degli errori relativi delle misure.

9 Sara misura lo spessore d di un vocabolario e trova che è compreso tra 7,8 cm e 7,9 cm. Come deve scrivere il risultato della misura e il suo errore assoluto?
- **A** $d = (7{,}8 + 0{,}1)$ cm
- **B** $d = (7{,}9 - 0{,}1)$ cm
- **C** $d = (7{,}85 \pm 0{,}05)$ cm
- **D** $d = (7{,}85 \pm 0{,}1)$ cm

10 La misura di una lunghezza è (A ± B) m, dove B è l'errore assoluto. Come si calcola l'errore relativo percentuale della misura?
- **A** $\dfrac{\text{A}}{\text{B}} \cdot 100$
- **B** $\dfrac{\text{B}}{\text{A}}$
- **C** $\dfrac{\text{B}}{\text{A}} \cdot 100$
- **D** $\dfrac{\text{B}}{100\text{A}}$

ESERCIZI

SEI PRONTO PER LA VERIFICA?

IN UN'ORA

10/100 **Problema 1**

Un'aiuola ha la forma di un rettangolo di dimensioni 7,9 m e 11,7 m.

▶ Calcola l'area dell'aiuola facendo attenzione alle cifre significative e giustificando la tua scelta. [92 m²]

10/100 **Problema 2**

Gianni preleva 10,1 litri di vino, che costa 2,00 euro al litro, da un erogatore in una fattoria. Il display dell'erogatore mostra la quantità fornita con due cifre dopo la virgola: Gianni conclude che lo strumento ha una sensibilità di 0,01 litri. Quando sul display appare € 20,11 Gianni si insospettisce, perché?

10/100 **Problema 3**

Un'asse di legno ha dimensioni (4,45 ± 0,01) m e (0,25 ± 0,01) m.

▶ Calcola il suo perimetro e scrivilo con indicazione dell'errore assoluto.

▶ Determina con quale errore relativo può essere calcolata la sua area. [(9,40 ± 0,04) m; 0,042]

10/100 **Problema 4**

Il cronometraggio elettronico di una gara di atletica assicura un errore assoluto delle misure di circa 1 ms.

▶ Qual è l'errore relativo del risultato di una gara di 100 m piani corsa in 9,80 s? [0,0001]

Problema 5

Per stimare la densità dei ceci, vengono misurate le masse di un numero crescente di ceci con una bilancia digitale che ha la sensibilità di 1 grammo. La tabella seguente contiene i dati letti sulla bilancia, senza le incertezze:

Numero	20	40	60	80	100	120	150	170
Massa (g)	12	25	38	50	63	75	95	108

18/100 **A** Riporta i dati in un grafico cartesiano (numero di ceci n in ascissa, massa m in ordinata) e stabilisci che tipo di relazione esiste tra queste due grandezze. Se si misura la massa di 70 ceci, quale valore è presumibile ottenere? Usa i dati per stimare la massa di un cece. [(0,635 ± 0,006) g]

14/100 **B** I ceci vengono messi in un bicchiere graduato che è stato precedentemente riempito parzialmente con 200 mL di acqua.

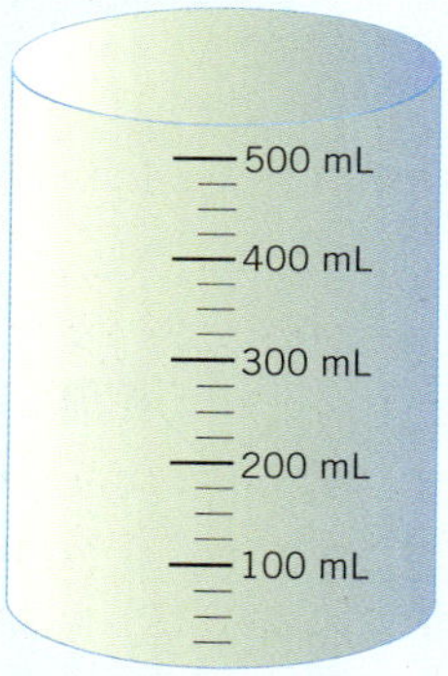

La tabella seguente contiene i dati ottenuti leggendo il valore del volume corrispondente alla superficie dell'acqua nel bicchiere:

Numero	43	86	128	170
Volume totale (mL)	225	250	275	300

Stima il volume di un cece. [(0,6 ± 0,1) mL]

13/100 **C** Stima la densità dei ceci. [(1100 ± 200) kg/m³]

15/100 **D** La stima della densità dei ceci ha un'incertezza percentuale piuttosto alta, circa il 18%. Come va modificata la procedura descritta per ridurre l'incertezza della densità?

.../100

CAPITOLO 3 I VETTORI E LE FORZE

«Il 6 agosto 2012, alle 7:31 italiane, il rover della NASA chiamato Curiosity atterra su Marte dopo 253 giorni di navigazione. Il rover è in grado di raccogliere campioni del suolo marziano, analizzarli e spedire i risultati a Terra. Curiosity ha una massa di 900 kg.»

▶ **Qual è il peso di *Curiosity* su Marte?**

▶ Risposta a pag. 74

1 SCALARI E VETTORI

scalars and vectors

Per indicare il volume d'acqua contenuto in una piscina è sufficiente fornire un numero e specificare l'unità di misura usata. Dicendo, per esempio, che una piscina contiene 2500 m^3 d'acqua si indica *quanto è grande* il volume dell'acqua rispetto al volume di un metro cubo, cioè rispetto all'unità di misura scelta (figura 1). Il volume è un esempio di grandezza scalare.

Le **grandezze scalari**, o semplicemente **scalari,** sono grandezze descritte in modo completo da un numero e da un'unità di misura.

Figura 1
Una piscina olimpica deve essere lunga 50 m, larga 25 m e profonda almeno 2 m.

Altri esempi di grandezze scalari sono l'intervallo di tempo, la massa e la temperatura.

Esistono però grandezze che non sono scalari. Supponiamo per esempio di sapere che un'automobile ha percorso 2 km su una traiettoria rettilinea a partire dal punto O: questa sola informazione non permette di determinare come è cambiata la posizione dell'automobile. Infatti, alla fine del viaggio, l'automobile si può trovare in un punto qualunque della circonferenza che ha centro nel punto di partenza O e raggio di 2 km.

Una descrizione completa dello spostamento dell'automobile deve comprendere, oltre alla distanza, anche la direzione e il verso del moto, cioè deve essere del tipo «l'automobile si è spostata di 2 km lungo la retta passante per OP nel verso che va da O a P» (figura 2).

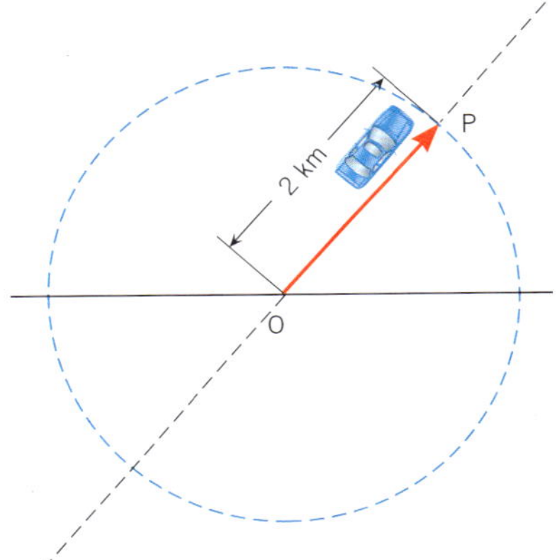

Figura 2
L'automobile si è spostata di 2 km lungo la retta passante per OP nel verso che va da O a P.

Figura 3
Le frecce indicano la direzione e il verso dello spostamento per giungere a destinazione. Il valore in km è invece il modulo dello spostamento.

Le **grandezze vettoriali**, o semplicemente **vettori**, sono grandezze descritte in modo completo dalla loro misura, detta **modulo** o **intensità** della grandezza, dalla **direzione** e dal **verso**.

Lo spostamento è quindi una grandezza vettoriale: si parla infatti di **vettore spostamento**. Altre grandezze vettoriali sono la velocità, l'accelerazione e la forza.

Le grandezze vettoriali si indicano con una lettera con una freccia sopra, per esempio $\vec{A}$, mentre il loro modulo si indica con la stessa lettera senza freccia.

Le grandezze vettoriali si rappresentano graficamente con una freccia.

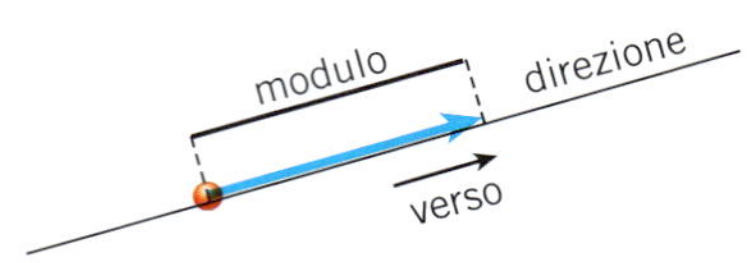

MATEMATICA

Il modulo di un vettore

Il modulo del vettore $\vec{A}$ si può indicare in due modi: A oppure $|\vec{A}|$

Per convenzione, **la lunghezza della freccia che rappresenta un vettore è proporzionale al modulo del vettore**.

2 SOMMA E SOTTRAZIONE DI VETTORI

Addizione di vettori

Nelle figure **4A, B, C, D** sono rappresentate situazioni in cui un'auto compie prima uno spostamento $\vec{A}$ e poi uno spostamento $\vec{B}$. In ciascuna di queste situazioni, il vettore $\vec{R}$ indica lo spostamento totale, cioè la **somma** dei due vettori spostamento $\vec{A}$ e $\vec{B}$:

$$\vec{R} = \vec{A} + \vec{B}$$

Il vettore somma è detto anche **risultante**.

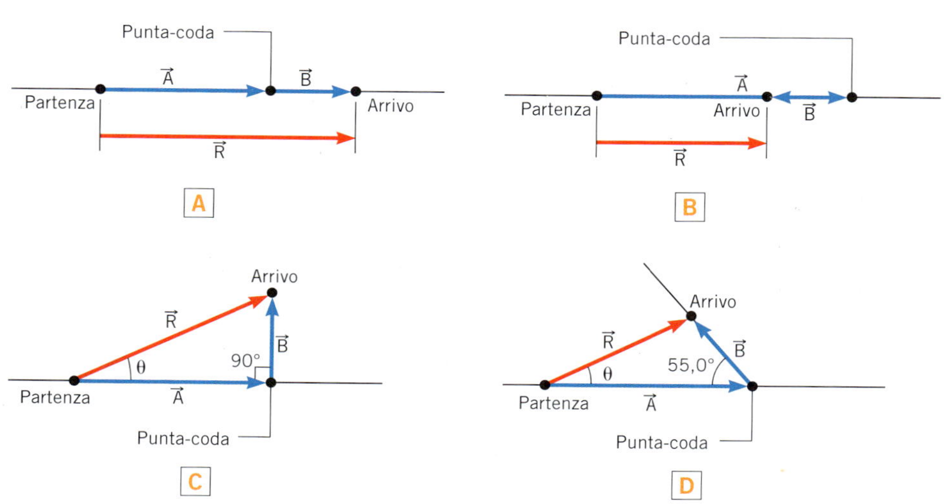

Figura 4
A. Somma di due vettori spostamento $\vec{A}$ e $\vec{B}$ allineati e con lo stesso verso; il vettore risultante è $\vec{R}$.
B. Somma di due vettori spostamento $\vec{A}$ e $\vec{B}$ allineati e di verso opposto; il vettore risultante è $\vec{R}$.
C. Somma di due vettori spostamento $\vec{A}$ e $\vec{B}$ perpendicolari; il vettore risultante è $\vec{R}$.
D. Somma di due vettori spostamento $\vec{A}$ che non sono né allineati né perpendicolari; il vettore risultante è $\vec{R}$.

In tutti gli esempi proposti, $\vec{B}$ è consecutivo ad $\vec{A}$ e la loro somma $\vec{R}$ è il vettore che congiunge il punto di partenza, la coda di $\vec{A}$, col punto d'arrivo, la punta di $\vec{B}$. Questo metodo è detto **metodo punta-coda** e permette di determinare il vettore somma di due vettori qualsiasi.

Quando si sommano due vettori $\vec{A}$ e $\vec{B}$ con la stessa direzione è facile determinare il vettore somma $\vec{R}$. Se $\vec{A}$ e $\vec{B}$ hanno la stessa direzione e lo stesso verso (figura 4A), $\vec{R}$ ha quella direzione, quel verso e il modulo uguale a $A + B$. Se $\vec{A}$ e $\vec{B}$ hanno la stessa direzione ma verso opposto (figura 4B) e, per esempio, $\vec{A}$ ha modulo maggiore di $\vec{B}$, allora $\vec{R}$ ha la direzione e il verso di $\vec{A}$ e il modulo uguale a $A - B$.

Per determinare il vettore somma di due vettori che hanno direzione diversa (figura 4C,D e 5) si può usare il procedimento grafico illustrato nell'esempio seguente.

Figura 5
Lo spostamento totale dal punto A al punto C è dato dalla somma $\vec{R} = \vec{A} + \vec{B}$

Esempio 1 Un procedimento grafico

In una regata, una barca effettua i due spostamenti successivi indicati nella figura: dal punto A giunge al punto B e poi arriva nel punto C.

▶ Determina modulo, direzione e verso dello spostamento totale.

La soluzione

Disegniamo su un foglio una freccia che rappresenta il vettore $\vec{A}$ e una freccia che rappresenta il vettore $\vec{B}$. Scegliamo una scala tale che 1 cm nel disegno corrisponda a 100 m nella realtà. Tracciamo quindi una freccia che congiunge la coda della freccia che rappresenta $\vec{A}$ con la punta della freccia che rappresenta $\vec{B}$.

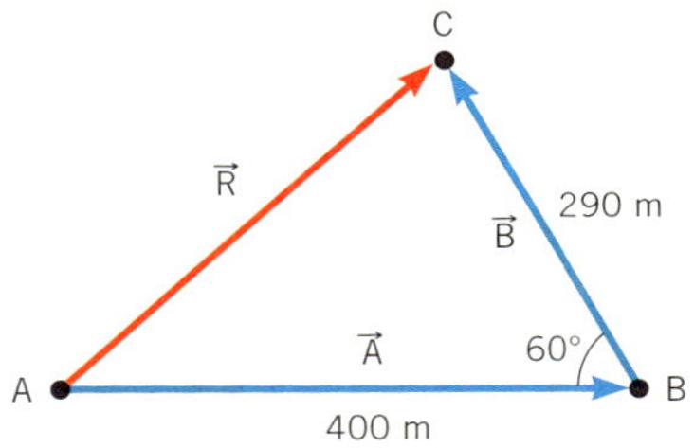

Con un righello misuriamo la lunghezza della freccia che rappresenta $\vec{R}$ e otteniamo 3,6 cm. Quindi il modulo dello spostamento totale è

$$R = (3{,}6\ \text{cm})(100\ \text{m/cm}) = \boxed{360\ \text{m}}.$$

Con un goniometro misuriamo l'angolo fra la freccia di $\vec{R}$ e la freccia di $\vec{A}$: l'angolo è 40° circa.

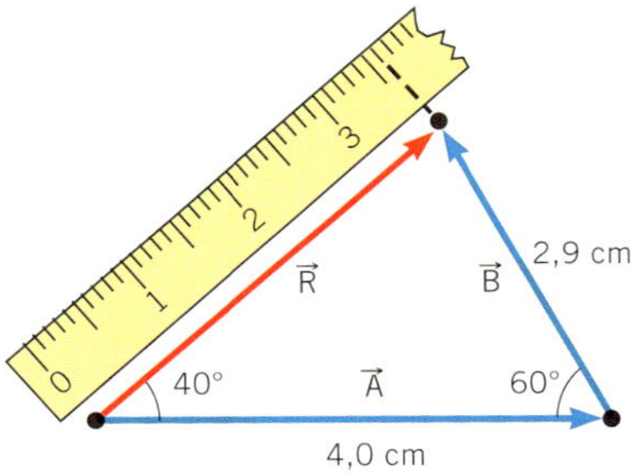

La somma di due vettori può essere determinata anche con la **regola del parallelogramma**, che deriva dal metodo punta-coda. Si tracciano i due vettori $\vec{A}$ e $\vec{B}$ a partire dallo stesso punto O, in modo che le due code coincidano; poi da ciascuna punta si traccia la retta parallela all'altro vettore. Le due rette così tracciate si incontrano in un punto C: il vettore somma $\vec{R}$ ha la direzione e il modulo della diagonale del parallelogramma così formato e ha il verso da O a C. La **figura 6** mostra i due metodi per sommare due vettori.

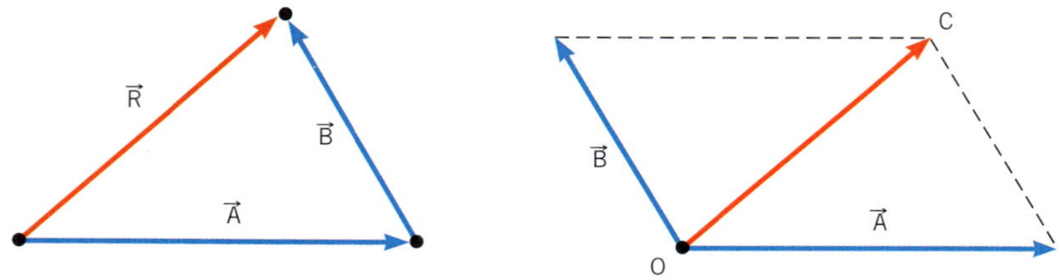

Figura 6
Determinazione della somma di due vettori $\vec{A}$ e $\vec{B}$ con il metodo punta-coda (a sinistra) e la regola del parallelogramma (a destra).

Si può dimostrare che l'addizione fra vettori gode delle seguenti proprietà:

Proprietà commutativa

$$\vec{A} + \vec{B} = \vec{B} + \vec{A}$$

cioè la somma non cambia cambiando l'ordine degli addendi, e

Proprietà associativa

$$(\vec{A} + \vec{B}) + \vec{C} = \vec{A} + (\vec{B} + \vec{C})$$

cioè la somma di tre vettori si può calcolare addizionando a uno di essi la somma degli altri due.

Moltiplicazione di un vettore per un numero

Due formiche salgono lungo lo stelo di un fiore. La prima compie uno spostamento $\vec{s}$, mentre la seconda compie uno spostamento $\vec{d}$, pari al doppio di $\vec{s}$: scriviamo $\vec{d} = 2\vec{s}$ (**figura 7**). Il vettore $\vec{d}$ rappresenta uno spostamento nella stessa direzione e nello stesso verso di $\vec{s}$ ma con modulo $2s$. In generale:

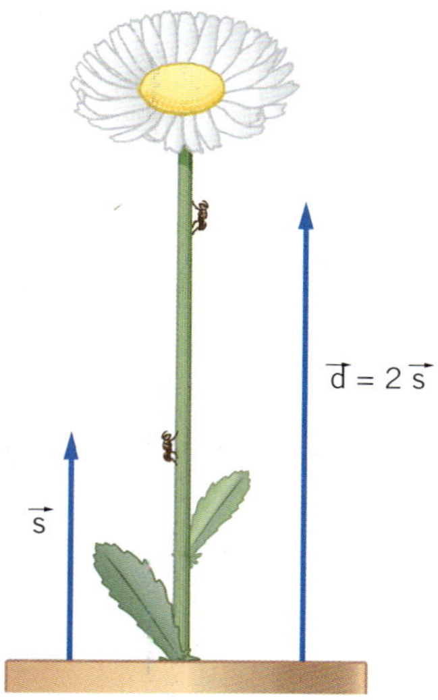

Figura 7
Due formiche, salendo lungo lo stelo di un fiore, compiono due spostamenti che risultano l'uno il doppio dell'altro.

moltiplicando un vettore $\vec{A}$ per un numero k, si ottiene un nuovo vettore

$$\vec{B} = k\vec{A} \quad [1]$$

che ha il modulo uguale al prodotto di A per il valore assoluto di k, la stessa direzione di $\vec{A}$ e il verso di $\vec{A}$ se k è positivo, verso opposto se k è negativo.

MATEMATICA

Il valore assoluto

Il valore assoluto di un numero k è uguale a:

- k, se $k \geq 0$
- $-k$, se $k < 0$

Esempio 2 Moltiplicazione di un vettore per −1

Una ragazza percorre 1,2 m salendo su una scala: il suo vettore spostamento $\vec{S}$ è diretto verso l'alto nella direzione della scala, come mostra la **figura A**.

▶ Qual è il significato fisico del vettore $-\vec{S}$?

La soluzione

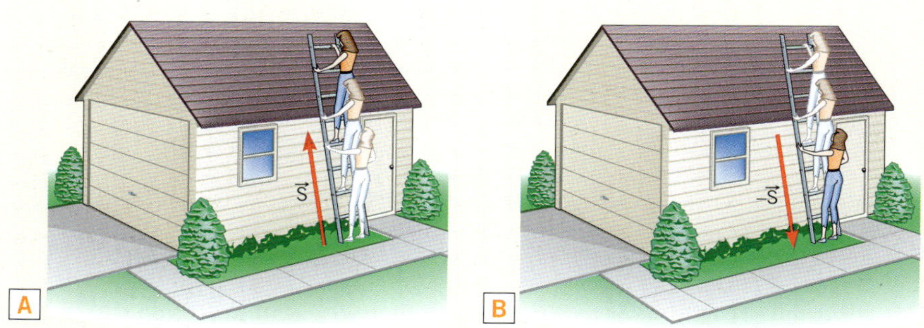

Un vettore spostamento $-\vec{S}$ è uguale a $(-1)\,\vec{S}$ e ha lo stesso modulo e la stessa direzione di $\vec{S}$ ma verso opposto. Perciò $-\vec{S}$ rappresenta lo spostamento della ragazza che percorre 1,2 m scendendo dalla scala, come mostra la **figura B**.

Sottrazione di vettori

La sottrazione di due vettori si esegue come l'addizione, ma il vettore da sottrarre viene prima moltiplicato per −1.

Per capire il motivo di questo procedimento osserviamo i due vettori $\vec{A}$ e $\vec{B}$ nella **figura 8A** che hanno come somma il vettore $\vec{C} = \vec{A} + \vec{B}$. Da questa relazione segue che $\vec{A} = \vec{C} - \vec{B}$, quindi $\vec{A}$ è la differenza fra i vettori $\vec{C}$ e $\vec{B}$. Ma la relazione precedente può anche essere scritta nella forma $\vec{A} = \vec{C} + (-\vec{B})$, quindi $\vec{A}$ può essere determinato come somma dei due vettori $\vec{C}$ e $-\vec{B}$.

La **figura 8B** mostra come determinare il vettore differenza $\vec{A} = \vec{C} - \vec{B}$ addizionando i vettori $\vec{C}$ e $-\vec{B}$.

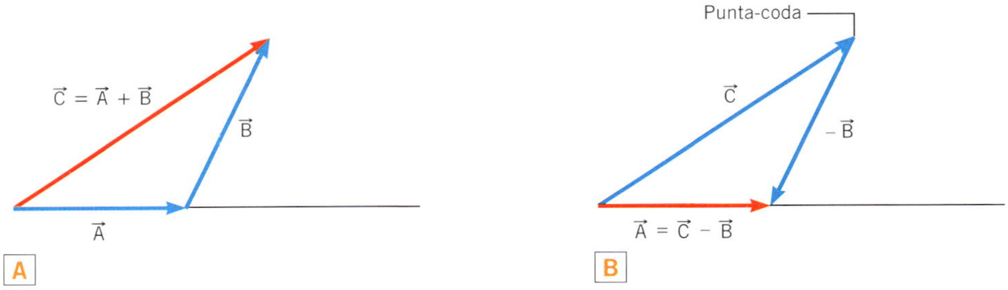

Figura 8
A. Addizione di due vettori $\vec{C} = \vec{A} + \vec{B}$.
B. Sottrazione di due vettori $\vec{A} = \vec{C} - \vec{B}$ eseguita con la regola $\vec{A} = \vec{C} + (-\vec{B})$.

Se sottraiamo un vettore con sé stesso, otteniamo il vettore nullo: $\vec{A} - \vec{A} = 0$.

3 PRODOTTI TRA VETTORI

Scomposizione di un vettore

Un'automobile compie uno spostamento $\vec{R}$. Come illustra la **figura 9**, l'auto può arrivare allo stesso punto di arrivo facendo prima uno spostamento $\vec{X}$ verso est e poi uno spostamento $\vec{Y}$ verso nord. I vettori $\vec{X}$ e $\vec{Y}$ sono detti **vettori componenti** di $\vec{R}$ lungo gli assi x e y, perché $\vec{R} = \vec{X} + \vec{Y}$. In questo modo $\vec{R}$ è stato scomposto lungo le direzioni x e y.

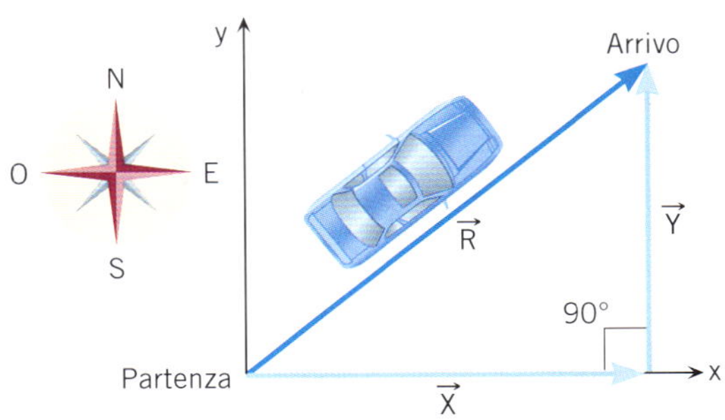

Figura 9
Il vettore spostamento $\vec{R}$ e i suoi vettori componenti $\vec{X}$ e $\vec{Y}$.

In generale:

Scomporre un vettore $\vec{A}$ lungo due direzioni assegnate r e s significa determinare un vettore componente $\vec{B}$ su r e un vettore componente $\vec{C}$ su s tali che la loro somma sia $\vec{A}$:

$$\vec{A} = \vec{B} + \vec{C}$$

Per determinare i vettori componenti di un vettore $\vec{A}$ lungo due direzioni assegnate r e s, basta tracciare dalla punta di $\vec{A}$ le parallele a r e a s, come mostra la **figura 10**.

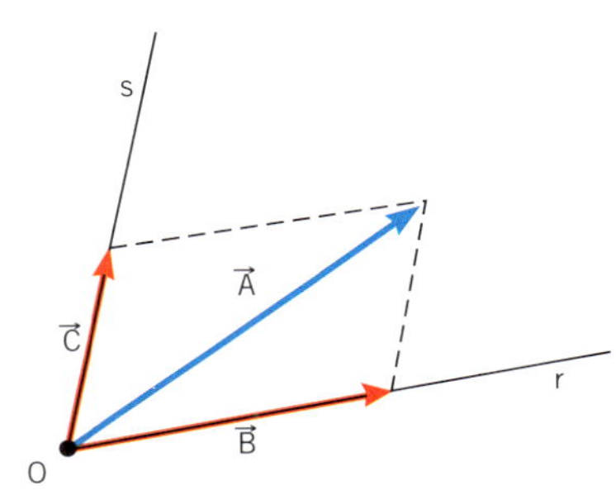

Figura 10
Scomposizione del vettore $\vec{A}$ lungo le direzioni r e s.

Proiezione di un vettore

Osservando la **figura 11** diamo la seguente definizione:

la proiezione $\vec{A}_r$ di un vettore $\vec{A}$ lungo una direzione r è il vettore che si ottiene congiungendo la coda di $\vec{A}$ con la proiezione ortogonale della punta di $\vec{A}$ su r.

Ricordando la definizione di coseno possiamo scrivere $A_r = A \cos\theta$.

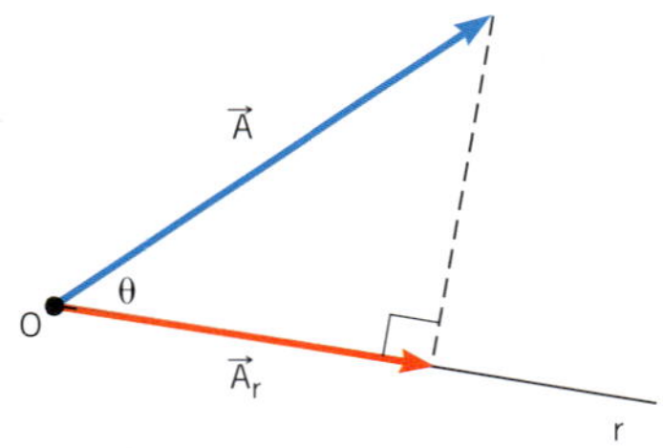

Figura 11
Per determinare la proiezione di $\vec{A}$ lungo la direzione r bisogna individuare la proiezione ortogonale della punta di $\vec{A}$ su r.

Prodotto scalare di due vettori

Per trattare importanti argomenti di fisica è necessario introdurre due tipi diversi di prodotto fra vettori. Cominciamo con il prodotto scalare.

scalar product

Il **prodotto scalare** $\vec{A} \cdot \vec{B}$ di due vettori è lo **scalare** uguale al prodotto del modulo del primo vettore per la proiezione del secondo vettore sul primo.

$$\vec{A} \cdot \vec{B} = A\,B_a \qquad [2]$$

Il **segno** è positivo se il vettore e la proiezione hanno lo stesso verso, negativo se hanno verso opposto.

Nella **figura 12A**, il prodotto scalare dei vettori è $\vec{A} \cdot \vec{B} = 5 \cdot 3 = 15$, mentre nella **figura 12B** è $\vec{A} \cdot \vec{B} = 5 \cdot (-3) = -15$.

Se i due vettori sono perpendicolari (**figura 12C**), il loro prodotto scalare è uguale a zero perché la proiezione di ciascuno di essi lungo la direzione dell'altro è nulla.

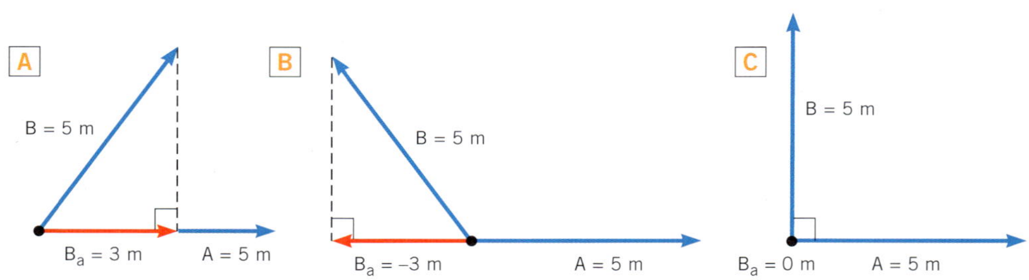

Figura 12
A. Se la proiezione di $\vec{A}$ su $\vec{B}$ ha lo stesso verso di $\vec{B}$, il prodotto scalare $\vec{A} \cdot \vec{B}$ è positivo.
B. Se la proiezione di $\vec{A}$ su $\vec{B}$ ha verso opposto a $\vec{B}$, il prodotto scalare $\vec{A} \cdot \vec{B}$ è negativo.
C. Se i vettori $\vec{A}$ e $\vec{B}$ sono perpendicolari, il loro prodotto scalare è nullo.

Per calcolare il prodotto scalare $\vec{A} \cdot \vec{B}$ è indifferente utilizzare la proiezione $\vec{A}_b$ e $\vec{B}$ oppure la proiezione $\vec{B}_a$ e $\vec{A}$: i triangoli *OPQ* e *ORS* (**figura 13**) sono infatti simili, in quanto sono rettangoli e hanno l'angolo $\hat{O}$ in comune. I triangoli *OPQ* e *ORS* hanno quindi i lati in proporzione; in particolare $B/B_a = A/A_b$, da cui si ha l'uguaglianza $B \cdot A_b = A \cdot B_a$.

La trigonometria fornisce regole semplici per calcolare il prodotto scalare.

Riprendiamo in esame la **figura 13**. Ricordando la definizione di coseno possiamo scrivere $B_a = B \cdot \cos\theta$.

In questo modo la definizione [2] diventa:

$$\vec{A} \cdot \vec{B} = A \cdot B_a = A \cdot B \cdot \cos\theta$$

In generale:

Il prodotto scalare di due vettori $\vec{A}$ e $\vec{B}$ è il numero

$$\vec{A} \cdot \vec{B} = A \cdot B \cdot \cos\theta \qquad [3]$$

dove θ è l'angolo formato dai due vettori.

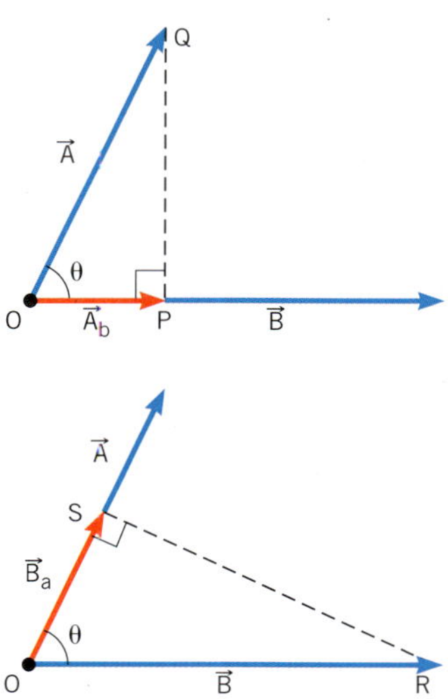

Figura 13
Poiché i triangoli *OPQ* e *ORS* sono simili, $B/B_a = A/A_b$, quindi $\vec{B} \cdot \vec{A}_b = \vec{A} \cdot \vec{B}_a$.

Se utilizziamo il modulo della proiezione di $\vec{A}$ su $\vec{B}$, cioè A_b, otteniamo lo stesso risultato:

$$A_b \cdot B = (A \cdot \cos\theta) \cdot B = A \cdot B \cdot \cos\theta$$

Il prodotto scalare gode delle seguenti proprietà:

Proprietà commutativa

$$\vec{A} \cdot \vec{B} = \vec{B} \cdot \vec{A}$$

cioè il prodotto scalare non cambia cambiando l'ordine dei fattori, e

Proprietà distributiva rispetto all'addizione

$$(\vec{A} + \vec{B}) \cdot \vec{C} = \vec{A} \cdot \vec{C} + \vec{B} \cdot \vec{C}$$

Prodotto vettoriale di due vettori

Il **prodotto vettoriale** di due vettori $\vec{A}$ e $\vec{B}$ è il vettore $\vec{C} = \vec{A} \times \vec{B}$ avente:

- modulo uguale all'area del parallelogramma che ha per lati i vettori $\vec{A}$ e $\vec{B}$;
- direzione perpendicolare al piano che contiene i vettori $\vec{A}$ e $\vec{B}$;
- verso dato dalla *regola della mano destra*, cioè il verso è uscente dal palmo della mano destra se il pollice è posto nel verso di $\vec{A}$ e le altre dita nel verso di $\vec{B}$ (figura 14).

cross product

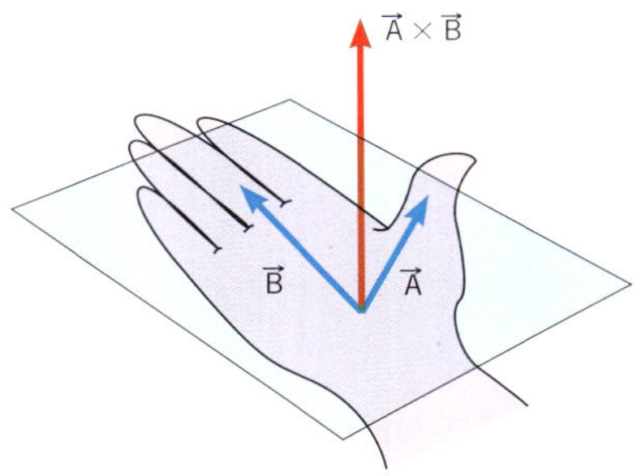

Figura 14
Il verso del vettore $\vec{A} \times \vec{B}$ (prodotto vettoriale dei due vettori $\vec{A}$ e $\vec{B}$) è dato dalla regola della mano destra.

L'area di un parallelogramma è il prodotto delle lunghezze della base e dell'altezza relativa a essa. La figura 15 mostra come calcolare l'area del parallelogramma formato da due vettori $\vec{A}$ e $\vec{B}$:

$$\text{area} = A \cdot B_\perp = A_\perp \cdot B$$

Ricordando la definizione di seno, possiamo scrivere $B_\perp = B \cdot \text{sen}\theta$. L'area del parallelogramma è quindi $A \cdot B_\perp = A \cdot B \cdot \text{sen}\theta$.

Quindi il modulo del prodotto vettoriale $\vec{A} \times \vec{B}$ è $A \cdot B \cdot \text{sen}\theta$.

In generale:

Il modulo del prodotto vettoriale di due vettori $\vec{A}$ e $\vec{B}$ è il numero

$$|\vec{A} \times \vec{B}| = A \cdot B \cdot \text{sen}\theta \quad [4]$$

dove θ è l'angolo formato dai due vettori.

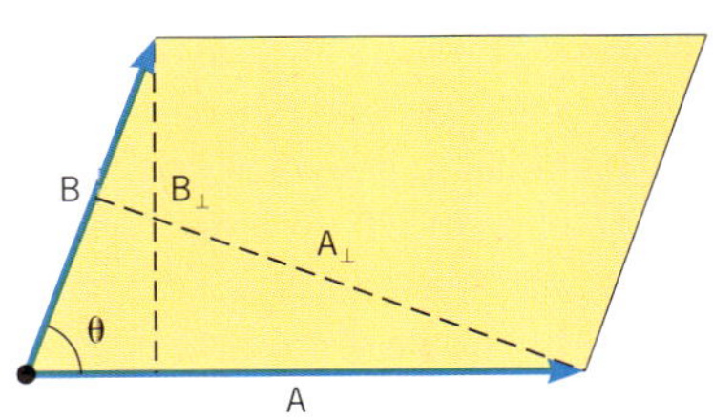

Figura 15
L'area del parallelogramma è il prodotto delle lunghezze della base e dell'altezza a essa relativa, quindi:
$\text{area} = A \cdot B_\perp = B \cdot A_\perp$.

Se utilizziamo l'espressione $A_\perp \cdot B$ per calcolare l'area del parallelogramma, otteniamo lo stesso risultato:

$$A_\perp \cdot B = (A \cdot \text{sen}\theta) \cdot B = A \cdot B \cdot \text{sen}\theta$$

Il prodotto vettoriale gode delle seguenti proprietà:

Proprietà anticommutativa

$$\vec{A} \times \vec{B} = -\vec{B} \times \vec{A}$$

cioè il prodotto vettoriale cambia verso se cambia l'ordine dei vettori, e

Proprietà distributiva rispetto all'addizione

$$(\vec{A} + \vec{B}) \times \vec{C} = \vec{A} \times \vec{C} + \vec{B} \times \vec{C}$$

4 I VETTORI IN COORDINATE CARTESIANE

Componenti cartesiane di un vettore

Consideriamo un sistema di riferimento cartesiano, formato dagli assi orientati x e y perpendicolari fra loro (**figura 16**).

Se scomponiamo un vettore $\vec{A}$ del piano lungo l'asse x e l'asse y, otteniamo due vettori $\vec{A}_x$ e $\vec{A}_y$ tali che

$$\vec{A} = \vec{A}_x + \vec{A}_y$$

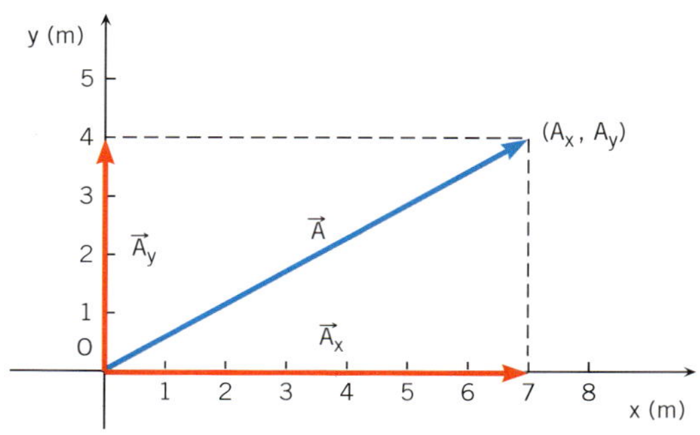

Figura 16
Il vettore $\vec{A}$ ha componenti cartesiane $A_x = 7$ m e $A_y = 4$ m.

Spesso è più facile usare le **componenti cartesiane** A_x e A_y di un vettore $\vec{A}$ invece dei vettori $\vec{A}_x$ e $\vec{A}_y$. La componente A_x è uguale al modulo di $\vec{A}_x$ e ha segno positivo se $\vec{A}_x$ ha lo stesso verso dell'asse x, segno negativo in caso contrario. La componente A_y è definita in maniera analoga.

MATEMATICA

Componenti cartesiane e coordinate di un punto

Fissato un sistema di riferimento cartesiano sul piano, le componenti di un vettore sono le coordinate del punto del piano nel quale si trova la punta del vettore.

Il vettore $\vec{A}$ può essere indicato mediante la scrittura

$$\vec{A} = (A_x, A_y)$$

dove A_x e A_y sono le componenti cartesiane di $\vec{A}$ rispetto agli assi coordinati.

Nel seguito chiameremo le componenti cartesiane semplicemente «componenti».

I versori degli assi

Un altro modo per indicare la scomposizione di un vettore lungo gli assi cartesiani è quello di usare i vettori unitari, chiamati anche **versori**. Un versore ha modulo 1 ed è privo di dimensioni. In particolare:

- $\hat{x}$ è il simbolo che indica il **versore dell'asse x**, che ha la direzione e il verso dell'asse x;
- $\hat{y}$ è il simbolo che indica il **versore dell'asse y**, che ha la direzione e il verso dell'asse y.

I versori $\hat{x}$ e $\hat{y}$ sono mostrati nella figura 17. Usando questi versori,

la scomposizione di un vettore $\vec{A}$ lungo gli assi cartesiani è:

$$\vec{A} = A_x \hat{x} + A_y \hat{y}$$

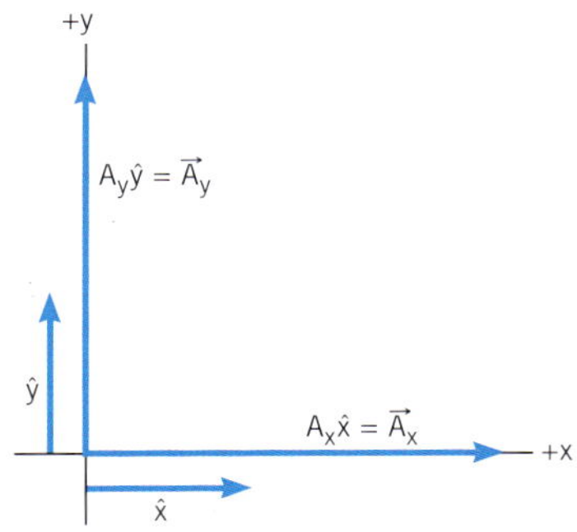

Figura 17

Usando i versori, i vettori componenti del vettore $\vec{A}$ possono essere scritti nella forma: $\vec{A}_x = A_x \hat{x}$ e $\vec{A}_y = A_y \hat{y}$.

Componenti cartesiane e modulo di un vettore

Se sono note le componenti di un vettore è possibile determinarne il modulo e la direzione. Nella figura 18 è rappresentato il vettore $\vec{A} = (A_x, A_y) = (4{,}19\ \text{m}, 2{,}35\ \text{m})$. Per calcolarne il modulo scriviamo il teorema di Pitagora per il triangolo OPQ, nel quale l'ipotenusa è A e i cateti sono le componenti A_x e A_y:

$$A = \sqrt{A_x^2 + A_y^2} = \sqrt{(4{,}19\ \text{m})^2 + (2{,}35\ \text{m})^2} = \sqrt{23{,}1\ \text{m}^2} = 4{,}81\ \text{m}$$

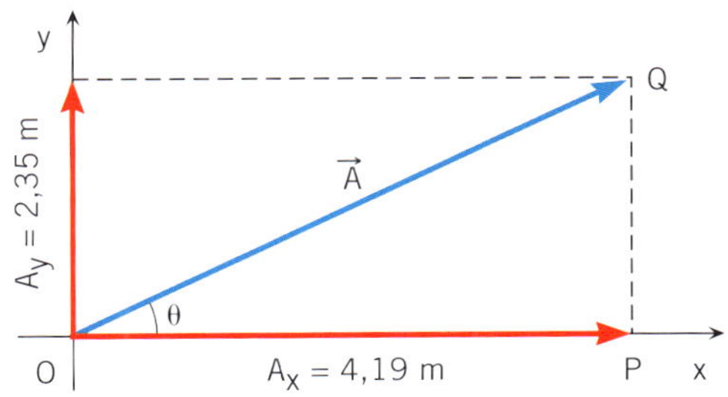

Figura 18

Note le componenti A_x e A_y si possono determinare modulo, direzione e verso di $\vec{A}$.

Per determinare l'ampiezza dell'angolo θ, osserviamo che $\tan\theta = PQ/PO$, quindi:

$$\tan\theta = \frac{A_y}{A_x} = \frac{2{,}35\ \text{m}}{4{,}19\ \text{m}} = 0{,}561$$

Per calcolare l'ampiezza dell'angolo acuto la cui tangente è uguale a 0,561 si può usare la funzione inversa della tangente e scrivere:

$$\theta = \tan^{-1}(0{,}561)$$

Utilizzando una calcolatrice si ottiene:

$$\theta = 29{,}2°$$

MATEMATICA

La tangente di un angolo

La tangente di un generico angolo θ è definita come il rapporto tra il seno e il coseno di θ:

$$\tan\theta = \frac{\text{sen}\,\theta}{\cos\theta}$$

Esempio 3 Trovare le componenti di un vettore

Il vettore spostamento $\vec{s}$ rappresentato nella figura ha modulo $s = 96$ m e forma un angolo di 60° con l'asse x.

▶ Determina le sue componenti lungo gli assi x e y.

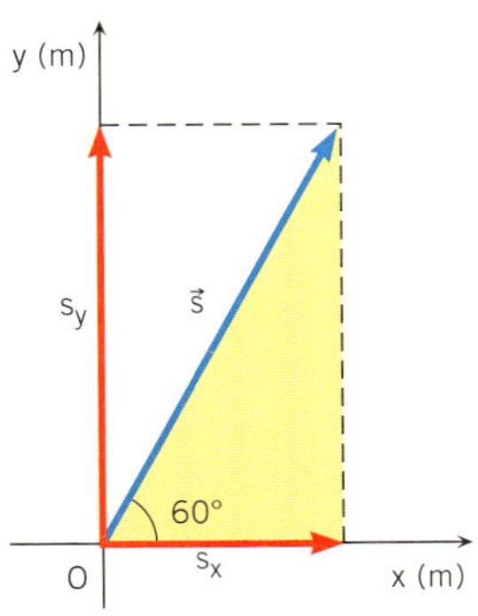

La soluzione

Il triangolo colorato di giallo è un triangolo rettangolo. Quindi possiamo usare le funzioni trigonometriche e scrivere $\text{sen}60° = s_y/s$, da cui:

$$s_y = s\,\text{sen}60° = (96\ \text{m})(\text{sen}60°) = \boxed{83\ \text{m}}$$

Inoltre sappiamo che $\cos60° = s_x/s$, da cui:

$$s_x = s\cos60° = (96\ \text{m})(\cos60°) = \boxed{48\ \text{m}}$$

5 OPERAZIONI CON VETTORI DATI IN COMPONENTI CARTESIANE

Somma e moltiplicazione di un vettore per numero

Quando i vettori sono indicati mediante le loro componenti cartesiane è possibile eseguire le operazioni fra vettori in modo semplice.

Consideriamo per esempio il vettore $\vec{C}$, somma dei due vettori $\vec{A} = (A_x, A_y)$ e $\vec{B} = (B_x, B_y)$. Come si nota dalla **figura 19**, la componente C_x è la somma delle componenti A_x e B_x, mentre la componente C_y è la somma delle componenti A_y e B_y.

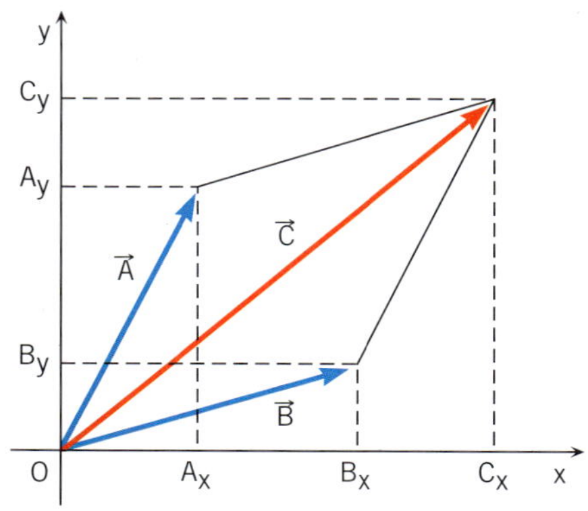

Figura 19
Le componenti del vettore $\vec{C} = \vec{A} + \vec{B}$ sono la somma delle rispettive componenti di $\vec{A}$ e di $\vec{B}$: $C_x = A_x + B_x$ e $C_y = A_y + B_y$.

In generale:

se $\vec{A} = (A_x, A_y)$ e $\vec{B} = (B_x, B_y)$:
- la somma $\vec{C} = \vec{A} + \vec{B}$ è il vettore di componenti $C_x = A_x + B_x$ e $C_y = A_y + B_y$;
- la differenza $\vec{D} = \vec{A} - \vec{B}$ è il vettore di componenti $D_x = A_x - B_x$ e $D_y = A_y - B_y$.

L'operazione di moltiplicazione di un vettore per uno scalare si esegue facilmente quando sono note le componenti del vettore. Infatti, si può dimostrare quanto segue (**figura 20**):

moltiplicando un vettore $\vec{A} = (A_x, A_y)$ per un numero k, si ottiene un nuovo vettore $\vec{B} = k\vec{A}$ avente componenti $B_x = kA_x$ e $B_y = kA_y$.

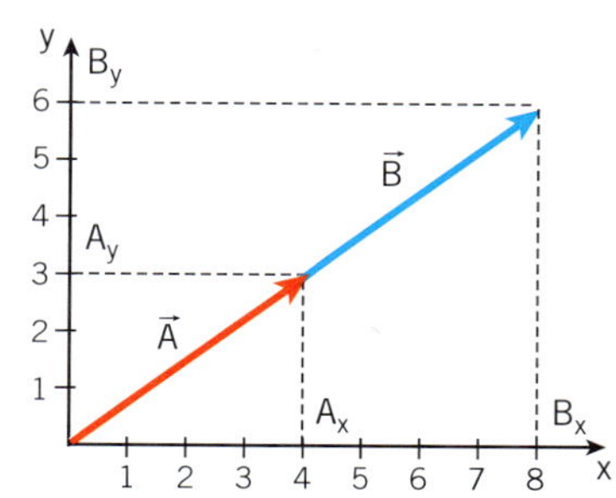

Figura 20
$\vec{B} = 2\vec{A}$

Calcolo del prodotto scalare

Consideriamo i verttori $\vec{A}$ e $\vec{B}$:

$$\vec{A} = A_x\,\hat{x} + A_y\,\hat{y}$$
$$\vec{B} = B_x\,\hat{x} + B_y\,\hat{y}$$

Il prodotto scalare dei vettori $\vec{A}$ e $\vec{B}$ è:
$$\vec{A} \cdot \vec{B} = A_xB_x + A_yB_y$$

Vettori nello spazio e calcolo del prodotto vettoriale

Le regole che abbiamo visto nel caso di vettori del piano, caratterizzati da due componenti, si estendono al caso di vettori nello spazio, che sono espressi mediante tre componenti cartesiane secondo gli assi x, y e z.

Introduciamo il versore dell'asse z, indicato col simbolo $\hat{z}$. Se consideriamo tre dimensioni spaziali, possiamo calcolare il prodotto vettoriale di due vettori dati nelle loro componenti.

Consideriamo i vettori $\vec{A}$ e $\vec{B}$:

$$\vec{A} = A_x\,\hat{x} + A_y\,\hat{y} + A_z\,\hat{z}$$
$$\vec{B} = B_x\,\hat{x} + B_y\,\hat{y} + B_z\,\hat{z}$$

Il prodotto vettoriale dei vettori $\vec{A}$ e $\vec{B}$ è:

$$\vec{A} \times \vec{B} = (A_y\,B_z - A_z\,B_y)\hat{x} + (A_z\,B_x - A_x\,B_z)\hat{y} + (A_x\,B_y - A_y\,B_x)\hat{z}$$

Nella **tabella 1** sono riportate le regole di calcolo delle operazioni tra vettori.

Tabella 1 Operazioni su vettori dello spazio espressi mediante componenti cartesiane.

Addizione	$\vec{C} = \vec{A} + \vec{B}$	$C_x = A_x + B_x$ $C_y = A_y + B_y$ $C_z = A_z + B_z$
Sottrazione	$\vec{D} = \vec{A} - \vec{B}$	$D_x = A_x - B_x$ $D_y = A_y - B_y$ $D_z = A_z - B_z$
Prodotto per un numero	$\vec{B} = k\vec{A}$	$B_x = kA_x$ $B_y = kA_y$ $B_z = kA_z$
Prodotto scalare	$S = \vec{A} \cdot \vec{B}$	$S = A_xB_x + A_yB_y + A_zB_z$
Prodotto vettoriale	$\vec{V} = \vec{A} \times \vec{B}$	$V_x = A_yB_z - A_zB_y$ $V_y = A_zB_x - A_xB_z$ $V_z = A_xB_y - A_yB_x$

6 LE FORZE

La *World's Strongest Man* (in italiano «L'uomo più forte del mondo») è una competizione per stabilire chi sia l'uomo più forte del mondo. Le prove che i concorrenti devono affrontare consistono, per esempio, nel trainare automobili di grossa cilindrata, trasportare pneumatici da trattore, sollevare tronchi. L'idea è che l'uomo più forte del mondo abbia una forza muscolare eccezionale, che gli consente di spingere, sollevare e lanciare oggetti pesantissimi.

Oltre alla forza muscolare, ci sono altre forze come quella del vento che spinge una barca a vela (**figura 21**), la forza della corrente che trascina un tronco in un fiume o la forza prodotta dal motore che fa muovere uno scooter.

Questi esempi mostrano che

l'applicazione di una forza comporta sempre l'interazione tra due corpi.

In base al tipo di interazione le forze si distinguono in *forze di contatto* e *forze a distanza*:

Figura 21
Una barca a vela spinta dalla forza esercitata dal vento.

contact force

- una **forza di contatto** è un'interazione che si manifesta solamente quando due corpi sono in contatto tra loro; per esempio la forza che il vento esercita su una pala eolica oppure la forza muscolare che usiamo per sollevare un libro;

action-at-a-distance force

- una **forza a distanza** è un'interazione che può manifestarsi tra due corpi anche se questi non sono in contatto tra loro; per esempio la forza di gravità che attrae un paracadutista verso il suolo o la forza magnetica che agisce tra due calamite.

Qualunque sia la natura di una forza, l'esperienza mostra che:

l'azione di una forza può cambiare la velocità del corpo al quale è stata applicata.

Questo è quello che succede, per esempio, a una pallina da tennis quando viene colpita dalla racchetta, a una tegola che cade dal tetto oppure a una bicicletta quando azioniamo i freni. Nel caso della pallina e della tegola, l'azione della forza ha come effetto un aumento della velocità; nel caso della bicicletta, l'azione dei freni produce una diminuzione della velocità.

L'esempio della racchetta che colpisce la pallina da tennis mette in evidenza un'altra caratteristica propria delle forze di contatto:

l'azione di una forza può deformare i corpi che interagiscono.

Nella maggior parte dei casi non ci rendiamo conto della deformazione dei corpi, perché dura poche frazioni di secondo, come nel caso della pallina e della racchetta, oppure perché è microscopica, come nel caso di un libro appoggiato sopra un tavolo.

La misura di una forza

Durante un calcio di rigore, un calciatore esercita sul pallone una forza facendogli acquistare una certa velocità. Sappiamo intuitivamente che maggiore è la forza impressa dal calcio, maggiore sarà la velocità della palla.

La direzione del tiro dipende invece dal punto in cui viene colpito il pallone, cioè dal punto in cui viene applicata la forza.

La forza è una grandezza vettoriale ed è quindi caratterizzata da un modulo, una direzione e un verso. Il punto in cui si trova la coda della sua freccia è detto **punto di applicazione** della forza.

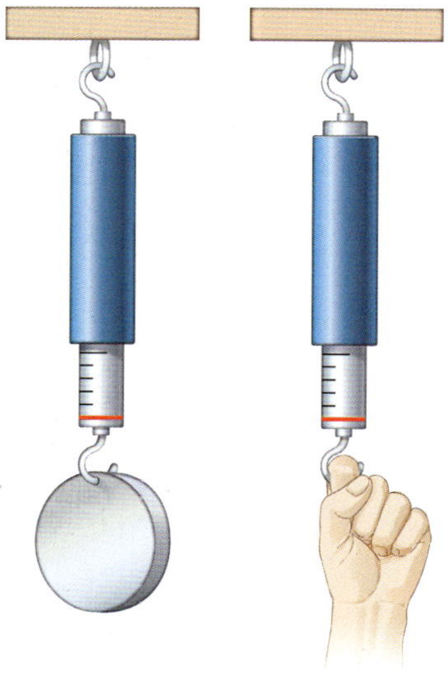

Figura 22
Forze di uguale intensità allungano il dinamometro di tratti uguali.

La misura diretta dell'intensità di una forza si può ottenere utilizzando un dinamometro. Il dinamometro è composto da una molla inserita all'interno di un cilindro sul quale è disegnata una scala graduata.

Due forze hanno la *stessa intensità* se, applicate all'estremità di un dinamometro, provocano *allungamenti uguali.*

Per esempio, nella situazione rappresentata nella **figura 22**, la forza di gravità con la quale la Terra attrae il disco metallico è uguale alla forza esercitata dalla mano.

L'unità di misura della forza nel Sistema Internazionale è il *newton* (N).

Un **newton** è l'intensità della forza di gravità con la quale la Terra attrae un corpo di massa pari a 102 g.

Nel paragrafo successivo, vedremo perché la definizione del newton chiama in causa proprio una massa di 102 g.

La somma delle forze

Visto che le forze sono vettori, per sommarle si utilizza il *metodo del parallelogramma*.

La figura 23 mostra un arco teso un istante prima che la freccia venga scoccata. Come si vede dalla figura, la forza risultante $\vec{F}$ che si esercita sulla freccia quando l'arciere molla l'arco è data dalla somma di due vettori, $\vec{F}_1$ e $\vec{F}_2$, della stessa lunghezza e diretti lungo il filo posto in tensione.

Prima del tiro, quando l'arco è teso, la freccia è ferma; in questo istante la risultante della forza che agisce sulla freccia è zero, perché la somma delle forze che agiscono lungo il filo è controbilanciata dalla forza muscolare dell'arciere.

Figura 23
La forza risultante $\vec{F}$ è data dalla somma vettoriale $\vec{F} = \vec{F}_1 + \vec{F}_2$

7 LA FORZA-PESO

L'esperienza mostra che la Terra attrae verso di sé tutti i corpi. Per rendersene conto basta far sporgere più del dovuto una penna dalla scrivania per vederla cadere sul pavimento; oppure lanciare verso l'alto una palla e osservarla mentre cade nuovamente verso il basso.

Ognuno di noi sperimenta quotidianamente questa *forza di gravità* attraverso quella che chiamiamo **forza-peso** (o più semplicemente *peso*).

La **forza-peso** di un oggetto che si trova sulla superficie terrestre è la forza di gravità esercitata su di esso dalla Terra.

weight

Visto che si tratta di una forza, nel Sistema Internazionale la forza-peso si misura in newton (N). Ma quanto vale la sua intensità? Da quali fattori dipende il «peso» di un corpo? Dall'esperienza quotidiana sappiamo che maggiore è la massa di un oggetto, maggiore sarà il suo peso.

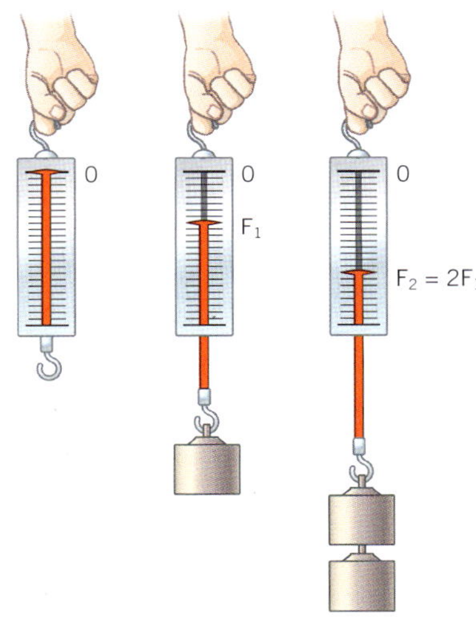

Supponiamo, per esempio, di appendere un peso all'estremità di un dinamometro e che lo strumento indichi il valore di 10 N; se aggiungiamo un secondo peso identico al primo, così da raddoppiare la massa appesa, il dinamometro misurerà una forza-peso di 20 N.

Gli esperimenti mostrano, dunque, che:

in un determinato luogo, la forza-peso P e la massa m di un oggetto sono *direttamente proporzionali*, cioè:

$$P = mg \qquad [5]$$

dove g è una *costante di proporzionalità* che sulla superficie terrestre vale 9,81 N/kg.

Il valore della costante di proporzionalità g spiega come mai nella definizione di newton nel paragrafo 6 si fa riferimento proprio a una massa di 102 g:

$$m = \frac{P}{g} = \frac{1\,\text{N}}{9{,}81\,\text{N/kg}} = 0{,}102\ \text{kg} = 102\ \text{g}.$$

Il valore $g = 9{,}81$ N/kg è in realtà indicativo; infatti il valore di g varia, seppur di poco, in base alla latitudine (ai poli è maggiore rispetto che all'equatore) e all'altitudine rispetto alla superficie terrestre (al livello del mare è maggiore piuttosto che in montagna).

La forza-peso $\vec{P}$ è un vettore che ha queste caratteristiche:

- direzione perpendicolare alla superficie terrestre;
- verso dall'alto in basso;
- modulo $P = mg$.

Massa e peso

Nel linguaggio comune, spesso la massa e il peso vengono trattati come sinonimi. Si tratta invece di grandezze diverse:

- **il peso è un vettore**, la sua intensità si misura col dinamometro e la sua unità di misura è il newton;
- **la massa è uno scalare**, il suo valore si misura con la bilancia a bracci uguali e la sua unità di misura è il kilogrammo.

Sulla Luna, per esempio, la massa del nostro corpo è la stessa che abbiamo sulla Terra, mentre il nostro peso è circa un sesto, perché l'intensità della forza-peso è dovuta alla forza di gravità esercitata dalla Luna, dove la costante g vale 1,62 N/kg.

Così si può dire che:

la forza-peso che agisce su un oggetto cambia da luogo a luogo, mentre la massa è sempre costante e non dipende dall'interazione tra i corpi.

Anche se la forza-peso si misura in newton, una bilancia pesapersone fornisce la misura in kilogrammi. Questo succede perché la bilancia è tarata per restituire il valore della massa a partire da quello del peso, misurato con la molla che si trova all'interno. Per questo motivo nel linguaggio comune associamo spesso il concetto di peso ai kilogrammi, finendo per sovrapporre, in modo errato, due grandezze diverse.

Esempio 4 Quanto pesa *Curiosity*?

Curiosity è l'ultimo rover inviato dalla Nasa su Marte. La massa del robot multiuso che dal 2012 esplora il pianeta rosso è $m = 900$ kg. Su Marte la costante g vale 3,71 N/kg.

▸ Quanto vale la massa di *Curiosity* su Marte?

▸ Qual è il peso di *Curiosity* su Marte?

La soluzione

▸ La massa di un corpo non varia a seconda del luogo in cui si trova il corpo. Su Marte, dunque, la massa di *Curiosity* ha lo stesso valore che ha sulla Terra, cioè

$$m = \boxed{900\ \text{kg}}.$$

▸ L'intensità della forza-peso dipende dalla forza di gravità esercitata da Marte. Possiamo calcolare il peso di *Curiosity* su Marte con la formula:

$$P_{Marte} = mg_{Marte}$$

dove $g_{Marte} = 3{,}71$ N/kg.
Otteniamo così il risultato:

$$P_{Marte} = (900\ \text{kg}) \times (3{,}71\ \text{N/kg}) = \boxed{3340\ \text{N}}$$

Si tratta di un valore circa 2,5 volte inferiore a quello che si registra sulla Terra.

8 LE FORZE DI ATTRITO

Tutte le superfici, anche quelle più lisce, a livello microscopico hanno rilievi irregolari (figura 24): le forze di contatto fra questi rilievi danno origine alle forze di attrito che sperimentiamo quotidianamente.

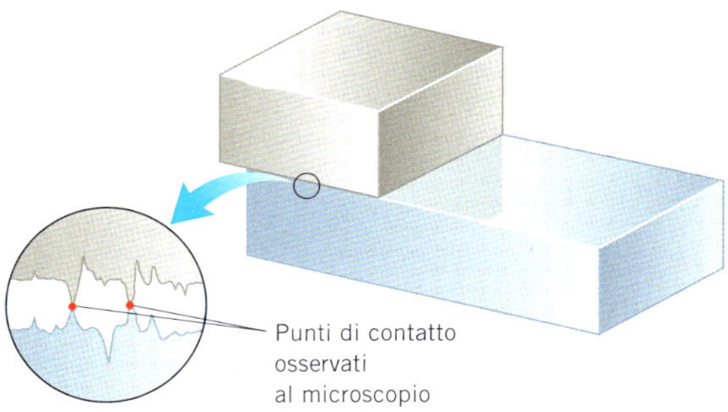

Figura 24
Anche quando le superfici a contatto sono molto lisce, in realtà esse si toccano solo in alcuni punti.

Esistono due tipi di forze di attrito:

- la **forza di attrito radente**, che si esercita tra due superfici;
- la **forza di attrito viscoso**, che si ha quando un corpo si muove in un fluido.

Indipendentemente da quale sia la loro origine, le forze di attrito si oppongono sempre al movimento.

In molte situazioni si cerca di ridurre l'attrito: nei motori per esempio si usa olio lubrificante per diminuire l'attrito tra i cilindri e i pistoni. Ma spesso l'attrito è indispensabile: senza l'attrito fra le suole e il terreno non potremmo infatti camminare (figura 25).

Figura 25
È solo per effetto dell'attrito che si può camminare o correre.

Attrito radente statico

La figura 26 aiuta a capire le caratteristiche dell'**attrito radente statico**, cioè dell'attrito che si origina fra superfici a contatto che sono ferme l'una rispetto all'altra.

Inizialmente il blocco è fermo sul tavolo e non gli viene applicata nessuna forza per farlo muovere: in questa situazione non c'è alcuna forza di attrito statico tra le superfici del blocco e del tavolo. Successivamente viene applicata al blocco una forza orizzontale $\vec{F}$. Se tiriamo con una forza $\vec{F}$ molto debole (figura 26A, B), vediamo che il blocco non si muove: ciò significa che la forza di attrito statico $\vec{f}_s$ è uguale in modulo e direzione alla forza $\vec{F}$ con cui tiriamo ma opposta in verso. Se il modulo della forza $\vec{F}$ aumenta, vediamo che a un certo punto il blocco inizia a muoversi: in quell'istante F è maggiore della forza di attrito statico massima f_s^{max} che la superficie del tavolo può esercitare sul blocco (figura 26C).

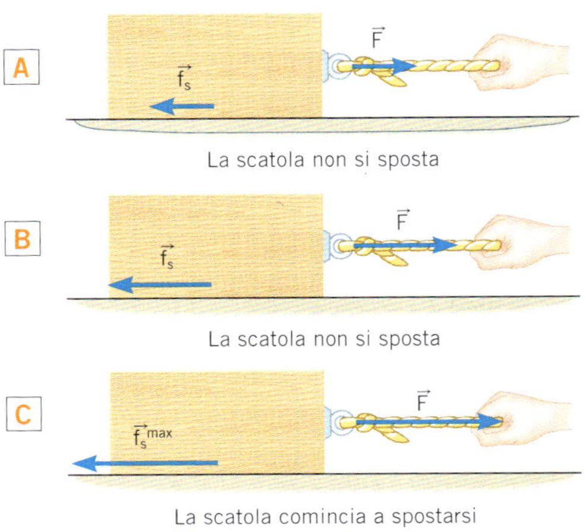

Figura 26
Se la forza $\vec{F}$ applicata alla scatola non è abbastanza intensa, come avviene nelle parti A e B della figura, la scatola non si sposta perché la forza di attrito statico $\vec{f}_s$ riesce a equilibrare esattamente la forza applicata. Nella parte C della figura la scatola comincia a spostarsi solo quando la forza applicata è maggiore della forza di attrito statico massima f_s^{max}.

Figura 27
La forza di attrito statico massima $\vec{f}_s^{max}$ è sempre uguale indipendentemente da quale faccia del blocco è appoggiata sul tavolo.

Sperimentalmente, si osserva che la massima forza di attrito statico $\vec{f}_s^{max}$ tra due superfici ha due caratteristiche principali:

- non dipende dall'estensione delle superfici che sono a contatto: il blocco di **figura 27** risente della stessa forza di attrito indipendentemente dalla faccia a contatto col tavolo;
- il modulo f_s^{max} è *direttamente proporzionale* a quello della forza premente $F_\perp$, perpendicolare alla superficie.

In conclusione:

il modulo f_s della forza di attrito statico può variare a seconda della forza applicata da zero fino al valore massimo

$$f_s^{max} = \mu_s F_\perp \quad [6]$$

static frictional force

Il numero μ_s è detto **coefficiente di attrito statico** (μ è la lettera greca *mu*), dipende dalla natura delle superfici a contatto ed è privo di unità di misura. La **tabella 2** riporta alcuni tipici valori di μ_s per vari tipi di superficie.

Tabella 2 Valori tipici del coefficiente di attrito statico per alcuni tipi di superficie (*).

Materiali	Coefficiente di attrito statico (μ_s)	Coefficiente di attrito dinamico (μ_d)
Vetro su vetro (secco)	0,94	0,4
Ghiaccio su ghiaccio (pulito, 0 °C)	0,1	0,02
Gomma su cemento (secco)	1,0	0,8
Gomma su cemento (bagnato)	0,7	0,5
Acciaio su ghiaccio	0,1	0,05
Acciaio su ghiaccio (secco)	0,78	0,42
Teflon su teflon	0,04	0,04
Legno su legno	0,35	0,3

(*) L'ultima colonna riporta i corrispondenti valori del coefficiente di attrito dinamico, di cui si parlerà più avanti.

Esempio 5 La forza necessaria per mettere in movimento una sciatrice

Una sciatrice è ferma su un piano innevato e si tiene a una corda da traino orizzontale. Il coefficiente di attrito statico fra gli sci e la neve è $\mu_s = 0{,}14$, mentre la massa complessiva della sciatrice è 59 kg.

▶ Qual è l'intensità massima F della forza con cui la fune può tirare la sciatrice senza metterla in movimento?

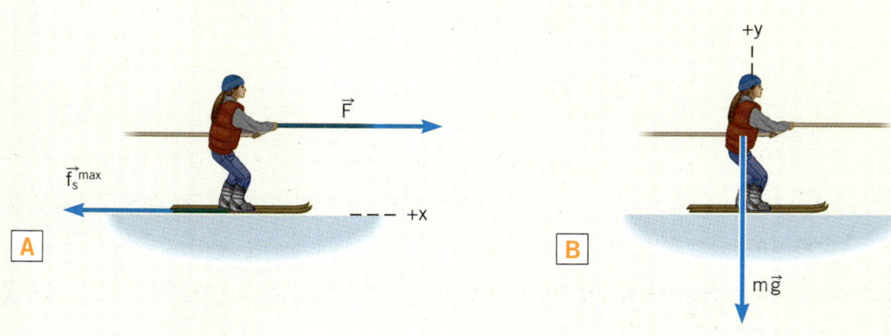

La soluzione

La sciatrice inizia a muoversi quando la forza di attrito fra gli sci e la neve non è più in grado di equilibrare la forza esercitata dalla fune (figura A). La massima forza di attrito è

$$f_s^{max} = \mu_s F_\perp$$

Ma il modulo $F_\perp$ della forza premente è uguale a quello del peso mg della sciatrice: $F_\perp = mg$ (figura B). Quindi il modulo massimo della forza che la fune può esercitare senza mettere in moto la sciatrice è

$$F = f_s^{max} = \mu_s F_\perp = \mu_s mg = (0{,}14)(59\ \text{kg})(9{,}81\ \text{N/kg}) = \boxed{81\ \text{N}}$$

Un esempio spettacolare di applicazione dell'attrito statico è mostrato in figura 28. L'arrampicatrice spinge con le mani e i piedi contro la roccia e dà origine a forze perpendicolari alla parete abbastanza intense perché le corrispondenti forze di attrito statico riescano a equilibrare il suo peso durante la scalata.

© Corey Rich/Coreyography

Figura 28
L'arrampicatrice usa le forze di attrito statico tra le mani, i piedi e la parete della roccia per sostenere il suo peso durante la scalata.

Attrito radente dinamico

Quando due superfici a contatto strisciano una sull'altra, tra di esse agisce un altro tipo di forza di attrito, chiamata **forza di attrito radente dinamico**, che si oppone al loro moto relativo.

Si osserva sperimentalmente che la forza di attrito dinamico $\vec{f}_d$ tra due superfici ha le seguenti caratteristiche:

- non dipende dall'estensione delle superfici che sono a contatto;
- per velocità non troppo elevate, è indipendente dalla velocità del moto relativo delle due superfici;
- il modulo f_d è *direttamente proporzionale* a quello della forza premente $F_\perp$.

In generale:

il modulo f_d della forza di attrito dinamico è:

$$f_d = \mu_d F_\perp \qquad [7]$$

Il numero μ_d, detto **coefficiente di attrito dinamico**, è un numero privo di unità di misura e il suo valore dipende dalla natura e dalle condizioni delle superfici a contatto.

kinetic frictional force

Per ogni data coppia di superfici a contatto, μ_d è minore di μ_s (vedi tabella 2); infatti la forza di attrito dinamico è meno intensa di quella di attrito statico. Forse ti sarai accorto di questo fatto spingendo un oggetto su un pavimento: occorre una forza più intensa per metterlo in moto che per continuare a farlo muovere una volta che sei riuscito a farlo partire.

9 LA FORZA ELASTICA

Le molle sono oggetti di uso comune: si trovano per esempio nei pulsanti e nelle sospensioni delle automobili. La loro utilità è dovuta al fatto che possono essere allungate o compresse.

Per modificare la **lunghezza a riposo** di una molla fissata a un estremo bisogna applicare all'altro estremo una forza.

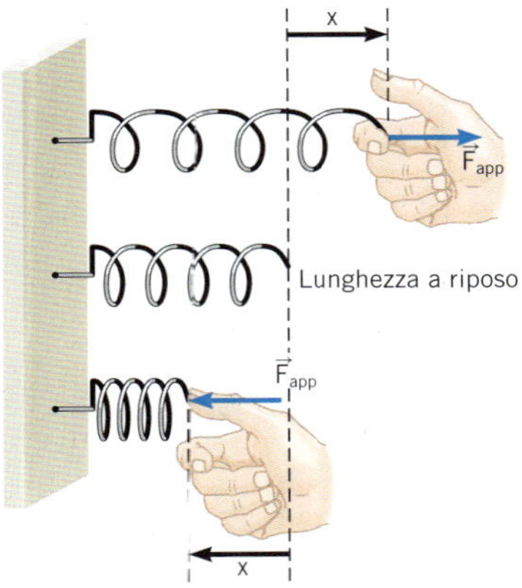

Figura 29
Il comportamento di una molla ideale è descritto dall'equazione $F_{app} = kx$, dove F_{app} è il modulo della forza applicata alla molla, x è la variazione della lunghezza della molla rispetto alla sua lunghezza a riposo e k è la costante elastica della molla.

Si verifica sperimentalmente che il modulo della forza F_{app} che occorre applicare a una molla per allungarla o comprimerla è *direttamente proporzionale* alla **deformazione** x (figura 29), cioè alla variazione della lunghezza della molla rispetto alla sua lunghezza a riposo:

$$F_{app} = kx \qquad [8]$$

La costante k è chiamata **costante elastica della molla**; le sue dimensioni sono quelle di una forza per unità di lunghezza (N/m). Un valore elevato di k indica che la molla ha una grande **rigidità**, cioè che per allungarla o per comprimerla è necessaria una forza molto intensa.

Il dinamometro

L'equazione [**8**] regola il funzionamento del **dinamometro**, uno strumento formato da una molla di costante elastica nota e da una scala graduata. Mediante la scala graduata si misura l'allungamento della molla. Per l'equazione [**8**], l'allungamento della molla è proporzionale alla forza che l'ha provocato. Se la scala è stata opportunamente tarata, si può leggere direttamente su di essa l'intensità della forza applicata al dinamometro.

Esempio 6 Una semplice bilancia a molla

Un dinamometro è formato da una molla di costante elastica $k = 25$ N/m. Un oggetto è appeso al dinamometro ed è fermo: la scala indica un allungamento della molla di 2,0 cm.

▶ Qual è il peso dell'oggetto? Qual è la sua massa?

La soluzione

La forza applicata alla molla è la forza-peso dell'oggetto: $F_{app} = P$. Se conosciamo l'allungamento della molla e la sua costante elastica, mediante la equazione [**8**] possiamo determinare il peso dell'oggetto. Ricordando che $P = mg$:

$$F_{app} = P = kx \quad \rightarrow \quad P = (25\ \text{N/m})(0{,}020\ \text{m}) = \boxed{0{,}50\ \text{N}}$$

$$P = mg \quad \rightarrow \quad m = \frac{P}{g} = \frac{0{,}50\ \text{N}}{9{,}81\ \text{N/kg}} = 0{,}051\ \text{kg} = \boxed{51\ \text{g}}$$

La legge di Hooke

Per comprimere o allungare una molla occorre esercitare una forza su di essa. L'esperienza mostra che la molla esercita una forza di modulo uguale e verso opposto. Questa *forza di richiamo* agisce sull'oggetto che, spingendo o tirando la molla, le ha applicato la forza.

Simulazione PhET
Legge di Hooke

La **forza elastica** di una molla è

$$\vec{F} = -k\vec{x} \qquad [9]$$

dove k è la costante elastica della molla e $\vec{x}$ è il suo spostamento rispetto alla posizione di riposo. Il segno meno indica che la forza elastica è sempre diretta in verso opposto a quello dello spostamento.

La [**9**] è la **legge di Hooke** e prende il nome dal fisico inglese Robert Hooke (1635-1703). La legge di Hooke stabilisce che, per piccole deformazioni, un gran numero di materiali e di corpi reagiscono originando una forza di richiamo elastica proporzionale alla deformazione subita.

I CONCETTI FONDAMENTALI

LOSAI? RIPASSA CON LO SMARTPHONE

1 SCALARI E VETTORI

Scalare	Vettore
Grandezza descritta da un numero e da un'unità di misura.	Grandezza descritta da **modulo**, **direzione** e **verso**.

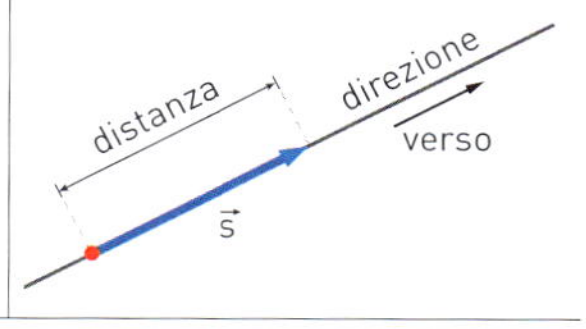

2 SCALARI E VETTORI

Somma

$$\vec{R} = \vec{A} + \vec{B}$$

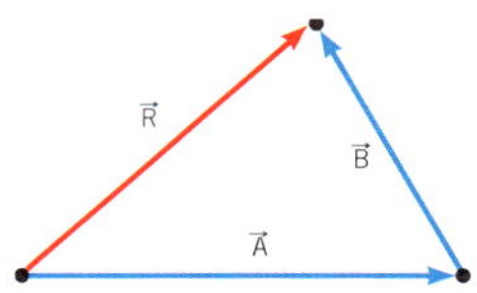

metodo punta-coda

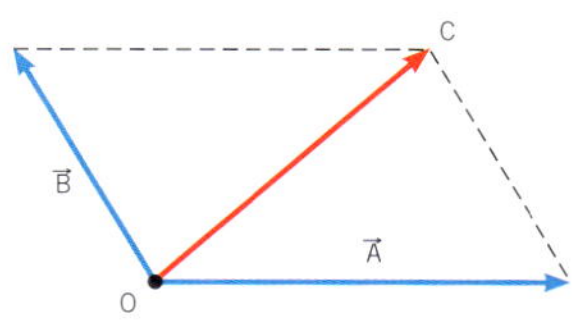

regola del parallelogramma

Sottrazione

Si esegue come l'addizione, ma il vettore da sottrarre viene prima moltiplicato per −1.

3 PRODOTTI TRA VETTORI

Scomposizione

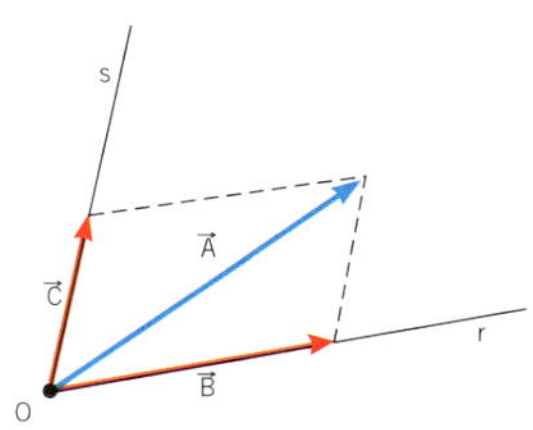

Proiezione

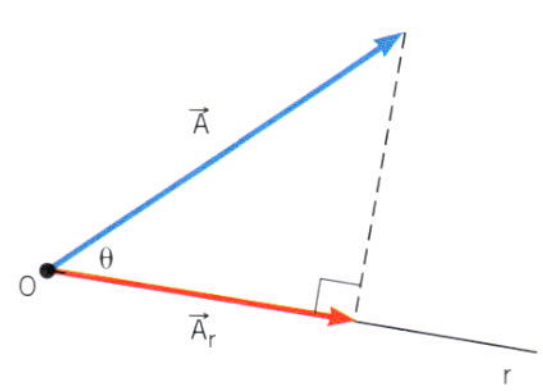

Prodotto scalare	Prodotto vettoriale
$\vec{A} \cdot \vec{B} = A \cdot B \cdot \cos\theta$	$\lvert\vec{A} \times \vec{B}\rvert = A \cdot B \cdot \sin\theta$
dove θ è l'angolo formato dai due vettori. Il risultato è un **numero**.	dove θ è l'angolo formato dai due vettori. Il risultato è un **vettore**: direzione e verso sono dati dalla *regola della mano destra*

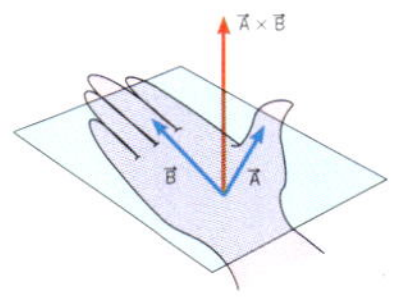

4 VETTORI IN COORDINATE CARTESIANE

$$\vec{A} = (A_x, A_y) = \vec{A}_x + \vec{A}_y = A_x\hat{x} + A_y\hat{y}$$

componenti cartesiane $\vec{A}$ (A_x, A_y); vettore componente lungo x ($\vec{A}_x$); vettore componente lungo y ($\vec{A}_y$)

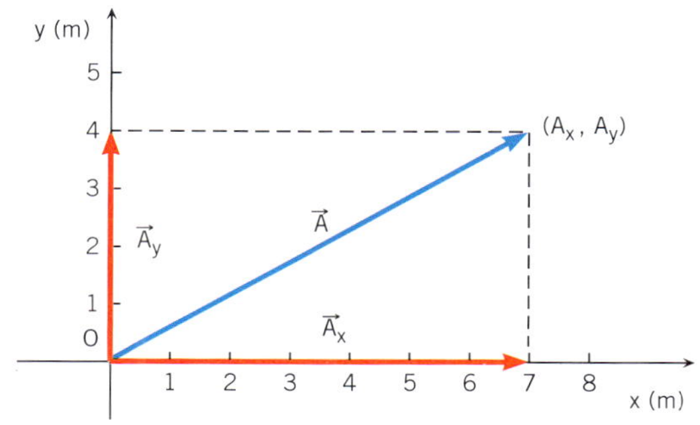

6 LE FORZE

La *forza* è una grandezza vettoriale.

Il modulo di una forza si misura col dinamometro e la sua unità di misura SI è il newton (N).

7 LA FORZA-PESO

$$\vec{P} = m\vec{g}$$

$\vec{P}$ è un vettore con:

- direzione perpendicolare alla superficie terrestre;
- verso dall'alto in basso;
- modulo $P = mg$, con $g = 9{,}81$ N/kg.

8 LE FORZE DI ATTRITO

$$f_s^{max} = \mu_s F_\perp$$

$$f_d = \mu_d F_\perp$$

forza di attrito statico massima (f_s^{max}); coefficiente di attrito statico (μ_s); forza di attrito dinamico (f_d); coefficiente di attrito dinamico (μ_d); forza perpendicolare alla superficie ($F_\perp$)

Si oppongono sempre al moto dei corpi.

9 LA FORZA ELASTICA

È espressa dalla legge di Hooke:

$$\vec{F} = -k\vec{x}$$

forza elastica ($\vec{F}$); spostamento rispetto alla posizione di riposo ($\vec{x}$); costante elastica della molla (k)

LABORATORIO

La forza di attrito radente

Difficoltà ★★★ | 1 ora | 2/4 studenti

Obiettivo

- Sperimentare le caratteristiche delle forze di attrito radente.
- Capire cosa significa "forza di primo distacco".
- Misurare alcuni coefficienti di attrito statico e dinamico.

Cosa serve

- ☐ Dinamometro: portata 10 N (o almeno 5 N) e sensibilità 0,1 N.
- ☐ Bilancia: portata almeno 500,0 g e sensibilità 0,1 g.
- ☐ Blocchetto di legno con gancio.
- ☐ Pesi da 250 g, 500 g e 1 kg.
- ☐ Diverse superfici d'appoggio (per esempio un cartoncino, un foglio di gomma ruvida e un tappetino del mouse).

Come si fa

- Ogni gruppo misura il peso del proprio blocchetto di legno.
- In ogni gruppo uno studente appoggia il blocchetto di legno su una delle superfici d'appoggio e lo collega al dinamometro, mentre un altro studente tiene ferma la superficie.
- Si registra sia il valore indicato dal dinamometro nell'istante in cui il blocchetto inizia a muoversi (questa forza è chiamata «forza di primo distacco»), sia il valore indicato mentre si sta trascinando il blocchetto a velocità costante (forza di attrito radente dinamico). Nel secondo caso, è importante operare il più lentamente possibile per evitare effetti di «scorrimento» delle due superfici.
- Ogni gruppo ripete le misure variando le condizioni di lavoro: si sceglie una delle superfici di appoggio e si eseguono le misure variando, secondo tutte le combinazioni possibili, l'area di appoggio del blocchetto (faccia grande, faccia piccola) e il valore del peso posto sopra il blocchetto.
- Ogni studente riporta i dati in una tabella simile alla seguente:

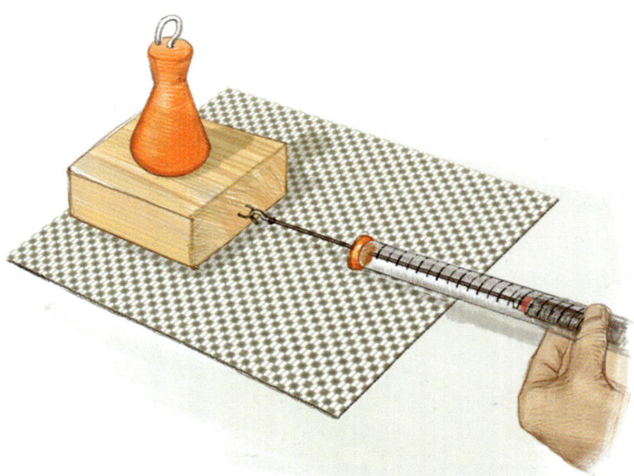

Blocco di legno su tappetino del mouse	Peso appoggiato (g_p)	Forza di primo distacco (N)	Forza di attrito dinamico(N)
Faccia grande	250	± 0,1	± 0,1
Faccia grande	500	± 0,1	± 0,1
......	......	......	......
Faccia piccola	250	± 0,1	± 0,1
Faccia piccola	500	± 0,1	± 0,1

- Ogni gruppo ripete la procedura per ciascuna delle superfici di appoggio a disposizione.

Suggerimento: uno studente per gruppo può filmare con uno smartphone o un tablet l'esperienza, facendo attenzione che sia ben visibile il valore indicato dal dinamometro durante la fase di traino. La visione rallentata del filmato consentirà al gruppo di leggere con maggior cura sia la forza di primo distacco sia la forza di attrito dinamico.

Come usare i dati

- Ogni studente completa le tabelle precedenti calcolando, per ogni riga:

$$\frac{\text{Forza di primo distacco}}{\text{Peso appoggiato} + \text{Peso blocchetto}} = \mu_s = \text{coefficiente di attrito statico}$$

e

$$\frac{\text{Forza di attrito dinamico}}{\text{Peso appoggiato} + \text{Peso blocchetto}} = \mu_D = \text{coefficiente di attrito dinamico}$$

A casa

- I coefficienti di attrito dipendono dall'area della superficie di contatto? Giustifica la tua risposta.
- I coefficienti di attrito dipendono dal peso appoggiato sopra il blocchetto? Giustifica la tua risposta.
- Spiega per quale motivo è utile appoggiare sopra il blocchetto un peso.

ESERCIZI

© NASA/JPL – Caltech/MSSS

1 SCALARI E VETTORI

2 SOMMA E SOTTRAZIONE DI VETTORI

1 ★☆☆ Su un foglio a quadretti fai la somma $\vec{A} + \vec{B}$ dei due vettori mostrati nella figura con il metodo punta-coda.

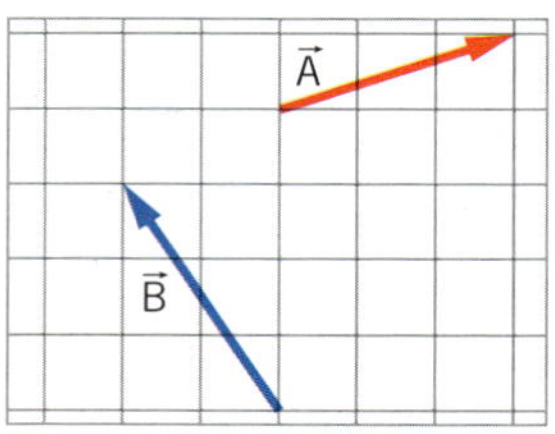

2 ★☆☆ Su un foglio a quadretti fai la somma dei due vettori mostrati nella figura con la regola del parallelogramma.

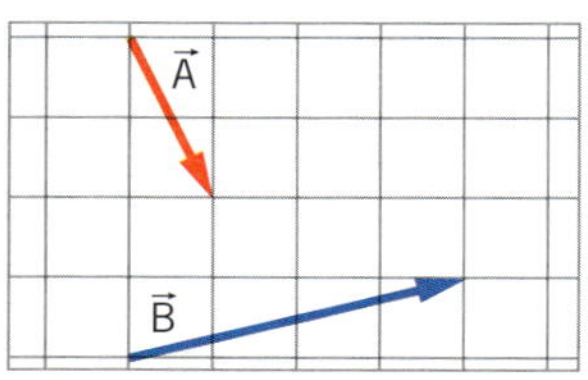

3 ★☆☆ La figura mostra il vettore $\vec{A}$.

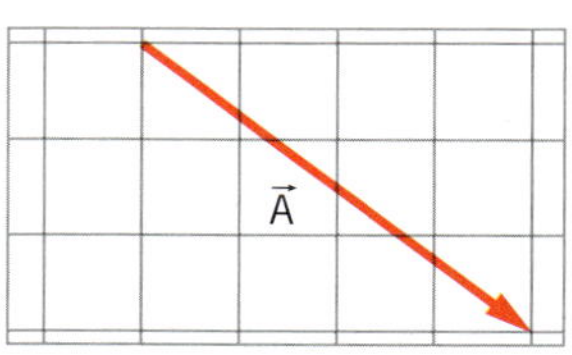

▶ Disegna il vettore $-\vec{A}$.

4 ★☆☆ Su un foglio a quadretti fai le somme $(\vec{A} + \vec{B}) + \vec{C}$ e $(\vec{B} + \vec{C}) + \vec{A}$ dei tre vettori mostrati nella figura con il metodo punta-coda (la somma racchiusa tra parentesi va eseguita per prima).

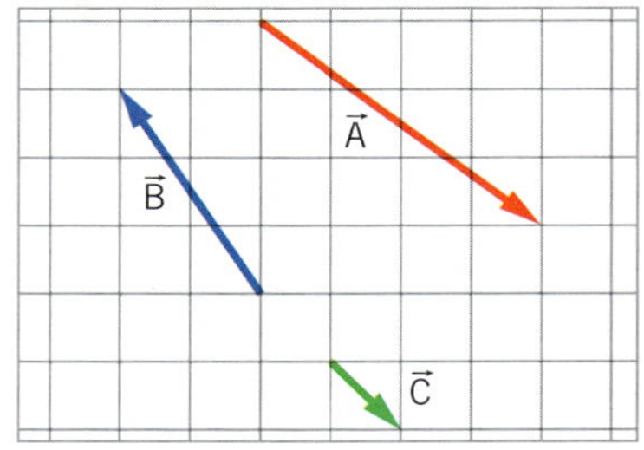

▶ I risultati sono identici?

5 ★☆☆ La figura mostra il vettore $\vec{V}$.

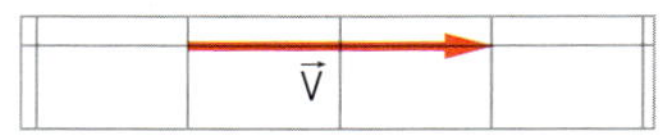

▶ Disegna i vettori $2\vec{V}$, $3\vec{V}$ e $-4\vec{V}$.

6 ★★☆ La somma dei vettori $\vec{A}$ e $\vec{B}$ dà il vettore $\vec{C} = \vec{A} + \vec{B}$. La figura mostra i vettori $\vec{A}$ e $\vec{C}$.

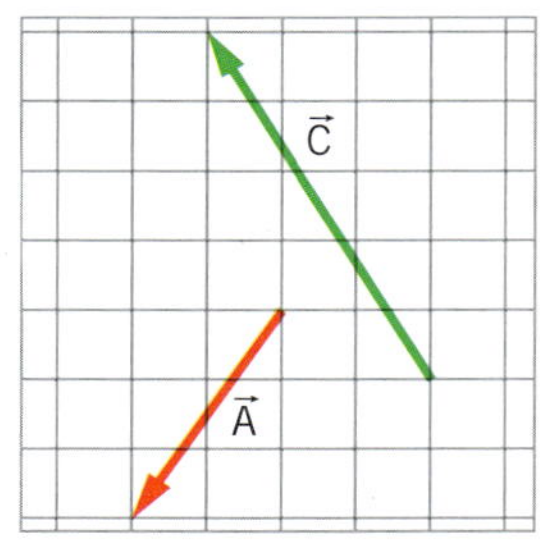

▶ Disegna il vettore $\vec{B}$.

7 ★★☆ La figura mostra i vettori $\vec{A}$ e $\vec{B}$.

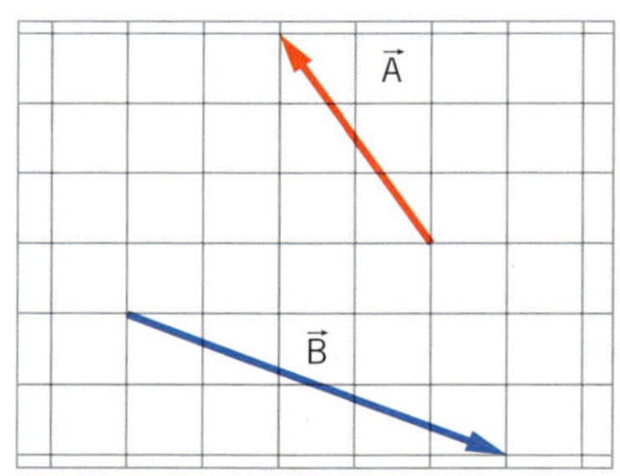

▶ Disegna il vettore $\vec{C}$ che soddisfa la relazione $\vec{A} + \vec{B} + \vec{C} = 0$.

8 PROBLEM SOLVING

La figura mostra i vettori $\vec{A}$ e $\vec{B}$.

▶ Disegna il vettore $\vec{C} = 2\vec{A} + \vec{B}$

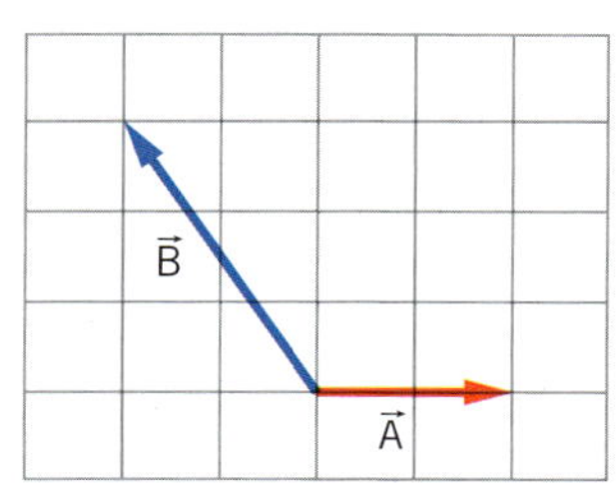

Il ragionamento

Come nel calcolo algebrico, la moltiplicazione $2 \cdot \vec{A}$ ha la precedenza sulla somma. Disegniamo prima il vettore $2\vec{A}$, che ha direzione e verso di $\vec{A}$ ma lunghezza doppia. Al vettore ottenuto sommiamo il vettore $\vec{B}$ con il metodo punta-coda (potremmo anche usare il metodo del parallelogramma).

La soluzione

Disegniamo il vettore $2\vec{A}$:

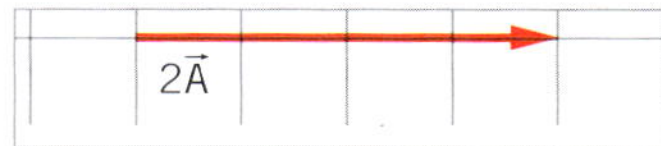

Usiamo il metodo punta-coda e aggiungiamo il vettore $\vec{B}$ al vettore $2\vec{A}$:

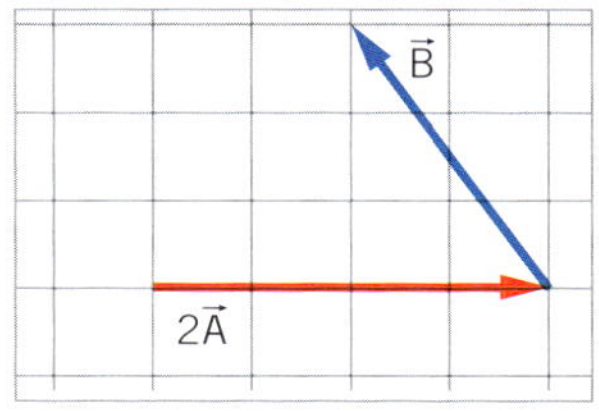

Il vettore $\vec{C}$ che si ottiene dalla somma va dalla coda di $2\vec{A}$ alla testa di $\vec{B}$ è:

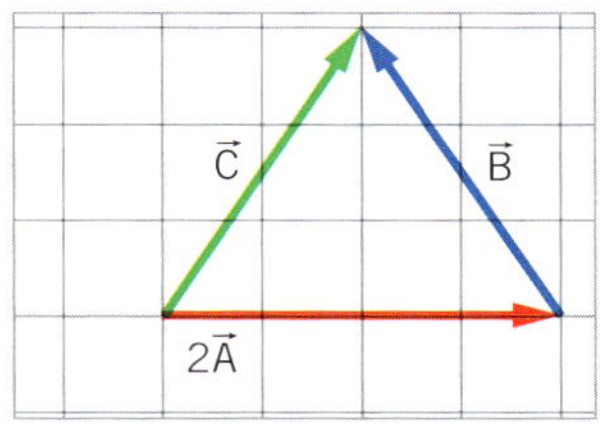

9 ★★☆ La figura mostra i vettori $\vec{A}$ e $\vec{B}$.

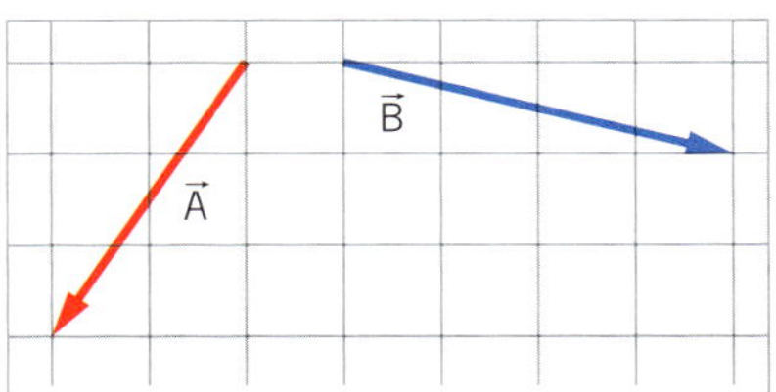

▶ Disegna il vettore $\vec{C} = 3\vec{A} + 2\vec{B}$.

3 PRODOTTI TRA VETTORI

10 ★☆☆ La figura mostra il vettore $\vec{A}$, la retta s e l'angolo α formato dal vettore e dalla retta. Il modulo del vettore $\vec{A}$ è 5,0 e la misura dell'angolo α è 35°.

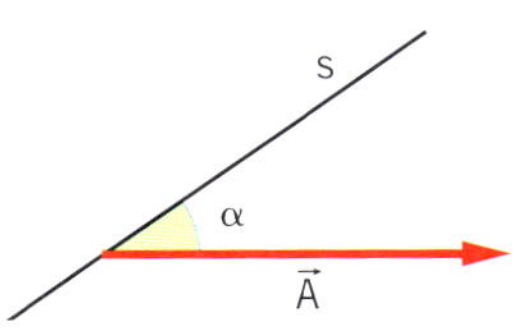

▶ Determina la proiezione di $\vec{A}$ lungo la retta s.

[4,1]

11 ★☆☆ Due rette s e t sono perpendicolari tra loro. Il vettore $\vec{A}$, di modulo 12, forma un angolo $\alpha = 25°$ con la retta s, come mostra la figura.

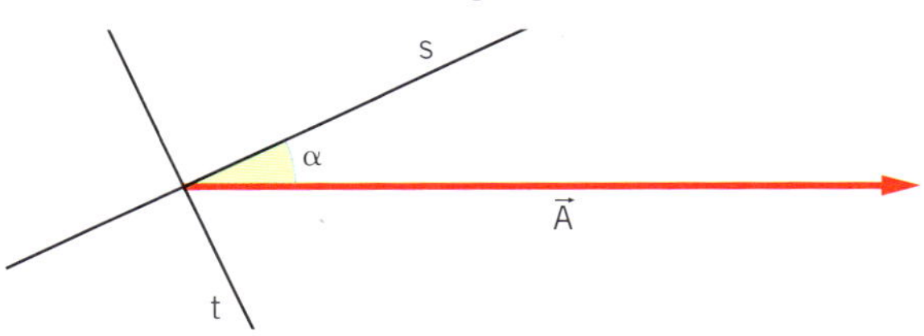

▶ Disegna le proiezioni di $\vec{A}$ lungo le rette s e t.

▶ Calcola le lunghezze delle proiezioni di $\vec{A}$ lungo le rette s e t, approssimandole alla prima cifra decimale.

[$A_s = 10{,}9$; $A_t = 5{,}1$]

12 ★☆☆ I vettori $\vec{A}$ e $\vec{B}$ hanno moduli $A = 3{,}0$ e $B = 4{,}0$ e formano tra loro un angolo di 50°.

▶ Calcola il modulo del loro prodotto vettoriale.

[9,2]

13 ★☆☆ I vettori $\vec{A}$ e $\vec{B}$ hanno moduli $A = 7{,}0$ e $B = 13$ e il modulo del loro prodotto vettoriale è 62.

▶ Calcola l'angolo tra i due vettori.

[43°]

14 ★☆☆ La figura mostra i vettori $\vec{A}$ e $\vec{B}$ e l'angolo α tra essi. I moduli dei vettori sono $A = 2{,}8$ e $B = 4{,}5$. L'angolo α misura 72°.

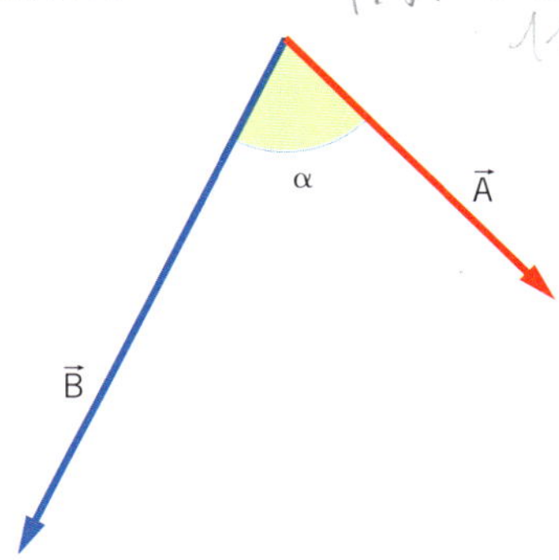

▶ Calcola il modulo del prodotto vettoriale $\vec{A} \times \vec{B}$. Qual è il verso del vettore $\vec{C} = \vec{A} \times \vec{B}$?

[12]

15 ★☆☆ La figura mostra i vettori $\vec{A}$ e $\vec{B}$ e l'angolo α tra essi. I moduli dei vettori sono $A = 6{,}3$ e $B = 3{,}6$. L'angolo α misura 38°.

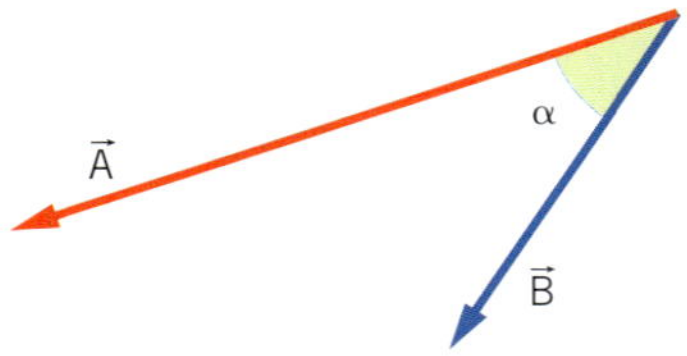

▶ Calcola il modulo del prodotto vettoriale $\vec{A} \times \vec{B}$. Qual è il verso del vettore $\vec{C} = \vec{A} \times \vec{B}$?

[14]

16 ★☆☆ La figura mostra i vettori $\vec{A}$ e $\vec{B}$. Il lato di ogni quadratino vale 1.

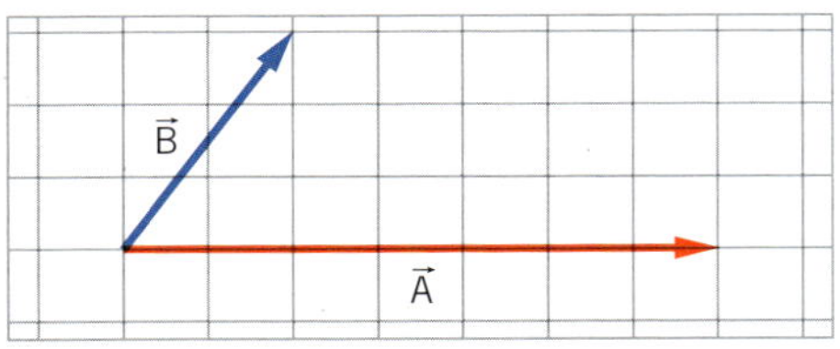

▶ Calcola il modulo del prodotto vettoriale $\vec{A} \times \vec{B}$. Qual è il verso del vettore $\vec{C} = \vec{A} \times \vec{B}$?

[21]

17 ★★☆ I vettori $\vec{A}$ e $\vec{B}$ formano un angolo $\alpha = 35°$ tra loro. I moduli dei due vettori sono $A = 9{,}0$ e $B = 7{,}0$.

▶ Calcola il modulo del prodotto vettoriale $\vec{A} \times \vec{B}$.

▶ Calcola $A_\perp$ e $B_\perp$.

[36; 5,2; 4,0]

18 ★★☆ I vettori $\vec{A}$ e $\vec{B}$ formano un angolo $\alpha = 60°$ tra loro. I moduli dei due vettori sono $A = B = 6{,}0$.

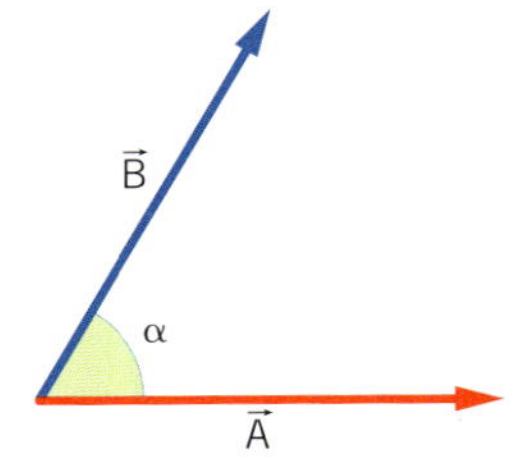

▶ Calcola il prodotto scalare tra i due vettori usando la componente di $\vec{B}$ lungo $\vec{A}$.

▶ Calcola il prodotto scalare tra i due vettori con la formula in cui compaiono i moduli e l'angolo tra i due vettori.

[18]

19 ★★☆ La figura mostra i vettori $\vec{A}$ e $\vec{B}$. I moduli dei due vettori sono $A = 5{,}0$ e $B = 3{,}0$. Il lato di ogni quadratino vale 1.

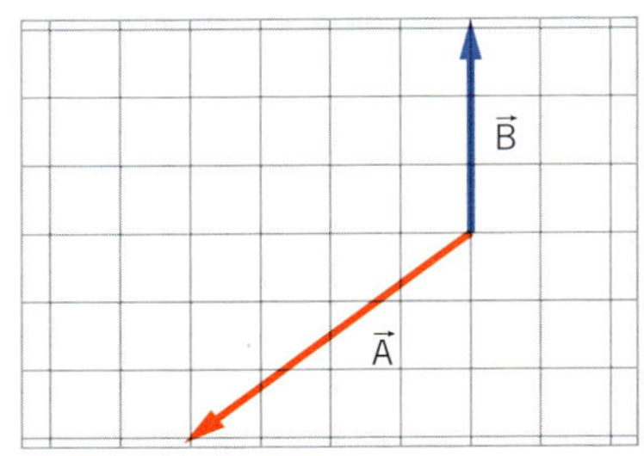

▶ Calcola il modulo di $B_\perp$. Verso dove è diretto il vettore $\vec{C} = \vec{A} \times \vec{B}$?

[2,4]

20 PROBLEM SOLVING

Il prodotto scalare tra i vettori $\vec{A}$ e $\vec{B}$ è uguale a 8,0. I moduli dei due vettori sono $A = 2{,}0$ e $B = 5{,}0$.

▶ Calcola il modulo del loro prodotto vettoriale.

Dati e incognite

Dati	Incognite
Modulo di $\vec{A}$: $A = 2{,}0$	Modulo del prodotto vettoriale: $\lvert\vec{A} \times \vec{B}\rvert = ?$
Modulo di $\vec{B}$: $B = 5{,}0$	
Prodotto scalare tra $\vec{A}$ e $\vec{B}$: $\vec{A} \cdot \vec{B} = 8{,}0$	

Il ragionamento

Dal prodotto scalare calcoliamo il coseno dell'angolo α formato dai due vettori e con la calcolatrice ricaviamo il valore dell'angolo α. Abbiamo così tutti i dati per calcolare il modulo del prodotto vettoriale.

La soluzione

Usiamo la formula del prodotto scalare per ricavare il coseno dell'angolo α tra i due vettori:

$$\vec{A} \cdot \vec{B} = AB\cos\alpha \quad \rightarrow \quad \cos\alpha = \frac{\vec{A} \cdot \vec{B}}{AB} = \frac{8{,}0}{2{,}0 \cdot 5{,}0} = 0{,}80$$

Con l'aiuto della calcolatrice scientifica ricaviamo il valore dell'angolo α:

$$\alpha = \cos^{-1}(0{,}80) \cong 37°$$

Il modulo del prodotto vettoriale è:

$$|\vec{A} \times \vec{B}| = AB\,\mathrm{sen}\,\alpha = (2{,}0)(5{,}0)\ \mathrm{sen}\ 37° \cong 6{,}0$$

21 ★★☆ Il modulo del prodotto vettoriale tra i vettori $\vec{A}$ e $\vec{B}$ è uguale a 24. I moduli dei due vettori sono $A = 5{,}0$ e $B = 6{,}0$.

▶ Calcola il prodotto scalare tra $\vec{A}$ e $\vec{B}$.

[18]

4 I VETTORI IN COMPONENTI CARTESIANE

22 ★☆☆ Il modulo del vettore $\vec{A}$ mostrato nella figura è $A = 4$.

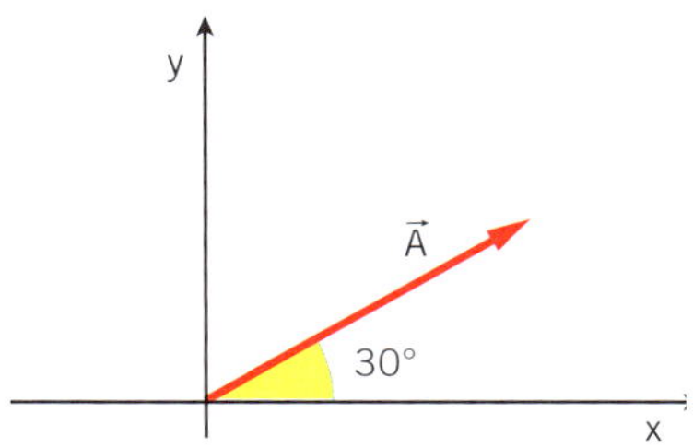

▶ Calcola le lunghezze delle proiezioni del vettore $\vec{A}$ sugli assi x e y approssimandoli alla seconda cifra decimale.

[3,46; 2,00]

23 ★☆☆ La figura mostra il vettore $\vec{A}$ di modulo $A = 5$ e la sua proiezione $\vec{A}_x = -3\hat{x}$ sull'asse x.

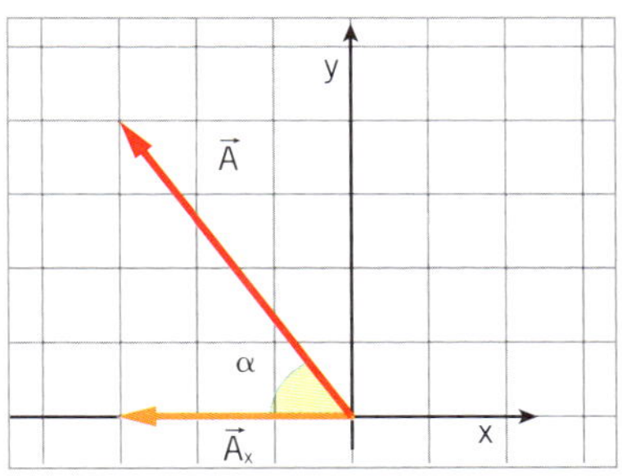

▶ Calcola l'ampiezza dell'angolo α mostrato nella figura.

▶ Determina la proiezione $\vec{A}_y$ del vettore $\vec{A}$ sull'asse y.

[53°; $4{,}0\hat{y}$]

24 ★☆☆ Individua le componenti cartesiane dei vettori $\vec{A}$ e $\vec{B}$ mostrati nella figura, dove sono riportati anche i versori $\hat{x}$ e $\hat{y}$.

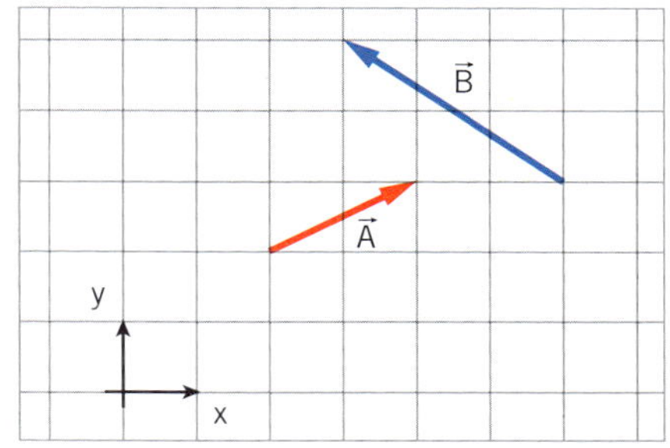

[$\vec{A} = 2\hat{x} + \hat{y}$; $\vec{B} = -3\hat{x} + 2\hat{y}$]

25 ★☆☆ Individua le componenti cartesiane dei vettori $\vec{A}$ e $\vec{B}$ mostrati nella figura. Fai attenzione alla posizione inusuale dei versori $\hat{x}$ e $\hat{y}$.

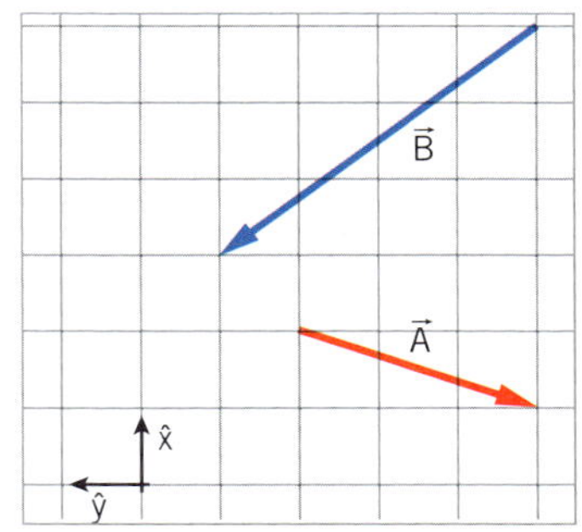

[$\vec{A} = -\hat{x} - 3\hat{y}$; $\vec{B} = -3\hat{x} + 4\hat{y}$]

26 ★☆☆ Individua le componenti cartesiane dei vettori $\vec{A}$ e $\vec{B}$ mostrati nella figura. Fai attenzione alla posizione insolita dei versori $\hat{x}$ e $\hat{y}$.

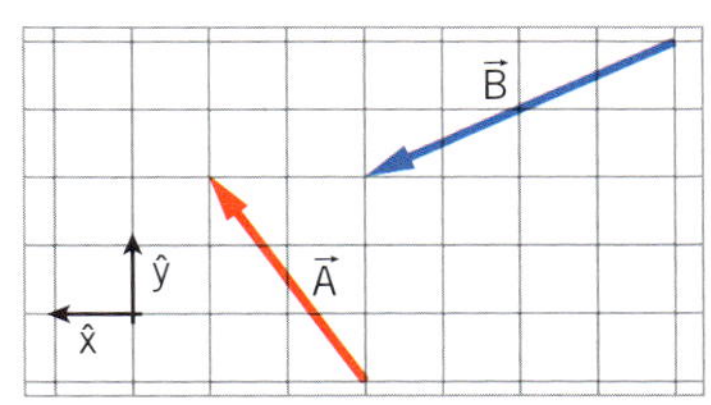

[$\vec{A} = 2\hat{x} + 3\hat{y}$; $\vec{B} = 4\hat{x} - 2\hat{y}$]

27 ★☆☆ Disegna in un piano cartesiano i vettori $\vec{A} = -4\hat{x}$ e $\vec{B} = -3\hat{y}$.

28 ★☆☆ Disegna in un piano cartesiano i vettori $\vec{A} = 3\hat{x} - 4\hat{y}$ e $\vec{B} = \hat{x} + 2\hat{y}$.

29 ★☆☆ Dato il vettore $\vec{A} = -2\hat{x} + 6\hat{y}$, determina le componenti cartesiane dei vettori $3\vec{A}$, $-4\vec{A}$ e $\vec{A}/2$.

[$-6\hat{x} + 18\hat{y}$; $8\hat{x} - 24\hat{y}$; $-\hat{x} + 3\hat{y}$]

30 PROBLEM SOLVING

Il vettore $\vec{A}$ ha modulo $A = 6{,}0$ e forma con l'asse x un angolo α la cui tangente è tanα = 0,70.

▶ Calcola le componenti di $\vec{A}$.

Dati e incognite

Dati	Incognite
Modulo di $\vec{A}$: $A = 6{,}0$	Componente di $\vec{A}$ lungo l'asse x: $A_x = ?$
Tangente dell'angolo tra il vettore $\vec{A}$ e l'asse x: tanα = 0,70.	Componente di $\vec{A}$ lungo l'asse y: $A_y = ?$

SEGUE ▶

ESERCIZI

Il ragionamento

Con la calcolatrice scientifica troviamo il valore dell'angolo α e con questo possiamo calcolare le componenti di $\vec{A}$.

La soluzione

Usando la calcolatrice scientifica otteniamo:

$$\alpha = \tan^{-1}(0{,}70) \cong 35°$$

Le componenti del vettore $\vec{A}$ sono:

$$A_x = A\cos 35° = 6{,}0 \cos 35° = 4{,}9$$

$$A_y = A\,\text{sen}\,35° = 6{,}0\,\text{sen}\,35° = 3{,}4$$

31 Il modulo del vettore $\vec{A}$ è $A = 8{,}2$ e la sua componente lungo l'asse y è $A_y = 5{,}8$.

▶ Determina la tangente dell'angolo che il vettore $\vec{A}$ forma con gli assi cartesiani.

[1,0]

32 La figura mostra il vettore $\vec{A}$:

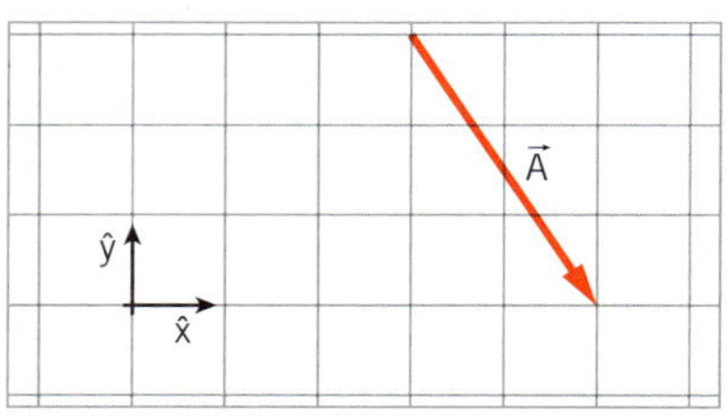

▶ Determina le componenti cartesiane dei vettori $2\vec{A}$, $-\vec{A}$, $\vec{A}/6$.

[$4\hat{x} - 6\hat{y}$; $-2\hat{x} + 3\hat{y}$; $(1/3)\hat{x} - (1/2)\hat{y}$]

5 OPERAZIONI CON VETTORI DATI IN COMPONENTI CARTESIANE

33 Il vettore $\vec{S}$ è la somma dei vettori $\vec{A} = 2\hat{x} - \hat{y}$ e $\vec{B} = -3\hat{x} + 2\hat{y}$.

▶ Determina l'espressione di $\vec{S}$ in componenti cartesiane.

[$-\hat{x} + \hat{y}$]

34 Il vettore $\vec{D}$ è la differenza dei vettori $\vec{A} = -4\hat{x} + 2\hat{y}$ e $\vec{B} = 3\hat{x} + \hat{y}$: $\vec{D} = \vec{A} - \vec{B}$.

▶ Determina l'espressione di $\vec{D}$ in componenti cartesiane.

[$-7\hat{x} + \hat{y}$]

35 Il vettore $\vec{D}$ è uguale a $3\vec{A}$. Il vettore $\vec{A}$ in componenti cartesiane è $\vec{A} = -2\hat{x} + 3\hat{y}$.

▶ Determina l'espressione di $\vec{D}$ in componenti cartesiane.

[$-6\hat{x} + 9\hat{y}$]

36 Calcola somma e differenza dei vettori $\vec{A}$ e $\vec{B}$ come riportati nella tabella:

	(a)	(b)	(c)	(d)	(e)
$\vec{A}$	$4\hat{x} + 2\hat{y}$	$2\hat{x} + 7\hat{y}$	$-3\hat{x} - 2\hat{y}$	$-4\hat{y}$	$-3\hat{x}$
$\vec{B}$	$-3\hat{x} + \hat{y}$	$\hat{x} + 4\hat{y}$	$-4\hat{x} - 5\hat{y}$	$5\hat{x} - 2\hat{y}$	$4\hat{y}$
$\vec{A} + \vec{B}$					
$\vec{A} - \vec{B}$					
$\vec{B} - \vec{A}$					

37 Calcola il prodotto scalare dei vettori $\vec{A} = -\hat{x} + \hat{y}$ e $\vec{B} = 3\hat{x} + 7\hat{y}$.

[4]

38 Calcola il prodotto scalare dei vettori $\vec{A}$ e $\vec{B}$ riportati nella tabella:

	(a)	(b)	(c)	(d)	(e)
$\vec{A}$	$2\hat{x} - 3\hat{y}$	$6\hat{x} + 2\hat{y}$	$-4\hat{x} - 6\hat{y}$	$3\hat{y}$	$5\hat{x}$
$\vec{B}$	$-\hat{x} + 3\hat{y}$	$3\hat{x} - 5\hat{y}$	$-3\hat{x} + 8\hat{y}$	$-3\hat{x} + 6\hat{y}$	$6\hat{y}$
$\vec{A} \cdot \vec{B}$					

39 I vettori $\vec{A} = 2\hat{x} + \hat{y}$ e $\vec{B} = -\hat{x} - 3\hat{y}$ formano un angolo α.

▶ Calcola senα.

[0,71]

40 Il vettore $\vec{S}$ è la somma del doppio del vettore $\vec{A} = 2\hat{x} + 5\hat{y}$ e del triplo del vettore $\vec{B} = -3\hat{x} - \hat{y}$.

▶ Determina l'espressione di $\vec{S}$ in componenti cartesiane.

[$-5\hat{x} + 7\hat{y}$]

41 Il vettore $\vec{C} = 2\hat{x} + 5\hat{y}$ è il risultato della somma dei vettori $\vec{A} = \hat{x} - \hat{y}$ e $\vec{B}$.

▶ Determina l'espressione di $\vec{B}$ in componenti cartesiane.

[$\hat{x} + 6\hat{y}$]

42 Calcola l'ampiezza dell'angolo tra i vettori $\vec{A} = -3\hat{x} + 2\hat{y}$ e $\vec{B} = -2\hat{x} - \hat{y}$.

[60°]

6 LE FORZE

43 ★☆☆ Carla e Sandro spingono un carrello applicando, rispettivamente, una forza di modulo $F_1 = 36$ N e una forza di modulo $F_2 = 44$ N. Entrambi spingono nello stesso verso.

▶ Calcola il modulo della forza totale applicata al carrello.

[80 N]

44 ★☆☆ Sara e Francesca sono fianco a fianco e tirano via una coperta dal letto. Sara applica una forza di 4,6 N. La forza totale applicata alla coperta da Sara e Francesca è 11,2 N.

▶ Calcola il modulo della forza applicata da Francesca.

[6,6 N]

45 ★☆☆ Gigi e Mario spingono un pacco da due parti opposte, uno verso l'altro. Gigi applica una forza di modulo $F_1 = 56$ N, Mario applica una forza di modulo $F_2 = 68$ N.

▶ Calcola il modulo e il verso della forza totale applicata al pacco.

[12 N]

46 ★☆☆ **OCCHIO ALL'INCERTEZZA**
Enrica e Giulia sono una di fronte all'altra e tirano due dinamometri attaccati allo stesso oggetto. Il dinamometro di Enrica misura una forza di modulo $F_E = (1{,}4 \pm 0{,}1)$N, quello di Giulia misura $F_G = (2{,}2 \pm 0{,}1)$N.

▶ Calcola il modulo della forza totale sull'oggetto e il verso.

[(0,8 ± 0,2) N]

47 ★★☆ Due operai spingono una grossa cassa. Uno applica una forza di modulo $F_1 = 144$ N, l'altro applica una forza di modulo $F_2 = 162$ N. Trascura l'attrito con il pavimento.

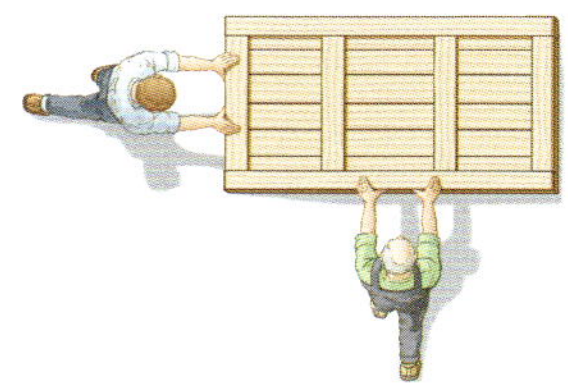

▶ Calcola il modulo della forza totale applicata alla cassa.

[217 N]

48 ★★☆ Due rimorchiatori trascinano una nave con delle funi che formano un angolo di 90°. Le due forze applicate dalle funi sono uguali e la forza totale ha modulo $F_{tot} = 3{,}8 \cdot 10^4$ N.

▶ Calcola il modulo di ciascuna delle forze applicate dalle funi.

[$2{,}7 \cdot 10^4$ N]

49 PROBLEM SOLVING

Una telecamera posta al di sopra di un campo di calcio viene spostata tirando i cavi a cui è sospesa.
In un dato istante tre cavi paralleli al campo da gioco tirano la telecamera nel modo rappresentato in questa figura:

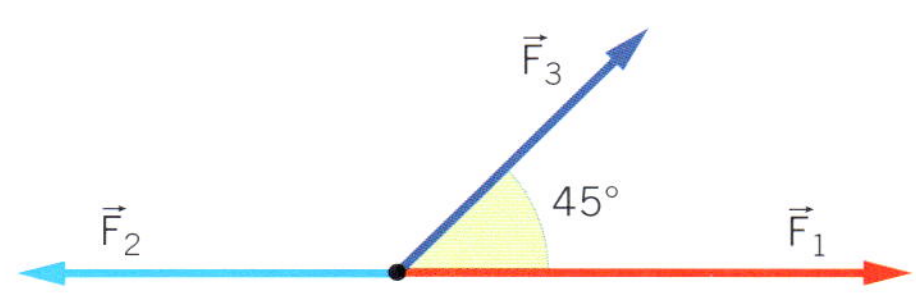

I moduli delle forze sono $F_1 = 12$ N, $F_2 = 10$ N e $F_3 = 9{,}2$ N.

▶ Calcola il modulo della forza totale dei tre cavi.

Dati e incognite

Dati	Incognite
Modulo della forza applicata dal primo cavo: $F_1 = 12$ N	Modulo della forza totale: $F_{tot} = ?$
Modulo della forza applicata dal secondo cavo: $F_2 = 10$ N	
Modulo della forza applicata dal terzo cavo: $F_3 = 9{,}2$ N	

Il ragionamento

Scriviamo le forze applicate alla telecamera usando le coordinate cartesiane, in modo da potere sommare le forze usando le regole della somma tra vettori. Ottenute le componenti della forza totale possiamo calcolare il suo modulo.

SEGUE ▶

La soluzione

Indichiamo con x la direzione orizzontale nella figura che rappresenta le forze, con verso positivo verso destra, e con y la direzione verticale, con verso positivo verso l'alto.
Le forze esercitate dal primo e dal secondo cavo sono entrambe nella direzione x, ma hanno versi opposti:

$$\vec{F}_1 = (12\ \text{N})\hat{x}, \qquad \vec{F}_2 = (-10\ \text{N})\hat{x}$$

La forza esercitata dal terzo cavo ha componenti in entrambe le direzioni:

$$\vec{F}_{3,x} = (9{,}2\ \text{N})\cos 45°\hat{x} = (6{,}5\ \text{N})\hat{x}, \qquad \vec{F}_{3,y} = (9{,}2\ \text{N})\text{sen}45°\hat{y} = (6{,}5\ \text{N})\hat{y}$$

La forza totale è la somma di tutte e tre le forze:

$$\vec{F}_{tot} = \vec{F}_1 + \vec{F}_2 + \vec{F}_3 = (12\ \text{N})\hat{x} + (-10\ \text{N})\hat{x} + (6{,}5\ \text{N})\hat{x} + (6{,}5\ \text{N})\hat{y} = (8{,}5\ \text{N})\hat{x} + (6{,}5\ \text{N})\hat{y}$$

Il modulo della forza totale è

$$F_{tot} = \sqrt{(8{,}5\ \text{N})^2 + (6{,}5\ \text{N})^2} \cong 11\ \text{N}$$

50 ★★☆ Due cani stanno giocando con un cuscino, tirandolo con i denti in direzioni diverse che formano un angolo di 115°. Entrambi i cani applicano una forza di modulo 41 N.
▶ Calcola il modulo della forza totale applicata al cuscino.
[44 N]

7 LA FORZA-PESO

51 ★☆☆ Calcola il peso di una cassa che contiene 12 kg di arance.
[120 N]

52 ★☆☆ Il peso di un'auto è 10 780 N.
▶ Calcola la massa dell'auto.
[1100 kg]

53 ★☆☆ La sonda Schiaparelli, lanciata per esplorare il pianeta Marte nel 2016, è purtroppo andata distrutta nell'atterraggio sul suolo marziano. Su Marte i resti della sonda pesano 2135 N.
▶ Calcola la massa della sonda.
[580 kg]

54 ★★☆ **OCCHIO ALL'INCERTEZZA**
Il peso di un oggetto ha un'incertezza di 0,6 N, che corrisponde a un'incertezza percentuale del 3,0%.
▶ Calcola il valore attendibile del peso dell'oggetto.
[20 N]

55 ★★☆ **QUANTI SU 100?**
Un oggetto portato su un pianeta sconosciuto aumenta il suo peso di 6,0 N, che corrisponde a un aumento percentuale del 20%.
▶ Calcola la massa dell'oggetto.
[3,1 kg]

56 PROBLEM SOLVING

Durante una partita di tennistavolo, un giocatore colpisce la pallina con una forza di modulo 0,12 N. La forza forma un angolo di 20° con la direzione orizzontale ed è diretta verso l'alto. La massa della pallina è 2,7 g.
▶ Calcola il modulo della forza totale applicata sulla pallina.

Dati e incognite

Dati	Incognite
Massa della pallina: $m = 2{,}7 \cdot 10^{-3}$ kg	Modulo della forza totale: F_{tot} = ?
Modulo della forza applicata dalla racchetta alla pallina: $F = 0{,}12$ N.	
Angolo formato dalla forza con la direzione orizzontale: 20°	

Il ragionamento

La pallina subisce due forze: una a distanza (la forza-peso) e una di contatto (la forza applicata dalla racchetta). Calcoliamo le componenti cartesiane delle forze e, con queste, le componenti della forza totale, da cui infine ricaviamo il modulo.

La soluzione

Disegniamo le forze applicate alla pallina e scomponiamo la forza $\vec{F}$ applicata dalla racchetta.

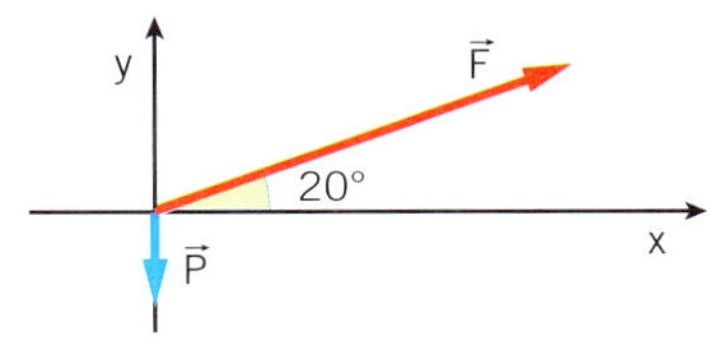

Mentre la forza-peso ha solo la componente verticale

$$P = mg = (2{,}7 \cdot 10^{-3}\ \text{kg})(9{,}8\ \text{N/kg}) = 0{,}026\ \text{N}$$

ed è diretta verso il basso, la forza $\vec{F}$ ha entrambe le componenti:

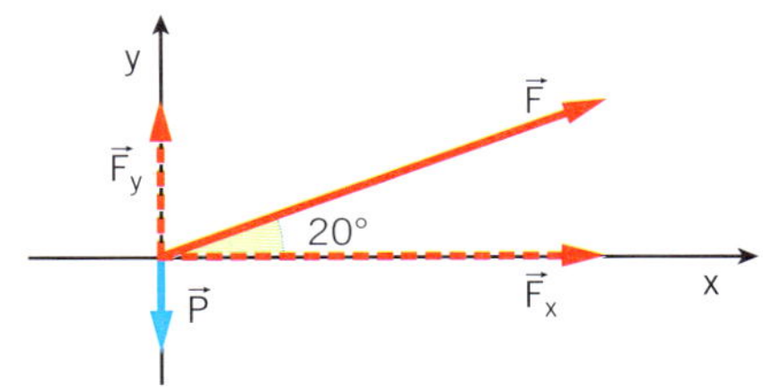

$$F_x = F\cos 20° = (0{,}12\ \text{N})\cos 20° = 0{,}11\ \text{N}$$

$$F_y = F\,\text{sen}\,20° = (0{,}12\ \text{N})\,\text{sen}\,20° = 0{,}041\ \text{N}$$

La forza totale quindi è:

$$\vec{F}_{tot} = \vec{P} + \vec{F} = (-0{,}026\ \text{N})\hat{y} + [(0{,}11\ \text{N})\hat{x} + (0{,}041\ \text{N})\hat{y}] = (0{,}11\ \text{N})\hat{x} + (0{,}015\ \text{N})\hat{y}$$

Il modulo della forza totale è:

$$F_{tot} = \sqrt{(0{,}11\ \text{N})^2 + (0{,}015\ \text{N})^2} = 0{,}11\ \text{N}$$

57 Un giocatore di baseball colpisce una palla di massa 145 g. La forza che la mazza applica alla palla forma un angolo di 30° gradi con la direzione orizzontale ed è diretta verso l'alto. Il modulo della forza è 3,2 N.

- ▶ Calcola il modulo della forza totale applicata alla palla.

[2,8 N]

58 Agnese lancia dalla finestra un mazzo di chiavi, di massa 153 g, a Michele. Nel lancio applica una forza di modulo 2,4 N che forma un angolo di 45° con la direzione orizzontale ed è diretta verso il basso.

- ▶ Calcola il modulo della forza totale applicata al mazzo di chiavi.

[3,6 N]

8 LE FORZE DI ATTRITO

59 Un pacco di massa $m = 3{,}78$ kg giace sul pavimento.

- ▶ Calcola il modulo della forza con cui il pacco preme sul pavimento.

3,78 · 9,81 = 37 N [37 N]

60 Un libro di massa $m = 1{,}42$ kg è appoggiato su un tavolo e viene premuto con una forza $F = 15$ N verso il tavolo.

- ▶ Calcola il modulo della forza con cui il libro preme sul tavolo.

[29 N]

61 Una cassa di massa $m = 8{,}3$ kg giace sul pavimento. Il coefficiente di attrito statico tra la cassa e il pavimento è $\mu_s = 0{,}32$.

- ▶ Calcola il modulo della forza necessaria a spostare la cassa.

(0,32)(8,3)(9,81) = 26 N [26 N]

62 **OCCHIO ALL'INCERTEZZA**

Per mettere in moto una cassa di massa $m = (6{,}5 \pm 0{,}2)$ kg ferma sul pavimento bisogna applicare una forza orizzontale di modulo superiore a $F = (22{,}4 \pm 0{,}5)$ N.

- ▶ Determina il valore attendibile e l'incertezza del coefficiente di attrito statico.

[0,35 ± 0,02]

63 PROBLEM SOLVING

Paola tenta di spostare una grossa cassapanca piena di vestiti di massa totale 24 kg tirandola con una forza orizzontale di modulo 40 N. Il coefficiente di attrito statico tra la cassa e il pavimento è 0,22.

- ▶ Dimostra che Paola non riesce a spostare la cassapanca.
- ▶ Per riuscire a spostare la cassapanca, Paola decide di svuotarla parzialmente. Calcola la massa di vestiti che Paola deve togliere dalla cassapanca per riuscire a spostarla.

SEGUE ▶

Dati e incognite

Dati	Incognite
Massa della cassa: $m = 24$ kg	Massa di vestiti da togliere: $m_v = ?$
Coefficiente di attrito tra la cassa e il pavimento: $\mu_s = 0{,}22$	
Modulo della forza che tira la cassa: $F = 40$ N	

Il ragionamento

Calcoliamo la forza di attrito statico massima $f_{s,\text{max}}$ tra la cassapanca e il pavimento: se la forza applicata da Paola è minore del valore trovato, la cassapanca non si muove. Togliendo vestiti dalla cassapanca si diminuisce la forza con cui la cassapanca preme sul pavimento e quindi si riduce la forza di attrito statico massima $f_{s,\text{max}}$. La massa da togliere è quella che riduce la forza $f_{s,\text{max}}$ a un valore inferiore a quello della forza applicata da Paola.

La soluzione

- La forza con cui la cassapanca preme sul pavimento è il suo peso, a cui contribuiscono dei vestiti che contiene:

$$F_\perp = mg$$

La forza di attrito statico massima è:

$$f_{s,\text{max}} = \mu_s mg = 0{,}22 \cdot (24\ \text{kg})(9{,}81\ \text{N/kg}) = 52\ \text{N}$$

La forza con cui Paola tira la cassapanca è minore e quindi la cassapanca non si muove.

- Per potere muovere la cassapanca, la forza di attrito statico massima deve essere inferiore a 40 N. Quindi la massa della cassapanca e dei vestiti che contiene dev'essere inferiore a

$$m' = \frac{f_{s,\text{max}}}{\mu_s g} = \frac{40\ \text{N}}{0{,}22 \cdot (9{,}81\ \text{N/kg})} \cong 19\ \text{kg}$$

La massa dei vestiti da togliere quindi è

$$m_v = m - m' = (24\ \text{kg}) - (19\ \text{kg}) = 5{,}0\ \text{kg}$$

64 ★★☆ Un grande vaso in ceramica è collocato all'ingresso di un ufficio. Il coefficiente di attrito statico tra il vaso e il pavimento è 0,24. Quando il vaso è vuoto, basta una forza orizzontale di modulo 8,2 N per spostarlo.

▶ Calcola la forza che bisogna applicare al vaso quando contiene una pianta di massa 1,2 kg.

[11 N]

65 ★★☆ **QUANTI SU 100?**
La forza orizzontale necessaria per mettere in movimento un tavolo di massa $m = 15$ kg è $F = 45$ N. La forza necessaria per mantenerlo in movimento è inferiore del 15%. Trascura la presenza dell'aria.

▶ Determina il valore del coefficiente di attrito dinamico.

[0,26]

9 LA FORZA ELASTICA

66 ★☆☆ Una molla di costante elastica 246 N/m viene compressa di 0,030 m.

▶ Calcola il modulo della forza applicata alla molla.

246 · 0,030 = 7,4 N

[7,4 N]

67 ★☆☆ Il grafico riportato nella figura mostra come varia il modulo della forza F applicata a una molla al variare del suo allungamento x.

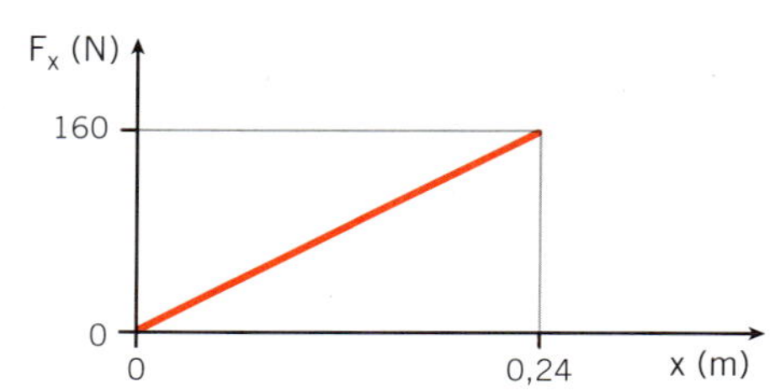

▶ Calcola la costante elastica della molla.

[670 N/m]

68 ★☆☆ Un elastico si comporta come una molla di costante elastica $k = 44$ N/m.

▶ Di quanto si allunga l'elastico quando viene tirato con una forza di modulo 9,6 N?

9,6 : 44 = 0,22 m

[0,22 m]

69 ★★☆ La molla di un dinamometro è lunga 12,0 cm quando è a riposo. Quando il dinamometro misura una forza di modulo 1,0 N, la molla è lunga 12,5 cm.

▶ Calcola la costante elastica della molla.

[200 N/m]

70 PROBLEM SOLVING

Per comprimere una molla di un tratto x è necessaria una forza di modulo 30 N. Se si aumenta la forza del 20%, la molla si comprime di altri 1,2 cm.

▶ Calcola la costante elastica della molla.

Dati e incognite

Dati	Incognite
Prima compressione della molla: x	Costante elastica della molla: $k = ?$
Forza necessaria per la prima compressione: $F = 30$ N	
Aumento percentuale della forza: 20%	
Ulteriore compressione della molla: $s = 1{,}2 \cdot 10^{-2}$ m	

Il ragionamento

Usiamo la legge di Hooke in entrambe le situazioni per ricavare le equazioni che danno la costante elastica della molla.

La soluzione

Inizialmente la molla si comprime di un tratto x sotto l'effetto di una forza di modulo F.
Secondo la legge di Hooke, queste due grandezze sono legate dalla relazione:

$$F = kx$$

In seguito si applica una forza F' di modulo più grande del 20%:

$$F' = F + \frac{20}{100}F = \frac{120}{100}F = \frac{120}{100}(30\ \text{N}) = 36\ \text{N}$$

Con questa forza la compressione della molla diventa $x + s$. Applichiamo nuovamente la legge di Hooke:

$$F' = k(x+s) = kx + ks = F + ks$$

Possiamo così ricavare la costante elastica della molla:

$$k = \frac{F' - F}{s} = \frac{(36\ \text{N}) - (30\ \text{N})}{1{,}2 \cdot 10^{-2}\text{m}} = 500\ \text{N/m}$$

71 ★★☆ **QUANTI SU 100?**
Una molla viene allungata di 3,0 cm tirandola con una forza di modulo 15 N.

▶ Quando la forza è inferiore del 10%, di quanto è allungata la molla?

[2,7 cm]

72 ★★☆ Un attrezzo usato per rinforzare la muscolatura degli avambracci contiene una molla a spirale. Per comprimere la molla di 0,0191 m è necessaria una forza di 89 N.

▶ Determina la forza necessaria per comprimere la molla di 0,0508 m.

[240 N]

PROBLEMI FINALI

73 Un aereo si sposta di 200 km in direzione nord, poi vira bruscamente verso est e procede per altri 300 km; infine vira nuovamente in direzione nord-est (cioè la direzione che forma 45° con le direzioni nord ed est) e viaggia per 100 km.

▶ Determina la distanza tra il punto di partenza e il punto di arrivo dell'aereo.

[460 km]

74 Sono dati i vettori $\vec{A} = a\hat{x} - 4\hat{y}$ e $\vec{B} = 2\hat{x} + b\hat{y}$. Il modulo del primo è $A = 5$, il prodotto scalare tra i due vettori è uguale a 2.

▶ Calcola i valori dei parametri a e b.

[Due soluzioni per (a,b): (3,1) e (−3, −2)]

75 Una mela di 320 g è su un ramo. Un colpo di vento applica alla mela una forza orizzontale di 12,0 N e la fa staccare dal ramo.

▶ Calcola la forza totale sulla mela quando si stacca dal ramo.

[12,4 N]

76 Una slitta viene trainata sulla neve applicando due forze di modulo $F_1 = 85$ N e $F_2 = 62$ N.
Le due forze formano tra loro un angolo $\alpha = 23°$.

▶ Calcola il modulo della somma delle due forze.

[140 N]

77 Un carrello di massa 22 kg ha le ruote bloccate e due persone tentano di spingerlo applicando due forze, come rappresentato nella figura.

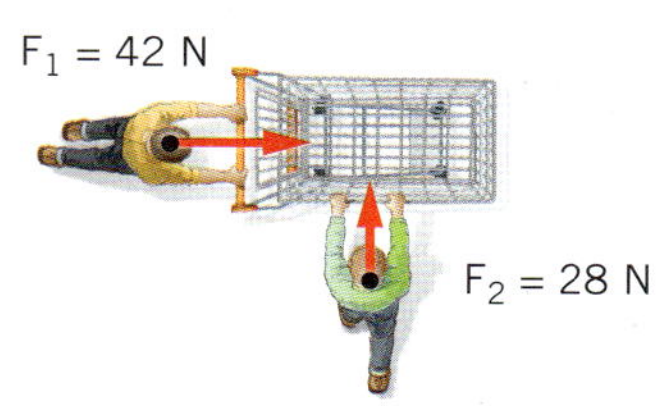

Il coefficiente di attrito tra il carrello e il suolo è 0,12.

▶ Stabilisci se il carrello si muove o no.

78 Un piccolo anello metallico viene tirato da tre dinamometri, come mostrato nella figura.

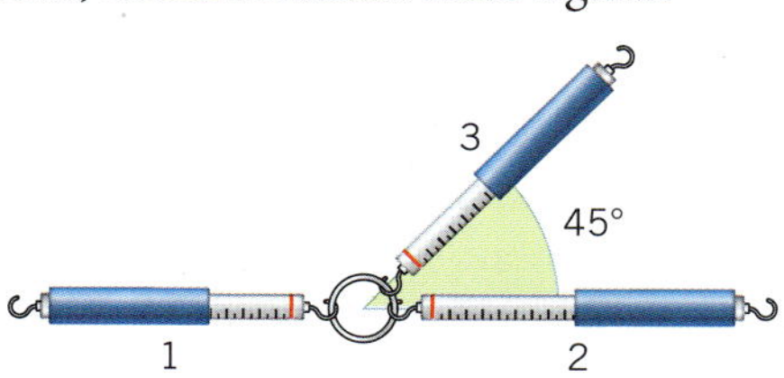

I dinamometri indicano che i moduli delle forze applicate sono $F_1 = 5{,}0$ N, $F_2 = 8{,}6$ N e $F_3 = 6{,}4$ N.

▶ Calcola il modulo della forza totale applicata all'anello.

[9,3 N]

79 Un oggetto di massa 250 g è fermo sopra una molla posta in verticale su un tavolo e la comprime di un tratto di lunghezza L. Se si preme l'oggetto contro la molla con una forza di modulo $F = 6{,}0$ N, la molla si comprime di altri 1,5 cm. In entrambe le situazioni descritte la somma delle forze applicate all'oggetto è nulla.

▶ Calcola la costante elastica della molla.

[400 N/m]

80 Un anello di metallo viene tirato da due dinamometri perpendicolari l'uno all'altro.

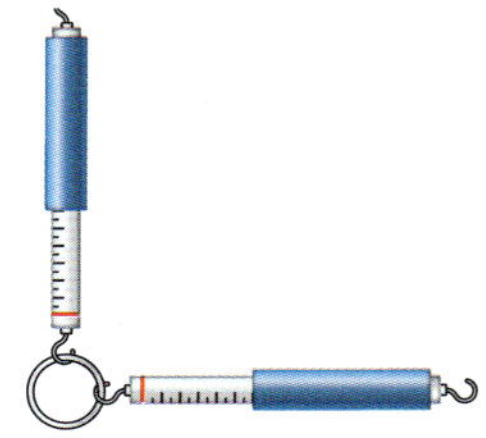

I dinamometri segnano entrambi una forza di 6,0 N.

▶ Calcola la forza totale applicata all'anello.

[8,5 N]

81 Un blocco di massa 450 g giace su un tavolo. Il coefficiente di attrito statico tra il blocco e il tavolo è 0,17. Si vuole spostare il blocco comprimendo una molla orizzontale attaccata al blocco. La costante elastica della molla è 25 N/m.

▶ Calcola di quanto si deve comprimere la molla.

[più di 3,0 cm]

82 Il modulo della minima forza necessaria per spostare un tavolo di massa 3,8 kg facendolo strisciare sul pavimento è 100 N.

▶ Calcola di quanto varia il modulo di questa forza quando un pacco di 1,3 kg viene messo sul tavolo.

[34 N]

83 Un giocatore di volley schiaccia la palla con una forza di modulo 5,1 N, inclinata verso il basso di 20° rispetto alla direzione orizzontale. La massa della palla è 275 g.

▶ Calcola il modulo della forza totale subita dalla palla durante la schiacciata.

[6,5 N]

84 Sono dati i vettori $\vec{A} = -2\hat{x} + 3\hat{y}$, $\vec{B} = 4\hat{x} - 2\hat{y} + \hat{z}$ e $\vec{C} = \hat{x} + \hat{y} - \hat{z}$.

▶ Calcola $\vec{A} \cdot (\vec{B} \times \vec{C})$

[13]

85 Il prodotto scalare tra i vettori $\vec{A}$ e $\vec{B}$ è uguale a 10. Il modulo del loro prodotto vettoriale è 17,3.

▶ Calcola l'ampiezza dell'angolo tra i due vettori.

[60°]

TEST

1 Le grandezze scalari sono descritte in modo completo da:

A un numero e una direzione.
B un segno, un verso e una direzione.
C un numero e un'unità di misura.
D un segno e un'unità di misura.

2 Le grandezze vettoriali sono descritte in modo completo da:

A un modulo, una direzione e un verso.
B un segno, un verso e una direzione.
C un numero e un'unità di misura.
D un segno, un modulo e un'unità di misura.

3 Applicando una forza orizzontale di intensità $F = 12$ N a un oggetto posto su un piano orizzontale, esso non si muove a causa dell'attrito. Qual è l'intensità della forza di attrito agente sull'oggetto?

A 0
B Maggiore di 0 ma minore di 12 N
C 12 N
D Maggiore di 12 N
E Non si può calcolare perché non si conosce né il peso dell'oggetto né il coefficiente d'attrito.

Olimpiadi della fisica, 2014

4 Se $\vec{A}$ e $\vec{B}$ sono due vettori, quale delle seguenti uguaglianze *non* è valida?

A $(\vec{A} + \vec{B}) \cdot \vec{B} = \vec{A} \cdot \vec{B} + \vec{B} \cdot \vec{B}$
B $\vec{A} + \vec{B} = \vec{B} + \vec{A}$
C $\vec{A} \cdot \vec{B} = \vec{B} \cdot \vec{A}$
D $\vec{A} \times \vec{B} = \vec{B} \times \vec{A}$

5 Quale angolo formano il vettore $\vec{A}$ e il vettore $-\vec{A}$?

A 0°
B 90°
C 180°
D 360°

6 Uno studente compie due spostamenti consecutivi, il primo di modulo 30 m e il secondo di modulo 40 m. Quale fra i seguenti valori *non* può essere il modulo dello spostamento totale?

A 13 m
B 33 m
C 68 m
D 71 m

7 Un blocco di massa 2 kg scivola su un piano orizzontale. Due forze, di modulo rispettivamente $F_1 = 12$ N e $F_2 = 15$ N, agiscono l'una applicata orizzontalmente e l'altra verticalmente, come mostrato in figura.

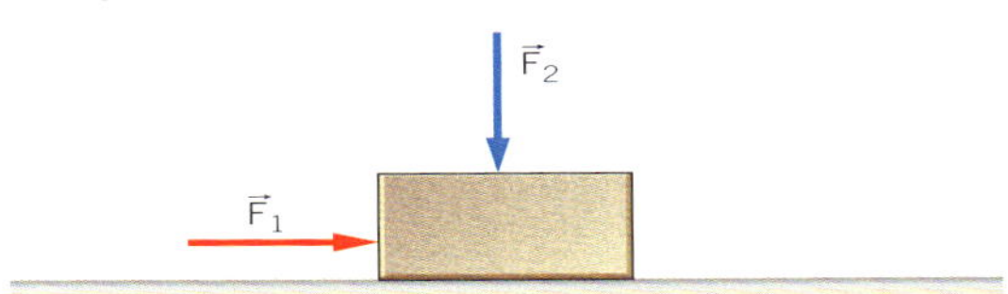

Se il coefficiente d'attrito dinamico tra il piano ed il blocco è 0,2, il modulo della forza d'attrito esercitata sul blocco vale

A 1 N
B 3 N
C 4 N
D 5 N
E 7 N

Olimpiadi della fisica, 2013

8 Una delle seguenti uguaglianze riferita ai vettori in figura è vera. Quale?

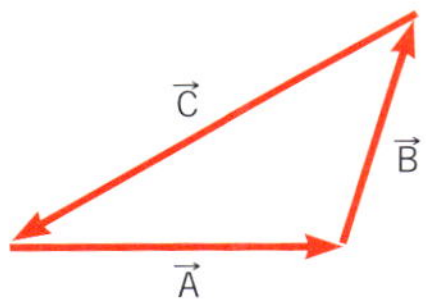

A $\vec{C} = \vec{A} + \vec{B}$
B $\vec{C} + \vec{A} = \vec{B}$
C $\vec{A} + \vec{B} + \vec{C} = 0$
D $A + B + C = 0$

9 Le componenti del vettore in figura sono:

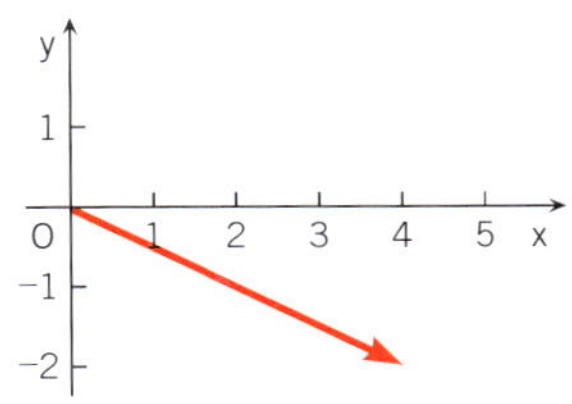

A $A_x = 4$ e $A_y = 2$
B $A_x = 4$ e $A_y = -2$
C $A_x = -4$ e $A_y = 2$
D $A_x = -4$ e $A_y = -2$

10 Quale dei vettori indicati nei seguenti disegni con i numeri rispettivamente 1, 2, 3, 4, 5 rappresenta il vettore differenza $\vec{a} - \vec{b}$?

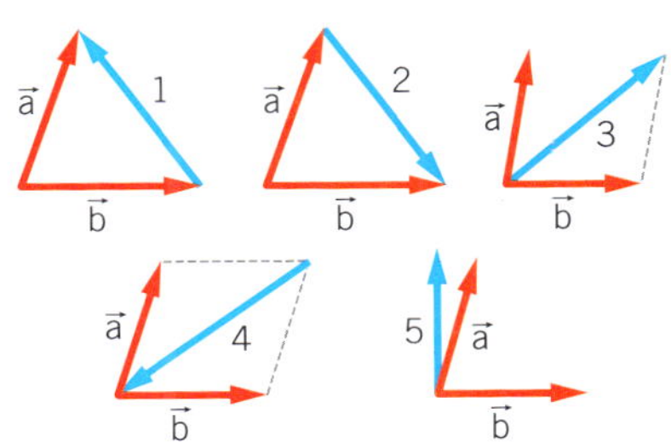

A 1
B 2
C 3
D 4
E 5

ESERCIZI

SEI PRONTO PER LA VERIFICA?

IN UN'ORA

10/100 **Problema 1**

Un vettore $\vec{A} = (A_x, A_y)$ forma un angolo θ con l'asse positivo delle x. Calcola l'angolo θ quando le componenti del vettore sono:

a. $A_x = 12$ m e $A_y = 12$ m

b. $A_x = 17$ m e $A_y = 12$ m

c. $A_x = 12$ m e $A_y = 17$ m

[45°, 35°, 55°]

10/100 **Problema 2**

I vettori $\vec{A}$ e $\vec{B}$ hanno moduli rispettivamente pari a 11 e 7. Il loro prodotto scalare è 43.

▶ Calcola l'ampiezza dell'angolo formato dalle direzioni dei due vettori. [56°]

10/100 **Problema 3**

Un'auto di 1700 kg è parcheggiata in una strada in salita con una pendenza di 15°.

▶ Calcola il modulo della forza normale e della forza di attrito che il suolo esercita su di essa.

[$1{,}6 \cdot 10^4$ N; $4{,}3 \cdot 10^3$ N]

10/100 **Problema 4**

Sulla Terra l'oggetto *A* pesa il doppio dell'oggetto *B*. Sulla Luna accadrebbe la stessa cosa?

Problema 5

Per determinare la costante elastica di una molla la si aggancia a un dinamometro che viene tirato: sul dinamometro si legge il modulo della forza applicata e con un righello si misura l'allungamento della molla. I dati dell'esperimento sono riportati nella seguente tabella:

x (cm)	*F* (N)
0,5 ± 0,1	0,6 ± 0,1
1,0 ± 0,1	1,2 ± 0,1
1,5 ± 0,1	1,8 ± 0,1
2,5 ± 0,1	3,0 ± 0,1
3,0 ± 0,1	3,4 ± 0,1
4,0 ± 0,1	3,7 ± 0,1

16/100 **A** Calcola le stime della costante elastica ottenute con ogni coppia di dati. Il comportamento della molla è in accordo con la legge di Hooke? Spiega la tua risposta.

16/100 **B** Riporta i dati in un grafico cartesiano. Commenta la relazione tra il grafico cartesiano e le stime che hai ottenuto per la costante elastica.

14/100 **C** Stima per quali valori dell'allungamento la molla segue la legge di Hooke. [(2,8 ± 0,3) cm]

14/100 **D** Se la molla fosse stata tirata con una forza di modulo 2,4 N, quale sarebbe stato, presumibilmente, l'allungamento della molla? [2,0 cm]

... /100

CAPITOLO 4 L'EQUILIBRIO DEI SOLIDI

“Nei secondi in cui una tuffatrice raccoglie la concentrazione, ferma in equilibrio all'estremità del trampolino, il suo peso inarca leggermente la tavola. Questa però non è l'unica forza che agisce sul trampolino.”

▶ **Quali forze agiscono su un trampolino prima che una tuffatrice esegua un tuffo?** ▶ Risposta a pag. 107

1 IL PUNTO MATERIALE E IL CORPO RIGIDO

La figura 1 mostra una ginnasta impegnata alla trave. Per eseguire un esercizio come questo non basta solo tecnica e forza fisica, ma occorre grande senso dell'equilibrio, perché la trave è larga appena 10 centimetri. Una ginnasta ferma in verticale alla trave è un esempio di *corpo in equilibrio statico*.

Un corpo è in **equilibrio statico** quando è fermo e continua a restare fermo.

La parte della fisica che studia l'equilibrio dei corpi si chiama **statica**. La statica è molto importante non solo per atleti ed equilibristi, ma anche per architetti e ingegneri che progettano ponti ed edifici. In questo capitolo studieremo le condizioni necessarie perché un corpo rimanga in equilibrio.

Figura 1
La ginnasta italiana Carlotta Ferlito impegnata alla trave.

Punto materiale

Ogni volta che dobbiamo studiare un corpo dalle dimensioni trascurabili rispetto a quelle dell'ambiente nel quale è inserito può essere comodo trattarlo come se fosse un *punto materiale*.

Un **punto materiale** è un oggetto che rappresentiamo con un punto: possiamo farlo quando le sue dimensioni sono trascurabili rispetto all'ambiente che lo circonda e la sua struttura interna non influenza la descrizione del suo moto.

A differenza di un punto geometrico, il punto materiale ha una massa, che è pari a quella dell'oggetto che rappresenta. Il punto materiale è dunque un modello, che ci consente di descrivere in modo semplificato il comportamento di un oggetto reale in particolari condizioni.

Corpo rigido

Ci sono situazioni nelle quali le dimensioni di un corpo non possono essere trascurate per descrivere il suo comportamento. Pensa, per esempio, a una palla da basket: per descrivere in modo attendibile l'esito di un tiro, dobbiamo considerare le sue dimensioni rispetto alla circonferenza del canestro (**figura 2**).

Figura 2
La dimensione della palla rispetto alla circonferenza del canestro è determinante per l'esito di un tiro.

In questo caso è conveniente considerare la palla come un *corpo rigido*, cioè come un corpo esteso indeformabile di cui non possiamo trascurare le dimensioni.

Un **corpo rigido** è un oggetto esteso nel quale la distanza tra due punti qualsiasi rimane invariata.

Anche il corpo rigido è un modello, perché non esistono corpi realmente indeformabili; nella maggior parte dei casi, però, questo modello è utile per descrivere l'equilibrio dei corpi estesi.

Visto che il punto materiale e il corpo rigido sono modelli, lo stesso oggetto può essere considerato punto materiale o corpo rigido a seconda delle situazioni. Consideriamo nuovamente la palla da basket: se vogliamo studiare il suo moto di traslazione tra un giocatore e l'altro possiamo considerarla un punto materiale; se invece vogliamo descrivere le sue rotazioni durante un tiro o capire se finirà nel canestro dobbiamo rappresentarla come un corpo rigido.

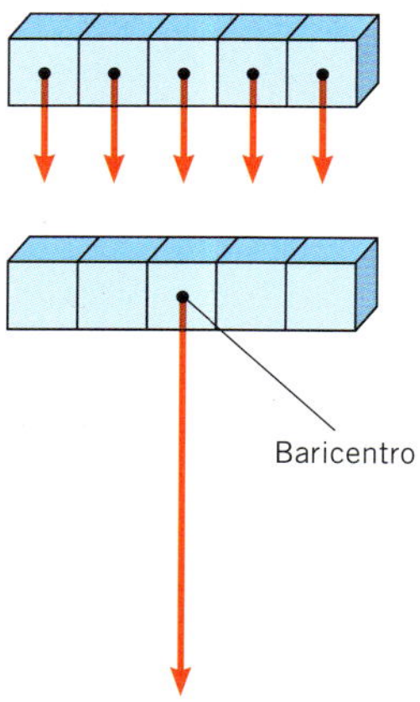

Figura 3
Un corpo esteso può essere pensato come costituito da tanti volumi elementari. La somma vettoriale dei pesi di questi volumi elementari rappresenta il peso totale del corpo che è applicato nel baricentro.

Baricentro

Un corpo rigido, come un blocco di legno, può essere pensato come l'insieme di numerosissimi punti materiali sui quali agisce la forza peso (**figura 3**). Il peso di un corpo rigido può quindi essere pensato come la somma vettoriale dei pesi dei suoi costituenti elementari, applicata in un punto detto **baricentro** del corpo.

center of mass

Si dice **baricentro** o **centro di gravità** di un corpo esteso il punto di applicazione della forza-peso del corpo.

Il punto materiale che utilizziamo in molte situazioni per rappresentare un oggetto coincide dunque col suo baricentro.

Come vedremo in questo capitolo, il baricentro è una variabile da tenere in considerazione quando si parla di *equilibrio di un corpo rigido.*

In genere è piuttosto laborioso determinare il baricentro di un corpo rigido. Solo nel caso in cui il corpo sia omogeneo e abbia un centro di simmetria è immediato determinarne la posizione, perché esso coincide con il centro di simmetria (**figura 4**).

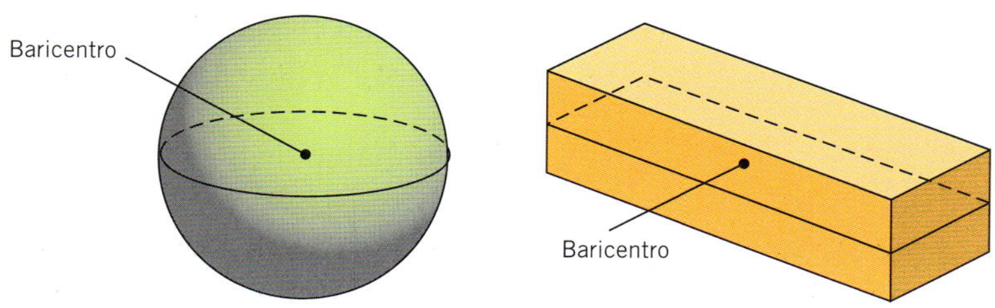

Figura 4
Nei corpi dotati di un centro di simmetria, il baricentro coincide proprio col centro di simmetria.

2 L'EQUILIBRIO DEL PUNTO MATERIALE

Prima dell'inizio di una partita di calcio, il pallone è fermo sul dischetto di centrocampo e fino a quando l'arbitro non fischia continua a rimanere fermo (figura 5).

In questa situazione il pallone è dunque un punto materiale in equilibrio statico.

Che cosa possiamo dire delle forze che agiscono su un punto materiale in equilibrio statico?

L'esperienza ci mostra che:

- se la risultante delle forze applicate a un punto materiale fermo è nulla, il punto materiale rimane fermo;
- viceversa, se il punto materiale è fermo e continua a rimanere fermo vuol dire che la risultante delle forze che agiscono su di esso è nulla.

La **condizione di equilibrio di un punto materiale** risulta così la seguente:

un punto materiale fermo rimane fermo, cioè si trova in **equilibrio statico**, ogni volta che la risultante $\vec{F}_{tot}$ delle n forze ($\vec{F}_1$, …, $\vec{F}_n$) che agiscono su di esso è uguale a zero:

$$\vec{F}_{tot} = \vec{F}_1 + \vec{F}_2 + \ldots + \vec{F}_n = 0 \qquad [1]$$

L'equilibrio statico di un punto materiale «si rompe» non appena la risultante delle forze che agiscono su di esso è diversa da zero. Per esempio, il pallone smette di essere in equilibrio statico quando uno dei giocatori gli dà un calcio, cioè esercita su di esso una forza che cambia il suo stato di moto.

© CHEN WS (Shutterstock)

Figura 5
Il pallone fermo a centrocampo prima del fischio di inizio della partita.

Vincoli e reazioni vincolari

Nel caso di una lampada ferma sul comodino o di un quadro appeso a una parete, la forza-peso «spinge» la lampada e il quadro verso il basso, ma il comodino e il chiodo nella parete li *costringono* a restare fermi, esercitando una forza che equilibra la forza-peso. Il comodino e il chiodo sono esempi di *vincolo* e la forza che esercitano si chiama *reazione vincolare*.

Un **vincolo** è un corpo che impedisce a un altro corpo di compiere alcuni movimenti, esercitando su di esso una forza chiamata **reazione vincolare** $\vec{F}_V$.

normal force

Sono vincoli il pavimento sul quale camminiamo, la catena alla quale è appesa l'ancora di una nave, il ripiano di un tavolo, i tasselli di una mensola, i cardini di una porta.

Visto che un punto materiale è in equilibrio quando la risultante delle forze che agiscono su di esso è nulla,

per determinare le condizioni di equilibrio bisogna sommare alle forze in azione anche le reazioni vincolari.

Analizziamo ora alcune situazioni di oggetti in equilibrio. Per farlo utilizziamo il *diagramma di corpo libero*, cioè un diagramma in cui sono rappresentati schematicamente solo l'oggetto e le forze che agiscono su di esso.

Equilibrio su un piano orizzontale

La situazione più comune di equilibrio statico è quella di un oggetto appoggiato su un piano orizzontale. Consideriamo, per esempio, una valigia ferma sul pavi-

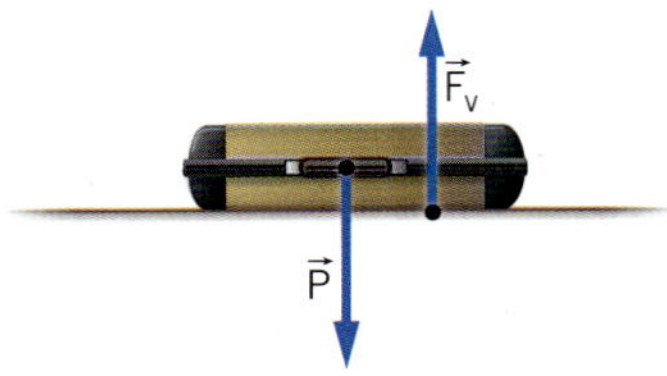

Figura 6
La forza-peso spinge la valigia verso il basso; il pavimento agisce sulla valigia con una reazione vincolare che si oppone alla forza-peso.

mento (**figura 6**). Sappiamo che la forza-peso agisce sulla valigia spingendola verso il basso; ciò nonostante la valigia è ferma perché il pavimento agisce su di essa con una reazione vincolare $\vec{F}_V$ che si oppone alla forza-peso $\vec{P}$. La valigia, infatti, causa una impercettibile compressione del pavimento, simile alla compressione di una molla; così, proprio come fa una molla, il pavimento esercita sulla valigia una forza che si oppone alla compressione.

La risultante delle forze che agiscono sulla valigia è data dunque dalla somma vettoriale della forza-peso e della reazione vincolare:

$$\vec{F}_{tot} = \vec{P} + \vec{F}_V$$

Visto che la valigia è in equilibrio, cioè $\vec{F}_{tot} = 0$, abbiamo:

$$\vec{P} + \vec{F}_V = 0, \text{ cioè } \vec{F}_V = -\vec{P}$$

Questo vuol dire che il pavimento agisce sulla valigia con una reazione vincolare $\vec{F}_V$ uguale e opposta alla forza-peso $\vec{P}$.

La reazione vincolare non ha però un'intensità prestabilita e, come mostra l'esempio seguente, il suo modulo non è sempre uguale alla forza-peso.

Esempio 1 La valigia piena

Una valigia piena di indumenti ha una massa $m = 20$ kg ed è appoggiata sul pavimento, come mostra la **figura** a lato. Per riuscire a chiuderla devi esercitare su di essa una forza $\vec{F}$ perpendicolare al pavimento e rivolta verso il basso che ha un'intensità $F = 100$ N.

▶ Calcola la reazione vincolare $\vec{F}_V$ del pavimento.

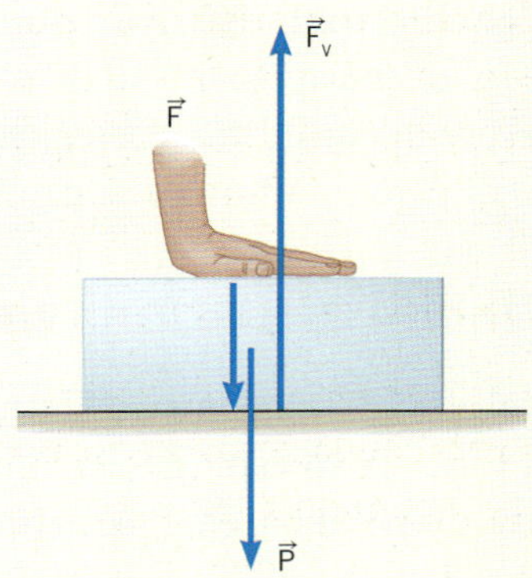

La soluzione

La risultante delle forze che agiscono sulla valigia è:

$$\vec{F}_{tot} = \vec{P} + \vec{F} + \vec{F}_V$$

Visto che la valigia è in equilibrio, $\vec{F}_{tot} = 0$ e abbiamo:

$$\vec{P} + \vec{F} + \vec{F}_V = 0$$

$$\vec{F}_V = -(\vec{P} + \vec{F})$$

Questo vuol dire che la reazione vincolare $\vec{F}_V$ ha un'intensità maggiore della forza-peso $\vec{P}$ della valigia; in particolare è uguale e opposta alla somma $\vec{P} + \vec{F}$, pari alla *forza premente* $\vec{F}_\perp$ sulla superficie: $\vec{F}_V = -\vec{F}_\perp$.
Il modulo della reazione vincolare del pavimento è:

$$F_V = F_\perp = P + F = mg + F = (20 \text{ kg})(9{,}81 \text{ N/kg}) + 100 \text{ N} = \boxed{296 \text{ N}}$$

In generale, quindi:

La reazione vincolare $\vec{F}_V$ esercitata da una superficie ha direzione perpendicolare alla superficie, verso uscente dalla superficie e modulo uguale alla forza premente $\vec{F}_\perp$ che agisce sulla superficie:

$$\vec{F}_V = -\vec{F}_\perp.$$

Equilibrio su un piano inclinato

Abbiamo visto che la reazione vincolare di una superficie è sempre perpendicolare alla superficie. Utilizziamo questa proprietà e applichiamo la condizione di equilibrio a un punto materiale fermo su un piano inclinato.

Consideriamo, per esempio, una scatola in equilibrio su un piano, inclinato rispetto all'orizzontale di un angolo θ.

Le forze che agiscono sulla scatola sono tre (**figura 7**):

- la forza-peso $\vec{P}$ diretta verso il basso;
- la reazione vincolare $\vec{F}_V$ perpendicolare al piano inclinato;
- la forza di attrito $\vec{F}_a$ che impedisce al pacco di scivolare lungo il piano inclinato (*forza equilibrante*).

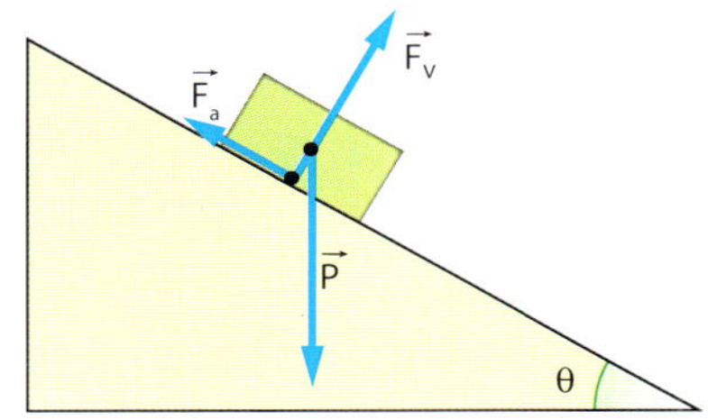

Figura 7
Le forze che agiscono su una scatola in equilibrio su un piano inclinato sono il peso $\vec{P}$, la reazione vincolare del piano $\vec{F}_V$ e la forza di attrito $\vec{F}_a$.

Per stabilire le condizioni di equilibrio, consideriamo la scatola un punto materiale e trasliamo le forze nel suo baricentro.

Visto che $\vec{F}_V$ è perpendicolare al piano inclinato e la forza di attrito $\vec{F}_a$ è parallela a esso, conviene scomporre $\vec{P}$ nelle componenti $\vec{P}_x$ e $\vec{P}_y$, introducendo un sistema di riferimento in cui gli assi x e y sono rispettivamente parallelo e perpendicolare al piano inclinato (**figura 8**).

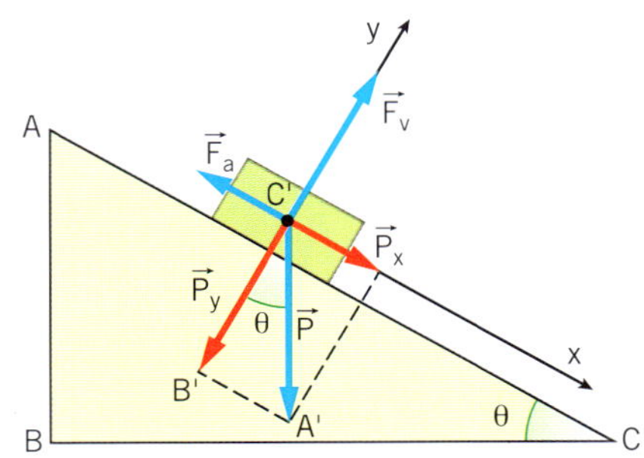

Figura 8
Se la scatola è in equilibrio, la componente P_x della forza-peso è uguale alla forza di attrito F e la componente P_y è uguale alla reazione vincolare F_V.

Per determinare $\vec{P}_x$ e $\vec{P}_y$, notiamo che gli angoli $A\hat{C}B$ e $A'\hat{C}'B'$ sono uguali: quindi $A'\hat{C}'B' = \theta$.

Considerando il triangolo rettangolo $A'C'B'$, possiamo scrivere:

$$P_y = P\cos\theta \quad \text{e} \quad A'B' = P\,\text{sen}\theta$$

Ma $A'B' = P_x$, quindi

$$P_y = P\cos\theta \quad \text{e} \quad P_x = P\,\text{sen}\theta$$

Visto che la scatola è in equilibrio, le componenti x e y della forza risultante saranno uguali a zero:

$$P_x - F_a = 0,$$

da cui segue

$$F_a = P_x = P\,\text{sen}\theta \qquad [2]$$

e

$$F_V - P_y = 0,$$

da cui segue

$$F_V = P_y = P\cos\theta \qquad [3]$$

Dalla formula [**2**] si deduce che tanto più il piano è inclinato, cioè quanto più grande è l'angolo θ, tanto maggiore deve essere la forza F_a per mantenere il punto materiale in equilibrio. Visto che $\text{sen}\theta < 1$, il modulo della forza equilibrante è sempre minore di quello della forza-peso (o al massimo uguale quando il piano da inclinato diventa verticale).

Esempio 2 Equilibrio su un piano inclinato

Una scatola di pasta da 0,55 kg è posta su un piano inclinato di 30° rispetto all'orizzontale. La scatola è ferma a causa dell'attrito.

▶ Calcola l'intensità della forza di attrito $\vec{F}_a$ che agisce sulla scatola.

SEGUE ▶

RICORDA

Gli assi cartesiani in un diagramma di corpo libero

La scelta degli assi x e y deve essere fatta nel modo che risulta più conveniente per la risoluzione del problema. Nell'esempio 2 gli assi sono stati ruotati rispetto all'abituale direzione orizzontale dell'asse x in modo che $\vec{F_a}$ risulti diretta lungo l'asse x. Questa scelta semplifica i calcoli perché la componente y di $\vec{F_a}$ è nulla.

La soluzione

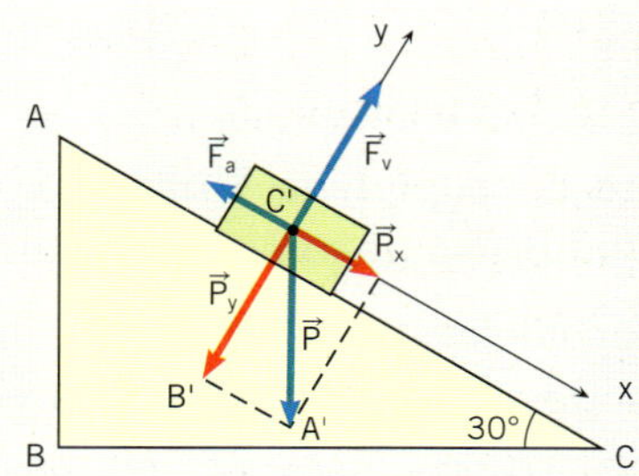

Sulla scatola agiscono la forza di attrito $\vec{F_a}$, il peso $\vec{P}$ e la reazione vincolare $\vec{F_V}$ che il piano esercita sulla scatola. Introduciamo un sistema di riferimento in cui gli assi x e y sono rispettivamente parallelo e perpendicolare al piano inclinato; nel diagramma di corpo libero della scatola sono mostrate le componenti della forza peso lungo gli assi.

Per determinare P_x e P_y, notiamo che gli angoli $A\hat{C}B$ e $A'\hat{C}'B'$ sono uguali: quindi $A'\hat{C}'B' = 30°$. Considerando il triangolo rettangolo $A'\hat{C}'B'$ possiamo scrivere

$$P_y = P\cos 30° \quad \text{e} \quad A'B' = P\,\text{sen}30°$$

Ma $A'B' = P_x$, quindi

$$P_y = P\cos 30° \quad \text{e} \quad P_x = P\,\text{sen}30°$$

Visto che la scatola è ferma, le componenti x e y della forza risultante sono nulle:

$$F_x = P_x - F_a = 0$$

da cui segue

$$F_a = P_x = P\,\text{sen}30° = (0{,}55\ \text{kg})(9{,}8\ \text{N/kg})(0{,}50) = 2{,}7\ \text{N}$$

Equilibrio di un corpo appeso

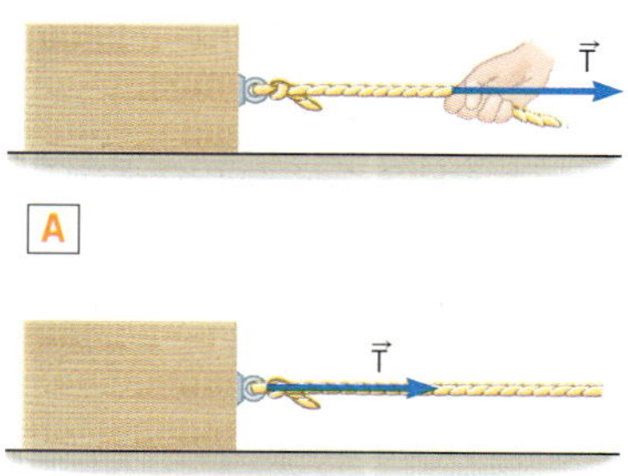

Figura 9
Una forza T agisce sulla scatola mediante la tensione della fune.

Le forze sono spesso applicate agli oggetti mediante cavi o funi con cui gli oggetti vengono tirati. Per esempio, la **figura 9A** mostra una forza T applicata a una fune attaccata a una scatola. Per effetto di questa forza, ciascuna delle particelle che compongono la fune esercita una forza sulla particella vicina. Come risultato, la fune esercita una forza sulla scatola (**figura 9B**).

In situazioni come questa, si dice che «la forza T è applicata alla scatola mediante la **tensione** della fune»: questo significa che la tensione della fune e la forza applicata alla scatola hanno la stessa intensità.

La parola tensione è però comunemente usata anche per indicare che la fune è sottoposta a una forza che tende a spezzarla. Se la corda ha una massa trascurabile, possiamo dire che la tensione è la stessa in ogni punto.

Funi, cavi, fili e catene vengono spesso utilizzati per appendere e tenere sospesi oggetti. Consideriamo, per esempio, la lampada della **figura 10**. In questo caso, il filo elettrico attaccato al soffitto (e alla lampada) agisce da vincolo, mantendo ferma la lampada.

© Nuk2013 (Shutterstock)

Figura 10
In una situazione di equilibrio, il peso P, la tensione T e la reazione vincolare F_V hanno lo stesso modulo.

In base alla condizione di equilibrio, la tensione T del filo nel punto in cui è attaccato alla lampada deve essere uguale alla forza-peso P della lampada:

$$T = P$$

La tensione T del filo nel punto in cui è attaccato al soffitto è invece rivolta verso il basso ed è bilanciata dalla reazione vincolare F_V del soffitto:

$$T = F_V$$

Visto che siamo in una situazione di equilibrio, in questo caso la reazione vincolare F_V ha la stessa intensità della forza-peso P.

La tensione si trasmette da un capo all'altro della fune senza che la sua intensità diminuisca: questa proprietà vale anche quando la fune passa attraverso oggetti come la **carrucola** (**figura 11**).

Una carrucola ideale è una macchina semplice impiegata per cambiare il verso della tensione in una fune senza modificare la sua intensità.

Nella **figura 12A**, un uomo utilizza una corda e due carrucole per rimanere sospeso all'interno di una impalcatura. Il sistema formato dall'uomo e dall'impalcatura deve essere in equilibrio, quindi la risultante delle forze dovrà essere nulla.

Le forze che agiscono sul sistema formato dall'uomo e dall'impalcatura sono la forza-peso P e la tensione T della corda che, per via della presenza delle carrucole, viene trasmessa inalterata dal capo impugnato dall'uomo in altri due punti.

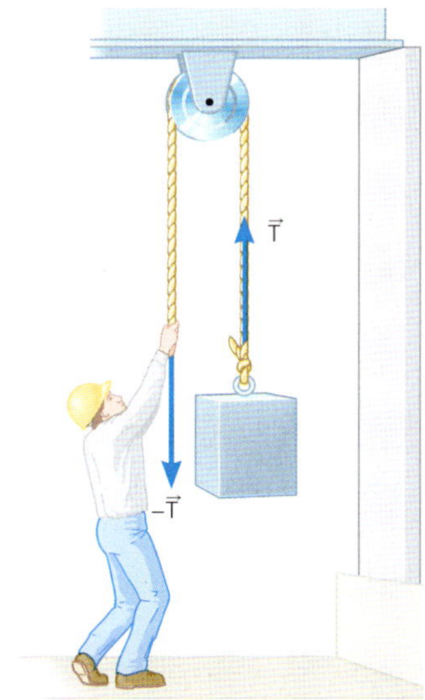

Figura 11 (in alto)
La carrucola inverte il verso della tensione di una fune senza cambiarne l'intensità.

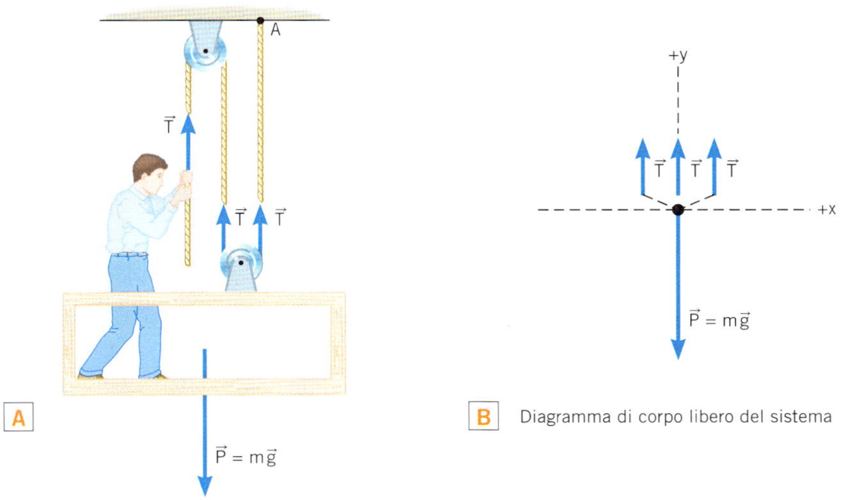

Diagramma di corpo libero del sistema

Figura 12 (a sinistra)
In una situazione di equilibrio, la forza peso P è controbilanciata dalla tensione che l'uomo applica alla fune: grazie all'utilizzo di due carrucole risulta $P = 3T$, come si vede dal diagramma di corpo libero.

Come mostra il diagramma della **figura 12B**, la condizione di equilibrio è espressa dalla formula $P = 3T$. Il sistema formato dalle due carrucole agisce come «moltiplicatore di forza»: così la forza F esercitata dall'uomo per tendere la corda è $F = 1/3P$. Se la forza F è maggiore di $1/3P$, l'impalcatura sale; mentre se è inferiore, scende.

Esempio 3 Un piede in trazione

La **figura A** mostra un apparecchio di trazione usato in ortopedia. Il peso di un oggetto di massa 2,2 kg crea una tensione nella fune, che trasmette alla carrucola collegata al piede le due tensioni $\vec{T}_1$ e $\vec{T}_2$. La carrucola attaccata al piede rimane in equilibrio perché il piede esercita una forza $\vec{F}$ su di essa. Trascura il peso del piede.

▶ Calcola l'intensità della forza $\vec{F}$.

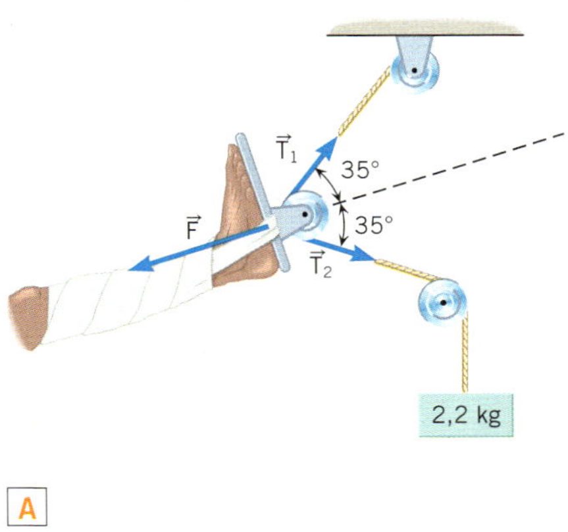

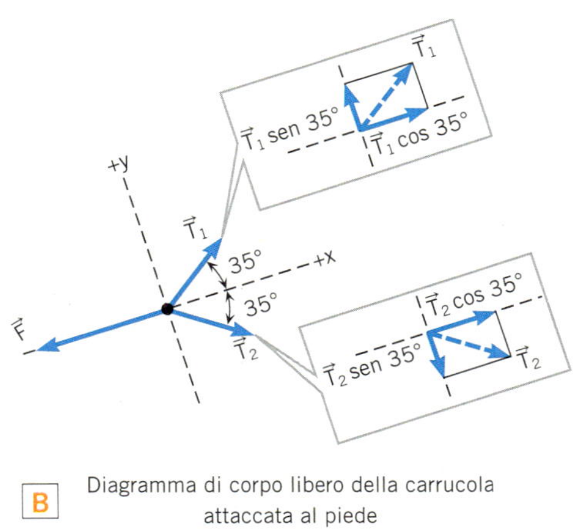

Diagramma di corpo libero della carrucola attaccata al piede

La soluzione

Le forze $\vec{T}_1$, $\vec{T}_2$ e $\vec{F}$ mantengono ferma la carrucola. Di conseguenza, devono essere nulle le componenti cartesiane della risultante delle tre forze applicate alla carrucola. La **figura B** mostra il diagramma di corpo libero della carrucola attaccata al piede.

Imponiamo che sia nulla la componente y della risultante delle forze applicate alla carrucola:

$$F_y = +T_1 \operatorname{sen}35° - T_2 \operatorname{sen}35° = 0$$

da cui si ricava $T_1 = T_2$. In altre parole i moduli delle due tensioni sono uguali. Inoltre deve essere nulla anche la componente x della risultante delle forze applicate alla carrucola:

$$F_x = +T_1 \cos35° + T_2 \cos35° - F = 0$$

Risolvendo l'equazione precedente rispetto a F e ponendo $T_1 = T_2 = T$ si trova che $F = 2T \cos35°$. Sappiamo inoltre che la tensione T dipende dal peso dell'oggetto di massa 2,2 kg, cioè si ha $T = mg$, dove m è la massa dell'oggetto. Perciò il modulo di F è

$$F = 2T \cos35° = 2\,mg \cos35° = 2\,(2{,}2\text{ kg})(9{,}81\text{ N/kg})(\cos35°) = \boxed{35\text{ N}}$$

RICORDA

Osservazione sulla condizione di equilibrio

Quando un oggetto è in equilibrio, come nel caso dell'esempio 3, la forza risultante che agisce sull'oggetto è nulla, cioè si ha $F = 0$. Questo non significa che debba essere nulla ciascuna delle forze, ma solo che sia nulla la loro somma vettoriale.

3 LA SOMMA DI PIÙ FORZE SU UN CORPO RIGIDO

Abbiamo visto che la risultante delle forze che agiscono su un punto materiale è data dalla loro somma vettoriale. Nel caso di un corpo rigido la situazione è più complicata, perché le forze in gioco possono essere applicate in punti diversi del corpo.

Vediamo dunque dove si trova il punto di applicazione della forza risultante in tre casi significativi: forze che agiscono sulla stessa retta, forze concorrenti, forze parallele.

Forze che agiscono sulla stessa retta

Quando due forze agiscono sulla stessa retta d'azione, il vettore che le rappresenta si trova sulla stessa retta. In questa situazione è possibile spostare una delle due forze lungo la retta fino a far coincidere i punti di applicazione delle due forze.

Due forze sono applicate a un corpo rigido (per esempio una canoa) lungo la stessa retta di azione, ma in punti diversi.

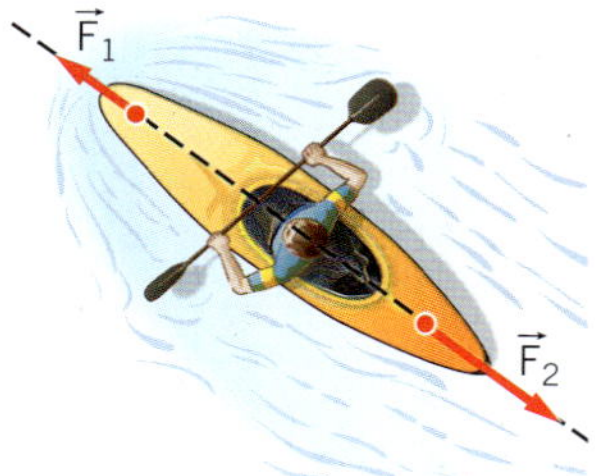

Possiamo spostare una delle due forze lungo la retta di azione, fino a quando le due forze sono applicate nello stesso punto P.

La forza risultante è la somma vettoriale delle due forze e può essere spostata lungo la retta di azione senza cambiare i suoi effetti.

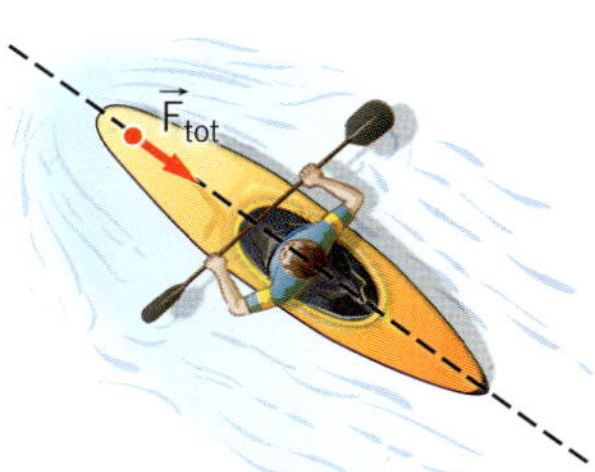

Forze concorrenti

Due forze si dicono concorrenti quando le loro rette d'azione si intersecano. Per sommarle è utile spostarle lungo le rette d'azione fino a far coincidere i punti di applicazione e poi applicare la regola del parallelogramma.

Le due barche esercitano forze *concorrenti*: le rette di azione delle due forze si intersecano in *P*.

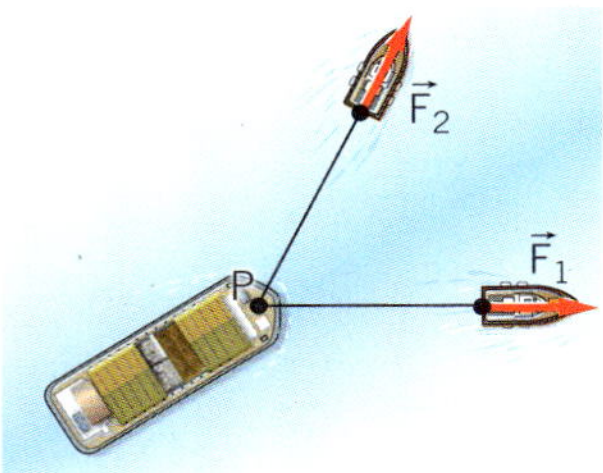

Spostiamo le due forze, lungo le loro rette d'azione, fino al punto di intersezione *P*.

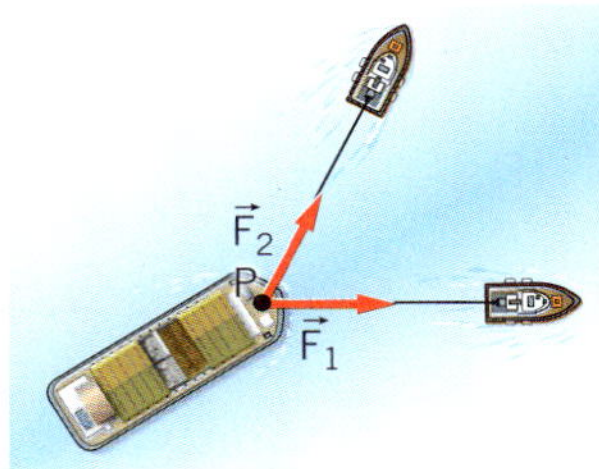

La risultante è la somma vettoriale delle due forze ottenuta con la regola del parallelogramma.

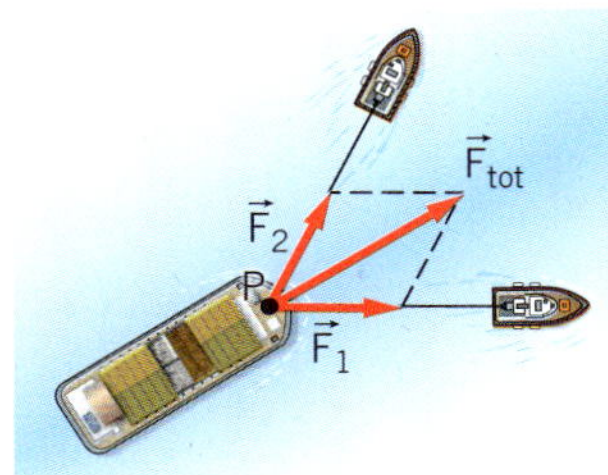

Forze parallele

Due forze parallele applicate in due punti diversi di un corpo rigido sono:

concordi, quando hanno lo stesso verso

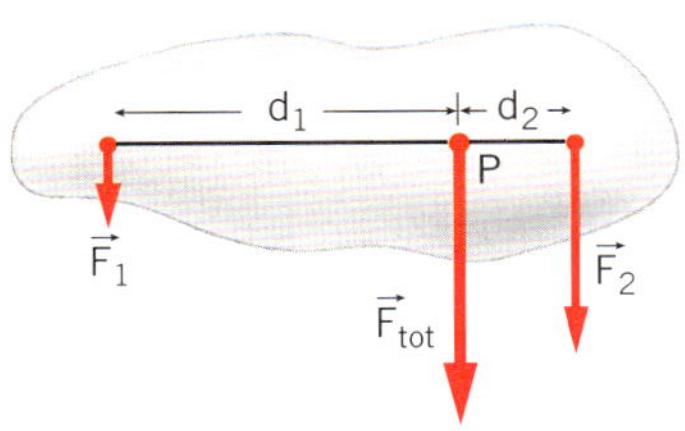

La risultante delle forze $\vec{F}_1$ e $\vec{F}_2$:

- è applicata in un punto P compreso tra i punti di applicazione di $\vec{F}_1$ e $\vec{F}_2$;
- ha modulo uguale alla somma dei moduli delle forze che agiscono:

$$F_{tot} = F_1 + F_2$$

- ha la stessa direzione e lo stesso verso delle forze che agiscono.

discordi, quando hanno verso opposto

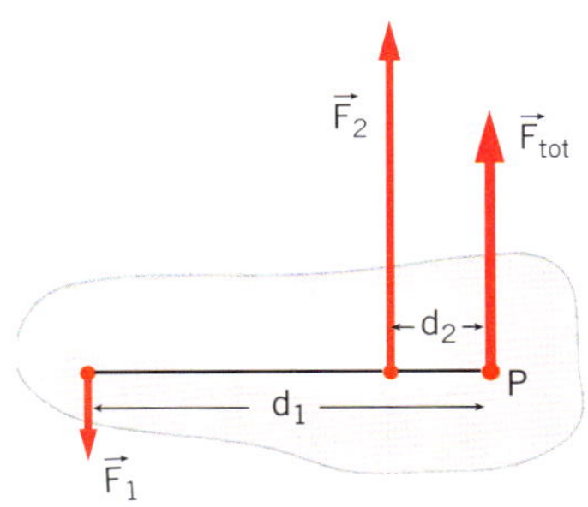

La risultante delle forze $\vec{F}_1$ e $\vec{F}_2$:

- è applicata in un punto P esterno a $\vec{F}_1$ e $\vec{F}_2$, dalla parte della forza maggiore;
- ha modulo uguale alla differenza tra il modulo della forza maggiore e quello della forza minore:

$$F_{tot} = F_2 - F_1$$

- ha la stessa direzione delle forze, mentre il verso è quello della forza maggiore.

In entrambi i casi, la posizione del punto P in cui è applicata la risultante delle forze $\vec{F}_1$ e $\vec{F}_2$ è individuata da questa proporzione:

$$\frac{d_1}{d_2} = \frac{F_2}{F_1} \qquad [4]$$

dove d_1 è la distanza del punto di applicazione di $\vec{F}_1$ dal punto P e d_2 è la distanza del punto di applicazione di $\vec{F}_2$ dal punto P.

4 IL MOMENTO DI UNA FORZA

La risultante delle forze che agiscono su un punto materiale provoca sempre una traslazione. L'effetto di una o più forze su un corpo rigido dipende invece dal punto di applicazione, dalla direzione e dall'intensità delle forze applicate. Oltre che traslare, infatti, un corpo rigido può anche ruotare attorno a un asse.

magnitude of torque

La grandezza responsabile della rotazione di un corpo rigido si chiama **momento di una forza** o **momento torcente**.

$d = sen^{-1}\left(\frac{M}{vF}\right)$

Per capire come è definita questa nuova grandezza, vediamo che cosa succede quando esercitiamo una forza per aprire una porta.

Effetti di una forza sulla rotazione

L'esperienza mostra che una porta si apre tanto più facilmente quanto maggiore è il modulo della forza $\vec{F}$ che applichiamo su di essa (**figura 13A**). Se però spingiamo con la stessa forza $\vec{F}$ in un punto della porta più vicino ai cardini (**figura 13B**), la porta si apre più a fatica di prima. Se poi spingiamo in direzione dei cardini (**figura 13C**), l'effetto della forza sembra essere quasi nullo.

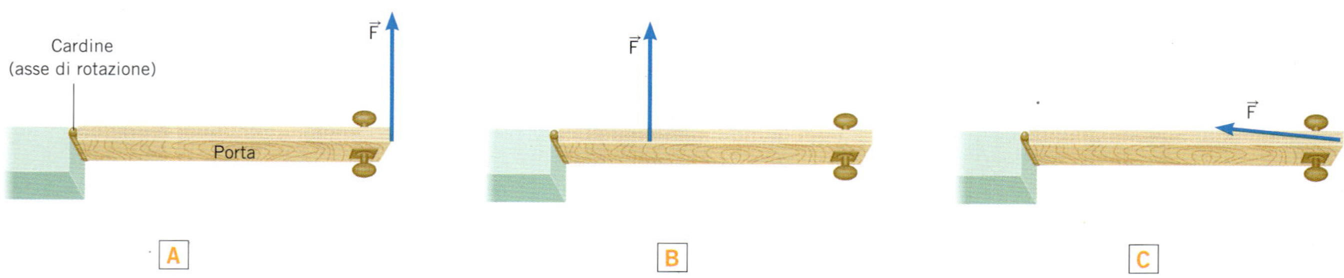

Figura 13
È più facile aprire la porta **A**, spingendo in un punto vicino alla maniglia, piuttosto che la porta **B**, spingendo in un punto più vicino all'asse di rotazione (cioè l'asse che passa per i cardini della porta).
Se si spinge con una forza diretta verso i cardini **C** è molto difficile riuscire a far ruotare la porta.

Concludiamo che l'effetto della forza dipende dal suo modulo, dalla sua direzione e dalla distanza tra il punto di applicazione della forza e l'asse di rotazione della porta.

Il modulo del momento di una forza

Quando apriamo una porta, la forza che applichiamo in corrispondenza della maniglia agisce lungo una retta d'azione che appartiene a un piano perpendicolare all'asse di rotazione (**figura 14**).

lever arm

Il **braccio della forza** è la distanza *b* tra l'asse di rotazione e la retta d'azione, misurata lungo una retta perpendicolare a entrambi.

Il punto rispetto al quale è misurato il braccio di una forza è lo stesso rispetto al quale calcoliamo il momento *M* della forza.

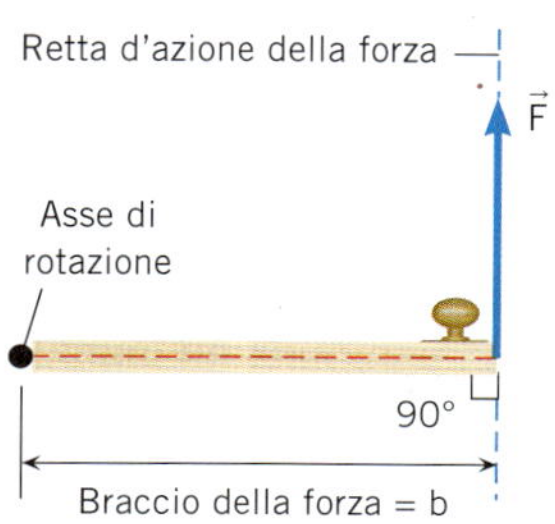

Figura 14
La figura rappresenta la vista dall'alto di una porta a cui è applicata una forza $\vec{F}$.

Il modulo *M* del momento di una forza *F* di braccio *b* è:

$$M = Fb \quad [5]$$

Per convenzione, il segno è considerato **positivo**, quando il momento tende a provocare una rotazione in senso antiorario attorno all'asse di rotazione; **negativo**, quando tende a provocare una rotazione in senso orario.

Unità di misura: newton · metri (N·m).

Esempio 4 Bracci diversi, momenti diversi

Nei tre casi mostrati nelle **figure A**, **B** e **C**, la forza applicata alla porta vale 55 N. La porta è larga 0,80 m.

▶ Calcola in tutti e tre i casi il braccio della forza e il momento della forza.

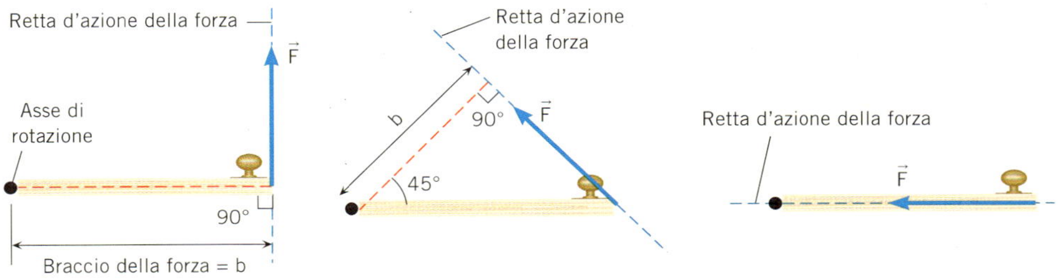

A B C

La soluzione

Calcoliamo il braccio nei tre casi proposti:

(A) in questo caso la forza è perpendicolare alla porta e il suo braccio ha lo stesso valore della larghezza della porta: $b = \boxed{0{,}80\ \text{m}}$;

(B) la retta d'azione della forza forma un angolo di 45° con la porta, quindi la lunghezza del braccio è pari a quella del cateto del triangolo rettangolo isoscele che ha come ipotenusa la porta: $b = (0{,}80\ \text{m})\cos 45° = \boxed{0{,}57\ \text{m}}$;

(C) la retta di azione della forza è parallela alla porta e interseca l'asse di rotazione: $b = \boxed{0\ \text{m}}$.

Il modulo del momento della forza in ciascuno dei tre casi è:

(A) $M = Fb = (55\ \text{N})(0{,}80\ \text{m}) = \boxed{44\ \text{N·m}}$

(B) $M = Fb = (55\ \text{N})(0{,}57\ \text{m}) = \boxed{31\ \text{N·m}}$

(C) $M = Fb = (55\ \text{N})(0\ \text{m}) = \boxed{0\ \text{N·m}}$

Nel corpo umano, i muscoli e i tendini esercitano forze che producono momenti torcenti nelle articolazioni, come illustra l'esempio che segue.

Esempio 5 Il tendine di Achille

La **figura A** rappresenta l'articolazione di una caviglia e il tendine di Achille, che è inserito in un punto *P* del calcagno. Come mostra la **figura B**, il tendine esercita una forza di modulo $F = 720$ N.

▶ Calcola il momento della forza rispetto all'articolazione della caviglia che si trova a $3{,}6 \cdot 10^{-2}$ m dal punto *P*.

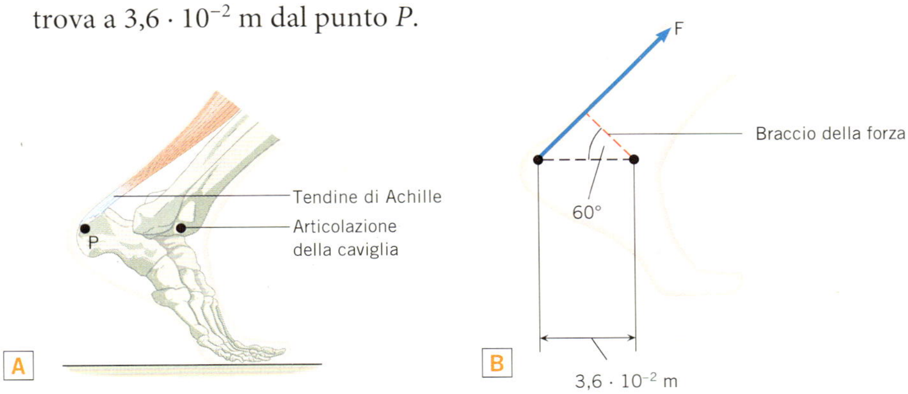

A B

La soluzione

Il braccio della forza $\vec{F}$ è la distanza tra la retta d'azione della forza e l'articolazione della caviglia. Nella **figura B** questa distanza è indicata dal segmento tratteggiato e vale $b = (3{,}6 \cdot 10^{-2}\ \text{m})(\cos 60°)$. Perciò il modulo del momento è:

$$M = Fb = (720\ \text{N})(3{,}6 \cdot 10^{-2}\ \text{m})(\cos 60°) = 13\ \text{N} \cdot \text{m}$$

Poiché il momento di questa forza tende a far ruotare il piede in senso orario attorno all'articolazione della caviglia, per convenzione il modulo del momento ha il segno negativo: $M = -13\ \text{N·m}$

Momento di una forza e prodotto vettoriale

Il momento di una forza può essere definito con il prodotto vettoriale.

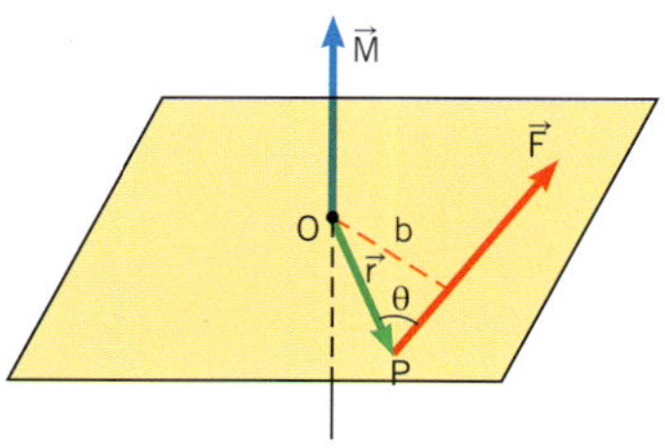

Figura 15
Momento $\vec{M}$ del vettore $\vec{F}$ rispetto al punto *O*.

Se una forza $\vec{F}$ agisce in un punto *P*, il suo momento $\vec{M}$ rispetto a un punto *O* è

$$\vec{M} = \vec{r} \times \vec{F} \quad [6]$$

dove $\vec{r}$ è il vettore *OP*.

Quindi il modulo del momento di una forza è

$$M = rF \operatorname{sen}\theta$$

Se consideriamo il braccio *b* della forza (**figura 15**), che è perpendicolare alla retta d'azione di $\vec{F}$, notiamo che $r \operatorname{sen}\theta = b$ e quindi riotteniamo la [**5**]:

$$M = rF \operatorname{sen}\theta = Fr \operatorname{sen}\theta = Fb$$

La direzione del momento è perpendicolare sia a $\vec{r}$ sia a $\vec{F}$. Il verso può essere determinato mediante la **regola della mano destra**: il verso è quello uscente dal palmo della mano destra se il pollice è posto nel verso di $\vec{r}$ e le altre dita nel verso di $\vec{F}$ (**figura 16**).

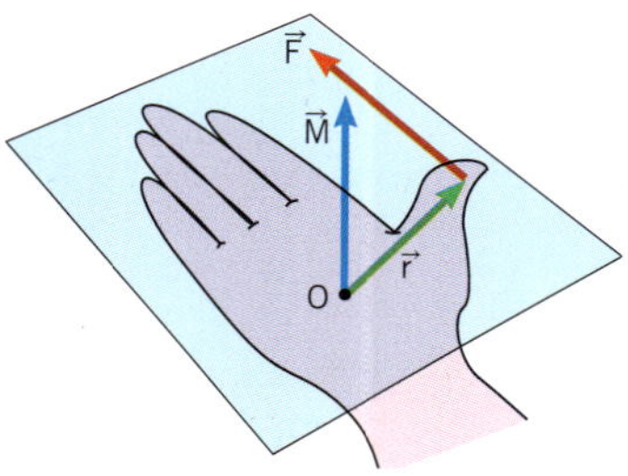

Figura 16
Applicazione della regola della mano destra per la determinazione di direzione e verso del momento di $\vec{F}$ rispetto a *O*.

Il momento di una coppia di forze

Quando più forze $\vec{F}_1$, $\vec{F}_2$, …, $\vec{F}_n$ sono applicate a un corpo rigido, il momento totale rispetto a un dato asse è la somma vettoriale dei momenti di ciascuna forza calcolati rispetto a quell'asse:

$$\vec{M} = \vec{M}_1 + \vec{M}_2 + \vec{M}_n$$

In molte situazioni un corpo rigido è posto in rotazione mediante l'applicazione di una **coppia di forze**, cioè due forze uguali e opposte applicate in punti distinti del corpo rigido.

Consideriamo il caso particolare illustrato in **figura 17**: un automobilista che ster-

Figura 17
Per sterzare si può applicare una coppia di forze al volante.

za (A) applica al volante una coppia di forze (B). Rispetto al centro del volante, la coppia di forze ha un momento di modulo

$$M = Fr + Fr = F \cdot 2r = Fd$$

In questo caso $d = 2r$ è la distanza fra le due rette d'azione delle forze.

In generale si dimostra che:

il modulo del momento di una coppia di forze $\vec{F}$ e $-\vec{F}$ è

$$M = Fd$$

dove d è la distanza fra le due rette d'azione delle forze.

5 CORPI RIGIDI IN EQUILIBRIO

Un punto materiale è in equilibrio quando la risultante $\vec{F}$ delle forze che agiscono su di esso è nulla. Questa condizione non basta ad assicurare l'equilibrio a un corpo rigido. Infatti una coppia di forze ha risultante nulla ma come abbiamo visto provoca la rotazione di un corpo rigido.

Perché un corpo rigido sia in equilibrio, deve essere nullo anche il momento risultante $\vec{M}$ delle forze esterne applicate all'oggetto.

Un corpo rigido è **in equilibrio** quando sono nulle sia la risultante delle forze esterne, sia la risultante dei momenti delle forze esterne applicate al corpo:

$$\vec{F} = 0 \qquad \vec{M} = 0$$

Esempio 6 Un trampolino

Una tuffatrice che pesa 530 N è ferma sul bordo di un trampolino lungo 3,90 m. Il trampolino ha un peso trascurabile e, come mostra la figura A, è imbullonato al suo estremo sinistro e sostenuto da un fulcro posto a 1,40 m da questo estremo.

▶ Trova le forze $\vec{F}_1$ e $\vec{F}_2$ esercitate sul trampolino rispettivamente dal bullone e dal fulcro.

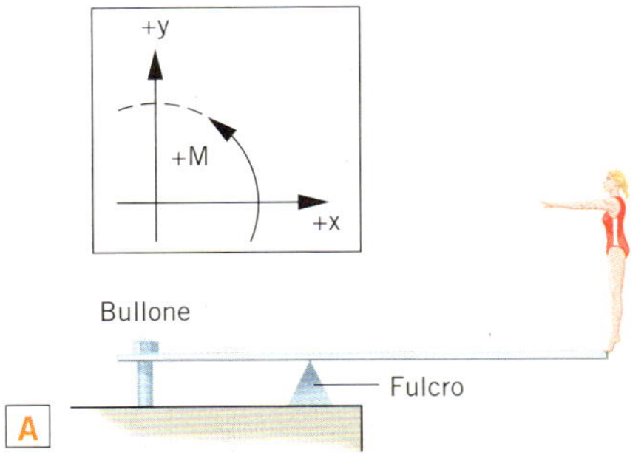

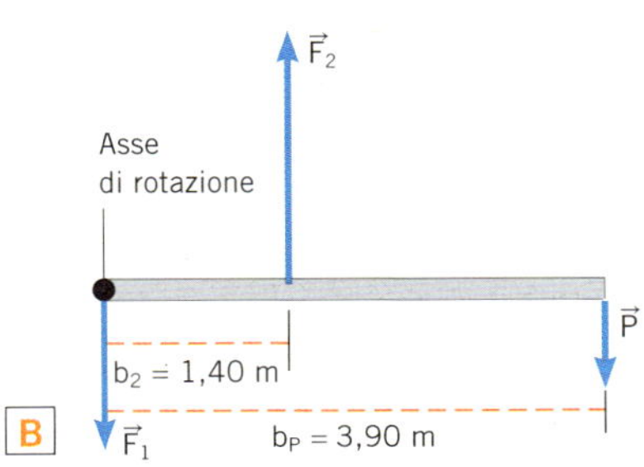

La soluzione

La figura B mostra il diagramma di corpo libero del trampolino con le forze che agiscono su di esso: $\vec{F}_1$, $\vec{F}_2$ e il peso $\vec{P}$ della tuffatrice. Dato che il trampolino è in equilibrio, $\vec{F}_1$ deve essere diretta verso il basso per equilibrare la tendenza della tavola a ruotare in senso orario attorno al fulcro; $\vec{F}_2$ deve invece essere diretta verso l'alto perché il trampolino esercita sul fulcro una forza diretta verso il basso e quindi il fulcro esercita su di esso una forza diretta verso l'alto.

Poiché la tavola è in equilibrio si ha:

$$F_y = -F_1 + F_2 - P = 0 \qquad M = 0$$

Per calcolare i momenti torcenti scegliamo un asse che passa per l'estremo sinistro del trampolino ed è perpendicolare alla pagina del libro. Il momento di $\vec{F}_1$ è nullo perché la retta di applicazione della forza passa per l'asse di rotazione e quindi il braccio della forza è nullo; il momento di $\vec{F}_2$ è positivo (cioè tende a far ruotare la piattaforma in senso antiorario); il momento della forza peso $\vec{P}$ è negativo. Il diagramma di corpo libero della **figura B** mostra i bracci delle forze. Perciò la condizione $M = 0$ diventa

$$M = +F_2 b_2 - P b_P = 0$$

da cui segue

$$F_2 = \frac{P b_P}{b_2} = \frac{(530\ \text{N})(3{,}90\ \text{m})}{1{,}40\ \text{m}} = \boxed{1480\ \text{N}}$$

Sostituendo questo valore di F_2 e il valore noto della forza peso P nell'equazione $-F_1 + F_2 - P = 0$ si ottiene $F_1 = \boxed{950\ \text{N}}$.

Nell'esempio 6 abbiamo calcolato la risultante dei momenti delle forze esterne scegliendo come asse di rotazione un asse che passava per l'estremo sinistro del trampolino. Tuttavia, la scelta dell'asse di rotazione è completamente arbitraria, perché se un corpo è in equilibrio lo è rispetto a qualunque asse, quindi la risultante dei momenti delle forze esterne è nulla indipendentemente dall'asse scelto.

6 LE LEVE

Una **leva** è un corpo rigido di forma allungata e massa trascurabile che è vincolato a ruotare attorno a un asse fisso detto **fulcro**.

In genere una leva è utilizzata per equilibrare una forza $\vec{F}_R$, detta **forza resistente**, con un'altra forza $\vec{F}_M$, detta **forza motrice** (**figura 18**).

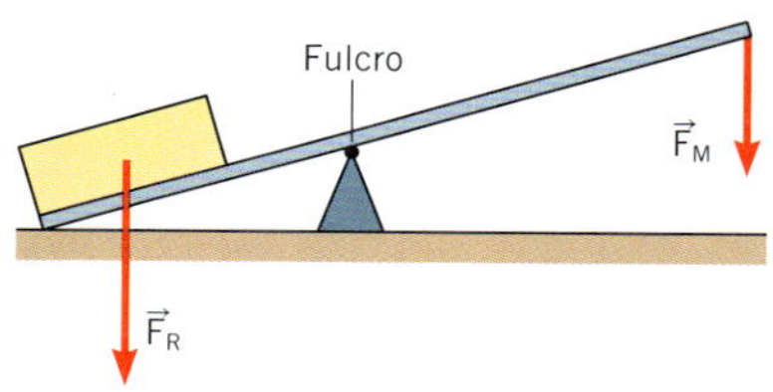

Figura 18
Schema di una leva.

Simulazione PhET
Leve

Una leva rimane ferma e non ruota attorno al fulcro quando è nullo il momento totale agente su di essa: $M = 0$.

La **figura 19** mostra una leva in equilibrio sotto l'azione di tre forze: la forza $\vec{F}$ che il fulcro esercita sulla leva, la forza resistente $\vec{F}_R$ e la forza motrice $\vec{F}_M$.

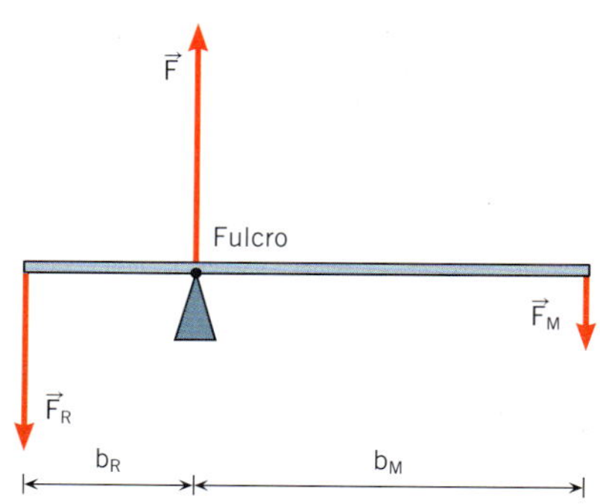

Figura 19
Leva in equilibrio.

Il momento rispetto al fulcro della forza $\vec{F}$ è nullo perché è nullo il suo braccio.

La condizione di equilibrio $M = 0$ si riduce quindi a

$$\vec{M}_R + \vec{M}_M = 0$$

cioè

$$F_R\, b_R - F_M\, b_M = 0$$

Il segno «–» è dovuto al fatto che il momento M_M, da solo, produrrebbe una rotazione in verso orario. Dall'equilibrio dei momenti ricaviamo:

$$F_R\, b_R - F_M\, b_M = 0 \quad \rightarrow \quad \frac{F_M}{F_R} = \frac{b_R}{b_M}$$

La leva rimane in equilibrio quando le forze applicate sono inversamente proporzionali ai loro bracci.

Con una leva si può quindi equilibrare una grande forza resistente con una piccola forza motrice: basta fare in modo che il fulcro sia molto vicino al punto di applicazione della forza resistente, in modo che il suo braccio b_r sia molto piccolo.

Una leva si dice:

- **vantaggiosa** se la forza motrice è minore della forza resistente, cioè $F_M < F_R$;
- **svantaggiosa** se la forza motrice è maggiore della forza resistente, cioè $F_M > F_R$;
- **indifferente** se la forza motrice è uguale alla forza resistente, cioè $F_M = F_R$.

Le leve vengono classificate in base alla posizione del fulcro rispetto alla forza motrice e alla forza resistente. La tabella seguente illustra i vari tipi di leve e le loro caratteristiche.

Leve di primo genere	Leve di secondo genere	Leve di terzo genere
Il fulcro è posto tra la forza motrice e la forza resistente	La forza resistente è tra il fulcro e la forza motrice	La forza motrice è tra il fulcro e la forza resistente
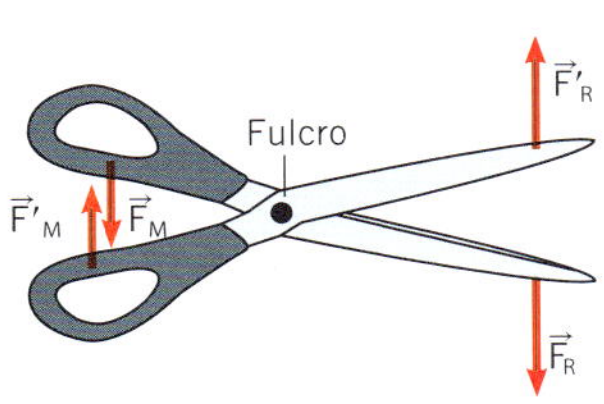	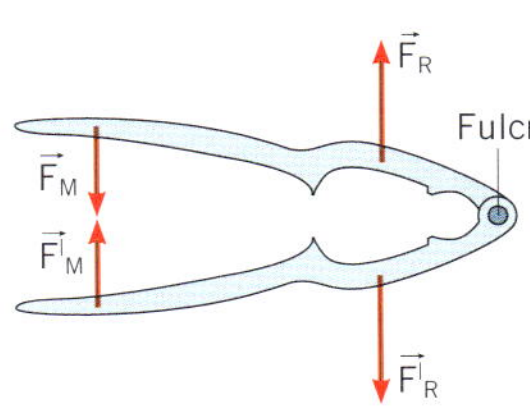	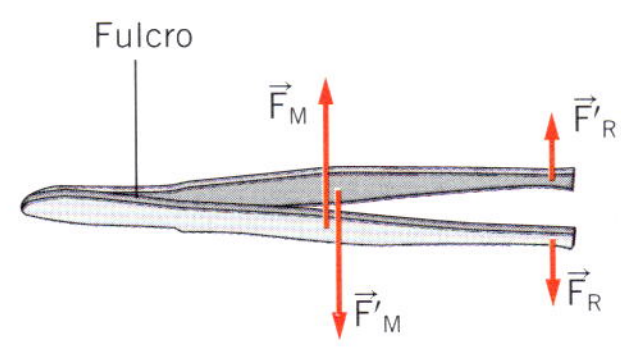

Le leve di secondo genere sono sempre vantaggiose, mentre quelle di terzo genere sempre svantaggiose; quelle di primo genere possono essere vantaggiose, svantaggiose o indifferenti a seconda della lunghezza dei bracci.

7 BARICENTRO ED EQUILIBRIO

Vediamo ora in che modo il baricentro entra in gioco nel determinare l'equilibrio di un corpo. Iniziamo calcolando la posizione del baricentro di un generico corpo rigido.

Un blocco di peso $\vec{P}_2$ è appoggiato sopra una tavola di peso $\vec{P}_1$(**figura 20A**). Il baricentro del sistema formato dai due corpi può essere determinato calcolando i momenti dei pesi rispetto a un asse di rotazione scelto arbitrariamente, per esempio passante per l'estremità destra della tavola.

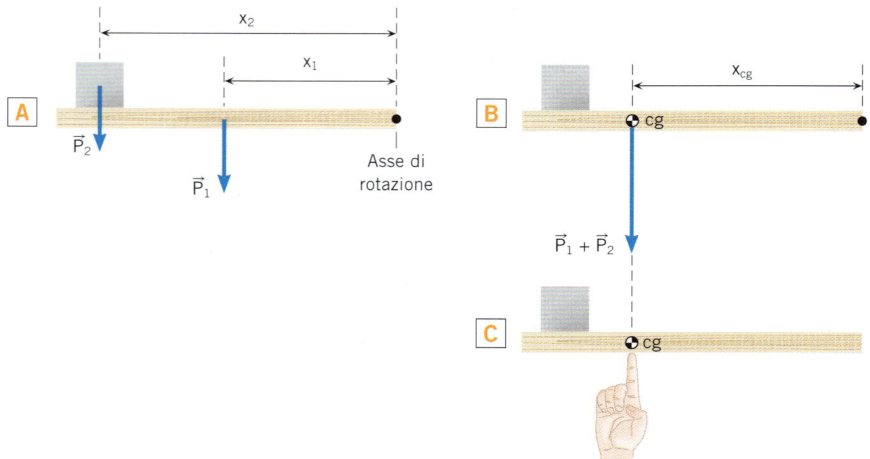

Figura 20
A Un blocco è fermo vicino all'estremità sinistra di una tavola orizzontale.
B La forza peso totale ($\vec{P}_1 + \vec{P}_2$) è applicata nel centro di gravità dell'oggetto formato dal blocco e dalla tavola.
C L'oggetto formato dal blocco e dalla tavola può essere tenuto in equilibrio applicando una forza esterna nel suo centro di gravità (cg).

Il momento totale è $M = P_1x_1 + P_2x_2$. Il momento risultante può essere calcolato anche considerando i due oggetti come un unico sistema su cui agisce una forza-peso $\vec{P}_1 + \vec{P}_2$ applicata nel suo baricentro. Se indichiamo con x_{cg} la distanza del baricentro del sistema dall'asse di rotazione (**figura 20B**), il momento totale è:

$$M = (P_1 + P_2)\,x_{cg}$$

I due momenti devono essere uguali:

$$P_1x_1 + P_2x_2 = (P_1 + P_2)\,x_{cg}$$

Risolvendo l'equazione precedente rispetto a x_{cg} si ottiene la distanza del baricentro del sistema formato dai due oggetti dall'asse di rotazione:

$$x_{cg} = \frac{P_1x_1 + P_2x_2}{P_1 + P_2} \qquad [7]$$

La **figura 20C** mostra che il sistema può essere tenuto in equilibrio applicando un'unica forza (rappresentata dal dito indice) la cui retta d'azione passi per il baricentro, abbia modulo uguale al peso complessivo dei due oggetti e verso opposto a quello della forza peso.

Corpi appesi in equilibrio

Un corpo appeso per un punto P rimane in equilibrio quando il suo baricentro si trova sulla retta verticale passante per P.

In questo modo, infatti, la forza di gravità ha un braccio nullo, e quindi un momento nullo, rispetto al punto P.

Il baricentro di un oggetto di forma irregolare può essere trovato sospendendo l'oggetto con una fune che passa una volta per un punto dell'oggetto P_1 e un'altra volta per un punto diverso P_2. Il baricentro coincide con il punto di intersezione delle verticali per P_1 e per P_2 tracciate quando il corpo appeso è fermo in equilibrio (**figura 21**, a pagina seguente).

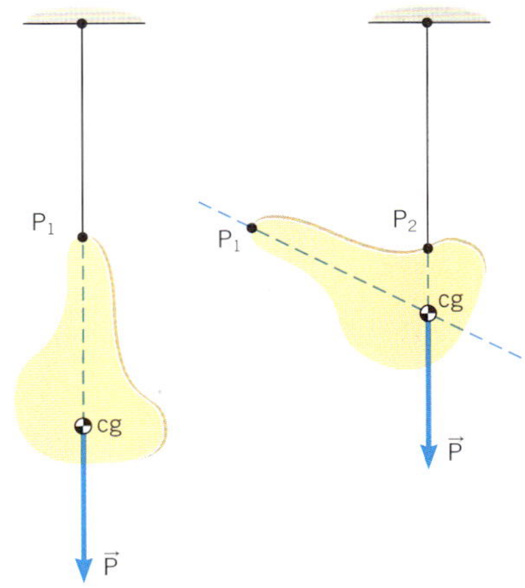

Figura 21
Il centro di gravità di un oggetto di forma irregolare può essere trovato sperimentalmente sospendendo l'oggetto per due suoi punti diversi P_1 e P_2.

I tre esempi che seguono mostrano tre diversi tipi di equilibrio di un corpo appeso.

Una ragazza seduta su un'altalena è in *equilibrio stabile*: se si sposta di poco, infatti, torna sempre nella precedente posizione di equilibrio.

© Sapol Chairatkaewchasoen (Shutterstock)

Se il numero 6 di questo civico perdesse il chiodo più in alto si troverebbe in *equilibrio instabile*: se lo spostassimo di poco, infatti, non tornerebbe nella precedente posizione di equilibrio.

© Sergio Foto (Shutterstock)

Una girandola è appesa all'asta nel suo baricentro: si trova dunque in *equilibrio indifferente*, perché se la si sposta di poco si ritrova in una nuova posizione di equilibrio analoga alla precedente.

© akiyoko (Shutterstock)

Corpi appoggiati in equilibrio

Un corpo appoggiato su un piano è in equilibrio se la retta verticale che passa per il suo baricentro interseca la base di appoggio.

Questa proprietà dei corpi è messa in luce in modo molto efficace da un equilibrista fermo su un elastico molto sottile. Per restare in equilibrio, infatti, non è importante che la superficie d'appoggio sia estesa, ma che la verticale che passa nel baricentro dell'equilibrista cada all'interno di quella superficie.

© Matej Kastelic (Shutterstock)

I CONCETTI FONDAMENTALI

LOSAI? RIPASSA CON LO SMARTPHONE

1 IL PUNTO MATERIALE E IL CORPO RIGIDO

- **Punto materiale:** oggetto che possiamo rappresentare con un punto quando le sue dimensioni sono trascurabili rispetto all'ambiente che lo circonda.
- **Corpo rigido:** oggetto esteso nel quale la distanza tra due punti qualsiasi rimane invariata.
- **Baricentro** di un corpo esteso: punto di applicazione della forza-peso del corpo.

2 L'EQUILIBRIO DEL PUNTO MATERIALE

Condizione di *equilibrio statico* di un punto materiale:

$$\vec{F}_{tot} = \vec{F}_1 + \vec{F}_2 + \ldots + \vec{F}_n = 0$$

Equilibrio su un piano inclinato:

$F_a = P_x = P \operatorname{sen}\theta$ — F_a: forza di attrito statico; P_x: compente vettoriale di $\vec{P}$ lungo x

$F_V = P_y = P \cos\theta$ — F_V: reazione vincolare; P_y: compente vettoriale di $\vec{P}$ lungo y

3 LA SOMMA DI PIÙ FORZE SU UN CORPO RIGIDO

Forze sulla stessa retta d'azione
La forza risultante è la somma vettoriale delle due forze e può essere spostata lungo la retta di azione senza cambiare i suoi effetti.

Forze concorrenti
Hanno rette d'azione che si intersecano. Si sommano con la regola del parallelogramma.

Forze parallele

concordi

$F_{tot} = F_1 + F_2$

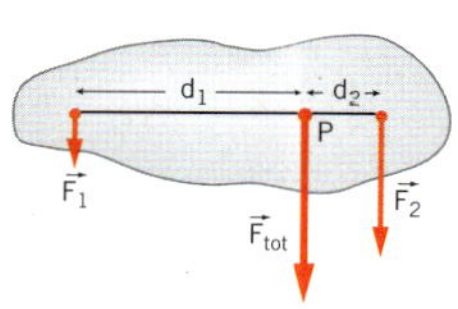

discordi

$F_{tot} = F_2 - F_1$

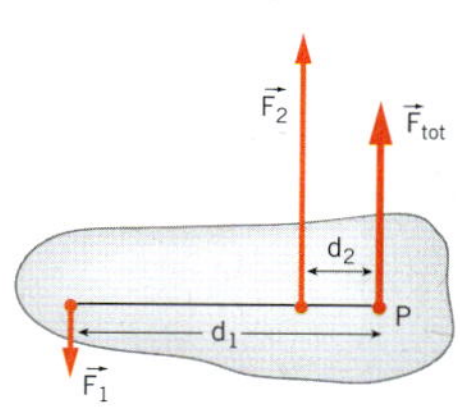

Posizione del punto di applicazione P di $\vec{F}_{tot}$:

$$\frac{d_1}{d_2} = \frac{F_2}{F_1}$$

4 IL MOMENTO DI UNA FORZA

È la grandezza responsabile della rotazione di un corpo rigido.

Braccio b di una forza $\vec{F}$

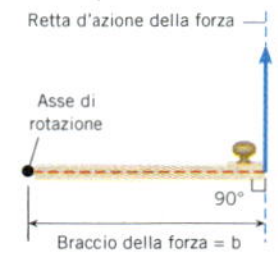

Momento $\vec{M}$ di una forza $\vec{F}$ rispetto a O

$$\vec{M} = \vec{r} \times \vec{F}$$

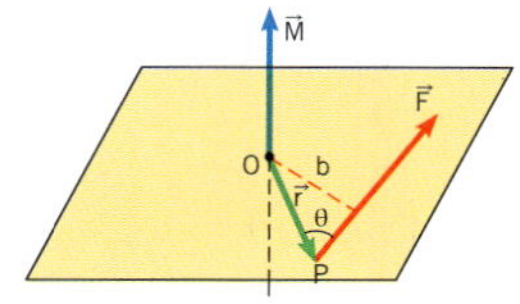

Modulo: $M = rF \operatorname{sen}\theta = Fb$.

Direzione e verso: *regola della mano destra* con il pollice lungo $\vec{r}$ e le altre dita lungo $\vec{F}$.

Momento di una coppia di forze $\vec{F}$ e $-\vec{F}$

$M = Fd$ — M: modulo del momento della coppia; F: modulo delle due forze; d: distanza fra le rette d'azione delle forze

5 CORPI RIGIDI IN EQUILIBRIO

Un corpo rigido è in equilibrio quando è nulla sia la risultante delle forze esterne, $\vec{F} = 0$, sia la risultante dei momenti delle forze esterne applicate al corpo $\vec{M} = 0$.

6 LE LEVE

Condizione di equilibrio:

$$\frac{F_M}{F_R} = \frac{b_R}{b_M}$$

F_M: forza motrice; F_R: forza resistente; b_R: braccio resistente; b_M: braccio motore

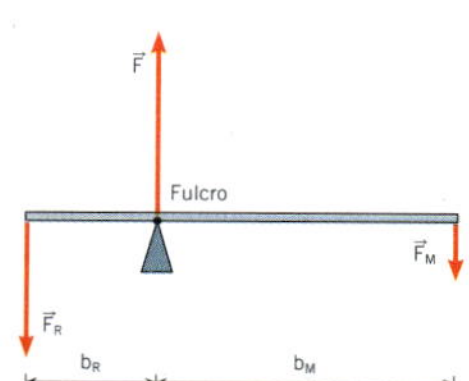

Una leva è:
- vantaggiosa, se $F_M < F_R$
- svantaggiosa, se $F_R < F_M$
- indifferente, se $F_M = F_R$

7 BARICENTRO ED EQUILIBRIO

- Un corpo appeso per un punto P rimane *in equilibrio* quando il suo baricentro si trova sulla retta verticale passante per P.
- Un corpo appoggiato su un piano è *in equilibrio* se la retta verticale che passa per il suo baricentro interseca la base di appoggio.

LABORATORIO

Equilibrio su un piano inclinato ruvido

Difficoltà ★★★ | 1 ora | 2/4 studenti

Obiettivo

- Misurare il coefficiente di attrito statico analizzando le forze agenti su un oggetto in equilibrio su un piano inclinato ruvido.

Cosa serve

- ☐ Blocchetto di legno.
- ☐ Diverse superfici d'appoggio (esempio un cartoncino, un foglio di gomma ruvida e un tappetino del mouse).
- ☐ Piano di appoggio facilmente inclinabile.
- ☐ Goniometro.
- ☐ Filo a piombo.
- ☐ quaderno, biro, matita.

Come si fa

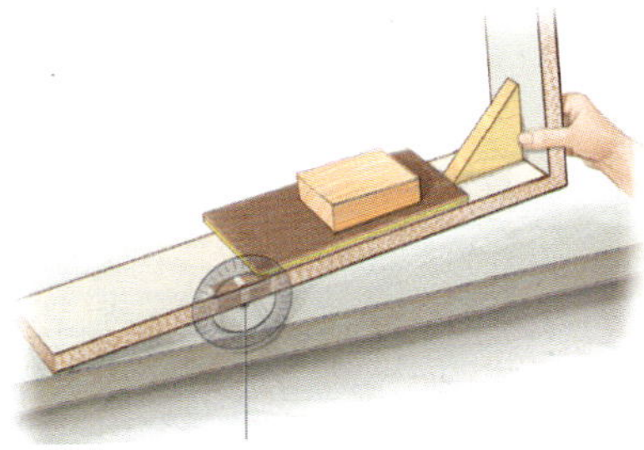

- Ogni gruppo prepara il piano inclinato attaccando il goniometro con il filo a piombo che passa per il suo centro: in questo modo sarà possibile misurare l'inclinazione α del piano inclinato rispetto all'orizzontale.
- Ogni gruppo posiziona una delle superfici di appoggio (ad esempio il cartoncino) sul piano inclinato e appoggia sopra il blocchetto di legno (cominciando per esempio dalla faccia più grande).
- Uno studente per gruppo aumenta lentamente l'inclinazione del piano, facendo in modo che la superficie di appoggio non scivoli. Un secondo studente controlla l'angolo α di inclinazione del piano e ne registra il valore nell'istante esatto in cui il blocco di legno comincia a scivolare.
- Ogni gruppo ripete la procedura combinando in tutti i modi possibili le superfici di appoggio con il tipo di appoggio (faccia grande / faccia piccola).

Come usare i dati

Ogni studente riporta i dati ottenuti in una tabella simile alla seguente calcolando, per ogni riga, la tangente goniometrica dell'angolo di primo distacco ($\tan\alpha$):

tipo di appoggio	superficie di appoggio	angolo α di primo distacco (gradi)	$\tan \alpha$
faccia grande	cartoncino	...	...
faccia grande	gomma ruvida	...	...
faccia grande	tappetino del mouse	...	...

A casa

Spiega perché il valore adimensionale $\tan\alpha$ coincide con il coefficiente di attrito statico tra il blocco di legno e la superficie su cui è appoggiato.

LABORATORIO

Equilibrio di forze concorrenti

Difficoltà ★★★ | 1 ora | 2/4 studenti

Obiettivo

- Studio della relazione tra tre forze non allineate che agiscono su un punto in equilibrio.

Cosa serve

- ☐ Due treppiedi con aste (1 m).
- ☐ Asta da disporre orizzontalmente con dei morsetti.
- ☐ Due carrucole.
- ☐ Pesi con gancio: uno da 500 g, uno da 200-300 g, vari da 50 g.
- ☐ Filo.
- ☐ Dinamometro: portata 5 N e sensibilità 0,05 N.
- ☐ Un filo a piombo.
- ☐ Calcolatrice scientifica.
- ☐ Quaderno, biro, matita, goniometro.

Come si fa

L'esperienza è divisa in due parti: nella prima si analizza una situazione simmetrica, con il dinamometro in posizione centrale; nella seconda una situazione asimmetrica, col dinamometro in posizione laterale. Il dinamometro va utilizzato con la parte mobile rivolta verso l'alto e deve essere tarato sempre nella medesima posizione.

1. Configurazione simmetrica

- Assemblare l'apparato come mostra la figura.
- Ogni gruppo legge il valore della forza F sul dinamometro nella configurazione iniziale e misura con il goniometro l'angolo α formato dai due tratti obliqui del filo. Variando poi la distanza orizzontale tra le due carrucole si effettuano diverse misure della forza F e dell'angolo α.
- Ogni studente raccoglie i dati in una tabella simile alla seguente:

angolo α (in gradi)	0°	30°	45°	60°	90°	120°	135°	150°	180°
Forza F (in Newton)	1,96	....	....	....	....	....	....	....	0

I valori 1,96 N e 0 N in corrispondenza dei due angoli 0° e 180° sono inseriti in tabella sulla base di considerazioni teoriche.

2. Configurazione asimmetrica

- Ogni gruppo modifica la posizione del dinamometro agganciandolo a una delle due estremità del filo e vincola il peso con gancio a un punto del filo compreso tra le due carrucole, in modo che non scorra.

- Ogni gruppo esegue le misure degli angoli β e γ che i due tratti obliqui del filo formano con la verticale, aiutandosi, come mostrato in figura, con un filo a piombo che visualizzi la verticale passante per il gancio.

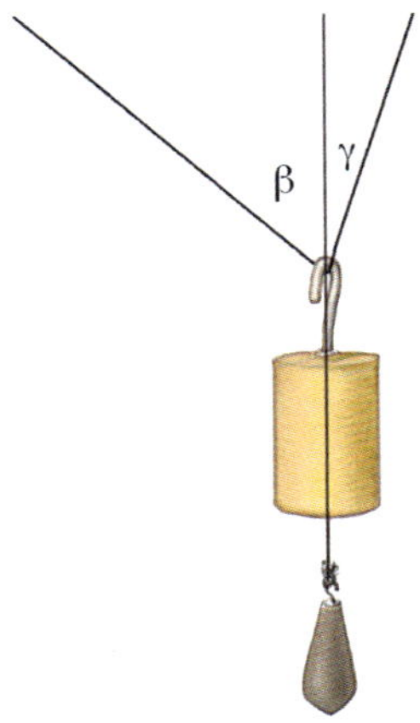

- Si registrano i dati per almeno due configurazioni diverse, ottenute cambiando il numero di pesetti e/o facendo scivolare le due carrucole sull'asta orizzontale.
- Ogni studente raccoglie i dati in una tabella simile alla seguente:

configurazione	angolo β (in gradi)	tensione filo di sinistra (in Newton)	angolo γ (in gradi)	tensione filo di destra (in Newton)	peso con gancio (in Newton)
1	48,53	0,80	18,90	1,96	2,40
2	....	....	....	....	....

A casa

- Configurazione simmetrica: costruisci un grafico cartesiano ponendo l'angolo α in ascisse e la forza *F* in ordinata. Valuta se la relazione tra queste due grandezze è dello stesso tipo di altre relazioni già viste in esperienze precedenti (proporzionalità diretta, proporzionalità inversa, relazione lineare, etc.)
- Configurazione asimmetrica: per ciascuna configurazione disegna (in scala e rispettando gli angoli) lo schema delle tre forze agenti (sono tre vettori uscenti da un punto). Verifica la validità della regola del parallelogramma per la composizione vettoriale delle forze. Ad esempio verifica graficamente che la somma vettoriale delle due tensioni è opposta alla forza peso.

ESERCIZI

© /bikerlondon/Shutterstock

1 IL PUNTO MATERIALE E IL CORPO RIGIDO

2 L'EQUILIBRIO DEL PUNTO MATERIALE

1 Su un oggetto fermo agiscono due forze. Una forza ha modulo 45 N e punta nel verso positivo dell'asse x. L'oggetto è in equilibrio.

▶ Scrivi l'espressione dell'altra forza.

2 Un libro di massa $m = 2{,}04$ kg è appoggiato su un tavolo.

▶ Calcola il modulo della reazione vincolare del tavolo.

[20 N]

3 Aldo tenta di spostare, senza riuscirci, un mobile in casa applicando una forza di modulo $F = 220$ N.

▶ Quali sono la direzione, il verso e il modulo della forza di attrito fra mobile e pavimento?

[220 N]

4 Tre forze agiscono su un oggetto. Una forza ha modulo 30 N ed è diretta verso sud; un'altra forza ha modulo 30 N ed è diretta verso ovest. L'oggetto è in equilibrio.

▶ Determina il modulo e la direzione della terza forza.

[42 N]

5 Un blocco metallico di massa $m = 30$ kg rimane fermo sopra un piano inclinato con angolo di inclinazione $\theta = 30°$ rispetto alla direzione orizzontale grazie all'azione di una forza esterna F parallela al piano inclinato. Trascura l'attrito fra il blocco e il piano.

▶ Calcola il modulo della forza F.

[150 N]

6 Una scatola di massa $m = 5{,}0$ kg è ferma sopra un ripiano inclinato. Sulla scatola agisce una forza esterna di modulo $F = 42$ N parallela al ripiano inclinato. Trascura l'attrito fra la scatola e il ripiano.

▶ Calcola l'angolo di inclinazione θ del ripiano.

[59°]

7 PROBLEM SOLVING

Sonia e Rosalba devono spostare dal tavolo una valigia piena di vestiti che pesa 200 N. Sonia spinge la valigia orizzontalmente con una forza di 50 N mentre Rosalba la tira con una forza obliqua, di modulo 100 N, inclinata di 30° rispetto al tavolo. Nonostante gli sforzi di Sonia e Rosalba, la valigia non si muove.

▶ Calcola la forza di reazione vincolare che il tavolo esercita sulla valigia.

▶ Calcola la forza di attrito statico tra il tavolo e la valigia; che cosa puoi dire del coefficiente di attrito statico?

Dati e incognite

Dati	Incognite
Peso della valigia: $P = 200$ N	Modulo della forza di reazione vincolare del tavolo: $F_V = ?$
Modulo della forza applicata da Sonia: $F_S = 50$ N	Modulo della forza di attrito statico: $f_s = ?$
Modulo della forza applicata da Rosalba: $F_R = 100$ N	Coefficiente di attrito statico: $\mu_s = ?$
Angolo tra la forza applicata da Rosalba e il tavolo: $\theta = 30°$	

Il ragionamento

Consideriamo la valigia come un punto materiale e disegniamo il diagramma di corpo libero delle forze applicate alla valigia. Imponendo la condizione di equilibrio otteniamo i moduli delle forze richieste.

La soluzione

- La valigia subisce 5 forze: le due forze $\vec{F}_s$ e $\vec{F}_R$ applicate da Sonia e da Rosalba, la forza peso $\vec{P}$, la forza di reazione vincolare $\vec{F}_V$ esercitata dal tavolo e la forza di attrito statico. Il diagramma di corpo libero è il seguente:

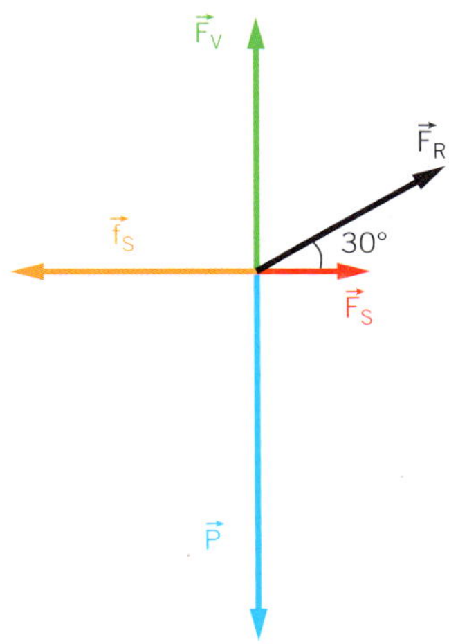

L'unica forza che non è nella direzione orizzontale o verticale è quella applicata da Rosalba; la scomponiamo nelle componenti orizzontale e verticale:

$$F_{R,x} = F_R \cos 30° = (100 \text{ N}) \cos 30° \approx 87 \text{ N}$$

$$F_{R,y} = F_R \,\text{sen}\, 30° = (100 \text{ N}) \,\text{sen}\, 30° = 50 \text{ N}$$

Possiamo applicare la condizione di equilibrio alla direzione verticale:

$$F_V + F_{R,y} - P = 0$$

e da questa equazione ricavare il modulo della forza di reazione vincolare:

$$F_V = P - F_{R,y} = (200 \text{ N}) - (50 \text{ N}) = 150 \text{ N}$$

Il modulo della forza $F_\perp$ con cui la valigia preme sul tavolo è uguale a quello della reazione vincolare,

$$F_\perp = F_V = 150 \text{ N}$$

- Applichiamo ora la condizione di equilibrio alla direzione orizzontale:

$$F_S + F_{R,x} - f_s = 0$$

per ricavare la forza di attrito statico:

$$f_s = F_S + F_{R,x} = (50 \text{ N}) + (87 \text{ N}) = 137 \text{ N} \cong 140 \text{ N}$$

Che cosa possiamo dire del coefficiente di attrito statico? Non conosciamo la forza di attrito statico massima $f_{s,\text{max}}$, possiamo solo dire che è maggiore o uguale alla forza di attrito statico che agisce in questa situazione sulla valigia:

$$f_{s,\text{max}} \geq f_s$$

Dal momento che $f_{s,\text{max}} = \mu_s F_\perp$, possiamo ricavare una condizione sul coefficiente di attrito statico μ_s:

$$\mu_s = \frac{f_{s,\text{max}}}{F_\perp} \geq \frac{f_s}{F_\perp} = \frac{140 \text{ N}}{150 \text{ N}} \cong 0{,}93$$

Quindi il coefficiente di attrito statico tra la valigia e il tavolo è $\mu_s \geq 0{,}93$.

8 Lucio tenta di tirare un carretto di 8,4 kg con una forza di 24 N inclinata di 20° rispetto alla direzione orizzontale. Il coefficiente di attrito tra il carretto e il terreno è 0,35.

▶ Riuscirà Lucio a spostare il carretto?

▶ Qual è il modulo della forza di attrito?

[23 N]

9 Due operai tirano con delle funi una grossa cassa a terra, nel tentativo di spostarla. Le funi dei due operai sono parallele al terreno e formano un angolo di 90° tra di loro e applicano una forza di modulo 120 N ciascuna. Nonostante gli sforzi, la cassa non si muove.

▶ Calcola la forza di attrito statico tra la cassa e il terreno.

[170 N]

10 Un operaio sta lavorando su un tetto inclinato di 36° rispetto all'orizzontale. Riesce a non scivolare grazie all'attrito statico fra le sue scarpe e tetto. Il valore della forza di attrito statico è 390 N.

▶ Calcola la massa dell'operaio.

[68 kg]

11 Una cassa è ferma in equilibrio su un piano inclinato. Il coefficiente di attrito statico fra la cassa e il piano è $\mu_s = 0{,}80$. L'angolo θ che il piano inclinato forma con l'orizzontale è il minimo per il quale il corpo scivola.

▶ Calcola l'angolo θ.

[39°]

12 Una sbarra di ferro di 360 kg è sostenuta alle sue estremità da due cavi come mostra la figura.

▶ Qual è la tensione in ogni cavo?

[2500 N]

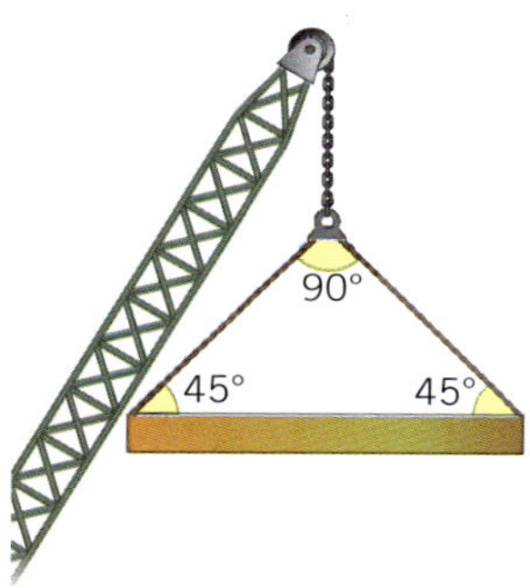

13 Nell'atrio di un teatro un lampadario di 32 kg è tenuto a 1,5 m dal tetto per mezzo di tre cavi identici di lunghezza 2,0 m, come mostrato nella figura.

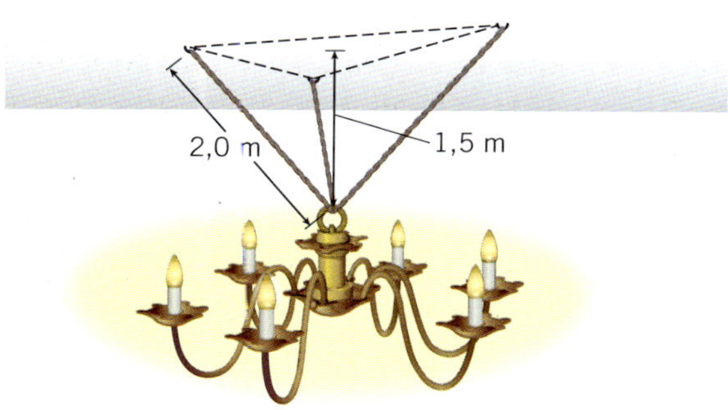

▶ Calcola la tensione dei cavi.

[140 N]

3 LA SOMMA DI PIÙ FORZE SU UN CORPO RIGIDO

14 Un corpo rigido subisce l'azione di due forze, come mostrato nella figura.

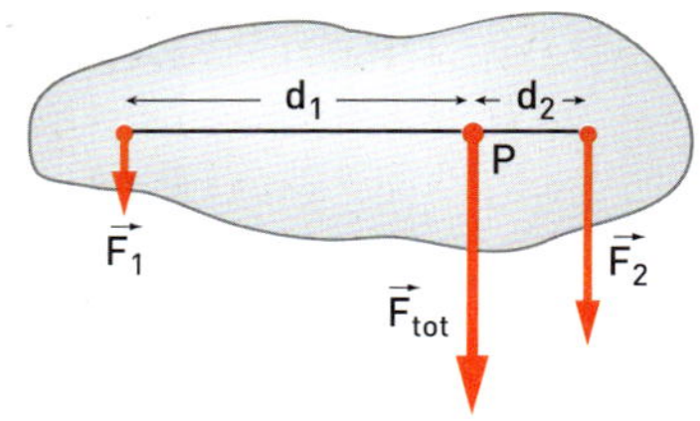

I moduli delle forze $\vec{F}_1$ e $\vec{F}_2$ sono, rispettivamente, 30 N e 90 N e la distanza d_1 è uguale a 75 cm.

▶ Calcola la distanza d_2.

▶ Calcola la risultante $\vec{F}_{tot}$.

[25 cm, (-120 N) $\hat{y}$]

15 Un corpo rigido subisce l'azione di due forze, come mostrato nella figura.

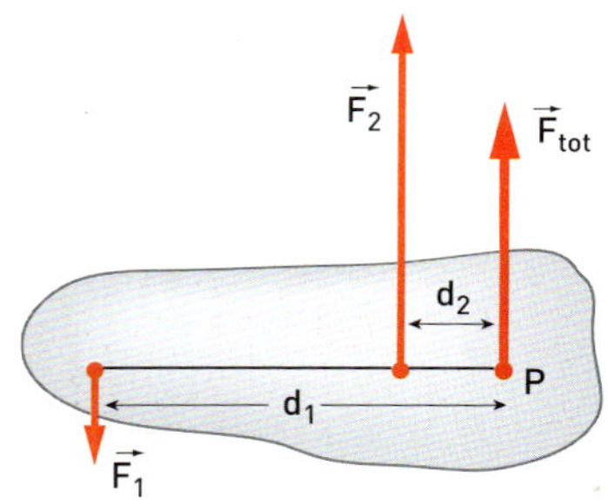

Il modulo della forza $\vec{F}_1$ è 20 N, le distanze d_1 e d_2 hanno valori uguali rispettivamente a 90 cm e 20 cm.

▶ Calcola la forza $\vec{F}_2$.

▶ Calcola la risultante $\vec{F}_{tot}$.

[(90 N) $\hat{y}$; (70 N) $\hat{y}$]

16 Due operai sono uno accanto all'altro e spingono una cassa nella stessa direzione. Un operaio spinge con una forza di modulo $F_1 = 200$ N, l'altro operaio con una forza di modulo $F_2 = 300$ N. Il punto di applicazione della forza risultante dista 120 cm dal primo operaio.

▶ Quanto dista dal secondo operaio il punto di applicazione della forza risultante?

[80 cm]

17 Due cavalli da soma affiancati trascinano un tronco. Un cavallo tira con una forza di modulo $F_1 = 400$ N applicata a 2,0 m dal punto di applicazione della forza risultante. Il secondo cavallo tira con una forza di modulo F_2, applicata a 1,0 m dal punto di applicazione della forza risultante.

▶ Calcola il modulo di $\vec{F}_2$.

[800 N]

18 **QUANTI SU 100?**
Due cagnolini si contendono un osso, tirandolo da due estremità opposte. Un cagnolino tira con una forza di modulo F_1 uguale a un quarto del modulo della forza F_2 con cui tira il secondo cagnolino.

▶ Qual è il rapporto percentuale fra le distanze tra il punto di applicazione della forza risultante e le due forze?

[25%]

19 **QUANTI SU 100?**
Due manovali spostano una grande cassa cubica di lato 1,8 m spingendola dai due fianchi nella stessa direzione. Il modulo della forza applicata dal primo manovale supera del 25% quello della forza applicata dal secondo manovale.
- Calcola la distanza del punto di applicazione della forza totale dai due manovali.

[0,80 m; 1,0 m]

20 **OCCHIO ALL'INCERTEZZA**
In un ristorante due camerieri stanno spostando un lungo tavolo per i preparativi di un matrimonio. Un cameriere spinge con una forza di modulo F_1 applicata alla distanza $d_1 = (4{,}0 \pm 0{,}1)$ m dal punto di applicazione della forza risultante. Il secondo cameriere applica una forza di modulo $F_2 = (60 \pm 2)$ N alla distanza $d_2 = (2{,}0 \pm 0{,}1)$ m dal punto di applicazione della forza risultante.
- Calcola il valore attendibile del modulo della forza risultante e la sua incertezza.

[(90 ± 5) N]

4 IL MOMENTO DI UNA FORZA

21 Calcola il modulo del momento di una forza di modulo 150 N il cui braccio è 200 cm.

[300 N · m]

22 Il momento di una forza vale $M = 450$ N · m e il braccio della forza è $b = 150$ cm.
- Calcola il modulo della forza F.

[300 N]

23 Il momento di una forza di modulo $F = 50$ N vale $M = 6{,}5$ N · m.
- Calcola il braccio della forza $\vec{F}$.

[13 cm]

24 Un barista gira la manopola della macchina del caffè applicando una coppia di forze che produce un momento il cui modulo è $M = 0{,}15$ N · m. La distanza fra le due rette d'azione delle forze è $d = 3{,}0$ cm.
- Calcola il modulo delle forze applicate dal barista sulla manopola.

[5,0 N]

© Norman_Soul/Shutterstock

25 Un meccanico sta svitando i bulloni che tengono ferma la batteria di un'auto sul suo supporto. Per compiere questa operazione, usa una chiave inglese la quale applica sul bullone una coppia di forze di modulo $F = 50$ N le cui rette d'azione distano $d = 1{,}2$ cm.
- Calcola il modulo del momento applicato dalla chiave al bullone.

[0,6 N · m]

26 Un cowboy spinge un'anta della porta di un saloon larga 60 cm con una forza $\vec{F}$ applicata all'estremità della porta. La retta d'azione della forza forma un angolo di 85° con l'anta e il modulo del momento è $M = 40$ N · m.
- Calcola il modulo della forza $\vec{F}$.

[67 N]

27 Un idraulico applica una forza di modulo $F = 50$ N all'estremità della maniglia del rubinetto dell'acqua.

La maniglia è lunga 10 cm e il modulo del momento della forza è $M = 4$ N · m.
- Calcola l'angolo fra la retta d'azione della forza F e la maniglia.

[53°]

28 Una forza di modulo 60 N è applicata all'estremità di un'asta lunga 120 cm e vincolata nel centro. La retta d'azione della forza forma un angolo di 30° con l'asta.
- Calcola il modulo del momento della forza F.

[18 N · m]

29 La forza $F = (2; 3)$ N viene applicata su un oggetto nel punto di coordinate $P = (-4; -6)$ m.
- Calcola il momento della forza rispetto all'origine del sistema di riferimento cartesiano. Che spiegazione dai del risultato?

[0 N · m]

30 La forza $\vec{F} = (3\text{ N})\hat{x} - (5\text{ N})\hat{y}$ viene applicata su un oggetto nel punto di coordinate $P = (2; -4)$ m.
- Calcola il momento della forza rispetto all'origine del sistema di riferimento cartesiano.

[(2 N · m)$\hat{z}$]

31 La forza $\vec{F} = (2\text{ N})\hat{x}$ viene applicata su un oggetto nel punto di coordinate $P = (1; 1)$ m. Calcola il modulo del momento della forza, rispetto all'origine del sistema cartesiano,
- usando il prodotto vettoriale;
- usando il braccio della forza $\vec{F}$.

[2 N · m]

32 PROBLEM SOLVING

Un operaio tira una corda per sollevare una botola metallica quadrata, di lato 0,8 m e massa 22 kg, che copre un cunicolo di accesso a un deposito sotterraneo. La botola è incernierata tramite dei cardini a un suo lato, attorno al quale può ruotare. La corda è lunga 2,5 m e l'operaio dista 1,2 m dai cardini. La massa della botola è distribuita uniformemente.
Per sollevare la botola, l'operaio applica una forza di modulo 80 N.

▶ Calcola i momenti della forza-peso e della forza applicata dall'operaio.

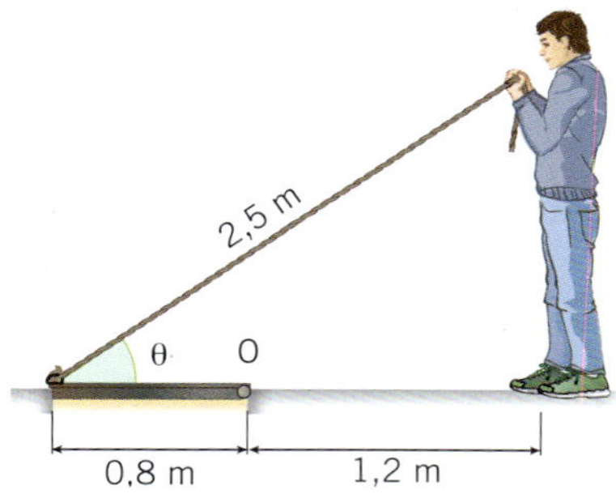

Dati e incognite

Dati	Incognite
Massa della botola: $m = 22$ kg	Modulo del momento della forza peso: $M_P = ?$
Misura del lato della botola: $l = 0{,}8$ m	Modulo del momento della forza applicata dall'operaio: $M_O = ?$
Distanza dell'operaio dal cardini della botola: $d = 1{,}2$ m	
Lunghezza della corda: $L = 2{,}5$ m	
Modulo della forza applicata dall'operaio: $F = 80$ N	

Il ragionamento

Prendiamo il punto O, rispetto al quale calcoliamo i momenti delle forze, sul lato attorno al quale la botola può ruotare. Disegniamo il diagramma delle forze avendo cura di posizionare le forze applicate alla botola nei rispettivi punti di applicazione e identificando gli angoli necessari al calcolo dei momenti delle forze.

La soluzione

Disegniamo il diagramma delle forze applicate alla botola:

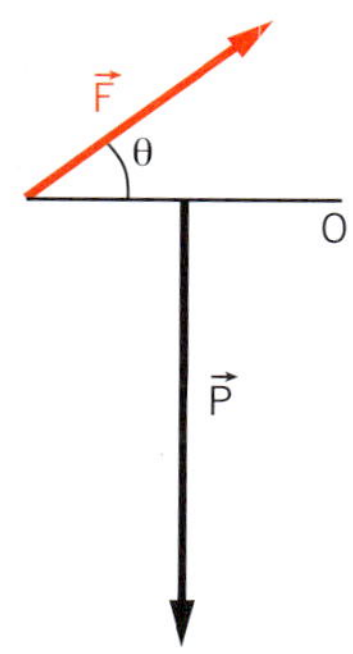

Nel diagramma compaiono il peso $\vec{P}$ della botola e la forza $\vec{F}$ applicata dall'operaio tramite la corda, mentre non abbiamo riportato le forze applicate sui cardini, i cui bracci rispetto a O sono nulli e quindi non hanno alcun momento.
La forza peso è applicata nel baricentro, perché la massa della botola è distribuita uniformemente, ed è perpendicolare alla botola. Il suo braccio è $b_P = l/2 = 40$ cm e il suo momento quindi è:

$$M_P = b_P P = b_P mg = (0{,}40\ \text{m})(22\ \text{kg})(9{,}8\ \text{N/kg}) \cong 86\ \text{N} \cdot \text{m}$$

Questo momento è positivo perché il peso tende a fare ruotare la botola in senso antiorario.
La forza applicata dall'operaio forma con la lastra un angolo θ:

$$\cos\theta = \frac{l+d}{L} = \frac{2{,}0\ \text{m}}{2{,}5\ \text{m}} = 0{,}80 \quad\rightarrow\quad \theta = \cos^{-1} 0{,}80 \cong 37° \quad\rightarrow\quad \sin\theta \cong 0{,}60$$

Possiamo quindi calcolare il momento della forza applicata dall'operaio:

$$M_O = -r_O F \sin\theta = -(0{,}8\ \text{m})(80\ \text{N})(0{,}60) = -38\ \text{N} \cdot \text{m}$$

Questo momento è negativo perché tende a ruotare la botola in senso orario.

33 ★★☆ Un operaio solleva un tombino quadrato di massa 16 kg facendolo ruotare attorno a un suo lato per mezzo di un gancio attaccato all'estremità opposta, che tira con una forza di modulo 100 N.

Il lato del tombino è lungo 24 cm e la massa del tombino è distribuita uniformemente. Il modulo del momento totale applicato al tombino è 4,0 N · m.

▶ Calcola l'angolo tra la forza applicata dall'operaio e il tombino.

[73°]

5 CORPI RIGIDI IN EQUILIBRIO

34 ★☆☆ Fabio tiene con un dito un libro di massa 1,17 kg appoggiato al bordo del tavolo. Il libro è lungo 28 cm.

▶ Calcola il momento della forza-peso.

▶ Calcola il momento della forza applicata da Fabio.

▶ Calcola il modulo della forza applicata da Fabio.

[−1,6 N · m; 1,6 N · m; 5,7 N]

35 ★☆☆ A un oggetto che può solo ruotare sono applicate 3 forze, i cui momenti hanno moduli $M_1 = 2{,}5$ N · m, $M_2 = 6{,}5$ N · m e $M_3 = 12$ N · m. Il primo e il secondo momento tendono a fare ruotare l'oggetto in senso orario, mentre il terzo tende a farlo ruotare in senso antiorario.

▶ Determina il modulo del momento che, sommato ai primi 3, mantiene l'oggetto in equilibrio. In che verso tende a fare ruotare l'oggetto?

[3,0 N · m]

36 ★★☆ In palestra, un bilanciere di massa 10 kg lungo 1,8 m con due pesi di massa 40 kg e 40 kg fissati alle estremità è riposto sui braccetti di un supporto che distano fra loro 1,2 m.

▶ Calcola il modulo del momento, rispetto al centro del bilanciere, esercitato da uno dei due braccetti sul bilanciere.

[260 N · m]

37 ★★☆ Per stringere una candela nell'alloggiamento del motore è necessario esercitare un momento della forza di modulo 45 N · m.

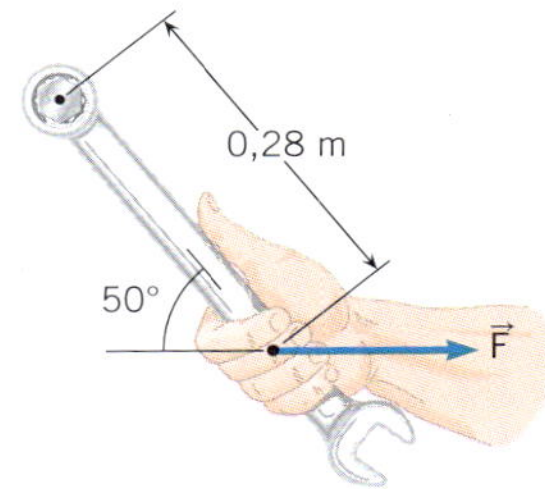

▶ Calcola il modulo della forza indicata nella figura.

[210 N]

38 ★★☆ Al parco, Maria e Caterina giocano con l'altalena.

Maria ha una massa di 24 kg ed è seduta a sinistra, a 1 m dal centro dell'asse; Caterina ha una massa di 16 kg.

▶ Dove deve sedersi Caterina affinché l'altalena rimanga ferma in posizione orizzontale?

▶ Quanto vale in questo caso il modulo della forza che il supporto centrale esercita sull'altalena?

[1,5 m; 390 N]

39 ★★☆ Per piallare lo sportello di un mobile, un falegname lo appoggia su un supporto. Lo sportello è largo 120 cm, e il supporto si trova a 40 cm da un bordo dello sportello sul quale è poggiata una pialla, di massa 1,0 kg. Il falegname deve tenere fermo l'altro bordo per evitare che lo sportello ruoti attorno al supporto e cada per terra. La massa dello sportello è 3,0 kg ed è distribuita uniformemente.

▶ Calcola il modulo della forza esercitata dal falegname e il modulo della forza applicata dal supporto.

[2,5 N; 37 N]

40 ★★☆ **UN DATO IN PIÙ**

Durante i lavori di ristrutturazione di una casa, un imbianchino dispone un'asse di massa 5,0 kg e lungo 2,0 m su due supporti per appoggiarci un bidone di vernice di massa 10 kg. I due supporti sono disposti simmetricamente a 80 cm dal centro dell'asse, mentre il bidone si trova a 60 cm dal centro dell'asse.

▶ Calcola i moduli delle forze esercitate sull'asse dai due supporti.

[37 N; 110 N]

41 PROBLEM SOLVING

La figura mostra una scala antincendio lunga 8,00 m e di peso 355 N appoggiata a un muro. Un pompiere che pesa 875 N è fermo a 6,30 m dalla base della scala.
L'attrito tra la scala e il muro è trascurabile.

▶ Calcola i moduli delle forze che il suolo e il muro esercitano sulla scala.

Dati e incognite

Dati	Incognite
Lunghezza della scala: $L = 8{,}0$ m	Modulo della forza applicata dal muro sulla scala: $F = ?$
Peso della scala: $P_{scala} = 355$ N	Modulo della forza applicata dal suolo sulla scala: $F_{suolo} = ?$
Peso del pompiere: $P_{pomp} = 875$ N	
Distanza del pompiere dalla base della scala: $d = 6{,}30$ m	
Angolo tra il suolo e la scala: $\alpha = 50°$	

Il ragionamento

La scala può essere considerata un corpo rigido: identifichiamo le forze applicate alla scala, disegniamo il diagramma delle forze, calcoliamo i momenti rispetto ad alcuni punti particolari e scriviamo le equazioni che descrivono la condizione di equilibrio della scala (somma delle forze uguale a zero e somma dei momenti delle forze uguale a zero). Da queste equazioni ricaviamo i moduli delle forze richiesti.

La soluzione

Sulla scala agiscono le seguenti forze:

1. il peso $\vec{P}_{scala}$, diretto verso il basso e applicato nel baricentro che assumiamo essere nel centro geometrico della scala;
2. il peso del pompiere $\vec{P}_{pomp}$, diretto verso il basso e applicato nel punto in cui sta il pompiere;
3. la forza $\vec{F}$ esercitata dal muro sulla scala;
4. la forza di attrito $\vec{G}_x$ tra il terreno e la scala, orizzontale e applicata alla base della scala;
5. la forza di reazione vincolare $\vec{G}_y$ verticale applicata dal suolo alla base della scala.

Disegniamo il diagramma della forze applicate alla scala, posizionando le forze nei punti in cui sono applicate ed evidenziando i loro bracci rispetto al punto di contatto tra la scala e il suolo:

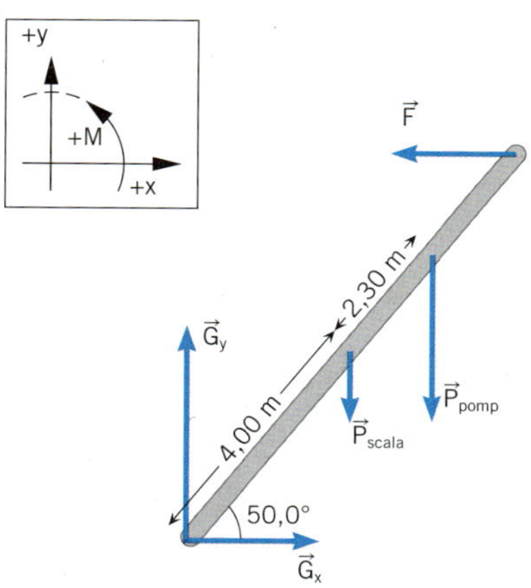

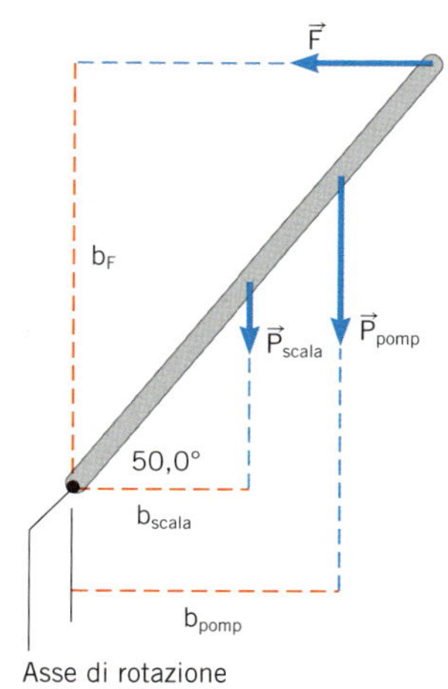

La forza di attrito F_x e la forza di reazione vincolare F_y hanno entrambe braccio nullo rispetto al punto di contatto tra scala e suolo e quindi il loro momento è nullo.
La condizione di equilibrio impone che sia nulla la somma delle forze orizzontali e quella delle forze verticali. Dalla prima condizione ricaviamo una relazione tra la forza di attrito con il suolo e la forza esercitata dal muro:

$$G_x - F = 0 \quad \rightarrow \quad G_x = F$$

mentre dalla seconda condizione ricaviamo la forza di reazione vincolare del suolo:

$$G_y - P_{pomp} - P_{scala} = 0 \quad \rightarrow \quad G_y = P_{pomp} + P_{scala} = (355\ \text{N}) + (875\ \text{N}) = 1230\ \text{N}$$

Calcoliamo ora i momenti delle forze rispetto all'asse di rotazione. I bracci delle forze sono:

$$b_{scala} = (4{,}00\ \text{m})\cos 50°$$
$$b_{pomp} = (6{,}30\ \text{m})\cos 50°$$
$$b_F = (8{,}00\ \text{m})\ \text{sen}\ 50°$$

Affinché la scala sia in equilibrio, la somma dei momenti delle forze dev'essere nulla:

$$b_F F - b_{pomp}P_{pomp} - b_{scala}P_{scala} = 0$$

Da questa relazione ricaviamo la forza esercitata dal muro sulla scala:

$$F = \frac{b_{pomp}P_{pomp} + b_{scala}P_{scala}}{b_F} = \frac{(6{,}30\ \text{m})\cos 50°(875\ \text{N}) + (4{,}00\ \text{m})\cos 50°(355\ \text{N})}{(8{,}00\ \text{m})\ \text{sen}\ 50°} \cong 730\ \text{N}$$

Quindi la forza di attrito tra la scala e il suolo è $G_x = F = 730$ N. La forza totale esercitata dal suolo sulla scala è:

$$F_{suolo} = \sqrt{G_x^2 + G_y^2} = \sqrt{(730\ \text{N})^2 + (1230\ \text{N})^2} \cong 1400\ \text{N}$$

42 ★★ **UN DATO IN PIÙ**

La figura mostra un lampione dell'illuminazione stradale.

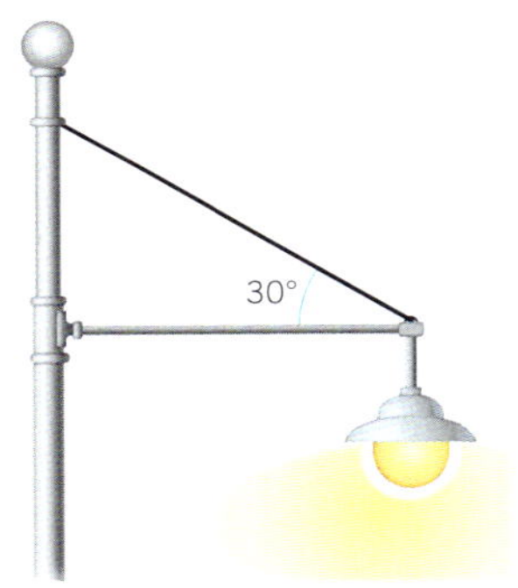

La lampada ha una massa di 8,2 kg e dista 90 cm dal palo. La massa della sbarra orizzontale è 2,6 kg ed è distribuita uniformemente.

- Calcola le componenti orizzontale e verticale della tensione del cavo.

[160 N; 93 N]

43 ★★ Un blocco di legno di massa 600 g si trova su un tavolo e viene spinto orizzontalmente.

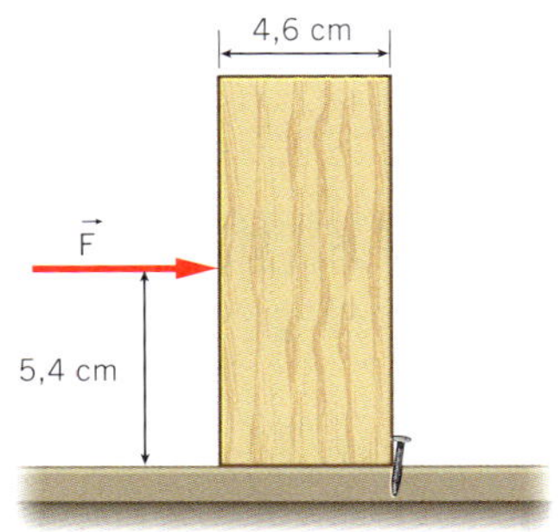

Il moto del blocco è ostacolato da un chiodo.

- Supponi che il blocco sia spinto da una forza di modulo 2,1 N e calcola il modulo della forza di reazione vincolare del tavolo sul blocco. Il blocco si muove?
- Supponi che il blocco sia spinto da una forza di modulo 5,2 N. Il blocco si muove?

[0,95 N]

44 ★★ Una piattaforma di 1200 kg è mantenuta in posizione orizzontale da un cavo di acciaio che può sopportare una tensione massima di 20 kN.

- Quante persone possono stare sulla piattaforma senza che il cavo si rompa? Assumi una massa media di 75 kg a persona.

[13]

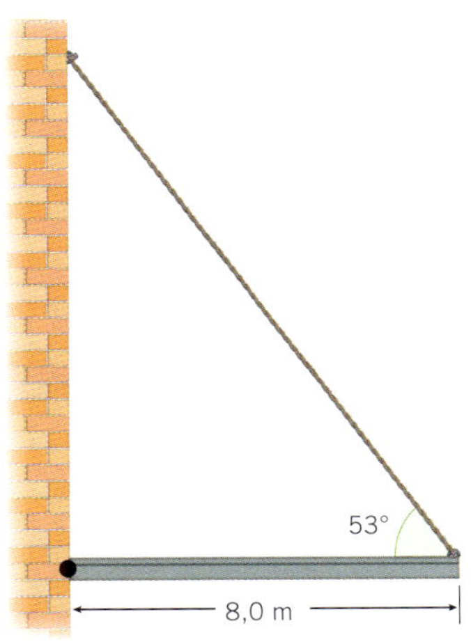

6 LE LEVE

45 ★★★ In una leva di primo genere, la forza resistente F_R è di 20 N, il suo braccio rispetto al fulcro è di $b_R = 5$ cm e la forza motrice è $F_M = 10$ N.

▶ Calcola il braccio della forza motrice e specifica se la leva è vantaggiosa o svantaggiosa.

[10 cm]

46 ★★★ In una leva di secondo genere, la forza motrice F_M è di 50 N, il suo braccio rispetto al fulcro è $b_M = 12$ cm e il braccio della forza resistente è $b_R = 20$ cm.

▶ Calcola il modulo della forza resistente.

[30 N]

47 ★★★ Un atleta sta facendo esercizi con un manubrio che pesa 150 N, come mostra la figura.

© KorArkaR/Shutterstock

Il bicipite dell'atleta si attacca all'avambraccio, che è lungo 45 cm, a 3,2 cm dal gomito.

▶ Calcola la forza che il bicipite esercita per tenere il manubrio nella posizione indicata nella figura. Di che tipo di leva si tratta?

[2100 N]

48 ★★★ Per schiacciare una noce con uno schiaccianoci Giada deve applicare una forza il cui modulo è almeno 20 N.

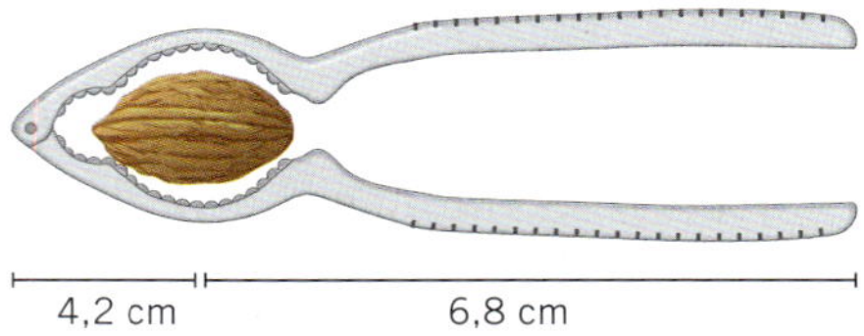

▶ Calcola la forza necessaria per rompere il guscio della noce.

[52 N]

49 ★★★ **QUANTI SU 100?**
Un sarto usa un paio di forbici per tagliare del tessuto.

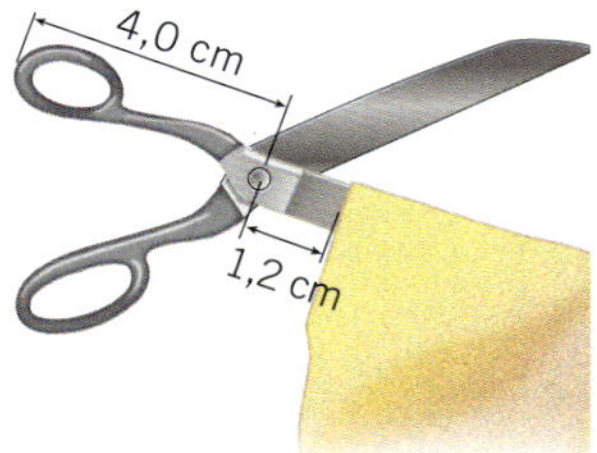

▶ Calcola il rapporto percentuale fra forza motrice e forza resistente.

[30%]

50 PROBLEM SOLVING

Per togliere un chiodo da una cassa, Enrico usa un martello nel modo mostrato nella figura.

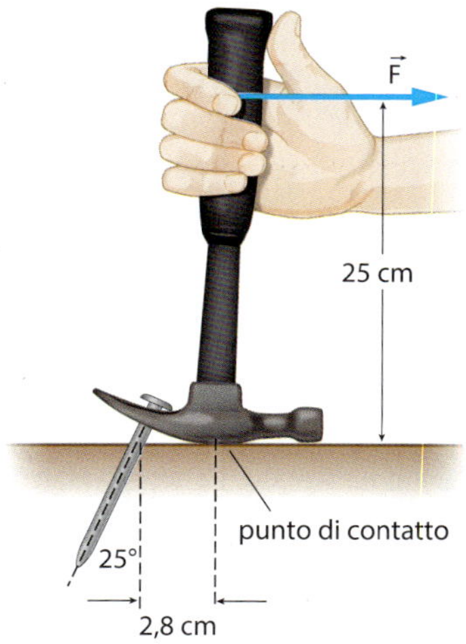

Per estrarre il chiodo, Enrico deve applicare una forza superiore a 120 N.

▶ Determina il modulo della forza $\vec{F}_C$ che Enrico dovrebbe applicare direttamente al chiodo per estrarlo.

Dati e incognite

Dati	Incognite
Modulo della forza applicata da Enrico al martello: $F = 120$ N	Modulo della forza da applicare al chiodo: $F_C = ?$
Lunghezza del martello: $l = 0,25$ m	
Distanza del chiodo dal punto di contatto: $d = 0,028$ m	
Angolo tra il chiodo e la perpendicolare alla superficie: $\theta = 25°$	

Il ragionamento

Possiamo considerare il martello come una leva in cui il fulcro è il punto di contatto con la cassa. Applicando le condizioni di equilibrio per il sistema troviamo il modulo della forza che il martello applica al chiodo.

La soluzione

Schematizziamo il martello come una leva:

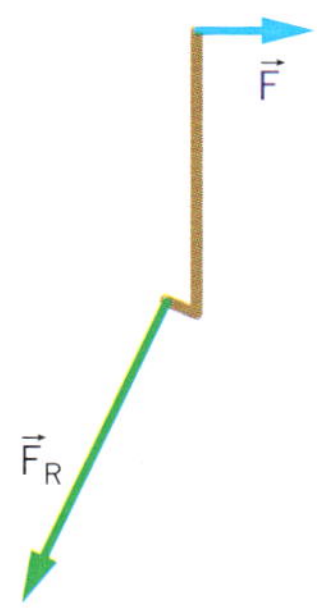

La forza motrice $\vec{F}_M$ è la forza $\vec{F}$ con cui Enrico tira il martello e il suo braccio è la lunghezza del martello, $b_M = l = 0{,}25$ m; la forza resistente $\vec{F}_R$ è la forza che il chiodo oppone al martello e il suo braccio è:

$$b_R = d \cos 25° = (0{,}028 \text{ m}) \cos 25° = 0{,}025 \text{ m}.$$

Per tirare fuori il chiodo bisogna applicare su di esso una forza superiore alla forza resistente.
Dalla condizione di equilibrio dei momenti di questa leva:

$$b_R F_R = b_M F_M$$

ricaviamo il modulo della forza applicata dal chiodo al martello:

$$F_R = \frac{b_M F_M}{b_R} = \frac{(0{,}25 \text{ m})(120 \text{ N})}{(0{,}025 \text{ m})} = 1200 \text{ N}$$

Se Enrico volesse estrarre il chiodo senza usare alcuna leva dovrebbe applicargli una forza F_C superiore a 1200 N.

51 ★★☆ Per spostare un masso di 80 kg, Riccardo usa una sbarra di ferro lunga 1,6 m appoggiandola a un masso più piccolo.

▸ Quale forza minima deve esercitare Riccardo per riuscire nel suo intento?

[29 N]

52 ★★☆ Un facchino trasporta una grossa cassa di 120 kg con il suo carrello.

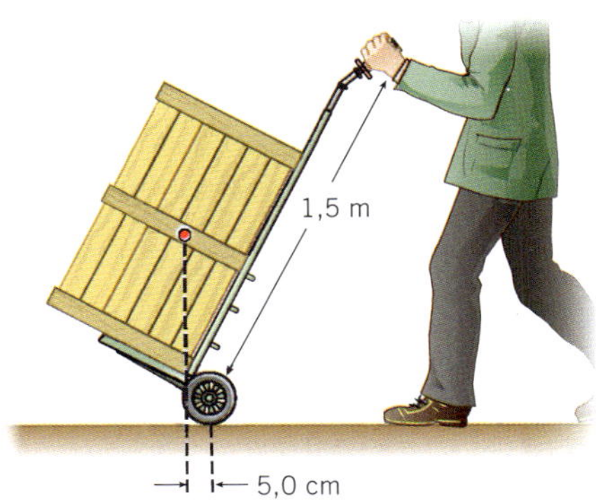

▸ Calcola la forza che deve applicare per tenere il carrello nella posizione indicata nella figura (il punto centrale della cassa è il suo baricentro).

[39 N]

7 BARICENTRO ED EQUILIBRIO

53 ★☆☆ Un blocco di massa 8,0 kg è appoggiato sopra una tavola di massa 10 kg e lunga 2,0 m. Il blocco dista 1,2 m dal bordo più lontano del tavolo.

▶ Calcola la posizione del baricentro del sistema blocco-tavola rispetto al bordo più lontano.

[1,1 m]

54 ★☆☆ **UN DATO IN PIÙ**

Tre biglie identiche di massa 50 g, unite da sottili aste rigide di massa trascurabile, sono disposte lungo una linea retta nelle posizioni $x_1 = -3{,}5$ cm, $x_2 = -0{,}5$ cm e $x_3 = 4{,}0$ cm.

▶ Calcola le coordinate del baricentro.

[0,0 cm]

55 ★★☆ Quattro piccoli oggetti di massa 80 g, 40 g, 20 g, 10 g sono posti, rispettivamente, nelle posizioni 1,0 cm, 2,0 cm, 4,0 cm, 8,0 cm dell'asse x e sono uniti da sottili aste di massa trascurabile.

▶ Calcola la posizione del baricentro rispetto al primo oggetto.

[1,1 cm]

56 ★★☆ Due oggetti con masse identiche M sono posti agli estremi di un segmento di lunghezza l.

▶ Dove bisogna porre un terzo oggetto di massa m in modo che il baricentro del sistema si trovi nel punto medio del segmento? La risposta dipende dal valore della massa m?

57 ★★☆ Due oggetti di massa $m_1 = 50$ g e $m_2 = 30$ g sono posti, rispettivamente, in $x_1 = 1{,}5$ m e $x_2 = 3{,}4$ m. Un terzo oggetto di massa $m_3 = 20$ g viene collocato tra i primi due e il baricentro del nuovo sistema coincide con quello del vecchio.

▶ Dov'è collocato il terzo oggetto?

[2,2 m]

58 PROBLEM SOLVING

Due pupazzetti di massa $m_1 = 130$ g e $m_2 = 95$ g sono sospesi alle due estremità di un'asta sottile, di massa trascurabile e lunghezza 36 cm, sospesa tramite un filo sopra una culla.

▶ Mostra che il filo che sostiene l'asta è attaccato in corrispondenza del baricentro del sistema.

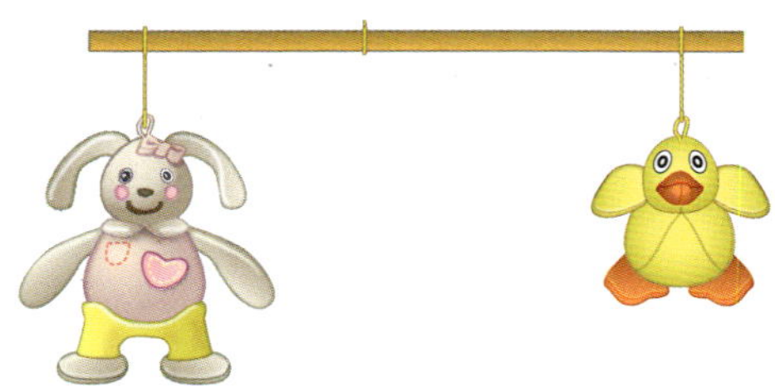

Dati e incognite

Dati	Incognite
Massa del primo pupazzo: $m_1 = 130$ g	Ascissa del baricentro: $x_b = ?$
Massa del secondo pupazzo: $m_2 = 95$ g	
Lunghezza dell'asta: $l = 36$ cm	

Il ragionamento

Analizziamo le forze che agiscono sull'asta e imponiamo la condizione di equilibrio dei momenti, ottenendo una relazione tra i due bracci delle forze esercitate dai pupazzi. Questa relazione, insieme alla somma dei due bracci (che è la lunghezza dell'asta) ci consente di calcolare i due bracci e quindi di trovare il punto dove è appesa l'asta. Possiamo poi confrontare la posizione del punto con quella del baricentro.

La soluzione

L'asta è un corpo rigido soggetto a 3 forze: le forze $\vec{F}_1$ e $\vec{F}_2$ con cui i due pupazzi tirano l'asta verso il basso e la forza $\vec{F}$ del filo che la sostiene (il peso dell'asta, invece, è trascurabile, perché lo è la sua massa).

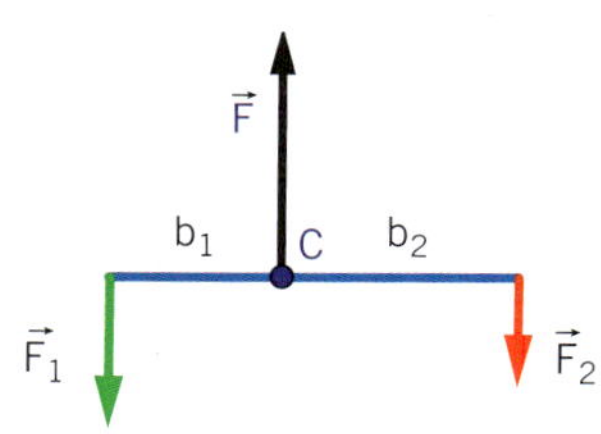

Il punto C nella figura è il punto a cui bisogna sospendere l'asta in modo che mantenga la posizione orizzontale. La somma dei bracci b_1 e b_2 delle forze $\vec{F}_1$ e $\vec{F}_2$ rispetto al punto C è uguale alla lunghezza dell'asta:

$$b_1 + b_2 = l \rightarrow b_2 = l - b_1$$

I moduli della forza con cui i due pupazzi tirano l'asta sono uguali a quelli dei loro pesi:

$$F_1 = m_1 g, \qquad F_2 = m_2 g$$

Il rapporto tra i bracci è:

$$\frac{b_1}{b_2} = \frac{F_2}{F_1} = \frac{m_2 g}{m_1 g} = \frac{m_2}{m_1}$$

Dalle due relazioni ottenute per i bracci ricaviamo:

$$b_1 = \frac{m_2}{m_1} b_2 = \frac{m_2}{m_1}(l - b_1) \rightarrow \left(1 + \frac{m_2}{m_1}\right) b_1 = \frac{m_2}{m_1} l \rightarrow b_1 = \frac{m_2}{m_1 + m_2} l$$

Sostituendo i valori numerici otteniamo:

$$b_1 = \frac{m_2}{m_1 + m_2} l = \frac{95\ \text{g}}{(130\ \text{g}) + (95\ \text{g})} (0{,}36\ \text{m}) \cong 0{,}15\ \text{m}$$

Calcoliamo adesso l'ascissa del baricentro, ponendo l'origine $x = 0$ nell'estremità sinistra dell'asta. Le ascisse delle masse dei due pupazzi sono $x_1 = 0$ m e $x_2 = 0{,}36$ m. L'ascissa del baricentro è:

$$x_b = \frac{m_1 x_1 + m_2 x_2}{m_1 + m_2} = \frac{(130\ \text{g})(0\ \text{m}) + (95\ \text{g})(0{,}36\ \text{m})}{(130\ \text{g}) + (95\ \text{g})} \cong 0{,}15\ \text{m}$$

L'ascissa del baricentro è proprio uguale alla distanza tra l'estremità sinistra dell'asta e il punto C a cui viene sospesa.

59 ★★☆ Sopra una culla per neonati è appesa una giostrina con alcuni animali di pezza:

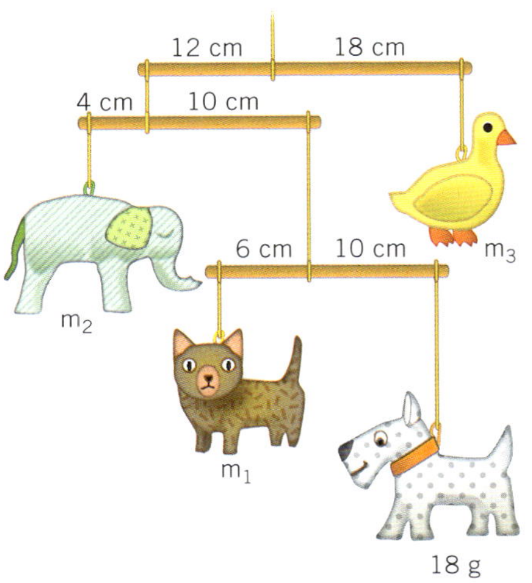

▶ Determina i valori delle masse m_1, m_2 e m_3.

[30 g; 120 g; 110 g]

60 ★★☆ Pietro sta giocando con alcuni blocchi di legno e ne vuole sistemare uno, con lato di base $d = 2{,}0$ cm e altezza $h = 6{,}0$ cm su un cuneo, come mostrato nella figura.

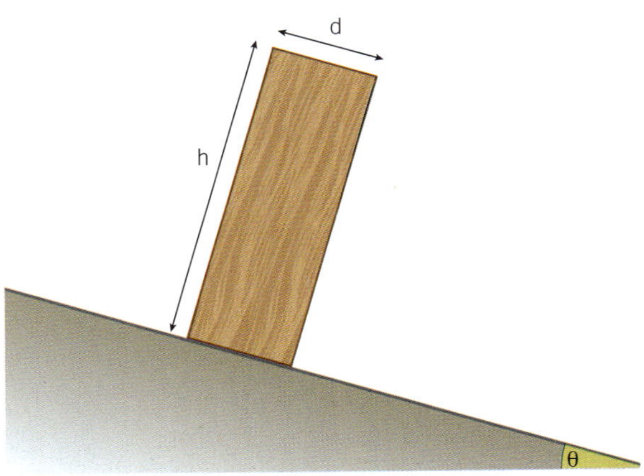

▶ Qual è la massima inclinazione θ che può avere il cuneo affinché il blocco non cada?

[18°]

ESERCIZI

PROBLEMI FINALI

61 Una bottiglia di vino di massa 1,4 kg è posta orizzontalmente sul supporto mostrato in figura. L'angolo tra le due superfici è 90° e la superficie di destra è inclinata di 45° rispetto al piano orizzontale. Ciascuna di queste due superfici esercita sulla bottiglia una forza diretta perpendicolarmente alla superficie stessa.

▶ Calcola il modulo delle due forze.

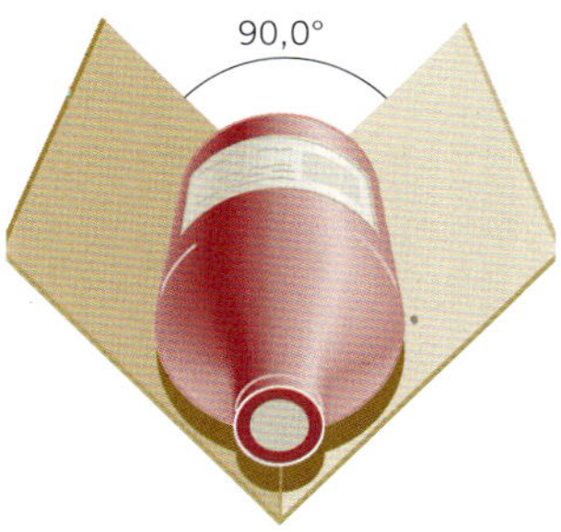

[9,7 N]

62 La figura mostra una carrucola ferma, bloccata e priva di attrito, attorno alla quale passa una fune di massa trascurabile.

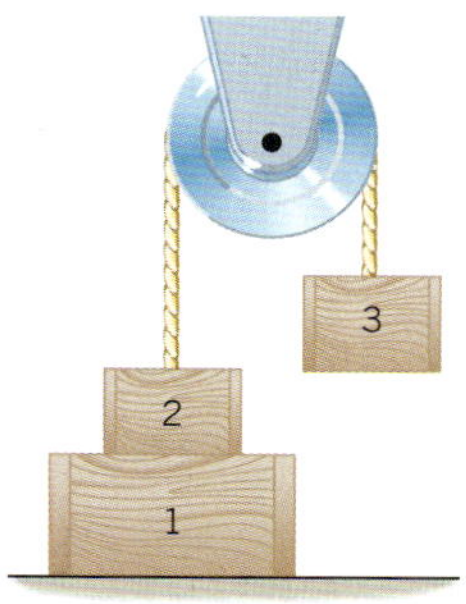

Alla fune è attaccata da una parte la cassa 3 e dall'altra la cassa 2, che poggia sopra la cassa 1 ferma a terra. I pesi delle tre casse sono P_1 = 55 N, P_2 = 35 N e P_3 = 28 N.

▶ Calcola il modulo della forza di reazione vincolare che il terreno esercita sulla cassa 1.

[62 N]

63 Una persona è ferma appoggiata a due stampelle. In queste condizioni il terreno esercita una forza

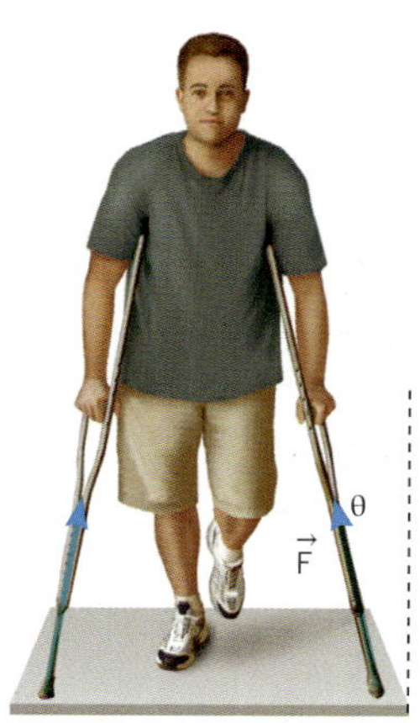

nella direzione di ciascuna. Il coefficiente di attrito statico fra terreno e stampella è 0,9.

▶ Calcola l'angolo massimo θ_{max} che la stampella può formare con il terreno senza scivolare.

[42°]

64 Un blocco che pesa 88,9 N viene spinto contro una parete applicando una forza obliqua. Il coefficiente di attrito statico fra il blocco e la parete è 0,56.

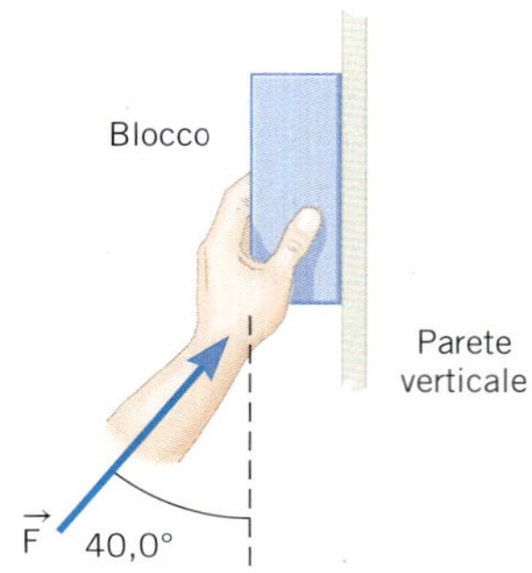

▶ Calcola il modulo della minima forza *F* necessaria per mantenere fermo il blocco.

[79 N]

65 Un blocco cubico di lato l = 30 cm e densità $\rho = 3{,}2 \cdot 10^3$ kg/m^3, che si trova su una strada, è agganciato, per mezzo di un cavo, a un rocchetto motorizzato in grado di aumentare lentamente la tensione del cavo. Il coefficiente di attrito statico tra il blocco e la strada è $\mu_s = 0{,}34$.

▶ Calcola la tensione del cavo al momento del distacco.

[290 N]

66 La stadera è un tipo di bilancia di origine etrusca con due bracci non simmetrici che viene usata ancora oggi da alcuni commercianti.

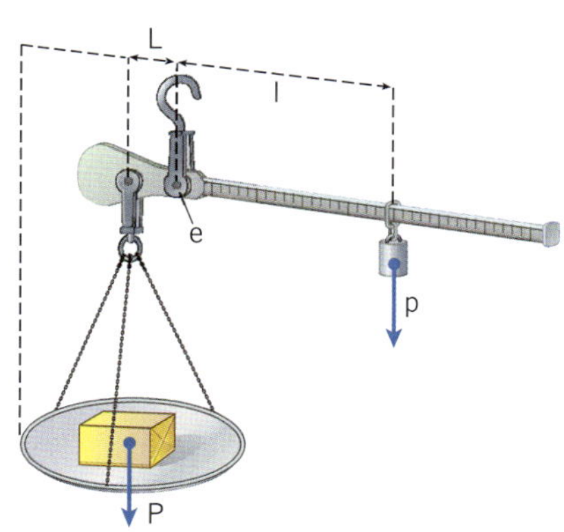

Il piatto su cui viene posata la merce è agganciato in un punto che dista 4,5 cm, in orizzontale, dal punto "e" dove si trova il gancio da cui il venditore tiene la stadera. Dalla parte opposta si trova un pesetto (peso *p*) di massa 400 g che viene spostato finché l'asta non sta in equilibrio. L'asta è tarata in modo da leggere la massa della merce.

- ▶ Scrivi l'equazione che permette di tarare lo strumento in funzione dei parametri strutturali della stadera e dei pesi del pesetto e della merce.
- ▶ Sul piatto viene posta della merce e la stadera è in equilibrio quando il pesetto si trova a 10,2 cm dal punto "e". Calcola il peso della merce.

[8,9 N]

67 ★★☆ Un'estremità di un righello lungo 20 cm è fissata a un pannello orizzontale con una puntina, in modo che il righello possa ruotare attorno a essa. Due forze $\vec{F}_1$ e $\vec{F}_2$ parallele al pannello sono applicate al righello come mostrato nella figura.

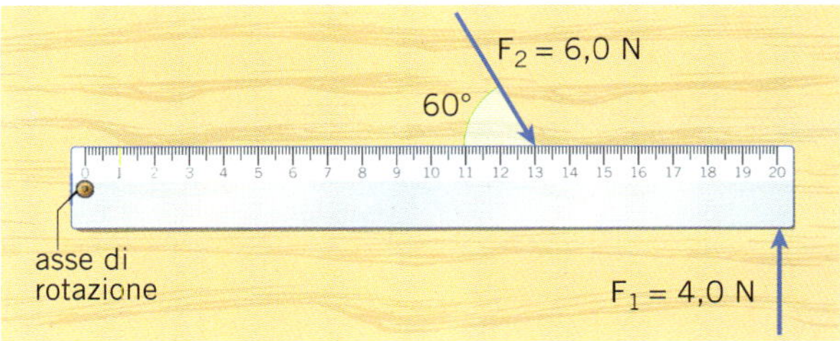

- ▶ Determina in quale punto deve essere applicata la forza $\vec{F}_2$ affinché il righello non si muova.

[15 cm]

68 ★★☆ Ignazio porta un apparecchio ortodontico a causa di un incisivo che sporge dall'arcata dentale. I moduli delle forze $\vec{T}$ e $\vec{T}'$ mostrate nella figura sono entrambi 22 N.

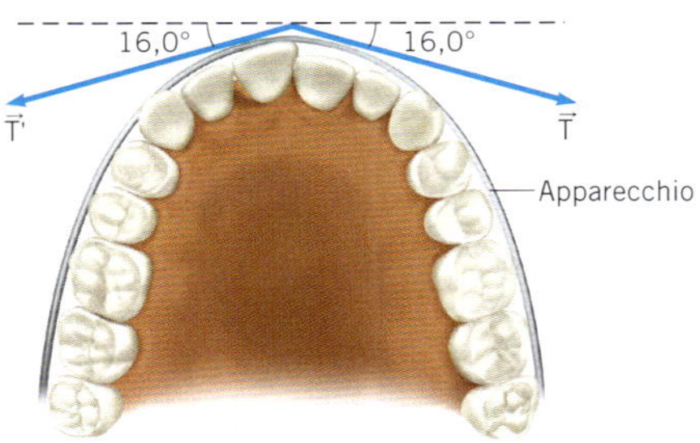

- ▶ Calcola il modulo della forza risultante esercitata dall'apparecchio sul dente.

[12 N]

69 ★★☆ Un camioncino che pesa $1{,}70 \cdot 10^4$ N attraversa un ponte lungo 50 m di massa $2{,}20 \cdot 10^5$ kg. Il ponte poggia sui sostegni solo alle sue estremità. Assumi che il baricentro del ponte si trovi a 24,0 m dalla sua estremità sinistra.

- ▶ Il camioncino è a 15,0 m dall'estremità sinistra. Quanto dista la posizione del baricentro del sistema ponte-camioncino dal baricentro del ponte?
- ▶ Calcola la forza esercitata dai sostegni sulle due estremità del ponte quando il camioncino è a 15 m dall'estremità sinistra.

[10 cm; $1{,}0 \cdot 10^6$ N; $1{,}2 \cdot 10^6$ N]

70 ★★☆ La figura mostra due carriole che pesano 60 N ciascuna e che portano la stessa quantità di terra del peso di 525 N.

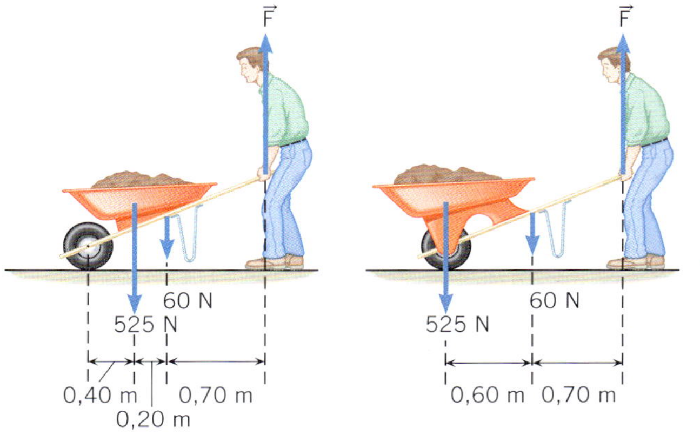

Le strutture delle due carriole sono differenti, per cui i loro baricentri sono in posizioni diverse. Le frecce nella figura indicano i pesi dei carichi e delle carriole.

- ▶ Calcola i moduli delle forze che gli operai devono esercitare sulle carriole per sollevarle.

[190 N; 28 N]

71 ★★☆ La figura mostra l'insegna di un pub.

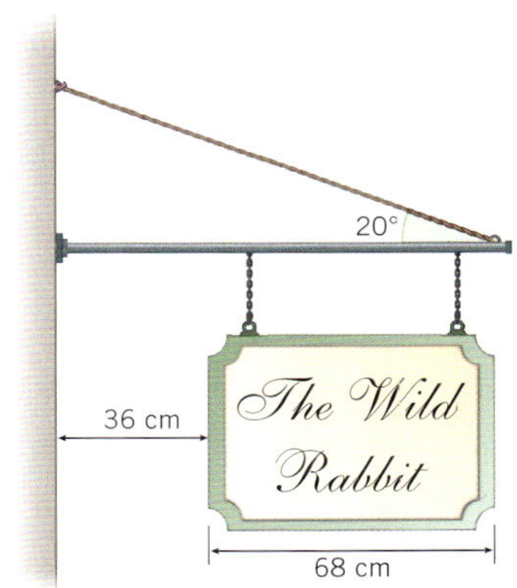

La massa dell'asta è 750 g e quella dell'insegna è 2,4 kg. In entrambi gli oggetti le masse sono distribuite uniformemente.

- ▶ Calcola la tensione del cavo che regge l'estremità dell'asta.

[58 N]

72 ★★★ Il clown rappresentato nella figura pesa 890 N. Quando il clown tira la corda con le mani, i suoi piedi vengono tirati all'indietro. Il coefficiente di attrito statico tra i piedi del clown e il pavimento è 0,53.

▶ Calcola il minimo modulo della forza con cui il clown deve tirare la corda per far slittare i suoi piedi sul pavimento.

[310 N]

73 ★★★ Una ruota di bicicletta è appoggiata a un gradino di altezza $h = 12$ cm. La ruota pesa 25 N e il suo raggio r misura 34 cm.

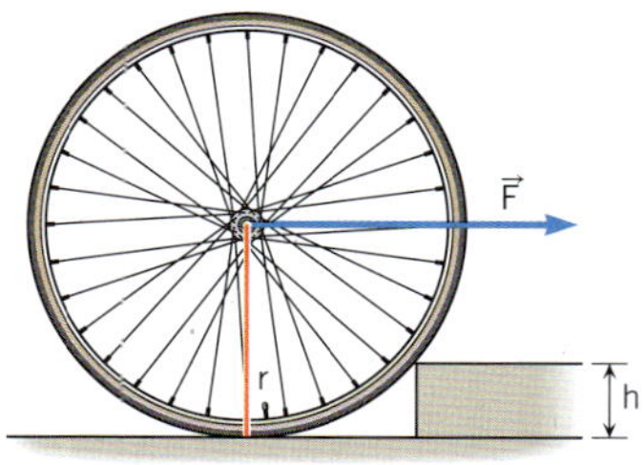

▶ Calcola il minimo modulo della forza $\vec{F}$ orizzontale che bisogna applicare alla ruota all'altezza del suo centro, in modo che la ruota salga sul gradino.

[29 N]

74 ★★★ Due mattoni, identici tra loro di lunghezza $2L$, vengono posti su un tavolo, in modo da sporgere, ognuno, della stessa distanza x. La densità dei mattoni è uniforme.

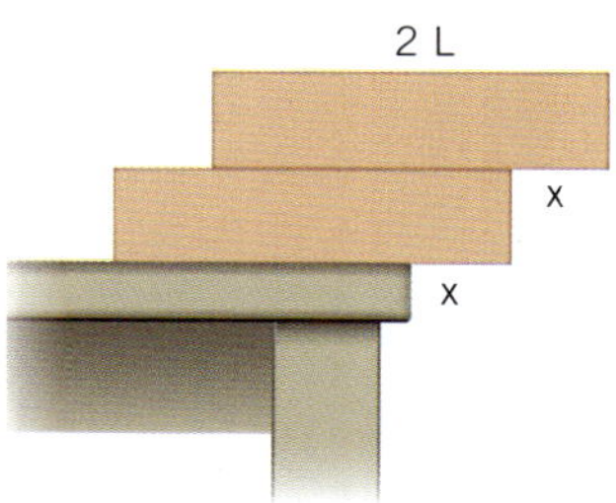

▶ Determina il massimo valore di x per cui i mattoni rimangono in equilibrio

[2L/3]

75 ★★★ The drawing shows a person (weight, $W = 584$ N) doing push-ups.

▶ Find the normal force exerted by the floor on *each* hand and *each* foot, assuming that the person holds this position.

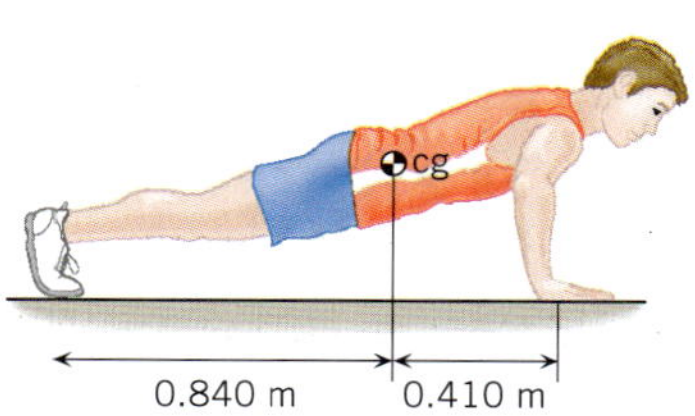

[196 N; 96 N]

76 ★★★ Un blocco di legno, di base quadrata di lato $l = 4{,}2$ cm, altezza $h = 9{,}6$ cm e di massa 350 g è fermo su una superficie orizzontale. Il coefficiente di attrito statico tra il blocco e la superficie è 0,32.

▶ È possibile spingere il blocco con una forza orizzontale in modo che ruoti attorno a uno dei lati di base? In caso affermativo, qual è il modulo della forza? Dove va applicata?

[1,1 N]

77 ★★★ Una corda di densità costante e lunga 84 cm penzola parzialmente dal bordo di un tavolo. Il coefficiente di attrito statico fra la fune e il tavolo è 0,5.

▶ Calcola la massima lunghezza del tratto di corda che può penzolare senza che l'intera fune cada dal tavolo.

[28 cm]

78 ★★★ La figura rappresenta una donna che pesa $5{,}00 \cdot 10^2$ N ed è appoggiata obliquamente a una parete verticale liscia.

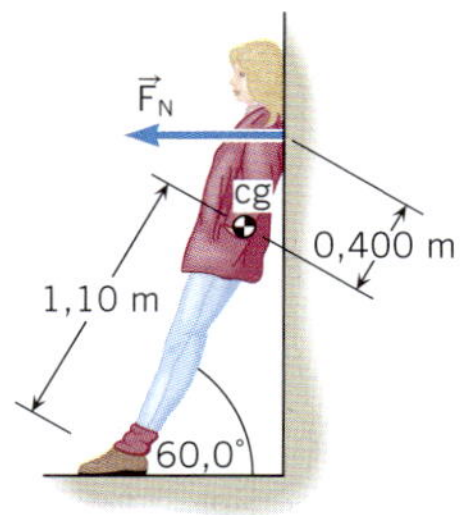

▶ Trova la forza $\vec{F}_N$ (perpendicolare alla parete) che la parete esercita sulle spalle della donna e le componenti orizzontale e verticale della forza che il pavimento esercita sulle scarpe della donna.

[212 N; $5{,}00 \cdot 10^2$ N]

TEST

1 Una donna che pesa 60 kg e i suoi due figli, gemelli di ugual peso p, sono seduti su di un'altalena che si trova in posizione orizzontale di equilibrio, come indicato in figura. Da queste informazioni e dalle distanze che le persone hanno rispetto al punto di appoggio dell'altalena si può dedurre che ciascuno dei gemelli ha un peso p pari a:

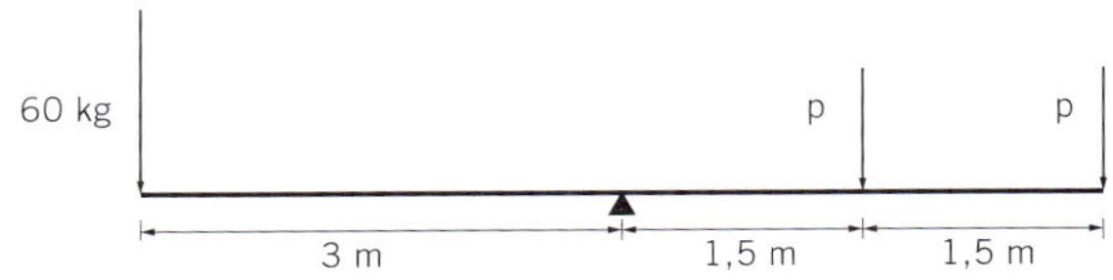

A 50 kg
B 25 kg
C 40 kg
D 35 kg
E 30 kg

Test di ingresso a Architettura, 2007

2 Un uccello si posa esattamente nel punto medio di un filo lungo 6 m, di massa trascurabile, teso tra due supporti; in quel punto a causa del suo peso, l'uccello fa abbassare il filo di 10 cm.

Sapendo che la tensione del filo è di 70 N, determinare la massa dell'uccello.

A 121 g
B 232 g
C 365 g
D 476 g
E 554 g

Olimpiadi della fisica, 2011

3 Due forze di uguale intensità F sono applicate a un punto e formano fra di loro un angolo pari a 60°. Quanto deve essere l'intensità di una terza forza da applicare al medesimo punto per creare una condizione di equilibrio?

A $2F\sqrt{3}$
B $F\sqrt{2}$
C $F\sqrt{3}$
D $2F$
E $3F/2$

Test di ingresso a Architettura, 2012

4 Quale delle seguenti affermazioni è vera?

A Una forza non nulla può dare luogo a un momento torcente nullo.

B Un momento torcente nullo può dare luogo a una forza non nulla.

C Su un corpo rigido può agire un solo momento torcente.

D Un momento torcente pone sempre in rotazione un corpo rigido.

5 Una chiave è usata per stringere un bullone come mostrato in figura. Una forza di 12 N è applicata a 7,0 cm dall'asse di rotazione. Qual è il momento torcente dovuto alla forza?

A 0 N·m
B 0,58 N·m
C 0,84 N·m
D 84 N·m

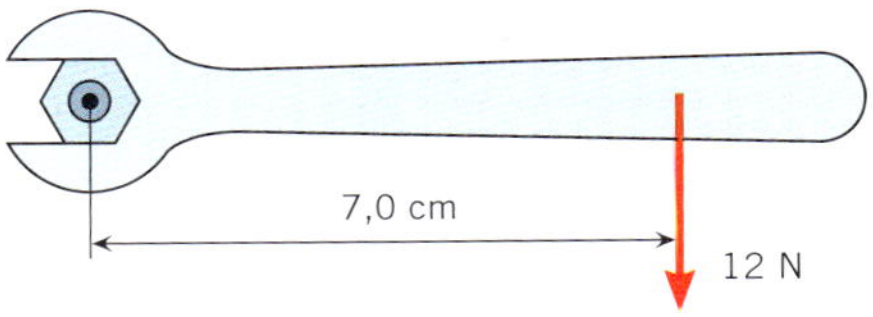

6 Mediante una fune si esercita una forza di 5,0 N sulla maniglia di una porta come mostra la figura. La fune è fissata a 0,77 m dall'asse dei cardini. Qual è il momento torcente esercitato sulla porta?

A 3,8 N·m
B 3,3 N·m
C 2,7 N·m
D 1,9 N·m

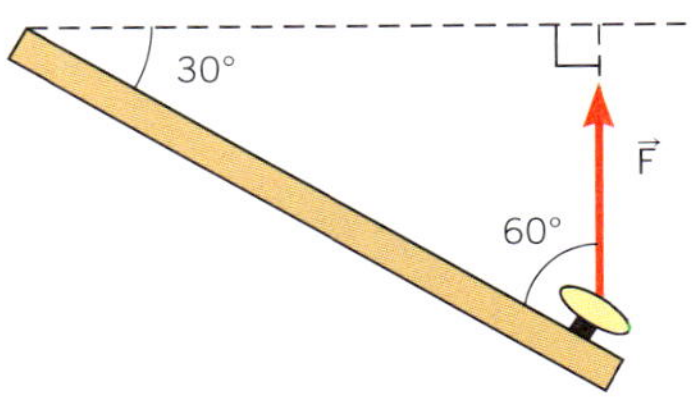

7 Quale delle seguenti affermazioni relative al baricentro di un corpo rigido è vera?

A È il punto dove è concentrata la massa del corpo.

B È il punto in cui si può considerare applicata la forza peso del corpo.

C È un punto interno al corpo.

D Dipende dalla massa ma non dalla forma del corpo.

ESERCIZI

SEI PRONTO PER LA VERIFICA?

IN UN'ORA

10/100 **Problema 1**

Una circense è appesa a una corda e a un certo istante comincia a risalirla tirandosi su con le mani. Mentre sale, la tensione sulla corda è minore, uguale o maggiore a quella che c'era quando la ragazza era ferma? Spiega.

10/100 **Problema 2**

Un automobilista vuole svitare i bulloni che trattengono la ruota ed esercita una coppia di forze $\vec{F}$ agli estremi di una chiave lunga L.

▶ Calcola il momento torcente della coppia di forze rispetto a un asse perpendicolare alla ruota e passante per il punto A, per il punto B e per il punto C. [FL]

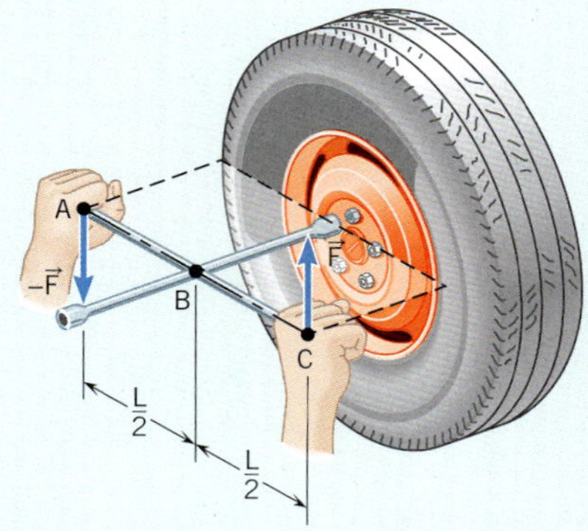

10/100 **Problema 3**

Un uomo regge una sfera di 178 N tenendo l'avambraccio in posizione orizzontale. L'avambraccio pesa 22,0 N e ha il centro di gravità indicato con cg in figura.

▶ Calcola l'intensità della forza $\vec{M}$ esercitata dal bicipite e intensità, direzione e verso della forza esercitata dall'omero sul gomito. [$1{,}21 \cdot 10^3$ N; $1{,}01 \cdot 10^3$ N]

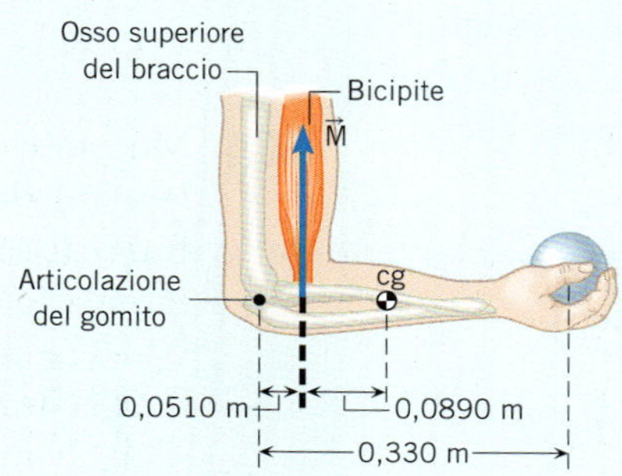

10/100 **Problema 4**

È possibile che il momento di una forza grande sia piccolo o addirittura pari a zero? Spiega.
È possibile che il momento di una forza piccola sia grande? Spiega.

Problema 5

Un blocco di legno a forma di parallelepipedo, di spigoli $a = c = 5{,}0$ cm, $b = 12$ cm, e massa 1,2 kg giace su un piano che può essere inclinato a piacere. Inizialmente il piano è orizzontale.

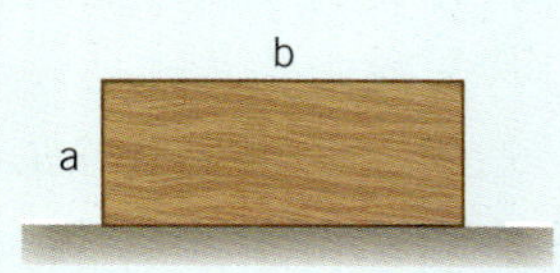

Il piano viene inclinato e l'angolo di inclinazione viene aumentato lentamente; quando l'angolo di inclinazione arriva a 27° il blocco scivola giù per il piano.

14/100 **A** Determina il valore del coefficiente di attrito statico tra il blocco e il piano. [0,51]

14/100 **B** Adesso il blocco viene posto di nuovo sul piano quando questo è inclinato di 35° gradi. Calcola il modulo della minima forza da applicare parallelamente al piano per tenere il blocco fermo. [1,8 N]

17/100 **C** Con il piano inclinato di 35°, viene applicata al blocco una forza di modulo 7,5 N parallela al piano, verso su. Il blocco risale lungo il piano? In caso contrario, qual è il modulo della forza di attrito statico? [0,75 N]

15/100 **D** Il piano viene nuovamente messo in orizzontale e il blocco viene collocato su di esso "in piedi".
Il piano viene inclinato, aumentando gradualmente l'angolo di inclinazione. Per quale valore dell'angolo il blocco si muove? Che tipo di moto compie? [23°]

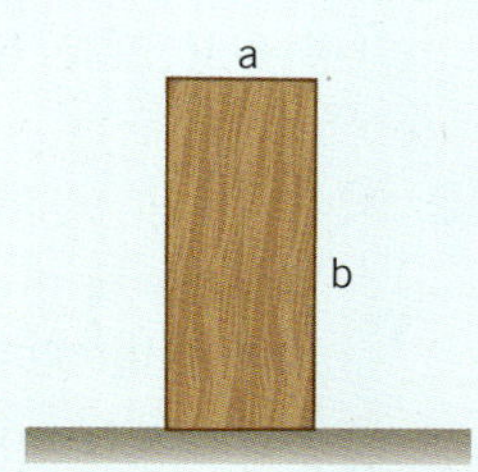

.../100

CAPITOLO 5

L'EQUILIBRIO DEI FLUIDI

"La pressione alla quale è sottoposto un corpo sott'acqua è direttamente proporzionale alla profondità. Per questo i sub devono fare attenzione ai cambiamenti di pressione, soprattutto quando tornano in superficie."

▶ **Quando un sub entra in una grotta, la pressione che agisce sul suo corpo cambia?** ▶ Risposta a pag. 141

1 I FLUIDI

Le sostanze con cui abbiamo a che fare quotidianamente sono di tre tipi:

- *solide*, quando conservano forma e volume propri;
- *liquide*, quando assumono la forma del recipiente che le contiene, ma conservano il proprio volume;
- *gassose*, quando occupano tutto il volume disponibile del recipiente che le contiene.

A temperatura ambiente, i metalli e la plastica con cui sono costruiti i cellulari, per esempio, sono dei solidi; l'acqua che beviamo è una sostanza liquida; l'aria che respiriamo e l'anidride carbonica che esce dai tubi di scarico sono esempi di gas.

A differenza dei liquidi, che sono incomprimibili, i gas si comprimono facilmente, come puoi osservare schiacciando un palloncino pieno d'aria (figura 1).

Figura 1
Quando schiacciamo un palloncino, comprimiamo l'aria contenuta al suo interno.

In fisica, liquidi e gas vengono chiamati **fluidi**.

fluids

Equilibrio dei fluidi

Analogamente ai corpi solidi, un fluido è in equilibrio quando è in quiete e vi rimane per un tempo indefinito. A differenza di quanto accade in un corpo solido, però, le molecole che compongono un fluido si muovono incessantemente e non hanno una posizione fissa. Che cosa significa dunque che un fluido è in equilibrio?

Un fluido è in **equilibrio** se è fermo nel suo complesso, cioè se i moti delle molecole che lo compongono non causano un movimento d'insieme della massa del fluido.

L'acqua contenuta in un bicchiere è un fluido in equilibrio.

L'acqua che scorre in un fiume è un fluido in movimento.

2 LA PRESSIONE

Nello studio dei fluidi si utilizza spesso una grandezza scalare, la **pressione**, che mette in relazione il modulo della forza con la superficie su cui questa agisce.

pressure

La **pressione** p esercitata da una forza che agisce in *direzione perpendicolare a una superficie* è il rapporto tra il modulo F della forza e l'area A della superficie:

$$p = \frac{F}{A} \qquad [1]$$

Unità di misura: pascal (Pa).

L'unità di misura della pressione nel SI è newton al metro quadrato (N/m^2) ed è chiamata **pascal** (simbolo Pa), dal nome del filosofo e scienziato francese Blaise Pascal (1623-1662): $1\ Pa = (1\ N)/(1\ m^2)$.

Una pressione di 1 Pa è molto piccola: corrisponde circa alla pressione esercitata da un cucchiaio di zucchero a velo (peso circa 0,1 N) sparso su una torta con un raggio di 20 cm.

In molte situazioni comuni abbiamo a che fare con pressioni che hanno un ordine di grandezza di 10^5 Pa. Viene perciò frequentemente usata un'unità di misura chiamata **bar** ($1\ bar = 10^5\ Pa$) che non fa parte del Sistema Internazionale. In particolare, in meteorologia è molto usato il suo sottomultiplo *millibar* (simbolo mbar: $1\ mbar = 10^{-3}\ bar = 100\ Pa$) (**figura 2**).

La pressione si misura con uno strumento chiamato manometro.

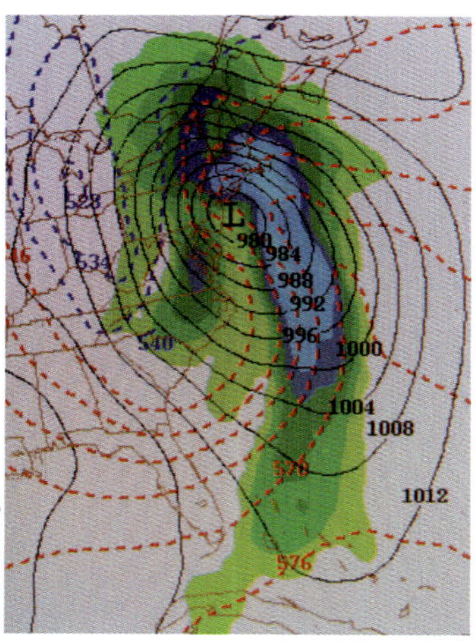

Figura 2
In una carta meteorologica le linee che congiungono punti di uguale pressione atmosferica sono dette isobare e spesso il loro valore è espresso in millibar. Lo studio delle isobare e della loro evoluzione nel tempo è alla base delle previsioni meteorologiche.

Esempio 1 La pressione... dell'acqua!

Per agevolare il trasporto delle bottiglie di acqua minerale, ogni confezione di 6 bottiglie da 1,5 L ha nella parte superiore una striscia di materiale plastico mediante la quale poterla reggere. La superficie di contatto fra la mano e la striscia è 20 cm^2; il peso delle bottiglie è trascurabile.

▶ Calcola la pressione che si esercita sulla mano quando la confezione viene tenuta sospesa.

La soluzione

La pressione si calcola mediante l'equazione [**1**], quindi dobbiamo determinare il modulo della forza F e dividerlo per l'area della superficie di contatto. In questo caso la forza che agisce sulle dita è la forza-peso complessiva dell'acqua contenuta nelle sei bottiglie: si tratta dunque di una forza perpendicolare alla superficie di contatto fra la mano e la striscia e diretta verso il basso. Il volume totale dell'acqua è:

$$V = (1{,}5\ \text{L})6 = 9{,}0\ \text{L} = 9{,}0\ \text{dm}^3 = 9{,}0 \cdot 10^{-3}\ \text{m}^3$$

mentre la massa totale è

$$m = dV = (10^3\ \text{kg/m}^3)(9{,}0 \cdot 10^{-3}\ \text{m}^3) = 9{,}0\ \text{kg}$$

Quindi il peso è:

$$P = mg = (9{,}0\ \text{kg})(9{,}81\ \text{N/kg}) = 88\ \text{N}$$

Utilizziamo l'equazione [**1**] per calcolare la pressione:

$$p = \frac{F}{A} = \frac{88\ \text{N}}{20\ \text{cm}^2} = \frac{88\ \text{N}}{2{,}0 \cdot 10^{-3}\text{m}^2} = 4{,}4 \cdot 10^4\ \text{Pa}$$

Se vogliamo diminuire la pressione che una forza esercitata su una superficie è necessario aumentare l'area della superficie.

Per esempio, il peso della lince in **figura 3** è distribuito sulle sue quattro zampe, che sono molto larghe rispetto a quelle di altri animali; in questo modo la pressione che la lince esercita sul terreno risulta minore e l'animale riesce a camminare sulla neve senza sprofondare.

Quando un oggetto è appoggiato su una superficie, alla pressione esercitata dal suo peso dovremmo aggiungere anche la pressione atmosferica di cui parleremo più avanti in questo capitolo. Visto che la pressione atmosferica è sempre presente e ha un valore costante a livello del mare, negli esempi e negli esercizi trascureremo il suo contributo, dove non specificato.

Figura 3
Le zampe di una lince hanno una base molto larga e funzionano come scarponi da neve naturali.

La pressione nei fluidi

Le molecole di gas che si trovano all'interno di uno pneumatico possono muoversi liberamente in tutto lo spazio disponibile e, mentre si muovono, urtano l'una contro l'altra e contro la superficie interna dello pneumatico. Come mostra la **figura 4**, gli urti contro la superficie fanno sì che l'aria eserciti una forza complessiva in tutti i punti della superficie.

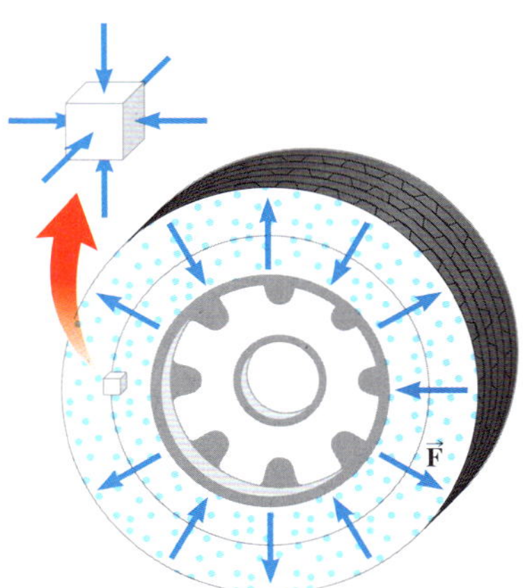

Figura 4
Quando urtano contro le pareti interne dello pneumatico, le particelle d'aria (rappresentate dai pallini azzurri) esercitano una forza su ogni punto della superficie delle pareti. Se all'interno dello pneumatico venisse inserito un cubetto, su ciascuna delle sue sei facce agirebbe una forza complessiva perpendicolare alla faccia stessa.

In realtà l'aria all'interno dello pneumatico è in equilibrio ed esercita una forza su ogni altra superficie all'interno dello pneumatico. Supponiamo, per esempio, che dentro lo pneumatico sia inserito un piccolo cubo. Come mostra la **figura 4**, per effetto della pressione l'aria esercita una forza perpendicolare su ciascuna faccia del cubo.

In modo analogo, un liquido esercita una forza su tutte le superfici immerse in esso. Per esempio, la nuotatrice rappresentata nella **figura 5** sente una forza che preme in direzione perpendicolare su tutto il corpo. In generale:

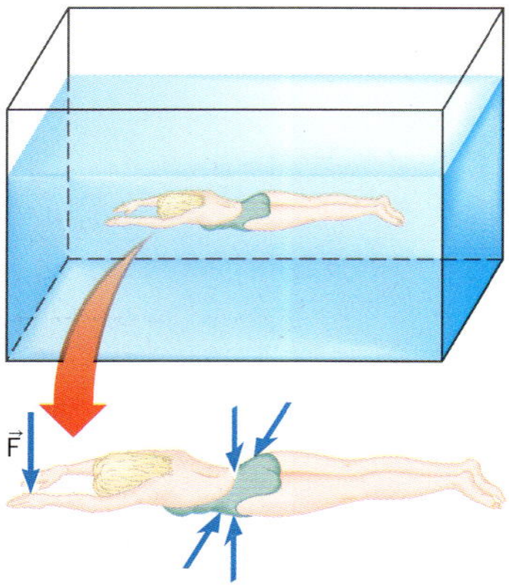

Figura 5
L'acqua esercita una forza perpendicolare alla superficie di ogni oggetto immerso in essa, comprese le pareti laterali, il fondo della piscina e tutta la superficie del corpo della nuotatrice.

La pressione in un fluido in equilibrio agisce in modo uguale in tutte le direzioni. La forza generata dalla pressione è sempre perpendicolare alla superficie sulla quale si esercita.

Esempio 2 La forza che agisce su una nuotatrice

Supponi che la pressione che agisce sul dorso della mano della nuotatrice di **figura 5** sia di $1{,}2 \cdot 10^5$ Pa. Il dorso della mano ha una superficie di $8{,}4 \cdot 10^{-3}\ \mathrm{m}^2$.

▶ Determina la forza $\vec{F}$ che agisce sul dorso della mano.

La soluzione

Una pressione di $1{,}2 \cdot 10^5$ Pa è equivalente a $1{,}2 \cdot 10^5\ \mathrm{N/m^2}$, perciò dall'equazione [**1**] si ricava:

$$F = pA = (1{,}2 \cdot 10^5\ \mathrm{N/m^2})(8{,}4 \cdot 10^{-3}\ \mathrm{m^2}) = 1{,}0 \cdot 10^3\ \mathrm{N}$$

Sulla mano della nuotatrice agisce quindi una forza piuttosto intensa, dato che corrisponde al peso di una massa di circa 102 kg.
La forza $\vec{F}$ agisce sul dorso della mano ed è diretta verso il basso. Questa forza è equilibrata da una forza di modulo uguale ma diretta verso l'alto che agisce sul palmo della mano, perciò la mano è in equilibrio.

3 LA LEGGE DI PASCAL

La **figura 6** mostra un'azione che compiamo tutti almeno una volta al giorno. Dietro questo semplice gesto quotidiano si nasconde una legge fisica molto nota.

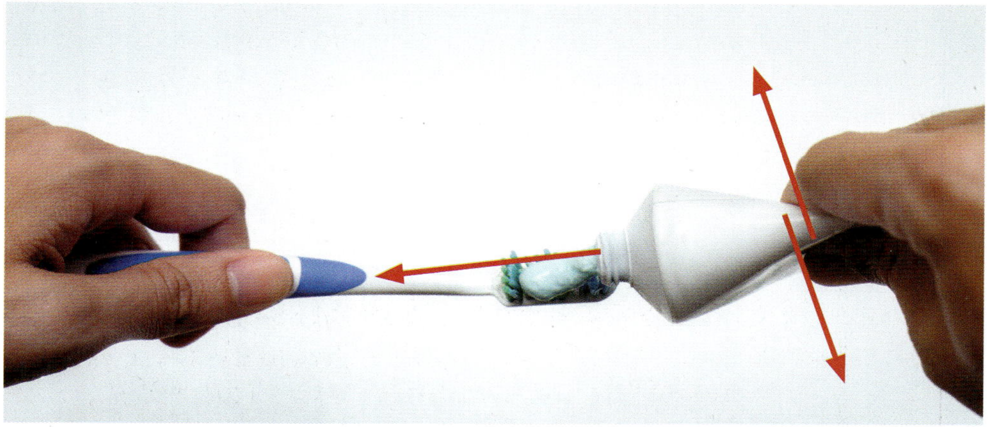

Figura 6
Quando schiacciamo il tubetto del dentifricio, vediamo all'opera la legge di Pascal.

Quando schiacciamo il tubetto, applichiamo una forza su due superfici del dentifricio contenuto al suo interno, cioè generiamo su di esso una pressione. Questa pressione viene trasmessa a ogni superficie del dentifricio, che così fuoriesce dal tubetto attraverso il foro di apertura.

Questo fenomeno è descritto dalla **legge di Pascal**:

Pascal's principle

la pressione esercitata su una superficie qualsiasi di un fluido si trasmette, con lo *stesso valore*, su ogni altra superficie a contatto con il fluido.

Questa proprietà dei fluidi descritta dalla legge di Pascal è utilizzata da diversi strumenti, come il *torchio idraulico*, per amplificare le forze e trasmetterle da un punto a un altro.

Il torchio idraulico

Il **torchio idraulico** è un dispositivo che permette di sollevare o equilibrare un peso molto grande utilizzando una forza notevolmente più piccola.

hydraulic lift

Come mostra la figura 7, un torchio è formato da due recipienti cilindrici di diametro diverso, collegati tra loro e riempiti completamente con un liquido che si trova anche nel tubo di collegamento. Nei cilindri scorrono due pistoni.

Quando una forza $\vec{F}_1$ agisce sul pistone più piccolo, nel liquido si origina una variazione di pressione uguale al rapporto $\Delta p = F_1/A_1$, dove A_1 è l'area del pistone. Questa variazione di pressione Δp si trasmette, per la legge di Pascal, a tutto il liquido e in particolare alla base dell'altro pistone, di area A_2. Sul pistone più grande agisce quindi una forza $\vec{F}_2$ diretta verso l'alto tale che $\Delta p = F_2/A_2$. Quindi $F_1/A_1 = F_2/A_2$, da cui si ottiene

$$F_2 = F_1\left(\frac{A_2}{A_1}\right) \qquad [2]$$

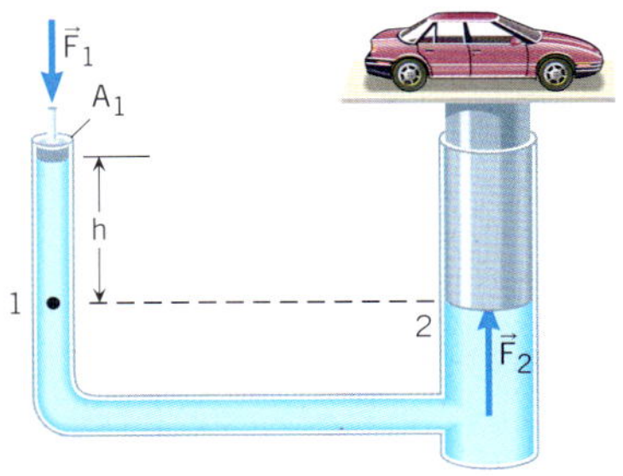

Figura 7
Rappresentazione schematica di un torchio idraulico usato per sollevare un'automobile.

La relazione precedente indica che, se l'area A_2 è maggiore dell'area A_1, il modulo della forza $\vec{F}_2$ è maggiore di quello della forza $\vec{F}_1$ e, più in particolare, che esso è tanto maggiore quanto maggiore è il rapporto A_2/A_1. Aumentando il valore di questo rapporto si può ottenere una forza $\vec{F}_2$ di modulo molto grande anche applicando una forza $\vec{F}_1$ di modulo relativamente piccolo.

Esempio 3 Un torchio idraulico per il sollevamento di automobili

Nel torchio idraulico schematizzato in figura 7 il pistone su cui viene applicata la forza $\vec{F}_1$ ha un raggio $r_1 = 0{,}0120$ m e peso trascurabile. Il pistone mobile su cui viene collocata l'automobile da sollevare ha un raggio $r_2 = 0{,}150$ m. Il peso complessivo del pistone mobile e dell'automobile è $F_2 = 20\,500$ N.

- Qual è il modulo della forza $\vec{F}_1$ che equilibra il peso del pistone mobile e dell'automobile?

La soluzione

L'area della superficie dei pistoni è data dalla formula $A = \pi r^2$; inserendo i dati nell'equazione [2] calcoliamo F_1:

$$F_1 = F_2\left(\frac{\pi r_1^2}{\pi r_2^2}\right) = (20\,500\ \text{N})\frac{(0{,}0120\ \text{m})^2}{(0{,}150\ \text{m})^2} = 131\ \text{N}$$

RICORDA

Osservazione sul principio di Pascal
È importante ricordare che la relazione $F_1 = F_2(A_1/A_2)$ che deriva dal principio di Pascal vale solo quando i punti 1 e 2 si trovano alla stessa profondità all'interno del fluido, cioè quando la differenza di profondità tra i due punti è $h = 0$.

Figura 8
Il fluido usato nel circuito di un freno a disco permette di amplificare il modulo della forza in entrata ottenendo forze in uscita molto intense.

Esistono moltissimi tipi di *macchine idrauliche* basate sugli stessi princìpi di funzionamento del torchio idraulico.

Per esempio, nel sistema dei freni a disco di una moto o di uno scooter (**figura 8**), l'olio presente nei tubi del circuito che collega la manopola al disco del freno trasmette inalterate le variazioni di pressione e quindi permette di ottenere forze molto intense che sono usate per frenare il mezzo con facilità.

4 LA PRESSIONE ATMOSFERICA

Per sentire l'effetto della pressione esercitata da un fluido sul corpo umano non è necessario andare sott'acqua. Noi viviamo sul fondo di un fluido – l'atmosfera terrestre – che preme sull'intera superficie del nostro corpo proprio come l'acqua preme contro il corpo di una nuotatrice sul fondo di una piscina.

Come mostra la **figura 9**, l'aria contenuta nell'atmosfera terrestre è sufficiente per esercitare una pressione che, al livello del mare e in condizioni meteorologiche normali, vale:

atmospheric pressure at sea level

Pressione atmosferica al livello del mare = $1{,}013 \cdot 10^5$ Pa = 1 atmosfera

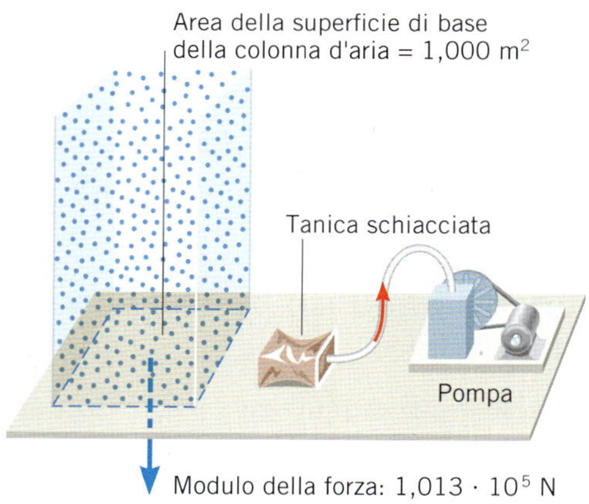

Figura 9
La pressione atmosferica al livello del mare è $1{,}013 \cdot 10^5$ Pa. Questa pressione riesce a schiacciare una tanica da benzina da cui viene estratta con una pompa tutta l'aria che contiene.

Figura 10
Tre pacchi di zucchero da 1 kg esercitano su un polpastrello una pressione di 1 atmosfera.

Il valore della pressione atmosferica a livello del mare (che corrisponde a 1,013 bar, cioè a 1013 millibar) è chiamato **atmosfera**. Prima che l'unità di misura della pressione scelta nel Sistema Internazionale diventasse il *pascal*, la pressione era misurata in *atmosfere* (simbolo atm), cioè era misurata confrontandola con quella esercitata dall'atmosfera terrestre.

Anche se l'atmosfera non è una unità di misura del Sistema Internazionale è ancora molto usata nelle applicazioni tecniche. La pressione di 1 atm è molto elevata (**figura 10**): è la pressione che esercitano tre pacchi di zucchero da 1 kg su un polpastrello.

La pressione atmosferica si esercita con la stessa, enorme, intensità anche su ogni superficie del nostro corpo. Perché allora non ci accartocciamo su noi stessi? Il motivo è che abbiamo un corpo cavo essenzialmente composto d'acqua: così l'aria presente al nostro interno e i fluidi corporei esercitano una pressione che controbilancia quella atmosferica impedendole di schiacciarci.

La pressione atmosferica ci permette anche di bere una bibita usando una cannuccia: quando aspiriamo l'aria contenuta nella cannuccia, la pressione atmosferica che preme contro la superficie libera del liquido lo fa risalire lungo la cannuccia (**figura 11**).

Figura 11
Si può bere con la cannuccia grazie alla pressione che l'atmosfera esercita sul liquido e alla depressione che si crea nella cannuccia aspirando aria.

5 LA LEGGE DI STEVINO

La **figura 12** mostra un contenitore riempito con un liquido. Sulla superficie superiore della colonna (di area A) agisce una forza dovuta alla pressione p_1 che ha modulo p_1A ed è diretta verso il basso. Sulla superficie inferiore, che ha la stessa area, agisce una forza dovuta alla pressione p_2 che ha modulo p_2A ed è diretta verso l'alto. Osserviamo ora che p_2 è maggiore di p_1 perché sulla superficie inferiore del fluido agisce la forza peso della colonna d'acqua che non agisce invece sulla superficie superiore.

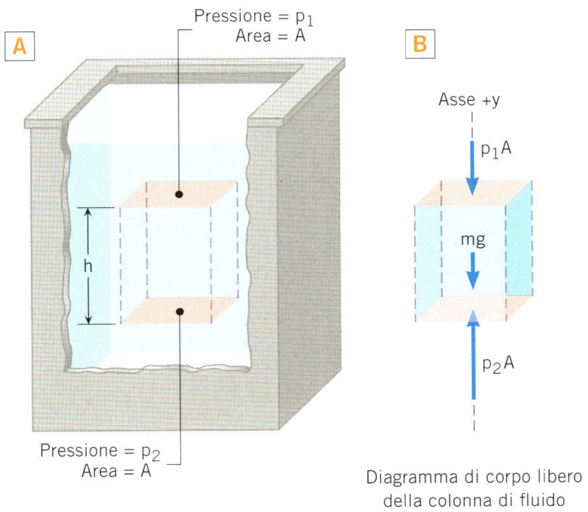

Figura 12
A. Il fluido nel contenitore è fermo e in figura è messa in evidenza una colonna di fluido.
B. Il diagramma di corpo libero della colonna di fluido mostra le forze che agiscono su di essa in direzione verticale.

Indicando con m la massa della colonna di liquido, il peso in più che grava sulla superficie inferiore è mg, dove g vale 9,81 N/kg. Poiché la colonna di liquido è in equilibrio, la componente verticale della forza esterna totale che agisce su di essa deve essere nulla, cioè si deve avere:

$$F_y = p_2A - p_1A - mg = 0$$

da cui si ottiene:

$$p_2A = p_1A + mg$$

La massa m è legata alla densità d del liquido e al volume V della colonna dalla relazione $m = dV$. Poiché il volume della colonna è dato dal prodotto dell'area A della base per l'altezza h, la massa è $m = dV = dAh$. Sostituendo questo valore della massa la condizione di equilibrio diventa:

$$p_2A = p_1A + dAhg$$

Infine, semplificando il fattore comune A, si ottiene la **legge di Stevino**:

$$p_2 = p_1 + dgh \qquad [3]$$

RICORDA

Osservazione sulla legge di Stevino

Il valore della pressione in un punto di un fluido dipende dalla profondità h sotto la superficie libera del fluido a cui si trova il punto. La pressione è uguale per tutti i punti del fluido che si trovano su uno stesso strato orizzontale all'interno del fluido, indipendentemente dalla loro posizione sullo strato.

L'equazione [**3**] stabilisce che in un liquido, quando la profondità aumenta di h, si ha un incremento di pressione dgh.

Nel derivare l'equazione [**3**] abbiamo supposto che la densità del liquido sia costante in tutto il volume della colonna, cioè che la massa di fluido che grava sugli strati inferiori non provochi un aumento della densità del fluido. Questa ipotesi è ragionevole per i liquidi, perché sono relativamente incomprimibili, ma non lo è per i gas, che invece sono facilmente comprimibili. In un gas, infatti, gli strati inferiori vengono compressi in misura rilevante dal peso degli strati superiori e quindi la loro densità varia al variare della quota a cui si trovano.

Per esempio, la densità dell'atmosfera terrestre è maggiore al livello del mare che in alta montagna. Per questo motivo la relazione [**3**] può essere applicata ai gas solo quando la differenza di quota è così piccola che le variazioni di densità risultano trascurabili.

Una conseguenza particolarmente interessante dell'equazione [**3**] è che la pressione all'interno di un fluido è diversa ad altezze o profondità diverse, ma non cambia se ci si sposta nel fluido in direzione orizzontale, cioè rimanendo sempre alla stessa quota.

La **figura 13A** mostra la diga Hoover e parte del lago Mead, lungo circa 200 km, formato dal fiume Colorado. Supponiamo che dal lago sia tolta tutta l'acqua tranne quella contenuta in una colonna verticale a contatto con la diga, come mostra la **figura 13B**. Per contenere questa colonna d'acqua sarebbe ancora necessaria una struttura delle dimensioni della diga Hoover. Infatti, per l'equazione [**3**], la pressione esercitata dipende dall'altezza e non dalla larghezza della colonna d'acqua dietro la parete della diga.

L'equazione [**3**] è valida anche nel caso in cui p_1 sia la pressione atmosferica che si esercita sulla superficie libera del liquido, come mostra l'esempio seguente.

Figura 13

A. La diga Hoover, nel Nevada, e il lago Mead dietro la diga.

B. La figura mostra un ipotetico bacino artificiale formato togliendo tutta l'acqua del lago tranne quella contenuta in una colonna stretta ma profonda come il lago.

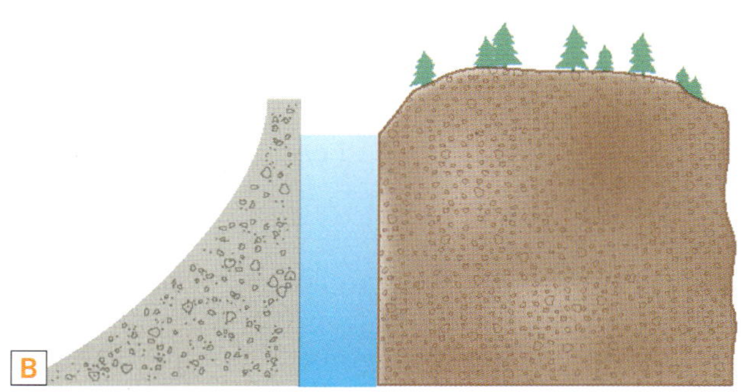

Esempio 4 La pressione in un laghetto

La **figura** rappresenta una sezione trasversale di un laghetto. I punti A e B si trovano alla stessa profondità $h = 5{,}50$ m sotto la superficie del laghetto.

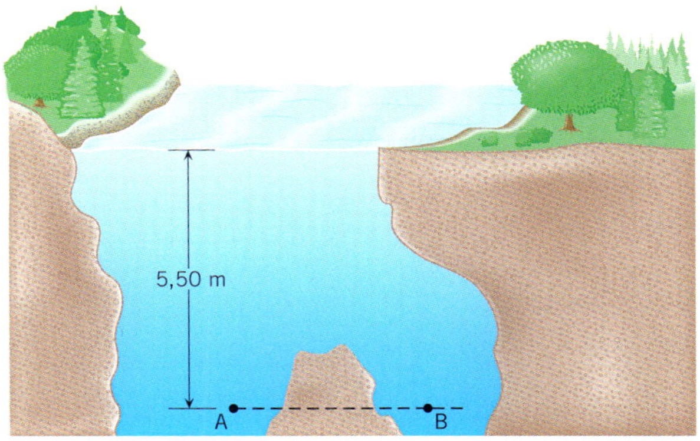

▶ Calcola la pressione in questi due punti.

La soluzione

La pressione nel punto A è uguale a quella nel punto B perché i punti sono alla stessa profondità h. Sulla superficie del laghetto agisce la pressione atmosferica di $1{,}013 \cdot 10^5$ Pa. Usando questo valore come valore noto p_1 nell'equazione [**3**] e ricordando che la densità dell'acqua è $1{,}000 \cdot 10^3$ kg/m^3, calcoliamo il valore della pressione p_2 nei punti A e B:

$$p_2 = p_1 + dgh =$$

$$= 1{,}013 \cdot 10^5 \text{ Pa} + (1{,}000 \cdot 10^3 \text{ kg/m}^3)(9{,}81 \text{ N/kg})(5{,}50 \text{ m}) = \boxed{1{,}55 \cdot 10^5 \text{ Pa}}$$

I vasi comunicanti

La **figura 14A** mostra un insieme di *vasi comunicanti*, cioè un insieme di recipienti uniti da un tubo di collegamento. Se i recipienti e il tubo hanno una sezione abbastanza grande, un liquido si distribuisce nei vasi comunicanti in modo da raggiungere lo stesso livello in tutti i recipienti. Questo fatto è una conseguenza della legge di Stevino.

Consideriamo per semplicità i due vasi comunicanti di **figura 14B**, riempiti di due liquidi diversi che non si mescolano, per esempio acqua e olio. Supponiamo che il liquido di densità d_1 raggiunga l'altezza h_1 rispetto alla superficie di separazione dei due liquidi, mentre il liquido di densità d_2 raggiunga l'altezza h_2. All'equilibrio, le pressioni

$$p_1 = d_1gh_1 \quad \text{e} \quad p_2 = d_2gh_2$$

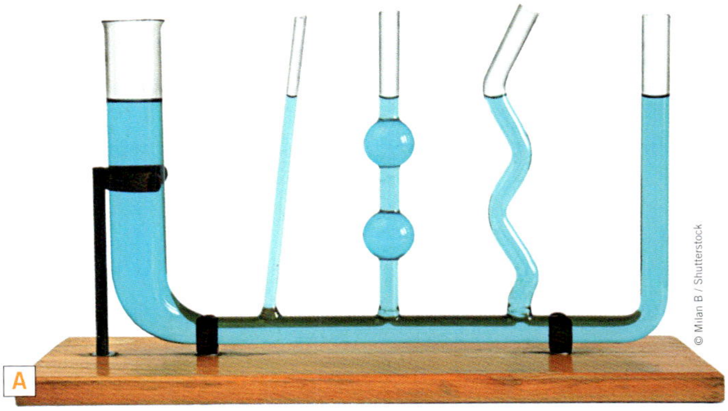

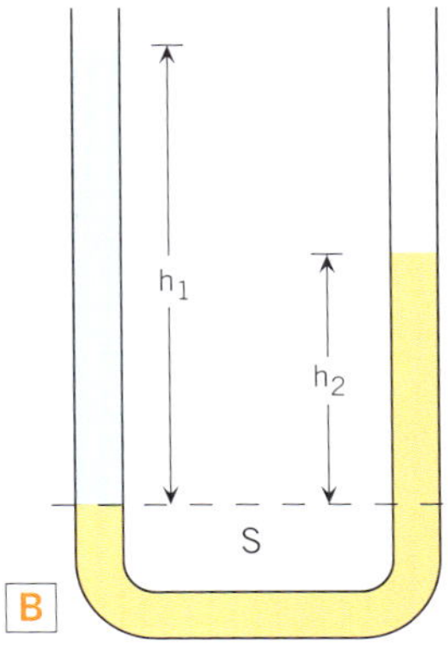

Figura 14
A. Per la legge di Stevino, in un insieme di vasi comunicanti il liquido raggiunge lo stesso livello in tutti i punti di ciascun recipiente che si trovano a una distanza h dalla superficie.
B. Due vasi comunicanti sono riempiti ciascuno di un liquido diverso. I due liquidi non si mescolano. Il liquido nel recipiente a destra ha una densità maggiore di quello del recipiente a sinistra.

Simulazione PhET
In pressione

esercitate dalle due colonne di liquido al livello della superficie orizzontale S sono uguali. Considerando che su ciascuna colonna grava anche la pressione atmosferica p_0 si ha:

$$p_0 + d_1 g h_1 = p_0 + d_2 g h_2$$

da cui segue:

$$d_1 h_1 = d_2 h_2$$

Scriviamo la relazione precedente nella forma

$$\frac{h_1}{h_2} = \frac{d_2}{d_1} \qquad [4]$$

In un sistema di vasi comunicanti, le altezze a cui salgono i liquidi sono inversamente proporzionali alle loro densità.

In particolare, se i vasi comunicanti sono riempiti con lo stesso liquido, questo raggiunge la stessa altezza in ognuno di essi.

Il sistema di arterie in cui scorre il sangue nel corpo umano è simile a un «contenitore» di forma irregolare. Nel prossimo esempio vediamo come cambia la pressione sanguigna in punti diversi di questo contenitore.

Esempio 5 La pressione sanguigna

Trascura per semplicità il fatto che il sangue (d = 1060 kg/m^3) scorre dentro le arterie e consideralo un fluido statico. Calcola di quanto è maggiore la pressione sanguigna p_2 in un punto dell'arteria tibiale anteriore vicino al piede rispetto alla pressione sanguigna p_1 nell'aorta quando una persona:

- è in posizione orizzontale come nella **figura A**;
- è in piedi come nella **figura B**.

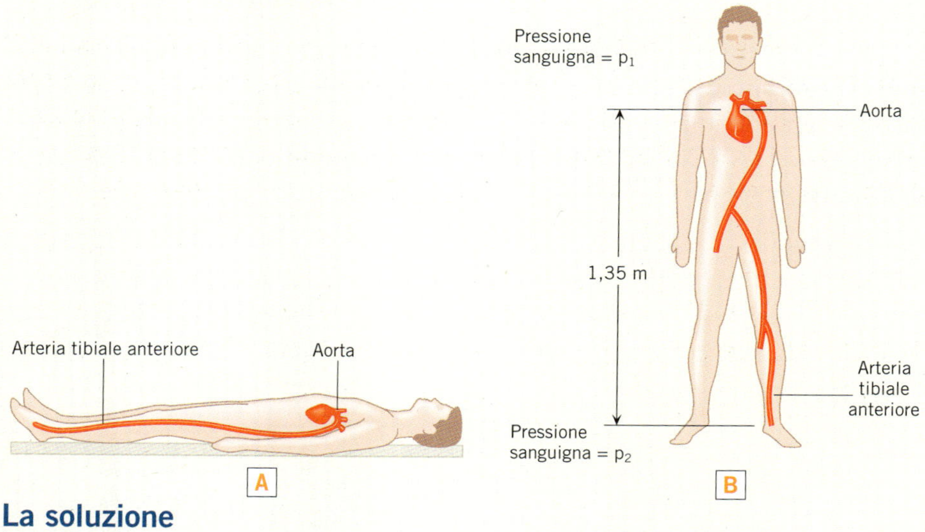

La soluzione

- Quando una persona è in posizione orizzontale, la differenza di altezza tra i piedi e il cuore è praticamente nulla. Poiché h = 0 m si ha:

$$p_2 - p_1 = dgh = 0 \text{ Pa}$$

- In posizione eretta, la differenza di altezza tra i piedi e il cuore è di circa 1,35 m, come si vede nella **figura B**. La differenza di pressione è dunque:

$$p_2 - p_1 = dgh = (1060 \text{ kg/m}^3)(9{,}81 \text{ N/kg})(1{,}35 \text{ m}) = \boxed{1{,}4 \cdot 10^4 \text{ Pa}}$$

L'esperimento di Torricelli

La prima misura della pressione atmosferica è stata effettuata nel 1643 da un allievo di Galileo, Evangelista Torricelli (1608-1647), mediante uno strumento noto come *barometro a mercurio*. Si tratta di un semplice tubo trasparente chiuso a un estremo e lungo circa 1 m, che viene riempito completamente di mercurio e poi capovolto in modo da immergere il suo estremo aperto in una bacinella contenente mercurio (**figura 15**).

mercury barometer

Quando si compie questa manovra si può osservare che non tutto il mercurio contenuto nel tubo cade nella bacinella: una parte resta infatti nel tubo, riempiendolo fino a una certa altezza, sopra la quale rimane uno spazio. Questo spazio è vuoto, (tranne per una quantità trascurabile di vapore di mercurio) così la pressione p_1 sulla superficie superiore del mercurio contenuto nel tubo è praticamente nulla. Invece la pressione p_2 sul fondo del tubo (punto A) è uguale a quella sulla superficie libera del mercurio nella bacinella (punto B), cioè è uguale alla pressione atmosferica.

Sostituiamo $p_1 = 0$ Pa e $p_2 = p_{atm}$ nella legge di Stevino e ottieniamo:

$$p_{atm} = 0 \text{ Pa} + dgh$$

La densità del mercurio è 13 600 kg/m³. A livello del mare e in condizioni meteorologiche normali si misura un'altezza del mercurio di circa 760 mm, quindi

$$p_{atm} = (13{,}6 \cdot 10^3 \text{ kg/m}^3)(9{,}81 \text{ N/kg})(0{,}76 \text{ m}) = 1{,}01 \cdot 10^5 \text{ Pa}$$

In genere la pressione atmosferica misurata con questo tipo di strumento viene indicata dai meteorologi semplicemente con la misura in millimetri dell'altezza h della colonna di mercurio, cioè in millimetri di mercurio (mmHg).

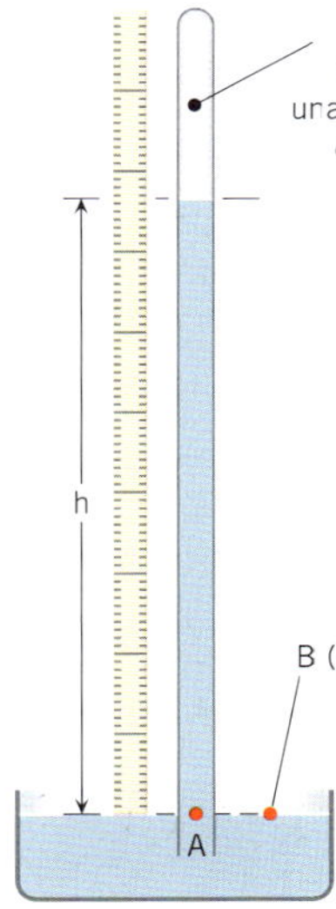

Figura 15
Un barometro a mercurio.

Manometri

La **figura 16** mostra un altro tipo di strumento usato per misurare la pressione, il *manometro a tubo aperto*. Questo strumento è formato da un tubo trasparente a forma di U, che contiene un liquido, in genere mercurio. Il termine «a tubo aperto» si riferisce al fatto che un ramo della U è aperto, mentre l'altro è collegato a un recipiente che contiene il fluido di cui si vuole misurare la pressione p_2.

open-tube manometer

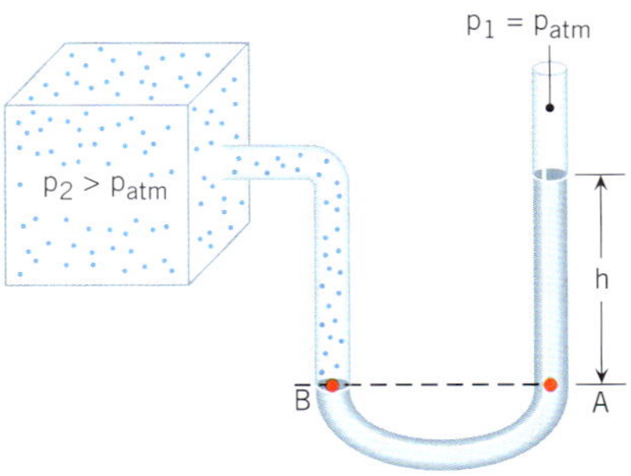

Figura 16
La pressione di un fluido in un contenitore può essere misurata con un manometro a tubo aperto, costituito da un tubo trasparente a forma di U riempito con un liquido.

Quando la pressione nel recipiente è maggiore della pressione atmosferica, il liquido nel ramo collegato al recipiente risale verso l'alto nel ramo aperto fino a che non si raggiunge una situazione di equilibrio.

Per determinare la pressione del fluido nel recipiente si può usare la legge di Stevino ($p_2 = p_1 + dgh$). La pressione sulla superficie libera del liquido nel ramo aperto è la pressione atmosferica, perciò $p_1 = p_{atm}$. La pressione p_2 è uguale nei due punti A e B che si trovano allo stesso livello, perciò $p_2 = p_{atm} + dgh$, da cui si ricava:

$$p_2 - p_{atm} = dgh$$

RICORDA

Pressione manometrica e pressione assoluta

Quando devi risolvere problemi che hanno a che fare con la pressione, fai attenzione a non confondere la pressione manometrica con la pressione assoluta.

La relazione precedente indica che l'altezza h raggiunta dal liquido nel ramo aperto del manometro è direttamente proporzionale alla differenza $p_2 - p_{atm}$, che è chiamata **pressione manometrica** (o anche **pressione relativa**): la pressione manometrica è la differenza tra il valore p_2 della pressione nel fluido (chiamata anche **pressione assoluta**) e il valore della pressione atmosferica.

6 IL PRINCIPIO DI ARCHIMEDE

buoyant force

Chiunque abbia provato a spingere sott'acqua un pallone ha sentito la forte spinta verso l'alto esercitata dall'acqua sul pallone. Questa forza diretta verso l'alto è chiamata **spinta idrostatica**, ed è applicata da qualunque fluido su qualsiasi oggetto immerso al suo interno.

Per calcolare il modulo della spinta idrostatica consideriamo la figura 17, nella quale un cilindro di altezza h e area di base A è immerso in un liquido. La pressione p_1 esercitata dal liquido sulla base superiore del cilindro dà origine a una forza diretta verso il basso di modulo p_1A. Analogamente, la pressione p_2 esercitata dal liquido sulla base inferiore dà origine a una forza diretta verso l'alto di modulo p_2A.

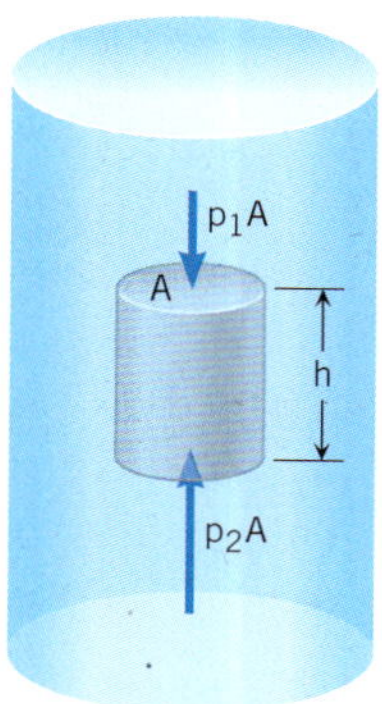

Figura 17
Il fluido esercita una forza diretta verso il basso e di modulo p_1A sulla base superiore del cilindro immerso nel fluido e una forza di modulo p_2A e diretta verso l'alto sulla sua base inferiore.

Visto che in un liquido la pressione aumenta all'aumentare della profondità, il modulo della forza diretta verso l'alto è maggiore di quello della forza diretta verso il basso. Perciò il fluido applica al cilindro una forza risultante diretta verso l'alto, che è appunto la spinta idrostatica F_I, il cui modulo è:

$$F_I = p_2A - p_1A = (p_2 - p_1)A = dghA$$

Per ottenere questo risultato abbiamo applicato la legge di Stevino, in base alla quale si ha: $p_2 - p_1 = dgh$.

Il prodotto hA è uguale al volume del liquido che il cilindro sposta quando viene immerso nel liquido, mentre d è la densità del liquido, non quella del materiale di cui è fatto il cilindro. Perciò il prodotto dhA è uguale alla massa m del fluido spostato e il modulo F_I della spinta idrostatica è uguale al prodotto mg, cioè al *peso del volume di fluido spostato*.

Per semplicità, abbiamo eseguito i calcoli nel caso di un cilindro, ma la forma dell'oggetto immerso non ha alcuna importanza: qualunque sia la forma dell'oggetto immerso, il fluido esercita su di esso una spinta verso l'alto che è descritta da una legge chiamata **principio di Archimede**, in onore dello scienziato siracusano Archimede (287-212 a.C.) che la scoprì oltre duemila anni fa.

Archimede's principle

Un corpo immerso in un fluido subisce una forza diretta verso l'alto che ha un modulo uguale al peso del fluido spostato:

$$\underbrace{F_I}_{\text{modulo della spinta idrostatica o spinta di Archimede}} = \underbrace{P_{fluido}}_{\text{peso del volume di fluido spostato}} = dgV \qquad [5]$$

dove V è il volume della parte del corpo immersa nel fluido.

RICORDA

Osservazione sul principio di Archimede

Quando si usa il principio di Archimede per calcolare il modulo della spinta idrostatica F_I che agisce su un oggetto, è importante ricordare che si deve usare la densità del fluido spostato, non quella dell'oggetto.

Il «volume di fluido spostato» è uguale al volume di fluido che traboccherebbe se il recipiente fosse stato pieno fino all'orlo prima che venisse immerso l'oggetto.

La «spinta idrostatica» non è un tipo nuovo di forza rispetto a quelle che abbiamo già visto, ma è solo il nome con cui viene indicata la forza risultante esercitata da un fluido su un oggetto che è stato immerso al suo interno.

Condizioni di galleggiamento

Gli effetti della spinta idrostatica dipendono da quanto è grande il suo modulo rispetto al modulo delle altre forze che agiscono sull'oggetto. Per esempio, se la spinta idrostatica è abbastanza intensa da equilibrare la forza di gravità che agisce su un oggetto, l'oggetto galleggia nel fluido, cioè è in equilibrio. La **figura 18** aiuta a capire meglio questo concetto.

Nella parte **A** della figura un blocco del peso di 100 N è immerso parzialmente in un liquido. Supponiamo che quando il blocco si trova in questa posizione, la spinta di Archimede non sia abbastanza intensa da equilibrare il peso: in questo caso, se non ci fosse la mano a sorreggerlo, il blocco si sposterebbe verso il basso nel liquido.

Nella parte **B** della figura, invece, il blocco è completamente immerso nel liquido: in questo caso, la spinta di Archimede è uguale e opposta al peso e il blocco è fermo in equilibrio.

Se la spinta di Archimede sul blocco completamente immerso non fosse sufficiente a equilibrare il peso, il blocco affonderebbe.

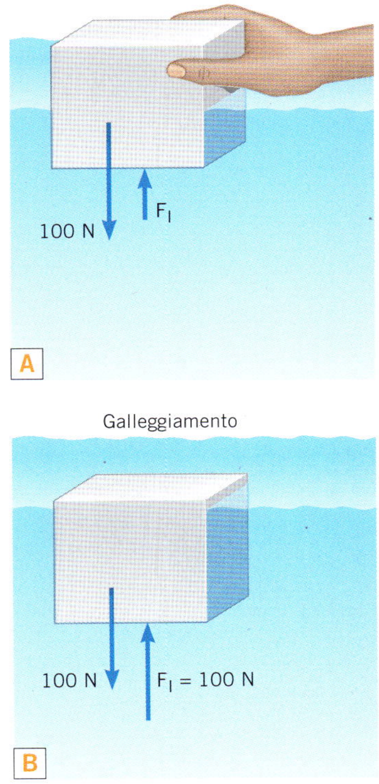

Figura 18
A. Un oggetto che pesa 100 N viene immerso in un fluido. Quanto maggiore è la profondità a cui è immerso tanto maggiore è il volume di fluido che viene spostato e quindi tanto maggiore è anche la spinta idrostatica esercitata dal fluido.
B. La spinta idrostatica equilibra la forza peso di 100 N e quindi l'oggetto galleggia.

Esempio 6 Una piattaforma per i tuffi

La superficie di una piattaforma di legno di pino spessa 0,30 m ha la forma di un quadrato con i lati di 4,0 m. La densità del legno di pino è 550 kg/m³.

- ▶ Determina se la piattaforma galleggia quando viene messa in acqua.
- ▶ Se galleggia, determina qual è l'altezza *h* della parte immersa.

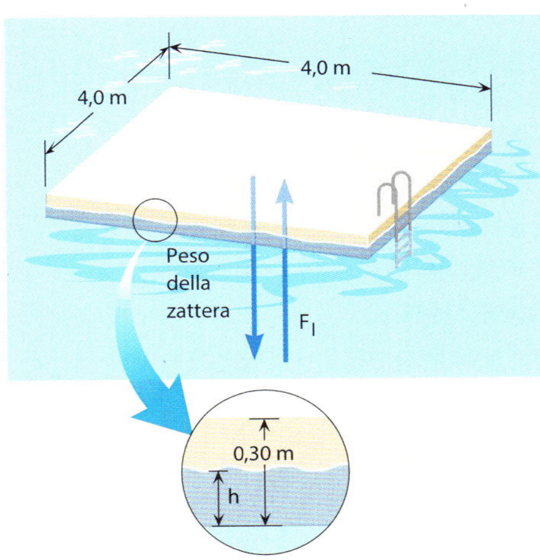

La soluzione

▶ Per capire se la piattaforma galleggia, dobbiamo confrontare il suo peso con il valore massimo che può avere la spinta idrostatica. Se la spinta idrostatica è sufficiente per equilibrare il peso della piattaforma, possiamo poi calcolare il valore di *h* sfruttando il fatto che la piattaforma è in equilibrio: in questo caso, infatti, la spinta idrostatica sulla parte immersa è uguale al peso della piattaforma.

Il volume della piattaforma è:

$$V_p = (4{,}0\ \text{m})(4{,}0\ \text{m})(0{,}30\ \text{m}) = 4{,}8\ \text{m}^3$$

Il peso della piattaforma è:

$$P_p = mg = d_p V_p g = (550\ \text{kg/m}^3)(4{,}8\ \text{m}^3)(9{,}81\ \text{N/kg}) = 26\,000\ \text{N}$$

La spinta di Archimede è massima quando la piattaforma è completamente immersa nell'acqua e quindi sposta un volume d'acqua uguale al suo volume di 4,8 m³. Per il principio di Archimede il modulo massimo della spinta idrostatica F_I^{max} è uguale al peso di questo volume d'acqua:

$$F_I^{max} = d_a V_p g = (1000\ \text{kg/m}^3)(4{,}8\ \text{m}^3)(9{,}81\ \text{N/kg}) = 47\,000\ \text{N}$$

Poiché il modulo massimo della spinta idrostatica è maggiore del peso della piattaforma, la piattaforma galleggia sull'acqua e solo una parte di essa, di altezza h, resta immersa in acqua.

▶ Calcoliamo il valore di h. La piattaforma galleggia quando la spinta di Archimede sulla parte immersa è uguale al peso della piattaforma, cioè 26 000 N. Per l'equazione [**5**] il modulo della spinta idrostatica è uguale anche al peso P_{as} del volume d'acqua spostato, cioè $F_I = 26\,000\ \text{N} = P_{as}$. Ma $P_{as} = d_a V_{as} g$ e il volume d'acqua spostato V_{as} risulta:

$$V_{as} = (4{,}0\ \text{m})(4{,}0\ \text{m})h$$

Perciò si ha:

$$26\,000\ \text{N} = P_{as} = d_a\,[(4{,}0\ \text{m})(4{,}0\ \text{m})h]g$$

da cui si ottiene:

$$h = \frac{26\,000\ \text{N}}{d_a (4{,}0\ \text{m})(4{,}0\ \text{m}) g} =$$

$$= \frac{26\,000\ \text{N}}{(1000\ \text{kg/m}^3)(4{,}0\ \text{m})(4{,}0\ \text{m})(9{,}81\ \text{N/kg})} = \boxed{0{,}17\ \text{m}}$$

Per decidere se la piattaforma dell'esempio 6 galleggia oppure no, abbiamo confrontato il suo peso $d_p V_p g$ con il modulo massimo della spinta di Archimede $d_a V_p g$. Dato che i fattori $V_p g$ del prodotto sono uguali, il confronto si riduce a quello tra la densità del legno d_p e la densità dell'acqua d_a. Questo risultato è valido in generale:

un oggetto immerso in un fluido

- *galleggia* quando la sua densità è minore o uguale a quella del fluido;
- *affonda* quando la sua densità è maggiore di quella del fluido.

Per esempio, la densità del ghiaccio a 0 °C è 917 kg/m³, mentre la densità dell'acqua è 1000 kg/m³, perciò il ghiaccio galleggia sull'acqua.

Figura 19
Una mongolfiera «galleggia» in aria, perché l'aria calda contenuta all'interno del pallone ha una densità minore rispetto a quella esterna.

Un oggetto omogeneo, senza vuoti interni, fatto di un materiale con grande densità come l'acciaio, affonda nell'acqua. Una petroliera galleggia sull'acqua perché *non* è un oggetto omogeneo: contiene infatti enormi spazi vuoti e, grazie alla sua forma, sposta un volume d'acqua sufficiente a originare una spinta di Archimede in grado di equilibrare il suo enorme peso.

Il principio di Archimede vale anche per i gas: per esempio, è grazie alla spinta di Archimede se una mongolfiera riesce ad alzarsi in volo (**figura 19**).

I CONCETTI FONDAMENTALI

LOSAI? RIPASSA CON LO SMARTPHONE

1 I FLUIDI

Liquidi e gas sono fluidi.

Un fluido è in *equilibrio* se è fermo nel suo complesso, cioè se i moti delle molecole che lo compongono non causano un movimento d'insieme della massa del fluido.

2 LA PRESSIONE

$$p = \frac{F}{A}$$

- pressione (Pa): p
- F: forza perpendicolare alla superficie (N)
- A: area della superficie (m^2)

Unità di misura SI: pascal (Pa), $1\,\text{Pa} = \dfrac{1\,\text{N}}{1\,\text{m}^2}$

La pressione in un fluido in equilibrio agisce in modo uguale in tutte le direzioni ed è sempre perpendicolare alla superficie sulla quale si esercita.

3 LA LE LEGGE DI PASCAL

La pressione esercitata su una superficie qualsiasi di un fluido si trasmette, con lo *stesso valore*, su ogni altra superficie a contatto con il fluido.

4 LA PRESSIONE ATMOSFERICA

Al livello del mare: $1{,}013 \cdot 10^5$ Pa = 1 atm

5 LA LEGGE DI STEVINO

$$p_2 = p_1 + dgh$$

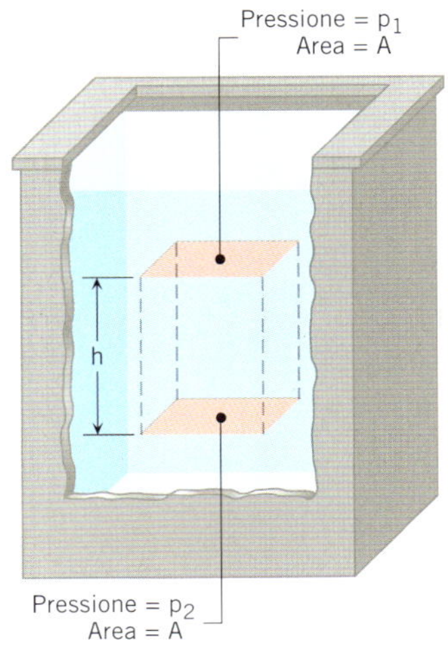

- *Vasi comunicanti*
  Le altezze h_1 e h_2 a cui salgono i liquidi 1 e 2 all'equilibrio sono inversamente proporzionali alle loro densità d_1 e d_2:

$$\frac{h_1}{h_2} = \frac{d_1}{d_2}$$

6 IL PRINCIPIO DI ARCHIMEDE

Un corpo immerso in un fluido subisce una forza diretta verso l'alto che ha un modulo uguale al peso del fluido spostato:

$$F_A = P_{fluido} = dgV$$

- F_A: modulo della spinta idrostatica o spinta di Archimede (N)
- P_{fluido}: peso del volume di fluido spostato (N)
- d: densità del fluido (kg/m^3)
- g: costante di proporzionalità (N/kg)
- V: volume della parte immersa del corpo (m^3)

Un oggetto immerso in un fluido:

- *galleggia* quando la sua densità è minore di quella del fluido;
- *affonda* quando la sua densità è maggiore di quella del fluido.

LABORATORIO

Densità e spinta di Archimede

Difficoltà ★★★ | 1 ora | 2/4 studenti

Obiettivo

- Misurare con buona precisione la densità di solidi e di liquidi utilizzando la spinta di Archimede.
- Stimare la precisione delle misure ottenute.

Cosa serve

- ☐ Treppiede con asta metallica.
- ☐ Asticella metallica da fissare all'asta con un morsetto.
- ☐ Cilindri metallici (di rame, ferro, ottone, alluminio, ...) con gancio.
- ☐ Filo o gancio metallico.
- ☐ Due becher
- ☐ Acqua e alcool denaturato (circa 250 ml).
- ☐ Bilancia elettronica: portata 500 g e sensibilità 0,1 g (o migliore).
- ☐ Calcolatrice scientifica.
- ☐ Quaderno, biro, matita.

Come si fa

- Ogni gruppo misura con la bilancia il peso (P_C), espresso in grammi-peso (g_P), dei cilindri metallici (C) e associa il corretto errore assoluto (è la sensibilità della bilancia).
- Uno studente del gruppo riempie un becher con circa 250 ml di acqua e lo posiziona sopra la bilancia per fare la tara.
- Lo studente poi immerge il primo cilindro nell'acqua in modo che il corpo non tocchi né il fondo né le pareti del becher (**figura A**).
- Ogni studente prende nota del valore indicato dalla bilancia (P_{H_2O}), anche in questo caso con il corretto errore assoluto. Questa misura va ripetuta per ogni cilindro.
- Ogni gruppo ripete la stessa procedura con l'alcool denaturato al posto dell'acqua, ripetendo le precedenti misure per ogni cilindro e prendendo nota dei valori indicati dalla bilancia (P_A) (**figura B**).

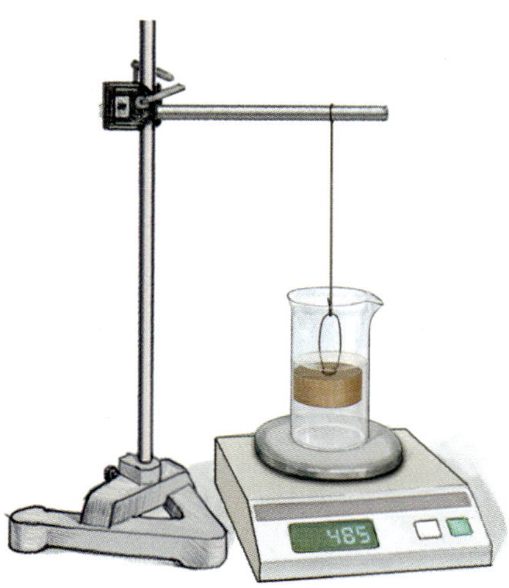

A

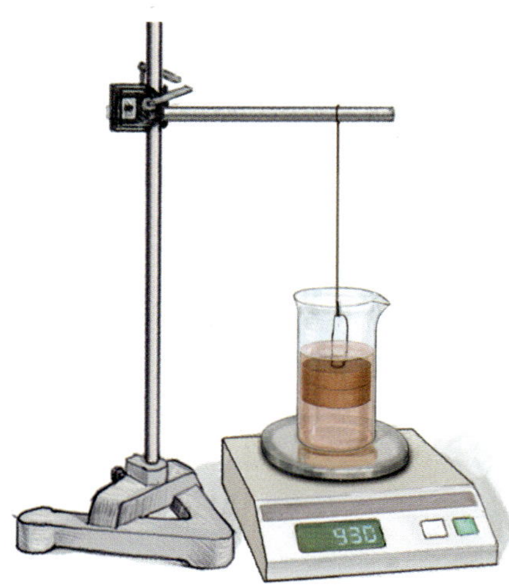

B

Come usare i dati

▶ Ogni studente riporta in una tabella le misure prese con il loro errore:

	P_C (g_P)	P_{H_2O} (g_P)	P_A (g_P)
Rame	... ± 0,1	... ± 0,1	... ± 0,1
Ferro	... ± 0,1	... ± 0,1	... ± 0,1
Ottone	... ± 0,1	... ± 0,1	... ± 0,1
Alluminio	... ± 0,1	... ± 0,1	... ± 0,1
...	...	...	...

Il peso di un cilindro è dato da $P_C = d_C Vg$, dove $g = 9{,}81\ \text{m/s}^2 = 9{,}81\ \text{N/kg}$.
Il peso $P_{H_2O} = d_{H_2O} Vg$, dove $d_{H_2O} = 1\ \text{g/cm}^3$, indicato dalla bilancia quando il cilindro è in sospensione nell'acqua equivale alla spinta che l'acqua esercita sul cilindro.
Stesso ragionamento vale per l'alcol: $P_A = d_A Vg$.
Per calcolare la densità dei cilindri e dell'alcol si possono usare i rapporti tra le misure fatte:

$$\frac{P_C}{P_{H_2O}} = \frac{d_C Vg}{d_{H_2O} Vg} = \frac{d_C}{d_{H_2O}}$$

$$\frac{P_A}{P_{H_2O}} = \frac{d_A Vg}{d_{H_2O} Vg} = \frac{d_A}{d_{H_2O}}$$

▶ Ogni studente riporta quindi in una tabella i risultati dei calcoli con i relativi errori:

	d_C (g/cm³)	d_A (g/cm³)
Rame	... ± 0,...	... ± 0,...
Ferro	... ± 0,...	... ± 0,...
Ottone	... ± 0,...	... ± 0,...
Alluminio	... ± 0,...	... ± 0,...
...	...	...

▶ Ogni studente prende nota dei diversi valori ottenuti e delle corrispondenti incertezze di ogni gruppo.

A casa

▶ Utilizzando i dati del tuo gruppo, spiega in dettaglio i criteri seguiti per calcolare gli errori assoluti delle due densità.

▶ Dopo aver scritto sul quaderno almeno due misure di densità dell'alcool per ogni gruppo, valuta la compatibilità di queste misure (sia all'interno dei singoli gruppi sia tra gruppi diversi).
In caso di evidente incompatibilità, prova a dare una possibile interpretazione.

▶ Scegli uno dei metalli utilizzati durante l'esperienza, scrivi sul quaderno le densità stimate (con gli errori assoluti) per quel metallo dai diversi gruppi e valuta la loro compatibilità.

© timsimages/Shutterstock

1 I FLUIDI

2 LA PRESSIONE

1 ★☆☆ Un libro è appoggiato su un tavolo. La forza che il libro esercita sul tavolo è $F = 7{,}8$ N. L'area della superficie del libro è $A = 0{,}060$ m^2.

▶ Calcola la pressione esercitata dal libro sul tavolo.

[130 Pa]

2 ★☆☆ Una statua poggia su un basamento con superficie di area 1,5 m^2. La pressione esercitata sul suolo dall'insieme statua e basamento è 6400 Pa.

▶ Calcola il peso complessivo della statua e del basamento.

[9600 N]

3 ★☆☆ **LEGGI IL GRAFICO**

All'interno di un ambiente in cui è stato fatto il vuoto, un recipiente di massa trascurabile è appoggiato sul piatto di una bilancia e riempito di liquido. Il grafico mostra la dipendenza della pressione p esercitata dal recipiente sul piatto della bilancia in funzione del peso F, a mano a mano che il recipiente si riempie.

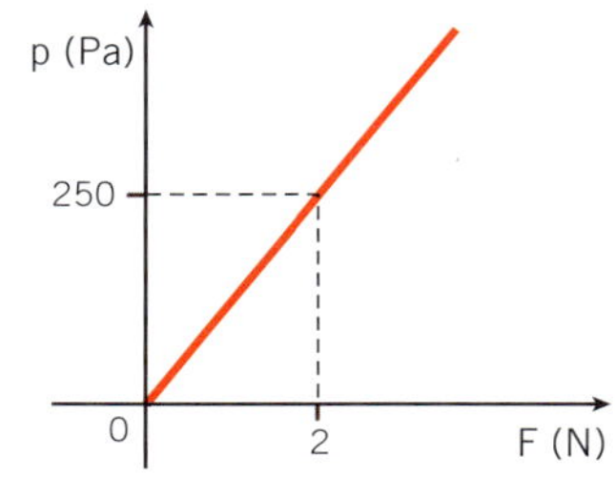

▶ Determina dai dati del grafico l'area della superficie di appoggio del recipiente sulla bilancia.

[$8{,}0 \cdot 10^{-3}$ m^2]

4 ★★☆ Una scatola di massa $m = 200$ g è appoggiata su un tavolo.

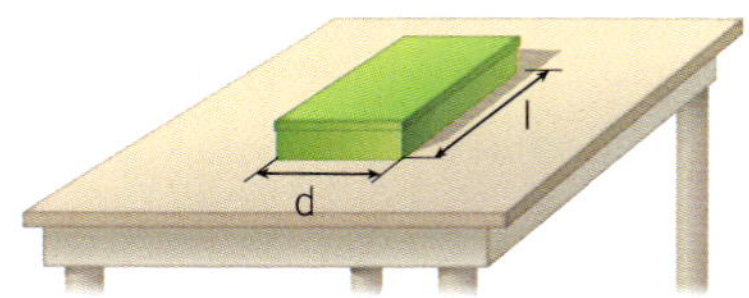

La larghezza della scatola è $d = 12$ cm e la sua lunghezza è $l = 21$ cm.

▶ Calcola la pressione esercitata dalla scatola sul tavolo.

[78 Pa]

5 ★★☆ Un cubo pesa 12 N ed è appoggiato su un tavolo. La pressione esercitata dal cubo sul tavolo è 990 Pa.

▶ Determina il lato del cubo.

[11 cm]

6 PROBLEM SOLVING

Un voluminoso libro antico di massa $m = 4{,}0$ kg si trova su un leggio, inizialmente in posizione orizzontale. Il libro esercita sul leggio una pressione pari a 330 Pa.

▶ Calcola la pressione esercitata dal libro sul leggio quando si esercita sul libro una forza verso il basso di modulo 52 N.

▶ Calcola la pressione esercitata dal libro sul leggio quando quest'ultimo è inclinato di 19° rispetto al tavolo.

Dati e incognite

Dati	Incognite
Massa del libro: $m = 4{,}0$ kg	Pressione esercitata dal libro quando viene premuto: $p_1 = ?$
Pressione esercitata dal libro sul leggio: $p_0 = 330$ Pa	Pressione esercitata dal libro quando il leggio è inclinato: $p_2 = ?$
Modulo della forza che preme il libro: $F = 52$ N	
Angolo di inclinazione del leggio: $\alpha = 19°$	

Il ragionamento

La pressione è il rapporto tra il modulo della forza che preme perpendicolarmente su una superficie e l'area della superficie. Quando il libro è solo appoggiato sul leggio, la forza premente sulla superficie equivale al peso del libro. Quando il libro è premuto contro il leggio, la forza premente è la somma del peso del libro e della forza impressa sul libro. Quando il leggio viene inclinato, la forza premente sulla superficie è la componente del peso perpendicolare al leggio. L'area della superficie su cui viene esercitata la pressione è la stessa in tutti i casi.

La soluzione

- La superficie S di appoggio del libro sul leggio è data dal rapporto tra il peso $P = mg$ del libro e la pressione p_0 che esso esercita sul leggio:

$$S = \frac{P}{p_0} = \frac{mg}{p_0} = \frac{(40\ \text{kg})(9{,}81\ \text{N/kg})}{330\ \text{Pa}} = 0{,}12\ \text{m}^2$$

Quando il libro viene premuto contro il leggio, la pressione esercitata sul leggio aumenta:

$$p_1 = \frac{F_\perp}{S} = \frac{P+F}{S} = \frac{mg+F}{S} = \frac{(4{,}0\ \text{kg})(9{,}81\ \text{N/kg}) + (52\ \text{N})}{0{,}12\ \text{m}^2} = 760\ \text{Pa}$$

- Quando il leggio viene inclinato, la pressione è data dalla componente del peso perpendicolare alla superficie del leggio: $P_\perp$.

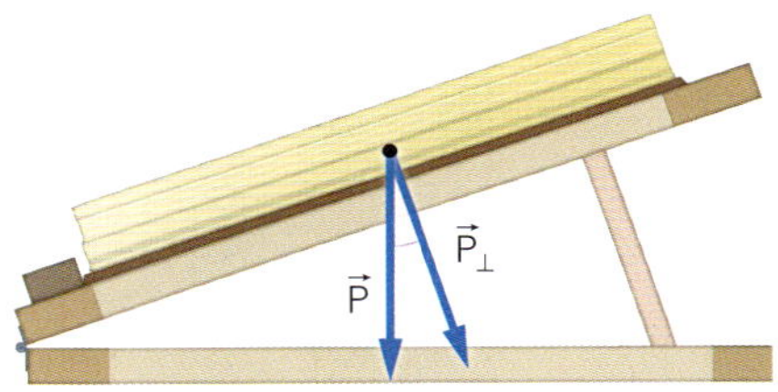

Il modulo di questa componente è:

$P_\perp = P\cos 19° = mg\cos 19° = (4{,}0\ \text{kg})(9{,}81\ \text{N/kg})\cos 19° = 37\ \text{N}$

La pressione esercitata sul leggio ora è quindi:

$$p_2 = \frac{P_\perp}{S} = \frac{(37\ \text{N})}{0{,}12\ \text{m}^2} = 308\ \text{Pa}$$

Questo valore è minore di p_0 perché la forza che preme il libro sul leggio è minore rispetto a quando il leggio è in orizzontale.

7 ★★☆ Un cubo di legno è premuto contro il muro da una forza obliqua di modulo 910 N, inclinata verso l'alto di 15°. La pressione che il cubo esercita sul muro è 400 Pa.

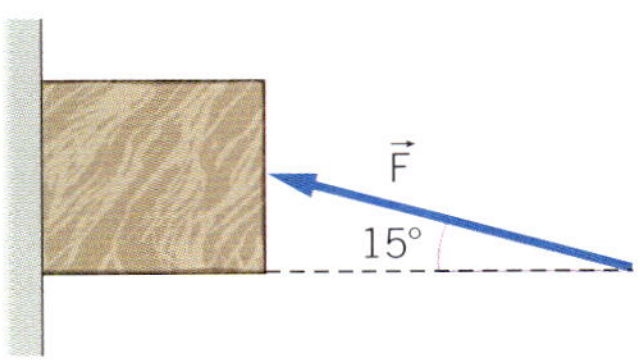

▶ Calcola l'area della superficie della faccia del cubo.

[2,2 m²]

8 ★★☆ Un blocco cubico di peso $P = 60$ N è appoggiato a terra su una faccia di area $A = 0{,}020\ \text{m}^2$. Il blocco è agganciato a una molla di costante elastica $k = 1500$ N/m.

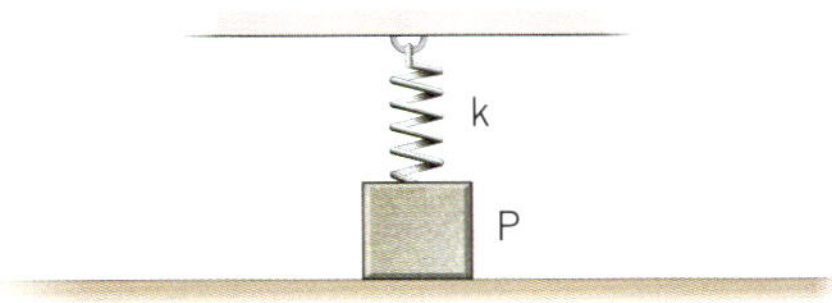

La molla è allungata di $x = 2{,}0$ cm rispetto alla sua lunghezza a riposo e tira quindi il blocco verso l'alto.

▶ Calcola la pressione esercitata dal blocco sul suolo.

[1500 Pa]

9 ★★☆ Un blocco cubico è appoggiato su un cuneo e trattenuto da una corda. L'angolo di inclinazione del cuneo è $\alpha = 60°$. Il peso del blocco è 52 N. L'area di una faccia del blocco è $0{,}010\ \text{m}^2$.

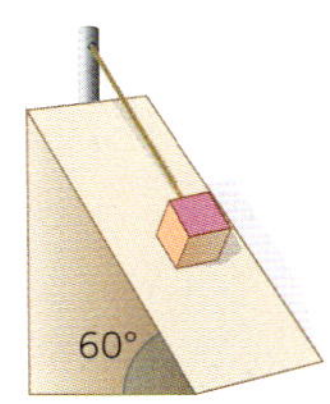

▶ Calcola la pressione esercitata dal blocco sul cuneo.

[2600 Pa]

10 **OCCHIO ALL'INCERTEZZA** ★★☆ Un cubo di lato $l = (7{,}0 \pm 0{,}1)$ cm e massa $m = (350 \pm 10)$ g è fermo sul suolo.

▶ Determina la pressione che esercita il cubo sul suolo insieme al suo errore assoluto.

[(700 ± 40) Pa]

11 ★★☆ Un serbatoio cilindrico è completamente riempito di olio (densità $d_{olio} = 800\ \text{kg/m}^3$). L'altezza del serbatoio è $h = 0{,}35$ m e il raggio è $r = 0{,}25$ m.

▶ Calcola la pressione esercitata dall'olio sul fondo del recipiente.

[$2{,}7 \cdot 10^3$ Pa]

12 ★★ **UN DATO IN PIÙ**
Un equilibrista cammina su un filo largo 2,5 cm sospeso a una certa altezza rispetto al suolo. La massa dell'equilibrista è 82 kg e il suo piede è lungo 25 cm e largo in media 10 cm.

© Roman Tarasevych/Shutterstock

- Determina la pressione esercitata sul filo dall'equilibrista quando entrambi i piedi poggiano sul filo.
- Determina la pressione esercitata sul filo dall'equilibrista quando sta su un piede solo.

[$6,4 \cdot 10^4$ Pa; $1,3 \cdot 10^5$ Pa]

13 ★★ Un blocco di cemento di densità 2200 kg/m^3 ha la forma di un parallelepipedo. Le sue dimensioni sono 32 cm, 16 cm e 24 cm.
- Determina la pressione minima e la pressione massima che il blocco può esercitare sul suolo.

[$3,4 \cdot 10^3$ Pa; $6,9 \cdot 10^3$ Pa]

3 LA LEGGE DI PASCAL

14 ★ Un liquido riempie completamente un recipiente chiuso. All'estremità superiore del recipiente, un pistone è libero di scorrere in direzione verticale. Il pistone esercita una pressione p = 600 Pa sulla superficie del liquido.

- Calcola la variazione di pressione in un qualunque punto del liquido.

[600 Pa]

15 ★ Un pistone esercita una pressione sulla superficie libera di un liquido contenuto in un recipiente. La forza applicata al pistone è 10 N. La variazione di pressione in un punto del liquido all'interno del recipiente è 1000 Pa.
- Calcola l'area della superficie del pistone.

[0,010 m^2]

16 ★ Un pistone comprime la superficie libera di un liquido contenuto in un recipiente. La variazione di pressione in un punto del liquido è 2500 Pa. L'area della superficie del pistone è 0,04 m^2.
- Calcola il modulo della forza applicata al pistone.

[100 N]

17 ★ In un torchio idraulico, una forza di modulo F = 35 N applicata al pistone di area minore riesce a equilibrare un peso P = 1750 N posizionato sul pistone di area maggiore. I due pistoni si trovano alla stessa altezza.
- Determina il rapporto tra l'area del pistone di sezione maggiore e l'area del pistone di sezione minore.

[50]

18 ★ In un torchio idraulico, una forza di modulo F = 12 N applicata al pistone di area 0,00040 m^2 riesce a equilibrare un oggetto di peso P = 1500 N posto sull'altro pistone. I due pistoni si trovano alla stessa altezza.
- Determina l'area del pistone su cui si trova l'oggetto.

[0,050 m^2]

19 ★ In un torchio idraulico, il peso del pistone A è trascurabile, mentre il peso del pistone B è P = 240 N. L'area della superficie del pistone A è $5,0 \cdot 10^{-4}$ m^2 mentre quella del pistone B è $4,0 \cdot 10^{-2}$ m^2. I due pistoni sono alla stessa quota.

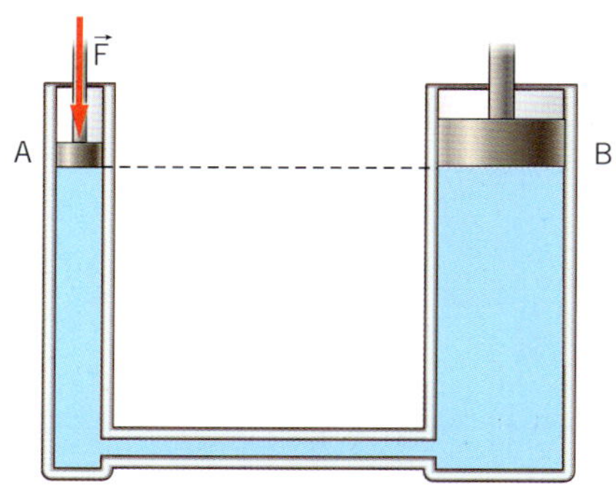

- Calcola il modulo della forza $\vec{F}$ che bisogna applicare al pistone A per equilibrare il sistema.

[3,0 N]

20 ★ **UN DATO IN PIÙ**
Un torchio idraulico è costituito da due recipienti cilindrici di area $A_1 = 3,0 \cdot 10^{-2}$ m^2 e $A_2 = 4,0 \cdot 10^{-4}$ m^2 collegati tra loro e riempiti completamente con olio di densità d = 850 kg/m^3. L'olio si trova anche nel tubo di collegamento. Nei due cilindri scorrono due pistoni di peso trascurabile. Una forza $\vec{F}$ è applicata al pistone di raggio minore per equilibrare un'auto che pesa 18 000 N, posta sul pistone di raggio maggiore. I due pistoni sono alla stessa quota.

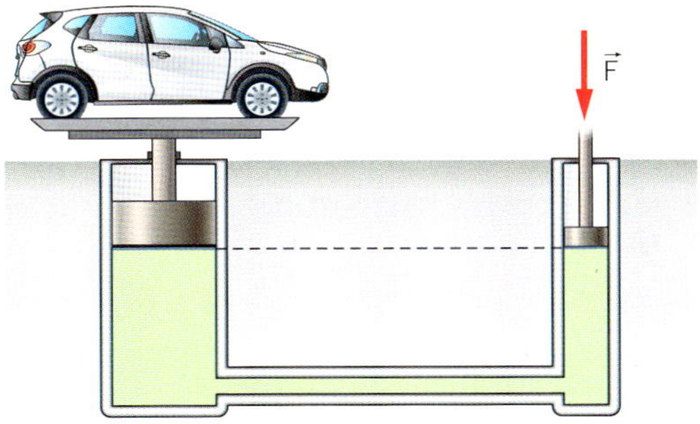

▶ Determina il modulo della forza $\vec{F}$ che bisogna applicare al pistone di raggio minore perché il sistema sia in equilibrio.

[240 N]

21 ★ **QUANTI SU 100?**
Una poltrona da dentista è un elevatore idraulico composto da due cilindri su cui scorrono dei pistoni di area diversa. Con un pedale, il dentista aziona il pistone di area minore, mentre il pistone di area maggiore solleva la poltrona. Il peso complessivo di una poltrona e di un paziente è 2400 N. Il dentista applica una forza di 48 N al pedale per sollevare poltrona e paziente.

▶ Determina il rapporto percentuale tra l'area del pistone collegato al pedale e l'area del pistone collegato alla poltrona.

[2,0%]

22 ★★ La poltrona di un dentista pesa $P = 715$ N. Per sollevare un paziente, il dentista deve applicare una forza minima di modulo $F = 35$ N. L'area del pistone collegato alla poltrona è 40 volte più grande dell'area del pistone collegato al pedale. I due pistoni si trovano alla stessa altezza.

▶ Determina la massa m del paziente.

[70 kg]

23 PROBLEM SOLVING

In un torchio idraulico, le superfici del primo e del secondo pistone sono, rispettivamente, $A_1 = 4{,}0\ \text{cm}^2$ e $A_2 = 20\ \text{cm}^2$. L'applicazione di una forza $\vec{F}_1$ sul primo pistone produce una forza $\vec{F}_2$ sul secondo pistone. Quando il modulo della prima forza aumenta del 20%, il modulo della seconda forza aumenta di 120 N.

▶ Calcola il modulo della forza $\vec{F}_1$.

Dati e incognite

Dati	Incognite
Area della superficie del primo pistone: $A_1 = 4{,}0\ \text{cm}^2$	Modulo della forza applicata al primo pistone: $F_1 = ?$
Area della superficie del secondo pistone: $A_2 = 20\ \text{cm}^2$	
Variazione percentuale del modulo della forza applicata al primo pistone: +20%	
Variazione del modulo della forza applicata al secondo pistone: $\Delta F_2 = 120$ N	

Il ragionamento

Nel torchio le pressioni sui due pistoni sono uguali: usiamo la legge di Pascal per ricavare la relazione tra le forze applicate ai due pistoni nei due casi descritti. Dalle equazioni ottenute ricaviamo la forza applicata al primo pistone.

La soluzione

Dalla legge di Pascal, $p_1 = p_2$ ricaviamo per il primo caso la relazione:

$$F_1 = \frac{A_1}{A_2} F_2 \quad \Leftrightarrow \quad F_2 = \frac{A_2}{A_1} F_1$$

Nel secondo caso, il modulo della forza $\vec{F}_1'$ applicata sul primo pistone supera del 20% il modulo di $\vec{F}_1$:

$$F_1' = F_1 + \frac{20}{100} F_1 = \frac{120}{100} F_1 = \frac{6}{5} F_1$$

mentre il modulo della forza $\vec{F}_2'$ applicata sul secondo pistone aumenta della quantità $\Delta F_2 = 120$ N:

$$F_2' = F_2 + \Delta F_2$$

SEGUE ▶

Il principio di Pascal vale anche nel secondo caso, quindi:

$$F_1' = \frac{A_1}{A_2} F_2'$$

Sostituiamo in quest'ultima equazione le espressioni trovate per F_1' e F_2'. Otteniamo:

$$\frac{6}{5} F_1 = \frac{A_1}{A_2}(F_2 + \Delta F_2) \rightarrow F_1 = \frac{5}{6}\frac{A_1}{A_2}(F_2 + \Delta F_2) \rightarrow F_1 = \frac{5}{6}\frac{A_1}{A_2}\left(\frac{A_2}{A_1} F_1 + \Delta F_2\right)$$

In questa espressione F_1 è l'unica grandezza incognita. Risolviamo quindi l'equazione:

$$F_1 = \frac{5}{6} F_1 + \frac{5}{6}\frac{A_1}{A_2}\Delta F_2 \rightarrow F_1 - \frac{5}{6} F_1 = \frac{5}{6}\frac{A_1}{A_2}\Delta F_2 \rightarrow \frac{1}{6} F_1 = \frac{5}{6}\frac{A_1}{A_2}\Delta F_2 \rightarrow$$

$$\rightarrow F_1 = 5\frac{A_1}{A_2}\Delta F_2 = 5\,\frac{4{,}0\ \text{cm}^2}{20\ \text{cm}^2}(120\ \text{N}) = 120\ \text{N}$$

24 ★★☆ **QUANTI SU 100?**
In un torchio idraulico le superfici del primo e del secondo pistone sono, rispettivamente, $A_1 = 2{,}0\ \text{cm}^2$ e $A_2 = 18\ \text{cm}^2$. L'applicazione di una forza $\vec{F}_1$ sul primo pistone produce una forza $\vec{F}_2$ sul secondo pistone. Quando il modulo della prima forza diminuisce del 25%, il modulo della seconda forza diminuisce di 180 N.
- Calcola il modulo della forza $\vec{F}_1$.

[80 N]

25 ★★☆
Un torchio idraulico riesce a equilibrare, alla stessa quota, un peso P pari a 49 volte l'intensità della forza $\vec{F}$ applicata al pistone di raggio minore. Il peso dei due pistoni è trascurabile.
- Determina il rapporto tra il raggio maggiore e quello minore dei due pistoni.

[7]

4 LA PRESSIONE ATMOSFERICA

26 ★☆☆ **UN DATO IN PIÙ**
In una città di mare, un recipiente è riempito di mercurio di densità 13 600 kg/m³. La superficie superiore del mercurio è a contatto con l'aria.
- Qual è la pressione sulla superficie superiore del mercurio?

[$1{,}013 \cdot 10^5$ Pa]

27 ★☆☆
La pressione di 1 atm esercitata dall'atmosfera al livello del mare è la pressione che esercitano tre pacchi di zucchero da 1 kg ciascuno su un polpastrello.
- Calcola la superficie del polpastrello.

[2,9 cm²]

28 ★☆☆
Una colonna d'acqua con una base di area 1,0 cm² esercita la stessa pressione dell'atmosfera al livello del mare.
- Calcola il peso della colonna di acqua.

[10 N]

29 ★☆☆
Una pressione di 1 atm equivale a $1{,}013 \cdot 10^5$ Pa. Una pressione nulla vale 0 in entrambe le unità di misura.
- Converti la misura di 2,3 atm in pascal (usa 4 cifre significative).
- Converti la misura di $4{,}255 \cdot 10^5$ Pa in atmosfere.

[$2{,}330 \cdot 10^5$ Pa; 4,2 atm]

30 ★★☆
A livello del mare, un cubo di volume 27 000 cm³ e peso 3600 N si trova a terra.
- Determina la pressione esercitata sul suolo.

[$1{,}4 \cdot 10^5$ Pa]

5 LA LEGGE DI STEVINO

31 ★☆☆ **UN DATO IN PIÙ**
La figura mostra la sezione di un lago. I punti A, B e C sono alla stessa profondità; così come sono alla stessa profondità i punti D, E e F.

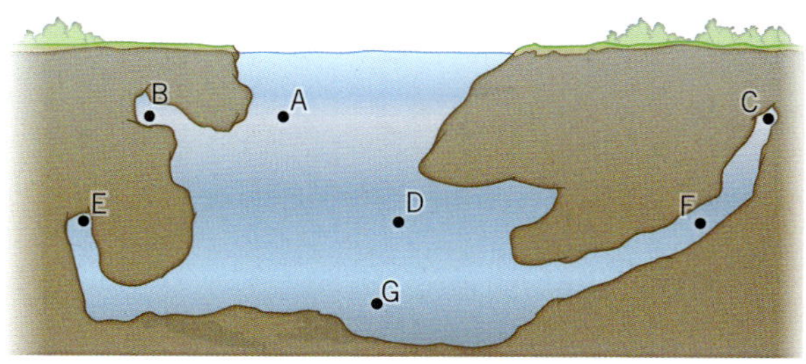

Le pressioni dell'acqua nei punti A, D e G sono $p_A = 1{,}6 \cdot 10^5$ Pa, $p_D = 2{,}2 \cdot 10^5$ Pa e $p_G = 2{,}9 \cdot 10^5$ Pa.
- Qual è la pressione dell'acqua nei punti B, C, E, F?

[$1{,}6 \cdot 10^5$ Pa; $1{,}6 \cdot 10^5$ Pa; $2{,}2 \cdot 10^5$ Pa; $2{,}2 \cdot 10^5$ Pa]

32 ★☆☆
Un serbatoio alto 2,0 m è riempito d'acqua fino all'orlo. L'estremità superiore del serbatoio è aperta ed esposta all'aria.
- Calcola la pressione sul fondo del serbatoio.

[$1{,}2 \cdot 10^5$ Pa]

33 ★☆☆ Un sub si trova a una certa profondità sotto il livello del mare (densità 1025 kg/m^3). La pressione a quella profondità è $1{,}626 \cdot 10^5$ Pa.

▶ Determina a quale profondità si trova il sub.

[6,1 m]

34 ★☆☆ Un recipiente con l'estremità superiore aperta all'aria è riempito con un liquido. Alla profondità di 0,44 m la pressione è $1{,}6 \cdot 10^5$ Pa.

▶ Determina la densità del liquido. Di quale liquido si potrebbe trattare?

[$1{,}4 \cdot 10^4$ kg/m^3]

35 ★☆☆ In alta montagna la pressione atmosferica è minore rispetto a quella presente al livello del mare. Un alpinista che sta scalando il Monte Everest scioglie del ghiaccio in un recipiente aperto in cui la pressione dell'acqua a 10 cm di profondità è $4{,}1 \cdot 10^4$ Pa.

▶ Determina la pressione atmosferica in cima al monte Everest.

[$4{,}0 \cdot 10^4$ Pa]

36 ★★☆ **LEGGI IL GRAFICO**
Un contenitore è parzialmente riempito d'acqua e coperto da un tappo. L'aria presente sopra il liquido viene aspirata. La figura rappresenta il grafico della pressione p nel liquido al variare della profondità h.

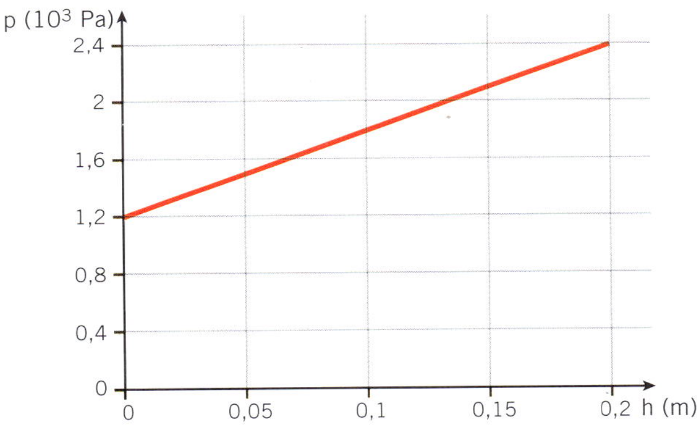

▶ Determina la pressione dell'aria rimasta sopra il liquido.

▶ Determina la densità del liquido.

[$1{,}2 \cdot 10^3$ Pa; 610 kg/m^3]

37 ★★☆ Un recipiente con l'estremità superiore aperta è riempito d'acqua.

▶ Determina la differenza di pressione tra i punti dell'acqua che si trovano a una profondità rispettivamente di 0,50 m e di 0,40 m.

[980 Pa]

38 ★★☆ **LEGGI IL GRAFICO**
Nel grafico è riportato l'andamento della pressione (in unità di 10^5 Pa) in un liquido in funzione della profondità h (in metri). Sulla superficie libera del liquido, cioè a $h = 0$ m, agisce la pressione atmosferica.

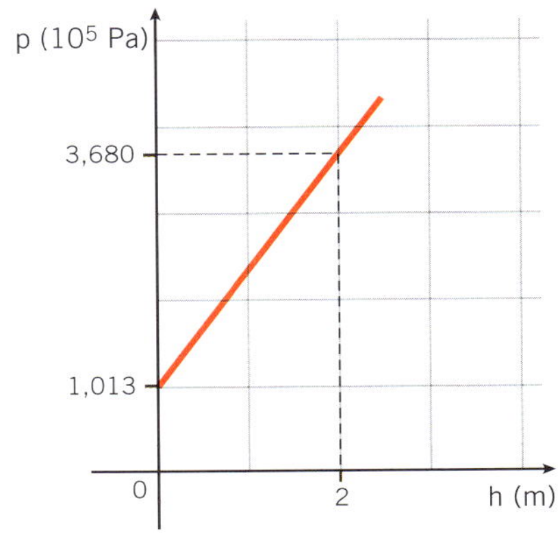

▶ Determina la densità del liquido.

▶ Di quale liquido può trattarsi?

[13 600 kg/m^3]

39 PROBLEM SOLVING

Un recipiente cilindrico sottovuoto con raggio di base $r = 2{,}0$ cm è completamente riempito con 120 g di acqua e 84 g di olio. I due liquidi non sono miscibili. L'olio ha una densità di 920 kg/m^3.

▶ Calcola la pressione sul fondo del recipiente.

▶ Calcola la pressione a metà altezza del recipiente.

Dati e incognite

Dati	Incognite
Raggio di base del recipiente: $r = 2{,}0$ cm	Pressione sul fondo del recipiente: $p_f = ?$
Massa dell'acqua: $m_a = 120$ g	Pressione a metà altezza del recipiente: $p_m = ?$
Massa dell'olio: $m_o = 84$ g	
Densità dell'olio: $d_o = 920$ kg/m^3	
Densità dell'acqua: $d_a = 1000$ kg/m^3	

SEGUE ▶

Il ragionamento

Nel recipiente, l'olio sta sopra l'acqua perché ha densità minore di quest'ultima. Poiché il contenitore è sottovuoto, sulla superficie libera dell'olio la pressione è nulla. Per calcolare la pressione sul fondo del recipiente cilindrico possiamo usare la definizione di pressione. Invece, per calcolare la pressione a metà altezza del recipiente usiamo la legge di Stevino. In questo caso, dobbiamo calcolare le altezze delle colonne dei liquidi sovrastanti.

La soluzione

- Il peso totale dei liquidi è la somma dei pesi di ciascun liquido:

$$P_{tot} = P_1 + P_2 = [(0{,}12\ \text{kg}) + (0{,}084\ \text{kg})](9{,}81\ \text{N/kg}) \cong 2{,}0\ \text{N}$$

Possiamo calcolare la pressione sul fondo del recipiente come rapporto tra il peso complessivo dei liquidi e la superficie di base S del recipiente:

$$p_f = \frac{P}{S} = \frac{P}{\pi r^2} = \frac{(2{,}0\ \text{N})}{\pi(0{,}020\ \text{m})^2} \cong 1600\ \text{Pa}$$

- Calcoliamo ora l'altezza del recipiente. Il volume totale dei due liquidi è la somma dei volumi V_a dell'acqua e V_o dell'olio:

$$V_{tot} = V_a + V_o = \frac{m_a}{d_a} + \frac{m_o}{d_o} = \frac{0{,}12\ \text{kg}}{1000\ \text{kg/m}^3} + \frac{0{,}084\ \text{kg}}{920\ \text{kg/m}^3} = 2{,}1 \cdot 10^{-4}\ \text{m}^3$$

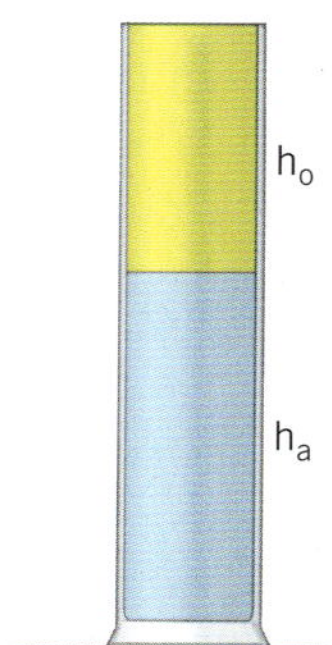

Le altezze delle colonne di olio e di acqua sono:

$$h_o = \frac{V_o}{S} = \frac{V_o}{\pi r^2} = \frac{m_o}{d_o \pi r^2} = \frac{0{,}084\ \text{kg}}{\pi(920\ \text{kg/m}^3)(0{,}020\ \text{m})^2} \cong 0{,}073\ \text{m}$$

$$h_a = \frac{V_a}{S} = \frac{V_a}{\pi r^2} = \frac{m_a}{d_a \pi r^2} = \frac{0{,}12\ \text{kg}}{\pi(1000\ \text{kg/m}^3)(0{,}020\ \text{m})^2} \cong 0{,}095\ \text{m}$$

e l'altezza del recipiente è la somma delle altezze delle due colonne di liquido:

$$h = h_o + h_a = (0{,}073\ \text{m}) + (0{,}095\ \text{m}) = 0{,}168\ \text{m}$$

A metà altezza del recipiente, cioè alla profondità $h_m = h/2 = 0{,}084$ m, c'è acqua. A questa altezza la pressione è data dall'intera colonna di olio sovrastante e da una parte della colonna di acqua, di profondità:

$$h' = h_a - h_m = h_a - h/2 = (0{,}095\ \text{m}) - (0{,}084\ \text{m}) = 0{,}011\ \text{m}$$

Ricaviamo le pressioni esercitate da queste due colonne di liquido con la legge di Stevino:

$$p_{olio} = d_o g h_o = (920\ \text{kg/m}^3)(9{,}81\ \text{N/kg})(0{,}073\ \text{m}) = 660\ \text{Pa}$$

$$p_{acqua} = d_a g h' = (1000\ \text{kg/m}^3)(9{,}81\ \text{N/kg})(0{,}011\ \text{m}) = 110\ \text{Pa}$$

La pressione a metà altezza del recipiente è quindi:

$$p_m = p_{olio} + p_{acqua} = (660\ \text{Pa}) + (110\ \text{Pa}) = 770\ \text{Pa}$$

40 ★★☆ Un tubo contiene volumi uguali di acqua (densità 1000 kg/m^3) e olio (densità 800 kg/m^3). La parte superiore del tubo è chiusa ed è stata aspirata l'aria sopra l'olio. In fondo al tubo la pressione è 2820 Pa.
- ▶ Calcola l'altezza di ciascuna colonna di liquido.
- ▶ Calcola a che profondità la pressione è 1410 Pa.

[16 cm; 18 cm]

41 ★★☆ In un recipiente, con l'estremità superiore aperta, viene versata una certa quantità di acqua (densità 1000 kg/m^3) e poi una certa quantità di olio (densità 800 kg/m^3). I due liquidi non si mescolano.

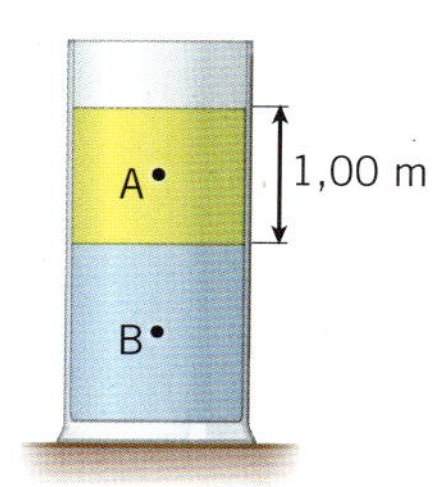

Sulla superficie libera dell'olio agisce la pressione atmosferica. Il punto A si trova a una profondità $h_A = 0{,}500$ m e il punto B a una profondità $h_B = 1{,}50$ m. L'altezza della colonna d'olio è $h_0 = 1{,}00$ m.

▶ Calcola la pressione nel punto A.

▶ Calcola la pressione nel punto B.

[$1{,}05 \cdot 10^5$ Pa; $1{,}14 \cdot 10^5$ Pa]

42 ★★☆ Un tubo a U è riempito con acqua (densità 1000 kg/m³). In uno dei due rami viene poi aggiunto dell'olio (densità 800 kg/m³). La figura mostra i due liquidi in equilibrio.

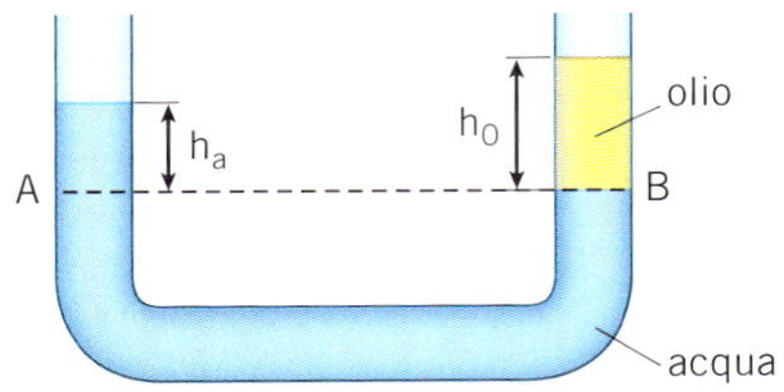

Il punto B è all'altezza della superficie di separazione tra i due liquidi. Il punto A ha la stessa altezza del punto B. L'altezza della colonna di olio è $h_o = 15$ cm. I due rami del tubo sono aperti superiormente.

▶ Determina l'altezza h_a della colonna d'acqua sopra il punto A.

[12 cm]

43 ★★☆ **OCCHIO ALL'INCERTEZZA**

In un esperimento di laboratorio, Giulia vuole determinare la densità di un liquido sconosciuto. Versa in un tubo a U della glicerina (densità 1261 kg/m³) e poi una certa quantità del liquido sconosciuto. Quando il sistema dei due liquidi raggiunge l'equilibrio, Giulia misura con un righello le altezze raggiunte dai due liquidi rispetto alla superficie di separazione dei due liquidi (indicata dalla linea tratteggiata nella figura).

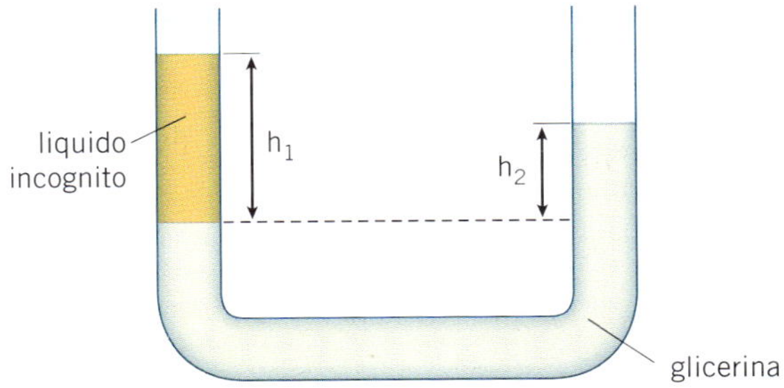

L'altezza della colonna di glicerina è $h_2 = (5{,}2 \pm 0{,}1)$ cm mentre l'altezza raggiunta dal liquido sconosciuto è $h_2 = (9{,}1 \pm 0{,}1)$ cm. I due rami del tubo sono aperti superiormente.

▶ Determina la densità del liquido sconosciuto e il suo errore assoluto.

[(720 ± 20) kg/m³]

44 ★★☆ Un recipiente pieno di mercurio (densità 13 600 kg/m³) è collegato a un tubo a U.

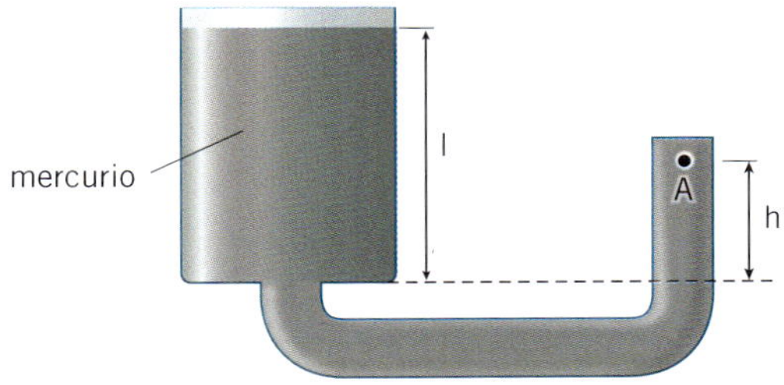

Il recipiente (a sinistra nella figura) ha l'estremità superiore aperta e il mercurio è a contatto con l'aria. Il tubo a U ha la sua estremità superiore sigillata. L'altezza del recipiente è $l = 0{,}85$ m. Il punto A si trova nel tubo a U a un'altezza $h = 0{,}40$ m dal fondo del recipiente.

▶ Calcola la pressione assoluta nel punto A.

▶ Calcola la pressione relativa nel punto A.

[$1{,}6 \cdot 10^5$ Pa; $6{,}0 \cdot 10^4$ Pa]

6 IL PRINCIPIO DI ARCHIMEDE

45 ★☆☆ Un dirigibile del peso complessivo di $6{,}4 \cdot 10^4$ N è in equilibrio a una certa quota da terra.

▶ Calcola il modulo della spinta idrostatica esercitata dall'aria sul dirigibile.

[$6{,}4 \cdot 10^4$ N]

46 ★☆☆ Un oggetto del peso di 50 N viene immerso in un liquido e misurato usando un dinamometro. Il peso dell'oggetto risulta 35 N.

▶ Il peso dell'oggetto è veramente cambiato? Che cosa misura il dinamometro quando l'oggetto è immerso in acqua?

▶ Calcola il modulo della spinta idrostatica applicata dal liquido sull'oggetto.

[No; 15 N]

47 ★☆☆ **UN DATO IN PIÙ**

Un grosso masso di volume 0,60 m³ e di massa $3{,}5 \cdot 10^3$ kg è immerso completamente in acqua (densità 1000 kg/m³).

▶ Calcola il modulo della spinta idrostatica applicata dall'acqua sul masso.

[5900 N]

48 ★

Un oggetto di volume $1{,}5 \cdot 10^{-2}$ m^3 galleggia nell'olio (densità 800 kg/m^3). L'oggetto è immerso per due terzi del suo volume.

▶ Calcola il modulo della spinta idrostatica applicata dall'olio sull'oggetto.

[78 N]

49 ★

Un gommone galleggia sull'acqua. Il gommone riceve una spinta idrostatica uguale a 6500 N.

▶ Calcola il volume di acqua spostato dal gommone.

[0,66 m^3]

50 ★ **QUANTI SU 100?**

Un iceberg (densità 917 kg/m^3) galleggia in mare (densità 1025 kg/m^3).

▶ Determina in percentuale il volume sommerso dell'iceberg.

[89%]

51 ★★

Un oggetto pesa 1300 N e ha un volume di 0,15 m^3.

▶ Determina se l'oggetto galleggia quando è immerso in acqua.

▶ Determina se l'oggetto galleggia quando è immerso in olio (densità 800 kg/m^3).

[Sì; No]

52 ★★

Un cubo di ferro (densità 7860 kg/m^3) di volume $6{,}4 \cdot 10^{-5}$ m^3 è appeso a una molla di costante elastica 65 N/m. Il cubo viene immerso completamente in acqua.

▶ Determina l'allungamento della molla quando il cubo è completamente immerso.

[6,6 cm]

53 ★★

Un oggetto pesa 280 N. Quando l'oggetto è completamente immerso in acqua, un dinamometro misura un peso pari a 180 N.

▶ Determina la densità dell'oggetto.

[$2{,}8 \cdot 10^3$ kg/m^3]

54 ★★

Un dirigibile è riempito con elio (densità 0,179 kg/m^3) e si trova fermo a un'altezza in cui la densità dell'aria è 1,20 kg/m^3. Il peso della struttura del dirigibile è $5{,}10 \cdot 10^4$ N.

▶ Determina il volume del dirigibile (puoi approssimare il volume del dirigibile con il volume dell'elio.).

[$5{,}1 \cdot 10^3$ m^3]

55 PROBLEM SOLVING

Un contenitore cilindrico con raggio di base $r = 2{,}2$ cm, altezza $h = 7{,}8$ cm e massa $m = 30$ g è parzialmente immerso in acqua.

▶ Calcola di quanti centimetri il contenitore emerge dall'acqua.

Il contenitore viene riempito progressivamente con della sabbia. La densità della sabbia è $d_s = 1{,}9 \cdot 10^3$ kg/m^3.

▶ Quanta sabbia bisogna mettere nel contenitore affinché sia totalmente immerso in acqua?

Dati e incognite

Dati	Incognite
Raggio di base del contenitore: $r = 2{,}2$ cm	Altezza della parte emersa del contenitore: $h_e = ?$
Altezza del contenitore: h = 7,8 cm	Massa di sabbia da versare nel contenitore: $m_s = ?$
Massa del contenitore: $m = 30$ g $= 3{,}0 \cdot 10^{-2}$ kg	
Densità della sabbia: $d_s = 1{,}9 \cdot 10^3$ kg/m^3	

Il ragionamento

Quando è vuoto, il contenitore è in equilibrio sotto l'azione di due forze opposte: il suo peso $\vec{P}$ diretto verso il basso e la spinta di Archimede, o forza idrostatica, $\vec{F}$ diretta verso l'alto. Applicando la condizione di equilibrio, determiniamo il volume della parte immersa del contenitore e quindi la sua altezza. Quando il contenitore viene riempito con della sabbia, affonda sempre più, fino a essere completamente immerso quando la sua densità media diventa uguale a quella dell'acqua. Da questa relazione ricaviamo la massa di sabbia richiesta.

La soluzione

- Il contenitore cilindrico vuoto galleggia sull'acqua, in parte immerso, in parte emerso. L'espressione del volume della parte emersa è:

$$V_{em} = \pi r^2 h_e$$

e quindi l'espressione del volume della parte immersa è:

$$V_{imm} = V_{tot} - V_{em} = \pi r^2 h - \pi r^2 h_e = \pi r^2 (h - h_e)$$

Il modulo della spinta di Archimede è:

$$F_I = d_a g V_{imm} = d_a g \pi r^2 (h - h_e)$$

Dal momento che il contenitore è in equilibrio, il modulo della spinta di Archimede è uguale a quello del peso del contenitore:

$$F_I = P \quad \rightarrow \quad d_a g \pi r^2 (h - h_e) = mg \quad \rightarrow \quad d_a \pi r^2 (h - h_e) = m$$

Invertiamo questa relazione per calcolare l'altezza h_e della parte emersa:

$$h - h_e = \frac{m}{d_a \pi r^2} \quad \rightarrow \quad h_e = h - \frac{m}{d_a \pi r^2}$$

Sostituendo i valori numerici otteniamo:

$$h_e = (0{,}078 \text{ m}) - \frac{3{,}0 \cdot 10^{-2} \text{kg}}{\pi (1{,}0 \cdot 10^3 \text{ kg/m}^3)(0{,}022 \text{ m})^2} = 0{,}058 \text{ m}$$

Quindi il contenitore sporge di 5,8 cm sul pelo dell'acqua.

- Se riempiamo il contenitore di sabbia, questo si immergerà fino a quando sarà completamente immerso. In quel momento la sua densità media sarà:

$$d_c = \frac{m + m_s}{V_{tot}}$$

e sarà uguale a quella dell'acqua:

$$d_c = d_a \quad \rightarrow \quad \frac{m + m_s}{V_{tot}} = d_a$$

Invertiamo questa relazione per ottenere la massa della sabbia nel contenitore:

$$m + m_s = d_a V_{tot} \quad \rightarrow \quad m_s = d_a V_{tot} - m = d_a \pi r^2 h - m$$

Sostituendo i valori otteniamo:

$$m_S = (1{,}0 \cdot 10^3 \text{ kg/m}^3)\, \pi\, (0{,}022 \text{ m})^2\, (0{,}078 \text{ m}) - (3{,}0 \cdot 10^{-2} \text{ kg}) = 0{,}089 \text{ kg}$$

56 ★★ Una piattaforma di legno di pino (densità 550 kg/m³) galleggia in mare (densità 1025 kg/m³). La piattaforma è lunga 7,5 m, larga 3,4 m e spessa 0,38 m.

▶ Determina il peso massimo aggiuntivo che può essere posto sulla piattaforma senza farla affondare.

[$4{,}5 \cdot 10^4$ N]

57 ★★ Un cubo di spigolo l = 20 cm galleggia in acqua. Il cubo è immerso per un tratto lungo 11 cm.

▶ Determina la densità del cubo.

[550 kg/m³]

58 ★★★ Una sfera di massa $m = 1{,}2$ kg galleggia completamente immersa nel mercurio (densità 13 600 kg/m^3).

▶ Determina il raggio della sfera.

[2,8 cm]

59 ★★★ Giorgio gioca al mare con una palla piena di aria (densità 1,29 kg/m^3). Il raggio della palla è 11,5 cm. Il peso dell'involucro della palla è 2,9 N.

▶ Determina quale forza verso il basso Giorgio deve applicare sulla palla per tenerla completamente sott'acqua (densità acqua di mare 1025 kg/m^3).

[61 N]

PROBLEMI FINALI

60 ★★★ Un esploratore deve attraversare un lago ghiacciato. La massa dell'esploratore con la sua attrezzatura è $m = 115$ kg. La pressione massima che il lago può sopportare, in aggiunta alla pressione atmosferica, è 1,1 N/cm^2. Per evitare che il ghiaccio si rompa, l'esploratore decide di mettere ai piedi delle racchette da neve.

▶ Determina il raggio minimo che devono avere delle racchette circolari per consentire allo sciatore di attraversare il lago.

[18 cm]

61 ★★★ **QUANTI SU 100?**
Due blocchi A e B di forma cubica e dello stesso peso sono appoggiati al suolo. Il lato di A è lungo 7,5 cm. La pressione esercitata dal blocco B sul suolo supera del 12% la pressione esercitata dal blocco A.

▶ Determina la differenza tra il lato di A e il lato di B.

[0,41 cm]

62 ★★★ Un recipiente di peso trascurabile ha forma cilindrica. Quando è pieno di olio ($d_{olio} = 800$ kg/m^3), il recipiente esercita sul suolo una pressione $p_1 = 4{,}3 \cdot 10^3$ Pa; mentre quando è pieno di acqua ($d_{acqua} = 1{,}0 \cdot 10^3$ kg/m^3), il recipiente pesa $F = 2{,}1 \cdot 10^3$ N.

▶ Determina l'altezza e il raggio di base del recipiente.

[55 cm; 35 cm]

63 ★★★ Un sommergibile si trova a una profondità di 250 m sotto il livello del mare ($d = 1025$ kg/m^3).

▶ Determina la forza che agisce su un oblò di raggio 12 cm del sommergibile.

[$1{,}2 \cdot 10^5$ N]

64 ★★★ **QUANTI SU 100?**
Un gas è racchiuso dentro un contenitore ed esercita una certa pressione che possiamo considerare uniforme in tutti i punti del contenitore. Un manometro a tubo aperto, riempito con mercurio ($d_{Hg} = 13\,600$ kg/m^3), è collegato al contenitore in modo che il mercurio sia a diretto contatto con il gas.

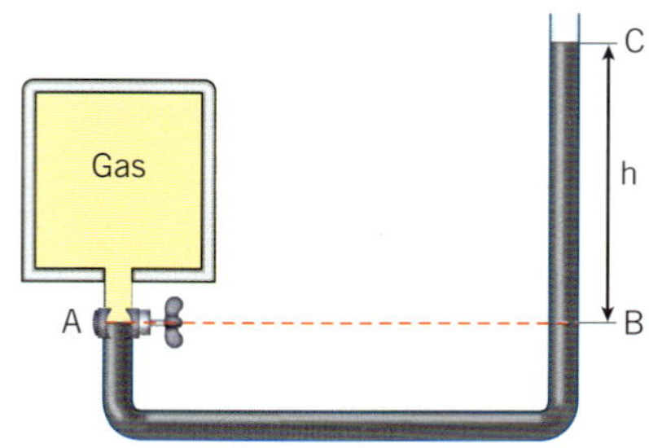

Il mercurio è a contatto con l'aria nel punto C. La pressione del gas è $1{,}4 \cdot 10^5$ Pa.

▶ Determina il dislivello h tra i punti B e C della figura.

▶ Una parte del gas viene tolto e il dislivello h diminuisce del 25%. Calcola la pressione del gas rimasto nel contenitore.

[0,29 m; $1{,}3 \cdot 10^5$ Pa]

65 ★★★ **LEGGI IL GRAFICO**
Nel grafico è riportato l'andamento della pressione (in unità di 10^5 Pa) in un liquido al variare della profondità h. Sulla superficie libera del liquido, cioè per $h = 0$ m, agisce la pressione atmosferica della località della Terra in cui sono stati ottenuti i dati riportati nel grafico.

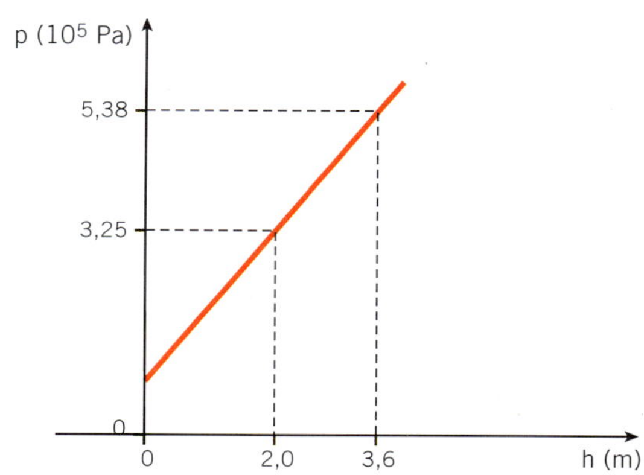

▶ Determina la densità del liquido dai dati mostrati nel grafico.

▶ Determina la pressione atmosferica del luogo dove è stato effettuato l'esperimento.

[$1{,}36 \cdot 10^4$ kg/m^3; $5{,}9 \cdot 10^4$ Pa]

66 ★★
Un uomo alto 1,80 m è sdraiato su una panca che forma un angolo di 30% con il pavimento.

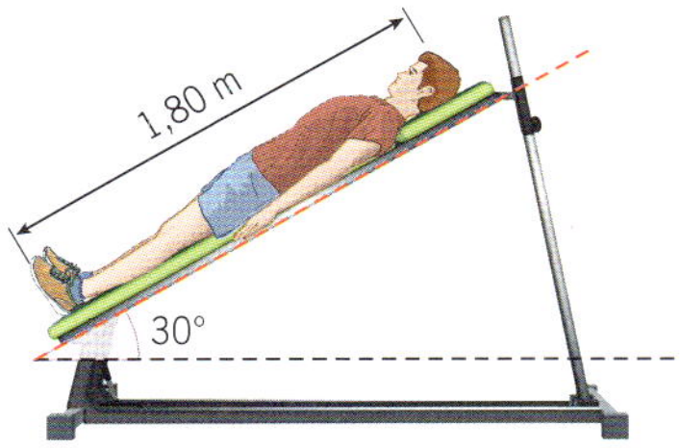

Considera il sangue (d = 1060 kg/m^3) come un fluido statico.

▶ Determina la differenza di pressione sanguigna tra un punto del piede e un punto del capo dell'uomo.

[9,3 · 10^3 Pa]

67 ★★
Un recipiente viene riempito con una miscela di acqua (d_a = 1000 kg/m^3) e di olio (d_o = 800 kg/m^3). Il recipiente è collegato a un tubo a U.

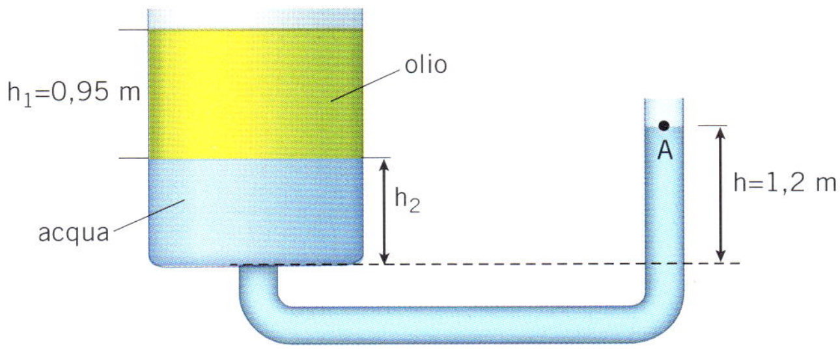

Il recipiente ha l'estremità superiore aperta e l'olio è a contatto con l'aria. Il tubo a U ha la sua estremità superiore destra sigillata. La pressione relativa nel punto A è p_{r_A} = 450 Pa.

▶ Calcola l'altezza h_2 della colonna di acqua nel recipiente.

[0,49 m]

68 ★★
Un barometro a mercurio (d_{Hg} = 13 600 kg/m^3) consiste in un lungo bulbo di vetro con un'estremità aperta e l'altra estremità sigillata. Il bulbo viene riempito di mercurio e rovesciato in una bacinella contenente anch'essa mercurio. Quando si raggiunge l'equilibrio, il mercurio nel bulbo raggiunge una certa altezza h rispetto alla superficie libera del mercurio nella bacinella.

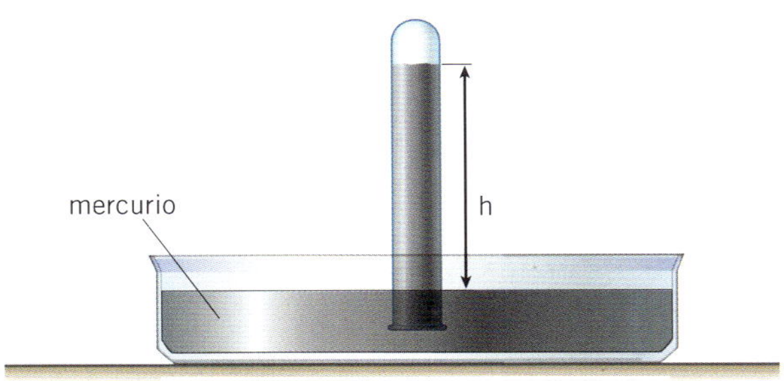

Sopra la superficie libera del mercurio all'interno del bulbo non c'è aria.

▶ Determina l'altezza h raggiunta dal mercurio nel bulbo, in un luogo in cui la pressione atmosferica è 0,85 atm.

▶ Se utilizziamo acqua (d_a = 1000 kg/m^3) al posto del mercurio, quale altezza raggiunge l'acqua nel bulbo nello stesso luogo?

[0,65 m; 8,8 m]

69 ★★ **QUANTI SU 100?**
Una molla di costante elastica k = 1600 N/m è agganciata a un supporto orizzontale da cui viene lasciata pendere (a). Un blocco di ferro (d_{Fe} = 7860 kg/m^3) di volume 1,0 · 10^{-3} m^3 viene agganciato alla molla e questa si allunga di un tratto x_1 (b). Il blocco viene poi immerso completamente in un recipiente pieno d'acqua. All'equilibrio, la molla si è allungata di un tratto x_2 (c).

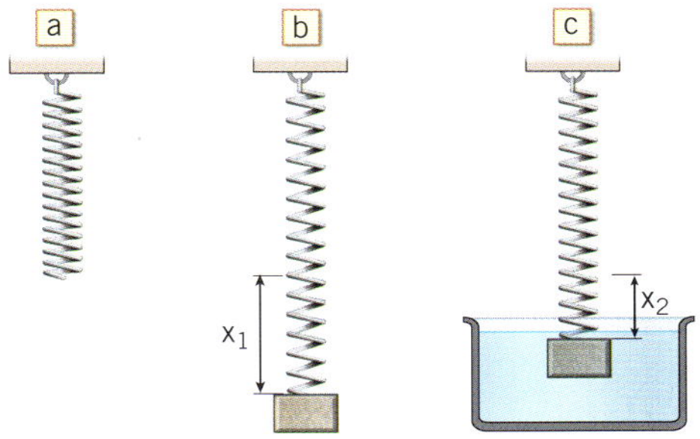

▶ Determina la diminuzione percentuale dell'allungamento della molla quando il blocco è in acqua rispetto a quando non lo è.

[13%]

70 ★★ **QUANTI SU 100?**
Una sfera ha una massa di 85 kg. Quando è completamente immersa in acqua di mare (d = 1025 kg/m^3), il suo peso, misurato con un dinamometro, appare diminuito del 18%.

▶ Determina il raggio della sfera.

[15 cm]

71 ★★ **UN DATO IN PIÙ**
Un cubetto di ghiaccio (d_g = 917 kg/m^3) ha una massa di 3,1 g e il suo spigolo misura 1,5 cm. Il cubetto viene messo nell'acqua (d_a = 1000 kg/m^3).

▶ Calcola l'altezza della parte immersa del cubetto.

[1,4 cm]

72 ★★ **OCCHIO ALL'INCERTEZZA**
Sara vuole verificare il principio di Archimede. Prende un cubetto di legno e ne misura il lato, (7,0 ± 0,1) cm, e la massa, (140 ± 1) g. Poi immerge il cubetto in acqua e misura l'altezza della parte sommersa: (3,0 ± 0,5) cm. Infine confronta questo valore misurato con il valore teorico che aveva calcolato.

▶ Calcola il valore teorico trovato da Sara e stabilisci se è in accordo col valore misurato.

[(3,0 ± 0,1) cm]

73 ★★☆ Una bottiglia di vetro che contiene una bevanda frizzante è chiusa con un tappo a vite a chiusura ermetica. La pressione esercitata dal biossido di carbonio (CO_2) contenuto nella bottiglia è $1{,}80 \cdot 10^5$ Pa. La faccia superiore e quella inferiore del tappo hanno la stessa area di $4{,}10 \cdot 10^{-4}$ m^2. La pressione atmosferica all'esterno della bottiglia è 1 atm.

▶ Calcola il modulo della forza esercitata sul tappo dalla sua filettatura per non farlo aprire.

[32 N]

74 ★★★ **LEGGI IL GRAFICO**

Un torchio idraulico è costituito da due recipienti cilindrici collegati tra loro e riempiti completamente con acqua ($d = 1000$ kg/m^3). L'acqua si trova anche nel tubo di collegamento dei due cilindri. Nei due cilindri scorrono due pistoni, di peso trascurabile, rispettivamente di area A_1 e A_2, con $A_1 > A_2$. Sul pistone di area maggiore si trova una moto di peso 1000 N.

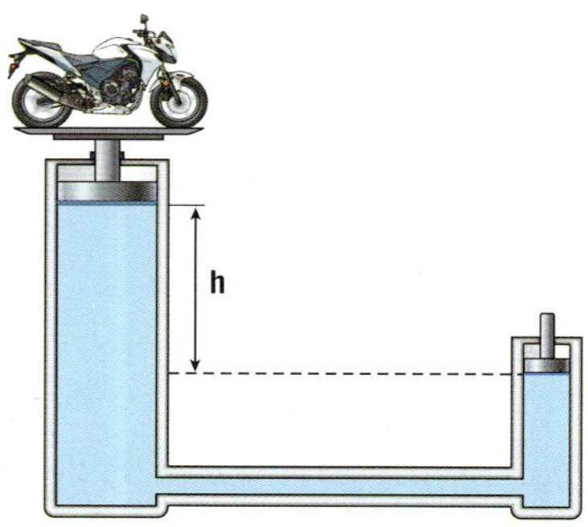

Il grafico mostra come varia il modulo della forza $\vec{F}$, applicata al pistone di area minore per tenere ferma la moto, al variare della differenza di quota h tra il pistone di area maggiore e il pistone di area minore.

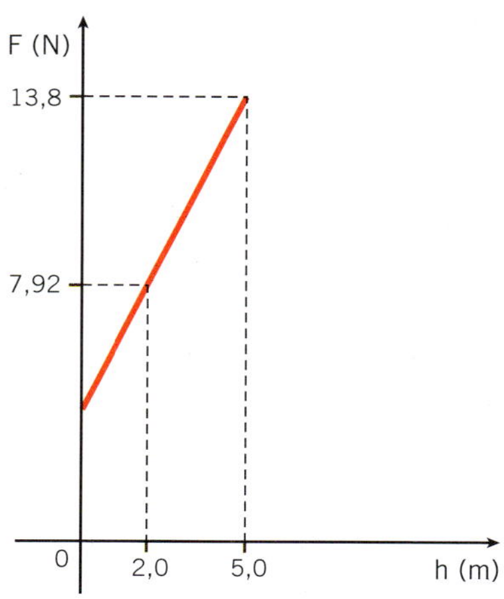

▶ Determina l'area A_1 e A_2 dei due pistoni utilizzando i dati riportati nel grafico.

[$2{,}0 \cdot 10^{-4}$ m^2; 0,050 m^2]

75 ★★★ **QUANTI SU 100?**

Una sfera di ottone ($d_S = 8470$ kg/m^3) è completamente immersa in un recipiente contenente olio ($d_o = 800$ kg/m^3) e mercurio ($d_{Hg} = 13\,600$ kg/m^3). La sfera rimane in equilibrio come mostra la figura.

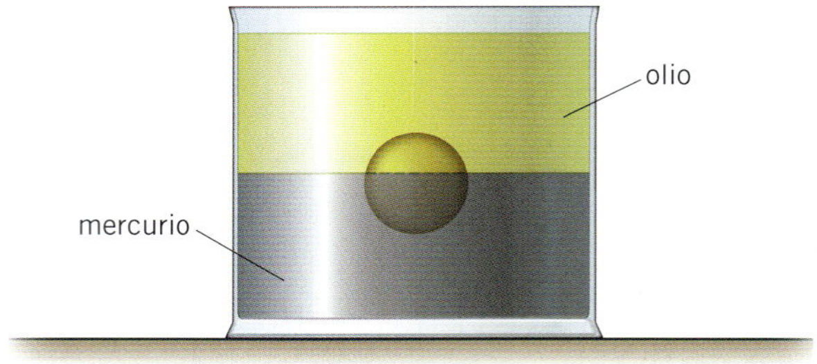

Una parte del volume della sfera è immersa nel mercurio e la restante parte nell'olio.

▶ Determina la percentuale del volume della sfera immersa nel mercurio.

[60%]

76 ★★★ Una sfera di piombo ($d_{Pb} = 11\,300$ kg/m^3) è cava al suo interno.

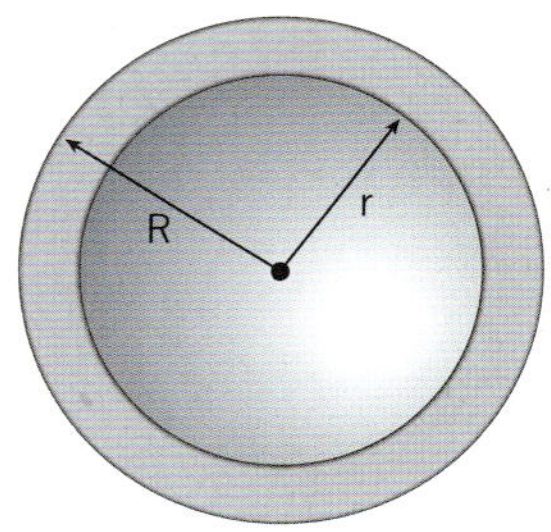

La sfera di piombo pesa 84 N. Immersa in acqua e agganciata a un dinamometro *pesa* 72 N.

▶ Determina il raggio r della cavità.

▶ Determina il raggio R della sfera di piombo.

[4,8 cm; 6,6 cm]

77 ★★★ La figura rappresenta un elevatore idraulico in cui su un pistone è collegato una molla di costante elastica 1600 N/m, mentre sull'altro è posata una pietra di 40,0 kg. I due pistoni sono alla stessa altezza e le loro masse sono trascurabili.

▶ Di quanto si accorcia la molla rispetto alla sua lunghezza di riposo?

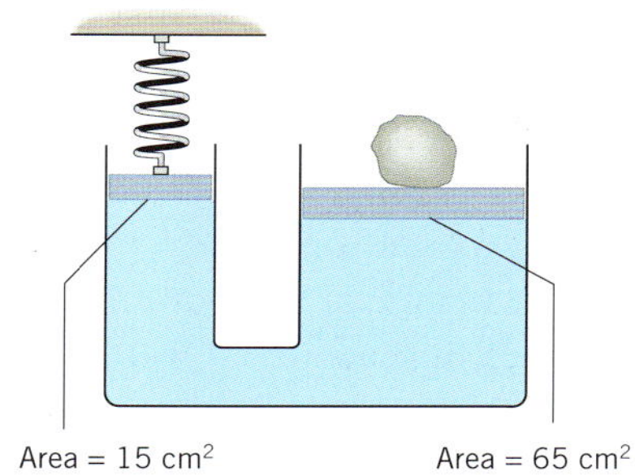

[$5{,}7 \cdot 10^{-2}$ m]

TEST

1 Una forza di modulo A agisce in direzione perpendicolare su una superficie di area B. La pressione C sulla superficie è:

A $C = A \cdot B$

B $C = A \cdot B^2$

C $C = A / B$

D $C = B / A$

2 Un pallone aerostatico, riempito di elio e avente una massa complessiva di 1,5 kg, sta salendo velocemente, a velocità verticale costante, fino ad un'altezza di 100 m dal suolo. Quale, tra i valori indicati, può esprimere la spinta idrostatica sul pallone alla quota di 50 m?

A 0 N

B 1,47 N

C 2,2 N

D 14,7 N

E 22 N

Olimpiadi della fisica, 2011

3 Un oggetto pesa 15 N; quando è immerso nell'acqua pesa 12 N. Qual è la sua densità?

A $7{,}5 \cdot 10^3$ kg/m^3

B $6{,}0 \cdot 10^3$ kg/m^3

C $5{,}0 \cdot 10^3$ kg/m^3

D $3{,}3 \cdot 10^2$ kg/m^3

4 Le giraffe hanno un collo lungo circa 5 m. Assumendo per il sangue una densità pari a quella dell'acqua, che differenza di pressione ci aspettiamo alla base del collo tra quando la giraffa ha il collo disteso in verticale e quando ha il collo disteso in orizzontale?

A Circa 0,05 atm.

B Circa 5 atm.

C Circa 50 cmHg.

D Circa 0,5 atm.

E Circa 50 atm.

Test di ingresso a Veterinaria, 2010

5 Quale delle seguenti affermazioni riguardanti un fluido contenuto in un recipiente chiuso è vera?

A La pressione all'interno di un fluido dipende dalla pressione esterna che agisce su di esso.

B Se in un punto del fluido la pressione aumenta, in qualche altro punto deve diminuire.

C Una variazione di pressione è trasmessa inalterata in tutto il fluido.

D La pressione è uguale in tutti i punti del fluido.

6 Una bottiglia vuota, un sughero, una nave da crociera possono galleggiare nell'acqua perché:

A la massa d'acqua che spostano li spinge verso l'alto.

B hanno un ridotto volume.

C la forma della loro superficie a contatto con l'acqua ne riduce l'attrito.

D si muovono più velocemente delle onde.

E i tre sistemi (nave, sughero, bottiglia) galleggiano per ragioni diverse tra loro.

Test di ingresso a Odontoiatria, 2006

7 Quale delle seguenti affermazioni relativa alla spinta di Archimede è vera?

A Dipende dalla massa dell'oggetto immerso.

B Dipende dal peso dell'oggetto immerso.

C È indipendente dalla densità del liquido.

D Dipende dal volume di liquido spostato.

8 Un uomo di 73,5 kg si sdraia su un letto di 1900 chiodi. L'area della punta di ciascun chiodo è $1{,}26 \cdot 10^{-6}$ m^2. Qual è la pressione che ogni chiodo esercita sul corpo dell'uomo?

A $1{,}1 \cdot 10^{12}$ Pa

B $1{,}1 \cdot 10^{6}$ Pa

C $3{,}01 \cdot 10^{5}$ Pa

D $1{,}59 \cdot 10^{4}$ Pa

9 Un ragazzo riempie d'acqua una bottiglia di vetro, la chiude con un piccolo tappo e la deposita sull'acqua di uno stagno. Dica il candidato se:

A galleggia.

B affonda.

C non si può dire se galleggia o affonda.

D la discesa sarà con accelerazione crescente.

E resta sotto il pelo dell'acqua.

Test di ingresso a Veterinaria, 2003

10 Una sfera di piombo, piena, non galleggia in acqua. La causa va ricercata nel fatto che

A la densità del piombo è minore di quella dell'acqua.

B il piombo ha densità maggiore di quella dell'aria che respiriamo.

C il peso specifico del piombo è maggiore di quello dell'acqua.

D a parità di peso, il volume del piombo (anche quando in forma di sfera piena, non vuota) è maggiore di quello dell'acqua spostata.

E il piombo è un solido mentre l'acqua è un liquido.

Test di ingresso a Odontoiatria, 2002

SEI PRONTO PER LA VERIFICA?

IN UN'ORA

10/100 **Problema 1**

I polmoni umani funzionano correttamente fino a quando la differenza di pressione tra il loro interno e l'esterno non supera un ventesimo di atmosfera. Una persona che respira attraverso il tubo di una maschera subacquea vuole immergersi sott'acqua.

▶ Sapendo che la densità dell'acqua di mare è 1025 kg/m^3, fino a quale profondità può arrivare? [0,50 m]

10/100 **Problema 2**

Un'anatra galleggia su un lago e il 25% del suo volume rimane sotto la superficie dell'acqua.

▶ Qual è la densità media dell'anatra? [250 kg/m^3]

10/100 **Problema 3**

La pressione sanguigna in un certo istante è $1{,}60 \cdot 10^4$ Pa.

▶ Calcola la pressione in un'arteria cerebrale che si trova 0,45 m sopra il cuore. Trascura le variazioni di pressione provocate dalla circolazione del sangue (densità pari a 1060 kg/m^3).

[$1{,}1 \cdot 10^4$ Pa]

10/100 **Problema 4**

Una persona non può equilibrare il proprio peso sulla punta di un chiodo ma può distendersi su un letto di chiodi senza subire alcun danno. Spiega perché.

Problema 5

Si narra che Gerone II, tiranno di Siracusa nel III secolo a.C., consegnò a un orafo una certa quantità di oro perché realizzasse una corona. Ricevuta la corona, Gerone ebbe il sospetto che l'orafo avesse sostituito una parte dell'oro con un'uguale massa di metalli meno preziosi, quali per esempio rame o argento, tenendo per sé l'oro non usato. Gerone chiese allora ad Archimede, illustre matematico della città, di trovare un modo per verificare la quantità d'oro presente nella corona senza però fonderla.
Archimede pensò che, immergendo la corona in acqua, avrebbe potuto capire se era davvero fatta tutta d'oro. Scopri in che modo rispondendo alle domande che seguono.

12/100 **A** In un contenitore con area di base 200 cm^2, contenente 6,0 L di acqua, è immerso totalmente un oggetto di volume 400 cm^3. Di quanto si alza il livello dell'acqua? [2,0 cm]

16/100 **B** Due oggetti di uguale massa ma densità diverse sono totalmente immersi in acqua. Per quale dei due oggetti il livello dell'acqua sale di più? Motiva la tua risposta e spiega come questo fatto sia stato usato anche da Archimede.

16/100 **C** Secoli dopo Archimede, Galileo Galilei propose un metodo alternativo usando un dispositivo che ora è noto come «bilancia idrostatica».
La corona (a sinistra) e un'uguale massa d'oro (a destra) sono poste agli estremi di una bilancia a bracci uguali. Quando sono fuori dall'acqua, i due oggetti tengono la bilancia in equilibrio. Quando la bilancia si abbassa fino a immergere i due oggetti, che cosa succede se la corona non è composta solo da oro (d_{Au} = 19 300 kg/m^3) ma anche da rame (d_{Cu} = 8960 kg/m^3)?

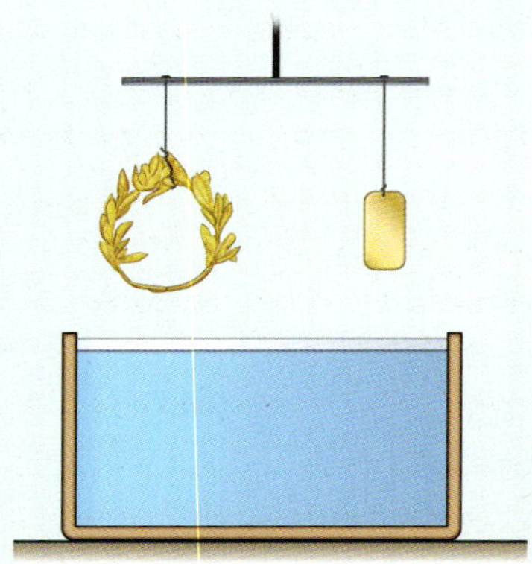

16/100 **D** «L'aria è un fluido (la cui densità al livello del mare è circa 1,2 kg/m^3) e quindi anche in aria i due oggetti subiscono la spinta di Archimede. Quindi, se i due oggetti hanno volumi diversi, l'asta della bilancia idrostatica non può stare in posizione orizzontale». Questa affermazione è corretta? Calcola la spinta di Archimede sui due oggetti nel caso in cui la massa della corona sia 100 g e sia composta per tre quarti d'oro e per un quarto di rame. [$7{,}9 \cdot 10^{-5}$ N, $6{,}1 \cdot 10^{-5}$ N]

.../100

© HUAJI/Shutterstock

CAPITOLO 6 LA VELOCITÀ

“Una maratona è lunga 42 kilometri e 195 metri. I migliori maratoneti al mondo impiegano poco più di 2 ore per tagliare il traguardo, correndo a una velocità media di circa 20 kilometri all'ora.”

▶ **Quale distanza percorre in media un maratoneta in 2 minuti?**

▶ Risposta a pag. 174

1 IL PUNTO MATERIALE E LA TRAIETTORIA

Quando osserviamo un oggetto che si muove, possiamo limitarci a descrivere le caratteristiche del suo moto e valutare per esempio se è rapido o lento. Se però vogliamo capire *perché* un oggetto si muove, dobbiamo esaminare le cause che provocano il moto, cioè le forze, e valutare i loro effetti.

La **cinematica** è la parte della fisica che tratta i concetti necessari per descrivere il moto senza fare riferimento alle forze.

kinematics

Il punto materiale

Quando un'auto si sposta da un punto a un altro della città, l'obiettivo di chi sta al volante è non sbagliare strada e fare il percorso più breve. Uno strumento utile a questo scopo è il navigatore (figura 1), che consente di visualizzare l'automobile in tempo reale, come un semplice punto che si sposta su una mappa. A differenza di quanto avviene per esempio durante le manovre di parcheggio, quando dobbiamo studiare il moto di un'automobile nel suo complesso non ci interessa conoscere le sue dimensioni e possiamo trattare la vettura come se tutta la sua massa fosse concentrata in un punto, detto **punto materiale**.

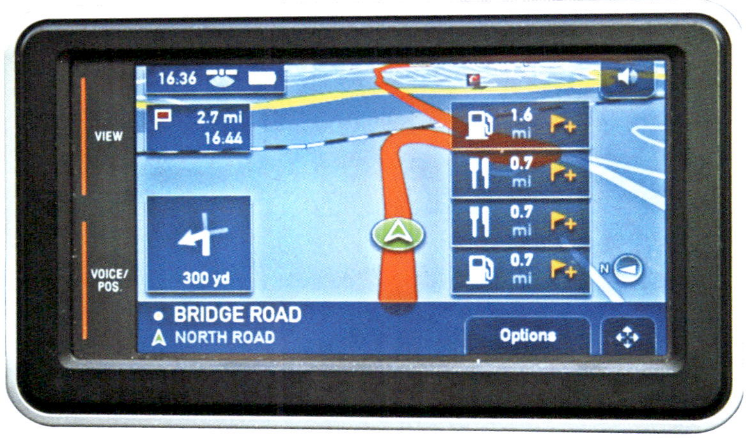

© jennyt (Shutterstock)

Figura 1
Un navigatore satellitare visualizza un'automobile come un punto che si sposta su una mappa.

Questa ipotesi semplifica lo studio del moto ed è molto realistica quando le dimensioni del corpo in moto sono trascurabili rispetto alle dimensioni dell'ambiente che lo circonda. Per esempio, il diametro di una goccia di pioggia è trascurabile rispetto alla lunghezza del percorso compiuto della goccia e le dimensioni di un aereo di linea sono molto minori della distanza da un aeroporto all'altro.

La traiettoria

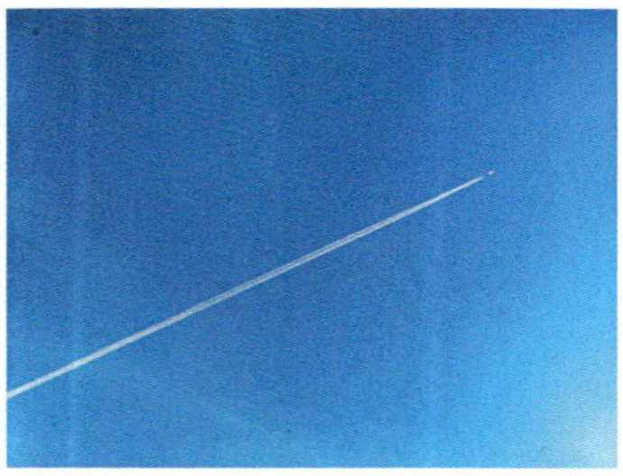

Figura 2
La scia di vapore che lascia un aereo al suo passaggio mostra la sua traiettoria.

La scia di vapore che lascia un aereo quando passa in cielo (**figura 2**) evidenzia i punti attraverso i quali è passato, cioè la **traiettoria** che ha percorso.

> Si chiama **traiettoria** l'insieme dei punti attraverso i quali passa un punto materiale durante il suo moto.

La traiettoria percorsa da un corpo in movimento può essere approssimata con una linea. Per esempio, la traiettoria di una mela che cade da un albero è un segmento, la traiettoria del cavallo di una giostra è una circonferenza, mentre la traiettoria di un falco in volo è una complicata linea curva (**figura 3**).

Figura 3
A. Un falco in volo percorre una traiettoria complessa.
B. La traiettoria del cavallo di una giostra è una circonferenza.

2 IL MOTO RETTILINEO

La traiettoria più semplice dal punto di vista geometrico è un segmento di retta; di conseguenza il moto più semplice da studiare è quello *rettilineo*.

> Un corpo si muove di **moto rettilineo** quando la sua traiettoria è una porzione di retta.

Per esempio, il moto di un nuotatore che avanza lungo la propria corsia è un moto rettilineo (**figura 4**).

Figura 4
La permanenza in corsia «obbliga» un nuotatore a muoversi di moto rettilineo.

In questo capitolo e nel prossimo utilizzeremo il modello del punto materiale per descrivere oggetti che si muovono di moto rettilineo.

Il sistema di riferimento

Per studiare il moto di un corpo bisogna dire dove si trova quel corpo a ogni istante di tempo. Bisogna, cioè, esprimere un «*dove*» e un «*quando*»: ma rispetto a che cosa?

Pensiamo a un ciclista (figura 5) che procede affiancato dalla sua ammiraglia lungo un rettilineo: in questa situazione, il ciclista è fermo per chi si trova all'interno dell'auto.

Figura 5
Il ciclista e l'ammiraglia sono affiancati: il guidatore vede il ciclista fermo.

Per uno spettatore in piedi sul bordo della strada, invece, il ciclista si muove di moto rettilineo. Lo stesso fenomeno è descritto in due modi diversi: ciò accade perché sono stati scelti due diversi riferimenti (l'ammiraglia e lo spettatore) rispetto ai quali indicare le posizioni occupate dal ciclista e l'istante di tempo in cui ciascuna posizione è occupata. La descrizione del moto di un oggetto dipende dunque dal punto di vista dal quale osserviamo il moto.

Supponiamo, per esempio, di voler descrivere il moto di un gatto che cammina su una ringhiera. Per farlo non è sufficiente dire, per esempio, «in questo momento il gatto si trova più o meno al centro della ringhiera» oppure «adesso il gatto è un po' più a destra di prima». Dobbiamo stabilire un punto di riferimento rispetto al quale si trova il gatto in un certo istante e scegliere un istante a partire dal quale misurare il tempo. In altre parole, abbiamo bisogno di fissare un **sistema di riferimento**.

frame of reference

In generale, per descrivere un moto rettilineo si usa un sistema di riferimento formato da:

- una retta sulla quale sono fissati un punto O, detto origine, un verso positivo di percorrenza e un'unità di misura di lunghezza;
- un cronometro per misurare il tempo.

La posizione e l'istante di tempo

Una volta fissato un sistema di riferimento, la **posizione** del gatto sulla ringhiera è data dalla sua ascissa s, mentre l'**istante di tempo** è il valore t indicato dal cronometro quando il gatto si trova nella posizione s.

Le scelte dell'origine O e dell'istante di tempo «zero» a partire dal quale si inizia a misurare il tempo sono arbitrarie e indipendenti tra loro; una scelta molto comune è quella di porre lo zero del tempo nell'istante in cui l'oggetto si trova nell'origine. Tuttavia, anche qualsiasi altra scelta è altrettanto legittima.

Rispetto al sistema di riferimento fissato nella **figura 6**, il gatto è nella posizione $s_1 = 1$ m all'istante $t_1 = 5$ s e nella posizione $s_2 = 6$ m all'istante $t_2 = 12$ s.

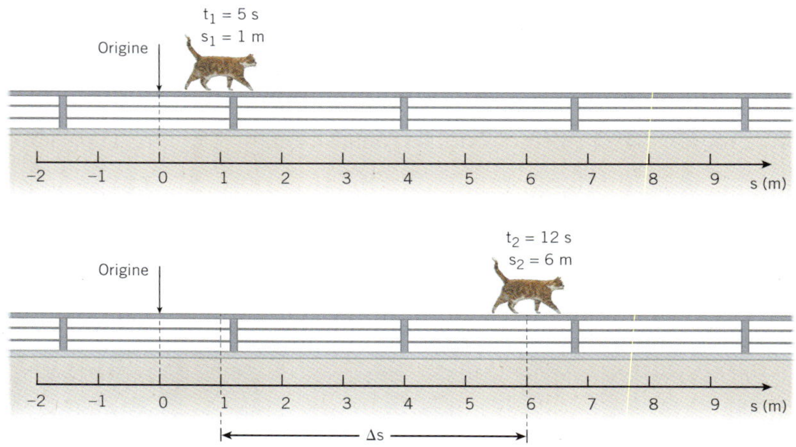

Figura 6
Con l'origine fissata nel punto indicato, agli istanti $t_1 = 5$ s e $t_2 = 12$ s corrispondono le posizioni $s_1 = 1$ m e $s_2 = 6$ m. Quindi la distanza percorsa è $\Delta s = s_2 - s_1 = 5$ m.

La differenza tra i due istanti t_1 e t_2 è detta intervallo di tempo Δt (leggi «delta ti»):

$$\Delta t = t_2 - t_1. \quad [1]$$

Qual è lo spostamento del gatto nell'intervallo di tempo Δt? Sappiamo che il gatto si trova nella posizione s_1 all'istante t_1 e nella posizione s_2 all'istante t_2. Allora,

lo spostamento tra gli istanti t_1 e t_2 è uguale alla differenza tra le posizioni s_1 e s_2:

$$\Delta s = s_2 - s_1. \quad [2]$$

MATEMATICA

Il modulo

Il modulo di un numero a si indica con il simbolo $|a|$ e si definisce come

$$|a| = \begin{cases} a & \text{se } a \geq 0 \\ -a & \text{se } a < 0 \end{cases}$$

Per esempio:
$|15| = 15$
$|-7| = 7$
e
$|0| = 0$

Nel caso della **figura 6**, lo spostamento del gatto è:

$$\Delta s = s_2 - s_1 = 6\text{ m} - 1\text{ m} = 5\text{ m}.$$

Se cambiamo sistema di riferimento, per esempio fissando l'origine O del sistema in un altro punto della ringhiera, cambiano i valori delle ascisse che indicano le posizioni del gatto, ma non cambia lo spostamento.

Nell'esempio di **figura 7**, per esempio, si ha $s_1 = -4$ m e $s_2 = 1$ m. Il segno negativo della posizione s_1 indica che il gatto è a 4 m dall'origine ma in un punto che si raggiunge spostandosi nel verso opposto al verso positivo della retta, indicato dalla freccia.

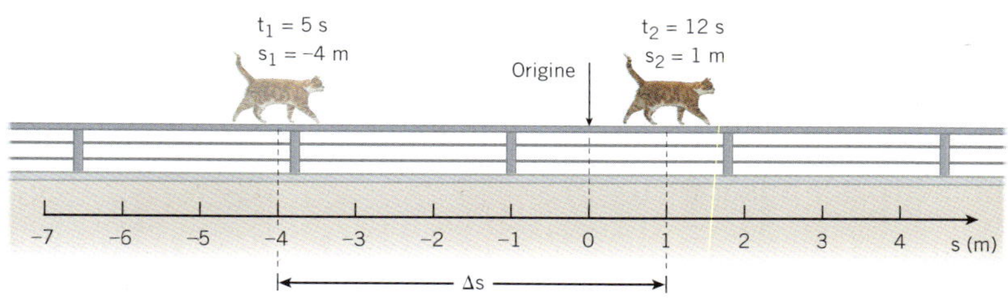

Figura 7
Cambiando la posizione dell'origine, agli istanti t_1 e t_2 corrispondono le posizioni $s_1 = -4$ m e $s_2 = 1$ m, ma la distanza percorsa è sempre la stessa: $\Delta s = s_2 - s_1 = 1$ m $-$ (-4 m) $= 5$ m.

Lo spostamento del gatto non dipende dal sistema di riferimento adottato. Infatti, se calcoliamo Δs con le posizioni riferite al nuovo sistema di riferimento, otteniamo:

$$\Delta s = s_2 - s_1 = 1\text{ m} - (-4\text{ m}) = 1\text{ m} + 4\text{ m} = 5\text{ m}.$$

In un moto rettilineo la direzione è fissata, così per definire lo spostamento di un punto materiale basta fornire il verso e il modulo dello spostamento.

3 LA VELOCITÀ MEDIA

Una delle caratteristiche più evidenti quando si osserva un oggetto in moto è la rapidità con cui si muove. Sappiamo, per esempio, che se corressimo i cento metri contro Usain Bolt (figura 8) arriveremmo certamente secondi, perché Bolt è più veloce di noi. Ma che cosa intendiamo quando diciamo che il campione giamaicano è *più veloce*?

Figura 8
Usain Bolt impegnato nella fase finale dei 100 metri piani.

Stiamo dicendo che Bolt percorre 100 metri in un intervallo di tempo minore del nostro; oppure, in modo del tutto analogo, che dopo 5 secondi di gara, Bolt ha percorso una distanza maggiore della nostra.

In fisica, la grandezza che esprime la rapidità con cui un punto materiale si muove è la *velocità*.

average speed

La **velocità media** di un punto materiale è il rapporto tra lo spostamento e l'intervallo di tempo in cui avviene:

$$\text{velocità media} = \frac{\text{spostamento}}{\text{intervallo di tempo}}$$

$$\bar{v} = \frac{\Delta s}{\Delta t} = \frac{s_2 - s_1}{t_2 - t_1} \qquad [3]$$

Visto che Δs ha le dimensioni fisiche di una lunghezza ([l]) e Δt ha le dimensioni fisiche di un tempo ([t]), le dimensioni fisiche della velocità sono il rapporto tra quelle della lunghezza e del tempo:

$$[v] = \frac{[\mathrm{l}]}{[\mathrm{t}]} = [\mathrm{lt}^{-1}]$$

Di conseguenza, nel Sistema Internazionale la velocità si misura in *metri al secondo* (m/s).

Metri al secondo e kilometri all'ora

Nel Sistema Internazionale la velocità è espressa in m/s. Nella vita quotidiana però la velocità dei veicoli è quasi sempre indicata in km/h. Per convertire fra loro queste unità di misura osserviamo che:

$$1\ \text{km/h} = \frac{1\ \text{km}}{1\ \text{h}} = \frac{1000\ \text{m}}{3600\ \text{s}} = \frac{1}{3{,}6}\ \text{m/s} \qquad [4]$$

Quindi:

- **per convertire in m/s** una velocità indicata in km/h bisogna **dividere per 3,6**:

$$54\ \frac{\text{km}}{\text{h}} = \frac{54}{3{,}6}\ \frac{\text{m}}{\text{s}} = 15\ \frac{\text{m}}{\text{s}}$$

- **per convertire in km/h** una velocità indicata in m/s bisogna **moltiplicare per 3,6**:

$$25\ \frac{\text{m}}{\text{s}} = 25 \times 3{,}6\ \frac{\text{km}}{\text{h}} = 90\ \frac{\text{km}}{\text{h}}$$

Vediamo un'applicazione delle regole precedenti.

Esempio 1 La velocità della lumaca

La velocità media di una lumaca è $\overline{v} = 0{,}050$ km/h.

▶ Calcola la velocità della lumaca in mm/s.

La soluzione

Per risolvere l'esercizio, dobbiamo trasformare i km/h in mm/s, ricordandoci che 1 km = 10^6 mm e 1 h = $3{,}6 \cdot 10^3$ s:

$$v_{\text{lumaca}} = 0{,}050\ \frac{\text{km}}{\text{h}} = 0{,}050 \cdot \frac{10^6\text{mm}}{3{,}6 \cdot 10^3\text{s}} = 14\ \frac{\text{mm}}{\text{s}}$$

In alternativa, per passare dai km/h ai mm/s, possiamo eseguire due conversioni successive:

1. convertiamo i km/h in m/s, utilizzando l'equivalenza [**4**]:

$$v_{\text{lumaca}} = 0{,}050\ \frac{\text{km}}{\text{h}} = \frac{0{,}050}{3{,}6}\ \frac{\text{m}}{\text{s}} = 0{,}014\ \frac{\text{m}}{\text{s}};$$

2. convertiamo la misura della velocità da m/s a mm/s, ricordando che 1 m = 1000 mm:

$$v_{\text{lumaca}} = 0{,}014\ \frac{\text{m}}{\text{s}} = 0{,}014 \times 1000\ \frac{\text{mm}}{\text{s}} = \boxed{14\ \frac{\text{mm}}{\text{s}}}$$

Velocità media e verso del moto

La velocità di un corpo che si muove lungo una traiettoria rettilinea può essere positiva o negativa. Il segno della velocità media dipende dal verso del moto lungo la retta.

Nell'esempio in **figura 9A**, la ragazza si sposta con una velocità media data da:

$$\overline{v} = \frac{s_2 - s_1}{t_2 - t_1} = \frac{5\ \text{m} - 1\ \text{m}}{1\ \text{s} - 0\ \text{s}} = +4\ \text{m/s}.$$

In questo caso lo spostamento avviene nel verso scelto come positivo della retta, quindi $s_2 > s_1$ e la velocità media è positiva.

Se la ragazza inverte il senso del moto, come in **figura 9B**, lo spostamento avviene nel verso negativo della retta, quindi $s_2 < s_1$ e la velocità media è negativa:

$$\overline{v} = \frac{s_2 - s_1}{t_2 - t_1} = \frac{3\ \text{m} - 9\ \text{m}}{3\ \text{s} - 0\ \text{s}} = \frac{-6}{3}\ \text{m/s} = -2\ \text{m/s}.$$

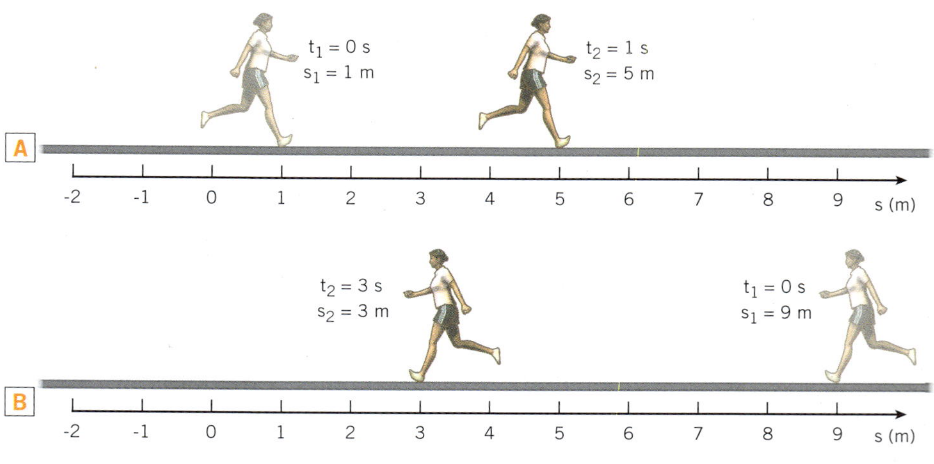

Figura 9
Un corpo in movimento lungo una traiettoria rettilinea può avere una velocità media positiva o negativa.
A. La ragazza corre secondo il verso positivo del sistema di riferimento e la velocità media è positiva.
B. Invertendo il senso della corsa, il moto avviene in verso opposto a quello positivo del sistema di riferimento e la velocità media è negativa.

Esempio 2 L'automobile con motore a reazione più veloce del mondo

Nel 1997 il pilota inglese Andrew Green stabilì il record mondiale di velocità su terra con l'automobile ThrustSSC. Per stabilire questo record, l'automobile fece due volte lo stesso percorso di 1 miglio, una volta in un verso e un'altra volta nel verso opposto allo scopo di annullare gli effetti del vento. Come mostra la **figura**, l'automobile impiegò all'andata 4,740 s e al ritorno 4,695 s.

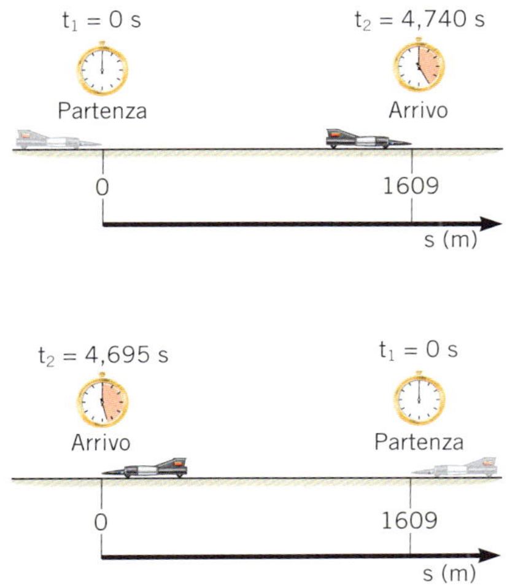

▶ Con quale velocità media l'automobile viaggiò in ciascuna delle due prove?

La soluzione

Fissiamo il sistema di riferimento indicato nella figura, in cui il verso positivo è quello del viaggio di andata. L'origine del sistema di riferimento coincide con una postazione di rilevamento cronometrico, mentre l'altra è a 1 miglio (= 1609 m) di distanza. Applicando l'equazione [**3**] troviamo che le velocità medie sono:

$$\textit{andata} \quad \bar{v} = \frac{\Delta s}{\Delta t} = \frac{s_2 - s_1}{t_2 - t_1} = \frac{1609\ \text{m} - 0\ \text{m}}{4{,}740\ \text{s} - 0\ \text{s}} = \frac{+1609\ \text{m}}{4{,}740\ \text{s}} = +339{,}5\ \frac{\text{m}}{\text{s}}$$

$$\textit{ritorno} \quad \bar{v} = \frac{\Delta s}{\Delta t} = \frac{s_2 - s_1}{t_2 - t_1} = \frac{0\ \text{m} - 1609\ \text{m}}{4{,}695\ \text{s} - 0\ \text{s}} = \frac{-1609\ \text{m}}{4{,}695\ \text{s}} = -342{,}7\ \frac{\text{m}}{\text{s}}$$

La velocità istantanea

Supponiamo che la velocità media durante un viaggio in automobile sia stata di 72 km/h. Visto che questo è un valore medio, non permette di conoscere la velocità reale in ogni istante del moto: in alcuni momenti l'auto viaggiava sicuramente a più di 72 km/h, in altri a velocità minore. La velocità in un dato istante è chiamata velocità istantanea. In un'automobile lo strumento che indica la velocità istantanea è il tachimetro.

© topae (Shutterstock)

Figura 10
Nelle autostrade, gli Autovelox misurano la velocità istantanea delle auto.

Per determinare la velocità istantanea di un corpo in un certo istante si può misurare la distanza Δs percorsa in un intervallo di tempo Δt molto piccolo e calcolare la velocità media in questo intervallo. Se l'intervallo di tempo Δt è molto piccolo, la velocità non cambia in modo apprezzabile durante la misura. Quindi, in un dato istante, la velocità istantanea v è circa uguale alla velocità media $\bar{v}$ calcolata in un intervallo di tempo Δt sufficientemente piccolo contenente quell'istante:

$$v = \bar{v} = \frac{\Delta s}{\Delta t} \quad (\text{con } \Delta t \text{ sufficientemente piccolo})$$

In conclusione:

> la **velocità istantanea** v all'istante t è il valore della velocità media quando questa è calcolata su intervalli di tempo sempre più piccoli contenenti l'istante t considerato.

instantaneous speed

In base a questa definizione, possiamo dire che l'Autovelox (**figura 10**) misura la velocità istantanea di una vettura. Questo dispositivo, infatti, calcola la velocità media di un auto dopo aver misurato l'intervallo di tempo Δt che il veicolo impiega per transitare davanti a due fotocellule distanti solo poche decine di centimetri.

In questo caso Δt è molto piccolo, dell'ordine dei centesimi di secondo, e la velocità media tra le due fotocellule può essere considerata, con buona approssimazione, la velocità istantanea dell'auto nell'«istante» in cui transita davanti allo strumento.

Il Tutor misura invece la velocità media dei veicoli che viaggiano in autostrada. Si tratta infatti di un sistema che utilizza telecamere distanti alcuni chilometri e l'intervallo di tempo tra una registrazione e la successiva è dell'ordine dei minuti.

La velocità nei percorsi obbligati e nei percorsi chiusi

L'edizione 2016 della Milano-Sanremo (**figura 11**) è stata vinta dal ciclista francese Arnaud Demare, che ha coperto i 291 km del percorso in 6 ore, 54 minuti e 45 secondi, con una velocità media di 42,386 km/h. Finora abbiamo parlato di percorsi rettilinei ma in una gara ciclistica gli atleti affrontano curve e tornanti, sia in salita, sia in discesa. Vale ancora, allora, la definizione [**3**] per la velocità media?

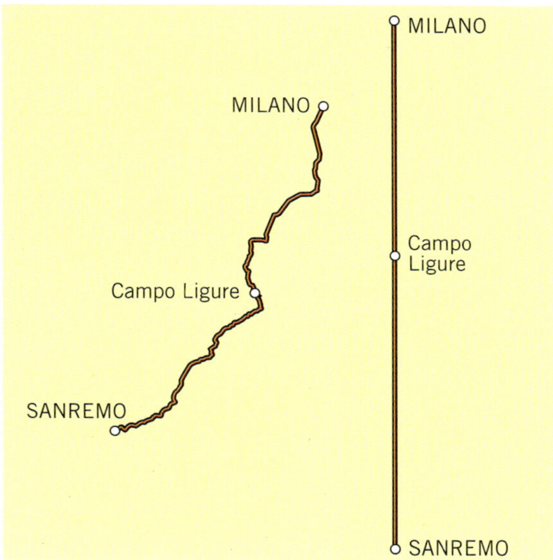

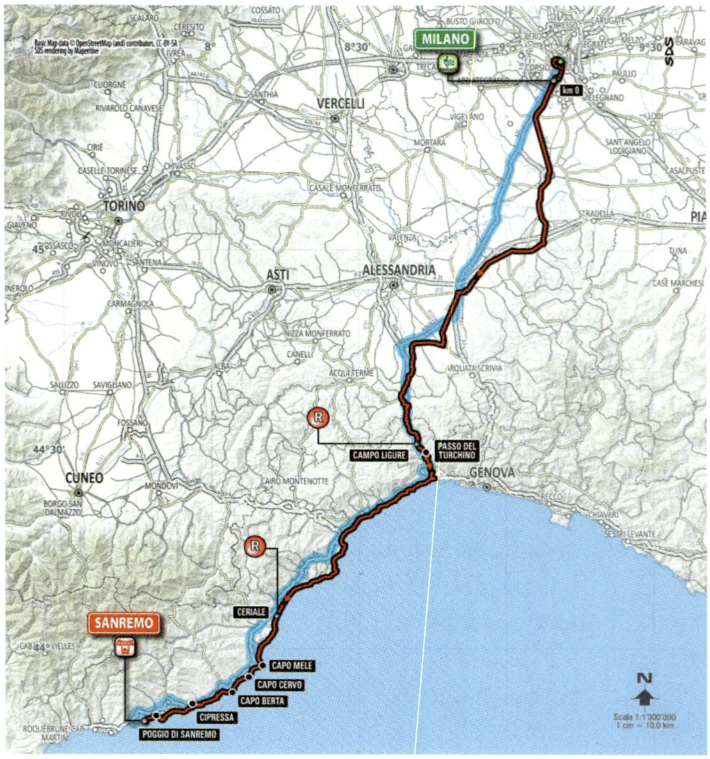

Figura 11 (a destra)
Il percorso completo della gara ciclistica Milano-Sanremo.

Figura 12 (a sinistra)
Per calcolare la velocità media, il moto di un ciclista può essere descritto come se fosse rettilineo.

Nei casi come questo, cioè quando la traiettoria del moto è prestabilita, per determinare in un certo istante di tempo la posizione di un atleta lungo il tracciato, possiamo misurare la distanza percorsa fino a quel momento. Possiamo quindi descrivere il moto di un ciclista «come se fosse rettilineo», utilizzando come sistema di riferimento una retta che ha per origine il punto di partenza della corsa.

In questo modo abbiamo *rettificato*, cioè reso rettilineo, un percorso misto e possiamo applicare la definizione di velocità media che abbiamo introdotto in precedenza (**figura 12**).

Che cosa succede invece quando abbiamo a che fare con un punto materiale che si muove su un percorso chiuso? Pensiamo per esempio ai 100 metri stile libero, dove un nuotatore percorre avanti e indietro una vasca lunga 50 metri. Se applichiamo direttamente la definizione [**3**], la velocità media risulta uguale zero, perché la posizione finale coincide con quella iniziale:

$$\bar{v} = \frac{s_{\text{finale}} - s_{\text{iniziale}}}{\Delta t_{\text{gara}}} = \frac{0}{\Delta t_{\text{gara}}} = 0.$$

Questo calcolo è corretto da un punto di vista teorico, perché rispetta la definizione di velocità media utilizzata in fisica. Nel caso della gara di nuoto, però, possiamo considerare la vasca di ritorno come il prolungamento della prima vasca e calcolare *la velocità media sul percorso rettificato* valutando la distanza totale percorsa, cioè 100 metri (figura 13).

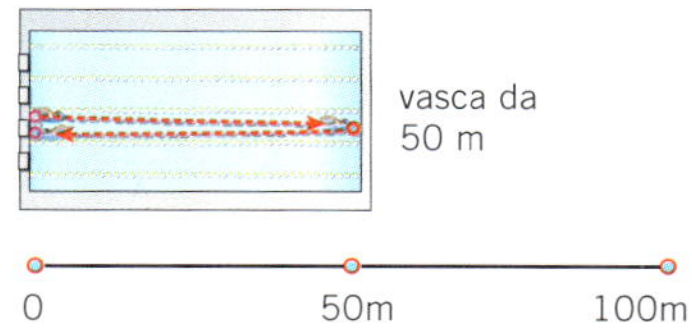

Figura 13
Per calcolare la velocità media, si può considerare la distanza totale percorsa dal nuotatore.

4 IL CALCOLO DELLO SPOSTAMENTO E DEL TEMPO

La formula [**3**] stabilisce il legame tra la velocità media $\overline{v}$, lo spostamento Δs e l'intervallo di tempo Δt. A seconda delle informazioni di cui disponiamo possiamo invertire questa relazione per ricavare il valore delle grandezze incognite:

$$\overline{v} = \frac{\Delta s}{\Delta t} \rightarrow \Delta s = \overline{v}\,\Delta t \quad [5]$$

$$\Delta t = \frac{\Delta s}{\overline{v}} \quad [6]$$

Vediamo un esempio.

Il calabrone asiatico (figura 14), è arrivato a Bordeaux, in Francia, nel 2004, a bordo di un carico di piante ornamentali proveniente dalla Cina. Si tratta di una specie invasiva che sta causando danni considerevoli alle api europee che non riescono a difendersi in modo efficace.

Questo calabrone ha una velocità media di espansione di 100 km/anno: 8 anni dopo il suo arrivo in Europa, fino a dove era arrivato?

Partiamo dall'equazione [**3**], $\overline{v} = \Delta s/\Delta t$. Conosciamo la velocità media $\overline{v}$ di espansione, pari a 100 km/anno, e l'intervallo di tempo Δt, cioè 8 anni. Per calcolare Δs possiamo usare l'equazione [**5**]:

$$\Delta s = \overline{v}\Delta t$$

In 8 anni il calabrone ha quindi percorso una distanza pari a:

$$\Delta s = \overline{v}\Delta t = (100 \text{ km/anno}) \times (8 \text{ anni}) = 800 \text{ km} = 8 \times 10^5 \text{ m}.$$

Nel 2012, dopo 8 anni dal suo arrivo in Europa, il calabrone asiatico ha infatti fatto la sua prima comparsa in Liguria.

Come si può osservare da questo esempio, anche una colonia di insetti può essere considerata un punto materiale, quando la distanza che percorre è molto elevata.

Figura 14
Un'immagine del calabrone asiatico, detto anche *vespa velutina*, con le sue caratteristiche zampe gialle.

Esempio 3 Il viaggio del calabrone

Analizziamo ancora il caso del calabrone asiatico visto nel testo qui sopra. Se la colonia continuasse a espandersi con la stessa velocità media avuta sinora (100 km/anno),

- ▶ in quanto tempo raggiungerebbe la laguna di Venezia, distante circa 500 km?

La soluzione

Utilizzando l'equazione [**6**], calcoliamo che il calabrone asiatico impiegherebbe un tempo pari a

$$\Delta t = \frac{\Delta s}{\overline{v}} = \frac{500 \text{ km}}{100 \text{ km/anno}} = \boxed{5 \text{ anni}}.$$

5 IL MOTO RETTILINEO UNIFORME

Nella vita quotidiana osserviamo spesso oggetti che si muovono con traiettorie complicate e con velocità che cambiano rapidamente, come una moto durante un Gran Premio o una foglia trasportata dal vento.

Fra i vari moti possibili, il più semplice è quello in cui la velocità media, calcolata in qualunque intervallo di tempo, ha sempre lo stesso valore; in questo caso diremo che la velocità è costante e il *moto rettilineo uniforme*.

Un corpo si muove di **moto rettilineo uniforme** quando percorre una traiettoria rettilinea con velocità costante.

Visto che la velocità v non cambia, in un moto rettilineo uniforme la velocità media $\overline{v}$ è sempre la stessa, indipendentemente dall'intervallo di tempo in cui la si calcola, e possiamo indicarla semplicemente con v.

Consideriamo un corridore che percorre un tratto rettilineo con una velocità costante $v = 2{,}5$ m/s: questo significa che ogni secondo percorre 2,5 m; ogni 2 s percorre $2 \cdot (2{,}5 \text{ m}) = 5$ m; ogni 3 s percorre $3 \cdot (2{,}5 \text{ m}) = 7{,}5$ m; e così via. Per la formula [**5**] risulta quindi che la distanza Δs percorsa dal corridore nell'intervallo di tempo Δt è

$$\Delta s = (2{,}5 \text{ m/s})\ \Delta t.$$

In generale:

se un punto materiale si muove di moto rettilineo uniforme con velocità v, la distanza percorsa Δs è direttamente proporzionale all'intervallo di tempo Δt impiegato a percorrerla:

$$\Delta s = v\ \Delta t \qquad [7]$$

La costante di proporzionalità è la velocità v.

Esempio 4 Quanto sono lunghi 2 minuti?

Un maratoneta percorre un tratto rettilineo alla velocità costante di 5,5 m/s.

▶ Quale distanza copre in 2 minuti?

La soluzione

La velocità è costante, quindi la distanza percorsa è direttamente proporzionale all'intervallo di tempo trascorso.
Convertiamo i minuti in secondi, $2 \text{ min} = 2 \times (60 \text{ s}) = 120$ s, e usiamo l'equazione [**7**]:

$$\Delta s = v\ \Delta t = (5{,}5 \text{ m/s}) \times (120 \text{ s}) = \boxed{660 \text{ m}}$$

Figura 15
Una scatola di biscotti in moto rettilineo uniforme su un nastro trasportatore verso il dispositivo di imballaggio.

La legge oraria del moto rettilineo uniforme

In un'industria dolciaria, un nastro trasporta a velocità costante $v = 0{,}4$ m/s le scatole di biscotti verso la macchina per imballaggi (**figura 15**). Le scatole sono poste sul nastro in un punto che dista 2 m dal suo inizio (**figura 16**). Se consideriamo l'inizio del nastro come l'origine del sistema di riferimento, all'istante $t_1 = 0$ s una scatola di biscotti è quindi nella posizione $s_1 = 2$ m. Per sapere in quale posizione s_2 si trova la scatola all'istante $t_2 = 6$ s, calcoliamo la distanza Δs che percorre nell'intervallo di tempo $\Delta t = t_2 - t_1$, utilizzando la formula [**7**]:

$$\Delta s = v\ \Delta t = (0{,}4 \text{ m/s}) \cdot (6 \text{ s}) = 2{,}4 \text{ m}$$

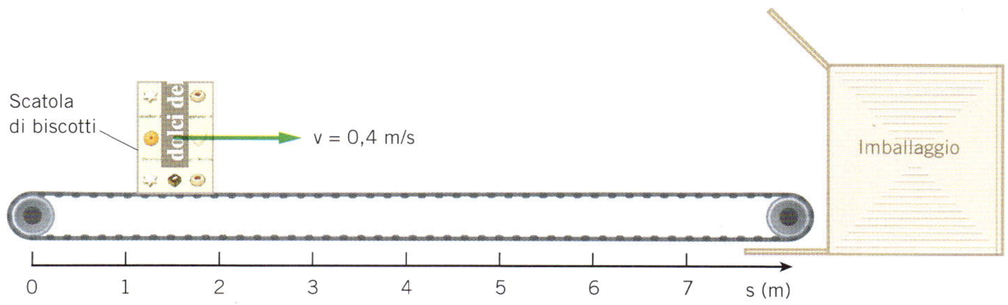

Figura 16
Una scatola di biscotti in moto rettilineo uniforme su un nastro trasportatore verso il dispositivo di imballaggio. In ogni istante la posizione della scatola rispetto al sistema di riferimento è data dalla legge oraria $s = s_0 + vt$.

Visto che la scatola è inizialmente in $s_1 = 2$ m e si sposta di 2,4 m nel verso positivo del sistema di riferimento, all'istante $t_2 = 6$ s la scatola è nella posizione:

$$s_2 = 2\ \text{m} + 2{,}4\ \text{m} = 4{,}4\ \text{m}.$$

In un qualsiasi istante t, la posizione s della scatola si calcola mediante la formula:

$$s = 2\ \text{m} + (0{,}4\ \text{m/s})t$$

In generale:

se un punto materiale si muove di moto rettilineo uniforme con velocità v e all'istante t_0 occupa la posizione s_0, al generico istante t la sua posizione è data dalla formula

$$s = s_0 + v(t - t_0) \qquad [\mathbf{8}]$$

detta **legge oraria del moto rettilineo uniforme**.

Nella legge oraria espressa dalla formula [**8**], s_0, v e t_0 sono *parametri fissati* che dipendono dal moto preso in esame; s e t sono invece *variabili* che non hanno alcun valore prestabilito, ma assumono rispettivamente tutti i valori della posizione e del tempo imposti dalla formula [**8**] che descrive il moto.

Esempio 5 Dov'è il treno?

Per indicare la posizione dei treni su una linea ferroviaria, si introduce un sistema di riferimento che ha origine nella stazione A e come verso positivo quello che va dalla stazione A alla stazione C (vedi **figura**). Un treno si sposta con velocità costante di 90 km/h. All'istante iniziale $t_0 = 0$ s il treno passa per la stazione B, che dista 38 650 m da A, diretto verso la stazione C.

▶ Determina la posizione del treno all'istante $t = 3{,}5$ min.

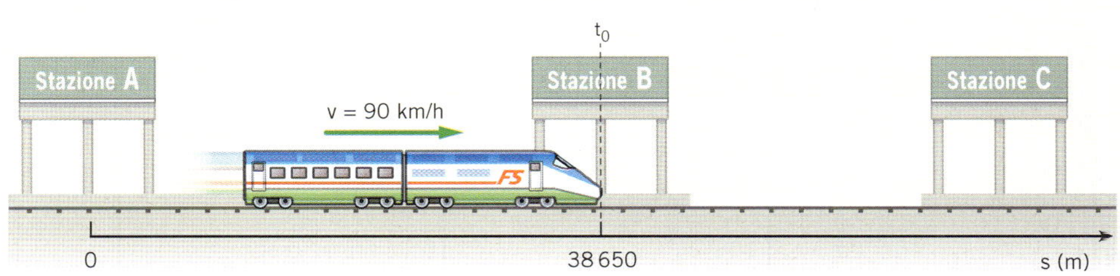

La soluzione

Nel sistema di riferimento scelto, il treno si muove nel verso positivo della retta: quindi la velocità è positiva. Per uniformare le unità di misura, esprimiamo la velocità in m/s e il tempo in secondi:

$$v = \frac{90}{3{,}6}\ \text{m/s} = 25\ \text{m/s}$$

$$t = 3{,}5 \cdot (60\ \text{s}) = 210\ \text{s}$$

Applicando l'equazione [**8**], la posizione del treno all'istante $t = 3{,}5$ min è:

$$s = s_0 + v(t - t_0) = 38\,650 \text{ m} + (25 \text{ m/s})(210 \text{ s}) =$$

$$= 38\,650 \text{ m} + 5250 \text{ m} = 43\,900 \text{ m} = \boxed{43{,}900 \text{ km}}$$

La legge oraria del moto rettilineo uniforme deriva dalla definizione [**3**] di velocità media:

$$\overline{v} = \frac{s_2 - s_1}{t_2 - t_1}$$

Se infatti sostituiamo v a $\overline{v}$ e indichiamo con t_0 l'istante iniziale, con s_0 la posizione iniziale e con s la posizione al generico istante t, la formula precedente diventa

$$v = \frac{s - s_0}{t - t_0}$$

e quindi $s - s_0 = v(t - t_0)$, da cui si ottiene $s = s_0 + v(t - t_0)$.

Se $t_0 = 0$ s:

$$s = s_0 + vt$$

Se $t_0 = 0$ s e $s_0 = 0$ m:

$$s = vt$$

6 IL GRAFICO SPAZIO-TEMPO DEL MOTO RETTILINEO UNIFORME

Tabella 1

Tempo (s)	Posizione (m)
0	0
1	4
3	12
4	16

Il moto di un oggetto può essere descritto con un **grafico spazio-tempo**.

Consideriamo per esempio un ciclista che si muove lungo un rettilineo a velocità costante $v = 4$ m/s. Applichiamo l'equazione [**8**] per calcolare la sua posizione in quattro istanti di tempo (**Tabella 1**) e riportiamo i dati in un diagramma cartesiano in cui l'asse orizzontale indica gli istanti di tempo e l'asse verticale le posizioni. Ogni coppia (tempo, posizione) corrisponde a un punto del diagramma: l'insieme dei punti è detto grafico spazio-tempo del moto del ciclista (**figura 17A**).

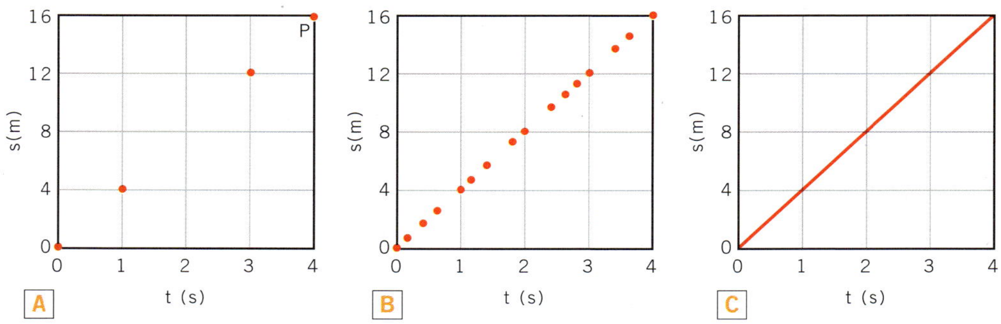

Figura 17
A. Grafico spazio-tempo del ciclista con i valori indicati nella tabella.
B e C. Aumentando il numero di istanti incui viene r levata la posizione del ciclista, il grafico spazio-tempo tende a diventare una linea continua

Un punto di un grafico spazio-tempo indica la posizione di un oggetto in moto in un certo istante di tempo.

Se aumentiamo il numero di istanti in cui rileviamo la posizione del ciclista, il grafico spazio-tempo tende a diventare una linea continua (**Figure 17B e 17C**).

Ogni punto del grafico spazio-tempo dà la posizione della bicicletta nell'istante di tempo corrispondente. Per esempio, nell'istante $t = 2$ s la bicicletta si trova nella posizione $s = 8$ m.

Come mostra la figura 17

il grafico spazio-tempo del moto rettilineo uniforme è una retta, le cui caratteristiche dipendono da v, s_0 e t_0. L'equazione della retta è data dalla legge oraria del moto rettilineo uniforme.

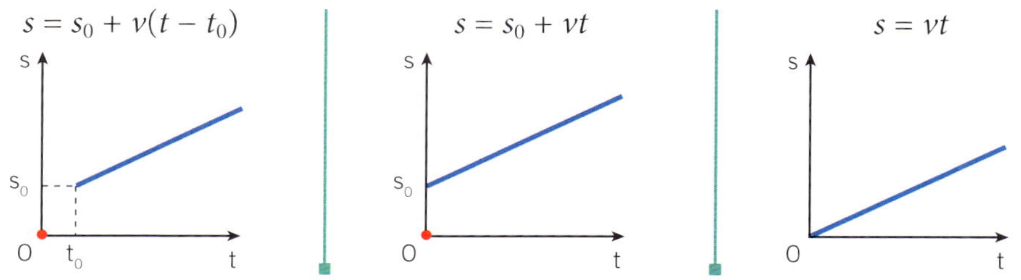

Bisogna fare attenzione a non confondere traiettoria e diagramma spazio-tempo. La traiettoria è l'insieme dei punti attraverso i quali passa un punto materiale durante il suo moto, mentre il diagramma spazio-tempo è una rappresentazione grafica della legge oraria del moto di un punto materiale.

MATEMATICA

Equazione di una retta

In un piano cartesiano xy, l'equazione di una retta generica è

$$y = q + mx,$$

dove m è il coefficiente angolare e q è l'ordinata all'origine. In modo analogo, la forma più generale della legge oraria del moto è l'equazione di una retta nel diagramma spazio-tempo:

$$s = s_0 + vt,$$

dove v rappresenta il coefficiente angolare della retta e s_0 l'ordinata all'origine.

Esempio 6 Un incontro

Andrea e Federica abitano agli estremi di una via rettilinea, lunga 1200 m. Partono con lo scooter nello stesso istante: Andrea si muove con una velocità costante di 20 m/s e Federica con una velocità costante di 10 m/s.

▶ Dopo quanto tempo si incontrano e a quale distanza dalla casa di Andrea?

La soluzione

Fissiamo il sistema di riferimento in modo che la casa di Andrea sia nell'origine e che il verso positivo sia quello che va dalla casa di Andrea a quella di Federica. Di conseguenza la velocità di Andrea è $v_A = 20$ m/s e quella di Federica $v_F = -10$ m/s. Le due leggi orarie sono:

$$s_A = (20 \text{ m/s})t$$

$$s_F = 1200 \text{ m} - (10 \text{ m/s})t$$

Tracciamo i grafici spazio-tempo relativi ai moti di Andrea (in blu) e Federica (in rosso).

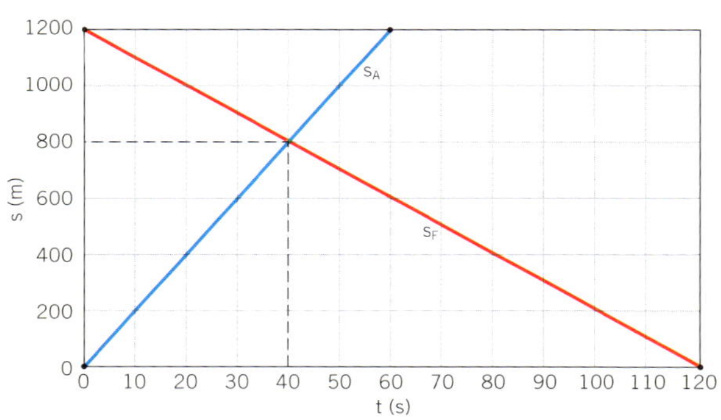

Le due rette hanno in comune il punto che corrisponde a $t = 40$ s e $s = 800$ m: questo significa che Andrea e Federica si incontrano, cioè hanno la stessa posizione $s_A = s_F =$ 800 m, al tempo $t = 40$ s.

Pendenza e velocità

Consideriamo il moto del ciclista introdotto a inizio paragrafo tra gli istanti $t_A = 1$ s e $t_B = 3$ s, cioè nell'intervallo di tempo $\Delta t = t_B - t_A = (3\text{ s}) - (1\text{ s}) = 2$ s (**figura 18**). Durante questo intervallo, la posizione del ciclista cambia da $s_A = 4$ m a $s_B = 12$ m, quindi la variazione della sua posizione è $\Delta s = s_B - s_A = 12\text{ m} - 4\text{ m} = +8$ m.

Il rapporto $\Delta s/\Delta t$ è chiamato **pendenza** o **coefficiente angolare** della retta passante per A e B:

$$\text{pendenza} = \frac{\Delta s}{\Delta t} = \frac{8\text{ m}}{2\text{ s}} = +4\text{ m/s}$$

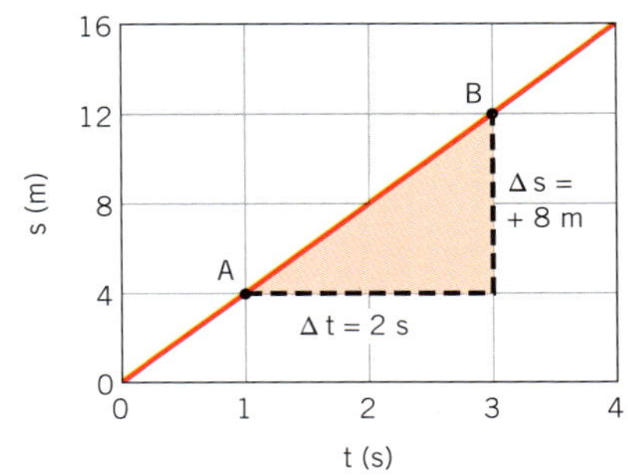

Figura 18
La pendenza della retta che collega due punti del grafico spazio-tempo rappresenta la velocità media del ciclista nell'intervallo di tempo corrispondente.

Secondo l'equazione [**3**], il rapporto $\Delta s/\Delta t$ è, per definizione, la velocità media di un punto materiale, quindi:

la **velocità media** in un determinato intervallo di tempo è uguale alla **pendenza** della retta che congiunge i due punti del grafico spazio-tempo corrispondenti agli estremi di quell'intervallo.

Ecco perché se un oggetto si muove con velocità costante, il suo grafico spazio-tempo ha pendenza costante, cioè è una retta.

Esempio 7 Un viaggio in bicicletta

Un ciclista percorre un tratto rettilineo con velocità costante all'andata, poi si ferma per un certo intervallo di tempo e quindi viaggia con velocità costante al ritorno. Il grafico spazio-tempo del moto del ciclista è rappresentato qui sotto.

▶ Determina le velocità del ciclista in ciascuna parte del viaggio.

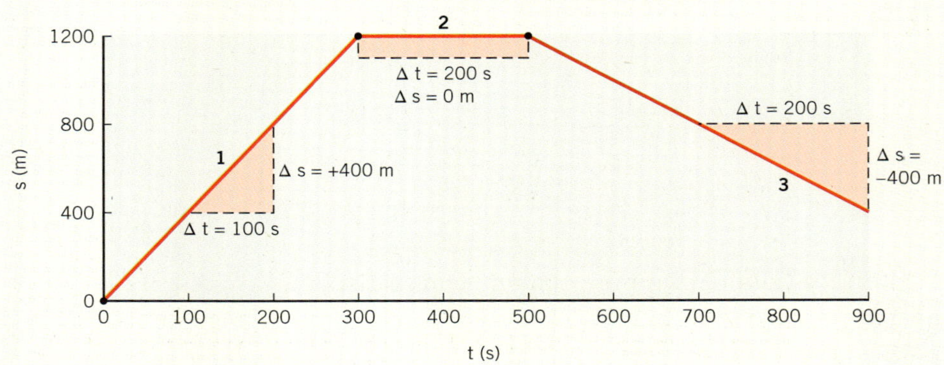

La soluzione

In ciascuna delle tre parti del viaggio la velocità è costante, quindi per determinarla basta calcolare il rapporto $\Delta s/\Delta t$ utilizzando i dati di due punti qualsiasi, scelti all'interno del tratto che ci interessa.
Nella prima parte del viaggio $\Delta s > 0$, nella seconda $\Delta s = 0$ e nella terza $\Delta s < 0$.

Le velocità medie nelle tre parti del viaggio sono:

parte 1 $$\bar{v}_1 = \frac{\Delta s}{\Delta t} = \frac{1200\ \text{m} - 0\ \text{m}}{300\ \text{s} - 0\ \text{s}} = \frac{1200\ \text{m}}{300\ \text{s}} = \boxed{+4\ \text{m/s}}$$

parte 2 $$\bar{v}_2 = \frac{\Delta s}{\Delta t} = \frac{1200\ \text{m} - 1200\ \text{m}}{500\ \text{s} - 300\ \text{s}} = \frac{0\ \text{m}}{200\ \text{s}} = \boxed{0\ \text{m/s}}$$

parte 3 $$\bar{v}_3 = \frac{\Delta s}{\Delta t} = \frac{400\ \text{m} - 1200\ \text{m}}{900\ \text{s} - 500\ \text{s}} = \frac{-800\ \text{m}}{400\ \text{s}} = \boxed{-2\ \text{m/s}}$$

La velocità media in un intervallo di tempo $\Delta t = t_2 - t_1$ è uguale alla pendenza della retta che passa per punti P_1 e P_2 corrispondenti agli estremi dell'intervallo anche quando la velocità del moto non è costante.

Consideriamo, per esempio, il treno Freccia Argento che parte da Roma Termini alle 12:50 e arriva a Padova alle 16:07. Nella **tabella 2** è riportato l'orario delle fermate intermedie e la rispettiva distanza dalla stazione di partenza.

Tabella 2

	Roma Termini	Roma Tiburtina	Firenze S.M.N.	Bologna	Padova
Posizione (km)	0	5	253	345	468
Istante di tempo (min)	0	8	92	137	197

Come si vede dall'andamento del grafico spazio-tempo mostrato nella **figura 19**, il moto del treno non è uniforme. Tra gli istanti $t_1 = 92$ min e $t_2 = 137$ min la posizione del treno cambia da $s_1 = 253$ km a $s_2 = 345$ km. Come nel caso del ciclista, la velocità media in questo intervallo, cioè il rapporto $\Delta s/\Delta t$, è proprio il coefficiente angolare della retta passante per i punti P_1 e P_2.

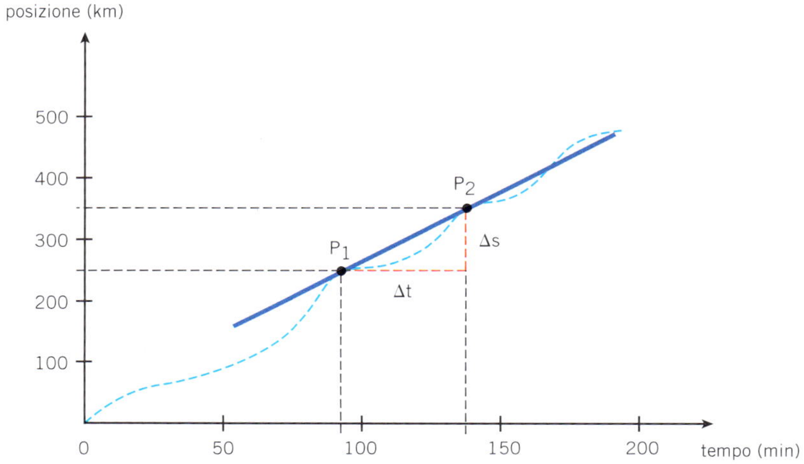

Figura 19
Il coefficiente angolare della retta che passa per i punti P_1 e P_2 e il rapporto $\Delta s/\Delta t$.

7 IL GRAFICO VELOCITÀ-TEMPO DEL MOTO RETTILINEO UNIFORME

Tabella 3

Tempo (s)	Velocità (m/s)
0	4
1	4
3	4
4	4

Consideriamo nuovamente il moto rettilineo uniforme del ciclista introdotto all'inizio del paragrafo 6. La sua velocità è costante, quindi ha lo stesso valore a ogni istante di tempo, come mostrato nella **tabella 2**.

In un diagramma cartesiano in cui l'asse orizzontale indica gli istanti di tempo e l'asse verticale la velocità, ogni coppia (tempo, velocità) della tabella corrisponde a un punto del diagramma: l'insieme dei punti è detto grafico velocità-tempo del moto del ciclista.

Un punto di un **grafico velocità-tempo** indica la velocità di un oggetto in moto in un certo istante di tempo.

Se aumentiamo il numero di istanti in cui rileviamo la velocità del ciclista, il grafico velocità-tempo tende a diventare una linea continua (**figura 20**).

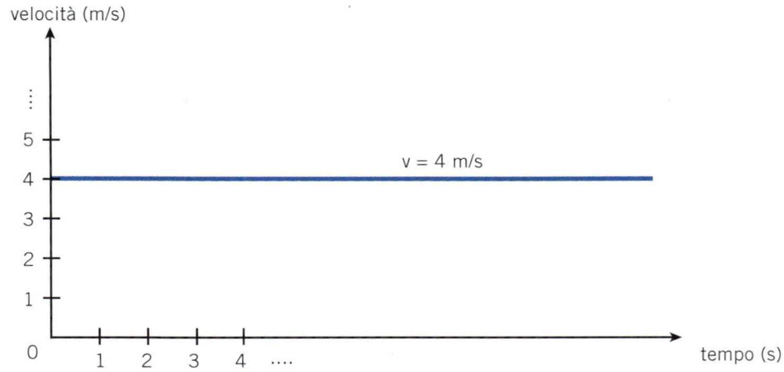

Figura 20
Il grafico velocità-tempo del moto rettilineo uniforme del ciclista è una retta parallela all'asse dei tempi che interseca l'asse verticale delle velocità in un punto di ordinata $v = 4$ m/s.

Visto che la velocità è costante nel tempo,

il grafico velocità-tempo del moto rettilineo uniforme è una retta parallela all'asse dei tempi che interseca l'asse delle velocità in un punto di ordinata pari al valore della velocità del moto.

I CONCETTI FONDAMENTALI

LOSAI? RIPASSA CON LO SMARTPHONE

In 3 minuti
- La velocità

1 IL PUNTO MATERIALE E LA TRAIETTORIA

Punto materiale: modello applicabile quando le dimensioni di un oggetto sono trascurabili rispetto a quelle dell'ambiente in cui si muove.

Traiettoria: insieme dei punti attraverso i quali passa un punto materiale durante il suo moto.

2 IL MOTO RETTILINEO

Un corpo si muove di *moto rettilineo* quando la sua traiettoria è una porzione di retta.

Per descrivere un punto materiale in moto rettilineo serve un *sistema di riferimento* formato da:

- una retta con un'origine O, un verso positivo di percorrenza e un'unità di misura di lunghezza;
- un cronometro per misurare il tempo.

Intervallo di tempo Δt tra gli istanti t_1 e t_2:
$\Delta t = t_2 - t_1$

Spostamento Δs tra gli istanti t_1 e t_2: $\Delta s = s_2 - s_1$

3 LA VELOCITÀ MEDIA

$$\bar{v} = \frac{\Delta s}{\Delta t}$$

velocità media (m/s): $\bar{v}$; spostamento (m): Δs; intervallo di tempo (s): Δt

La velocità istantanea v all'istante t è il valore della velocità media quando questa è calcolata su intervalli di tempo sempre più piccoli contenenti l'istante t considerato.

4 IL CALCOLO DELLO SPOSTAMENTO E DEL TEMPO

$$\Delta s = \bar{v}\Delta t$$

$$\Delta t = \frac{\Delta s}{\bar{v}}$$

5 IL MOTO RETTILINEO UNIFORME

Un corpo si muove di *moto rettilineo uniforme* quando percorre una traiettoria rettilinea con velocità costante: $\Delta s = v\Delta t$

Legge oraria:

$$s = s_0 + v(t - t_0)$$

posizione nell'istante di tempo t (m): s; posizione nell'istante di tempo t_0 (m): s_0; velocità del moto (m/s): v; istante di tempo generico (s): t; istante di tempo iniziale (s): t_0

- Se $t_0 = 0$ s: $s = s_0 + vt$
- Se $t_0 = 0$ s e $s_0 = 0$ m: $s = vt$

6 IL GRAFICO SPAZIO-TEMPO DEL MOTO RETTILINEO UNIFORME

$s = s_0 + v(t - t_0)$ $\quad$ $s = s_0 + vt$ $\quad$ $s = vt$

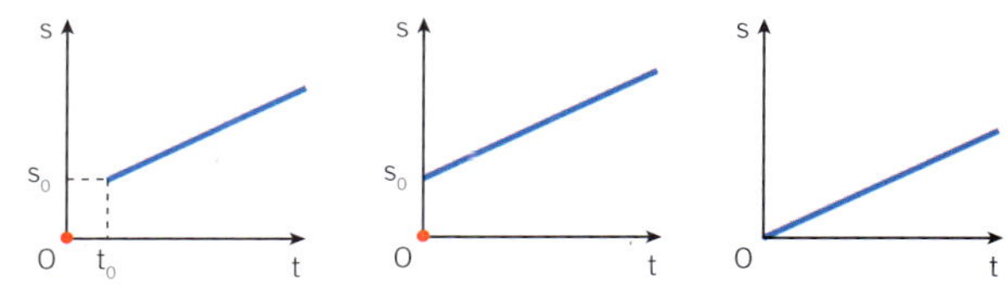

Il valore di v è uguale alla pendenza della retta.

7 IL GRAFICO VELOCITÀ-TEMPO DEL MOTO RETTILINEO UNIFORME

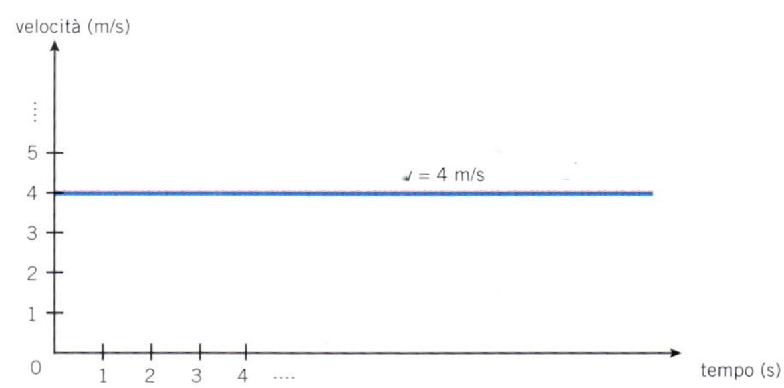

1 IL PUNTO MATERIALE E LA TRAIETTORIA
2 IL MOTO RETTILINEO

1 ★☆☆ Un tram è alla fermata *Garibaldi* e deve percorrere 2,0 km per arrivare al capolinea *Verdi*. Lungo il tragitto fa una sosta alla fermata *Dante*, che si trova a 0,80 km dal capolinea.

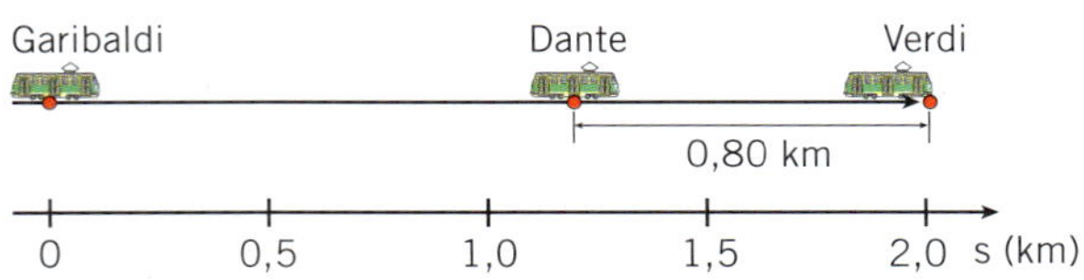

▶ Quali sono le posizioni delle fermate *Garibaldi*, *Dante* e *Verdi* rispetto al sistema di riferimento indicato nella figura?

[0 km; 1,2 km; 2,0 km]

2 ★☆☆ Un rappresentante si reca alle 7:30 dal primo cliente che dista 70 km dal suo ufficio e arriva alle 8:05. Dopo 30 minuti si reca da un secondo cliente che si trova a 40 km di distanza e arriva alle 9:00.

▶ Completa la tabella usando un sistema di riferimento con origine nell'ufficio e verso positivo dall'ufficio al primo appuntamento. Calcola gli intervalli di spazio e tempo rispetto alla tappa precedente.

Luogo	Posizione (km)	Ora	Δs (km)	Δt (min)
Ufficio		7:30		
Primo cliente				
Secondo cliente				

3 ★☆☆ Un cane gioca in giardino con un pallone.

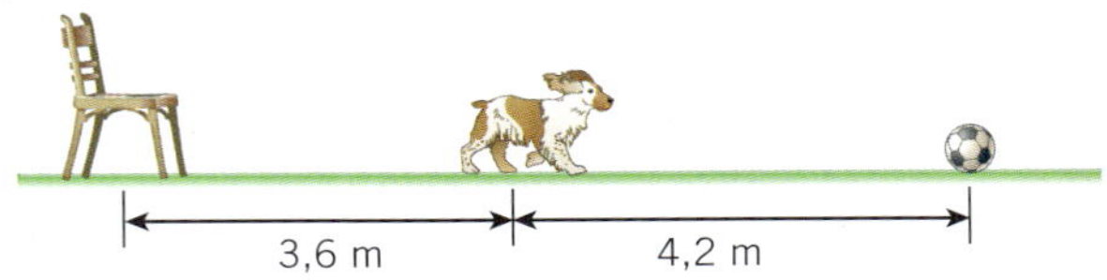

Il sistema di riferimento ha verso positivo verso destra e origine nella sedia (a sinistra).

▶ Determina la posizione del cane e del pallone.

[3,6 m; 7,8 m]

4 ★☆☆ La figura mostra due pali della segnaletica stradale posizionati lungo una via.

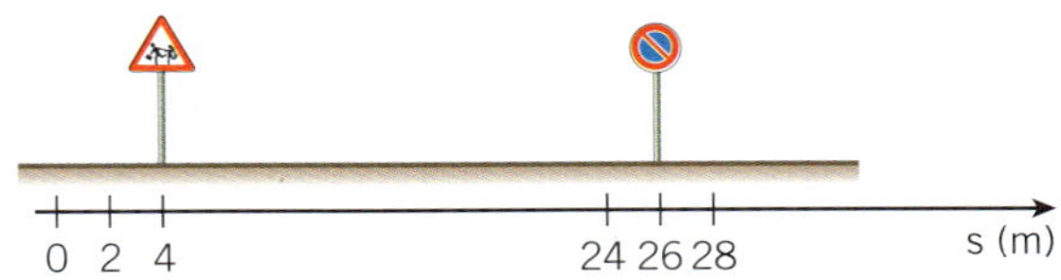

▶ Calcola la distanza tra i due pali. [22 m]

5 ★★☆ Un corriere deve consegnare dei pacchi a tre clienti che abitano in 3 paesi diversi posizionati lungo una strada. Riceve i pacchi alle 7:00 e percorre 90 km in 1 ora e mezza per recarsi dal primo cliente; poi percorre 40 km in 30 minuti per raggiungere il secondo cliente; infine arriva dal terzo cliente alle 10:00 dopo avere percorso altri 50 km.

▶ Completa la tabella usando un sistema di riferimento con l'origine nella posizione del primo cliente e verso positivo dal primo cliente al secondo. Calcola gli intervalli di spazio e tempo rispetto alla tappa precedente.

Luogo	Posizione (km)	Ora	Δs (km)	Δt (min)
Deposito		7:00		
Primo cliente				
Secondo cliente				
Terzo cliente				

6 PROBLEM SOLVING

La figura mostra un semaforo **A**, un lampione **B**, una panchina **C** e un albero **D** lungo il marciapiede di una strada rettilinea.

Un ragazzo passa davanti all'albero alle 10:30, davanti al lampione alle 10:32 e arriva al semaforo alle 10:33.

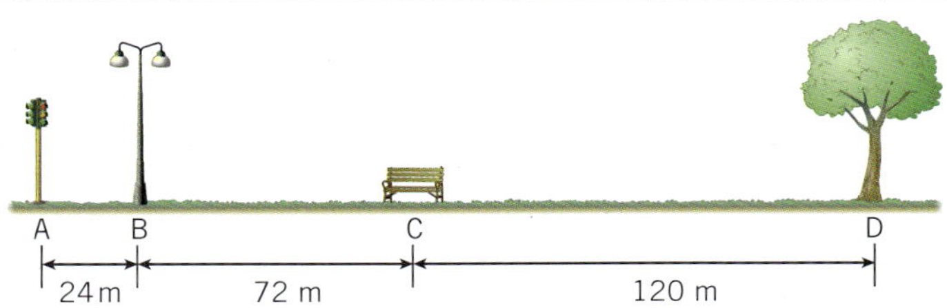

▶ Determina le coordinate del semaforo, del lampione, della panchina e dell'albero nei seguenti sistemi di riferimento:

1. il sistema S con origine nel punto dove si trova il semaforo e verso positivo dal semaforo all'albero;
2. il sistema S' con origine nel punto dove si trova la panchina e verso positivo dalla panchina al semaforo.

▶ Calcola quanto tempo impiega il ragazzo a spostarsi:

1. dall'albero al lampione;
2. dall'albero al semaforo;

▶ Calcola i relativi spostamenti, rispetto ai sistemi di riferimento S e S'.

Dati e incognite

Dati	Incognite
Distanza tra semaforo e lampione: d_{AB} = 24 m	Coordinate nel sistema di riferimento S: $s_A = ?$ $s_B = ?$ $s_C = ?$ $s_D = ?$
Distanza tra lampione e panchina: d_{BC} = 72 m	Coordinate nel sistema di riferimento S': $s'_A = ?$ $s'_B = ?$ $s'_C = ?$ $s'_D = ?$
Distanza tra panchina e albero: d_{CD} = 120 m	Durata degli intervalli di tempo: $\Delta t_{DB} = ?$ $\Delta t_{DA} = ?$
Ora in cui il ragazzo passa davanti all'albero: t_D = 10:30	Spostamenti richiesti: $\Delta s_{DB} = ?$ $\Delta s_{DA} = ?$ $\Delta s'_{DB} = ?$ $\Delta s'_{DA} = ?$
Ora in cui il ragazzo passa davanti al lampione: t_B = 10:32	
Ora in cui il ragazzo passa davanti al semaforo: t_A = 10:33	

La soluzione

- 1. Nel sistema di riferimento S, il semaforo è nel punto d'origine e le coordinate del lampione, della panchina e dell'albero sono positive. I valori assoluti delle coordinate sono la distanza di ciascun oggetto dal semaforo:

  $s_A = 0$ m

  $s_B = d_{AB} = 24$ m

  $s_C = d_{AB} + d_{BC} = 24 \text{ m} + 72 \text{ m} = 96$ m

  $s_D = d_{AB} + d_{BC} + d_{CD} = 24 \text{ m} + 72 \text{ m} + 120 \text{ m} = 216$ m

  2. Nel sistema di riferimento S', l'origine è dove si trova la panchina; le coordinate del semaforo e del lampione sono positive, mentre quella dell'albero è negativa. Il valore assoluto è la distanza di ciascun oggetto dal semaforo:

  $s'_A = d_{BC} + d_{AB} = 72 \text{ m} + 24 \text{ m} = 96$ m

  $s'_B = d_{BC} = 72$ m

  $s'_C = 0$ m

  $s'_D = -d_{CD} = -120$ m

- 1. La durata dello spostamento dall'albero al lampione è:

  $\Delta t_{DB} = t_B - t_D = 10{:}32 - 10{:}30 = 2{,}0$ min

  2. La durata dello spostamento dall'albero al semaforo è:

  $\Delta t_{DA} = t_A - t_D = 10{:}33 - 10{:}30 = 3{,}0$ min

- Gli spostamenti relativi a questi due intervalli di tempo sono:

  $\Delta s_{DB} = s_B - s_D = 24 \text{ m} - 216 \text{ m} = -192$ m

  $\Delta s_{DA} = s_A - s_D = 0 \text{ m} - 216 \text{ m} = -216$ m

  Se si usano le coordinate del sistema S' si ottengono gli stessi valori assoluti per i due spostamenti, ma il segno di entrambi è positivo. Infatti, rispetto a S' il ragazzo si muove nel verso positivo dell'asse coordinato, mentre rispetto a S la direzione del moto è contraria.

7 Matilde va a passeggio ai giardini pubblici. Durante la sua passeggiata incontra il gelataio alle 17:20, una fontana alle 17:23 e una panchina alle 17:27. La fontana dista 210 m dal gelataio e la panchina dista 300 m dalla fontana.

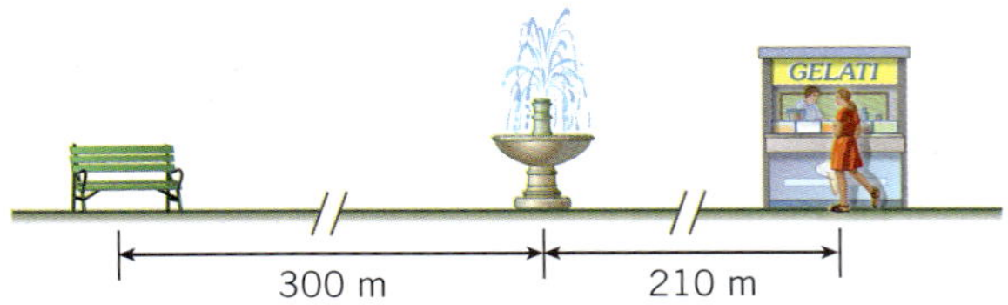

- Calcola la posizione del gelataio, della fontana e della panchina nel sistema di riferimento che ha origine nella fontana e verso positivo dal gelataio alla panchina.
- Calcola quanto tempo impiega Matilde ad andare dal gelataio alla fontana e dalla fontana alla panchina.

[−210 m, 0 m, 300 m; 3,0 min, 4,0 min]

3 LA VELOCITÀ MEDIA

8 Un'auto si sposta di 28,6 m in 5,5 s.
- Calcola la velocità media dell'auto.

[5,2 m/s]

9 Converti la velocità $v = 2{,}5$ m/s in km/h.

[9,0 km/h]

10 Converti la velocità $v = 72$ km/h in m/s.

[20 m/s]

11 Converti la velocità di 1 m/s in km/anno e viceversa.

[31536 km/anno; $\frac{1}{31536}$ m/s]

12 Converti la velocità di 7,0 cm/s in m/h.

[252 m/h]

13 **OCCHIO ALL'INCERTEZZA**
Un aereo percorre la distanza $\Delta s = (560{,}0 \pm 1{,}0)$ km nell'intervallo di tempo $\Delta t = (3000 \pm 50)$ s.
- Calcola il valore della velocità media.
- Calcola l'incertezza relativa della velocità media dell'aereo.

[187 m/s; 0,02]

14 Giulia percorre 1,7 metri ogni secondo, Silvia percorre 5,0 km in un'ora.
- Chi è più veloce?

[Giulia]

15 In una pista di forma circolare di raggio 63,7 m, un corridore percorre un giro in 48 s. Calcola:
- la velocità media;
- la velocità media sul percorso rettificato.

[0,0 m/s; 8,3 m/s]

16 Durante una corsa sui 400 m, un'atleta percorre 300 metri in 33,4 secondi e i rimanenti 100 metri in 10,7 secondi.
- Calcola la velocità media dell'atleta.

[9,07 m/s]

© sportpoint (Shutterstock)

17 **PROBLEM SOLVING**

Nel nuoto, la specialità dei 400 misti prevede 100 metri nuotati a delfino, 100 metri a dorso, 100 metri a rana e 100 metri a stile libero. Il primatista del mondo di questa specialità in vasca lunga (50 metri) è lo statunitense Michael Phelps, con il tempo 4:03:84 (4 minuti, 3 secondi e 84 centesimi di secondo). I tempi parziali di questo record sono:

© Paolo Bona (Shutterstock)

Stile	Tempo parziale	Distanza percorsa
Delfino	26,16 s	50 m (andata)
	29,22 s	50 m (ritorno)
Dorso	61,94 s	100 m (andata e ritorno)
Rana	69,73 s	100 m (andata e ritorno)
Stile libero	56,78 s	100 m (andata e ritorno)

- Qual è la sua velocità media nella vasca di andata della frazione a delfino?
- Qual è la frazione più lenta? E in questa frazione, qual è la sua velocità media?
- Qual è la velocità media della gara considerando il percorso rettificato?

Dati e incognite

Dati	Incognite
Durata delle frazioni a delfino: $\Delta t_{\text{Del},1} = 26{,}16$ s, $\Delta t_{\text{Del},2} = 29{,}22$ s	Velocità media vasca di andata a delfino: $v_{\text{Del},1} = ?$
Durata della frazione a dorso: $\Delta t_{\text{Dor}} = 61{,}94$ s	Frazione più lenta: ?
Durata della frazione a rana: $\Delta t_{\text{R}} = 69{,}73$ s	Velocità media della frazione lenta: $v_{\text{R}} = ?$
Durata della frazione a stile libero: $\Delta t_{\text{SL}} = 56{,}78$ s	Velocità media della gara: $\overline{v} = ?$
Lunghezza della vasca: $L = 50$ m	

Il ragionamento

Si tratta di un moto in cui il nuotatore percorre più volte lo stesso tratto, in un verso e nell'altro. Rettifichiamo il percorso in modo da considerarlo come un moto rettilineo. Applichiamo la definizione della velocità media per trovare la soluzione ai quesiti posti.

La soluzione

- La velocità media nella vasca di andata della frazione a delfino è:

$$v_{\text{Del},1} = \frac{L}{\Delta t_{\text{Del},1}} = \frac{50\ \text{m}}{26{,}16\ \text{s}} = 1{,}91\ \text{m/s}$$

- La frazione più lenta è quella che dura di più, quindi la frazione a rana.
  La sua velocità media è:

$$v_{\text{R}} = \frac{2L}{\Delta t_{\text{R}}} = \frac{100\ \text{m}}{69{,}73\ \text{s}} = 1{,}43\ \text{m/s}$$

- La velocità media si ottiene dividendo la lunghezza dell'intera gara per la sua durata complessiva:

$$\overline{v} = \frac{\Delta s_{\text{tot}}}{\Delta t_{\text{tot}}} = \frac{8L}{\Delta t_{\text{Del},1} + \Delta t_{\text{Del},2} + \Delta t_{\text{Dor}} + \Delta t_{\text{R}} + \Delta t_{\text{SL}}} = \frac{400\ \text{m}}{26{,}16\ \text{s} + 29{,}22\ \text{s} + 61{,}94\ \text{s} + 69{,}73\ \text{s} + 56{,}78\ \text{s}} = 1{,}64\ \text{m/s}$$

18 ★★☆ **QUANTI SU 100**

Nel modello atomico di Rutherford, l'elettrone dell'atomo di idrogeno si muove con una velocità media di modulo $v_e \approx 2{,}2 \times 10^6$ m/s. La velocità della luce nel vuoto è uguale a $3{,}0 \times 10^8$ m/s.

- Qual è il rapporto percentuale fra la velocità dell'elettrone e quella della luce?

[0,73%]

19 ★★☆ **QUANTI SU 100**

Due ciclisti percorrono la stessa distanza. Il primo impiega 40 minuti, il secondo impiega un tempo inferiore del 15% al tempo del primo.

- Calcola il tempo impiegato dal secondo ciclista.
- Calcola il rapporto percentuale fra la velocità media del secondo ciclista e quella del primo. Di quanto la velocità media del secondo ciclista è maggiore di quella del primo?

[34 min; 18%]

20 ★★☆ Un atleta si prepara per una gara di triathlon (nuoto, ciclismo e corsa). I suoi tempi parziali e la lunghezza dei percorsi sono:

Prova	Tempo	Distanza
Nuoto	18 min	750 m
Ciclismo	40 min	20,0 km
Corsa	25 min	5,00 km

- Qual è la prova più lenta?
- Qual è la velocità media dell'atleta nella corsa?
- Qual è la sua velocità media nell'intera gara?

Esprimi le velocità in m/s.

[nuoto; 3,3 m/s; 5,2 m/s]

21 ★★☆ Per ognuna delle tre coppie di posizioni nella tabella seguente, determina il modulo e il verso dello spostamento e della velocità media.

	Posizione iniziale s_0	Posizione finale s	Intervallo di tempo
a)	+2,0 m	+6,0 m	2,0 s
b)	+6,0 m	+2,0 m	1,0 s
c)	−3,0 m	+7,0 m	4,0 s

[2,0 m/s; −4,0 m/s; 2,5 m/s]

22 ★★★ **QUANTI SU 100**

Due atleti percorrono la stessa distanza. Il primo impiega un tempo superiore del 20% al tempo impiegato dal secondo.

▶ Stabilisci di quanto, in percentuale, la velocità media del primo atleta è minore di quella del secondo.

[17%]

4 IL CALCOLO DELLO SPOSTAMENTO E DEL TEMPO

23 ★★★ In una persona alta 1,8 m, un impulso nervoso generato nei piedi viaggia attraverso il sistema nervoso e raggiunge il cervello in 16 ms.

▶ Quanto tempo impiega a raggiungere il cervello un impulso che parte dalle mani (che distano 1,0 m)?

[8,9 ms]

24 ★★★ Un aereo è in volo con una velocità media di 720 km/h per 2 ore e mezza.

▶ Calcola la distanza percorsa dall'aereo.

[1800 km]

25 ★★★ Un atleta percorre una pista di atletica con la velocità media di 3,6 m/s.

▶ Calcola quanto tempo impiega l'atleta a percorrere la distanza di 270 m.

[75 s]

26 ★★★ L'anno luce (a.l.) è un'unità di misura della lunghezza, definita come la distanza percorsa dalla luce nel vuoto in un anno. La velocità della luce nel vuoto si indica con c ed è circa $3{,}0 \times 10^5$ km/s.

▶ Calcola la distanza percorsa dalla luce in un anno ed esprimila in km.

[$9{,}5 \times 10^{12}$ km]

27 ★★★ **UN DATO IN PIÙ**

Un'auto percorre a velocità costante $v = 8{,}4$ m/s un tratto di strada lungo 1260 m prima di imboccare un viale alberato lungo 2540 m.

▶ Calcola quanto tempo impiega l'auto a percorrere il tratto di strada.

[150 s]

28 PROBLEM SOLVING

Per andare da casa all'ufficio, un avvocato percorre 16 km con velocità media $\overline{v} = 40$ km/h. Quando ha percorso un quarto del tragitto, l'avvocato passa davanti a un monumento.

▶ Quanto tempo impiega l'avvocato per arrivare allo studio?

▶ Dopo quanto tempo dalla partenza (in media) l'avvocato passa davanti al monumento?

Dati e incognite

Dati	Incognite
Distanza tra casa e studio dell'avvocato: $\Delta s = 16$ km	Tempo per arrivare in ufficio: $\Delta t = ?$
Velocità media: $\overline{v} = 40$ km/h	Tempo necessario, in media, per giungere al monumento: $\Delta t_{mon} = ?$
Distanza del monumento da casa: $\Delta s/4$	

Il ragionamento

La distanza percorsa Δs e l'intervallo di tempo Δt sono direttamente proporzionali; il loro rapporto di proporzionalità è la velocità media $\overline{v}$.

La soluzione

- Il tempo che l'avvocato impiega per arrivare in ufficio è:

$$\Delta t = \frac{\Delta s}{\overline{v}} = \frac{16\ \text{km}}{40\ \text{km/h}} = 0{,}40\ \text{h} = 24\ \text{min}$$

- Il monumento è a un quarto dell'intero tragitto quindi, mantenendo la velocità media $\overline{v}$, l'avvocato gli passa davanti dopo un tempo pari a un quarto del tempo necessario per percorrere l'intero tragitto:

$$\Delta t_{\text{mon}} = \frac{\Delta t}{4} = \frac{24\ \text{min}}{4} = 6{,}0\ \text{min}$$

29 ★★ Uno studente impiega 20 minuti ad arrivare a scuola, che dista 1,2 km da casa. Dopo 8 minuti passa davanti a una panetteria.

▶ Quanto dista il negozio dalla scuola?

[0,72 km]

30 ★★ **UN DATO IN PIÙ**

Per via degli effetti gravitazionali e delle maree, la distanza tra la Luna e la Terra, che attualmente è circa 384 400 km, aumenta di 19 cm ogni 5 anni.

▶ Fra quanto tempo la Luna si sarà allontanata di 1000 km?

[26×10^6 anni]

31 ★★ A causa di fenomeni geologici, la Sicilia si allontana dalla Calabria di circa 36 cm ogni secolo. La distanza attuale fra i punti più vicini delle due coste è di circa 3,4 km.

▶ Fra quanto tempo la Sicilia disterà 10 km dalla Calabria?

[$1,8 \times 10^6$ anni]

32 ★★ I capelli di un uomo crescono in media di 9,0 mm al mese.

▶ Calcola la velocità media espressa in cm/anno.

▶ Quanto tempo impiegano dei capelli lunghi inizialmente 0,50 cm per raggiungere la lunghezza di 17,0 cm?

[11 cm/anno; 1,5 anni]

33 ★★★ Lo Space Shuttle viaggiava alla velocità di circa $7,6 \times 10^3$ m/s. Un battito di ciglia dura circa 110 ms.

▶ Quanti campi da calcio (di lunghezza 105 m) attraverserebbe lo Space Shuttle durante un battito di ciglia?

[8]

34 ★★★ Gli stimoli nervosi viaggiano a una velocità dell'ordine di 100 m/s.

▶ Stima l'ordine di grandezza del tempo impiegato da uno stimolo nervoso ad andare dalla punta delle dita al cervello.

[10^{-2} s]

5 IL MOTO RETTILINEO UNIFORME

35 ★ Un'auto si muove alla velocità di 5,6 m/s lungo un rettilineo. All'istante iniziale l'auto si trova 14 m più avanti di un camion parcheggiato.

▶ Scrivi la legge oraria del moto dell'auto usando come origine del sistema di riferimento il camion e come verso positivo quello di marcia dell'auto.

36 ★ Marcello percorre in bicicletta un viale con velocità $v = 4,1$ m/s. All'istante iniziale si trova a 6,2 m da un albero e a 9,1 m da un'auto parcheggiata (vedi figura) verso cui si dirige.

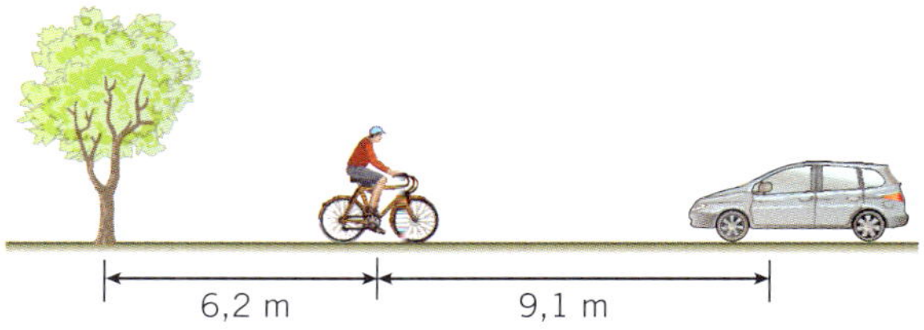

Scrivi la legge oraria del moto di Marcello nel sistema di riferimento:

▶ con origine dove si trova l'auto e verso opposto al moto di Marcello;

▶ con origine dove si trova l'albero e verso uguale al moto di Marcello.

37 ★ Due auto distano 9,7 m l'una dall'altra e si allontanano in versi opposti (vedi figura). La velocità dell'auto a sinistra (1) è $v_1 = 4,2$ m/s, la velocità dell'auto a destra (2) è $v_2 = 5,3$ m/s.

Scrivi la legge oraria delle due auto nel sistema di riferimento:

▶ in cui l'auto 1 si trova inizialmente nell'origine e si muove nel verso positivo;

▶ in cui l'auto 2 si trova inizialmente nell'origine e si muove nel verso positivo.

38 ★ Un'auto e una moto sono ferme in fila davanti al semaforo rosso. La moto è in cima alla fila, l'auto si trova 25 metri più indietro. Quando il semaforo diventa verde, la moto parte e la sua legge oraria è $s_M(t) = (3,5 \text{ m/s})t$. L'auto parte 4 secondi dopo, con la stessa velocità della moto.

▶ Qual è l'origine del sistema di riferimento a cui è riferita la legge oraria della moto?

▶ Scrivi la legge oraria dell'auto nel sistema di riferimento che ha l'origine nel semaforo e verso positivo nel verso del moto. La misurazione del tempo inizia quando il semaforo diventa verde.

39 ★★ Un oggetto si muove di moto rettilineo uniforme secondo la legge oraria $s(t) = (12,5 \text{ m}) + (-3,7 \text{ m/s})t$.

▶ Dove si trova dopo 2,7 secondi?

▶ In quale istante la sua posizione è 6,5 metri?

[2,5 m; 1,6 s]

40 PROBLEM SOLVING

Mario e Gianna cominciano a correre nello stesso momento e dallo stesso punto. Mario corre a velocità $v_M = 2,4$ m/s per 40 secondi, poi si ferma per 30 secondi per allacciare una scarpa, e quindi riparte, con la stessa velocità di prima. Gianna corre più lentamente, alla velocità $v_G = 1,8$ m/s, senza fermarsi.

- Scrivi le leggi orarie del moto di Mario e di Gianna.
- Dove si trovano Mario e Gianna 50 secondi dopo l'inizio della corsa?
- Calcola la distanza tra Mario e Gianna dopo 30 secondi e dopo 1 minuto e mezzo.

Dati e incognite

Dati	Incognite
Modulo della velocità di Mario: $v_M = 2,4$ m/s	Leggi orarie di Mario e Gianna: ?
Modulo della velocità di Gianna: $v_G = 1,8$ m/s	Posizioni dopo 50 secondi: $s_M(t = 50) = ?$ $s_G(t = 50) = ?$
Durata della corsa di Mario prima di fermarsi: $\Delta t_1 = 40$ s	Distanza tra Mario e Gianna dopo 30 secondi: $d_1 = ?$
Durata della sosta di Mario: $\Delta t_2 = 30$ s	Distanza tra Mario e Gianna dopo 1 minuto e mezzo: $d_2 = ?$

Il ragionamento

Dopo avere scelto il sistema di riferimento, la sua origine e il verso positivo, individuiamo i parametri dei moti di Mario e Gianna. Dalla legge oraria si calcolano le posizioni dei due corridori in ogni istante di tempo. Le distanze richieste sono poi le differenze tra le posizioni di Mario e Gianna.

La soluzione

- Poniamo l'origine del sistema di riferimento nel punto in cui Mario e Gianna iniziano a correre; scegliamo il verso positivo nello stesso verso della corsa e come tempo iniziale l'istante in cui Mario e Gianna iniziano a correre.
  Gianna si muove di moto rettilineo uniforme, con posizione iniziale $s_{0,G} = 0$ m. La sua legge oraria è:

$$s_G(t) = s_{0,G} + v_G t = (1,8\ \text{m/s})t$$

Il moto di Mario è composto da tre moti diversi:

1. un moto rettilineo uniforme che inizia a $t_{0,M} = 0$ s dalla posizione $s_{0,M} = 0$ m;
2. una sosta che dura $\Delta t_2 = 30$ s, durante la quale la posizione di Mario non cambia;
3. un moto rettilineo uniforme, che inizia al tempo $t'_{0,M} = \Delta t_1 + \Delta t_2 = 70$ s.

Durante i primi 40 secondi, Mario percorre la distanza:

$$\Delta s_{1,M} = v_M \Delta t_1 = (2,4\ \text{m/s})(40\ \text{s}) = 96\ \text{m}$$

Questo valore è anche la posizione iniziale $s'_{0,M} = 96$ m di Mario nella legge oraria dell'ultimo moto. Nel complesso, la legge oraria del moto di Mario è quindi:

$$s_M(t) = \begin{cases} s_{0,M} + v_M t = (2,4\ \text{m/s})t & 0\ \text{s} \leq t < 40\ \text{s} \\ 96\ \text{m} & 40\ \text{s} \leq t < 70\ \text{s} \\ s'_{0,M} + v_M(t - t'_{0,M}) = (96\ \text{m}) + (2,4\ \text{m/s})[t - (70\ \text{s})] & 70\ \text{s} \leq t \end{cases}$$

- Per determinare le posizioni di Mario e Gianna dopo 50 secondi, sostituiamo $t = 50$ s nelle loro leggi orarie:

$$s_M(t = 50\ \text{s}) = 96\ \text{m}$$

$$s_G(t = 50\ \text{s}) = (1,8\ \text{m/s})(50\ \text{s}) = 90\ \text{m}$$

- Per la distanza d_1 tra Mario e Gianna dopo 30 secondi, usiamo le leggi orarie del primo tratto:

$$d_1 = s_M(t = 30\ \text{s}) - s_G(t = 30\ \text{s}) = (2{,}4\ \text{m/s})(30\ \text{s}) - (1{,}8\ \text{m/s})(30\ \text{s}) = 18\ \text{m}$$

Poiché il risultato è positivo, Mario si trova 18 m davanti a Gianna.
Per la distanza d_2, dopo 1 minuto e mezzo (cioè dopo 90 secondi), usiamo l'ultima espressione della legge oraria del moto di Mario:

$$d_2 = s_M(t = 90\ \text{s}) - s_G(t = 90\ \text{s}) = (96\ \text{m}) + (2{,}4\ \text{m/s})[(90\ \text{s}) - (70\ \text{s})] - (1{,}8\ \text{m/s})(90\ \text{s}) = -18\ \text{m}$$

Poiché il risultato è negativo, Gianna si trova 18 m davanti a Mario.

41 Roberta corre in bici a velocità costante lungo un viale alberato. Prende come riferimento un albero (vedi figura) e misura una distanza di 4,2 m quando il cronometro segna $t_1 = 4{,}3$ s; e 7,8 m quando il cronometro segna $t_2 = 7{,}3$ s. Fissa l'albero come origine e scegli come verso positivo quello del moto.
- ▶ Determina la legge oraria del moto di Roberta.

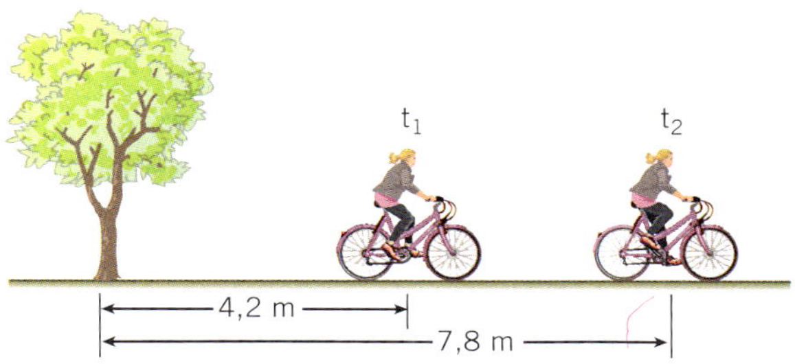

[$s = (-0{,}96$ m$) + (1{,}2$ m/s$)t$]

42 Una ciclista percorre un rettilineo diviso in tre parti. Nella prima parte, pedala per 22 minuti alla velocità media di 7,2 m/s. Nella seconda parte, pedala per 36 minuti alla velocità media di 5,1 m/s. Nella terza parte pedala per 8 minuti alla velocità media di 13 m/s.
- ▶ Che distanza ha percorso la ciclista in totale?
- ▶ Qual è stata la sua velocità media?

[27 km; 6,8 m/s]

43 Il bradipo tridattilo è il più lento mammifero terrestre. Sul terreno, il bradipo si muove alla velocità media di 0,037 m/s. Per confronto, una tartaruga gigante si muove a una velocità media di 0,076 m/s.
- ▶ Calcola la differenza tra le distanze percorse in 12 minuti da un bradipo e da una tartaruga.

[28 m]

44 **OCCHIO ALL'INCERTEZZA**
Una goccia d'acqua cade sulla superficie di un tavolo e lì si spande alla velocità di 1,00 cm/s.
- ▶ Dopo quanto tempo l'acqua raggiungerà un punto distante 27 mm da dove è caduta la goccia?
- ▶ Qual è l'incertezza sul tempo se l'incertezza sulla misura della velocità è 0,01 cm/s e l'incertezza sulla distanza è 0,001 m?

[2,7 s; 0,1 s]

6 IL GRAFICO SPAZIO-TEMPO DEL MOTO RETTILINEO UNIFORME

45 **LEGGI IL GRAFICO**
La figura mostra il grafico spazio-tempo di un'auto che percorre una strada rettilinea.

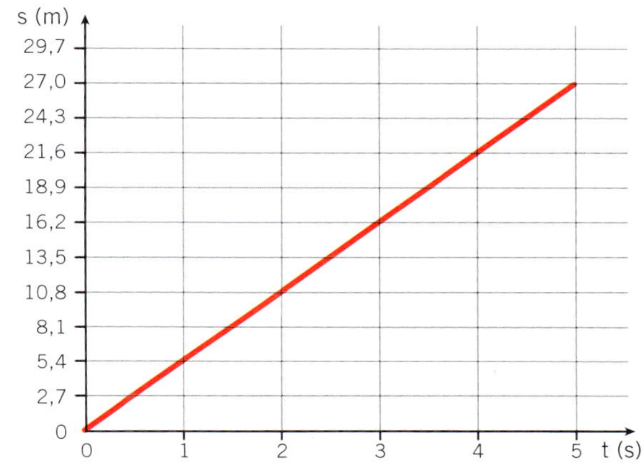

- ▶ L'auto si sta muovendo nel verso positivo del sistema di riferimento o nel verso negativo? Perché?
- ▶ Qual è la posizione dell'auto dopo 1,0 secondi?
- ▶ In quale istante la posizione dell'auto è 16,2 m?

46 **LEGGI IL GRAFICO**
La figura mostra il grafico spazio-tempo di un'atleta che corre lungo una pista rettilinea.

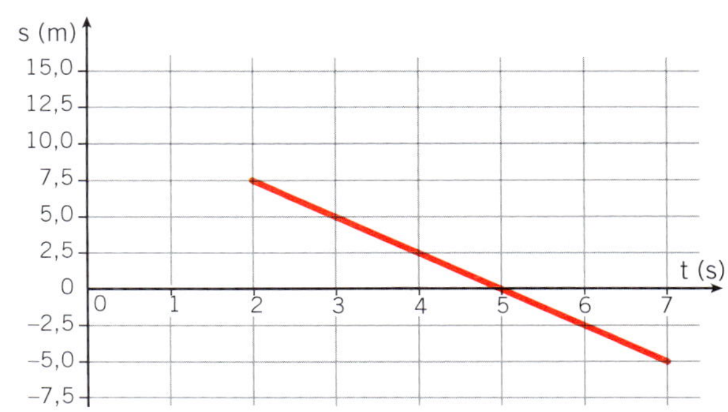

- ▶ L'atleta sta correndo nel verso positivo del sistema di riferimento o nel verso negativo? Perché?
- ▶ A partire da quale istante il grafico rappresenta la corsa dell'atleta? Qual è la posizione dell'atleta in quell'istante?
- ▶ In quale istante la posizione dell'atleta è 0?

47 PROBLEM SOLVING

Francesca inizia a correre all'ingresso del parco con velocità $v_F = 2{,}0$ m/s, dirigendosi verso il laghetto che si trova a 120 m di distanza. Paolo comincia a correre dal laghetto verso l'ingresso con velocità $v_P = 1{,}4$ m/s. Dopo appena 20 secondi, si ferma 40 secondi per salutare un amico e poi riprende la corsa sempre alla stessa velocità.

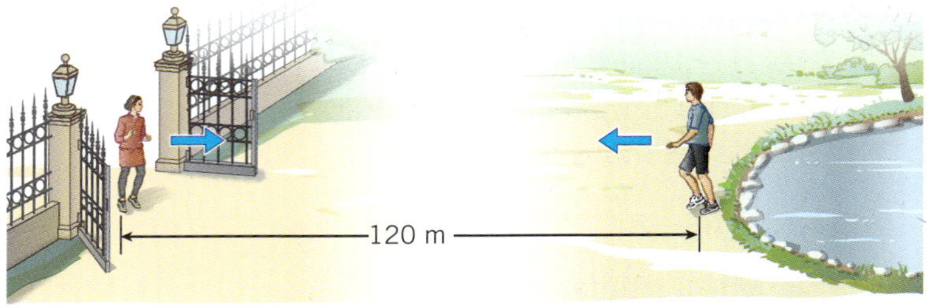

- ▶ Scrivi le leggi orarie del moto di Francesca e di Paolo nei primi 2 minuti.
- ▶ Disegna il grafico spazio-tempo delle corse di Francesca e di Paolo.

Dati e incognite

Dati	Incognite
Distanza iniziale tra Francesca e Paolo: $L = 120$ m	Leggi orarie di Francesca e Paolo: ?
Modulo della velocità di Francesca: $v_F = 2{,}0$ m/s	Grafico spazio-tempo delle corse: ?
Modulo della velocità di Paolo: $v_P = 1{,}4$ m/s	
Durata della corsa di Paolo prima di fermarsi: $\Delta t_1 = 20$ s	
Durata della sosta di Paolo: $\Delta t_2 = 40$ s	

Il ragionamento

Definiamo il sistema di riferimento: poniamo l'origine nell'ingresso e scegliamo il verso positivo diretto dall'ingresso al laghetto. In base a questa scelta la velocità di Francesca è positiva, quella di Paolo è negativa. Le leggi orarie delle due corse sono quelle del moto rettilineo uniforme con l'opportuna scelta dei valori dei parametri. Per disegnare i grafici spazio-tempo, bisogna trovare le coordinate dei punti di partenza e di arrivo nei due moti.

La soluzione

- Francesca corre a velocità costante, partendo dall'ingresso verso il laghetto. La sua posizione iniziale è $s_{0,F} = 0$ m, per cui la legge oraria del suo moto è:

$$s_F(t) = s_{0,F} + v_F t = (0{,}0 \text{ m}) + (2{,}0 \text{ m/s})t = (2{,}0 \text{ m/s})t \qquad 0 \leq t \leq 120 \text{ s}$$

Il moto di Paolo si compone di tre parti, di cui la prima e l'ultima sono moti rettilinei uniformi, mentre nella seconda parte Paolo è fermo. Il primo moto inizia all'istante $t_{0,P} = 0$ s con posizione iniziale $s_{0,P} = 120$ m e velocità $v_P = -1{,}4$ m/s. Quando si ferma per salutare l'amico, Paolo ha percorso la distanza:

$$\Delta s_{1,P} = |v_P|\Delta t_1 = (1{,}4 \text{ m/s})(20 \text{ s}) = 28 \text{ m}$$

e si trova quindi nella posizione:

$$s_P(t = 20 \text{ s}) = s_{0,P} - \Delta s_{1,P} = 92 \text{ m}$$

Questo valore è anche la posizione iniziale $s'_{0,P}$ del secondo moto rettilineo uniforme, che inizia all'istante $t'_{0,P} = \Delta t_1 + \Delta t_2 = 60$ s. Quindi, la legge oraria del moto di Paolo è:

$$s_P(t) = \begin{cases} s_{0,P} + v_P t = (120 \text{ m}) + (-1{,}4 \text{ m/s})t & 0 \text{ s} \leq t < 20 \text{ s} \\ 92 \text{ m} & 20 \text{ s} \leq t < 60 \text{ s} \\ s'_{0,P} + v_P(t - t'_{0,P}) = (92 \text{ m}) + (-1{,}4 \text{ m/s})[t - (60 \text{ s})] & 60 \text{ s} \leq t \leq 120 \text{ s} \end{cases}$$

Dopo due minuti la posizione di Paolo è:

$$s_P(t = 120 \text{ s}) = (92 \text{ m}) + (-1{,}4 \text{ m/s})[(120 \text{ s}) - (60 \text{ s})] = 8{,}0 \text{ m}$$

- Per ottenere il grafico spazio-tempo dei due moti, individuiamo i punti di inizio e fine dei moti rettilinei uniformi.

  Il moto di Francesca è rettilineo uniforme durante i 2 minuti: l'inizio del suo moto è rappresentato dal punto A(0 s, 0 m); dopo 2 minuti si trova nella posizione $s_F(t = 120\text{ s}) = (2{,}0\text{ m/s})(120\text{ s}) = 240\text{ m}$. Quindi il punto finale del grafico spazio-tempo del moto di Francesca è B(120 s, 240 m).

  L'inizio del primo moto rettilineo uniforme di Paolo è rappresentato dal punto C(0 s, 120 m); la fine dal punto D(20 s, 92 m). L'inizio del secondo moto rettilineo uniforme di Paolo è rappresentato dal punto E(60 s, 92 m); la fine dal punto F(120 s, 8 m).

  A questo punto basta unire A con B, C con D, D con E e E con F.

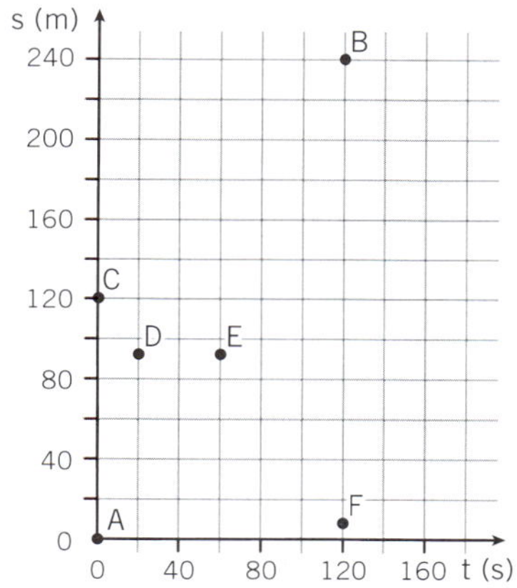

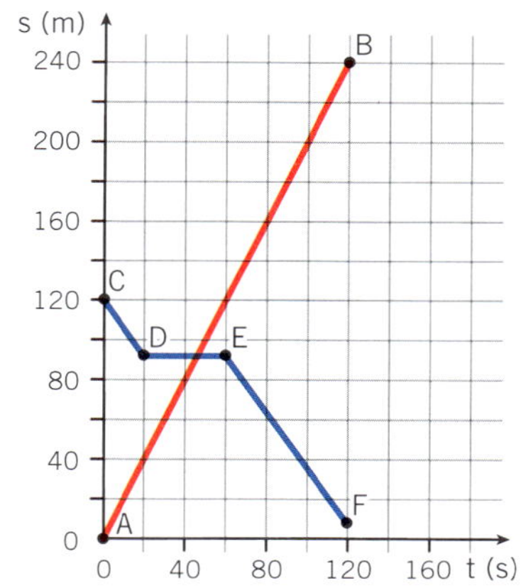

48 ★★

Un etologo studia la corsa di un ghepardo lungo un tratto rettilineo e rileva i tempi e le posizioni indicate nella seguente tabella:

Tempo (s)	Posizione (m)
0,0	30,0
1,0	56,6
2,0	83,2
3,0	109,8

- ▶ Calcola la velocità media del ghepardo in ogni tratto e stabilisci se può trattarsi di un moto rettilineo uniforme.
- ▶ Scrivi la legge oraria del moto.
- ▶ Disegna il grafico spazio-tempo.

[27 m/s]

49 ★★

La tabella riporta in modo incompleto i dati registrati da un sensore durante la corsa di un cavallo che si muove a velocità costante.

Tempo (s)	Posizione (m)
0	50
1	
2	82
3	
4	
5	

- ▶ Completa la tabella.
- ▶ Scrivi la legge oraria.
- ▶ Disegna il grafico spazio-tempo.

50 ★★ **LEGGI IL GRAFICO**

La figura mostra il grafico spazio-tempo del moto di un'auto.

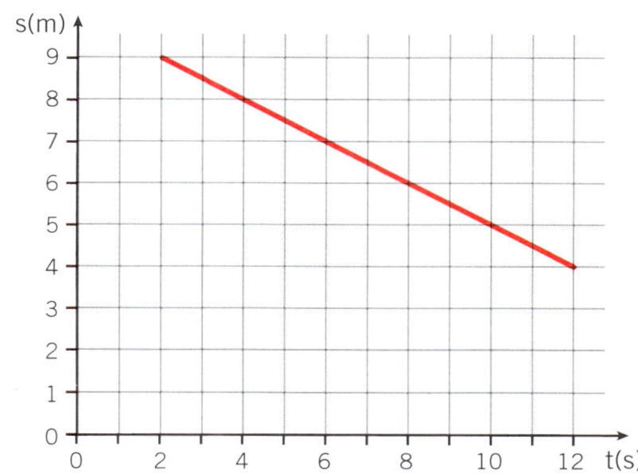

- ▶ Scrivi la legge oraria di questo moto.

51 ★★

Un ciclista si allena lungo un percorso a tappe, effettuando brevi soste tra una tappa e l'altra. La tabella riporta l'orario di partenza di ogni tappa e la distanza dal punto di partenza:

Tappa	1	2	3	4	5
Ora	6:30	7:17	8:10	8:52	9:54
Distanza (km)	0	21	43	67	85

Considera che tra la seconda e la terza tappa la sosta è durata 3 minuti, mentre le altre soste sono durate solo 2 minuti.

- ▶ Calcola le velocità medie del ciclista tra una fermata e la successiva non considerando le pause.
- ▶ Calcola la velocità media complessiva.
- ▶ Disegna il grafico spazio-tempo.

[28 km/h; 26 km/h; 36 km/h; 18 km/h; 25 km/h]

52 Due pullman partono dalla stessa stazione alla stessa ora. Il primo pullman si muove con velocità costante $v_A = 45$ km/h per 45 minuti; poi si ferma per 15 minuti in un'area di servizio; quindi riparte con la stessa velocità iniziale. Il secondo pullman si muove con velocità $v_B = 40$ km/h e non si ferma mai.

- ▶ Calcola la distanza percorsa dai due pullman in un'ora e quindici minuti.
- ▶ Disegna il grafico spazio-tempo delle loro corse.

[45 km; 50 km]

53 Due auto partono affiancate dalla stessa posizione con velocità costanti ma diverse tra loro. Dopo un minuto le auto distano fra loro 150 m.

- ▶ Qual è la differenza fra le due velocità?
- ▶ Rappresenta graficamente la distanza fra le due auto in funzione del tempo.

[2,5 m/s]

54 Due amici abitano a 35 km di distanza e si danno appuntamento lungo la strada che congiunge le loro due case. Il primo si muove a piedi alla velocità $v_1 = 5{,}0$ km/h. Il secondo parte in motocicletta con velocità $v_2 = 45$ km/h; dopo 20 minuti si ferma per 10 minuti per fare carburante; quindi riprende la corsa con la stessa velocità iniziale.

- ▶ Scrivi le leggi orarie del moto dei due amici.
- ▶ Disegna i loro grafici spazio-tempo fino a quando non si incrociano per strada.

7 IL GRAFICO VELOCITÀ-TEMPO DEL MOTO RETTILINEO UNIFORME

55 Un ghepardo percorre 79,8 metri in 3,0 secondi.

- ▶ Assumendo la velocità costante, disegna il grafico velocità-tempo.

© Jonathan C Photography (Shutterstock)

56 Un'auto viaggia a velocità $v_A = 12$ m/s per 40 minuti, si ferma a fare benzina per 5 minuti e poi riparte, alla stessa velocità di prima, per altri 15 minuti. Durante la stessa ora un camion viaggia a velocità costante $v_C = 10$ m/s senza effettuare alcuna sosta.

- ▶ Disegna i grafici velocità-tempo dei moti dell'auto e del camion.

57 **LEGGI IL GRAFICO**
La figura rappresenta il grafico spazio-tempo di un oggetto in moto:

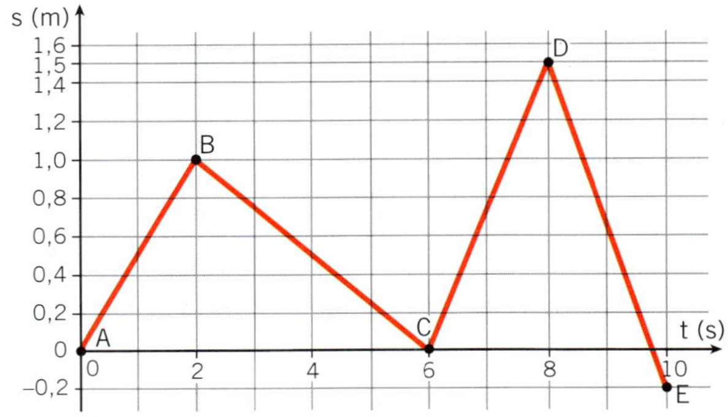

- ▶ In quali istanti l'oggetto si muove in avanti? In quali si muove all'indietro?
- ▶ Disegna il grafico velocità-tempo.

58 Facendo riferimento all'esercizio precedente:

- ▶ scrivi la legge oraria $s(t)$;
- ▶ e la velocità $v(t)$ dell'oggetto nei vari momenti del moto.

59 Un ragazzo fa rimbalzare un pallone contro un muro che dista 6,0 m da lui. Sia nel tragitto di andata che in quello di ritorno, il pallone mantiene una velocità di modulo costante pari a 7,5 m/s.

- ▶ Disegna il grafico spazio-tempo del pallone durante il suo moto.
- ▶ Scrivi la legge oraria del moto di andata e di ritorno del pallone.
- ▶ Disegna il grafico velocità-tempo del pallone durante il suo moto.

60 **LEGGI IL GRAFICO**
La figura rappresenta il grafico velocità-tempo di un oggetto che all'istante di tempo $t = 0$ s si trova in $s(0) = 0$ m.

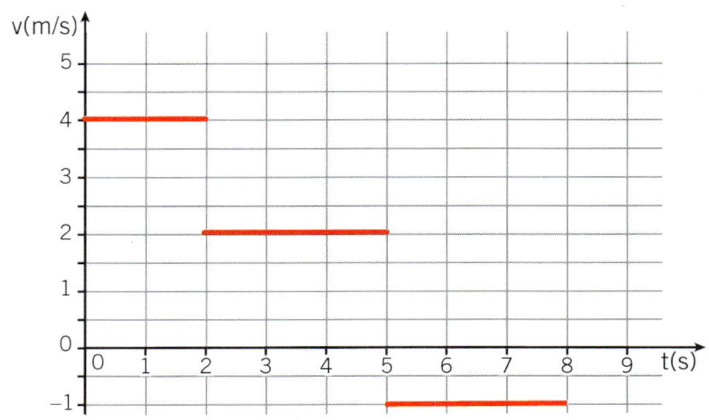

- ▶ Disegna il grafico spazio-tempo dell'oggetto.
- ▶ Se all'istante iniziale $t = 0$ s la posizione dell'oggetto fosse $s_0 = 30$ m, cosa cambierebbe nel grafico velocità-tempo?

61 Scrivi la legge oraria e quella della velocità del moto dell'esercizio precedente in funzione del tempo.

PROBLEMI FINALI

62 ★★☆ Un carabiniere vede un ladro a una distanza di 60 m che si allontana alla velocità di 4,0 m/s. Gli intima di fermarsi e 3 secondi dopo comincia a correre verso il ladro alla velocità di 5,0 m/s. Scrivi le leggi orarie del ladro e del carabiniere considerando l'origine solidale:
- con la posizione iniziale del carabiniere;
- con la posizione iniziale del ladro.

63 ★★☆ Usa i dati del problema precedente e fissa un sistema di riferimento solidale con la posizione iniziale del carabiniere.
- Disegna nella stessa figura i grafici spazio-tempo del ladro e del carabiniere. Cosa rappresenta il punto di intersezione tra i due grafici?
- Disegna nella stessa figura i grafici velocità-tempo del ladro e del carabiniere.

64 ★★☆ **LEGGI IL GRAFICO**
La figura rappresenta la distanza in funzione del tempo di un uccello che si allontana dal nido per cercare cibo per i suoi pulcini e dopo un po' torna da loro.

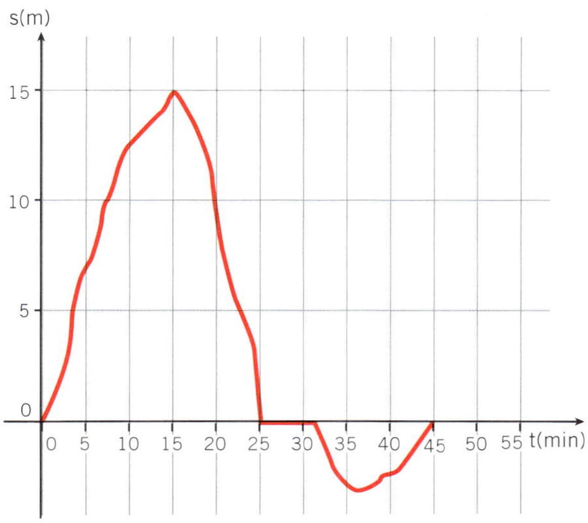

- In quale istante l'uccello si trova alla massima distanza dai suoi pulcini?
- Dopo quanto tempo ritorna al nido definitivamente?
- Calcola la velocità media dell'uccello fra gli istanti di tempo $t_1 = 0$ minuti e $t_2 = 15$ minuti.

[15 min, 45 min, $v_m = 1$ m/min]

65 ★★☆ Una nave si dirige alla velocità di 36,0 km/h verso un'altra nave attraccata al largo. Quando la distanza fra loro è di 2,00 km, la prima nave segnala la sua presenza con un fischio della sirena (la velocità del suono in aria è 340 m/s). La seconda nave risponde a sua volta con un altro fischio di sirena appena sente il fischio della prima nave.
- Di quanto si è avvicinata la prima nave tra l'emissione del primo fischio e la sua ricezione?
- Quanto tempo è trascorso fra l'emissione del primo fischio e la ricezione del secondo? Approssima il risultato fino alla terza cifra significativa.

[59 m; 11,4 s]

66 ★★☆ Durante un viaggio, un'automobile si dirige per tre quarti del tempo verso nord con una velocità media di 28 m/s e per il restante quarto verso sud con una velocità media di 16 m/s.
- Qual è stata la velocità media alla fine del viaggio?

[17 m/s]

67 ★★☆ Un giardiniere deve costruire un recinto attorno a un albero appena piantato, il cui tronco ha un raggio $r_0 = 0{,}5$ cm. Il raggio del tronco di questa varietà di albero cresce in media di 2,5 cm/anno.
- Determina quanto deve essere lunga la circonferenza del recinto affinché il giardiniere non sia costretto a ricostruirlo per i prossimi sette anni.

[110 cm]

68 ★★☆ Un corridore diciottenne riesce a completare una corsa di 10 km con una velocità media di 4,39 m/s. Un corridore cinquantenne può coprire la stessa distanza con una velocità media di 4,27 m/s.
- Con quale ritardo dovrebbe cominciare la sua corsa il corridore più giovane per arrivare al traguardo nello stesso momento del corridore più anziano?

[64 s]

69 ★★☆ Maria e Caterina abitano a 3 km di distanza, ai capi opposti di una strada, e decidono di incontrarsi. Maria esce da casa alle 17:30 e cammina alla velocità di 3 km/h; mentre Caterina esce alle 17:42 e cammina alla velocità di 5 km/h.
- A che ora s'incontreranno?
- Dove?

[18:00; a metà strada]

70 ★★☆ Un bagnino, che riesce a correre in spiaggia alla velocità di 5 m/s e a nuotare con una velocità di 1,25 m/s, è appostato a 30 m dalla riva. Perlustrando il mare si accorge che, 40 metri davanti a lui, un uomo chiede aiuto.
- Quanto tempo impiega il bagnino a raggiungere l'uomo in acqua?

[14 s]

71 ★★☆ **OCCHIO ALL'INCERTEZZA**
La tecnica sperimentale del *time of flight* (tempo di volo) è molto usata in fisica per determinare la velocità delle particelle: si misura il tempo necessario

a una particella per percorrere una certa distanza e si calcola così la sua velocità. Durante un esperimento sui pioni (un tipo di particella elementare) è stato registrato un tempo di volo di (42 ± 2) ns su un percorso di $(12 \pm 1) \times 10^6$ µm.

- ▶ Determina la velocità del pione e l'incertezza associata.
- ▶ Qual è il rapporto percentuale fra la velocità del pione e quella della luce? La velocità della luce è $3{,}0 \times 10^8$ m/s. Effettua il calcolo trascurando l'incertezza sulla velocità del pione.

[$(2{,}9 \pm 0{,}4) \times 10^8$ m/s; 97%]

72 ★★☆

Nel tennis maschile, il record di servizio più veloce appartiene al giocatore croato Ivo Karlovic registrato durante un incontro di Coppa Davis nel 2011. La velocità del suo servizio fu di 251 km/h. Supponi che la pallina abbia percorso una delle diagonali dell'area di gioco di larghezza 9,60 m e lunghezza 18,3 m.

- ▶ Calcola per quanto tempo la pallina è rimasta in volo.

[0,30 s]

73 ★★★

Antonio e Flavia studiano in laboratorio il movimento di un carrellino lungo una guida rettilinea. Si mettono ai due lati del bancone e segnano una serie di posizioni distanziate di 50 cm (vedi figura). Entrambi avviano il cronometro quando il carrellino passa per la posizione 0 del proprio sistema di riferimento. Flavia fa partire il suo cronometro 2 secondi dopo Antonio.

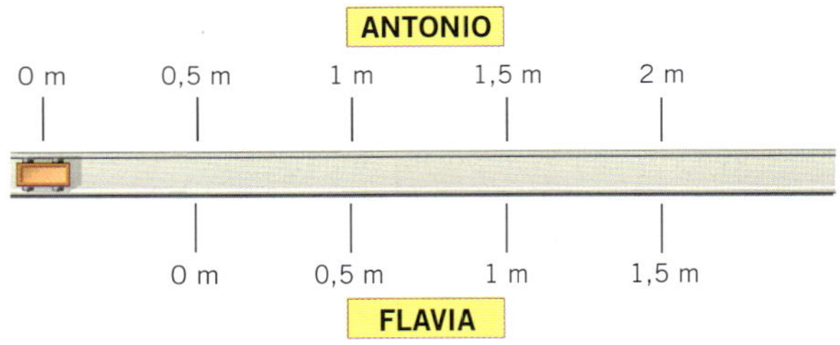

- ▶ Determina la velocità del carrellino.
- ▶ Scrivi le leggi orarie del moto del carrellino secondo i due sistemi di riferimento di Antonio e Flavia.
- ▶ Scrivi la legge oraria del moto del carrellino con le coordinate del sistema di riferimento di Antonio, ma usando il tempo del cronometro di Flavia, e viceversa.

74 ★★★

Nicoletta percorre in bicicletta i tre quinti di un percorso a velocità v e i restanti due quinti a velocità $0{,}8v$.

- ▶ Qual è la velocità media valutata su tutto il suo percorso?

[$\frac{10}{11}\,v$]

75 ★★★

Giuseppe percorre in moto un rettilineo di lunghezza L. Nei primi due terzi del percorso la sua velocità è uguale a v. La velocità media su tutto il percorso è $v/3$.

- ▶ Calcola la velocità nella seconda parte del percorso.

[$v/7$]

TEST

1 Il grafico spazio-tempo di un oggetto che si muove di moto rettilineo uniforme è rappresentato da una relazione fra le variabili tempo e spazio di
- A diretta proporzionalità.
- B inversa proporzionalità.
- C tipo lineare.
- D tipo quadratica.

2 Il grafico velocità-tempo di un oggetto che si muove di moto rettilineo uniforme è rappresentato da
- A una curva qualunque del piano.
- B una retta orizzontale.
- C una retta verticale.
- D una retta che forma un angolo con l'asse dei tempi direttamente proporzionale alla velocità dell'oggetto.

3 Confrontando le due velocità $v_1 = 20$ m/s e $v_2 = 70$ km/h posso affermare che
- A $v_1 > v_2$
- B $v_1 = v_2$
- C $v_1 < v_2$
- D non si possono confrontare perché scritte in unità di misura diverse.

4 Il seguente grafico velocità-tempo è riferito al moto di una pallina che urta contro un muro e torna indietro.

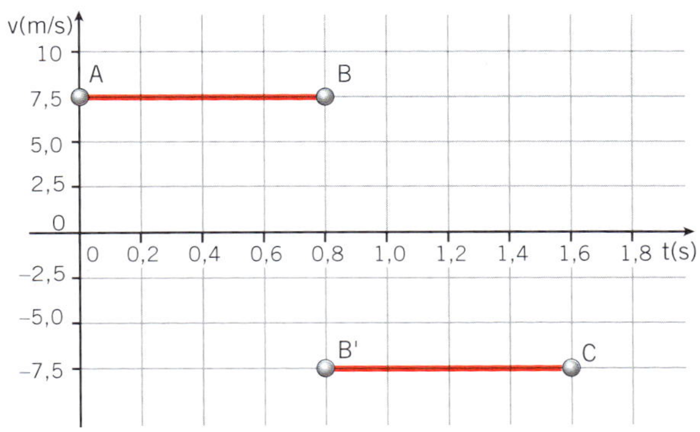

Possiamo dire che la pallina urta contro il muro all'istante
- A $t = 0{,}7$ s
- B $t = 0{,}8$ s
- C $t = 0{,}0$ s
- D $t = 1{,}6$ s

5 Un ciclista procede alla velocità costante di 9 km/h. Determinare quanto tempo impiega a percorrere un kilometro.
- A 6 minuti e 40 secondi
- B 6 minuti e 30 secondi
- C 6 minuti e 20 secondi
- D 6 minuti
- E 9 minuti

Test di ingresso a Odontoiatria, 2012

6 In un moto rettilineo uniforme, la velocità media e la velocità istantanea saranno fra loro
- A diverse, perché la velocità istantanea assume valori sempre più grandi della velocità media.
- B direttamente proporzionali.
- C diverse, perché la velocità istantanea assume valori a volte più grandi a volte più piccoli della velocità media.
- D uguali.

7 La figura mostra il grafico velocità-tempo di un nuotatore durante una gara. Lungo quali tratti si può supporre che il moto sia rettilineo uniforme?

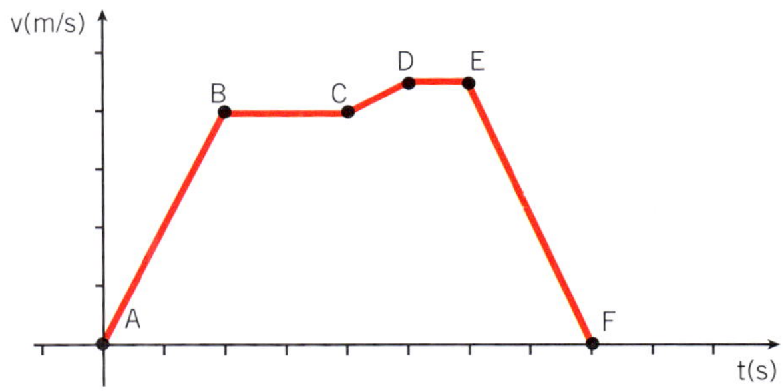

- A Nessuno.
- B Lungo i tratti AB, CD e EF.
- C Lungo i tratti BC e DE.
- D Tutti.

8 La figura mostra il grafico spazio-tempo di un punto materiale. Qual è la sua velocità media fra il tempo $t_1 = 2$ s e $t_2 = 8$ s?

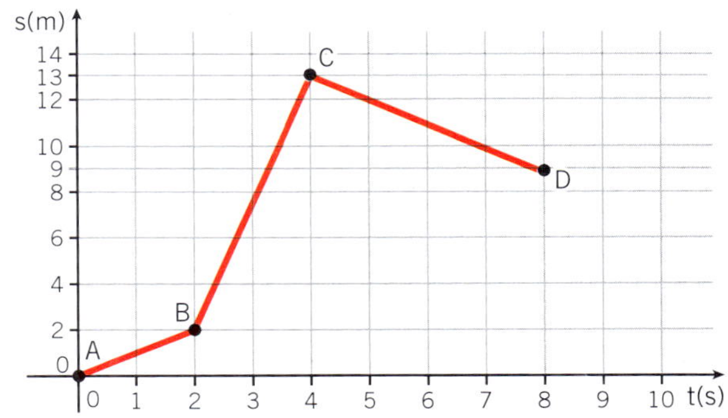

- A Circa 2,3 m/s.
- B Circa 1,5 m/s.
- C Circa 1,2 m/s.
- D Circa 3 m/s.

9 Cosa rappresenta la pendenza della retta in un grafico spazio-tempo che descrive un moto rettilineo uniforme?
- A Il rapporto fra l'intervallo di tempo trascorso e lo spazio percorso.
- B Lo spazio percorso dall'oggetto.
- C Il tempo trascorso durante lo spostamento dell'oggetto.
- D La velocità.

ESERCIZI

SEI PRONTO PER LA VERIFICA?

IN UN'ORA

10/100 **Problema 1**

In una gara di 1500 m piani, un atleta percorre i primi 1100 m in 2 min e 46,0 s e i rimanenti 400 m in 59,0 s.

▶ Qual è stata la sua velocità media? [6,67 m/s]

10/100 **Problema 2**

Due corpi A e B si muovono rispettivamente con legge oraria:

$s_A = 1\ \text{m} + (0{,}5\ \text{m/s})t$

$s_B = 5\ \text{m} + (0{,}5\ \text{m/s})t$

▶ Disegna i relativi grafici spazio-tempo.

10/100 **Problema 3**

Durante una gara, un bob percorre la pista lunga 1435 m in 42,68 s.

▶ Calcola la velocità media in km/h. [121,0 km/h]

10/100 **Problema 4**

Due motociclisti transitano nello stesso istante per un incrocio. Il primo a velocità 57 km/h, il secondo a 59 km/h, in verso opposto. Tutti e due mantengono una velocità costante.

▶ Dopo quanto tempo il loro distacco è 1500 m? [47 s]

Problema 5

Sulle autostrade italiane è attivo dal 2005 il "Sistema Informativo per il Controllo delle Velocità", più comunemente noto come Tutor. Il Tutor stabilisce se un'auto ha superato i limiti di velocità, che in caso di asfalto asciutto è $v_A = 130$ km/h, mentre in caso di pioggia è $v_P = 110$ km/h. Da quando il Tutor è in funzione, il numero di incidenti in autostrada è significativamente diminuito.

Il Tutor funziona nel seguente modo: si rileva il passaggio di ogni auto in punti particolari del percorso, dove sono installati sensori e videocamere che identificano l'auto e registrano l'ora del suo passaggio. Se in un tratto tra due rilevazioni la velocità media di un'auto è superiore al limite consentito, viene emessa una multa nei confronti del proprietario dell'auto. Le distanze tra i punti in cui avviene il rilevamento dell'auto variano tra 10 e 25 km.

La tabella mostra le rilevazioni del passaggio di un'auto che percorre l'autostrada A13 da Bologna a Padova. Il passaggio dell'auto è registrato da 7 Stazioni di Rilevamento (SR); nella seconda riga ("Posizione") è indicata la distanza dal casello di ingresso; nella terza riga ("Orario") è indicata l'ora, in ore e minuti, del passaggio dell'auto.

	SR1	SR2	SR3	SR4	SR5	SR6	SR7
Posizione (km)	1,5	16,5	32,5	50,0	72,0	92,0	111,3
Orario (hh:mm)	10:40	10:48	10:58	11:10	11:23	11:35	11:47

13/100 **A** Calcola le distanze tra ogni stazione di rilevamento e la successiva. Calcola quanto tempo ha impiegato l'auto a percorrere tali distanze.

15/100 **B** Riporta i dati del moto dell'auto in un grafico spazio-tempo, scegliendo il sistema di riferimento e le unità di misura che ritieni più opportune.

15/100 **C** Alle 11:10 si è verificato un temporale su tutto il tratto autostradale: il proprietario dell'auto riceverà una multa?

17/100 **D** In base ai dati del grafico, è possibile affermare che l'auto non ha mai superato il limite di velocità durante il viaggio? Spiega la tua risposta.

.../100

CAPITOLO 7 L'ACCELERAZIONE

© Action Sports Photography (Shutterstock)

«Il dragster è un veicolo stretto e lungo protagonista nelle gare automobilistiche di accelerazione. In una competizione, i dragster gareggiano a coppie e corrono affiancati partendo da fermi lungo un tracciato rettilineo di circa 400 metri. Questi bolidi hanno motori con una potenza di 10 000 cavalli e tagliano il traguardo dopo circa 4 secondi, quando la loro velocità supera i 500 km/h.»

▶ **Qual è l'accelerazione di un dragster che sfreccia in pista?**

▶ Risposta a pag. 198

1 IL MOTO RETTILINEO VARIO

Il *bungee jumping* è uno sport estremo nel quale una persona con un lungo elastico attaccato alle caviglie si getta da una grande altezza e rimbalza, in su e in giù lungo la verticale, fino a fermarsi (figura 1). Durante la caduta, ma anche nei rimbalzi successivi, la velocità media del *bungee jumper*, calcolata su intervalli di tempo della stessa durata nel corso del moto, non è costante. Il *bungee jumping* è un esempio di *moto vario*.

© melis (Shutterstock)

Figura 1
Nel bungee jumping la velocità cambia in ogni istante del moto.

In un moto rettilineo vario la velocità istantanea cambia continuamente.

Nel capitolo precedente abbiamo incontrato moti rettilinei uniformi intervallati da istanti in cui il corpo era fermo. Quei moti rettilinei uniformi «a tratti» possono essere considerati moti vari, visto che la velocità nel complesso varia. Altri esempi di moto rettilineo vario sono lo scatto di un centometrista dai blocchi di partenza, la frenata di un'automobile, il moto di una palla che rimbalza lungo la verticale.

2 L'ACCELERAZIONE MEDIA

Figura 2
Quando un'auto accelera durante un sorpasso, la sua velocità aumenta.

© kletr (Shutterstock)

La velocità di un oggetto in moto rettilineo può cambiare in diversi modi. Per esempio può aumentare, come avviene quando si preme sull'acceleratore di un'automobile per effettuare un sorpasso (**figura 2**); oppure può diminuire, come accade quando si azionano i freni per rallentare o fermarsi. In entrambi i casi la variazione di velocità può avvenire in un intervallo di tempo breve oppure lungo.

In fisica, la grandezza che esprime la rapidità con cui varia la velocità di un punto materiale in moto è l'*accelerazione*.

average acceleration

L'**accelerazione media** di un punto materiale è il rapporto tra la variazione di velocità e l'intervallo di tempo in cui avviene:

$$\text{accelerazione media} = \frac{\text{variazione di velocità}}{\text{intervallo di tempo}}$$

$$\bar{a} = \frac{\Delta v}{\Delta t} = \frac{v_2 - v_1}{t_2 - t_1} \qquad [1]$$

RICORDA

Variazione di una grandezza
La variazione di una qualunque grandezza è sempre data dalla differenza tra il valore finale e il valore iniziale. Per esempio, la variazione della velocità è data da $\Delta v = v_2 - v_1$, mentre la variazione del tempo è data da $\Delta t = t_2 - t_1$.

Visto che Δv ha le dimensioni fisiche di una lunghezza divisa per un tempo ($[\text{lt}^{-1}]$) e Δt ha le dimensioni fisiche di un tempo ($[\text{t}]$), le dimensioni fisiche dell'accelerazione sono:

$$[a] = \frac{[\text{lt}^{-1}]}{[\text{t}]} = [\text{lt}^{-2}]$$

Nel Sistema Internazionale, l'unità di misura dell'accelerazione è il rapporto tra l'unità di misura della velocità (m/s) e quella dell'intervallo di tempo (s): $(\text{m/s})/\text{s} = \text{m/s}^2$, che si legge *metri al secondo quadrato*.

Esempio 1 L'accelerazione di un dragster

In una gara di dragster, il vincitore parte da fermo e taglia il traguardo a una velocità di 510 km/h, impiegando 4,20 s per coprire l'intero tracciato.

▶ Calcola l'accelerazione media del dragster.

La soluzione

L'accelerazione media è il rapporto tra la variazione di velocità e l'intervallo di tempo in cui è avvenuta.
La variazione di velocità del dragster sull'intero percorso è $\Delta v = 510$ km/h e avviene nell'intervallo di tempo $\Delta t = 4{,}20$ s.
Quindi dall'equazione [1] deriva che

$$\bar{a} = \frac{\Delta v}{\Delta t} = \frac{510\,\text{km/h} - 0\,\text{km/h}}{4{,}20\,\text{s} - 0\,\text{s}} = \frac{510\,\text{km/h}}{4{,}20\,\text{s}} = \boxed{121\,\frac{\text{km/h}}{\text{s}}}.$$

L'accelerazione media calcolata nell'esempio precedente si legge «121 chilometri all'ora al secondo». Questo significa che la velocità del dragster è cambiata in media di +121 km/h durante ogni secondo del suo moto: durante il primo secondo è passata da 0 km/h a 121 km/h; durante il secondo successivo è aumentata di altri 121 km/h arrivando a 242 km/h; e così via.

Abbiamo detto che l'accelerazione è di solito espressa in unità del Sistema Internazionale, cioè in metri al secondo quadrato. Per esprimere il risultato dell'esempio precedente in unità SI, scriviamo la variazione di velocità in m/s:

$$\left(510\frac{\text{km}}{\text{h}}\right) = 510 \times \left(\frac{1000\ \text{m}}{3600\ \text{s}}\right) = \frac{510}{3,6}\frac{\text{m}}{\text{s}} = 142\ \frac{\text{m}}{\text{s}}$$

L'accelerazione media diventa quindi:

$$\bar{a} = \frac{\Delta v}{\Delta t} = \frac{142\ \text{m/s}}{4,2\ \text{s}} = 34\ \text{m/s}^2$$

Il segno dell'accelerazione

Un aereo sta avanzando lungo la pista di un aeroporto e la sua velocità passa dal valore v_1 al valore v_2 in un intervallo di tempo $\Delta t = t_2 - t_1$. Possiamo scrivere la sua accelerazione media come:

$$\bar{a} = \frac{\Delta v}{\Delta t} = \frac{v_2 - v_1}{t_2 - t_1} \qquad [2]$$

L'espressione [**2**] dice che l'accelerazione media di un corpo che si muove lungo una traiettoria rettilinea può essere positiva o negativa:

- se la velocità aumenta nel tempo, si ha $v_2 > v_1$ e l'accelerazione media è positiva;
- se la velocità diminuisce nel tempo, si ha che $v_2 < v_1$ e l'accelerazione media è negativa.

Studiamo l'aereo in un sistema di riferimento con il verso positivo orientato nella direzione del moto. Se l'aereo sta decollando, si ha $v_2 > v_1$ e l'accelerazione media è positiva:

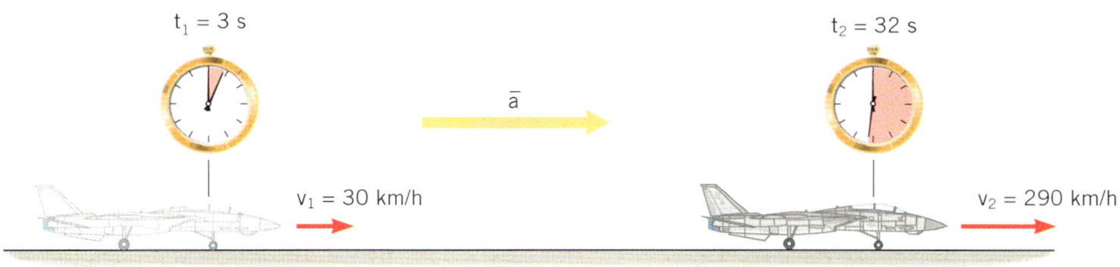

$$\bar{a} = \frac{(290\ \text{km/h}) - (30\ \text{km/h})}{(32\ \text{s}) - (3\ \text{s})} = +9\ \frac{\text{km/h}}{\text{s}} = +2,5\ \text{m/s}^2;$$

Se invece l'aereo è appena atterrato e sta frenando, si ha $v_2 < v_1$ e l'accelerazione media è negativa:

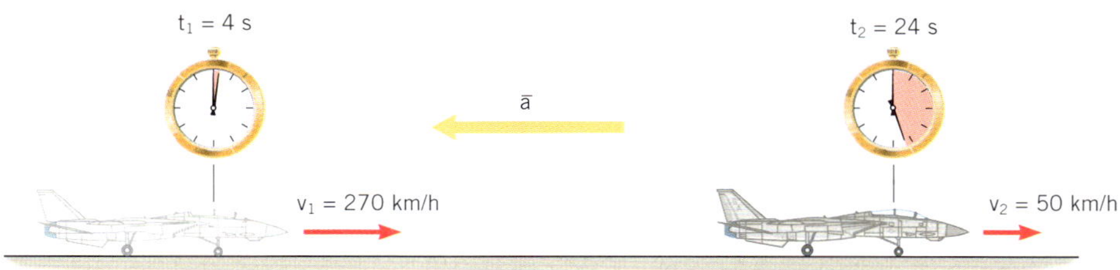

$$\bar{a} = \frac{(50\ \text{km/h}) - (270\ \text{km/h})}{(24\ \text{s}) - (4\ \text{s})} = -11\ \frac{\text{km/h}}{\text{s}} = -3\ \text{m/s}^2.$$

Nella vita di tutti i giorni siamo abituati ad associare uno scatto a un valore positivo dell'accelerazione e una frenata a un valore negativo. La formula [**2**] afferma invece che quando v_1 e v_2 sono entrambe negative, cioè quando l'oggetto che stiamo osservando si muove nel verso negativo del sistema di riferimento, è vero il contrario:

- se $|v_2| > |v_1|$, la velocità aumenta in valore assoluto, l'accelerazione media è negativa, ma l'oggetto non rallenta;
- se $|v_2| < |v_1|$, la velocità diminuisce in valore assoluto, l'accelerazione media è positiva, ma l'oggetto rallenta.

Esempio 2 La frenata del dragster

Superata la linea del traguardo, il pilota di un dragster frena e apre il paracadute posteriore. Incomincia a rallentare nell'istante $t_1 = 9{,}0$ s, quando la velocità del mezzo è $v_1 = 28$ m/s. Nell'istante $t_2 = 12{,}0$ s la velocità è scesa a $v_2 = 13$ m/s.

▶ Qual è stata l'accelerazione media del dragster durante la frenata?

La soluzione

Utilizziamo ancora un sistema di riferimento orientato nella direzione del moto. La velocità finale è minore di quella iniziale, perciò la variazione di velocità è negativa. Di conseguenza l'accelerazione media è negativa:

$$\bar{a} = \frac{\Delta v}{\Delta t} = \frac{v_2 - v_1}{t_2 - t_1} = \frac{(13\,\text{m/s}) - (28\,\text{m/s})}{(12{,}0\,\text{s}) - (9{,}0\,\text{s})} = \boxed{-5{,}0\,\text{m/s}^2}$$

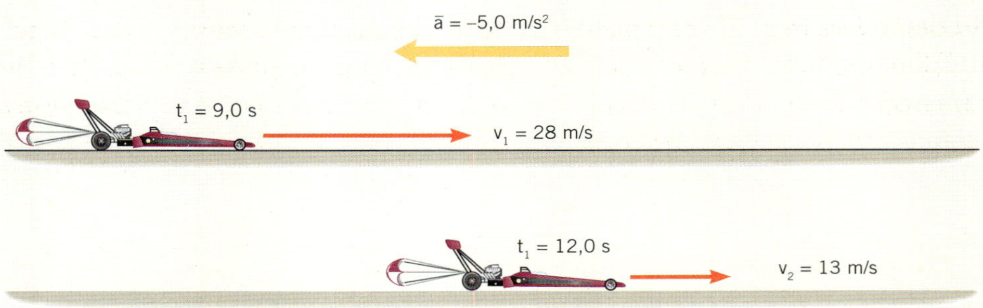

In media, la velocità del dragster diminuisce di 5 m/s ogni secondo.

L'accelerazione istantanea

Spesso è utile conoscere l'accelerazione di un oggetto in un istante particolare del suo moto. L'accelerazione istantanea è definita in maniera del tutto analoga alla velocità istantanea.

instantaneous acceleration

L'**accelerazione istantanea** a all'istante t è il valore a cui tende l'accelerazione media quando questa è calcolata su intervalli di tempo sempre più piccoli contenenti l'istante t considerato.

Se l'intervallo Δt è abbastanza piccolo, l'accelerazione non cambia in modo apprezzabile durante la misura e con buona approssimazione possiamo considerare uguali i valori dell'accelerazione media e dell'accelerazione istantanea.

Per brevità, d'ora in poi quando parleremo di *accelerazione* intenderemo sempre l'accelerazione istantanea.

3 IL MOTO RETTILINEO UNIFORMEMENTE ACCELERATO

Fra i moti con velocità variabile, il più semplice è quello che avviene lungo una traiettoria rettilinea con accelerazione costante: il *moto rettilineo uniformemente accelerato*.

Un punto materiale si muove di **moto rettilineo uniformemente accelerato** quando percorre una traiettoria rettilinea con accelerazione costante.

Visto che l'accelerazione non cambia, nel moto rettilineo uniformemente accelerato l'accelerazione media $\overline{a}$ è sempre la stessa, indipendentemente dall'intervallo di tempo nel quale la si calcola, ed è uguale all'accelerazione istantanea. Possiamo quindi indicarla semplicemente con a.

Sappiamo dalla formula [1] che $a = \Delta v / \Delta t$, così:

se un punto materiale si muove di moto rettilineo uniformemente accelerato con accelerazione a, la variazione della velocità Δv è direttamente proporzionale all'intervallo di tempo Δt in cui avviene:

$$\Delta v = a \, \Delta t \qquad [3]$$

La costante di proporzionalità è l'accelerazione a.

Per esempio, quando la lancetta del tachimetro di uno scooter si sposta con un ritmo costante, il moto dello scooter è uniformemente accelerato: a intervalli di tempo uguali, infatti, corrispondono variazioni di velocità uguali.

Per descrivere in modo completo il moto uniformemente accelerato di un oggetto dobbiamo determinare la sua velocità v e la sua posizione s nell'istante t. Esaminiamo quindi la *legge velocità-tempo*, la *legge oraria* e la *legge spazio-velocità* del moto con accelerazione costante.

4 LA LEGGE VELOCITÀ-TEMPO DEL MOTO UNIFORMEMENTE ACCELERATO

Se indichiamo con t_0 l'istante iniziale della nostra osservazione, con v_0 la velocità al tempo t_0 e con v la velocità al generico istante t, la formula [2] diventa:

$$a = \frac{v - v_0}{t - t_0}$$

e quindi $v - v_0 = a(t - t_0)$, da cui si ottiene

$$v = v_0 + a(t - t_0) \qquad [4]$$

detta **legge velocità-tempo del moto uniformemente accelerato**.

Ogni volta che conosciamo t_0, v_0 e a, possiamo utilizzare la formula [4] per conoscere la velocità v del punto materiale in qualsiasi istante di tempo t.

Se $t_0 = 0$ s:

$$v = v_0 + at \qquad [5]$$

Se $t = 0$ s e $v_0 = 0$ m/s:

$$v = at$$

Esempio 3 Barca a vela e a motore

Una barca a vela naviga a velocità costante di 2,5 m/s seguendo una rotta rettilinea. Lo skipper accende i motori per 25 s e la barca subisce un'accelerazione di 0,04 m/s^2.

▶ Qual è la velocità finale della barca?

La soluzione

Dopo l'accensione dei motori, la barca si muove per 25 s di moto uniformemente accelerato. Per calcolare la velocità finale utilizziamo quindi l'espressione [**4**] con $t_0 = 0$ s, $v_0 = 2{,}5$ m/s, $a = 0{,}04$ m/s^2 e $t = 25$ s:

$$v = (2{,}5 \text{ m/s}) + (0{,}04 \text{ m/s}^2)\,(25 \text{ s}) = (2{,}5 \text{ m/s}) + (1{,}0 \text{ m/s}) = 3{,}5 \text{ m/s}$$

Il grafico velocità-tempo del moto uniformemente accelerato

La formula [**4**] rappresenta la legge velocità-tempo del moto uniformemente accelerato nella sua formulazione più generale. In un diagramma cartesiano in cui l'asse orizzontale indica gli istanti di tempo e l'asse verticale la velocità, la formula [**4**] è l'equazione della retta che rappresenta il grafico velocità-tempo del moto uniformemente accelerato. Anche nei casi particolari in cui $t_0 = 0$ s e $v_0 = 0$ m/s, il grafico velocità-tempo è una retta.

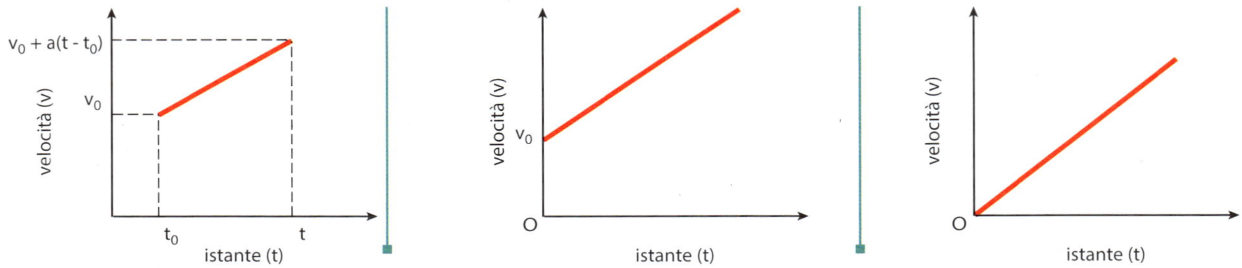

La pendenza del grafico velocità-tempo

Consideriamo un oggetto che si muove con un'accelerazione costante $a = +6$ m/s^2. Se $t_0 = 0$ s e la sua velocità iniziale è $v_0 = +5$ m/s, la sua velocità v in un istante di tempo t qualsiasi è data dall'equazione [**5**]:

$$v = v_0 + at = +5 \text{ m/s} + (6 \text{ m/s}^2)t$$

La relazione precedente è rappresentata nel grafico velocità-tempo dalla **figura 3**.

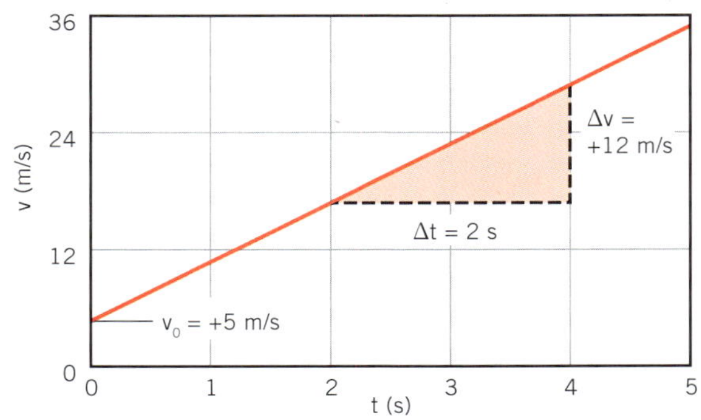

Figura 3
Il grafico velocità tempo relativo a un oggetto che si muove con accelerazione $\Delta v/\Delta t = +6$ m/s^2. La velocità iniziale all'istante $t = 0$ s, è $v_0 = +5$ m/s.

Questo grafico è una retta che interseca l'asse verticale in corrispondenza di $v_0 = +5$ m/s. La pendenza o coefficiente angolare della retta può essere calcolata in base ai dati indicati nella figura:

$$\text{pendenza della retta} = \frac{\Delta v}{\Delta t} = \frac{+12 \text{ m/s}}{2 \text{ s}} = +6 \text{m/s}^2$$

Il rapporto $\Delta v/\Delta t$ è per definizione uguale all'accelerazione media. Ma, in un moto uniformemente accelerato, l'accelerazione è uguale all'accelerazione media, quindi:

la **pendenza** del grafico velocità-tempo di un moto uniformemente accelerato è uguale all'**accelerazione**.

Nel caso in cui l'accelerazione del moto non sia costante, il grafico velocità-tempo del moto non è una retta. La figura 4 mostra, per esempio, il grafico velocità-tempo relativo alla gara in cui Usain Bolt, nel 2009, stabilì il record del mondo dei 100 metri con il tempo di 9,58 s. La tabella riporta la sua velocità al passare del tempo.

t(s)	0	2,89	4,64	6,31	7,92	9,58
v(m/s)	0	6,92	11,43	11,98	12,42	12,05

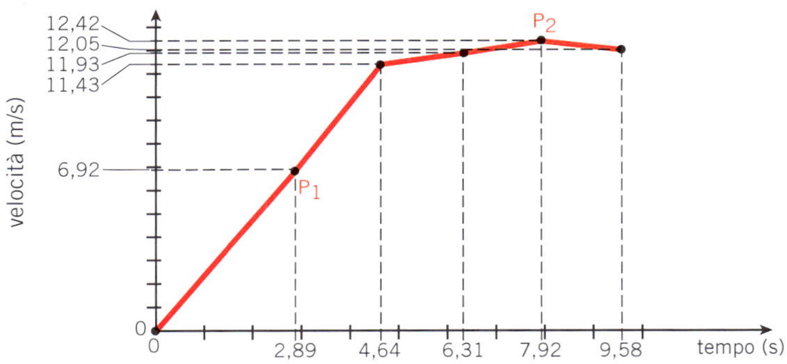

Figura 4
Il grafico velocità-tempo della gara di Usain Bolt.

Consideriamo il moto di Usain Bolt tra gli istanti t_1 = 2,89 s e t_2 = 7,92 s, cioè nell'intervallo di tempo $\Delta t = t_2 - t_1$ = (7,92 s) − (2,89 s) = 5,03 s. Nel grafico velocità-tempo, al moto di Bolt in questo particolare intervallo di tempo corrisponde il tratto P_1P_2.

Durante questo intervallo la velocità del centometrista cambia da v_1 = 6,92 m/s a v_2 = 12,42 m/s, quindi la variazione della sua velocità è

$$\Delta v = v_2 - v_1 = (12{,}42 \text{ m/s}) - (6{,}92 \text{ m/s}) = 5{,}50 \text{ m/s}.$$

Come mostra la figura 5, in questo caso l'accelerazione media è uguale alla pendenza della retta passante per i punti P_1 e P_2:

$$\text{pendenza della retta} = \frac{\Delta v}{\Delta t} = \frac{5{,}50 \text{ m/s}}{5{,}03 \text{ s}} = 1{,}09 \text{ m/s}^2.$$

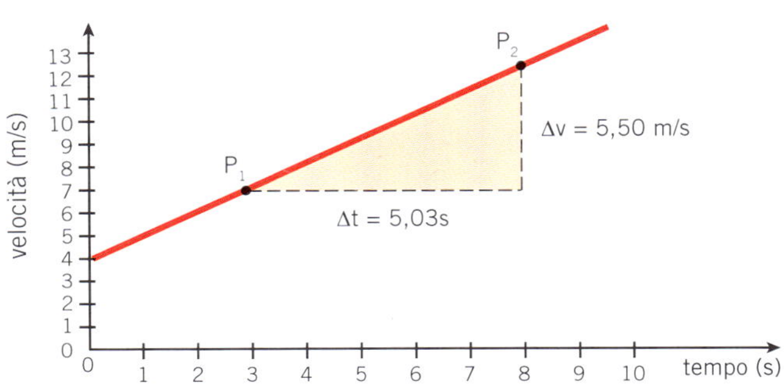

Figura 5
Utilizzando il grafico velocità-tempo è possibile ricavare l'accelerazione media di Bolt tra gli istanti t_1 e t_2.

In generale:

l'accelerazione media in un certo intervallo di tempo è uguale al coefficiente angolare della retta che passa per i due punti del grafico velocità-tempo corrispondenti agli estremi di quell'intervallo.

5 LA LEGGE ORARIA DEL MOTO UNIFORMEMENTE ACCELERATO

Ricaviamo ora la legge oraria del moto uniformemente accelerato, cioè la legge che permette di calcolare la posizione occupata in un certo istante da un punto materiale che si muove con accelerazione costante.

Figura 6
Una moto d'acqua avanza lungo un tratto rettilineo con accelerazione costante.

Consideriamo una moto d'acqua in moto rettilineo uniformemente accelerato (**figura 6**). All'istante $t_0 = 0$ s, quando si trova nella posizione s_0 e ha una velocità v_0, la moto d'acqua comincia ad accelerare. Possiamo ricavare la posizione s all'istante t utilizzando l'espressione per la velocità media $\overline{v}$ nell'intervallo $t - t_0$:

$$\overline{v} = \frac{s - s_0}{t - t_0} = \frac{s - s_0}{t} \quad \text{da cui} \quad s = s_0 + \overline{v}t.$$

Visto che l'accelerazione della moto d'acqua è costante, la sua velocità aumenta a ritmo costante. Poiché si tratta di un moto uniformemente accelerato, la velocità media $\overline{v}$ nell'intervallo $t - t_0$ può essere calcolata come valore medio tra la velocità iniziale v_0 e la velocità finale v al tempo t:

$$\overline{v} = \frac{1}{2}(v_0 + v).$$

Sostituendo nell'equazione $s = s_0 + \overline{v}t$ il valore di $\overline{v}$ ottenuto nell'equazione precedente, risulta:

$$s = s_0 + \overline{v}t = s_0 + \frac{1}{2}(v_0 + v)t \qquad [6]$$

Ma per l'equazione [**5**] si ha $v = v_0 + at$; sostituendo nella [**6**] otteniamo:

$$s = s_0 + \frac{1}{2}(v_0 + v_0 + at)t = s_0 + \frac{1}{2}(2v_0 + at)t$$

da cui segue:

$$s = s_0 + v_0 t + \frac{1}{2}at^2 \qquad [7]$$

detta **legge oraria del moto uniformemente accelerato**.

Analogamente a quanto abbiamo visto nel capitolo precedente per la legge oraria del moto rettilineo uniforme, nel caso in cui t_0 sia diverso da zero, nella [**7**] al posto di t comparirà $t - t_0$.

Ogni volta che conosciamo s_0, v_0 e a, utilizzando la formula [**7**] possiamo conoscere la posizione s di un punto materiale che si muove di moto uniformemente accelerato in qualsiasi istante di tempo t.

Se $s_0 = 0$ m:

$$s = v_0 t + \frac{1}{2}at^2 \qquad [8]$$

Se $s_0 = 0$ m e $v_0 = 0$ m/s:

$$s = \frac{1}{2}at^2 \qquad [9]$$

Esempio 4 Un motoscafo da competizione

Un motoscafo si muove con un'accelerazione costante di 2,0 m/s². La sua velocità iniziale è 6,0 m/s.

▶ Calcola la distanza che percorre in 8,0 s.

La soluzione

Se poniamo s_0 = 0 m, la distanza percorsa coincide con la posizione s all'istante t ed è data dall'equazione [**8**], con v_0 = 6,0 m/s, a =2,0 m/s² e t = 8,0 s:

$$s = (6{,}0\ \text{m/s})(8{,}0\ \text{s}) + \frac{1}{2}(2{,}0\ \text{m/s}^2)(8{,}0\ \text{s})^2 = (48\ \text{m}) + (64\ \text{m}) = 112\ \text{m} \approx \boxed{110\ \text{m}}.$$

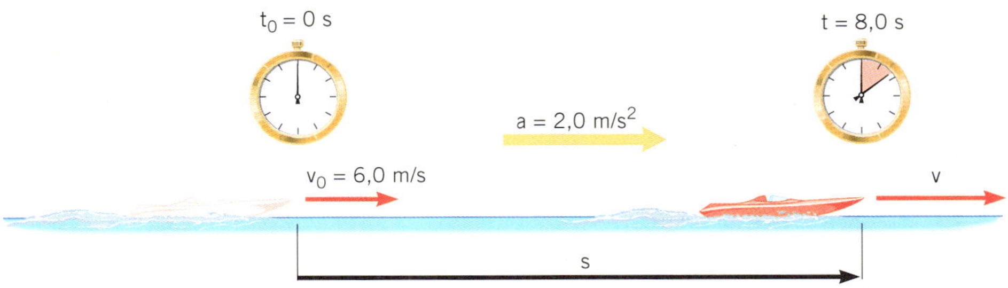

Notiamo che il risultato deve essere approssimato a 110 m, perché i dati iniziali hanno solo due cifre significative.

Consideriamo nuovamente l'espressione [**7**] della legge oraria del moto uniformemente accelerato. La distanza $\Delta s = s - s_0$ percorsa da punto materiale tra l'istante t_0 e l'istante t risulta:

$$\Delta s = s - s_0 = v_0 t + \frac{1}{2}at^2$$

L'espressione che abbiamo appena scritto si può ricavare anche calcolando l'area sottesa al grafico velocità-tempo. Come mostra la **figura 7**, per il moto uniformemente accelerato con velocità iniziale diversa da zero, si tratta di calcolare l'area di un trapezio rettangolo di base minore v_0, base maggiore $(v_0 + at)$ e altezza t:

$$\text{area} = \frac{1}{2}[(v_0 + at) + v_0]t = \frac{1}{2}(2v_0 + at)t = v_0 t + \frac{1}{2}at^2 = \Delta s$$

Quella che abbiamo appena visto è una regola valida non solo per il moto uniformemente accelerato, ma per qualsiasi moto vario. In generale, infatti, si può affermare che:

la distanza Δs percorsa in un moto vario durante un intervallo di tempo Δt è uguale all'area della superficie sottesa al grafico velocità-tempo individuata da quell'intervallo.

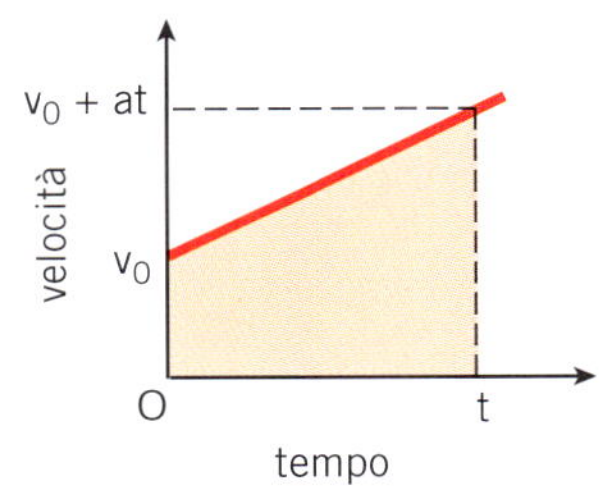

Figura 7
Nel moto ad accelerazione costante e velocità iniziale diversa da zero, la distanza percorsa dopo un tempo t si calcola come area di un trapezio rettangolo nel piano velocità-tempo.

Il grafico spazio-tempo del moto uniformemente accelerato

Figura 8

Il grafico spazio-tempo del moto uniformemente accelerato è una curva chiamata arco di parabola.

MATEMATICA

Equazione di una parabola

In un piano cartesiano xy, l'equazione generica di una parabola è

$$y = c + bx + ax^2,$$

dove a, b e c sono numeri reali.

In modo analogo, la forma più generale della legge oraria del moto è l'equazione generica di una parabola nel diagramma spazio-tempo:

$$s = s_0 + v_0 t + \frac{1}{2} at^2,$$

dove s_0 e v_0 sono la posizione e la velocità all'istante t_0 e a l'accelerazione.

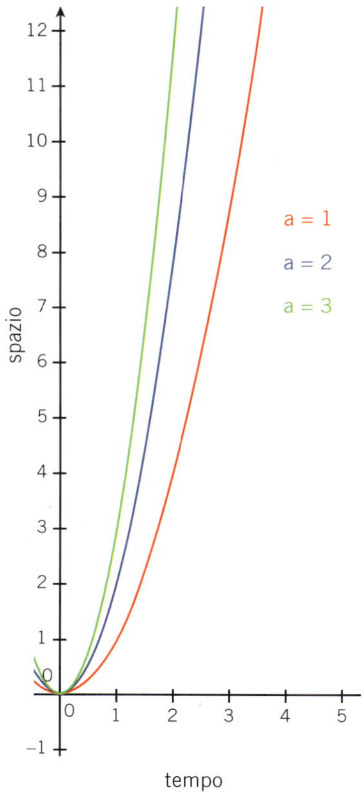

Nel piano spazio-tempo, la legge oraria [**7**] che abbiamo ricavato è l'equazione della curva che rappresenta il grafico spazio-tempo del moto uniformemente accelerato. Si tratta di una curva chiamata **arco di parabola**, il cui andamento, in generale, dipende dai valori di s_0, v_0 e a.

Prendiamo in considerazione il caso di un moto uniformamente accelerato con partenza da fermo, descritto dall'espressione [**9**]

$$s = \frac{1}{2} at^2$$

Il grafico relativo a questa versione della legge oraria del moto è un arco di parabola con il vertice nell'origine degli assi e l'asse di simmetria coincidente con l'asse verticale s.

Nella **figura 8** sono presenti tre diversi archi di parabola relativi a tre diversi valori dell'accelerazione a.

L'andamento delle curve mostra che al crescere del valore di a l'arco di parabola diventa sempre più ripido.

Esempio 5 La spinta nel bob «a quattro»

L'immagine mostra un'istantanea della fase di spinta che caratterizza l'inizio di una gara di *bob a quattro*. L'azione combinata dei quattro componenti della squadra riesce a imprimere al bob un'accelerazione costante di 1,2 m/s^2. Quando gli atleti saltano a bordo, il bob ha raggiunto una velocità di 6,8 m/s.

© Tim Hipps/Wikimedia

- ▶ Quale distanza ha percorso il bob durante la fase di spinta?

La soluzione

La velocità iniziale v_0 è nulla. Per calcolare la distanza s percorsa dal bob durante la fase di spinta possiamo utilizzare l'equazione [**9**], ma prima dobbiamo calcolare la durata t dell'accelerazione.

Risolviamo dunque l'equazione [**5**] rispetto a t:

$$t = \frac{v - v_0}{a} = \frac{(6{,}8\ \text{m/s}) - (0\ \text{m/s})}{1{,}2\ \text{m/s}^2} = 5{,}7\ \text{s}.$$

A questo punto abbiamo a disposizione tutti i dati e possiamo utilizzare l'equazione [**9**]:

$$s = \frac{1}{2}(1{,}2\ \text{m/s}^2)(5{,}7\ \text{s})^2 = \frac{1}{2}(1{,}2\ \text{m/s}^2)(32{,}5\ \text{s}^2) = \boxed{19\ \text{m}}.$$

Grafico spazio-tempo e velocità istantanea

Consideriamo un oggetto che si muove di moto uniformemente accelerato. Sappiamo che la sua velocità media tra gli istanti t_1 e $t_1 + \Delta t$ è data dalla pendenza della retta passante per A e B (**figura 9A**). Visto che il moto non è uniforme, la velocità media dipende dagli istanti di tempo scelti. Per esempio, scegliendo un valore diverso di Δt cambia la pendenza della retta per A e B e quindi la velocità media tra t_1 e $t_1 + \Delta t$ (**figura 9B**).

Quando Δt diventa molto piccolo, la retta diventa tangente alla curva nel punto di ascissa t_1 e la velocità media diviene la velocità istantanea nell'istante t_1 (**Figure 9C**).

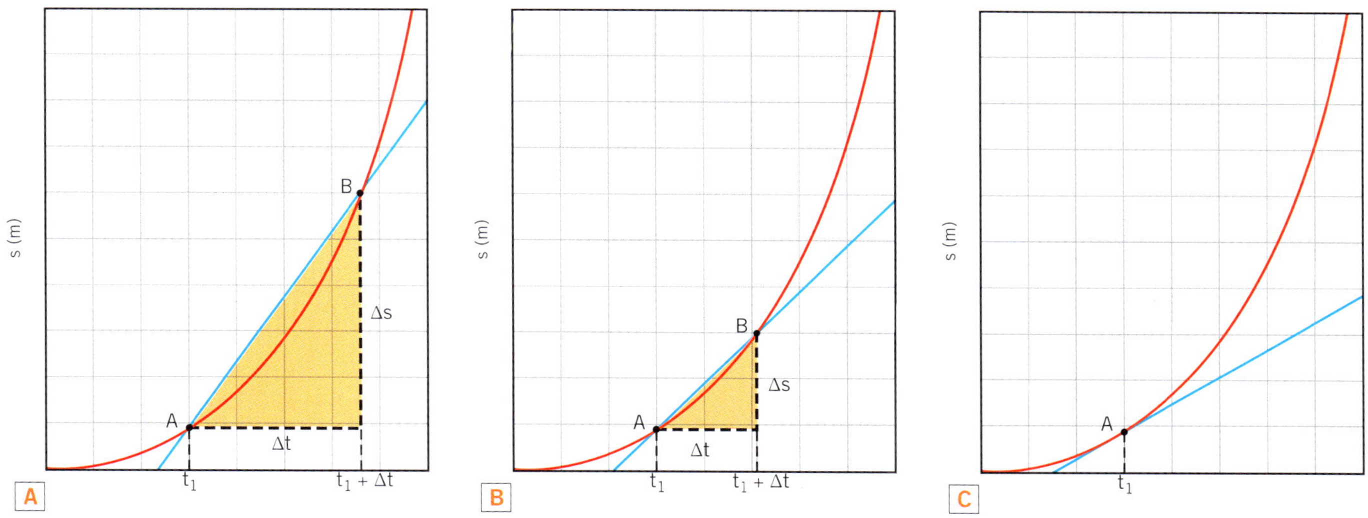

Figura 9
A. La velocità media tra gli istanti t_1 e $t_1 + \Delta t$ è data dalla pendenza della retta passante per A e B.
B e **C**. Quando Δt diventa sempre più piccolo e tende a zero, la retta per AB diventa tangente al grafico spazio-tempo nel punto A e la sua pendenza è uguale alla velocità istantanea nell'istante t_1.

Quindi:

> la velocità istantanea a un istante t è uguale al coefficiente angolare della tangente al grafico spazio-tempo nel punto di ascissa t.

La **figura 10** mostra il grafico spazio-tempo di un corpo che si muove con una legge oraria $s = (1/2)at^2$ con $a = +0{,}26\ \text{m/s}^2$ e la retta tangente alla curva nel punto corrispondente a $t = 20{,}0$ s.

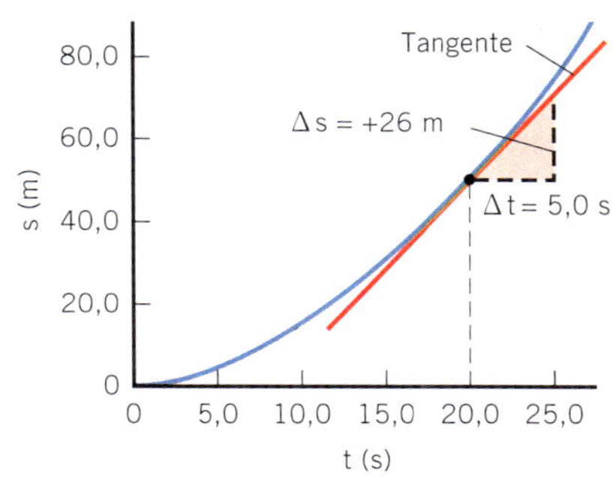

Figura 10
In corrispondenza di un certo istante t, la pendenza $\Delta s/\Delta t$ della retta tangente alla curva indica la velocità istantanea nell'istante t.

Tracciata la retta tangente, si può calcolare la sua pendenza: basta scegliere un qualunque intervallo di tempo Δt, per esempio fra $t_1 = 20{,}0$ s e $t_2 = 25{,}0$ s, determinare la variazione Δs sulla retta tangente in questo intervallo di tempo (in questo caso $\Delta s = +26$ m) e calcolare il rapporto tra queste due quantità:

$$\text{pendenza della tangente} = \frac{\Delta s}{\Delta t} = \frac{+26\ \text{m}}{5{,}0\ \text{s}} = +5{,}2\ \text{m/s}.$$

La pendenza è uguale alla velocità istantanea e in questo caso si ha $v = +5{,}2$ m/s. Questo risultato, ottenuto con metodi grafici, può essere verificato ponendo $v_0 = 0$ m/s e $t = 20{,}0$ s nell'equazione [**5**]:

$$v = at = (+0{,}26\ \text{m/s}^2)(20{,}0\ \text{s}) = +5{,}2\ \text{m/s}$$

6 LA LEGGE SPAZIO-VELOCITÀ

Nel moto uniformemente accelerato è possibile calcolare lo spazio percorso quando sono noti i valori di a, v e v_0. Considerando $t_0 = 0$ s e risolvendo l'equazione [**5**] rispetto a t si ottiene:

$$t = \frac{v - v_0}{a}.$$

Sostituendo questa espressione nella relazione che lega lo spostamento s e la velocità media $\overline{v}$, otteniamo:

$$s = \overline{v}t \quad \text{da cui} \quad s = \overline{v}\,\frac{v - v_0}{a}.$$

Ricordando che nel moto uniformemente accelerato $\overline{v} = \frac{1}{2}(v_0 + v)$, segue:

$$s = \frac{1}{2}(v_0 + v)\,\frac{v - v_0}{a}$$

Facendo i calcoli otteniamo la **legge spazio-velocità**:

$$s = \frac{v^2 - v_0^2}{2a}. \qquad [10]$$

La relazione precedente può essere scritta in una forma molto più utile per la risoluzione degli esercizi:

$$v^2 = v_0^2 + 2as. \qquad [11]$$

L'esempio 5 del bob a quattro può essere risolto applicando direttamente l'equazione [**10**]. La distanza percorsa dal bob durante la fase di spinta è infatti:

$$s = \frac{(6{,}8\ \text{m/s})^2 - (0\ \text{m/s})^2}{2(1{,}2\ \text{m/s}^2)} = \frac{46{,}2\ \text{m}^2/\text{s}^2}{2{,}4\ \text{m/s}^2} = 19\ \text{m}$$

7 IL MOTO DI CADUTA LIBERA

Che cosa succede se lasciamo cadere nello stesso istante e dalla stessa altezza un sasso e un foglio di carta? Sappiamo già, senza dover realizzare l'esperimento, che il sasso toccherà terra molto prima del foglio di carta. Istintivamente siamo portati a pensare che il sasso cada più velocemente del foglio perché è più pesante. Ma questa conclusione è errata.

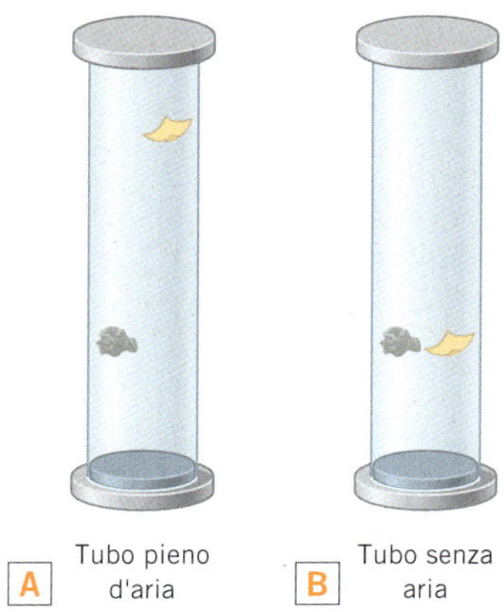

Figura 11
A. Per effetto della resistenza dell'aria, l'accelerazione del sasso è maggiore di quella del foglio di carta.
B. In assenza della resistenza dell'aria, sia il sasso sia il foglio di carta hanno la stessa accelerazione.

Gli esperimenti mostrano che il moto di caduta non è influenzato dalla massa degli oggetti, ma dalla presenza dell'aria. L'aria infatti oppone una resistenza al moto che dipende dalla forma dell'oggetto: il foglio tocca terra dopo il sasso proprio perché l'aria esercita su di esso una resistenza molto maggiore rispetto a quella che esercita sul sasso (**figura 11**).

Galileo dimostrò per primo che, se si trascura la resistenza dell'aria, tutti gli oggetti lasciati liberi cadono verso il basso con la stessa accelerazione, che rimane costante lungo la caduta.

free-fall motion

Questo tipo di moto è detto **moto di caduta libera** ed è il più noto esempio di moto uniformemente accelerato. L'accelerazione di un oggetto in caduta libera è detta **accelerazione di gravità** ed è indicata con g. Sulla Terra, vicino alla superficie, il valore di g è circa:

acceleration due to gravity

$$g = 9{,}81 \text{ m/s}^2.$$

Nei calcoli useremo questo valore di g. In realtà, il valore di g diminuisce con l'aumentare dell'altezza sul livello della superficie terrestre e varia leggermente anche con la latitudine.

Abbiamo già incontrato la costante g nel capitolo 3, dove era stata definita come costante di proporzionalità tra massa e forza-peso ed era stata espressa in N/kg. Nel capitolo «I principi della dinamica e le loro applicazioni», dove studieremo la relazione tra forza e accelerazione, vedremo che la costante g è proprio l'accelerazione di gravità che abbiamo appena introdotto e che l'unità di misura N/kg è equivalente al m/s^2.

La verifica più spettacolare dell'esperimento di Galileo è stata eseguita nel 1971 sulla Luna, dove non c'è aria che rallenti il moto degli oggetti. L'astronauta americano David Scott fece cadere contemporaneamente e dalla stessa altezza un martello e una piuma: entrambi gli oggetti caddero con la stessa accelerazione e raggiunsero il suolo lunare nello stesso istante (figura 12).

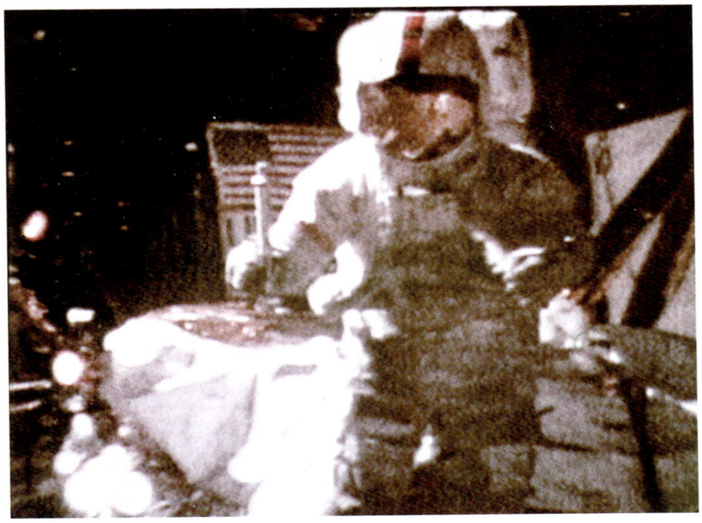

© NASA

Figura 12
Il 2 agosto 1971, l'astronauta David Scott ripetè l'esperimento di Galileo Galilei con una piuma e un martel'o.

Salvo indicazione contraria, nel seguito supporremo sempre che la resistenza dell'aria sia trascurabile. Così, scegliendo un sistema di riferimento col verso positivo rivolto verso il basso, la legge oraria del moto di caduta libera ha la stessa espressione della formula [7]:

$$s = s_0 + v_0 t + \frac{1}{2} g t^2 \qquad [12]$$

dove abbiamo inserito l'accelerazione di gravità g al posto di a.

In modo analogo, la legge velocità-tempo risulta:

$$v = v_0 + gt \qquad [13]$$

Caduta da fermo

Una penna che cade dalla scrivania è un esempio di oggetto in caduta libera con partenza da fermo, cioè con $v_0 = 0$ m/s. In questo caso, se poniamo l'origine del sistema di riferimento nella posizione iniziale dell'oggetto, cioè se $s_0 = 0$ m, e il verso positivo del moto in basso, la legge oraria [12] si semplifica notevolmente:

$$s = \frac{1}{2} g t^2$$

La legge velocità-tempo [13] diventa:

$$v = gt$$

In pratica, se un corpo cade da fermo, dopo 1 s raggiunge la velocità di 9,81 m/s, dopo 2 s si muove a 19,6 m/s e così via.

RICORDA

Dati impliciti

I *dati impliciti* nella formulazione di un problema sono importanti. Per esempio, la frase «partono da fermi» significa che la velocità iniziale è zero ($v_0 = 0$ m/s).

Esempio 6 Un tuffo da grandi altezze

Nelle gare di tuffi da grandi altezze, gli atleti si tuffano da piattaforme o scogliere che si trovano a circa 35 metri di altezza dalla superficie dell'acqua.

© Jack Fiallos/Wikimedia

▶ Qual è la posizione del tuffatore dopo 2,00 s di caduta libera?

La soluzione

Scegliamo un sistema di riferimento con l'origine nel punto iniziale del moto e con il verso positivo che punta in basso. La velocità iniziale v_0 del tuffatore è nulla e g = 9,81 m/s². Applichiamo la legge oraria nel caso della caduta da fermo e troviamo:

$$s = \frac{1}{2}gt^2 = \frac{1}{2}(9{,}81\ \text{m/s}^2)(2{,}00\ \text{s})^2 = \boxed{19{,}6\ \text{m}}$$

Esempio 7 La velocità del tuffatore

Consideriamo ancora il tuffatore dell'esempio precedente.

▶ Qual è la velocità v del tuffatore dopo 2,00 s di caduta?

La soluzione

La velocità del tuffatore aumenta di 9,81 m/s durante ogni secondo del suo moto di caduta libera. Applichiamo la legge velocità-tempo nel caso della caduta da fermo e troviamo:

$$v = gt = (9{,}81\ \text{m/s}^2)(2{,}00\ \text{s}) = \boxed{19{,}6\ \text{m/s}}$$

Lancio verso l'alto

L'accelerazione di gravità descrive come aumenta la velocità di un oggetto in caduta libera. La stessa accelerazione, però, descrive anche come diminuisce la velocità di un oggetto lanciato verso l'alto e poi lasciato libero di muoversi. Consideriamo una moneta lanciata verso l'alto dall'arbitro per sorteggiare a chi spetta il calcio d'inizio di una partita. La moneta sale fino a una certa altezza, poi si ferma e infine ricade. Se scegliamo come sistema di riferimento un asse orientato verso l'alto, la velocità iniziale v_0 della monetina è positiva, mentre l'accelerazione di gravità è *negativa*, quindi durante la salita la velocità diminuisce.

Scegliamo come origine del sistema il punto di partenza della moneta e indichiamo l'accelerazione con $-g$. Le leggi del moto uniformemente accelerato risultano

$$s = v_0t - \frac{1}{2}gt^2 \qquad [14]$$

e

$$v = v_0 - gt \qquad [15]$$

Visto che nella posizione più alta raggiunta dalla moneta la velocità si annulla, l'istante di tempo t_{max} in cui si raggiunge la massima altezza si ottiene ponendo v = 0 m/s nella formula [**15**]:

$$0 = v_0 - gt_{max}$$

da cui si ha:

$$t_{max} = \frac{v_0}{g}$$

Inserendo l'espressione di t_{max} al posto di t nella formula [**14**], si ottiene invece l'altezza massima s_{max}:

$$s_{max} = \frac{v_0^2}{2g}$$

Questa espressione si ottiene anche inserendo $v = 0$ m/s e $a = -g$ nella legge spazio-velocità:

$$s = \frac{v^2 - v_0^2}{2a}$$

RICORDA

Dati impliciti

Nell'esempio, la frase «qual è l'altezza raggiunta dalla moneta» si riferisce all'altezza massima, che viene raggiunta quando la velocità finale in direzione verticale è $v = 0$ m/s.

Esempio 8 Fino a che altezza arriva?

Per stabilire a quale squadra spetta il calcio d'inizio, un arbitro lancia una moneta verso l'alto con una velocità iniziale di 5,00 m/s.

▶ Quale altezza raggiunge la moneta rispetto al punto in cui è stata lanciata?

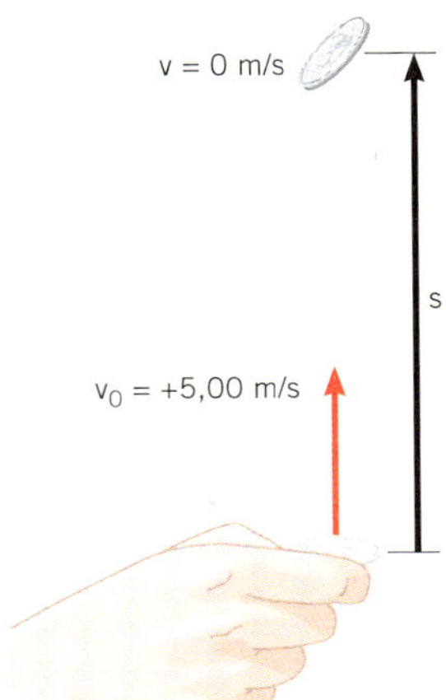

La soluzione

Scegliamo come verso positivo del moto quello indicato nella figura. La velocità iniziale della moneta è positiva perché la moneta si sposta nel verso scelto come positivo. L'accelerazione invece è negativa, quindi la velocità diminuisce durante il moto verso l'alto fino a diventare nulla. Ricaviamo allora la massima altezza rispetto al punto di lancio:

$$s_{max} = \frac{v^2 - v_0^2}{2g} = \frac{(0\ \text{m/s})^2 - (+5{,}00\ \text{m/s})^2}{2(-9{,}81\ \text{m/s}^2)}$$

Quindi:

$$s_{max} = \frac{v_0^2}{2g} = \frac{(5{,}00\ \text{m/s})^2}{2(9{,}81\ \text{m/s})} = \boxed{+1{,}28\ \text{m}}$$

Simmetrie del moto uniformemente accelerato

Consideriamo nuovamente la monetina lanciata verso l'alto che poi ricade sulla mano dell'arbitro. Un moto di questo tipo presenta interessanti elementi di simmetria. Esiste, per esempio, una simmetria di tempo, nel senso che il tempo impiegato per raggiungere l'altezza massima è uguale al tempo impiegato per tornare al punto di partenza.

Esempio 9 Per quanto tempo resta in aria?

Consideriamo ancora la moneta dell'esempio 8.

▶ Per quanto tempo la moneta resta in aria prima di tornare all'altezza da cui è stata lanciata?

La soluzione

Quando la moneta sale, ogni secondo la sua velocità diminuisce di 9,81 m/s fino ad annullarsi. Al contrario, quando la moneta scende, ogni secondo la sua velocità aumenta di 9,81 m/s. Perciò il tempo di salita è uguale al tempo di caduta. In altre parole, il tempo totale impiegato dalla moneta per salire e ricadere è il doppio del tempo di salita. Calcoliamo, dunque, il tempo di salita:

$$0 = v_0 - gt_{max} \quad \rightarrow \quad t_{max} = \frac{v_0}{g} = \frac{5{,}00\ \text{m/s}}{9{,}81\ \text{m/s}^2} = 0{,}510\ \text{s}$$

e poi moltiplichiamolo per due:

$$t_{tot} = 2t_{max} = 2 \cdot (0{,}510\ \text{s}) = \boxed{1{,}02\ \text{s}}$$

C'è però anche un altro tipo di simmetria, che riguarda la velocità. In qualsiasi posizione al di sopra del punto di lancio, il modulo della velocità della moneta ha lo stesso valore sia durante la salita sia durante la discesa. Per esempio, quando la posizione della moneta rispetto al punto di lancio è $s = +1{,}04$ m (**Figura 13**), l'equazione [**11**], $v^2 = v_0^2 + 2as$, fornisce due possibili soluzione per la velocità v:

$$v^2 = v_0^2 + 2as = (+5{,}00\ \text{m/s})^2 + 2(-9{,}81\ \text{m/s}^2)(1{,}04\ \text{m}) = 4{,}62\ \text{m}^2/\text{s}^2$$

$$v^2 = \pm 2{,}15\ \text{m/s}$$

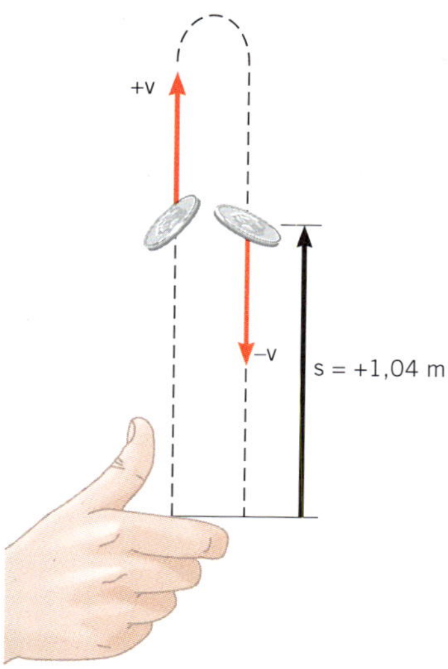

Figura 13
Per una data posizione lungo la traiettoria, la velocità di salita della moneta è uguale alla velocità di discesa: l'unica differenza è che hanno versi opposti.

La soluzione positiva $v = +2{,}15$ m/s è la velocità della moneta durante la salita, mentre la soluzione negativa $v = -2{,}15$ m/s è la velocità della moneta durante la discesa. Analogamente, la velocità della moneta quando torna al punto di partenza è $-5{,}00$ m/s, un valore identico in modulo a quello della velocità di lancio. Durante la salita, dunque, la velocità della moneta diminuisce, si annulla nell'istante $t = 0{,}51$ s (quando la moneta raggiunge la massima altezza) e poi diventa negativa perché inizia a muoversi verso il basso. Il grafico velocità-tempo del moto è infatti una retta che interseca l'asse dei tempi nel punto di coordinate (0,51 s, 0 m/s), come mostrato nella **Figura 14**.

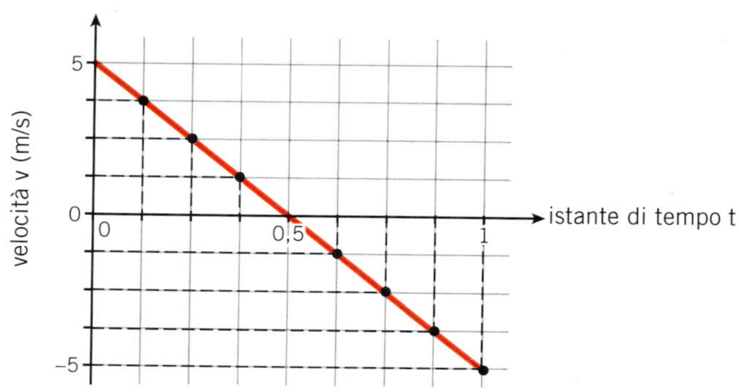

Figura 14
Il grafico velocità-tempo della moneta è una retta che interseca l'asse dei tempi nel punto (0,51 s, 0 m/s).

Queste simmetrie derivano dal fatto che il modulo della velocità della moneta diminuisce di 9,81 m/s durante ogni secondo della salita e aumenta di 9,81 m/s durante ogni secondo della discesa. La simmetria nel moto di salita e discesa della moneta è ancora più evidente guardando il grafico spazio-tempo del moto (**Figura 15**).

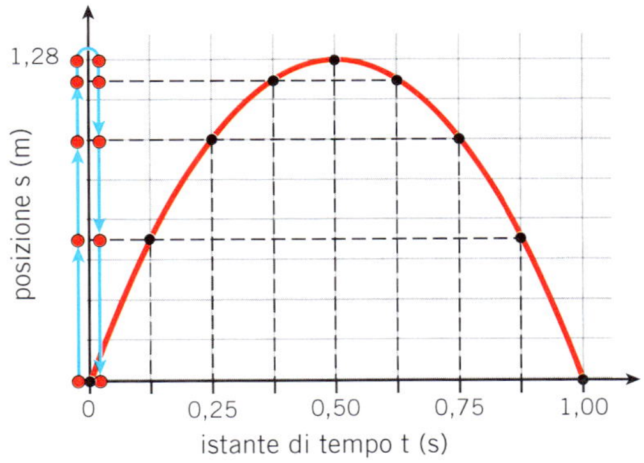

Figura 15
Il grafico spazio-tempo della moneta è una parabola con asse di simmetria la retta $t = 0{,}51$ s.

Durante la salita, la moneta sale sempre più lentamente, giunge nel punto più alto a 1,28 m dalla partenza nell'istante $t = 0{,}51$ s e poi ricade accelerando. La parabola, che rappresenta il grafico spazio-tempo del moto, ha infatti come asse di simmetria proprio la retta $t = 0{,}51$ s.

In conclusione, possiamo affermare che l'espressione «in caduta libera» non significa necessariamente che un oggetto stia cadendo verso il basso: per oggetto «in caduta libera» intendiamo qualunque oggetto che si muove sottoposto alla sola accelerazione di gravità.

Esempio 10 Il vantaggio della simmetria

La figura A mostra la sequenza del lancio di un sasso lanciato verso l'alto con una velocità di 30 m/s, che poi ricade fino a toccare il suolo in fondo a un dirupo.

▶ Trascurando la resistenza dell'aria, un sasso lanciato verso il basso con la stessa velocità iniziale (figura B) arriva al suolo con una velocità minore, maggiore o uguale a quella del sasso lanciato verso l'alto?

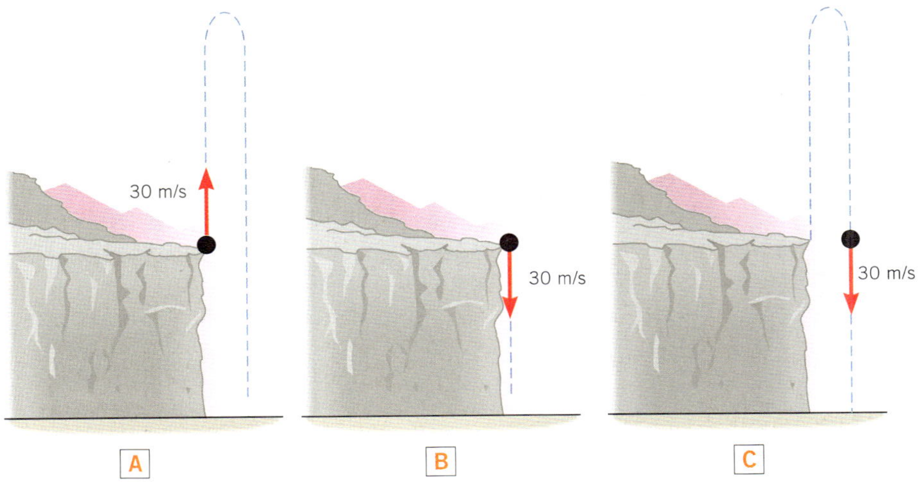

La soluzione

Se trascuriamo la resistenza dell'aria, il sasso si muove con moto di caduta libera e la simmetria relativa alla velocità in questo tipo di moto fornisce una risposta immediata alla domanda. La figura C mostra infatti che il sasso lanciato verso l'alto, dopo aver raggiunto una certa altezza ripassa dalla posizione iniziale e poi continua a cadere verso il fondo del dirupo. Quando il sasso torna alla quota da cui era partito, la sua velocità ha lo stesso valore di quella iniziale, cioè 30 m/s: da questo punto in poi il suo moto è uguale a quello del sasso lanciato direttamente verso il basso. In queste condizioni, il sasso arriva al suolo con la stessa velocità sia se viene lanciato verso l'alto, sia se viene lanciato verso il basso.

8 I GRAFICI DEL MOTO RETTILINEO

Studiamo alcuni esempi di moti rettilinei uniformi immaginando che avvengano su una strada con due corsie.

Fissiamo un sistema di riferimento parallelo alla strada con l'origine nel punto in cui si trovano le strisce pedonali.

Sorpasso

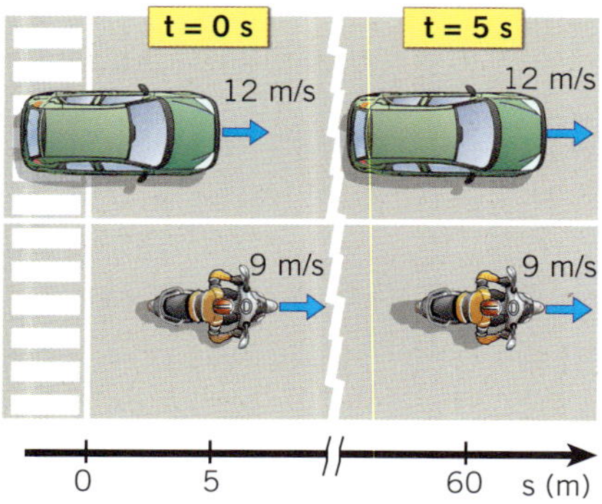

La moto si trova 5 m più avanti dell'auto:

- l'auto percorre 12 m in 1 s e la moto percorre 9 m in 1 s;
- l'auto raggiunge la moto all'istante $t = 5$ s e la sorpassa.

I due grafici spazio-tempo si intersecano nel punto del sorpasso ($t = 5$ s; $s = 60$ m).

Spazio – Tempo

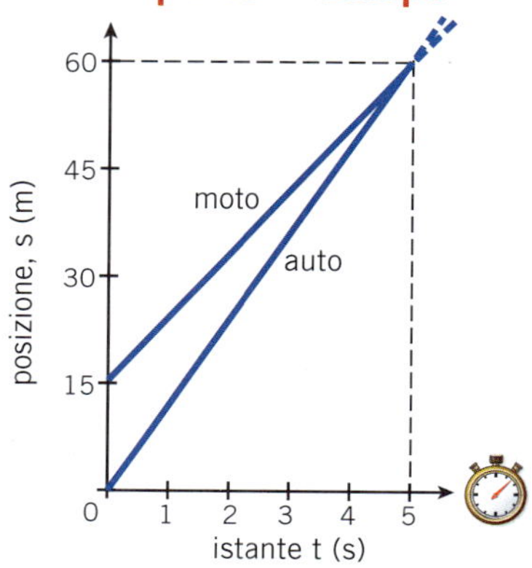

Il grafico velocità-tempo dell'auto è sopra a quello della moto, poiché l'auto corre più veloce della moto.

Velocità – Tempo

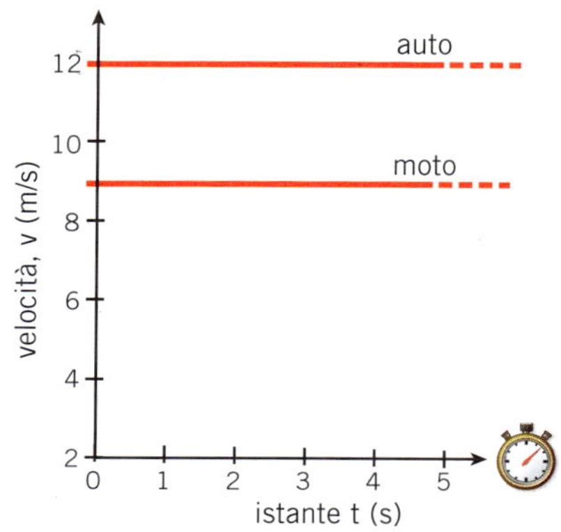

Incontro

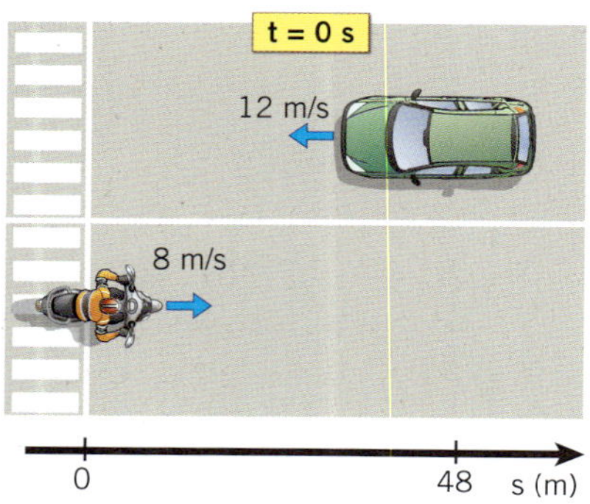

La moto percorre 8 m in 1 s. L'auto si trova a 48 m dalle strisce e si muove verso la moto. Percorre 12 m in 1 s e a un certo punto incrocia la moto.

L'auto si sposta nel verso opposto a quello dell'asse s; quindi il grafico spazio-tempo è una semiretta con coefficiente angolare negativo, ossia inclinata verso il basso.

Spazio – Tempo

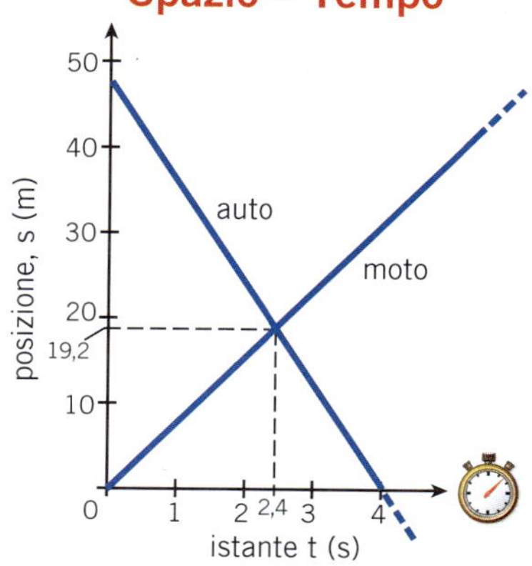

La velocità dell'auto è −12 m/s, cioè ogni secondo l'auto torna indietro di 12 m. La velocità della moto è 8 m/s.

Velocità – Tempo

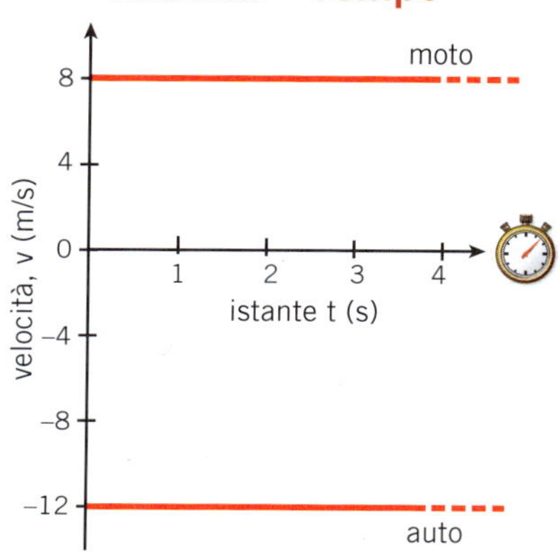

Inversione di marcia

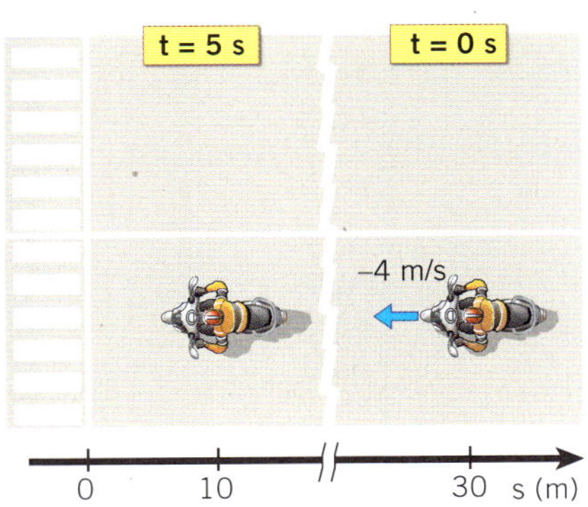

La moto si trova nella posizione s = 30 m e nei primi 5 s percorre 20 m verso le strisce. Il suo spostamento è negativo rispetto al verso di s.

Il grafico velocità-tempo per i primi 5 s è il segmento orizzontale che corrisponde a –4 m/s. La velocità è negativa perché la moto si muove nel verso opposto a quello di s.

Velocità – Tempo

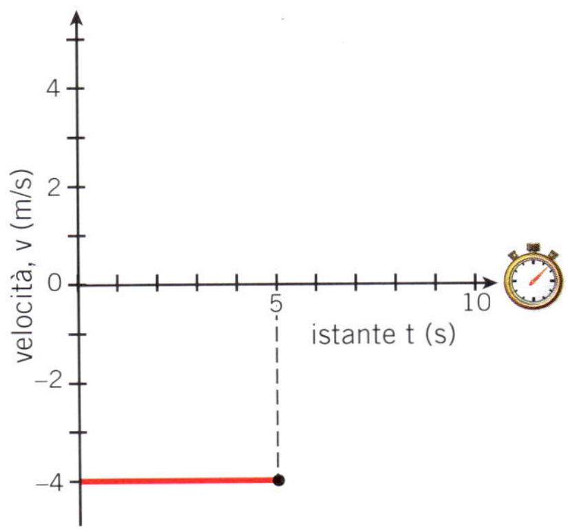

All'istante t = 5 s, la moto si trova a 10 m dalle strisce. Fino a questo istante il grafico spazio-tempo è il segmento che congiunge (0 s; 30 m) e (5 s; 10 m), inclinato verso il basso perché la velocità è negativa.

Spazio – Tempo

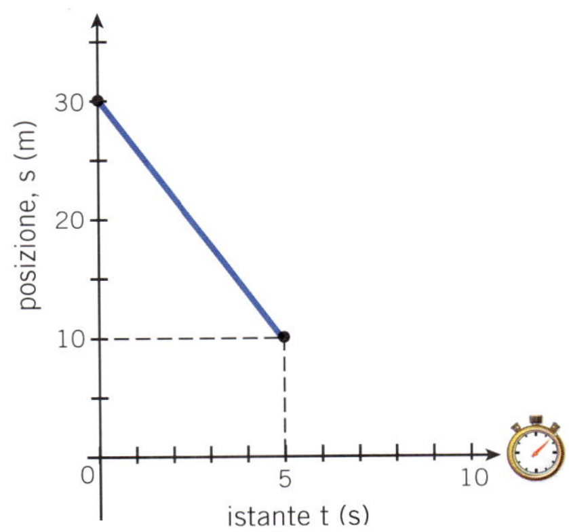

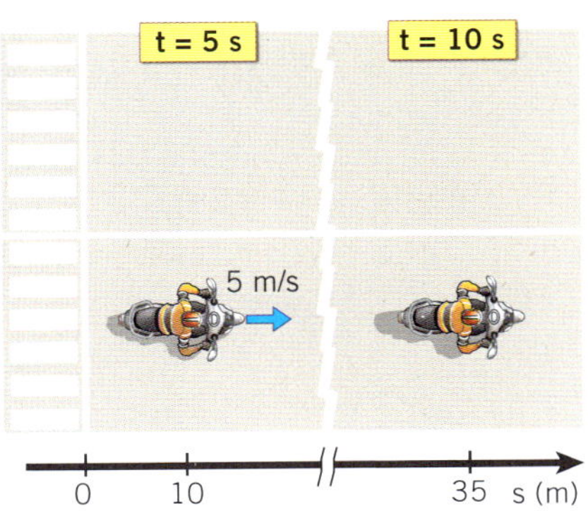

All'istante t = 5 s, la moto inverte il senso di marcia e percorre 25 m nei successivi 5 s. La sua velocità in questo tratto è di 5 m/s.

Per completare il grafico velocità-tempo, aggiungiamo il segmento orizzontale corrispondente a 5 m/s.

Velocità – Tempo

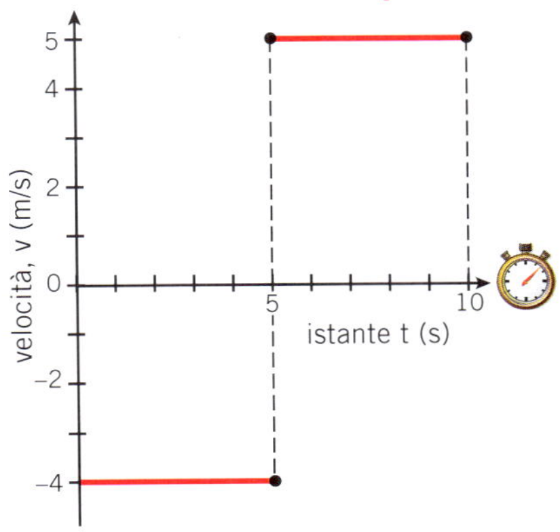

All'istante t = 10 s, la moto è a 35 m dalle strisce. Per completare il grafico spazio-tempo, uniamo i punti (5 s; 10 m) e (10 s; 35 m): il grafico è una spezzata con il secondo tratto inclinato verso l'alto.

Spazio – Tempo

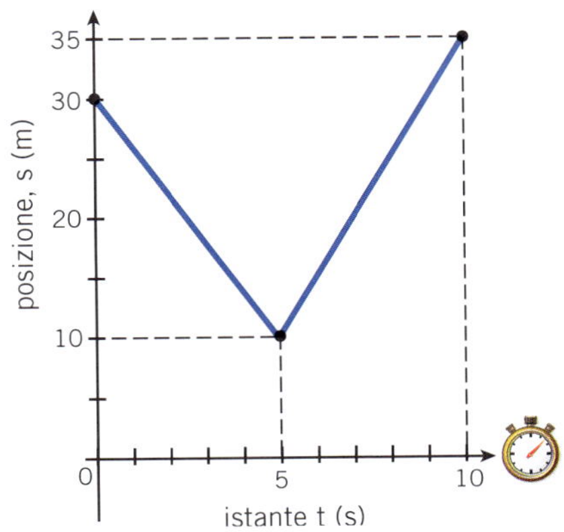

Esaminiamo ora alcuni moti rettilinei uniformemente accelerati.

Partenza e arrivo

Una moto parte da ferma ($v_0 = 0$ m/s) e in 10 s si porta alla velocità di 20 m/s. Procede poi a velocità costante per 25 s e infine si ferma in 5 s.

Il grafico velocità-tempo mostra i segmenti relativi alle tre fasi del moto: il primo ha pendenza positiva ($a > 0$); il secondo è orizzontale ($a = 0$); il terzo ha pendenza negativa ($a < 0$).

Velocità – Tempo

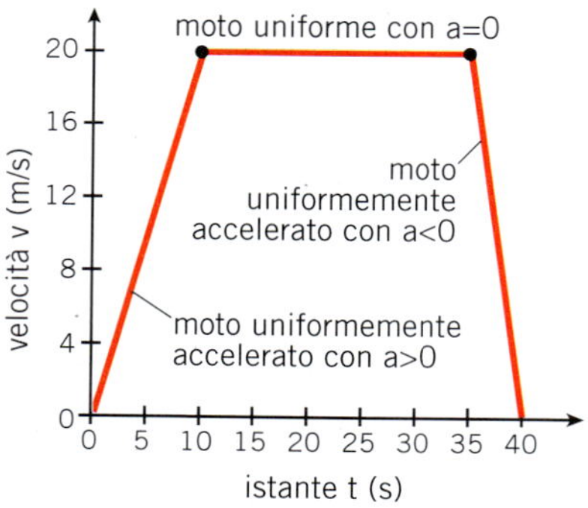

L'accelerazione della moto è pari a 2 m/s^2 nei primi 10 s, nulla per i successivi 20 s e −4 m/s^2 per gli ultimi 5 s.

Accelerazione – Tempo

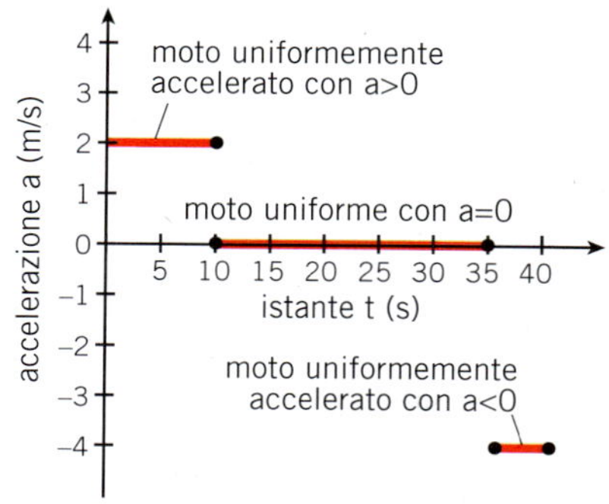

Lancio verso l'alto

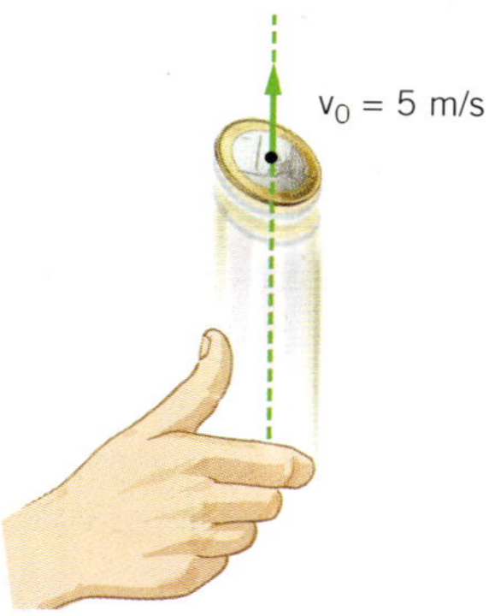

Una monetina è lanciata verso l'alto con una velocità iniziale $v_0 = 5$ m/s. Durante il moto, essa subisce l'effetto dell'accelerazione di gravità.

La velocità iniziale è positiva, ma diminuisce fino a zero nel punto di massima altezza e diventa negativa durante la discesa della monetina.

Velocità – Tempo

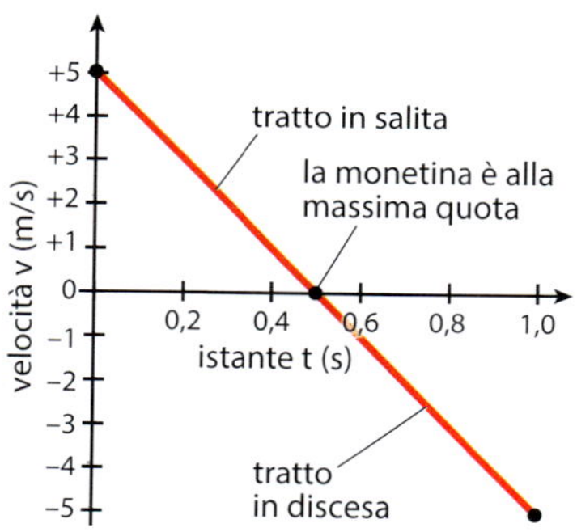

Il grafico accelerazione-tempo è una retta orizzontale. Il segno è negativo perché l'accelerazione ha verso opposto alla velocità iniziale.

Accelerazione – Tempo

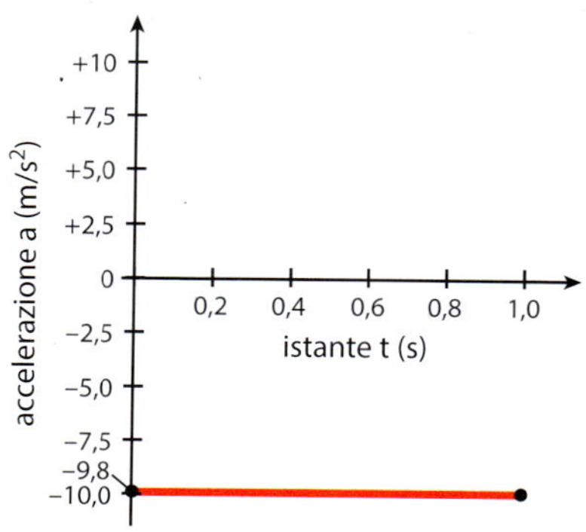

I CONCETTI FONDAMENTALI

LOSAI? RIPASSA CON LO SMARTPHONE

In 3 minuti
- L'accelerazione

1 MOTO RETTILINEO VARIO

In un moto rettilineo vario la velocità cambia continuamente

2 L'ACCELERAZIONE MEDIA

$$\bar{a} = \frac{\Delta v}{\Delta t}$$

- $\bar{a}$: accelerazione media (m/s²)
- Δv: variazione di velocità (m/s)
- Δt: intervallo di tempo (s)

3 IL MOTO RETTILINEO UNIFORMEMENTE ACCELERATO

$$\Delta v = a\Delta t$$

- Δv: variazione di velocità (m/s)
- a: accelerazione (m/s²)
- Δt: intervallo di tempo (s)

4 LA LEGGE VELOCITÀ-TEMPO DEL MOTO UNIFORMEMENTE ACCELERATO

$$v = v_0 + a(t - t_0)$$

- v: velocità nell'istante di tempo t (m/s)
- v_0: velocità nell'istante di tempo t_0 (m/s)
- a: accelerazione (m/s²)
- t: istante di tempo generico (s)
- t_0: istante di tempo iniziale (s)

- Se $t_0 = 0$ s:

$$v_0 + at$$

Se $t_0 = 0$ s e $v_0 = 0$ m/s:

$$v = at$$

5 LA LEGGE ORARIA NEL MOTO UNIFORMEMENTE ACCELERATO

$$s = s_0 + v_0 t + \frac{1}{2} at^2$$

- s: posizione nell'istante di tempo t (m)
- s_0: posizione nell'istante di tempo t_0 (m)
- v_0: velocità nell'istante di tempo t_0 (m/s)
- a: accelerazione (m/s²)
- t: istante di tempo generico (s)

- Se $s_0 = 0$ m:

$$s = v_0 t + \frac{1}{2} at^2$$

Se $s_0 = 0$ m e $v_0 = 0$ m/s:

$$s = \frac{1}{2} at^2$$

6 LA LEGGE SPAZIO-VELOCITÀ

$$s = \frac{v^2 - v_0^2}{2a} \quad \text{oppure} \quad v^2 = v_0^2 + 2as$$

- s: posizione nell'istante di tempo t (m)
- v_0: velocità nell'istante di tempo t_0 (m/s)
- v: velocità nell'istante di tempo t (m/s)
- a: accelerazione (m/s²)

7 IL MOTO DI CADUTA LIBERA

$$s = s_0 + v_0 t + \frac{1}{2} gt^2$$

- s: posizione nell'istante di tempo t (m)
- s_0: posizione nell'istante di tempo t_0 (m)

$$v = v_0 + gt$$

- v: velocità nell'istante di tempo t (m/s)
- v_0: velocità nell'istante di tempo t_0 (m/s)
- g: accelerazione di gravità (m/s²)
- t: istante di tempo generico (s)

con $g = 9{,}81$ m/s²

- Caduta da fermo ($s_0 = 0$ m e $v_0 = 0$ m/s):

$$s = \frac{1}{2} gt^2 \qquad v = gt$$

Lancio verso l'alto ($s_0 = 0$ m):

$$s = v_0 t - \frac{1}{2} gt^2 \qquad v = v_0 - gt$$

LABORATORIO

Moto di una biglia lungo un piano inclinato

Difficoltà ★★★ | 1 ora | 2/4 studenti

Obiettivo

- Ricavare per via sperimentale la legge oraria di un moto uniformemente accelerato.

Cosa serve

- ☐ Guida inclinata, con scala millimetrata.
- ☐ Treppiede con asta metallica.
- ☐ Nastro adesivo.
- ☐ Biglia metallica.
- ☐ Un traguardo per bloccare la biglia in fondo alla guida.
- ☐ Cronometro: sensibilità 0,1 s.
- ☐ Asta verticale centimetrata.
- ☐ Calcolatrice scientifica.
- ☐ Quaderno, biro, matita.

Come si fa

- Con il nastro adesivo, ogni gruppo marca sulla guida una serie di posizioni a distanza di 10 cm una dell'altra.

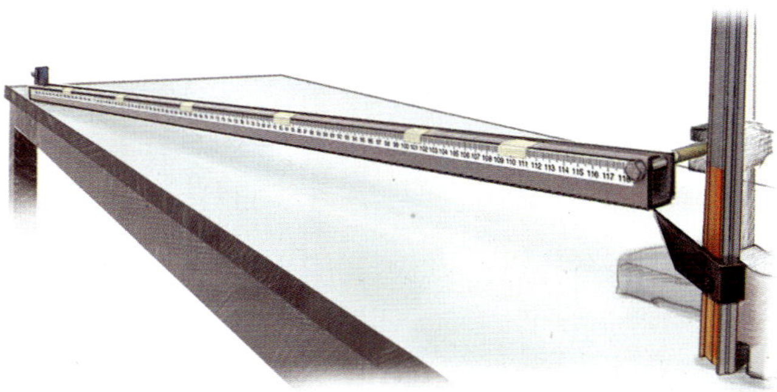

- A turno, e in modo indipendente, ogni studente misura l'altezza H della guida e la sua lunghezza L; quindi calcola l'angolo α di inclinazione.
- Ogni gruppo confronta i valori così trovati e sceglie un valore medio per α.
- Ogni gruppo appoggia la biglia metallica in corrispondenza del nastro adesivo più lontano dal traguardo (**figura**), lascia scendere la biglia lungo la guida inclinata e misura il tempo impiegato per compiere il percorso.

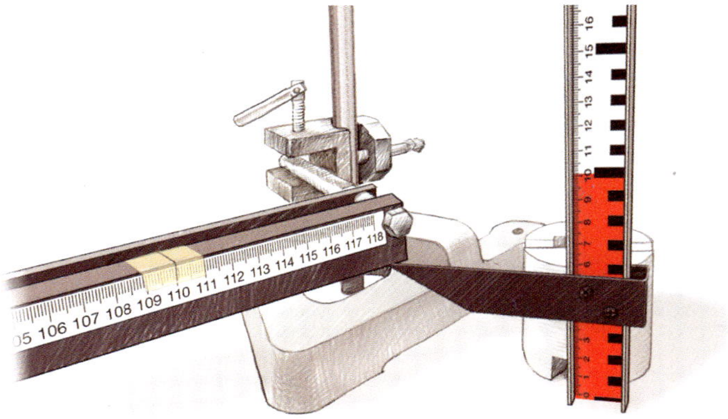

La misura va ripetuta per distanze sempre più piccole (per esempio 100, 80, 60, 40 e 20 cm).

- Ogni gruppo ripete tutte le misure modificando l'altezza *H* (incrementare di circa 10 –15 cm) e ricalcolando l'angolo α.

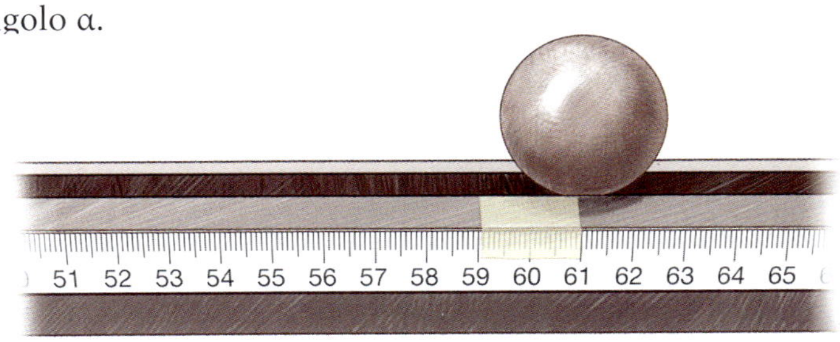

Come usare i dati

- Ogni studente raccoglie i dati in due tabelle (una per ogni valore di α) simili alla seguente:

s (cm)	t (s)	t^2 (s^2)	s/t^2 (cm/s^2)
0	0	0	...
20	...	...	...
40	...	...	...
60	...	...	...
80	...	...	...
100	...	...	...
...	...	...	...

A casa

- Qual è la relazione tra l'ultima colonna della tabella e l'accelerazione della biglia? Considera che hanno la stessa unità di misura.
- Costruisci, per ciascuna delle due inclinazioni, un grafico cartesiano ponendo il tempo in ascisse e lo spazio percorso in ordinata. Se utilizzi un foglio di calcolo prova ad approssimare i dati con una curva polinomiale di ordine 2 (cioè con un polinomio di secondo grado).
- Costruisci, per ciascuna delle due inclinazioni, un grafico cartesiano ponendo il quadrato del tempo in ascisse e lo spazio percorso in ordinata. Se utilizzi un foglio di calcolo prova ad approssimare i dati con una retta; altrimenti traccia sul tuo grafico una retta passante per l'origine che sia sufficientemente vicina a tutti i punti del grafico stesso. Riconosci il significato fisico della pendenza di tale retta?
- Prova a ipotizzare quale legame può esserci tra la pendenza della retta e l'angolo α.

© Action Sports Photography (Shutterstock)

1 IL MOTO RETTILINEO VARIO
2 L'ACCELERAZIONE MEDIA

1 Un'auto parte da ferma e impiega 4,5 s per raggiungere la velocità di 8,1 m/s.

▶ Calcola l'accelerazione media dell'auto.

[1,8 m/s²]

2 Una moto percorre un tratto di strada con un'accelerazione di 3,0 km/h².

▶ Converti l'accelerazione della moto in m/s².

[$2,3 \times 10^{-4}$ m/s²]

3 Un'auto passa da una velocità di 36 km/h a una di 108 km/h in un minuto.

▶ Calcola l'accelerazione media dell'auto in m/s².

[0,33 m/s²]

4 Un'auto da corsa ha un'accelerazione di 8,2 m/s² per 3,2 s.

▶ Calcola la variazione della sua velocità.

[26 m/s]

5 Partendo da ferma, un'auto sportiva raggiunge i 100 km/h in 3,6 s.

▶ Calcola la sua accelerazione media.

[7,7 m/s²]

6 Un ascensore si muove verso l'alto alla velocità di 11 m/s. Dopo 3 s la sua velocità si è ridotta a 5 m/s.

▶ Calcola l'accelerazione dell'ascensore.

[−2 m/s²]

7 Una persona che sta correndo accelera fino a raggiungere la velocità di 5,52 m/s in 3,00 s. La sua accelerazione media è 0,64 m/s².

▶ A quale velocità stava correndo quando ha cominciato ad accelerare?

[3,6 m/s]

8 Un'automobile urta contro un ostacolo e si ferma in 0,45 s. Nell'urto subisce una decelerazione media di −65 m/s².

▶ Calcola la velocità dell'automobile prima dell'urto.

[104 km/h]

9 PROBLEM SOLVING

Un'auto della polizia sta percorrendo una strada stretta alla velocità di 54 km/h. All'improvviso riceve una chiamata d'emergenza e inizia una rapida manovra per imboccare una stradina laterale che ha da poco oltrepassato.

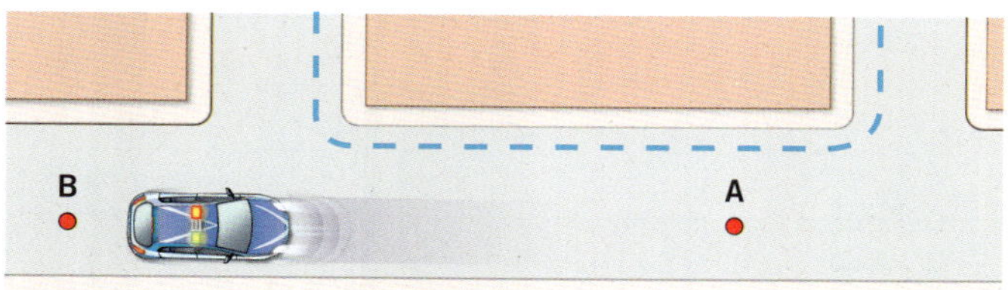

L'auto frena, fermandosi nel punto A (vedi figura) in 1,8 s. Poi ingrana la retromarcia aumentando la velocità per 3,0 s fino a raggiungere la velocità di 21,6 km/h. Quindi rallenta fino a fermarsi nel punto *B* in altri 2,0 s e infine imbocca la stradina.

▶ Calcola le accelerazioni medie dell'auto della polizia durante le diverse manovre e confrontane il segno con quello della velocità.

Dati e incognite

Dati	Incognite
Velocità iniziale: $v_0 = 54$ km/h	Accelerazioni medie: $a_1 = ?$ $a_2 = ?$ $a_3 = ?$
Modulo della velocità massima in retromarcia: $v_{max} = 21,6$ km/h	
Durata della prima frenata: $\Delta t_1 = 1,8$ s	
Durata dell'accelerazione in retromarcia: $\Delta t_2 = 3,0$ s	
Durata della frenata in retromarcia: $\Delta t_3 = 2,0$ s	

La soluzione

Il moto dell'auto si compone di tre moti. Stabiliamo che il moto iniziale in avanti dell'auto sia nel verso positivo e che l'origine del sistema di riferimento sia nel punto in cui si trova l'auto quando inizia a frenare. Convertiamo le velocità fornite in unità di misura del SI:

$$v_0 = 54 \text{ km/h} = 54 \times \frac{1000 \text{ m}}{3600 \text{ s}} = 15 \text{ m/s}$$

$$v_{max} = 21{,}6 \text{ km/h} = 21{,}6 \times \frac{1000 \text{ m}}{3600 \text{ s}} = 6{,}0 \text{ m/s}$$

Durante la prima frenata, di durata Δt_1, l'auto passa dalla velocità v_0 alla velocità $v_1 = 0$ m/s. L'accelerazione media è:

$$\bar{a}_1 = \frac{v_1 - v_0}{\Delta t_1} = \frac{(0 \text{ m/s}) - (15 \text{ m/s})}{1{,}8 \text{ s}} \cong -8{,}3 \text{ m/s}^2$$

L'accelerazione appena calcolata ha segno opposto rispetto alla velocità: l'auto va in avanti ($v > 0$) ma il modulo della velocità diminuisce ($a < 0$).

Durante la retromarcia, di durata Δt_2, la velocità dell'auto passa da $v_1 = 0$ m/s a v_2. Conosciamo il valore della velocità massima in retromarcia ma dobbiamo fare attenzione al segno:

$$v_2 = -v_{max} = -6{,}0 \text{ m/s}$$

L'accelerazione media è quindi:

$$\bar{a}_2 = \frac{v_2 - v_1}{\Delta t_2} = \frac{(-6 \text{ m/s}) - (0 \text{ m/s})}{3{,}0 \text{ s}} = -2{,}0 \text{ m/s}^2$$

In questo caso l'accelerazione ha lo stesso segno della velocità: l'auto va indietro ($v < 0$) e il modulo della velocità aumenta ($a < 0$).

Infine, nell'ultima fase della retromarcia, di durata Δt_3, la velocità dell'auto passa da $v_2 = -6$ m/s a $v_3 = 0$ m/s. L'accelerazione media è:

$$\bar{a}_3 = \frac{v_3 - v_2}{\Delta t_3} = \frac{(0 \text{ m/s}) - (-6 \text{ m/s})}{2{,}0 \text{ s}} = 3{,}0 \text{ m/s}^2$$

L'accelerazione ha segno opposto a quello della velocità: l'auto va indietro ($v < 0$) e il modulo della velocità diminuisce ($a > 0$).

10 ★★☆ Un'auto passa davanti a un lampione. In quell'istante il guidatore inizia a frenare per 2,5 s e l'auto subisce un'accelerazione media pari a $-2{,}1$ m/s^2, finendo per fermarsi vicino a un albero. Il guidatore inserisce quindi la retromarcia e ripassa davanti al lampione alla velocità di 14,4 km/h con un'accelerazione media di $-1{,}9$ m/s^2.

- ▶ Calcola la velocità istantanea dell'auto quando passa per la prima volta davanti al lampione.
- ▶ Calcola quanto tempo ha impiegato l'auto per andare dall'albero al lampione.
- ▶ Calcola l'accelerazione media dell'auto da quando raggiunge il lampione per la prima volta a quando ritorna al lampione.

[19 km/h; 2,1 s; $-2{,}0$ m/s^2]

11 ★★☆ Nel 1998, la NASA ha lanciato nello spazio la sonda spaziale *Deep-Space 1* per testare nuove tecnologie spaziali: tra queste un innovativo sistema di propulsione. Il motore era in grado di aumentare la velocità del veicolo di circa 9,0 m/s al giorno.

- ▶ Qual era l'accelerazione del veicolo in m/s^2?
- ▶ Quanti giorni erano necessari per aumentare la velocità di 180 m/s?

[$1{,}0 \times 10^{-4}$ m/s^2; 20 giorni]

12 ★★★ **OCCHIO ALL'INCERTEZZA**

L'accelerazione di un punto materiale è 5,3 m/s^2 con un'incertezza relativa percentuale pari al 9%.

▶ Scrivi l'accelerazione con la sua incertezza assoluta.

[$(5,3 \pm 0,5)$ m/s^2]

13 ★★★ Converti una accelerazione di 12×10^5 $km/anno^2$ in cm/s^2.

[$1,2 \times 10^{-4}$ cm/s^2]

14 ★★★ Un'auto aumenta la sua velocità di 1,0 m/min ogni secondo; una moto aumenta la sua velocità di 1,0 km/h ogni minuto.

▶ Accelera di più l'auto o la moto?

[Auto]

15 ★★★ **OCCHIO ALL'INCERTEZZA**

La velocità di un'auto è $v_1 = (6,5 \pm 0,1)$ m/s. Dopo una frenata che dura $(1,5 \pm 0,1)$ s raggiunge la velocità di $v_2 = (3,2 \pm 0,1)$ m/s.

▶ Calcola l'accelerazione media dell'auto e la sua incertezza assoluta.

[$(-2,2 \pm 0,3)$ m/s^2]

16 ★★★ Il passeggero di un'automobile registra la velocità indicata dal tachimetro ogni 20 s e ottiene la seguente tabella:

t (s)	0	20	40	60
v (km/h)	30	65	105	90

▶ In quale intervallo di tempo si ha la massima accelerazione? Qual è il suo valore?

▶ Calcola la decelerazione media nell'ultimo intervallo di tempo.

[0,56 m/s^2; −0,21 m/s^2]

17 ★★★ Alle 12:50:54, un autovelox registra una velocità istantanea di 112 km/h al passaggio di un'auto. Alle 15:33:12, un altro autovelox registra la velocità istantanea di 88,5 km/h per la stessa auto.

▶ Calcola l'accelerazione media dell'auto in m/s^2 nell'intervallo di tempo considerato.

[$-6,70 \times 10^{-4}$ m/s^2]

18 ★★★ Un'auto parte da ferma alle 08:34:12 e raggiunge la velocità istantanea di 126 km/h con un'accelerazione media di 0,35 m/s^2.

▶ Calcola a che ora raggiunge questa velocità.

[08:35:52]

3 IL MOTO RETTILINEO UNIFORMEMENTE ACCELERATO

19 ★★★ Una moto parte da ferma e raggiunge la velocità di 110 km/h mantenendo un'accelerazione costante di 1,1 m/s^2.

▶ Calcola in quanto tempo la moto raggiunge questa velocità.

[28 s]

20 ★★★ Un motociclista viaggia con un'accelerazione costante di 2,5 m/s^2 diretta nello stesso verso della velocità.

▶ Quanto tempo impiega il motociclista per passare da una velocità di 21 m/s a una velocità di 31 m/s? E da 51 m/s a 61 m/s?

[4,0 s; 4,0 s]

21 **PROBLEM SOLVING**

Un aereo sulla pista di decollo parte da fermo e, dopo 15 secondi di moto uniformemente accelerato, si stacca dalla pista con velocità $v_f = 30$ m/s.

▶ In quanto tempo la velocità dell'aereo aumenta da 8,0 m/s a 11,0 m/s?

▶ Di quanto aumenta la velocità nel corso dei primi 10 secondi? La risposta cambia se si considerano invece gli ultimi 10 secondi?

Dati e incognite

Dati	Incognite
Durata del decollo dalla pista: $\Delta t = 15$ s	Durata dell'intervallo di tempo: $\Delta t_{12} = ?$
Velocità al decollo: $v_f = 30$ m/s	Variazione della velocità nell'intervallo di tempo: $\Delta v' = ?$
Velocità all'inizio dell'intervallo di tempo: $v_1 = 8,0$ m/s	
Velocità alla fine dell'intervallo di tempo: $v_2 = 11,0$ m/s	
Durata dell'intervallo di tempo: $\Delta t' = 10$ s	

La soluzione

- Nel moto uniformemente accelerato, la variazione di velocità Δv e l'intervallo di tempo Δt durante il quale la variazione ha luogo sono direttamente proporzionali e il loro rapporto (costante) è l'accelerazione: $a = \Delta v / \Delta t$.
  Ricaviamo l'accelerazione a dell'aereo durante il decollo:

$$a = \frac{\Delta v}{\Delta t} = \frac{v_f}{\Delta t} = \frac{(30 \text{ m/s})}{(15 \text{ s})} = 2{,}0 \text{ m/s}^2$$

  La durata dell'intervallo di tempo Δt_{12} durante il quale la velocità aumenta da $v_1 = 0{,}8$ m/s a $v_2 = 11{,}0$ m/s si ottiene invertendo l'equazione $a = \Delta v / \Delta t$:

$$\Delta t_{12} = \frac{v_2 - v_1}{a} = \frac{(11 \text{ m/s}) - (8{,}0 \text{ m/s})}{(2{,}0 \text{ m/s}^2)} = 1{,}5 \text{ s}$$

- L'aumento della velocità $\Delta v'$ nell'intervallo di tempo $\Delta t'$ si ottiene invertendo di nuovo l'equazione dell'accelerazione $a = \Delta v / \Delta t$:

$$\Delta v' = a \Delta t' = (2{,}0 \text{ m/s}^2)(10 \text{ s}) = 20 \text{ m/s}$$

  Questo risultato dipende solo dalla durata dell'intervallo di tempo e non dagli istanti iniziali e finali. Per questo motivo la variazione di velocità nei primi 10 secondi è uguale a quella che si ha negli ultimi 10 secondi.

22 ★★☆ Un'auto da corsa parte da ferma e raggiunge con accelerazione costante la velocità di 188 km/h in 11,4 s. Calcola:
- l'accelerazione dell'auto;
- la velocità dell'auto dopo 13,4 s dalla partenza.

[4,6 m/s²; 220 km/h]

23 ★★☆ Una moto viaggia alla velocità costante di 7,5 m/s. A un certo istante accelera con un'accelerazione costante pari a 0,63 m/s²: alle 18:40:20 la sua velocità è di 30,2 m/s.
- Calcola a che ora ha iniziato ad accelerare.

[18:39:44]

24 ★★☆ Un aereo in fase di decollo si muove sulla pista rettilinea con velocità costante pari a 4,0 m/s. A un certo istante accelera con accelerazione costante pari a 2,5 m/s². Dopo 12 secondi decolla.
- Calcola la velocità con cui l'aereo si stacca dalla pista.
- In quanto tempo la velocità dell'aereo aumenta da 4,0 m/s a 8,0 m/s?

[34 m/s; 1,6 s]

25 ★★☆ Un aereo parte da fermo alle 06:15:53 e si stacca dalla pista alle 06:16:08 raggiungendo una velocità di 115 km/h con accelerazione costante.
- Calcola il valore dell'accelerazione dell'aereo in m/s².
- Che velocità aveva l'aereo alle 06:16:03?

[2,13 m/s²; 76,7 km/h]

26 ★★☆ Un'auto parte da ferma alle 15:30:55 e raggiunge la velocità di 144 km/h dopo 40 secondi accelerando uniformemente. Subito dopo rallenta con accelerazione pari a −0,20 m/s².
- Calcola l'accelerazione della prima parte del percorso.
- Calcola a che ora si fermerà l'auto.

[1,0 m/s²; 15:34:55]

LA LEGGE VELOCITÀ-TEMPO DEL MOTO UNIFORMEMENTE ACCELERATO

27 ★☆☆ Una moto che viaggia alla velocità di 6,0 m/s accelera per 4,0 secondi, con accelerazione pari a 1,25 m/s².
- Scrivi la legge velocità-tempo della moto a partire da quando accelera.

© Kozirsky (Shutterstock)

28 PROBLEM SOLVING

Uno studente conduce un esperimento in laboratorio. Lascia scivolare un cubetto di ghiaccio lungo un piano inclinato e misura con dei sensori la velocità del cubetto in diversi punti del piano. I dati che ottiene sono riportati nella tabella seguente:

Tempo (s)	0	0,80	1,30	2,10
Velocità (m/s)	0	1,60	2,60	4,10

▶ Disegna il grafico velocità-tempo dell'esperimento.

Assumi che l'accelerazione del cubetto di ghiaccio sia costante tra una rilevazione e l'altra.

▶ Determina l'accelerazione media e le relative leggi velocità-tempo nei vari intervalli di tempo.

Dati e incognite

Dati	Incognite
$t_0 = 0$ s, $v_0 = 0$ m/s	$\bar{a}_1 = ?$
$t_1 = 0{,}80$ s, $v_1 = 1{,}60$ m/s	$\bar{a}_2 = ?$
$t_2 = 1{,}30$ s, $v_2 = 2{,}60$ m/s	$\bar{a}_3 = ?$
$t_3 = 2{,}10$ s, $v_3 = 4{,}10$ m/s	

Il ragionamento

I valori dei tempi e delle velocità sono riportati nel grafico velocità-tempo. Le accelerazioni medie si ricavano dalla relazione $\overline{a} = \Delta v / \Delta t$. Per scrivere le leggi velocità-tempo bisogna individuare i valori dei parametri che vi compaiono (velocità iniziale, istante iniziale e accelerazione).

La soluzione

- I dati forniti consentono quindi di disegnare 4 punti:

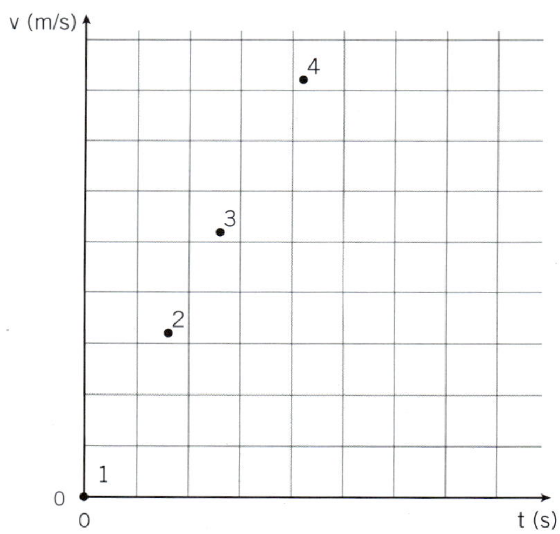

- Il primo tratto del moto inizia al tempo t_0 con velocità v_0 e termina al tempo t_1 con velocità v_1. L'accelerazione media nel primo tratto è:

$$\overline{a}_1 = \frac{\Delta v}{\Delta t} = \frac{v_1 - v_0}{t_1 - t_0} = \frac{(1{,}60 \text{ m/s}) - (0 \text{ m/s})}{(0{,}80 \text{ s}) - (0 \text{ s})} = 2{,}0 \text{ m/s}^2$$

La legge velocità-tempo del primo tratto è quindi:

$$v = v_0 + \overline{a}_1(t - t_0) = (0 \text{ m/s}) + (2{,}0 \text{ m/s}^2)[t - (0 \text{ s})] = (2{,}0 \text{ m/s}^2)t$$

Il secondo tratto inizia al tempo t_1 con velocità v_1 e termina al tempo t_2 con velocità v_2. L'accelerazione media nel secondo tratto è:

$$\overline{a}_2 = \frac{v_2 - v_1}{t_2 - t_1} = \frac{(2{,}60 \text{ m/s}) - (1{,}60 \text{ m/s})}{(1{,}30 \text{ s}) - (0{,}80 \text{ s})} = 2{,}0 \text{ m/s}^2$$

La legge velocità-tempo del secondo tratto è quindi:

$$v = v_1 + \bar{a}_2(t - t_1) = (1{,}60\ \text{m/s}) + (2{,}0\ \text{m/s}^2)[t - (0{,}80\ \text{s})]$$

Il terzo tratto inizia al tempo t_2 con velocità v_2 e termina al tempo t_3 con velocità v_3. L'accelerazione media nel terzo tratto è:

$$\bar{a}_3 = \frac{v_3 - v_2}{t_3 - t_2} = \frac{(4{,}10\ \text{m/s}) - (2{,}60\ \text{m/s})}{(2{,}10\ \text{s}) - (1{,}30\ \text{s})} \cong 1{,}9\ \text{m/s}^2$$

La legge velocità-tempo del terzo tratto è quindi:

$$v = v_2 + \bar{a}_3(t - t_2) = (2{,}60\ \text{m/s}) + (1{,}9\ \text{m/s}^2)[t - (1{,}30\ \text{s})]$$

29 ★★ **LEGGI IL GRAFICO**
Un oggetto si muove lungo una linea retta: il suo grafico velocità-tempo è il seguente:

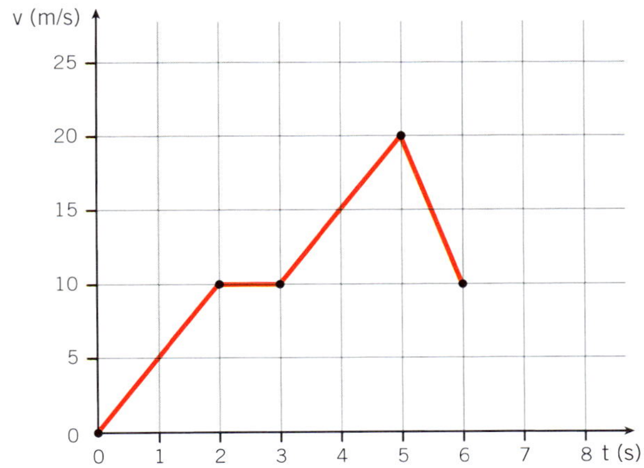

- ▶ Calcola la sua accelerazione tra 5 e 6 secondi.
- ▶ Scrivi la legge velocità-tempo tra 5 e 6 secondi.

[-10 m/s²]

30 ★★ Fai riferimento al grafico velocità tempo dell'esercizio precedente e calcola l'accelerazione:
- ▶ tra 3 e 6 secondi;
- ▶ tra 0 e 5 secondi;
- ▶ tra 0 e 6 secondi;

[0 m/s²; 4,0 m/s²; 1,7 m/s²]

31 ★★ Un'auto accelera per 2,0 secondi, con accelerazione pari a 3,4 m/s², e raggiunge la velocità di 12,2 m/s.
- ▶ Calcola la velocità iniziale dell'auto e scrivi la legge velocità-tempo (poni $t_0 = 0$ s).

[5,4 m/s]

32 ★★ Un atleta partecipa a una gara: 4,0 secondi dopo la partenza, quando la sua velocità è di 3,3 m/s, affronta un tratto di strada sterrata che supera in 3,0 s con accelerazione costante pari a 0,10 m/s².
- ▶ Scrivi la legge velocità-tempo del tratto in cui l'atleta accelera.
- ▶ Calcola la velocità dell'atleta 5,0 secondi dopo l'inizio della corsa.

[3,4 m/s]

33 ★★ **LEGGI IL GRAFICO**
Considera il grafico velocità-tempo riportato nella figura qui sotto:

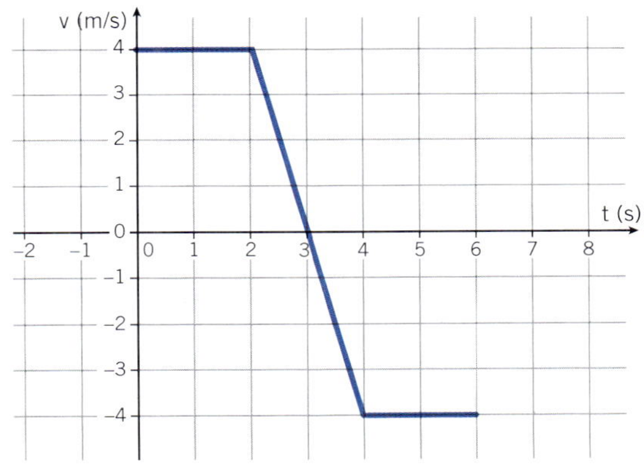

- ▶ Disegna il corrispondente grafico accelerazione-tempo.
- ▶ Calcola l'accelerazione media nell'intervallo tra 0 e 6 secondi.
- ▶ Calcola l'accelerazione media nell'intervallo tra 2 e 4 secondi.

[$-1{,}3$ m/s²; $-4{,}0$ m/s²]

34 ★★ Durante una gara, un marciatore vuole superare un concorrente e aumenta la sua velocità con accelerazione costante: dopo 3 secondi ha una velocità di 1,3 m/s e dopo 5 secondi ha una velocità di 1,5 m/s.
- ▶ Calcola la velocità del marciatore all'istante $t = 0$ s in cui inizia ad accelerare.
- ▶ Che velocità avrà nell'istante $t = 10{,}0$ s?
- ▶ Scrivi la legge velocità-tempo del marciatore nell'intervallo di tempo compreso tra 0 e 10 secondi.

[1,0 m/s; 2,0 m/s]

35 ★★ Un'auto si muove con accelerazione costante. All'istante $t = 0$ s la sua velocità è 25,5 m/s mentre all'istante $t = 10{,}0$ s l'auto si ferma.
- ▶ Che velocità ha l'auto all'istante $t = 3{,}3$ s?
- ▶ Scrivi la legge velocità-tempo dell'auto nell'intervallo di tempo considerato.

[17 m/s]

36 ★★★ Nella tabella sono riportate le misure dei tempi e delle velocità rilevate durante i primi 20 m di una gara di 100 m piani di Usain Bolt.

t (s)	0	2,89	4,64
v (m/s)	0	6,92	11,43

Assumi che l'accelerazione di Bolt sia costante durante ciascuna rilevazione.

- Scrivi le leggi velocità-tempo nei due intervalli di tempo compresi tra 0 s e 2,89 s e tra 2,89 s e 4,64 s.

37 ★★★ Un'auto parte da ferma e una seconda auto, nello stesso istante, ha una velocità pari a 7,5 m/s. Dopo 2 minuti le due auto hanno la stessa velocità pari a 90,0 km/h. Supponi che le due auto si muovano con accelerazioni costanti.

- Calcola le accelerazioni delle due auto.
- Calcola la variazione di velocità delle due auto nei primi 25 s.
- Scrivi le leggi velocità-tempo delle due auto.

[0,21 m/s^2; 0,15 m/s^2; 5,3 m/s; 3,8 m/s]

38 ★★★ Un' automobile parte da ferma. Una seconda auto nello stesso istante ha una velocità di 75,5 km/h. La prima auto ha un'accelerazione costante pari a 1,5 m/s^2, mentre la seconda ha un'accelerazione costante pari a −1,0 m/s^2.

- Scrivi le leggi velocità-tempo delle due auto.
- Calcola le variazioni di velocità delle due auto nei primi 10 secondi.
- Calcola dopo quanto tempo dall'istante iniziale le due auto avranno la stessa velocità.

[15 m/s; −10 m/s; 8,4 s]

5 LA LEGGE ORARIA DEL MOTO UNIFORMEMENTE ACCELERATO

39 ★★★ Un'auto è ferma a un semaforo rosso. Quando il semaforo diventa verde, l'auto parte con accelerazione 3,6 m/s^2.

- Scrivi la legge oraria del moto dell'auto, ponendo l'origine nel punto di partenza dell'auto.

40 ★★★ Un'auto percorre una strada a velocità costante pari a 6,2 m/s. Quando il guidatore vede che il semaforo, distante 26 metri, diventa rosso, frena con accelerazione −0,92 m/s^2.

- Scrivi la legge oraria dell'auto, ponendo l'origine nel punto dove si trova il semaforo.

41 ★★★ Un'atleta parte da fermo con accelerazione 0,86 m/s^2 per i primi 3,7 secondi della sua gara.

- Calcola la distanza percorsa dall'atleta.

[5,9 m]

42 ★★★ Un'auto è ferma in fondo a un rettilineo alla distanza di 150 m da un semaforo rosso. Quando il semaforo diventa verde, l'auto parte con accelerazione costante. Il semaforo ridiventa rosso dopo 22 s.

- Calcola il valore minimo di accelerazione che l'auto deve avere per riuscire a passare col verde.

[0,62 m/s^2]

43 ★★★ Disegna il grafico spazio-tempo di una moto che parte da ferma e per 4 secondi ha un'accelerazione costante 2,0 m/s^2.

44 PROBLEM SOLVING

Il grafico velocità-tempo riportato nella figura mostra schematicamente la velocità di una vettura di Formula 1 dalla partenza fino alla prima curva.

- Calcola la distanza percorsa dalla vettura fino alla curva.
- Scrivi le leggi orarie del moto durante la fase di accelerazione e di frenata.

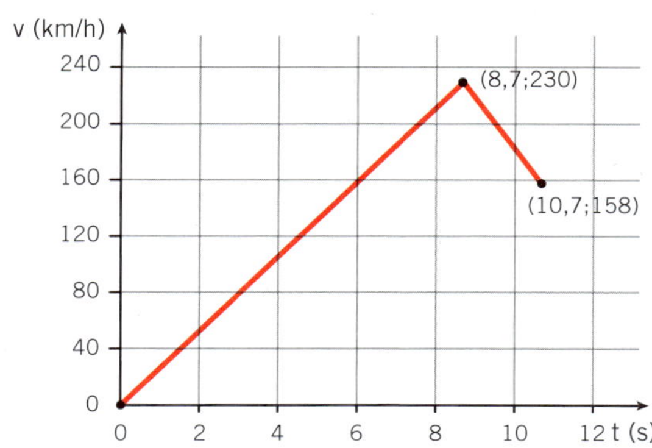

Dati e incognite

Dati	Incognite
Velocità iniziale: $v_0 = 0$ m/s	Distanza percorsa: $L = ?$
Durata dell'accelerazione: $\Delta t_1 = 8{,}7$ s	
Velocità al termine dell'accelerazione: $v_1 = 230$ km/h	
Tempo necessario per raggiungere la curva: $\Delta t_2 = 10{,}7$ s	
Velocità alla fine del rettilineo: $v_2 = 158$ km/h	

Il ragionamento

Calcolando l'area sottesa al grafico velocità-tempo si ricava la distanza percorsa in un certo intervallo di tempo. Nel nostro caso, la distanza d_1 è data dall'area del triangolo che ha base uguale a Δt e altezza uguale a v_1; la distanza d_2 è data dall'area del trapezio che ha base maggiore uguale a v_1, base minore uguale a v_2 e altezza uguale a Δt_2.

Per scrivere le leggi orarie del moto, dobbiamo fissare un sistema di riferimento e individuare i parametri: posizione iniziale, velocità iniziale e accelerazione.

La soluzione

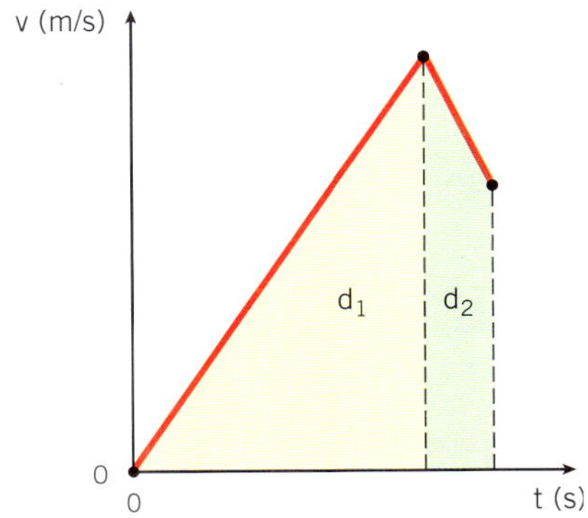

- Notiamo che le velocità sono espresse in km/h mentre il tempo è espresso in secondi, pertanto dovremo convertire la velocità in unità di misura del SI:

$$v_1 = 230 \frac{1000}{3600} \frac{\text{m}}{\text{s}} \approx 64 \text{ m/s} \qquad \text{e} \qquad v_2 = 158 \frac{1000}{3600} \frac{\text{m}}{\text{s}} \approx 44 \text{ m/s}$$

Quando l'auto inizia a frenare, la sua velocità diminuisce. Dal grafico deduciamo che questo succede all'istante $t_1 = 8{,}7$ s. La distanza percorsa si ottiene calcolando l'area sottesa al grafico velocità-tempo tra $t_0 = 0$ s e $t_1 = 8{,}7$ s:

$$d_1 = \frac{1}{2} v_1 \Delta t_1 = \frac{1}{2}(64 \text{ m/s})(8{,}7 \text{ s}) \cong 280 \text{ m}$$

La distanza d_2, percorsa durante la frenata prima della curva, si trova di nuovo calcolando l'area sottesa al grafico spazio-tempo tra $t_1 = 8{,}7$ s e $t_2 = 10{,}7$ s:

$$d_2 = \frac{1}{2}(v_2 + v_1)(t_2 - t_1) = \frac{1}{2}[(44 \text{ m/s}) + (64 \text{ m/s})](10{,}7 \text{ s} - 8{,}7 \text{ s}) \cong 108 \text{ m}$$

La lunghezza del rettilineo di partenza quindi è la somma delle due distanze:

$$L = d_1 + d_2 = (280 \text{ m}) + (108 \text{ m}) = 388 \text{ m}$$

- Fissiamo l'origine del sistema di riferimento nel posto in cui si trova la vettura alla partenza, così la posizione iniziale è nulla. Nel primo intervallo di tempo, l'accelerazione della vettura è:

$$a_1 = \frac{\Delta v}{\Delta t} = \frac{v_1 - v_0}{\Delta t_1} = \frac{64 \text{ m/s}}{8{,}7 \text{ s}} \cong 7{,}3 \text{ m/s}^2$$

La legge oraria del moto nel primo intervallo di tempo è quindi:

$$s = \frac{1}{2} a_1 t^2 = \frac{1}{2}(7{,}3 \text{ m/s}^2)t^2$$

Nel secondo intervallo di tempo, che inizia all'istante t_1, la posizione iniziale è d_1, la velocità iniziale è v_1 e l'accelerazione è:

$$a_2 = \frac{\Delta v}{\Delta t} = \frac{v_2 - v_1}{\Delta t_2} = \frac{(44 \text{ m/s}) - (64 \text{ m/s})}{2{,}0 \text{ s}} = -10 \text{ m/s}^2$$

La legge oraria del secondo tratto è quindi:

$$s = d_1 + v_1(t - t_1) + \frac{1}{2} a_2 (t - t_1)^2 = (280 \text{ m}) + (64 \text{ m/s})[(t - (8{,}7 \text{ s})] + \frac{1}{2}(-10 \text{ m/s}^2)[t - (8{,}7 \text{ s})]^2 =$$

$$= (280 \text{ m}) + (64 \text{ m/s})[t - (8{,}7 \text{ s})] + (-5 \text{ m/s}^2)[t - (8{,}7 \text{ s})]^2$$

45 ★★★ **LEGGI IL GRAFICO**

La figura mostra il grafico velocità-tempo di un marciatore.

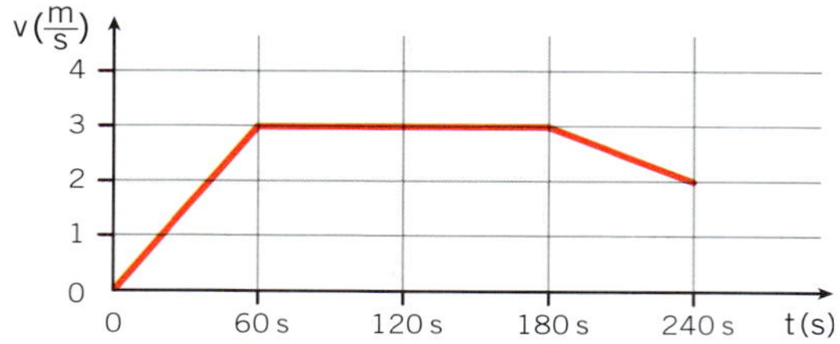

- Calcola la distanza complessiva percorsa dal marciatore.
- Scrivi le leggi orarie del moto tra 0 e 60 s, tra 60 s e 180 s e tra 180 s e 240 s.

[600 m]

46 ★★★ **LEGGI IL GRAFICO**

La figura mostra i grafici spazio-tempo di due moto *A* e *B* che partono da ferme nello stesso istante.

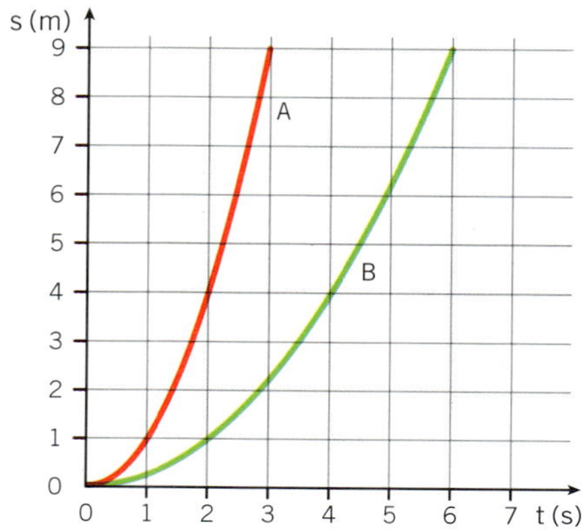

- Deduci dal grafico i dati che ti consentono di calcolare l'accelerazione delle due moto.
- Deduci dal grafico la distanza tra le due moto 2 secondi dopo la partenza.
- Sei fermo 4 metri più avanti delle moto al momento della loro partenza. Quale moto ti passa davanti per prima? Dopo quanti secondi passa l'altra?

[2,0 m/s^2; 0,50 m/s^2; 3,0 m; moto A; 2,0 s]

47 ★★★ **LEGGI IL GRAFICO**

La figura mostra il diagramma velocità-tempo del moto di una formica sul terreno.

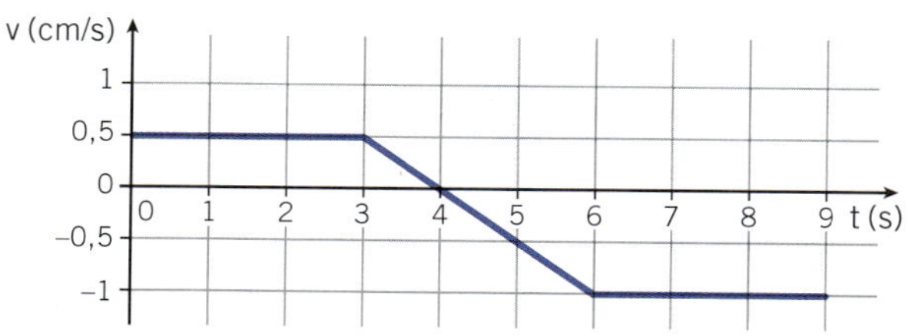

- Per quanto tempo la formica si muove in avanti? In quale istante la formica cambia verso di marcia?
- Dopo 9 secondi, si trova più avanti o più indietro del punto da cui era partita?

[4 s]

48 ★★★ Una moto parte con accelerazione costante 1,45 m/s^2 e percorre 3,8 metri.

- Calcola il tempo impiegato dalla moto a percorrere la distanza indicata.

[2,3 s]

49 ★★★ **LEGGI IL GRAFICO**

Due auto *A* e *B* percorrono una strada in versi opposti e a un certo istante si incrociano. La figura mostra il grafico velocità-tempo delle due auto a partire dal momento in cui sono affiancate.

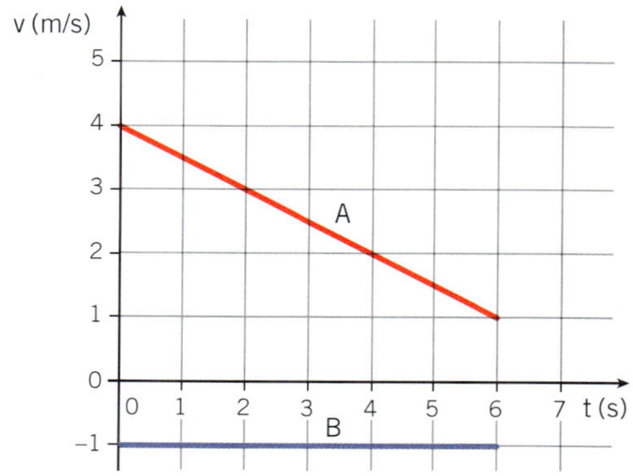

- Calcola la distanza tra le due auto 6 secondi dopo che si sono incrociate.

[21 m]

50 ★★★ Un'auto percorre un'autostrada rettilinea alla velocità di 126 km/h. Improvvisamente il guidatore si accorge di un ostacolo posto a 120 m di distanza: aziona i freni e l'auto rallenta con accelerazione costante pari a –6,0 m/s^2.

- Quanto tempo impiega l'auto a fermarsi?
- L'auto riesce a evitare l'impatto con l'ostacolo?
- Qual è la velocità massima iniziale che permette al guidatore di evitare l'ostacolo nello stesso intervallo di tempo appena determinato?

[5,8 s; sì; circa 150 km/h]

51 In un rettilineo, una moto si muove alla velocità costante di 72 km/h. Un'auto parte da ferma con un'accelerazione costante pari a 2,0 m/s^2 nell'istante in cui è affiancata dalla moto.

- Dopo quanti secondi l'auto raggiungerà la moto?
- Quanta strada avrà percorso l'auto in quell'istante?

[20 s; 400 m]

52 Due giocatori di calcio distano 32 m uno dall'altro. A un certo istante cominciano a correre uno verso l'altro con accelerazioni costanti e raggiungono il pallone che sta tra loro nello stesso istante. Il modulo dell'accelerazione del primo giocatore è 0,50 m/s^2. Il modulo dell'accelerazione del secondo giocatore è 0,30 m/s^2.

- Dopo quanto tempo toccano il pallone?
- Quale distanza ha percorso il primo giocatore durante questo intervallo di tempo?

[8,9 s; 20 m]

53 **LEGGI IL GRAFICO**
La figura rappresenta il grafico spazio-tempo di un moto vario lungo un rettilineo.

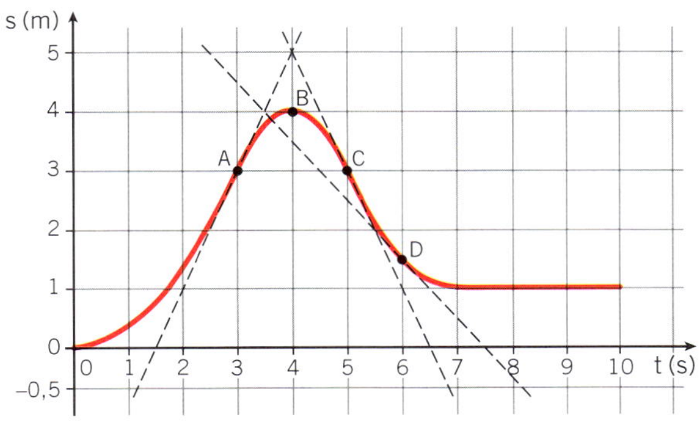

Le rette tratteggiate sono tangenti alla curva che rappresenta il moto nei punti *A*, *B*, *C* e *D* indicati nella figura.

- Calcola la velocità istantanea negli istanti $t_1 = 3{,}0$ s, $t_2 = 4{,}0$ s, $t_3 = 5{,}0$ s e $t_4 = 6{,}0$ s.

[2,0 m/s; 0,0 m/s; −2,0 m/s; −1,0 m/s]

54 Due auto, *A* e *B*, sono ferme e l'auto *B* si trova 100 metri davanti all'auto *A*. A un certo istante le due auto cominciano a muoversi in avanti. L'accelerazione dell'auto *A* è 2,50 m/s^2, mentre l'accelerazione dell'auto *B* è 0,50 m/s^2.

- Determina in quanto tempo l'auto *A* raggiungerà l'auto *B*.
- Quali distanze avranno percorso in quell'istante le due auto?

[10 s; 125 m; 25 m]

55 In una gara sui 100 m piani, un atleta accelera in modo uniforme per i primi 4,00 secondi e poi mantiene la velocità raggiunta fino al traguardo. La corsa ha una durata complessiva di 10,5 s.

- Calcola l'accelerazione del corridore nei primi 4,00 s della corsa.
- Calcola in quanto tempo il corridore percorre i primi 50,0 m.
- Scrivi la legge oraria del moto complessivo.

[2,95 m/s^2; 6,24 s]

56 Mario affronta Gianni in una gara sui 100 m e gli concede un lieve vantaggio iniziale, ritardando la sua partenza. Gianni parte da fermo con accelerazione costante per 4,0 s, fino a raggiungere la velocità di 8,0 m/s che mantiene fino al traguardo. Due secondi dopo la partenza di Gianni, Mario parte con accelerazione costante per 3,0 s, fino a raggiungere una velocità di 9,0 m/s che mantiene fino al traguardo.

- Chi vince tra Mario e Gianni?
- Che distanza c'è tra il vincitore e il secondo arrivato nell'istante in cui il vincitore taglia il traguardo?

[Gianni; 1,0 m]

6 LA LEGGE SPAZIO-VELOCITÀ

57 Un aereo sta decollando da una portaerei. L'aereo parte da fermo e, con un'accelerazione costante pari a 31 m/s^2 lungo una traiettoria rettilinea, raggiunge una velocità di 62 m/s.

- Calcola la distanza percorsa dall'aereo.

[62 m]

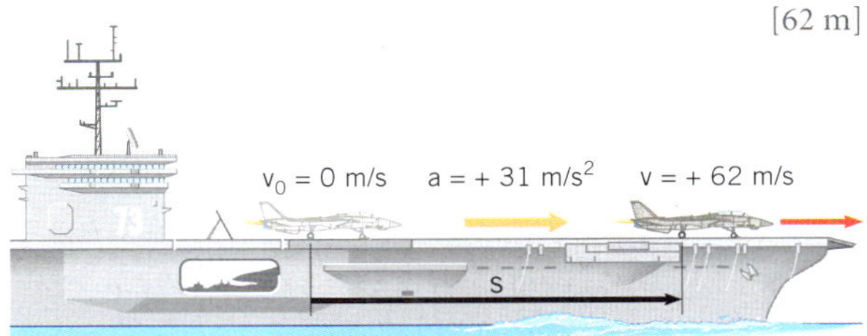

58 Un aereo atterra a una velocità di 69 m/s. Dopo aver percorso 750 m di pista, la sua velocità si riduce fino a 7,0 m/s.

- Determina l'accelerazione media dell'aereo durante l'atterraggio.

[−3,1 m/s^2]

© Gabor Barkanyi/Shutterstock

59 Un'auto viaggia alla velocità di 90 km/h. Il conducente frena bruscamente e riesce a fermarla in 62,5 m.

- Calcola la decelerazione dell'automobile.

[−5,0 m/s^2]

60 PROBLEM SOLVING

Una moto parte da ferma e con accelerazione costante $a_1 = 2{,}6 \text{ m/s}^2$ si sposta di 120 metri. Subito dopo decelera, con accelerazione $a_2 = -1{,}5 \text{ m/s}^2$, fino a quando raggiunge la velocità $v_2 = 12 \text{ m/s}$.

- Calcola lo spostamento totale della moto.
- Calcola in quanto tempo avviene questo spostamento.

Dati e incognite

Dati	Incognite
Velocità iniziale: $v_i = 0$ m/s	Spostamento totale della moto: $L = ?$
Accelerazione nel primo tratto: $a_1 = 2{,}6$ m/s^2	Durata della fase iniziale della corsa: $\Delta t = ?$
Accelerazione nel secondo tratto: $a_2 = -1{,}5$ m/s^2	
Lunghezza del primo tratto: $d_1 = 120$ m	
Velocità finale del secondo tratto: $v_2 = 12$ m/s	

Il ragionamento

Dalla legge spazio-velocità ricaviamo la velocità della moto al termine del primo tratto (che è anche la velocità all'inizio del secondo tratto); poi con la legge spazio-tempo calcoliamo la distanza percorsa nel secondo tratto. Sommando le due distanze si ottiene lo spostamento totale della moto. La durata dello spostamento è invece uguale alla somma degli intervalli di tempo impiegati a percorrere i due tratti; questi si ottengono sfruttando la proporzionalità tra la variazione della velocità e gli intervalli di tempo in cui tali variazioni hanno luogo.

La soluzione

- Dalla legge spazio-velocità, nella forma $v^2 = v_0^2 + 2as$, ricaviamo la velocità v_1 della moto alla fine del primo tratto:

$$v_1^2 = v_i^2 + 2a_1 d_1 = 2(2{,}6 \text{ m/s}^2)(120 \text{ m}) = 624 \text{ m}^2/\text{s}^2 \rightarrow v_1 = \sqrt{624 \text{ m}^2/\text{s}^2} \cong 25 \text{ m/s}$$

  Con la legge spazio-velocità, nella forma $s = \frac{(v^2 - v_0^2)}{(2a)}$, ricaviamo lo spostamento d_2 della moto nel secondo tratto:

$$d_2 = \frac{(v_2^2 - v_1^2)}{2a_2} = \frac{(12 \text{ m/s})^2 - (25 \text{ m/s})^2}{2(-1{,}5 \text{ m/s}^2)} \cong 160 \text{ m}$$

  Lo spostamento totale della moto è la somma dei due spostamenti:

$$L = d_1 + d_2 = (120 \text{ m}) + (160 \text{ m}) = 280 \text{ m}$$

- Invertendo la relazione $\Delta v = a\Delta t$ ricaviamo quanto tempo impiega la moto a percorrere ciascuno dei due tratti. Per il primo tratto otteniamo:

$$\Delta t_1 = \frac{v_1 - v_i}{a_1} = \frac{25 \text{ m/s}}{2{,}6 \text{ m/s}^2} \cong 9{,}6 \text{ s}$$

  mentre per il secondo risulta:

$$\Delta t_2 = \frac{v_2 - v_1}{a_2} = \frac{(12 \text{ m/s}) - (25 \text{ m/s})}{-1{,}5 \text{ m/s}^2} \cong 8{,}7 \text{ s}$$

  La durata della corsa è quindi:

$$\Delta t = \Delta t_1 + \Delta t_2 = (9{,}6 \text{ s}) + (8{,}7 \text{ s}) \cong 18 \text{ s}$$

61 ★★ Considera la situazione descritta nel problema precedente. Supponi che nella seconda parte della corsa la moto accelera con accelerazione $a_2 = 3{,}2\ m/s^2$, spostandosi di altri 110 m in avanti. I valori della prima parte della corsa sono invariati rispetto al problema modello.

- Calcola la velocità finale raggiunta dalla moto.
- Calcola quanto tempo dura la seconda parte della corsa.

[36 m/s; 3,4 s]

62 ★★ Un'auto parte da ferma e raggiunge la velocità istantanea di 130 km/h con un'accelerazione costante pari a $2{,}0\ m/s^2$.

- Calcola la distanza percorsa dall'auto.
- Calcola l'intervallo di tempo necessario per raggiungere questa velocità.

[330 m; 18 s]

63 ★★ Un'automobile passa da una velocità istantanea di 150 km/h a una di 65 km/h con un'accelerazione uguale a $-1{,}8\ m/s^2$.

- Calcola la distanza percorsa dall'auto (spazio di frenata).
- Calcola quanto tempo impiega per effettuare questa frenata.

[390 m; 13 s]

64 ★★ Un'auto parte da ferma e raggiunge i 130 km/h mantenendo un'accelerazione costante. La distanza percorsa dall'auto è 140 m.

- In quanto tempo raggiunge questa velocità?

[7,8 s]

65 ★★ Le dimensioni di un tavolo da biliardo rettangolare sono 2,84 m di lunghezza e 1,42 m di larghezza. Una biglia percorre la diagonale del biliardo con accelerazione costante $-0{,}30\ m/s^2$ fino a fermarsi.

- Calcola la velocità iniziale della biglia.

[1,4 m/s]

66 ★★ Un calciatore parte da fermo e accelera per 5,0 s raggiungendo una velocità di 6,0 m/s.

- Calcola la distanza percorsa dal giocatore.

[15 m]

67 ★★ Un atleta parte da fermo e accelera uniformemente fino a raggiungere una velocità di 3,0 m/s in 2,0 s. Un'auto accelera uniformemente da 38 m/s a 41 m/s nello stesso intervallo di tempo.

- Calcola l'accelerazione dell'atleta.
- Calcola l'accelerazione dell'auto.
- Durante quei 2,0 secondi, l'auto percorre una distanza maggiore rispetto all'atleta? Se sì, di quanto?

[$1{,}5\ m/s^2$; $1{,}5\ m/s^2$; 76 m]

68 ★★ Un'auto parte da ferma e accelera con accelerazione costante pari a $3{,}20\ m/s^2$ raggiungendo una velocità pari a 108 km/h. A questo punto comincia a frenare con un'accelerazione pari a $-1{,}60\ m/s^2$ fino a fermarsi.

- Calcola la distanza totale percorsa dall'auto.

[422 m]

69 ★★ A cart is driven by a large propellant or fan, which can accelerate or decelerate the cart. The cart starts out at the position $x = 0$ m, with an initial velocity of +5.0 m/s and a constant acceleration due to the fan. The direction to the right is positive. The cart reaches a maximum position of $x = +12.5$ m, when it begins to travel in the negative direction.

- Find the acceleration of the cart.

[$-1.0\ m/s^2$]

7 IL MOTO DI CADUTA LIBERA

70 ★ Una moneta viene lasciata cadere da un ponte alto 135 m. Trascura la resistenza dell'aria.

- Calcola la velocità della moneta nel momento in cui tocca il suolo.

[51 m/s]

71 ★ Nel 1971 l'astronauta David Scott, durante la missione Apollo 15, effettuò il famoso esperimento denominato «della piuma e del martello». Questo esperimento mise alla prova l'affermazione di Galileo che, in assenza di resistenza da parte dell'aria, i due oggetti sarebbero caduti contemporaneamente al suolo se lasciati cadere dalla stessa altezza allo stesso istante. Si stima che l'altezza da cui Scott fece cadere i due oggetti sia stata 1,2 m e la durata della caduta sia stata 1,2 s.

- Stima l'accelerazione di gravità della Luna.

[$1{,}7\ m/s^2$]

72 ★ Un astronauta arrivato su un lontano pianeta vuole determinarne l'accelerazione di gravità. L'astronauta lancia un sasso verso l'alto con una velocità iniziale di +15 m/s e misura un tempo di 20 s prima che il sasso ritorni sulla sua mano.

- Calcola l'accelerazione di gravità sul pianeta.

[$-1{,}5\ m/s^2$]

73 ★ Una ragazza è affacciata a una finestra a 6,0 m di altezza dal marciapiede. Dalle mani le sfugge un fermacapelli. Trascura l'attrito dell'aria.

- Calcola il tempo di caduta del fermacapelli.

[1,1 s]

ESERCIZI

74 PROBLEM SOLVING

Un giocoliere lancia verticalmente un birillo che rimane in aria per 2,0 s prima di tornare nelle sue mani. Dopo 0,30 s lancia un secondo birillo, dalla stessa altezza del primo, che rimane invece in aria per 2,8 s.

- Calcola le altezze massime rispetto alla quota di lancio raggiunte dai due birilli.
- Calcola a che quota rispetto al punto comune di lancio si incontreranno i due birilli.
- Calcola le velocità dei due birilli nell'istante in cui si incontrano.

Dati e incognite

Dati	Incognite
Tempo di permanenza in aria del birillo 1: $\Delta t_1 = 2{,}0$ s	Massima altezza dei birilli: $h_{1,\text{max}} = ?$ $h_{2,\text{max}} = ?$
Intervallo prima del secondo lancio: $t_0 = 0{,}30$ s	Altezza a cui i due birilli si trovano affiancati: $h = ?$
Tempo di permanenza in aria del birillo 2: $\Delta t_2 = 2{,}8$ s	Velocità dei due birilli: $v_{1,\text{incontro}} = ?$ $v_{2,\text{incontro}} = ?$

Il ragionamento

Se trascuriamo lo spostamento orizzontale dei birilli, si tratta di un caso particolare di caduta libera, con velocità iniziale verso l'alto e istanti iniziali del moto diversi per ogni birillo. Sfruttiamo la simmetria del moto per ricavare quanto tempo i birilli impiegano a salire e scendere e per determinare a quale altezza i due birilli si trovano affiancati. Usiamo la legge velocità-tempo per calcolare le velocità.

La soluzione

- Fissiamo l'origine del sistema di riferimento nella mano che lancia i birilli e il verso positivo verso l'alto. Grazie alla simmetria del moto, l'intervallo di tempo in cui i birilli salgono e quello in cui scendono sono uguali.
  Il primo birillo raggiungerà la massima altezza in un tempo pari a $\Delta t_1/2$; mentre il secondo birilli raggiungerà la massima altezza in un tempo $\Delta t_2/2$.
  Calcoliamo le velocità con cui i birilli sono lanciati e da queste le altezze massime:

$$\begin{cases} v_{1,f} = v_{1,i} - g\left(\dfrac{\Delta t_1}{2}\right) & \rightarrow \quad v_{1,i} = g\left(\dfrac{\Delta t_1}{2}\right) = (9{,}81\ \text{m/s}^2)\left(\dfrac{2{,}0\ \text{s}}{2}\right) = 9{,}8\ \text{m/s} \\ h_{1,\text{max}} = h_0 + v_{1,i}\left(\dfrac{\Delta t_1}{2}\right) - \dfrac{1}{2}g\left(\dfrac{\Delta t_1}{2}\right)^2 & \rightarrow \quad h_{1,\text{max}} = 0 + (9{,}8\ \text{m/s})\left(\dfrac{2{,}0\ \text{s}}{2}\right) - \dfrac{1}{2}(9{,}81\ \text{m/s}^2)\left(\dfrac{2{,}0\ \text{s}}{2}\right)^2 = 4{,}9\ \text{m} \end{cases}$$

$$\begin{cases} v_{2,f} = v_{2,i} - g\left(\dfrac{\Delta t_2}{2}\right) & \rightarrow \quad v_{2,i} = g\left(\dfrac{\Delta t_2}{2}\right) = (9{,}81\ \text{m/s}^2)\left(\dfrac{2{,}8\ \text{s}}{2}\right) = 13{,}72\ \text{m/s} \approx 14\ \text{m/s} \\ h_{2,\text{max}} = h_0 + v_{2,i}\left(\dfrac{\Delta t_2}{2}\right) - \dfrac{1}{2}g\left(\dfrac{\Delta t_2}{2}\right)^2 & \rightarrow \quad h_{2,\text{max}} = 0 + (14\ \text{m/s})\left(\dfrac{2{,}8\ \text{s}}{2}\right) - \dfrac{1}{2}(9{,}81\ \text{m/s}^2)\left(\dfrac{2{,}8\ \text{s}}{2}\right)^2 = 10\ \text{m} \end{cases}$$

- Uguagliamo le leggi orarie dei due birilli per calcolare l'istante di tempo t in cui sono affiancati:

$$h_1(t) = h_2(t) \quad \rightarrow \quad v_{1,i}t - \frac{1}{2}gt^2 = v_{2,i}(t - t_0) + \frac{1}{2}g(t - t_0)^2 \quad \rightarrow \quad t = 0{,}65\ \text{s}$$

  Dalla legge oraria otteniamo quindi l'altezza h:

$$h = h_0 + v_{1,i}t - \frac{1}{2}gt^2 = 0 + (9{,}8\ \text{m/s}^2)(0{,}65\ \text{s}) - \frac{1}{2}(9{,}81\ \text{m/s})(0{,}65\ \text{s})^2 = 4{,}3\ \text{m}$$

- Usiamo la legge velocità-tempo e calcoliamo le velocità dei due birilli al momento dell'incontro:

$$v_{1,\text{incontro}} = v_{1,i} - gt = 9{,}8\ \text{m/s}^2 - (9{,}81\ \text{m/s}^2)(0{,}65\ \text{s}) = 3{,}4\ \text{m/s}$$

$$v_{2,\text{incontro}} = v_{2,i} - g(t - t_0) = 14\ \text{m/s} - (9{,}81\ \text{m/s}^2)(0{,}65\ \text{s} - 0{,}30\ \text{s}) = 10{,}6\ \text{m/s}$$

75 A dynamite blast at a quarry launches a chunk of rock straight upward, and 2,0 s later it is rising at a speed of 15 m/s. Assuming air resistance has no effect on the rock, calculate its speed:
- at launch;
- 5,0 s after launch.

[35 m/s; −14 m/s]

76 **UN DATO IN PIÙ**
Una palla è lanciata in alto verticalmente da una altezza di 1,5 metri da terra. Resta in aria per 8,0 s e poi ritorna al punto di partenza.
- Qual è la velocità iniziale della palla?

[39 m/s]

77 Lanci verso l'alto una palla che si trova a terra con una velocità iniziale pari a 12,5 m/s. Calcola:
- la velocità della palla dopo 1,0 s e l'altezza raggiunta;
- la velocità della palla dopo 2,0 s e l'altezza raggiunta.

[2,7 m/s; 7,6 m; −7,1 m/s; 5,4 m]

78 Lanci verso l'alto una palla che si trova a terra con una velocità iniziale pari a 45 km/h.
- Dopo quanti secondi la palla toccherà terra?
- Calcola la distanza totale percorsa dalla palla nel suo moto fino all'istante in cui ritocca terra.

[2,5 s; 16 m]

79 **OCCHIO ALL'INCERTEZZA**
Mario vuole stimare il valore dell'accelerazione di gravità. Lascia cadere da fermo un sasso da un'altezza di 25,3 m. L'incertezza sull'altezza è 0,5 m. Rileva poi con un cronometro il tempo di caduta: il risultato delle misura è 2,3 s con un'incertezza di 0,1 s.
- Calcola la migliore stima di g effettuata da Mario utilizzando i dati e l'incertezza assoluta associata a questo valore.
- La stima di Mario è in accordo con il valore teorico di g?

[$(9{,}6 \pm 1{,}1)$ m/s^2]

80 **OCCHIO ALL'INCERTEZZA**
Si vuole misurare a che altezza arriva un sasso lanciato verso l'alto in un certo intervallo di tempo. La velocità iniziale è $v_0 = (8{,}0 \pm 0{,}3)$ m/s e la durata dell'intervallo di tempo è $t = (1{,}0 \pm 0{,}1)$ s.
- Calcola a che altezza arriva il sasso e l'incertezza assoluta associata. Assumi che l'accelerazione di gravità sia conosciuta senza incertezze.

[$(3{,}3 \pm 0{,}2)$ m]

81 Una palla è lanciata verso l'alto. A una quota di 4,0 m rispetto al punto di lancio, la velocità della palla è la metà della sua velocità iniziale.
- Calcola l'altezza massima rispetto al punto di lancio raggiunta dalla palla.

[5,3 m]

82 La Quebrada è un alto strapiombo vicino ad Acapulco, in Messico, noto per i tuffi in mare ad alta spettacolarità (e pericolosità) che vi hanno luogo. In uno di questi tuffi un tuffatore si lascia cadere da un'altezza di 35 metri dal pelo dell'acqua.
- Calcola il tempo impiegato dal tuffatore nella sua caduta.
- Calcola la velocità istantanea del tuffatore al momento dell'impatto con l'acqua.

[2,7 s; 26 m/s]

83 Consideriamo la situazione descritta nell'esercizio precedente.
- Calcola i tempi impiegati dal tuffatore per percorrere la prima e la seconda metà della distanza tra il punto di partenza e la superficie dell'acqua.
- Calcola il rapporto tra il tempo relativo alla seconda parte del percorso e il tempo complessivo di caduta.
- Calcola il rapporto tra l'intervallo di tempo relativo alla seconda parte del percorso e la prima parte.

[1,9 s; 0,78 s; 0,29; 0,41]

84 Sei su un ponte che si trova 15,0 m sopra un fiume e lasci cadere una pietra. Quando ha percorso una distanza di 3,20 m, lanci una seconda pietra.
- Che velocità deve avere la seconda pietra perché entrambe entrino in acqua nello stesso istante di tempo?

[11,4 m/s]

85 The greatest height reported for a jump into an airbag is 99,4 m by stuntman Dan Koko. In 1948 he jumped from rest from the top of the Vegas World Hotel and Casino. He struck the airbag at a speed of 39 m/s. To assess the effects of air resistance,
- determine how fast he would have been traveling on impact had air resistance been absent.

[44 m/s]

86 Due fucili identici sparano nello stesso istante un proiettile dal bordo di un precipizio con una velocità iniziale di 30,0 m/s. Il fucile A è puntato verso l'alto, mentre il fucile B è puntato verso il basso. Trascura la resistenza dell'aria.
- Calcola quanto tempo passa tra gli arrivi a terra dei due proiettili.

[6,1 s]

87 Un sasso è lanciato verso il basso con una fionda dal bordo di una scogliera alta 15 m. Il sasso arriva in acqua con una velocità di 27 m/s.
- A quale altezza sopra il bordo della scogliera sarebbe arrivato il sasso se fosse stato lanciato verso l'alto?

[22 m]

88 ★★★ Una sfera da demolizione pende ferma da una gru quando improvvisamente il cavo a cui è appesa si rompe. Per arrivare a metà della distanza tra il punto di partenza e il suolo la sfera impiega 1,2 s.

▶ Quanto tempo impiega per arrivare al suolo?

[1,7 s]

89 ★★★ In un circo, un cannone spara una grossa palla in direzione verticale verso l'alto. L'intervallo di tempo di salita e di discesa dell'oggetto è 3,3 s.

▶ Calcola la velocità istantanea iniziale con cui viene lanciato l'oggetto.

▶ Calcola la distanza totale (rettificata) percorsa dall'oggetto in 2,0 s.

[16 m/s; 14 m]

90 ★★★ Un pallone viene lasciato cadere da una torre alta 40,5 m. Un secondo pallone viene lanciato da terra verso l'alto nello stesso istante di tempo. I due palloni si incontrano a metà altezza.

▶ Calcola il modulo della velocità iniziale istantanea con cui viene lanciato il secondo pallone.

▶ Calcola il modulo delle velocità istantanee del primo e del secondo pallone nell'istante in cui si incontrano.

[20 m/s; 20 m/s; 0 m/s]

8 DAL GRAFICO SPAZIO-TEMPO AL GRAFICO VELOCITÀ-TEMPO

91 ★★★ **LEGGI IL GRAFICO**

La figura rappresenta il grafico spazio- tempo della passeggiata di un cane.

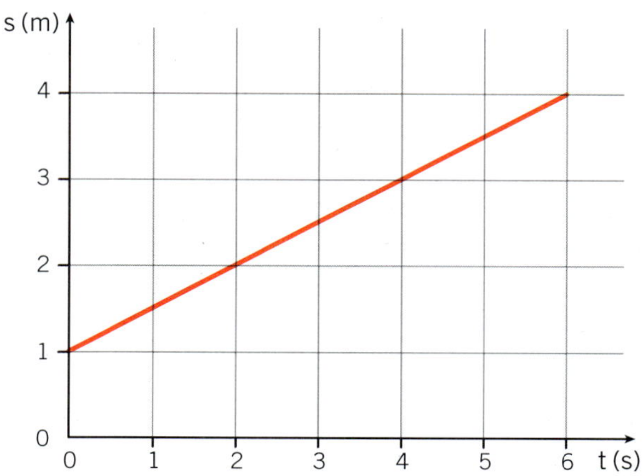

▶ Disegna il grafico velocità-tempo.

92 ★★★ **LEGGI IL GRAFICO**

La figura rappresenta il grafico spazio-tempo di un'auto costretta a ridurre bruscamente la sua velocità durante il moto.

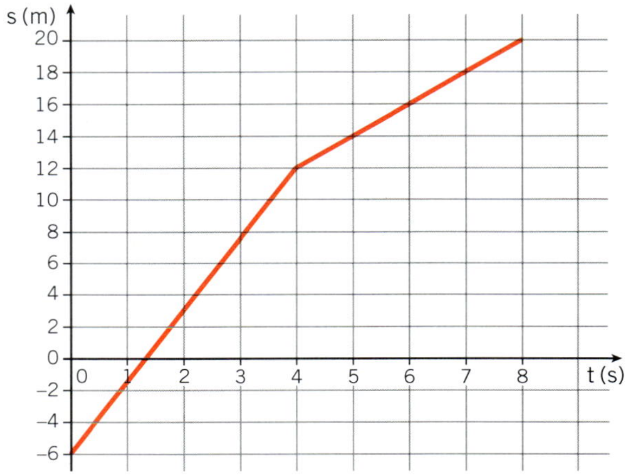

▶ Disegna il grafico velocità-tempo.

93 ★★★ **LEGGI IL GRAFICO**

La figura rappresenta il grafico spazio-tempo del moto di un bambino che si avvicina alla mamma:

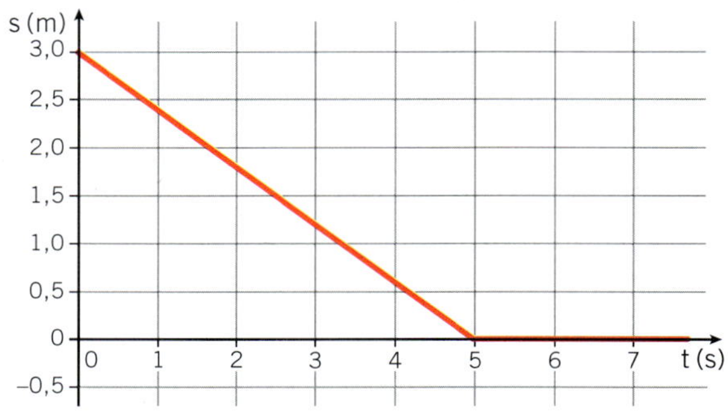

▶ Disegna il grafico velocità-tempo.

94 ★★★ **LEGGI IL GRAFICO**

Il grafico spazio-tempo nella figura mostra la partenza con accelerazione costante di una moto all'inizio di una gara.

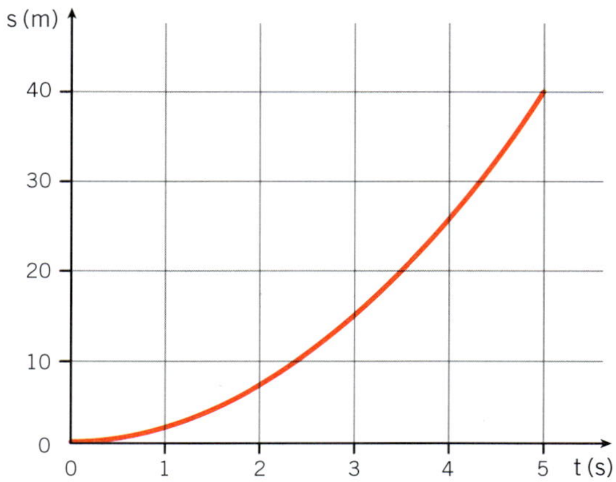

▶ Disegna il grafico velocità-tempo della partenza della moto.

95 ★★★ **LEGGI IL GRAFICO**

La figura rappresenta il grafico spazio-tempo di un oggetto lasciato cadere da un'altezza di 15,9 metri. Il punto *A* del grafico corrisponde all'inizio della caduta. L'ordinata del punto *B* è 0.

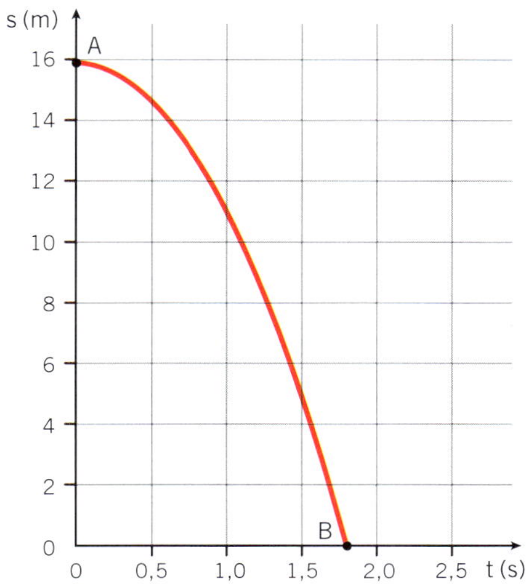

- Determina il tempo di caduta.
- Disegna il grafico velocità-tempo.

[1,8 s]

96 ★★★ **LEGGI IL GRAFICO**

La figura rappresenta il grafico spazio-tempo di un oggetto che viene lanciato in aria da un'altezza di 1,2 metri dal suolo con velocità di 10,4 m/s e successivamente cade per terra.

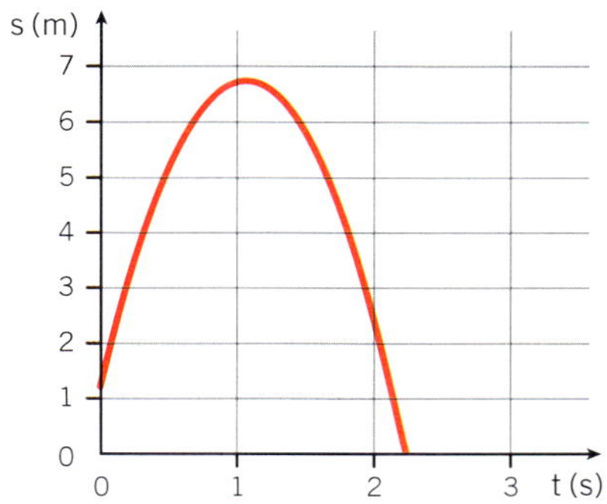

- Disegna il grafico velocità-tempo.

PROBLEMI FINALI

97 ★★★ Un'auto percorre un rettilineo con velocità costante pari a 108 km/h. A un certo istante frena per un intervallo di 10,0 s dimezzando la sua velocità; poi prosegue a velocità costante per altri 10,0 s; infine accelera nuovamente per 15,0 s fino a raggiungere, nell'istante finale, una velocità di 98,5 km/h.

- Calcola le accelerazioni medie nei tre intervalli di tempo e confrontane il segno con quello delle velocità.
- Calcola l'accelerazione media dell'auto tra l'istante in cui inizia a frenare e l'istante finale.

[$-1{,}5$ m/s^2; 0 m/s^2; 0,83 m/s^2; $-0{,}074$ m/s^2]

98 ★★★ Due motociclisti stanno viaggiando verso est a velocità costanti ma diverse fra loro, quando decidono di accelerare per 4 s. Il motociclista A ha un'accelerazione media di 2,0 m/s^2 mentre il motociclista *B* ha un'accelerazione doppia. Alla fine hanno la stessa velocità.

- Quale era la *differenza* tra le velocità iniziali dei due motocilclisti e quale dei due aveva velocità maggiore?

[8,0 m/s^2; *A*]

99 ★★★ Monica lascia cadere dalla finestra una chiave ad Andrea che si trova sul marciapiede sottostante. La finestra è a 7,70 m da terra. Andrea ha 1,1 s di tempo per prendere la chiave all'altezza della testa.

- Qual è l'altezza di Andrea?

[1,77 m]

100 ★★★ Nel moto di caduta libera un oggetto acquista la velocità *v* dopo aver percorso una distanza *H*.

- Che distanza deve ancora percorrere per acquistare una velocità 2*v*? Esprimi il risultato in funzione di *H*.

[3 *H*]

101 ★★★ A La Quebrada, una località del Messico, un tuffatore salta da un'altezza di 35 m dandosi una spinta che gli fornisce una velocità verso l'alto di 2,5 m/s.

- Calcola il tempo complessivo di caduta del tuffatore.
- Calcola la velocità istantanea del tuffatore al momento dell'impatto con l'acqua.

[2,9 s; -26 m/s]

102 ★★★ Nei primi 3,0 s di una gara sui 100 m piani un atleta accelera, partendo da fermo, con accelerazione costante pari a 3,4 m/s^2; poi mantiene la velocità costante; infine rallenta, nei 25 m finali, con accelerazione pari a $-0{,}1$ m/s^2.

- Calcola la velocità finale dell'atleta.
- Calcola il tempo complessivo di gara dell'atleta.
- Calcola l'accelerazione media dell'atleta avuta in gara.

[10 m/s; 11 s; 0,91 m/s^2]

103 ★★★ Un'auto da corsa effettua un *pit stop* per rifornirsi di carburante. Dopo essersi rifornita, parte da ferma e lascia l'area del *pit stop* con un'accelerazione

ESERCIZI

di 6,0 m/s^2, impiegando 6,0 s per entrare nel circuito. Nello stesso istante di entrata nel circuito, una seconda auto la affianca a una velocità di 60 m/s e la supera. La prima auto mantiene la stessa accelerazione.

▶ Dopo quanto tempo la prima auto raggiunge la seconda?

[8,0 s]

104 ★★ In un rettilineo una moto parte da ferma, accelera uniformemente percorrendo 540 m; poi prosegue a velocità costante per 35 s; quindi decelera percorrendo altri 220 m prima di fermarsi. La distanza totale percorsa dalla moto è 1,2 km.

▶ Calcola entrambe le accelerazioni della moto.

▶ Calcola il tempo totale del percorso.

[0,15 m/s^2; −0,36 m/s^2; 154 s]

105 ★★ Un calciatore lancia verso l'alto un pallone da terra con una velocità iniziale 12 m/s e dopo 1,0 s un altro pallone con la stessa velocità iniziale.

▶ Calcola a quale altezza da terra i due palloni si incontrano.

[6,1 m]

106 ★★★ Due auto sono ferme in un rettilineo a distanza di 120 m sulle due corsie di una carreggiata. A un certo istante partono contemporaneamente una verso l'altra con accelerazioni costanti, una doppia dell'altra.

▶ Calcola le distanze percorse dalle due auto nell'istante in cui una passa accanto all'altra.

▶ Calcola il rapporto tra la velocità maggiore e la velocità minore delle due auto in quell'istante.

[80 m; 40 m; 2]

107 ★★★ Un'auto percorre un rettilineo a velocità costante quando, a un certo istante, frena con accelerazione costante percorrendo 80 m e raggiungendo una velocità finale minore di quella iniziale, ma diversa da zero. La somma delle velocità iniziale e finale è 220 km/h, mentre la differenza tra la velocità iniziale e quella finale è 55 km/h.

▶ Calcola l'accelerazione subita dall'auto in m/s^2.

▶ Calcola la durata in secondi della frenata.

[−5,8 m/s^2; 2,6 s]

108 ★★★ Tre oggetti vengono lanciati verso l'alto da una stessa quota a intervalli regolari di 0,5 s. Il primo oggetto resta in aria per 1 s, il secondo per 2 s e il terzo per 3 s.

▶ Calcola a quale altezza rispetto alla quota di lancio si incontrano il primo e il secondo oggetto, il primo e il terzo oggetto e il secondo e il terzo oggetto.

[1,2 m; 0 m; 4,8 m]

109 ★★★ **LEGGI IL GRAFICO**

Nella figura è riportato il grafico accelerazione-tempo di un punto materiale in moto per 6 secondi, con partenza da fermo:

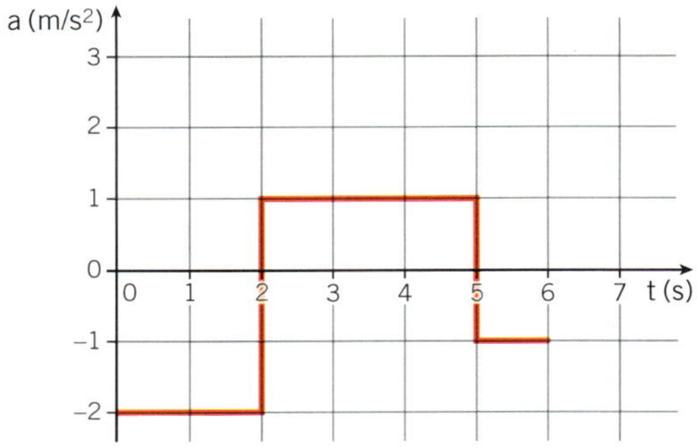

▶ Disegna il corrispondente grafico velocità-tempo.

▶ Calcola lo spostamento totale percorso dal punto materiale

[−13 m]

110 ★★★ Una locomotiva ha un'accelerazione costante pari a 1,6 m/s^2 e attraversa un incrocio lungo 20,0 m in un intervallo di tempo pari a 2,4 s.

▶ Dopo che la locomotiva lascia l'incrocio, quanto tempo è richiesto perché la sua velocità raggiunga i 32 m/s?

[14 s]

© photosis/Shutterstock

111 ★★★ Un'auto parte da ferma e raggiunge la velocità v dopo t secondi. Dopo altri t secondi raggiunge la velocità istantanea nv, dove n è un numero naturale maggiore di 1.

▶ Calcola l'accelerazione media dell'auto nei primi t secondi.

▶ Calcola l'accelerazione media dell'auto nei successivi t secondi.

▶ Calcola l'accelerazione media dell'auto nell'intervallo di tempo totale.

▶ L'accelerazione media è uguale alla media delle accelerazioni parziali? È una proprietà valida in generale oppure solo in alcuni casi?

TEST

1 Una ciclista accelera uniformemente a partire da una velocità iniziale di 3,0 m/s fino a raggiungere in 4,0 secondi una velocità finale di 5,0 m/s. Successivamente mantiene questa velocità per altri 6,0 secondi. Quale distanza è stata percorsa dalla ciclista durante i 10 secondi?
- A 31 m
- B 46 m
- C 34 m
- D 62 m
- E 38 m

Test di ammissione a Architettura, 2014

2 Un'automobile viaggia a 90 km/h: frenando bruscamente, il conducente riesce a fermarla in 62,5 m. La decelerazione dell'automobile è stata:
- A 1,4 m/s^2
- B 2,9 m/s^2
- C 5,0 m/s^2
- D 11 m/s^2

3 Si consideri un'automobile, in cui la velocità è indicata in chilometri all'ora (km/h). Durante un moto uniformemente accelerato l'auto passa da 100 km/h a 120 km/h in 36 secondi. La sua accelerazione vale:
- A 20 m/s^2
- B circa 3,7 km/h^2
- C 2000 km/h^2
- D circa 3700 m/s^2
- E 10^5/3600 m/s^2

Test di ammissione a Odontoiatria, 2002

4 Sulla superficie di un pianeta privo d'aria, un astronauta lancia un sasso verso l'alto con velocità 20 m/s. Dopo 1 s il sasso sta ancora salendo a 15 m/s. Qual è l'accelerazione di gravità del pianeta?
- A 5,0 m/s^2
- B 9,8 m/s^2
- C 12 m/s^2
- D 15 m/s^2

5 Un tennista lancia una palla verso l'alto. La palla torna alla posizione iniziale dopo 3,5 s. La velocità con cui è stata lanciata la palla è:
- A 8,5 m/s
- B 14 m/s
- C 17 m/s
- D 4 m/s

6 Una palla viene lanciata dalla superficie della Terra verso l'alto con una velocità di 50 ms^{-1} e raggiunge la massima altezza dopo un certo intervallo di tempo. La stessa palla, lanciata dalla superficie del pianeta X nello stesso modo e con la stessa velocità, trascorso lo stesso tempo, si muove ancora verso l'alto alla velocità di 31 ms^{-1}. Qual è il rapporto tra l'accelerazione di gravità sul pianeta X e quella sulla Terra?
- A 0,16
- B 0,38
- C 0,53
- D 1,59
- E 2,63

Olimpiadi della fisica, 2013

7 Il grafico in figura rappresenta, in funzione del tempo, la posizione di un oggetto che si muove lungo l'asse *x*.

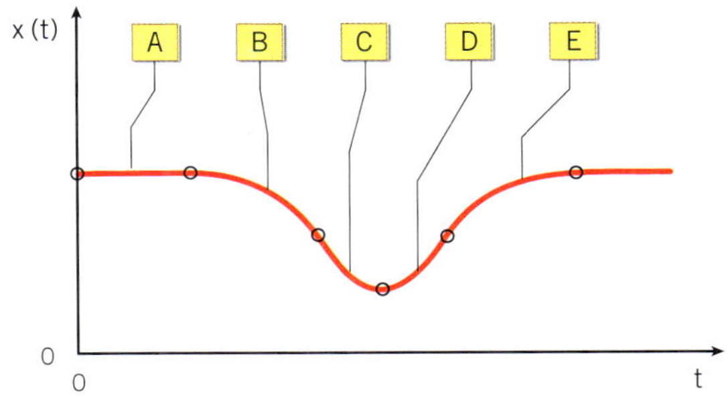

In quale tratto, tra quelli indicati con *A*, *B*, *C*, *D*, *E*, la velocità del corpo è positiva mentre la sua accelerazione è negativa?

Olimpiadi 2011

8 Un ascensore sta scendendo a 1,2 m/s. Quando è giunto in prossimità del piano terra, vengono azionati i freni e l'ascensore rallenta di 1,5 m/s ogni secondo fino a fermarsi. A che altezza da terra vengono azionati i freni?
- A 0,48 m
- B 0,96 m
- C 1,2 m
- D 1,5 m
- E 2,4 m

Olimpiadi della fisica, 2010

9 Due automobili viaggiano lungo l'autostrada in piano. Si osserva che la distanza fra loro aumenta. Quale fra queste affermazioni è necessariamente vera?
- A La macchina più avanti deve avere accelerazione maggiore.
- B Almeno una delle macchine deve avere accelerazione non nulla.
- C La velocità di entrambe le macchine deve aumentare.
- D Le due macchine devono avere velocità diverse.
- E La macchina più indietro deve avere accelerazione più piccola.

Test di ammissione ad Architettura, 2002

ESERCIZI

SEI PRONTO PER LA VERIFICA?

IN UN'ORA

10/100 **Problema 1**

In un certo istante, un'auto e un camion viaggiano affiancati in autostrada. L'auto ha una velocità maggiore rispetto al camion. L'accelerazione dell'auto è necessariamente maggiore di quella del camion? Spiega.

10/100 **Problema 2**

Due oggetti vengono lanciati verso l'alto: prima uno e, poco dopo, l'altro. È possibile o è impossibile che entrambi gli oggetti raggiungano la stessa altezza massima nello stesso istante di tempo? Spiega.

10/100 **Problema 3**

In una gara di 50 m piani, un velocista accelera da fermo con un'accelerazione di 3,80 m/s^2. Dopo aver raggiunto la velocità massima continua a correre per il resto della gara senza variare la sua velocità. Il tempo totale impiegato è 7,88 s.

▶ Calcola la distanza percorsa durante la fase di accelerazione. [6,85 m]

10/100 **Problema 4**

Un aereo, inizialmente fermo, riceve l'autorizzazione al decollo. Dopo 5 s comincia ad accelerare lungo la pista e dopo altri 29 s ha raggiunto una velocità di 260 km/h.

▶ Qual è l'accelerazione media dell'aereo? [2,5 m/s^2]

Problema 5

Il 14 Ottobre 2012, il paracadutista austriaco Felix Baumgartner ha conseguito il record di velocità in caduta, saltando nel vuoto da una quota di 39 km fino a raggiungere la velocità massima v_{max} = 378 m/s prima di rallentare e atterrare, 4 minuti e 20 secondi dopo il salto, sul terreno.
Il grafico riporta la velocità durante i primi 100 secondi della caduta; di alcuni istanti sono riportate le velocità.

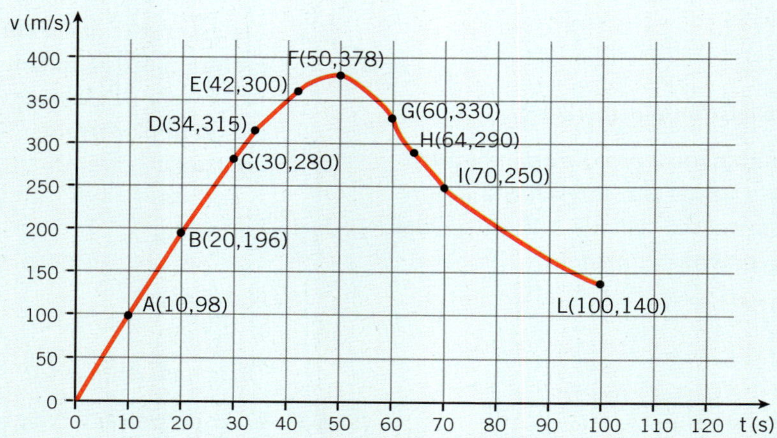

14/100 **A** Quanto dura la fase di caduta libera senza effetto apprezzabile dell'attrito dell'aria? [20 s]

14/100 **B** Per la velocità degli aerei a reazione e, in generale, per il moto in aria a velocità elevate, si usa un numero particolare, il numero di Mach (Ma), che è a tutti gli effetti un'unità di misura. Quando un oggetto si muove alla velocità del suono si dice che l'oggetto ha velocità Mach 1. Nel caso della caduta di Baumgartner, la velocità del suono, che dipende da vari fattori, come per esempio temperatura e pressione dell'aria, era v_{suono} = 303 m/s. Esprimi, fino alla seconda cifra decimale, la velocità massima raggiunta da Baumgartner in Mach. [1,25 Ma]

19/100 **C** Usa l'origine degli assi e i punti *B*, *F*, *I* e *L* per stimare la distanza dal suolo di Baumgartner dopo 100 secondi dal salto. Il valore che hai determinato è un'approssimazione per difetto o per eccesso del valore esatto?

13/100 **D** Calcola l'accelerazione media di Baumgartner da 100 secondi dopo il lancio a quando atterra. [−0,88 m/s^2]

.../100

CAPITOLO 8 IL MOTO IN DUE DIMENSIONI

“La Stazione Spaziale Internazionale (ISS) è in orbita intorno alla Terra a una distanza media di circa 380 km dal suolo. Per compiere un giro intorno al pianeta, la ISS impiega circa 1,5 ore.”

▶ **Qual è l'accelerazione centripeta della Stazione Spaziale Internazionale?** ▶ Risposta a pag. 274

1 SPOSTAMENTO, VELOCITÀ E ACCELERAZIONE NEL PIANO

Nei due capitoli precedenti abbiamo visto come descrivere il moto degli oggetti che si muovono in una dimensione. Ci sono però situazioni in cui il moto avviene lungo una traiettoria curva che sta su un piano. La **figura 1** mostra, per esempio, la traiettoria seguita dal calciatore inglese Wayne Rooney durante il secondo tempo di una partita della sua nazionale.

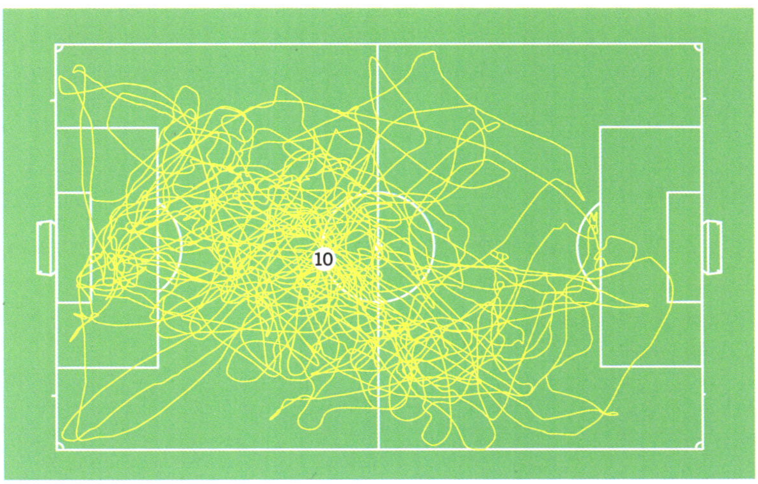

Figura 1
La traiettoria di un calciatore in una partita è un esempio di moto in due dimensioni.

Per costruire una mappa di questo tipo si impiega un software molto sofisticato che fornisce la posizione istantanea di un giocatore nel campo e segue i suoi movimenti nel corso della partita. Visto che si tratta di un moto in due dimensioni, si utilizza un sistema di riferimento formato da (**figura 2**):

- due assi orientati x e y perpendicolari fra loro che si intersecano in un punto comune, detto origine O;
- un cronometro per misurare il tempo.

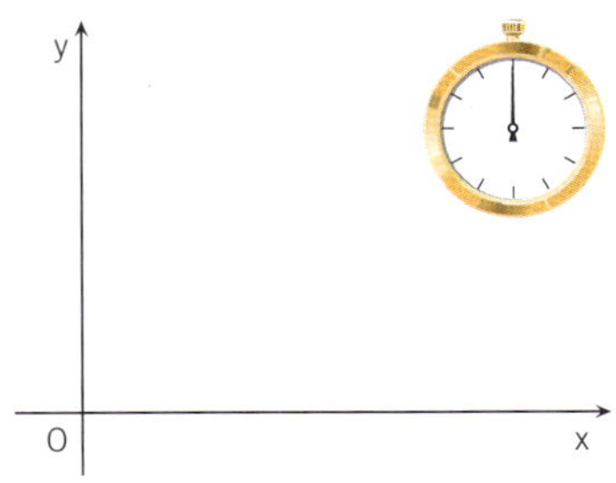

Figura 2
Un moto bidimensionale può essere descritto utilizzando un sistema di riferimento cartesiano *Oxy* per descrivere la traiettoria e un orologio per la misura del tempo.

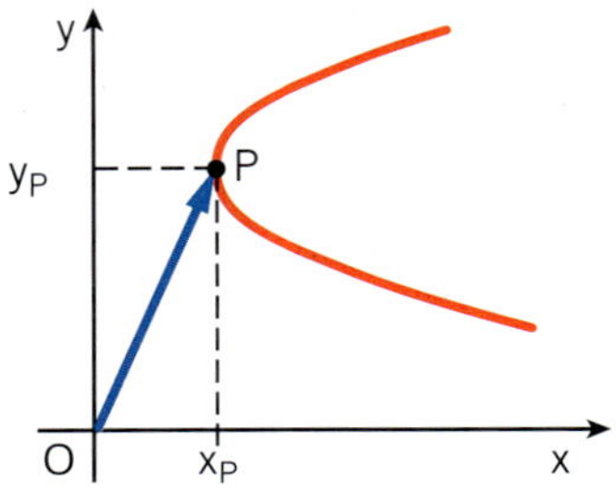

Figura 3
La posizione di un oggetto rispetto a un sistema di riferimento *xy* è data dalle coordinate cartesiane del punto del piano in cui si trova l'oggetto oppure dal vettore posizione.

Rispetto a un sistema di riferimento di questo tipo, la posizione P di un oggetto in un dato istante è data dalle coordinate (x_P, y_P) del punto P o dal **vettore posizione** di P, che ha l'origine nel punto *O* del sistema di riferimento e la punta in P (**figura 3**).

Il vettore spostamento

Durante la discesa lungo un torrente, un canoista percorre una curva, come mostrato nella **figura 4**. Nella figura sono indicate due diverse posizioni del canoista, individuate dai vettori posizione $\vec{s}$ e $\vec{s}_0$ tracciati a partire dall'origine del sistema di riferimento scelto.

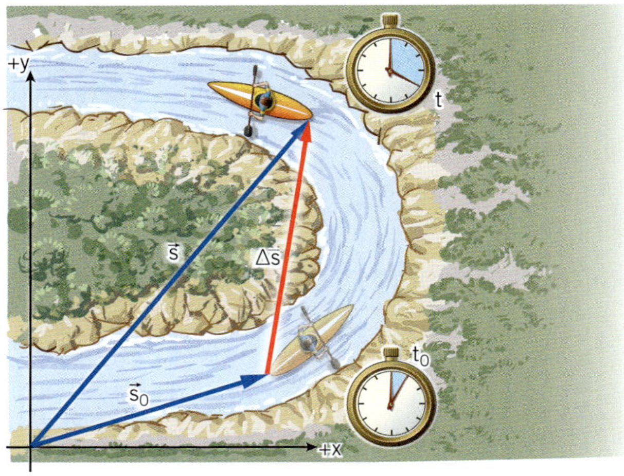

Figura 4
Nell'istante t_0 il canoista si trova nella posizione $\vec{s}_0$; nell'istante *t* nella posizione $\vec{s}$. Il vettore spostamento $\Delta\vec{s}$ è dato dalla differenza $\vec{s} - \vec{s}_0$.

Lo **spostamento** $\Delta\vec{s}$ del canoista è il vettore che va dalla posizione iniziale $\vec{s}_0$ nell'istante t_0 alla posizione finale $\vec{s}$ nell'istante *t*. Il modulo di $\Delta\vec{s}$ è uguale alla distanza tra la posizione iniziale e la posizione finale. La **figura 4** mette in evidenza il fatto che $\vec{s}$ è il vettore somma di $\vec{s}_0$ e $\Delta\vec{s}$, cioè che $\vec{s} = \vec{s}_0 + \Delta\vec{s}$. Perciò si ha:

displacement

$$\text{spostamento} = \Delta\vec{s} = \vec{s} - \vec{s}_0$$

In una dimensione, la direzione dello spostamento è quella della retta lungo la quale avviene il moto. In due dimensioni, invece, lo spostamento può avere una direzione qualunque nel piano.

Il vettore velocità

La velocità media $\bar{\vec{v}}$ del canoista tra la posizione iniziale $\vec{s}_0$ e la posizione finale $\vec{s}$ è definita in maniera analoga alla velocità media nel moto rettilineo, cioè come rapporto tra lo spostamento $\Delta\vec{s} = \vec{s} - \vec{s}_0$ e l'intervallo $\Delta t = t - t_0$ in cui è stato compiuto:

$$\bar{\vec{v}} = \frac{\vec{s} - \vec{s}_0}{t - t_0} = \frac{\Delta\vec{s}}{\Delta t} \qquad [1]$$

Il vettore velocità media ha dunque la stessa direzione e lo stesso verso del vettore spostamento. La velocità del canoista in un certo istante di tempo è la sua velocità istantanea $\vec{v}$. La velocità media diventa uguale alla velocità istantanea $\vec{v}$ quando l'intervallo di tempo Δt diventa infinitamente piccolo:

$$\bar{\vec{v}} = \vec{v} = \frac{\Delta\vec{s}}{\Delta t} \text{ quando } \Delta t \text{ è infinitamente piccolo}$$

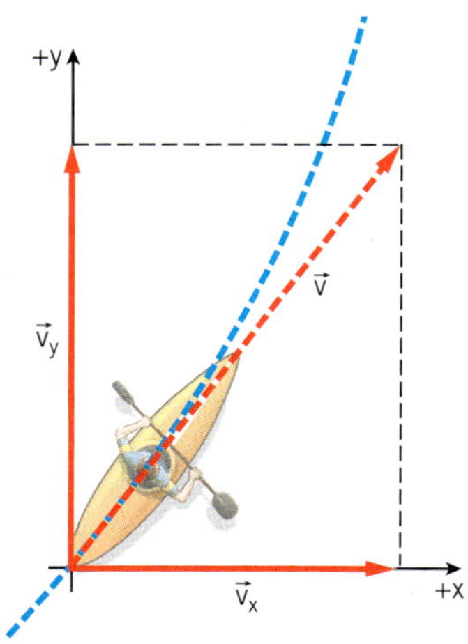

Figura 5
La velocità istantanea $\vec{v}$ e i suoi vettori componenti $\vec{v}_x$ e $\vec{v}_y$ sugli assi *x* e *y*.

La **figura 5** mostra che il vettore velocità istantanea è tangente alla traiettoria del canoista.

Il vettore accelerazione

Anche nel moto in due dimensioni, l'accelerazione media $\overline{\vec{a}}$ è definita come rapporto tra la variazione di velocità $\Delta\vec{v} = \vec{v} - \vec{v}_0$ e l'intervallo di tempo $\Delta t = t - t_0$ in cui è avvenuta:

$$\overline{\vec{a}} = \frac{\vec{v} - \vec{v}_0}{t - t_0} = \frac{\Delta\vec{v}}{\Delta t} \qquad [2]$$

Il vettore accelerazione media ha la stessa direzione e lo stesso verso della variazione di velocità $\Delta\vec{v}$. Come mostra la **figura 6**, nel moto di un oggetto che percorre una curva, il vettore accelerazione è sempre rivolto verso l'interno della curva.

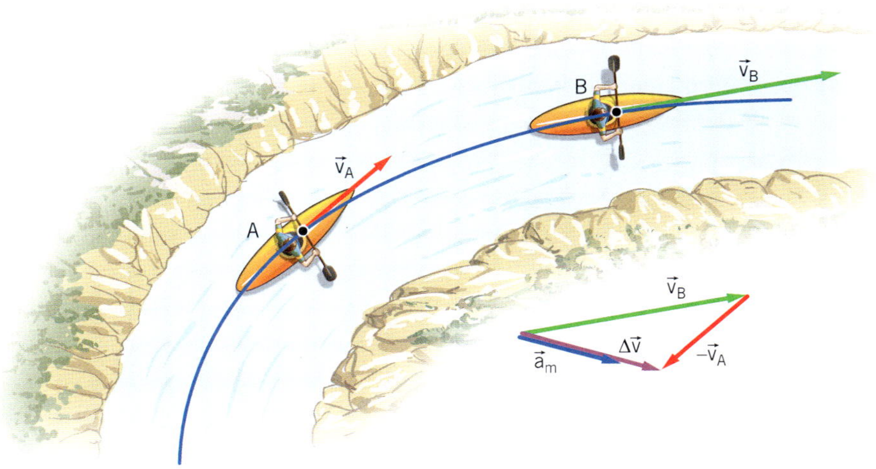

Figura 6
L'accelerazione media $\vec{a}_m$ ha la stessa direzione e lo stesso verso del vettore variazione di velocità $\Delta\vec{v}$.

Visto che il vettore accelerazione dipende dalla variazione del vettore velocità, i moti in due dimensioni sono caratterizzati da un'accelerazione ogni volta che il vettore velocità cambia in modulo, direzione o verso.

Quando l'intervallo Δt in cui viene misurata la variazione di velocità diventa infinitamente piccolo, l'accelerazione media diventa uguale all'accelerazione istantanea $\vec{a}$:

$$\overline{\vec{a}} = \vec{a} = \frac{\Delta\vec{v}}{\Delta t} \quad \text{quando } \Delta t \text{ è infinitamente piccolo}$$

2 LA COMPOSIZIONE DEI MOTI

Consideriamo un'astronave con due motori montati uno in direzione perpendicolare all'altro. Supponiamo che le uniche accelerazioni che l'astronave subisce siano quelle fornite dai motori. Scegliamo inoltre la posizione dell'astronave nell'istante iniziale $t_0 = 0$ s come origine del sistema di riferimento in cui descriviamo il moto. Supponiamo che la velocità iniziale lungo y sia nulla: $v_{0y} = 0$ m/s.

Se si accende solo il motore x (**figura 7**), l'astronave accelera nella direzione x. La velocità della nave lungo y non cambia, perché il motore y è spento.

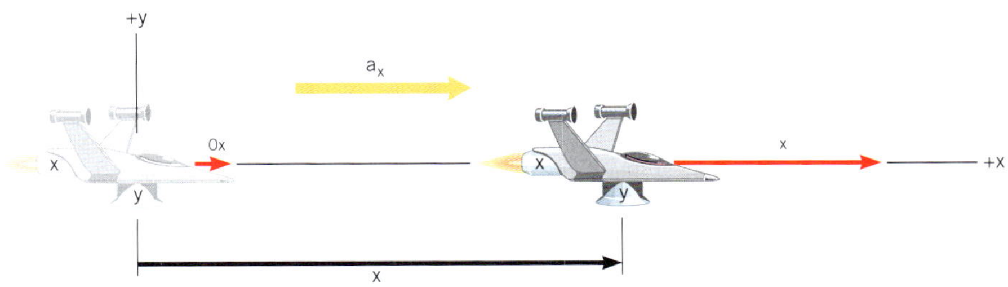

Figura 7
La nave spaziale si sta muovendo con accelerazione costante a_x parallela alla direzione dell'asse x. Il motore y è spento e non vi è alcun moto nella direzione dell'asse y.

Se l'accelerazione lungo x è costante, l'astronave si muove di moto uniformemente accelerato lungo x.

Indicando con s_x, v_{0x}, v_x e a_x rispettivamente le componenti lungo l'asse x dei vettori spostamento, velocità iniziale, velocità e accelerazione, il moto nella direzione x è descritto dalle seguenti equazioni:

$$s_x = v_{0x}t + \frac{1}{2}a_x t^2$$

$$v_x = v_{0x} + a_x t$$

Supponiamo adesso che la velocità iniziale dell'astronave lungo x sia nulla: $v_{0x} = 0$ m/s. La **figura 8** illustra la situazione in cui è acceso solo il motore y: in questo caso l'astronave accelera solo nella direzione y e la velocità lungo x non cambia.

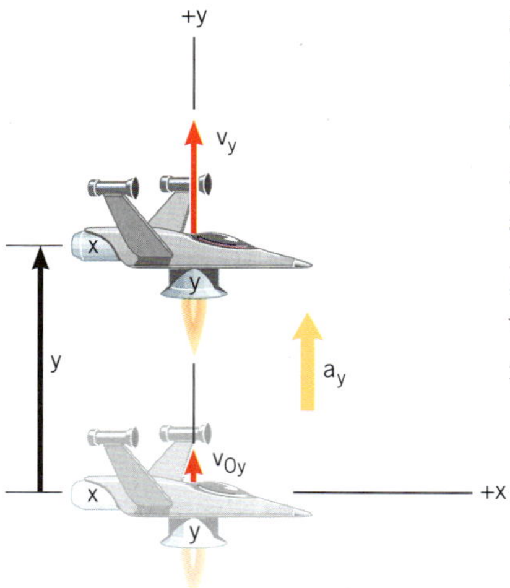

Figura 8
La nave spaziale si sta muovendo con accelerazione costante a_y parallela alla direzione dell'asse y. Il motore x è spento e non vi è alcun moto nella direzione dell'asse x.

Se l'accelerazione lungo y è costante, la nave si muove di moto uniformemente accelerato lungo y.

Indicando con y, v_{0y}, v_y e a_y rispettivamente le componenti lungo l'asse y dei vettori spostamento, velocità iniziale, velocità e accelerazione, il moto nella direzione y è descritto dalle seguenti equazioni:

$$s_y = v_{0y}t + \frac{1}{2}a_y t^2$$

$$v_y = v_{0y} + a_y t$$

Supponiamo ora che all'istante t_0 la velocità dell'astronave sia costante e le sue componenti siano v_{0x} e v_{0y}. Cosa succede se entrambi i motori sono accesi *contemporaneamente*? In questo caso il moto dell'astronave è dato dalla composizione del moto lungo l'asse x e del moto lungo l'asse y, come è illustrato nella **figura 9**. La spinta simultanea dei motori imprime all'astronave un'accelerazione sia lungo l'asse x che lungo l'asse y. È importante notare che i moti dell'astronave nelle direzioni x e y sono **indipendenti** l'uno dall'altro: il moto lungo x avviene come se il moto lungo y non fosse presente e, analogamente, il moto lungo y avviene come se il moto lungo x non fosse presente.

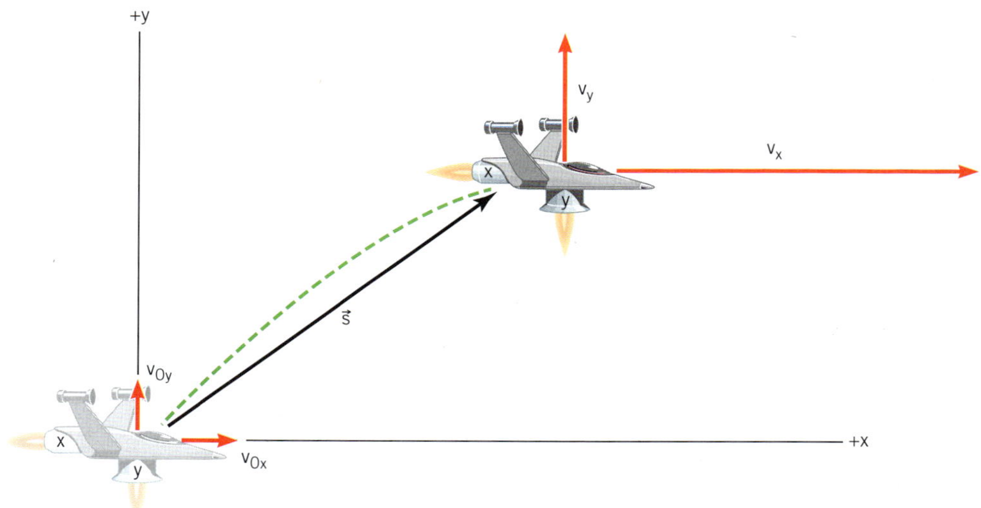

Figura 9
Il moto in due dimensioni della nave spaziale può essere descritto come composizione di due moti indipendenti nelle direzioni degli assi x e y.

In generale, vale il *principio di composizione dei moti*:

> nei moti in due dimensioni, lo **spostamento totale** è la somma vettoriale degli spostamenti che avvengono in ognuna delle due dimensioni.

Esempio 1 Lo spostamento di un'astronave

Le componenti nella direzione x della velocità iniziale e dell'accelerazione dell'astronave della figura 9 sono $v_{0x} = +22$ m/s e $a_x = +24$ m/s^2. I corrispondenti valori nella direzione y sono $v_{0y} = +14$ m/s e $a_y = +12$ m/s^2.

▶ Calcola il modulo dello spostamento totale dell'astronave nell'istante $t = 7{,}0$ s.

La soluzione

Lo spostamento totale $\vec{s}$ è la somma vettoriale degli spostamenti $\vec{s}_x$ e $\vec{s}_y$. I moti nelle direzioni x e y possono essere studiati separatamente: ciò permette di determinare s_x e s_y come fossero moti in una sola dimensione. Noti s_x e s_y, risulta:

$$s = \sqrt{s_x^2 + s_y^2}$$

Lo spostamento lungo la direzione x ha modulo:

$$s_x = v_{0x}t + \frac{1}{2}a_x t^2 = (22\ \text{m/s})(7{,}0\ \text{s}) + \frac{1}{2}(24\ \text{m/s}^2)(7{,}0\ \text{s})^2 = \boxed{+740\ \text{m}}$$

mentre lungo y vale:

$$s_y = v_{0y}t + \frac{1}{2}a_y t^2 = (14\ \text{m/s})(7{,}0\ \text{s}) + \frac{1}{2}(12\ \text{m/s}^2)(7{,}0\ \text{s})^2 = \boxed{+390\ \text{m}}$$

Quindi il modulo dello spostamento totale è

$$s = \sqrt{s_x^2 + s_y^2} = \sqrt{(740\ \text{m})^2 + (390\ \text{m})^2} = \boxed{+840\ \text{m}}$$

RICORDA

Il tempo e la composizione dei moti

Quando il moto avviene in due dimensioni, la variabile t ha lo stesso valore sia nella direzione dell'asse x sia in quella dell'asse y.

Composizione delle velocità

Dal principio di composizione dei moti discende la *legge di composizione delle velocità*.

Nei moti in due dimensioni, la velocità totale $\vec{v}$ è la somma vettoriale delle velocità $\vec{v}_1$ e $\vec{v}_2$ dei moti in ciascuna delle due dimensioni:

$$\vec{v} = \vec{v}_1 + \vec{v}_2$$

Esempio 2 Un motoscafo nella corrente

Un motoscafo attraversa un fiume largo 280 m. La sua velocità $\vec{v}_m$ rispetto all'acqua ha modulo 4,0 m/s ed è diretta in direzione perpendicolare alle rive. La velocità $\vec{v}_c$ della corrente ha modulo 1,2 m/s ed è parallela alle rive.

▶ Calcola la velocità $\vec{v}_t$ del motoscafo rispetto a un osservatore fermo su una riva.

▶ Calcola il tempo che impiega il motoscafo ad attraversare il fiume.

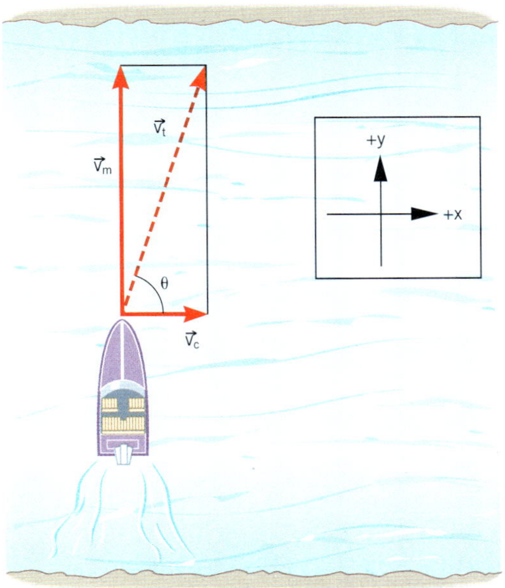

SEGUE ▶

La soluzione

Per la legge di composizione delle velocità $\vec{v}_t = \vec{v}_m + \vec{v}_c$. Noti v_m e v_c è possibile determinare il modulo e la direzione di $\vec{v}_t$.

La durata dell'attraversamento dipende dalla componente della velocità totale perpendicolare alle rive, quindi solo da $\vec{v}_m$.

I vettori $\vec{v}_m$ e $\vec{v}_c$ sono perpendicolari, quindi il modulo di $\vec{v}_t$ si calcola con il teorema di Pitagora:

$$v_t = \sqrt{v_m^2 + v_c^2} = \sqrt{(4{,}0\ \text{m/s})^2 + (1{,}2\ \text{m/s})^2} = \boxed{4{,}2\ \text{m/s}}$$

La durata dell'attraversamento è:

$$t = \frac{280\ \text{m}}{4{,}0\ \text{m/s}} = \boxed{70\ \text{s}}$$

projectile motion

3 MOTO DI UN PROIETTILE

Il principio di composizione dei moti consente di descrivere il moto di un oggetto, chiamato proiettile, che è lanciato con una certa velocità iniziale e poi si muove sotto l'effetto dell'accelerazione di gravità. Nel seguito, trascureremo sempre la resistenza dell'aria.

Proiettile lanciato in direzione orizzontale

Iniziamo lo studio del moto dei proiettili nel caso più semplice: quello di un oggetto lanciato in direzione orizzontale. In questo caso la componente verticale della velocità iniziale è nulla, cioè $v_{0y} = 0$ m/s.

Esempio 3 La caduta di un pacco

La **figura** mostra un aereo che vola in direzione orizzontale con una velocità costante di +115 m/s a un'altezza di 1050 m. Dall'aereo viene lasciato cadere un pacco che arriva al suolo seguendo una traiettoria curva.

▶ Quanto tempo impiega il pacco per arrivare al suolo?

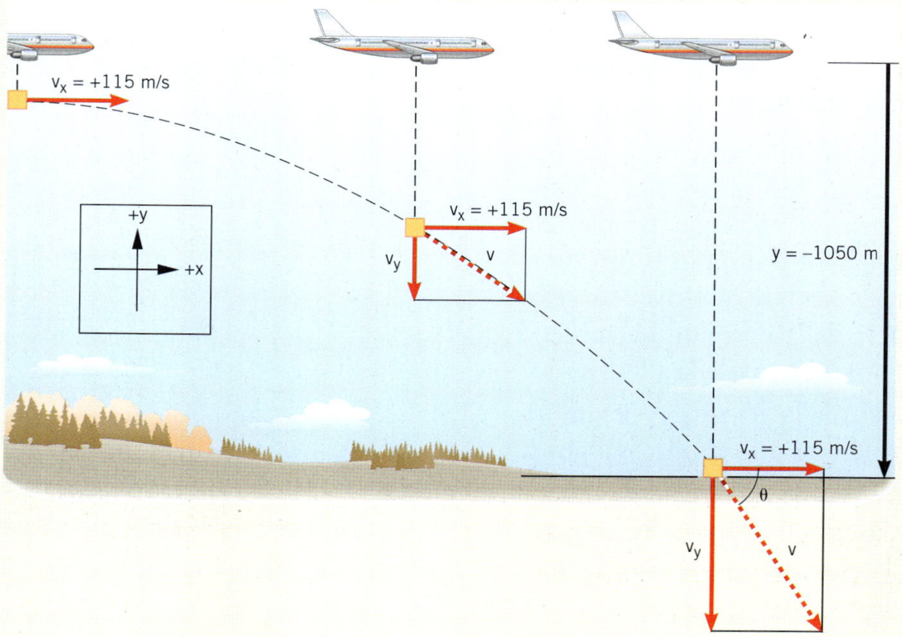

La soluzione

Scegliamo come direzioni positive degli assi x e y quella verso destra e quella verso l'alto.
Nell'istante in cui è lasciato cadere, il pacco viaggia in direzione orizzontale, con velocità di componenti $v_{0x} = +115$ m/s e $v_{0y} = 0$ m/s. Durante la caduta il pacco si muove sia in direzione orizzontale verso destra sia in direzione verticale verso il basso: questi due moti avvengono uno indipendentemente dall'altro e quindi possono essere studiati separatamente. In particolare, ci interessa studiare il moto in verticale, che è un moto di caduta libera con accelerazione di gravità $a_y = -9{,}81$ m/s^2. Il tempo di caduta del pacco è il tempo che passa dall'inizio della caduta al momento in cui il pacco arriva al suolo, quando la componente verticale del suo spostamento è $y = -1050$ m.
Utilizziamo l'equazione

$$y = v_{0y}t + \frac{1}{2}a_y t^2$$

in cui poniamo $y = -1050$ m, $v_{0y} = 0$ m/s e $a_y = -9{,}81$ m/s^2:

$$(-1050\ \text{m}) = \frac{1}{2}(-9{,}81\ \text{m/s}^2)\,t^2$$

da cui segue:

$$t = \sqrt{\frac{2(-1050\ \text{m})}{(-9{,}81\ \text{m/s}^2)}} = \boxed{14{,}6\ \text{s}}$$

Durante la caduta libera del pacco dell'esempio precedente, la componente verticale della velocità del pacco continua ad aumentare, mentre la componente orizzontale mantiene il suo valore iniziale $v_{0x} = 115$ m/s per tutta la durata del moto. Visto che anche l'aereo continua a volare in linea orizzontale con una velocità costante di +115 m/s, durante la caduta l'aereo si trova sempre sulla verticale che passa per il pacco: il pilota vede sempre il pacco direttamente sotto l'aereo.

La **figura 10** illustra cosa accade a due pacchi diversi lasciati cadere simultaneamente dalla stessa altezza. Il pacco A è lasciato cadere da un elicottero fermo e cade in direzione verticale perché $v_{0x} = 0$ m/s. Il pacco B inizia la caduta con una velocità iniziale in direzione orizzontale di modulo $v_{0x} = 115$ m/s e segue la traiettoria curva mostrata nella figura. I due pacchi arrivano però al suolo nello stesso istante; inoltre, in ogni istante della caduta la componente verticale della velocità dei due pacchi è la stessa. La velocità con cui il pacco B arriva al suolo è però maggiore della velocità con cui tocca terra il pacco A. Questa differenza è dovuta al fatto che la velocità è una grandezza vettoriale e il suo modulo dipende da entrambe le sue componenti: in questo caso la componente orizzontale è nulla per il pacco A ma non lo è per il pacco B.

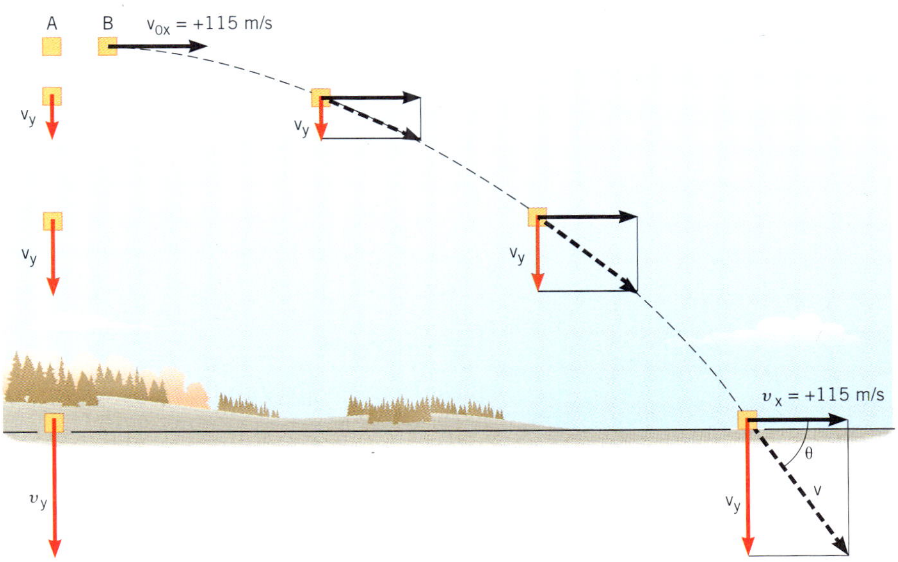

Figura 10
I pacchi A e B, lasciati cadere simultaneamente dalla stessa altezza, arrivano al suolo nello stesso istante perché le componenti nella direzione dell'asse y delle loro variabili cinematiche (y, a_y e v_{0y}) sono uguali.

RICORDA

Segno delle componenti scalari di vettori

Le variabili y, a_y, v_{0y} e v_y sono componenti scalari di vettori. Perciò i loro valori devono essere indicati con il segno (+ oppure −) per specificare il verso dei vettori.

RICORDA

Velocità di un proiettile

Il modulo della velocità di un proiettile in un punto qualunque della sua traiettoria è sempre $v = \sqrt{v_x^2 + v_y^2}$.
Perciò il suo valore dipende sia dalla componente orizzontale sia dalla componente verticale della velocità.

Esempio 4 La velocità del pacco

Consideriamo ancora il pacco lanciato dall'aereo descritto nell'esempio precedente, corrispondente alla condizione del pacco B di **figura 10**.

▶ Quanto vale il modulo della velocità con cui il pacco arriva al suolo?

La soluzione

Poiché il modulo della velocità finale del pacco B è $v = \sqrt{v_x^2 + v_y^2}$, per calcolarlo è necessario conoscere i valori delle componenti v_x e v_y nell'istante dell'arrivo al suolo. La componente v_x è costante e il suo valore è +115 m/s. Per calcolare v_y notiamo che il moto lungo y è un moto di caduta libera.
Inserendo nell'equazione $v_y = v_{0y} + a_y t$ i dati $a_y = -9{,}81\ \text{m/s}^2$, $v_{0y} = 0$ m/s e $t = 14{,}6$ s otteniamo:

$$v_y = v_{0y} + a_y t = 0\ \text{m/s} + (-9{,}81\ \text{m/s}^2)(14{,}6\ \text{s}) = -143\ \text{m/s}$$

Il modulo della velocità finale del pacco B è:

$$v = \sqrt{(+115\ \text{m/s})^2 + (-143\ \text{m/s})^2} = \boxed{+184\ \text{m/s}}$$

Proiettile lanciato in direzione obliqua

Capita spesso che gli oggetti, per esempio un sasso o un pallone da calcio, siano lanciati in direzione obliqua rispetto al suolo. Come mostrano gli esempi seguenti, conoscendo la velocità iniziale del proiettile si possono determinare le caratteristiche del suo moto.

Esempio 5 Altezza raggiunta da un pallone

La **figura** mostra una rimessa da fondocampo. Il modulo della velocità iniziale è $v_0 = 26{,}0$ m/s. La direzione del vettore $\vec{v}_0$ forma un angolo $\theta = 45{,}0°$ con l'asse x.

▶ Trascurando la resistenza dell'aria, calcola l'altezza massima H a cui arriva il pallone.

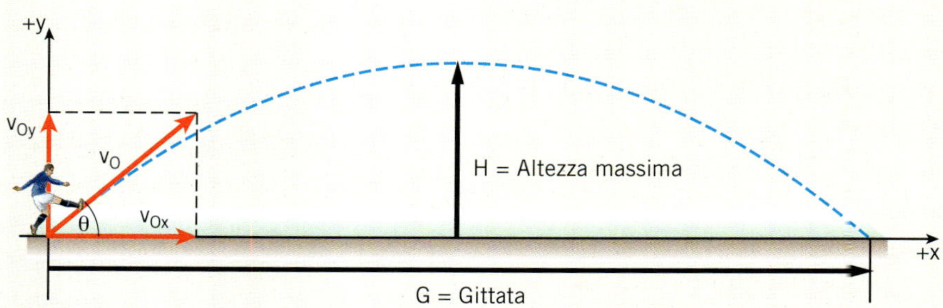

La soluzione

Il moto nella direzione verticale può essere studiato indipendentemente dal moto in direzione orizzontale. La componente verticale della velocità iniziale è:

$$v_{0y} = v_0\ \text{sen}\theta = (+26{,}0\ \text{m/s})(\text{sen}45{,}0°) = +18{,}4\ \text{m/s}$$

Mentre il pallone sale verso l'alto, la componente verticale v_y della sua velocità diminuisce fino a raggiungere il valore $v_y = 0$ m/s quando il pallone arriva all'altezza massima $y = H$.
Per calcolare H utilizziamo l'equazione

$$v_y^2 = v_{0y}^2 + 2a_y y$$

Inserendo nell'equazione precedente $y = H$, $v_y = 0$ m/s, $v_{0y} = +18{,}4$ m/s e $a_y = -9{,}81$ m/s^2 si ottiene:

$$(0 \text{ m/s})^2 = (18{,}4 \text{ m/s})^2 + 2(-9{,}80 \text{ m/s}^2)H$$

da cui segue:

$$H = \frac{-(18{,}4 \text{ m/s})^2}{2(-9{,}81 \text{ m/s}^2)} = \boxed{+17{,}3 \text{ m}}$$

L'altezza massima raggiunta dipende solo dalle caratteristiche del moto nella direzione dell'asse y. Il pallone arriva infatti alla stessa altezza anche se è calciato *verso l'alto* con una velocità iniziale $v_{0y} = +18{,}4$ m/s.

Come mostra l'esempio successivo, è possibile calcolare anche per quanto tempo il pallone resta in aria, cioè il **tempo di volo** del pallone.

time of flight

Esempio 6 Tempo di volo di un pallone

Consideriamo ancora il lancio del pallone descritto nell'esempio 5.

▶ Quanto tempo passa dall'istante in cui il pallone viene calciato all'istante in cui arriva al suolo?

La soluzione

Il tempo di volo dipende dal moto del pallone in direzione verticale. Poiché il pallone parte da terra e ricade a terra, il suo spostamento y in direzione verticale è nullo. La componente della velocità iniziale nella direzione y è quella che abbiamo già calcolato nell'esempio precedente, cioè $v_{0y} = +18{,}4$ m/s. Per calcolare t usiamo l'equazione

$$y = v_{0y}t + \frac{1}{2}a_y t^2$$

Sostituendo i valori numerici risulta:

$$0 \text{ m} = (18{,}4 \text{ m/s})t + \frac{1}{2}(-9{,}81 \text{ m/s}^2)t^2$$

da cui segue:

$$0 = [(18{,}4 \text{ m/s}) - (4{,}90 \text{ m/s}^2)t]t$$

Questa equazione ammette due soluzioni. La prima è $t = 0$ s e corrisponde all'istante in cui il pallone è stato calciato. La seconda si ottiene ponendo

$$(18{,}4 \text{ m/s}) - (4{,}90 \text{ m/s}^2)t = 0 \qquad \text{da cui} \qquad \boxed{t = 3{,}76 \text{ s}}$$

Il tempo di volo del pallone è quindi 3,76 s.

RICORDA

Altezza massima e velocità di un proiettile

Nell'istante in cui un proiettile raggiunge l'altezza massima solo la componente verticale della sua velocità istantanea è nulla ($v_y = 0$ m/s), mentre la componente orizzontale è quella iniziale.

Una caratteristica importante del moto di un proiettile è che la componente orizzontale dell'accelerazione del proiettile è sempre nulla.

Un'altra caratteristica importante del moto di un proiettile è la **gittata**, cioè la distanza tra il punto di lancio e quello di arrivo, nell'ipotesi che questi due punti si trovino *alla stessa altezza dal suolo*. L'esempio che segue mostra come si calcola la gittata.

Esempio 7 Gittata di una rimessa da fondocampo

Riprendiamo il lancio del pallone calciato dal fondocampo nell'esempio 5.

▶ Calcola la gittata della rimessa da fondocampo trascurando la resistenza dell'aria.

La soluzione

La gittata è una caratteristica del moto del pallone in direzione orizzontale. La componente orizzontale della velocità iniziale è:

$$v_{0x} = v_0 \cos\theta = (+26{,}0 \text{ m/s})(\cos 45{,}0°) = +18{,}4 \text{ m/s}$$

Ricordiamo che il tempo di volo è $t = 3{,}76$ s. Poiché l'accelerazione del pallone in direzione orizzontale è nulla, la velocità v_x resta costante e quindi la gittata G vale:

$$G = v_{0x}t = (+18{,}4 \text{ m/s})(3{,}76 \text{ s}) = \boxed{+69{,}2 \text{ m}}$$

L'equazione della traiettoria di un proiettile

Quando un proiettile è lanciato in direzione verticale, la sua traiettoria è rettilinea. In tutti gli altri casi, il proiettile percorre una particolare traiettoria curva: un arco di **parabola**. Per dimostrarlo, consideriamo un proiettile che è lanciato con velocità iniziale di componenti v_{0x} e v_{0y} dall'origine del sistema di riferimento rappresentato in **figura 11**.

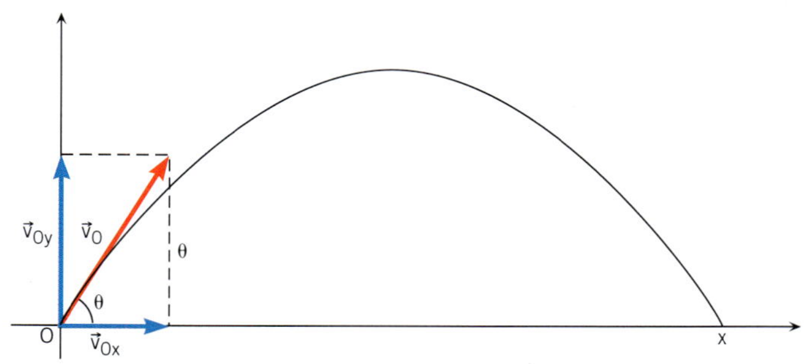

Figura 11
La traiettoria di un proiettile lanciato in direzione obliqua è una parabola.

Se indichiamo con x e y le coordinate del proiettile all'istante di tempo t, abbiamo:

$$x = v_{0x}t$$

$$y = v_{0y}t - \frac{1}{2}gt^2$$

Dalla prima equazione esplicitiamo t:

$$t = \frac{x}{v_{0x}}$$

e sostituiamo il valore ottenuto nella seconda equazione:

$$y = v_{0y}\frac{x}{v_{0x}} - \frac{1}{2}g\left(\frac{x}{v_{0x}}\right)^2$$

Otteniamo l'equazione della traiettoria del proiettile nel sistema di riferimento scelto:

$$y = \frac{v_{0y}}{v_{0x}}x - \frac{g}{2v_{0x}^2}x^2$$

Questa è l'equazione di una **parabola** con asse verticale, passante per l'origine degli assi.

MATEMATICA

Equazione di una parabola

In un piano cartesiano xy, l'equazione generica di una parabola è

$$y = c + bx + ax^2$$

dove a, b e c sono numeri reali.

Imponendo $y = 0$ nell'equazione precedente, si determinano le ascisse dei due punti in cui la parabola incontra l'asse x. Uno di essi è l'origine degli assi, per cui $x = 0$. L'altro è il punto in cui il proiettile tocca il suolo; la sua ascissa è la gittata G del lancio:

$$G = \frac{2v_{0x}v_{0y}}{g} \qquad [3]$$

Gittata massima

range

Le componenti v_{0x} e v_{0y} della velocità iniziale possono essere scritte in funzione dell'angolo di lancio θ e del modulo v_0 della velocità iniziale:

$$v_{0x} = v_0 \cos\theta$$

$$v_{0y} = v_0 \operatorname{sen}\theta$$

Sostituendo queste espressioni nella formula della gittata [**3**] otteniamo:

$$G = \frac{(2v_0 \cos\theta)(v_0 \operatorname{sen}\theta)}{g} = \frac{2v_0^2 \cos\theta \operatorname{sen}\theta}{g}$$

Come era prevedibile, la gittata dipende sia dall'angolo di lancio θ sia dal modulo v_0 della velocità iniziale. Fissato v_0, la gittata è massima quando il prodotto $2 \cos\theta \operatorname{sen}\theta$ assume il valore più grande possibile. Dalla goniometria è noto che

$$2 \cos\theta \operatorname{sen}\theta = \operatorname{sen}(2\theta)$$

Il valore massimo del seno di un angolo è 1 quando l'angolo è 90°; quindi $\operatorname{sen}(2\theta) = 1$ quando $2\theta = 90°$, cioè $\theta = 45°$. Concludiamo quindi che la gittata massima è

$$G = \frac{v_0^2}{g}$$

e si ha quando l'angolo di lancio è 45°.

Simmetrie nel moto di un proiettile

Nel capitolo precedente abbiamo visto che il moto di caduta libera presenta interessanti simmetrie per quanto riguarda il tempo e il modulo della velocità. Lo stesso tipo di simmetrie si ritrova anche nel moto dei proiettili, perché la parte verticale del moto è un moto di caduta libera. In particolare, il tempo impiegato da un proiettile per arrivare all'altezza massima H è uguale al tempo impiegato per ricadere a terra.

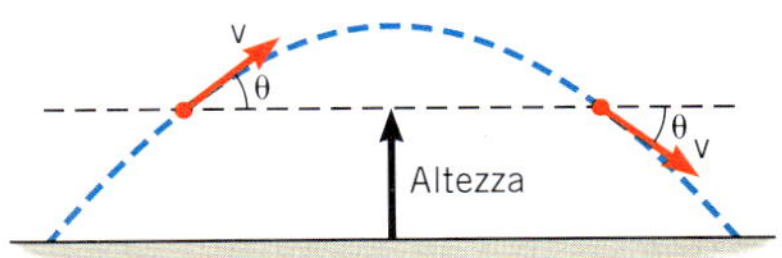

Figura 12
I moduli della velocità di un proiettile a una certa altezza sopra la superficie del suolo sono uguali sia se il proiettile si trova nella fase di salita sia se si trova nella fase di discesa. Invece i vettori velocità non sono uguali perché hanno direzioni diverse.

Inoltre la **figura 12** mostra che il modulo v della velocità a un'altezza qualunque durante la salita è uguale al modulo della velocità alla stessa altezza dal suolo durante la discesa. Anche se i moduli delle velocità sono uguali, i vettori velocità sono diversi perché hanno direzioni diverse.

Esempio 8 Due modi di lanciare una pietra

Una persona lancia due pietre dall'alto di una scogliera. Il modulo v_0 della velocità iniziale della pietra 1 è identico a quello della velocità iniziale della pietra 2 ma le pietre sono lanciate in direzioni diverse, come mostra la **figura**.

▶ Trascurando la resistenza dell'aria, stabilisci se una delle due pietre raggiunge la superficie dell'acqua con una velocità maggiore dell'altra.

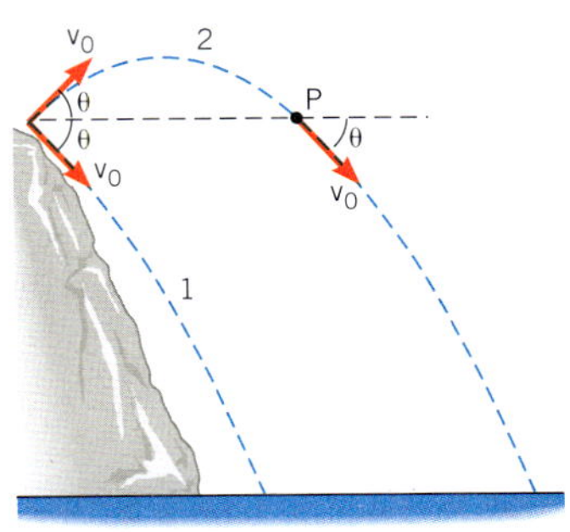

SEGUE ▶

La soluzione

Si potrebbe pensare che la pietra 1, scagliata verso il basso, raggiunga la superficie dell'acqua con velocità maggiore, ma non è così. Per capire il motivo, seguiamo il percorso della pietra 2 mentre sale fino alla sua altezza massima e poi ricade. In particolare osserviamo che nel punto P la pietra 2 ha una velocità identica (in modulo, direzione e verso) alla velocità iniziale della pietra 1. Questo è proprio il tipo di simmetria relativa alla velocità di un proiettile illustrata nella **figura 12**.

A partire dal punto P, la velocità della pietra 2 cambia nello stesso modo di quella della pietra 1, perciò le due pietre colpiscono la superficie del lago con velocità identiche.

4 IL MOTO CIRCOLARE UNIFORME

Un tipo di moto in due dimensioni particolarmente interessante è quello in cui la traiettoria è una circonferenza. Ci sono molti esempi di moto di questo tipo. Tra questi, studiamo il moto circolare uniforme.

uniform circular motion

Il **moto circolare uniforme** è il moto di un punto materiale che si sposta lungo una circonferenza con velocità di modulo costante.

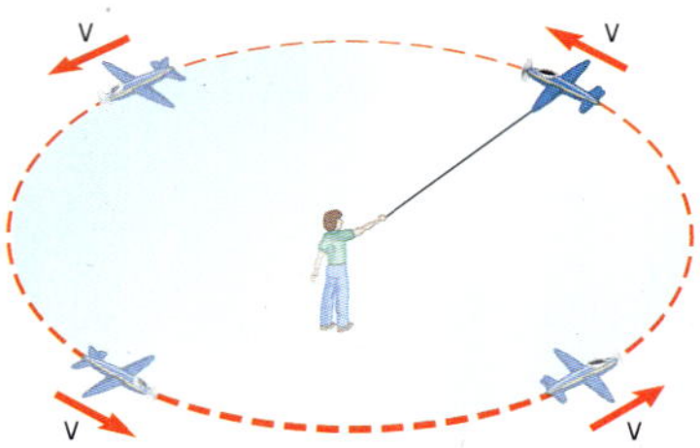

Figura 13
Il moto di un modellino di aereo che gira con velocità di modulo costante su una traiettoria circolare è un esempio di moto circolare uniforme.

Un esempio di moto circolare uniforme è rappresentato nella **figura 13**. Il modellino di aereo si muove su una traiettoria circolare con velocità di modulo costante; il vettore velocità istantanea $\vec{v}$ in tutti punti della traiettoria ha sempre la stessa lunghezza.

Come abbiamo già notato, la velocità istantanea è sempre tangente alla traiettoria: per questa ragione, la velocità $\vec{v}$ è anche detta **velocità tangenziale**.

Periodo e frequenza

Per descrivere il moto circolare uniforme si utilizzano due importanti grandezze: il periodo e la frequenza del moto.

In un moto circolare uniforme:
- il **periodo** T è l'intervallo di tempo impiegato per percorrere una volta l'intera circonferenza, cioè per fare un giro completo;
- la **frequenza** f è il numero di giri compiuti in un secondo.

Unità di misura:
- *periodo*: secondi (s);
- *frequenza*: 1/secondi = hertz (s^{-1} = Hz).

Esiste una semplice relazione che lega il periodo e la frequenza:

$$f = \frac{1}{T} \qquad [4]$$

L'unità di misura della frequenza nel Sistema Internazionale è chiamata **hertz** (simbolo Hz) in onore del fisico tedesco Heinrich Hertz (1857-1894): 1 Hz = 1 s^{-1}. Un moto circolare uniforme ha una frequenza di 1 Hz quando il corpo compie 1 giro al secondo.

Nel moto circolare uniforme il periodo e la frequenza sono legati al modulo della velocità. Infatti il modulo della velocità è il rapporto tra lo spazio percorso, cioè la lunghezza $2\pi r$ della circonferenza, e il tempo impiegato per percorrerla:

$$v = \frac{2\pi r}{T} \qquad [5]$$

Ricordando la [**4**] si ottiene un'altra utile relazione:

$$v = 2\pi r \cdot f \qquad [6]$$

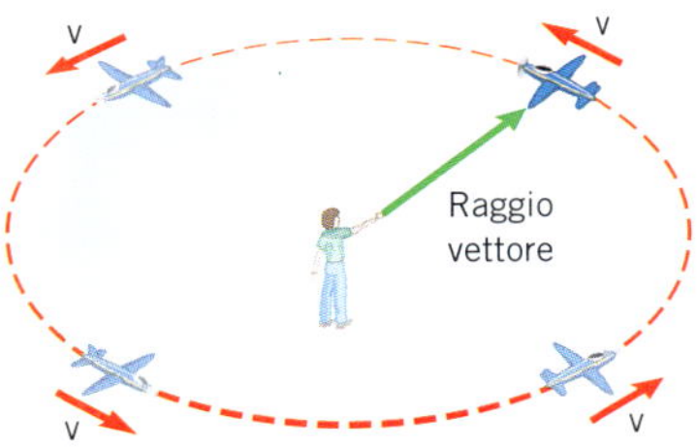

Figura 14
La posizione del modellino di aereo può essere determinata dal raggio vettore.

Esempio 9 Una macchina per bilanciare i pneumatici

La ruota di un'automobile ha un raggio di 0,290 m ed è collocata su una macchina per bilanciare i pneumatici che la mantiene in rotazione facendole compiere 840 giri al minuto.

▶ Calcola il modulo della velocità tangenziale (in m/s) del bordo esterno della ruota.

La soluzione

Il modulo v della velocità può essere ricavato dalla relazione $v = 2\pi rf$, ma prima dobbiamo esprimere la frequenza f in hertz:

$$f = 840 \text{ giri/min} = 840 \text{ giri/60 s} = 14{,}0 \text{ Hz}$$

Inserendo questo valore nell'equazione [**6**] otteniamo il modulo della velocità tangenziale:

$$v = 2\pi r f = 2\pi\,(0{,}290 \text{ m})(14{,}0 \text{ Hz}) = \boxed{25{,}5 \text{ m/s}}$$

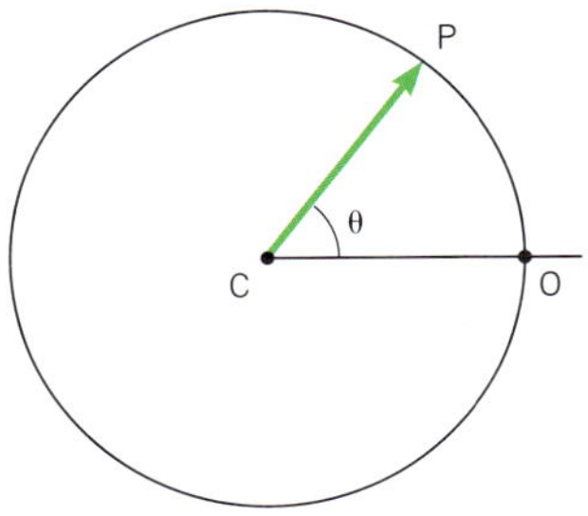

Figura 15
La posizione P sulla circonferenza è individuata dall'angolo θ che il suo raggio vettore forma con la direzione di riferimento fissata.

Misura degli angoli in radianti

La posizione di un oggetto in moto circolare può essere individuata mediante il **raggio vettore**, cioè il vettore che ha la coda nel centro della circonferenza e la punta nella posizione dell'oggetto (figura 14). Per individuare il punto lungo la traiettoria basta fornire l'angolo che il suo raggio vettore forma con una direzione di riferimento fissata (figura 15).

Nel Sistema Internazionale, l'unità di misura degli angoli è il *radiante*. Per comprendere questa unità di misura, consideriamo un angolo θ e una circonferenza di raggio r avente il centro nel vertice dell'angolo. L'angolo intercetta sulla circonferenza un arco di lunghezza l (figura 16).

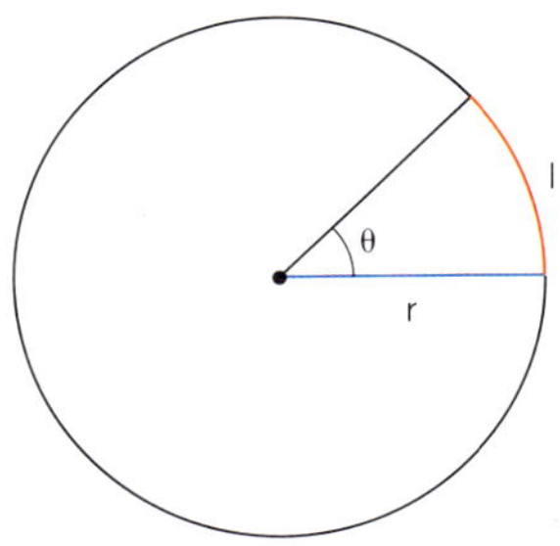

Figura 16
L'angolo θ è misurato in radianti se è espresso dal rapporto fra la lunghezza l dell'arco e il raggio r della circonferenza.

L'ampiezza dell'angolo θ, espressa in **radianti** (rad), è il rapporto fra la lunghezza l dell'arco e il raggio r della circonferenza:

$$\theta_r = \frac{l}{r}$$

Notiamo che il radiante è un'unità adimensionale, perché è il rapporto fra due lunghezze. L'angolo piatto, che misura 180°, intercetta su una circonferenza di raggio r centrata nel suo vertice un arco uguale alla semicirconferenza e lungo πr:

$$\text{angolo piatto in radianti} = \frac{\pi r}{r} = \pi$$

Nella tabella seguente sono riportate le misure in radianti di alcuni angoli.

Gradi	0°	30°	45°	60°	90°	120°	180°	270°	360°
Radianti	0	π/6	π/4	π/3	π/2	2π/3	π	3π/2	2π

La velocità angolare

Mentre un punto materiale si muove di moto circolare, il raggio vettore ruota attorno al centro C e «spazza» l'angolo al centro della circonferenza.

La rapidità con cui il raggio vettore spazza l'angolo al centro della circonferenza è indicata dalla velocità angolare.

average angular velocity

La **velocità angolare media** ω è il rapporto fra l'angolo al centro $\Delta\theta$ e l'intervallo di tempo Δt che il raggio vettore impiega a spazzare tale angolo:

$$\omega = \frac{\Delta\theta}{\Delta t} \qquad [7]$$

Unità di misura:

radianti al secondo (rad/s).

Se il moto circolare è uniforme, il raggio vettore spazza angoli uguali in intervalli di tempo uguali: ciò significa che la sua velocità angolare è costante.

Esempio 10 Un ginnasta alla sbarra

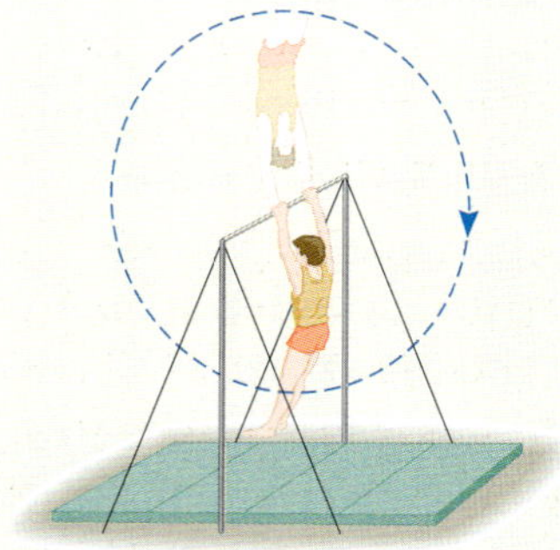

Un ginnasta esegue due rotazioni complete alla sbarra in 2,4 s.

▶ Calcola la sua velocità angolare media.

La soluzione

Nel corso di una rotazione completa, il ginnasta compie un giro attorno alla sbarra, quindi ruota di 2π rad. La sua velocità angolare media è

$$\omega = \frac{2 \cdot 2\pi \text{ rad}}{2{,}4 \text{ s}} = \boxed{5{,}2 \text{ rad/s}}$$

Nel moto circolare uniforme esiste una semplice relazione fra la velocità angolare e il periodo. Visto che in un intervallo di tempo uguale al periodo T viene compiuto un giro completo, e quindi il raggio vettore ruota di 2π rad, si ha:

$$\omega = \frac{2\pi}{T} \qquad [8]$$

Il modulo della velocità tangenziale con cui un corpo si muove di moto circolare uniforme è legato alla sua velocità angolare; infatti

$$v = \frac{2\pi r}{T} = \frac{2\pi}{T} r$$

ma $\omega = 2\pi/T$, quindi:

$$v = \omega r \qquad [9]$$

Esempio 11 Come corrono i secondi!

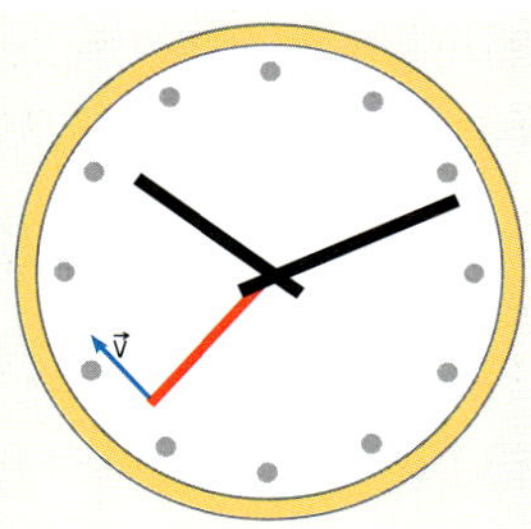

La lancetta dei secondi di un orologio a muro è lunga 25 cm.

▶ Calcola il modulo della velocità tangenziale con cui si muove la punta della lancetta.

La soluzione

La punta della lancetta si muove di moto circolare uniforme con velocità angolare

$$\omega = \frac{2\pi \text{ rad}}{60 \text{ s}} = 0{,}10 \text{ rad/s}$$

Utilizzando l'equazione [**9**] otteniamo:

$$v = \omega r = (0{,}10 \text{ rad/s})(0{,}25 \text{ m}) = 2{,}5 \cdot 10^{-2} \text{ m/s}$$

La punta della lancetta si muove a $\boxed{2{,}5 \text{ cm/s}}$.

5 ACCELERAZIONE CENTRIPETA

Nel moto circolare uniforme rimane costante solo il modulo della velocità tangenziale, mentre la direzione della velocità cambia continuamente. Questo vuol dire che un punto materiale in moto circolare uniforme è soggetto a un'accelerazione. Per comprendere le caratteristiche di questa accelerazione, detta **accelerazione centrìpeta** $\vec{a}_c$, consideriamo un oggetto puntiforme che si muove di moto circolare uniforme (figura 17A).

Nell'istante t_0 il vettore velocità è tangente alla circonferenza nel punto O e in un istante successivo t è tangente alla circonferenza nel punto P. Mentre l'oggetto si muove da O verso P, il raggio r descrive un angolo θ e il vettore velocità cambia direzione. Per mettere in evidenza il cambiamento di direzione, nella figura 17B il vettore velocità all'istante t è stato trasportato parallelamente a se stesso in modo che la sua coda coincida con O. L'angolo β tra i due vettori indica il cambiamento di direzione. Poiché i raggi CO e CP sono rispettivamente perpendicolari alle tangenti alla circonferenza nei punti O e P, si ha che $\alpha + \beta = 90°$ e che $\alpha + \theta = 90°$. Perciò l'angolo β e l'angolo θ sono uguali: $\beta = \theta$.

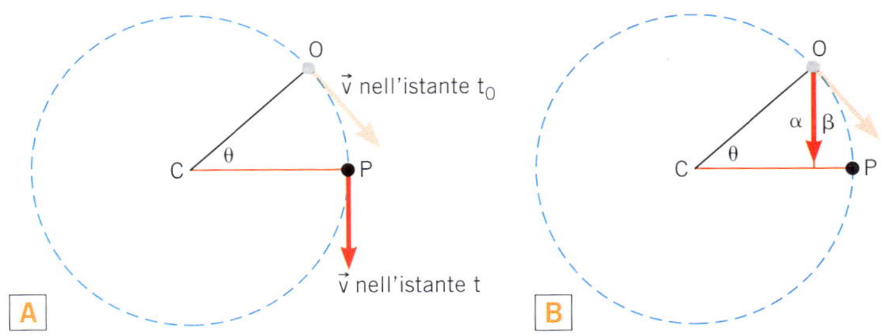

Figura 17
A. La velocità $\vec{v}$ di un oggetto (indicato con il pallino nero) che si muove di moto circolare uniforme ha direzioni diverse in punti diversi della traiettoria.
B. Il vettore velocità è stato trasportato parallelamente a se stesso dal punto P al punto O.

La figura 18A mostra i due vettori velocità negli istanti t_0 e t, l'angolo β tra le loro direzioni e il vettore variazione di velocità $\Delta\vec{v}$. La Figura figura 18B mostra il settore circolare PCO. Se Δt è molto piccolo, il settore PCO è approssimativamente uguale al triangolo PCO e l'arco OP è circa uguale alla distanza $v\Delta t$ percorsa dall'oggetto.

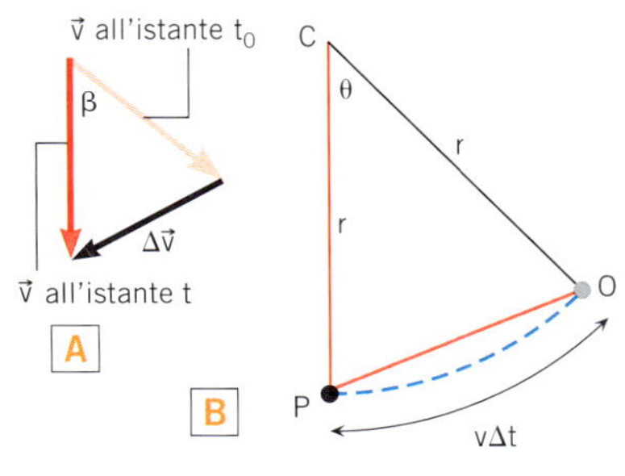

Figura 18
A. Le direzioni dei vettori velocità nell'istante t e nell'istante t_0 formano un angolo ß.
B. Quando l'oggetto si muove dal punto O al punto P lungo la circonferenza, il raggio r descrive un angolo uguale a θ. In questa figura il settore circolare COP è stato ruotato di 90° in senso orario rispetto alla figura 17.

Il triangolo PCO e il triangolo nella figura figura 18A sono isosceli; inoltre i due angoli compresi fra i lati uguali hanno la stessa ampiezza. Quindi i due triangoli sono simili e hanno i lati in proporzione. In particolare:

$$\frac{\Delta v}{v} = \frac{v\Delta t}{r} \text{ e quindi } \frac{\Delta v}{\Delta t} = \frac{v^2}{r}$$

Quando Δt tende a zero, il rapporto $\Delta v/\Delta t$ è il modulo dell'accelerazione istantanea a_c del corpo. Quindi:

centripetal acceleration

un corpo in moto circolare uniforme con velocità di modulo v lungo una circonferenza di raggio r è soggetto a un'**accelerazione centripeta** di modulo

$$a_c = \frac{v^2}{r} \qquad [10]$$

La velocità tangenziale v è legata alla velocità angolare ω dalla relazione [9] $v = \omega r$; quindi il modulo dell'accelerazione centripeta può essere scritto in termini della velocità angolare:

$$a_c = \frac{(\omega r)^2}{r}$$

da cui segue:

$$a_c = \omega^2 r \qquad [11]$$

Per stabilire la direzione dell'accelerazione centripeta, osserviamo nel triangolo di figura 18 che, quando Δt tende a zero, Δv tende a disporsi in direzione perpendicolare rispetto a v e a «puntare» verso il centro della traiettoria. Poiché l'accelerazione ha sempre la direzione di $\Delta\vec{v}$, possiamo concludere che:

in un moto circolare uniforme l'accelerazione centripeta è sempre diretta verso il centro della circonferenza.

In effetti, *centripeta* significa proprio «che è diretta verso il centro».

Esempio 12 L'effetto del raggio sull'accelerazione centripeta

Una pista di bob presenta due curve con raggi di curvatura rispettivamente di 33 m e 24 m, come mostra la figura. Supponi che un equipaggio affronti entrambe le curve a 34 m/s.

▶ Calcola il modulo dell'accelerazione centripeta di cui l'equipaggio ha risentito in ciascuna curva. Esprimi poi la risposta in multipli di $g = 9{,}81\ \text{m/s}^2$.

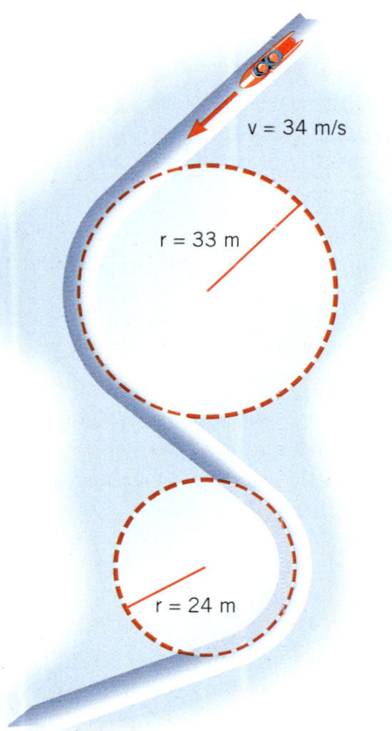

La soluzione

Mentre il bob percorre una delle due curve a velocità costante, è come se si muovesse di moto circolare uniforme: il raggio della traiettoria è il raggio della curva. Il modulo dell'accelerazione centripeta è $a_c = v^2/r$. Dato che il raggio r compare al denominatore della frazione v^2/r, ci aspettiamo che il modulo dell'accelerazione sia tanto più grande quanto più piccolo è il raggio r.

raggio = 33 m $\qquad a_c = \frac{v^2}{r} = \frac{(34\ \text{m/s})^2}{33\ \text{m}} = 35\ \text{m/s}^2$

e quindi $\qquad a_c = \frac{35\ \text{m/s}^2}{9{,}8\ \text{m/s}^2}\, g = \boxed{3{,}6\, g}$

raggio = 24 m $\qquad a_c = \frac{v^2}{r} = \frac{(34\ \text{m/s})^2}{24\ \text{m}} = 48\ \text{m/s}^2$

e quindi $\qquad a_c = \frac{48\ \text{m/s}^2}{9{,}8\ \text{m/s}^2}\, g = \boxed{4{,}9\, g}$

6 IL MOTO ARMONICO

A partire dal moto circolare uniforme si può definire un importante tipo di moto: il *moto armonico*.

Il **moto armonico** è il movimento della proiezione di un punto che si muove di moto circolare uniforme su un diametro della circonferenza.

simple harmonic motion

Per studiare le caratteristiche del moto armonico ci serviremo del modello rappresentato nella figura 19. Il modello è costituito da una pallina attaccata al bordo di un disco che ruota a velocità di modulo costante sul piatto di un giradischi. La pallina si muove quindi di moto circolare uniforme lungo una circonferenza, chiamata **circonferenza di riferimento**.

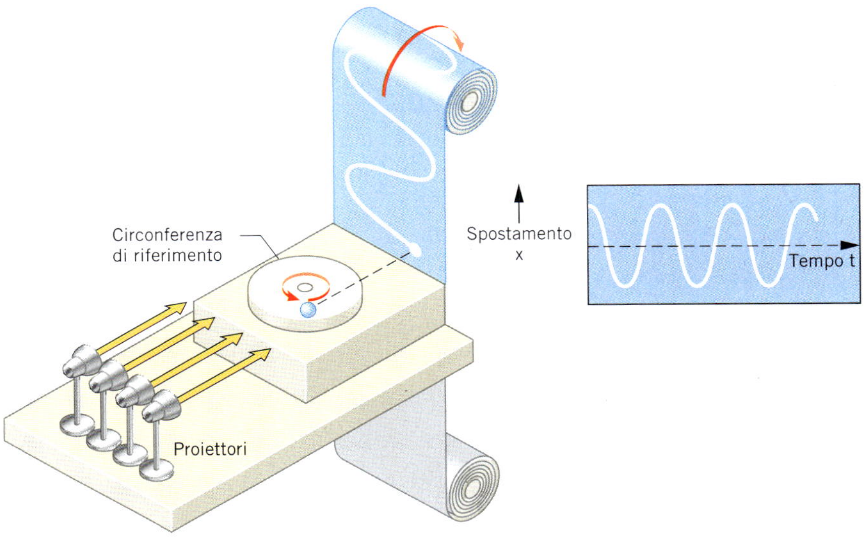

Figura 19
La pallina fissata sul piatto di un giradischi si muove di moto circolare uniforme. La sua ombra, proiettata su una pellicola che si muove con velocità costante, si muove di moto armonico.

Mentre la pallina ruota, la sua ombra viene proiettata su una striscia di pellicola che si muove verso l'alto a velocità costante e su cui rimane impresso il tracciato del cammino percorso dall'ombra della pallina. Questo tracciato ha una forma che è caratteristica del moto armonico ed è chiamata *cosinusoide*.

Lo spostamento nel moto armonico

La figura 20 mostra più in dettaglio la circonferenza di riferimento di raggio A e indica come determinare lo spostamento dell'ombra della pallina sulla pellicola.

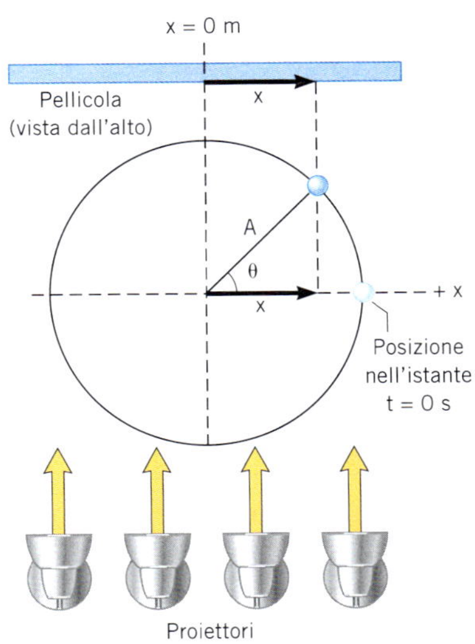

Figura 20
Vista dall'alto della figura 19. Lo spostamento x dell'ombra della pallina dipende dall'angolo θ descritto dalla pallina sulla circonferenza di riferimento.

La pallina parte sull'asse x nella posizione $x = +A$ e si sposta di un angolo θ lungo la circonferenza nel tempo t. Poiché la pallina si muove di moto circolare uniforme, la sua velocità angolare ω (in rad/s) è costante, quindi l'ampiezza in radianti dell'angolo θ è $\theta = \omega t$. Lo spostamento x dell'ombra della pallina è uguale alla proiezione del raggio A sull'asse x:

$$x = A\cos\theta = A\cos\omega t$$

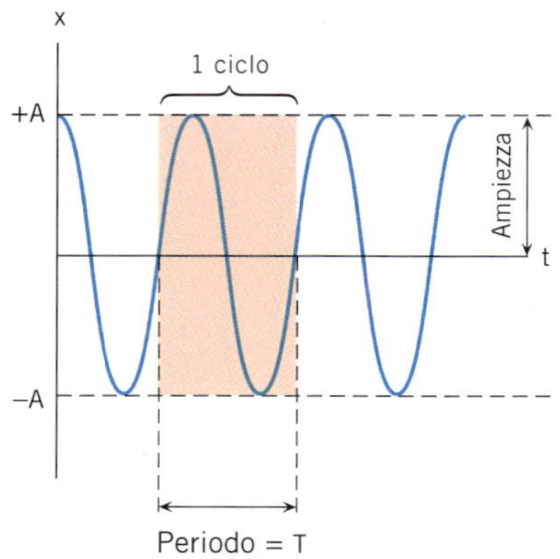

Figura 21
Il grafico spazio-tempo del moto armonico è una curva chiamata cosinusoide. Il periodo T è il tempo impiegato per compiere un ciclo completo.

La **figura 21** mostra il grafico della relazione precedente, cioè il **grafico spazio-tempo** del moto armonico dell'ombra della pallina. Quando la pallina effettua un giro completo, la sua ombra compie un percorso avanti e indietro chiamato **ciclo**. Col passare del tempo, la posizione dell'ombra della pallina oscilla tra il valore massimo $+A$ e il valore minimo $-A$.

Le grandezze significative del moto armonico dipendono dalle corrispondenti grandezze del moto circolare uniforme che lo genera:

amplitude
period
frequency
angular frequency

- l'**ampiezza** A è uguale al raggio della circonferenza di riferimento ed è la massima distanza dal centro di oscillazione.
- il **periodo** T è uguale al periodo del moto circolare uniforme sulla circonferenza di riferimento e indica la durata di un ciclo.
- la **frequenza** f è uguale alla frequenza del moto circolare uniforme sulla circonferenza di riferimento ed è il numero di cicli al secondo.
- la **pulsazione** ω è la velocità angolare del moto circolare uniforme sulla circonferenza di riferimento.

Le grandezze del moto armonico hanno fra loro le stesse relazioni delle corrispondenti grandezze del moto circolare uniforme:

$$\omega = \frac{2\pi}{T} \qquad \text{(in rad/s)}$$

$$f = \frac{1}{T} \qquad \text{(in Hz)}$$

$$\omega = \frac{2\pi}{T} = 2\pi f \qquad \text{(in rad/s)}$$

L'ultima equazione mostra che la velocità angolare ω è direttamente proporzionale alla frequenza f; per questo motivo ω è chiamata anche **frequenza angolare**.

La velocità nel moto armonico

Il modello della circonferenza di riferimento può essere usato anche per determinare la velocità di un oggetto che si muove di moto armonico. La **figura 22** mostra il vettore velocità tangenziale $\vec{v}_T$ della pallina che si muove sulla circonferenza di riferimento e il vettore velocità $\vec{v}$ della sua ombra. Dal disegno risulta che $\vec{v}$ è uguale alla componente di $\vec{v}_T$ nella direzione dell'asse x. Il modulo di $\vec{v}$ è $v = -v_T \,\text{sen}\theta = -v_T \,\text{sen}\omega t$. Il segno meno è necessario perché $\vec{v}_x$ è diretto nel verso negativo dell'asse x. Sappiamo che $v_T = \omega r$ e che $r = A$, quindi:

$$v = -v_T \,\text{sen}\omega t = -A\omega \,\text{sen}\omega t$$

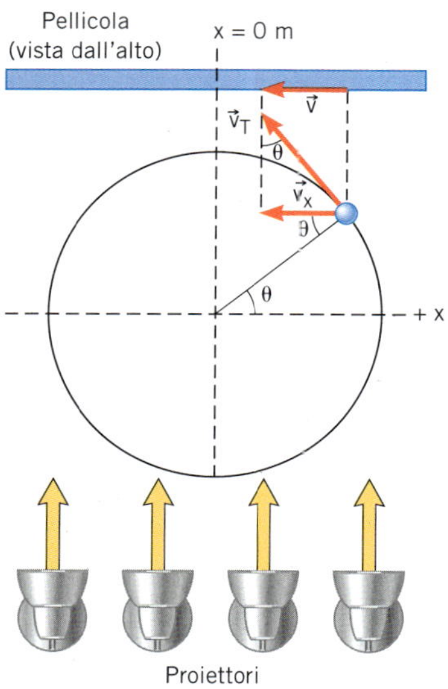

Figura 22
La velocità $\vec{v}$ dell'ombra della pallina è uguale alla componente x della velocità tangenziale $\vec{v}_T$ della pallina sulla circonferenza di riferimento.

Il modulo di v *non* è quindi costante, ma varia al variare del tempo, passando ciclicamente da una valore massimo a un valore minimo e annullandosi negli istanti in cui l'ombra della pallina inverte il senso della sua oscillazione avanti e indietro. Il valore massimo del modulo della velocità è $A\omega$, che corrisponde alla posizione $x = 0$ dell'ombra della pallina:

$$v_{\max} = A\omega \qquad (\omega \text{ in rad/s}) \qquad [12]$$

Esempio 13 La velocità massima del cono di un altoparlante

Per generare il suono, il cono di un altoparlante come quello rappresentato nella **figura** oscilla avanti e indietro muovendosi di moto armonico. La frequenza delle oscillazioni è $f = 1{,}0$ kHz e la loro ampiezza è $A = 0{,}20$ mm.

▶ Qual è la massima velocità del cono?

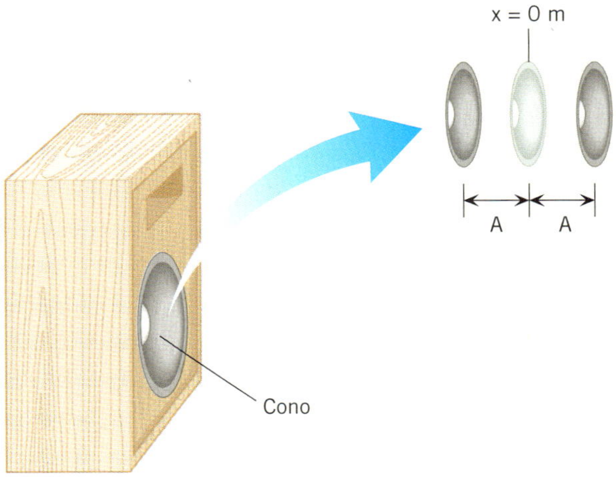

La soluzione

La velocità massima di un oggetto che si muove di moto armonico è espressa dall'equazione [**12**], $v_{\max} = A\omega$ (ω in rad/s); sappiamo inoltre che $\omega = 2\pi f$. Quindi:

$$v_{\max} = A\omega = A(2\pi f) = (0{,}20 \cdot 10^{-3}\ \text{m})(2\pi)(1{,}0 \cdot 10^{3}\ \text{Hz}) = \boxed{1{,}3\ \text{m/s}}$$

L'accelerazione nel moto armonico

La velocità di un oggetto che si muove di moto armonico non è costante, quindi il corpo è soggetto a un'accelerazione: per determinarla, usiamo il modello della circonferenza di riferimento di **figura 23**. La pallina che si muove lungo la circonferenza è soggetta a un'accelerazione centripeta $\vec{a}_c$. Dal disegno risulta che l'accelerazione $\vec{a}$ dell'ombra della pallina è uguale alla componente di $\vec{a}_c$ nella direzione dell'asse x e che il suo modulo è $a = -a_c \cos\theta = -a_c \cos\omega t$. Il segno meno indica che l'accelerazione dell'ombra della pallina punta nel verso negativo dell'asse x.

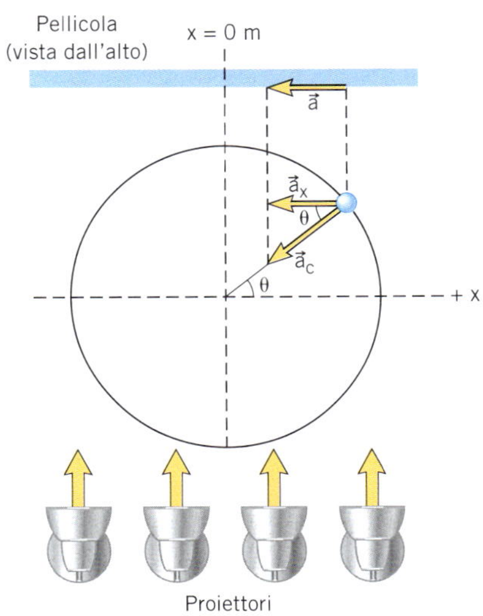

Figura 23
L'accelerazione $\vec{a}$ dell'ombra della pallina è uguale alla componente x dell'accelerazione centripeta $\vec{a}_c$ della pallina sulla circonferenza di riferimento.

Poiché i moduli dell'accelerazione centripeta e della velocità angolare sono legati dalla relazione $a_c = -\omega^2 r$ [**10**] e $r = A$, si ha che $a_c = -A\omega^2$. Sostituendo questo valore nella relazione $a = -a_c \cos\omega t$, si ottiene $a = -A\omega^2 \cos\omega t$. Ma ricordando che $x = A \cos\omega t$, segue che:

$$a = -\omega^2 x \qquad [13]$$

RICORDA

Frequenza e velocità angolare

Anche se spesso la velocità angolare è chiamata frequenza angolare, occorre fare attenzione a non confondere la frequenza f e la velocità angolare ω. Il valore di f è espresso in hertz (numero di cicli al secondo) mentre quello di ω è espresso in radianti al secondo. Queste due grandezze sono legate dalla relazione $\omega = 2\pi f$.

Anche il modulo dell'accelerazione, così come quello della velocità, *non* è costante, ma varia al variare del tempo e assume il suo valore massimo agli estremi dell'oscillazione, cioè quando $x = -A$ o $x = A$.

Indicando lo spostamento con $\vec{s}$, la relazione [**13**] può essere posta in forma vettoriale:

$$\vec{a} = -\omega^2 \vec{s} \qquad [14]$$

Nel moto armonico l'accelerazione è direttamente proporzionale allo spostamento e ha verso opposto a esso.

Viceversa, se un punto materiale è sottoposto a una accelerazione direttamente proporzionale allo spostamento che ha verso opposto a esso, allora si muove di moto armonico.

Esempio 14 L'accelerazione massima del cono di un altoparlante

Il cono dell'altoparlante dell'esempio 13 oscilla di moto armonico con una frequenza $f = 1{,}0$ kHz e un'ampiezza $A = 0{,}20$ mm.

▶ Qual è il valore massimo dell'accelerazione del cono?

La soluzione

Dall'equazione [**13**] deriva che il modulo dell'accelerazione massima di un oggetto che si muove di moto armonico è $a_{max} = A\omega^2$ (ω in rad/s). Inoltre la velocità angolare ω e la frequenza f sono legate dalla relazione $\omega = 2\pi f$. Quindi:

$$a_{max} = A\omega^2 = A(2\pi f)^2 = (0{,}20 \cdot 10^{-3}\ \text{m})[(2\pi)(1{,}0 \cdot 10^3\ \text{Hz})]^2 =$$

$$= \boxed{7{,}9 \cdot 10^3\ \text{m/s}^2}$$

Questa accelerazione è elevatissima: 800 volte maggiore dell'accelerazione di gravità).

I CONCETTI FONDAMENTALI

LOSAI? RIPASSA CON LO SMARTPHONE

1 SPOSTAMENTO, VELOCITÀ E ACCELERAZIONE NEL PIANO

Per descrivere un punto materiale in moto su un piano serve un *sistema di riferimento* formato da:

- due assi orientati x e y perpendicolari fra loro con un punto comune O, detto origine;
- un cronometro per misurare il tempo.

$$\Delta\vec{s} = \vec{s} - \vec{s}_0$$

vettore spostamento; vettore posizione nell'istante di tempo t_0; vettore posizione nell'istante di tempo t

$$\vec{v} = \frac{\Delta\vec{s}}{\Delta t}$$

vettore velocità; vettore spostamento; intervallo di tempo (s)

$$\vec{a} = \frac{\Delta\vec{v}}{\Delta t}$$

vettore accelerazione; vettore variazione di velocità (m/s); intervallo di tempo (s)

2 LA COMPOSIZIONE DEI MOTI

In due dimensioni, il moto di un oggetto può essere pensato come la somma di due moti indipendenti lungo due direzioni assegnate.

In due dimensioni, la velocità $\vec{v}$ di un oggetto può essere pensata come la somma vettoriale delle velocità $\vec{v}_1$ e $\vec{v}_2$ lungo due direzioni assegnate:

$$\vec{v} = \vec{v}_1 + \vec{v}_2$$

3 MOTO DI UN PROIETTILE

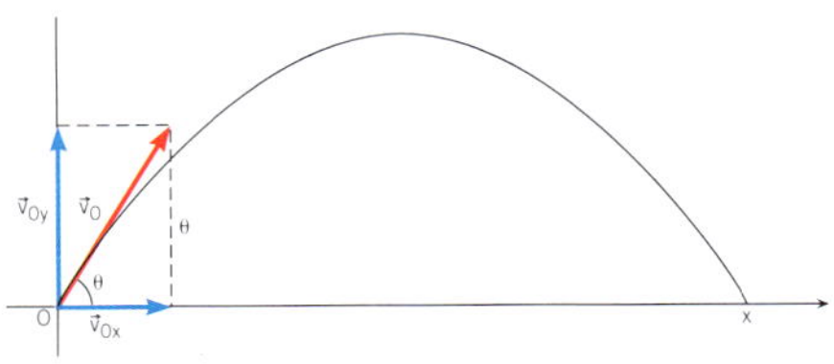

$v_{0x} = v_0 \cos\theta$ — componente di v lungo x a t_0 (m/s)

$v_{0y} = v_0 \operatorname{sen}\theta$ — componente di v lungo y a t_0 (m/s)

$$y = v_{0y}t - \frac{1}{2}gt^2$$
$$x = v_{0x}t$$

La traiettoria è una parabola: $y = \frac{v_{0y}}{v_{0x}}x - \frac{g}{2v_{0x}^2}x^2$

Gittata: $G = \frac{2v_0^2 \cos\theta \operatorname{sen}\theta}{g} = \frac{2v_{0x}v_{0y}}{g}$

4 IL MOTO CIRCOLARE UNIFORME

È il moto di un punto materiale che si sposta lungo una circonferenza con velocità di modulo costante.

$$f = \frac{1}{T}$$

frequenza (Hz o s^{-1}); periodo (s)

$$v = \frac{2\pi r}{T}$$

velocità (m/s); raggio della circonferenza (m)

$$\omega = \frac{2\pi r}{T} = 2\pi f$$

velocità angolare (rad/s)

$$v = \omega r$$

5 ACCELERAZIONE CENTRIPETA

$$a_c = \frac{v^2}{r} = \omega^2 r$$

accelerazione centripeta (m/s^2); velocità (m/s); velocità angolare (rad/s); raggio della circonferenza (m)

6 IL MOTO ARMONICO

È il movimento della proiezione di un punto che si muove di moto circolare uniforme su un diametro della circonferenza.

$$x = A\cos\omega t$$

posizione all'istante t (m); ampiezza (m); velocità angolare (rad/s)

$$\vec{a} = -\omega^2\vec{s}$$

vettore accelerazione (m/s^2); vettore spostamento (m)

$$\omega = \frac{2\pi r}{T} = 2\pi f$$

LABORATORIO

Moto parabolico

Difficoltà ★★★ | 1 ora | 3/4 studenti

Obiettivo

- Studiare il moto parabolico di una sfera di acciaio lanciata con velocità iniziale orizzontale v_0.
- Stimare il valore di v_0 a partire dall'analisi della traiettoria.

Cosa serve

- ☐ Treppiedi con asta metallica.
- ☐ Scivolo da collegare all'asta con un morsetto.
- ☐ Biglia metallica.
- ☐ Un foglio bianco e un foglio di carta carbone.
- ☐ Scotch di carta.
- ☐ Filo a piombo.
- ☐ Rotella metrica.
- ☐ Asta verticale centimetrata: portata 1 m e sensibilità 1 mm.
- ☐ Calcolatrice scientifica.
- ☐ Quaderno, biro, matita.

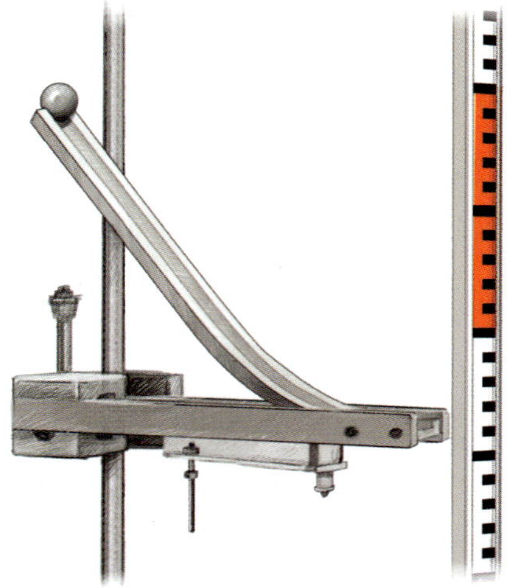

Come si fa

- Ogni gruppo attacca al banco di lavoro il foglio bianco. Fissa poi all'altezza scelta lo scivolo e segna (utilizzando il filo a piombo oppure l'asta verticale centimetrata) con una matita la posizione verticale in cui la biglia abbandona lo scivolo.

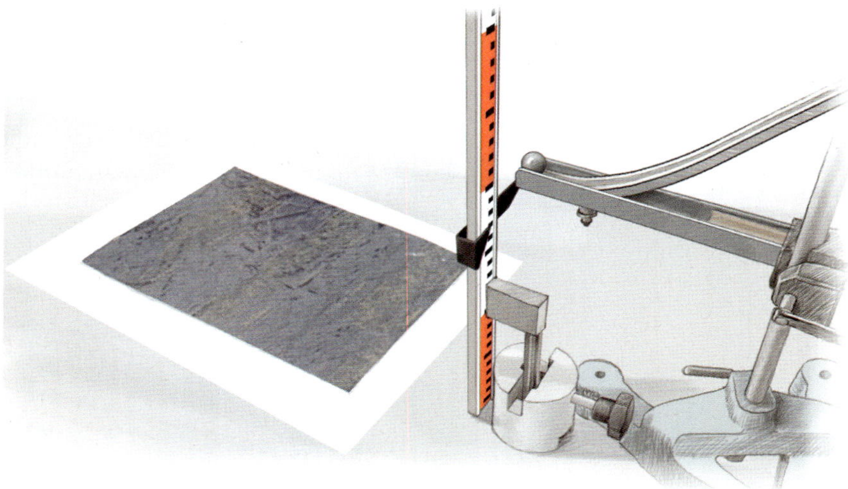

- Ogni gruppo misura (con l'asta centimetrata oppure con la rotella metrica) la quota Y rispetto al banco a cui si trova la biglia quando percorre il tratto orizzontale finale dello scivolo.
- Dopo aver posizionato il foglio di carta carbone sul foglio bianco, ogni studente effettua a turno questi passaggi:
  - sistema la biglia sulla sommità dello scivolo;
  - dà alla biglia la spinta minima per farla scivolare giù;
  - misura la distanza X percorsa in orizzontale dalla biglia durante la caduta.

- La misura di X va poi ripetuta variando l'altezza Y: per esempio si può cominciare con Y = 15 cm e poi incrementare di circa 10 cm a ogni misurazione successiva. Si va avanti fino a ottenere 6-10 coppie di numeri (X,Y).

Come usare i dati

- Ogni studente riporta le coppie di dati (X,Y) ottenute dal proprio gruppo in un'unica tabella, calcolando anche il quadrato della distanza X percorsa in orizzontale e il rapporto Y/X^2.

X (m)	X^2 (m^2)	Y (m)	Y/X^2 (m^{-1})
0	0	0	...
0,15	0,0225	...	...
0,25	...	...	...
0,35	...	...	...
0,45	...	...	...
...	...	...	...

A casa

- Costruisci un grafico cartesiano con X^2 in ascisse e Y in ordinata.
  Se utilizzi un foglio di calcolo, prova ad approssimare i dati con una retta; altrimenti traccia sul tuo grafico una retta passante per l'origine che sia sufficientemente vicina a tutti i punti del grafico stesso. Calcola la pendenza della retta interpolante.
- Utilizzando il principio di composizione dei moti (uniforme in orizzontale e uniformemente accelerato in verticale) giustifica il risultato ottenuto al punto precedente.
- Esprimi la velocità iniziale (orizzontale) v_0 in funzione dell'accelerazione di gravità ($g = 9{,}81\ m/s^2$) e della pendenza calcolata. Utilizzando i tuoi dati, fornisci quindi una stima del valore di v_0.

© NASA

1 SPOSTAMENTO, VELOCITÀ E ACCELERAZIONE NEL PIANO

1 ★★★ **LEGGI IL GRAFICO**

Un uomo passeggia per 350 m verso est, poi 240 m verso sud e successivamente 110 m verso ovest. Considera i versi "est" e "nord" come versi positivi.

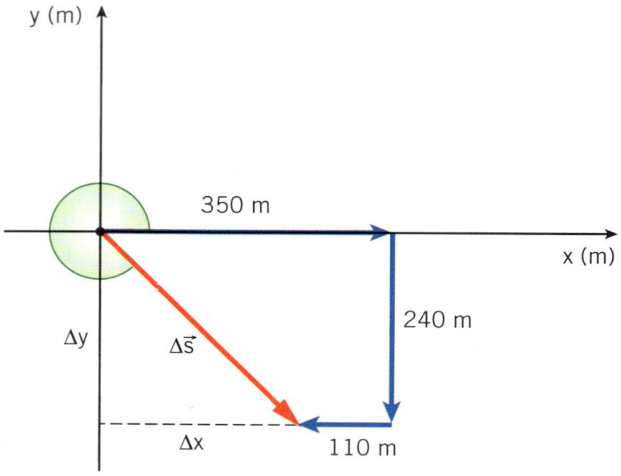

▶ Determina il modulo del vettore spostamento risultante.

▶ Determina l'angolo formato dal vettore spostamento e dall'asse x indicato nella figura.

[339 m; 315°]

2 ★★★ Una nave si sposta in un'ora e mezza di 54 km verso est e di 32 km verso nord.

▶ Calcola il modulo del suo spostamento.

▶ Calcola il modulo della sua velocità media.

[63 km; 42 km/h]

3 ★★★ **LEGGI IL GRAFICO**

Un oggetto puntiforme si sposta da A a B lungo la traiettoria indicata nella figura.

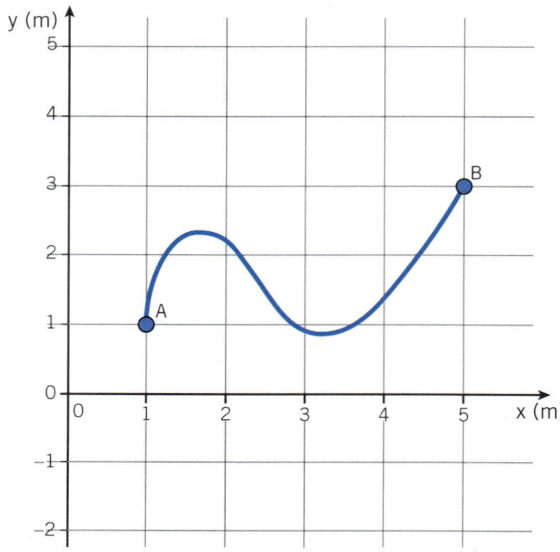

L'oggetto impiega un minuto e mezzo per andare da A a B.

▶ Calcola il vettore spostamento dell'oggetto.

▶ Calcola la velocità media dell'oggetto.

[4,5 m; 27°; 0,050 m/s]

4 PROBLEM SOLVING

Una bicicletta percorre una curva, a forma di arco di circonferenza, da A a B. La bicicletta impiega 6,4 secondi, con velocità di modulo v = 3,93 m/s costante. Il raggio di curvatura r della strada è 16 metri.

▶ Determina componenti e modulo dello spostamento della bicicletta.

▶ Determina componenti e modulo del vettore velocità media.

▶ Determina le componenti del vettore accelerazione media.

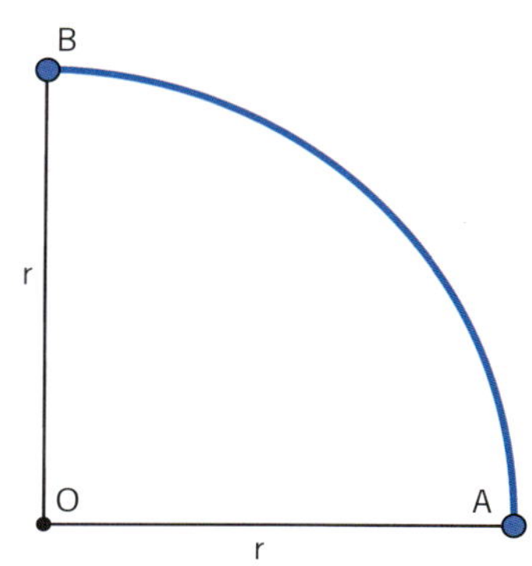

Dati e incognite

Dati	Incognite
Durata dello spostamento: $\Delta t = 6{,}4$ s	Vettore spostamento: $\Delta\vec{s} = ?$
Raggio di curvatura della strada $r = 16$ m	Vettore velocità media: $\Delta\vec{v}_m = ?$
Modulo della velocità: $v = 3{,}93$ m/s	Vettore accelerazione media: $\Delta\vec{a}_m = ?$

La soluzione

- Il vettore spostamento $\Delta\vec{s}$ va dal punto di partenza A al punto di arrivo B, come mostra la figura a lato.
  Le sue componenti Δs_x e Δs_y sono lunghe quanto il raggio di curvatura. Scegliendo gli assi x e y con versi positivi, rispettivamente, verso destra e verso l'alto, queste componenti sono:

  $\Delta s_x = -r = -16$ m

  $\Delta s_y = r = 16$ m

  Quindi il modulo del vettore spostamento è:

  $\Delta s = \sqrt{(\Delta s_x)^2 + (\Delta s_y)^2} = \sqrt{(-16\ \text{m})^2 + (16\ \text{m})^2} \approx 23$ m

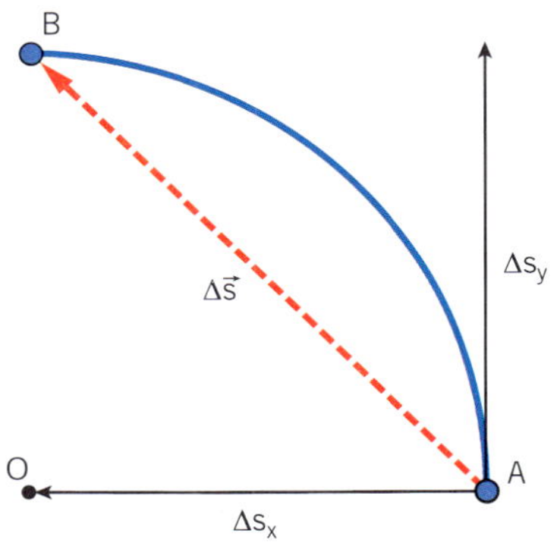

- La velocità media $\vec{v}_m$ è definita dal rapporto tra lo spostamento e l'intervallo di tempo:

$$\vec{v}_m = \frac{\Delta\vec{s}}{\Delta t}$$

Il vettore velocità media ha la stessa direzione dello spostamento $\Delta\vec{s}$ e le sue componenti sono

$$\bar{v}_{m,x} = \frac{\Delta s_x}{\Delta t} = \frac{-16\ \text{m}}{6{,}4\ \text{s}} = -2{,}5\ \text{m/s}$$

$$\bar{v}_{m,y} = \frac{\Delta s_y}{\Delta t} = \frac{16\ \text{m}}{6{,}4\ \text{s}} = 2{,}5\ \text{m/s}$$

Il suo modulo è

$$v_m = \sqrt{v_{m,x}^2 + v_{m,y}^2} = \sqrt{(-2{,}5\ \text{m/s})^2 + (2{,}5\ \text{m/s})^2} \approx 3{,}5\ \text{m/s}$$

Notiamo che il modulo del vettore velocità media è diverso dal modulo $v = 3{,}93$ m/s della velocità della bicicletta.

- Per calcolare il vettore accelerazione media, consideriamo le velocità della bicicletta in A e B: esse sono tangenti alla traiettoria seguita dalla bicicletta (figura a lato).

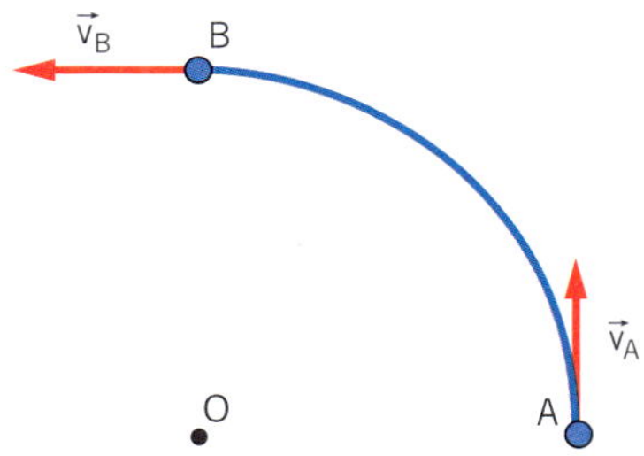

Disegniamo ora i due vettori velocità a partire dallo stesso punto. La variazione $\Delta\vec{v}$ del vettore velocità è il vettore che va dalla punta del vettore $\vec{v}_A$ alla punta del vettore $\vec{v}_B$:

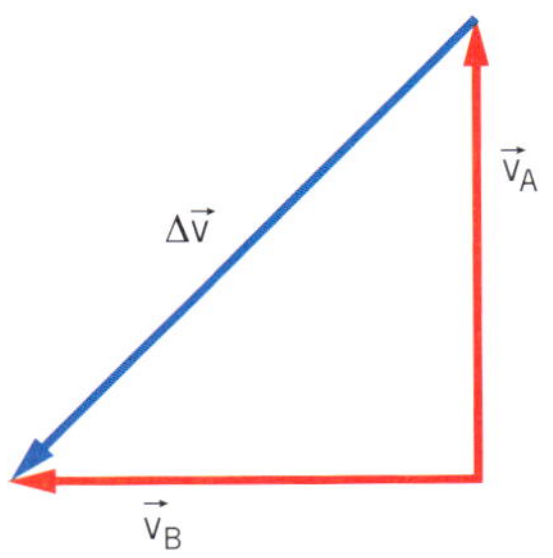

Le sue componenti hanno modulo uguale a v_A e v_B e sono quindi

$\Delta v_x = -3{,}93$ m/s

$\Delta v_y = -3{,}93$ m/s

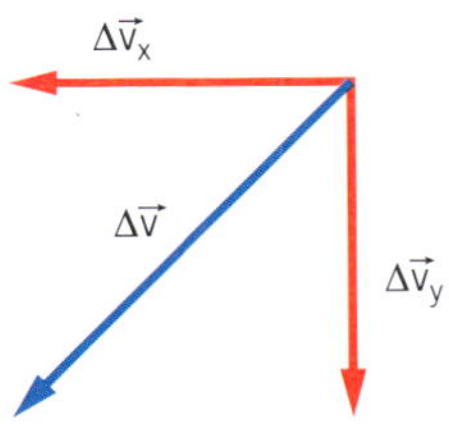

Le componenti del vettore accelerazione media, che ha la stessa direzione e lo stesso verso di $\Delta\vec{v}$, sono

$$a_{m,x} = \frac{\Delta v_x}{\Delta t} = \frac{-3{,}93\ \text{m/s}}{6{,}4\ \text{s}} \cong -0{,}61\ \text{m/s}^2$$

$$a_{m,y} = \frac{\Delta v_y}{\Delta t} = \frac{-3{,}93\ \text{m/s}}{6{,}4\ \text{s}} \cong -0{,}61\ \text{m/s}^2$$

5 ★★★ Un uomo passeggia per 3,4 km verso est, poi per 1,8 km verso nord e infine per 2,5 km verso nord-est. La passeggiata dura 3,8 ore.

- Determina il vettore spostamento dell'uomo.
- Determina il modulo della velocità media dell'uomo.

[6,3 km; 35°; 1,7 km/h]

6 ★★★ **LEGGI IL GRAFICO**

Un uomo passeggia per 2,4 km verso ovest, poi per 2,7 km verso sud e infine per 3,6 km in una direzione che forma un angolo di 18° con il verso est e 72° con il verso nord. La passeggiata dura 4,5 ore.

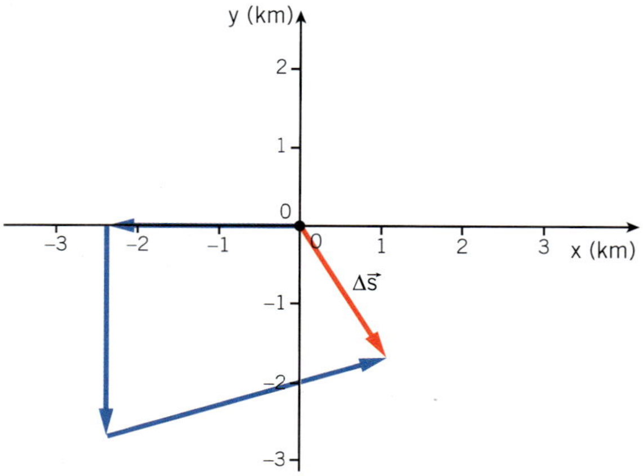

- Determina il vettore spostamento dell'uomo.
- Determina il modulo della velocità media dell'uomo.

[1,9 km; 302°; 0,42 km/h]

7 ★★★ **LEGGI IL GRAFICO**

Nella figura sono riportate le posizioni di un oggetto che si muove nel piano e raggiunge prima il punto P e poi il punto P'.

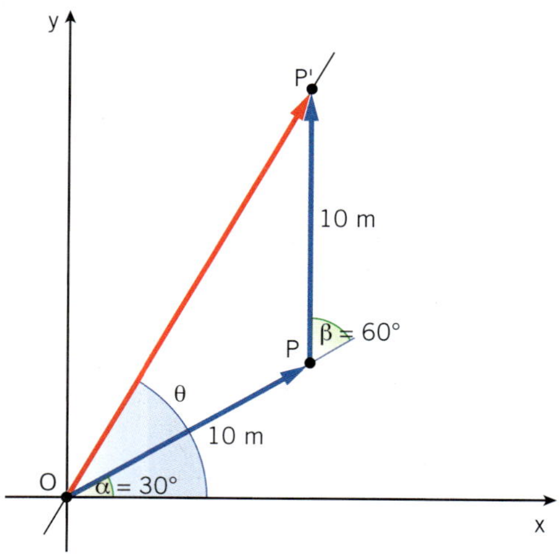

Il vettore posizione $\overrightarrow{OP}$ ha modulo 10 m e forma un angolo di 30° con l'asse x. Il vettore spostamento $\overrightarrow{PP'}$ ha modulo 10 m ed è orientato nel verso positivo dell'asse y.

- Calcola il vettore posizione $\overrightarrow{OP'}$.

[17 m; 60°]

8 ★★★ La posizione di una bicicletta in un certo istante è individuata dal vettore posizione $\vec{s}_0$ e 5,0 secondi dopo dal vettore posizione $\vec{s}$.

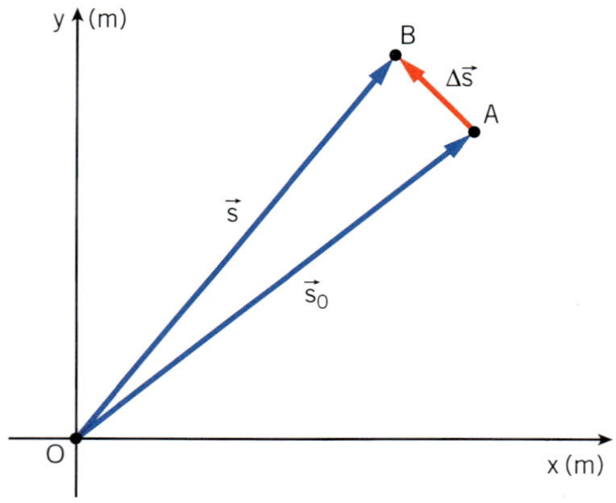

Le componenti del vettore $\vec{s}_0$ sono, rispetto a un sistema di riferimento ortogonale, s_{0x} = 35 m e s_{0y} = 28 m. Le componenti del vettore $\vec{s}$ sono, rispetto allo stesso sistema, s_x = 28 m e s_y = 35 m.

- Determina le componenti e il modulo del vettore spostamento della bicicletta.
- Determina le componenti e il modulo del vettore velocità media della bicicletta.

[−7,0 m; 7,0 m; 9,9 m; −1,4 m/s; 1,4 m/s; 2,0 m/s]

9 ★★★ Una bicicletta percorre da A a B una curva, a forma di arco di circonferenza, in 4,6 secondi. Il raggio di curvatura r della strada è 18 m.

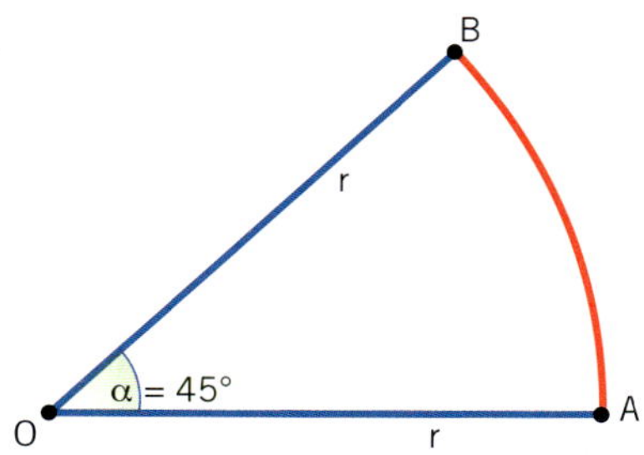

L'angolo al centro sotteso dall'arco di circonferenza è 45°.

- Determina componenti e modulo dello spostamento della bicicletta.
- Determina componenti e modulo del vettore velocità media.

[−5,3 m; 13 m; 14 m; −1,2 m/s; 2,8 m/s; 3,0 m/s]

10 ★★★ Fai riferimento alla situazione descritta nell'esercizio precedente. La bicicletta percorre l'arco di circonferenza con una velocità di modulo v = 3,0 m/s costante.

- Determina il modulo del vettore accelerazione media.

[0,50 m/s²]

11 ★★★ **LEGGI IL GRAFICO**

Una bicicletta percorre su un piano il tratto di strada rappresentato nella figura.

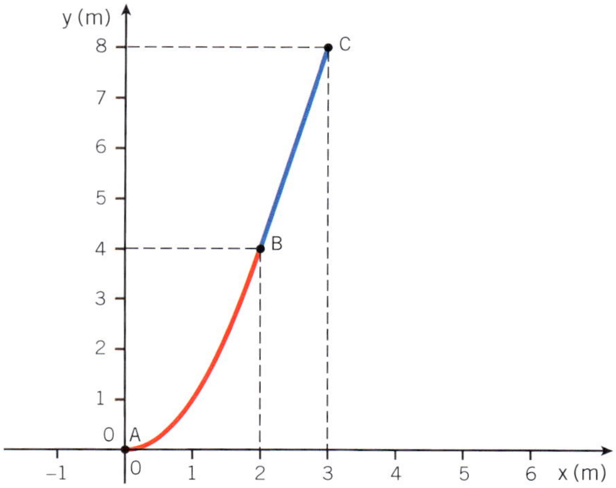

Il tratto da A a B è un arco di parabola mentre il tratto da B a C è un segmento. La bicicletta percorre il tratto da A a B con velocità di modulo costante 2,1 m/s in 2,2 s.

- Determina il modulo e le componenti del vettore velocità media della bicicletta nel tratto da A a B.
- Determina il modulo e le componenti della accelerazione media della bicicletta nel tratto da A a B.

[2,0 m/s; 0,91 m/s; 1,8 m/s; 1,2 m/s^2; –0,74 m/s^2; +0,95 m/s^2]

2 COMPOSIZIONE DEI MOTI

12 ★★★ Un'astronave viaggia nel verso positivo dell'asse x a una velocità costante v_{0x} = 6300 m/s. A un certo istante vengono accesi due motori che restano accesi per 650 s. Un motore imprime alla nave spaziale un'accelerazione costante a_x = 2,1 m/s^2 nel verso positivo dell'asse x, mentre l'altro le imprime un'accelerazione a_y = 7,5 m/s^2 nel verso positivo dell'asse y.

- Determina v_x e v_y nell'istante in cui vengono spenti i motori.

[7700 m/s; 4900 m/s]

13 ★★★ Un'astronave viaggia nel verso positivo dell'asse y a una velocità costante v_{0y} = 7200 m/s. A un certo istante vengono accesi due motori che restano accesi per un certo intervallo tempo. Un motore imprime alla nave spaziale un'accelerazione costante a_x = 2,5 m/s^2 nel verso positivo dell'asse x, mentre l'altro le imprime un'accelerazione costante a_y = 3,1 m/s^2 nel verso positivo dell'asse y. Quando vengono spenti i motori, la componente y della velocità è v_y = 8800 m/s.

- Determina per quanto tempo sono rimasti accesi i motori.
- Determina la componente v_x della velocità dell'astronave.

[520 s; 1300 m/s]

14 PROBLEM SOLVING

Il moto di un aereo durante i primi 12 secondi dopo il decollo è descritto dalle leggi orarie

$$x = (70\ \text{m/s})t + \frac{1}{2}(0{,}48\ \text{m/s}^2)t^2$$

$$y = (10\ \text{m/s})t + \frac{1}{2}(0{,}14\ \text{m/s}^2)t^2$$

L'origine del sistema di riferimento è fissato nel punto in cui l'aereo si stacca dalla pista.

- Determina il modulo del vettore spostamento dell'aereo 5 secondi dopo il decollo.
- Determina il modulo del vettore velocità dell'aereo 10 secondi dopo il decollo.

Dati e incognite

Dati	Incognite
Velocità orizzontale iniziale: $v_{0,x}$ = 70 m/s	Modulo dello spostamento dopo 5 secondi: $s(t = 5{,}0\ \text{s})$ = ?
Velocità verticale iniziale: $v_{0,y}$ = 10 m/s	Modulo della velocità dopo 10 secondi: $v(t = 10\ \text{s})$ = ?
Accelerazione orizzontale: a_x = 0,48 m/s^2	
Accelerazione verticale: a_y = 0,14 m/s^2	

Il ragionamento

Le coordinate x e y sono anche le componenti del vettore spostamento. Le leggi velocità-tempo dei moti nelle due direzioni danno invece le componenti del vettore velocità. Inserendo i valori degli istanti di tempo, si ottengono i moduli richiesti.

La soluzione

- Le coordinate x e y all'istante $t = 5{,}0$ s sono:

$$x = (70\ \text{m/s})(5{,}0\ \text{s}) + \frac{1}{2}(0{,}48\ \text{m/s}^2)(5{,}0\ \text{s})^2 = 356\ \text{m}$$

$$y = (10\ \text{m/s})(5{,}0\ \text{s}) + \frac{1}{2}(0{,}14\ \text{m/s}^2)(5{,}0\ \text{s})^2 \cong 52\ \text{m}$$

Il modulo del vettore spostamento dopo 5 secondi quindi è:

$$\Delta s = \sqrt{\Delta s_x^2 + \Delta s_y^2} = \sqrt{(356\ \text{m})^2 + (52\ \text{m})^2} \cong 360\ \text{m}$$

- Le leggi velocità-tempo dei moti lungo x e y sono:

$$v_x = v_{0,x} + a_x t = (70\ \text{m/s}) + (0{,}48\ \text{m/s}^2)t$$
$$v_y = v_{0,y} + a_y t = (10\ \text{m/s}) + (0{,}14\ \text{m/s}^2)t$$

Le velocità all'istante $t = 10$ s sono quindi:

$$v_x(t = 10\ \text{s}) = (70\ \text{m/s}) + (0{,}48\ \text{m/s}^2)(10\ \text{s}) \approx 74{,}8\ \text{m/s}$$
$$v_y(t = 10\ \text{s}) = (10\ \text{m/s}) + (0{,}14\ \text{m/s}^2)(10\ \text{s}) = 11{,}4\ \text{m/s}$$

E il modulo del vettore velocità è:

$$v = \sqrt{v_x^2 + v_y^2} = \sqrt{(74{,}8\ \text{m/s})^2 + (11{,}4\ \text{m/s})^2} = 75{,}7\ \text{m/s} \approx 76\ \text{m/s}$$

Poiché la componente orizzontale della velocità è molto maggiore di quella verticale, il modulo della velocità è quasi uguale alla componente orizzontale.

15 ★★☆ Il moto di un aereo durante i primi 10 secondi dal distacco dalla pista di decollo è descritto dalle leggi orarie $x = (37\ \text{m/s})t$ e $y = (56\ \text{m/s})t$. L'origine del sistema di riferimento è fissato nel punto in cui l'aereo si stacca dalla pista.

- ▶ Determina il modulo del vettore spostamento dell'aereo 3 secondi dopo il decollo.
- ▶ Determina il modulo del vettore velocità dell'aereo 6 secondi dopo il decollo.

[200 m; 67 m/s]

16 ★★★ Il moto di un oggetto puntiforme è descritto dalle leggi orarie $x = (2{,}5\ \text{m/s})t + \frac{1}{2}(1{,}1\ \text{m/s}^2)t^2$ e $y = (1{,}6\ \text{m/s})t$. L'origine del sistema di riferimento in cui descriviamo il moto coincide con la posizione dell'oggetto all'istante $t = 0{,}0$ s.

- ▶ Determina il modulo del vettore spostamento dell'oggetto nell'intervallo tra $t = 0{,}0$ s e $t = 5{,}0$ s.
- ▶ Determina il modulo del vettore velocità dell'oggetto nell'istante $t = 5{,}0$ s.

[27 m; 8,2 m/s]

17 ★★★ La figura mostra un'astronave con due motori che sono montati uno in direzione perpendicolare all'altro e che vengono accesi contemporaneamente. Il moto è dato dalla composizione di due moti uniformemente accelerati nelle due direzioni perpendicolari. Le componenti nella direzione x della velocità iniziale e dell'accelerazione sono $v_{0x} = +25$ m/s e $a_x = +22$ m/s^2. I corrispondenti valori nella direzione y sono $v_{0y} = +13$ m/s e $a_y = +11$ m/s^2. L'origine del sistema di riferimento coincide con la posizione dell'oggetto all'istante $t = 0$ s.

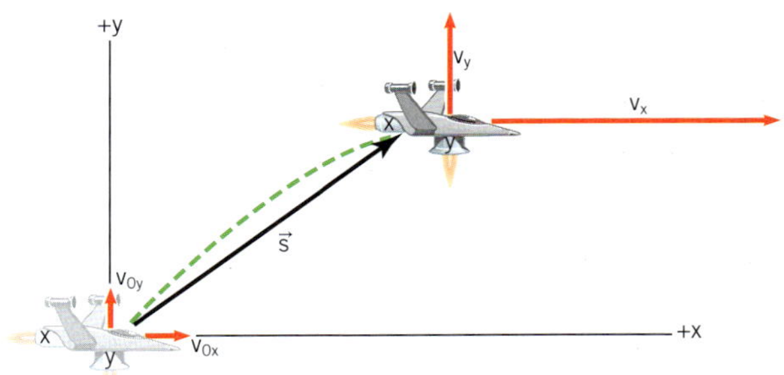

- ▶ Calcola il modulo dello spostamento totale dell'astronave nell'intervallo tra $t = 0{,}0$ s e $t = 6{,}0$ s.
- ▶ Determina il modulo del vettore velocità dell'astronave nell'istante $t = 6{,}0$ s.

[610 m; 180 m/s]

18 ★★★ Un'astronave con due motori viaggia con una velocità di componenti $v_{0x} = 3500$ m/s e $v_{0y} = 5300$ m/s. A un certo istante i due motori vengono accesi per 430 s. Un motore imprime all'astronave un'accelerazione costante a_x nel verso positivo dell'asse x, mentre l'altro le imprime un'accelerazione costante a_y nel verso positivo dell'asse y. Quando vengono spenti i motori, le componenti x e y della velocità sono $v_x = 6200$ m/s, $v_y = 9100$ m/s.

- ▶ Determina il modulo dell'accelerazione risultante.

[11 m/s^2]

19 ★★ **LEGGI IL GRAFICO**

Nella figura sono rappresentate le posizioni nel piano di un oggetto puntiforme che si muove a velocità costante durante un intervallo di 5 secondi. L'oggetto parte dall'origine del sistema di riferimento all'istante $t = 0{,}0$ s. La figura riporta la posizione dell'oggetto a ogni secondo.

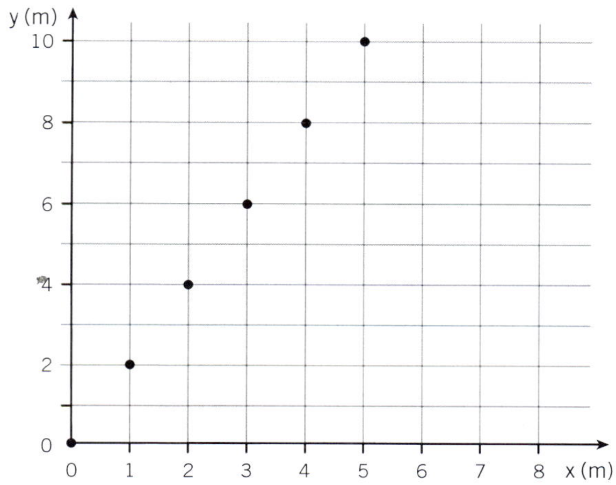

- Determina dai dati del grafico il modulo e la direzione della velocità della particella.
- Determina l'equazione che lega le componenti x e y della posizione dell'oggetto.

[2,2 m/s; 63°]

20 ★★ Il moto di un oggetto puntiforme è descritto dalle leggi orarie $x = v_{0x}t$ e $y = v_{0y}t$. L'origine del sistema di riferimento in cui descriviamo il moto coincide con la posizione dell'oggetto all'istante $t = 0$ s. All'istante $t = 4{,}0$ s, le componenti della posizione dell'oggetto sono $x = 21{,}2$ m e $y = 25{,}2$ m.

- Determina le componenti della velocità iniziale dell'oggetto.
- Determina il modulo e la direzione del vettore spostamento tra $t = 4{,}0$ s e $t = 7{,}0$ s.

[5,3 m/s; 6,3 m/s; 25 m; 50°]

21 ★★ **OCCHIO ALL'INCERTEZZA**

Il moto piano di un oggetto è descritto dalle seguenti leggi orarie $x(t) = v_{0x}t + 1/2\, a_x t^2$ e $y(t) = 1/2\, a_y t^2$.

L'origine del sistema di riferimento coincide con la posizione dell'oggetto all'istante $t = 0{,}0$ s. I parametri del moto con le relative incertezze assolute sono $v_{0x} = (8{,}0 \pm 0{,}3)$ m/s, $a_x = (1{,}1 \pm 0{,}1)$ m/s^2, $a_y = (1{,}3 \pm 0{,}2)$ m/s^2.

- Determina le componenti della posizione dell'oggetto con le loro incertezze assolute nell'istante $t = (3{,}0 \pm 0{,}1)$s.

[(29,0±2,5) m; (5,9±1,3) m]

22 ★★★ **LEGGI IL GRAFICO**

Un oggetto puntiforme si muove nel piano xy e compie la traiettoria riportata nel grafico.

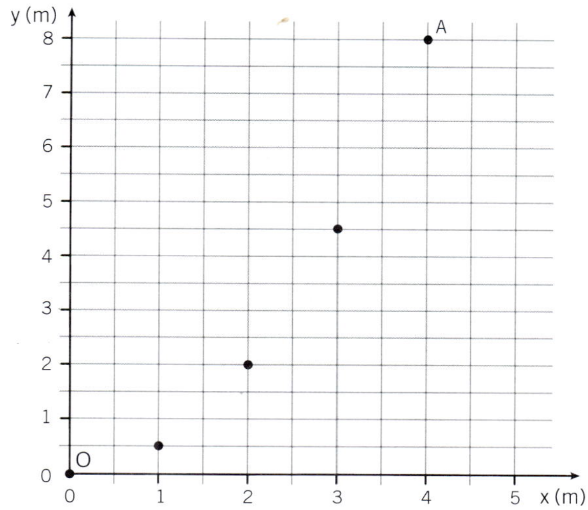

L'oggetto parte dalla posizione O all'istante $t = 0$ s e arriva al punto A dopo 4 secondi. Il grafico riporta la posizione dell'oggetto a ogni secondo.

- Stabilisci se i moti lungo x e y e sono coerenti con un moto rettilineo uniforme oppure con un moto uniformemente accelerato, e determinane i parametri.
- Determina il modulo della velocità dell'oggetto all'istante $t = 4{,}0$ s.

[1,0 m/s; 1,0 m/s²; 4,1 m/s]

3 MOTO DI UN PROIETTILE

23 ★ **UN DATO IN PIÙ**

Marina lancia in direzione orizzontale una palla con una velocità di 2,4 m/s. La palla si trova a una altezza di 1,5 m rispetto al suolo.

- Determina il tempo che impiega la palla per arrivare al suolo.

[0,55 s]

24 ★ Giorgio lancia una palla in direzione orizzontale con velocità di modulo 3,2 m/s. La palla impiega 0,8 s per arrivare al suolo.

- Determina la componente verticale della velocità della palla quando arriva al suolo.
- Determina il modulo della velocità della palla quando arriva al suolo.

[−7,8 m/s; 8,5 m/s]

25 ★ L'equazione della traiettoria di un proiettile, lanciato con velocità iniziale di componenti v_{0x} e v_{0y} dall'origine del sistema di riferimento, è $y = 1{,}84\, x - 0{,}784\, x^2$. L'unità di misura delle coordinate x e y è il metro e la velocità è misurata in metri al secondo.

- Determina le dimensioni dei coefficienti di x e di x^2.
- Determina le componenti v_{0x} e v_{0y} della velocità iniziale.

[2,5 m/s; 4,6 m/s]

ESERCIZI

26 PROBLEM SOLVING

Un giocatore di baseball effettua un fuoricampo e la pallina finisce sulle gradinate, a 7,5 m di altezza sopra l'altezza del punto di lancio. Come mostra la figura, la pallina atterra con una velocità di modulo 36 m/s in una direzione che forma un angolo di 28° con la direzione orizzontale. Trascura la resistenza dell'aria.

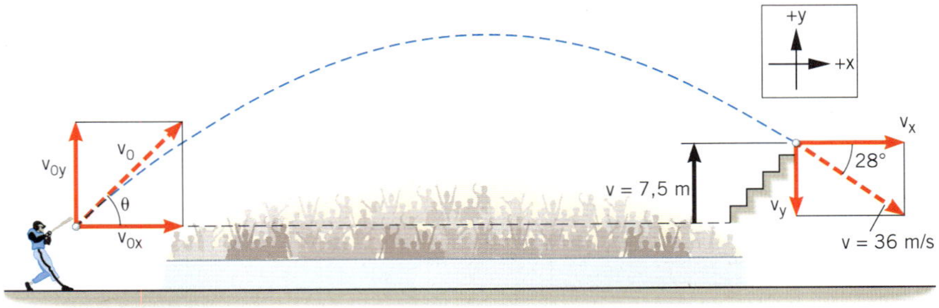

▶ Determina la velocità iniziale della pallina.

Dati e incognite

Dati	Incognite
Componente y dello spostamento: $y = 7{,}5$ m	Modulo della velocità iniziale: $v_0 = ?$
Modulo della velocità finale: $v = 36$ m/s	Direzione della velocità iniziale: $\theta = ?$
Direzione della velocità finale: 28°	
Componente x dell'accelerazione: $a_x = 0$ m/s^2	
Componente y dell'accelerazione: $g = -9{,}81$ m/s^2	

Il ragionamento

La velocità iniziale ha modulo v_0 e forma un angolo θ con il terreno. Per determinare v_0 e θ calcoliamo prima le componenti v_{0x} e v_{0y} mediante le equazioni del moto in due dimensioni.

La soluzione

Il modulo e la direzione di $\vec{v}_0$ si calcolano mediante le espressioni:

$$v_0 = \sqrt{v_{0x}^2 + v_{0y}^2} \text{ e } \theta = \tan^{-1}\left(\frac{v_{0y}}{v_{0x}}\right)$$

Non esiste accelerazione lungo x, quindi v_{0x} non cambia durante il moto:

$$v_{0x} = v\cos 28° = (36 \text{ m/s}) \cos 28° = 31{,}8 \text{ m/s}$$

Lungo y la pallina compie un moto con accelerazione costante g diretta verso il basso:

$$v_y^2 = v_{0y}^2 + 2(-g)y$$

Poiché v_{0y} è diretta verso l'alto, la radice quadrata deve essere presa col segno +. La componente y della velocità finale è:

$$v_y = -v\text{sen}\, 28° = -(36 \text{ m/s})\text{sen}\, 28° = -16{,}9 \text{ m/s}$$

dove il segno – indica che v_y è diretta verso il basso. In definitiva:

$$v_{0y} = \sqrt{v_y^2 + 2gy} = \sqrt{(16{,}9 \text{ m/s})^2 + 2(9{,}81 \text{ m/s}^2)(7{,}5 \text{ m})} = 20{,}8 \text{ m/s}$$

Quindi:

$$v_0 = \sqrt{v_{0x}^2 + v_{0y}^2} = \sqrt{(31{,}8 \text{ m/s})^2 + (20{,}8 \text{ m/s})^2} = 38 \text{ m/s}$$

e

$$\theta = \tan^{-1}\left(\frac{v_{0y}}{v_{0x}}\right) = \tan^{-1}\left(\frac{20{,}8 \text{ m/s}}{31{,}8 \text{ m/s}}\right) = \tan^{-1}(0{,}65) = 33°$$

27 ★★★ Un fucile spara verso l'alto un proiettile con una velocità iniziale che forma un angolo di 45° rispetto alla direzione orizzontale. La gittata è 800 m.

▶ Determina il tempo di volo del proiettile (trascura l'attrito con l'aria).

[13 s]

28 ★★★ Un arciere scocca una freccia in direzione orizzontale con una velocità di modulo 25 m/s. L'altezza da cui viene scoccata la freccia è 1,6 m.

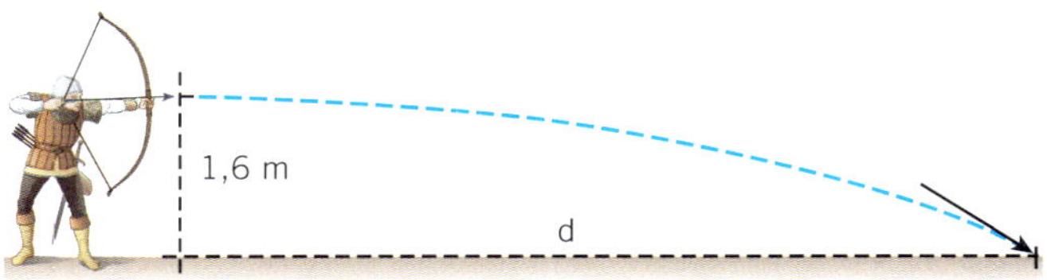

▶ Determina la distanza orizzontale d tra il punto di tiro e il punto in cui cade la freccia.

[14 m]

29 ★★★ Un'automobile cabriolet con il tettuccio aperto viaggia a una velocità costante di 32 m/s. Un passeggero lancia verso l'alto una pallina da tennis e, dopo un certo intervallo di tempo, questa gli ricade in mano. L'altezza massima raggiunta dalla pallina rispetto al punto di lancio è 1,2 m.

▶ Determina la distanza percorsa dall'automobile durante il tempo di volo della pallina.

[32 m]

30 ★★★ Un proiettile ha una velocità iniziale di modulo $v_0 = 300$ m/s e inclinazione di 30° verso l'alto rispetto alla direzione orizzontale.

▶ Determina l'altezza massima H raggiunta dal proiettile (trascura l'attrito con l'aria).

[1,1 km]

31 ★★★ **UN DATO IN PIÙ**

Giorgio lancia una pallina verso l'alto con una velocità di modulo 8,5 m/s e un angolo di 35° rispetto alla direzione orizzontale. La pallina raggiunge un'altezza massima di 1,2 m rispetto al punto di lancio.

▶ Determina il tempo di volo della pallina.

[1,0 s]

32 ★★★ Un calciatore tira una punizione e lancia un pallone da terra verso l'alto in direzione obliqua. L'altezza massima raggiunta dalla palla è 6,5 m.

▶ Determina la componente verticale v_{0y} della velocità iniziale.

▶ Determina il tempo di volo del pallone.

▶ È possibile determinare dai dati in tuo possesso l'angolo di inclinazione del tiro?

[11 m/s; 2,3 s]

33 ★★★ **OCCHIO ALL'INCERTEZZA**

Un fucile spara un proiettile in direzione obliqua con componenti della velocità iniziale $v_{0x} = (80 \pm 10)$ m/s e $v_{0y} = (60 \pm 5)$ m/s. L'accelerazione di gravità è $g = (9,8 \pm 0,3)$ m/s^2.

▶ Determina la gittata del proiettile insieme alla sua incertezza assoluta.

[(980 ± 230)m]

34 ★★★ Un giocatore di baseball realizza un fuoricampo e manda la palla sulle gradinate a 8,5 m di altezza sopra il punto di lancio. La distanza orizzontale tra il punto di lancio e il punto di caduta della pallina è $d = 85$ m. Il tempo di volo della pallina è 4,5 s.

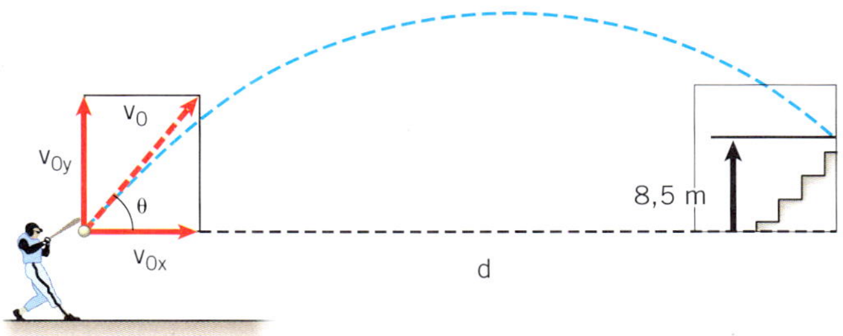

▶ Determina il vettore velocità iniziale della pallina.

[31 m/s; 52°]

35 ★★★ Un giocatore di basket fa canestro centrando la rete che si trova a una quota $h_2 = 3,05$ m dal parquet di gioco. Il pallone viene lanciato da una quota di $h_1 = 2,15$ m rispetto al suolo con una velocità di modulo 7,0 m/s e con un angolo sopra la direzione orizzontale di 42°.

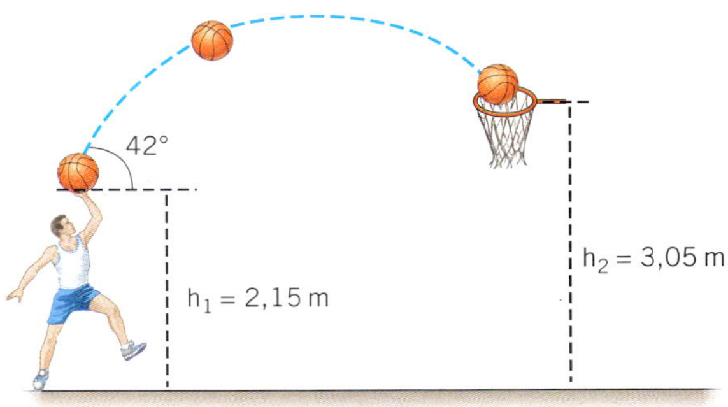

▶ Determina il tempo che passa da quando la palla lascia la mano del giocatore a quando finisce nel canestro.

▶ Determina la distanza orizzontale tra il punto di tiro e il canestro.

[0,69 s; 3,6 m]

36 ★★★ Mario lancia una palla in una direzione che forma un angolo di 45° con la direzione orizzontale. La palla sale di 5,0 m prima di ricadere.

▶ Determina il modulo della velocità iniziale della palla.

[14 m/s]

37 ★★★ Un giocatore di baseball realizza un fuoricampo. La palla ha una velocità di modulo 20 m/s quando raggiunge la sua altezza massima H = 10 m.

▶ Determina il modulo della velocità iniziale della palla e l'angolo che il vettore velocità forma con la direzione orizzontale.

[24 m/s; 35°]

© SecondPrint Production/Wikimedia

38 ★★★ Un arciere scocca una freccia da un'altezza di h = 1,5 m dal suolo in direzione orizzontale. Nello stesso istante viene lasciata cadere una mela che si trova alla stessa altezza. La distanza orizzontale tra il punto di tiro e la mela è d = 15 m.

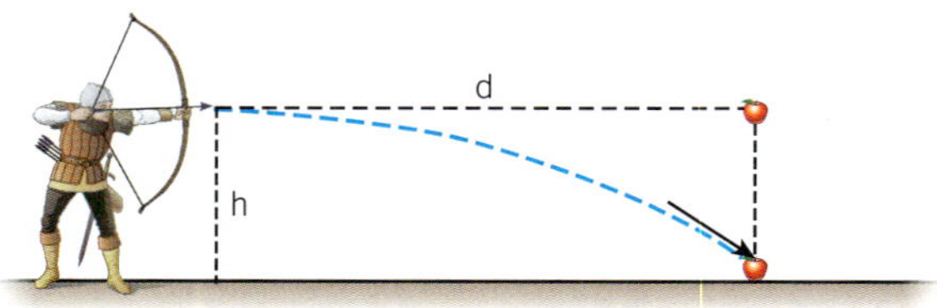

▶ Determina il modulo della velocità iniziale della freccia che permette di colpire la mela immediatamente prima che tocchi terra.

▶ Determina il modulo della velocità iniziale della freccia che permette di colpire la mela dopo che quest'ultima ha percorso una distanza di soli 30 cm dal punto di partenza.

[27 m/s; 61 m/s]

39 ★★★ **QUANTI SU 100?**

In una rimessa da fondocampo, un calciatore lancia un pallone in una direzione che forma un angolo di 15° con la direzione orizzontale. La velocità iniziale ha modulo 25 m/s.

▶ Determina l'altezza massima raggiunta dal pallone rispetto al punto di lancio.

▶ Mantieni lo stesso modulo della velocità iniziale. Determina l'angolo di inclinazione di tiro per aumentare del 20% l'altezza massima raggiunta dal pallone.

▶ Mantieni adesso la stessa inclinazione di tiro. Determina la velocità iniziale del pallone se vuoi aumentare del 20% l'altezza massima raggiunta dal pallone.

[2,1 m; 16°; 27 m/s]

4 IL MOTO CIRCOLARE UNIFORME

40 ★★★ Il piatto di un vecchio giradischi ruota effettuando 33 giri al minuto.

▶ Determina il periodo di rotazione del piatto in secondi.

[1,8 s]

41 ★★★ **UN DATO IN PIÙ**

Un oggetto puntiforme ruota di moto circolare uniforme intorno a un punto A con frequenza 0,25 Hz. Il modulo della sua velocità tangenziale è 6,7 m/s. Il periodo di rotazione è 4,0 s.

▶ Calcola la distanza dell'oggetto dal punto A.

[4,3 m]

42 ★★★ **OCCHIO ALL'INCERTEZZA**

Il periodo di rotazione di un oggetto puntiforme che si muove di moto circolare uniforme è $T = (33{,}0 \pm 0{,}5)$ s.

▶ Determina la frequenza del moto insieme alla sua incertezza assoluta.

[(0,0303 ± 0,0005) Hz]

43 ★★★ Un punto materiale percorre un sesto di una circonferenza in 4,5 secondi.

▶ Calcola la velocità angolare del punto materiale.

[0,23 rad/s]

44 ★★★ Un punto materiale si muove con velocità angolare costante ω = 1,6 rad/s lungo una circonferenza.

▶ Calcola l'angolo (in radianti) che il punto percorre in 0,75 secondi.

[1,2 rad]

45 ★★★ La ruota di un'automobile ha un raggio di 28 cm. Per bilanciare lo pneumatico, la ruota è posizionata su un macchinario che la mantiene in rotazione. Il modulo della velocità tangenziale del bordo esterno della ruota è 27 m/s.

▶ Determina la frequenza di rotazione in giri al minuto della ruota.

[920 giri/min]

46 ★★★ La distanza Sole-Terra è 150 000 000 km. Considera l'anno composto da 365 giorni.

▶ Calcola il modulo della velocità tangenziale della Terra nel suo moto di rivoluzione intorno al Sole, assumendo che sia un moto circolare uniforme.

[30 km/s]

47 ★★★ A plane, traveling at a constant speed of 120 m/s flies once around a circle whose radius is 2,7 km.

▶ How long does it take?

[140 s]

48 PROBLEM SOLVING

Due dischi A e B, di raggio $r_A = 5{,}5$ cm e $r_B = 7{,}5$ cm sono montati su un asse che è in rotazione con velocità angolare $\omega = 12$ rad/s. Il disco A è collegato tramite una cinghia a un terzo disco C, di raggio $r_C = 12$ cm montato su un secondo asse. La cinghia si muove senza slittare sui due dischi.

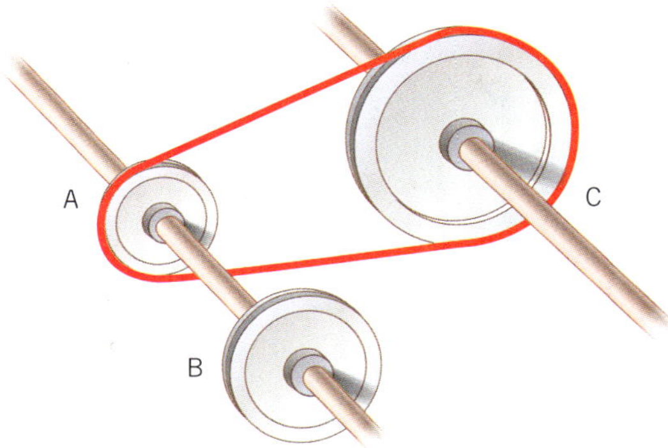

- Calcola la velocità angolare e tangenziale del bordo del disco B.
- Calcola la velocità angolare e tangenziale del bordo del disco C.

Dati e incognite

Dati	Incognite
Raggi dei tre dischi: $r_A = 5{,}5$ cm, $r_B = 7{,}5$ cm, $r_C = 12$ cm	Velocità del disco B: $\omega_B = ?$ $v_B = ?$
Velocità angolare del primo asse: $\omega = 12$ rad/s	Velocità del disco C: $\omega_C = ?$ $v_C = ?$

Il ragionamento

I punti sul bordo dei dischi si muovono di moto circolare uniforme. I dischi A e B hanno la stessa velocità angolare, perché compiono contemporaneamente un giro completo. Per i dischi A e C la situazione è differente: quando un punto sul bordo del disco A si è spostato di 1 cm, anche la cinghia si è spostata di 1 cm, costringendo quindi anche il disco C a ruotare di 1 cm; ne deduciamo che i punti sul bordo dei dischi A e C hanno la stessa velocità tangenziale.

La soluzione

- Il disco B ruota con la stessa velocità angolare del disco A:

$$\omega_B = \omega_A = \omega = 12 \text{ rad/s}$$

La velocità tangenziale del suo bordo è:

$$v_B = \omega r_B = (12 \text{ rad/s})(0{,}075 \text{ m}) = 0{,}90 \text{ m/s}$$

- La velocità tangenziale del disco C è uguale a quella del disco A a causa del collegamento con la cinghia:

$$v_C = v_A = \omega r_A = (12 \text{ rad/s})(0{,}055 \text{ m}) = 0{,}66 \text{ m/s}$$

Quindi la velocità angolare del disco C è:

$$\omega_C = \frac{v_C}{r_C} = \frac{0{,}66 \text{ m/s}}{0{,}12 \text{ m}} = 5{,}5 \text{ rad/s}$$

49 ★★☆ La ruota panoramica del Prater di Vienna ha un diametro di circa 61 m. La cabina è montata sul bordo della ruota e ha modulo della velocità tangenziale pari a 0,75 m/s.

© David Monniaux (Wikimedia)

- ▶ Determina la frequenza di rotazione della ruota.
- ▶ Determina quanti minuti e secondi impiega la ruota per compiere un giro completo.

[3,9 mHz; 4 min 16 s]

50 ★★☆ La Luna compie un'orbita completa intorno alla Terra in 28 giorni. La distanza Terra-Luna è 384 000 km. Supponi che il moto della Luna sia circolare uniforme.

- ▶ Calcola la velocità angolare media della Luna.
- ▶ Calcola il modulo della velocità tangenziale della Luna.

[$2{,}6 \cdot 10^{-6}$ rad/s; 1,0 km/s]

51 ★★☆ La lancetta delle ore del Big Ben è lunga 2,7 m mentre quella dei minuti 4,3 m.

© Colin (Wikimedia)

- ▶ Calcola i moduli delle velocità tangenziali con cui si muovono le punte delle due lancette.

[$3{,}9 \cdot 10^{-4}$ m/s; $7{,}5 \cdot 10^{-3}$ m/s]

52 ★★☆ Due punti materiali A e B si muovono di moto circolare uniforme su una circonferenza di raggio $R = 4{,}0$ cm. I moduli delle velocità tangenziali dei due punti sono $v_1 = 1{,}3$ m/s e $v_2 = 3{,}6$ m/s. Nella figura sono raffigurati i due punti all'inizio del moto insieme ai rispettivi vettori velocità.

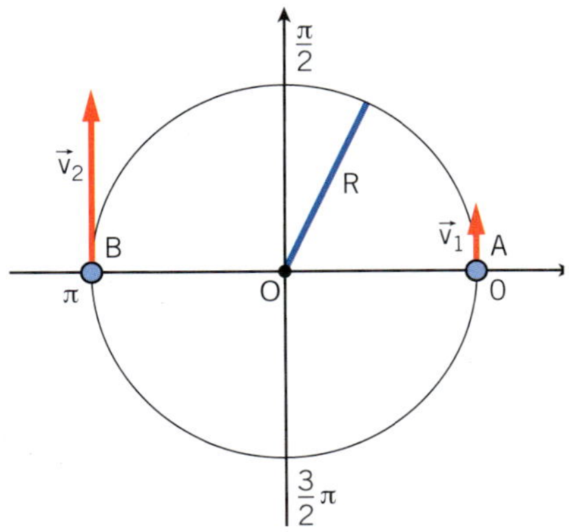

Considera la direzione orizzontale come direzione di riferimento.

- ▶ Determina la lunghezza dell'arco percorso dal punto materiale A quando i due punti materiali si incontrano.

[3,3 cm]

53 ★★☆ Due oggetti puntiformi A e B si muovono di moto circolare uniforme su una circonferenza di raggio $R = 4{,}0$ m. I moduli delle velocità tangenziali dei due oggetti sono $v_1 = 3{,}6$ m/s e $v_2 = 1{,}3$ m/s. Nella figura qui sotto sono raffigurati i due oggetti a un certo istante insieme ai rispettivi vettori velocità.

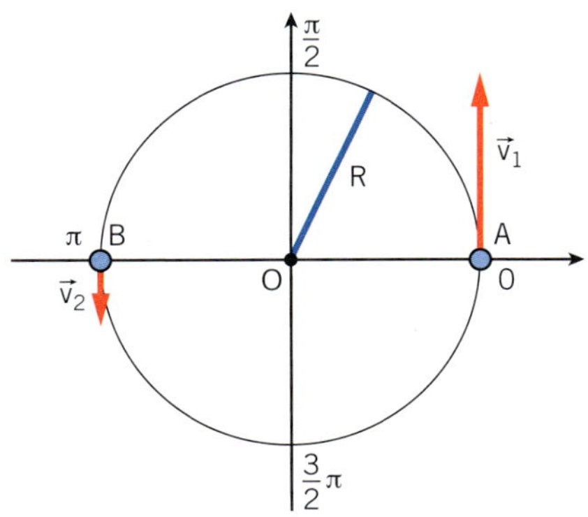

- ▶ Determina dopo quanti secondi si incontrano i due oggetti.

[5,5 s]

54 ★★☆ Un orologio analogico segna le ore 15h 24m 00s in punto.

▶ Determina l'angolo che la lancetta delle ore forma con la direzione corrispondente alle ore 12.

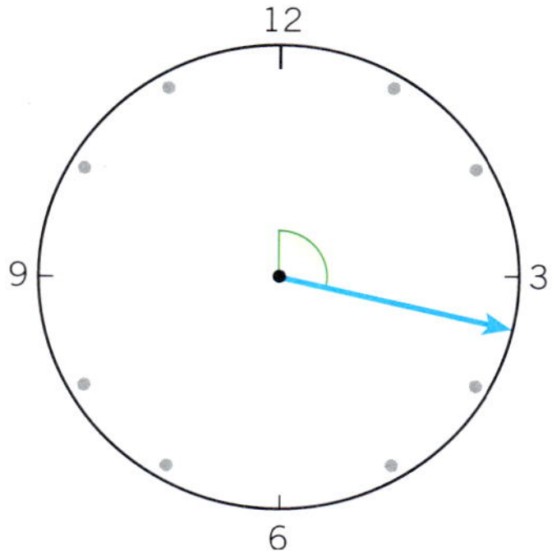

[102°]

55 ★★☆ **QUANTI SU 100?**
Due dischi di diverso raggio sono uniti da una cinghia che non scivola sui dischi.

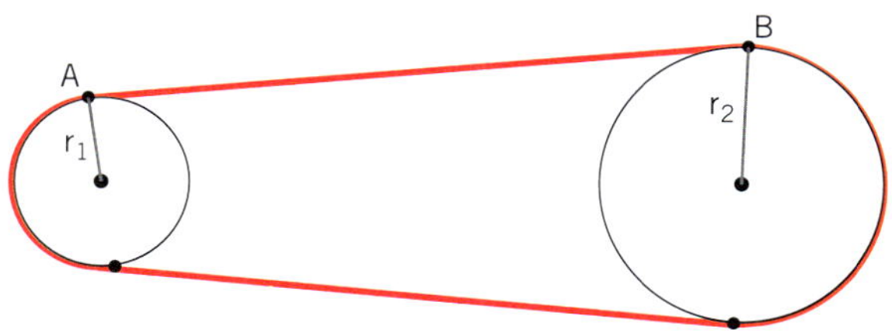

Il disco A ha raggio r_1 = 10 cm e viene fatto ruotare con una frequenza di 1500 giri al minuto. Il disco B ha raggio r_2 = 25 cm.

▶ Determina la frequenza con cui ruota il disco B.
▶ Si vuole aumentare del 20% la frequenza con cui ruota il disco B. Determina quale deve essere il modulo della velocità tangenziale di un punto sul bordo del disco A.

[600 giri/min; 19 m/s]

56 ★★☆ Sara e sua sorella Lisa sono sedute su due cavalli di una giostra in rotazione. Le due bambine passano davanti alla mamma, che sta a terra a guardarle, ogni 9,2 s. Sara è seduta su un cavallo a 2,6 m dal centro della giostra, mentre il cavallo su cui è seduta Lisa è più esterno.

▶ Calcola la frequenza con cui ruota la giostra.
▶ La velocità lineare di Lisa è 2,6 m/s. A che distanza si trova da Sara?

[0,11 Hz; 1,2 m]

57 ★★☆ La frequenza di rotazione della giostra su cui sono sedute Sara e Lisa è 0,15 Hz. Sara è seduta sul cavallo posto proprio al bordo della giostra. Lisa è seduta accanto a Sara ma più vicina al centro.

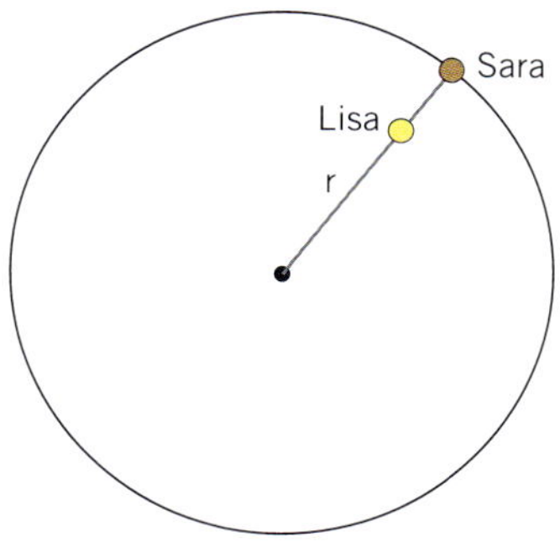

La distanza tra le due bambine è uguale a un terzo del raggio della giostra. La differenza tra i moduli delle velocità tangenziali di Sara e Lisa è 1,3 m/s.

▶ Calcola ogni quanti secondi le bambine passano davanti alla mamma.
▶ Determina il raggio della giostra.
▶ Calcola i moduli delle velocità tangenziali di Sara e Lisa.

[6,7 s; 4,1 m; 3,9 m/s; 2,6 m/s]

5 ACCELERAZIONE CENTRIPETA

58 ★☆☆ **UN DATO IN PIÙ**
Un oggetto puntiforme di massa m = 0,25 kg si muove di moto circolare uniforme lungo una circonferenza di raggio 18 cm. La velocità angolare dell'oggetto è ω = 0,16 rad/s.

▶ Determina l'accelerazione centripeta dell'oggetto.

[$4{,}6 \cdot 10^{-3}$ m/s^2]

59 ★☆☆ Un oggetto puntiforme si muove di moto circolare uniforme lungo una circonferenza di raggio 1,6 m. Il modulo della velocità tangenziale dell'oggetto è 0,28 m/s.

▶ Determina l'accelerazione centripeta dell'oggetto.

[0,049 m/s^2]

60 ★☆☆ Un oggetto puntiforme si muove di moto circolare uniforme lungo una circonferenza di raggio 31 m. L'accelerazione centripeta del punto è 33 m/s^2.

▶ Determina il modulo della velocità tangenziale dell'oggetto.

[32 m/s]

61 ★☆☆ Un oggetto puntiforme si muove di moto circolare uniforme lungo una circonferenza di raggio 24 m. L'accelerazione centripeta del punto è 28 m/s^2.

▶ Determina la velocità angolare del moto.

[1,1 rad/s]

ESERCIZI

62 PROBLEM SOLVING

La Stazione Spaziale Internazionale (ISS) è in orbita intorno alla Terra, a una distanza media di circa 380 km dal suolo. La Stazione completa 15,5 orbite ogni 24 ore. Il raggio della Terra è pari a 6370 km.

▶ Calcola l'accelerazione centripeta della Stazione Spaziale Internazionale.

© NASA

Dati e incognite

Dati	Incognite
Distanza media della ISS dal suolo terrestre: h = 380 km	Accelerazione centripeta: a_c = ?
Raggio della Terra: R = 6370 km	
Numero di orbite compiute in 24 ore: n = 15,5	

Il ragionamento

Approssimiamo l'orbita della Stazione Spaziale Internazionale a una circonferenza e usiamo le relazioni valide per il moto circolare uniforme. Dal numero di orbite in 24 ore ricaviamo la frequenza del moto; da questo parametro e dal raggio dell'orbita ricaviamo l'accelerazione centripeta.

La soluzione

Il raggio r dell'orbita circolare è la somma del raggio della Terra e della distanza media della Stazione dal suolo:

$$r = R + h$$

La frequenza è il numero di orbite compiute in un secondo:

$$f = \frac{n}{24\ \text{h}} = \frac{15{,}5}{24 \times 3600\ \text{s}} = \frac{15{,}5}{86\,400\ \text{s}} = 1{,}8 \cdot 10^{-4}\ \text{s}^{-1}$$

La velocità angolare è:

$$\omega = 2\pi f = 2\pi\,(1{,}8 \cdot 10^{-4}\ \text{s}^{-1}) = 1{,}1 \cdot 10^{-3}\ \text{rad/s}$$

L'accelerazione centripeta della Stazione è:

$$a_c = \omega^2 r = \omega^2(R + h) = (1{,}1 \cdot 10^{-3})^2\,[(6370 \cdot 10^3\ \text{m}) + (380 \cdot 10^3\ \text{m})] \approx 8{,}2\ \text{m/s}^2$$

63 ★★★ Un oggetto puntiforme si muove di moto circolare uniforme lungo una circonferenza di raggio 5,7 cm. Il punto materiale impiega 1,3 s per compiere un giro completo.

▶ Determina l'accelerazione centripeta dell'oggetto.

[1,3 m/s²]

64 ★★★ **QUANTI SU 100?**
Un oggetto che si trova all'Equatore ha un'accelerazione centripeta determinata dalla rotazione della Terra attorno al suo asse. La Terra compie una rotazione completa attorno al suo asse in 24 ore. La lunghezza dell'Equatore è 40 000 km.

▶ Determina il modulo dell'accelerazione centripeta dell'oggetto.

▶ Calcola il rapporto percentuale tra il modulo dell'accelerazione centripeta dell'oggetto e l'accelerazione di gravità g.

[0,033 m/s²; 0,34%]

65 ★★★
La lancetta dei secondi di un orologio a muro è lunga 25,5 cm.
- Calcola l'accelerazione centripeta della punta della lancetta.
- Calcola l'accelerazione centripeta di un punto posto al centro della lancetta.

[0,28 cm/s²; 0,14 cm/s²]

66 ★★★
Un bob percorre una curva con un'accelerazione centripeta di modulo 3,2*g* e con una velocità tangenziale di modulo pari a 130 km/h.
- Calcola il raggio di curvatura della curva.

[42 m]

67 ★★★
Un lettore di CD ruota il disco con frequenza 420 giri/min.
- Determina l'accelerazione centripeta di un settore del disco posto a 3 cm dal centro ed esprimilo in unità di *g*.
- Determina la distanza dal centro in cui si ha un'accelerazione centripeta di modulo uguale a *g*.

[5,9 *g*; 5,1 mm]

68 ★★★
Un satellite percorre un'orbita circolare in prossimità della Terra. Il satellite "cade" continuamente verso il centro della Terra con accelerazione *g*. Il raggio medio della Terra è 6370 km.
- Determina il modulo della velocità tangenziale del satellite.
- Determina il periodo orbitale (cioè, il tempo necessario al satellite per compiere un'orbita).

[7,9 km/s; 84 min]

© NASA

69 ★★★ **OCCHIO ALL'INCERTEZZA**
Un'auto percorre un circuito circolare di raggio (31,0 ± 0,5) m con una velocità tangenziale di modulo (25,0 ± 5,0) m/s.
- Determina il modulo dell'accelerazione centripeta dell'auto e la sua incertezza assoluta.

[(20 ± 8) m/s²]

70 ★★★
La distanza Terra-Luna è $3{,}8 \times 10^5$ km. Il periodo di rotazione della Luna attorno alla Terra è di 28 giorni.
- Determina il modulo dell'accelerazione centripeta della Luna nella sua orbita intorno alla Terra.
- Determina il rapporto tra il modulo dell'accelerazione centripeta della Luna e l'accelerazione di gravità *g*.
- Verifica che il rapporto calcolato nella domanda precedente sia uguale al rapporto tra il quadrato del raggio terrestre $R = 6{,}3 \times 10^6$ m e il quadrato della distanza Terra-Luna.

[$2{,}6 \cdot 10^{-3}$ m/s²; $2{,}7 \cdot 10^{-4}$]

71 ★★★ **QUANTI SU 100?**
Due oggetti puntiformi A e B si muovono di moto circolare uniforme su due circonferenze di uguale raggio *r*. L'oggetto A ha il modulo della velocità tangenziale uguale al 70% di quello di B.
- Determina la percentuale che esprime il rapporto tra il modulo dell'accelerazione centripeta di A e quello di B.

[49%]

72 ★★★ **QUANTI SU 100?**
Una pallina ruota di moto circolare uniforme attaccata a un filo lungo 10 cm. Si vuole diminuire del 10% il modulo dell'accelerazione centripeta della pallina senza modificare la sua velocità tangenziale.
- Di quanto bisogna allungare il filo?

[1,1 cm]

73 ★★★
Due auto affrontano la stessa curva a velocità tangenziale di modulo costante. La prima auto ha un'accelerazione centripeta di modulo $a_1 = g/3$, mentre la seconda ha un'accelerazione centripeta di modulo $a_2 = 4g/3$.
- Determina il rapporto tra i moduli delle velocità tangenziali della prima e della seconda auto.

[1/2]

6 IL MOTO ARMONICO

74 ★★★
Un oggetto puntiforme si muove di moto armonico. L'ampiezza del moto è 0,35 m e il suo periodo 1,8 s.
- Calcola la pulsazione del moto armonico.
- Calcola il valore massimo del modulo dell'accelerazione dell'oggetto.

[3,5 rad/s; 4,3 m/s²]

75 ★★★
Il cono di un altoparlante oscilla di moto armonico con una frequenza $f = 1{,}2$ kHz e un'ampiezza $A = 0{,}19$ mm.
- Determina il valore massimo del modulo della velocità del cono.

[1,4 m/s]

76 ★★★
Un punto percorre una circonferenza di raggio 0,75 m con una velocità di modulo costante uguale a 3,4 m/s. La sua ombra proiettata su un diametro della circonferenza si muove di moto armonico.
- Calcola la pulsazione del moto armonico.
- Determina il valore massimo del modulo dell'accelerazione di questo moto armonico.

[4,5 rad/s; 15 m/s²]

77 ★☆☆ Un oggetto puntiforme si muove di moto armonico di ampiezza 4,6 m e periodo 3,7 s.

▶ Determina il valore massimo del modulo della velocità raggiunta dall'oggetto.

[7,8 m/s]

78 ★☆☆ **UN DATO IN PIÙ**

Un oggetto puntiforme di massa 25 g oscilla di moto armonico attorno a una posizione di equilibrio. Il valore massimo del modulo dell'accelerazione dell'oggetto è 6,3 m/s^2. La frequenza del moto è 1,0 Hz.

▶ Determina l'ampiezza del moto.

[0,16 m]

79 ★☆☆ Un punto materiale P percorre una circonferenza con velocità di modulo costante v = 1,6 m/s. La figura rappresenta il punto materiale in un istante in cui il suo vettore posizione forma un angolo α = 36° con un diametro di riferimento. La sua proiezione C su quel diametro si muove di moto armonico.

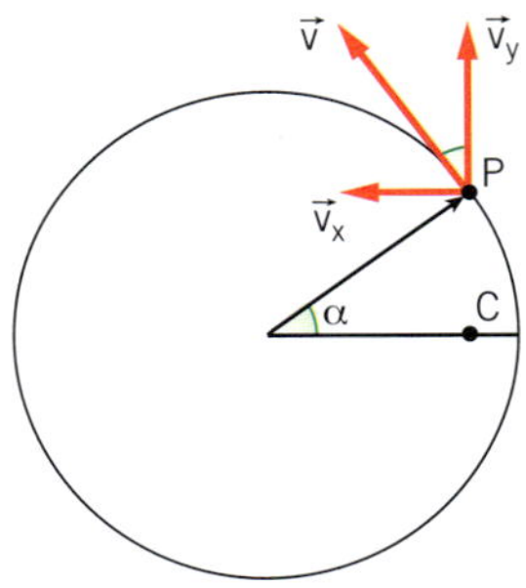

▶ Calcola la velocità di C nell'istante raffigurato in figura.

[−0,94 m/s]

80 ★☆☆ Un punto materiale P percorre una circonferenza con accelerazione centripeta di modulo costante a = 2,5 m/s^2. La figura rappresenta il punto materiale in un istante in cui il suo vettore posizione forma un angolo θ = 40° con un diametro di riferimento. La sua proiezione Q su quel diametro si muove di moto armonico.

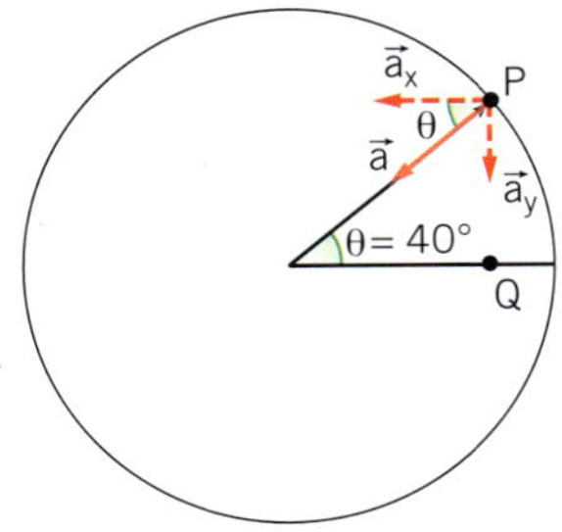

▶ Calcola l'accelerazione di Q.

[−1,9 m/s^2]

81 ★☆☆ Un punto materiale P percorre una circonferenza con accelerazione centripeta di modulo costante a = 5,4 m/s^2. Le sue proiezioni sui diametri AB e CD si muovono di moto armonico. Assumi come positivi i versi diretti verso l'alto e verso destra.

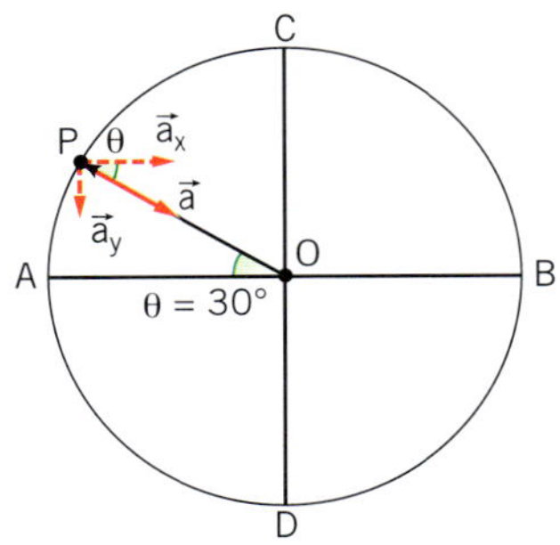

▶ Calcola l'accelerazione della proiezione di P sul diametro AB.

▶ Calcola l'accelerazione della proiezione di P sul diametro CD.

[4,7 m/s^2; −2,7 m/s^2]

82 **PROBLEM SOLVING**

Carlo si diverte ad andare sull'altalena. Quando il Sole è esattamente sulla verticale rispetto all'altalena, Carlo proietta un'ombra sul terreno, che si muove approssimativamente di moto armonico. L'ombra di Carlo impiega 2,8 s a compiere una oscillazione completa avanti e indietro, percorrendo due volte la distanza di 64 cm.

▶ Determina i parametri caratteristici del moto dell'ombra di Carlo: ampiezza, periodo, frequenza, pulsazione.

▶ Disegna il grafico spazio-tempo e il grafico accelerazione-tempo del moto dell'ombra di Carlo, a partire dall'istante in cui Carlo è nel punto più a destra dell'oscillazione.

▶ Disegna il grafico velocità-tempo del moto dell'ombra di Carlo.

Dati e incognite

Dati	Incognite
Tempo per oscillazione completa: Δt = 2,8 s	Parametri oscillazione: A = ? T = ? f = ? ω = ?
Distanza metà oscillazione: d = 64 cm	

Il ragionamento

L'intervallo di tempo durante il quale avviene un'oscillazione completa è il periodo. La distanza tra i punti più lontani raggiunti dall'ombra è uguale a 64 cm. Da queste grandezze si ricavano le altre.
Il grafico accelerazione-tempo si ricava da quello spazio-tempo, grazie alla relazione $a = -\omega^2 x$.
Per disegnare il grafico velocità-tempo, ricordiamo che il valore della velocità istantanea in dato istante t è dato dal coefficiente angolare della retta tangente al grafico spazio-tempo nel punto di ascissa t.

La soluzione

- L'ampiezza dell'oscillazione è la distanza percorsa dall'ombra durante un quarto di oscillazione:

$$A = \frac{d}{2} = 32 \text{ cm} = 0{,}32 \text{ m}$$

Il periodo dell'oscillazione è l'intervallo di tempo necessario per una oscillazione completa:

$$T = \Delta t = 2{,}8 \text{ s}$$

La frequenza è l'inverso del periodo:

$$f = \frac{1}{T} = \frac{1}{2{,}8 \text{ s}} \approx 0{,}36 \text{ Hz}$$

La pulsazione è:

$$\omega = \frac{2\pi}{T} = \frac{2\pi}{2{,}8 \text{ s}} \approx 2{,}2 \text{ rad/s}$$

- Posizioniamo l'origine dell'asse x nel centro dell'oscillazione e verso positivo verso destra. Il grafico spazio-tempo è:

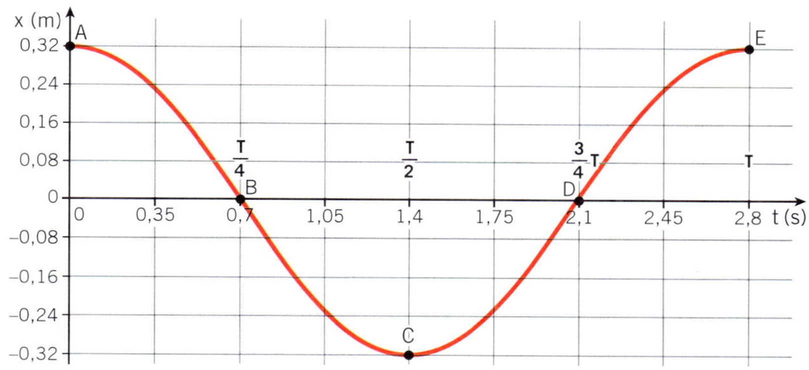

Il grafico accelerazione-tempo si ricava da quello spazio-tempo grazie alla relazione $a = -\omega^2 x$. Il segno dell'accelerazione a è opposto a quello della posizione x, quindi:

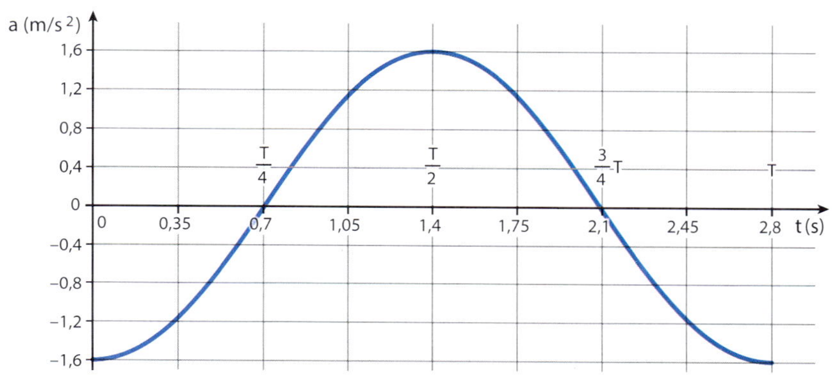

SEGUE

Il massimo valore dell'accelerazione si raggiunge quando $x = \pm\ 0{,}32$ m:

$$a_{max} = -\omega^2 x_{min} = -\left(\frac{2\pi}{T}\right)^2(-0{,}32\ \text{m}) \approx 1{,}6\ \text{m/s}^2$$

- Per disegnare il grafico velocità-tempo, iniziamo calcolando la massima velocità:

$$v_{max} = \omega A = \left(\frac{2\pi}{T}\right)(0{,}32\ \text{m}) \approx 0{,}72\ \text{m/s}$$

È comodo suddividere il moto armonico in quattro tratti A-B, B-C, C-D e D-E, ciascuno di durata $T/4$.
Durante il primo e il secondo tratto, x diminuisce e quindi la velocità è negativa.
Durante il terzo e il quarto tratto, x aumenta e quindi la velocità è positiva.
Il grafico velocità-tempo è il seguente:

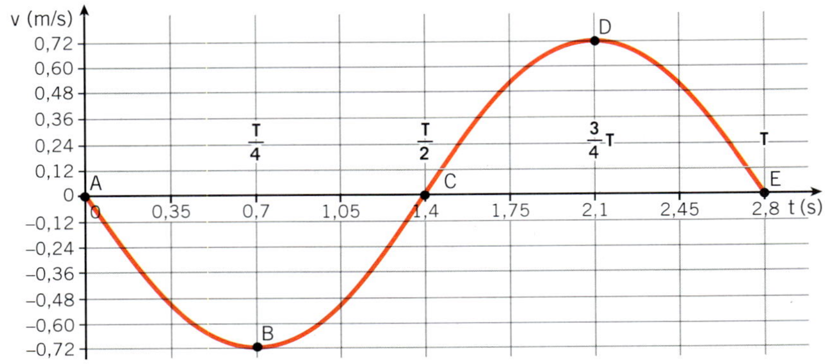

83 ★★★ **OCCHIO ALL'INCERTEZZA**

Un oggetto puntiforme si muove di moto armonico. L'ampiezza dell'oscillazione è $A = (0{,}28 \pm 0{,}02)$ m. Il periodo è $T = (1{,}2 \pm 0{,}1)$ s.

▶ Determina il valore massimo del modulo dell'accelerazione dell'oggetto con la sua incertezza assoluta.

[$(7{,}7 \pm 1{,}8)$ m/s^2]

84 ★★★ Il valore massimo del modulo della velocità raggiunta da un oggetto puntiforme che si muove di moto armonico è 0,48 m/s. L'oggetto raggiunge questo valore ogni 0,80 s.

▶ Determina l'ampiezza del moto.

[0,12 m]

85 ★★★ Un oggetto puntiforme si muove di moto armonico con una frequenza di 10 Hz e una ampiezza di 0,57 cm.

▶ Determina il valore massimo del modulo della velocità del punto materiale.

▶ Determina il valore massimo del modulo dell'accelerazione del punto materiale.

[0,36 m/s; 23 m/s^2]

86 ★★★ **LEGGI IL GRAFICO**

Un oggetto oscilla di moto armonico. Il grafico mostra il suo spostamento in funzione del tempo.

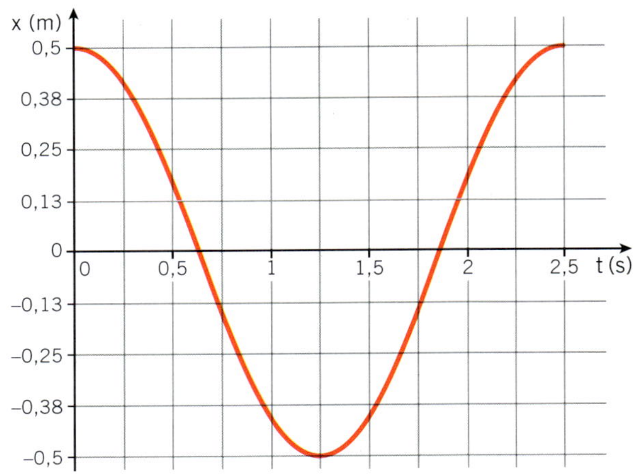

▶ Utilizza i dati riportati nel grafico e determina i valori dei parametri caratteristici del moto armonico: ampiezza, periodo, frequenza e pulsazione.

▶ Disegna il grafico accelerazione-tempo.

▶ Disegna il grafico velocità-tempo.

[0,50 m; 2,5 s; 0,40 Hz; 2,5 rad/s]

PROBLEMI FINALI

87 ★★★ Due oggetti puntiformi A e B ruotano di moto circolare uniforme lungo due circonferenze diverse e sono sottoposti alla stessa accelerazione centripeta. A compie 64 giri ogni minuto mentre B compie 96 giri ogni minuto. La circonferenza su cui ruota A ha raggio 12 cm.

- ▶ Determina il raggio della circonferenza su cui ruota B.

[5,3 cm]

88 ★★★ La Terra ruota intorno al proprio asse in 24 ore. Il raggio terrestre è 6370 km.

- ▶ Determina il modulo della velocità tangenziale di un punto posto sull'Equatore.
- ▶ Determina la latitudine dei punti P sulla Terra che hanno modulo dell'accelerazione centripeta pari alla metà di quello di un punto sull'Equatore.

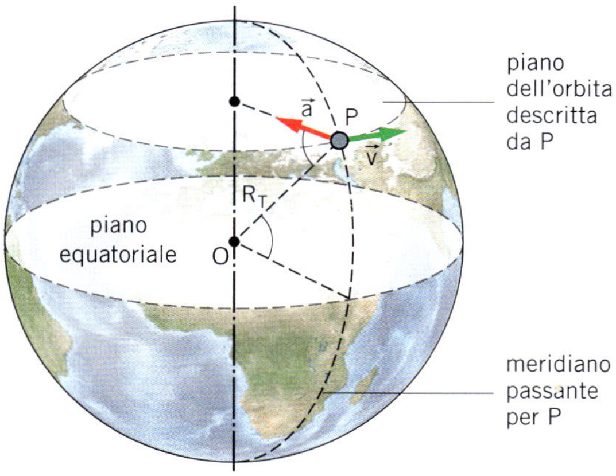

[$4{,}6 \cdot 10^2$ m/s; 60°]

89 ★★★ **QUANTI SU 100?**
Sara e sua sorella Lisa sono sedute su due cavalli di una giostra che ruota in senso antiorario, come mostra la figura.

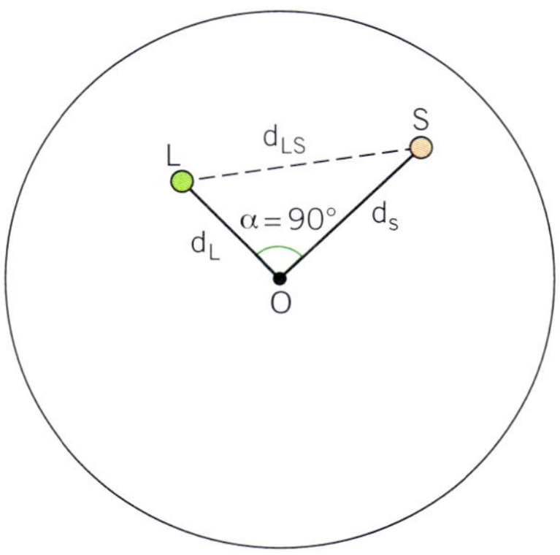

Sara passa davanti alla mamma, che sta a terra a guardarle, un secondo dopo Lisa. I segmenti OL e OS, che congiungono il centro della giostra ai cavalli su cui sono sedute le bambine, sono ortogonali. Il modulo della velocità tangenziale di Sara è $v_S = 2{,}5$ m/s. La distanza d_L di Lisa dal centro della giostra è uguale all'80% della distanza d_S di Sara dal centro della giostra.

- ▶ Determina il modulo della velocità tangenziale di Lisa.
- ▶ Determina la distanza d_{LS} tra Lisa e Sara.
- ▶ Calcola i moduli delle accelerazioni centripete delle due bambine.

[2,0 m/s; 2,0 m; 3,2 m/s²; 3,9 m/s²]

90 ★★★ Un'automobile affronta una curva a una velocità di modulo 130 km/h. La curva ha un raggio di curvatura di 35 m.

- ▶ Determina il modulo dell'accelerazione centripeta dell'automobile ed esprimila in funzione di g.
- ▶ Determina il modulo della velocità che deve avere l'automobile perché il modulo dell'accelerazione centripeta sia uguale alla metà del modulo calcolato nella domanda precedente.

[3,8g; 92 km/h]

91 ★★★ Una palla rotola sul terrazzo di una casa e cade dal punto A. Il terrazzo è ad altezza $H = 10$ m da terra. A un'altezza $h = 4{,}0$ m sotto il punto A si trova una veranda che si estende in orizzontale per 3,0 metri. Trascura l'effetto dell'attrito con l'aria.

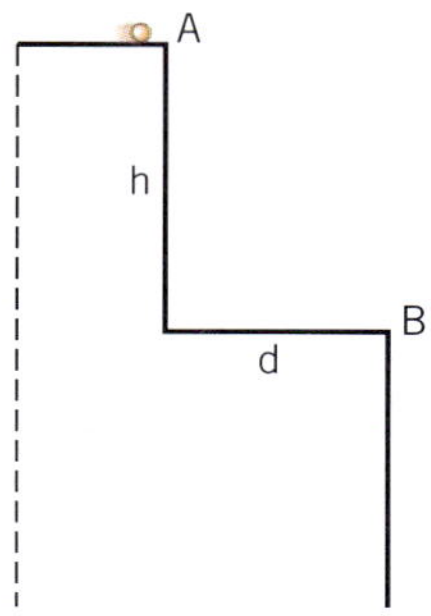

- ▶ Determina la velocità iniziale della palla che le permette di non cadere sulla veranda.
- ▶ Determina a che distanza orizzontale x dalla parete dell'edificio la palla tocca terra.

[3,3 m/s; 1,7 m]

92 ★★★ Considera la situazione descritta nel problema precedente

- ▶ Determina il vettore velocità della palla nell'istante in cui arriva a terra.

[14 m/s; 77°]

93 ★★★ Un arciere vuole colpire un bersaglio che si trova 30 m davanti a lui. La freccia è scoccata con una velocità iniziale di modulo 80 m/s e direzione orizzontale.

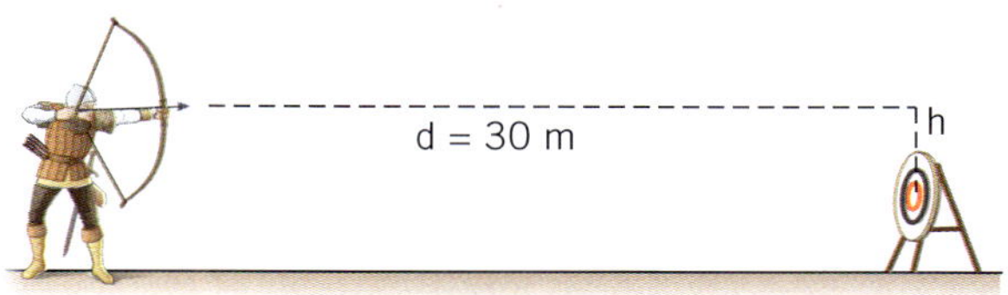

- ▶ Determina a quale distanza h al di sopra del bersaglio deve essere puntato l'arco per fare centro.

[69 cm]

94 ★★☆ **QUANTI SU 100?**

Una pallina P ruota di moto circolare uniforme lungo una circonferenza di raggio $r = 0{,}85$ m. La proiezione C della pallina sul diametro della circonferenza che giace sull'asse x di riferimento si muove di moto armonico.

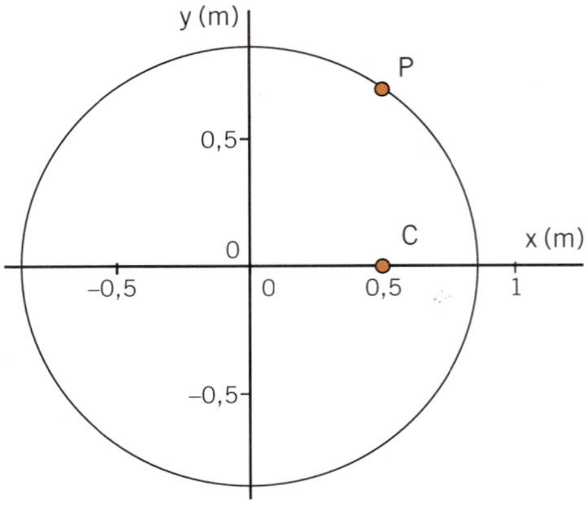

Quando la proiezione C di P passa dal punto di ascissa $x = 0{,}5$ m, ha una velocità $v_1 = +2{,}3$ m/s.

- Determina la velocità della pallina P lungo la circonferenza. La pallina ruota in verso orario o in verso antiorario?
- Poco dopo la velocità del punto C è diminuita del 10% rispetto a v_1. Qual è la posizione del punto C?

[2,8 m/s; 0,57 m]

95 ★★☆

Un fucile spara un proiettile con una velocità iniziale che forma un angolo di 45° con la direzione orizzontale. Il tempo di volo del proiettile è 8,0 s.

- Determina il modulo della velocità iniziale del proiettile.
- Determina la velocità del proiettile quando il proiettile raggiunge la sua altezza massima.

[55 m/s; 39 m/s direzione orizzontale]

96 ★★★

Una palla è lanciata in direzione obliqua. Nella figura è rappresentata in rosso la parte conclusiva della sua traiettoria.

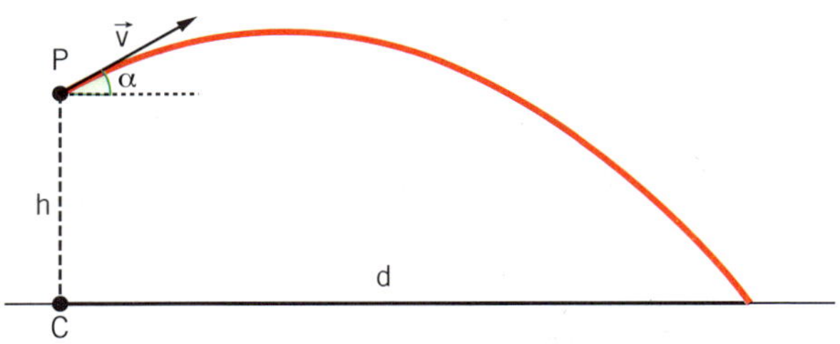

L'altezza del punto P dal suolo è $h = 5{,}6$ m. Il vettore velocità $\vec{v}$ della palla nel punto P ha modulo 12 m/s ed è inclinato di un angolo $\alpha = 30°$ rispetto alla direzione orizzontale.

- Determina la distanza orizzontale d tra il punto C e il punto di impatto con il suolo.

[19 m]

97 ★★★

Una particella ruota in senso orario su una circonferenza di raggio $r = 3$ m con una velocità costante di $v = 2$ m/s. All'istante $t = 0$ s, l'asse di riferimento x forma un angolo di 45° con il raggio vettore che individua la posizione della particella sulla circonferenza.

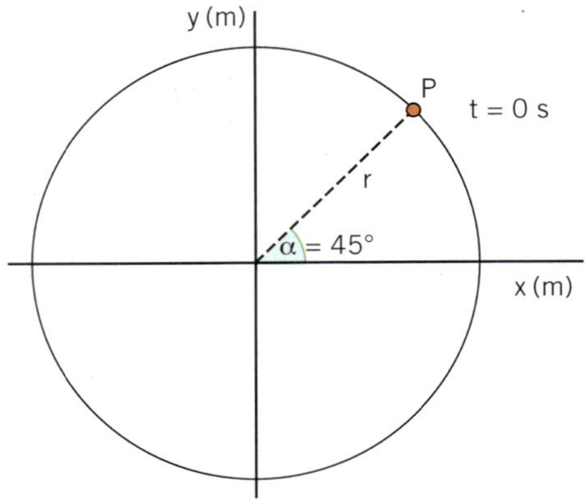

- Disegna il grafico spazio-tempo relativo a un periodo di rotazione della proiezione della particella sul diametro che giace sull'asse x.
- Disegna il corrispondente grafico velocità-tempo.

98 ★★★ **QUANTI SU 100?**

Due ruote dentate di diametri d_1 e $d_2 > d_1$ sono a contatto. La ruota di diametro minore è posta in rotazione in verso orario con velocità angolare ω_1. La differenza tra i due diametri è 6,0 cm.

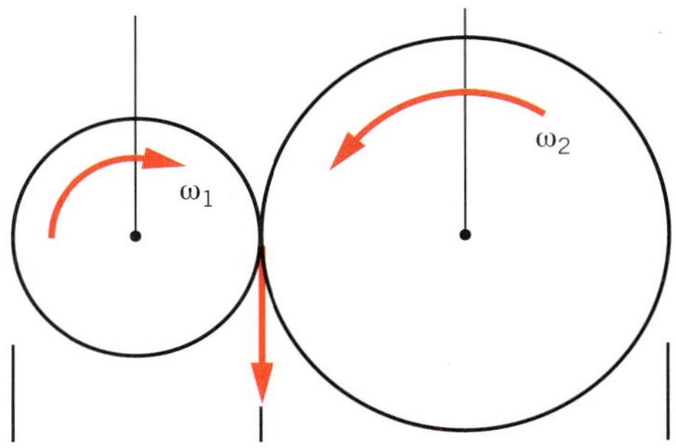

Quando la velocità angolare della prima ruota viene aumentata del 20%, la velocità angolare della seconda è $\omega_2' = 0{,}30$ rad/s e la velocità tangenziale della prima aumenta di 0,40 cm/s.

- Calcola il raggio della prima ruota dentata.

[5,0 cm]

99 ★★★

Il moto di un oggetto puntiforme è descritto dalle leggi orarie $x = v_{0x}t + 1/2\, a_x t^2$ e $y = v_{0y}t + 1/2\, a_y t^2$.

L'origine del sistema di riferimento in cui descriviamo il moto coincide con la posizione dell'oggetto all'istante $t = 0$ s. All'istante $t = 4{,}0$ s le componenti della posizione dell'oggetto sono $x = 30{,}4$ m e $y = 15{,}6$ m. Allo stesso istante le componenti della velocità dell'oggetto sono $v_x = 10$ m/s e $v_y = 1{,}3$ m/s.

- Determina le componenti della velocità iniziale e dell'accelerazione dell'oggetto.

[5,2 m/s, 6,5 m/s; 1,2 m/s², –1,3 m/s²]

TEST

1 Uno stuntman su una moto supera con un salto un canale largo 3,2 m. Il bordo della riva su cui atterra si trova 0,5 m al di sotto di quella da cui si stacca.

La sua velocità, al momento del distacco, vale almeno

A $2{,}0\ ms^{-1}$
B $3{,}2\ ms^{-1}$
C $5{,}0\ ms^{-1}$
D $6{,}4\ ms^{-1}$
E $10\ ms^{-1}$

Olimpiadi della fisica, 2014

2 Individuare la giusta affermazione, tra le seguenti:

A in un moto rettilineo uniformemente accelerato, velocità e accelerazione sono inversamente proporzionali.
B in un moto a traiettoria qualsiasi, ma uniformemente accelerato, velocità e accelerazione sono direttamente proporzionali.
C in un moto rettilineo uniformemente accelerato, velocità e accelerazione sono direttamente proporzionali.
D in un moto a traiettoria qualsiasi, ma uniformemente accelerato, velocità e accelerazione sono inversamente proporzionali.
E in un moto circolare uniforme, accelerazione e velocità sono vettori tra loro ortogonali.

Test di ingresso a Medicina, 2002

3 Due palline, una bianca e una nera, vengono lanciate orizzontalmente: la prima da un'altezza h rispetto al suolo, con velocità v_0, la seconda da un'altezza $4h$ con velocità $2v_0$; si trascuri la resistenza dell'aria. Qual è il rapporto tra il tempo di caduta della pallina nera e di quella bianca?

A $\frac{1}{4}$
B $\frac{1}{2}$
C 1
D 2
E 4

Olimpiadi della fisica, 2014

4 Un arciere usa lo stesso arco e la stessa forza per lanciare due frecce uguali. La prima viene lanciata a un angolo di 60° con il piano orizzontale, la seconda ad un angolo di 45°. Rispetto alla freccia lanciata a 60°, quella lanciata a 45°…

A …ha un tempo di volo più lungo e raggiunge una distanza maggiore sul piano orizzontale.
B …ha un tempo di volo più lungo e raggiunge una distanza minore sul piano orizzontale.
C … ha un tempo di volo più breve e raggiunge una distanza maggiore sul piano orizzontale.
D …ha un tempo di volo più breve e raggiunge una distanza minore sul piano orizzontale.
E …ha lo stesso tempo di volo e raggiunge la stessa distanza sul piano orizzontale.

Olimpiadi della fisica, 2013

5 Sia dato un moto rettilineo in cui la velocità passa da 4 m/s a 6 m/s in 2 s. L'accelerazione centripeta vale:

A $2\ m/s^2$
B zero
C $(6/2 - 4/2)\ m/s^2$
D $(4/2 - 6/2)\ m/s^2$
E $4\ m/s^2$

Test di ingresso a Veterinaria, 2002

6 Un giocatore di golf colpisce una pallina lanciandola con un certo angolo rispetto al suolo. La pallina segue la traiettoria schematizzata in figura.

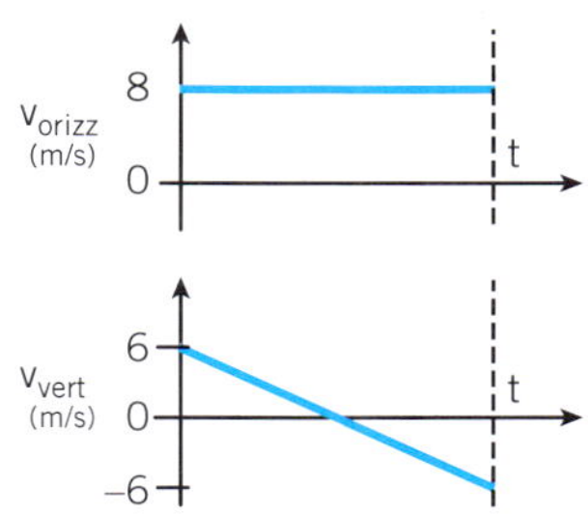

I grafici relativi alla figura mostrano le componenti orizzontale e verticale della velocità in funzione del tempo, per tutta la durata del volo.
Qual è il modulo della velocità della pallina nell'istante in cui arriva a terra?

A $10\ ms^{-1}$
B $30\ ms^{-1}$
C $40\ ms^{-1}$
D $50\ ms^{-1}$
E $70\ ms^{-1}$

Olimpiadi della fisica, 2013

7 Una barca impiega un minimo di 30 minuti per attraversare un fiume quando la corrente è lenta. Se la velocità di scorrimento del fiume raddoppia, il tempo minimo di attraversamento:

A resta invariato.
B aumenta solo all'andata.
C aumenta solo al ritorno.
D aumenta sia all'andata che al ritorno.
E diminuisce sia all'andata che al ritorno.

Test di ingresso a Odontoiatria, 2007

ESERCIZI

SEI PRONTO PER LA VERIFICA?

IN UN'ORA

10/100 **Problema 1**

Un'aquila vola in direzione orizzontale a 6,0 m/s tenendo un pesce fra i suoi artigli. In un certo istante gli artigli perdono la presa e il pesce cade verso il suolo.

▶ Dopo quanto tempo il modulo della velocità del pesce raddoppia? [1,1 s]

10/100 **Problema 2**

La membrana di un altoparlante genera un suono muovendosi avanti e indietro per 2,50 s in un moto armonico. La pulsazione del moto è $7{,}54 \cdot 10^3$ rad/s.

▶ Quante volte la membrana si muove avanti e indietro? [$3{,}00 \cdot 10^3$]

10/100 **Problema 3**

Il tergicristallo di un'automobile spazza un angolo di 90,0° in 0,40 s. La punta della spazzola percorre un arco di circonferenza di raggio 0,45 m.

▶ Qual è il modulo dell'accelerazione centripeta della punta della spazzola? [6,9 m/s^2]

10/100 **Problema 4**

Una persona osserva la pioggia che cade a 5,0 m/s attraverso il finestrino di un treno fermo. Quando il treno viaggia a velocità costante, la pioggia forma un angolo di 25° con la verticale.

▶ Qual è la velocità del treno? [2,3 m/s]

Problema 5

In un laboratorio didattico Alice, Lucio e Rita studiano l'oscillazione di una molla, posta in verticale, alla quale è stato agganciato un pesetto. Un sensore digitale registra la posizione del pesetto rispetto al tavolo sul quale è poggiata l'attrezzatura.

I dati registrati vengono riportati in un grafico spazio-tempo da un apposito software:

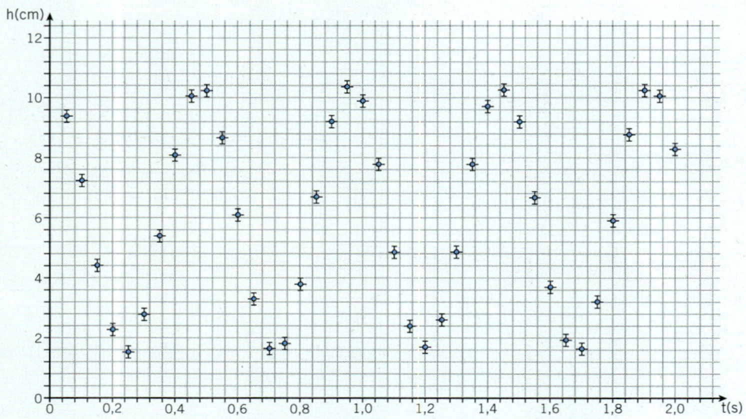

Le incertezze sulle misure dei tempi sono tutte uguali tra loro; le incertezze sulle misure delle posizioni sono tutte uguali tra loro.

8/100 **A** Deduci dal grafico le incertezze dei dati registrati.

13/100 **B** Determina il valore attendibile e l'incertezza dell'ampiezza dell'oscillazione.

16/100 **C** Per determinare il periodo dell'oscillazione Alice propone: «Usiamo i tempi dei punti più alti all'interno di ogni picco, la differenza tra quelli consecutivi è una stima del periodo». Lucio propone: «Usiamo i tempi dei punti più bassi all'interno di ogni picco». Rita propone: «Usiamo i valori vicini al punti dell'altezza centrale, cioè al punto attorno al quale avviene l'oscillazione». Usa questi tre criteri per stimare il valore attendibile e l'incertezza del periodo di oscillazione del pesetto e commenta la loro validità.

12/100 **D** Calcola il valore attendibile e l'incertezza della frequenza.

11/100 **E** Dopo un lungo intervallo di tempo l'oscillazione si smorza e il pesetto si ferma. Quale sarà la sua distanza dal tavolo?

.../100

© ESA / NASA

CAPITOLO 9 I PRINCÌPI DELLA DINAMICA E LE LORO APPLICAZIONI

“Gli astronauti che trascorrono lunghi periodi nello spazio rischiano di perdere massa corporea e tono muscolare per gli effetti dovuti all'assenza di gravità. Per questo devono allenarsi e monitorare il proprio «peso» ogni giorno.”

▶ **Come fanno gli astronauti a «pesarsi» nello spazio?**

▶ Risposta a pag. 300

1 IL PRIMO PRINCIPIO DELLA DINAMICA

Consideriamo quello che succede in una partita di hockey su ghiaccio (figura 1). Se il dischetto è fermo e nessun giocatore lo colpisce, resta fermo sulla pista ghiacciata. Quando viene colpito, il dischetto si muove, rallentando a poco a poco a causa dell'attrito.

Iurii Osadchi / Shutterstock

Figura 1
Osservando ciò che avviene in una partita di hockey su ghiaccio si possono capire le leggi del moto di Newton.

La superficie del ghiaccio è molto scivolosa, cioè esercita un attrito molto piccolo sul dischetto. Se fosse possibile eliminare completamente sia l'attrito con la superficie ghiacciata sia la resistenza dell'aria, e se la pista fosse infinitamente grande, il dischetto continuerebbe a muoversi per sempre a velocità costante (in modulo, direzione e verso), cioè continuerebbe a muoversi in linea retta con la velocità che gli è stata impressa dalla mazza.

L'esempio descritto è una situazione ideale che illustra il **primo principio della dinamica**:

Newton's first law of motion

un oggetto rimane nel suo stato di quiete o di moto rettilineo uniforme fino a quando non agisce su di esso una forza risultante non nulla.

Nell'enunciato del primo principio sono fondamentali le parole «forza risultante». Spesso infatti su un oggetto agiscono contemporaneamente diverse forze, ma per valutare gli effetti che esse hanno sullo stato di moto dell'oggetto bisogna considerare la loro **somma vettoriale**. Le singole forze contano solo per determinare la forza totale.

Per esempio, se non ci fossero l'attrito e altre forze che si oppongono al moto, un'automobile con una velocità di 72 km/h potrebbe continuare a viaggiare per sempre in linea retta a quella velocità senza consumare carburante. In realtà per mantenere la stessa velocità il motore deve bruciare carburante; così facendo, genera una forza che annulla la forza totale che si oppone al moto. In questo modo, sull'automobile agisce una forza totale nulla e quindi, per il primo principio, l'automobile procede con velocità costante.

Il primo principio indica che lo stato di moto rettilineo uniforme e lo stato di quiete sono equivalenti, perché nessuno di essi richiede una forza per essere mantenuto. *L'applicazione di una forza non serve per mantenere costante la velocità di un oggetto ma per cambiarla.*

Inerzia e massa

La forza che si deve applicare a un oggetto per cambiarne la velocità è diversa a seconda dell'oggetto. Per esempio, una forza sufficiente a far prendere velocità a una bicicletta provoca solo una variazione impercettibile dello stato di moto di un'automobile. Per questo motivo diciamo che l'automobile ha un'**inerzia** molto maggiore di quella di una bicicletta.

inertia

La grandezza fisica che esprime quantitativamente l'inerzia di un oggetto è la **massa**, detta anche **massa inerziale**.

L'**inerzia** è la tendenza naturale di un oggetto a rimanere nel suo stato di quiete o di moto rettilineo uniforme. La **massa** di un oggetto esprime quantitativamente l'inerzia dell'oggetto.

Le definizioni precedenti spiegano perché il primo principio della dinamica è chiamato anche **principio d'inerzia**.

La figura 2 mostra le masse tipiche di alcuni oggetti: tanto maggiore è la massa di un oggetto tanto maggiore è la sua inerzia. Nel linguaggio comune capita spesso di usare la parola «peso» invece della parola «massa» ma la massa e il peso sono due grandezze diverse.

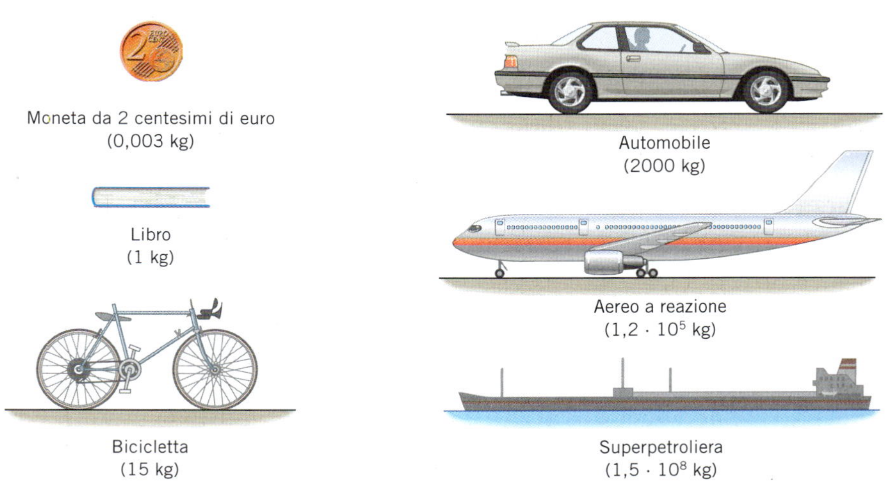

Figura 2
Le masse di alcuni oggetti.

La figura 3 mostra un'utile applicazione dell'inerzia. Le cinture di sicurezza delle automobili si srotolano facilmente quando sono tirate delicatamente, come succede quando vengono allacciate, mentre si bloccano quando sono tirate con forza, come avviene nel caso di una brusca frenata. Il riavvolgitore, cioè il meccanismo che consente o impedisce lo svolgimento della cintura, è formato molto schematicamente da una ruota dentata, una barra di bloccaggio e una massa oscillante. La cintura è arrotolata attorno a un rullo montato sulla ruota dentata.

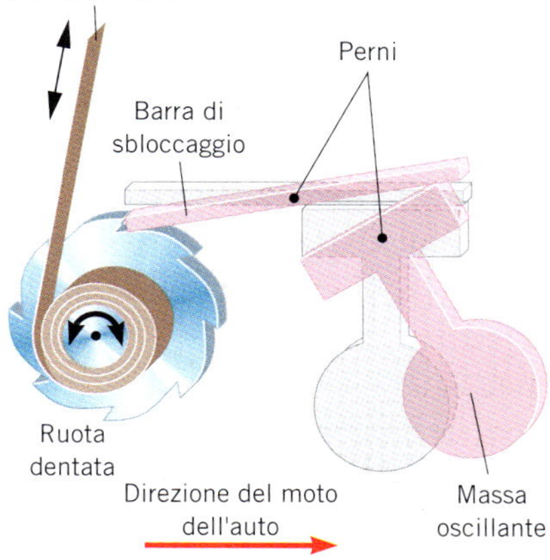

Figura 3
L'inerzia svolge un ruolo fondamentale nel funzionamento del meccanismo di riavvolgimento di una cintura di sicurezza. La parte in grigio del disegno mostra le posizioni della barra di bloccaggio e della massa oscillante quando l'automobile è ferma o si muove a velocità costante. La parte in rosa mostra che cosa avviene quando l'automobile frena improvvisamente.

Quando l'automobile è ferma o si muove a velocità costante, la massa oscillante è ferma in direzione verticale e la barra di bloccaggio resta ferma in direzione orizzontale, come si vede nella parte in grigio della figura. La ruota dentata è quindi libera di ruotare e la cintura può essere srotolata facilmente.

Quando l'automobile frena improvvisamente, la parte inferiore della massa oscillante continua a muoversi per inerzia nella stessa direzione in cui si stava muovendo prima della frenata. Oscillando attorno al perno a cui è appesa, la massa arriva nella posizione indicata in rosa nella figura: la barra di bloccaggio va così a incastrarsi in uno dei denti della ruota dentata, impedendole di ruotare e quindi impedendo alla cintura di sicurezza di srotolarsi.

I sistemi di riferimento inerziali

In particolari situazioni può sembrare che il primo principio della dinamica non sia valido.

Pensa per esempio a un'automobile che viaggia a velocità costante. Una borsa appoggiata sul sedile del passeggero rimane ferma dove si trova. Questo è in accordo con il primo principio: la somma delle forze che agiscono su un oggetto che viaggia a velocità costante è nulla.

Se però il guidatore frena bruscamente, la borsa scivola in avanti anche se nessuno la spinge. In base alla prima legge del moto, però, chi sta al volante è portato a credere che una forza abbia cambiato lo stato di moto della borsa: dal punto di vista di chi sta guidando, infatti, prima la borsa era ferma e poi ha cominciato a muoversi.

Come spiega invece l'accaduto una persona che osserva la scena dal bordo della strada? Dal suo punto di vista, lo stato di moto di moto della borsa non cambia, perché la borsa ha continuato a muoversi con la stessa velocità che aveva prima della frenata.

Questo non significa che la prima legge di Newton non sia valida, ma solo che essa non vale per un osservatore solidale a un sistema di riferimento che, come l'automobile in frenata, si muove con moto accelerato. Per questo motivo i sistemi di riferimento che si muovono di moto accelerato sono chiamati *non inerziali*. Viceversa, tutti i sistemi di riferimento in cui è valida la prima legge di Newton sono chiamati **sistemi di riferimento inerziali**.

inertial reference frames

Un **sistema di riferimento inerziale** è un sistema di riferimento in cui è valido il principio d'inerzia.

Gli esperimenti mostrano che la Terra è, con buona approssimazione, un sistema di riferimento inerziale.

Considera il punto di vista di un osservatore fermo che guarda passare un'automobile; il suo sistema di riferimento è solidale con la Terra, quindi è un sistema inerziale. Finché l'auto viaggia a velocità costante, può essere considerata un sistema inerziale, mentre quando frena diventa un sistema non inerziale. Queste considerazioni ammettono un'importante generalizzazione.

Ogni sistema di riferimento che si muova a velocità costante rispetto a un sistema inerziale è un sistema inerziale.

Pertanto ogni sistema di riferimento in moto rettilineo uniforme rispetto alla Terra è un sistema inerziale.

2 IL SECONDO PRINCIPIO DELLA DINAMICA

Consideriamo nuovamente il moto di un dischetto da hockey su ghiaccio. Quando un giocatore colpisce un dischetto fermo esercita una forza che cambia la sua velocità, cioè lo fa accelerare. Questa è una conseguenza del primo principio: ogni volta che la risultante delle forze che agiscono su un oggetto è diversa da zero, l'oggetto subisce un'accelerazione. Questa accelerazione, inoltre, ha la stessa direzione e lo stesso verso della forza che l'ha originata. Ma come sono legate tra loro forza e accelerazione? Per rispondere a questa domanda si può eseguire un esperimento controllato in laboratorio, trascinando con un dinamometro un dischetto da hockey di massa m su una rotaia a cuscino d'aria.

Se tiriamo il dinamometro con una forza F, osserviamo che l'oggetto accelera con un'accelerazione a.

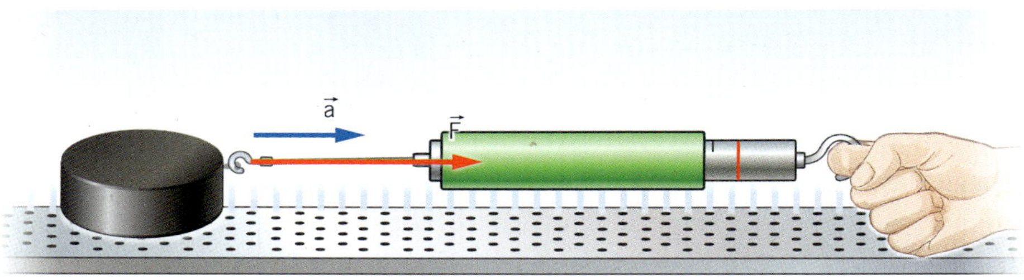

Se ora tiriamo il dinamometro con una forza pari a $2F$, l'accelerazione che si osserva è pari a $2a$.

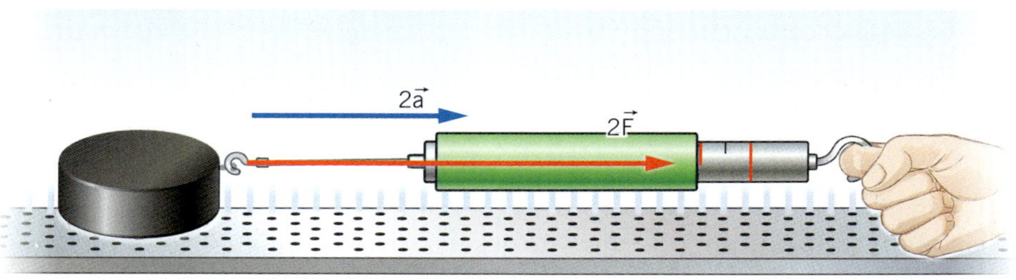

In generale, dunque:

l'accelerazione di un oggetto è *direttamente proporzionale* alla forza risultante che agisce su di esso.

La forza risultante è però solo uno dei due fattori che determinano l'accelerazione. L'altro è la massa dell'oggetto su cui la forza agisce.

Infatti, se invece di raddoppiare la forza raddoppiamo la massa, collegando due oggetti identici, l'accelerazione è la metà di quella registrata nel primo caso.

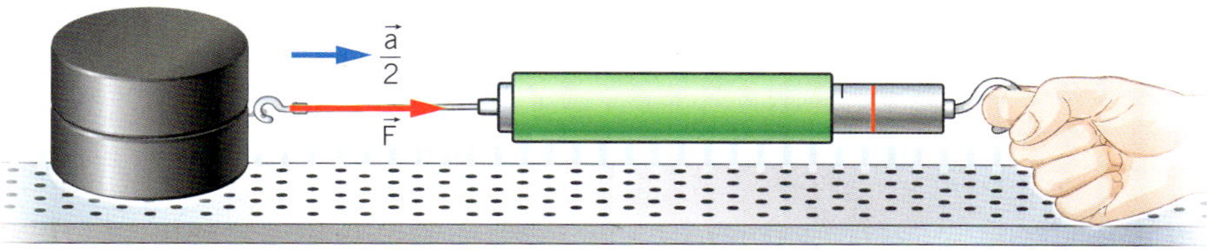

Questo significa che:

> a parità di forza applicata, il modulo dell'accelerazione di un oggetto è *inversamente proporzionale* alla sua massa.

In effetti, la forza che provoca una grande accelerazione di un dischetto da hockey provocherebbe un'accelerazione molto piccola se applicata a un'auto.

Riassumendo quanto detto finora, il secondo principio della dinamica, o **seconda legge di Newton**, afferma che l'accelerazione di un oggetto dipende sia dalla forza risultante applicata sia dalla sua massa.

Newton's second law of motion

> Quando su un oggetto di massa m agisce una forza risultante $\vec{F}$, l'oggetto subisce un'accelerazione $\vec{a}$ che:
> - è direttamente proporzionale alla forza risultante;
> - ha modulo inversamente proporzionale alla massa;
> - ha direzione e verso uguali a quelli della forza risultante:
>
> $$\vec{a} = \frac{\vec{F}}{m} \qquad \text{o anche} \qquad \vec{F} = m\vec{a} \qquad [1]$$

Simulazione PhET
Forze e moto: le basi

Nel Sistema Internazionale, l'unità di misura della forza è il **newton** (N): una forza di 1 N imprime a una massa di 1 kg un'accelerazione di 1 m/s^2.

Il newton è quindi un'unità di misura derivata:

$$1\ \text{N} = (1\ \text{kg})(1\ \text{m/s}^2) = 1\ \text{kg} \cdot \text{m/s}^2$$

Esempio 1 Spingere un'automobile guasta

Due persone stanno spingendo un'automobile che si è fermata, come mostra la figura A. La massa dell'automobile è 1850 kg. Una persona esercita una forza di 275 N, mentre l'altra esercita una forza di 395 N. Le due forze hanno la stessa direzione e lo stesso verso.

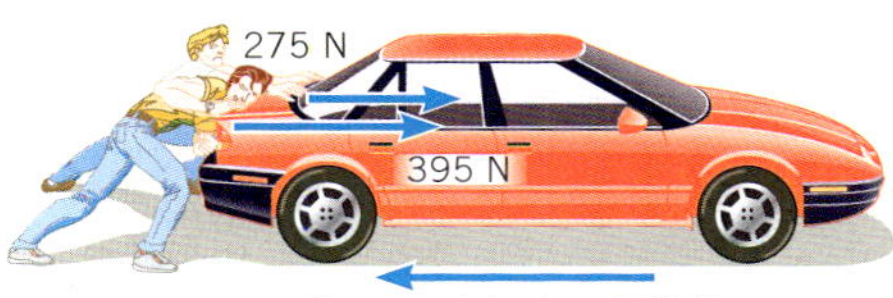

Forza resistente = 560 N

A

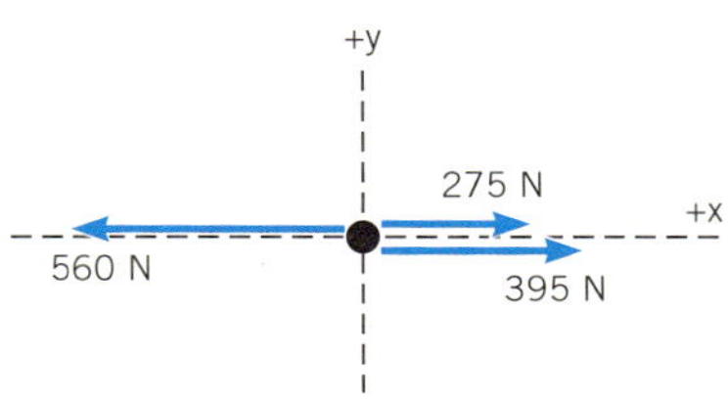

Diagramma di corpo libero dell'auto

B

A causa degli attriti, sull'automobile agisce anche una forza di 560 N in verso opposto a quello delle forze applicate dalle due persone.

▶ Calcola l'accelerazione dell'automobile.

La soluzione

Tracciamo il diagramma di corpo libero come nella **figura B**, in cui l'auto è rappresentata da un pallino nero e il moto avviene nella direzione dell'asse x. Tutte le forze applicate all'auto hanno la stessa direzione. La forza risultante agisce quindi lungo quella direzione: il suo modulo è

$$F = +275\ \text{N} + 395\ \text{N} - 560\ \text{N} = +110\ \text{N}$$

Il segno – dell'attrito è dovuto al fatto che agisce nel verso opposto a quello delle due spinte. Mediante l'equazione [**1**] calcoliamo il modulo dell'accelerazione:

$$a = \frac{F}{m} = \frac{+110\ \text{N}}{1850\ \text{kg}} = \boxed{+0{,}059\ \text{m/s}^2}$$

Il segno + indica che l'accelerazione è diretta nel verso positivo dell'asse x, cioè nello stesso verso della forza risultante.

La forza-peso e il secondo principio

Come abbiamo visto nel capitolo 7, quando sono lasciati liberi, gli oggetti cadono verso il basso e, se si trascura la resistenza dell'aria, tutti gli oggetti cadono con la stessa accelerazione $\vec{g}$, detta **accelerazione di gravità**. Questa accelerazione è sempre diretta verso il basso e, vicino alla superficie terrestre, ha il modulo approssimativamente uguale a 9,8 m/s^2.

Un oggetto di massa m cade con accelerazione $\vec{g}$ perché su di esso agisce una forza, la **forza di gravità** o forza-peso $\vec{P}$, con cui la Terra lo attrae. Per il secondo principio della dinamica:

$$\vec{P} = m\vec{g}$$

Per esempio, il peso di un pacchetto di 1,0 kg di zucchero è:

$$P = (1{,}0\ \text{kg})(9{,}8\ \text{m/s}^2) = 9{,}8\ \text{N}$$

3 IL TERZO PRINCIPIO DELLA DINAMICA

Maxisport / Shutterstock

Figura 4
Un difensore si prepara al placcaggio.

Nel rugby, durante il placcaggio, un difensore applica una forza al portatore di palla per cercare di fermarlo, rallentarlo o fargli cambiare direzione (**figura 4**). Nel corso del placcaggio, però, anche il difensore subisce una forza, frutto del tentativo di sfondamento dell'avversario. In pratica, all'azione del difensore corrisponde sempre una forza di reazione esercitata dal giocatore che sta attaccando.

Newton fu il primo a capire che tutte le forze si presentano sempre in coppia e che non può esistere una forza che agisca da sola. Il **terzo principio della dinamica** riguarda questa caratteristica fondamentale delle forze.

Ogni volta che un oggetto A esercita una forza su un oggetto B, anche l'oggetto B esercita una forza sull'oggetto A. Le due forze hanno lo stesso modulo e la stessa direzione ma verso opposto.

Newton's third law of motion

Il terzo principio è detto anche **principio di azione e reazione** perché si può enunciare anche nella forma seguente.

A ogni azione (intesa come forza) corrisponde una reazione uguale e opposta.

È importante osservare che l'azione e la reazione, pur essendo due forze uguali e opposte, *non* si annullano reciprocamente perché agiscono sempre *su corpi diversi*. L'astronauta protagonista del prossimo esempio spinge l'astronave esercitando su di essa una forza $\vec{F}$. Per effetto di questa forza, l'astronave accelera verso destra. A sua volta, secondo il terzo principio, l'astronave esercita sull'astronauta una forza $-\vec{F}$ di modulo e direzione uguali a quelli di $\vec{F}$ ma in verso opposto. L'astronauta accelera così verso sinistra.

I moduli delle forze che agiscono sull'astronave e sull'astronauta sono uguali, ma le accelerazioni con cui i due corpi si muovono sono diverse perché dipendono dalla massa di ciascuno di essi.

Esempio 2 Le accelerazioni prodotte da forze di azione e reazione

La massa dell'astronave mostrata nella figura è $m_S = 11\,000$ kg, mentre la massa dell'astronauta è $m_A = 92$ kg. L'astronauta esercita una forza $\vec{F}$ di 36 N.

▶ Determina l'accelerazione dell'astronave e quella dell'astronauta.

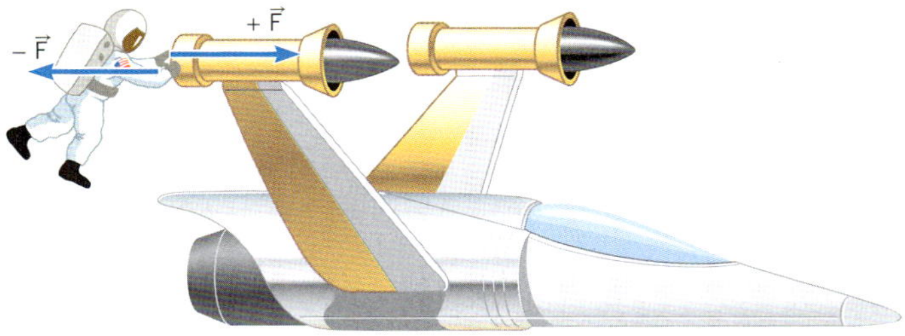

La soluzione

Secondo il principio di azione e reazione, quando l'astronauta applica all'astronave la forza $\vec{F}$, l'astronave applica all'astronauta una forza di reazione $-\vec{F}$. Usando il secondo principio calcoliamo l'accelerazione dell'astronave:

$$a_s = \frac{F}{m_s} = \frac{+36\ \text{N}}{11000\ \text{kg}} = \boxed{+0{,}0033\ \text{m/s}^2}$$

e l'accelerazione dell'astronauta:

$$a_A = \frac{-F}{m_A} = \frac{-36\ \text{N}}{92\ \text{kg}} = \boxed{-0{,}39\ \text{m/s}^2}$$

RICORDA

Forze e accelerazioni prodotte

Anche se le forze di azione e reazione hanno moduli uguali, esse non provocano necessariamente accelerazioni con moduli uguali, perché agiscono su oggetti diversi che possono avere masse diverse.

La reazione vincolare e il terzo principio

In molte situazioni un oggetto è a contatto con una superficie, come per esempio il piano di un tavolo. A causa del contatto, sull'oggetto si esercita una forza; la componente di questa forza, che agisce in direzione perpendicolare alla superficie, è chiamata **reazione vincolare** $\vec{F}_V$, come abbiamo visto nel capitolo 4.

La reazione vincolare è una conseguenza del terzo principio della dinamica. Per esempio, il blocco di figura 5 esercita una forza sul tavolo spingendolo verso il basso: per reazione, il tavolo esercita sul blocco una forza di modulo e direzione uguali a quella esercitata dal blocco ma in verso opposto. Il modulo della reazione vincolare indica con quanta forza il blocco e il tavolo spingono uno contro l'altro.

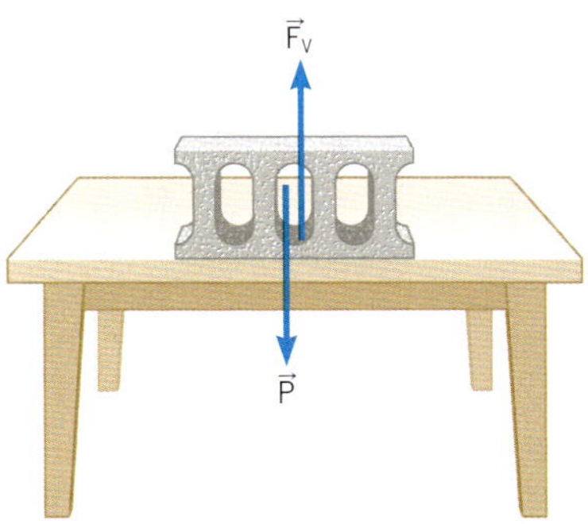

Figura 5
Sul blocco agiscono due forze: la forza peso $\vec{P}$ e la reazione vincolare $\vec{F}_V$ esercitata dalla superficie del tavolo.

Quando un oggetto è fermo su una superficie orizzontale e su di esso agiscono solo la forza peso $\vec{P}$ e la reazione vincolare $\vec{F}_V$, i moduli di queste due forze sono uguali, cioè

$$F_V = P$$

Quando sull'oggetto agiscono altre forze dirette verticalmente oltre a $\vec{P}$ e $\vec{F}_V$, la reazione vincolare può essere maggiore o minore del peso.

Per esempio, nella **figura 6A** una scatola che pesa 15 N viene spinta verso il basso con una forza di 11 N. Quindi il modulo della forza totale che agisce verso il basso sulla scatola è 26 N: la scatola rimane ferma sul tavolo se la reazione vincolare è 26 N. In questa situazione:

$$F_V > P$$

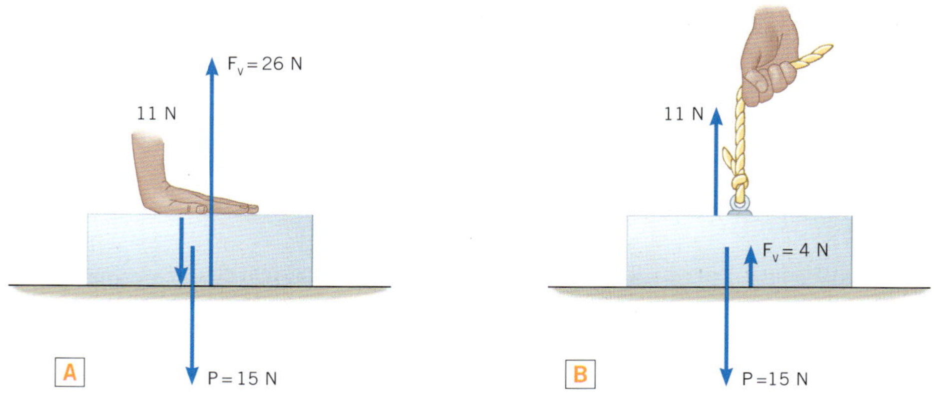

Figura 6

A. $F_V > P$ perché la scatola viene spinta contro il tavolo con una forza di 11 N.

B. $F_V < P$ perché la fune esercita sulla scatola una forza di 11 N diretta verso l'alto che equilibra una parte della forza peso.

Quando la scatola (**figura 6B**) è tirata verso l'alto con una fune che esercita una forza di 11 N, su di essa agisce una forza totale verso il basso di 4 N: la scatola rimane ferma sul tavolo se la reazione vincolare è 4 N. In questa situazione

$$F_V < P$$

Esempio 3 Un esercizio di equilibrismo

Due acrobate sono impegnate nell'esercizio di equilibrismo illustrato in **figura A**. La donna a testa in giù pesa 490 N, mentre la testa e il collo della donna che la sostiene pesano 50 N. La settima vertebra cervicale sostiene tutto il peso che grava sopra le spalle.

▶ Calcola la reazione vincolare che questa vertebra esercita sul collo e sulla testa della donna a terra prima e durante l'esercizio.

A

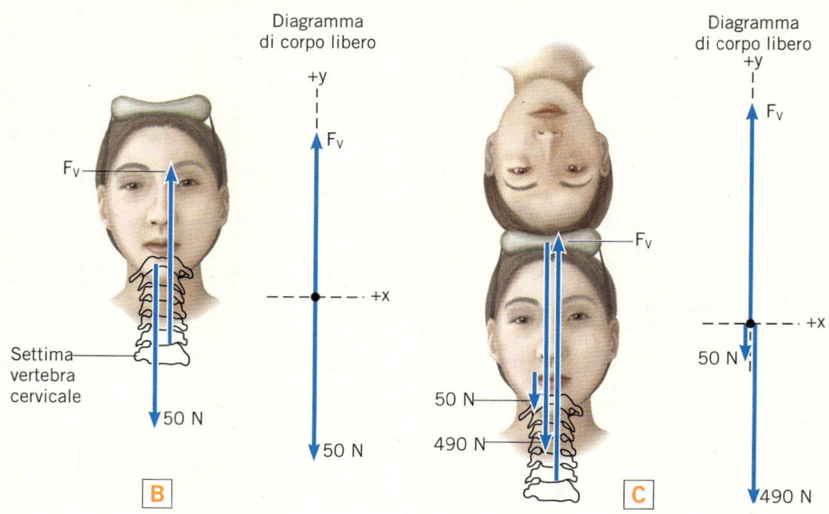

La soluzione

Disegniamo il diagramma di corpo libero della testa e del collo dell'acrobata a terra.

1. Prima dell'esercizio (**figura B**) le uniche forze che agiscono sono la reazione vincolare $\vec{F}_V$ e il peso di 50 N. Poiché queste due forze devono equilibrarsi, il modulo della reazione vincolare esercitata dalla settima vertebra cervicale è

$$\boxed{F_V = 50\ \text{N}}$$

2. Durante l'esercizio (**figura C**) la risultante delle forze dirette verso il basso ha modulo 50 N + 490 N = 540 N. Quindi si ha l'equilibrio quando il modulo della reazione vincolare esercitata dalla settima vertebra cervicale è

$$\boxed{F_V = 540\ \text{N}}$$

4 LE FORZE E IL MOVIMENTO

La forza e l'accelerazione che compaiono nel secondo principio della dinamica sono grandezze vettoriali. Nei problemi di moto in due dimensioni x e y, in genere conviene usare le componenti cartesiane di forza e accelerazione. Il secondo principio della dinamica mediante le componenti è espresso dalle seguenti due equazioni:

$$F_x = ma_x \qquad \textbf{[2a]}$$

$$F_y = ma_y \qquad \textbf{[2b]}$$

In altri termini: il secondo principio deve essere applicato per ciascuna componente.

RICORDA

Forza e accelerazione

La direzione e il verso dell'accelerazione sono sempre uguali a quelli della forza che l'ha provocata.

Esempio 4 Rimorchiare una petroliera

La **figura A** mostra una petroliera di 1,5 · 10^8 kg che è trainata da due rimorchiatori. Le tensioni dei cavi esercitano le due forze $\vec{T}_1$ e $\vec{T}_2$ ad angoli di 30° rispetto all'asse della petroliera. I motori della petroliera producono una forza propulsiva $\vec{D}$ di modulo D = 7,5 · 10^4 N. Inoltre l'acqua esercita una forza resistente $\vec{R}$ di modulo R = 4,0 · 10^4 N. La petroliera si muove verso destra con un'accelerazione di 2,0 · 10^{-3} m/s^2.

▶ Calcola i moduli delle due tensioni $\vec{T}_1$ e $\vec{T}_2$.

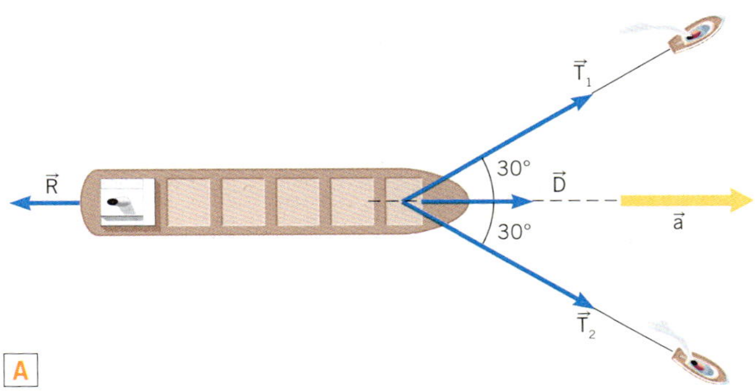

A

La soluzione

Le forze $\vec{T}_1$ e $\vec{T}_2$ contribuiscono alla forza risultante che accelera la petroliera. Per determinarle conviene quindi trovare la risultante mediante le sue componenti. La **figura B** mostra il diagramma di corpo libero della petroliera: l'asse x coincide con l'asse della petroliera. Per determinare i moduli di $\vec{T}_1$ e $\vec{T}_2$ useremo il secondo principio della dinamica in termini delle componenti:

$$F_x = ma_x$$
$$F_y = ma_y$$

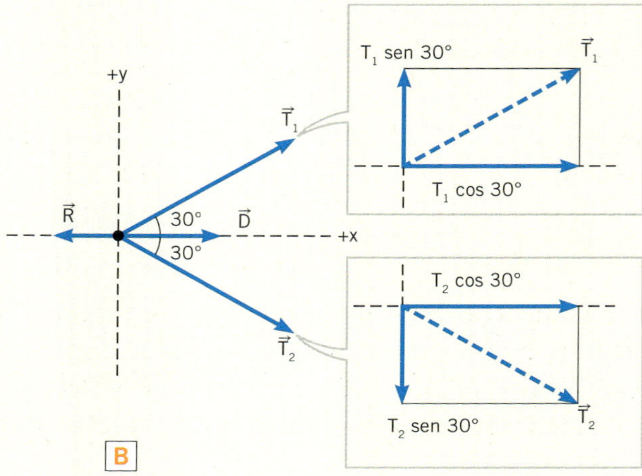

B

Nella seguente tabella sono elencate le componenti cartesiane di ciascuna delle forze applicate alla petroliera.

Forza	Componente x	Componente y
$\vec{T}_1$	$+T_1$ cos30°	$+T_1$ sen30°
$\vec{T}_2$	$+T_2$ cos30°	$-T_2$ sen30°
$\vec{D}$	$+D$	0
$\vec{R}$	$-R$	0

La petroliera ha accelerazione nulla lungo y, quindi è nulla anche la componente y della risultante delle forze applicate alla petroliera:

$$F_y = +T_1 \operatorname{sen}30° - T_2 \operatorname{sen}30° = 0$$

da cui si ricava che $T_1 = T_2 = T$. Poiché la petroliera accelera nel verso positivo dell'asse x, la componente x della risultante delle forze applicate è tale che

$$F_x = +T_1 \cos30° + T_2 \cos30° + D - R = ma_x$$

Risolvendo l'equazione precedente rispetto a T troviamo:

$$T = \frac{ma_x + R - D}{2\cos30°} =$$

$$= \frac{(1{,}5 \cdot 10^8\ \text{kg})(2{,}0 \cdot 10^{-3}\ \text{m/s}^2) + (7{,}5 \cdot 10^4\ \text{N}) - (4{,}0 \cdot 10^4\ \text{N})}{2\cos30°} = \boxed{1{,}9 \cdot 10^5\ \text{N}}$$

Accade spesso che due oggetti siano collegati tra loro in qualche modo, per esempio per mezzo di una barra di traino come quella che collega un camion a un rimorchio. Se non ci interessa determinare la tensione a cui è sottoposto il dispositivo di collegamento, quando applichiamo il secondo principio della dinamica i due oggetti collegati possono essere trattati come un oggetto unico.

Se invece vogliamo calcolare proprio la tensione, come nell'esempio che segue, il secondo principio deve essere applicato separatamente a ciascuno degli oggetti, o almeno a uno di essi.

Esempio 5 Trainare un rimorchio

La **figura A** mostra un camion che traina un rimorchio lungo una strada pianeggiante. La massa del camion è m_1 = 8500 kg e quella del rimorchio è m_2 = 27 000 kg. I due veicoli si muovono nel verso positivo dell'asse x con un'accelerazione a_x = 0,78 m/s^2. Trascura l'attrito con la strada e la resistenza dell'aria.

- ▶ Determina la tensione $\vec{T}$ nella barra di traino orizzontale che collega il camion al rimorchio.
- ▶ Calcola la forza propulsiva $\vec{D}$ applicata al camion.

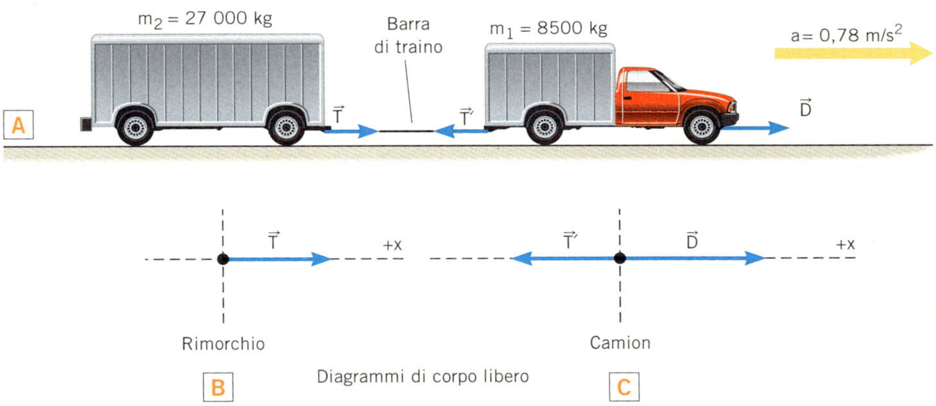

La soluzione

Poiché il camion accelera nella direzione dell'asse x e trascuriamo l'attrito, le uniche forze che dobbiamo considerare sono quelle che hanno una componente lungo l'asse x. Per questo motivo nella **figura** non sono rappresentate la forza peso e la reazione vincolare, che sono dirette verticalmente.

- ▶ La **figura B** rappresenta il diagramma di corpo libero del rimorchio. L'unica forza che agisce sul rimorchio in direzione orizzontale è la tensione $\vec{T}$. Dal secondo principio della dinamica $F_x = m_2 a_x$ deriva che

$$F_x = T = m_2 a_x = (27\,000 \text{ kg})(0{,}78 \text{ m/s}^2) = \boxed{21\,000 \text{ N}}$$

- ▶ La **figura C** rappresenta il diagramma di corpo libero del camion. La tensione $\vec{T}'$ è la forza esercitata dal rimorchio sul camion per reazione alla forza $\vec{T}$ esercitata dal camion sul rimorchio. Se trascuriamo la massa della barra di traino, il modulo di $\vec{T}'$ è uguale a quello di $\vec{T}$, cioè 21 000 N. Dal secondo principio della dinamica:

$$F_x = +D - T' = m_1 a_x$$

si ottiene

$$D = m_1 a_x + T' = (8500 \text{ kg})(0{,}78 \text{ m/s}^2) + 21\,000 \text{ N} = \boxed{28\,000 \text{ N}}$$

Esempio 6 Sollevarsi dentro un'impalcatura

La **figura A** mostra un uomo che solleva lungo la parete di un edificio l'impalcatura su cui si trova tirando una fune con una forza di 540 N. La massa complessiva dell'uomo e dell'impalcatura è 155 kg.

▶ Calcola l'accelerazione verso l'alto del sistema formato dell'uomo e dall'impalcatura.

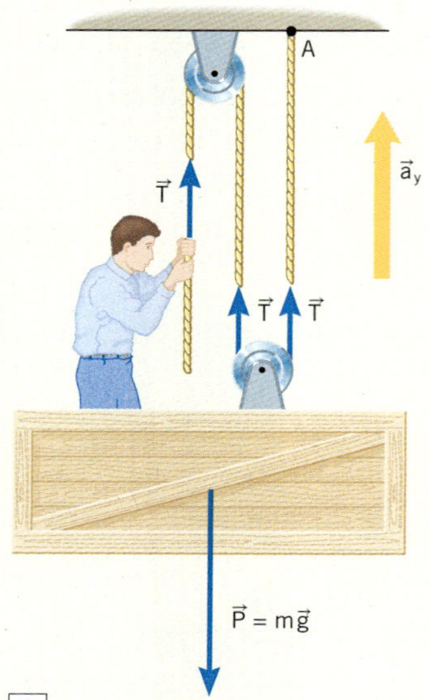

A

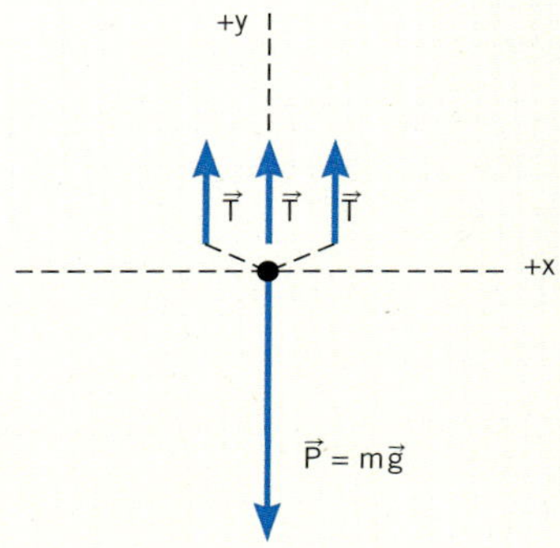

Diagramma di corpo libero del sistema

B

La soluzione

Consideriamo l'uomo e l'impalcatura come un unico oggetto su cui la fune esercita una forza applicata in tre punti. L'uomo tira verso il basso e, per il terzo principio della dinamica, la fune esercita una forza $\vec{T}$ di modulo uguale, $T = 540$ N, ma diretta verso l'alto.

Se le masse della fune e delle carrucole sono trascurabili e le carrucole sono prive di attrito, questa tensione viene trasmessa invariata lungo la fune. Sulla parte sinistra della carrucola attaccata all'impalcatura agisce quindi una forza $\vec{T}$ di modulo 540 N e diretta verso l'alto.

Una forza di 540 N agisce anche nel punto *A* in cui la fune è attaccata al tetto dell'edificio. Per il principio di azione e reazione il tetto applica alla fune una forza di modulo uguale e diretta verso l'alto, che viene trasmessa dalla fune sulla parte destra della carrucola sull'impalcatura. Oltre a queste tre forze dirette verso l'alto, sull'oggetto agisce anche la forza peso diretta verso il basso e di modulo

$$P = mg = (155 \text{ kg})(9{,}81 \text{ m/s}^2) = 1520 \text{ N}$$

La **figura B** mostra il diagramma di corpo libero dell'oggetto.

Per calcolare l'accelerazione a_y dell'oggetto applichiamo il secondo principio della dinamica:

$$F_y = +T + T + T - P = ma_y$$

da cui si ottiene

$$a_y = \frac{3T - P}{m} = \frac{3(540 \text{ N}) - 1520 \text{ N}}{155 \text{ kg}} = \boxed{0{,}65 \text{ m/s}^2}$$

Il moto del proiettile

Nel capitolo precedente abbiamo visto che il moto di un proiettile è la composizione di due moti indipendenti tra loro:

- un moto rettilineo uniforme lungo l'asse x;
- un moto uniformemente accelerato lungo l'asse y.

Se trascuriamo la resistenza dell'aria, l'unica forza che agisce su un proiettile di massa m in volo è la forza-peso $\vec{P}$. Visto che la forza-peso è diretta sempre verso il basso e lungo la verticale, la sua componente in direzione orizzontale è nulla; così lungo l'asse x l'accelerazione del proiettile è uguale a zero e il moto è uniforme.

Se applichiamo il secondo principio della dinamica al moto del proiettile otteniamo dunque queste due equazioni:

$$F_x = 0$$
$$F_y = P = ma_y$$

La componente dell'accelerazione lungo l'asse y è proprio l'accelerazione di gravità $a_y = g = P/m$.

5 IL MOTO LUNGO UN PIANO INCLINATO

Quando scendiamo lungo uno scivolo di un parco acquatico (**figura 7**), il nostro corpo subisce un'accelerazione che dipende dall'inclinazione dello scivolo. In base al secondo principio della dinamica, questo vuol dire che la risultante delle forze alle quali siamo soggetti è diversa da zero.

Se trascuriamo l'attrito con lo scivolo (e quello con l'aria), sul nostro corpo agiscono la forza-peso $\vec{P}$, che è verticale e diretta sempre verso il basso, e la reazione vincolare $\vec{F}_V$ del piano inclinato, perpendicolare al piano inclinato e con un verso uscente dal piano.

Scegliamo un sistema di riferimento con l'asse x parallelo allo scivolo e l'asse y perpendicolare a esso, e scomponiamo la forza-peso $\vec{P}$ rispetto ai due assi: chiamiamo P_x la componente di $\vec{P}$ parallela al piano inclinato e P_y la componente di $\vec{P}$ perpendicolare a esso (**figura 8**).

Figura 7
Un gruppo di ragazzi seduti su una ciambella gonfiabile scivola verso il basso.

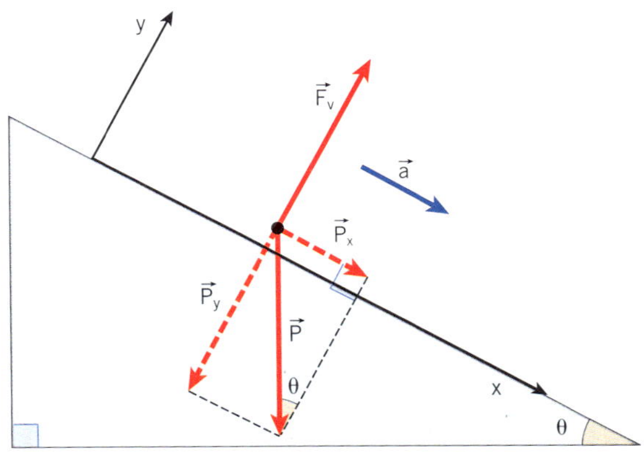

Figura 8
Un oggetto si muove lungo un piano inclinato in assenza di attrito.

Nel capitolo 4 abbiamo visto che le componenti P_x e P_y sono date dalle relazioni

$$P_x = mg\,\text{sen}\theta \qquad [3]$$
$$P_y = -\,mg\cos\theta \qquad [4]$$

Per il terzo principio della dinamica, sappiamo che la reazione vincolare $\vec{F}_V$ del piano inclinato ha la stessa direzione, lo stesso modulo, ma verso opposto a $\vec{P}_y$, cioè $\vec{P}_y = -\vec{F}_V$.

Il secondo principio della dinamica $\vec{F} = m\vec{a}$ applicato a un punto materiale che si muove lungo un piano inclinato diventa così:

$$\vec{P} + \vec{F}_V = m\vec{a} \qquad [5]$$

Visto che $\vec{P}_y$ è equilibrata dalla reazione vincolare $\vec{F}_V$ del piano inclinato, l'accelerazione ha una componente solo lungo l'asse x ed è nulla lungo l'asse y.

Applichiamo il secondo principio della dinamica lungo la direzione del moto; la formula [**5**] risulta:

$$P_x = ma$$

da cui si ottiene

$$mg\,\text{sen}\theta = ma$$

Se dall'espressione precedente eliminiamo la massa m che compare in entrambi i membri, possiamo concludere che:

l'accelerazione di un corpo lungo un piano inclinato in assenza di attrito non dipende dalla massa del corpo ed è uguale a:

$$a = g\,\text{sen}\theta \qquad [6]$$

dove θ è l'angolo di inclinazione del piano con l'orizzontale.

L'espressione [**6**] ci dice che, fissata l'inclinazione del piano, cioè l'angolo θ, l'accelerazione ha un valore costante e il moto lungo il piano inclinato è uniformemente accelerato.

Sempre in base alla formula [**6**], quando $\theta = 90°$ il piano inclinato diventa verticale e il moto si trasforma in caduta libera: in questo caso limite si ha $\text{sen}90° = 1$ e quindi $a = g$.

Moto lungo un piano inclinato in presenza di attrito

Nella maggior parte dei casi, se vogliamo descrivere in modo realistico il moto di un corpo lungo un piano inclinato non possiamo trascurare la forza di attrito dinamico $\vec{F}_A$ che la superficie del piano esercita sul corpo.

Scegliamo nuovamente l'asse x parallelo al piano inclinato con il verso positivo rivolto verso il basso e l'asse y lungo la direzione perpendicolare al piano inclinato.

Come si vede nella **figura 9**, sul corpo agiscono ancora la forza-peso $\vec{P}$, che possiamo scomporre nelle sue componenti P_x e P_y, e la reazione vincolare $\vec{F}_V$ del piano inclinato, ma questa volta è presente anche la forza di attrito dinamico $\vec{F}_A$, che ha la stessa direzione del moto (asse x), ma verso opposto.

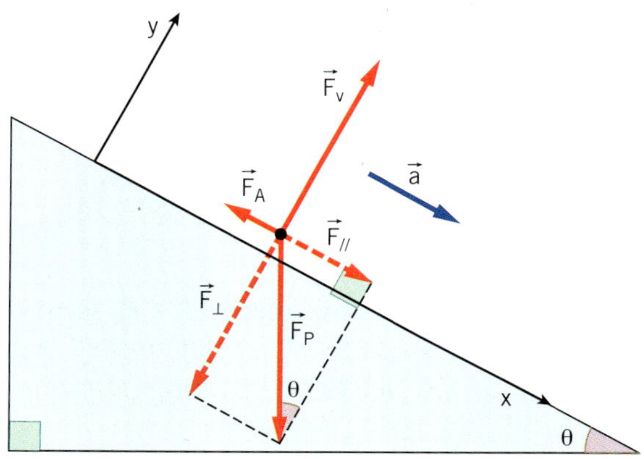

Figura 9
Un oggetto si muove lungo un piano inclinato in presenza di attrito.

Come abbiamo visto nel capitolo 3, il modulo della forza di attrito dinamico è dato dal prodotto del coefficiente di attrito radente dinamico μ_d per il modulo della forza premente sul piano, che per il terzo principio della dinamica è pari al modulo di $\vec{F}_V$:

$$F_A = \mu_d \, F_V$$

Il secondo principio della dinamica si scrive:

$$\vec{P} + \vec{F}_V + \vec{F}_A = m\vec{a} \qquad [7]$$

Anche in questo caso l'accelerazione ha una componente diversa da zero solo lungo l'asse delle x, perché la componente P_y della forza peso viene annullata da $\vec{F}_V$; così, se consideriamo i moduli, la relazione [7] diventa:

$$P_x - \mu_d F_V = ma$$

cioè

$$mg\,\text{sen}\theta - \mu_d\, mg\cos\theta = ma$$

Se dall'espressione precedente eliminiamo la massa m che compare in entrambi i membri, otteniamo che

l'accelerazione di un corpo lungo un piano inclinato in presenza di attrito non dipende dalla massa del corpo ed è uguale a:

$$a = g(\text{sen}\theta - \mu_d \cos\theta) \qquad [8]$$

dove θ è l'angolo di inclinazione del piano con l'orizzontale.

Anche in presenza di attrito, dunque, il moto lungo un piano inclinato è uniformemente accelerato.

6 LA FORZA CENTRIPETA

Un corpo che si muove di moto circolare uniforme con velocità di modulo v su una circonferenza di raggio r è soggetto a un'accelerazione centripeta di modulo $a_c = v^2/r$.

In base al secondo principio della dinamica, possiamo concludere che sul corpo agisce una forza diretta verso il centro della circonferenza: la forza centripeta $\vec{F}_c$.

La **forza centripeta** $\vec{F}_c$ è la forza necessaria per mantenere un oggetto di massa m lungo una traiettoria circolare di raggio r con una velocità v. La forza centripeta è sempre diretta verso il centro della circonferenza e il suo modulo è:

$$F_c = ma_c = \frac{mv^2}{r} \qquad [9]$$

centripetal force

Nel moto circolare uniforme l'accelerazione centripeta è legata alla velocità angolare ω dalla relazione $a_c = \omega^2 r$. Quindi il modulo della forza centripeta può essere scritto in termini di ω:

$$F_c = m\omega^2 r$$

Il termine *forza centripeta* non indica una nuova forza naturale diversa da quelle che abbiamo considerato finora, ma è semplicemente il nome che viene dato alla risultante di tutte le forze che agiscono su un oggetto che si muove di moto circolare.

Esempio 7 L'effetto della velocità sulla forza centripeta

La **figura** mostra un modellino di aereo di 0,90 kg che si muove a velocità costante lungo una traiettoria circolare parallela al suolo di raggio $r = 17$ m. La traiettoria dell'aereo e la fune che lo mantiene sulla traiettoria giacciono nello stesso piano.

▶ Calcola il modulo della tensione $\vec{T}$ della fune quando il modulo della velocità dell'aereo è 19 m/s e 38 m/s.

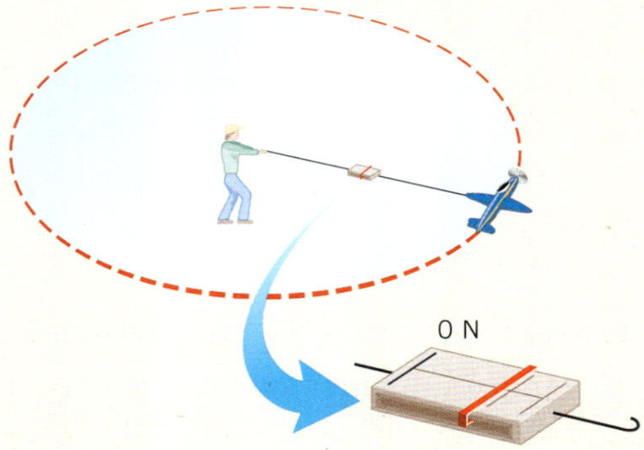

La soluzione

L'aereo si muove lungo una traiettoria circolare, quindi è soggetto a una forza centripeta $F_c = mv^2/r$. L'unica forza che agisce sull'aereo è la tensione della fune $\vec{T}$, diretta verso il centro della circonferenza, per cui $T = F_c$, ossia $T = mv^2/r$. Pertanto

quando $v = 19$ m/s $\quad T = \dfrac{(0{,}90\ \text{kg})(19\ \text{m/s})^2}{17\ \text{m}} = \boxed{19\ \text{N}}$

quando $v = 38$ m/s $\quad T = \dfrac{(0{,}90\ \text{kg})(38\ \text{m/s})^2}{17\ \text{m}} = \boxed{76\ \text{N}}$

Quando un'automobile percorre a velocità costante una curva su una strada pianeggiante, la forza centripeta necessaria a mantenere l'automobile sulla sua traiettoria senza slittamenti è dovuta alla forza di attrito statico tra la strada e gli pneumatici. Quando la forza d'attrito è minore della forza centripeta richiesta per effettuare la curva, l'automobile slitta e finisce fuori strada.

7 IL MOTO ARMONICO DI UNA MOLLA

Un oggetto di massa m è attaccato a un estremo di una molla, che ha l'altro estremo fissato. L'oggetto si muove su un piano orizzontale privo di attrito.

Se l'oggetto è spostato verso destra (**figura 10A**), la molla esercita su di esso una forza di richiamo $\vec{F}_x$ in verso opposto. Quando l'oggetto è lasciato libero di muoversi, questa forza lo tira verso sinistra «richiamandolo» nella sua posizione di equilibrio. Per il principio d'inerzia, l'oggetto non si ferma nella posizione di equilibrio ma continua il suo moto e comprime la molla, come si vede nella figura **10B**.

La molla compressa esercita ora sull'oggetto una forza diretta verso destra che, dopo averlo fermato per un istante, ne inverte il moto e lo richiama verso la posizione di equilibrio. Ma, di nuovo, l'inerzia dell'oggetto fa sì che esso superi la

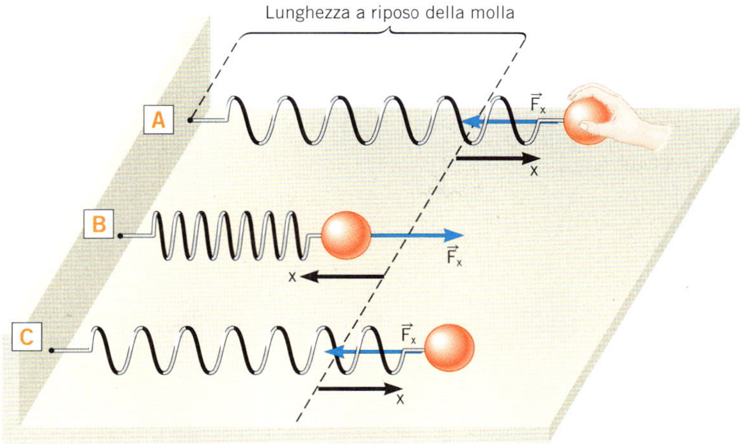

Figura 10
La forza di richiamo (frecce blu) esercitata da una molla ideale è sempre diretta in verso opposto allo spostamento della molla (frecce nere) rispetto alla sua posizione di equilibrio e provoca un moto oscillatorio avanti e indietro dell'oggetto attaccato alla molla.

posizione di equilibrio e tiri la molla allungandola, dando così origine alla forza di richiamo $\vec{F}_x$ mostrata nella figura **10C**.

Se il tavolo è privo di attrito, il moto avanti e indietro illustrato si ripete all'infinito.

Utilizziamo il secondo principio della dinamica per calcolare l'accelerazione del corpo attaccato alla molla. La forza che agisce su di esso è la forza elastica $\vec{F} = -k\vec{x}$, quindi $\vec{F} = -k\vec{x} = m\vec{a}$, da cui segue:

$$\vec{a} = -\frac{k}{m}\vec{x} \qquad [10]$$

Quando l'accelerazione di un corpo è direttamente proporzionale allo spostamento e di verso opposto a esso, il corpo si muove di **moto armonico**.

Un oggetto sottoposto all'azione di una forza elastica si muove su un piano privo di attrito con un moto armonico.

In un moto armonico con frequenza angolare ω l'accelerazione e lo spostamento sono legati dall'equazione $\vec{a} = -\omega^2\vec{x}$. Confrontando questa equazione con l'equazione [**10**] si ha

$$\omega^2 = \frac{k}{m}$$

e quindi

$$\omega = \sqrt{\frac{k}{m}} \qquad [11]$$

Nel moto armonico la frequenza angolare è legata al periodo dall'equazione $\omega = 2\pi/T$. Uguagliando le due espressioni per ω otteniamo:

$$\frac{2\pi}{T} = \sqrt{\frac{k}{m}}$$

cioè

$$T = 2\pi\sqrt{\frac{m}{k}}$$

Concludiamo che

un corpo di massa m vincolato a una molla di costante elastica k si muove di moto armonico con periodo

$$T = 2\pi\sqrt{\frac{m}{k}} \qquad [12]$$

Esempio 8 Uno strumento per misurare la massa corporea

Gli astronauti che passano lunghi periodi in orbita misurano periodicamente le loro masse corporee. Per farlo usano uno strumento costituito da una sedia montata su una molla. Quando l'astronauta si siede, la sedia comincia a oscillare con un moto armonico. Il periodo delle oscillazioni viene convertito direttamente nella massa dell'astronauta.
La costante elastica della molla in uno strumento di questo tipo è 606 N/m e la massa della sedia è 22,0 kg. Supponiamo che il periodo delle oscillazioni sia 2,41 s.

▶ Calcola la massa dell'astronauta.

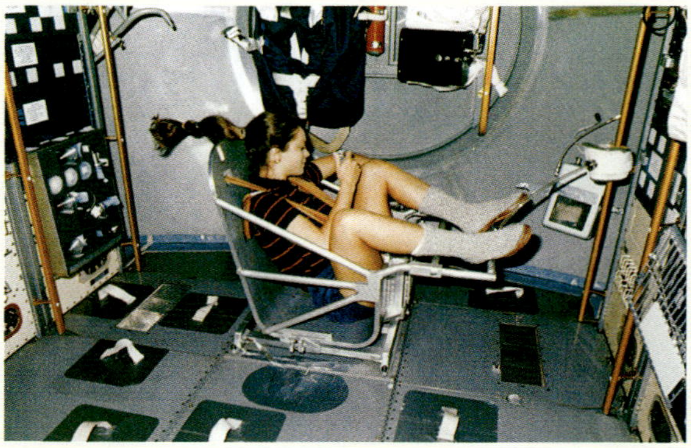

© NASA

La soluzione

Risolviamo rispetto a m l'equazione [**12**] e otteniamo la massa complessiva dell'astronauta e della sedia:

$$m = \frac{kT^2}{4\pi^2} = \frac{(606\ \text{N/m})(2{,}41\ \text{s})^2}{4\pi^2} = 89{,}2\ \text{kg}$$

La massa dell'astronauta è pertanto:

$$m_{\text{astr}} = 89{,}2\ \text{kg} - 22{,}0\ \text{kg} = \boxed{67{,}2\ \text{kg}}$$

8 IL PENDOLO

simple pendulum

Un **pendolo semplice** è costituito da un oggetto puntiforme di massa m appeso a un perno O privo di attrito mediante un filo inestensibile di lunghezza l e massa trascurabile.

Quando l'oggetto viene spostato dalla sua posizione di equilibrio di un angolo θ rispetto alla verticale e poi viene lasciato andare, comincia a oscillare avanti e indietro attorno alla posizione di equilibrio.

Per **piccole oscillazioni**, cioè quando l'angolo θ è piccolo, il pendolo si muove di moto armonico.

Per dimostrarlo, osserviamo che quando il pendolo è fermo in equilibrio, in posizione verticale, la tensione $\vec{T}$ del filo è equilibrata esattamente dal peso dell'oggetto appeso. Quando il pendolo comincia a oscillare, sulla massa agisce una forza centripeta uguale alla differenza tra la tensione $\vec{T}$ del filo e la componente P_r del peso parallela al filo (**figura 11**).

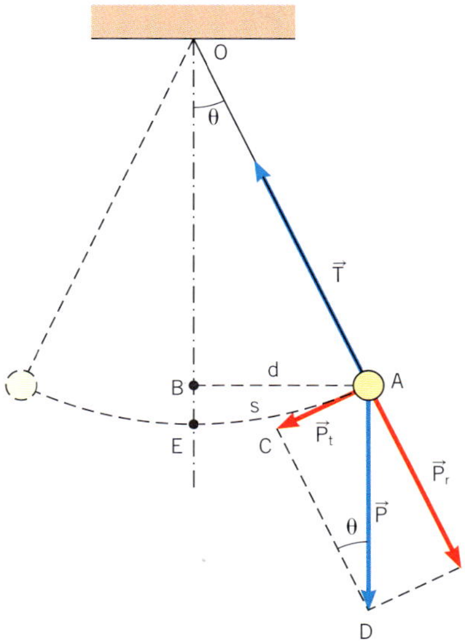

Figura 11
Pendolo: i triangoli *ABO* e *ACD* sono simili perché sono rettangoli e hanno $A\hat{O}B = A\hat{D}C$.

Consideriamo i triangoli *ABO* e *ACD*: poiché sono simili, i lati corrispondenti stanno in proporzione. In particolare

$$\frac{P_t}{d} = \frac{P}{l}$$

quindi

$$P_t = \frac{P}{l}d = \frac{mg}{l}d$$

In realtà la massa si muove sull'arco di circonferenza *AE* ma, se θ è molto piccolo (θ < 10°), la lunghezza *s* dell'arco *AE* è praticamente uguale a *d*, quindi possiamo sostituire *d* con *s*:

$$P_t = \frac{mg}{l}s$$

La forza P_t è una forza di richiamo, perché tende a riportare la massa nella posizione di equilibrio; ciò significa che la forza ha il verso opposto a quello dello spostamento. Per scrivere la relazione precedente in forma vettoriale inseriamo quindi un segno meno:

$$\vec{P}_t = -\frac{mg}{l}\vec{s}$$

Per il secondo principio della dinamica $\vec{P}_t = m\vec{a}$, quindi

$$m\vec{a} = -\frac{mg}{l}\vec{s}$$

da cui otteniamo

$$\vec{a} = -\frac{g}{l}\vec{s} \qquad [13]$$

L'accelerazione del pendolo è direttamente proporzionale allo spostamento e ha il verso opposto a esso. Ciò implica che il moto del pendolo è un moto armonico con frequenza angolare

$$\omega = \sqrt{\frac{g}{l}} \qquad [14]$$

e periodo

$$T = 2\pi\sqrt{\frac{l}{g}} \qquad [15]$$

Possiamo quindi enunciare la **legge dell'isocronismo del pendolo**:

per piccole oscillazioni, il periodo di un pendolo non dipende dall'ampiezza di oscillazione.

Notiamo inoltre che, per piccole oscillazioni, il periodo non dipende neppure dalla massa del pendolo, ma solo dalla sua lunghezza e dall'accelerazione di gravità.

Esempio 9 Tenere il tempo

Un pendolo semplice oscilla avanti e indietro con un periodo di 1,00 s.

▶ Calcola la lunghezza del pendolo.

La soluzione

Se le oscillazioni sono piccole, il periodo T del pendolo è legato alla sua lunghezza l e all'accelerazione di gravità g dall'equazione [**15**]. Risolvendo questa equazione possiamo calcolare la lunghezza l del pendolo:

$$l = \frac{T^2 g}{4\pi^2} = \frac{(1{,}00\ \text{s})^2(9{,}81\ \text{m/s}^2)}{4\pi^2} = \boxed{0{,}248\ \text{m}}$$

La misura dell'accelerazione di gravità

Mediante l'equazione [**15**] si può determinare l'accelerazione di gravità a cui è sottoposto il pendolo. Infatti, elevando al quadrato entrambi i membri della [**15**], si ottiene

$$T^2 = 4\pi^2 \frac{l}{g}$$

da cui segue

$$g = 4\pi^2 \frac{l}{T^2}$$

Per determinare il modulo di g basta misurare con grande accuratezza la lunghezza l e il periodo T di un pendolo.

Esperimenti di questo tipo sono comunemente effettuati dai geofisici per determinare il valore locale di g in punti particolari della superficie terrestre.

I CONCETTI FONDAMENTALI

LOSAI? RIPASSA CON LO SMARTPHONE

In 3 minuti
- La forza
- F = ma

1 IL PRIMO PRINCIPIO DELLA DINAMICA

Primo principio o **principio d'inerzia**:
un oggetto rimane nel suo stato di quiete o di moto rettilineo uniforme fino a quando non agisce su di esso una forza risultante non nulla.

Il **sistema di riferimento inerziale** è un sistema di riferimento in cui è valido il principio d'inerzia.

Ogni sistema di riferimento che si muove a velocità costante rispetto a un sistema inerziale è un sistema inerziale.

2 IL SECONDO PRINCIPIO DELLA DINAMICA

Secondo principio:
quando su un oggetto di massa m agisce una forza risultante $\vec{F}$, l'oggetto subisce un'accelerazione $\vec{a}$ che:

- è direttamente proporzionale alla forza risultante;
- ha modulo inversamente proporzionale alla massa;
- ha direzione e verso uguali a quelli della forza risultante:

$$\vec{F} = m\vec{a}$$

Dal secondo principio risulta che

$$1\ \text{N} = (1\ \text{kg})(1\ \text{m/s}^2)$$

3 IL TERZO PRINCIPIO DELLA DINAMICA

Terzo principio o **principio di azione e reazione**:
ogni volta che un oggetto A esercita una forza su un oggetto B, anche l'oggetto B esercita una forza sull'oggetto A. Le due forze hanno lo stesso modulo e la stessa direzione ma verso opposto.

5 IL MOTO LUNGO UN PIANO INCLINATO

Senza attrito: $a = g\,\text{sen}\theta$

- a: accelerazione lungo il piano inclinato (m/s²)
- g: accelerazione di gravità (m/s²)

Con attrito: $a = g\,(\text{sen}\theta - \mu_d \cos\theta)$

- a: accelerazione lungo il piano inclinato (m/s²)
- g: accelerazione di gravità (m/s²)
- μ_d: coefficiente di attrito dinamico

6 LA FORZA CENTRIPETA

$$F_c = \frac{mv^2}{r} = \omega^2 rm$$

- F_c: forza centripeta (N)
- m: massa (kg)
- v: velocità (m/s)
- ω: velocità angolare (rad/s)
- r: raggio della circonferenza (m)

7 IL MOTO ARMONICO DI UNA MOLLA

Un oggetto sottoposto all'azione di una forza elastica si muove su un piano privo di attrito con moto armonico.

$$\vec{a} = -\frac{k}{m}\vec{x}$$

- $\vec{a}$: accelerazione (m/s²)
- k: costante elastica (N/m)
- $\vec{x}$: spostamento (m)
- m: massa (kg)

$$\omega = \sqrt{\frac{k}{m}}$$

- ω: frequenza angolare (rad/s)

$$T = 2\pi\sqrt{\frac{m}{k}}$$

- T: periodo (s)

8 IL PENDOLO

Per piccole oscillazioni, il pendolo si muove di moto armonico.

$$\vec{a} = -\frac{g}{l}\vec{s}$$

- $\vec{a}$: accelerazione (m/s²)
- g: accelerazione di gravità (m/s²)
- $\vec{s}$: spostamento (m)
- l: lunghezza del pendolo (m)

$$\omega = \sqrt{\frac{g}{l}}$$

- ω: frequenza angolare (rad/s)

$$T = 2\pi\sqrt{\frac{l}{g}}$$

- T: periodo (s)

LABORATORIO

La misura di *g*

Difficoltà ★★★ | 1 ora | 2/4 studenti

Obiettivo

- Studiare il moto di un pendolo semplice indagando le relazioni tra la lunghezza del filo, la massa oscillante e il periodo di oscillazione.
- Fornire una stima dell'accelerazione di gravità g.

Cosa serve

- ☐ Treppiede con asta metallica (0,80–1 m).
- ☐ Asticella metallica con un piccolo foro su un'estremità da fissare all'asta con un morsetto.

- ☐ Bullone.
- ☐ Vite.
- ☐ Filo.
- ☐ Rotella metrica di sensibilità 1 mm.
- ☐ Cronometro: sensibilità 0,01 s.
- ☐ Calcolatrice scientifica.
- ☐ Quaderno, biro, matita.

Come si fa

- Ogni gruppo stabilisce una lunghezza iniziale L del tratto di filo: attacca il bullone a un'estremità, appende il filo all'asta orizzontale e mette il sistema in oscillazione.

Nota: cercare di mantenere l'oscillazione angolare entro i 10° in modo che sia valido il modello teorico delle «piccole oscillazioni».

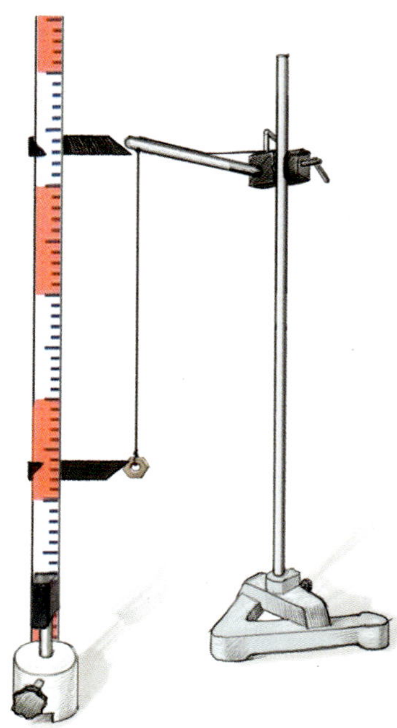

- Ogni gruppo misura con il cronometro il tempo necessario perché il pendolo compia 10 oscillazioni complete.

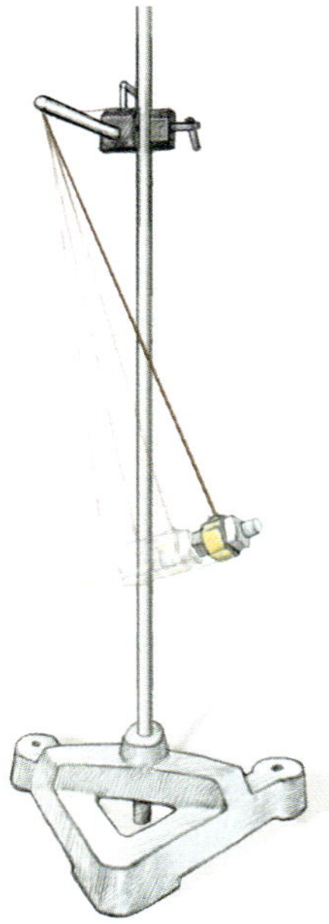

- Ogni gruppo ripete la misura inserendo una vite nel bullone in modo da aumentare la massa del sistema.
- Tutte le misure vanno poi ripetute variando la lunghezza L del filo.

Come usare i dati

Ogni studente riporta i risultati ottenuti dal proprio gruppo in un'unica tabella simile alla seguente:

Lunghezza L (cm)	Periodo T (s)	T^2 (s^2)	rapporto L/T^2 (cm/s^2)
0	0	0	...
20 (senza vite)	...	...	...
20 (con vite)	...	...	...
40 (senza vite)	...	...	...
40 (con vite)	...	...	...
...	...	...	...

A casa

- Costruisci un grafico cartesiano ponendo il quadrato del periodo (T^2) in ascisse e la lunghezza (L) in ordinate.
- Se utilizzi un foglio di calcolo prova ad approssimare i dati con una retta; altrimenti traccia sul tuo grafico una retta passante per l'origine che sia sufficientemente vicina a tutti i punti del grafico stesso. Calcola la pendenza della retta interpolante.
- Usando il valore della pendenza della retta trovata, fornisci una stima dell'accelerazione di gravità.
- Spiega, a partire dai principi della dinamica, perché la variazione della massa m (ottenuta aggiungendo la vite), a parità di lunghezza L, non modifica il periodo T di oscillazione.

1 IL PRIMO PRINCIPIO DELLA DINAMICA

1 UN DATO IN PIÙ

Il blocco di massa 2,5 kg mostrato nella figura subisce l'azione di due forze $\vec{F}_1$ e $\vec{F}_2$. Le due forze hanno la stessa direzione e verso opposto. Il modulo della forza $\vec{F}_2$ è 10 N e il blocco si muove nel verso di $\vec{F}_2$ alla velocità costante di 1,8 m/s.

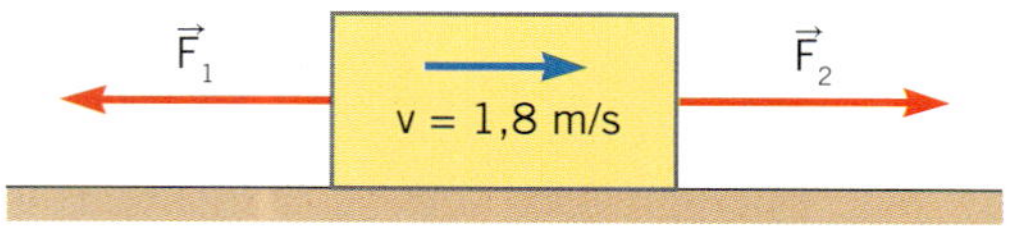

▶ Qual è il modulo di $\vec{F}_1$?

[10 N]

2 Su un oggetto in moto agiscono due forze $\vec{F}_1$ e $\vec{F}_2$. La forza $\vec{F}_1$ punta nella direzione positiva dell'asse delle x e ha modulo 75 N. L'equazione oraria dell'oggetto è $x(t) = 2\text{ m} + (5\text{ m/s})t$.

▶ Calcola la forza $\vec{F}_2$.

[$(-75\text{ N})\hat{x}$]

3 Su un oggetto in moto lungo l'asse positivo delle y alla velocità di 7,0 m/s agiscono due forze, $\vec{F}_1 = (25\text{ N})\hat{y}$ e $\vec{F}_2 = -(25\text{ N})\hat{y}$. Al tempo $t = 0$ s la posizione dell'oggetto è $-3{,}0$ m.

▶ Scrivi la legge oraria dell'oggetto.

4 LEGGI IL GRAFICO

Un oggetto si muove su una superficie orizzontale a velocità costante. Su di esso sono applicate una forza esterna $\vec{F}_e$ orizzontale e la forza di attrito dinamico $\vec{F}$ con la superficie. La figura mostra come varia nel tempo il modulo della forza di attrito.

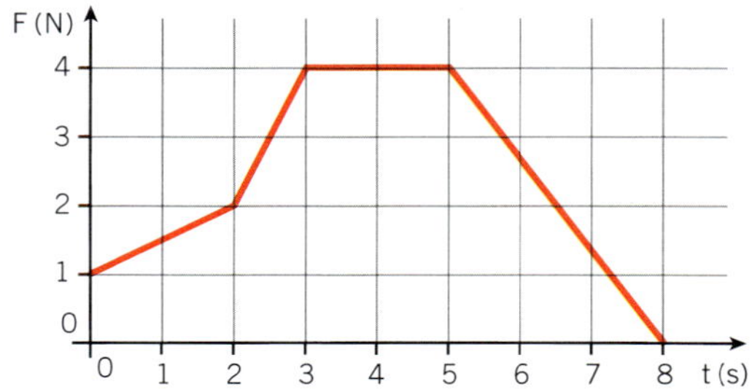

▶ Rappresenta in un grafico come varia nel tempo il modulo della forza esterna $\vec{F}_e$.

5 LEGGI IL GRAFICO

Un oggetto si muove orizzontalmente a velocità costante nel verso positivo. Sull'oggetto agiscono 3 forze $\vec{F}_1$, $\vec{F}_2$ e $\vec{F}_3$, anch'esse orizzontali. La figura mostra i valori delle forze $\vec{F}_1$ (in blu) e $\vec{F}_2$ (in verde) al variare della posizione x dell'oggetto.

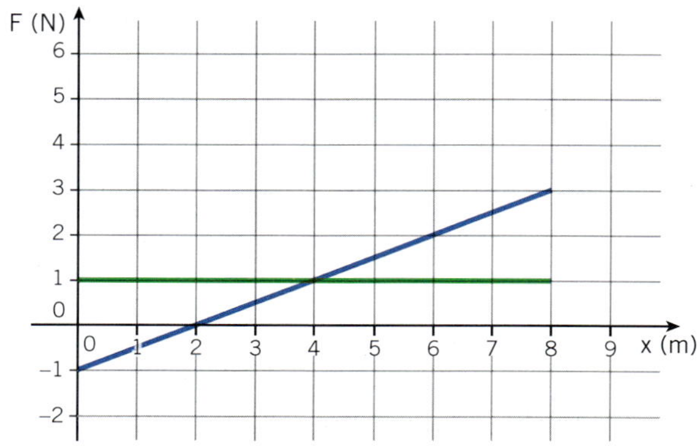

▶ Disegna il grafico della forza $\vec{F}_3$ al variare della posizione x.

6 PROBLEM SOLVING

Un disco da hockey di 160 grammi viene lanciato sul ghiaccio con velocità orizzontale $v = 5{,}1$ m/s. A un certo punto arriva in una zona in cui è stata sparsa della sabbia e il coefficiente di attrito dinamico tra il disco e il ghiaccio è $\mu_d = 0{,}18$. Calcola il modulo della forza esterna $\vec{F}_E$ che bisogna applicare al disco perché si muova a velocità costante nei seguenti casi:

▶ la forza esterna è orizzontale;

▶ la forza esterna è inclinata verso l'alto di 30°.

Dati e incognite

Dati	Incognite
Massa del disco: $m = 0{,}16$ kg	Forza orizzontale da applicare: $\vec{F}_E = ?$
Velocità del disco: $v = 5{,}1$ m/s	Forza inclinata da applicare: $\vec{F}'_E = ?$
Coefficiente di attrito dinamico: $\mu_d = 0{,}18$	

Il ragionamento

Applichiamo in entrambi i casi il primo principio della dinamica: affinché il disco si muova con velocità costante, la somma delle forze che agiscono su di esso deve essere nulla. Disegniamo il diagramma delle forze: la forza esterna $\vec{F}_E$ da applicare è opposta alla somma di tutte le altre forze.

La soluzione

- Quando la forza esterna $\vec{F}_E$ è orizzontale, il diagramma delle forze è composto, oltre che da $\vec{F}_E$, dalla forza-peso $\vec{P}$, dalla reazione vincolare $\vec{F}_V$ che il ghiaccio applica al disco e dalla forza di attrito $\vec{F}_a$ che si oppone al moto:

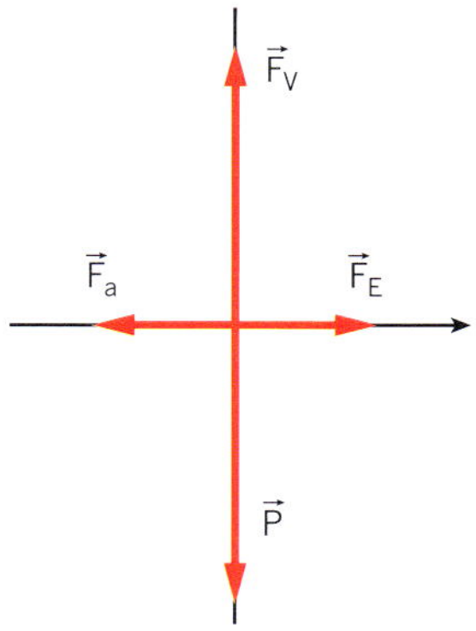

Il disco non si muove nella direzione verticale, quindi la forza-peso $\vec{P}$ e la reazione vincolare $\vec{F}_V$ che il ghiaccio applica al disco si annullano. Se ne deduce che la forza normale ha lo stesso modulo della forza-peso:

$$F_V = P = mg$$

La forza di attrito dinamico è proporzionale alla forza normale:

$$F_a = \mu_d F_V = \mu_d mg = (0{,}18)(0{,}16\ \text{kg})(9{,}8\ \text{m/s}^2) = 0{,}28\ \text{N}$$

ed è diretta nel verso opposto al moto del disco.
Affinché il disco possa continuare a muoversi di moto uniforme, la forza esterna $\vec{F}_E$ deve avere verso opposto a quello della forza di attrito e il suo stesso modulo:

$$F_E = F_a = 0{,}28\ \text{N}$$

- Quando la forza esterna che applichiamo è obliqua, il diagramma delle forze cambia:

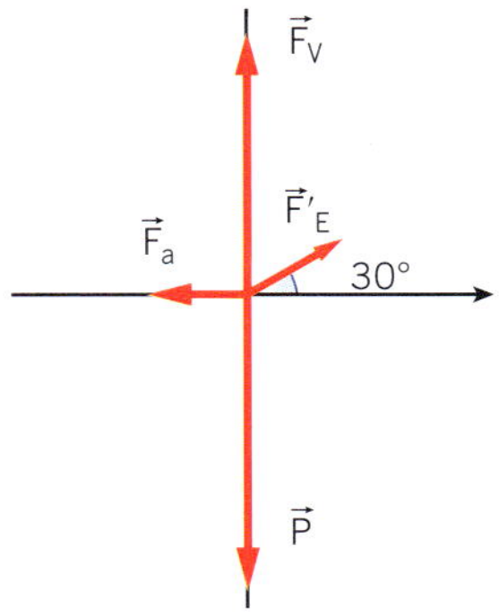

Applichiamo la condizione di equilibrio alla direzione verticale e vediamo che la reazione vincolare cambia:

$$F_V + F'_{E,y} - P = 0 \quad \rightarrow \quad F_V = mg - F'_E \operatorname{sen} 30°$$

Imponiamo anche in questo caso che la forza totale orizzontale sia nulla:

$$F'_{E,x} - F_a = 0 \quad \rightarrow \quad F'_E \cos 30° - \mu_d F_V = 0 \quad \rightarrow \quad F'_E \cos 30° - \mu_d(mg - F'_E \operatorname{sen} 30°) = 0$$

Ricaviamo quindi il modulo della forza esterna:

$$F'_E = \frac{\mu_d mg}{\cos 30° + \mu_d \operatorname{sen} 30°} = 0{,}30\ \text{N}$$

7 ★☆☆ Un viaggiatore in aeroporto trascina a velocità costante il proprio trolley con le ruote rotte applicando una forza $\vec{F}$ di 100 N inclinata verso l'alto di 60°.

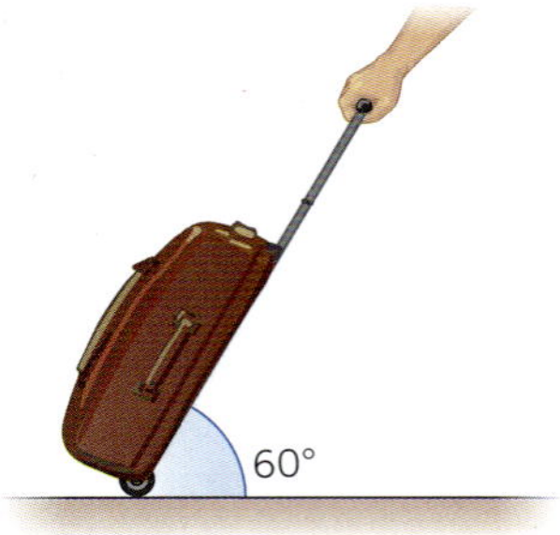

Il coefficiente di attrito dinamico tra il trolley e il pavimento è $\mu_d = 0{,}50$.

- Calcola il modulo della forza di attrito $\vec{f}_a$ fra trolley e pavimento.
- Calcola il modulo della forza normale $\vec{F}_N$.
- Calcola la massa del trolley.

[50 N; 100 N; 19 kg]

2 IL SECONDO PRINCIPIO DELLA DINAMICA

8 ★☆☆ Un'automobile di 1500 kg è soggetta a una forza risultante di 3300 N.

- Calcola l'accelerazione con cui si muove l'automobile.

[2,2 m/s²]

9 ★☆☆ Un sasso di massa 0,12 kg viene lanciato in mare. Durante il lancio l'accelerazione del sasso è 16 m/s².

- Calcola la forza applicata al sasso durante il lancio.

[1,9 N]

10 ★☆☆ Una forza di 4,0 N applicata a un oggetto lo fa accelerare di 2,5 m/s².

- Calcola la massa dell'oggetto.

[1,6 kg]

11 ★☆☆ La massa totale di un motociclista e della sua moto è 270 kg. La moto ha un'accelerazione di 2,4 m/s². Sulla moto agiscono forze che si oppongono al suo movimento, per un totale di 450 N.

- Calcola la forza totale che agisce sulla moto.
- Calcola la forza esercitata dal motore della moto.

[650 N; 1100 N]

12 ★☆☆ Due blocchi di massa 1,0 kg e 2,0 kg sono collegati da una fune di massa trascurabile e giacciono su un piano orizzontale. Il blocco di massa 2,0 kg viene tirato da una forza orizzontale di modulo 0,60 N.

La massa della fune e l'attrito tra i blocchi e il piano sono trascurabili.

- Calcola l'accelerazione dei due blocchi.
- Calcola la tensione della fune che collega i due blocchi (*suggerimento: applica il secondo principio della dinamica al blocco di massa 1,0 kg*).

[0,20 m/s²; 0,20 N]

13 ★☆☆ **LEGGI IL GRAFICO** Una forza di modulo F variabile, diretta nel verso positivo della direzione orizzontale, agisce su un oggetto di massa 5,0 kg. La figura mostra come varia nel tempo il modulo della forza.

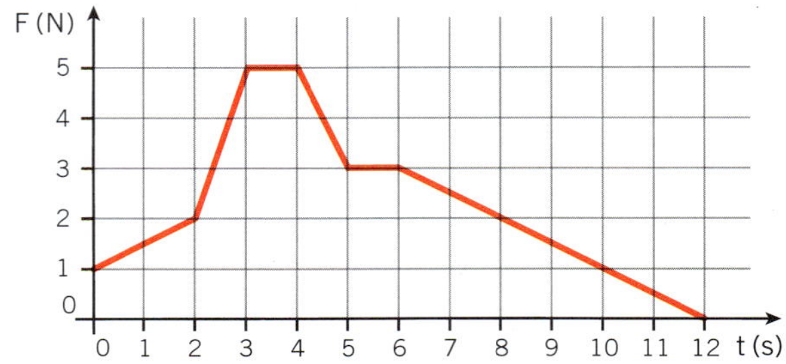

- Disegna il grafico dell'accelerazione dell'oggetto.

14 ★★☆ Tre blocchi A, B e C di massa 2,0 kg, 3,0 kg e 5,0 kg si trovano su un piano orizzontale e sono collegati tra loro da funi di massa trascurabile. Il blocco C viene tirato da una forza orizzontale di modulo 25 N.

L'attrito tra i blocchi e il piano è trascurabile.

- Calcola la tensione della fune tra A e B.

[5,0 N]

15 ★★☆ Due oggetti di massa 4,0 kg e 3,0 kg sono collegati tramite una fune di massa trascurabile che scorre attorno a una carrucola. La carrucola è bloccata e non può ruotare. Trascura l'attrito tra la fune e la carrucola.

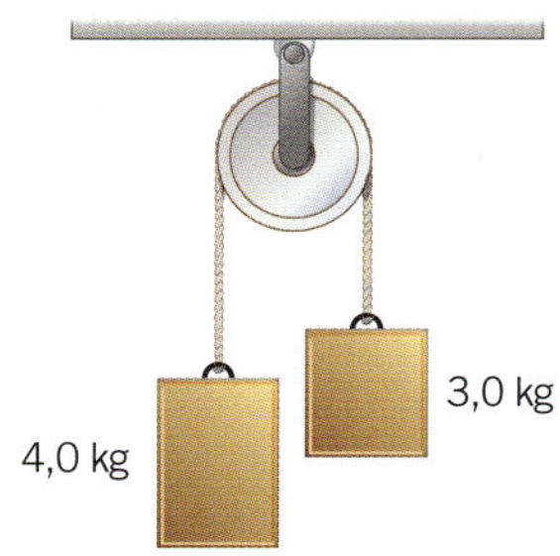

- Calcola l'accelerazione dei due oggetti.

[1,4 m/s² ; −1,4 m/s²]

16 ★★☆ Una locomotiva su cui agisce una forza media di $2{,}0 \cdot 10^6$ N, parte da ferma e raggiunge la velocità di 10 m/s in 4,8 s.

- Calcola la massa della locomotiva.

[$9{,}6 \cdot 10^5$ kg]

17 ★★☆ **LEGGI IL GRAFICO**
La figura mostra il grafico velocità-tempo di un tratto della corsa rettilinea di un atleta di 72 kg.

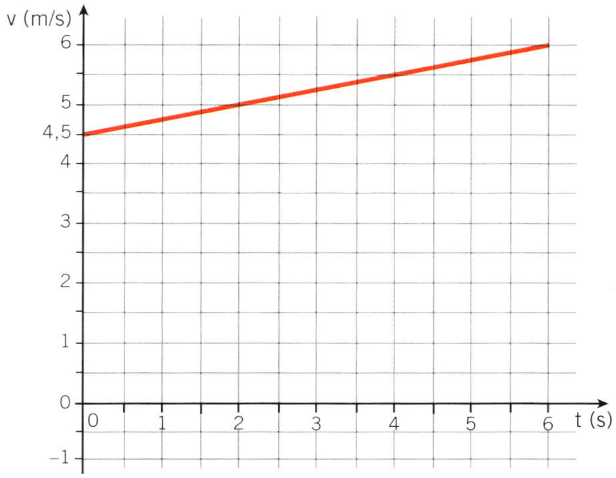

▶ Calcola la forza applicata all'atleta (da che cosa?).

[18 N]

18 ★★☆ Un'automobile di massa 1580 kg viaggia in direzione orizzontale con una velocità di 15 m/s. L'auto si ferma dopo 50 m per effetto di una forza costante.

▶ Calcola il modulo della forza che agisce sull'auto.

[3600 N]

19 ★★☆ Due forze parallele $F_1 = -2{,}0$ N e $F_2 = 4{,}0$ N sono applicate a un oggetto di massa 0,50 kg in moto con velocità $v_0 = 3{,}0$ m/s. Il vettore velocità è parallelo alle due forze.

▶ Quanto tempo impiega l'oggetto a raggiungere la velocità di modulo 35 m/s?

[8,0 s]

20 ★★☆ A un oggetto di massa 8,0 kg sono applicate due forze $\vec{F}_A$ e $\vec{F}_B$. F_A è maggiore di F_B. Quando entrambe le forze sono dirette verso est l'accelerazione dell'oggetto è 0,50 m/s^2. Quando $\vec{F}_A$ è diretta verso est e $\vec{F}_B$ verso ovest, l'accelerazione dell'oggetto è di 0,40 m/s^2 in direzione est.

▶ Calcola i moduli di $\vec{F}_A$ e $\vec{F}_B$.

[3,6 N e 0,40 N]

21 ★★☆ Le scatole nere degli aerei devono essere in grado di resistere alle forze intense che agiscono in caso di caduta dell'aereo. Sono perciò costruite con materiali molto resistenti come l'acciaio o il titanio e sottoposte a prove di resistenza molto severe. Una di queste prove consiste nel lanciare una scatola nera di 41 kg contro una barriera a una velocità di 220 m/s. La scatola nera si ferma dopo un impatto con la barriera che ha una durata di 6,5 ms.

▶ Qual è la forza media che agisce sulla scatola nera durante l'urto?

[$-1{,}4 \cdot 10^6$ N]

22 ★★☆ Una barca ha una massa di 6800 kg. I suoi motori le applicano una forza di 4100 N verso ovest, mentre il vento esercita su di essa una forza di 800 N verso est e l'acqua esercita una forza di resistenza di 1200 N verso est.

▶ Determina il modulo, la direzione e il verso dell'accelerazione della barca.

[0,31 m/s^2]

23 ★★☆ Durante il servizio, la velocità di una pallina da tennis di 58 g aumenta da 0 m/s a 45 m/s. Il contatto con la racchetta le imprime un'accelerazione costante per un tratto di 4,5 cm.

▶ Calcola il modulo della forza che la racchetta esercita sulla pallina.

[1300 N]

24 PROBLEM SOLVING

Uno slittino si muove su un pianoro innevato con una velocità $v_0 = 4{,}0$ m/s. A un certo istante, finisce su una zona in cui il coefficiente di attrito dinamico fra i pattini dello slittino e la neve è $\mu_d = 0{,}050$.

▶ Quanti metri percorre lo slittino prima di fermarsi?

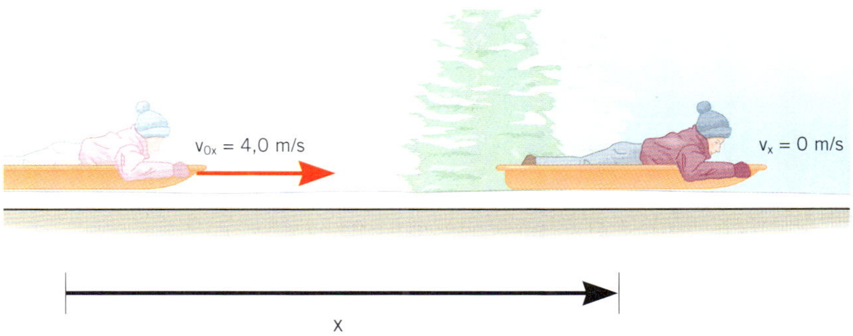

Dati e incognite

Dati	Incognite
Velocità iniziale dello slittino: $v_0 = 4{,}0$ m/s	Distanza percorsa dallo slittino: s = ?
Coefficiente di attrito dinamico: $\mu_d = 0{,}050$	

Il ragionamento

Lo slittino rallenta a causa della forza di attrito. Per ricavare il modulo della forza di attrito, esaminiamo il diagramma delle forze applicate allo slittino. Dal momento che le forze sono costanti, lo slittino ha accelerazione (negativa) costante e quindi si muove di moto uniformemente decelerato.

La soluzione

Sullo slittino sono applicate 3 forze: la forza-peso $\vec{P}$, la reazione vincolare del terreno $\vec{F}_V$ e la forza di attrito dinamico $\vec{F}_a$. Disegniamo il diagramma di corpo libero:

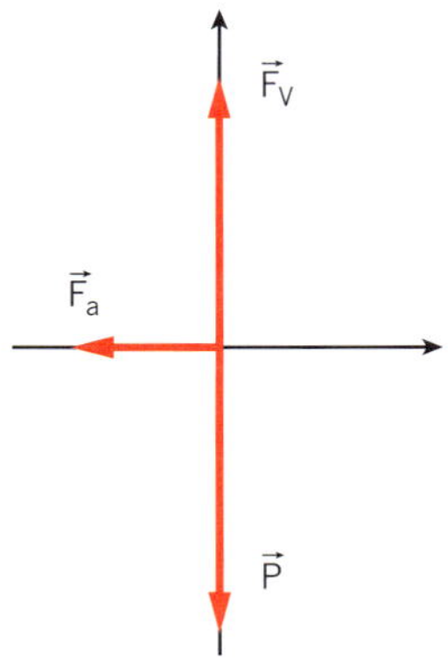

La somma vettoriale delle forze verticali è nulla, quindi il modulo della reazione vincolare è uguale a quello della forza-peso:

$$F_V = P = mg$$

Applichiamo il secondo principio della dinamica applicato alla direzione orizzontale e otteniamo un'espressione per l'accelerazione dello slittino:

$$a = -\frac{F_a}{m} = -\frac{\mu_d mg}{m} = -\mu_d g$$

Ricaviamo la distanza percorsa dallo slittino applicando la legge spazio-velocità del moto uniformemente accelerato:

$$s = \frac{v^2 - v_0^2}{2a} = \frac{v^2 - v_0^2}{-2\mu_d g} = \frac{v_0^2}{2\mu_d g} = \frac{(4{,}0\ \text{m/s})^2}{2\,(0{,}050)\,(9{,}81\ \text{m/s}^2)} \approx 16\ \text{m}$$

25 ★★☆ Un carro attrezzi sta trasportando un'auto di 1900 kg in panne all'officina meccanica per le riparazioni. Alla fine di un rettilineo, in prossimità di una curva, l'auto si sgancia dai supporti e procede dritta attraverso dei campi incolti. Il coefficiente di attrito dinamico fra le ruote dell'auto e il terreno è $\mu = 0{,}40$. La velocità iniziale dell'auto è di 30 km/h.

- Quanti metri percorre l'auto prima di fermarsi?
- In quanto tempo l'auto si ferma?

[8,8 m; 2,1 s]

26 ★★☆ Un pescatore usa una lenza che si spezza se viene tirata con una forza di 45 N o più.

- Determina il massimo peso del pesce che il pescatore può recuperare avvolgendo la lenza a velocità costante.
- Determina il massimo peso del pesce che il pescatore può recuperare avvolgendo la lenza con accelerazione costante di 2,0 m/s^2.

[45 N; 37 N]

27 ★★☆ Un'automobile di 1360 kg si muove verso est con una velocità iniziale di 27 m/s. Dopo 8,0 s di decelerazione costante, la velocità scende a 17 m/s.

- Determina modulo, direzione e verso della forza che ha rallentato l'automobile.

[−1700 N]

28 ★★☆ Un paracadutista di massa 110 kg sta cadendo verso terra.

- Calcola l'accelerazione del paracadutista quando la resistenza dell'aria è uguale a un terzo del suo peso.
- Calcola modulo, direzione e verso della forza esercitata dall'aria sul paracadutista quando cade a velocità costante a seguito dell'apertura del paracadute.

[6,5 m/s^2; 1,1 · 10^3 N]

29 ★★☆ Una navicella spaziale sta per toccare il suolo della Luna, dove l'accelerazione di gravità è 1,6 m/s^2. A un'altezza di 165 m dal suolo, il veicolo, che ha massa $1{,}13 \cdot 10^4$ kg, scende verticalmente alla velocità di 18 m/s. Per rallentarlo viene acceso un retrorazzo che gli imprime una spinta verso l'alto.

▶ Calcola la spinta verso l'alto necessaria per ridurre la velocità del veicolo a 0 m/s nell'istante in cui tocca il suolo lunare.

[$2{,}9 \cdot 10^4$ N]

30 Uno speleologo che pesa 520 N viene sollevato con un cavo dal fondo di una fossa profonda 35,1 m. Il cavo può sopportare una tensione fino a 569 N senza rompersi.

▶ Qual è il tempo minimo necessario per recuperare lo speleologo?

[8,7 s]

3 IL TERZO PRINCIPIO DELLA DINAMICA

31 Un tennista colpisce la pallina con la racchetta, che applica alla pallina una forza di modulo 220 N.

▶ Determina il modulo della forza applicata dalla pallina sulla racchetta.

[220 N]

32 Un camion in movimento «investe» una zanzara in volo. Durante l'urto, il camion applica alla zanzara una forza di modulo 0,12 N.

▶ Determina modulo, direzione e verso della forza applicata dalla zanzara sul camion.

33 **QUANTI SU 100?**
Un uomo e suo figlio sono fermi su una pista di pattinaggio su ghiaccio. La massa dell'uomo è doppia di quella del figlio. L'uomo spinge il figlio con una forza di modulo F.

▶ Calcola il rapporto percentuale fra l'accelerazione del figlio e quella padre.

[200%]

34 Durante una partita a bocce, una boccia di massa 920 g colpisce il boccino. Durante l'urto il modulo dell'accelerazione del boccino è 1,0 m/s^2 e quello dell'accelerazione della boccia è 0,10 m/s^2.

▶ Calcola la massa del boccino.

[$9{,}2 \cdot 10^{-2}$ kg]

35 I razzi vettore sono usati per portare i satelliti artificiali in orbita attorno alla Terra.
Poco dopo il lancio, il razzo si divide in due parti. La parte che prosegue il viaggio verso lo spazio ha massa $7{,}7 \cdot 10^5$ kg e accelera verso l'alto con accelerazione 1,1 m/s^2; la seconda, formata dai serbatoi, ha massa $2{,}7 \cdot 10^5$ kg e ricade verso la Terra.

▶ Calcola l'accelerazione della seconda parte del razzo e determina il suo verso.

[3,1 m/s^2]

© NASA

36 Un moscerino di massa $2{,}0 \cdot 10^{-3}$ g urta contro un'auto di $1{,}5 \cdot 10^3$ kg ferma.

▶ Qual è il rapporto fra i moduli delle forze che moscerino e auto esercitano l'uno sull'altro durante l'urto?

▶ Qual è il rapporto fra i moduli delle accelerazioni durante l'azione delle forze?

[1; $1{,}3 \times 10^{-9}$]

37 Due scatole di massa 5,0 kg e 3,0 kg sono affiancate su un tavolo privo di attrito. Una forza orizzontale di modulo 8,0 N può essere applicata a una delle scatole in due modi: (A) alla scatola di massa maggiore, (B) alla scatola di massa minore, come mostrato nelle figure.

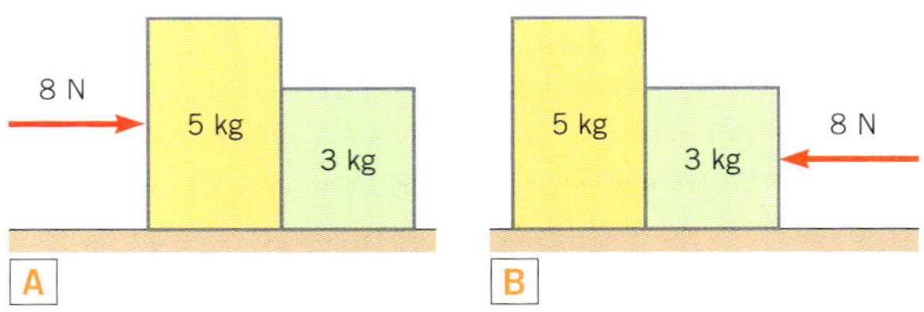

▶ Calcola il modulo della forza che la scatola di massa 5,0 kg esercita sull'altra nel caso A.

▶ Calcola il modulo della forza che la scatola di massa 5,0 kg esercita sull'altra nel caso B.

[3,0 N; 5,0 N]

38 ★★☆ Due oggetti di massa 4,0 kg e 6,0 kg, sono collegati mediante un dinamometro di massa trascurabile e sono trascinati senza attrito sopra un piano orizzontale da una forza di 18,0 N applicata all'oggetto con massa maggiore, come illustrato nella figura.

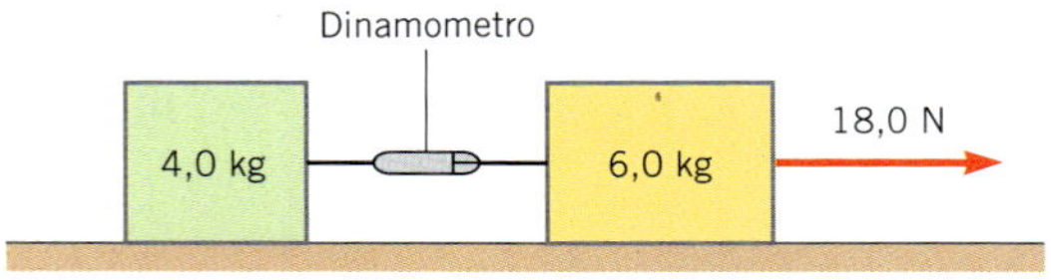

▶ Qual è il valore indicato sul dinamometro?

[7,2 N]

39 PROBLEM SOLVING

Due libri di massa $m_1 = 1{,}2$ kg e $m_2 = 0{,}80$ kg sono appoggiati l'uno sull'altro su un tavolo.

Calcola la forza che il libro 2 applica al libro 1 nei seguenti casi:

- ▶ i libri giacciono sul tavolo;
- ▶ il libro 2 è premuto con la mano verso il basso con una forza di modulo 12,2 N.

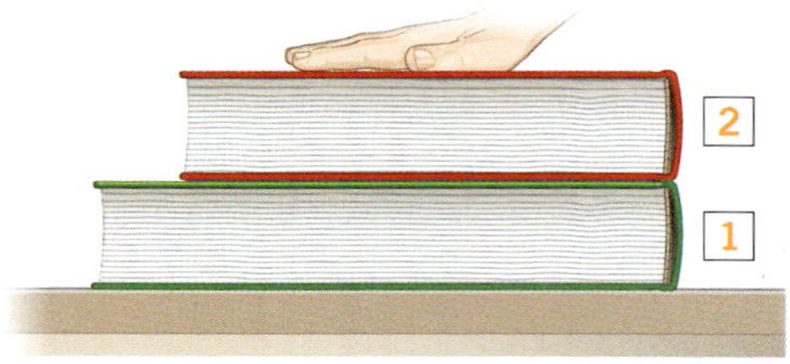

Dati e incognite

Dati	Incognite
Massa del primo libro: $m_1 = 1{,}2$ kg	Forza applicata dal libro 2 sul libro 1: $\vec{F}_{21} = ?$
Massa del secondo libro: $m_2 = 0{,}80$ kg	Forza applicata dal libro 2 sul libro 1 premendo: $\vec{F}'_{21} = ?$
Forza sul secondo libro: $F = 12{,}2$ N	

Il ragionamento

I libri sono fermi sul tavolo in entrambi i casi proposti. Dobbiamo esaminare le forze di contatto o a distanza applicate sui libri, applicare la condizione di equilibrio a ciascun libro e il terzo principio della dinamica per determinare la forza che il secondo libro applica sul primo.

La soluzione

- Nel caso in cui i libri siano semplicemente appoggiati l'uno sull'altro, sul libro 2 agiscono: la sua forza-peso $\vec{F}_2$ verso il basso e la forza $\vec{F}_{12}$ che il libro 1 applica su di esso verso l'alto.

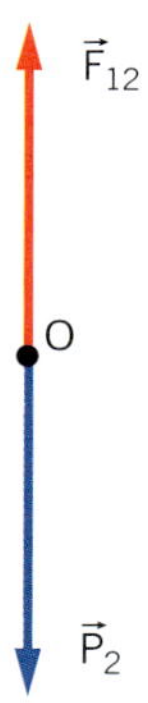

In base alla condizione di equilibrio, queste due forze devono avere lo stesso modulo:

$$F_{12} = P_2 = m_2 g$$

In base al terzo principio della dinamica, la forza $\vec{F}_{21}$ che il libro 2 applica al libro 1 è opposta alla forza $\vec{F}_{12}$ che il libro 1 applica sul libro 2. Quindi il modulo della forza $\vec{F}_{21}$ è:

$$F_{21} = F_{12} = m_2 g = (0{,}80\ \text{kg})(9{,}81\ \text{m/s}^2) \cong 7{,}8\ \text{N}$$

ed è diretta verso il basso.

- Nel caso in cui il libro 2 sia premuto sul libro 1, sul libro 2 agiscono: la sua forza-peso $\vec{P}_2$, la forza premente $\vec{F}$ verso il basso e la forza $\vec{F}'_{12}$ che il libro 1 applica su di esso verso l'alto.

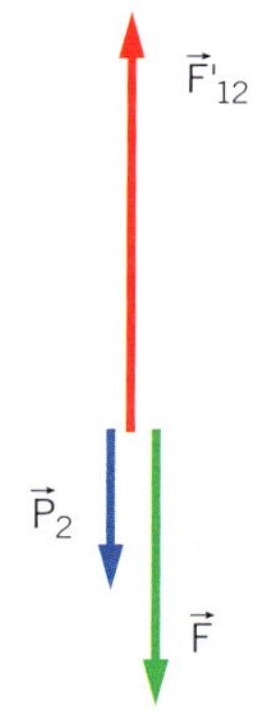

Dalla condizione di equilibrio ricaviamo l'espressione del modulo di F'_{12}:

$$F'_{12} = P_2 + F = m_2 g + F$$

In base al terzo principio della dinamica, la forza $\vec{F}'_{21}$ che il libro 2 applica al libro 1 è opposta alla forza $\vec{F}'_{12}$ che il libro 1 applica sul libro 2. Quindi il modulo della forza $\vec{F}'_{21}$ è

$$F'_{21} = F'_{12} = m_2 g + F = (0{,}80 \text{ kg})(9{,}81 \text{ m/s}^2) + (12{,}2 \text{ N}) \cong 20 \text{ N}$$

ed è diretta, anche in questo caso, verso il basso.

40 ★★☆ Due mattoni identici sono appoggiati l'uno sull'altro su un ripiano orizzontale. Il ripiano esercita sul mattone inferiore una forza di modulo 30 N.

▶ Calcola tutte le forze applicate sul mattone superiore, specificando anche il loro verso.
▶ Calcola tutte le forza applicate al mattone inferiore, specificando anche il loro verso.

[15 N, 15 N; 30 N, 15 N, 15 N]

4 LE FORZE E IL MOVIMENTO

41 ★☆☆ Un oggetto di massa 0,25 kg ha accelerazione $\vec{a} = (3{,}0 \text{ m/s}^2)\hat{x} - (2{,}0 \text{ m/s}^2)\hat{y}$.

▶ Determina l'espressione in forma vettoriale della forza che agisce sull'oggetto.

42 ★☆☆ **UN DATO IN PIÙ**
Una forza $\vec{F} = (1{,}0 \text{ N})\hat{x} + (2{,}0 \text{ N})\hat{y}$ è applicata su un oggetto di massa 4,0 kg con velocità iniziale $\vec{v}_0 = (3{,}3 \text{ m/s})\hat{x} - (1{,}5 \text{ m/s})\hat{y}$.

▶ Calcola il vettore accelerazione.

$[(0{,}25 \text{ m/s}^2)\hat{x} + (0{,}50 \text{ m/s}^2)\hat{y}]$

43 ★☆☆ Su un oggetto di massa 10 kg agiscono solo le due forze rappresentate nella figura.

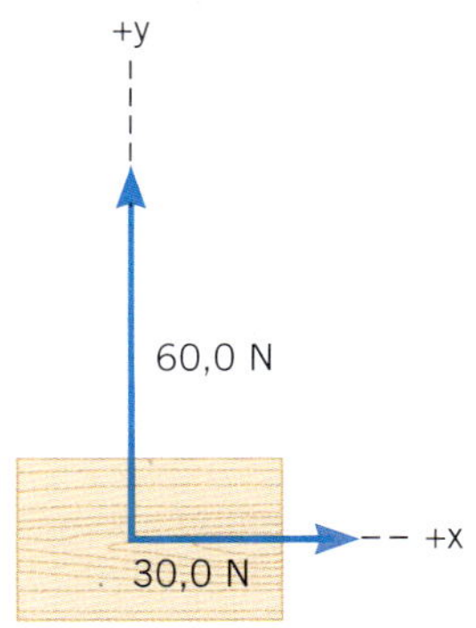

▶ Determina le componenti dell'accelerazione dell'oggetto.
▶ Calcola il modulo dell'accelerazione

[3,0 m/s², 6,0 m/s²; 6,7 m/s²]

44 ★★☆ Un carrellino di massa 1,2 kg si muove sotto l'effetto di due forze $\vec{F}_1 = (4{,}0 \text{ N})\hat{x} - (5{,}0 \text{ N})\hat{y}$ e $\vec{F}_2 = (8{,}0 \text{ N})\hat{x} + (11{,}0 \text{ N})\hat{y}$.

▶ Calcola il vettore accelerazione $\vec{a}$.

$[(10 \text{ m/s}^2)\hat{x} + (5{,}0 \text{ m/s}^2)\hat{y}]$

45 ★★☆ Una cassa di massa 2,0 kg si muove sul pavimento sotto l'effetto di due forze, $\vec{F}_1 = (4{,}0 \text{ N})\hat{x} - (3{,}0 \text{ N})\hat{y}$ e $\vec{F}_2$. L'accelerazione della cassa è $\vec{a} = (3{,}0 \text{ m/s}^2)\hat{x} + (1{,}0 \text{ m/s}^2)\hat{y}$.

▶ Determina l'espressione del vettore forza $\vec{F}_2$.

$[(2{,}0 \text{ N})\hat{x} + (5{,}0 \text{ N})\hat{y}]$

46 ★★★ Su un oggetto di massa 3,0 kg agiscono solo le due forze mostrate nella figura.

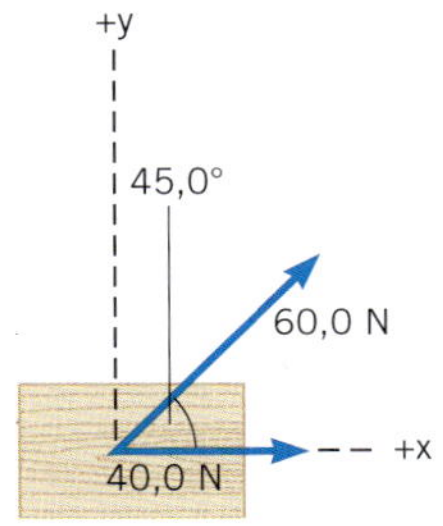

▶ Calcola il modulo dell'accelerazione dell'oggetto e l'angolo che il vettore accelerazione forma con la direzione x.

[31 m/s^2; 27°]

47 ★★★ Una forza $\vec{F} = (6{,}0\ \text{N})\hat{x} + (12{,}0\ \text{N})\hat{y}$ è applicata su un oggetto di massa 3,0 kg inizialmente fermo.

▶ Determina l'espressione del vettore velocità dopo 10 s.

[$(20\ \text{m/s})\hat{x} + (40\ \text{m/s})\hat{y}$]

48 ★★★ Due forze $\vec{F}_1 = (2{,}0\ \text{N})\hat{y}$ e $\vec{F}_2 = (2{,}0\ \text{N})\hat{x}$ sono applicate a un oggetto di massa 0,50 kg in moto con velocità $\vec{v} = (1{,}0\ \text{m/s})\hat{x} + (2{,}0\ \text{m/s})\hat{y}$.

▶ Determina il vettore velocità dell'oggetto dopo 3,0 secondi.

[$(13\ \text{m/s})\hat{x} + (14\ \text{m/s})\hat{y}$]

49 PROBLEM SOLVING

Una slitta inizialmente ferma di massa complessiva m = 560 kg è trainata da due renne che tirano in due direzioni diverse. Le due direzioni formano tra loro un angolo di 45°.

Il coefficiente di attrito dinamico tra la slitta e il terreno innevato è μ_d = 0,20. Le forze applicate dalle due renne sulla slitta hanno entrambe modulo F = 700 N.

▶ Determina modulo e direzione dell'accelerazione della slitta.

▶ Calcola la distanza percorsa dalla slitta in 3,0 s.

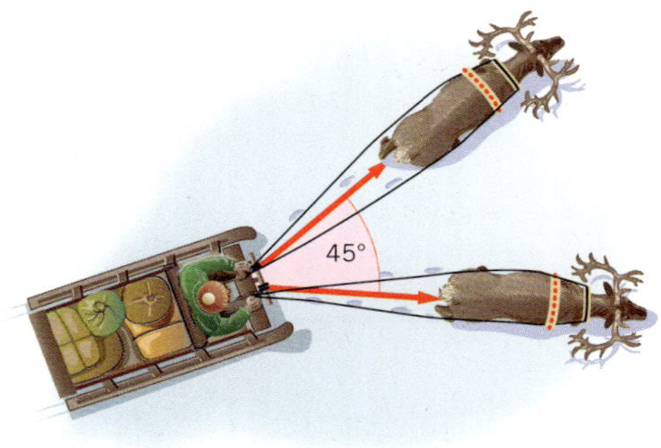

Dati e incognite

Dati	Incognite
Massa della slitta: m = 560 kg	Modulo dell'accelerazione della slitta: a_1 = ?
Coefficiente di attrito tra slitta e neve: μ_d = 0,20	Distanza percorsa dalla slitta in 3 secondi: d = ?
Modulo delle forze applicate alla slitta: F = 700 N	
Angolo formato dalle due forze applicate alla slitta: θ = 45°	

Il ragionamento

Le forze applicate alla slitta hanno direzioni diverse, per cui bisogna scomporle e applicare il secondo principio della dinamica, componente per componente. Quando cambiano le forze applicate, bisogna riesaminare il diagramma delle forze. Dalle leggi del moto uniformemente accelerato si ricava la velocità finale.

La soluzione

- Esaminiamo le forze applicate nella direzione verticale. La reazione vincolare $\vec{F}_V$ al terreno si oppone alla forza-peso $\vec{P}$ applicata sulla slitta:

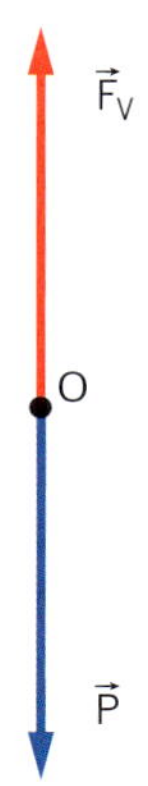

Quindi il modulo della reazione vincolare è:

$$F_V = P = mg$$

e il modulo della forza di attrito dinamico è:

$$F_{att} = \mu_d F_V = \mu_d mg = 0{,}20(560\ \text{kg})(9{,}81\ \text{m/s}^2) \approx 1100\ \text{N}$$

La direzione della forza di attrito dinamico è quella lungo la quale si muove la slitta, ovvero lungo la bisettrice dell'angolo di 45°; il verso è opposto alla velocità della slitta.
Disegniamo il diagramma delle forze applicate dalle renne:

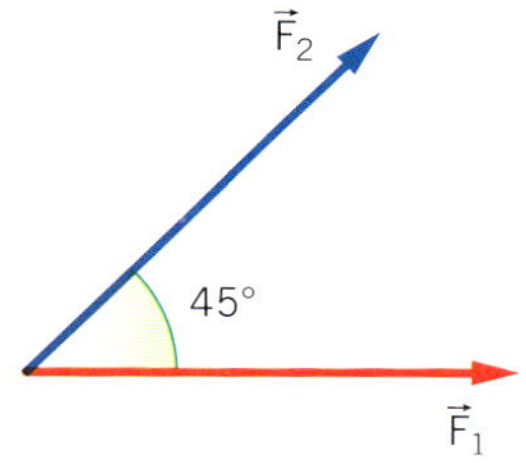

Scomponiamo la forza obliqua $\vec{F}_2$ nelle sue componenti lungo la direzione orizzontale x e lungo la direzione verticale y:

$$F_{2,x} = F_2 \cos 45°, \qquad F_{2,y} = F_2\ \text{sen}\ 45°$$

Le componenti della somma delle forze applicate dalle renne sono:

$$F_x = F_1 + F_{2,x} = F_1 + F_2 \cos 45° = (700\ \text{N}) + (700\ \text{N}) \cos 45° \approx 1200\ \text{N},$$

$$F_y = F_{2,y} = F_2\ \text{sen}\ 45° = (700\ \text{N})\ \text{sen}\ 45° \approx 490\ \text{N}$$

e quindi il modulo della forza totale applicata dalle renne è

$$F = \sqrt{F_x^2 + F_y^2} = \sqrt{(1200\ \text{N})^2 + (490\ \text{N})^2} \approx 1300\ \text{N}$$

Determiniamo l'angolo α formato da questa forza con la direzione x:

$$\cos\alpha = \frac{F_x}{F} = \frac{1200\ \text{N}}{1300\ \text{N}} = \frac{12}{13} \quad \rightarrow \quad \alpha = 23°$$

La forza di attrito dinamico è in verso opposto alla forza totale applicata dalle renne, quindi forma con la direzione x un angolo uguale ad α.

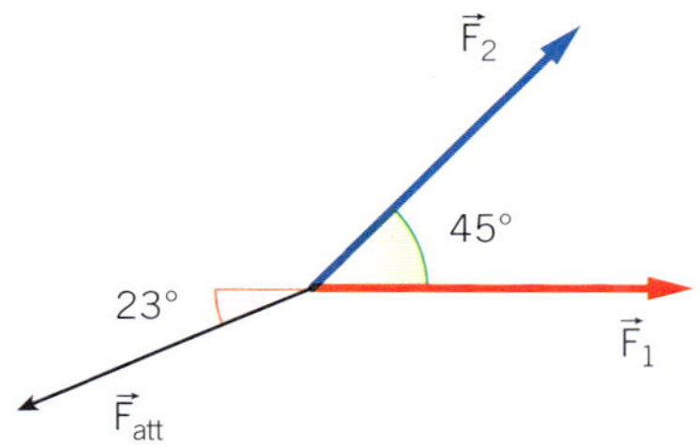

La forza totale subita dalla slitta è la somma vettoriale della forza totale applicata dalle renne e dalla forza di attrito dinamico:

$$F_{tot} = F - F_{att} = (1300\ \text{N}) - (1100\ \text{N}) = 200\ \text{N}$$

Dal secondo principio della dinamica ricaviamo il modulo dell'accelerazione:

$$a = \frac{F_{tot}}{m} = \frac{200\ \text{N}}{560\ \text{N}} \approx 0{,}36\ \text{m/s}^2$$

Il vettore accelerazione ha la stessa direzione della forza di attrito ma verso opposto.

- Il moto della slitta è uniformemente accelerato, per cui in 3 secondi la slitta percorre una distanza:

$$d = \frac{1}{2}at^2 = \frac{1}{2}(0{,}36\ \text{m/s}^2)(3{,}0\ \text{s})^2 = 1{,}6\ \text{m}$$

50 ★★☆
Due pescatori devono spostare una barca di massa m = 130 kg trainandola da prua con due funi che formano tra loro un angolo di 60°. La forza di attrito tra la chiglia della barca e l'acqua è f_a = 200 N. Le forze applicate dai due pescatori hanno entrambe modulo 150 N.

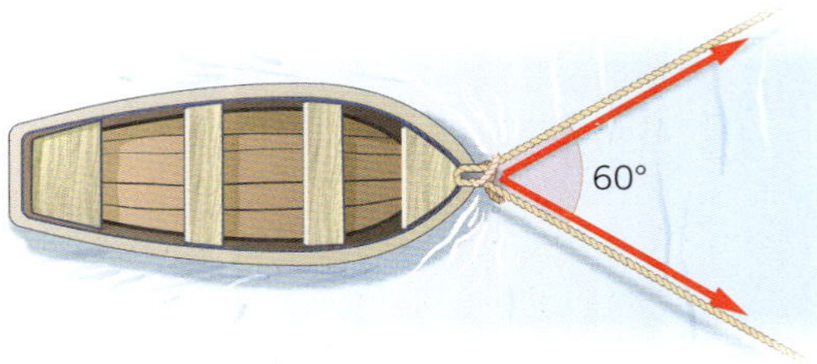

▶ Determina modulo e direzione dell'accelerazione della barca.

Dieci secondi dopo che la barca ha cominciato a muoversi, i due pescatori lasciano improvvisamente le funi.

▶ Scrivi la legge oraria della barca a partire da quando la barca viene tirata.

[0,46 m/s²]

51 ★★☆
Due forze $\vec{F}_1 = (1{,}6\text{ N})\hat{x}$ e $\vec{F}_2 = (2{,}4\text{ N})\hat{y}$ sono applicate a un oggetto di massa 0,40 kg inizialmente fermo.

▶ Calcola la distanza percorsa dall'oggetto in 2,1 secondi.

[16 m]

52 ★★☆
Due forze $\vec{F}_1 = (5{,}6\text{ N})\hat{x}$ e $\vec{F}_2 = (-4{,}2\text{ N})\hat{y}$ sono applicate a un oggetto di massa 1,4 kg inizialmente fermo. L'oggetto percorre 4,9 m per effetto delle due forze.

▶ Calcola per quanto tempo vengono applicate le due forze.

[1,4 s]

5 IL MOTO LUNGO UN PIANO INCLINATO

53 ★☆☆ **UN DATO IN PIÙ**
Una scatola di massa 0,5 kg scivola su un piano inclinato con una pendenza di 45° e attrito trascurabile.

▶ Calcola l'accelerazione della scatola.

[6,9 m/s²]

54 ★☆☆
Un oggetto scivola con accelerazione di 3,0 m/s² su un piano inclinato liscio.

▶ Calcola l'angolo di pendenza del piano inclinato.

[18°]

55 ★☆☆ **UN DATO IN PIÙ**
Una cassa di massa 15 kg scivola su un piano inclinato con una pendenza di 30°. Il coefficiente di attrito dinamico μ_d fra la cassa e il piano inclinato è di 0,30.

▶ Calcola l'accelerazione della cassa.

[2,4 m/s²]

56 ★☆☆ **UN DATO IN PIÙ**
Una cassa di massa 20 kg scivola con un'accelerazione di 5,2 m/s² sopra un piano inclinato che ha una pendenza di 60°.

▶ Calcola il coefficiente di attrito dinamico μ_d fra la cassa e il piano inclinato.

[0,67]

57 ★★☆ **LEGGI IL GRAFICO**
La figura mostra il grafico velocità-tempo di un oggetto che scende lungo un piano inclinato. La velocità è espressa in valore assoluto.

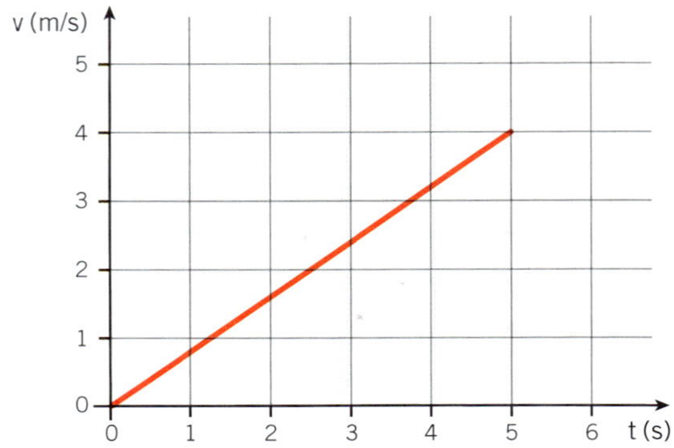

▶ Determina l'angolo di inclinazione del piano inclinato nell'ipotesi che l'attrito sia trascurabile.

[4,7°]

58 ★★☆
Un pacco è fermo sulla sommità di un piano inclinato con una pendenza di 30°. Il pacco si mette in movimento e giunge alla fine del piano in 0,90 s.

▶ Calcola la lunghezza del piano inclinato.

▶ Calcola la velocità con cui il pacco arriva alla fine del piano inclinato.

[2,0 m; 4,4 m/s]

59 ★★☆ **LEGGI IL GRAFICO**
Un carrellino viene lanciato su per una guida a cuscino d'aria inclinata. La figura mostra il grafico velocità-tempo del carrellino; il verso positivo è quello verso il quale il carrellino viene spinto. La guida è inclinata di 3,5°.

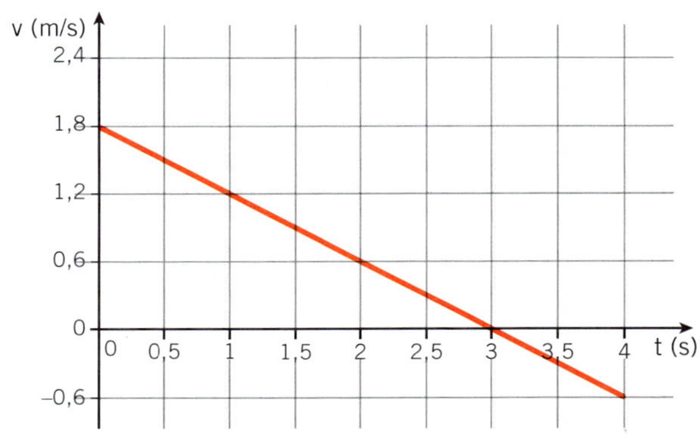

▶ Determina la distanza percorsa dal carrellino prima di fermarsi e tornare a scendere lungo la guida.

▶ Stabilisci se il cuscino d'aria riesce a rendere trascurabile l'attrito tra la guida e il carrellino.

[2,7 m]

60 In un impianto di riciclaggio, i rifiuti giungono con una velocità di 0,50 m/s alla sommità di un piano inclinato di 10°, su cui scivolano per giungere su un nastro trasportatore orizzontale.
I rifiuti devono giungere in fondo al piano inclinato con una velocità di 3,0 m/s per riuscire a passare sul nastro trasportatore. Il coefficiente di attrito dinamico tra il piano inclinato e i rifiuti è 0,12.

▶ Quanto deve essere lungo il piano inclinato?

[8,0 m]

61 Carla e Luca stanno giocando in un giardino innevato. Carla è su un piano elevato di 0,75 m rispetto al piano di Luca.

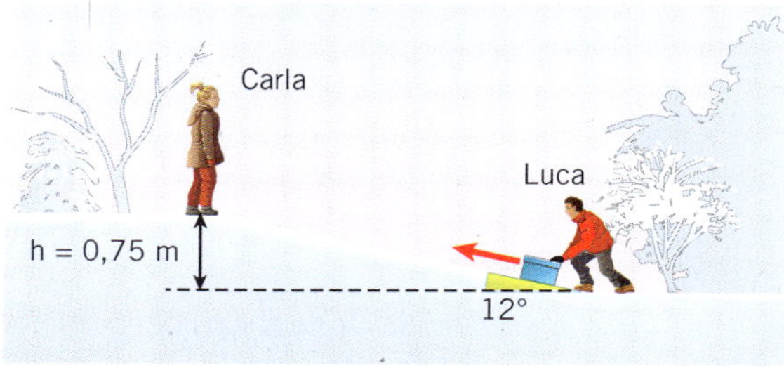

Luca lancia verso Carla, su per il pendio innevato, una scatola di metallo. Il pendio è inclinato di 12°, la velocità iniziale della scatola è 3,2 m/s.

▶ Stabilisci se la scatola arriva fino a Carla. Trascura l'effetto dell'attrito tra la neve e la scatola.

62 PROBLEM SOLVING

Un camion trasporta una cassa lungo una salita con una pendenza di 10°. Il coefficiente di attrito statico tra il pianale del camion e la cassa è $\mu_s = 0{,}35$.

▶ Determina l'accelerazione massima che il camion può avere senza che la cassa scivoli all'indietro sul pianale.

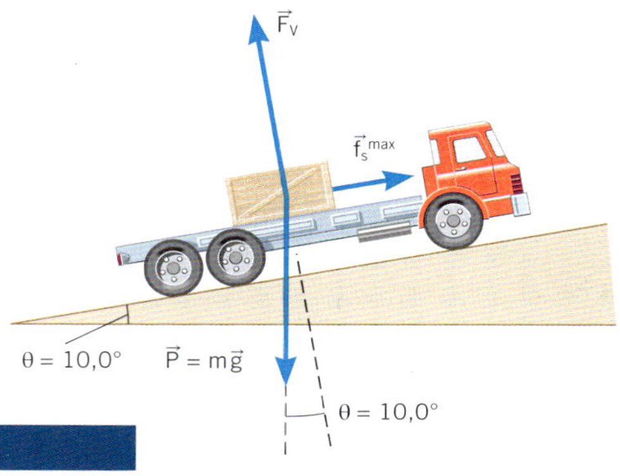

Dati e incognite

Dati	Incognite
Angolo di pendenza della salita: $\theta = 10°$ Coefficiente di attrito statico tra cassa e camion: $\mu_s = 0{,}35$	Accelerazione massima del camion: $a_{max} = ?$

Il ragionamento

Osserviamo il moto da un sistema di riferimento inerziale, cioè fermi a terra. Quando la cassa non scivola all'indietro, la sua accelerazione e quella del camion sono uguali. Ricaviamo l'accelerazione della cassa dal secondo principio della dinamica, assumendo che la forza di attrito statico abbia il valore massimo, poiché questa fornirà la massima accelerazione.

La soluzione

Le forze che agiscono sulla cassa sono: la forza-peso $\vec{P}$ diretta verso il basso, la forza di attrito statico parallela al pianale del camion e diretta verso la testa del camion e la forza normale applicata dal pianale alla cassa, perpendicolare al pianale.

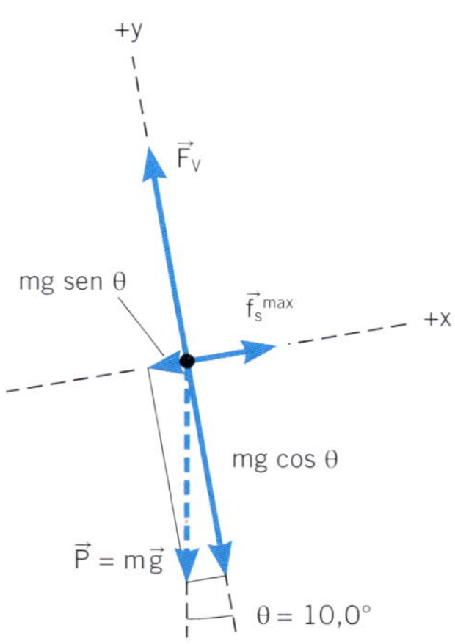

SEGUE ▶

Scomponiamo la forza-peso in due componenti, una perpendicolare al pianale:

$$P_{\perp} = P\cos 10° = mg\cos 10°$$

e una parallela al pianale, diretta verso il fondo del camion:

$$P_{\parallel} = P\,\text{sen}\,10° = mg\,\text{sen}\,10°$$

La somma vettoriale delle forze perpendicolari al pianale deve essere nulla, perché la cassa non sobbalza sul pianale. Quindi la reazione vincolare è uguale alla componente della forza-peso perpendicolare al pianale:

$$F_V = P_{\perp} = mg\cos 10°$$

La forza di attrito statica massima quindi è:

$$F_{s,\max} = \mu_s F_V = \mu_s mg\cos 10°$$

La somma vettoriale delle forze parallele al pianale è la causa dell'accelerazione della cassa. In base al secondo principio della dinamica:

$$a_{\parallel} = \frac{F_{\parallel}}{m} = \frac{F_{s,\max} - P_{\parallel}}{m} = \frac{\mu_s mg\cos 10° - mg\,\text{sen}\,10°}{m} = (\mu_s\cos 10° - \text{sen}\,10°)g =$$

$$= [(0,35)\cos 10° - \text{sen}\,10°](9,81\ \text{m/s}^2) \approx 1,7\ \text{m/s}^2$$

Questa è anche l'accelerazione del camion. Da notare che il risultato non dipende dalla massa della cassa, che è ignota.

63 ★★☆ Una cassa di massa $m_c = 10,3$ kg è posta sul pavimento. Sulla cassa è appoggiata una valigia di massa $m_v = 6,1$ kg. Il coefficiente di attrito statico tra la cassa e la valigia è 0,25, mentre l'attrito tra la cassa e il pavimento è trascurabile.

▶ Calcola la massima forza orizzontale con cui si può tirare la cassa senza che la valigia cada.

[40 N]

64 ★★☆ Un ragazzo sul suo skateboard arriva con una velocità iniziale di 2,6 m/s a una discesa lunga 6,0 m e inclinata di 8° rispetto al piano orizzontale. Trascura l'effetto della forza di attrito.

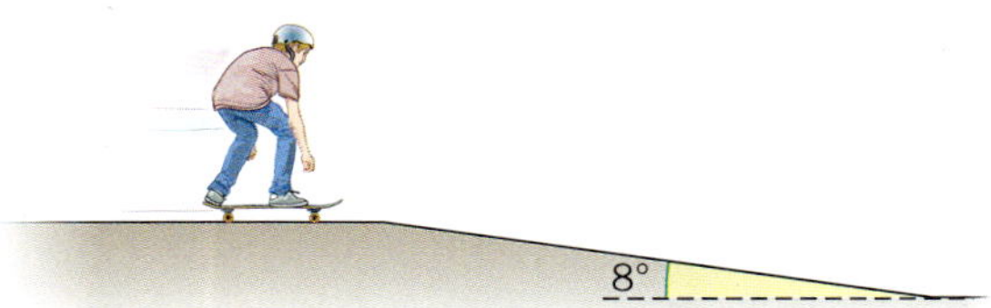

▶ Calcola la velocità del ragazzo alla fine della rampa.

[4,8 m/s]

65 ★★☆ Un oggetto si muove su un piano inclinato senza attrito lungo $l = 1,8$ m e giunge alla fine del piano inclinato con la velocità di 2,8 m/s. L'oggetto era inizialmente fermo.

▶ Qual è la pendenza del piano inclinato?

[13°]

6 LA FORZA CENTRIPETA

66 ★☆☆ Una moto di 200 kg percorre una tratto di strada circolare di raggio 26 m alla velocità di 45 km/h.

▶ Calcola la forza centripeta applicata alla moto.

[1200 N]

67 ★☆☆ Un ragazzo lega un aeromodello e lo fa volare su una traiettoria circolare orizzontale, a 4,5 m da sé, trattenendolo con una corda. La velocità dell'aeromodello è 2,6 m/s e la forza centripeta applicata è di 1,4 N.

▶ Calcola la massa dell'aeromodello.

[0,93 kg]

68 ★☆☆ Un oggetto di massa 0,45 kg si muove lungo una traiettoria circolare di raggio 1,8 m. Sull'oggetto è applicata una forza centripeta di 15 N.

▶ Calcola il modulo della velocità dell'oggetto.

[7,7 m/s]

69 ★☆☆ Un equipaggio di bob a due scende lungo una pista con una velocità di 34 m/s. Lungo la pista ci sono due curve, la prima di raggio 33 m, la seconda di raggio 24 m. La massa totale del bob e dell'equipaggio è 350 kg.

▶ Calcola i moduli delle forze centripete che agiscono sul bob nelle due curve.

[$1,2 \cdot 10^4$ N, $1,7 \cdot 10^4$ N]

70 ★★☆ **OCCHIO ALL'INCERTEZZA**

Uno sciatore di massa (81 ± 1) kg affronta una curva alla velocità di (9,0 ± 0,1) m/s per effetto di una forza centripeta di (160 ± 2) N.

- Calcola il raggio della traiettoria.
- Calcola l'incertezza sul raggio della traiettoria.

[41 m; 2 m]

71 ★★☆ In una gara di lancio del martello, un'atleta compie tre giri su se stessa prima di lasciare il martello. Assumi che il moto dell'attrezzo sia circolare.

© Herbert Kratky (Shutterstock)

Al termine del primo giro, la velocità della sfera del martello è 8,2 m/s, al termine del terzo giro la velocità aumenta a 23,4 m/s. Le braccia dell'atleta sono lunghe 76 cm ciascuna e la lunghezza dell'attrezzo è 118 cm. La massa della sfera del martello è 4,0 kg.

- Calcola la variazione della forza con cui l'atleta deve tenere il martello tra la fine del primo e del terzo giro.

[990 N]

72 ★★☆ Alcuni pattinatori, tutti di massa 80 kg, si tengono per mano e ruotano, rimanendo allineati, intorno a un pattinatore fermo al centro del gruppo.
I pattinatori più esterni si muovono con velocità 2,6 m/s e si trovano a 6,0 m di distanza dal pattinatore centrale.

- Calcola il modulo della forza centripeta che agisce sull'ultimo pattinatore.
- Calcola il modulo della forza centripeta che agisce su un pattinatore che si trova a 3,0 m dal pattinatore centrale.

[90 N; 45 N]

73 ★★☆ Un bambino fa ruotare su una traiettoria circolare orizzontale una pallina di 0,10 kg attaccata a un filo lungo 0,10 m. La pallina impiega 0,50 s per completare un intero giro.

- Determina la forza centripeta agente sulla pallina.
- Se il modulo della velocità della pallina raddoppia, come cambia il modulo della forza centripeta?

[1,6 N]

74 PROBLEM SOLVING

Un'auto percorre una curva di raggio $r = 51$ m su una strada pianeggiante. Quando il manto stradale è asciutto, il coefficiente di attrito statico tra gli pneumatici e l'asfalto è $\mu_{s,a} = 0{,}95$, mentre quando il manto stradale è bagnato, il coefficiente di attrito statico si riduce a $\mu_{s,b} = 0{,}20$.

- Calcola la velocità massima che l'auto può avere in curva senza uscire fuori strada nei due casi di strada asciutta e bagnata.
- Nel percorrere la curva a velocità troppo elevata si rischia di perdere aderenza con la strada. In questo caso, è meglio sterzare verso l'interno della curva o verso l'esterno? Perché?

© Smit (Shutterstock)

Dati e incognite

Dati	Incognite
Raggio della curva: $r = 51$ m	Velocità massima con asfalto asciutto: $v_{a,\max} = ?$
Coefficiente di attrito tra pneumatici e asfalto asciutto: $\mu_{s,a} = 0{,}95$	Velocità massima con asfalto bagnato: $v_{b,\max} = ?$
Coefficiente di attrito tra pneumatici e asfalto bagnato: $\mu_{s,b} = 0{,}20$	

Il ragionamento

Per compiere un moto circolare è necessaria una forza centripeta. In questo caso, la forza centripeta è la forza di attrito statico tra gli pneumatici e l'asfalto: infatti, senza attrito, l'auto non potrebbe sterzare e proseguirebbe in linea retta. La forza di attrito è quella radente statica, in quanto l'auto non si muove nella direzione radiale. Dal valore massimo della forza di attrito radente statica ricaviamo la velocità massima dell'auto.

La soluzione

- Indichiamo con m la massa dell'auto. La reazione vincolare a $\vec{F}_V$ è perpendicolare alla strada ed è opposta al peso $\vec{P}$ dell'auto; il suo modulo è $F_V = mg$.
  Il modulo della forza di attrito statica massima è:

  $$F_{att} = \mu_s F_V = \mu_s mg$$

  Uguagliamo l'espressione ottenuta per la forza di attrito alla forza centripeta e ricaviamo la velocità:

  $$F_{att} = \mu_s mg = m\frac{v^2}{r} \qquad \rightarrow \qquad v = \sqrt{\mu_s gr}$$

  Per ricavare le velocità richieste, inseriamo i coefficienti di attrito statico dei due casi di asfalto asciutto e bagnato.
  Per l'asfalto asciutto otteniamo:

  $$v_a = \sqrt{\mu_{s,a} gr} = \sqrt{(0{,}95)(9{,}8\ \text{m/s}^2)(51\ \text{m})} \cong 22\ \text{m/s}$$

  per l'asfalto bagnato otteniamo:

  $$v_b = \sqrt{\mu_{s,b} gr} = \sqrt{(0{,}20)(9{,}8\ \text{m/s}^2)(51\ \text{m})} \cong 10\ \text{m/s}$$

  Come si può vedere, la velocità massima con cui si può affrontare la curva senza sbandare è minore in caso di asfalto bagnato.
- Poiché la velocità massima a cui si può affrontare la strada senza sbandare è proporzionale alla radice quadrata del raggio di curvatura, per mantenere il controllo dell'auto è consigliabile sterzare verso l'esterno della curva, in modo da aumentare il raggio di curvatura e quindi la velocità massima a cui si mantiene l'aderenza con l'asfalto.

75 ★★☆ Un'auto percorre una curva di raggio $r = 60$ m su una strada pianeggiante. Il pilota si accorge che alla velocità di circa 80 km/h l'auto non mantiene la traiettoria e per evitare di uscire fuori strada rallenta prontamente.

▶ Calcola il coefficiente di attrito statico fra gli pneumatici e l'asfalto.

[0,84]

76 ★★☆ **OCCHIO ALL'INCERTEZZA**

Un'auto percorre una curva di raggio $r_1 = 24$ m su un'ampia strada pianeggiante. Il pilota si accorge che, alla velocità di circa 41 km/h, non riesce a mantenere la traiettoria. Per evitare di uscire fuori strada, allarga la sua traiettoria e il raggio della curva percorsa diventa $r_2 = 25$ m. In questo modo l'auto non sbanda.

▶ Stima il valore attendibile del coefficiente di attrito tra gli pneumatici e la strada e la sua incertezza.

[0,54 ± 0,01]

7 IL MOTO ARMONICO DI UNA MOLLA

77 ★☆☆ **UN DATO IN PIÙ**

Un oggetto di massa 0,30 kg è attaccato a una molla di costante elastica $k = 140$ N/m. L'oggetto viene tirato per 2,4 cm, causando l'allungamento della molla, e poi rilasciato.

▶ Calcola la frequenza di oscillazione del moto armonico dell'oggetto.

[3,4 Hz]

78 ★☆☆ Un oggetto si muove di moto armonico alla frequenza di 1,4 Hz per mezzo di una molla di costante elastica $k = 170$ N/m.

▶ Calcola la massa dell'oggetto.

[2,2 kg]

79 ★☆☆ Si vuole fare oscillare di moto armonico un oggetto di massa 20 g con una frequenza di 8,4 Hz.

▶ Calcola quale deve essere il valore della costante elastica della molla.

[56 N/m]

80 ★★★ Un oggetto di massa 150 g attaccato a una molla compie una oscillazione ogni 0,20 s.

▶ Calcola la costante elastica della molla.

[150 N/m]

81 ★★★ Una molla posta in posizione verticale si allunga di 0,18 m quando a un suo estremo è appeso un blocco di piombo di massa 2,8 kg. La molla viene poi collocata su un piano orizzontale liscio, fissando una sua estremità. Si sostituisce il blocco di piombo con un blocco di legno, si tira il blocco allungando la molla e lo si lascia andare. Si osserva che la frequenza delle oscillazioni della molla è 3,0 Hz.

▶ Calcola la massa del blocco di legno.

[0,42 kg]

82 PROBLEM SOLVING

Un oggetto di massa 100 g è attaccato all'estremità di una molla con costante elastica $k = 50$ N/m. La molla giace orizzontale su un ripiano senza attrito e l'altra estremità è fissata. Una forza costante $\vec{F}$ è applicata all'oggetto in modo da comprimere la molla.

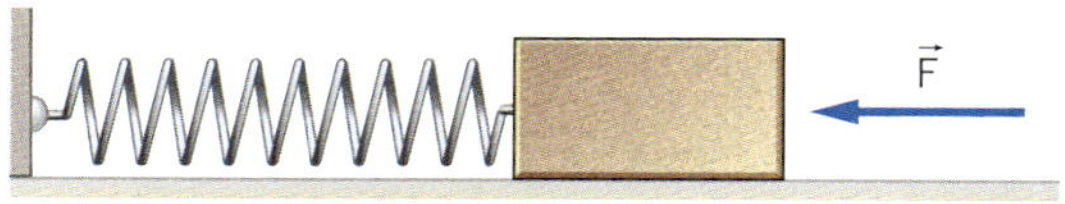

▶ Determina l'espressione della posizione di equilibrio x_{eq} dell'oggetto e calcola il suo valore quando il modulo della forza applicata è $F = 4{,}0$ N.

▶ Dimostra che l'oggetto compie un moto armonico se viene spostato rispetto alla posizione x_{eq} e ricava la pulsazione ω; è diversa dalla pulsazione $\omega_0 = \sqrt{k/m}$ che l'oggetto avrebbe se la forza $\vec{F}$ non ci fosse?

Dati e incognite

Dati	Incognite
Massa dell'oggetto: $m = 0{,}10$ kg	Posizione di equilibrio: $x_{eq} = ?$
Costante elastica della molla: $k = 50$ N/m	Pulsazione dell'oggetto: $\omega = ?$
Modulo della forza applicata: $F = 4{,}0$ N	

Il ragionamento

Possiamo ignorare le due forze verticali applicate all'oggetto (il suo peso e la forza normale del piano) in quanto si annullano a vicenda. L'oggetto è in equilibrio quando la forza totale applicata a esso è nulla: usiamo questa condizione per trovare l'espressione della posizione di equilibrio. Usiamo poi il secondo principio della dinamica per ricavare l'espressione dell'accelerazione: per dimostrare che il moto è armonico, dovremo dimostrare che l'espressione ha la forma $\vec{a} = -\omega^2 \vec{x}$, dove $\vec{x}$ è il vettore posizione. L'espressione ottenuta ci darà anche la pulsazione ω.

La soluzione

- In assenza della forza esterna $\vec{F}$, l'oggetto è in equilibrio quando la molla ha la sua lunghezza a riposo: indichiamo questa posizione di equilibrio con $x_0 = 0$.

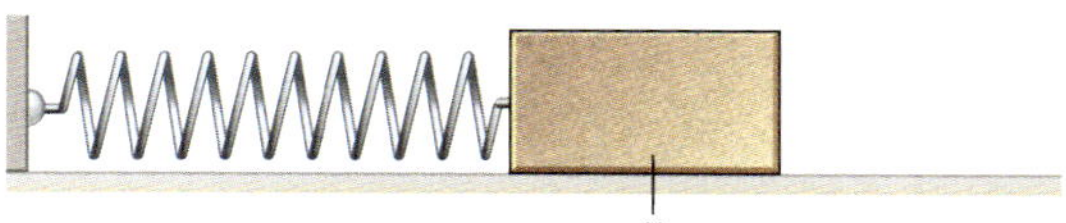

La posizione di equilibrio x_{eq} è quella in cui la somma vettoriale della forza elastica $\vec{F}_{el} = -k\vec{x}_{eq}$ della molla e della forza $\vec{F}$ applicata è nulla:

$$\vec{F}_{el} + \vec{F} = 0$$

Da questa relazione otteniamo l'espressione del vettore che fornisce la posizione di equilibrio:

$$-k\vec{x}_{eq} + \vec{F} = 0 \quad \rightarrow \quad \vec{x}_{eq} = \frac{\vec{F}}{k}$$

La nuova posizione di equilibrio è spostata rispetto a $x_0 = 0$ nello stesso verso della forza ed è proporzionale a essa. Il suo valore è:

$$x_{eq} = \frac{F}{k} = \frac{4{,}0\ \text{N}}{50\ \text{N/m}} = 0{,}080\ \text{m}$$

- Il vettore posizione $\vec{x}$ rispetto alla posizione di equilibrio $x_0 = 0$ e il vettore posizione $\vec{x}'$ rispetto alla nuova posizione di equilibrio $\vec{x}_{eq} = \vec{F}/k$ differiscono di una quantità costante $\vec{d} = -\vec{x}_{eq} = -\vec{F}/k$:

$$\vec{x}' = \vec{x} + \vec{d} = \vec{x} - \frac{\vec{F}}{k}$$

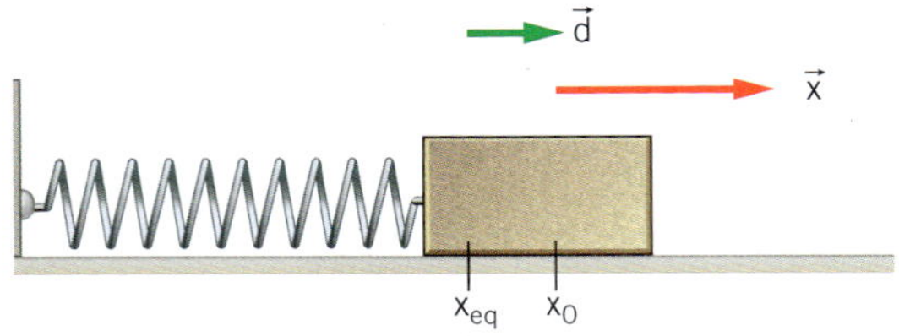

Le loro velocità sono quindi uguali, così come sono uguali le loro accelerazioni:

$$\vec{v}' = \frac{\Delta\vec{x}'}{\Delta t} = \frac{\Delta\vec{x}}{\Delta t} + \frac{\Delta\vec{d}}{\Delta t} = \frac{\Delta\vec{x}}{\Delta t} = \vec{v} \qquad \rightarrow \qquad \vec{a}' = \vec{a}$$

La forza totale $\vec{F}'$ applicata all'oggetto quando si trova nella posizione generica $\vec{x}'$ è ancora una forza elastica se la esprimiamo attraverso il vettore posizione $\vec{x}'$:

$$\vec{F}' = -k\vec{x} + \vec{F} = -k\left(\vec{x}' + \frac{\vec{F}}{k}\right) + \vec{F} = -k\vec{x}'$$

Applichiamo il secondo principio della dinamica per ricavare l'accelerazione:

$$\vec{a}' = \frac{\vec{F}'}{m} = -\frac{k}{m}\vec{x}'$$

Questa è la relazione tipica del moto armonico, con pulsazione $\omega = \sqrt{k/m}$. Quindi l'oggetto si muove di moto armonico con la stessa pulsazione che avrebbe in assenza della forza esterna, ma rispetto a una nuova posizione di equilibrio. Il valore della pulsazione è:

$$\omega = \sqrt{\frac{k}{m}} = \sqrt{\frac{50\ \text{N/m}}{0{,}50\ \text{kg}}} = 10\ \text{rad/s}$$

83 ★★☆ Un oggetto di massa $m = 420$ g è attaccato all'estremità di una molla di costante elastica $k = 60$ N/m con l'altra estremità fissata al soffitto.

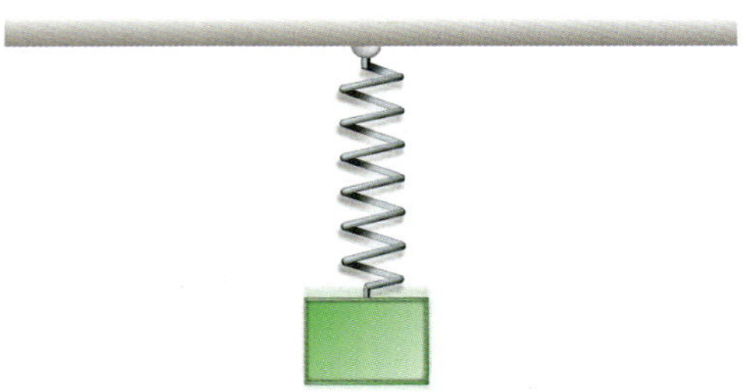

- ▶ Spiega perché l'oggetto si muove di moto armonico. Dov'è il centro dell'oscillazione?
- ▶ Determina la pulsazione dell'oscillazione.

[6,9 cm; 12 rad/s]

84 ★★☆ Una molla lunga 11 cm, di costante elastica $k = 240$ N/m, è disposta in verticale, con l'estremità inferiore fissata a un ripiano orizzontale. Quando un oggetto viene appoggiato sulla molla, si mette a oscillare su e giù con periodo 0,45 s.

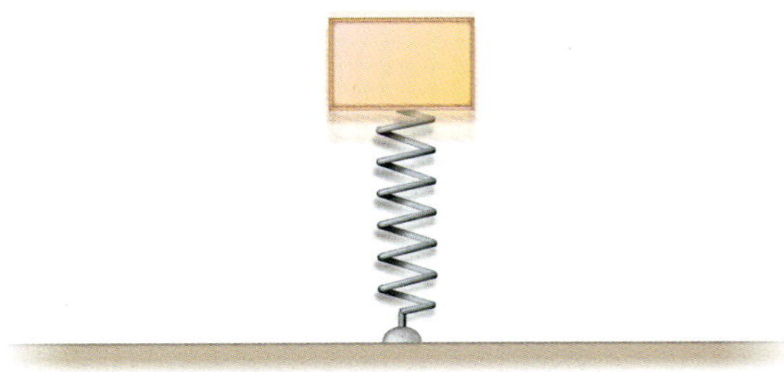

- ▶ Spiega perché l'oggetto si muove di moto armonico. Qual è la pulsazione dell'oscillazione?
- ▶ Determina la distanza dal ripiano del centro dell'oscillazione.

[14 rad/s; 6,1 cm]

85 Un blocco di 0,70 kg è appeso a una molla attaccata a un soffitto e oscilla alla frequenza f = 4,0 Hz. Al blocco appeso ne viene aggiunto un altro e la frequenza di oscillazione diventa un terzo di quella precedente.

▶ Calcola la massa del secondo blocco.

[5,6 kg]

86 Un oggetto è attaccato a due molle di costanti elastiche k_1 e k_2. La figura mostra l'oggetto in equilibrio, con le due molle nella condizione di riposo. Ignora l'effetto della forza-peso.

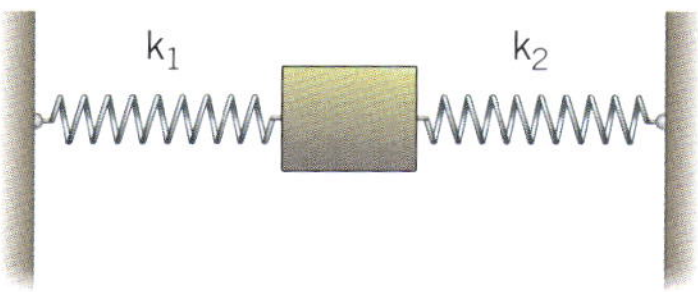

▶ Determina l'espressione della pulsazione ω_0 dell'oggetto quando viene spostato a sinistra. La risposta cambia se l'oggetto viene spostato a destra?

[$\omega_0 = \sqrt{(k_1 + k_2)/m}$]

8 IL PENDOLO

87 Un pendolo è composto da una piccola sfera di raggio trascurabile attaccata a un filo di massa trascurabile lungo 3,4 m.

▶ Calcola il periodo di oscillazione del pendolo.

[3,7 s]

88 Un pendolo ha un periodo di 2,0 s.

▶ Qual è la sua lunghezza?

[0,99 m]

89 **UN DATO IN PIÙ**

Al Pantheon di Parigi si trova un pendolo costituito da una sfera di massa m = 28 kg sospesa alla cupola con un filo di lunghezza l = 67 m. Il pendolo fu utilizzato dal fisico francese J.B.L. Foucault per dimostrare la rotazione terrestre.

© Arnaud 25 (Wikimedia)

▶ Ogni quanti secondi la sfera del pendolo passa per il centro?

[8,2 s]

90 Un piccolo pendolo oscilla con frequenza f = 3,8 Hz.

▶ Calcola la sua lunghezza.

[1,8 cm]

91 **QUANTI SU 100?**

Ci sono due pendoli A e B, di diverse lunghezze. La lunghezza del pendolo A supera del 21% la lunghezza del pendolo B.

▶ Calcola di quanto il periodo del pendolo A supera in percentuale il periodo del pendolo B.

[10%]

92 **PROBLEM SOLVING**

Il valore dell'accelerazione di gravità non è uniforme sulla Terra, ma varia, in piccole proporzioni, da zona a zona. Al livello del mare i valori variano da un minimo di g_{min} = 9,780 m/s^2 all'equatore a un massimo di g_{max} = 9,832 m/s^2 ai poli.

▶ Il periodo di oscillazione di un pendolo all'equatore è T = 1,0 s. Di quanto differisce da questo valore il suo periodo di oscillazione quando viene trasportato al Polo Nord o al Polo Sud?

Dati e incognite

Dati	Incognite
Valore dell'accelerazione di gravità all'equatore: g_{min} = 9,780 m/s^2	Differenza tra i periodi di oscillazione: ΔT = ?
Valore dell'accelerazione di gravità ai poli: g_{max} = 9,832 m/s^2	
Periodo di oscillazione del pendolo all'equatore: T_{eq} = 1,0 s	

Il ragionamento

Dall'espressione del periodo del pendolo ricaviamo la lunghezza del pendolo, che è la stessa sia all'equatore che ai poli. Nota la lunghezza del pendolo, possiamo calcolare il periodo ai poli e calcolare di quanto differisce dal valore che ha all'equatore. Poiché la differenza sarà piccola, sostituiamo i valori solo nella espressione finale, altrimenti le approssimazioni nei calcoli intermedi falserebbero il risultato.

La soluzione

Invertiamo l'espressione del periodo del pendolo all'equatore per ricavare l'espressione della lunghezza del pendolo:

$$l = \left(\frac{T_{eq}}{2\pi}\right)^2 g_{\text{min}}$$

L'espressione del periodo del pendolo ai poli è:

$$T_p = 2\pi\sqrt{\frac{l}{g_{\text{max}}}} = 2\pi\frac{T_{eq}}{2\pi}\sqrt{\frac{g_{\text{min}}}{g_{\text{max}}}} = T_{eq}\sqrt{\frac{g_{min}}{g_{\text{max}}}}$$

Possiamo ora calcolare la differenza tra i due periodi:

$$\Delta T_p = T_{eq} - T_p = T_{eq}\left(1 - \sqrt{\frac{g_{\text{min}}}{g_{\text{max}}}}\right) = (1{,}0\ \text{s})\left(1 - \sqrt{\frac{9{,}780\ \text{m/s}^2}{9{,}832\ \text{m/s}^2}}\right) = 2{,}6 \cdot 10^{-3}\ \text{s}$$

93 ★★★ Nicola visita un museo della scienza dove si trova un pendolo lungo $l = 1{,}000$ m che ha un periodo di 2,009 s. Al livello del mare, i valori dell'accelerazione di gravità variano da un minimo di $g_{\text{min}} = 9{,}780$ m/s^2 all'equatore a un massimo di $g_{\text{max}} = 9{,}832$ m/s^2 ai poli.
- ▸ In quale zona della Terra si trova il museo della scienza?

94 ★★★ Un orologio a pendolo è progettato per funzionare correttamente in una località in cui l'accelerazione di gravità è 9,83 m/s^2. Il pendolo è lungo 1,00 m. Alcuni anni dopo la costruzione, l'orologio viene trasportato in un altro luogo in cui l'accelerazione di gravità è 9,78 m/s^2.
- ▸ Calcola quale lunghezza deve avere il pendolo per funzionare correttamente nella sua nuova sede. Esprimi il risultato con 3 cifre significative.

[0,995 m]

95 ★★★ Un pendolo è formato da un filo lungo 0,65 m e da una pallina attaccata al suo estremo libero. La pallina è spostata in modo che il filo formi un angolo piccolo rispetto alla direzione verticale e poi lasciata libera di oscillare.
- ▸ Dopo quanto tempo, dal momento in cui viene lasciata libera di muoversi, la pallina raggiunge la sua velocità massima?

[0,40 s]

96 ★★★ Un pendolo lungo 1,2 m viene portato su un altro pianeta, dove compie 100 oscillazioni in 280 s.
- ▸ Calcola l'accelerazione di gravità sul pianeta.

[6,0 m/s^2]

97 ★★★ Un pendolo costruito per fare funzionare un orologio viene portato su un pianeta dove l'accelerazione di gravità è un quarto di quella terrestre.
- ▸ Quando l'orologio segna che sono trascorsi 20 minuti, quanto tempo è trascorso in realtà?

[40 min]

PROBLEMI FINALI

98 ★★★ Una superpetroliera con massa $1{,}5 \cdot 10^8$ kg viaggia a 18 km/h. Il capitano fa spegnere i motori e la nave percorre 8 km prima di fermarsi.
- ▸ Calcola la forza media esercitata dall'acqua sulla nave.

[$-2{,}3 \cdot 10^5$ N]

99 ★★★ Un'anatra di massa 2,5 kg sta nuotando in un laghetto con velocità 0,11 m/s, quando viene spinta da dietro dal vento con una forza $\vec{F}_1$, parallela alla sua direzione iniziale di moto e di modulo 0,10 N, e dalla corrente con una forza $\vec{F}_2$, che forma un angolo di 52° rispetto a $\vec{F}_1$ e di modulo 0,20 N.
- ▸ Calcola il modulo dello spostamento dell'anatra 3,0 s dopo che le due forze hanno iniziato a spingerla.
- ▸ Calcola l'angolo che il vettore spostamento forma con la direzione iniziale del moto dopo 3,0 s.

[0,78 m, 21°]

100 ★★★ Una forza $\vec{F} = (2{,}0\ \text{N})\hat{x} - (6{,}0\ \text{N})\hat{y}$ è applicata su un oggetto di massa 2,0 kg fermo nell'origine del sistema di riferimento.

▶ Determina la distanza percorsa dall'oggetto in 1,2 s.

[2,3 m]

101 ★★★ Una navicella spaziale ha due motori che esercitano forze di uguale modulo e possono essere ruotati. Quando i motori imprimono la spinta nella stessa direzione, la navicella impiega 28 s per coprire una certa distanza partendo da ferma.

▶ Calcola quanto impiega la navicella a percorrere la stessa distanza, partendo da ferma, quando i motori sono ruotati in modo da esercitare forze perpendicolari tra loro.

[33 s]

102 ★★★ La figura mostra un blocco su un tavolo collegato tramite una fune a un secondo blocco sospeso. La fune passa sopra una carrucola bloccata.

Il peso del blocco sul tavolo è 422 N e quello del blocco appeso è 185 N. Trascura gli attriti e supponi che la fune sia priva di massa.

▶ Calcola l'accelerazione dei due blocchi e la tensione della fune.

[2,99 m/s²; 129 N]

103 ★★★ Un convoglio che trasporta i bagagli scaricati da un aereo è formato da tre carrelli e ha un'accelerazione di 0,12 m/s². I carrelli sono collegati tra loro e al trattore da barre di traino di massa trascurabile. Anche l'attrito del convoglio con il suolo è trascurabile.

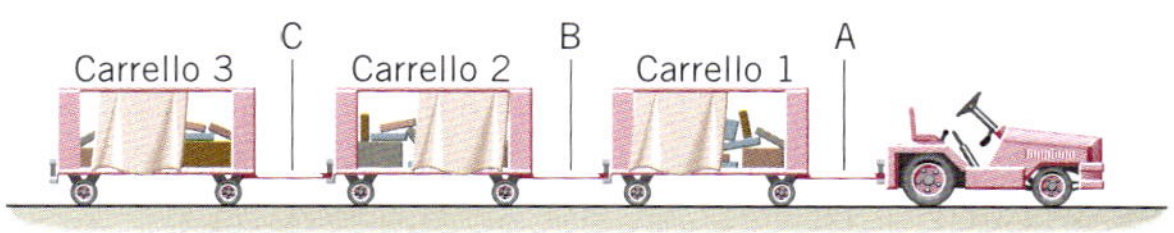

Una valigia da 39 kg cade dal secondo carrello nel terzo.

▶ Determina di quanto variano le forze applicate dalle barre A, B e C sul carrello che le segue.

[0 N, 0 N, 4,7 N]

104 ★★★ Un uomo è su un'impalcatura per pulire i vetri di un grattacielo. La massa totale dell'uomo e dell'impalcatura è 135 kg. Per fare salire e scendere l'impalcatura, l'uomo tira una fune collegata a una doppia carrucola, come mostrato nella figura.

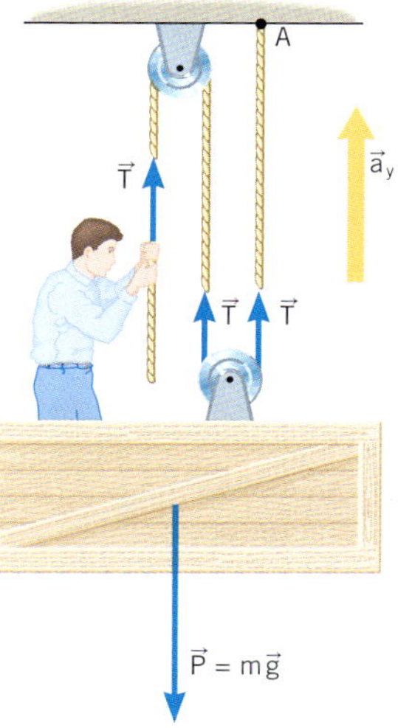

Calcola la forza con cui l'uomo deve tirare la fune per

▶ far salire l'impalcatura con accelerazione di modulo 1,1 m/s².

▶ far scendere l'impalcatura con accelerazione di modulo 0,65 m/s².

[490 N; 410 N]

105 ★★★ Per determinare il coefficiente di attrito tra un blocco di 1,6 kg e una parete verticale, si attacca una molla di costante elastica 510 N/m al blocco e la si spinge verso la parete, in direzione orizzontale, in modo da mantenere il blocco fermo.

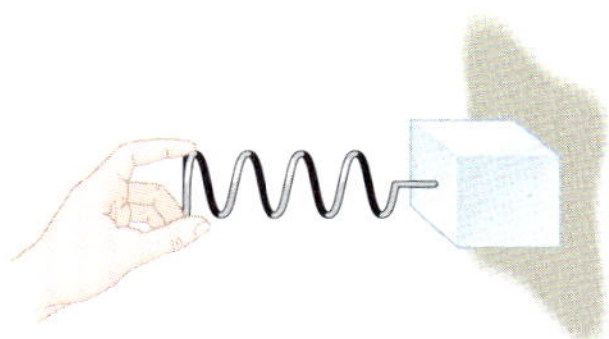

Il blocco si mantiene fermo quando la molla è compressa di almeno 3,9 cm.

▶ Calcola il coefficiente di attrito statico tra il blocco e la parete.

[0,79]

106 ★★★ Un camion procede a 25 m/s lungo una strada pianeggiante. Il camion trasporta una grossa cassa. Il coefficiente di attrito fra il pianale e la cassa su di esso è 0,65.

▶ Calcola la minima distanza in cui il camion può fermarsi senza che la cassa scivoli sul pianale.

[49 m]

107 ★★★ Sul piatto di un giradischi è posta una moneta a distanza di 5,9 cm dal centro. Il coefficiente di attrito statico fra la moneta e il piatto è 0,95.

▶ Calcola il numero massimo di giri al secondo che può fare il piatto senza che la moneta scivoli su di esso.

[2,0 giri/s]

108 ★★☆ Una pallina è attaccata all'estremità di una molla che ha una lunghezza a riposo di 0,20 m. L'altra estremità della molla viene tenuta ferma e la pallina viene fatta ruotare su un piano orizzontale con una velocità di modulo 3,0 m/s. Durante il moto la molla si allunga di 0,010 m. La molla viene poi appesa per una sua estremità, con la pallina ferma all'altra estremità.

▶ Calcola l'allungamento della molla quando viene appesa.

[$2{,}3 \cdot 10^{-3}$ m]

109 ★★☆ **QUANTI SU 100?**

La lunghezza iniziale l di un pendolo viene cambiata in $0{,}25l$.

▶ Calcola la variazione percentuale del periodo del pendolo a causa del cambio di lunghezza.

[−50 %]

110 ★★☆ **LEGGI IL GRAFICO**

La figura mostra il grafico spazio-tempo di una pallina di massa 510 g che oscilla attaccata all'estremità di una molla.

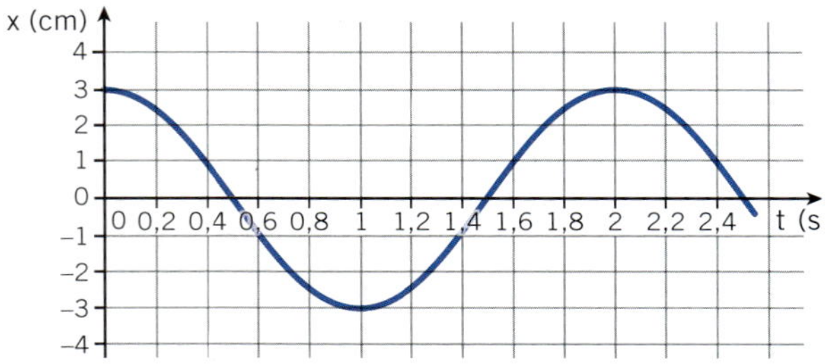

▶ Determina la costante elastica della molla.

[5,0 N/m]

111 ★★★ Un blocco di 5,0 kg è posto su un secondo blocco di 12,0 kg, fermo su un piano orizzontale privo di attrito. Il coefficiente di attrito statico fra i due blocchi è 0,60.

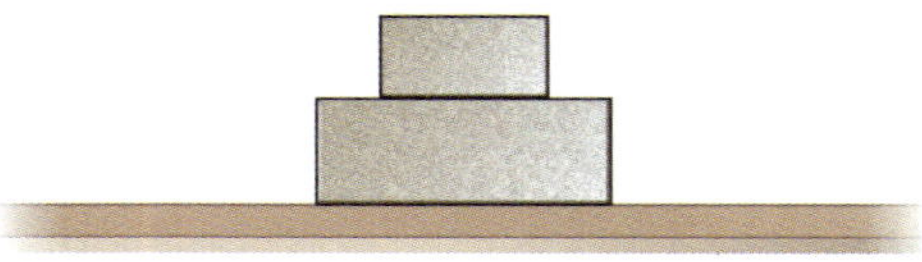

Si vuole spingere i blocchi applicando una forza orizzontale senza che il blocco superiore scivoli su quello inferiore. Calcola la massima forza orizzontale che si può applicare nel caso in cui tale forza sia applicata

▶ sul blocco più pesante;

▶ sul blocco più leggero.

[100 N; 42 N]

112 ★★★ La fune e le carrucole in figura sono prive di attrito e di massa trascurabile.

▶ Calcola la tensione della fune e l'accelerazione del blocco di 10 kg.

Suggerimento: il blocco più pesante compie uno spostamento doppio di quello del blocco più leggero.

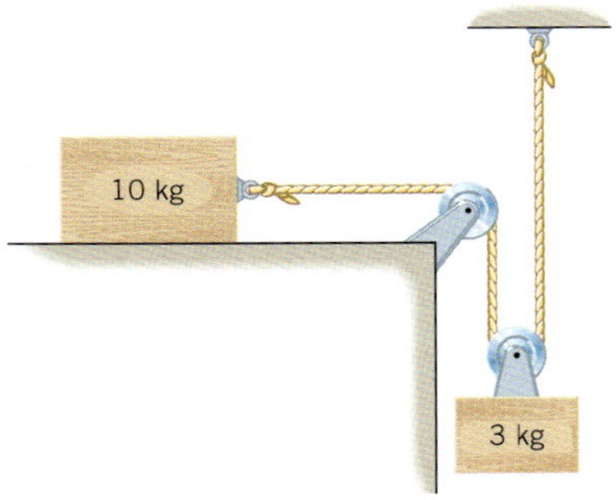

[14 N; 1,4 m/s^2]

113 ★★★ Su una curva inclinata di un circuito automobilistico, il percorso circolare più corto ha raggio 112 m, mentre quello più lungo ha raggio 165 m. Trascura l'effetto dell'attrito.

Suggerimento: la componente verticale della reazione vincolare equilibra il peso, mentre la componente orizzontale è la forza centripeta.

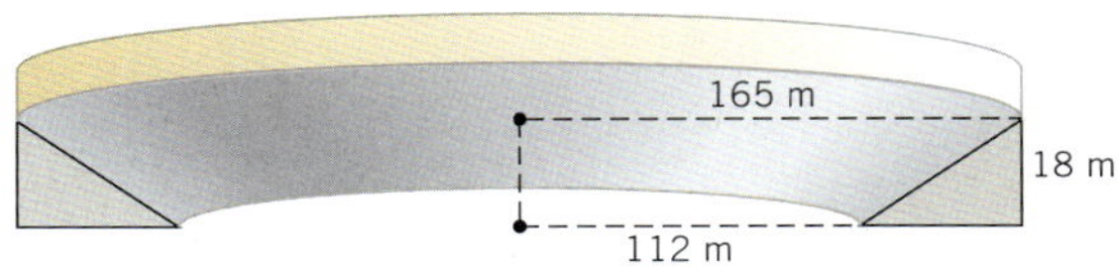

▶ Calcola la velocità minima con cui le auto possono affrontare la curva.

▶ Calcola la velocità massima con cui le auto possono affrontare la curva.

[19 m/s; 23 m/s]

114 ★★★ Un orologio a pendolo, perfettamente funzionante sulla Terra, viene portato sulla Luna, dove l'accelerazione di gravità è $g_L = 1{,}6$ m/s^2.

▶ Quanto tempo è trascorso quando l'orologio segna che sono passati 10 minuti? Esprimi il risultato in minuti e secondi.

[24 min 45 s]

115 ★★★ In un film di fantascienza un astronauta collega con una fune un asteroide di 6300 kg alla sua nave spaziale che ha una massa di 3500 kg e tira l'asteroide verso l'astronave con una forza di 490 N. L'asteroide e il veicolo spaziale sono inizialmente fermi e la loro distanza è 450 m.

▶ Dopo quanto tempo l'asteroide entra in contatto con l'astronave?

[64 s]

TEST

1 Quale delle seguenti grandezze determina la naturale tendenza di un oggetto a rimanere fermo o a muoversi con velocità costante?
- A Inerzia.
- B Forza.
- C Velocità.
- D Accelerazione.

2 Il secondo principio della dinamica stabilisce che un oggetto di massa A, sottoposto a una forza risultante B, subisce un'accelerazione C tale che
- A $A = B \cdot C$
- B $B = A/C$
- C $B = A \cdot C$
- D $C = A \cdot B$

3 Quando una forza risultante di 10 N agisce su un disco da hockey su ghiaccio, il disco si muove con un'accelerazione di 50 m/s^2. Qual è la massa del disco?
- A 0,01 kg
- B 0,02 kg
- C 0,1 kg
- D 0,2 kg

4 Quale forza risultante si deve applicare a un corpo di massa 1,80 kg per accelerarlo a 1,80 m/s^2?
- A 0 N
- B 1,00 N
- C 1,80 N
- D 3,24 N

5 Nella figura è rappresentata una forza di 10 N che agisce su un blocco di massa 7,0 kg posto su un piano senza attrito.

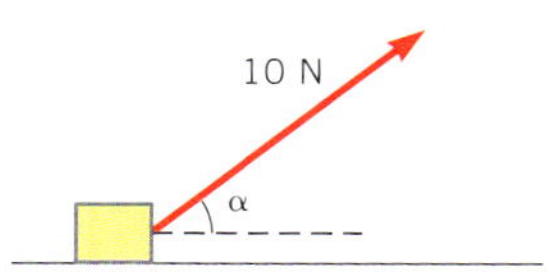

Sapendo che l'accelerazione orizzontale del blocco è 1,0 m/s^2 puoi concludere che
- A $\alpha = 10°$
- B $\alpha = 30°$
- C $\alpha = 45°$
- D $\alpha = 60°$

6 Il peso e la massa di un oggetto sono:
- A la stessa grandezza espressa in unità di misura diverse.
- B la stessa grandezza espressa nella stessa unità di misura.
- C grandezze direttamente proporzionali.
- D grandezze inversamente proporzionali.

7 Un ragazzo di 44 kg è fermo su una bilancia. Qual è l'intensità della forza normale che agisce sul ragazzo?
- A 144 kg
- B 44 N
- C 430 kg
- D 430 N

8 Un secchio di 120 N è calato a velocità costante mediante una corda. Il modulo della tensione della corda
- A è maggiore di 120 N.
- B è uguale a 120 N.
- C è minore di 120 N.
- D dipende dalla velocità del secchio.

9 Un uomo di 71 kg è fermo in un ascensore. L'ascensore sale con accelerazione 3,0 m/s^2. Qual è il peso apparente dell'uomo?
- A 1400 N
- B 910 N
- C 700 N
- D 480 N

10 Considera la situazione mostrata in figura.

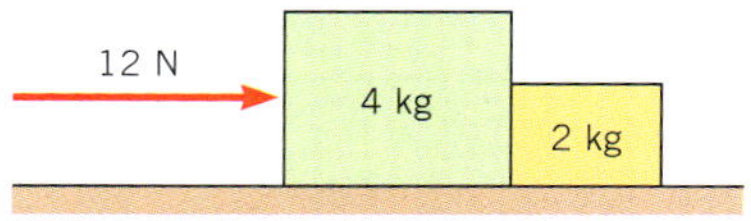

L'attrito fra i blocchi e il piano è trascurabile. Qual è la forza che il blocco più piccolo esercita sul blocco più grande?
- A 12 N verso destra.
- B 12 N verso sinistra.
- C 4 N verso destra.
- D 4 N verso sinistra.

11 Due pendoli A e B sono tali che il periodo di A è doppio del periodo di B. Che cosa si può affermare delle loro lunghezze?
- A $l_A = 2l_B$
- B $l_A = 4l_B$
- C $l_A = l_B/2$
- D $l_A = l_B/4$

12 Una forza risultante $\vec{F}$ è necessaria per imprimere a un corpo di massa m un'accelerazione $\vec{a}$. Un corpo di massa $2m$ a cui è applicata una forza $6\vec{F}$ si muove con accelerazione
- A $\vec{a}$
- B $2\vec{a}$
- C $3\vec{a}$
- D $6\vec{a}$

SEI PRONTO PER LA VERIFICA?

IN UN'ORA

10/100 **Problema 1**

Un elastico si comporta come una molla di costante elastica $k = 44$ N/m.

▶ Di quanto si allunga l'elastico quando viene tirato con una forza di modulo 9,6 N? [0,22 m]

10/100 **Problema 2**

L'orologio a pendolo del nonno accumula ogni giorno un ritardo considerevole. Per ripararlo, bisogna allungare o accorciare il pendolo? Spiega.

10/100 **Problema 3**

Sottoposto a una forza centripeta, un oggetto di 1,3 kg si muove lungo una traiettoria circolare di raggio 2,2 m con velocità di modulo 5,3 m/s.

▶ A quale forza centripeta è sottoposto? [16,6 N]

10/100 **Problema 4**

Una cassa che pesa 635 N è sollevata con un cavo da un'altezza di 27,3 m. Il cavo sopporta una tensione massima di 710 N.

▶ Qual è il tempo minimo necessario per tirare su la cassa? [6,9 s]

Problema 5

Daria e Pietro conducono un esperimento sul moto lungo un piano inclinato nel laboratorio della loro scuola: lasciano scivolare, con partenza da fermo, un carrellino lungo una rotaia a cuscino d'aria rettilinea e misurano la distanza percorsa dopo alcuni intervalli di tempo. La rotaia è stata inclinata di 32° rispetto alla direzione orizzontale. L'incertezza sull'angolo di inclinazione è pari a mezzo grado.

I dati ottenuti sono riportati nella seguente tabella:

t(s)	s(m)
0,20 ± 0,01	0,05 ± 0,05
0,40 ± 0,01	0,40 ± 0,05
0,60 ± 0,01	0,90 ± 0,05
0,80 ± 0,01	1,55 ± 0,05
1,00 ± 0,01	2,60 ± 0,05

13/100 **A** Riporta i dati in un grafico spazio-tempo.

14/100 **B** È più plausibile concludere che il carrellino si muove di moto uniformemente accelerato oppure che si muove di moto rettilineo uniforme? Motiva la tua risposta.

15/100 **C** La rotaia a cuscino d'aria serve a eliminare l'attrito tra la rotaia e il carrellino. Quella usata da Daria e Pietro funziona correttamente?

18/100 **D** Daria e Pietro vorrebbero ottenere un grafico rettilineo da cui dedurre l'accelerazione del carrellino.
Daria propone di calcolare le velocità medie del carrellino tra due tempi successivi e preparare il grafico velocità media-tempo (velocità media in ordinata, tempo in ascissa).
Pietro invece propone di preparare un grafico spazio-tempo al quadrato (tempo al quadrato in ascissa, posizione in ordinata).
Le due proposte sono corrette? Spiega la tua risposta.

... /100

© Alex Emanuel Koch/Shutterstock

CAPITOLO 10 LAVORO ED ENERGIA

“Nel trampolino elastico si eseguono salti di forma e complessità varia. Per eseguire i movimenti, gli atleti raggiungono quote che sfiorano i 5 metri di altezza dalla superficie del trampolino.”

▶ **Con quale velocità un atleta lascia il trampolino?**

▶ Risposta a pag. 338

1 IL LAVORO COMPIUTO DA UNA FORZA COSTANTE

Il concetto di lavoro è un concetto familiare. Per esempio, sappiamo che occorre compiere un lavoro per spingere un'automobile ferma per un guasto e l'esperienza ci insegna che si compie un lavoro maggiore quando si spinge con più forza oppure quando lo spostamento dell'automobile è maggiore.

Forza nello stesso verso dello spostamento

Come mostra la figura 1, la forza e lo spostamento sono le due grandezze da cui dipende il lavoro. Il disegno mostra una forza costante $\vec{F}$ che ha la stessa direzione e lo stesso verso dello spostamento $\vec{s}$. In questo caso il **lavoro** L è definito come prodotto del modulo F della forza per il modulo s dello spostamento:

work

$$L = Fs$$

Il lavoro compiuto non dipende dalla direzione in cui è spinta l'automobile: quindi il lavoro è una grandezza scalare. Nel Sistema Internazionale l'unità di misura del lavoro è il **joule** (J) in onore del fisico inglese James Joule (1818-1889):

$$1\ \text{J} = (1\ \text{N})(1\ \text{m})$$

Nel caso di figura 1, per spostare l'auto di 5 m applicando una forza di 280 N è necessario fare un lavoro

$$L = (280\ \text{N})(5\ \text{m}) = 1400\ \text{J}$$

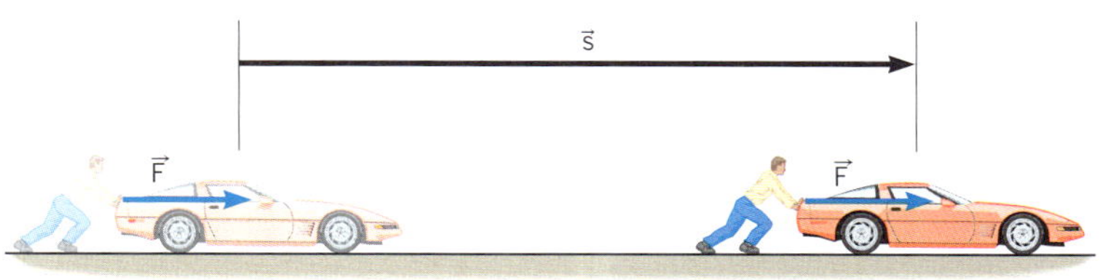

Figura 1
La forza $\vec{F}$ che spinge l'automobile, facendole compiere uno spostamento $\vec{s}$, compie un lavoro.

La definizione di lavoro come $L = Fs$ ha una conseguenza apparentemente strana. Se lo spostamento è nullo, il lavoro è nullo, anche se si esercita una forza. Per esempio, se spingi un oggetto senza riuscire a spostarlo, come per esempio un muro, i tuoi muscoli si stancano ma la forza che eserciti non compie lavoro. In fisica il concetto di lavoro è strettamente collegato a quello di moto: se un oggetto non si muove, le forze applicate all'oggetto non compiono alcun lavoro.

Forza che forma un angolo con lo spostamento

In generale, la forza applicata e lo spostamento non hanno la stessa direzione. Per esempio, la **figura 2A** mostra una valigia a rotelle che si sposta per effetto di una forza applicata nella direzione della maniglia. La direzione della forza e quella dello spostamento formano un angolo θ. In questo caso, nella definizione di lavoro si considera solo la componente della forza nella direzione dello spostamento, cioè $F_{\parallel} = F\cos\theta$, come mostra la **figura 2B**.

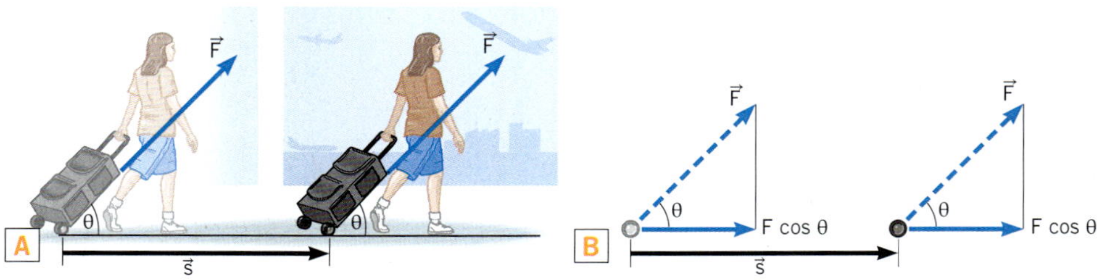

Figura 2
A. Anche una forza $\vec{F}$ che agisce in una direzione diversa da quella dello spostamento $\vec{s}$ compie lavoro, ma il lavoro dipende dall'angolo θ tra la direzione della forza e quella dello spostamento.
B. La componente della forza nella direzione dello spostamento è $F\cos\theta$.

Il lavoro compiuto su un oggetto da una **forza costante** $\vec{F}$ è

$$L = F_{\parallel}\, s = (F\cos\theta)\, s \qquad [1]$$

dove F è il modulo della forza, $F_{\parallel} = F\cos\theta$ è la componente della forza parallela allo spostamento, s è il modulo dello spostamento e θ è l'angolo tra la direzione della forza e quella dello spostamento.

MATEMATICA

Lavoro e prodotto scalare

Ricordando che

$$(F\cos\theta)s = Fs\cos\theta$$

è il prodotto scalare $\vec{F}\cdot\vec{s}$ dei vettori $\vec{F}$ e $\vec{s}$, si può dare la seguente definizione di lavoro compiuto su un oggetto da una forza costante $\vec{F}$:

$$L = \vec{F}\cdot\vec{s}$$

dove $\vec{s}$ è lo spostamento effettuato dall'oggetto mentre la forza $\vec{F}$ agisce su di esso.

Quando la forza e lo spostamento hanno la stessa direzione si ha $\theta = 0°$ e $F_{\parallel} = F$, e l'equazione [**1**] diventa $L = Fs$.

Esempio 1 Tirare una valigia a rotelle

La **figura 2A** mostra una valigia tirata per 80 m con una forza di 45 N che forma un angolo di 60° col terreno.

▶ Calcola il lavoro compiuto dalla forza.

La soluzione

La forza compie un lavoro perché fa muovere la valigia. Dato che la forza e lo spostamento non hanno la stessa direzione, per calcolare il lavoro usiamo l'equazione [**1**]:

$$L = F_{\parallel}\, s = (F\cos\theta)\, s =$$

$$= [(45\ \text{N})(\cos 60°)](80\ \text{m}) = \boxed{1800\ \text{J}}$$

La definizione di lavoro data dall'equazione [**1**] tiene conto solo della componente della forza nella direzione dello spostamento: la componente della forza perpendicolare allo spostamento non compie alcun lavoro. In particolare, se la forza $\vec{F}$ è perpendicolare allo spostamento, la sua componente $F_{\parallel}$ parallela allo spostamento è nulla e quindi la forza non compie alcun lavoro (**figura 3**).

Quando l'angolo θ è compreso tra 0° e 90°, $\cos\theta > 0$, il lavoro è positivo e viene detto *lavoro motore*.

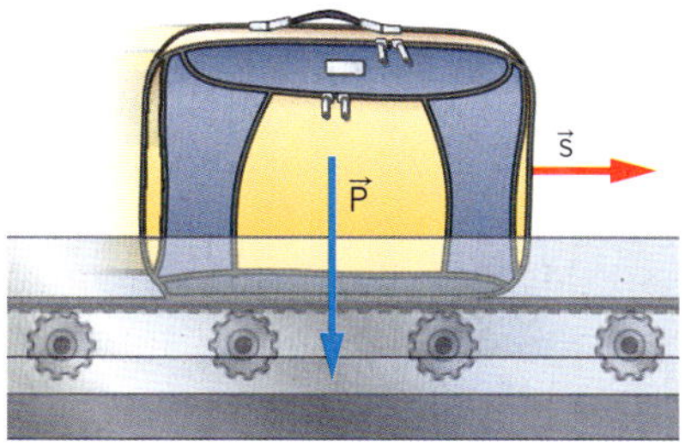

Figura 3
La forza peso non compie lavoro sulla valigia, trascinata dal nastro trasportatore, perché la forza è perpendicolare allo spostamento.

Lavoro negativo

Una forza $\vec{F}$ oppone resistenza al moto di un oggetto quando forma con lo spostamento un angolo maggiore di 90°, come nel caso raffigurato in **figura 4**. In questo caso

$$L = (F\cos\theta)\,s$$

è negativo perché $\cos\theta < 0$: il segno negativo del lavoro sottolinea il fatto che si tratta di *lavoro resistente*.

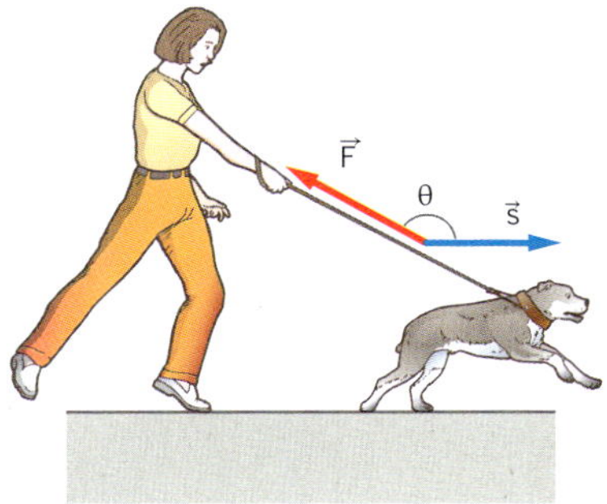

Figura 4
La ragazza cerca di rallentare il cane, esercitando una forza che forma un angolo maggiore di 90° con lo spostamento del cane.

Esempio 2 Sollevamento pesi alla panca

L'atleta di **figura A** solleva di 0,65 m un bilanciere che pesa 710 N. Supponiamo che il bilanciere venga alzato e abbassato a velocità costante.

▶ Calcola il lavoro compiuto dall'atleta sul bilanciere nella fase di sollevamento e nella fase di abbassamento.

A

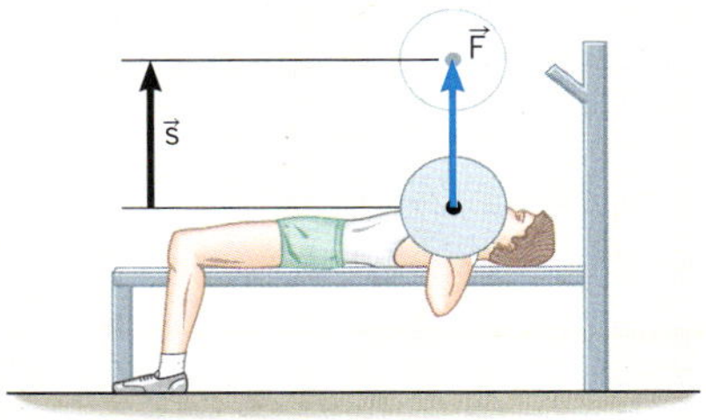

B

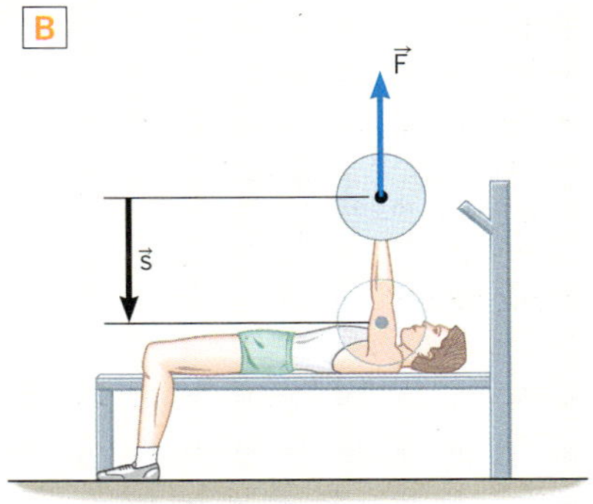

C

La soluzione

Per calcolare il lavoro dobbiamo conoscere la forza esercitata dall'atleta. Il bilanciere è alzato e abbassato a velocità costante, quindi la forza $\vec{F}$ esercitata dall'atleta equilibra il peso del bilanciere: $F = 710$ N. Durante la fase di sollevamento (**figura B**), la forza $\vec{F}$ e lo spostamento $\vec{s}$ hanno la stessa direzione e lo stesso verso, perciò $\theta = 0°$. Viceversa, nella fase di abbassamento (**figura C**), forza e spostamento hanno versi opposti, perciò $\theta = 180°$ e $\cos 180° = -1$.

Dall'equazione [**1**] si ricava che il lavoro compiuto dalla forza $\vec{F}$ nella fase di sollevamento è

$$L = (F\cos\theta)\,s = [(710\ \text{N})(\cos 0°)](0{,}65\ \text{m}) = \boxed{460\ \text{J}}$$

Il lavoro compiuto nella fase di abbassamento è invece

$$L = (F\cos\theta)\,s = [(710\ \text{N})(\cos 180°)](0{,}65\ \text{m}) = \boxed{-460\ \text{J}}$$

perché $\cos 180° = -1$.

Un ciclo completo di sollevamento e abbassamento del bilanciere è chiamato *ripetizione* e la fase di sollevamento e abbassamento sono chiamate rispettivamente *fase positiva* e *fase negativa* della ripetizione.

Anche le forze di attrito possono compiere lavoro, come è mostrato dall'esempio seguente.

Esempio 3 Accelerare un container

La **figura A** mostra un container trasportato da un camion che si sposta di 65 m con un'accelerazione di +1,5 m/s². Il container ha una massa di 120 kg e rimane fermo sul pianale del camion.

▶ Qual è il lavoro compiuto sul container dalla risultante delle forze che agiscono su di esso?

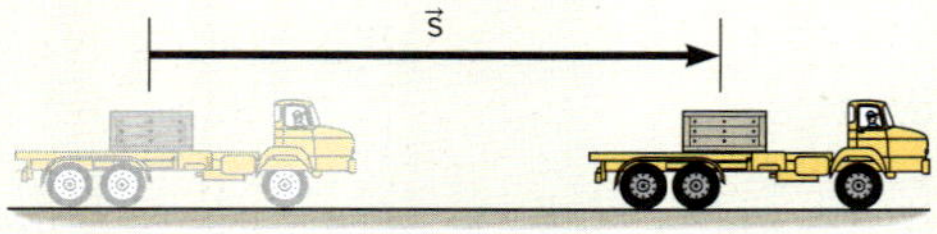

A

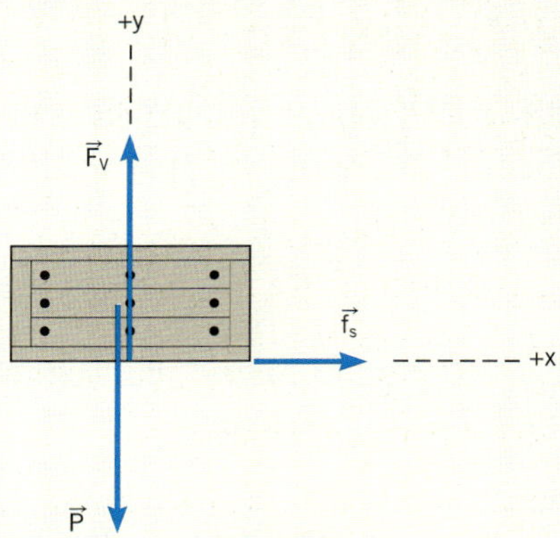

B Diagramma di corpo libero del container

La soluzione

Il diagramma di corpo libero della **figura B** mostra le forze che agiscono sul container: il suo peso $\vec{P}$, la reazione vincolare $\vec{F}_v$ esercitata dal pianale e la forza di attrito statico $\vec{f}_s$ tra il pianale del camion e il container che impedisce al container di scivolare all'indietro. Il peso e la reazione vincolare sono perpendicolari allo spostamento, perciò non compiono alcun lavoro. L'unica forza che compie un lavoro sul container è la forza di attrito statico. Per calcolarlo, notiamo che il container si muove con la stessa accelerazione del camion e che questa accelerazione è dovuta proprio alla forza di attrito statico.

Dal secondo principio della dinamica ricaviamo che

$$f_s = ma = (120\ \text{kg})(1{,}5\ \text{m/s}^2) = 180\ \text{N}$$

Il lavoro totale sul container è quello compiuto dalla forza di attrito statico:

$$L = (f_s \cos\theta)\, s = [(180\ \text{N})(\cos 0°)](65\ \text{m}) = \boxed{1{,}2 \cdot 10^4\ \text{J}}$$

2 IL LAVORO COMPIUTO DA UNA FORZA VARIABILE

In molte situazioni la forza che agisce su un oggetto non è costante, ma cambia durante lo spostamento dell'oggetto. Per esempio, nell'arco composto usato dall'arciere di **figura 5A** un sistema di carrucole e di funi produce una forza che varia al variare dello spostamento s della coda della freccia, come è mostrato nel grafico di **figura 5B**. Una delle caratteristiche principali di questo tipo di arco è che

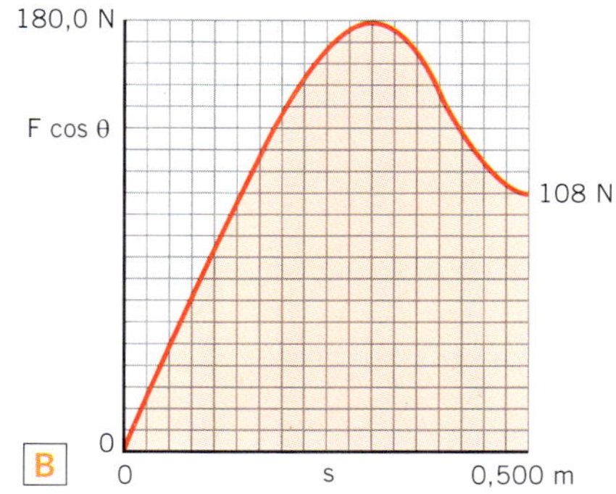

Figura 5
A. Un arco composto.
B. Il grafico rappresenta come varia $F\cos\theta$ al variare dello spostamento s mentre la corda dell'arco viene tirata indietro.

la forza aumenta fino a un valore massimo quando la corda viene tirata all'indietro e poi diminuisce fino al 60% del valore massimo quando la corda è completamente tesa e $s = 0{,}500$ m rispetto alla posizione di riposo. L'arciere deve quindi compiere uno sforzo minore per tenere l'arco nella posizione corretta, prendere la mira e scoccare la freccia.

Quando la forza varia al variare dello spostamento, il lavoro compiuto dalla forza non si può calcolare con l'equazione $L = Fs$, che è valida solo quando la forza è costante. Possiamo però usare un metodo grafico. Come indicato nella **figura 6A**, suddividiamo lo spostamento totale in segmenti Δs_1, Δs_2, ... così piccoli che, in ciascuno di essi, la forza può essere ritenuta praticamente costante.

Per esempio, approssimiamo la forza che agisce lungo Δs_1 con la forza di modulo costante $(F\cos\theta)_1$: il lavoro compiuto da questa forza è

$$\Delta L_1 = (F\cos\theta)_1 \Delta s_1$$

Questo prodotto è uguale all'area del rettangolo di base Δs_1 e altezza $(F\cos\theta)_1$ rappresentato in colore nella **figura 6A**. Calcolando con lo stesso metodo i valori approssimati del lavoro compiuto negli spostamenti successivi e sommandoli fra loro, otteniamo un valore approssimato del lavoro totale compiuto dalla forza variabile:

$$L = (F\cos\theta)_1 \Delta s_1 + (F\cos\theta)_2 \Delta s_2 + \ldots$$

Il membro destro dell'equazione precedente è la somma delle aree di tutti i rettangolini rappresentati nella **figura 6A**.

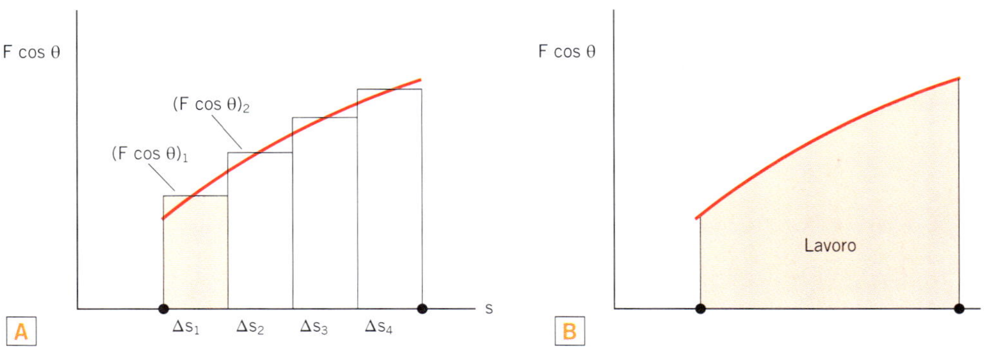

Figura 6
A. Il lavoro compiuto dalla componente $(F\cos\theta)_1$ della forza media durante lo spostamento Δs_1 è $(F\cos\theta)_1 \Delta s_1$, che ha un valore uguale a quello dell'area del rettangolo in colore della figura.
B. In generale il lavoro compiuto da una forza variabile è uguale all'area della parte in colore della figura, cioè all'area compresa tra l'asse s e il grafico che rappresenta F in funzione dello spostamento s.

Se facciamo diventare sempre più piccoli i rettangolini diminuendo le loro basi Δs, la somma delle loro aree tende ad approssimare sempre meglio l'area della superficie colorata della **figura 6B**.

Possiamo perciò definire il lavoro compiuto da una forza variabile nel modo seguente:

il **lavoro** compiuto da una **forza variabile** su un oggetto che compie uno spostamento di modulo s è uguale all'area della superficie compresa fra il grafico di F in funzione dello spostamento e l'asse s.

L'esempio seguente mostra come usare questo metodo grafico per calcolare un valore approssimato del lavoro compiuto quando si tende l'arco composto mostrato nella figura 5A.

Esempio 4 Il lavoro e l'arco composto

Un arciere tende all'indietro la corda dell'arco di figura 5A facendole compiere uno spostamento da 0 m a 0,500 m.

▶ Calcola il lavoro compiuto dell'arciere.

La soluzione

Il lavoro compiuto è uguale all'area della parte colorata del grafico della figura. Quest'area è stata divisa in tanti quadratini, ciascuno dei quali ha un'area di

$$(9{,}00\ \text{N})(2{,}78 \cdot 10^{-2}\ \text{m}) = 0{,}250\ \text{J}$$

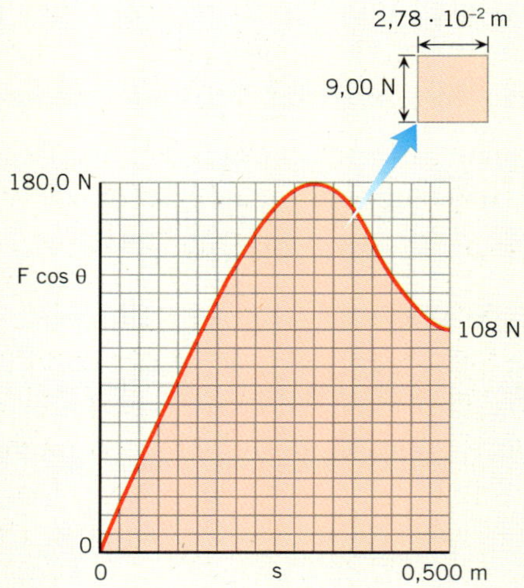

Una stima del numero di quadratini sotto la curva è 242. Poiché l'area di ciascun quadratino rappresenta un lavoro di 0,250 J, il lavoro totale è

$$L = (242\ \text{quadratini})\left(\frac{0{,}250\ \text{J}}{\text{quadratino}}\right) = \boxed{60{,}5\ \text{J}}$$

3 LA POTENZA

In molte situazioni il tempo impiegato per compiere un lavoro è altrettanto importante della quantità di lavoro compiuto.

Consideriamo due automobili dello stesso modello, aventi la stessa massa ma due motori diversi. L'automobile con il motore sportivo accelera da 0 m/s a 27 m/s in 4 s, mentre l'altra impiega 8 s. I motori delle automobili compiono lo stesso lavoro, ma il motore sportivo lo fa in un tempo minore. Quando si parla di automobili sappiamo tutti che un motore *potente* ci fa raggiungere una grande velocità in breve tempo (figura 7). In fisica la grandezza che esprime la rapidità con cui un motore compie lavoro è chiamata **potenza**.

Figura 7
Un'auto sportiva in fase di accelerazione sul rettilineo di una pista.

La **potenza media** $\overline{P}$ è il rapporto tra il lavoro L compiuto e l'intervallo di tempo Δt impiegato per compierlo:

$$\overline{P} = \frac{\text{lavoro}}{\text{tempo impiegato}} = \frac{L}{\Delta t} \qquad [2]$$

Unità di misura: (joule)/(secondo) = watt (W).

average power

La potenza è una grandezza scalare. La sua unità di misura nel SI è joule al secondo ed è chiamata **watt** (simbolo W) in onore di James Watt (1736-1819), che contribuì a sviluppare la macchina a vapore. Per indicare la potenza delle automobili è ancora in uso il *cavallo vapore* (simbolo CV):

$$1\ \text{CV} = 735{,}7\ \text{W}$$

La tabella 1 presenta un elenco di tipici *tassi metabolici*, cioè le potenze richieste per fornire l'energia necessaria ad alcune attività fisiche.

Tabella 1 Esempi di tassi metabolici (*)

Attività	Potenza (watt)
Correre (a 15 km/h)	1340
Sciare	1050
Andare in bicicletta	530
Camminare (a 5 km/h)	280
Dormire	77

(*) Per un maschio giovane di 70 kg.

Utilizzando la definizione di lavoro, si può derivare una formula utile per calcolare la potenza. Sappiamo che una forza di modulo costante F che agisce su un oggetto nella stessa direzione e nello stesso verso dello spostamento compie un lavoro dato dalla relazione

$$L = Fs.$$

Dividendo entrambi i membri dell'equazione per il tempo impiegato dalla forza a compiere il lavoro otteniamo:

$$\frac{L}{\Delta t} = \frac{Fs}{\Delta t}$$

Ma $L/\Delta t$ è la potenza media $\overline{P}$ e $s/\Delta t$ è la velocità media $\overline{v}$ dell'oggetto, perciò si ha:

$$\overline{P} = F\overline{v} \qquad [3]$$

4 L'ENERGIA CINETICA

Figura 8

La forza esterna risultante $\vec{F}$ che agisce sull'aereo, facendogli fare uno spostamento $\vec{s}$, compie un lavoro sull'aereo.

La **figura 8** mostra la forza totale $\vec{F}$ che agisce su un aereo di massa m durante il decollo. Per il secondo principio della dinamica l'aereo si muove con una accelerazione a tale che

$$F = ma$$

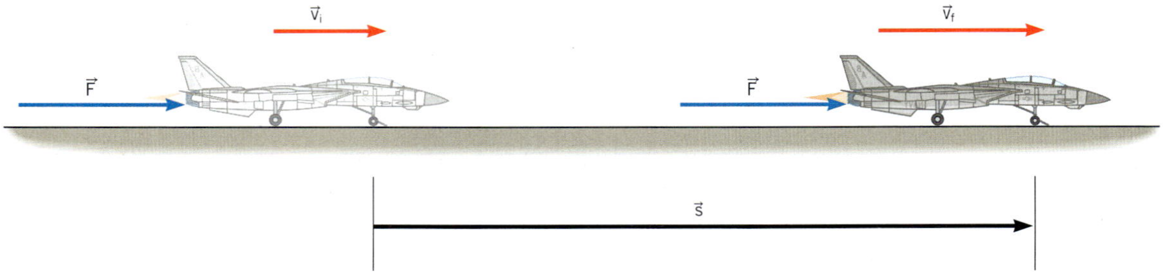

Di conseguenza la velocità dell'aereo cambia dal valore iniziale v_i al valore finale v_f. Moltiplicando entrambi i membri dell'equazione per lo spostamento s si ottiene:

$$Fs = mas \qquad [4]$$

Il prodotto Fs è il lavoro L compiuto dalla risultante delle forze esterne che agiscono sull'aereo. Il prodotto as che compare nel secondo membro può essere espresso mediante le velocità v_i e v_f usando l'equazione:

$$v_f^2 = v_i^2 + 2as$$

da cui si ricava:

$$as = \frac{1}{2}(v_f^2 - v_i^2)$$

Sostituendo nell'equazione [**4**] si ottiene:

$$L = m\frac{1}{2}(v_f^2 - v_i^2) = \frac{1}{2}mv_f^2 - \frac{1}{2}mv_i^2$$

Sulla base della relazione che abbiamo ricavato, possiamo dire che il lavoro compiuto dalla risultante delle forze che agiscono sull'aereo è uguale alla differenza tra il valore finale e il valore iniziale di una grandezza che chiamiamo **energia cinetica**.

kinetic energy

L'**energia cinetica** K di un oggetto di massa m che si muove con velocità v è data da

$$K = \frac{1}{2}mv^2 \qquad [5]$$

Unità di misura: joule (J).

L'unità di misura SI dell'energia cinetica è la stessa del lavoro, cioè il **joule**. Infatti

$$(1\ \text{kg})(1\ \text{m/s})^2 = 1\ (\text{kg}\cdot\text{m/s}^2)(1\ \text{m}) = (1\ \text{N})(1\ \text{m}) = 1\ \text{J}$$

Come il lavoro, anche l'energia cinetica è una grandezza scalare. Esiste però un'importante differenza: contrariamente al lavoro, l'energia cinetica di un oggetto non può essere negativa perché il suo valore è dato dal prodotto di due grandezze sempre positive (m, v^2). Nella **tabella 2** sono riportati gli ordini di grandezza delle energie cinetiche tipiche di vari oggetti in moto.

Tabella 2 Energia cinetica di alcuni oggetti in moto

Oggetto in moto	Energia cinetica in J (ordine di grandezza)
Formica in moto	10^{-9}
Petalo in caduta	10^{-6}
Coleottero in volo	10^{-3}
Gatto che cammina	1
Falco in picchiata	10^{3}
Automobile a 120 km/h	10^{6}
Aereo passaggeri al decollo	10^{9}

Il legame fra lavoro ed energia cinetica è espresso dal **teorema dell'energia cinetica** (o delle forze vive):

work-energy theorem

il lavoro compiuto dalla forza risultante su un corpo è uguale alla variazione dell'energia cinetica del corpo:

$$L = K_f - K_i = \frac{1}{2}mv_f^2 - \frac{1}{2}mv_i^2 \quad [6]$$

Il teorema dell'energia cinetica è valido in generale, qualunque sia la forza e la sua direzione rispetto allo spostamento del corpo su cui agisce.

Secondo questo teorema, qualunque oggetto in movimento ha un'energia cinetica perché è stato necessario compiere un lavoro su di esso per far cambiare la sua velocità dal valore iniziale v_i al valore finale v_f. Se il lavoro compiuto è un lavoro motore, l'energia cinetica aumenta ($K_f > K_i$); se invece è un lavoro resistente, l'energia cinetica diminuisce ($K_f < K_i$).

5 ENERGIA POTENZIALE DELLA FORZA-PESO

Lavoro compiuto dalla forza di gravità

Il lavoro compiuto dalla forza di gravità può essere positivo o negativo. La figura 9 aiuta a capire come si può calcolare questo lavoro. Nella figura un pallone da basket di massa m si muove verso il basso. Su di esso agisce solo la forza di gravità $\vec{P} = m\vec{g}$. La sua altezza iniziale rispetto al terreno è h_i, mentre quella finale è h_f. Lo spostamento $\vec{s}$ è rivolto verso il basso e ha modulo $h_i - h_f$. $\vec{P}$ e $\vec{s}$ hanno lo stesso verso, quindi il lavoro L_{grav} compiuto sul pallone dalla forza di gravità è

$$L_{grav} = Ps = mg(h_i - h_f) \quad [7]$$

Si può dimostrare che l'equazione [7] è valida *qualunque sia il percorso* compiuto dal pallone tra la posizione iniziale e quella finale, purché g rimanga costante. Per esempio, se calcoliamo il lavoro compiuto dalla forza di gravità per i due percorsi rappresentati nella figura 10 otteniamo lo stesso risultato. Perciò il *lavoro compiuto dalla forza di gravità dipende solo dalla differenza*

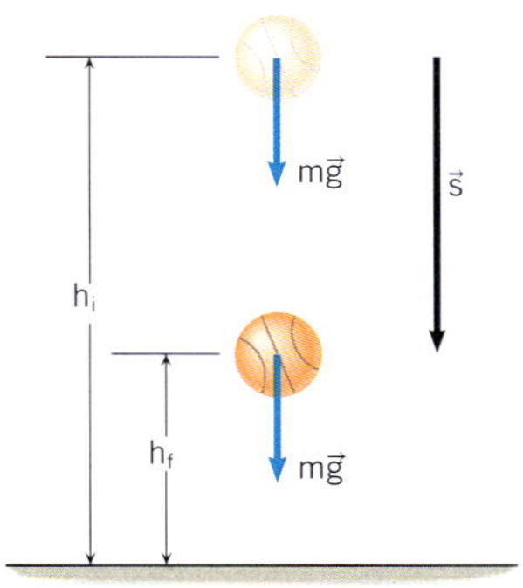

Figura 9
La forza di gravità $m\vec{g}$ compie un lavoro sul pallone da pallacanestro mentre cade dall'altezza iniziale h_i a quella finale h_f.

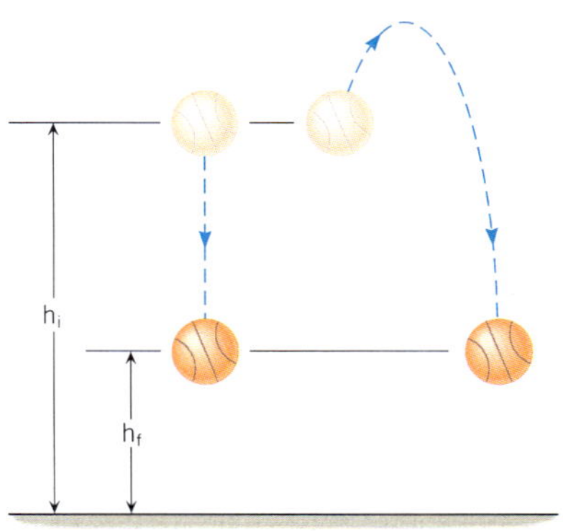

Figura 10
Un oggetto può seguire diversi percorsi per spostarsi dall'altezza iniziale h_i a quella finale h_f, ma il lavoro compiuto dalla forza di gravità è sempre lo stesso.

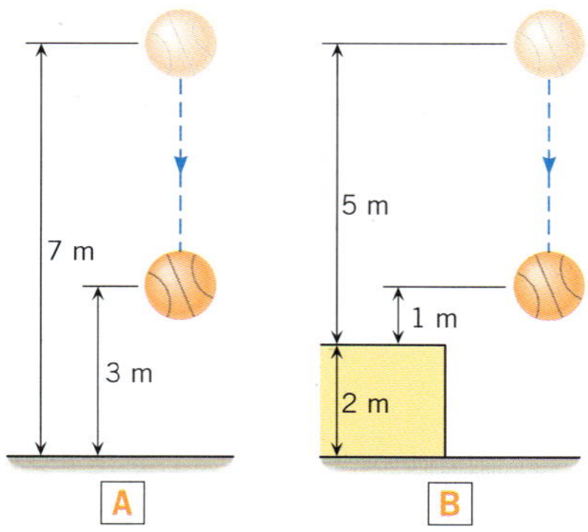

Figura 11

A. Misura rispetto al suolo: $h_i - h_f = 7\ m - 3\ m = 4\ m$.

B. Misura rispetto alla gradinata: $h_i - h_f = 5\ m - 1\ m = 4\ m$.

di altezza $(h_i - h_f)$ tra la posizione iniziale e quella finale e non dal cammino percorso.

Poiché nell'equazione [**7**] compare solo la differenza di altezza $(h_i - h_f)$, non è necessario che le altezze siano misurate rispetto alla superficie terrestre. Infatti, se fossero misurate rispetto a un livello di riferimento qualsiasi, per esempio a uno che si trova a un'altezza di 2 m dalla superficie terrestre, il valore di $h_i - h_f$ non cambierebbe (**figura 11**).

Esempio 5 Un ginnasta al trampolino

La **figura A** mostra un ginnasta al trampolino elastico. La base del trampolino si trova a un'altezza di 1,20 m da terra e il ginnasta arriva a un'altezza massima di 4,80 m da terra.

▶ Calcola la velocità iniziale v_i con cui il ginnasta lascia il trampolino.

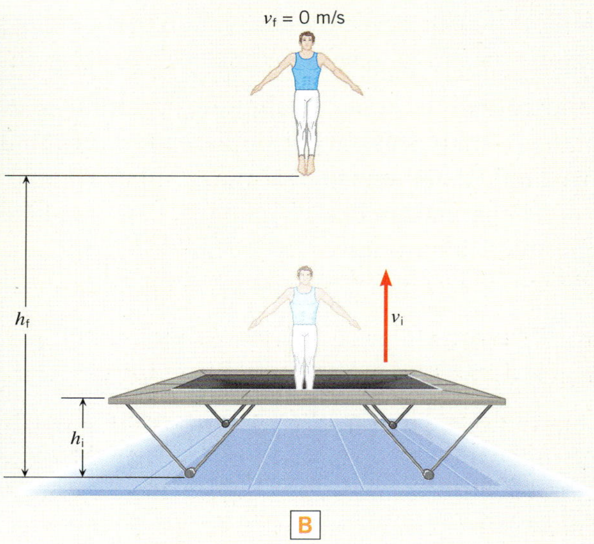

La soluzione

Nella fase di volo, le grandezze in gioco sono le energie cinetiche iniziale K_i e finale K_f e il lavoro L_{grav} compiuto dall'unica forza che agisce sull'atleta in volo, quella di gravità. Queste grandezze sono legate dal teorema dell'energia cinetica:

$$L_{grav} = K_f - K_i$$

Nel punto più alto della traiettoria $v_f = 0$ m/s (**figura B**) e quindi risulta $K_f = 0$ J. Inoltre

$$L_{grav} = mg(h_i - h_f)$$

Quindi risulta

$$mg(h_i - h_f) = 0 - \frac{1}{2}mv_i^2$$

da cui segue

$$v_i = \sqrt{-2g(h_i - h_f)} = \sqrt{-2(9{,}81\ m/s^2)(1{,}20\ m - 4{,}80\ m)} = \boxed{8{,}40\ m/s}$$

Definizione dell'energia potenziale della forza-peso

Un oggetto in movimento possiede energia cinetica. Esistono però anche altre forme di energia. Per esempio, un oggetto può avere energia perché si trova in una certa posizione rispetto alla superficie terrestre. In questo caso si dice che l'oggetto possiede **energia potenziale della forza-peso**.

Per esempio, il battipalo illustrato nella figura 12 è una macchina usata in edilizia per conficcare pali nel terreno. Il battipalo ha un battente con una grande massa che viene sollevato a una certa altezza h e poi lasciato cadere sul palo. Il battente ha la capacità di compiere lavoro sul palo, cioè di esercitare una forza su di esso mentre affonda per un certo tratto nel terreno. Questo lavoro è uguale all'energia cinetica acquistata dal battente nella caduta, che a sua volta è uguale al lavoro L_{grav} fatto dalla forza di gravità su di esso:

$$L_{\text{grav}} = mg(h_{\text{i}} - h_{\text{f}}) = mgh_{\text{i}} - mgh_{\text{f}}$$

L'equazione precedente indica che il lavoro compiuto dalla forza di gravità è uguale alla differenza tra il valore iniziale e quello finale del prodotto mgh. È quindi naturale identificare la grandezza mgh come l'**energia potenziale della forza-peso**.

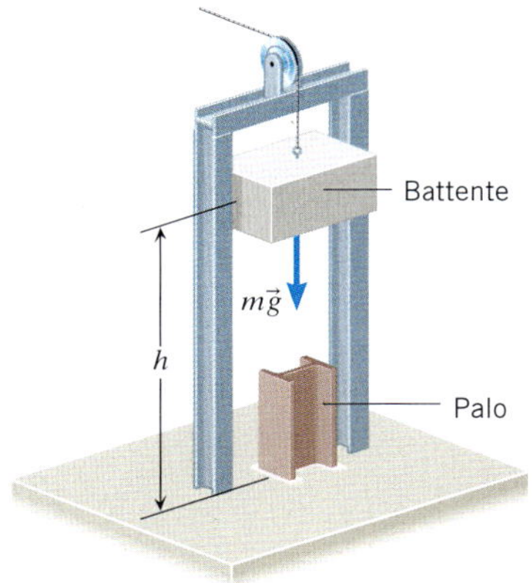

Figura 12
L'energia potenziale della forza-peso del battente di massa m che si trova a un'altezza h dal suolo è $U = mgh$.

L'**energia potenziale della forza-peso** U è l'energia che un oggetto di massa m possiede a causa della sua posizione rispetto alla superficie terrestre. Quando l'oggetto è a un'altezza h rispetto al livello scelto arbitrariamente come livello zero, l'energia potenziale della forza-peso è

$$U = mgh \qquad [8]$$

Unità di misura: joule (J).

gravitational potential energy

Come il lavoro e l'energia cinetica, anche l'energia potenziale della forza-peso è una grandezza scalare e la sua unità di misura SI è il joule.

Dall'equazione [7] si ricava che il lavoro compiuto dalla forza di gravità è dato dalla *differenza* tra due valori dell'energia potenziale della forza-peso: perciò il livello zero rispetto al quale vengono misurate le altezze può essere scelto arbitrariamente purché h_{i} e h_{f} siano misurate rispetto allo stesso livello.

L'energia potenziale della forza-peso dipende dall'oggetto (cioè dalla sua massa m), dalla Terra (cioè dalla costante di gravità terrestre g) e dall'altezza h. Perciò, anche se spesso si parla di energia potenziale della forza-peso posseduta da un oggetto, in realtà questa energia appartiene al sistema costituito dall'oggetto e dalla Terra.

6 FORZE CONSERVATIVE E FORZE NON CONSERVATIVE

Come abbiamo osservato, la forza di gravità ha una caratteristica importante: il lavoro che essa compie su un oggetto che si sposta da un punto a un altro non dipende dal percorso seguito. Per questo motivo si dice che la forza di gravità è una **forza conservativa**.

Una forza è **conservativa** quando il lavoro che essa compie su un oggetto in movimento non dipende dal cammino percorso tra la posizione iniziale e quella finale dell'oggetto.

conservative force

La forza di gravità e la forza elastica di una molla sono esempi di forze conservative. A ogni forza conservativa può essere associata una forma di energia potenziale, così come abbiamo fatto nel caso della forza di gravità. L'espressione matematica dei vari tipi di energia potenziale non è però sempre la stessa, ma dipende dalla forza conservativa a cui l'energia è associata.

La **figura 13** mostra un vagone delle montagne russe che sale e scende su gobbe e avvallamenti e alla fine ritorna al punto di partenza. Il percorso delle montagne russe è un esempio di *percorso chiuso*.

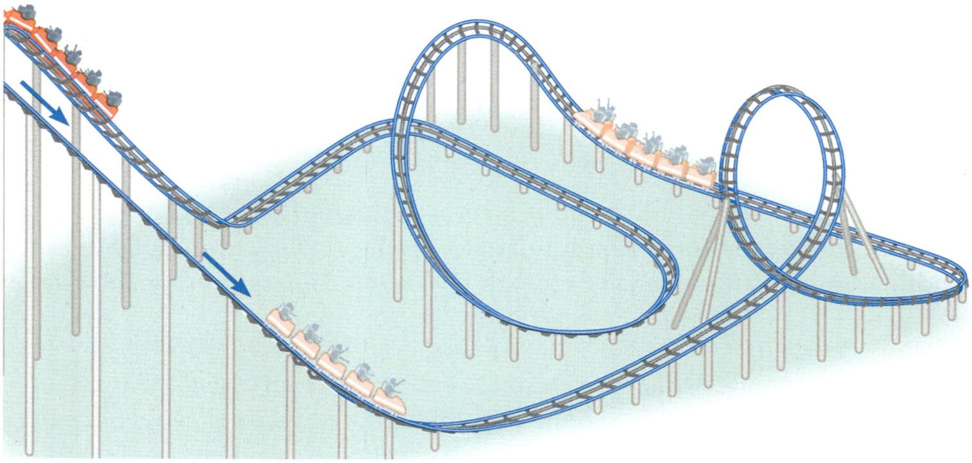

Figura 13
Il percorso delle montagne russe è un esempio di percorso chiuso.

Supponiamo che la resistenza dell'aria e l'attrito tra il vagone e il binario siano trascurabili: l'unica forza che compie lavoro sul vagone è la forza di gravità. Naturalmente il binario esercita sul vagone una reazione vincolare, ma questa forza non compie lavoro perché è sempre perpendicolare allo spostamento.

Nelle parti del percorso in discesa la forza di gravità compie un lavoro positivo e l'energia cinetica del vagone aumenta. Viceversa, nelle parti in salita la forza di gravità compie un lavoro negativo e l'energia cinetica del vagone diminuisce. Il lavoro negativo compiuto dalla forza di gravità durante l'intero percorso è uguale in modulo a quello positivo, perciò il lavoro totale è nullo e di conseguenza il vagone ritorna al punto di partenza con la stessa energia cinetica di quando è partito.

Questa è una caratteristica delle forze conservative:

una forza è **conservativa** quando il **lavoro** che essa compie su un oggetto che si muove lungo un **percorso chiuso** è **nullo**.

non conservative force

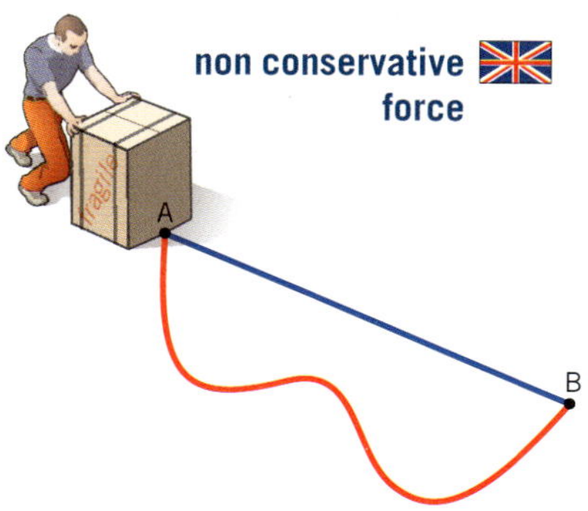

Figura 14
Il lavoro della forza di attrito è maggiore lungo il percorso più lungo.

Non tutte le forze sono conservative. Una forza è detta **non conservativa** quando il lavoro che essa compie su un oggetto in movimento dipende dal cammino percorso tra la posizione iniziale e quella finale. **Per questo motivo, non è possibile definire un'energia potenziale associata alle forze non conservative.** Se la forza non conservativa compie un lavoro negativo, si parla di forza dissipativa.

Un esempio di forza dissipativa è la forza di attrito. Quando un oggetto striscia su una superficie, la forza di attrito dinamico ha la stessa direzione dello spostamento e verso opposto, perciò compie un lavoro negativo. Questo lavoro dipende dalla lunghezza del percorso (**figura 14**), quindi l'attrito non è una forza conservativa. Un altro esempio di forza non conservativa è la resistenza dell'aria.

Il lavoro compiuto da una forza non conservativa su un oggetto che si muove in un percorso chiuso non è nullo. Per esempio, nelle montagne russe della **figura 14** una forza di attrito si oppone sempre al moto del vagone e lo fa rallentare. Diversamente da ciò che accade per la forza di gravità, il lavoro compiuto dalla forza di attrito è *sempre* negativo, sia quando il vagone sale sia quando scende. Se nel moto consideriamo anche la forza di attrito, quando il vagone torna al punto di partenza ha un'energia cinetica minore di quella che aveva all'inizio.

7 L'ENERGIA POTENZIALE ELASTICA

Un oggetto posto a una certa altezza sopra la superficie terrestre ha energia potenziale della forza-peso e perciò può compiere un lavoro, come avviene nel caso del battente del battipalo della figura 12.

Anche una molla compressa o allungata rispetto alla sua lunghezza di riposo ha un'**energia potenziale elastica** e quindi può compiere un lavoro su un oggetto attaccato a essa. Per esempio, la figura 15 mostra un meccanismo di chiusura delle porte. Quando si spinge la porta per aprirla, una molla contenuta nel meccanismo viene compressa e quindi accumula energia potenziale elastica.

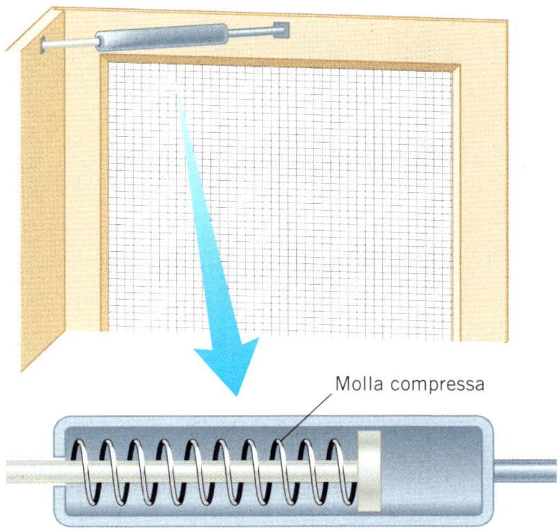

Figura 15
Un meccanismo di chiusura per porte. L'energia potenziale elastica immagazzinata nella molla quando si apre la porta è poi impiegata per chiudere la porta.

Quando la porta è lasciata andare la molla compressa si riallunga e compie il lavoro per chiudere la porta.

La figura 16 mostra un oggetto attaccato a un estremo di una molla allungata di un tratto x.

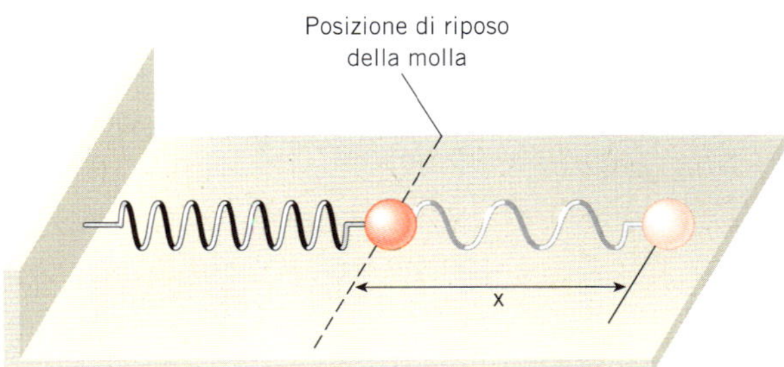

Figura 16
Quando l'oggetto è lasciato libero di muoversi, si sposta dalla posizione iniziale con la molla allungata alla posizione finale di riposo della molla.

Quando l'oggetto è lasciato libero di muoversi, la molla si accorcia e tira indietro l'oggetto. Il modulo della forza elastica è:

$$F = kx$$

dove k è la costante elastica della molla e x è lo spostamento rispetto alla posizione di riposo della molla. Durante il moto dalla posizione iniziale a quella di riposo, la forza della molla ha la stessa direzione e lo stesso verso dello spostamento

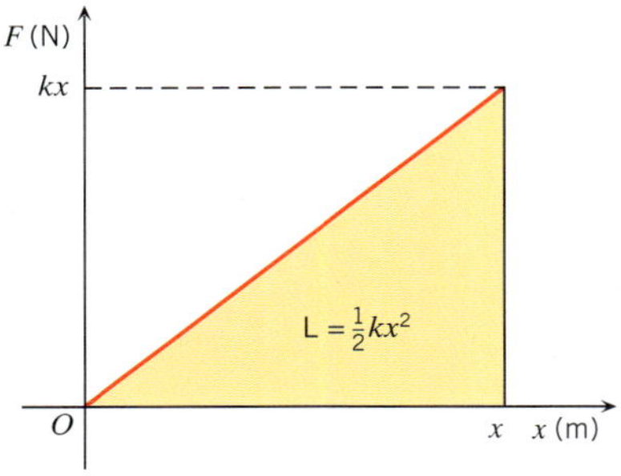

Figura 17
Nel grafico forza-spostamento, il lavoro compiuto dalla forza elastica durante lo spostamento x è uguale all'area della superficie in colore.

elastic potential energy

dell'oggetto. Il modulo della forza elastica varia invece come indicato nel grafico di **figura 17**.

Il lavoro compiuto dalla molla sull'oggetto è uguale all'area colorata di giallo di **figura 17**:

$$L_{el} = \frac{1}{2}kx \cdot x = \frac{1}{2}kx^2$$

L'effetto di questo lavoro è un aumento dell'energia cinetica dell'oggetto. Prima che l'oggetto iniziasse a muoversi, questa energia era immagazzinata nella molla come energia potenziale elastica.

L'**energia potenziale elastica** U_{el} è l'energia che ha una molla quando è compressa o allungata. Per una molla di costante elastica k, allungata o compressa di un tratto x rispetto alla sua lunghezza di riposo, l'energia potenziale elastica è

$$U_{el} = \frac{1}{2}kx^2 \quad [9]$$

Unità di misura: joule (J).

8 LA CONSERVAZIONE DELL'ENERGIA MECCANICA

Figura 18
Durante la parte finale della caduta, per descrivere il moto di un bungee-jumper bisogna considerare l'energia cinetica, l'energia potenziale della forza-peso e l'energia potenziale elastica.

La **figura 18** mostra un bunjee jumper in caduta. In questo istante particolare, il ragazzo ha una certa energia cinetica dovuta alla sua velocità, una certa energia potenziale della forza-peso proporzionale all'altezza dal suolo e una certa energia potenziale elastica relativa all'allungamento dell'elastico attaccato alle sue caviglie. L'energia totale del ragazzo è data dunque dal contributo di tre diverse forme di energia: energia cinetica, energia potenziale della forza-peso e energia potenziale elastica.

La somma di queste tre energie è chiamata energia meccanica totale:

$$\underbrace{E}_{\text{energia meccanica totale}} = \underbrace{\frac{1}{2}mv^2}_{\text{energia cinetica}} + \underbrace{mgh}_{\text{energia potenziale della forza-peso}} + \underbrace{\frac{1}{2}kx^2}_{\text{energia potenziale elastica}} \quad [10]$$

La formula [**10**] è l'espressione più generale dell'**energia meccanica** di un corpo, pari alla somma dell'energia cinetica e di tutte le forme di energia potenziale. In questo paragrafo vedremo in quali condizioni l'energia meccanica totale di un corpo si conserva.

Dimostrazione della conservazione dell'energia meccanica

Nelle situazioni più comuni, su un oggetto agiscono contemporaneamente sia forze conservative come la forza di gravità, sia forze non conservative come l'attrito e la resistenza dell'aria. Perciò il lavoro totale L compiuto dalla risultante delle forze esterne che agiscono su un oggetto può essere scritto come somma del lavoro L_c compiuto dalle forze conservative e del lavoro L_{nc} compiuto dalle forze non conservative:

$$L = L_c + L_{nc} \quad [11]$$

Per il teorema dell'energia cinetica, il lavoro totale compiuto su un oggetto è uguale alla variazione della sua energia cinetica:

$$L_c + L_{nc} = \frac{1}{2}mv_f^2 - \frac{1}{2}mv_i^2 \qquad [12]$$

Supponiamo, per semplificare i calcoli, che l'unica forza conservativa che agisce sull'oggetto sia la forza-peso. In questo caso, il lavoro delle forze conservative L_c risulta:

$$L_c = L_{grav} = mg(h_i - h_f)$$

e l'equazione [**12**] diventa

$$mg(h_i - h_f) + L_{nc} = \frac{1}{2}mv_f^2 - \frac{1}{2}mv_i^2$$

da cui segue

$$\frac{1}{2}mv_i^2 + mgh_i + L_{nc} = \frac{1}{2}mv_f^2 + mgh_f$$

cioè

$$K_i + U_i + L_{nc} = K_f + U_f \qquad [13a]$$

Visto che l'energia meccanica totale di un oggetto su cui agisce solo la forza-peso è data dalla formula:

$$E = K + U,$$

Simulazione PhET
Energia con lo skateboard: concetti base

l'equazione [**13a**] può essere espressa in termini di energia meccanica:

$$E_i + L_{nc} = E_f \qquad [13b]$$

In altri termini:

il **lavoro totale** compiuto dalle **forze non conservative** cambia l'energia meccanica da un valore iniziale E_i a un valore finale E_f.

Quando $L_{nc} = 0$ J, cioè quando il lavoro totale compiuto dalle forze non conservative è nullo, l'equazione [**13b**] diventa

$$E_i = E_f \qquad [14a]$$

ossia

$$\underbrace{\frac{1}{2}mv_i^2 + mgh_i}_{E_i} = \underbrace{\frac{1}{2}mv_f^2 + mgh_f}_{E_f} \qquad [14b]$$

L'equazione [**14b**] indica che l'energia meccanica iniziale è uguale a quella finale, cioè che l'energia «si conserva» durante il moto. Possiamo quindi formulare la **legge di conservazione dell'energia meccanica**.

principle of conservation of mechanical energy

Quando il lavoro totale compiuto su un oggetto in moto da forze esterne non conservative è nullo, l'energia meccanica totale $E = K + U + U_{el}$ dell'oggetto rimane costante.

Mentre la somma dell'energia cinetica e dell'energia potenziale si conserva in ogni istante del moto, l'energia cinetica e l'energia potenziale possono trasformarsi l'una nell'altra. Per esempio, l'energia cinetica di un oggetto che sale su una collina si trasforma in energia potenziale della forza-peso mentre l'oggetto sale. Viceversa, l'energia potenziale della forza-peso di un oggetto che viene lasciato cadere si trasforma in energia cinetica mentre l'oggetto scende.

La **figura 19** illustra le trasformazioni di energia nel caso di uno slittino che scende lungo una pista nell'ipotesi che le forze non conservative come l'attrito e la resistenza dell'aria siano trascurabili. La reazione vincolare, che è sempre perpendicolare allo spostamento, non compie lavoro. L'unica forza che compie lavoro sullo slittino è la componente della forza-peso lungo lo spostamento: si tratta di una forza conservativa, perciò l'energia meccanica E dello slittino è sempre costante in tutti i punti della pista.

K	U	$E = K + U$
0 J	600 000 J	600 000 J
200 000 J	400 000 J	600 000 J
400 000 J	200 000 J	600 000 J
600 000 J	0 J	600 000 J

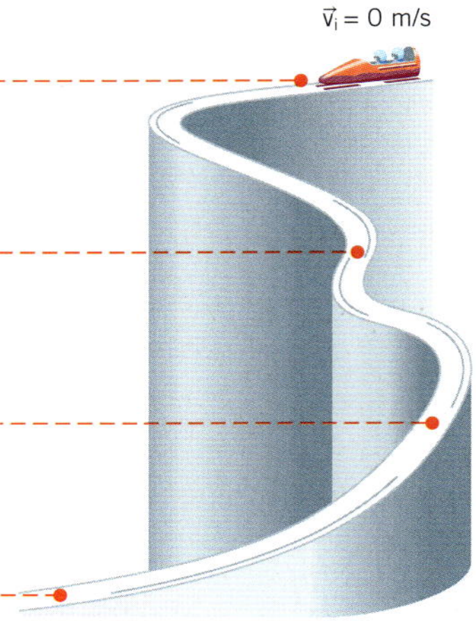

Figura 19
Se gli attriti sono trascurabili, l'energia potenziale e l'energia cinetica si trasformano l'una nell'altra ma l'energia meccanica rimane costante. Nel caso della figura l'energia meccanica totale è 600000 J ed è tutta energia potenziale quando lo slittino parte e tutta energia cinetica quando lo slittino arriva in fondo alla pista.

Esempio 6 Un motociclista spericolato

Un motociclista compie l'acrobazia mostrata nella **figura** lanciando la moto dalla cima della collina di sinistra a una velocità orizzontale $v_i = 38{,}0$ m/s. Per semplicità trascuriamo la resistenza dell'aria.

▶ Calcola il modulo della velocità con cui il motociclista atterra sulla collina di destra.

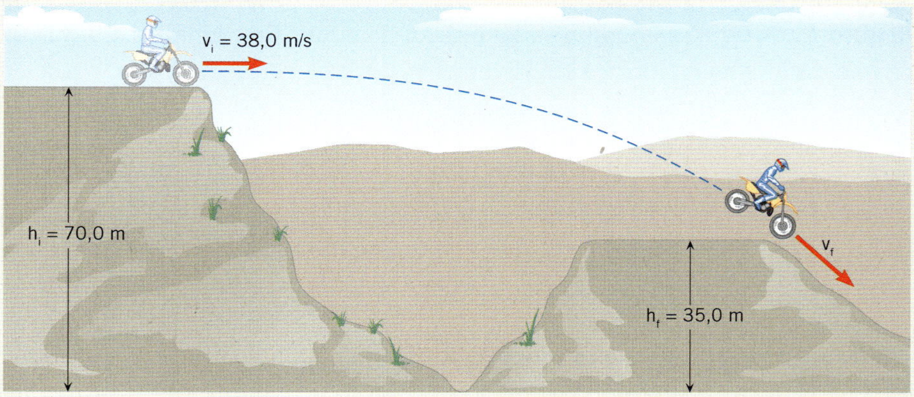

La soluzione

Se trascuriamo la resistenza dell'aria, sulla motocicletta non agiscono forze non conservative, quindi $L_{nc} = 0$ J e l'energia meccanica si conserva:

$$\frac{1}{2}mv_f^2 + mgh_f = \frac{1}{2}mv_i^2 + mgh_i$$

La massa complessiva m del motociclista e della motocicletta può essere semplificata perché compare come fattore in tutti i termini dell'equazione. Risolvendo l'equazione rispetto all'incognita v_f otteniamo

$$v_f = \sqrt{v_i^2 + 2g(h_i - h_f)} =$$
$$= \sqrt{(38{,}0\ \text{m/s})^2 + 2(9{,}81\ \text{m/s}^2)(70{,}0\ \text{m} - 35{,}0\ \text{m})} = \boxed{46{,}2\ \text{m/s}}$$

Nel caso in cui la quota rispetto al livello scelto come riferimento sia uguale a zero, l'energia potenziale della forza-peso di un corpo è nulla. In questo caso, l'energia meccanica totale è data dalla somma dell'energia cinetica e dell'energia potenziale elastica.

Nel caso di un oggetto appeso a una molla che si muove in direzione verticale occorre tener conto anche dell'energia potenziale gravitazionale.

RICORDA

Energia meccanica totale di un sistema

Quando si deve calcolare l'energia meccanica totale di un sistema, bisogna ricordare di considerare l'energia potenziale associata a ciascuna delle forze conservative che agiscono sul sistema. Nell'esempio 7 ci sono le due energie potenziali associate alla forza di gravità e alla forza elastica.

Esempio 7 Di quanto si abbassa la sfera?

La **figura** mostra una sfera di massa 0,20 kg appesa a una molla di costante elastica $k = 28$ N/m. Nella situazione iniziale la sfera è mantenuta ferma nella posizione di riposo della molla. Poi la sfera è libera di muoversi.

▶ Calcola l'allungamento della molla quando la sfera raggiunge la quota più bassa.

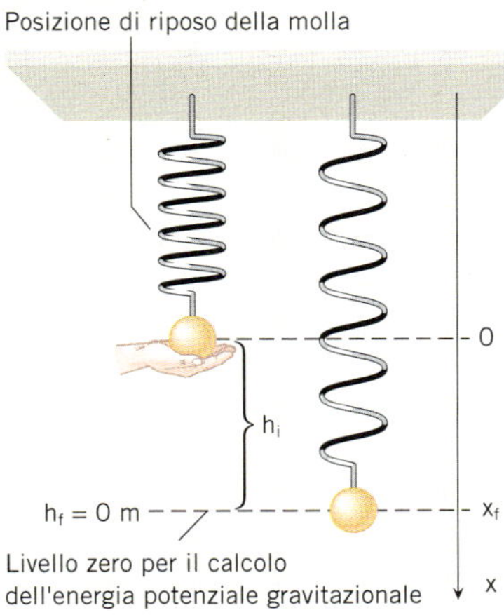

La soluzione

Poiché trascuriamo la resistenza dell'aria, l'energia meccanica totale si conserva:

$$E_i = E_f$$

$$\frac{1}{2}mv_i^2 + mgh_i + \frac{1}{2}kx_i^2 = \frac{1}{2}mv_f^2 + mgh_f + \frac{1}{2}kx_f^2$$

La velocità iniziale e la velocità finale della sfera sono nulle: $v_i = v_f = 0$ m/s. Come mostra la **figura**, l'altezza iniziale della sfera è h_i e l'altezza finale è h_f, che scegliamo di porre uguale a zero. Inoltre nell'istante iniziale la molla è a riposo, perciò la sua energia potenziale elastica è nulla. Sostituendo questi dati nell'equazione precedente otteniamo:

$$\frac{1}{2}kx_f^2 = mgh_i$$

Questa relazione indica che tutta l'energia potenziale gravitazionale iniziale (mgh_i) viene trasformata in energia potenziale elastica ($kx_f^2/2$). Visto che h_f è il livello zero per l'energia potenziale, il modulo di x_f è uguale a h_i. Sostituendo questo valore nell'equazione precedente e risolvendo l'equazione rispetto a x_f si ottiene $x_f = 2\,mg/k$.
L'allungamento della molla quando la sfera si trova nel punto più basso è:

$$x_f = \frac{2\,mg}{k} = \frac{2\,(0{,}20\text{ kg})\,(9{,}81\text{ m/s}^2)}{28\text{ N/m}} = \boxed{0{,}14\text{ m}}$$

9 IL PRINCIPIO DI CONSERVAZIONE DELL'ENERGIA

Finora abbiamo preso in considerazione solo due forme di energia, l'energia cinetica e l'energia potenziale elastica e della forza-peso. Esistono però molti altri tipi di energia, come l'energia elettrica, l'energia chimica e l'energia termica (**figura 20**, a pagina seguente).

Figura 20
Nella realtà esistono molti tipi di energia, per esempio l'energia elettrica **A**, l'energia chimica **B** e l'energia termica **C**.

In generale, tutti i tipi di energia possono essere convertiti in altri tipi di energia. Per esempio, una parte dell'energia chimica immagazzinata nel cibo viene trasformata in energia potenziale quando uno scalatore sale su una montagna. Supponiamo che uno scalatore di 65 kg mangi un panino di 250 kcal, che corrispondono a un'energia chimica di $1{,}0 \cdot 10^6$ J. Se lo scalatore riuscisse a utilizzare il 100% di questa energia convertendola in energia potenziale, potrebbe superare un dislivello Δh tale che $mg\Delta h = 1{,}0 \cdot 10^6$ J, da cui

$$\Delta h = \frac{1{,}0 \cdot 10^6 \, \text{J}}{(65 \, \text{kg})(9{,}81 \, \text{m/s}^2)} = 1600 \, \text{m}$$

In termini più realistici, supponiamo di avere una conversione del 25% dell'energia iniziale in energia potenziale: in questo caso il dislivello è di 400 m.

In maniera simile, in un'automobile l'energia chimica della benzina viene trasformata sia in energia cinetica sia in energia elettrica e calore.

Durante qualunque trasformazione di energia da una forma a un'altra non si hanno né perdite né guadagni di energia: l'energia totale prima della trasformazione è uguale all'energia totale dopo la trasformazione. Questa osservazione porta alla formulazione del seguente importante principio:

l'energia non può essere né creata né distrutta, ma solo convertita da una forma a un'altra.

Uno degli scopi principali della scienza e della tecnologia contemporanea è trovare modi per convertire in modo efficiente l'energia da una forma a un'altra (**figura 21**).

Figura 21
In una centrale idroelettrica l'energia meccanica posseduta dall'acqua che scende lungo le condotte viene trasformata in energia elettrica.

I CONCETTI FONDAMENTALI

LOSAI? RIPASSA CON LO SMARTPHONE

In 3 minuti • Il lavoro delle forze • La potenza • L'energia cinetica • L'energia potenziale della forza peso • Il teorema dell'energia cinetica

1 IL LAVORO COMPIUTO DA UNA FORZA COSTANTE

$$L = F_{//}s = (F\cos\theta)s$$

- L: lavoro (J)
- $F_{//}$: componente della forza parallela allo spostamento (N)
- s: modulo dello spostamento (m)
- F: modulo della forza (N)
- θ: angolo tra la forza e lo spostamento (rad)

L'unità di misura SI del lavoro è il joule (J):

$$1\ \text{J} = 1\ \text{N} \cdot \text{m}$$

- *Lavoro motore*: $0° \leq \theta < 90°$, $L > 0$
- *Lavoro resistente*: $90° < \theta \leq 180°$, $L < 0$
- *Lavoro nullo*: $\theta = 90°$, $\vec{F} \perp \vec{s}$, $L = 0$

2 IL LAVORO COMPIUTO DA UNA FORZA VARIABILE

È uguale all'area della superficie compresa fra il grafico di F in funzione dello spostamento e l'asse s.

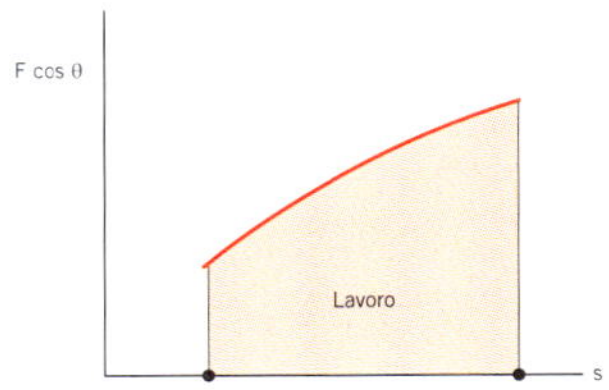

3 LA POTENZA

$$\overline{P} = \frac{L}{\Delta t} = F \cdot \overline{v}$$

- $\overline{P}$: potenza media (JW)
- L: lavoro (J)
- Δt: intervallo di tempo (s)
- F: modulo della forza (N)
- $\overline{v}$: velocità media (m/s)

L'unità di misura SI della potenza è il watt (W):

$$1\ \text{W} = \frac{1\ \text{J}}{1\ \text{s}}$$

4 L'ENERGIA CINETICA

$$K = \frac{1}{2}mv^2$$

- K: energia cinetica (J)
- m: massa (kg)
- v: velocità (m/s)

Teorema dell'energia cinetica
Il lavoro compiuto dalla forza risultante su un corpo è uguale alla variazione dell'energia cinetica del corpo.

$$L = K_f - K_i = \frac{1}{2}mv_f^2 - \frac{1}{2}mv_i^2$$

- L: lavoro (J)
- v_f: velocità finale (m/s)
- v_i: velocità iniziale (m/s)

5 ENERGIA POTENZIALE DELLA FORZA-PESO

È l'energia U che un oggetto di massa m possiede quando è a un'altezza h rispetto al livello scelto arbitrariamente come livello zero:

$$U = mgh$$

- U: energia potenziale della forza-peso (J)
- m: massa (kg)
- g: accelerazione di gravità (m/s^2)
- h: altezza rispetto allo zero dell'energia potenziale (m)

6 FORZE CONSERVATIVE E NON CONSERVATIVE

Una forza è **conservativa** quando il lavoro che compie su un oggetto in movimento non dipende dal cammino percorso tra la posizione iniziale e quella finale dell'oggetto.

Il lavoro di una forza conservativa su un oggetto lungo un percorso chiuso è nullo.

Il lavoro di una forza **non conservativa** dipende dal percorso.

7 L'ENERGIA POTENZIALE ELASTICA

È l'energia U_{el} che ha una molla quando è compressa o allungata.

$$U_{el} = \frac{1}{2}kx^2$$

- U_{el}: energia potenziale elastica (J)
- k: costante elastica (N/m)
- x: deformazione della molla (m)

8 LA CONSERVAZIONE DELL'ENERGIA MECCANICA

Quando il lavoro totale compiuto su un oggetto in moto da forze esterne non conservative è nullo, l'energia meccanica $E = K + U + U_{el}$ dell'oggetto rimane costante:

$$\frac{1}{2}mv_i^2 + mgh_i + \frac{1}{2}kx_i^2 = \frac{1}{2}mv_f^2 + mgh_f + \frac{1}{2}kx_f^2$$

9 IL PRINCIPIO DI CONSERVAZIONE DELL'ENERGIA

L'energia non può essere né creata né distrutta, ma solo convertita da una forma a un'altra.

1 LAVORO COMPIUTO DA UNA FORZA COSTANTE

1 Un libro è appoggiato su di un tavolo.
- Calcola il lavoro compiuto dalla forza-peso sul libro.

2 Un oggetto viene spinto da una forza orizzontale di modulo $F = 15$ N. Lo spostamento dell'oggetto ha la stessa direzione e lo stesso verso della forza e ha modulo $s = 0{,}50$ m.
- Calcola il lavoro compiuto dalla forza sull'oggetto.

[7,5 J]

3 Marco spinge una automobilina con una forza orizzontale di modulo $F = 50$ N. Il lavoro compiuto sulla automobilina da Marco è $L = 150$ J.
- Determina lo spostamento dell'automobilina.

[3,0 m]

4 Un uomo spinge un'auto in panne applicando una forza orizzontale. Il lavoro compiuto dall'uomo sull'auto è $L = 1500$ J. Lo spostamento dell'automobile è $s = 6{,}0$ m.
- Determina il modulo della forza applicata dall'uomo sull'automobile.

[250 N]

5 UN DATO IN PIÙ
Un vagone ferroviario percorre un tratto curvilineo lungo 82 m. Il tratto ferroviario è un arco di circonferenza di raggio 54 m.
- Determina il lavoro compiuto dai binari per trattenere il vagone sul tratto ferroviario.

[0 J]

6 Nel grafico è riportata la forza applicata a un oggetto in funzione del suo spostamento.

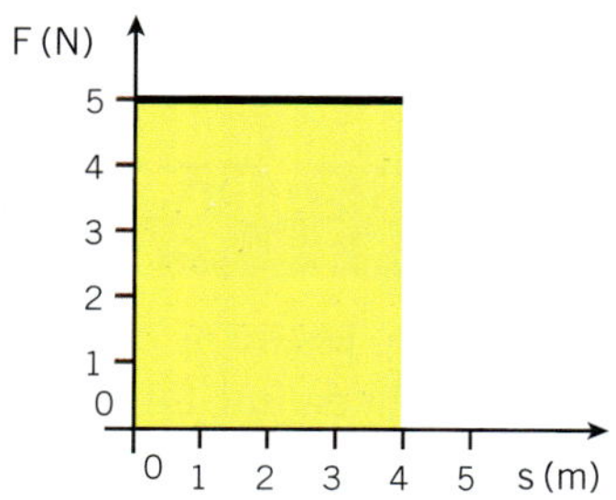

La forza ha lo stesso verso e direzione dello spostamento.
- Determina dai dati del grafico il lavoro compiuto dalla forza.

[20 J]

7 Elisa trascina per 12 m una scatola tirandola con una fune. La fune forma un angolo di 60° con il pavimento e il modulo della tensione della fune è 80 N.
- Calcola il lavoro compiuto dalla tensione della fune sulla scatola.

[480 J]

8 Un oggetto appoggiato su un tavolo viene spinto da una forza orizzontale di modulo $F = 12$ N e si sposta di 0,70 m a velocità costante nello stesso verso della forza. L'attrito tra l'oggetto e il tavolo non è trascurabile.
- Calcola il lavoro compiuto dalla forza di attrito sull'oggetto.

[−8,4 J]

9 Due ragazzi trascinano un frigorifero per 10 m in direzione orizzontale. Il primo ragazzo esercita una forza di modulo 250 N che forma un angolo di 25° rispetto alla direzione orizzontale. Il secondo ragazzo esercita una forza di modulo 310 N che forma un angolo di 12° rispetto alla direzione orizzontale.

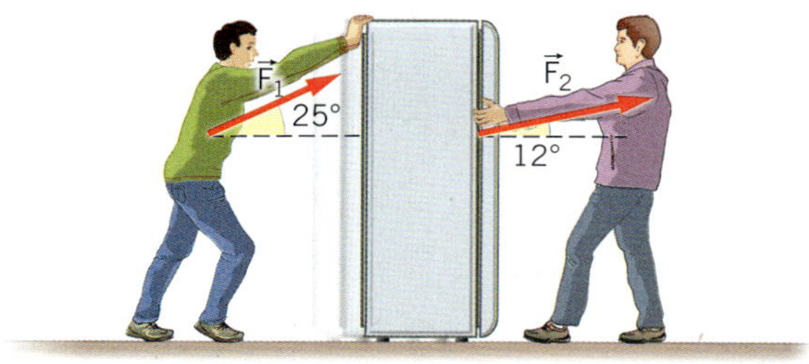

- Calcola il lavoro totale compiuto dai due ragazzi sul frigorifero.

[$5{,}3 \cdot 10^3$ J]

10 Una cassa di massa $m = 50$ kg viene spinta fino alla cima di un piano inclinato lungo $l = 4{,}0$ m. La forza $\vec{F}$ con cui viene spinta la cassa è parallela al piano.

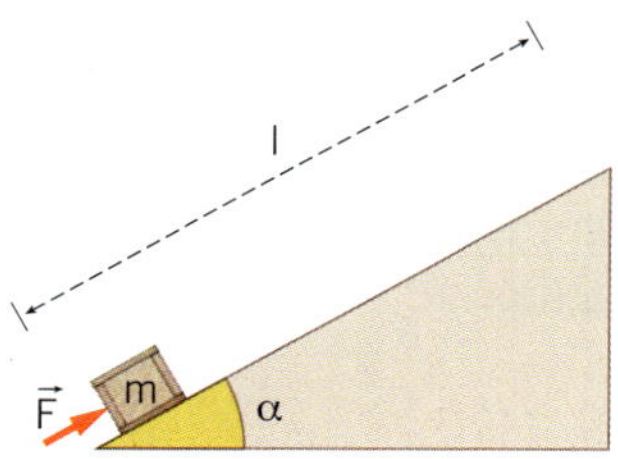

La cassa si muove con velocità costante. Il lavoro compiuto sulla cassa dalla forza $\vec{F}$ è $L = 920$ J. L'attrito tra la cassa e il piano inclinato è trascurabile.
- Determina l'angolo di inclinazione del piano.

[28°]

11 ★★★ Anna tira una valigia a velocità costante con una forza che forma un angolo di 45° col terreno. Per spostare la valigia di 24 m, Anna compie un lavoro di 720 J. Il coefficiente di attrito tra la valigia e il terreno è 0,22.

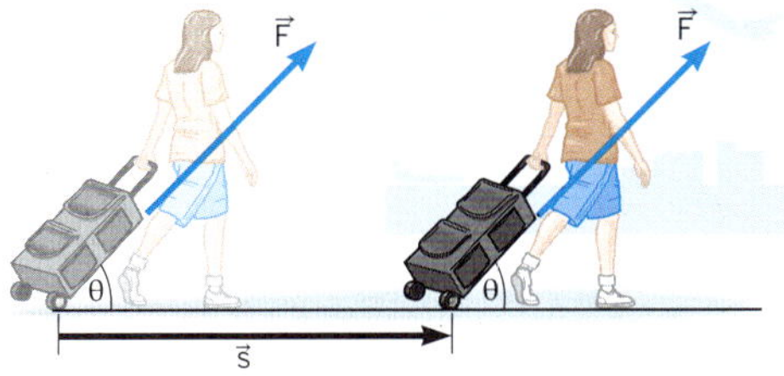

▶ Calcola la massa della valigia.

[17 kg]

12 ★★★ Carla spinge a velocità costante il carrello del supermarket per una distanza s = 30 m. La forza che Carla esercita sul carrello forma un angolo di 30° con la direzione orizzontale. Una forza di attrito di modulo F_a = 52 N si oppone al moto del carrello.

▶ Calcola il modulo della forza $\vec{F_C}$ esercitata da Carla.

▶ Calcola il lavoro compiuto sul carrello dalla forza di attrito.

[60 N; −1600 J]

13 ★★★ Giulio spinge orizzontalmente una cassa di 35 kg sul pavimento per 10 m mantenendola a velocità costante e compiendo un lavoro di 1600 J.

▶ Determina il coefficiente di attrito dinamico tra cassa e pavimento.

[0,47]

2 LAVORO COMPIUTO DA UNA FORZA VARIABILE

14 ★★★ **LEGGI IL GRAFICO**

Nel grafico è rappresentato il modulo di una forza applicata su un oggetto in funzione del modulo dello spostamento. La forza e lo spostamento hanno la stessa direzione.

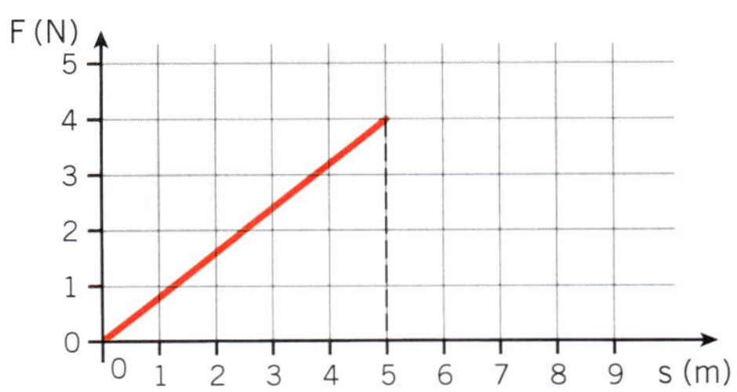

▶ Calcola il lavoro totale compiuto dalla forza.

[10 J]

15 ★★★ **LEGGI IL GRAFICO**

Nel grafico è rappresentato il modulo di una forza applicata su un oggetto in funzione del modulo dello spostamento. La forza e lo spostamento hanno la stessa direzione.

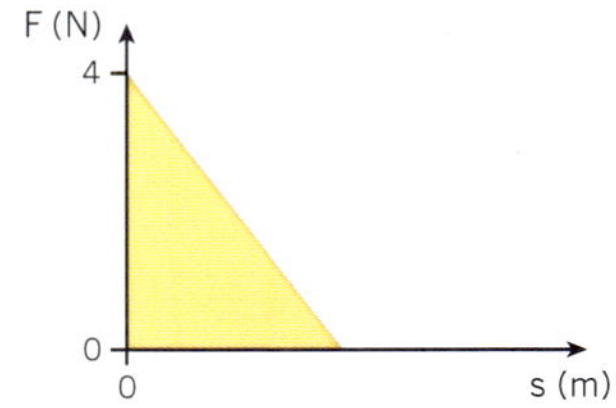

Il lavoro compiuto dalla forza è 6,0 J.

▶ Determina di quanto si è spostato l'oggetto.

[3,0 m]

16 ★★★ **LEGGI IL GRAFICO**

Su un oggetto viene applicata una forza che inizialmente cresce linearmente con lo spostamento, poi rimane costante, quindi decresce linearmente.

L'oggetto si sposta nella stessa direzione e nello stesso verso della forza.

▶ Calcola il lavoro totale compiuto dalla forza.

[18 J]

17 ★★★ **LEGGI IL GRAFICO**

Nel grafico è riportato l'andamento del modulo F di una forza variabile in funzione dello spostamento s. La forza e lo spostamento hanno la stessa direzione. Sull'asse delle ascisse è riportata anche una posizione ignota x.

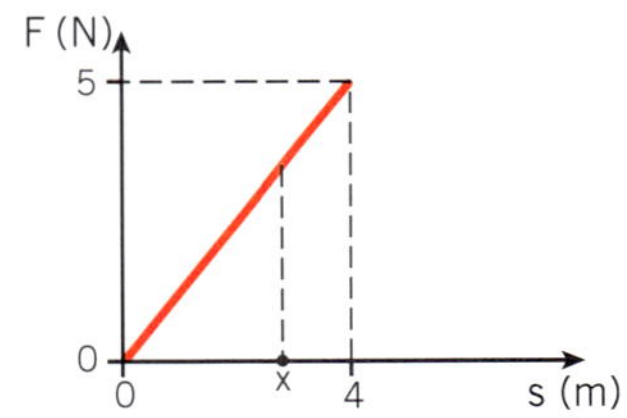

Il lavoro compiuto dalla forza tra 0 m e x è uguale al lavoro compiuto dalla forza tra x e 4,0 m.

▶ Determina il valore della posizione x.

[2,8 m]

18 ★★★ **LEGGI IL GRAFICO**

Il grafico mostra come varia la forza F applicata a un oggetto al variare del modulo dello spostamento s. La forza è considerata positiva quando è nello stesso verso dello spostamento.

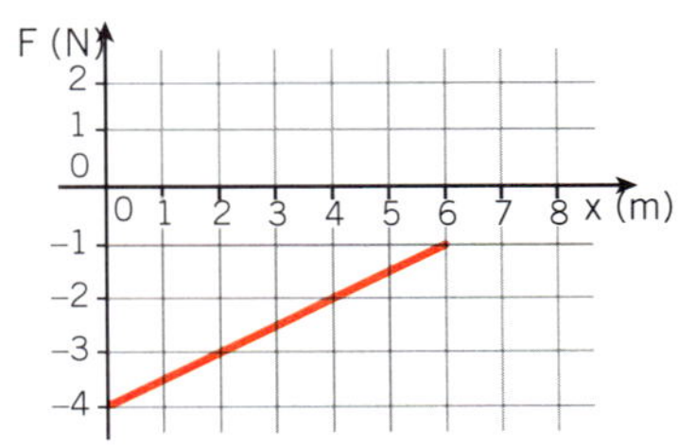

▸ Calcola il lavoro totale compiuto dalla forza sull'oggetto.

[−15 J]

19 ★★★ **LEGGI IL GRAFICO**

Un oggetto si sposta di 10 m. Durante lo spostamento subisce una forza, il cui valore varia con lo spostamento dell'oggetto, come mostrato nella figura.

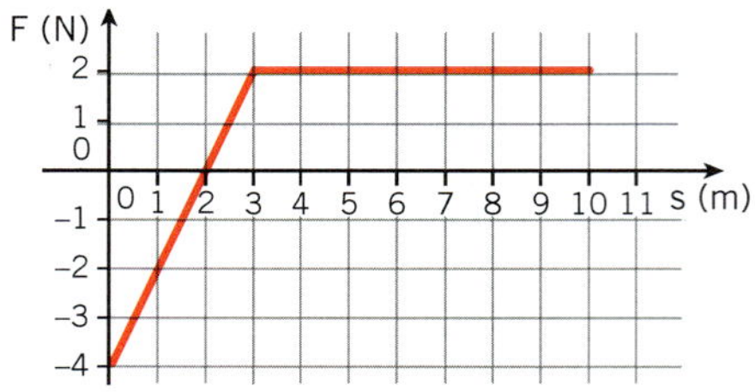

La forza è considerata positiva quando è nello stesso verso dello spostamento.

▸ Calcola il lavoro totale compiuto dalla forza sull'oggetto.

[11 J]

20 ★★★ **LEGGI IL GRAFICO**

Nel grafico è riportato l'andamento di una forza variabile applicata a un oggetto in funzione dello spostamento.

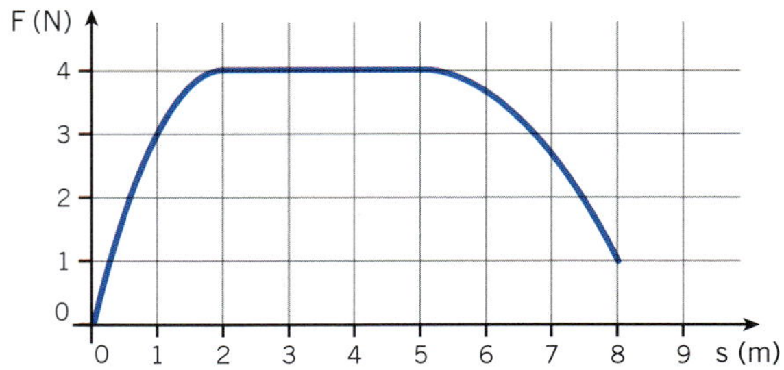

La forza è parallela allo spostamento.

▸ Stima il lavoro compiuto dalla forza quando l'oggetto si sposta di 8,0 m.

[(26 ± 1) J]

21 PROBLEM SOLVING

Un oggetto che si sposta lungo una linea orizzontale subisce una forza orizzontale di modulo e verso variabile. La forza è diretta nel verso positivo tra $x = 0$ m e $x = 2{,}0$ m, mentre è diretta nel verso negativo tra $x = 2{,}0$ m e $x = 8{,}0$ m.

▸ Calcola il lavoro compiuto dalla forza sull'oggetto quando si sposta da $x = 0$ m a $x = 8{,}0$ m.

▸ Calcola il lavoro compiuto dalla forza sull'oggetto quando si sposta da $x = 6{,}0$ m a $x = 0$ m.

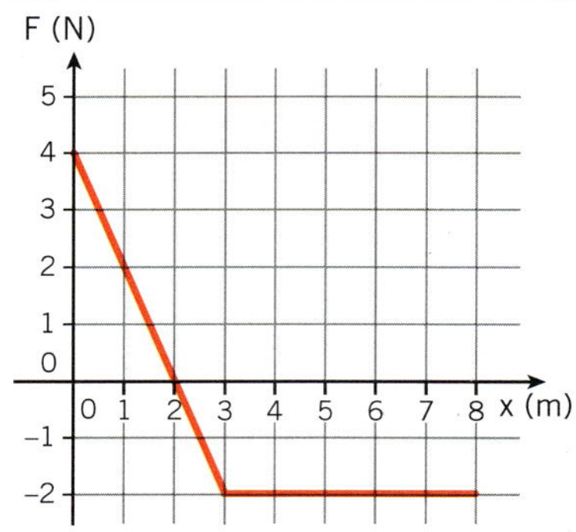

Il ragionamento

Il lavoro compiuto dalla forza è positivo quando i versi della forza applicata all'oggetto e dello spostamento dell'oggetto sono concordi, mentre è negativo quando i due versi sono discordi. Il modulo del lavoro compiuto è l'area racchiusa tra il grafico della forza e l'asse delle ascisse.

La soluzione

- Nel primo caso (spostamento da $x = 0$ m a $x = 8{,}0$ m) il lavoro è positivo nei primi 2 m, in cui lo spostamento dell'oggetto e la forza sono concordi, ed è uguale al valore dell'area sotto il grafico da $x = 0$ m a $x = 2{,}0$ m:

$$L_1 = \frac{(4{,}0\ \text{N})(2{,}0\ \text{m})}{2} = 4{,}0\ \text{J}$$

Il lavoro è invece negativo durante lo spostamento da $x = 2{,}0$ m a $x = 8{,}0$ m, perché la forza applicata è negativa mentre lo spostamento è positivo. Il lavoro è l'opposto dell'area tra l'asse delle ascisse e il grafico (a forma di trapezio rettangolo):

$$L_2 = -\frac{[(6{,}0\ \text{m}) + (5{,}0\ \text{m})]\,(2{,}0\ \text{N})}{2} = -11\ \text{J}$$

Il lavoro totale compiuto durante lo spostamento da $x = 0$ m a $x = 8{,}0$ m è la somma di questi due lavori:

$$L_{tot} = L_1 + L_2 = (4{,}0\ \text{J}) + (-11{,}0\ \text{J}) = -7{,}0\ \text{J}$$

- Nel secondo caso, il lavoro è positivo durante lo spostamento $x = 6{,}0$ m a $x = 2{,}0$ m (sia lo spostamento che la forza sono negativi) e il suo valore è uguale all'area del trapezio tra l'asse delle ascisse e la parte di grafico corrispondente allo spostamento:

$$L_1' = \frac{[(4{,}0\ \text{m}) + (3{,}0\ \text{m})]\,(2{,}0\ \text{N})}{2} = 7{,}0\ \text{J}$$

Il lavoro compiuto è negativo durante lo spostamento da $x = 2{,}0$ m a $x = 0$ m (lo spostamento è negativo, mentre la forza è positiva) ed è uguale all'area del triangolo formato dal grafico della forza con gli assi cartesiani:

$$L_2' = -\frac{(2{,}0\ \text{m})\,(4{,}0\ \text{N})}{2} = -4{,}0\ \text{J}$$

Il lavoro totale compiuto sull'oggetto è

$$L_{tot}' = L_1' + L_2' = (7{,}0\ \text{J}) + (-4{,}0\ \text{J}) = 3{,}0\ \text{J}$$

22 ★★☆ **LEGGI IL GRAFICO**
La figura mostra il modulo della forza elastica F di una molla al variare della sua lunghezza x. A riposo la molla è lunga 6,4 cm.

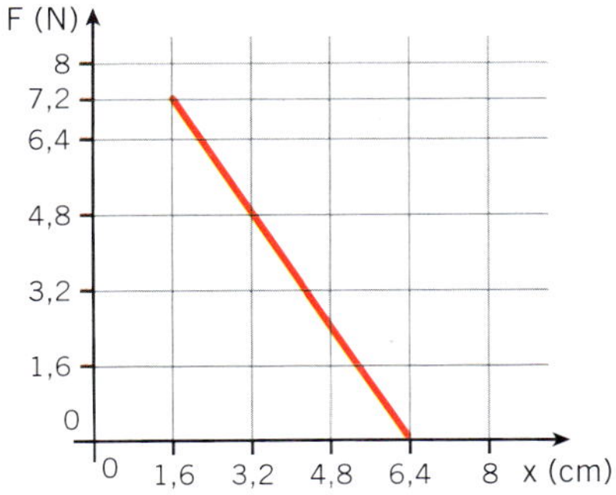

Calcola il lavoro compiuto dalla molla quando
- viene compressa di 1,6 cm.
- viene compressa di altri 1,6 cm.

[$-1{,}9 \cdot 10^{-2}$ J; $-5{,}8 \cdot 10^{-2}$ J]

3 LA POTENZA

23 ★☆☆ Una forza compie su un oggetto un lavoro di 150 J in 10 s.
- Calcola la potenza media erogata dalla forza.

[15 W]

24 ★☆☆ Un secchio pieno di cemento viene portato in cima a un palazzo in 9,0 s da un motore che eroga una potenza media di 900 W.
- Calcola il lavoro compiuto dalla forza che solleva il secchio.

[8100 J]

25 ★☆☆ Un'automobile parte da ferma e accelera per un certo intervallo di tempo. La potenza media erogata dal motore dell'automobile in questo intervallo di tempo è $6{,}2 \cdot 10^4$ W. Il lavoro compiuto dal motore dell'automobile è $3{,}1 \cdot 10^5$ J.
- Calcola la durata dell'accelerazione dell'automobile.

[5,0 s]

26 ★☆☆ Il kilowattora (simbolo kWh) è l'unità di misura con cui viene indicata l'energia elettrica consumata nelle nostre case. 1 kWh è la quantità di energia erogata in un'ora da una fonte di potenza di 1 kW.
- Determina quanti joule corrispondono a 1 kWh.

[$3{,}6 \cdot 10^6$ J]

27 ★★☆ **LEGGI IL GRAFICO**
Il grafico nella figura mostra l'andamento del modulo di una forza applicata a un oggetto in funzione del suo spostamento. La forza e lo spostamento hanno stessa direzione e stesso verso. La forza è applicata per 15 secondi.

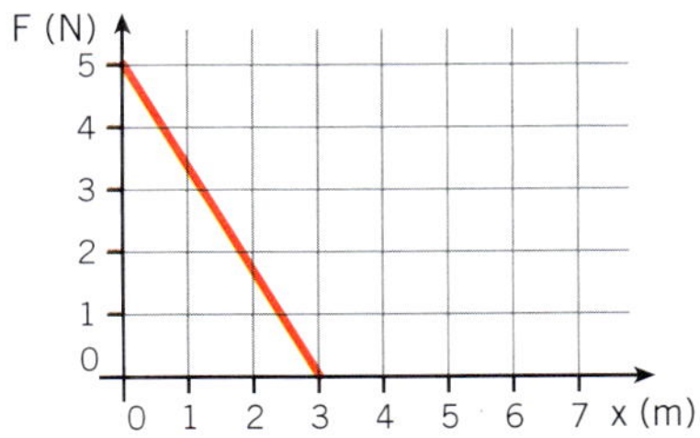

- Calcola la potenza media durante lo spostamento di 3,0 m.

[0,50 W]

28 ★★☆ **LEGGI IL GRAFICO**
Il grafico nella figura mostra il lavoro compiuto da un motorino elettrico in un intervallo di tempo di 7,0 s.

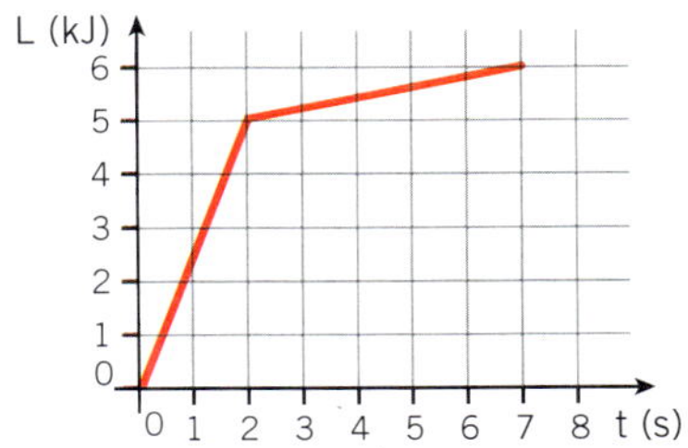

- Calcola la potenza media erogata dal motorino nei primi 2,0 s.
- Calcola la potenza media erogata dal motorino durante l'intero intervallo di tempo.

[2500 W; 860 W]

29 ★★★ **LEGGI IL GRAFICO**

La figura mostra il grafico della potenza di un motore al variare del tempo.

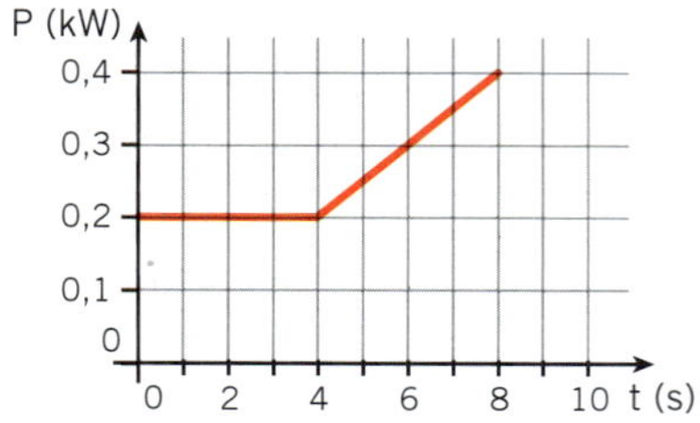

- ▶ Calcola il lavoro compiuto dal motore nei primi 4 secondi. A che cosa corrisponde nel grafico?
- ▶ Calcola il lavoro compiuto dal motore nei successivi 4 secondi.

[800 J; 1200 J]

30 ★★★ **OCCHIO ALL'INCERTEZZA**

Il motore di un'auto sviluppa una potenza $P = (25 \pm 2)$ kW per fare viaggiare l'auto alla velocità $v = (32 \pm 2)$m/s.

- ▶ Calcola il valore attendibile e l'incertezza della forza media applicata dal motore all'auto.

[(800 ± 100) N]

31 ★★★ Un pianoforte di massa 360 kg viene sollevato da terra da una gru fino a 12 m di altezza. La gru solleva il pianoforte in direzione verticale e a velocità costante. La potenza media erogata dal motore della gru è 450 W.

- ▶ Determina quanti secondi impiega la gru per sollevare il pianoforte.

[94 s]

32 **PROBLEM SOLVING**

Un'auto di massa $1{,}2 \cdot 10^3$ kg accelera per 4,0 s a partire da ferma, con accelerazione 3,0 m/s^2.

- ▶ Calcola la potenza media erogata dal motore.

Dati e incognite

Dati	Incognite
Massa dell'auto: $m = 1{,}2 \cdot 10^3$ kg	Potenza media erogata dal motore: $\overline{P} = ?$
Velocità iniziale dell'auto: $v_0 = 0$ m/s	
Accelerazione dell'auto: $a = 3{,}0$ m/s^2	
Durata dell'accelerazione: $\Delta t = 4{,}0$ s	

Il ragionamento

Il modulo della forza F applicata sull'auto è costante e possiamo calcolarlo usando il secondo principio della dinamica. La velocità dell'auto è variabile: con le leggi della cinematica ricaviamo la velocità media $\overline{v}$ dell'auto. Infine, calcoliamo la potenza media con l'equazione $\overline{P} = F\overline{v}$.

La soluzione

Dal secondo principio della dinamica ricaviamo il modulo della forza applicata all'auto:

$$F = ma = (1{,}2 \cdot 10^3 \text{ kg})(3{,}0 \text{ m/s}^2) = 3{,}6 \cdot 10^3 \text{ N}$$

Poiché l'accelerazione dell'auto è costante, il suo moto è uniformemente accelerato e la velocità dell'auto dopo 5,0 secondi è:

$$v = v_0 + a\Delta t = a\Delta t = (3{,}0 \text{ m/s}^2)(4{,}0 \text{ s}) = 12 \text{ m/s}$$

Nel moto uniformemente accelerato, la velocità media $\overline{v}$ è la media tra la velocità iniziale e quella finale, per cui:

$$\overline{v} = \frac{v + v_0}{2} = \frac{v}{2} = 6{,}0 \text{ m/s}$$

La potenza media erogata dal motore quindi è:

$$\overline{P} = F\overline{v} = (3{,}6 \cdot 10^3 \text{ N})(6{,}0 \text{ m/s}) \cong 2{,}2 \cdot 10^4 \text{ W}$$

33 ★★☆ Un ghepardo di massa 45 kg impiega 4,0 s per accelerare da fermo e raggiungere la velocità di 27 m/s. L'accelerazione del ghepardo è costante.

▶ Calcola la potenza media sviluppata dal ghepardo durante la fase di accelerazione.

[$4{,}1 \cdot 10^3$ W]

© Ondris/Shutterstock

4 L'ENERGIA CINETICA

34 ★☆☆ Un'automobile di massa 1200 kg percorre un rettilineo a una velocità costante di modulo 30 m/s.

▶ Calcola l'energia cinetica dell'automobile.

[$5{,}4 \cdot 10^5$ J]

35 ★☆☆ Giuliana corre con una velocità costante di modulo 3,5 m/s. La sua energia cinetica è 245 J.

▶ Calcola la massa di Giuliana.

[40 kg]

36 ★☆☆ Un giocatore calcia una palla di massa 0,45 kg. L'energia cinetica della palla è 200 J.

▶ Calcola la velocità con cui è stata calciata la palla.

[30 m/s]

37 ★★☆ **LEGGI IL GRAFICO**

Un oggetto di massa 6,0 kg viene spinto da una forza che ha stessa direzione e stesso verso dello spostamento. L'oggetto parte da fermo. Nel grafico è mostrato il modulo della forza in funzione dello spostamento.

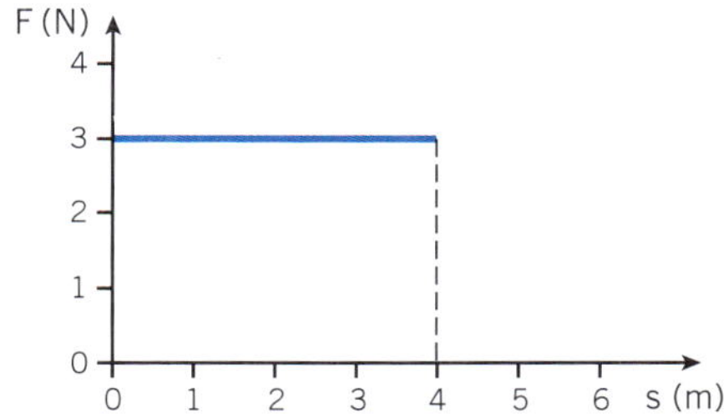

▶ Determina il modulo della velocità finale dell'oggetto.

[2,0 m/s]

38 ★★☆ **QUANTI SU 100?**

Un atleta di massa 80 kg corre a velocità costante. La sua energia cinetica è 1100 J. L'atleta accelera e la sua energia cinetica aumenta del 10%.

▶ Determina il modulo della velocità finale dell'uomo.

[5,5 m/s]

39 ★★☆ Maria e Luigi fanno la spesa al supermercato. Luigi spinge un carrello di massa 12 kg, mentre Maria, che sta davanti al carrello, lo tira, come mostrato nella figura.

Luigi applica una forza orizzontale di modulo $F_1 = 2{,}0$ N. Maria applica una forza che forma un angolo di 60° con la direzione orizzontale di modulo $F_2 = 4{,}0$ N. Il carrello parte da fermo e raggiunge una velocità di modulo 0,80 m/s. Trascura l'attrito presente tra carrello e pavimento.

▶ Determina lo spostamento del carrello.

[96 cm]

40 PROBLEM SOLVING

Con la sonda spaziale *Deep Space I*, lanciata nel 1998, la NASA ha collaudato un motore a propulsione ionica che genera una forza molto debole ma per un lungo periodo di tempo, usando una piccola quantità di combustibile. Supponi che la sonda, di massa 474 kg, avesse una velocità di 275 m/s quando il motore ha iniziato a spingerla con una forza di modulo $5{,}6 \cdot 10^{-2}$ N, nello stesso verso del moto, per una distanza pari a $2{,}5 \cdot 10^9$ m. Trascura la variazione della massa della sonda dovuta al consumo del combustibile.

▶ Calcola l'energia cinetica finale e la velocità finale della sonda.

Dati e incognite

Dati	Incognite
Massa della sonda: $m = 474$ kg	Energia cinetica finale della sonda: $K_f = ?$
Velocità iniziale della sonda: $v_0 = 275$ m/s	Velocità finale della sonda: $v_f = ?$
Forza applicata alla sonda: $F = 5{,}6 \cdot 10^{-2}$ N	
Distanza percorsa dalla sonda: $s = 2{,}5 \cdot 10^9$ m	

SEGUE ▶

Il ragionamento

Per il teorema dell'energia cinetica, l'aumento di energia cinetica della sonda è uguale al lavoro compiuto su di essa. Da questa relazione e dalla definizione del lavoro di una forza ricaviamo l'energia cinetica finale della sonda e da questa, infine, la velocità finale della sonda.

La soluzione

Calcoliamo il lavoro compiuto sulla sonda:

$$L = Fs = (5{,}6 \cdot 10^{-2}\ \text{N})(2{,}5 \cdot 10^{9}\ \text{m}) = 1{,}4 \cdot 10^{8}\ \text{J}$$

Dal teorema dell'energia cinetica, $L = K_f - K_i$, otteniamo l'energia cinetica finale K_f:

$$K_f = L + K_i = L + \frac{1}{2}mv_0^2 = (1{,}4 \cdot 10^8\ \text{J}) + \frac{1}{2}(474\ \text{kg})(275\ \text{m/s})^2 \cong 1{,}6 \cdot 10^8\ \text{J}$$

La velocità finale della sonda è

$$v_f = \sqrt{\frac{2K_f}{m}} = \sqrt{\frac{2(1{,}6 \cdot 10^8\ \text{J})}{(474\ \text{kg})}} = 820\ \text{m/s}$$

41 ★★★ Una sonda spaziale di massa $6{,}0 \cdot 10^4$ kg viaggia alla velocità di 10 000 m/s. Per farla rallentare vengono accesi i retrorazzi che imprimono una spinta di $4{,}0 \cdot 10^5$ N per 2700 km in verso contrario a quello dello spostamento.

▶ Calcola la velocità finale della sonda.

[8000 m/s]

42 ★★★ Un'auto di massa 1200 kg viaggia a 36 km/h quando deve rallentare in 13 m fino ad avere la velocità di 27 km/h.

▶ Calcola il modulo della forza media totale applicata all'auto durante la frenata.

[$2{,}0 \cdot 10^3$ N]

43 ★★★ **UN DATO IN PIÙ**

Un'atleta sta giocando a curling e lancia una *stone* con velocità iniziale $v = 1{,}8$ m/s.

© M. Smelter/Wikimedia

La *stone* ha una massa di 18 kg e si ferma dopo aver percorso 45 m.

▶ Determina il coefficiente di attrito dinamico tra la *stone* e il campo da gioco.

[$3{,}7 \cdot 10^{-3}$]

5 ENERGIA POTENZIALE DELLA FORZA-PESO

44 ★★★ Un masso di 150 kg si trova su una collinetta a una altezza di 10 m rispetto al suolo circostante. L'energia potenziale della forza-peso del masso è nulla al livello del suolo.

▶ Calcola l'energia potenziale della forza-peso del masso.

[$1{,}5 \cdot 10^4$ J]

45 ★★★ Diego ha una massa di 75 kg e si trova in cima alla torre di Pisa. La sua energia potenziale della forza-peso rispetto al terreno è $U = 4{,}1 \cdot 10^4$ J.

▶ Determina l'altezza della torre di Pisa.

[circa 56 m]

© Fedor Selivanov/Shutterstock

46 ★★★ L'energia potenziale della forza-peso di un oggetto è $U = 3450$ J. L'oggetto si trova a 22 m dal suolo, dove l'energia potenziale della forza-peso è nulla.

▶ Determina la massa dell'oggetto.

[16 kg]

47 ★★★ Uno sciatore di 85 kg percorre 3300 m con uno *skilift* e raggiunge la cima di una montagna. Lo *skilift* forma un angolo di 12° con la direzione orizzontale.

▶ Determina la variazione di energia potenziale della forza-peso dello sciatore.

[$5{,}7 \cdot 10^5$ J]

48 **PROBLEM SOLVING**

Aldo (massa 68 kg) e Bianca (massa 52 kg) si trovano al quinto piano di un edificio ed entrano in un ascensore di 650 kg. Aldo scende al quarto piano, Bianca al primo piano e l'ascensore arriva fino a terra. Ogni piano è alto 3,2 m.

▶ Calcola il lavoro totale compiuto dalla forza-peso sull'ascensore e sui suoi occupanti.

Dati e incognite

Dati	Incognite
Massa di Aldo: $m_A = 68$ kg	Lavoro compiuto dalla forza peso: $L = ?$
Massa di Bianca: $m_B = 52$ kg	
Massa dell'ascensore: $m = 650$ kg	
Distanza tra un piano e l'altro: $d = 3{,}2$ m	

Il ragionamento

Usiamo la relazione tra il lavoro compiuto dalla forza-peso e l'energia potenziale della forza-peso per calcolare il lavoro richiesto.

La soluzione

All'inizio, Aldo, Bianca e l'ascensore sono tutti al quinto piano:

$h_i = 5d = 5(3{,}2\ \text{m}) = 16\ \text{m}$

Le loro energie potenziali sono $U_{A,i} = m_A g h_i$, $U_{B,i} = m_B g h_i$ e $U_{asc,i} = mgh_i$. L'energia potenziale totale iniziale è:

$$U_{tot,i} = U_{A,i} + U_{B,i} + U_{asc,i} = (m_A + m_B + m)\, gh_i = (770\ \text{kg})(9{,}81\ \text{m/s}^2)(16\text{m}) = 1{,}2 \cdot 10^5\ \text{J}$$

Alla fine, Aldo è al quarto piano, ad altezza $h_{A,f} = 4d$, Bianca è ad altezza $h_{B,f} = d$ e l'ascensore è a terra, $h_{asc,f} = 0$. L'energia potenziale totale finale è:

$$U_{tot,f} = U_{A,f} + U_{B,f} + U_{asc,f} = m_A g h_{A,f} + m_B g h_{B,f} + mgh_{asc,f}$$

Sostituendo i valori numerici otteniamo:

$$U_{tot,f} = m_A g h_{A,f} + m_B g h_{B,f} = 4m_A g d + m_B g d = (4m_A + m_B) gd \cong 1{,}0 \cdot 10^4\ \text{J}$$

Il lavoro compiuto dalla forza-peso è uguale alla differenza tra l'energia potenziale iniziale e quella finale:

$$L = U_{tot,i} - U_{tot,f} = 1{,}1 \cdot 10^5\ \text{J}$$

49 ★★☆

Una pallina rotola su un tavolo alto $h = 1{,}3$ m con una velocità orizzontale di modulo $v_0 = 2{,}5$ m/s. La pallina cade dal tavolo. Trascura l'attrito con il tavolo e con l'aria.

▶ Calcola il modulo della velocità della pallina quando giunge al suolo.

▶ Calcola l'angolo che il vettore velocità forma con la direzione orizzontale quando giunge al suolo.

[5,6 m/s; 64°]

50 ★★☆ **UN DATO IN PIÙ**

Il battente di un battipalo di massa $m = 390$ kg viene sollevato a una altezza $h_i = 4{,}5$ m per conficcare nel terreno un palo alto $h_f = 2{,}5$ m. Il battente viene lasciato cadere.

▶ Determina il modulo della velocità istantanea del battente immediatamente prima che colpisca il palo.

▶ Se si vuole aumentare questa velocità del 15%, da quale altezza deve cadere il battente?

[6,3 m/s; 5,2 m]

51 ★★☆ **LEGGI IL GRAFICO**

Cecilia lancia una palla verso l'alto. L'attrito con l'aria è trascurabile. Nel grafico è mostrato l'anda-

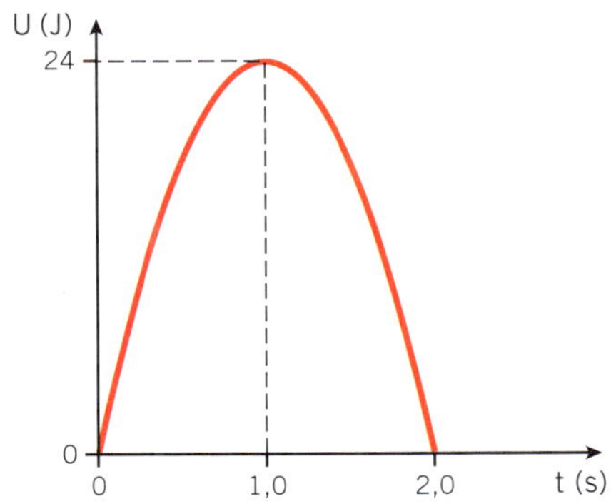

mento dell'energia potenziale della forza peso della palla in funzione del tempo. Il livello zero dell'energia potenziale della forza peso della palla è alla quota della mano di Cecilia quando lancia la palla.

- Calcola il modulo della velocità iniziale con cui Cecilia lancia la palla.
- Calcola la massa della palla.

[9,8 m/s; 500 g]

52 ★★★ Nel grafico è mostrata l'energia potenziale della forza-peso di un sacco di cemento di 30 kg in funzione della sua altezza h dal suolo. Il sacco di cemento viene sollevato fino al terzo piano di un palazzo. Per costruire il grafico si è approssimato il valore dell'accelerazione di gravità a 10 m/s^2.

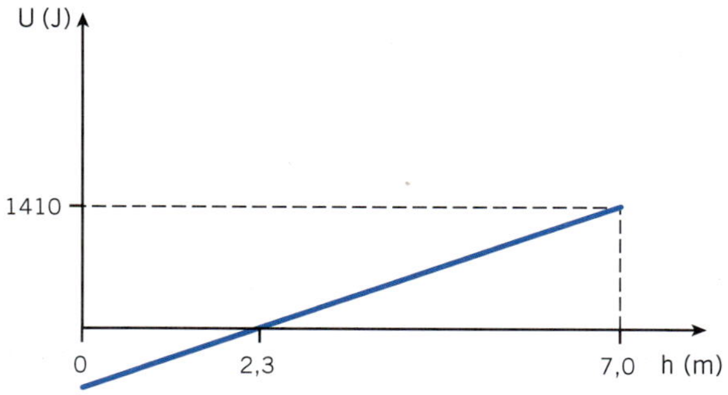

L'energia potenziale della forza-peso del sacco di cemento è nulla all'altezza di 2,3 metri.

- Calcola il valore dell'energia potenziale al livello del suolo.
- La fune che tiene sospeso il sacco di cemento si rompe e il sacco cade al suolo. Calcola il lavoro compiuto dalla forza-peso durante la caduta fino al suolo.

[−690 J; 2100 J]

6 FORZE CONSERVATIVE E FORZE NON CONSERVATIVE

53 ★★★ Una forza compie su un oggetto un lavoro di 35 J quando l'oggetto si sposta da A a B, un lavoro di 65 J quando l'oggetto si sposta da B a C e un lavoro di 90 J quando l'oggetto si sposta da A a C lungo un diverso percorso.

- Stabilisci se la forza può essere conservativa.

54 ★★★ Un oggetto si sposta da A a B, poi da B a C e infine da A a C. Il lavoro compiuto da una forza conservativa sull'oggetto durante lo spostamento da A a B è uguale a 82 J, mentre durante lo spostamento da B a C è uguale a −26 J. Calcola il lavoro compiuto dalla forza conservativa sull'oggetto

- durante uno spostamento da C ad A;
- durante uno spostamento da B ad A.

[−56 J; −82 J]

55 ★★★ **UN DATO IN PIÙ**
Un bambino spinge un carrello di massa 800 g lungo un percorso circolare, di raggio 2,1 m, applicando una forza orizzontale di modulo costante 12 N nella stessa direzione e nello stesso verso dello spostamento.

- Calcola il lavoro compiuto durante un giro completo. La forza applicata dal bambino è conservativa?

[160 J]

56 ★★★ Una cassa di massa 8,6 kg viene trascinata sul pavimento per un tratto lungo 2,4 m e poi per un ulteriore tratto di 3,2 m perpendicolare al precedente. Il coefficiente di attrito dinamico tra la cassa e il pavimento è 0,11.

- Calcola il lavoro compiuto dalla forza di attrito dinamico sulla cassa.
- Calcola il lavoro che avrebbe compiuto la forza di attrito dinamico se la cassa fosse stata spostata lungo un tratto rettilineo che unisce gli stessi punti iniziali e finali; la forza di attrito può essere conservativa?

[−52 J; −37 J]

57 ★★★ Un oggetto di massa 2,2 kg si trova in cima a un piano inclinato nel punto A, a 1,2 m dal suolo.

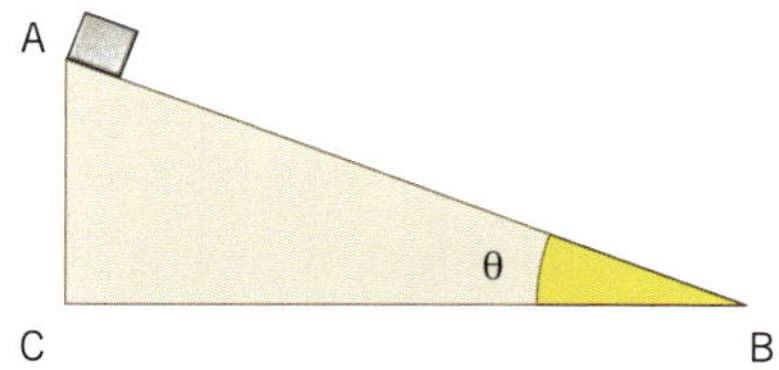

L'oggetto può essere spostato fino al punto C in due modi: verticalmente, lungo il segmento AC; oppure lasciandolo scivolare fino al punto B al termine del piano inclinato e poi spostandolo lungo il segmento BC.

- Mostra che il lavoro compiuto dal peso nei due casi è lo stesso.

7 L'ENERGIA POTENZIALE ELASTICA

58 ★★★ Una molla di costante elastica k = 600 N/m è compressa di 4,0 cm rispetto alla sua lunghezza di riposo.

- Calcola l'energia potenziale elastica della molla.

[0,48 J]

59 ★★★ Una molla di costante elastica k = 250 N/m è compressa rispetto alla sua lunghezza di riposo. La sua energia potenziale elastica è U = 0,45 J.

- Calcola di quanto è compressa la molla rispetto alla sua lunghezza di riposo.

[6,0 cm]

60 **LEGGI IL GRAFICO**

Il grafico mostra l'energia potenziale elastica U di una molla al variare della sua deformazione s (positiva se la molla viene allungata, negativa se la molla viene compressa).

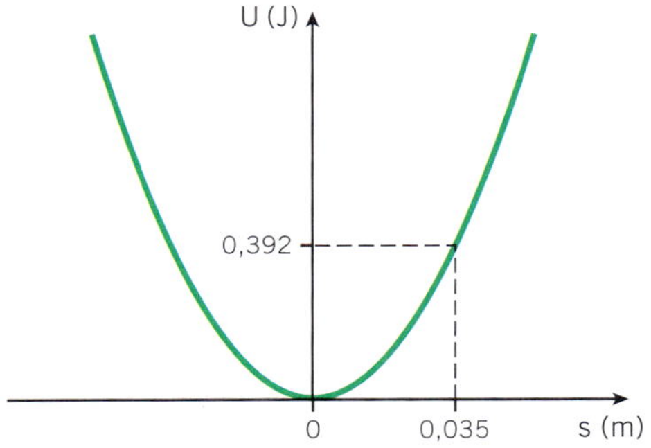

▶ Determina la costante elastica della molla.

[640 N/m]

61 **UN DATO IN PIÙ**

Un carrellino di massa $m = 0{,}30$ kg si muove su una guida ad aria compressa verso una molla di costante elastica $k = 480$ N/m attaccata al termine della guida. Il blocco colpisce l'estremità libera della molla con una velocità istantanea di modulo $v = 0{,}80$ m/s.

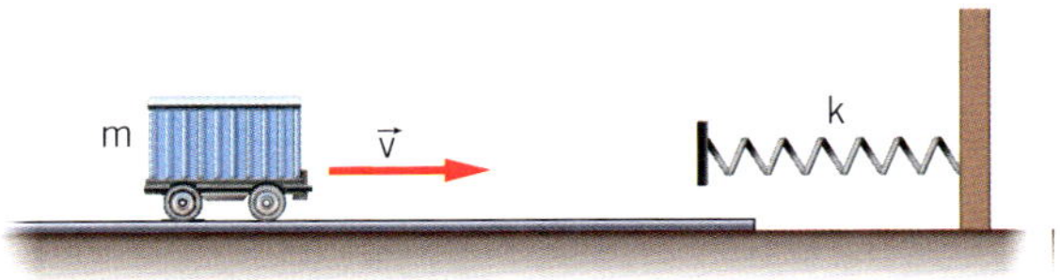

L'attrito tra blocco e superficie è trascurabile.

▶ Calcola il lavoro compiuto dalla molla per fermare il carrellino.

▶ Determina l'energia potenziale elastica della molla quando la velocità del carrellino è nulla.

[$-9{,}6 \cdot 10^{-2}$ J; $9{,}6 \cdot 10^{-2}$ J]

62 Un oggetto di massa 2,5 kg è attaccato alla estremità libera di una molla appesa a un soffitto. La molla ha costante elastica $k = 520$ N/m. L'oggetto è abbassato lentamente fino alla posizione di equilibrio.

▶ Determina l'energia potenziale elastica della molla.

[0,58 J]

63 Un blocco di massa $m = 3{,}6$ kg è agganciato a una molla ed è in equilibrio su un piano inclinato.

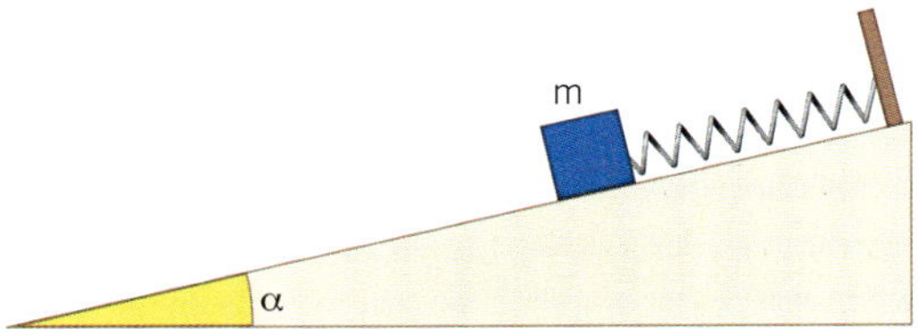

L'energia potenziale elastica della molla in questa configurazione è $U = 0{,}21$ J. La costante elastica della molla è $k = 200$ N/m.

▶ Determina l'angolo di inclinazione del piano inclinato.

[15°]

64 **PROBLEM SOLVING**

Un blocco di massa 300 g è appoggiato su un tavolo e viene tenuto premuto contro l'estremità di una molla di costante elastica 120 N/m, che è compressa di 5,0 cm. L'altra estremità della molla è fissata alla parete. L'attrito tra il blocco e il tavolo è trascurabile.
A un certo istante il blocco viene lasciato e la molla lo spinge via. Il blocco si stacca dalla molla quando questa non è più compressa.

▶ Calcola la velocità con cui il blocco lascia la molla.

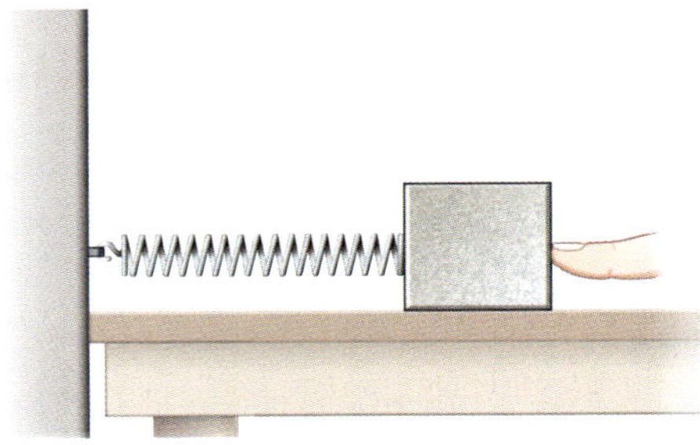

Dati e incognite

Dati	Incognite
Massa del blocco: $m = 0{,}30$ kg	Velocità del blocco quando lascia la molla: $v = ?$
Costante elastica della molla: $k = 120$ N/m	
Compressione della molla: $x = 0{,}050$ m	

Il ragionamento

Quando la molla è compressa il sistema massa-molla possiede energia potenziale elastica U_{el}. Mentre torna alla lunghezza a riposo, la molla compie sul blocco un lavoro L uguale a U_{el}. Per il teorema dell'energia cinetica, questo lavoro L è uguale all'aumento di energia cinetica del blocco. Da questa uguaglianza possiamo calcolare la velocità del blocco.

La soluzione

All'inizio la molla è compressa e il sistema massa-molla possiede solo energia potenziale elastica perché il blocco è fermo:

$$U_{el} = \frac{1}{2} kx^2 = \frac{1}{2} (120 \text{ N/m})(0{,}050 \text{ m})^2 = 0{,}15 \text{ J}$$

Quando il blocco viene rilasciato e la molla si estende, l'energia potenziale elastica viene convertita in lavoro che la molla compie sul blocco:

$$L = U_{el} = 0{,}15 \text{ J}$$

Applichiamo il teorema dell'energia cinetica per determinare la velocità del blocco quando si stacca dalla molla (l'energia cinetica iniziale del blocco è nulla):

$$\frac{1}{2} mv^2 = L \quad \rightarrow \quad v = \sqrt{\frac{2L}{m}} = \sqrt{\frac{2\,(0{,}15 \text{ J})}{0{,}30 \text{ kg}}} = 1{,}0 \text{ m/s}$$

65 ★★★ Un fucile a molla spara verso l'alto un proiettile di $m = 15$ g. La molla del fucile ha massa trascurabile e viene compressa di 7,5 cm per sparare il proiettile, che sale per 6,5 m prima di tornare giù. Trascura l'attrito tra il proiettile e l'aria.

▸ Determina la costante elastica della molla.

[340 N/m]

66 ★★★ Un blocco di massa $m = 1{,}5$ kg si muove su una superficie orizzontale verso una molla di costante elastica $k = 360$ N/m attaccata a una estremità al muro. Il blocco colpisce l'estremità libera della molla con una velocità istantanea di modulo $v = 1{,}1$ m/s.

Trascura l'attrito tra blocco e superficie.

▸ Determina la massima compressione della molla.

[7,1 cm]

67 ★★★ Un oggetto di massa $m = 250$ g ruota di moto circolare uniforme su un tavolo privo di attrito. L'oggetto è collegato all'estremo di una molla di costante elastica $k = 125$ N/m fissata al centro del tavolo.

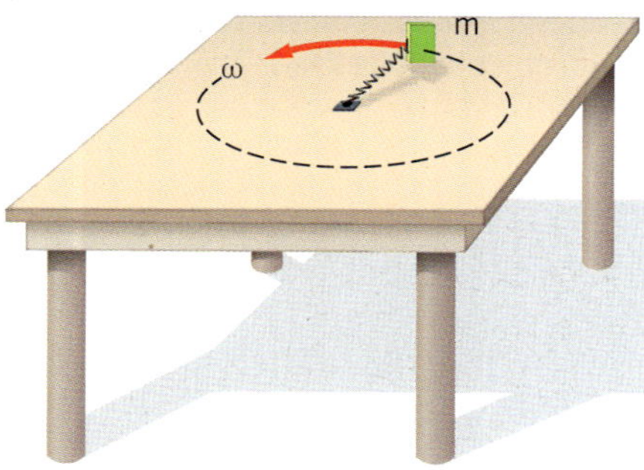

La lunghezza a riposo della molla è $l_0 = 35$ cm. La frequenza angolare con cui ruota l'oggetto è $\omega = 6{,}3$ rad/s.

▸ Determina l'energia potenziale elastica della molla.

[0,057 J]

8 LA CONSERVAZIONE DELL'ENERGIA MECCANICA

68 ★★★ Su un oggetto che ha una energia meccanica iniziale totale $E_i = 12$ J agiscono delle forze non conservative che compiono un lavoro $L_{nc} = -4{,}5$ J.

▸ Calcola l'energia meccanica totale finale E_f dell'oggetto.

[7,5 J]

69 ★★★ Un oggetto si sposta da un punto A a un punto B. In A la sua energia cinetica è 24 J mentre la somma delle sue energie potenziali è 46 J. Nel punto B l'energia cinetica dell'oggetto è 35 J, mentre la somma delle sue energie potenziali è 30 J.

▸ Calcola il lavoro compiuto dalle forze non conservative.

[−5,0 J]

70 ★★★ Un piccolo oggetto di massa $m = 1{,}0$ kg cade partendo da fermo da una altezza $h = 0{,}5$ m. Trascura l'attrito con l'aria.

▸ Calcola l'energia meccanica totale dell'oggetto immediatamente prima che tocchi terra.

[4,9 J]

71 ★★★ Paolo si trova con il suo slittino su una collinetta ad altezza $h = 2{,}5$ m rispetto al suolo (punto indicato da A nella figura) e vuole raggiungere il punto C sulla sommità dell'altura che ha di fronte, che si trova a una altezza $H = 5{,}0$ m rispetto al suolo.

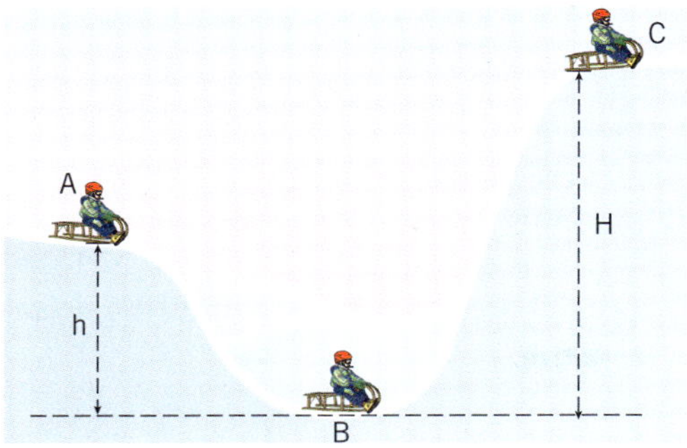

Trascura l'attrito tra lo slittino e la neve.

- Determina il modulo della velocità iniziale v_0 che lo slittino di Paolo deve avere per arrivare in cima all'altura con velocità nulla (punto indicato da C nella figura).
- Determina il modulo della velocità dello slittino quando si trova nella zona pianeggiante al suolo (punto indicato da B nella figura).

[7,0 m/s; 9,9 m/s]

72 Nadia lancia un piattello su per un piano inclinato di 15° rispetto alla direzione orizzontale. Il piattello parte dalla base del piano inclinato, a livello del suolo, con una velocità iniziale di modulo $v_0 = 1{,}9$ m/s.

- Trascura ogni forma di attrito e determina la distanza percorsa dal piattello lungo il piano inclinato prima di fermarsi.

[0,71 m]

73 Fulvia parte da ferma dalla cima di uno scivolo di un parco acquatico e arriva in fondo allo scivolo con una velocità di modulo $v = 7{,}0$ m/s. La massa di Fulvia è 52 kg.

© Poznyakov/Shutterstock

- Nell'ipotesi che l'attrito sia trascurabile, determina da quale altezza h rispetto alla estremità inferiore dello scivolo è partita Fulvia.
- Fulvia arriva in fondo allo scivolo con velocità 6,4 m/s. Calcola il lavoro compiuto dalle forze di attrito.

[2,5 m; −210 J]

74 Uno scimpanzè ha una massa $m = 45$ kg e si appende alla estremità inferiore di una fune appesa a un soffitto.
Lo scimpanzè parte da fermo da una posizione in cui la fune forma un angolo di 25° con la direzione verticale e comincia a oscillare. Il modulo della sua velocità tangenziale nel punto più basso della sua traiettoria è 1,8 m/s. Trascura l'attrito con l'aria e la massa della fune.

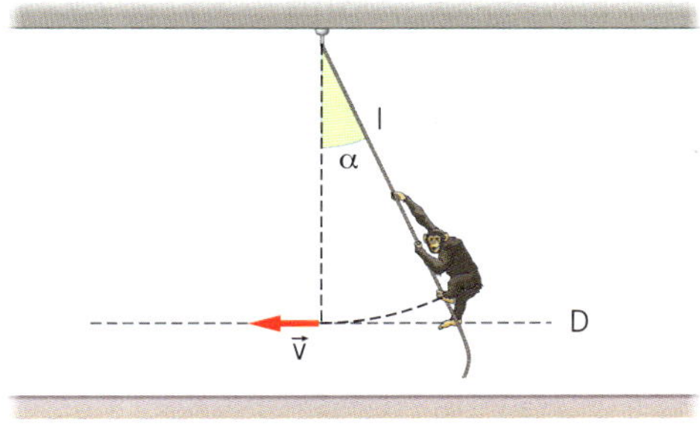

- Determina la lunghezza della fune.
- Calcola la tensione della fune nell'istante in cui è in posizione verticale.

[1,8 m, 520 N]

75 Diego entra con il suo slittino in una zona pianeggiante scarsamente innevata in cui è presente attrito. Il coefficiente di attrito dinamico tra slittino e suolo è $\mu_d = 0{,}25$. Diego si ferma dopo aver percorso una distanza $d = 7{,}6$ m.

- Determina la velocità con cui Diego arriva alla zona con attrito.

[6,1 m/s]

76 Fiorella si muove sul suo skateboard lungo una pista orizzontale nel primo tratto, che poi sale con angolo di pendenza θ fino al suo punto più alto, che si trova a una altezza $h = 0{,}82$ m dal suolo.

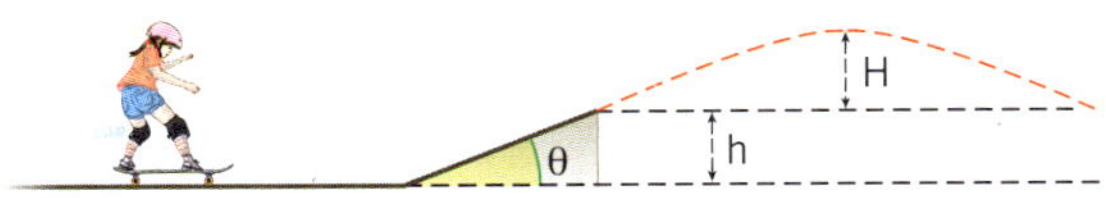

Fiorella si stacca dalla pista con velocità 6,0 m/s e sale di una ulteriore quota $H = 1{,}2$ m prima di scendere. Trascura l'attrito e la resistenza dell'aria.

- Determina l'angolo di pendenza θ della pista.
- Determina il modulo della velocità di Fiorella nella parte orizzontale della pista.

[54°; 7,2 m/s]

77 Un sasso di massa $m = 0{,}50$ kg si stacca da una scogliera alta $h = 29$ m sul livello del mare.

- Disegna su uno stesso piano cartesiano l'energia potenziale della forza-peso e l'energia cinetica del sasso in funzione del tempo. Poni il livello zero dell'energia potenziale della forza-peso del sasso al livello del mare.
- Determina in quale istante l'energia potenziale della forza-peso del sasso e la sua energia cinetica sono uguali.

[1,7 s]

ESERCIZI

PROBLEMI FINALI

78 ★★★ Un secchio contenente del cemento viene issato fino alla cima di un palazzo alto 27 m da una fune che passa attorno a una carrucola. Nel primo tratto della salita il secchio è parzialmente pieno e il modulo della tensione della fune è 25 N. Nel secondo tratto si aggiunge altro cemento al secchio e il modulo della tensione della fune diventa 65 N. Il lavoro totale compiuto dalla fune è 1155 J.

▶ Calcola la lunghezza del primo tratto percorso dal secchio.

[15 m]

79 ★★★ Un blocco di massa $m = 10$ kg viene tirato da una fune inclinata di 30° rispetto alla direzione orizzontale. Il modulo della tensione della fune è $T = 100$ N. Il coefficiente di attrito dinamico tra blocco e superficie è 0,40.

▶ Determina il lavoro complessivo compiuto sul blocco quando si sposta di 12 m (in direzione orizzontale).

[810 J]

80 ★★★ **LEGGI IL GRAFICO**

Il grafico nella figura rappresenta il modulo F di una forza applicata a un oggetto in funzione dello spostamento s dell'oggetto. La forza e lo spostamento hanno la stessa direzione. Quando lo spostamento è $s_2 = 4{,}2$ m il modulo della forza è $F_2 = 5{,}6$ N; questo valore supera il modulo F_1 di 1,8 N. Il lavoro compiuto dalla forza per lo spostamento tra s_1 e s_2 è $L = 11{,}28$ J.

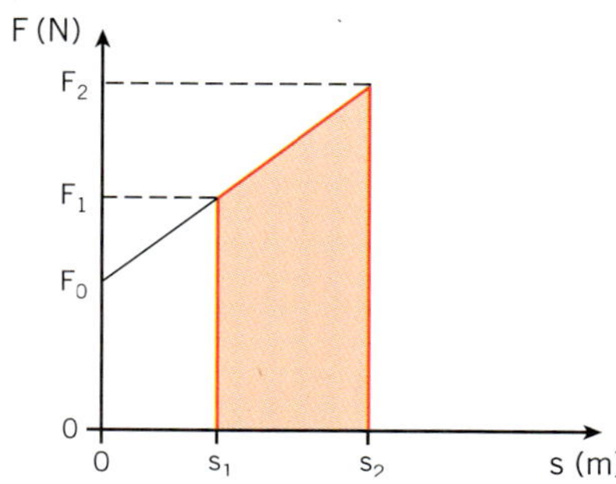

▶ Determina il valore dello spostamento indicato nel grafico con s_1.

▶ Calcola il lavoro compiuto dalla forza nell'intervallo $0 \text{ m} \leq s \leq s_1$.

[1,8 m; 5,7 J]

81 ★★★ Il motore di un motoscafo eroga una potenza di $7{,}5 \cdot 10^4$ W per mantenerlo alla velocità costante di 13 m/s. Quando il motoscafo traina uno sciatore d'acqua alla stessa velocità il motore eroga una potenza di $8{,}8 \cdot 10^4$ W.

▶ Calcola la tensione del cavo di traino dello sciatore.

[1000 N]

82 ★★★ **LEGGI IL GRAFICO**

Un oggetto di massa 800 g, inizialmente fermo, viene spinto da una forza che ha stessa direzione e stesso verso dello spostamento. Nel grafico è mostrato il modulo della forza in funzione dello spostamento.

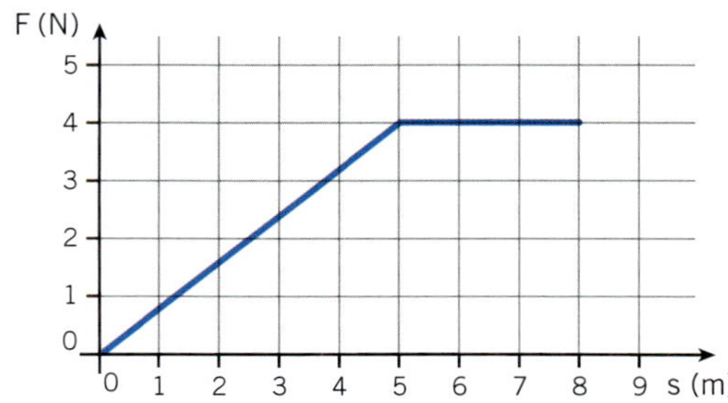

▶ Determina il modulo della velocità dell'oggetto quando ha percorso 8,0 m.

[7,4 m/s]

83 ★★★ Giulia tira uno slittino di 12 kg su una superficie orizzontale innevata con una forza orizzontale di modulo 20 N. Lo slittino parte da fermo e raggiunge una velocità di modulo 2,2 m/s dopo aver percorso 9,0 m.

▶ Determina il coefficiente di attrito dinamico tra lo slittino e la neve.

[0,14]

84 ★★★ La figura mostra due blocchi di massa $m_1 = 10$ kg e $m_2 = 7{,}0$ kg collegati da una fune inestensibile di massa trascurabile. I blocchi, inizialmente fermi, vengono lasciati liberi di muoversi. Puoi trascurare l'attrito fra il blocco 1 e il piano di appoggio.

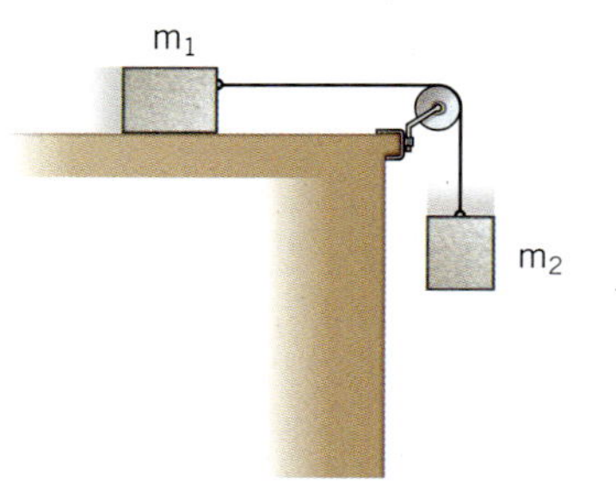

▶ Determina il modulo della velocità dei blocchi quando hanno percorso 1,5 m.

[3,5 m/s]

85 ★★★ La figura rappresenta un esempio di *macchina di Atwood* ideale. La macchina è costituita da due oggetti di massa m_1 e m_2 collegati da una fune inestensibile, di massa trascurabile, che passa attorno a una carrucola.

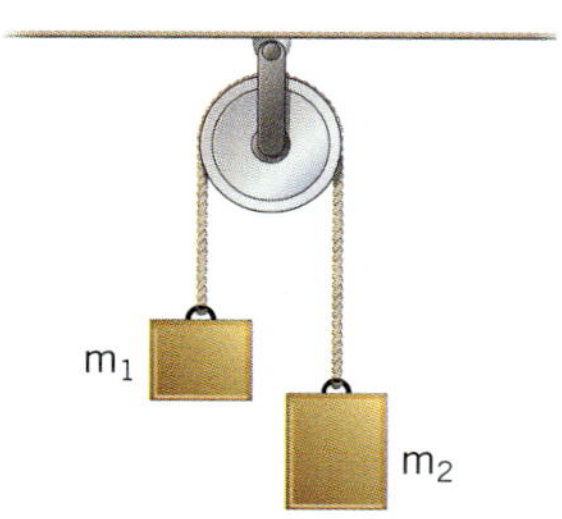

La somma delle masse degli oggetti è 9,8 kg, la massa m_2 supera la massa m_1 di 3,0 kg.
La carrucola è bloccata, per cui non può ruotare; l'attrito tra la carrucola e la fune è trascurabile. Gli oggetti, inizialmente fermi, vengono lasciati liberi di muoversi.

- Determina il modulo della velocità dei due oggetti nell'istante in cui hanno percorso 6,0 m ciascuno.

[6,0 m/s]

86 ★★★ Un blocco di massa $m = 1{,}5$ kg si muove su una superficie orizzontale verso una molla di costante elastica $k = 360$ N/m attaccata a una estremità al muro. Il blocco colpisce l'estremità libera della molla con una velocità istantanea di modulo $v = 0{,}82$ m/s.

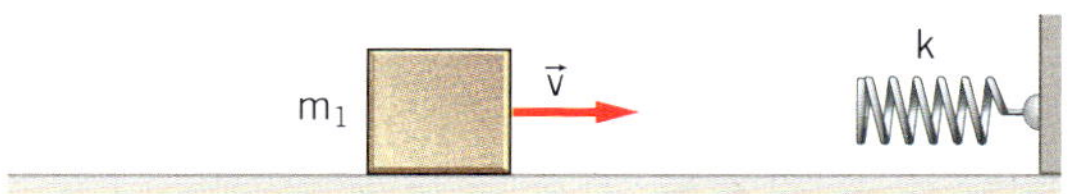

- Determina la massima compressione della molla nell'ipotesi che non vi sia attrito.
- Determina il coefficiente di attrito dinamico tra blocco e superficie orizzontale nell'ipotesi che la molla si contragga di 4,5 cm.

[5,3 cm; 0,21]

87 ★★★ Un oggetto puntiforme di massa $m = 0{,}30$ kg è lasciato cadere da una certa altezza su una molla verticale imperniata al terreno a un estremo. La molla ha una costante elastica $k = 610$ N/m.
Quando l'oggetto si arresta la molla è compressa di $s = 4{,}2$ cm.

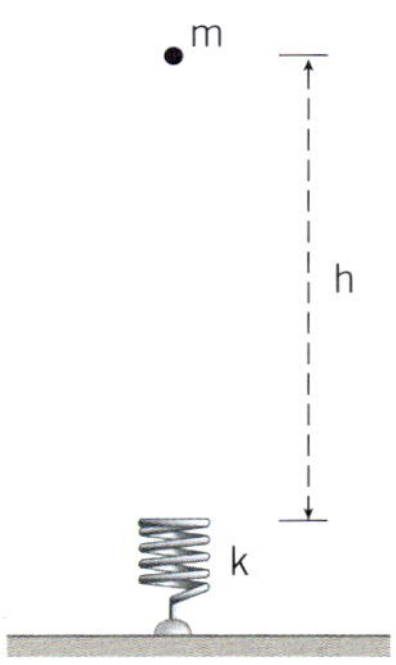

- Determina la distanza h percorsa dall'oggetto prima di colpire la molla.
- Determina il modulo della velocità istantanea dell'oggetto immediatamente prima di colpire la molla.

[14 cm; 1,7 m/s]

88 ★★★ Un blocco di massa 1,2 kg scivola senza attrito lungo una guida verticale come mostrato nella figura. Nella parte conclusiva della guida, il blocco colpisce una molla di costante elastica $k = 580$ N/m. L'altezza da cui parte il blocco è $H = 2{,}5$ m, mentre la molla si trova a una altezza $h = 2{,}0$ m. Durante il moto il blocco rimane sempre a contatto con la pista. Determina la massima compressione della molla nei seguenti casi:

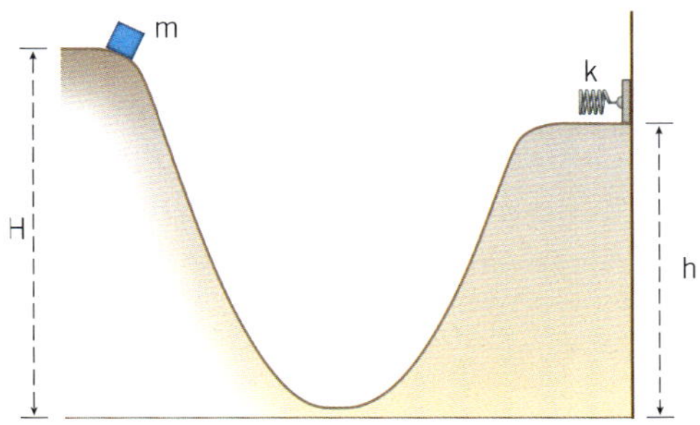

- il blocco parte da fermo;
- il blocco parte con una velocità iniziale orizzontale di modulo $v = 2{,}1$ m/s.

[0,14 m; 0,17 m]

89 ★★★ Un blocchetto viene lanciato su per un piano inclinato che forma un angolo di 15° rispetto alla direzione orizzontale. Il blocchetto parte dalla base del piano inclinato con una velocità iniziale di modulo v_0.

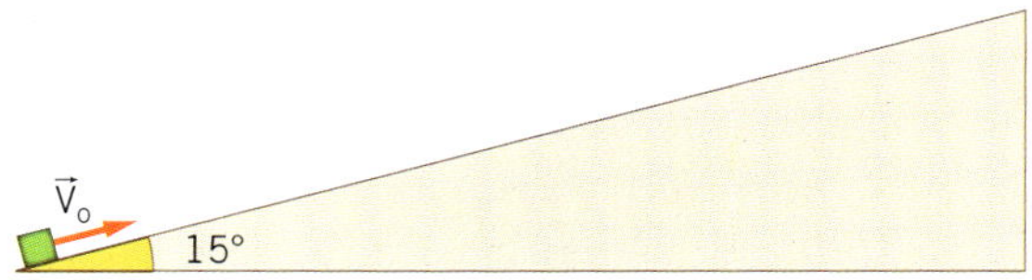

Il coefficiente di attrito dinamico tra blocchetto e piano inclinato è $\mu_d = 0{,}35$. La distanza percorsa dal blocchetto sul piano inclinato prima di fermarsi è $l = 8{,}6$ m.

- Determina il modulo della velocità iniziale v_0 del blocchetto.

[10 m/s]

90 ★★★ Daniele pratica snowboard e affronta la pista mostrata nella figura. Daniele si posiziona in cima alla pista a una altezza $h = 1{,}5$ m rispetto al fondo e si lascia scivolare giù. La parte pianeggiante è lunga $d = 3{,}0$ m e il coefficiente di attrito dinamico è $\mu_d = 0{,}050$. Nelle parti curve della pista invece non è presente attrito.

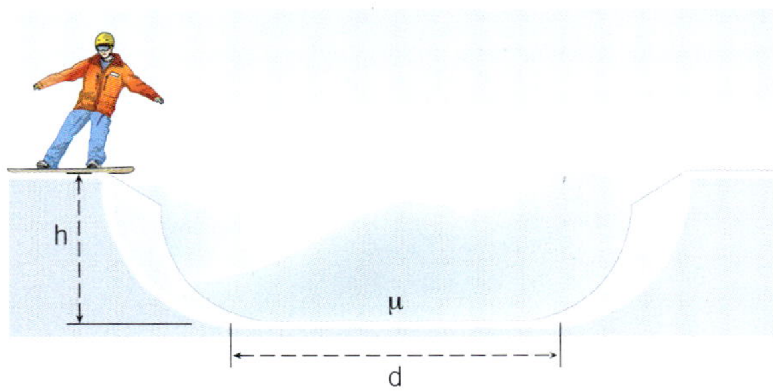

- Determina quante volte Daniele percorrerà il fondo della pista prima di fermarsi.

[10]

91 ★★★ A una molla di costante elastica $k = 500$ N/m appesa in verticale al soffitto viene agganciato un oggetto di massa 2,5 kg. Appena l'oggetto viene lasciato libero, comincia a oscillare attorno a un punto di equilibrio.

- Determina l'energia potenziale della forza-peso dell'oggetto quando passa dalla posizione di equilibrio. Considera il punto in cui viene appeso l'oggetto come livello zero dell'energia potenziale della forza-peso.

- Determina il modulo della velocità istantanea dell'oggetto quando passa dalla posizione di equilibrio.

[−1,2 J; 0,69 m/s]

92 ★★★ Una giovane ginnasta ha una massa $m = 45$ kg e si appende all'estremità inferiore di una fune appesa a un soffitto.

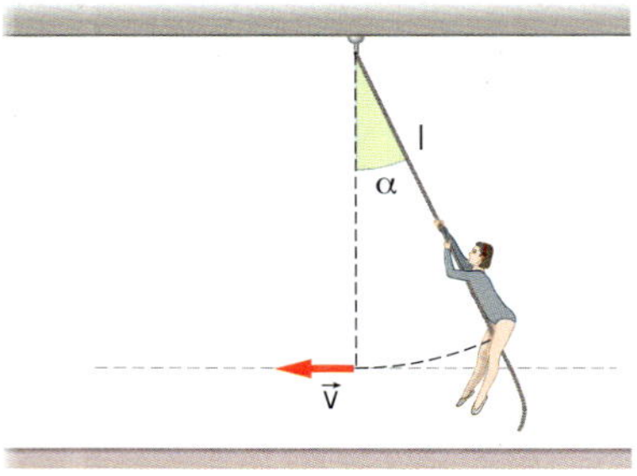

La corda può sopportare fino a una tensione di modulo 530 N; oltre questo valore la fune si spezza. La ginnasta parte da ferma, da una posizione in cui la fune forma un angolo α con la direzione verticale e comincia a oscillare. Trascura l'attrito con l'aria e la massa della fune.

- Determina l'ampiezza massima che deve avere l'angolo α affinché la fune non si spezzi.

[26°]

93 ★★★ In un parco acquatico Loredana si lascia scivolare da ferma lungo una superficie sferica priva di attrito di raggio $r = 5,0$ m.

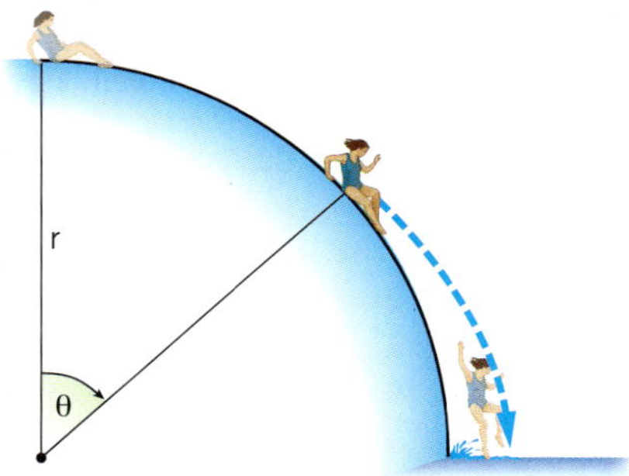

- Determina il modulo della velocità istantanea di Loredana quando si distacca dalla superficie.

[5,7 m/s]

94 ★★★ Un'automobilina giocattolo di massa 82 g si trova alla sommità di una guida a distanza $h = 0,90$ m dal suolo.

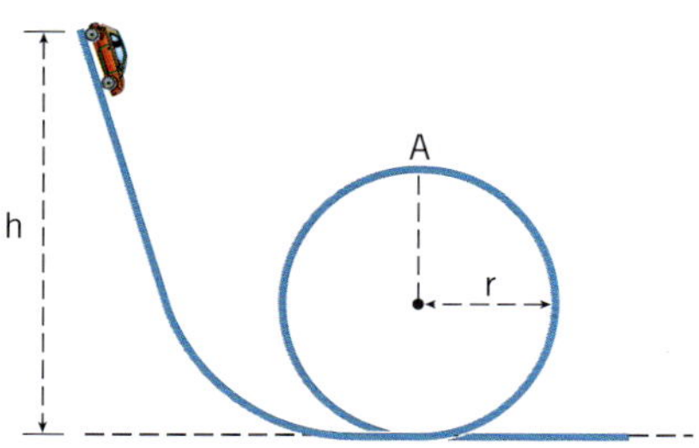

L'automobilina parte con velocità 1,2 m/s e scende lungo la guida. Il raggio della parte circolare della guida è $r = 0,30$ m. Trascura ogni forma di attrito.

- Calcola la velocità con cui l'automobilina arriva nel punto A.
- Determina modulo, direzione e verso della forza che la guida applica all'automobilina quando passa dal punto A.

[2,7 m/s; 1,2 N]

95 ★★★ **LEGGI IL GRAFICO**

Il grafico mostra l'energia potenziale U della forza peso di un oggetto puntiforme di massa $m = 1,0$ kg che scivola lungo un piano inclinato, al variare del tempo t.

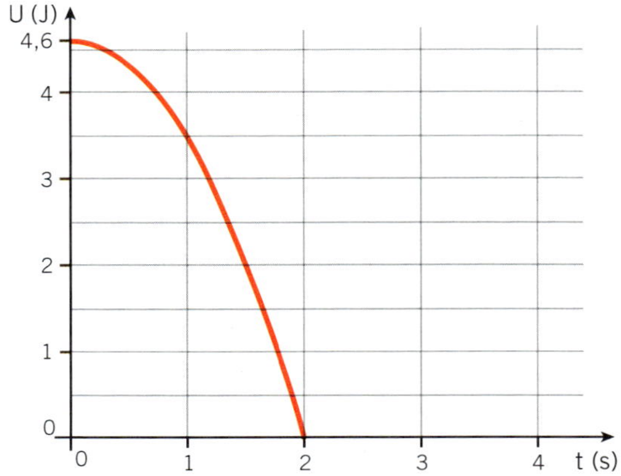

L'energia potenziale è considerata nulla alla base del piano inclinato. L'oggetto parte a $t = 0$ s da fermo dalla cima del piano inclinato. L'attrito tra l'oggetto e il piano inclinato è trascurabile.

- Determina la lunghezza del piano inclinato e l'angolo che forma con la direzione orizzontale del suolo.

[3,0 m; 8,8°]

96 ★★★ Un motociclista deve affrontare il cosiddetto "giro della morte", rappresentato da una pista circolare verticale di raggio $r = 6,5$ m. Trascura l'attrito con l'aria e con la pista.

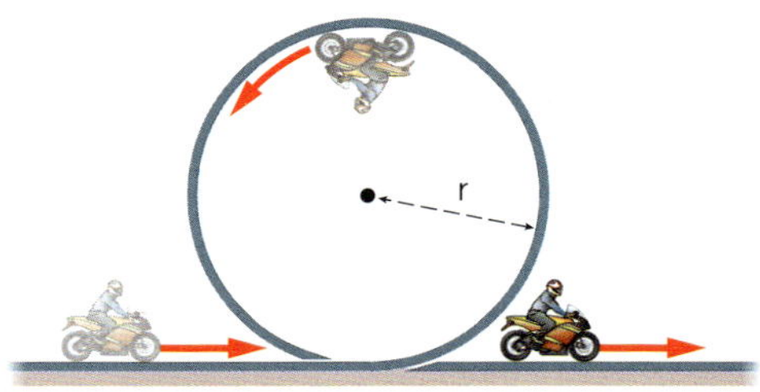

- Determina il modulo della velocità minima che il motociclista deve avere all'imbocco del giro della morte affinché non si stacchi dalla pista nel punto più alto della sua traiettoria.

[65 km/h]

TEST

1 L'energia cinetica di un'automobile di massa 1100 kg è $4,6 \cdot 10^5$ J. Qual è la velocità dell'auto?
A 21 m/s
B 25 m/s
C 29 m/s
D 33 m/s

2 Quale potenza è necessaria per alzare di 5,0 m una persona di 49 kg in 20 s?
A 12 W
B 25 W
C 60 W
D 120 W

3 Un oggetto di 1,0 kg è attaccato a una molla verticale di costante elastica 16 N/m. L'oggetto è abbassato di 25 cm rispetto alla posizione di equilibrio e poi è lasciato libero. Qual è la massima energia cinetica dell'oggetto?
A 0,25 J
B 0,50 J
C 1,0 J
D 2,0 J

4 Sia dato un corpo in moto rettilineo a cui viene applicata per 10 s una forza di 100 N agente lungo la traiettoria e che si oppone al moto per una distanza di 2 m. La potenza sviluppata dalla forza è uguale a:
A 5 W
B 20 W
C 2 kW
D 200 W
E 500 W

Test di ingresso a Medicina e Chirurgia, 2001-2002

5 Un elicottero di 1250 kg vola a una velocità costante di 25,0 m/s e a un'altezza di 185 m. Qual è l'energia meccanica totale dell'elicottero?
A $3,91 \cdot 10^5$ J
B $2,27 \cdot 10^6$ J
C $2,66 \cdot 10^6$ J
D $6,18 \cdot 10^5$ J

6 La molla di un'automobilina giocattolo viene caricata spingendo l'automobilina all'indietro con una forza media di 15 N per una distanza di 0,5 m. Trascurando l'attrito, quanta energia potenziale elastica viene immagazzinata nella molla in questo processo?
A 1,9 J
B 3,8 J
C 7,5 J
D 30 J
E 56 J

Olimpiadi della fisica, 2014

7 Un oggetto è lanciato verso il basso da un balcone con una velocità di 5,0 m/s e raggiunge il terreno a 13 m/s. Qual è l'altezza del balcone?
A 3,1 m
B 6,4 m
C 7,3 m
D 9,2 m

8 Durante un trasloco abbiamo la necessità di sollevare un pianoforte dalla strada sino a una finestra posta a un'altezza di 15 m. Sapendo che il pianoforte ha una massa di 400 kg, quanto impiegherà, come minimo, un motore di 1 kW a portare il pianoforte dalla strada alla finestra?
A circa 6 secondi
B circa 1 minuto
C circa 10 minuti
D poco più di un'ora
E alcune ore

Test di ingresso a Veterinaria, 2010

9 Una cassa di massa 3,4 kg scende alla velocità costante di 1,2 m/s lungo uno scivolo di 6 m inclinato di 30° rispetto al terreno. Qual è il lavoro totale compiuto sulla cassa?
A 0 J
B 100 J
C 170 J
D 200 J

10 Il grafico mostra l'andamento della componente di una forza in funzione dello spostamento. Qual è il lavoro compiuto dalla forza nel tratto compreso fra 2 m e 10 m?
A 140 J
B 180 J
C 270 J
D 360 J

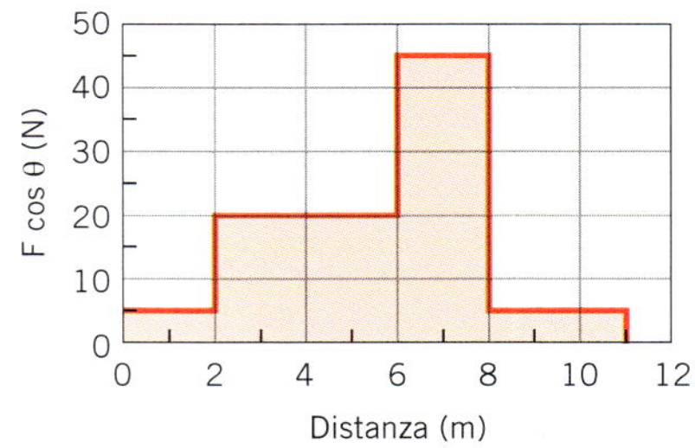

SEI PRONTO PER LA VERIFICA?

IN UN'ORA

10/100 **Problema 1**

In una gara di lancio del martello, un atleta impartisce all'attrezzo, di massa 7,3 kg, una velocità iniziale di 29 m/s.

▶ Calcola il lavoro compiuto per lanciare il martello. [$3{,}1 \cdot 10^3$ J]

10/100 **Problema 2**

Una pallina da golf di massa 47,0 g è lanciata con una velocità iniziale di 52,0 m/s e arriva a 24,6 m di altezza.

▶ Trascurando la resistenza dell'aria, calcola l'energia cinetica della pallina nel punto più alto della sua traiettoria. [52,2 J]

10/100 **Problema 3**

Durante una gara ciclistica, un ciclista di 75,0 kg genera una potenza media di 6,50 W per kilogrammo di massa corporea.

▶ Calcola quanto lavoro compie il ciclista in una gara lunga 135 km percorsa a una velocità media di 12 m/s.

▶ Calcola le calorie bruciate (1 J = $2{,}389 \cdot 10^{-4}$ Cal.) [$5{,}48 \cdot 10^6$ J; $1{,}31 \cdot 10^3$ Cal]

10/100 **Problema 4**

Una persona compie un giro completo su una ruota panoramica. Il lavoro totale compiuto su di essa dalla forza di gravità è positivo, negativo o nullo? Spiega.

Problema 5

Una motoslitta di massa complessiva 280 kg percorre un tratto pianeggiante innevato in 12 secondi, durante i quali il suo motore eroga una potenza che varia nel tempo come indicato dal grafico nella figura.

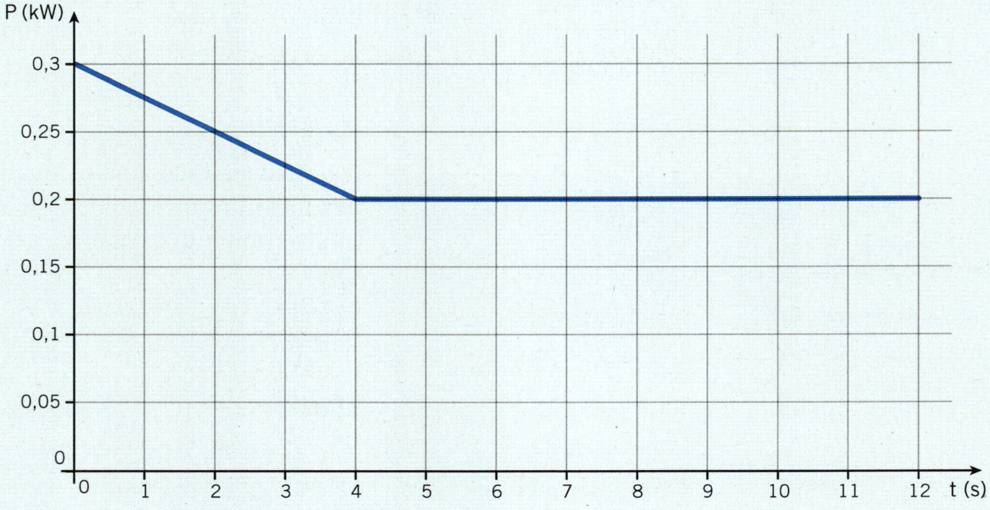

15/100 **A** Calcola il lavoro compiuto dal motore nei primi 4 secondi e nei successivi 8 secondi. [1,0 kJ, 1,6 kJ]

12/100 **B** Calcola la potenza media del motore durante tutto il tratto pianeggiante. [220 W]

17/100 **C** Lungo il tratto pianeggiante la velocità della motoslitta varia da 0,50 m/s a 2,4 m/s. Stabilisci se l'attrito tra la motoslitta e la neve è trascurabile; in caso contrario, determina quanto lavoro ha compiuto la forza di attrito sulla motoslitta. [−1,8 kJ]

16/100 **D** Al termine del tratto pianeggiante, la motoslitta rallenta per affrontare un tratto in salita, con pendenza di 8,0° e lungo 9,4 m, dove il coefficiente di attrito tra la motoslitta e la neve è 0,15. Per completare la salita, che avviene a velocità costante, la motoslitta impiega 20 secondi. Calcola la potenza erogata dal motore durante la salita. [370 W]

.../100

CAPITOLO 11 LA RIFLESSIONE E LA RIFRAZIONE DELLA LUCE

“Quando scattiamo una foto, sul sensore della macchina fotografica si forma un'immagine dell'oggetto che stiamo fotografando. Le dimensioni dell'immagine dipendono da quelle dell'oggetto, dalla distanza e dalla lente della macchina fotografica.”

▶ **Come si calcolano le dimensioni dell'immagine sul sensore?**

▶ Risposta a pag. 382

1 I RAGGI LUMINOSI

Oggi sappiamo che la luce è composta da particelle chiamate *fotoni* e ha una duplice natura: in alcuni casi si comporta come se fosse un *corpuscolo*, in altri come se fosse un'*onda*.

In realtà, fenomeni ottici come la riflessione, la rifrazione e la costruzione delle immagini con le lenti possono essere spiegati immaginando che la luce sia formata da raggi luminosi.

Un **raggio luminoso** è un fascio di luce molto sottile che si propaga in linea retta e che si può rappresentare con un segmento di retta.

La formazione delle ombre e delle penombre, per esempio, è un fenomeno che può essere spiegato utilizzando i raggi luminosi. Gli oggetti che vediamo normalmente si dividono in due categorie. Si dicono: *trasparenti*, se la luce riesce ad attraversarli; *opachi*, se non lasciano passare luce. Gli oggetti opachi proiettano così alle loro spalle: un'ombra netta, se la sorgente di luce è puntiforme; un'ombra contornata da una zona di penombra, se la sorgente di luce è estesa.

Nel caso di una sorgente luminosa puntiforme, come un piccolo led, i raggi sono emessi radialmente in tutte le direzioni; nel caso di una sorgente estesa, come una lampadina, i raggi giungono anche dai margini della sorgente e nella zona di penombra giunge la luce che il corpo non riesce a bloccare.

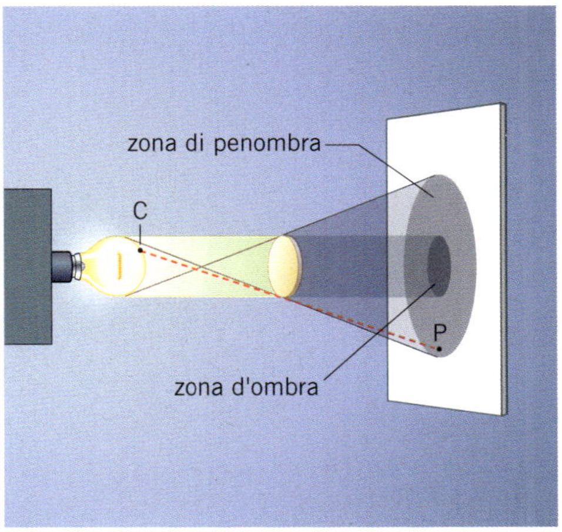

La velocità della luce

Gli esperimenti mostrano che la luce si propaga nel vuoto con una velocità pari a $2{,}99792458 \times 10^8$ m/s. Per semplicità, solitamente si utilizza il valore approssimato

speed of light

$$c = 3{,}00 \times 10^8 \text{ m/s.}$$

La teoria della relatività di Einstein stabilisce che la velocità della luce nel vuoto è la più alta velocità raggiungibile in natura e che il suo valore c è costante e indipendente dal sistema di riferimento. Come vedremo in questo capitolo, quando la luce si propaga invece all'interno di un materiale trasparente, la sua velocità è inferiore a c e dipende dal materiale; in acqua, per esempio, la velocità della luce è uguale 225 000 km/s.

2 LA RIFLESSIONE DELLA LUCE

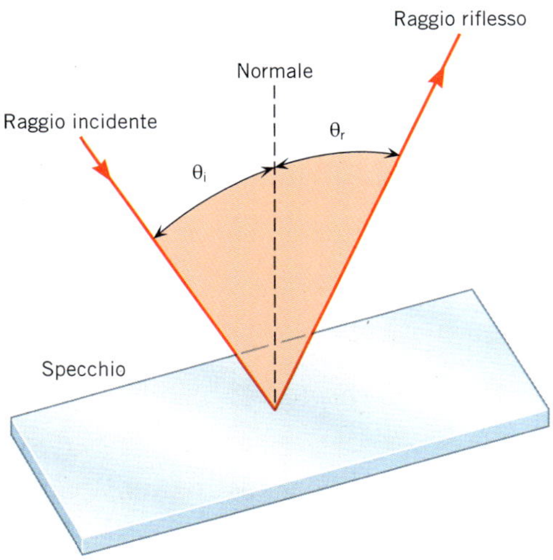

Figura 1
L'angolo di riflessione θ_r è uguale all'angolo di incidenza θ_i. Questi due angoli sono misurati rispetto alla normale, che è la retta perpendicolare alla superficie dello specchio nel punto di incidenza del raggio di luce.

La maggior parte degli oggetti riflette una parte della luce che li colpisce. Supponiamo che un raggio luminoso colpisca una superficie piana e ben levigata, come quella dello specchio di **figura 1**.

Come mostra la figura, l'*angolo di incidenza* θ_i è l'angolo che il raggio incidente forma con la normale, che è la retta perpendicolare al piano dello specchio nel punto di incidenza. L'*angolo di riflessione* θ_r è l'angolo formato dal raggio riflesso con la normale.

La **legge della riflessione** descrive il comportamento dei raggi incidenti e dei raggi riflessi.

Il raggio incidente, il raggio riflesso e la normale alla superficie riflettente nel punto di incidenza giacciono tutti sullo stesso piano e l'angolo di riflessione θ_r è uguale all'angolo di incidenza θ_i:

$$\theta_i = \theta_r$$

Quando un fascio di raggi paralleli colpisce una superficie piana e liscia come quella della **figura 2A**, i raggi riflessi sono tutti paralleli tra loro. Questo tipo di riflessione è chiamata *riflessione speculare* ed è importante per determinare le proprietà degli specchi.

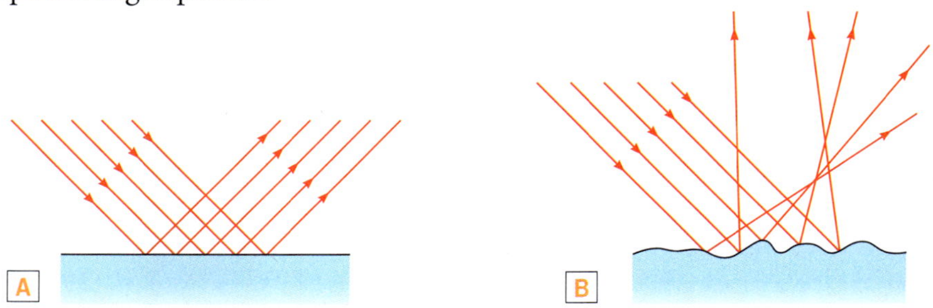

Figura 2
A. La figura mostra un esempio di riflessione speculare da parte di una superficie piana e lucida, come quella di uno specchio. I raggi luminosi riflessi sono paralleli come quelli incidenti.
B. Una superficie irregolare riflette in tutte le direzioni un fascio di raggi incidenti paralleli. Questo tipo di riflessione è chiamata riflessione diffusa.

La maggior parte delle superfici non è però perfettamente liscia, perché presenta irregolarità. La legge della riflessione vale per ogni singolo raggio, ma una superficie irregolare riflette i diversi raggi di luce incidenti in direzioni diverse (figura 2B). Questo tipo di riflessione è chiamata *riflessione diffusa*. Per esempio, alcune superfici che danno luogo alla riflessione diffusa sono la maggior parte dei fogli di carta, il legno, i metalli non lucidati e le pareti dipinte con vernici non lucide.

3 GLI SPECCHI PIANI

Quando ti guardi in uno specchio piano vedi un'immagine di te stesso che ha tre proprietà:

- l'immagine è diritta;
- l'immagine ha le tue stesse dimensioni;
- l'immagine è collocata dietro lo specchio a una distanza da esso uguale a quella fra te e lo specchio.

Per capire perché l'immagine formata da uno specchio piano sembra provenire da dietro lo specchio osserviamo la figura 3A.

Un raggio luminoso proveniente da un punto di un oggetto viene riflesso dallo specchio (l'angolo di incidenza è uguale all'angolo di riflessione) e colpisce il nostro occhio. Al nostro occhio appare come se provenisse da dietro lo specchio, in un punto situato lungo la retta tratteggiata della figura. In realtà, da ogni punto dell'oggetto partono raggi luminosi diretti in tutte le direzioni, ma solo una piccola parte di questi raggi viene intercettata dal nostro occhio. La figura 3B mostra due raggi che partono dallo stesso punto dell'oggetto.

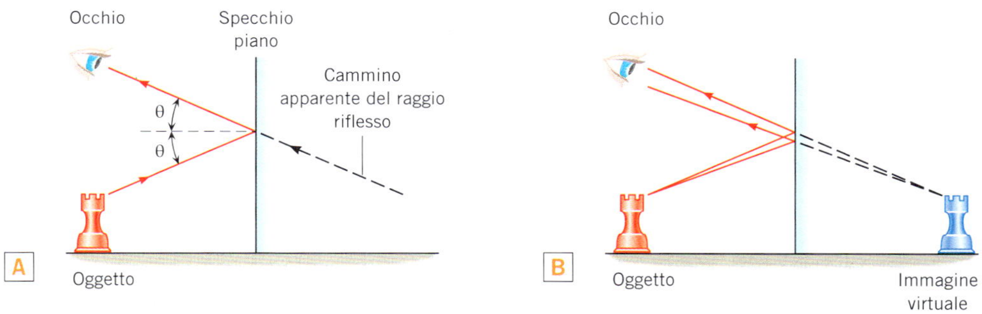

Figura 3
A. Un raggio incidente che proviene dall'oggetto è riflesso dallo specchio e all'occhio di un osservatore il raggio riflesso sembra provenire da un punto dietro la superficie dello specchio.
B. Tutti i raggi che provengono dallo stesso punto di un oggetto sembrano provenire da un solo punto dell'immagine dietro lo specchio quando vengono riflessi.

Anche se incidono sullo specchio con angoli diversi, tutti i raggi che hanno origine in un punto dell'oggetto, sembrano avere origine nello stesso punto dell'immagine dietro lo specchio (vedi le linee tratteggiate nella parte B della figura).

In conclusione, a ogni punto dell'oggetto corrisponde un solo punto dell'immagine: questo è il motivo per cui l'immagine prodotta da uno specchio piano appare nitida e non distorta.

Immagini reali e immagini virtuali

Anche se i raggi riflessi *sembrano* provenire dall'immagine, dalla figura 3B appare evidente che essi non hanno origine dietro lo specchio. Poiché nessuno dei raggi luminosi riflessi proviene realmente dall'immagine, l'immagine formata da uno specchio piano è chiamata **immagine virtuale**. In questo libro rappresenteremo con rette tratteggiate i raggi luminosi che provengono da immagini virtuali.

Esistono anche specchi che producono immagini da cui provengono realmente i raggi luminosi e che per questo motivo sono chiamate **immagini reali**. Sono immagini reali, per esempio, quelle formate dagli *specchi curvi*, di cui parleremo più avanti in questo capitolo.

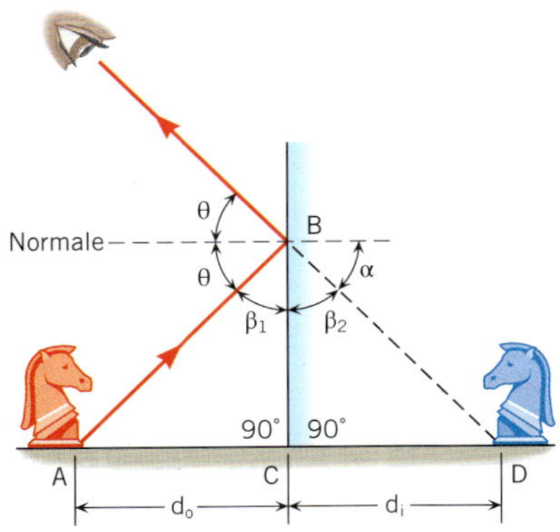

Figura 4
La figura rappresenta le proprietà geometriche usate nel testo per dimostrare che la distanza d_i dell'immagine formata da uno specchio piano dalla superficie dello specchio è uguale alla distanza d_o dell'oggetto dalla stessa superficie.

Distanza dallo specchio e dimensione dell'immagine

Mediante la legge della riflessione è possibile dimostrare che **la distanza tra l'immagine e lo specchio è uguale a quella tra l'oggetto e lo specchio**.

Nella **figura 4** la distanza dell'oggetto dallo specchio è indicata con d_o, mentre quella dell'immagine è indicata con d_i.

Il raggio luminoso parte da un punto della base dell'oggetto, colpisce lo specchio con un angolo di incidenza θ e viene riflesso con lo stesso angolo. All'occhio di un osservatore il raggio riflesso sembra provenire da un punto della base dell'immagine. Visto che i triangoli *ABC* e *DBC* della figura sono rettangoli, si ha che $\theta + \beta_1 = 90°$ e che $\alpha + \beta_2 = 90°$. Ma l'angolo α è uguale all'angolo di riflessione θ, perché sono angoli opposti al vertice di due rette che si intersecano, per cui $\beta_1 = \beta_2$. Di conseguenza i triangoli *ABC* e *DBC* sono uguali, perché hanno un lato in comune, i due angoli al vertice β_1 e β_2 uguali e gli angoli retti alla base uguali. Pertanto i due lati d_o e d_i sono uguali.

Con un ragionamento analogo si può dimostrare che **l'altezza dell'immagine è uguale all'altezza dell'oggetto**.

4 GLI SPECCHI SFERICI

Il tipo più comune di specchio curvo è lo specchio sferico; come mostra la **figura 5**, la superficie di uno specchio sferico è una piccola parte di una superficie sferica. Se la parte riflettente della superficie è quella interna si ha uno **specchio concavo**, mentre se è quella esterna si ha uno **specchio convesso**.

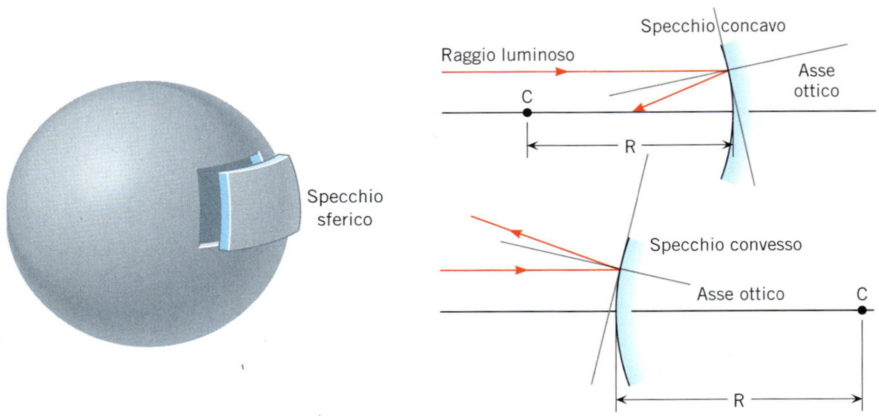

Figura 5
Uno specchio sferico ha la forma di una calotta sferica. Il centro di curvatura *C* e il raggio di curvatura *R* dello specchio sono rispettivamente il centro e il raggio della sfera. Se la superficie riflettente è quella interna della calotta, lo specchio è concavo; se invece è quella esterna, lo specchio è convesso.

La legge della riflessione che abbiamo enunciato per gli specchi piani vale anche per gli specchi sferici. In questo caso la retta normale rispetto alla quale viene individuato il raggio riflesso è la perpendicolare al piano tangente alla superficie sferica nel punto di incidenza. Il centro di curvatura e il raggio di curvatura sono il centro della sfera *C* e il suo raggio *R*.

L'**asse ottico** dello specchio è il suo asse di simmetria, cioè la retta che congiunge il centro di curvatura con il centro dello specchio.

Specchi sferici concavi

La **figura 6** mostra un albero davanti a uno specchio concavo. Un punto dell'albero si trova sull'asse ottico dello specchio e più lontano dallo specchio rispetto al centro di curvatura *C*. I raggi luminosi che provengono da questo punto sono riflessi dallo specchio secondo la legge della riflessione. Se i raggi incidenti sono vicini all'asse ottico, i raggi riflessi convergono in un punto chiamato *punto immagine* e poi proseguono il loro cammino divergendo dal punto immagine. Tutto avviene come se in questo punto ci fosse un oggetto da cui partono raggi luminosi. Poiché dal punto immagine provengono realmente dei raggi luminosi, l'immagine è un'immagine reale.

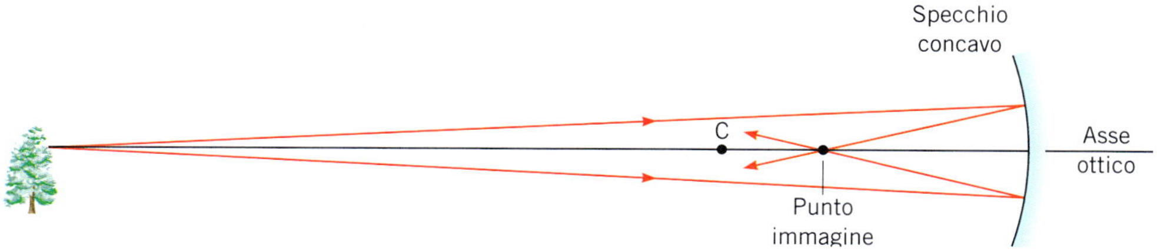

Figura 6
Un punto dell'albero si trova sull'asse ottico dello specchio concavo. I raggi che provengono da questo punto e sono vicini all'asse ottico vengono riflessi dallo specchio e dopo la riflessione convergono in un punto dell'asse ottico chiamato punto immagine.

Se un oggetto si trova a una distanza molto più grande del raggio dello specchio, possiamo considerare questa distanza come se fosse infinita. In questo caso, i raggi luminosi provenienti dall'oggetto giungerebbero allo specchio praticamente paralleli tra loro e all'asse ottico. La **figura 7** mostra alcuni di questi raggi vicini all'asse ottico, detti **raggi parassiali**; questi raggi sono riflessi dallo specchio in un punto chiamato **punto focale** F, o **fuoco**, dello specchio.

focal point

Pertanto l'immagine di un oggetto a distanza infinita da uno specchio concavo e posto sul suo asse ottico si trova nel fuoco dello specchio. La distanza tra il fuoco e il centro dello specchio è detta **distanza** (o **lunghezza**) **focale** f dello specchio stesso.

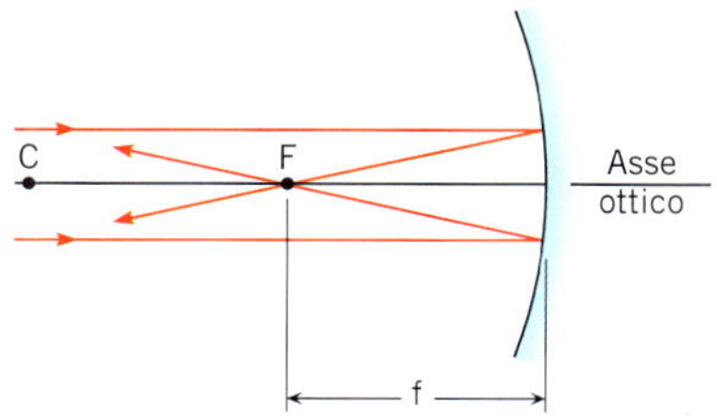

Figura 7
I raggi luminosi paralleli all'asse ottico e vicini a esso vengono riflessi dallo specchio concavo e dopo la riflessione convergono in un punto dell'asse ottico chiamato punto focale (o fuoco) F dello specchio. La distanza focale f dello specchio è la distanza tra F e il centro dello specchio.

Il fuoco F di uno specchio concavo si trova a metà tra il centro di curvatura C e il centro dello specchio. In altre parole, la distanza focale f è pari alla metà del raggio di curvatura R:

Distanza focale di uno specchio concavo

$$f = \frac{1}{2} R \qquad [1]$$

L'equazione [1] è valida solo per i raggi parassiali che colpiscono specchi con un'altezza piccola rispetto al raggio di curvatura. I raggi molto distanti dall'asse ottico non convergono in un unico punto dopo essere stati riflessi dallo specchio. L'immagine che si forma è pertanto confusa e il risultato è chiamato **aberrazione sferica**.

Immagini prodotte da specchi concavi

I tipi di immagine formati da uno specchio possono essere analizzati mediante un metodo di costruzione geometrica dell'immagine detto **diagramma dei raggi**. Questo diagramma permette di determinare la posizione e le dimensioni dell'immagine tenendo presente che, dopo la riflessione, i raggi parassiali provenienti da un punto dell'oggetto si intersecano nel fuoco.

Nel caso di uno specchio sferico concavo, per costruire l'immagine di un oggetto è utile usare i tre raggi rappresentati nella **figura 8**. La freccia colorata è l'oggetto e i tre raggi partono dalla sua punta.

Figura 8
I raggi indicati con 1, 2 e 3 sono utili per trovare l'immagine di un oggetto posto davanti a uno specchio sferico concavo. Nel disegno l'oggetto è rappresentato da una freccia verticale.

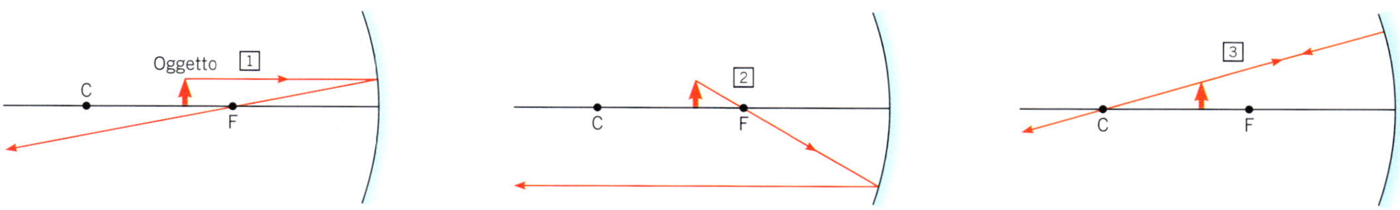

Per tracciare i cammini di questi tre raggi useremo le seguenti convenzioni.

Raggio 1. Questo raggio incidente è parallelo all'asse ottico dello specchio e poi è riflesso come raggio passante per il fuoco *F*.

Raggio 2. Questo raggio incidente passa per il fuoco *F* e poi è riflesso come raggio parallelo all'asse ottico.

Raggio 3. Questo raggio incidente passa per il centro di curvatura *C* e quindi ha la direzione di un raggio perpendicolare alla superficie dello specchio. Pertanto il raggio riflesso ha la stessa direzione di quello incidente.

Se i raggi 1, 2 e 3 sono tracciati in un unico disegno in scala, come nella **figura 9** (*), essi si intersecano in un punto che è l'immagine *reale*, perché i raggi luminosi passano realmente per quel punto. Anche se per determinare la posizione dell'immagine abbiamo usato tre raggi, in realtà ne bastano due e il terzo è usato solo per controllo. Procedendo in modo simile a quello usato per trovare l'immagine della punta della freccia, si possono trovare le immagini di altri punti dell'oggetto. Dalla posizione dell'occhio indicato nella figura si vede un'immagine dell'oggetto *ingrandita* e *capovolta*.

(*) I raggi considerati nei disegni sono tutti parassiali, anche se spesso la loro distanza dall'asse ottico è esagerata per rendere più chiaro il diagramma.

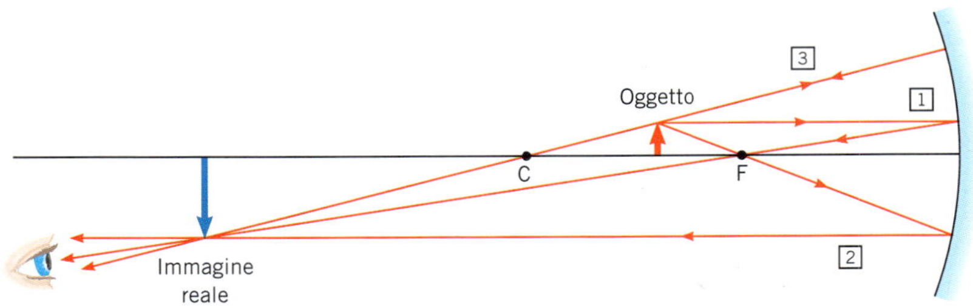

Figura 9
Quando un oggetto è posto tra il fuoco *F* e il centro di curvatura *C* di uno specchio sferico concavo, si forma un'immagine dell'oggetto che è reale, ingrandita e capovolta.

Supponiamo adesso che l'oggetto si trovi oltre il centro *C* dello specchio, come la situazione rappresentata nella **figura 10**. L'immagine è *reale*, *capovolta* e *rimpicciolita* rispetto all'oggetto. I tre raggi della **figura 9** sono gli stessi di quelli della **figura 10**, con l'unica differenza che i versi dei loro cammini sono opposti.

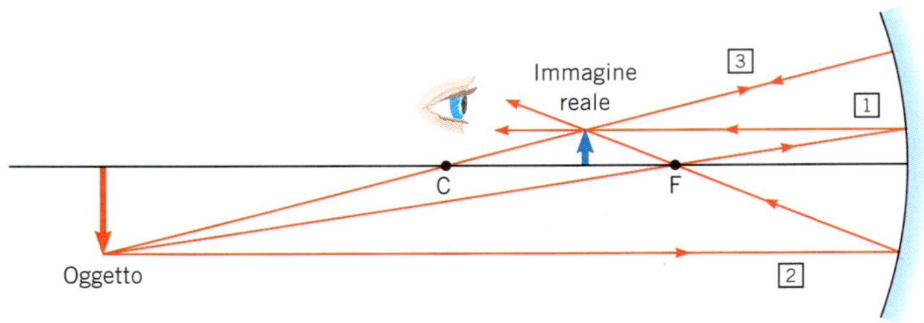

Figura 10
Quando un oggetto è posto oltre il centro di curvatura *C*, si forma un'immagine dell'oggetto che è reale, rimpicciolita e capovolta.

Questi disegni illustrano il **principio di reversibilità dei cammini ottici**:

se si inverte il verso di un raggio luminoso, il raggio ripercorre il cammino originale.

Questo principio ha una portata generale e non è quindi limitato alla riflessione da parte di uno specchio.

Il diagramma dei raggi consente di determinare anche l'immagine di un oggetto posto tra il fuoco e lo specchio, come nella **figura 11**. In questo caso il raggio 2 non passa per il fuoco perché l'oggetto è al di là di esso, però ha la stessa direzione della retta passante per il fuoco e per la punta della freccia; quindi il raggio riflesso è parallelo all'asse ottico dello specchio.

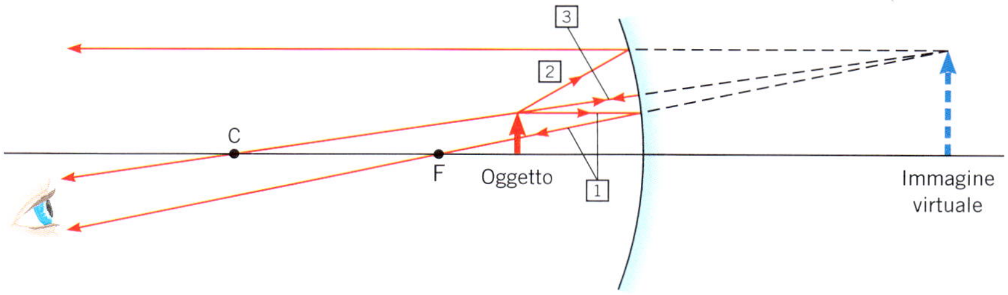

Figura 11
Quando un oggetto è posto tra uno specchio sferico concavo e il suo fuoco *F* si forma un'immagine dell'oggetto che è virtuale, diritta e ingrandita.

In questo caso i tre raggi riflessi non si intersecano in un punto unico ma sono divergenti. Tuttavia i prolungamenti di questi raggi oltre lo specchio sembrano provenire da un unico punto, che appartiene a quella che viene chiamata immagine *virtuale* dell'oggetto, proprio perché formata dai prolungamenti dei raggi riflessi. Questa immagine virtuale è *diritta* e *ingrandita* rispetto all'oggetto.

Gli specchi di ingrandimento usati per truccarsi o per radersi sono specchi concavi. Quando si mette il viso tra lo specchio e il suo fuoco se ne vede un'immagine virtuale e ingrandita, come mostra la **figura 12**.

Figura 12
Gli specchi da barba o da trucco sono specchi concavi che possono formare un'immagine virtuale e ingrandita.

Specchi sferici convessi

La **figura 13** mostra come determinare il fuoco di uno specchio convesso. Due raggi luminosi paralleli che incidono su uno specchio convesso sono riflessi in direzioni che divergono rispetto all'asse ottico. Se i raggi incidenti sono parassiali, i raggi riflessi sembrano provenire da un unico punto *F* situato dietro lo specchio. Questo punto è il fuoco dello specchio convesso e la sua distanza dal centro dello specchio è la distanza focale *f*.

Anche la distanza focale di uno specchio convesso è uguale alla metà del raggio di curvatura, ma per convenienza (come vedremo più avanti) è indicata con un segno negativo:

Distanza focale di uno specchio convesso $$f = -\frac{R}{2}$$ **[2]**

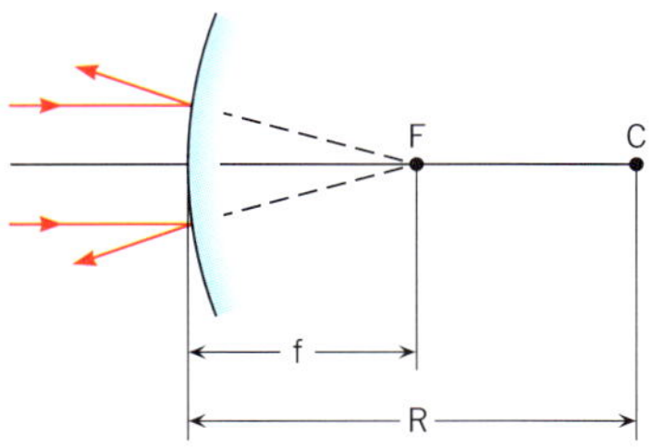

Figura 13
Quando un fascio di raggi parassiali e paralleli all'asse ottico è riflesso da uno specchio sferico convesso, i raggi riflessi sembrano provenire dal fuoco *F* dello specchio. *R* e *f* indicano rispettivamente il raggio di curvatura e la distanza focale dello specchio.

Immagini prodotte da specchi convessi

Per determinare la posizione e le dimensioni dell'immagine formata da uno specchio convesso si può usare il metodo del diagramma dei raggi, ma bisogna tenere presente che il fuoco e il centro di curvatura di uno specchio convesso si trovano dietro la superficie riflettente. La **figura 14** rappresenta una freccia colorata (l'oggetto) e i tre raggi che partono dalla sua punta, indicati con 1, 2 e 3.

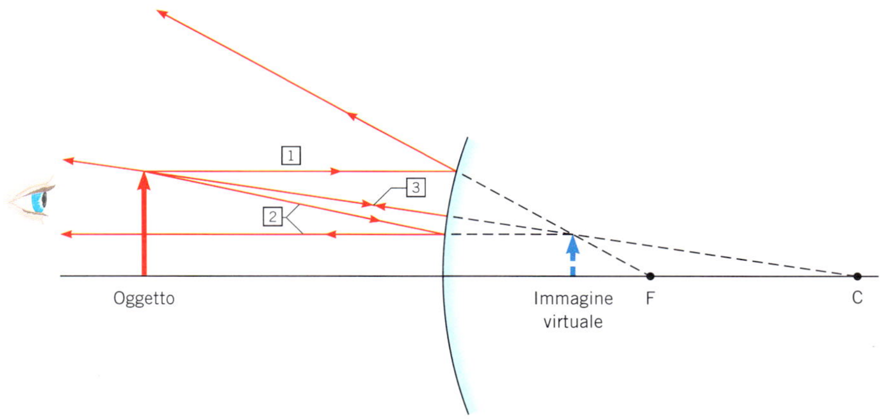

Figura 14
Quando un oggetto è posto davanti a uno specchio sferico convesso, si forma un'immagine dell'oggetto che è virtuale, diritta, rimpicciolita e posta dietro la superficie dello specchio.

Per tracciare i cammini di questi tre raggi useremo le seguenti convenzioni, che tengono conto delle posizioni diverse del fuoco e del centro di curvatura.

Raggio 1. Questo raggio incidente è parallelo all'asse ottico dello specchio e pertanto il raggio riflesso sembra provenire dal fuoco *F*.

Raggio 2. Il prolungamento di questo raggio passa per il fuoco *F*: il suo raggio riflesso è parallelo all'asse ottico.

Raggio 3. Il prolungamento di questo raggio passa per il centro di curvatura *C*; quindi il raggio incide perpendicolarmente sullo specchio e si riflette lungo la stessa direzione, cambiando verso.

I tre raggi riflessi della **figura 14** sembrano provenire da un unico punto situato su un'immagine *virtuale* posta dietro lo specchio. L'immagine virtuale è *diritta* e *rimpicciolita* rispetto all'oggetto. Uno specchio convesso forma *sempre* immagini virtuali di un oggetto, indipendentemente dalla posizione dell'oggetto davanti allo specchio.

Figura 15
Uno specchio sferico stradale.

A causa della loro forma gli specchi sferici forniscono un campo visivo più ampio di quello di altri tipi di specchi. Per questo motivo sono impiegati come apparati di sicurezza negli incroci stradali (**figura 15**), per la sorveglianza dei supermercati e negli specchietti retrovisori delle automobili.

Bisogna però ricordare che l'immagine virtuale formata da uno specchio sferico è rimpicciolita. Quindi l'automobile riflessa nello specchio retrovisore sembra più lontana di quello che è in realtà.

Specchi parabolici

Si può ottenere un'immagine molto nitida anche usando uno specchio grande, ma con una superficie parabolica anziché sferica. Negli specchi parabolici tutti i raggi paralleli all'asse ottico, dopo essere stati riflessi, convergono nel fuoco, indipendentemente dalla loro distanza dall'asse ottico (**figura 16**).

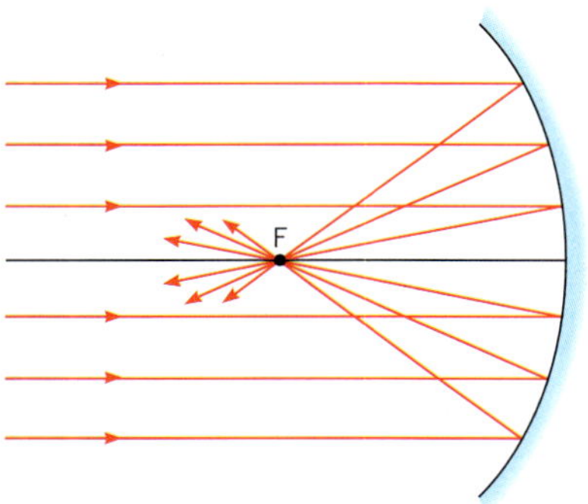

Figura 16
Schema di uno specchio parabolico: tutti i raggi paralleli all'asse ottico convergono in un unico punto *F*.

La fabbricazione di specchi parabolici di grandi dimensioni è però molto costosa, perciò questo tipo di specchi viene impiegato quando è necessario ottenere immagini molto nitide di oggetti lontani, come avviene nei telescopi.

Gli specchi parabolici sono impiegati anche nelle centrali solari. Una lunga fila di specchi parabolici riflettono i raggi provenienti dal Sole; all'altezza dei loro fuochi corre un tubo riempito d'olio che è scaldato dai raggi solari riflessi. Il calore immagazzinato dall'olio è poi utilizzato per vari impieghi, fra i quali la produzione di energia elettrica.

Un'altra applicazione degli specchi parabolici si trova nei fari delle automobili. In un faro una lampada ad alta intensità è posta nel fuoco di uno specchio parabolico e i raggi luminosi emessi dalla lampada vengono riflessi dallo specchio come un fascio di raggi paralleli all'asse ottico.

5 L'EQUAZIONE DEI PUNTI CONIUGATI PER GLI SPECCHI SFERICI

I diagrammi dei raggi sono molto utili per determinare graficamente la posizione e la dimensione dell'immagine formata da uno specchio. Tuttavia, per descrivere in modo più accurato le caratteristiche dell'immagine, è necessario utilizzare una relazione che lega ogni punto P dell'oggetto al corrispondente punto P' dell'immagine, detto **punto coniugato** di P (figura 17).

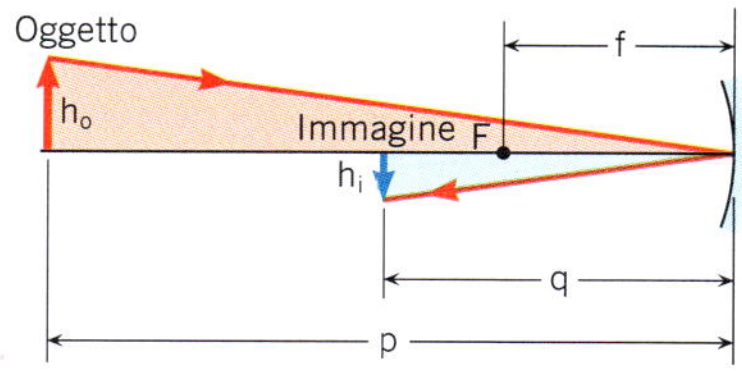

Figura 17
Nell'equazione dei punti coniugati, p è la distanza dell'oggetto, q è la distanza dell'immagine, e f è la distanza focale.

La relazione che lega due **punti coniugati** è detta **equazione dei punti coniugati**

$$\frac{1}{p} + \frac{1}{q} = \frac{1}{f} \quad [3]$$

dove:
- f = distanza focale dello specchio;
- p = distanza dell'oggetto dallo specchio;
- q = distanza dell'immagine dallo specchio.

L'equazione vale anche nel caso in cui l'immagine sia virtuale, cioè quando l'oggetto è posto tra il fuoco e lo specchio: in questo caso bisogna attribuire il segno negativo alla distanza q dell'immagine.

Oltre a stabilire la posizione dell'immagine di un oggetto formata da uno specchio, è importante valutare il suo **ingrandimento** G, cioè il rapporto tra l'altezza dell'immagine e quella dell'oggetto h_i/h_o. I due triangoli rettangoli colorati di figura 17 sono simili perché hanno gli stessi angoli, quindi i loro lati sono in proporzione: $h_i/h_o = q/p$.

Si definisce allora **ingrandimento** G il rapporto

$$G = -\frac{q}{p} \quad [4]$$

Per convenzione, un'immagine rovesciata ha ingrandimento negativo, mentre un'immagine diritta ha ingrandimento positivo.

Esempio 1 L'immagine reale formata da uno specchio concavo

Un oggetto alto 2,0 cm è posto a una distanza di 7,10 cm da uno specchio concavo che ha un raggio di curvatura di 10,2 cm. Trova:
- la posizione dell'immagine;
- l'altezza dell'immagine.

La soluzione

Visto che:

$$f = \frac{R}{2} = \frac{10{,}2\ \text{cm}}{2} = 5{,}10\ \text{cm}$$

l'oggetto si trova tra il fuoco F e il centro di curvatura C dello specchio, come nella figura 9. Ci aspettiamo che l'immagine sia reale, che si trovi a una distanza dallo specchio maggiore di quella dell'oggetto e che sia capovolta e ingrandita.

SEGUE ▶

▶ Ponendo $p = 7{,}10$ cm e $f = 5{,}10$ cm nell'equazione [**3**], si ha

$$\frac{1}{q} = \frac{1}{f} - \frac{1}{p} = \frac{1}{5{,}10\ \text{cm}} - \frac{1}{7{,}10\ \text{cm}} = 0{,}055\ \text{cm}^{-1} \quad \text{da cui} \quad \boxed{q = 18\ \text{cm}}$$

Il valore positivo per q indica che l'immagine è reale.

▶ L'ingrandimento è

$$G = -\frac{q}{p} = -\frac{18\ \text{cm}}{7{,}10\ \text{cm}} = -2{,}5$$

quindi risulta

$$h_i = Gh_o = (-2{,}5)(2{,}0\ \text{cm}) = \boxed{-5{,}0\ \text{cm}}$$

L'immagine è capovolta e 2,5 volte più alta dell'oggetto.

Riepiloghiamo le convenzioni sui segni usate nell'equazione dei punti coniugati e nell'equazione dell'ingrandimento. Queste convenzioni valgono sia per gli specchi concavi sia per quelli convessi.

Distanza focale
- $f > 0$ per uno specchio concavo
- $f < 0$ per uno specchio convesso

Distanza dell'oggetto
- $p > 0$ se l'oggetto è davanti allo specchio (oggetto reale)
- $p < 0$ se l'oggetto è dietro lo specchio (oggetto virtuale)

Distanza dell'immagine
- $q > 0$ se l'immagine è davanti allo specchio (immagine reale)
- $q < 0$ se l'immagine è dietro lo specchio (immagine virtuale)

Ingrandimento
- $G > 0$ se l'immagine è diritta rispetto all'oggetto
- $G < 0$ se l'immagine è capovolta rispetto all'oggetto

6 L'INDICE DI RIFRAZIONE

La luce si propaga nel vuoto alla velocità $c = 3{,}0 \cdot 10^8$ m/s, ma sappiamo che si propaga anche in altri mezzi, come l'aria, l'acqua e il vetro. Tuttavia gli atomi della materia in parte la assorbono, in parte la riemettono e in parte la diffondono. Perciò la velocità della luce in un mezzo diverso dal vuoto è minore di c e il suo valore dipende dalla natura del materiale.

L'**indice di rifrazione** n di un materiale è il rapporto tra la velocità della luce nel vuoto c e la velocità della luce v nel materiale:

$$n = \frac{\text{velocità della luce nel vuoto}}{\text{velocità della luce nel materiale}} = \frac{c}{v} \qquad [5]$$

La **tabella 1** riporta gli indici di rifrazione di alcune sostanze comuni. I valori di n sono maggiori di 1 perché la velocità della luce nel vuoto è maggiore di quella in qualunque altro materiale. Per esempio, l'indice di rifrazione del diamante è $n = 2{,}419$, perciò la velocità della luce nel diamante è

$$v = \frac{c}{n} = \frac{3{,}0 \cdot 10^8\ \text{m/s}}{2{,}419} = 1{,}24 \cdot 10^8\ \text{m/s}$$

L'indice di rifrazione dell'aria è così vicino a 1 che per la maggior parte degli scopi pratici si può porre $n_{\text{aria}} = 1$.

Tabella 1 Indice di rifrazione (*) di alcune sostanze comuni

Sostanza	Indice di rifrazione n
Solidi a 20 °C	
Cloruro di sodio	1,544
Diamante	2,419
Ghiaccio (a 0 °C)	1,309
Quarzo cristallino	1,544
Quarzo fuso	1,458
Vetro (ottico)	da 1,4 a 1,9
Liquidi a 20 °C	
Acqua	1,333
Alcol etilico	1,362
Benzene	1,501
Bisolfuro di carbonio	1,632
Tetracloruro di carbonio	1,461
Gas a 0 °C, 1 atm	
Aria	1,000293
Biossido di carbonio	1,00045
Idrogeno (H_2)	1,000271
Ossigeno (O_2)	1,000139

(*) Misurati con una luce di lunghezza d'onda nel vuoto pari a 589 nm.

7 LA LEGGE DI SNELL PER LA RIFRAZIONE

Quando la luce colpisce la superficie di separazione tra due materiali trasparenti, in genere si divide in due parti, come mostra la **figura 18**: una parte viene riflessa con un angolo di riflessione uguale all'angolo di incidenza e una parte continua a propagarsi oltre la superficie di separazione. Se il raggio incidente non è perpendicolare alla superficie di separazione, il raggio che penetra nel secondo materiale ha una direzione diversa da quella del raggio incidente.

Il raggio che penetra nel secondo materiale è chiamato **raggio rifratto** e mostra uno dei seguenti comportamenti:

- quando la luce passa da un mezzo con indice di rifrazione minore (l'aria) a uno con indice di rifrazione maggiore (l'acqua), il raggio rifratto *si avvicina* alla normale (**figura 18A**);
- quando la luce passa da un mezzo con indice di rifrazione maggiore (l'acqua) a uno con indice di rifrazione minore (l'aria), il raggio rifratto *si allontana* dalla normale (**figura 18B**).

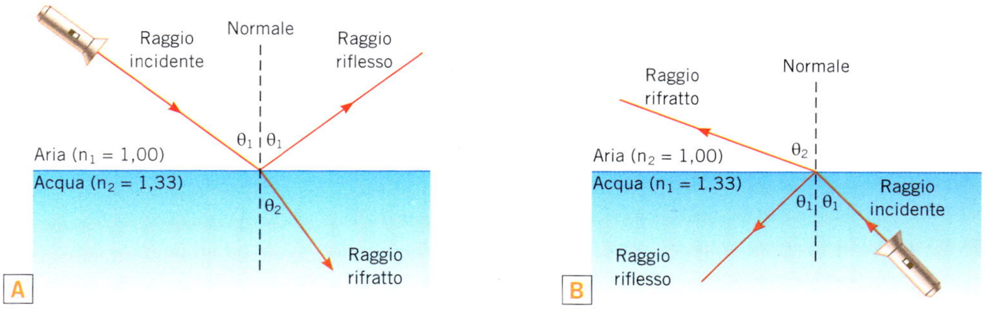

Figura 18
A. Quando un raggio di luce passa dall'aria all'acqua, il raggio rifratto si avvicina alla normale ($\theta_2 < \theta_1$).
B. Quando la luce passa dall'acqua all'aria, il raggio rifratto si allontana dalla normale ($\theta_2 > \theta_1$).

In entrambe le situazioni l'angolo di incidenza, l'angolo di riflessione e l'angolo di rifrazione sono misurati rispetto alla normale alla superficie di separazione nel punto di incidenza.

L'angolo di rifrazione θ_2 dipende dall'angolo di incidenza θ_1 e dagli indici di rifrazione n_1 e n_2 dei due mezzi. La relazione tra queste grandezze è chiamata **legge della rifrazione di Snell**, dal nome del matematico olandese Willebrord Snell (1591-1626) che la scoprì sperimentalmente.

Snell's law of refraction

Quando la luce passa da un mezzo con indice di rifrazione n_1 a un mezzo con indice di rifrazione n_2, il raggio incidente, il raggio rifratto e la normale alla superficie di separazione dei due mezzi nel punto di incidenza giacciono tutti nello stesso piano e l'angolo di rifrazione θ_2 è legato all'angolo di incidenza θ_1 dalla relazione:

$$n_1 \operatorname{sen} \theta_1 = n_2 \operatorname{sen} \theta_2 \qquad [6]$$

Simulazione PhET
Rifrazione della luce

8 LA RIFLESSIONE TOTALE

Quando la luce passa da un mezzo con indice di rifrazione maggiore a un mezzo con indice di rifrazione minore (per esempio dall'acqua all'aria), il raggio rifratto si *allontana* dalla normale, come mostra la **figura 19A**. Quando aumenta l'angolo di incidenza, aumenta anche l'angolo di rifrazione.

Quando l'angolo di incidenza raggiunge un certo valore, chiamato **angolo limite** θ_L, l'angolo di rifrazione è di 90°. In questo caso il raggio rifratto è radente alla superficie di separazione (**figura 19B**). Quando l'angolo di incidenza è maggiore dell'angolo limite, il raggio rifratto manca: tutta la luce incidente viene riflessa all'interno del mezzo da cui proveniva (**figura 19C**). Questo fenomeno è chiamato **riflessione totale**.

total internal reflection

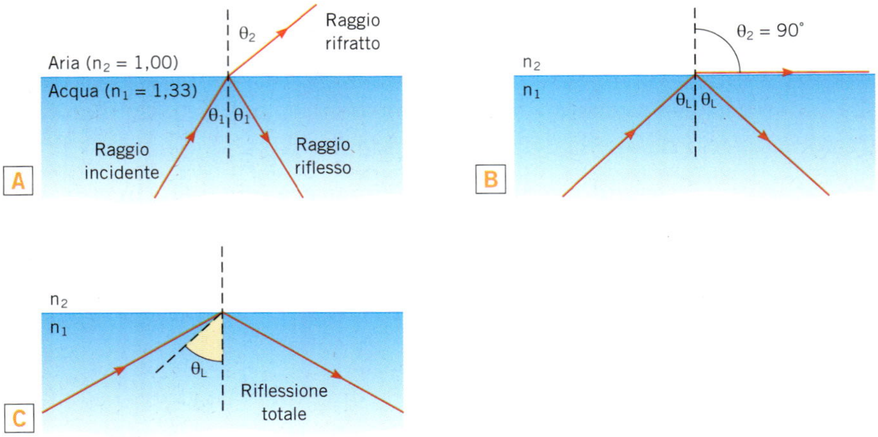

Figura 19

A. Quando la luce passa da un mezzo con indice di rifrazione maggiore (per esempio l'acqua) a un mezzo con indice di rifrazione minore (per esempio l'aria), il raggio rifratto si allontana dalla normale.

B. Quando l'angolo di incidenza è uguale all'angolo limite θ_L, l'angolo di rifrazione è di 90°.

C. Quando θ_1 è maggiore di θ_L, il raggio rifratto manca e si verifica la riflessione totale.

Per ottenere il valore dell'angolo limite, imponiamo che l'angolo di rifrazione sia $\theta_2 = 90°$; dalla legge della rifrazione n_1 sen $\theta_L = n_2$ sen 90° otteniamo n_1 sen $\theta_1 = n_2$, quindi l'**angolo limite** θ_L è tale che:

critical angle

$$\text{sen}\,\theta_L = \frac{n_2}{n_1} \qquad (n_2 < n_1) \qquad [7]$$

Per esempio, l'angolo limite per la luce che si propaga dall'acqua (n_1 = 1,33) verso l'aria (n_2 = 1,00) è

$$\theta_L = \text{sen}^{-1}\left(\frac{1{,}00}{1{,}33}\right) = 48{,}8°$$

Un'importante applicazione della riflessione totale si trova nelle fibre ottiche, dove fili di vetro o di plastica sottili come capelli, chiamati appunto **fibre ottiche**, «guidano» la luce da un punto a un altro. Una fibra ottica è formata da un *nucleo* cilindrico interno, attraverso il quale viaggia la luce, e da una parete esterna concentrica al nucleo, chiamata *mantello*. Il nucleo è fatto di vetro o di plastica trasparente con un indice di rifrazione relativamente grande. Anche il mantello è fatto di vetro, ma di un tipo che ha un indice di rifrazione relativamente piccolo (**figura 20A**).

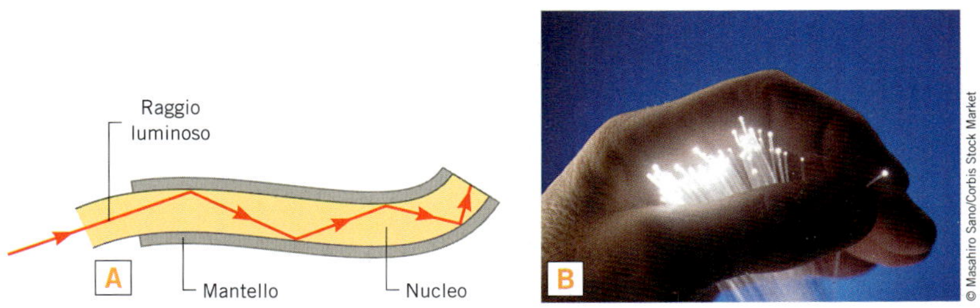

Figura 20

A. La luce rimane confinata all'interno di una fibra ottica grazie al fenomeno della riflessione totale.

B. Luce trasportata da varie fibre ottiche.

La luce entra in un estremo del nucleo, colpisce la superficie di separazione nucleo-mantello con un angolo maggiore dell'angolo limite e perciò viene riflessa totalmente all'interno del nucleo. In questo modo la luce continua a viaggiare all'interno della fibra ottica seguendo un percorso a zig-zag.

In una fibra ottica ben progettata l'assorbimento della luce da parte del nucleo è molto basso e quindi la luce può viaggiare per molti chilometri senza diminuire di intensità in quantità apprezzabili.

9 LA DISPERSIONE DELLA LUCE

La figura 21 mostra il fenomeno della **dispersione** della luce: un fascio di luce bianca incidente su un prisma è scomposto in una serie di raggi di diverso colore che formano lo **spettro della luce**. I colori dello spettro sono nell'ordine: rosso, arancione, giallo, verde, azzurro, indaco e violetto.

Figura 21
La luce bianca è dispersa nelle sue componenti colorate quando attraversa un prisma.

Per comprendere l'origine di questo fenomeno, scoperto da Newton alla fine del Seicento, consideriamo un raggio di luce di un dato colore, per esempio rosso, che incide sulla faccia di un prisma triangolare di vetro (figura 22A).

Il raggio rifratto è deviato verso la normale, perché l'indice di rifrazione del vetro è maggiore di quello dell'aria. Quando il raggio di luce esce dalla faccia di destra del prisma, il raggio rifratto si allontana dalla normale, perché l'indice di rifrazione dell'aria è minore di quello del vetro. Perciò l'effetto complessivo del prisma è quello di cambiare la direzione del raggio, facendolo deviare verso il basso sia quando entra nel prisma sia quando ne esce.

Simulazione PhET
Visione dei colori

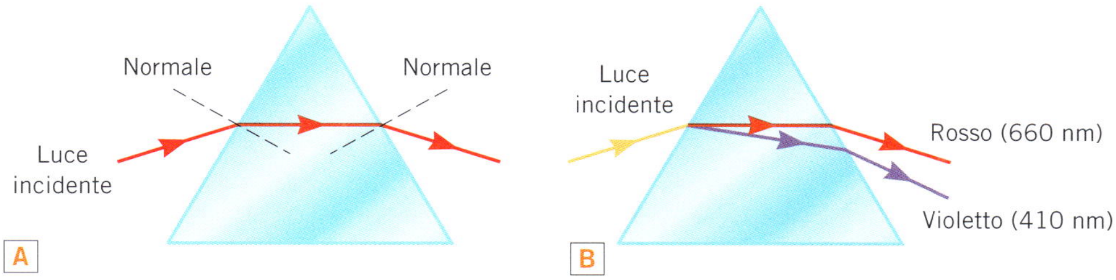

Figura 22
A. Quando un raggio di luce attraversa un prisma di vetro a sezione triangolare circondato dall'aria viene rifratto due volte.
B. Due colori diversi subiscono deviazioni diverse quando attraversano il prisma. Per maggiore chiarezza, nel disegno è stato esagerato l'angolo di deviazione.

Visto che l'indice di rifrazione del vetro dipende dal colore della luce (tabella 2), i raggi luminosi di colori diversi sono deviati verso il basso con angoli diversi. La figura 22B mostra i raggi rifratti corrispondenti ai raggi incidenti di colore rosso e violetto, cioè i colori ai due estremi dello spettro della luce visibile.

Tabella 2 Indici di rifrazione del vetro Crown per alcuni colori

Colore	Indice di rifrazione n
Rosso	1,520
Arancione	1,522
Giallo	1,523
Verde	1,526
Blu	1,531
Violetto	1,538

L'arcobaleno

Un esempio spettacolare di dispersione della luce è costituito dagli arcobaleni, in cui i diversi colori hanno origine dalla rifrazione della luce solare da parte delle gocce d'acqua. In genere, capita di vedere un arcobaleno quando sta finendo un temporale e si guarda verso le ultime gocce di pioggia nell'aria con le spalle al Sole.

Quando la luce proveniente dal Sole entra in una goccia d'acqua di forma sferica, come quella della figura 23, i diversi colori della luce vengono deviati di un angolo che dipende dall'indice di rifrazione dell'acqua per la luce di quel particolare colore. Dopo essere stati riflessi dalla superficie posteriore della goccia, i raggi dei diversi colori vengono rifratti di nuovo quando riemergono nell'aria.

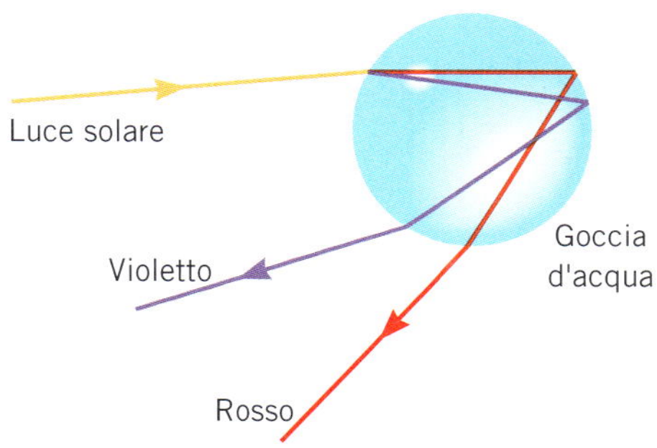

Figura 23
Quando la luce solare emerge da una goccia d'acqua viene dispersa nei colori che la compongono, di cui solo due sono rappresentati nella figura.

Anche se ciascuna goccia disperde la luce solare in tutti i colori dello spettro della luce visibile, l'osservatore della figura 24A vede solo un colore emergere da ciascuna goccia, perché solo uno dei colori viaggia nella direzione giusta per giungere al suo occhio. Tuttavia, in un arcobaleno si vedono tutti i colori dello spettro della luce solare (figura 24B), perché ciascun colore proviene da gocce diverse poste ad altezze diverse.

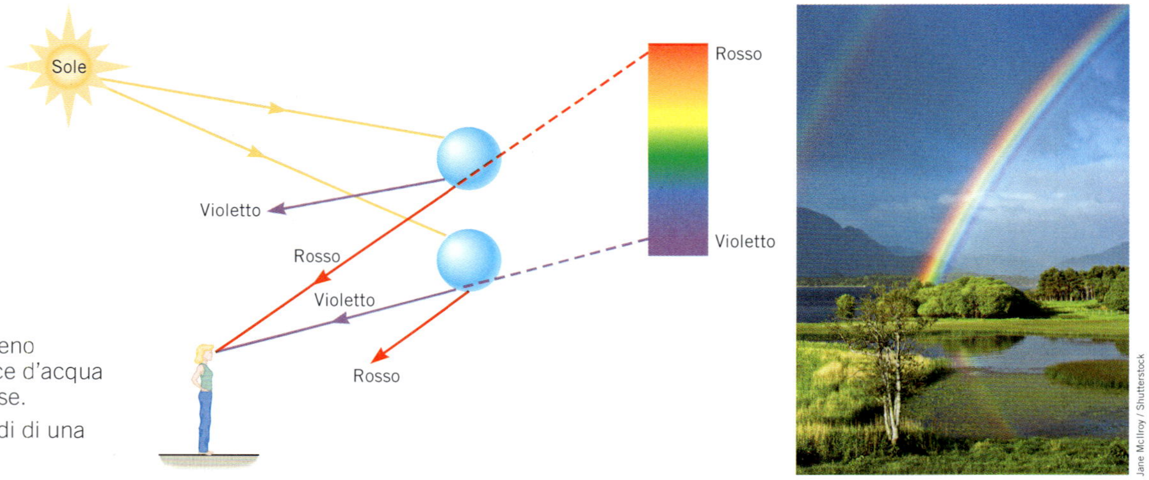

Figura 24
A. I colori dell'arcobaleno hanno origine da gocce d'acqua poste ad altezze diverse.
B. L'arcobaleno ai piedi di una cascata.

10 LE LENTI

Le lenti sono impiegate in molti strumenti ottici, come gli occhiali, le macchine fotografiche e i telescopi. Una **lente sferica** è un corpo di materiale trasparente delimitato da due superfici sferiche (figura 25).

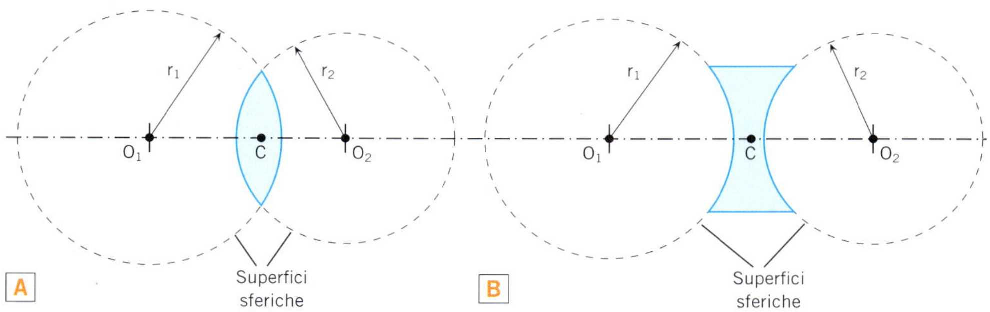

Figura 25
A. Lente convessa.
B. Lente concava.

La retta che passa per i centri di curvatura delle due superfici è detta **asse ottico** della lente. Il **centro** della lente è il punto sull'asse ottico che ha la stessa distanza da ciascuna delle superfici. In questo capitolo studieremo le proprietà delle **lenti sottili**, cioè di quelle lenti che hanno uno spessore molto più piccolo dei raggi delle superfici sferiche che le delimitano.

Lenti convergenti e lenti divergenti

converging lens

Prendiamo in esame due tipi di lenti sottili: le lenti convergenti e le lenti divergenti. Una **lente convergente** devia i raggi che incidono su di essa parallelamente all'asse ottico e li fa convergere in un punto sull'asse ottico detto **fuoco** *F* (figura 26).

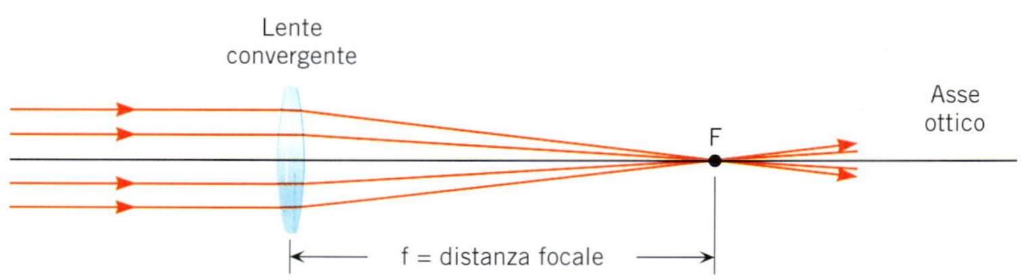

Figura 26
Quando i raggi parassiali paralleli all'asse ottico attraversano una lente convergente, i raggi che emergono dalla lente convergono verso il fuoco *F* della lente.

Una **lente divergente** devia i raggi che incidono su di essa parallelamente all'asse ottico e li fa divergere come se provenissero da un punto sull'asse ottico, detto **fuoco** *F* (figura 27).

diverging lens

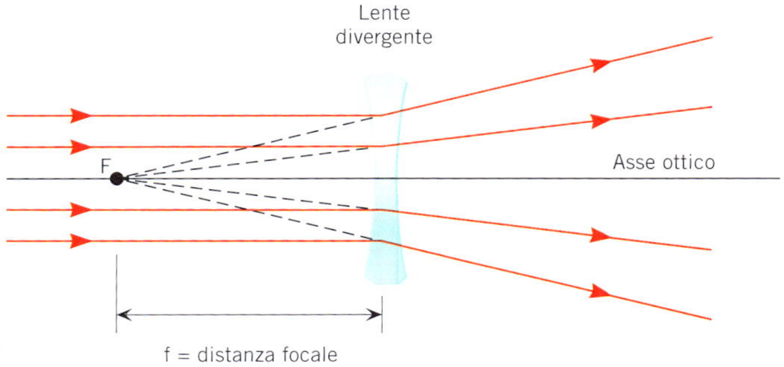

Figura 27
Quando i raggi parassiali paralleli all'asse ottico attraversano una lente divergente, i raggi che emergono dalla lente sono divergenti e sembrano provenire dal fuoco *F* della lente.

La distanza tra il fuoco e il centro di una lente è chiamata **distanza focale** *f* della lente. Dato che una lente può essere attraversata da luce che proviene sia da destra che da sinistra, una lente ha due distanze focali identiche.

Come mostra la figura 28, le lenti convergenti e divergenti possono avere varie forme. In generale, le lenti convergenti sono più spesse al centro che ai bordi, mentre le lenti divergenti sono più sottili al centro che ai bordi.

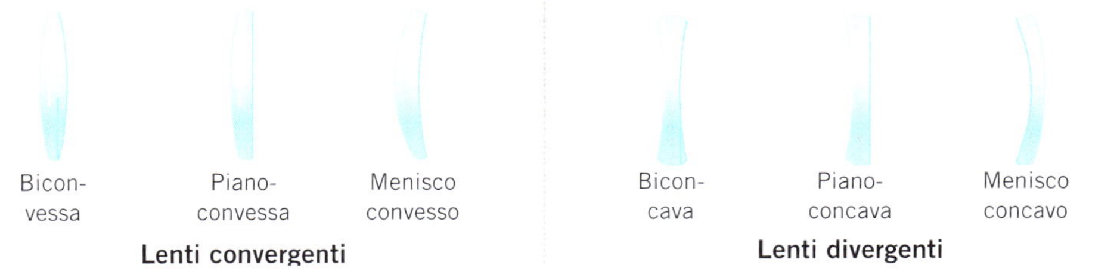

Figura 28
Le lenti convergenti e quelle divergenti possono avere varie forme.

Per determinare la posizione e le dimensioni dell'immagine formata da una lente sottile sono molto utili i diagrammi dei raggi, che abbiamo già visto per le immagini formate dagli specchi. Le lenti sono però diverse dagli specchi, perché i raggi luminosi possono incidere su ciascuna delle due facce della lente. Perciò, quando si tracciano i diagrammi dei raggi, bisogna anzitutto conoscere i fuochi *F da entrambe le parti della lente*: ognuno dei due fuochi si trova sull'asse ottico a una distanza dalla lente uguale alla distanza focale.

Per tracciare i diagrammi dei raggi sono utili tre raggi parassiali che partono dal punto più alto dell'oggetto. Nel caso di una lente convergente (figura 29), usiamo le seguenti convenzioni:

Raggio 1. Questo raggio incidente è parallelo all'asse ottico. Dopo aver attraversato la lente, il raggio rifratto passa per il fuoco a destra della lente.

Raggio 2. Questo raggio incidente passa per il fuoco a sinistra della lente e viene rifratto in direzione parallela all'asse ottico.

Raggio 3. Questo raggio incidente è diretto verso il centro della lente sottile e la attraversa senza essere praticamente deviato.

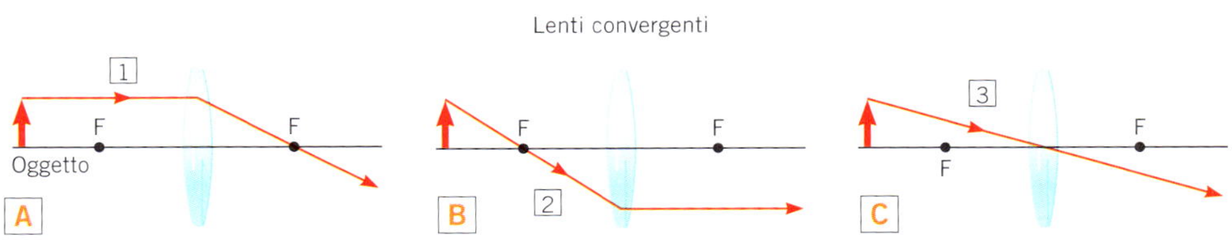

Figura 29
I raggi rappresentati in figura sono utili per determinare il tipo di immagine formato da una lente convergente.

Nel caso di una lente divergente (**figura 30**), usiamo invece queste convenzioni:

Raggio 1. Questo raggio incidente è parallelo all'asse ottico. Dopo aver attraversato la lente il raggio rifratto *sembra* provenire dal fuoco a sinistra della lente. Il raggio tratteggiato nella parte **A** rappresenta il cammino apparente del raggio che esce dalla lente.

Raggio 2. Questo raggio incidente è diretto verso il fuoco a destra della lente ed è rifratto parallelamente all'asse ottico. Il raggio tratteggiato nella parte **B** rappresenta il cammino che il raggio percorrerebbe se non ci fosse la lente.

Raggio 3. Questo raggio incidente è diretto verso il centro della lente sottile e la attraversa senza essere praticamente deviato.

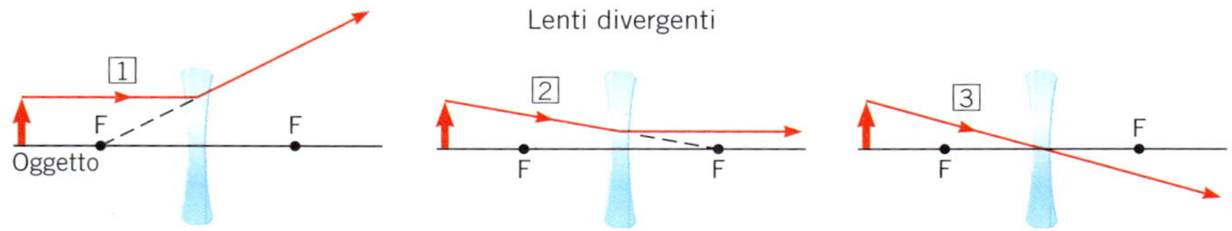

Figura 30
I raggi rappresentati in figura sono utili per determinare il tipo di immagine formato da una lente divergente.

Sia nelle lenti convergenti sia in quelle divergenti, il raggio 3 non viene deviato in modo apprezzabile da una lente sottile, in cui le superfici nella zona centrale sono praticamente parallele. Perciò la lente si comporta in entrambi i casi come una lastra piana a facce parallele. Poiché lo spessore della lente è piccolo, le direzioni del raggio incidente e di quello rifratto sono praticamente coincidenti.

Immagini formate da una lente convergente

Nella **figura 31A** l'oggetto si trova a una distanza da una lente convergente maggiore del doppio della distanza focale (cioè più lontana del punto indicato con $2F$). Per trovare l'immagine si possono disegnare due qualunque dei tre raggi 1, 2 e 3 che partono dal punto superiore dell'oggetto. Il punto a destra della lente in cui si intersecano i tre raggi rifratti è l'immagine del punto da cui i raggi provengono.

Il diagramma dei raggi mostra che l'immagine dell'oggetto è reale, capovolta e rimpicciolita rispetto all'oggetto.

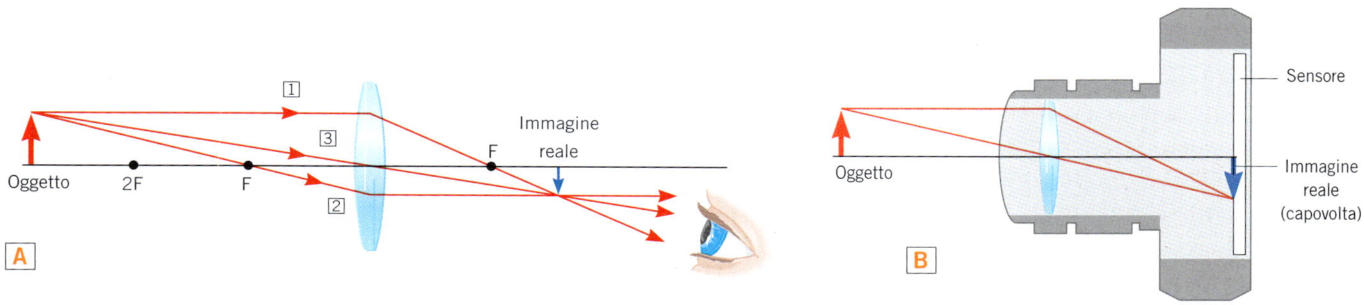

Figura 31
A. Quando l'oggetto si trova a sinistra del punto indicato con $2F$, l'immagine formata dalla lente è reale, capovolta e rimpicciolita.
B. La disposizione degli oggetti e delle lenti indicata nella parte A della figura è simile a quella impiegata nelle macchine fotografiche.

La disposizione illustrata in **figura 31A** è simile a quella impiegata in una macchina fotografica, in cui un rivelatore sensibile alla luce, posto nella parte posteriore della macchina, raccoglie i raggi provenienti dalla lente (l'obiettivo) e registra l'immagine dell'oggetto (**figura 31B**).

Quando l'oggetto si trova tra i punti F e $2F$, come nel caso della **figura 32A** l'immagine è reale e capovolta rispetto all'oggetto, ma risulta più grande dell'oggetto.

Questo tipo di disposizione è impiegato nei proiettori di diapositive o di pellicole, in cui l'oggetto è una piccola parte di pellicola e l'immagine ingrandita viene raccolta su uno schermo (**figura 32B**). Naturalmente, per ottenere un'immagine diritta, la pellicola va inserita nel proiettore capovolta.

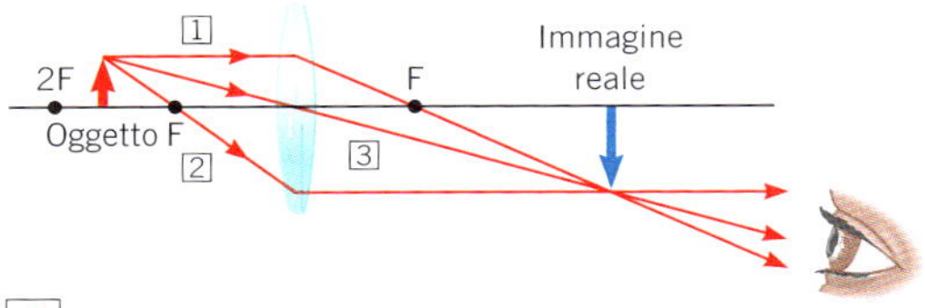

A

B

Figura 32
A. Quando l'oggetto si trova tra i punti F e $2F$, l'immagine formata dalla lente è reale, capovolta e ingrandita rispetto all'oggetto.
B. La disposizione degli oggetti e delle lenti indicata nella parte A della figura è simile a quella impiegata nei proiettori.

Quando l'oggetto si trova tra il fuoco e la lente, come nella **figura 33A**, i raggi divergono dopo aver attraversato la lente. A un osservatore che li guarda, questi raggi sembrano provenire da un'immagine posta dietro la lente, cioè a sinistra della lente.

Poiché nessuno di questi raggi proviene realmente dall'immagine, l'immagine è virtuale. Inoltre il diagramma dei raggi mostra che l'immagine è diritta e ingrandita.

Le lenti di ingrandimento sfruttano questa disposizione (**figura 33B**).

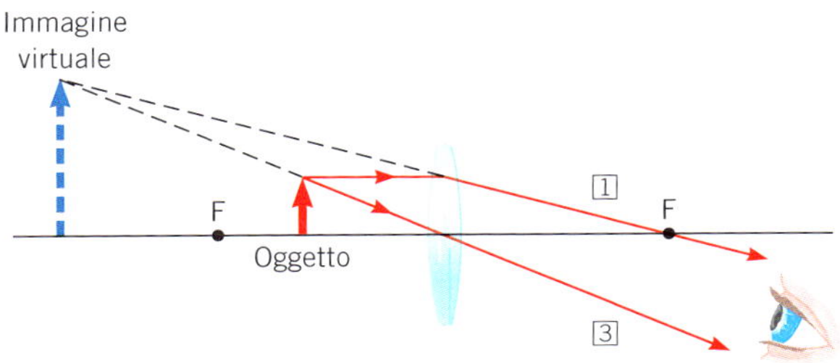

Figura 33
A. Quando un oggetto è posto tra il fuoco F di una lente convergente e la lente, si forma un'immagine virtuale, diritta e ingrandita dell'oggetto.
B. Questo tipo di immagine si può vedere quando si guarda attraverso una lente d'ingrandimento.

Immagini formate da una lente divergente

Dopo aver attraversato una lente divergente, i raggi divergono come mostra la **figura 34A**, e il diagramma dei raggi indica che si forma un'immagine virtuale a sinistra della lente. In effetti,

indipendentemente dalla posizione dell'oggetto, una lente divergente forma sempre un'immagine virtuale, diritta e rimpicciolita rispetto all'oggetto.

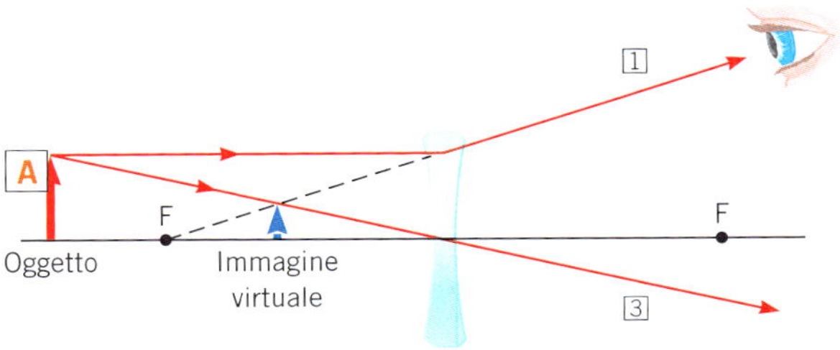

A

B

Figura 34
A. Una lente divergente forma sempre un'immagine virtuale di un oggetto reale. L'immagine è diritta e rimpicciolita rispetto all'oggetto.
B. Un'immagine vista attraverso una lente divergente.

11 L'EQUAZIONE DELLE LENTI SOTTILI

Anche per le lenti sottili esiste un'equazione che mette in relazione la distanza focale f, la distanza p dell'oggetto dalla lente e la distanza q dell'immagine dalla lente.

La sua forma è identica all'equazione dei punti coniugati di uno specchio sferico:

Equazione delle lenti sottili

$$\frac{1}{p} + \frac{1}{q} = \frac{1}{f} \qquad [8]$$

thin-lens equation

Anche l'equazione per l'ingrandimento lineare ha la stessa forma di quella vista per gli specchi:

magnification equation

Equazione dell'ingrandimento lineare

$$G = \frac{\text{altezza dell'immagine } h_i}{\text{altezza dell'oggetto } h_o} = -\frac{q}{p} \qquad [9]$$

La **figura 35** mostra il significato dei simboli che compaiono nelle due equazioni precedenti con riferimento a una lente sottile convergente, ma le equazioni sono valide anche per una lente divergente, purché sottile.

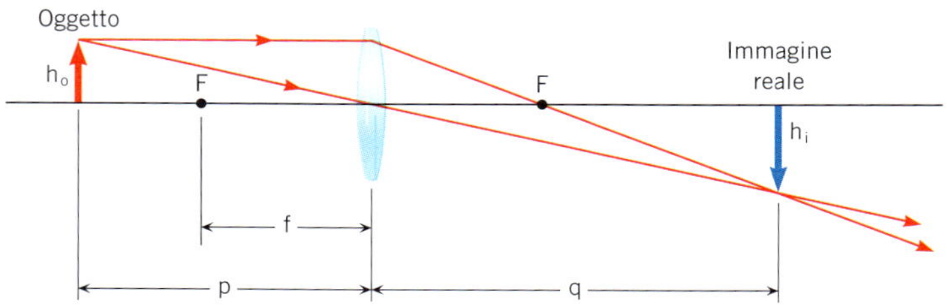

Figura 35
La figura mostra la distanza focale *f*, la distanza dell'oggetto *p* e la distanza dell'immagine *q* per una lente convergente. Le altezze dell'oggetto e dell'immagine sono indicate rispettivamente con h_o e h_i.

Per utilizzare correttamente le due equazioni [8] e [9] bisogna ricordare alcune convenzioni sui segni, elencate nel caso di raggi che provengono da un oggetto reale a sinistra della lente.

Distanza focale
- $f > 0$ per una lente convergente
- $f < 0$ per una lente divergente

Distanza dell'oggetto
- $p > 0$ se l'oggetto è a sinistra della lente (oggetto reale), come avviene di solito
- $p < 0$ se l'oggetto è a destra della lente (oggetto virtuale) (*)

Distanza dell'immagine
- $q > 0$ se l'immagine di un oggetto reale è reale e si forma a destra della lente
- $q < 0$ se l'immagine di un oggetto reale è virtuale e si forma a sinistra della lente

- **Ingrandimento lineare**
- $G > 0$ se l'immagine è diritta rispetto all'oggetto
- $G < 0$ se l'immagine è capovolta rispetto all'oggetto

(*) Questa situazione può verificarsi quando un sistema ottico contiene più di una lente e l'immagine formata dalla prima lente funziona come oggetto per la seconda. In questo caso l'oggetto della seconda lente può trovarsi alla sua destra e la convenzione dei segni stabilisce che la distanza dell'oggetto sia negativa e che l'oggetto sia considerato un oggetto virtuale.

Esempio 2 L'immagine reale formata dall'obiettivo di una macchina fotografica

Una persona alta 1,70 m è in piedi davanti a una macchina fotografica a una distanza di 2,50 m da essa. La macchina fotografica ha un obiettivo formato da una lente convergente con una distanza focale di 0,0500 m.

- ▶ Trova la distanza dell'immagine (cioè la distanza tra l'obiettivo e il sensore) e determina se l'immagine è reale o virtuale.
- ▶ Calcola l'ingrandimento e l'altezza dell'immagine sul sensore.

La soluzione

La posizione dell'oggetto è simile a quella della **figura 31A**, in cui la distanza dell'oggetto dalla lente è maggiore del doppio della distanza focale. Perciò ci aspettiamo che l'immagine sia reale, capovolta e rimpicciolita.

- Usando l'equazione delle lenti sottili con $p = 2{,}50$ m e $f = 0{,}0500$ m, otteniamo

$$\frac{1}{q} = \frac{1}{f} - \frac{1}{p} = \frac{1}{0{,}0500 \text{ m}} - \frac{1}{2{,}50 \text{ m}} = 19{,}6 \text{ m}^{-1}$$

da cui segue

$$\boxed{q = 0{,}0510 \text{ m}}$$

Poiché il valore di q è positivo, l'immagine che si forma sulla pellicola è reale.

- Dall'equazione dell'ingrandimento troviamo che il valore di G è

$$G = -\frac{q}{p} = -\frac{0{,}0510 \text{ m}}{2{,}50 \text{ m}} = \boxed{-0{,}0204}$$

L'immagine è più piccola dell'oggetto (perché $|G| < 1$) ed è capovolta (perché $G < 0$). Poiché l'altezza dell'oggetto è $h_o = 1{,}70$ m, l'altezza dell'immagine è

$$h_i = Gh_o = (-0{,}0204)(1{,}70 \text{ m}) = \boxed{-0{,}0347 \text{ m}}$$

12 L'OCCHIO

L'occhio, di cui la **figura 36** mostra alcune delle componenti anatomiche principali, ha una forma approssimativamente sferica, con un diametro di circa 25 mm.

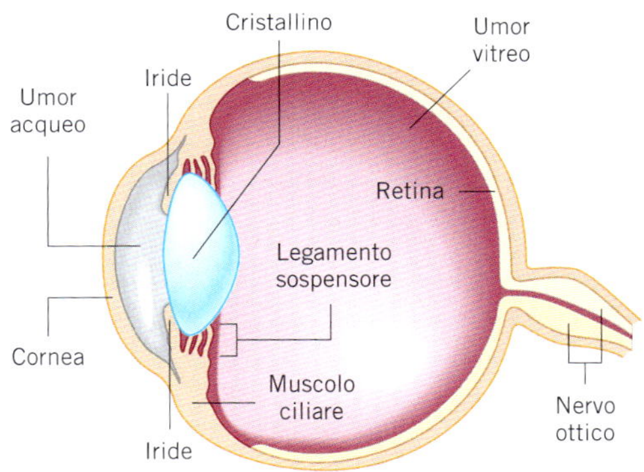

Figura 36
Un occhio umano visto in sezione verticale.

La luce entra nell'occhio attraverso una membrana trasparente chiamata *cornea*, che delimita una regione piena di un liquido trasparente (l'*umor acqueo*), dietro la quale si trovano un diaframma (l'*iride*), una lente chiamata *cristallino*, una regione riempita con una sostanza gelatinosa (l'*umor vitreo*) e infine la *retina*. La retina è la parte dell'occhio sensibile alla luce ed è formata da milioni di cellule chiamate *coni* e *bastoncelli*. Quando sono stimolate dalla luce, queste cellule inviano, tramite il *nervo ottico*, impulsi elettrici al cervello, che interpreta l'immagine formata sulla retina.

Una caratteristica di importanza fondamentale per il funzionamento dell'occhio è che il cristallino è flessibile e la sua forma può essere modificata dai *muscoli ciliari*, che sono collegati a esso attraverso i *legamenti sospensori*. La capacità del cristallino di cambiare forma è alla base della capacità dell'occhio di mettere a fuoco gli oggetti.

Dal punto di vista ottico, l'occhio umano è simile a una macchina fotografica: l'immagine che si forma sulla retina è reale, capovolta e più piccola dell'oggetto. Anche se l'immagine è capovolta, il cervello la interpreta come diritta.

La distanza minima dall'occhio a cui si può trovare un oggetto che forma un'immagine nitida sulla retina è chiamata **punto prossimo** dell'occhio.

Il **punto remoto** dell'occhio è la distanza massima a cui può trovarsi un oggetto

Miopia

nearsightedness

Una persona **miope** riesce a mettere a fuoco gli oggetti vicini ma non riesce a vedere bene gli oggetti lontani. La distanza focale di un occhio miope è minore di quella di un occhio normale, quindi i raggi che provengono da un oggetto lontano formano un'immagine nitida davanti alla retina e di conseguenza l'immagine sulla retina è sfocata (**figura 37**).

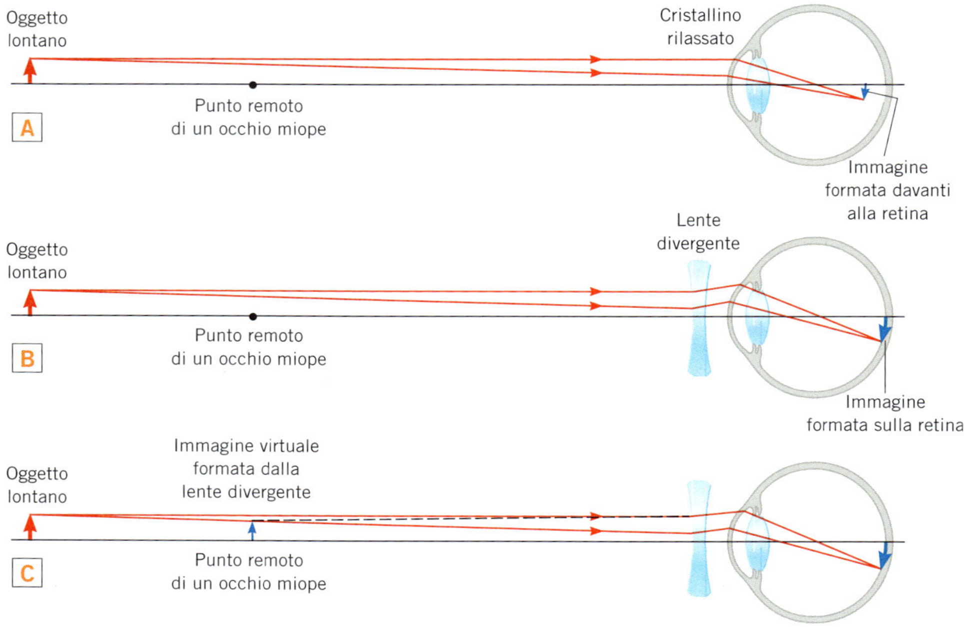

Figura 37

A. Quando una persona miope guarda un oggetto lontano, l'immagine dell'oggetto si forma davanti alla retina e di conseguenza risulta sfocata.

B. Mettendo una lente divergente davanti all'occhio, l'immagine si sposta sulla retina e viene vista nitidamente.

C. La lente divergente è sagomata in modo da formare un'immagine virtuale di un oggetto lontano nel punto remoto di un occhio miope.

Ipermetropia

farsightedness

Una persona **ipermètrope** vede bene gli oggetti lontani ma non mette a fuoco gli oggetti vicini. La distanza focale minima di un occhio ipermetrope è maggiore di quella di un occhio normale, quindi i raggi provenienti da un oggetto molto vicino formerebbero un'immagine nitida dietro la retina. In realtà la luce non può attraversare la retina, di conseguenza l'immagine che si forma su di essa è sfocata (**figura 38**).

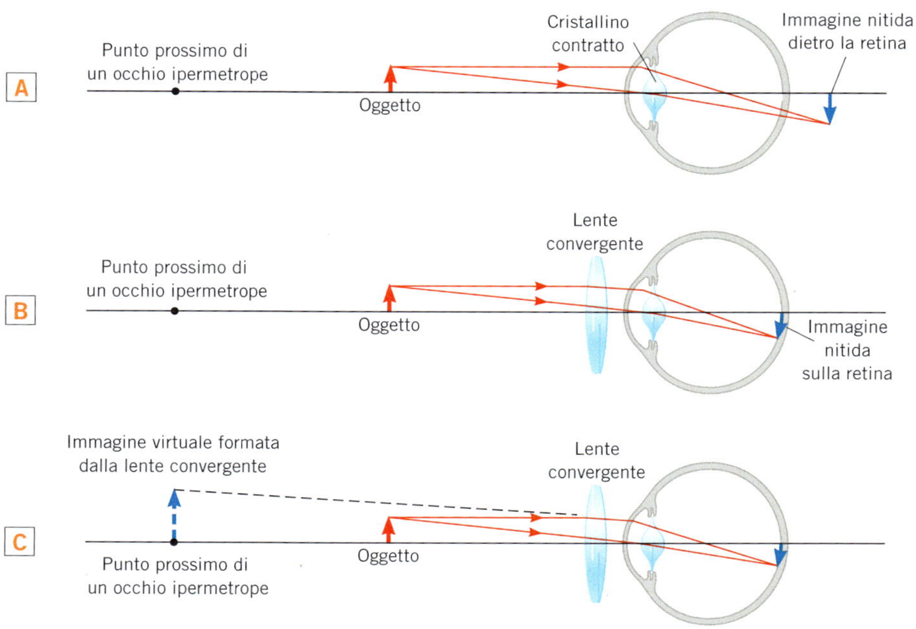

Figura 38

A. Quando una persona ipermetrope guarda un oggetto posto a una distanza minore di quella del punto prossimo del suo occhio, si formerebbe un'immagine nitida dell'oggetto dietro la retina, se la luce potesse passare al di là della retina. Siccome questo non è possibile, sulla retina si forma un'immagine sfocata dell'oggetto.

B. Mettendo una lente convergente davanti all'occhio, l'immagine si sposta sulla retina e viene vista nitidamente.

C. La lente convergente è sagomata in modo da formare un'immagine virtuale di un oggetto vicino nel punto prossimo di un occhio ipermetrope.

Il potere diottrico di una lente e la diottria

Per indicare il potere di rifrazione di una lente si usa nella pratica una grandezza chiamata **potere diottrico** della lente:

refractive power of a lens

$$\text{potere diottrico di una lente} = \frac{1}{f(\text{in metri})} \qquad [10]$$

Il potere diottrico di una lente si misura in una unità chiamata **diottria**:

diopter

$$1 \text{ diottria} = 1 \text{ m}^{-1}$$

13 LENTE DI INGRANDIMENTO, MICROSCOPIO, TELESCOPIO

Se si tiene una moneta alla distanza di un braccio, la moneta sembra più grande della Luna perché l'immagine della moneta che si forma sulla retina è più grande di quella formata dalla Luna. La dimensione dell'immagine dipende dall'angolo θ, detto **diametro angolare**, che questa sottende sulla retina: maggiore è l'angolo, maggiore ci appare la dimensione dell'oggetto che stiamo osservando. Come mostra la figura 39, l'angolo θ sotteso dall'immagine è uguale all'angolo sotteso dall'oggetto.

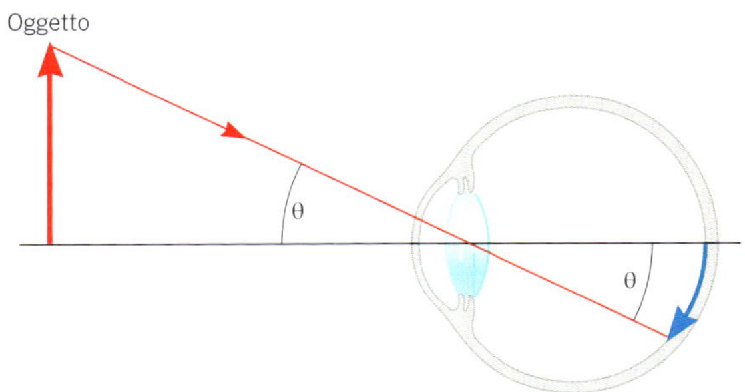

Figura 39
L'angolo θ è il diametro angolare sia dell'immagine sia dell'oggetto.

La misura in radianti dell'angolo θ è il rapporto tra l'arco di circonferenza sotteso da θ e il raggio della circonferenza (figura 40A). La figura 40B della figura mostra il diametro angolare θ di un oggetto di altezza h_o visto da un osservatore che si trova a una distanza p da esso. Quando θ è piccolo, h_o e p sono approssimativamente uguali all'arco e al raggio della circonferenza, perciò

$$\theta \text{ (in radianti)} = \text{diametro angolare} \approx \frac{h_o}{p}$$

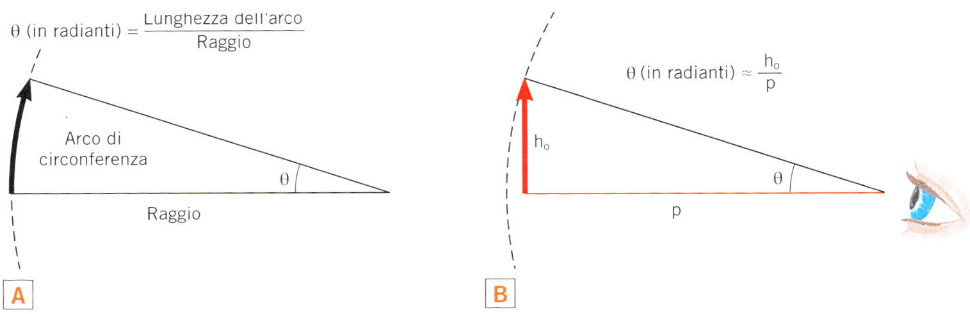

Figura 40
A. La misura in radianti dell'angolo θ è il rapporto tra la lunghezza dell'arco di circonferenza che lo sottende e il raggio della circonferenza.
B. Per angoli piccoli (uguali o minori di 9°) θ è approssimativamente uguale al rapporto h_o/p, dove h_o e p sono l'altezza dell'oggetto e la sua distanza dall'osservatore.

Uno strumento ottico, per esempio una lente d'ingrandimento, permette di vedere oggetti piccoli o lontani perché le immagini che forma sulla retina sono più grandi di quelle degli oggetti visti a occhio nudo. Uno strumento ottico, cioè, ingrandisce il diametro angolare di un oggetto.

L'**ingrandimento angolare** M di uno strumento ottico è il rapporto tra il diametro angolare θ' dell'immagine prodotta dallo strumento e il diametro angolare θ dell'oggetto visto senza lo strumento:

angular magnification

Ingrandimento angolare $$M = \frac{\theta'}{\theta} \quad [11]$$

La lente d'ingrandimento

Una lente convergente è lo strumento ottico più semplice che produce un ingrandimento angolare. Per questo strumento, θ è il diametro angolare dell'oggetto posto a una distanza dall'occhio uguale alla distanza del punto prossimo e visto senza la lente. Poiché un oggetto posto a una distanza minore di quella del punto prossimo non produce un'immagine nitida sulla retina, θ è il più grande diametro angolare che si può vedere senza l'aiuto di una lente d'ingrandimento. La **figura 41A** mostra che il diametro angolare dell'oggetto è $\theta \approx h_o/N$, dove N è la distanza del punto prossimo. Per calcolare θ' ricordiamo che una lente d'ingrandimento è di solito formata da una sola lente convergente e che l'oggetto viene messo tra la lente e il fuoco. In questa situazione, la **figura 41B** mostra che la lente forma un'immagine virtuale diritta e ingrandita rispetto all'oggetto.

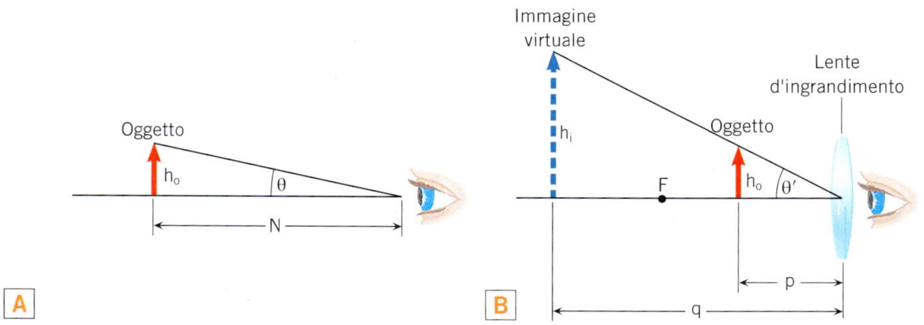

Figura 41
A. Senza la lente d'ingrandimento, il diametro angolare θ maggiore si vede quando l'oggetto è posto nel punto prossimo dell'occhio, a una distanza N.
B. Una lente d'ingrandimento produce un'immagine ingrandita e virtuale di un oggetto posto a una distanza dalla lente minore della distanza focale. Il diametro angolare sia dell'immagine sia dell'oggetto è θ'.

Quando l'occhio è vicino alla lente d'ingrandimento, il diametro angolare θ' visto dall'occhio è $\theta' \approx h_o/p$, dove p è la distanza dell'oggetto. Perciò

$$M = \frac{\theta'}{\theta} = \frac{\frac{h_o}{p}}{\frac{h_o}{N}} = \frac{N}{p}$$

Sappiamo che p è legata alla distanza dell'immagine q e alla distanza focale f della lente dall'equazione delle lenti sottili:

$$\frac{1}{p} = \frac{1}{f} - \frac{1}{q}$$

Sostituendo questo valore di $1/p$ nell'espressione precedente di M, si ottiene

Ingrandimento angolare di una lente d'ingrandimento $$M = \frac{\theta'}{\theta} \approx \left(\frac{1}{f} - \frac{1}{q}\right) N \quad [12]$$

Il microscopio composto

Per ottenere un ingrandimento angolare maggiore di quello ottenibile con una lente d'ingrandimento, si può aggiungere un'altra lente convergente per formare un'immagine «preingrandita» dell'oggetto, che funziona come oggetto per la lente d'ingrandimento. Lo strumento ottico che usa questa combinazione di lenti è chiamato **microscopio composto** (figura 42) la lente d'ingrandimento è detta *oculare* e la lente convergente aggiuntiva *obiettivo*.

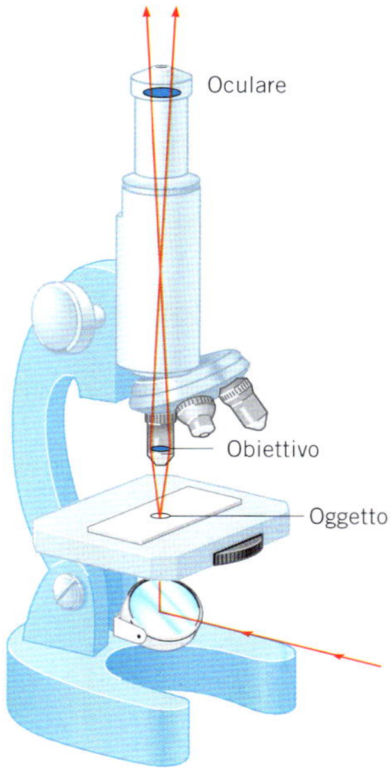

Figura 42
Un microscopio composto.

L'ingrandimento angolare di un microscopio ottico è $M = \theta'/\theta$, dove θ' e θ sono le dimensioni angolari rispettivamente dell'immagine finale e dell'oggetto posto nel punto prossimo. Quindi $\theta = h_o/N$, dove N è la distanza dall'occhio del punto prossimo e h_o la dimensione dell'oggetto. Quando l'oggetto è posto subito al di là del fuoco F_o dell'obiettivo, come nella figura 43 e l'immagine finale è molto lontana dall'oculare (cioè all'infinito), si dimostra che

Ingrandimento angolare di un microscopio composto

$$M \approx -\frac{(L - f_e)N}{f_o f_e} \quad (L > f_o + f_e) \qquad [13]$$

Nell'equazione [13] f_o e f_e sono rispettivamente la distanza focale dell'obiettivo e quella dell'oculare e L è la distanza tra le due lenti. Perché l'equazione [13] sia valida, L deve essere maggiore della somma di f_o e f_e. L'ingrandimento angolare è tanto maggiore quanto minori sono f_o e f_e e quanto maggiore è L.

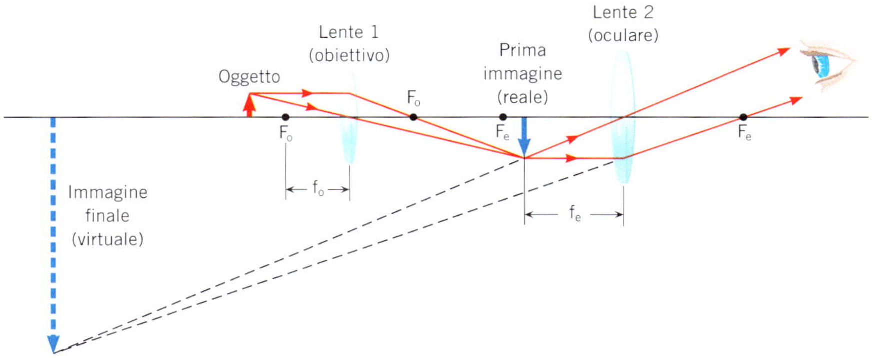

Figura 43
La combinazione di due lenti convergenti raffigurata può essere usata come microscopio composto per produrre un'immagine virtuale, ingrandita e capovolta di un oggetto.

Il telescopio

Il telescopio è uno strumento ottico che fornisce immagini ingrandite di oggetti molto lontani, come i pianeti. Poiché l'oggetto è di solito molto lontano, i raggi che incidono sul telescopio sono praticamente paralleli e la «prima immagine» si forma subito dopo il fuoco F_o dell'obiettivo, come nella **figura 44A**. La prima immagine è reale e capovolta. A differenza della prima immagine del microscopio composto, in questo caso l'immagine è *rimpicciolita* rispetto all'oggetto. Se, come nella **figura 44B**, il telescopio è costruito in modo che la prima immagine si formi subito dopo il fuoco F_e dell'oculare, l'oculare funziona come una lente d'ingrandimento e forma un'immagine dell'oggetto che è molto ingrandita, virtuale e a distanza praticamente infinita, così che può essere vista con l'occhio completamente a riposo.

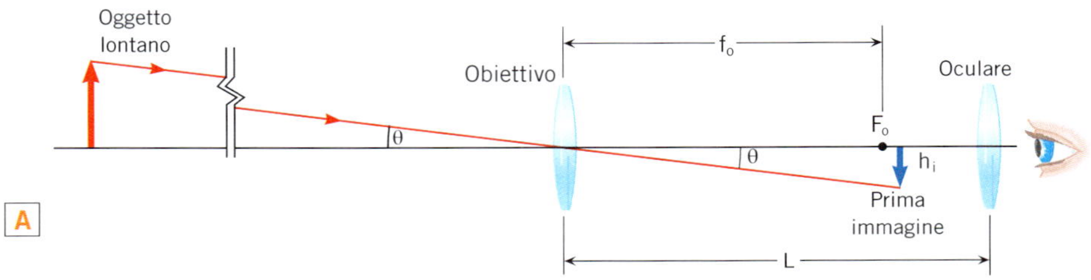

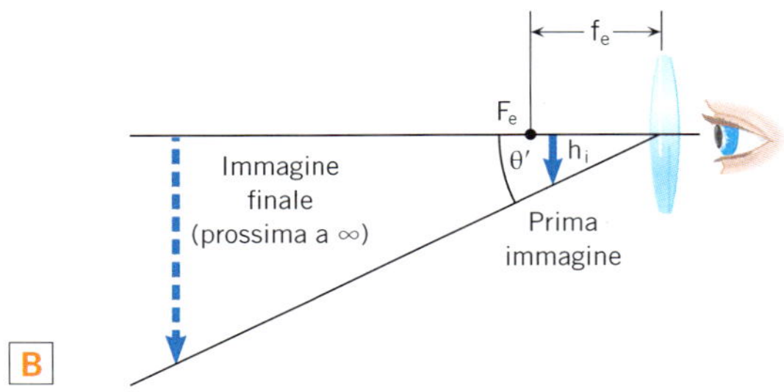

Figura 44
A. Il telescopio astronomico è impiegato per vedere oggetti molto lontani. L'obiettivo forma una prima immagine reale e capovolta.
B. L'oculare ingrandisce la prima immagine e produce un'immagine finale praticamente all'infinito.

L'ingrandimento angolare M di un telescopio è il rapporto tra il diametro angolare θ' dell'immagine finale e il diametro angolare θ dell'oggetto. Per un oggetto che si trova a distanza astronomica, come un pianeta, il diametro angolare è praticamente uguale all'angolo θ sotteso dall'oggetto quando è visto dall'obiettivo del telescopio (**figura 44A**). Inoltre θ è anche uguale al diametro angolare della prima immagine, che si forma a una distanza dalla lente quasi uguale alla distanza focale f_o. Quindi $\theta \approx -h_i/f_o$, dove h_i è l'altezza della prima immagine e f_o è la distanza focale dell'obiettivo. Il segno meno inserito in questa espressione di θ assicura che il rapporto $-h_i/f_o$, e quindi θ, sia positivo.

Per ottenere un'espressione di θ' consideriamo la **figura 44B** e osserviamo che la prima immagine si forma molto vicino al fuoco F_e dell'oculare, che ha una distanza focale f_e. Perciò $\theta' \approx h_i/f_e$. L'ingrandimento angolare di un telescopio è dato approssimativamente da

Ingrandimento angolare di un telescopio

$$M = \frac{\theta'}{\theta} = \frac{\dfrac{h_o}{f_e}}{-\dfrac{h_o}{f_o}} = -\frac{f_o}{f_e} \qquad [14]$$

L'ingrandimento angolare è determinato dal rapporto tra la distanza focale dell'obiettivo e quella dell'oculare. Per ottenere un ingrandimento molto forte, l'obiettivo deve avere una distanza focale molto grande e l'oculare una distanza focale molto piccola.

I CONCETTI FONDAMENTALI

LOSAI? RIPASSA CON LO SMARTPHONE

1 I RAGGI LUMINOSI

Un raggio luminoso è un fascio di luce molto sottile che si propaga in linea retta e si può rappresentare con un segmento di retta.

Velocità della luce nel vuoto: $c = 3{,}00 \times 10^8$ m/s.

2 LA RIFLESSIONE DELLA LUCE

Il raggio incidente, il raggio riflesso e la normale alla superficie riflettente nel punto di incidenza giacciono tutti sullo stesso piano e $\theta_i = \theta_r$.

3 GLI SPECCHI PIANI

L'immagine formata da uno **specchio piano** ha tre proprietà:

- è *diritta*;
- ha le *stesse dimensioni* dell'oggetto;
- è *virtuale* e collocata dietro lo specchio a una distanza da esso uguale a quella fra l'oggetto e lo specchio.

4 GLI SPECCHI SFERICI

Specchio **concavo**

$$f = \frac{1}{2}R$$

- f: distanza focale
- R: raggio di curvatura

Specchio **convesso**

$$f = -\frac{1}{2}R$$

5 EQUAZIONE DEI PUNTI CONIUGATI PER GLI SPECCHI SFERICI

$$\frac{1}{p} + \frac{1}{q} = \frac{1}{f}$$

- p: distanza dell'oggetto dallo specchio
- q: distanza dell'immagine dallo specchio
- f: distanza focale

$$G = -\frac{q}{p}$$

- G: ingrandimento

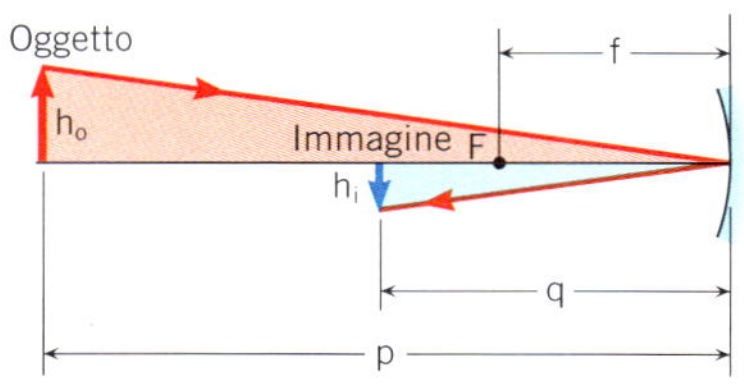

6 L'INDICE DI RIFRAZIONE

$$n = \frac{c}{v}$$

- n: indice di rifrazione del materiale
- c: velocità della luce nel vuoto (m/s)
- v: velocità della luce nel materiale

7 LEGGE DI SNELL PER LA RIFRAZIONE

$$n_1 \text{sen}\theta_1 = n_2 \text{sen}\theta_2$$

- n_1: indice di rifrazione 1
- θ_1: angolo del raggio incidente (rad)
- n_2: indice di rifrazione 2
- θ_2: angolo del raggio rifratto (rad)

8 LA RIFLESSIONE TOTALE

Quando l'angolo di incidenza è maggiore dell'angolo limite, il raggio rifratto manca: tutta la luce incidente viene riflessa all'interno del mezzo da cui proveniva.

$$\text{sen}\theta_L = \frac{n_2}{n_1} \quad (n_2 < n_1)$$

- θ_L: angolo limite (rad)
- n_2: indice di rifrazione 2
- n_1: indice di rifrazione 1

10 LE LENTI

Lente **convergente**

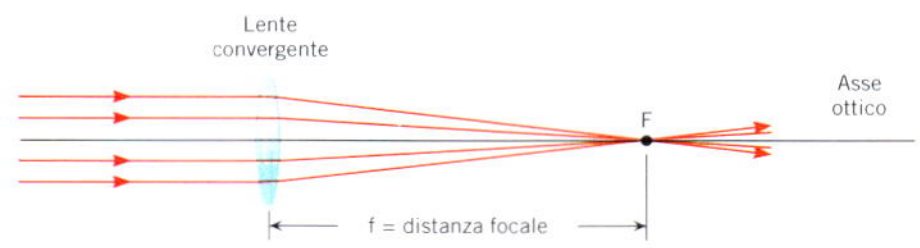

Lente **divergente**

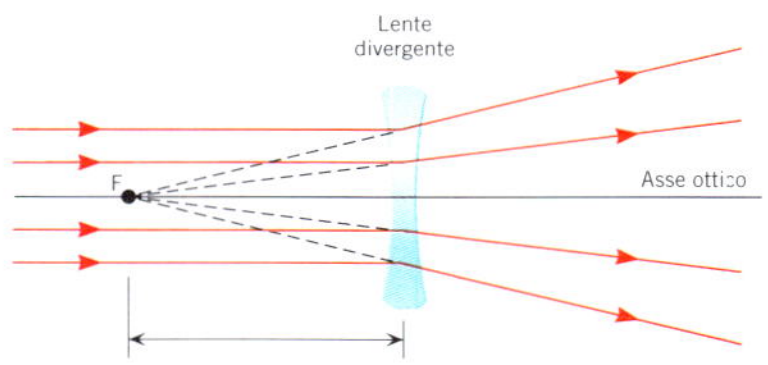

11 L'EQUAZIONE DELLE LENTI SOTTILI

$$\frac{1}{p} + \frac{1}{q} = \frac{1}{f}$$

- p: distanza dell'oggetto dalla lente
- q: distanza dell'immagine dalla lente
- f: distanza focale

$$G = -\frac{q}{p}$$

- G: ingrandimento

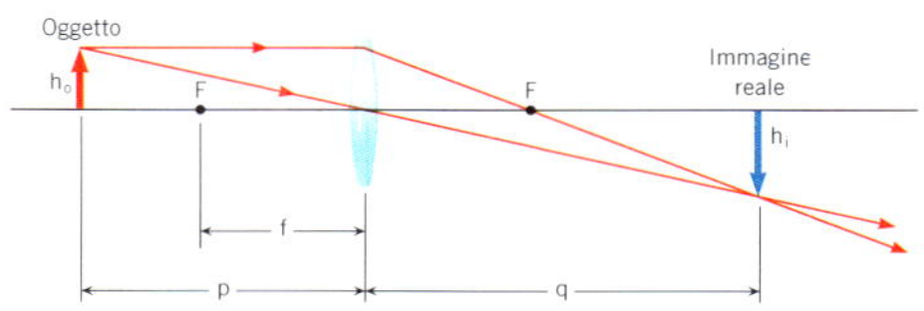

1 I RAGGI LUMINOSI
2 LA RIFLESSIONE DELLA LUCE
3 GLI SPECCHI PIANI

1 ★☆☆ Un raggio laser incide su uno specchio piano, formando un angolo con la superficie riflettente.

▶ Calcola l'angolo di incidenza θ_i e l'angolo di riflessione θ_r.

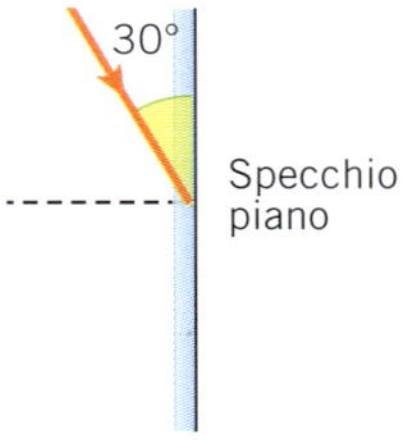

[60°; 60°]

2 ★☆☆ Una pedina degli scacchi è posta di fronte a uno specchio piano. La distanza tra la pedina e la sua immagine virtuale è 3,8 metri.

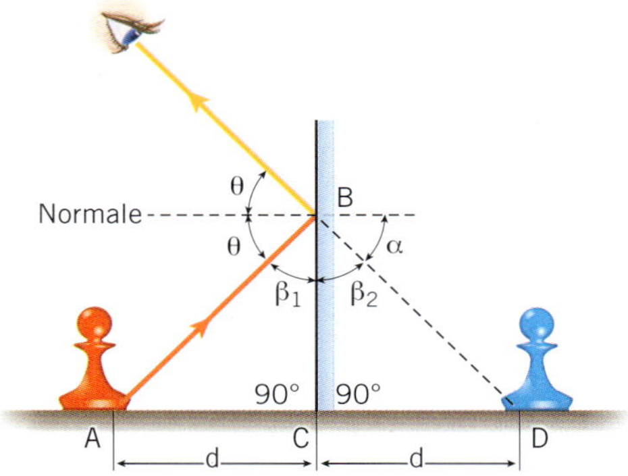

▶ Qual è la distanza tra pedina e specchio?

[1,9 m]

3 ★☆☆ Un puntatore laser è posto a 12 cm da uno specchio piano. Dal puntatore parte un raggio di luce che percorre 15 cm per giungere allo specchio.

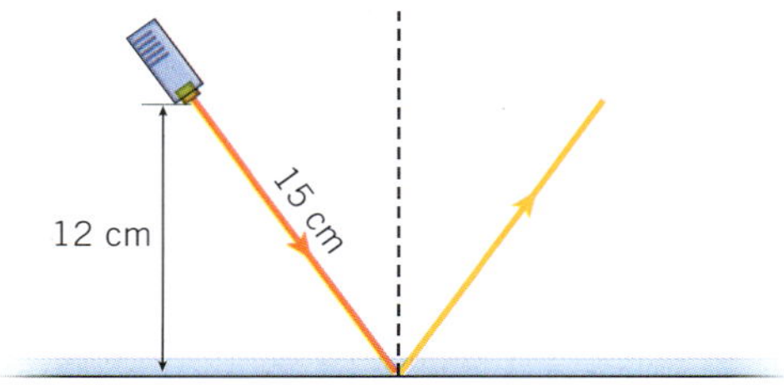

▶ Calcola l'angolo di incidenza sullo specchio.

[37°]

4 ★★☆ **QUANTI SU 100?**
L'angolo formato da un raggio luminoso con la superficie di uno specchio piano è pari al 42% dell'angolo retto.

▶ Calcola l'angolo di riflessione del raggio.

[52°]

5 ★★☆ Due specchi piani, S1 e S2, sono ortogonali tra loro. Un raggio luminoso arriva sullo specchio S1 con un angolo di incidenza di 55°.

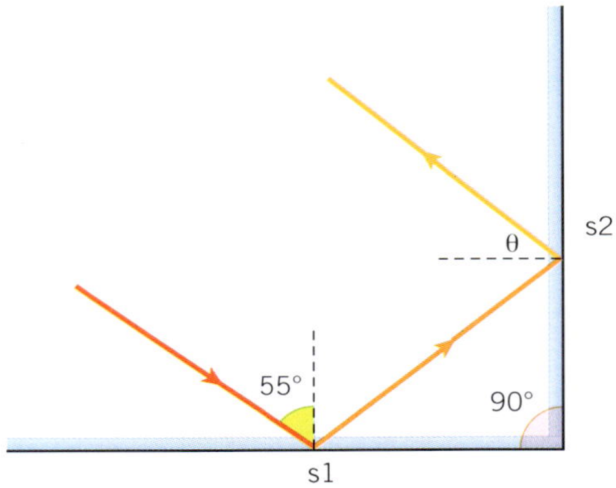

▶ Quanto vale l'angolo di riflessione θ sullo specchio S2?

[35°]

6 ★★☆ Due specchi piani formano un angolo di 110°. Un raggio luminoso incide su uno specchio e, dopo la riflessione da questo, arriva sul secondo specchio. L'angolo di riflessione con il secondo specchio è 60°.

▶ Calcola l'angolo di incidenza sul primo specchio.

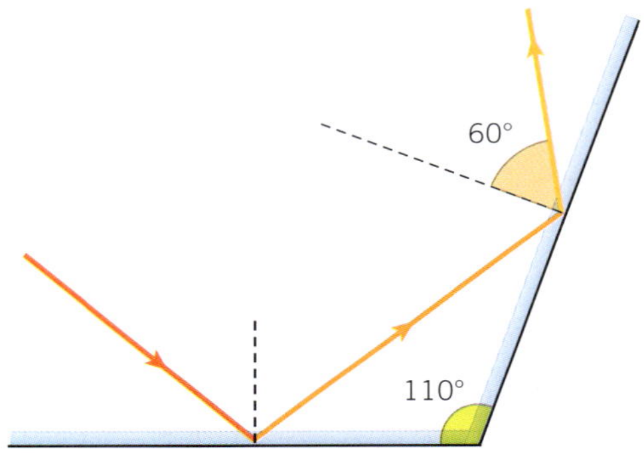

[50°]

7 ★★☆ Uno studente è alto 1,8 m e si trova davanti a uno specchio piano appeso 10 cm più in alto della sua testa. Lo studente non vede i suoi piedi riflessi nello specchio.

▶ Quanto è alto, al massimo, lo specchio?

[non più di 1,0 m]

8 ★★

Un puntatore laser è posto a 1,80 m di altezza e a una distanza di 1,10 m da uno specchio appeso a una parete. Il puntatore emette un raggio di luce che incide sullo specchio con un angolo di 33,0°.

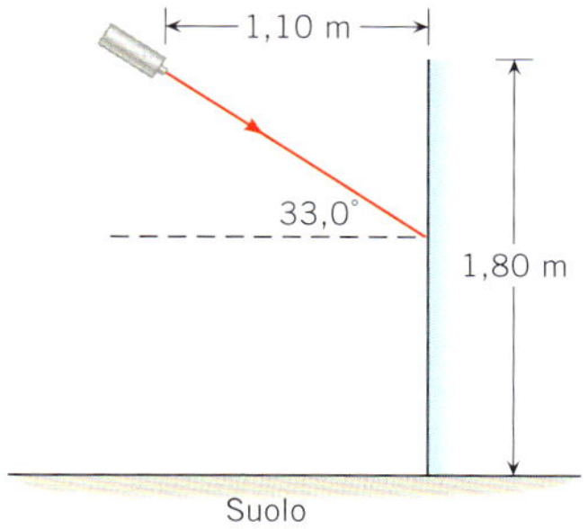

▶ A quale distanza dalla base dello specchio il raggio riflesso incide sul suolo?

[1,68 m]

9 ★★

Inclinando opportunamente uno specchio piano vogliamo illuminare il fondo di un pozzo. I raggi solari incidono sullo specchio con un angolo $\alpha = 28°$ rispetto all'orizzonte.

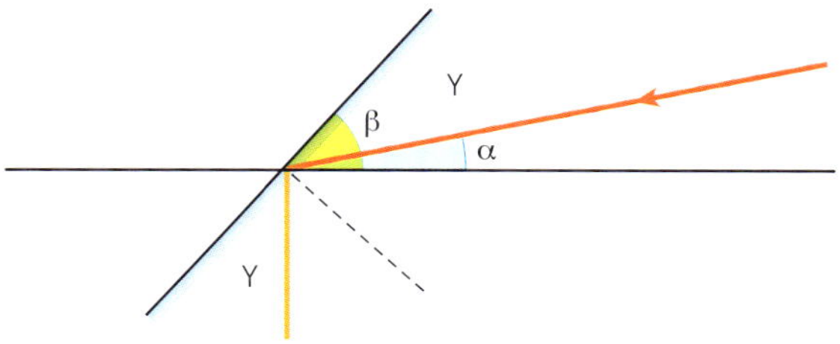

▶ Determina l'angolo β formato tra lo specchio e l'orizzonte.

[59°]

10 ★★

Due specchi piani lunghi 17 cm sono disposti parallelamente tra loro, alla distanza di 3,0 cm. Un raggio laser è diretto verso lo specchio superiore a partire dallo spigolo dello specchio inferiore.

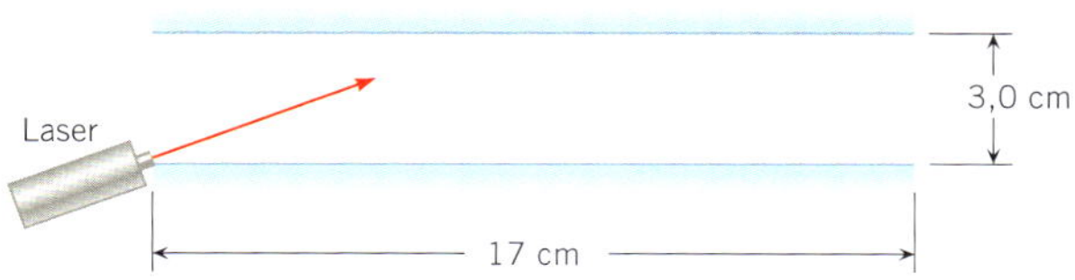

▶ Il raggio si riflette solo sullo specchio superiore. Qual è il minimo valore dell'angolo di incidenza?

[71°]

11 ★★★

Due specchi piani S1 e S2 sono ortogonali tra di loro. Un oggetto P viene posto nella regione compresa tra i due specchi. Un osservatore guarda verso lo specchio S2.

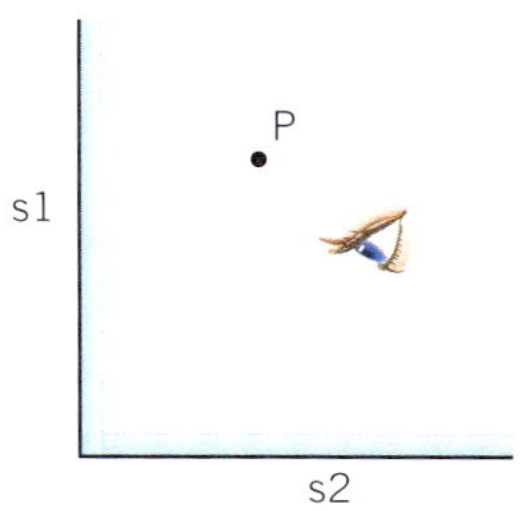

▶ Quante immagini virtuali dell'oggetto P vede l'osservatore?

[2]

4 SPECCHI SFERICI

12 ★

Un telescopio è costituito da uno specchio sferico concavo e ha un raggio di curvatura di 8,6 metri.

▶ Determina la distanza focale.

[4,3 m]

13 ★

Quando si pone un oggetto alla distanza di 0,10 metri da uno specchio sferico concavo, l'immagine si forma a molti metri di distanza.

▶ Stima il raggio di curvatura dello specchio.

[circa 0,20 m]

14 ★

Un tipo di telescopio, detto newtoniano, è costituito da uno specchio sferico concavo (1) che riflette i raggi luminosi su uno specchio piano (2). Lo specchio piano a sua volta li riflette su un oculare ingranditore O. Il raggio di curvatura dello specchio concavo è di 1,8 m e il telescopio osserva una sorgente astronomica a una distanza pressoché infinita.

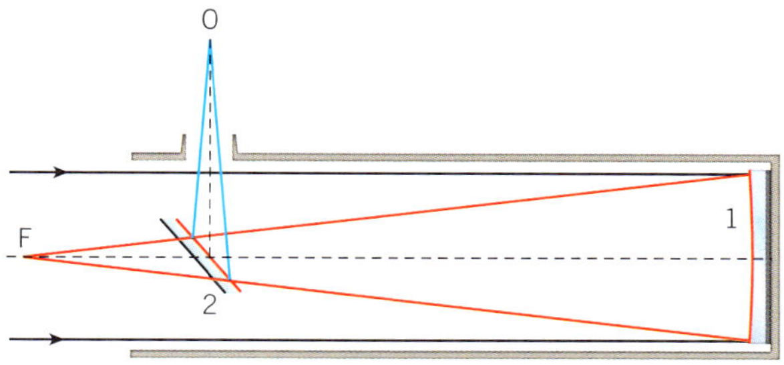

▶ Determina a quale distanza dallo specchio concavo si forma l'immagine in assenza dello specchio piano.

[0,9 m]

15 ★ **OCCHIO ALL'INCERTEZZA**

Misuriamo da punti diversi il raggio di curvatura di uno specchio concavo e otteniamo un valore di $(5{,}40 \pm 0{,}06)$ cm.

▶ Calcola la distanza focale e il suo errore assoluto.

[$(2{,}70 \pm 0{,}03)$ cm]

16 ★★ **QUANTI SU 100?**

Se si aumenta del 20% il raggio di curvatura di uno specchio sferico, la sua distanza focale aumenta di 4,0 cm.

▶ Calcola la distanza focale dello specchio.

[20 cm]

17 ★★

Disegna su un foglio di carta millimetrata uno specchio sferico concavo di distanza focale 5 cm. Poni un oggetto, rappresentato da un segmento verticale lungo 0,5 cm con l'estremo inferiore sull'asse ottico, davanti allo specchio a una distanza di 8 centimetri.

▶ Disegna i raggi principali emessi dal segmento per ricostruire l'immagine fornita dallo specchio.

ESERCIZI

18 ★★☆ Disegna su un foglio di carta millimetrata uno specchio sferico convesso di distanza focale −5 cm. Poni un oggetto, rappresentato da un segmento verticale alto 1,5 cm e con l'estremo inferiore sull'asse ottico, davanti allo specchio a una distanza di 6 cm.

▶ Disegna i raggi principali emessi dal segmento per ricostruire l'immagine fornita dallo specchio.

19 ★★☆ Disegna su un foglio di carta millimetrata, in scala di 1:100, uno specchio sferico concavo di distanza focale 5 m. Poni un oggetto, rappresentato da un segmento verticale lungo 50 cm e con l'estremo inferiore sull'asse ottico, davanti allo specchio a una distanza di 8 m.

▶ Disegna i raggi principali emessi dal segmento per ricostruire l'immagine fornita dallo specchio.

20 ★★★ Una sfera di alluminio viene usata come specchio convesso, perché la sua superficie riflette l'ambiente circostante. Il volume della sfera è 0,05 m^3.

▶ Determina la distanza focale dello specchio.

[−0,11 m]

21 ★★★ Utilizziamo una sfera d'argento del peso di 2,8 N come specchio sferico convesso. La densità dell'argento è $d = 10\,490\ kg/m^3$.

▶ Determina la distanza focale dello specchio ed esprimi il risultato in notazione scientifica.

[$-9{,}3 \times 10^{-3}$ m]

5 L'EQUAZIONE DEI PUNTI CONIUGATI PER GLI SPECCHI SFERICI

22 ★☆☆ Quando un oggetto è posto davanti a uno specchio sferico concavo alla distanza di 4,0 cm, si forma un'immagine reale a 9,0 cm dallo specchio.

▶ Determina la distanza tra l'oggetto e l'immagine.

[5,0 cm]

23 ★☆☆ Uno specchio sferico concavo è costruito in modo che quando un oggetto è posto a 8,6 cm da esso, si forma un'immagine virtuale 3,4 cm dietro lo specchio.

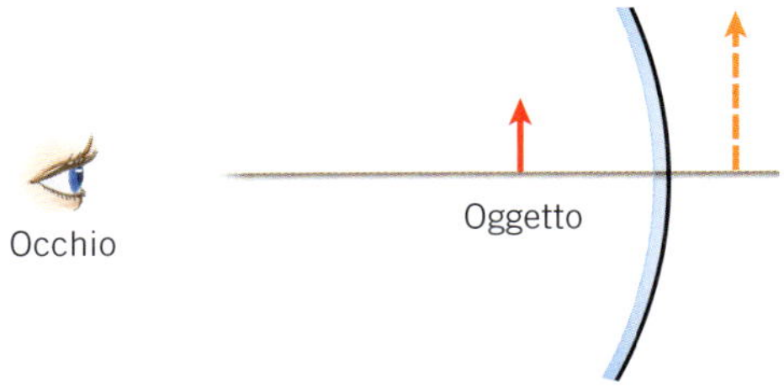

▶ Determina la distanza tra l'oggetto e l'immagine.

[12 cm]

24 ★☆☆ Un oggetto si trova a 4,3 cm da uno specchio sferico convesso. L'immagine dista 6,8 cm dall'oggetto.

▶ Determina la distanza dell'immagine dallo specchio.

[−2,5 cm]

25 PROBLEM SOLVING

Un oggetto alto 1,2 cm si trova a 6,0 cm da uno specchio sferico concavo. La base dell'oggetto è sull'asse ottico dello specchio, l'immagine che si forma è reale e l'ingrandimento è −2,0.

▶ Determina la distanza focale dello specchio.

▶ L'oggetto viene avvicinato allo specchio di 1,0 cm. Calcola l'ingrandimento dell'immagine.

Dati e incognite

Dati	Incognite
Altezza dell'oggetto: $h_0 = 1{,}2$ cm	Distanza focale: $f = ?$
Distanza dell'oggetto dallo specchio: $p = 6{,}0$ cm	Ingrandimento dell'immagine dell'oggetto: $G' = ?$
Ingrandimento: $G = -2{,}0$	
Spostamento dell'oggetto: $\Delta p = 1{,}0$ cm	

Il ragionamento

Poiché lo specchio è concavo e l'immagine è reale, le distanze dallo specchio dell'oggetto e dell'immagine sono espresse da numeri positivi. Usiamo la formula dell'ingrandimento dello specchio per determinare la posizione dell'immagine e l'equazione dei punti coniugati per determinare la distanza focale. Usiamo le stesse formule per determinare l'altezza dell'immagine quando l'oggetto viene spostato.

La soluzione

- Dall'ingrandimento calcoliamo la distanza q dell'immagine:

$$q = -Gp = -(-2{,}0)(6{,}0\ \text{cm}) = 12\ \text{cm}$$

Usiamo la legge dei punti coniugati per ricavare la distanza focale f:

$$\frac{1}{p} + \frac{1}{q} = \frac{1}{f} \quad \rightarrow \quad f = \frac{pq}{p+q} = \frac{(6{,}0\ \text{cm})(12{,}0\ \text{cm})}{(6{,}0\ \text{cm}) + (12{,}0\ \text{cm})} = 4{,}0\ \text{cm}$$

Quindi, allontanandoci dallo specchio incontriamo prima il fuoco, poi l'oggetto (in rosso nella figura) e infine l'immagine (in blu nella figura) ingrandita e capovolta:

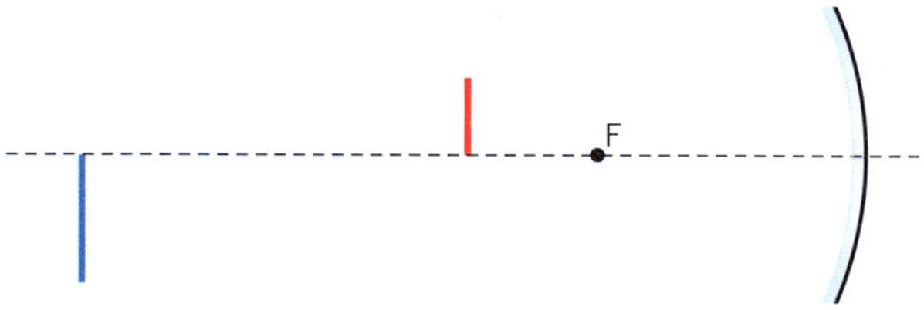

- Usiamo nuovamente la legge dei punti coniugati con la distanza finale $p' = p - \Delta p = 5{,}0$ cm dell'oggetto per determinare la distanza finale q' dell'immagine:

$$\frac{1}{p'} + \frac{1}{q'} = \frac{1}{f} \quad \rightarrow \quad q' = \frac{p'f}{p'-f} = \frac{(5{,}0\ \text{cm})(4{,}0\ \text{cm})}{(5{,}0\ \text{cm}) - (4{,}0\ \text{cm})} = 20\ \text{cm}$$

Ora l'ingrandimento è:

$$G' = -\frac{q'}{p'} = -\frac{(20\ \text{cm})}{(5{,}0\ \text{cm})} = -4{,}0$$

26 ★★★ Una candela alta 6,1 cm è posta a una distanza di 25 cm da uno specchio sferico concavo con una distanza focale di 14 cm.

▶ Determina la posizione dell'immagine. L'immagine è reale o virtuale? Diritta o capovolta?

▶ Calcola l'altezza dell'immagine.

[32 cm; −7,9 cm]

27 ★★★ Uno specchio convesso riflette la luce proveniente da un oggetto posto a una distanza di 66 cm. La distanza focale dello specchio è $f = -46$ cm.

▶ Calcola la posizione dell'immagine. L'immagine è reale o virtuale? Diritta o capovolta?

[−27 cm]

28 ★★★ **UN DATO IN PIÙ**
Un temperamatite alto 1,8 cm è posto davanti a uno specchio sferico concavo con una distanza focale di 12 cm. L'immagine si forma a una distanza di 0,80 m.

▶ Determina la posizione del temperamatite.

▶ Calcola l'ingrandimento dello specchio.

[14 cm; −5,7]

29 ★★★ Una matita alta 13 cm è posta a una certa distanza da uno specchio sferico concavo con un raggio di curvatura di 1,2 m. L'immagine si forma a una distanza di 90 cm.

▶ Determina la posizione della matita.

▶ Calcola l'ingrandimento dello specchio.

▶ Calcola l'altezza dell'immagine della matita. L'immagine è diritta o capovolta?

[180 cm, −0,50; −6,5 cm]

30 ★★★ **UN DATO IN PIÙ**
In uno specchio convesso l'immagine virtuale di un oggetto si forma 2,3 m dietro lo specchio stesso. L'oggetto è posto a una distanza di 3,8 m ed è alto 18 cm.

▶ Determina il raggio di curvatura dello specchio.

▶ Determina il fattore d'ingrandimento.

[12 m; 0,61]

6 L'INDICE DI RIFRAZIONE

31 ★★★ Calcola la velocità di un raggio di luce che si propaga in un vetro con indice di rifrazione $n = 1{,}5$. La velocità della luce nel vuoto è $c = 3{,}0 \cdot 10^8$ m/s.

[$2 \cdot 10^8$ m/s]

32 ★★★ Un raggio di luce si propaga in un mezzo alla velocità di $2{,}25 \cdot 10^8$ m/s. La velocità della luce nel vuoto è $c = 3{,}00 \cdot 10^8$ m/s.

▶ Calcola l'indice di rifrazione del mezzo.

▶ Determina di quale materiale si potrebbe trattare.

[1,33]

33 ★★★ Una lastra di vetro con indice di rifrazione $n = 1{,}5$ è spessa 4,0 mm.

- ▶ Calcola la velocità della luce nella lastra.
- ▶ Calcola quanto tempo impiega la luce ad attraversare perpendicolarmente la lastra.

[$2{,}0 \cdot 10^8$ m/s; $2{,}0 \cdot 10^{-11}$ s]

34 ★★★ **OCCHIO ALL'INCERTEZZA**
Misuriamo la velocità di un raggio di luce che si sta propagando in un mezzo alla velocità di $(2{,}631 \pm 0{,}003) \cdot 10^8$ m/s. In seguito misuriamo la velocità della luce nel vuoto ottenendo un valore di $(3{,}00 \pm 0{,}01) \cdot 10^8$ m/s.

- ▶ Determina l'indice di rifrazione del mezzo con il suo errore assoluto.

[$1{,}140 \pm 0{,}005$]

35 ★★★ **QUANTI SU 100?**
Misurando la velocità di un raggio luminoso si ottiene un valore del 33% più piccolo rispetto alla velocità della luce ($c = 3{,}0 \cdot 10^8$ m/s).

- ▶ Determina il valore dell'indice di rifrazione del mezzo.

[1,5]

36 ★★★ Un raggio di luce che parte dalla Terra impiega tra 2,0 e 3,0 s per raggiungere la Luna e tornare indietro.

- ▶ Stima la distanza tra Terra e Luna.

[$3{,}8 \cdot 10^8$ m]

37 ★★★ Un raggio di luce impiega $2{,}7 \cdot 10^{-10}$ s per attraversare una lastra di vetro di spessore $d = 4{,}8$ cm.

- ▶ Calcola l'indice di rifrazione del vetro di cui è fatta la lastra.

[1,7]

38 PROBLEM SOLVING

La figura mostra due lampi di luce emessi contemporaneamente da due sorgenti in A e B verso un punto P. Il lampo emesso da B attraversa l'aria, il cui indice di rifrazione è circa 1. Il lampo emesso da A attraversa prima una lastra di vetro, lunga 5,0 cm e con indice di rifrazione $n = 1{,}58$, e poi percorre un tratto di 7,2 cm in aria.

- ▶ Determina quale dei due lampi arriva per primo nel punto P.

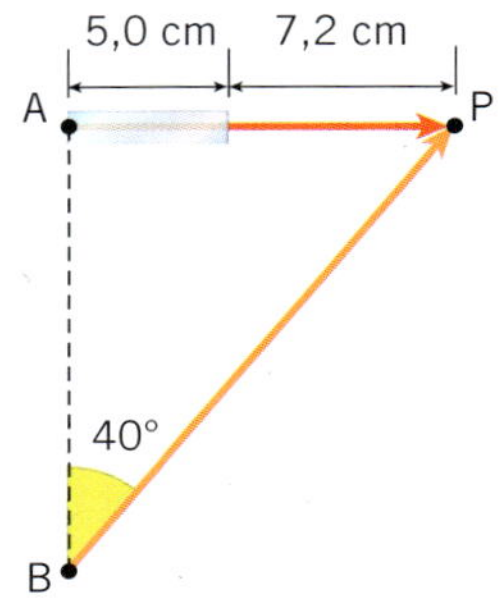

Dati e incognite

Dati	Incognite
Lunghezza della lastra di vetro: $L_v = 5{,}0$ cm	Tempo di percorrenza del lampo emesso da A: $\Delta t_A = ?$
Lunghezza percorsa in aria dal lampo emesso da A: $L_a = 7{,}2$ cm	Tempo di percorrenza del lampo emesso da B: $\Delta t_B = ?$
Indice di rifrazione del vetro: $n = 1{,}58$	
Angolo formato dai segmenti AB e BP: $\alpha = 40°$	

Il ragionamento

Calcoliamo la velocità della luce nel vetro, che è minore di quella in aria. Usiamo poi le leggi del moto rettilineo uniforme per calcolare i tempi dei due lampi e per determinare quale dei due lampi arriva prima nel punto P.

La soluzione

Calcoliamo la velocità della luce nel vetro:

$$v = \frac{c}{n} = \frac{3{,}0 \cdot 10^8 \text{ m/s}}{1{,}58} \approx 1{,}9 \cdot 10^8 \text{ m/s}$$

Calcoliamo la distanza percorsa dal lampo di luce emesso da B usando le formule trigonometriche:

$$\Delta s_B = BP = \frac{AP}{\sin 40°} = \frac{12{,}2 \text{ cm}}{\sin 40°} \approx 19 \text{ cm}$$

Il tempo impiegato dal lampo emesso da A è la somma dei tempi $\Delta t_{A,v}$ e $\Delta t_{A,a}$ che impiega ad attraversare prima il vetro, poi l'aria:

$$\Delta t_A = \Delta t_{A,v} + \Delta t_{A,a} = \frac{L_v}{v} + \frac{L_a}{c} = \frac{5{,}0 \cdot 10^{-2} \text{ m}}{1{,}9 \cdot 10^8 \text{ m/s}} + \frac{7{,}2 \cdot 10^{-2} \text{ m}}{3{,}0 \cdot 10^8 \text{ m/s}} \approx 5{,}0 \cdot 10^{-10} \text{ s}$$

Il tempo che impiega il lampo emesso da B invece è:

$$\Delta t_B = \frac{\Delta s_B}{c} = \frac{19 \cdot 10^{-2}\ \text{m}}{3{,}0 \cdot 10^{8}\ \text{m/s}} \approx 6{,}3 \cdot 10^{-10}\ \text{s}$$

Pertanto il lampo emesso da A arriva prima.

39 ★★☆ Due lampi di luce vengono emessi da due sorgenti A e B, immerse in acqua, verso un punto C, anch'esso immerso in acqua. Le sorgenti A e B hanno uguale distanza da C. L'indice di rifrazione dell'acqua è $n_1 = 1{,}3$. Il lampo emesso da B attraversa solo acqua; mentre il lampo emesso da A attraversa un cilindro di vetro lungo 32 cm con indice di rifrazione $n_2 = 1{,}5$ e poi l'acqua. I lampi di luce raggiungono C nello stesso istante.

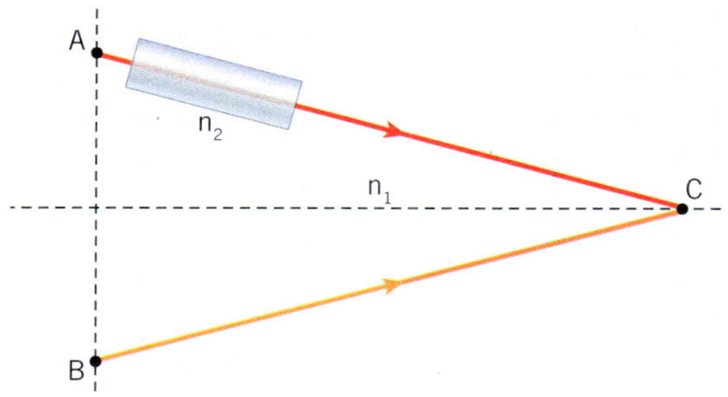

▶ Determina quanto tempo trascorre tra l'emissione del primo e del secondo lampo di luce.

[$2{,}1 \cdot 10^{-10}$ s]

7 LA LEGGE DI SNELL PER LA RIFRAZIONE

40 ★☆☆ Un raggio di luce incide sulla superficie piana che separa l'aria da un mezzo trasparente. L'angolo di incidenza è 45°, l'angolo di rifrazione è 30°. Approssima l'indice di rifrazione dell'aria a 1.

▶ Calcola l'indice di rifrazione del mezzo.

[1,4]

41 ★☆☆ Un raggio solare incide con un angolo di 30,0° su un cubetto di ghiaccio con indice di rifrazione $n_2 = 1{,}309$. L'aria ha indice di rifrazione approssimabile a $n_1 = 1{,}00$.

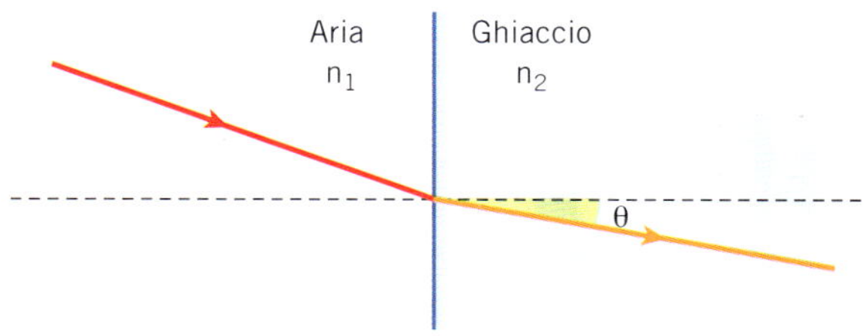

▶ Calcola l'angolo di rifrazione del raggio.

[22,5°]

42 ★☆☆ Un raggio di luce che viaggia in aria incide sulla superficie di un lago. Approssimiamo l'indice di rifrazione dell'aria con $n_1 = 1{,}00$ e l'indice di rifrazione dell'acqua con $n_2 = 1{,}33$. L'angolo di rifrazione è 38,0°.

▶ Determina l'angolo di incidenza.

[55,0°]

43 ★★☆ Un fascio di luce si propaga nell'aria e incide su un materiale trasparente. Gli angoli di incidenza e di rifrazione sono, rispettivamente, 63° e 47°.

▶ Calcola la velocità della luce nel mezzo trasparente.

[$2{,}5 \cdot 10^{8}$ m/s]

44 ★★☆ Il faro di una barca è utilizzato per illuminare una cassa immersa in mare a una profondità di 8,0 m. Sott'acqua la luce percorre 4,8 m in orizzontale per illuminare l'oggetto.

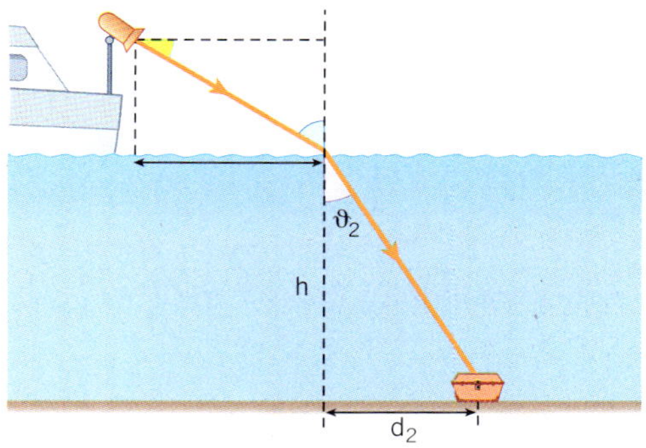

▶ Calcola con quale angolo d'incidenza della luce sull'acqua si illumina la cassa.

[43°]

45 ★★☆ **UN DATO IN PIÙ**

Un fascio di luce incide su una spessa lastra di vetro con un angolo di 40°. L'indice di rifrazione dell'aria è $n_1 = 1$ mentre l'indice di rifrazione del vetro è $n_2 = 1{,}523$.

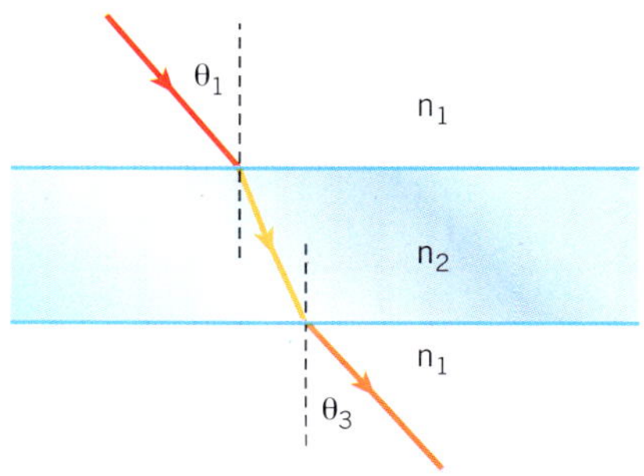

▶ Determina l'angolo di uscita del fascio di luce dalla lastra di vetro.

[40°]

46 ★★★ Un raggio di luce attraversa una lastra di vetro. L'angolo di incidenza è 30,0°, lo spessore della lastra è 6,00 mm e l'indice di rifrazione del vetro è 1,52.

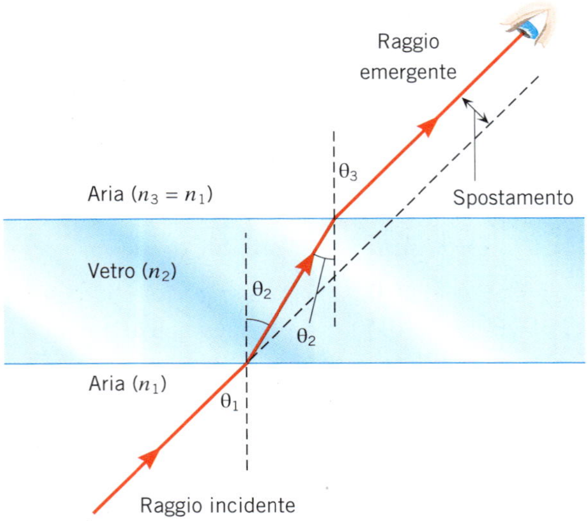

▶ Calcola lo spostamento laterale del raggio di luce emergente dall'altra parte del vetro rispetto al raggio incidente.

[1,2 mm]

8 LA RIFLESSIONE TOTALE

47 ★★★ L'angolo limite per il passaggio di un raggio di luce da un pezzo di vetro all'aria è 34°.

▶ Calcola l'indice di rifrazione del pezzo di vetro.

[1,8]

48 ★★★ Un raggio di luce si propaga da un vetro con indice di rifrazione $n_1 = 1{,}71$ in acqua (indice di rifrazione $n_2 = 1{,}33$).

▶ Calcola l'angolo limite per la rifrazione del raggio di luce.

[51°]

49 ★★★ **QUANTI SU 100?**
Due diverse qualità di vetro hanno indici di rifrazione differenti. L'angolo limite di rifrazione con l'aria del primo vetro è 46°, l'indice di rifrazione del secondo vetro supera quello del primo del 5,0%.

▶ Calcola l'indice di rifrazione del secondo vetro.

[1,5]

50 PROBLEM SOLVING

Un raggio di luce attraversa un diamante (indice di rifrazione $n_1 = 2{,}42$) e arriva alla superficie di separazione tra il diamante e l'aria con un angolo di incidenza di 28°.

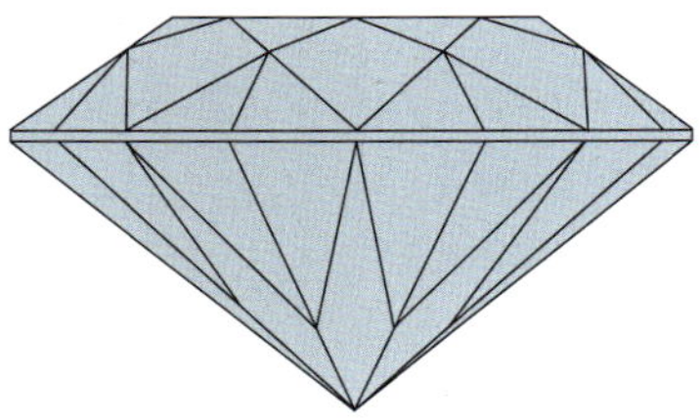

▶ Stabilisci se il raggio esce dal diamante oppure viene riflesso internamente.

▶ La risposta cambia se il diamante è immerso in acqua (indice di rifrazione $n_2 = 1{,}33$)?

Dati e incognite

Dati	Incognite
Angolo di incidenza: $\varphi = 28°$	Angolo limite nel caso di rifrazione in aria: $\theta_{L,1} = ?$
Indice di rifrazione del diamante: $n_1 = 2{,}42$	Angolo limite nel caso di rifrazione in acqua: $\theta_{L,2} = ?$
Indice di rifrazione dell'acqua: $n_2 = 1{,}33$	

Il ragionamento

All'esterno del diamante si trova un mezzo (l'aria o l'acqua) con indice di rifrazione minore di quello del diamante. Alla superficie di separazione tra il diamante e l'esterno, il raggio di luce può subire una rifrazione oppure una riflessione totale. Calcoliamo l'angolo limite per i due mezzi per stabilire quale dei due fenomeni avviene in ciascun caso.

La soluzione

- Quando il diamante è circondato da aria, l'angolo limite è

$$\theta_{L,1} = \sin^{-1}\left(\frac{n_{aria}}{n_1}\right) = \sin^{-1}\left(\frac{1,0}{2,42}\right) \approx 24°$$

In questo caso l'angolo di incidenza $\varphi = 28°$ è maggiore dell'angolo limite e il raggio viene riflesso totalmente all'interno del diamante.

- Quando il diamante è circondato da acqua, l'angolo limite è:

$$\theta_{L,2} = \sin^{-1}\left(\frac{n_2}{n_1}\right) = \sin^{-1}\left(\frac{1,33}{2,42}\right) \approx 33°$$

In questo caso l'angolo di incidenza $\varphi = 28°$ è minore dell'angolo limite, il raggio viene rifratto ed esce dal diamante.

51 ★★★ Un raggio luminoso si propaga nel vetro e incide con un angolo di 40° su una superficie di acqua. Il vetro ha indice di rifrazione $n_1 = 1,523$ e l'acqua ha indice di rifrazione $n_2 = 1,333$.

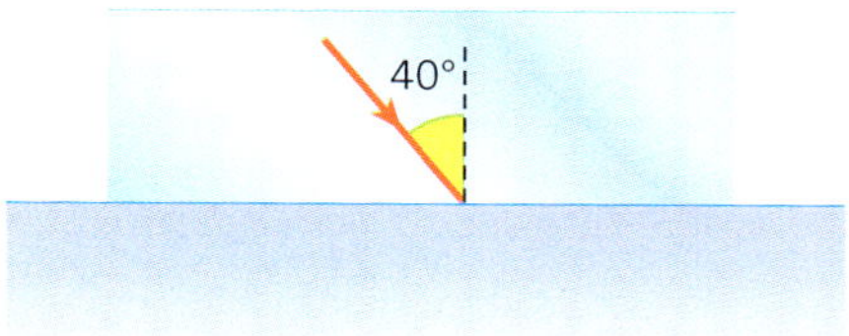

▶ Stabilisci se il raggio esce dal vetro oppure viene riflesso internamente.

[esce dal vetro]

52 ★★★ La figura rappresenta la sezione longitudinale di una fibra ottica formata da un nucleo di vetro Flint ($n_{Flint} = 1,667$) circondato da un mantello di vetro Crown ($n_{Crown} = 1,523$).

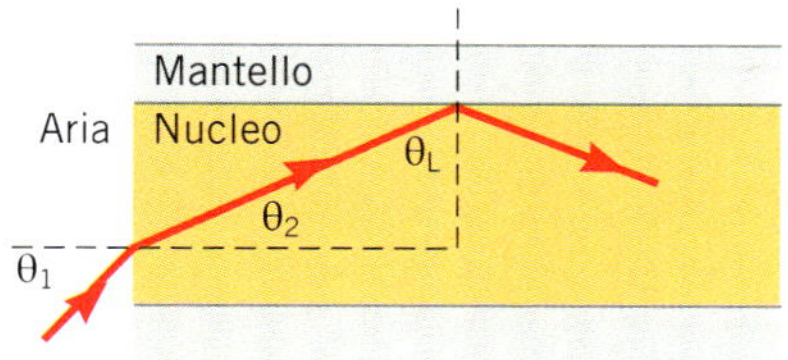

Un raggio di luce entra nella fibra ottica e incide sulla superficie di separazione tra il nucleo e il mantello con angolo uguale all'angolo limite e viene riflesso totalmente.

▶ Calcola l'angolo di incidenza θ_1 tra il raggio proveniente dall'aria e il nucleo della fibra.

[42,67°]

53 ★★★ Un raggio luminoso si propaga in acqua (indice di rifrazione $n_1 = 1,333$) e incide con un angolo di 75° su un altro mezzo di propagazione. Il raggio viene totalmente riflesso.

▶ Calcola il massimo valore possibile dell'indice di rifrazione del secondo mezzo.

[1,3]

54 ★★★ Un raggio di luce incide perpendicolarmente sulla superficie di un prisma di vetro a forma di triangolo rettangolo isoscele, immerso in acqua (indice di rifrazione $n_1 = 1,333$).

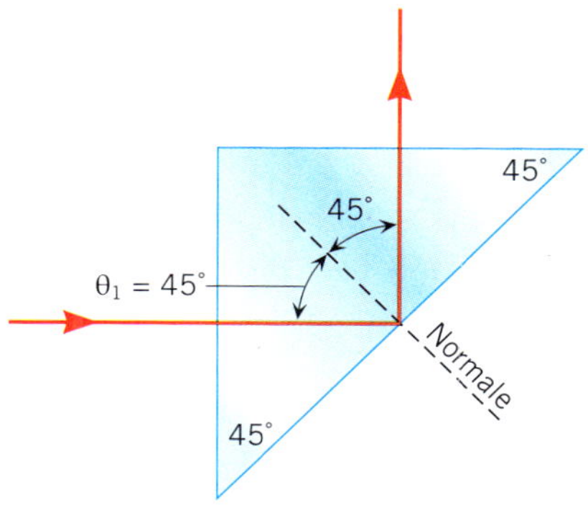

▶ Calcola il minimo valore dell'indice di rifrazione del prisma affinché riesca a deviare il raggio di luce ad angolo retto.

[1,9]

55 ★★★ Un fascio di luce si propaga in acqua e incide su una spessa lastra di vetro con un angolo θ. L'indice di rifrazione dell'acqua è $n_1 = 1,333$ mentre l'indice di rifrazione del vetro è $n_2 = 1,5$. Il raggio di luce entra nella lastra di vetro e arriva alla seconda superficie della lastra, che la separa dall'aria.

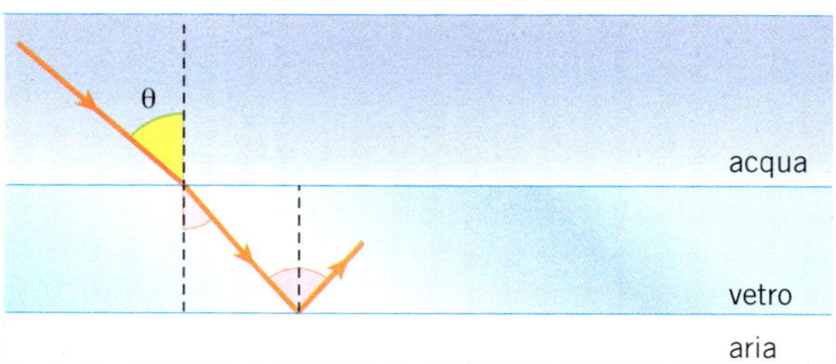

▶ Determina per quale valore dell'angolo di incidenza θ si verifica la riflessione totale della luce all'interno del vetro.

[49°]

9 LA DISPERSIONE DELLA LUCE
10 LE LENTI

56 ★★★ Disegna su un foglio di carta millimetrata una lente convergente biconvessa di distanza focale 4,0 cm. Poni un oggetto, rappresentato da un segmento verticale lungo 1,0 cm e con l'estremo inferiore sull'asse ottico, davanti alla lente a una distanza di 9,0 cm.

▶ Disegna i raggi principali emessi dal segmento per ricostruire l'immagine fornita dalla lente.

57 ★★★ Disegna su un foglio di carta millimetrata una lente divergente biconcava di distanza focale 3,0 cm. Poni un oggetto, rappresentato da un segmento verticale alto 1,0 cm e con l'estremo inferiore sull'asse ottico, davanti alla lente a una distanza di 8,0 cm.

▶ Disegna i raggi principali emessi dal segmento per ricostruire l'immagine fornita dalla lente.

58 ★★★ Disegna su un foglio di carta millimetrata una lente convergente biconvessa di distanza focale 3,0 cm. L'immagine di un oggetto si forma a 7,0 cm dal vertice della lente ed è alta 2,0 cm.

▶ Disegna i raggi principali per ricostruire la posizione e l'altezza dell'oggetto.

▶ L'oggetto è stato ingrandito?

59 ★★★ Disegna su un foglio di carta millimetrata una lente divergente biconcava di distanza focale 4 cm. Poni un oggetto, rappresentato da un segmento verticale alto 1,5 cm e con l'estremo inferiore sull'asse ottico, davanti alla lente a una distanza di 3,0 cm.

▶ Disegna i raggi principali emessi dal segmento per ricostruire l'immagine fornita dalla lente.

60 ★★★ Una sorgente luminosa alta 5 cm è posta a una distanza di 60 cm da una lente sottile biconvessa di lunghezza focale 10 cm.

▶ Disegna un diagramma con i raggi principali per ricostruire l'immagine fornita dalla lente.

11 L'EQUAZIONE DELLE LENTI SOTTILI

61 ★★★ Una sorgente luminosa è posta alla sinistra di una lente sottile biconvessa, a una distanza di 16 cm. L'immagine si forma a destra della lente, alla distanza di 22 cm.

▶ Calcola la distanza focale della lente.

[9,3 cm]

62 ★★★ **UN DATO IN PIÙ**
Un oggetto alto 12 cm è posto a una distanza di 22 cm da una lente sottile biconvessa di lunghezza focale 8,0 cm.

▶ A quale distanza, al di là della lente, si forma l'immagine dell'oggetto? L'immagine è diritta o capovolta?

[13 cm]

63 ★★★ Un oggetto è posto alla distanza di 15 cm dal centro di una lente sottile biconvessa di distanza focale 20 cm.

▶ A quale distanza si forma l'immagine dell'oggetto e da che parte rispetto alla lente? L'immagine è reale o virtuale?

[−60 cm]

64 ★★★ Un oggetto è posto alla distanza di 18 cm dal centro di una lente sottile biconcava di distanza focale −6,0 cm.

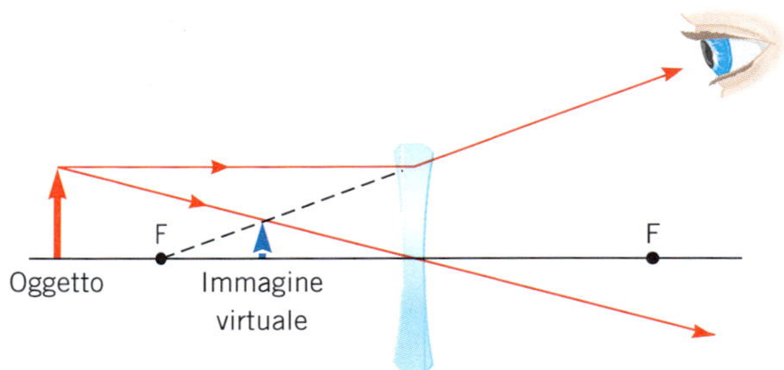

▶ A quale distanza si forma l'immagine dell'oggetto rispetto alla lente, e da che parte? L'immagine è reale o virtuale?

[−4,5 cm]

65 ★★★ Uno studente fotografa una torre alta 10 m da una distanza di 20 m. La macchina fotografica ha una lente convergente di distanza focale di 4,5 cm.

▶ Determina dove si forma l'immagine della torre e quindi dove è posizionato il sensore, rispetto alla lente, per catturare l'immagine.

▶ L'immagine formata è virtuale o reale?

▶ Calcola l'ingrandimento e l'altezza dell'immagine sul sensore.

[0,045 m; −0,0023; −0,023 m]

66 ★★★ **UN DATO IN PIÙ**
Uno studente usa una lente d'ingrandimento biconvessa di distanza focale 13 cm. Guarda un oggetto alto 15 cm la cui immagine si forma a 32 cm dalla lente.

▶ Calcola l'ingrandimento della lente.

[3,5]

67 ★★★ **QUANTI SU 100?**
Un oggetto è posto alla distanza di 1,0 m da una lente biconcava. La distanza dell'immagine è −40 cm.

▶ Calcola la distanza focale.

- Calcola l'ingrandimento della lente.
- Dove va posizionato l'oggetto per avere un'immagine grande quanto il 33% dell'oggetto?

[−67 cm; 0,4; 140 cm]

68 Una lente divergente ha distanza focale −35 cm e produce l'immagine virtuale di un oggetto alto 8,0 cm a una distanza di −18 cm dal centro della lente.

- Calcola la posizione dell'oggetto.
- Calcola l'ingrandimento della lente.
- Calcola l'altezza dell'immagine.

[37 cm; 0,49; 3,9 cm]

69 Una lente divergente di lunghezza focale $f_1 = -10$ cm si trova a sinistra di una lente convergente con lunghezza focale $f_2 = 30$ cm, a 20 cm da essa. Un oggetto alto 3,0 cm è posto a sinistra della prima lente, esattamente nel suo fuoco.

- Calcola la distanza tra l'immagine finale e la lente convergente. Dove si trova l'immagine?
- Calcola l'altezza dell'immagine finale.

[−150 cm; 9,0 cm]

70 Due lenti convergenti distano 24 cm tra loro. La distanza focale di entrambe è 12 cm. Un oggetto è posto 36 cm a sinistra della lente di sinistra.

- Calcola la distanza dell'immagine finale dalla lente di destra. Dove si trova l'immagine finale?

[−12 cm]

12 L'OCCHIO

71 Una lente ha potere diottrico pari a 2,5 m^{-1}.

- Calcola la sua distanza focale.

[0,40 m]

72 Il punto prossimo di una persona ipermetrope si trova a 210 cm dall'occhio.

- Calcola la distanza focale della lente a contatto che questa persona deve usare per leggere un libro posto a 25 cm dagli occhi.
- Calcola il potere diottrico della lente.

[28 cm; 3,5 m^{-1}]

73 Francesca ha il punto remoto dell'occhio destro a 5,0 m e il punto remoto dell'occhio sinistro a 6,5 m.

- Calcola le diottrie delle lenti a contatto che Francesca deve usare per vedere distintamente oggetti molto lontani.

[−0,20; −0,15]

74 Giulio ha il punto prossimo a 138 cm e usa lenti a contatto con potere diottrico di 2,85 m^{-1} mentre legge un giornale.

- Calcola la minima distanza dagli occhi alla quale Giulio deve mettere il giornale.

[28,0 cm]

75 Una persona ipermetrope, che ha un punto prossimo distante 67 cm dai suoi occhi, usa occhiali che le permettono di leggere un giornale tenuto a 25 cm dagli occhi. Gli occhiali sono a 2,2 cm dagli occhi.

- Calcola la distanza focale degli occhiali.

[35 cm]

76 Una persona miope ha il punto remoto a soli 3,62 m. Corregge questo difetto usando lenti a contatto. Quando non usa le lenti, ha il punto prossimo a 25 cm.

- Calcola la distanza minima alla quale la persona può leggere distintamente un libro usando le lenti.

[27 cm]

13 LENTE DI INGRANDIMENTO, MICROSCOPIO, TELESCOPIO

77 Un oggetto è visto con diametro angolare di 0,060 rad. Con l'uso di una lente di ingrandimento, il diametro angolare di osservazione aumenta a 0,15 rad.

- Calcola l'ingrandimento angolare.

[2,5]

78 Un osservatore utilizza una lente che produce un ingrandimento angolare di 1,2. Il diametro angolare di un oggetto è di $2{,}4 \cdot 10^{-3}$ rad.

- Calcola il diametro angolare dell'immagine formata dalla lente.

[$2{,}9 \cdot 10^{-3}$ rad]

79 **UN DATO IN PIÙ**

Un oggetto, posto alla distanza di 20 cm da una lente, viene visto attraverso una lente con un diametro angolare di 0,080 rad. L'ingrandimento angolare con la lente è 0,83.

- Calcola il diametro angolare dell'oggetto quando non si usa la lente.

[0,096 rad]

80 Un osservatore ha il punto prossimo a 25 cm dall'occhio e il punto remoto all'infinito. Utilizza una lente d'ingrandimento con distanza focale di 4,5 cm per leggere. L'immagine della parola si forma a una distanza di −140 cm dalla lente.

- Determina l'ingrandimento angolare della lente.

L'osservatore adesso sposta il libro in modo che l'immagine si formi nel suo punto remoto.

- Determina l'ingrandimento angolare della lente in questo caso particolare.

[5,7; 5,6]

81 ★★★ Un microscopio composto è costituito da una lente obiettivo, con distanza focale di 1,4 cm, e da un oculare, con distanza focale di 0,80 cm. Le due lenti sono poste a una distanza di 7,0 cm l'una dall'altra. Uno studente con punto prossimo a 25 cm osserva con il microscopio.

▶ Calcola l'ingrandimento angolare del microscopio composto.

[−140]

82 ★★★ Un telescopio è costituito da una lente obiettivo di distanza focale 12 cm e da un oculare di distanza focale 5,0 mm.

▶ Determina l'ingrandimento angolare del telescopio.

[−24]

83 ★★★ Un telescopio sta osservando un pianeta con un diametro angolare di 0,02 rad. È costituito da una lente obiettivo di distanza focale 15 cm e da un oculare di distanza focale 8,0 mm.

▶ Calcola l'ingrandimento angolare del telescopio.

▶ Determina la dimensione angolare dell'immagine formata dal telescopio.

[−19; −0,38 rad]

84 ★★★ Un oggetto è osservato attraverso una lente, con ingrandimento angolare 8,5. Il diametro angolare è 2,4°.

▶ Calcola il diametro angolare dell'oggetto quando non si osserva con la lente. Il risultato dipende dalla scelta dell'unità di misura dei diametri angolari?

[0,28°]

85 ★★★ **UN DATO IN PIÙ**

Un osservatore, con punto remoto di 250 m, utilizza una lente d'ingrandimento con distanza focale di 7,2 cm per osservare un oggetto. L'immagine dell'oggetto si forma a una distanza di −100 cm dalla lente e con un ingrandimento angolare di 6,4.

▶ Determina il punto prossimo dell'osservatore.

▶ Determina il punto prossimo dell'osservatore se la dimensione angolare dell'oggetto fosse più grande del 25%.

[43 cm, 54 cm]

86 ★★★ Un osservatore, con un punto prossimo di 0,80 m, utilizza una lente d'ingrandimento biconvessa per osservare un oggetto. L'immagine dell'oggetto si forma a una distanza di −1,10 m dalla lente e ha un ingrandimento angolare di 7,8.

▶ Determina la distanza focale della lente.

[11 cm]

87 ★★★ Un microscopio composto è costituito da una lente obiettivo, con distanza focale di 1,2 cm, e da un oculare, con distanza focale di 0,70 cm. Uno studente con punto prossimo a 25 cm osserva con il microscopio e ottiene un ingrandimento angolare di −150.

▶ Determina la distanza tra obiettivo e oculare.

[5,7 cm]

PROBLEMI FINALI

88 ★★★ Due specchi piani M_1 e M_2 formano un angolo di 120°.

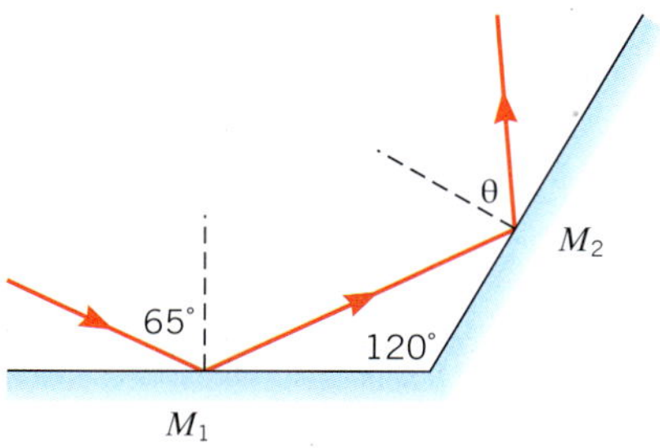

Un raggio di luce incide sullo specchio M_1 con angolo di incidenza di 65°.

▶ Calcola il valore dell'angolo di riflessione θ sullo specchio M_2.

[55°]

89 ★★★ Vogliamo deviare un raggio laser usando opportunamente uno specchio piano. Il raggio laser forma un angolo α = 24° con la direzione rappresentata nella figura dalla linea orizzontale.

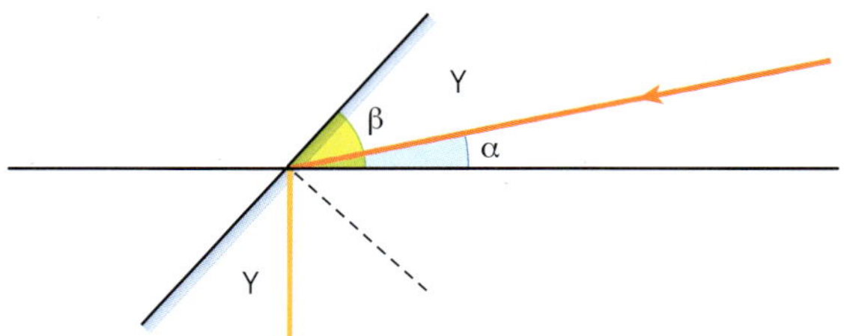

▶ Determina l'angolo γ formato tra lo specchio e il raggio laser.

[33°]

90 ★★☆ Due specchi piani di lunghezza 1,4 m sono posti parallelamente a una certa distanza. Un raggio laser colpisce un bordo dello specchio superiore con un angolo di 60° e viene riflesso esattamente 3 volte.

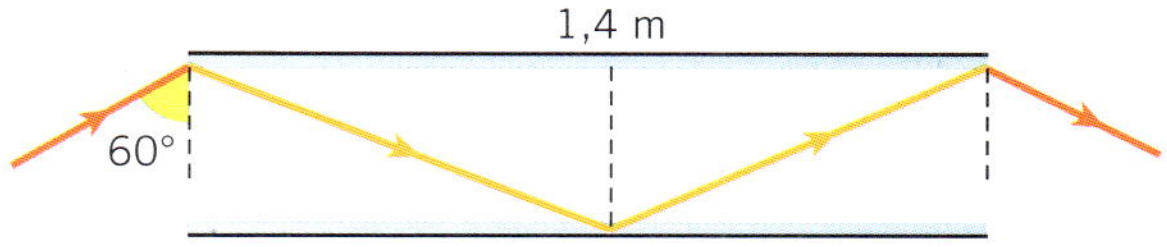

▶ Determina la distanza tra gli specchi.

▶ Calcola la distanza percorsa dal raggio laser nella regione compresa tra i due specchi.

[40 cm ; 1,6 m]

91 ★★☆ Due specchi piani lunghi 2,0 m sono nel vuoto, paralleli tra loro e a una distanza di 50 cm. Un raggio laser, che si propaga nel vuoto, incide sullo specchio superiore con un angolo di 45°.

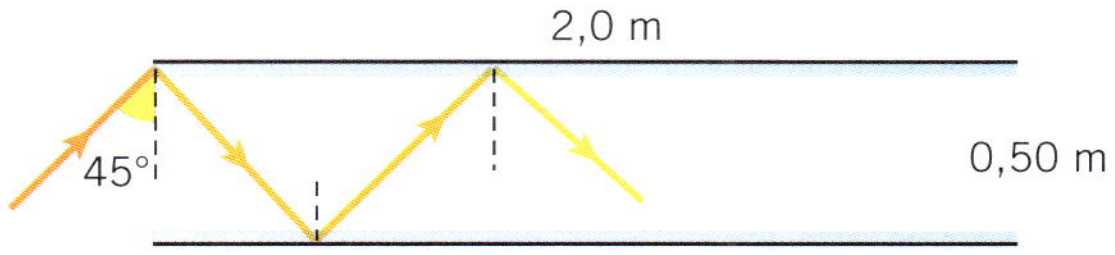

▶ Determina il numero di riflessioni del raggio laser nella regione di spazio compresa tra i due specchi.

▶ Calcola quanto tempo impiega il raggio laser per uscire dalla regione compresa tra i due specchi.

[5 ; $9,4 \cdot 10^{-9}$ s]

92 ★★☆ Un puntatore laser (il punto Q nella figura) dirige un raggio di luce verso uno specchio orizzontale lungo 6,0 cm. Il raggio viene riflesso nel punto centrale C dello specchio con un angolo di 37° verso uno schermo fino ad arrivare al punto P.

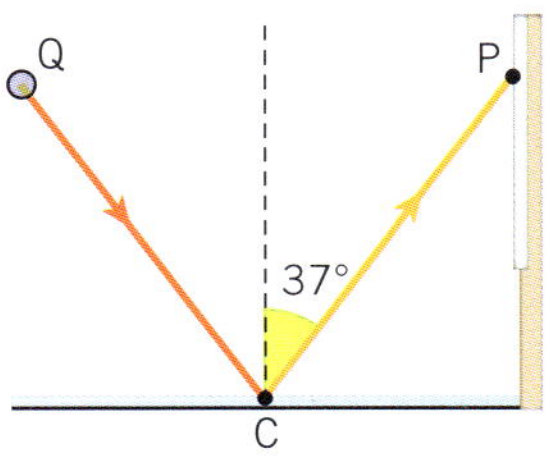

Lo specchio viene poi inclinato di 5,0° rispetto alla sua posizione iniziale in modo tale che il punto C rimanga fermo. Il raggio di luce viene però riflesso sullo schermo nel punto S.

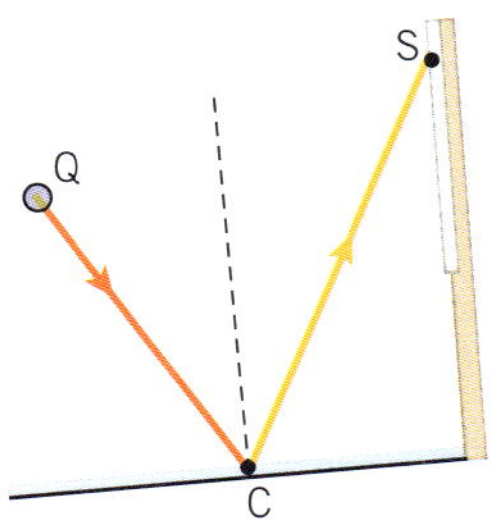

▶ Determina la distanza tra i punti P e S.

[$8,2 \cdot 10^{-3}$ m]

93 ★★☆ Una sfera di acciaio di densità $d = 7,5$ g/cm^3 e raggio $r = 0,038$ m può essere considerata uno specchio sferico convesso perché riflette gli oggetti circostanti.

▶ A che distanza dalla superficie della sfera si forma l'immagine di oggetti molto lontani?

▶ Calcola la massa della sfera.

[−0,019 m; 1,7 kg]

94 ★★☆ Una penna è posta di fronte a uno specchio sferico concavo che ha una distanza focale di 40 cm. L'immagine della penna è ingrandita 2,7 volte.

▶ Quanto dista la penna dallo specchio?

[25 cm]

95 ★★☆ Un raggio di luce impiega 0,42 ns per attraversare un mezzo trasparente di spessore 9,0 cm.

▶ Calcola l'indice di rifrazione del mezzo.

[1,4]

96 ★★☆ Un raggio di luce proveniente dall'aria incide obliquamente su una lastra di vetro spessa 0,83 cm e impiega 47 ps per attraversarla. L'indice di rifrazione del vetro è 1,48.

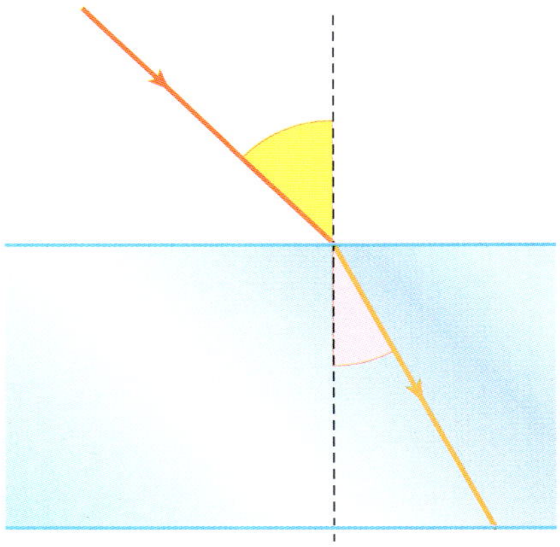

▶ Calcola l'angolo di incidenza del raggio sulla lastra.

[46°]

97 ★★★ Un puntatore laser (punto A nella figura) produce un raggio di luce che incide a 50° sulla superficie di separazione tra aria e acqua e procede poi fino a un sensore posizionato in acqua nel punto S. Il puntatore laser si trova 5,0 m sopra l'acqua, mentre il sensore si trova 8,0 m sotto l'acqua.

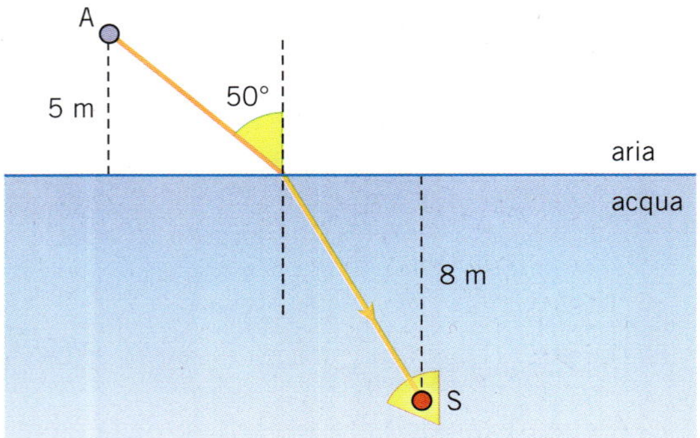

- Determina il tempo di propagazione del raggio luminoso dalla sorgente al rivelatore.

[$6{,}9 \cdot 10^{-8}$ s]

98 ★★★ Un orologiaio usa una lente d'ingrandimento biconvessa di distanza focale 17 cm e guarda un oggetto la cui immagine virtuale si forma a 44 cm dalla lente.

- Calcola la posizione dell'oggetto e l'ingrandimento della lente.

[12 cm; 3,7]

99 ★★★ Una candela si trova a 15 cm da uno specchio convesso. Quando lo specchio convesso viene sostituito da uno piano, l'immagine della candela si allontana di 7,0 cm.

- Calcola la distanza focale dello specchio convesso.

[−17 cm]

100 ★★★ Un gioielliere con un punto prossimo di 0,72 m utilizza una lente d'ingrandimento biconvessa per osservare una pietra preziosa. L'immagine della pietra si forma a una distanza di −1,5 m dalla lente e ha un ingrandimento angolare di 8.

- Determina la distanza focale della lente.

[9,6 cm]

101 ★★★ Aurora è miope: il suo punto remoto dista 6,0 m dai suoi occhi. Quando usa le lenti a contatto, Aurora vede distintamente suo fratello Davide, alto 2,0 m, che dista 18 m.

- Qual è la distanza dell'immagine di Davide?
- Qual è l'altezza dell'immagine formata dalle lenti a contatto?

[−4,5 m; 0,50 m]

102 ★★★ Un albero alto 6,5 m si trova a 5,1 m dalla sponda di uno stagno. Sull'altra sponda, che dista 12,4 m dalla prima, un uomo alto 1,7 m guarda lo stagno.

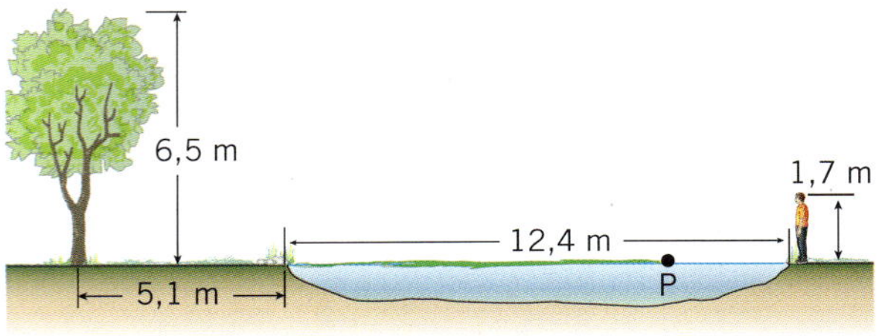

- Dimostra che l'uomo vede la cima dell'albero riflessa nello stagno.

Un raggio di luce parte dalla cima dell'albero, si riflette sulla superficie dello stagno nel punto P e poi raggiunge gli occhi dell'uomo.

- Determina la distanza tra l'albero e il punto P.

[14 m]

103 ★★★ Un raggio di luce si propaga in acqua (indice di rifrazione 1,33) e incide con un angolo di 68° su una lastra di vetro spessa 5,0 cm con indice di rifrazione 1,542. Oltre il vetro c'è l'aria.

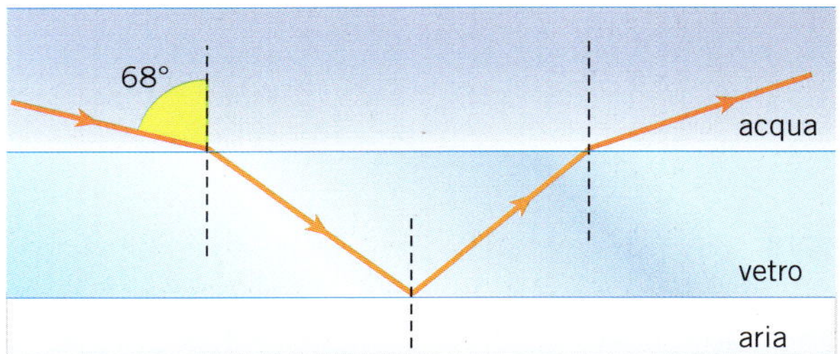

- Determina per quanto tempo il raggio di luce rimane nel vetro.

[$8{,}5 \cdot 10^{-10}$ s]

104 ★★★ Collochi un oggetto davanti a uno specchio e vuoi ottenere un'immagine diritta, di grandezza doppia rispetto all'oggetto.

- Che tipo di specchio devi usare?
- Dimostra che l'oggetto va posto a metà tra lo specchio e il fuoco.

105 ★★★ Un'astronoma osserva una stella al telescopio. L'immagine ha una dimensione angolare di 19 primi di grado. Il telescopio è costituito da una lente obiettivo di distanza focale 14 cm e da un oculare di distanza focale 5,0 mm.

- Calcola l'ingrandimento angolare del telescopio.
- Determina la dimensione angolare dell'immagine formata dal telescopio.

[−28; −8°52′]

TEST

1 L'immagine di un oggetto formata da uno specchio piano:
A è più piccola dell'oggetto.
B è più grande dell'oggetto.
C è virtuale.
D è capovolta.

2 Un raggio luminoso è riflesso da due specchi piani come mostra la figura. Quali sono i valori di α e β?
A $\alpha = 26°$ $\beta = 26°$
B $\alpha = 26°$ $\beta = 64°$
C $\alpha = 64°$ $\beta = 26°$
D $\alpha = 64°$ $\beta = 64°$

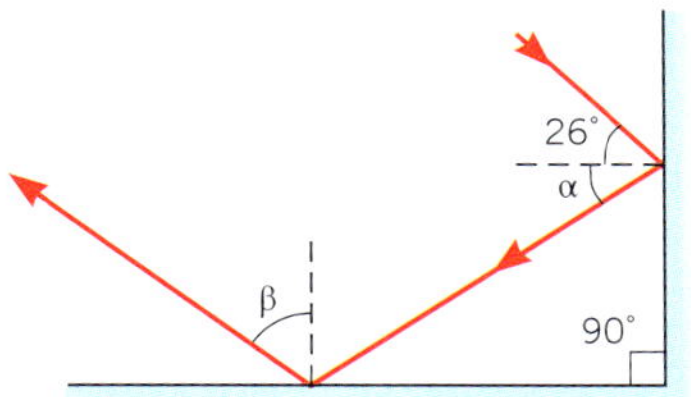

3 La distanza focale di uno specchio sferico concavo è pari a 20 cm. Qual è il suo raggio di curvatura?
A −5 cm
B 10 cm
C 20 cm
D 40 cm

4 Il raggio di curvatura di uno specchio sferico convesso è 52 cm. Qual è la sua distanza focale?
A 26 cm
B −26 cm
C −52 cm
D −104 cm

5 Quale delle seguenti affermazioni relative all'immagine formata da uno specchio sferico concavo è vera?
A Se un oggetto è posto fra lo specchio e il suo fuoco, l'immagine dell'oggetto è capovolta.
B Se un oggetto è posto fra lo specchio e il suo fuoco, l'immagine dell'oggetto è virtuale.
C Se l'oggetto è posto fra il fuoco e il centro di curvatura, l'immagine è virtuale.
D Se l'oggetto è posto nel centro di curvatura, l'immagine si forma a una distanza infinita dallo specchio.

6 Un oggetto è posto davanti a uno specchio sferico concavo, a una distanza maggiore del raggio di curvatura. Quali caratteristiche ha la sua immagine?
A È reale, diritta e ingrandita.
B È reale, diritta e rimpicciolita.
C È reale, capovolta e ingrandita.
D È reale, capovolta e rimpicciolita.

7 Uno specchio concavo ha raggio di curvatura di 12 cm. A quale distanza bisogna collocare un oggetto di 6,0 cm perché lo specchio ne dia un'immagine avente un'altezza di 48 cm?
A 1,3 cm
B 3,6 cm
C 4,2 cm
D 5,3 cm

8 Un sub in immersione scatta una foto con il flash. La luce incide sulla superficie acqua-aria con un angolo di 43°. Qual è l'angolo di rifrazione con cui la luce esce dall'acqua?
A 31°
B 43°
C 65°
D 90°

9 Un oggetto è posto nel fuoco di una lente divergente con distanza focale *f*. A quale distanza dalla lente si forma la sua immagine?
A *f*
B *f*/2
C 1/*f*
D A una distanza infinita.

10 Una lente di 1,50 diottrie ha una distanza focale pari a:
A + 0,667 m
B − 0,667 m
C + 1,50 m
D − 1,50 m

11 Una lente d'ingrandimento:
A produce immagini virtuali.
B produce immagini capovolte.
C può essere fatta con una lente divergente.
D forma l'immagine di un oggetto solo se questo è posto nel suo fuoco.

ESERCIZI

SEI PRONTO PER LA VERIFICA?

IN UN'ORA

10/100 **Problema 1**

Mentre fai colazione, usi un cucchiaio come specchio e noti che un lato riflette un'immagine dritta, mentre l'altro riflette un'immagine capovolta. Perché?

10/100 **Problema 2**

Un nuotatore che si trova sott'acqua guarda verso l'alto e vede un raggio di sole a 28° dalla verticale.

▶ Con quale angolo il raggio incide sulla superficie del mare? [38,7°]

10/100 **Problema 3**

Lo specchietto retrovisore esterno di un'automobile ha una lunghezza focale di −7,0 m. Dietro l'auto, un camion procede a 11 m dallo specchietto. Calcola:

▶ la distanza dell'immagine del camion;

▶ l'ingrandimento del camion. [−4,3 m; 0,39]

10/100 **Problema 4**

Vuoi formare un arcobaleno spruzzando dell'acqua con un innaffiatoio da giardino. In quale direzione devi spruzzare l'acqua rispetto al Sole?

Problema 5

La figura mostra la sezione di un prisma di vetro con indice di rifrazione $n = 1{,}54$. La sezione ha la forma di un triangolo rettangolo con cateti che misurano AB = 6,0 cm e AC = 8,0 cm.

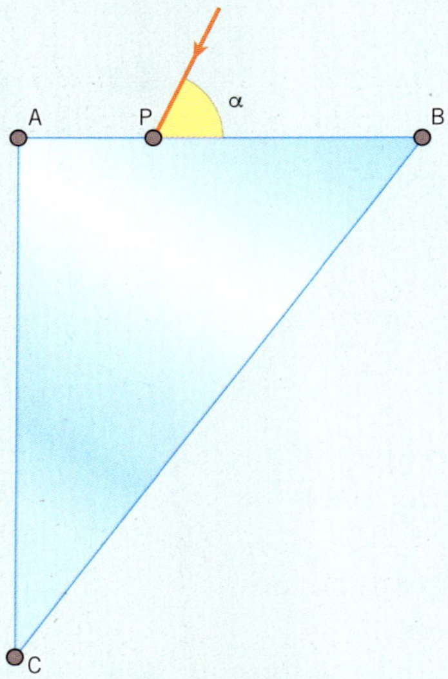

Un raggio di luce proveniente dall'aria incide nel punto P, a 2,0 cm di distanza da A sulla superficie del prisma, formando un angolo $\alpha = 65°$. L'indice di rifrazione dell'aria può essere approssimato a 1.

Disegna la figura della sezione del prisma su un foglio (eventualmente di carta millimetrata) usando i valori indicati.

12/100 **A** Calcola l'angolo di rifrazione del raggio di luce all'interno del prisma e disegna il raggio rifratto fino al punto Q in cui incontra una superficie del prisma.

18/100 **B** Calcola la posizione del punto Q in cui il raggio di luce incontra la superficie del prisma; misura nella figura la posizione del punto Q, stimando anche l'incertezza della misura, e confrontalo con il valore teorico che hai calcolato.

15/100 **C** Nel punto Q il raggio di luce viene rifratto nuovamente o riflesso internamente?

15/100 **D** Quanto tempo impiega il raggio di luce a percorrere il tragitto da P a Q?

[16°; 7,0 cm; totalmente riflesso; 37 ns]

.../100

© Yoshi Miyagi/Shutterstock

CAPITOLO 12
TEMPERATURA E CALORE

“Betelgeuse è una stella della costellazione di Orione, visibile a occhio nudo perché è tra le più luminose dell'emisfero boreale. Misurando la potenza luminosa irraggiata da Betelgeuse, circa 10 mila volte più grande di quella del Sole, gli astronomi sono in grado di stimare il suo raggio.”

▶ **Quanto è grande Betelgeuse?**

▶ Risposta a pag. 422

1 TERMOMETRI E TEMPERATURA

Quando tocchiamo gli oggetti avvertiamo spesso sensazioni di caldo o di freddo. Per esempio, un cubetto di ghiaccio è *freddo*, mentre un calorifero acceso è *caldo*. Il concetto intuitivo di temperatura nasce proprio da sensazioni simili a queste.

Per introdurre la temperatura come grandezza fisica è però necessario individuare uno strumento di misura adeguato, in questo caso il **termometro**, e stabilire una procedura operativa per misurarla.

Il termometro e la scala Celsius

La maggior parte dei termometri si basa sulla dilatazione che subiscono alcuni materiali sottoposti a un aumento di temperatura.

La figura 1 mostra un termometro costituito da un bulbo di vetro riempito di galinstano, una miscela di gallio, indio e stagno, e collegato a un tubicino di vetro molto stretto. Quando il galinstano viene riscaldato si dilata e sale nel tubicino: la dilatazione che il galinstano subisce è direttamente proporzionale alla variazione di temperatura.

Per tarare un termometro è necessario registrare la temperatura di due situazioni facilmente riproducibili e che si presentano sempre nelle stesse condizioni. La **scala centigrada** o **scala Celsius** è costruita con la seguente procedura:

- si immerge il termometro in un bagno di acqua e ghiaccio fondente a pressione atmosferica ($1{,}01 \cdot 10^5$ Pa) e si indica con 0 °C il livello a cui si stabilizza la colonnina di galinstano;
- si immerge il termometro in acqua che sta bollendo a pressione atmosferica ($1{,}01 \cdot 10^5$ Pa) e si indica con 100 °C il livello a cui si stabilizza la colonnina di galinstano;
- si divide in 100 parti uguali il segmento che ha come estremi 0 °C e 100 °C.

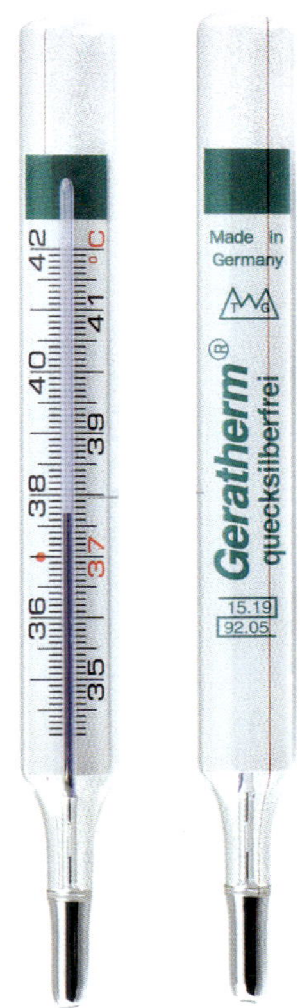

© Gelegenheitsantar (Wikipedia)

Figura 1
Un termometro a galinstano, che è una miscela di gallio, indio e stagno utilizzata al posto del mercurio, bandito a causa della sua tossicità.

La superficie esterna del tubicino di vetro presenta una scala graduata che consente di leggere il valore della temperatura. Mediante il termometro è possibile dare una definizione operativa di temperatura.

La **temperatura** è la grandezza fisica che si misura con il termometro.

La scala Kelvin

La scala Celsius è largamente usata in tutto il mondo, ma in campo scientifico si utilizza la scala assoluta o scala Kelvin, così chiamata in onore del fisico scozzese William Thompson (Lord Kelvin, 1824-1907); al grado di questa scala fu dato il nome di **kelvin** (K). Per esempio, una temperatura di 300 K (non 300 °K) si legge «trecento kelvin» (non «trecento gradi kelvin»).

Il kelvin rappresenta l'unità di misura della temperatura nel SI.

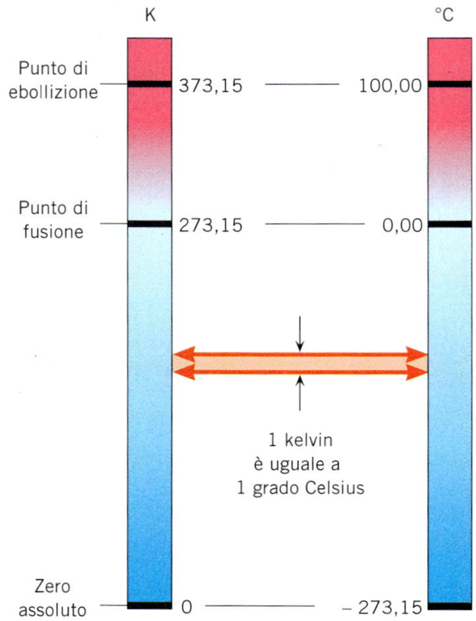

Figura 2
Confronto tra la scala Celsius e la scala Kelvin delle temperature.

La **figura 2** mette a confronto le scale Celsius e Kelvin: si può vedere che la dimensione di 1 kelvin è identica a quella di 1 grado Celsius perché, in entrambe le scale, la distanza tra il punto di fusione del ghiaccio e il punto di ebollizione dell'acqua è divisa in 100 parti.

Vari esperimenti dimostrano l'esistenza di un valore minimo di temperatura, al di sotto del quale non è possibile raffreddare nessuna sostanza. Questo valore è stato definito come il *valore zero* della scala Kelvin ed è indicato con il termine **zero assoluto**. In conseguenza di ciò, il punto di fusione del ghiaccio (0 °C) corrisponde a 273,15 K. Quindi la relazione tra la temperatura Kelvin (T) e la temperatura Celsius (T_C) è data da:

$$T = T_C + 273{,}15 \qquad [1]$$

Per esempio, la temperatura dell'acqua bollente è 373,15 K, mentre la temperatura corporea è circa 310 K.

Nella vita quotidiana le temperature si esprimono in gradi Celsius, mentre nel SI si usano i kelvin. A una data temperatura corrispondono quindi due numeri diversi, a seconda che si misuri in °C o K. Però le differenze di temperatura espresse in °C e in K corrispondono allo stesso numero.

Consideriamo infatti le due temperature T_{1C} e T_{2C} espresse in °C. Le corrispondenti temperature in K sono:

$$T_1 = T_{1C} + 273{,}15 \qquad \text{e} \qquad T_2 = T_{2C} + 273{,}15$$

Le differenze di temperatura corrispondono allo stesso valore. Infatti:

$$\Delta T_C = T_{2C} - T_{1C}$$

$$\Delta T = T_2 - T_1 = T_{2C} + 273{,}15 - (T_{1C} + 273{,}15) = T_{2C} - T_{1C}$$

2 LA DILATAZIONE TERMICA LINEARE

linear thermal expansion

Vi è mai capitato di non riuscire ad aprire il coperchio metallico di un barattolo di vetro? Potete risolvere il problema facendo scorrere sul coperchio dell'acqua calda: il metallo si dilata più del vetro e aprire il barattolo diventa più facile. Anche se in misura diversa, la maggior parte dei materiali si espande quando viene riscaldata e si contrae quando viene raffreddata. Il cambiamento di una dimensione di un solido viene chiamato **dilatazione lineare**.

La figura 3 mostra la dilatazione lineare di una sbarretta la cui lunghezza iniziale è L_0 alla temperatura T_0. Quando la temperatura diventa $T_0 + \Delta T$, la lunghezza della barretta diventa $L_0 + \Delta L$, dove ΔT e ΔL rappresentano, rispettivamente, la variazione della temperatura e della lunghezza. Se, invece, la temperatura diventa $T_0 - \Delta T$, la lunghezza diventa $L_0 - \Delta L$.

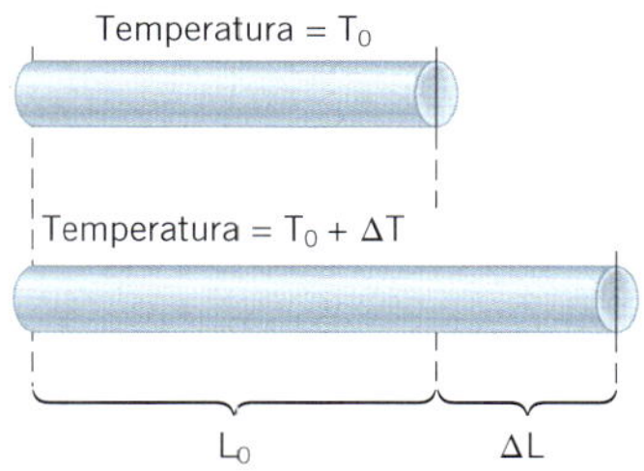

Figura 3
Se la temperatura di una barretta aumenta di ΔT, la sua lunghezza aumenta di ΔL.

Gli esperimenti mostrano che, per piccole variazioni di temperatura, l'allungamento della barretta è direttamente proporzionale alla variazione di temperatura ($\Delta L \propto \Delta T$). L'allungamento, inoltre, è direttamente proporzionale anche alla lunghezza iniziale della barretta, come mostra la figura 4. La parte A mostra due barrette identiche. Ciascuna barra ha una lunghezza L_0 che aumenta del valore ΔL quando la temperatura aumenta del valore ΔT. La parte B della figura mostra le due barrette unite a formare una barretta unica di lunghezza $2L_0$: in questo caso la dilatazione $\Delta L + \Delta L = 2\Delta L$ è il doppio di quella di ciascuna barretta. In altre parole, l'allungamento è direttamente proporzionale alla lunghezza iniziale ($\Delta L \propto L_0$).

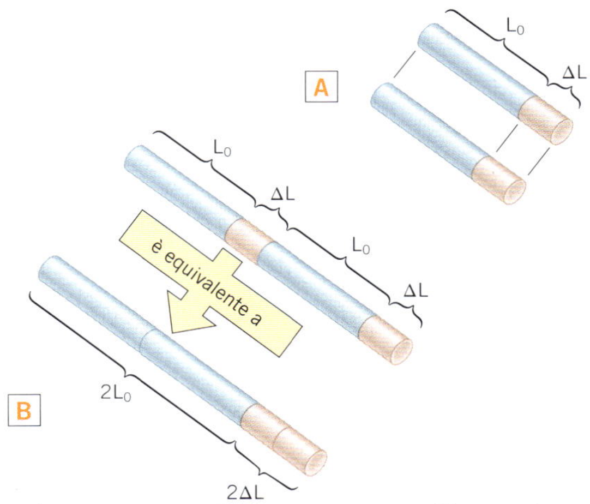

Figura 4
A. Due barrette identiche, una volta scaldate, subiscono lo stesso allungamento ΔL.
B. L'unione delle due barrette in un'unica barretta di lunghezza $2L_0$ subisce un allungamento $2\Delta L$.

In generale, per piccole variazioni di temperatura, gli esperimenti mostrano che:

> se la temperatura di un solido di lunghezza iniziale L_0 cambia di ΔT, la sua lunghezza cambia di una quantità
>
> $$\Delta L = \lambda L_0 \Delta T \qquad [2]$$
>
> dove λ è detto **coefficiente di dilatazione lineare** e si misura in °C^{-1} o K^{-1}.

Il coefficiente λ dipende dalla natura del materiale, come mostra la tabella 1. Poiché $\Delta L = L - L_0$, l'equazione [2] può essere scritta come:

$$L - L_0 = \lambda L_0 \Delta T$$

ossia

$$L = L_0 + \lambda L_0 \Delta T$$

da cui segue l'espressione:

$$L = L_0 (1 + \lambda \Delta T) \qquad [3]$$

Tabella 1 Coefficienti di dilatazione termica per solidi e liquidi (*)

Sostanza	Coefficiente di dilatazione termica ($\cdot 10^{-6}\ K^{-1}$)	
	Lineare (λ)	Cubica (β)
Solidi		
Alluminio	23	69
Argento	19	57
Cemento	12	36
Ferro o acciaio	12	36
Nichel	13	39
Oro	14	42
Ottone	19	57
Piombo	29	87
Quarzo (fuso)	0,50	1,5
Rame	17	51
Vetro (comune)	8,5	26
Vetro (Pyrex)	3,3	9,9
Liquidi (**)		
Acqua	-	207
Alcol etilico	-	1120
Alcol metilico	-	1200
Benzene	-	1240
Benzina	-	950
Mercurio	-	182
Tetracloruro di carbonio	-	1240

(*) I valori di λ e β si riferiscono a una temperatura di circa 293 K.
(**) I liquidi non hanno una forma propria, quindi per essi non ha senso il coefficiente di dilatazione lineare.

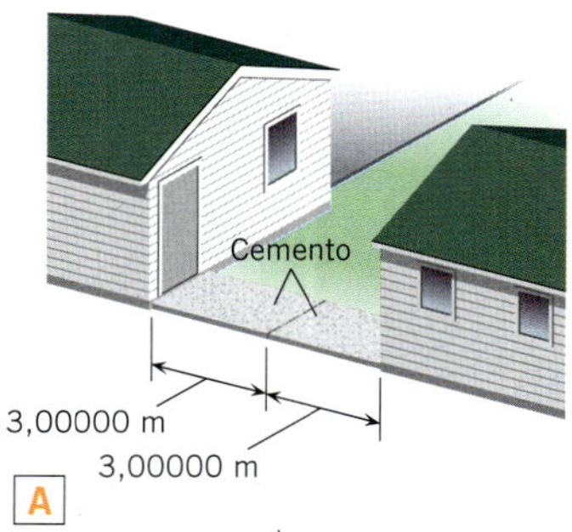

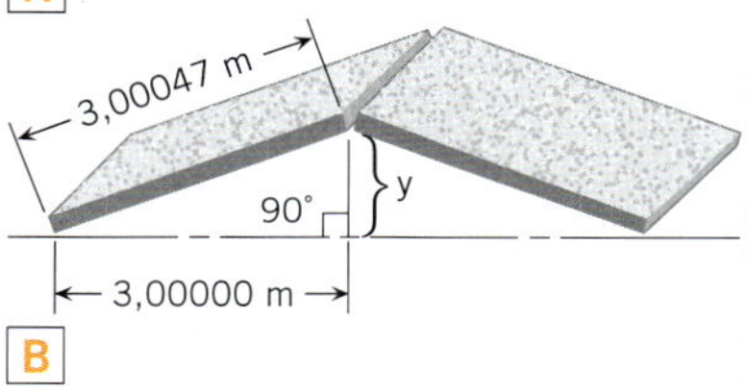

Esempio 1 Deformazione di un marciapiede

In un giorno in cui la temperatura è 25 °C viene costruito tra due edifici un marciapiede di cemento, costituito da due lastroni lunghi tre metri ciascuno, di spessore trascurabile (**figura A**). Quando la temperatura esterna raggiunge i 38 °C, i lastroni si dilatano. Poiché non è stato lasciato spazio fra essi, i lastroni si sollevano.

▶ Calcola di quanto si alzano (**figura B**).

La soluzione

La variazione di temperatura è:

$$\Delta T = 38\ °C - 25\ °C = 13\ °C = 13\ K$$

Il coefficiente di dilatazione lineare del cemento si può ricavare dalla **tabella 1**. La lunghezza di ciascun lastrone di cemento diventa:

$$L = L_0(1 + \lambda\Delta T) =$$

$$= (3{,}00000\ m)[1 + (12 \cdot 10^{-6}\ K^{-1})(13\ K)] = 3{,}00047\ m$$

L'altezza y si ottiene applicando il teorema di Pitagora al triangolo rettangolo di **figura B**:

$$y = \sqrt{(3{,}00047\ m)^2 - (3{,}00000\ m)^2} = \boxed{0{,}053\ m}$$

Il marciapiede dell'esempio precedente si è deformato perché non si è provveduto a lasciare lo spazio per la dilatazione termica. Per ovviare a questo problema, nella costruzione di un ponte gli ingegneri progettano l'inserimento di giunti di espansione o di piccoli spazi vuoti nel fondo stradale, come mostra la **figura 5**.

Per evitare scottature provocate dall'acqua bollente si può utilizzare un particolare dispositivo che si avvita all'estremità del rubinetto. Se la temperatura dell'acqua aumenta, una molla si espande e spinge in avanti un cilindretto mobile che blocca l'uscita dell'acqua. Quando la temperatura diminuisce, la molla si contrae e può ripartire il normale flusso dell'acqua.

Figura 5
Giunto di dilatazione in un ponte.

3 LA DILATAZIONE TERMICA VOLUMICA

Al variare della temperatura, cambia anche il volume della maggior parte dei solidi e dei liquidi. Analogamente alla dilatazione lineare, la variazione del volume ΔV è proporzionale alla variazione di temperatura ΔT e al volume iniziale V_0, purché la variazione di temperatura non sia troppo alta. Queste due relazioni di proporzionalità possono essere tradotte in un'equazione, con il ricorso a una costante di proporzionalità β, nota come *coefficiente di dilatazione cubica*.

Il volume V_0 di un oggetto cambia di una quantità ΔV quando la sua temperatura cambia di ΔT:

$$\Delta V = \beta V_0 \Delta T \qquad [4]$$

dove β è il **coefficiente di dilatazione cubica** e si misura in $°C^{-1}$ o K^{-1}.

volume thermal expansion

La relazione precedente può essere scritta

$$V - V_0 = \beta V_0 \Delta T \qquad \text{ossia} \qquad V = V_0 + \beta V_0 \Delta T$$

da cui segue

$$V = V_0(1 + \beta \Delta T) \qquad [5]$$

I valori di β dipendono dalla natura del materiale, come mostra la **tabella 1**. I valori di β dei liquidi sono maggiori di quelli dei solidi; a parità di volume iniziale e di variazione di temperatura, i liquidi si dilatano in misura maggiore dei solidi.

La **tabella 1** mostra che il coefficiente di dilatazione cubica dei solidi è uguale a tre volte il coefficiente di dilatazione lineare: $\beta = 3\lambda$.

Per dimostrare l'equazione [**5**], consideriamo un parallelepipedo con dimensioni l_1, l_2 e l_3 e volume $V_0 = l_1 l_2 l_3$.

A seguito di una variazione di temperatura ΔT, le dimensioni diventano:

$$L_1 = l_1(1 + \lambda \Delta T) \qquad L_2 = l_2(1 + \lambda \Delta T) \qquad L_3 = l_3(1 + \lambda \Delta T)$$

Di conseguenza, il volume diventa:

$$V = l_1(1 + \lambda \Delta T) \cdot l_2(1 + \lambda \Delta T) \cdot l_3(1 + \lambda \Delta T) = l_1 l_2 l_3 (1 + \lambda \Delta T)^3 = V_0(1 + \lambda \Delta T)^3$$

Sviluppando il cubo del binomio, si ha

$$V = V_0[1 + 3\lambda \Delta T + 3(\lambda \Delta T)^2 + (\lambda \Delta T)^3]$$

I termini $(\lambda \Delta T)^2$ e $(\lambda \Delta T)^3$ sono molto piccoli, perché l'ordine di grandezza di λ è 10^{-5}-10^{-6}, quindi si possono trascurare. La relazione precedente diventa

$$V = V_0(1 + 3\lambda \Delta T)$$

Confrontando con l'equazione [**5**], si conclude che $\beta = 3\lambda$.

MATEMATICA

Il cubo di un binomio

L'espressione finale del cubo di un binomio si ottiene applicando la definizione di potenza, cioè moltiplicando due volte consecutive il binomio per se stesso.
Distinguiamo due casi:

- $(a + b)^3 = a^3 + 3a^2b + 3ab^2 + b^3$
- $(a - b)^3 = a^3 - 3a^2b + 3ab^2 - b^3$.

Esempio 2 Il radiatore di un'automobile

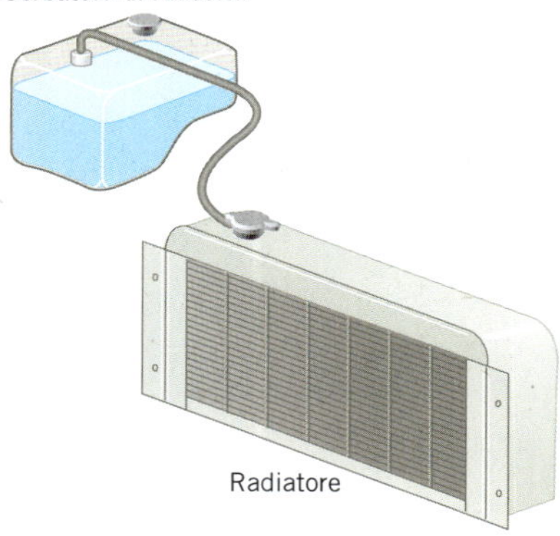

Un piccolo serbatoio raccoglie il fluido del radiatore che trabocca quando il motore dell'automobile si riscalda. Il radiatore è fatto di rame e il refrigerante ha un coefficiente di dilatazione cubica $\beta = 4{,}10 \cdot 10^{-4}\ K^{-1}$.

▶ Se il radiatore è riempito per tutta la sua capacità ($14\ dm^3$) quando il motore è freddo (6,0 °C), quanto fluido trabocca nel serbatoio quando il refrigerante raggiunge la sua temperatura operativa di 92 °C?

La soluzione

All'aumentare della temperatura, il refrigerante si dilata più del radiatore. Quando la temperatura aumenta di 86 °C = 86 K, il volume del refrigerante aumenta di una quantità:

$$\Delta V_{ref} = \beta V_0 \Delta T = (4{,}10 \cdot 10^{-4}\ K^{-1})(14\ dm^3)(86\ K) = 0{,}49\ dm^3$$

La cavità del radiatore si dilata come se fosse riempita di rame ($\beta = 51 \cdot 10^{-6}\ K^{-1}$), quindi aumenta il suo volume di:

$$\Delta V_{rad} = \beta V_0 \Delta T = (51 \cdot 10^{-6}\ K^{-1})(14\ dm^3)(86\ K) = 0{,}061\ dm^3$$

Il volume del fluido che trabocca nel serbatoio è

$$(0{,}49\ dm^3 - 0{,}061\ dm^3) = \boxed{0{,}43\ dm^3}$$

Lo strano comportamento dell'acqua

Quasi tutte le sostanze si dilatano quando sono riscaldate. Esistono però delle eccezioni. Per esempio, se scaldiamo dell'acqua che si trova alla temperatura di 0 °C, il suo volume *diminuisce* finché l'acqua non raggiunge i 4 °C. Al di sopra di 4 °C, l'acqua si comporta come gli altri liquidi e il suo volume aumenta all'aumentare della temperatura. Dato che una determinata massa d'acqua occupa il suo volume minimo a 4 °C, a questa temperatura l'acqua avrà la sua densità massima, come mostra la **figura 6**.

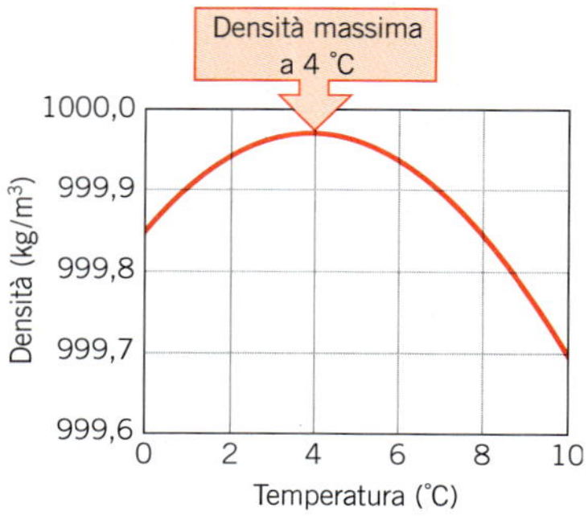

Figura 6
La densità dell'acqua tra 0 °C e 10 °C. A 4 °C l'acqua raggiunge il suo massimo valore di densità: 999,973 kg/m^3. (Questo valore è praticamente uguale al valore spesso usato di 1,000 00 grammi per millilitro.)

Il comportamento dell'acqua riveste particolare importanza nel processo di congelamento dell'acqua di un lago. Man mano che la temperatura esterna cala e si mantiene al di sopra di 4 °C, lo strato superficiale dell'acqua si raffredda e, quando raggiunge la temperatura di 4 °C, esso ha una densità maggiore dell'acqua sottostante. Lo strato d'acqua più denso affonda e sospinge verso l'alto uno strato più interno che, a sua volta, raggiunta la superficie, si raffredda. Questo processo continua finché la temperatura di tutta l'acqua del lago non ha raggiunto i 4 °C.

Se la temperatura scende al di sotto dei 4°C, lo strato superficiale sarà *meno denso* degli strati sottostanti e non affonderà più; così quando la temperatura dello strato superficiale arriva a 0 °C, si forma del ghiaccio che galleggia sull'acqua. Per questa ragione:

il ghiaccio, a qualsiasi temperatura, ha una densità minore di quella dell'acqua.

Al di sotto del ghiaccio superficiale, la temperatura dell'acqua resta superiore a 0 °C. La lastra di ghiaccio funziona dunque da isolante termico e riduce la perdita di calore da parte del lago: così l'acqua dei laghi non ghiaccia completamente e garantisce la sopravvivenza di pesci e di altre forme di vita acquatica.

4 CALORE ED ENERGIA

Se un oggetto ha una temperatura elevata diciamo che è caldo. La parola «caldo» ci richiama alla mente la parola «calore». L'esperienza mostra che se due corpi con temperature diverse sono messi a contatto, il *calore* fluisce dal corpo più caldo al corpo più freddo:

- quando la persona di figura 7A tocca la tazza di caffè, il calore fluisce dalla tazza, più calda, alla mano, più fredda;
- quando la persona tocca il bicchiere di acqua ghiacciata (figura 7B), il calore fluisce dalla mano, più calda, al bicchiere, più freddo.

La risposta dei centri nervosi della mano all'assorbimento o alla perdita di calore fa sì che il nostro cervello identifichi la tazza di caffè come calda e il bicchiere di acqua ghiacciata come freddo.

Il **calore** è l'energia che fluisce da un corpo a temperatura maggiore verso un corpo a temperatura minore, a causa della differenza di temperatura.

Unità di misura: joule (J).

Il calore è una forma di energia e quindi si misura in joule come il lavoro, l'energia cinetica e l'energia potenziale.

Non è però corretto dire che un corpo contiene calore: la parola «calore», infatti, si usa solo quando ci si riferisce all'energia in transito da un corpo caldo a un corpo freddo.

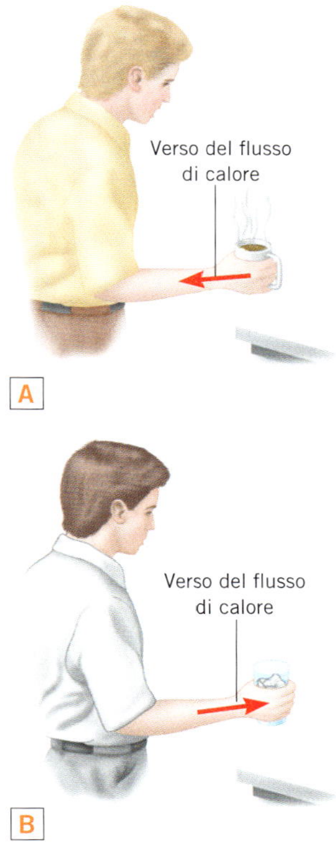

Figura 7
Il calore è energia in transito dai corpi più caldi verso quelli più freddi.
A. Il calore va dalla tazza di caffè, più calda, alla mano, più fredda.
B. Il calore fluisce dalla mano, più calda, verso il bicchiere d'acqua ghiacciata, più freddo.

La caloria e il suo equivalente meccanico

L'unità di misura storica del calore, che non è prevista nel SI, è la caloria.

Una **caloria** (cal) è la quantità di energia necessaria per innalzare la temperatura di 1 g di acqua da 14,5 °C a 15,5 °C alla pressione atmosferica ($1{,}01 \cdot 10^5$ Pa).

I nutrizionisti forniscono il contenuto energetico dei cibi in kcal, ma spesso le indicano come Cal. Per comprendere le loro indicazioni ricorda che

$$1 \text{ Cal} = 1000 \text{ cal} = 1 \text{ kcal}$$

La relazione tra energia (espressa in joule) e calore (espresso in calorie) è stata dimostrata sperimentalmente da James Joule (1818-1889) con un dispositivo simile a quello illustrato in figura 8.

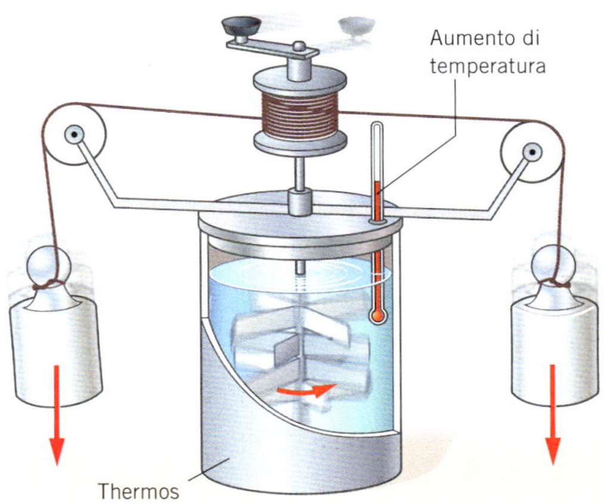

Figura 8
Dispositivo che permette di determinare sperimentalmente l'equivalente meccanico della caloria.

Un contenitore che impedisce gli scambi di calore fra esterno e interno contiene una certa massa d'acqua M a una temperatura nota. I due pesi sono legati a due corde avvolte sull'asse di un mulinello a palette immerso nell'acqua.

Quando scendono, i pesi mettono in rotazione il mulinello e si registra un aumento di temperatura dell'acqua. Se ciascun peso ha massa m e scende di un tratto h, l'energia meccanica trasferita all'acqua è $E = 2mgh$.

Joule misurò il lavoro meccanico e l'aumento di temperatura dell'acqua e dimostrò che l'energia si conservava. A partire dai lavori di Joule venne poi determinata sperimentalmente l'uguaglianza tra caloria e joule:

$$1 \text{ cal} = 4{,}186 \text{ J}$$

Questo fattore di conversione, che ha una rilevante importanza storica, è conosciuto con il nome di **equivalente meccanico della caloria**.

5 CAPACITÀ TERMICA E CALORE SPECIFICO

Capacità termica

La temperatura di un corpo aumenta (o diminuisce) quando il corpo assorbe (o cede) energia dall'esterno sotto forma di calore Q. Gli esperimenti mostrano che l'energia assorbita (o ceduta) e la variazione di temperatura ΔT del corpo sono direttamente proporzionali:

$$Q = C\Delta T \qquad [6]$$

heat capacity

La costante di proporzionalità C è detta **capacità termica** del corpo:

$$C = \frac{Q}{\Delta T}$$

La capacità termica esprime quanti joule di energia sono necessari per aumentare di 1 K la temperatura di un corpo. L'unità di misura della capacità termica nel Sistema Internazionale è J/K.

La capacità termica è sempre di segno positivo. Quindi:

- se la temperatura aumenta, cioè $\Delta T > 0$, il calore è assorbito dal corpo, cioè $Q > 0$;
- se la temperatura diminuisce, cioè $\Delta T < 0$, il calore è ceduto dal corpo, cioè $Q < 0$.

Tabella 2 Calori specifici di alcuni solidi e liquidi (*)

Sostanza	Calore specifico c J/(kg · K)
Solidi	
Alluminio	$9{,}00 \cdot 10^2$
Argento	235
Corpo umano (T media 37 °C)	3500
Ferro o acciaio	452
Ghiaccio (–15 °C)	$2{,}00 \cdot 10^3$
Piombo	128
Rame	387
Vetro	840
Liquidi	
Acqua (15 °C)	4186
Alcol etilico	2450
Benzene	1740
Glicerina	2410
Mercurio	139

(*) Salvo diversa indicazione, i valori si riferiscono alla temperatura di 298 K e alla pressione di 1 atm.

Calore specifico

Gli esperimenti mostrano che la capacità termica C di un corpo omogeneo è direttamente proporzionale alla sua massa m:

$$C = cm \qquad [7]$$

La costante di proporzionalità c è il **calore specifico** della sostanza di cui è composto il corpo.

La tabella 2 mostra che i valori del calore specifico dipendono dalla natura della sostanza, dalla temperatura e dalla pressione. L'unità di misura del calore specifico è J/(kg · K).

Energia scambiata e variazione di temperatura

La quantità di energia sotto forma di calore Q che si deve fornire o sottrarre a un corpo con capacità termica C perché la sua temperatura cambi di un valore ΔT è $Q = C\Delta T$. Se il corpo è composto di una sostanza con calore specifico c e ha massa m, la sua capacità termica è $C = cm$. L'equazione [**6**] diventa:

$$Q = cm\Delta T \qquad [8]$$

Esempio 3 Il jogging provoca la febbre?

Un mezzofondista di 65 kg che corre per mezz'ora produce $8,0 \cdot 10^5$ J di calore.

▶ Se il calore prodotto non venisse rimosso, di quanto aumenterebbe la temperatura corporea del corridore?

La soluzione

La **tabella 2** fornisce il calore specifico del corpo umano:

$$3500 \text{ J/(kg} \cdot \text{K)}$$

Dall'equazione [**8**] si ha:

$$\Delta T = \frac{Q}{cm} = \frac{8,0 \cdot 10^5 \text{ J}}{[3500 \text{ J/(kg} \cdot \text{K)}](65 \text{ kg})} = \boxed{3,5 \text{ K}}$$

Un aumento di temperatura corporea di 3,5 °C = 3,5 K potrebbe essere dannoso: uno dei meccanismi che il corpo umano mette in atto per eliminare il calore prodotto è quello della sudorazione. Altre specie animali, non sudano, ma eliminano il calore in eccesso ansimando.

Esempio 4 Una doccia calda... e costosa

Per fare una doccia una persona usa 120 kg di acqua calda proveniente da uno scaldabagno. L'acqua era stata riscaldata da 15 °C a 61 °C.

▶ Calcola l'energia necessaria per riscaldare l'acqua.

▶ Se l'energia elettrica costa 0,17 €/kWh (euro per kilowattora), calcola il costo sostenuto per riscaldare l'acqua.

La soluzione

▶ La quantità di calore necessaria per scaldare l'acqua con un incremento di temperatura pari a $\Delta T = 61\ °\text{C} - 15\ °\text{C} = 46\ °\text{C} = 46$ K è

$$Q = cm\Delta T = [4186 \text{ J/(kg·K)}](120 \text{ kg})(46 \text{ K}) = \boxed{2,3 \cdot 10^7 \text{ J}}$$

▶ Il kilowattora è l'unità di energia usata dalle compagnie elettriche: 1 kWh è l'energia rilasciata da una sorgente di potenza di 1 kW in 1 h. Quindi:

$$1 \text{ kWh} = (1 \text{ kWh})\left(\frac{1000 \text{ W}}{1 \text{ kW}}\right)\left(\frac{1 \text{ J/s}}{1 \text{W}}\right)\left(\frac{3600 \text{ s}}{1 \text{ h}}\right) = 3,60 \cdot 10^6 \text{ J}$$

Per riscaldare l'acqua sono stati necessari:

$$(2,3 \cdot 10^7 \text{ J})\left(\frac{1 \text{ kWh}}{3,60 \cdot 10^6 \text{ J}}\right) = 6,4 \text{ kWh}$$

Al costo di 0,17 € per kWh, la spesa per riscaldare l'acqua è stata $\boxed{1,1 \text{ €}}$.

6 IL CALORIMETRO

In questo capitolo abbiamo esteso il concetto di energia al calore. Anche per il calore vale dunque il principio di conservazione dell'energia, secondo il quale l'energia non si può né creare, né distruggere. Questo principio spiega perché due oggetti che hanno temperature diverse raggiungono una temperatura di equilibrio quando vengono messi a contatto: se non c'è dispersione di calore verso l'esterno, infatti, il calore ceduto dall'oggetto più caldo deve essere uguale al calore assorbito dell'oggetto più freddo. Il flusso di calore tra i due oggetti si interrompe proprio quando i due oggetti raggiungono la stessa temperatura di equilibrio.

Ciò è quanto avviene in un thermos, un contenitore che impedisce al calore di disperdersi verso l'esterno. In un thermos, però, l'energia termica può essere scambiata tra i materiali contenuti al suo interno finché essi hanno temperature diverse; per esempio, tra i cubetti di ghiaccio e il tè caldo. Il passaggio di calore continua fino al raggiungimento della temperatura di equilibrio.

Nei laboratori di fisica si usa un dispositivo noto come **calorimetro.** Il calorimetro è formato da un recipiente chiuso che limita gli scambi di calore con l'esterno e da un termometro che misura la temperatura interna (figura 9).

Il calorimento è utilizzato per misurare il calore specifico delle sostanze, come illustra l'esempio che segue.

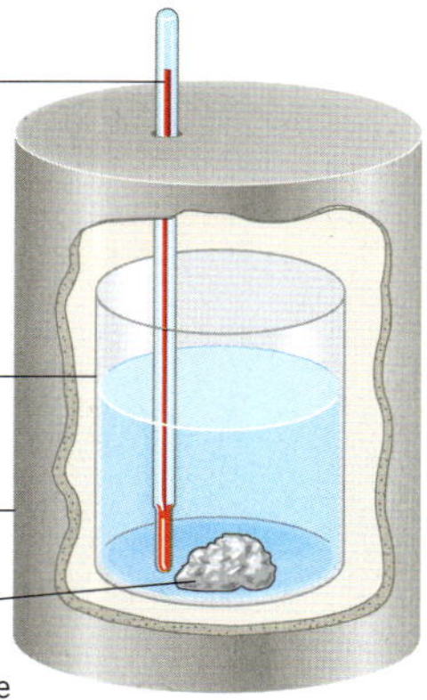

Figura 9
Per misurare il calore specifico di un materiale si usa il calorimetro.

Esempio 5 La misura del calore specifico

All'interno del calorimetro di figura 9 è presente un cilindro di alluminio di 0,15 kg che contiene 0,20 kg d'acqua. Inizialmente l'acqua e il cilindro si trovano alla stessa temperatura di 18 °C.
Un oggetto di un materiale incognito, con una massa di 0,040 kg, viene riscaldato fino a 97,0 °C e poi immerso nell'acqua. L'acqua, il cilindro e l'oggetto raggiungono una temperatura di equilibrio di 22 °C. Trascura la piccola quantità di calore assorbita dal calorimetro.

▶ Calcola il calore specifico dell'oggetto.

La soluzione

Dato che l'energia si conserva e che la quantità di calore dispersa tra il calorimetro e l'ambiente esterno è trascurabile, il calore acquistato dall'acqua e dal cilindro durante la fase di riscaldamento è uguale al calore ceduto dall'oggetto mentre si raffredda. Il calore, assorbito o ceduto, si può calcolare con l'equazione $Q = cm\Delta T$, dove ΔT è sempre la differenza tra il valore maggiore e quello minore della temperatura. L'equazione «calore assorbito = calore ceduto» contiene una sola incognita: il calore specifico richiesto.

$$\underbrace{(cm\Delta T)_{\text{Al}} + (cm\Delta T)_{\text{acqua}}}_{\text{calore assorbito da alluminio e acqua}} = \underbrace{(cm\Delta T)_{\text{incognito}}}_{\text{calore ceduto dall'oggetto incognito}}$$

Le variazioni di temperatura per le tre sostanze sono

$$\Delta T_{\text{Al}} = \Delta T_{\text{acqua}} = 22{,}0\ °\text{C} - 18{,}0\ °\text{C} = 4{,}0\ °\text{C}$$

$$\Delta T_{\text{incognito}} = 97{,}0\ °\text{C} - 22{,}0\ °\text{C} = 75{,}0\ °\text{C}$$

Sostituendo i valori dei calori specifici dati dalla **tabella 2**, otteniamo

$$c_{\text{incognito}} = \frac{[9{,}00 \cdot 10^2\ \text{J}/(\text{kg}\cdot{}^\circ\text{C})](0{,}15\ \text{kg})(4{,}0\ {}^\circ\text{C}) + [4186\ \text{J}/(\text{kg}\cdot{}^\circ\text{C})](0{,}20\ \text{kg})(4{,}0\ {}^\circ\text{C})}{(0{,}040\ \text{kg})(75{,}0\ {}^\circ\text{C})} =$$

$$= \boxed{1300\ \text{J}/(\text{kg}\cdot{}^\circ\text{C})}$$

7 CALORE E CAMBIAMENTI DI STATO

Consideriamo un bicchiere che contiene del tè caldo con alcuni cubetti di ghiaccio. Nel bicchiere una parte dell'acqua si trova nello **stato solido** (ghiaccio) mentre un'altra parte è allo **stato liquido**. Anche se non è visibile, sulla superficie del liquido è presente acqua allo **stato gassoso**: per l'acqua questo stato prende il nome di vapore acqueo. Sulla Terra, stato solido, liquido e gassoso sono gli stati di aggregazione o fasi della materia. La **figura 10** mostra i tre stati di aggregazione molecolare dell'acqua.

Figura 10
I tre stati di aggregazione dell'acqua: la neve (ghiaccio), il sottile strato d'acqua sotto gli sci e il vapore acqueo prodotto dal respiro dell'atleta.

sportpoint / Shutterstock

I cambiamenti di stato

La materia può passare da uno stato di aggregazione a un altro e in questi passaggi il calore gioca un ruolo importante.

La **figura 11** presenta i diversi possibili passaggi di stato:

- se si fornisce calore a un solido, esso può fondere e diventare liquido (**fusione**);
- se si sottrae calore a un liquido, esso può solidificare e diventare solido (**solidificazione**);
- se si fornisce calore a un liquido, esso può evaporare e diventare un gas (**vaporizzazione**); quando un liquido evapora rapidamente e si formano bolle di vapore al suo interno, l'evaporazione è chiamata **ebollizione**;
- se si sottrae calore a un gas, esso può condensare e diventare liquido (**condensazione**);
- se si fornisce calore in modo adeguato a un solido, esso può sublimare e diventare un gas (**sublimazione**).

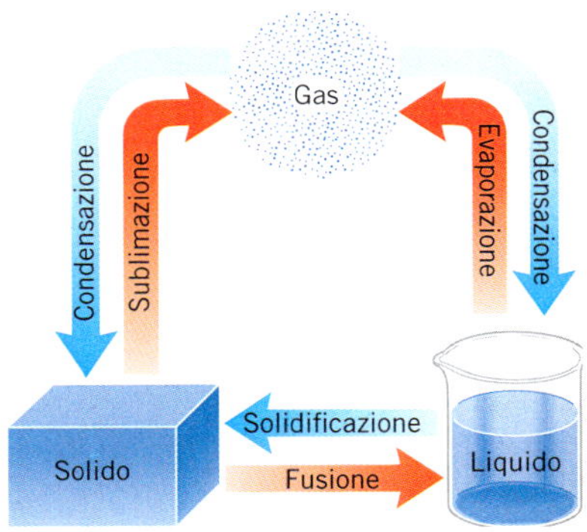

Figura 11
Le tre fasi più comuni della materia (solido, liquido e gas) e i passaggi di stato che si possono verificare tra ogni coppia di fase.

La **figura 12** mostra che cosa succede quando si fornisce calore a una sostanza che cambia il suo stato di aggregazione.

Il grafico riporta l'andamento della temperatura in funzione del calore fornito nel caso di acqua alla pressione di $1{,}01 \cdot 10^5$ Pa.

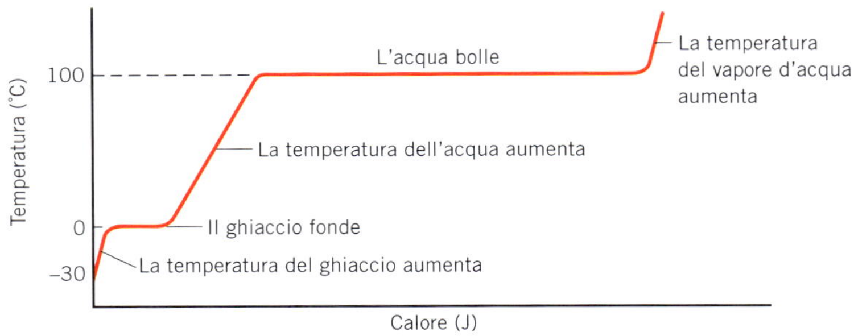

Figura 12
Il grafico mostra come varia la temperatura dell'acqua, inizialmente in fase solida a –30 °C e alla pressione atmosferica, in funzione del calore fornito.

Inizialmente l'acqua è allo stato solido a −30 °C. Se si fornisce calore, la temperatura del ghiaccio aumenta fino a raggiungere il valore di 0 °C (temperatura di fusione/solidificazione) e il ghiaccio comincia a cambiare stato di aggregazione. Gli esperimenti mostrano che se si continua a fornire calore, la temperatura resta 0 °C finché *non si è fuso tutto il ghiaccio*. Quando il ghiaccio è diventato tutto liquido, l'aggiunta di calore fa aumentare la temperatura dell'acqua fino a 100 °C, (temperatura di ebollizione/condensazione). L'acqua comincia ora a passare allo stato gassoso: il passaggio di stato continua fornendo calore e la temperatura resta costante a 100 °C, finché *tutto il liquido non è diventato gas*.

Quando tutta l'acqua è diventata gas, l'aggiunta di calore fa aumentare la temperatura del gas.

Il calore latente

Consideriamo nuovamente il bicchiere col tè e i cubetti di ghiaccio alla temperatura di equilibrio di 0°C. Anche se l'ambiente cede calore al bicchiere, la temperatura del tè non aumenta finché sono presenti i cubetti di ghiaccio. Il calore viene assorbito e speso per fondere il ghiaccio: come mostra la **figura 12**, la temperatura comincerà a salire solo quando tutto il ghiaccio contenuto nel tè si sarà liquefatto.

La quantità di calore da fornire o da sottrarre perché una sostanza passi da uno stato di aggregazione a un altro stato dipende dalla natura della sostanza e dal particolare passaggio di stato.

La quantità di calore Q che deve essere fornita o sottratta perché avvenga un passaggio di stato di una massa m di sostanza è

$$Q = mL \qquad [9]$$

dove L rappresenta il *calore latente* per quella determinata sostanza.
Il calore latente è dato dunque dalla formula

latent heat

$$L = Q/m$$

e la sua unità di misura nel Sistema Internazionale è J/kg.

Si distinguono i seguenti calori latenti:

- **calore latente di fusione** L_f, si riferisce al passaggio solido-liquido: deve essere fornito alla sostanza per il passaggio solido → liquido e deve essere sottratto per il passaggio liquido → solido;
- **calore latente di vaporizzazione** L_v, si riferisce al passaggio liquido-gas: deve essere fornito alla sostanza per il passaggio liquido → gas e deve essere sottratto per il passaggio gas → liquido;
- **calore latente di sublimazione** L_s, si riferisce al passaggio dallo stato solido a quello di gas.

La **tabella 3** fornisce i valori di alcuni calori latenti di fusione e di vaporizzazione. Per esempio, il calore latente di fusione dell'acqua è $L_f = 3{,}35 \cdot 10^5$ J/kg. Questo vuol dire che per fondere 1 kg di ghiaccio a 0 °C occorrono $3{,}35 \cdot 10^5$ J e che la stessa quantità di energia deve essere sottratta a 1 kg di acqua a 0 °C per solidificarla in ghiaccio.

Il calore latente di vaporizzazione dell'acqua è maggiore di quello di fusione e vale $22{,}6 \cdot 10^5$ J/kg. Quando l'acqua si trova alla temperatura di 100 °C e comincia a bollire, occorrono $22{,}6 \cdot 10^5$ J per trasformare 1 kg di liquido in gas e altrettanti joule devono essere sottratti perché 1 kg di gas torni allo stato liquido.

Tabella 3 Calori latenti di fusione e di vaporizzazione (*)

Sostanza	Punto di fusione (°C)	Calore latente di fusione L_f ($\cdot 10^4$ J/kg)	Punto di ebollizione (°C)	Calore latente di vaporizzazione L_v ($\cdot 10^5$ J/kg)
Acqua	0,0	33,5	100,0	22,6
Alcol etilico	−114,4	10,8	78,3	8,55
Ammoniaca	−77,8	33,2	−33,4	13,7
Azoto	−210,0	2,57	−195,8	2,00
Benzene	5,5	12,6	80,1	3,94
Mercurio	−38,9	1,14	356,6	2,96
Oro	1063	6,28	2808	17,2
Ossigeno	−218,8	1,39	−183,0	2,13
Piombo	327,3	2,32	1750	8,59
Rame	1083	20,7	2566	47,3

(*) I valori si riferiscono alla pressione di 1 atm.

Il contatto con acqua a 100 °C provoca ustioni gravi, ma il danno diventa ancora più serio se si ha un ulteriore rilascio di energia sulla pelle dovuto alla condensazione del gas, perché il calore latente di vaporizzazione dell'acqua è molto elevato.

Esempio 6 Una limonata ghiacciata

In un bicchiere contenente 0,32 kg di limonata a 27 °C viene aggiunto del ghiaccio a 0 °C. Il calore specifico della limonata è praticamente uguale a quello dell'acqua, ovvero $c = 4186$ J/(kg·K).
Quando la limonata e il ghiaccio raggiungono la temperatura di equilibrio, nella tazza ci sono ancora alcuni cubetti di ghiaccio. Il calore latente di fusione del ghiaccio è $L_f = 3{,}35 \cdot 10^5$ J/kg.
Supponi che la massa del bicchiere sia così piccola da non assorbire calore e ignora qualsiasi perdita di calore verso l'esterno.

▶ Calcola la massa di ghiaccio fuso.

La soluzione

In accordo con il principio di conservazione dell'energia, la quantità di calore assorbita dal ghiaccio fondente è uguale alla quantità di calore ceduta dalla limonata che si raffredda.
Per l'equazione [**9**], il calore acquistato dal ghiaccio fondente è $Q = mL_f$, dove m è la massa del ghiaccio fuso e L_f il calore latente di fusione dell'acqua. Il calore perso dalla limonata è $Q = cm\Delta T$, dove ΔT è la differenza tra la temperatura più alta, 27 °C, e la temperatura di equilibrio:

$$\Delta T = 27\ °\text{C} - 0\ °\text{C} = 27\ °\text{C} = 27\ \text{K}.$$

La temperatura di equilibrio è 0 °C, perché nella limonata è rimasto ancora del ghiaccio allo stato solido e il ghiaccio è in equilibrio termico con l'acqua a 0 °C. L'espressione che descrive la situazione di equilibrio è dunque:

$$\underbrace{(mL_f)_{\text{ghiaccio}}}_{\substack{\text{calore assorbito}\\\text{dal ghiaccio}}} = \underbrace{(cm\Delta T)_{\text{limonata}}}_{\substack{\text{calore ceduto}\\\text{dalla limonata}}}$$

La massa m_{ghiaccio} del ghiaccio fuso è:

$$m_{\text{ghiaccio}} = \frac{(cm\Delta T)_{\text{limonata}}}{L_f} = \frac{[4186\ \text{J}/(\text{kg}\cdot\text{K})]\,(0{,}32\ \text{kg})\,(27\ \text{K})}{3{,}35\cdot 10^5\ \text{J/kg}} = \boxed{0{,}11\ \text{kg}}$$

8 LA TRASMISSIONE DEL CALORE

La trasmissione di calore fra oggetti avviene mediante tre processi fondamentali: la convezione, la conduzione e l'irraggiamento.

Convezione

Figura 13
La colonna di fumo dell'incendio si innalza per centinaia di metri in aria a causa della convezione.

Quando una certa quantità di fluido, per esempio l'aria sopra l'incendio di **figura 13**, si scalda, il suo volume aumenta e la sua densità diminuisce. In accordo con il principio di Archimede, l'aria circostante, più fredda e più densa, esercita una spinta idrostatica sull'aria più calda e la fa salire verso l'alto. L'aria calda che sale viene gradualmente sostituita dall'aria fredda circostante che, a sua volta, si riscalda e sale, creando in tal modo un flusso continuo che trasporta con sé energia.

convection

La **convezione** è il processo di trasferimento del calore mediante spostamento di materia fluida.

Il fluido in movimento prende il nome di **corrente convettiva**.

La **figura 14** mostra le correnti convettive che si instaurano in una pentola d'acqua sul fuoco. Le correnti distribuiscono il calore dalla base della pentola, che si trova a contatto con la sorgente di calore, a tutta l'acqua contenuta al suo interno. Per convezione avviene anche il riscaldamento domestico che utilizza unità ad acqua calda poste in corrispondenza dello zoccolo del pavimento (**figura 15A**).

Figura 14
Correnti convettive all'interno di una pentola d'acqua sul fuoco.

In un frigo, l'aria a contatto con la serpentina posizionata in alto si raffredda, il suo volume diminuisce e la sua densità aumenta. L'aria circostante, più calda e meno densa, non è in grado di esercitare la spinta idrostatica necessaria per sostenere l'aria fredda, che quindi cade verso il basso. L'aria più calda sul fondo è sospinta in alto e raffreddata dalla spirale. Nascono così i moti convettivi illustrati nella **figura 15B**. Se la serpentina di raffreddamento fosse posta alla base del frigo, l'aria fredda rimarrebbe in basso e nessun moto convettivo agevolerebbe il processo di raffreddamento.

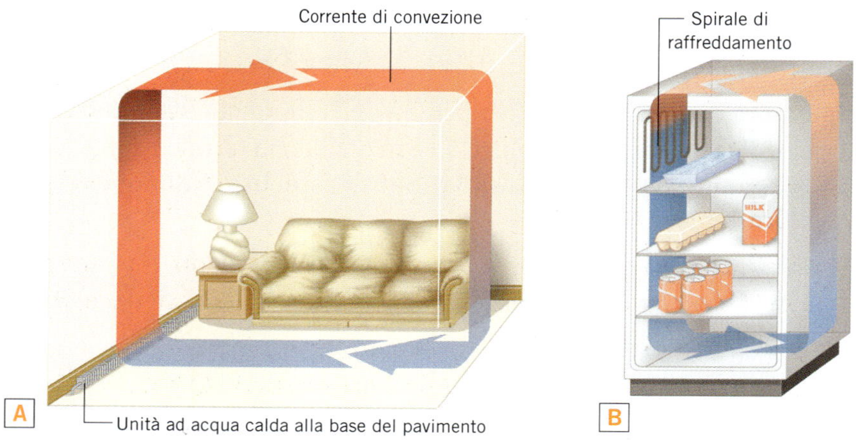

Figura 15
A. L'aria, riscaldata dall'unità ad acqua calda alla base del pavimento, è spinta verso l'alto dall'aria più fredda e densa.
B. L'aria fredda prodotta dalla serpentina del refrigeratore viene spinta verso il basso.
In entrambi i casi i processi di riscaldamento e di raffreddamento sono prodotti da correnti convettive.

Un importante esempio di convezione si presenta quando i raggi solari raggiungono una regione del suolo e la riscaldano. L'aria circostante più fredda e densa sospinge l'aria riscaldata verso l'alto creando una corrente ascensionale o **termica**, che può essere più o meno forte in funzione della quantità di calore che il suolo restituisce. Queste correnti ascensionali sono sfruttate, come illustra la figura 16, dai piloti di alianti e da alcuni uccelli, come le aquile.

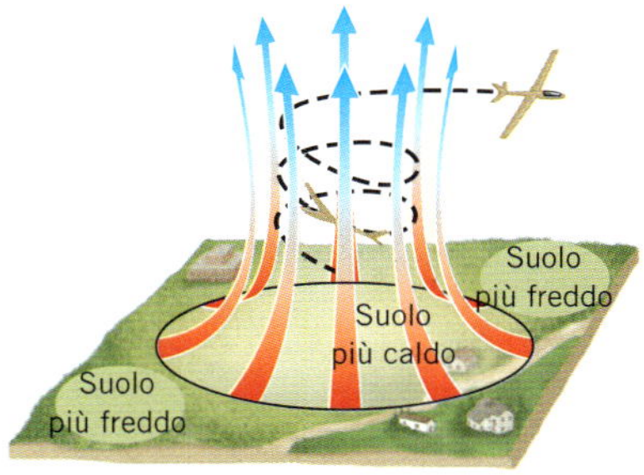

Figura 16
Le correnti ascensionali o termiche sono determinate dai moti convettivi dell'aria riscaldata dal suolo.

Conduzione

Chiunque abbia utilizzato una padella di metallo sa che il manico metallico diventa molto caldo: in qualche modo il calore si è trasferito dal fornello al manico. Ovviamente il trasferimento di calore non è dovuto allo spostamento di materia o al movimento dell'aria, quindi non si tratta di convezione. Il calore si è trasferito direttamente lungo il metallo attraverso un processo detto *conduzione*.

La **conduzione** è il processo di trasferimento del calore attraverso le sostanze, senza alcuno spostamento di materia.

conduction

I materiali che conducono bene il calore vengono chiamati **conduttori termici**, mentre quelli che lo conducono poco vengono chiamati **isolanti termici**. In generale i metalli sono ottimi conduttori, mentre il legno, il vetro e le plastiche sono isolanti (figura 17).

Figura 17
Padelle e tegami sono forniti di manici di legno o di plastica per ridurre la quantità di calore che arriva alle mani dei cuochi.

L'isolamento termico ha importanti applicazioni: le nuove costruzioni, per esempio, prevedono l'installazione di materiali isolanti nei solai e nei muri di confine, per ridurre i costi di riscaldamento (e raffreddamento) degli ambienti.

Sperimentalmente si osserva che la quantità di calore Q trasmessa per conduzione attraverso una sbarra, come quella di figura 18, presenta le seguenti caratteristiche:

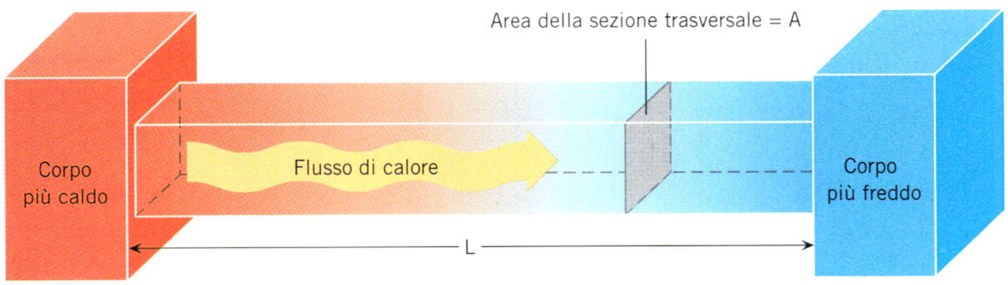

Figura 18
Quando gli estremi di una sbarra sono tenuti a temperature diverse, il calore si propaga per conduzione lungo la sbarra stessa e fluisce dall'estremo più caldo a quello più freddo.

- Q è proporzionale all'intervallo di tempo Δt durante il quale avviene il passaggio del calore ($Q \propto \Delta t$);
- Q è proporzionale alla differenza di temperatura ΔT esistente tra i due estremi della sbarra ($Q \propto \Delta T$); se i due estremi sono alla stessa temperatura, $\Delta T = 0$ e non c'è alcun flusso di calore;
- Q è proporzionale alla sezione trasversale della sbarra A ($Q \propto A$);
- Q è inversamente proporzionale alla lunghezza L della sbarra ($Q \propto 1/L$).

MATEMATICA
Per indicare la proporzionalità tra due grandezze si usa il simbolo $\propto$.

Tabella 4 Conducibilità termica di alcuni materiali (*)

Sostanza	Conducibilità termica k [J/(s·m·K)]
Metalli	
Acciaio inossidabile	14
Alluminio	240
Argento	420
Ferro	79
Ottone	110
Piombo	35
Rame	390
Gas	
Aria	0,0256
Azoto (N_2)	0,0258
Idrogeno (H_2)	0,180
Ossigeno (O_2)	0,0265
Altri materiali	
Acqua	0,60
Amianto	0,090
Cemento	1,1
Diamante	2450
Ghiaccio (0 °C)	2,2
Grasso corporeo	0,20
Lana	0,040
Legno (quercia)	0,15
Piuma d'oca	0,025
Polistirolo	0,010
Vetro	0,80

(*) Salvo diversa indicazione, i valori si riferiscono a temperature prossime a 293 K.

Vale quindi la seguente legge:

il calore Q trasmesso nell'intervallo di tempo Δt attraverso una sbarra di lunghezza L e sezione trasversale A è:

$$Q = \frac{(kA\Delta T)\Delta t}{L} \qquad [10]$$

dove ΔT è la differenza di temperatura tra gli estremi della sbarra e k è il **coefficiente di conducibilità termica del materiale** di cui è fatta la sbarra e si misura in J/(s·m·K).

Nel Sistema Internazionale, 1 W = 1 J/s è l'unità di misura della potenza, per cui il coefficiente di conducibilità termica può essere espresso anche in W/(m·K).

La **tabella 4** fornisce il valore della conducibilità termica di alcune sostanze. I metalli, che sono ottimi conduttori del calore, hanno valori elevati di k, mentre i valori registrati per i liquidi e i gas sono solitamente molto bassi. In realtà il calore trasmesso per conduzione nei liquidi e nei gas è davvero trascurabile rispetto a quello trasmesso per convezione e in presenza di forti correnti convettive.

L'aria, avendo un basso coefficiente di conducibilità termica, è un ottimo isolante, soprattutto nelle situazioni in cui è confinata in spazi ristretti, e non si instaurano correnti convettive. Le piume d'oca, il polistirolo espanso e la lana devono in parte la loro capacità di isolanti termici alle piccole cavità piene d'aria che si trovano al loro interno, come mostra la **figura 19**.

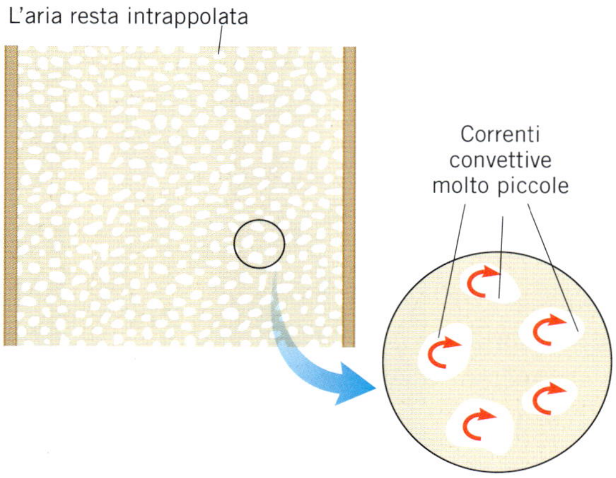

Figura 19
Il polistirolo espanso è un ottimo isolante termico perché contiene un numero elevato di piccole cavità piene d'aria. Esse impediscono che il calore possa propagarsi per mezzo delle correnti convettive. Anche la conduzione è molto piccola perché l'aria ha una conducibilità termica molto bassa.

Quando si prevedono temperature inferiori a 0 °C, i coltivatori possono proteggere il loro raccolto spruzzandovi sopra dell'acqua. Alcuni frutti, come le fragole di **figura 20**, non resistono a temperature al di sotto di 0 °C. L'acqua spruzzata su di essi congela e libera calore latente che in parte li scalda. Inoltre, sia l'acqua sia il ghiaccio hanno una conducibilità termica relativamente bassa, e quindi proteggono i frutti perché svolgono il ruolo di isolanti termici.

Figura 20
Quando la temperatura scende sotto 0 °C, gli agricoltori spruzzano acqua sulle piante di fragole per ottenere la formazione di un leggero velo di ghiaccio e preservarle dalla gelata.

L'irraggiamento

L'energia emessa dal Sole raggiunge la Terra trasportata da onde luminose visibili e da onde infrarosse e ultraviolette. Queste onde sono note con il nome di *onde elettromagnetiche* (sono onde elettromagnetiche anche le microonde, utilizzate in cucina per la cottura dei cibi, e le onde radio).

L'**irraggiamento** è il processo di trasferimento del calore attraverso onde elettromagnetiche.

radiation

A differenza della convezione e della conduzione, l'irraggiamento non ha bisogno di un mezzo materiale. Un bagnante al mare sente caldo perché il suo corpo assorbe energia dalle onde elettromagnetiche che sono emesse dal Sole e giungono sulla Terra dopo aver percorso 150 milioni di kilometri nel vuoto.

Ogni corpo emette energia sotto forma di onde elettromagnetiche. Il corpo umano emette nel campo del visibile una quantità di energia assolutamente insufficiente per renderlo visibile al buio; invece, la radiazione infrarossa emessa dal corpo si può rilevare anche al buio mediante opportune macchine fotografiche, come mostra la **figura 21**.

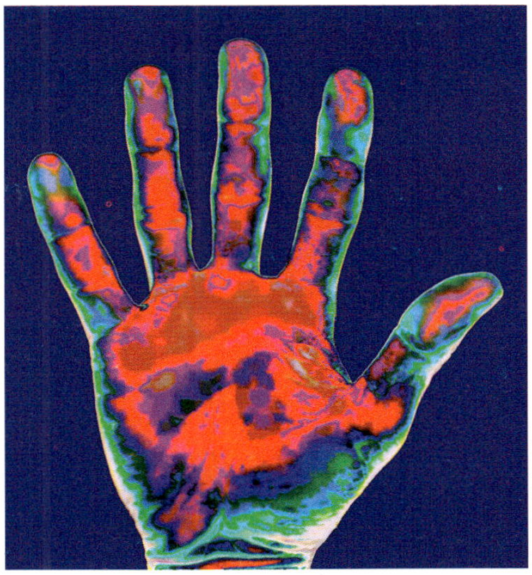

Figura 21
Immagine all'infrarosso di una mano.

Di solito un oggetto non emette luce visibile apprezzabile finché la sua temperatura non raggiunge 1000 K e compare una colorazione rossastra simile a quella dell'elemento riscaldatore di un forno elettrico. Quando la temperatura raggiunge 1700 K, l'oggetto emette luce bianca, come quella prodotta dal filamento di tungsteno di una lampadina a incandescenza.

Nel processo di trasmissione di energia per irraggiamento, la superficie di un oggetto ha un ruolo molto importante. Per esempio, i due blocchi della **figura 22**, esposti alla luce solare, sono identici a parte il fatto che uno ha una superficie scabra ricoperta di nerofumo (un sottile strato di fuliggine nera), mentre l'altro presenta una superficie argentea perfettamente lucidata.

Come registra il termometro, la temperatura del blocco annerito aumenta più rapidamente di quella del blocco lucidato, perché il primo assorbe circa il 97% dell'energia radiante che lo investe, mentre il secondo ne assorbe solo il 10% circa. In entrambi i casi, la quantità di energia incidente residua viene riflessa: il nerofumo lo vediamo nero perché riflette una minima parte dell'energia incidente, mentre la superficie argentata sembra uno specchio perché riflette la maggior parte della luce incidente.

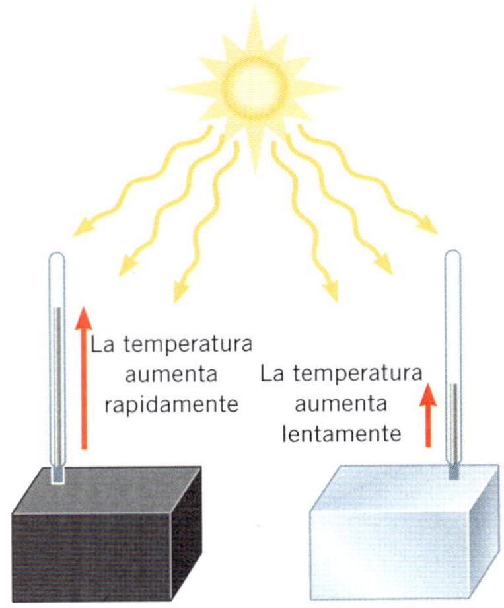

Figura 22
La temperatura di un blocco ricoperto di nerofumo aumenta più rapidamente di quella di un blocco rivestito di argento, perché le superfici nere assorbono più velocemente l'energia radiante emessa dal Sole.

Si definisce **corpo nero** un corpo che assorbe tutta l'energia elettromagnetica che lo colpisce.

Tutti i corpi assorbono e, contemporaneamente, emettono onde elettromagnetiche. Se il corpo ha una temperatura costante e uguale a quella dell'ambiente che lo circonda, la quantità di energia assorbita ha costantemente lo stesso valore dell'energia irraggiata. Se l'assorbimento fosse maggiore dell'emissione, il corpo guadagnerebbe energia, e quindi la sua temperatura aumenterebbe. Al contrario, se l'emissione fosse maggiore dell'assorbimento, la temperatura diminuirebbe.

Dato che assorbimento ed emissione si equilibrano, *un materiale che è un* **buon «assorbitore»**, *come il nerofumo, è anche un* **buon emettitore**, *mentre un materiale* **cattivo «assorbitore»**, *come una superficie argentata lucida, è anche un* **cattivo emettitore**. Un corpo nero perfetto, che assorbe tutta l'energia incidente, è anche un *perfetto emettitore*.

Il fatto che una superficie nera assorba ed emetta gran parte dell'energia che la colpisce spiega perché d'estate ci sentiamo a disagio indossando abiti neri: essi assorbono una grande quantità della radiazione solare incidente e la emettono poi in tutte le direzioni. Circa metà della radiazione emessa è rivolta verso il corpo di chi indossa quell'abito e dà luogo alla sensazione di caldo. Al contrario, gli abiti chiari danno una sensazione di freschezza perché assorbono, e quindi emettono, una frazione relativamente piccola della radiazione incidente.

L'irraggiamento di un corpo non dipende solo dalla sua temperatura, ma anche dall'estensione e dalla natura della sua superficie ed è descritto dalla legge sperimentale di Stefan-Boltzmann:

l'energia E irraggiata nell'intervallo di tempo Δt da un corpo a temperatura assoluta T e con una superficie A è:

$$E = e\sigma T^4 A \Delta t \qquad [11]$$

dove

$$\sigma = 5{,}67 \cdot 10^{-8}\ \text{J/(s·m}^2\text{·K}^4\text{)}$$

è la **costante di Stefan-Boltzmann** ed e è l'**emissività** della superficie.

La costante σ è una costante universale che ha lo stesso valore per tutti i corpi. L'*emissività* è un numero compreso fra 0 e 1 ed è uguale al rapporto tra l'energia che un corpo irradia effettivamente e quella che irradierebbe se fosse un corpo nero; quindi per un corpo nero $e = 1$.

Esempio 7 Una supergigante

La supergigante Betelgeuse ha una temperatura superficiale di 2900 K (circa la metà di quella del Sole) e irraggia una potenza di $4 \cdot 10^{30}$ W (circa 10 000 volte maggiore di quella del Sole). Supponi che Betelgeuse sia un emettitore perfetto ($e = 1$) e abbia forma sferica.

▶ Calcola il suo raggio.

© NASA

La soluzione

Secondo la legge di Stefan-Boltzmann, la potenza irraggiata è:

$$\frac{E}{\Delta t} = e\sigma T^4 A$$

e quindi:

$$A = \frac{E/\Delta t}{e\sigma T^4}$$

L'area di una sfera di raggio r è $A = 4\pi r^2$ e quindi:

$$r = \sqrt{\frac{A}{4\pi}} = \sqrt{\frac{E/\Delta t}{4\pi e\sigma T^4}}$$

Sostituendo i valori numerici e tenendo conto che $e = 1$, otteniamo:

$$r = \sqrt{\frac{4 \cdot 10^{30}\ \text{W}}{4\pi\,[5{,}67 \cdot 10^{-8}\,\text{J/(s·m}^2\text{·K}^4\text{)}]\,(2900\ \text{K})^4}} = \boxed{3 \cdot 10^{11}\ \text{m}}$$

Per fare un confronto, Marte orbita a una distanza di $2{,}28 \cdot 10^{11}$ m dal Sole: Betelgeuse è sicuramente una «supergigante».

I CONCETTI FONDAMENTALI

LOSAI? RIPASSA CON LO SMARTPHONE

In 3 minuti
• La temperatura

1 TERMOMETRI E TEMPERATURA

La **temperatura** è la grandezza fisica che si misura con il *termometro*.

L'unità di misura SI della temperatura è il *kelvin* (K):

$$T = T_C + 273{,}15$$

temperatura assoluta (K); temperatura in gradi celsius (°C)

2 LA DILATAZIONE TERMICA LINEARE

$$L = L_0\,(1 + \lambda \Delta T)$$

lunghezza alla temperatura T (m); lunghezza alla temperatura T_0 (m); coefficiente di dilatazione lineare (°C^{-1} o K^{-1}); variazione di temperatura (°C o K)

3 LA DILATAZIONE TERMICA VOLUMICA

$$V = V_0\,(1 + \beta \Delta T)$$

volume alla temperatura T (m^3); volume alla temperatura T_0 (m^3); coefficiente di dilatazione cubica (°C^{-1} o K^{-1}); variazione di temperatura (°C o K)

$$\beta = 3\lambda$$

coefficiente di dilatazione lineare (°C^{-1} o K^{-1})

4 CALORE ED ENERGIA

Il **calore** è l'energia che fluisce da un corpo a temperatura maggiore verso un corpo a temperatura minore, a causa della differenza di temperatura.

L'unità di misura SI del calore è il *joule* (J).

Una **caloria** (cal) è la quantità di energia necessaria per innalzare la temperatura di 1 g di acqua da 14,5 °C a 15,5 °C alla pressione atmosferica: 1 cal = 4,186 J

5 CAPACITÀ TERMICA E CALORE SPECIFICO

$$Q = C\Delta T = cm\Delta T$$

energia scambiata (J); capacità termica (J/K); calore specifico (J/kg · K); massa (kg); variazione di temperatura (K)

7 CALORE E CAMBIAMENTI DI STATO

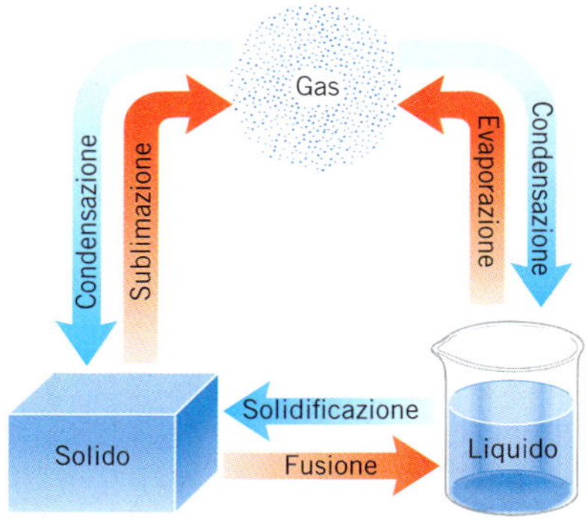

$$L = \frac{Q}{m}$$

calore latente (J/kg); calore scambiato (J); massa (kg)

Durante un passaggio di stato la temperatura di una sostanza non cambia.

8 LA TRASMISSIONE DEL CALORE

Convezione

È il processo di trasferimento del calore mediante spostamento di materia fluida. Il fluido in movimento prende il nome di *corrente convettiva*.

Conduzione

È il processo di trasferimento del calore attraverso le sostanze, senza alcuno spostamento di materia. Calore trasmesso attraverso una sbarra:

$$Q = \frac{(kA\Delta T)\Delta t}{L}$$

energia scambiata (J); coefficiente di conducibilità termica (J/(s · m · K)); variazione di temperatura (K); sezione trasversale della sbarra (m^2); lunghezza della sbarra (m); intervallo di tempo (s)

Irraggiamento

È il processo di trasferimento del calore attraverso onde elettromagnetiche.

Corpo nero: un corpo che assorbe tutta l'energia elettromagnetica che lo colpisce.

Legge di Stefan-Boltzmann per un corpo nero:

$$E = e\sigma T^4 A\Delta t$$

energia irraggiata (J); costante di Stefan-Boltzmann; superficie (m^2); intervallo di tempo (s); emettività della superficie; temperatura (K)

$$\sigma = 5{,}67 \cdot 10^{-8}\ \text{J/(s} \cdot \text{m}^2 \cdot \text{K}^4)$$

1 TERMOMETRI E TEMPERATURA

1 Un termometro usato per misurare la temperatura ambientale segna 23 °C.

- Converti questa temperatura in Kelvin. Esprimi il risultato con 3 cifre significative.

[296 K]

2 La superficie del Sole, chiamata fotosfera, ha una temperatura che varia tra i 4000 K e gli 8000 K.

- Converti queste temperature in gradi Celsius e usa 4 cifre significative.

[3727 °C ; 7727 °C]

3 La temperatura dell'acqua di una piscina oscilla tra i 22 °C di giorno e i 16 °C di notte.

- Calcola la variazione di temperatura in Kelvin.

[6,0 K]

4 **LEGGI IL GRAFICO**
La figura mostra il grafico della temperatura interna di un frigorifero mal funzionante: la temperatura all'interno del frigorifero cresce con il passare del tempo.

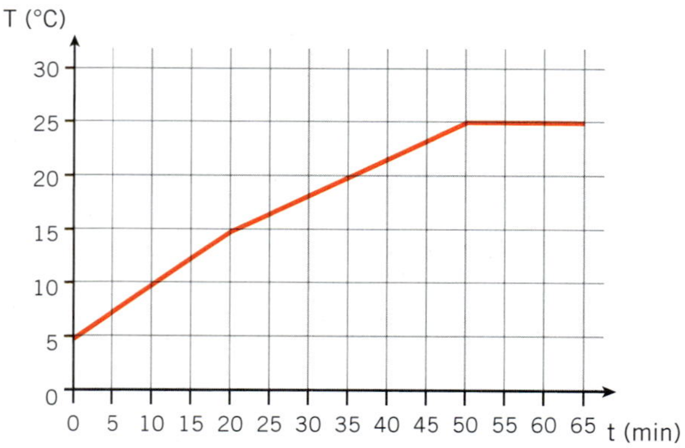

- Calcola la variazione di temperatura in gradi Celsius dopo 10 minuti.
- Calcola la variazione di temperatura in Kelvin dopo 1 ora.

[5 °C; 20 K]

5 **UN DATO IN PIÙ**
L'acqua in una pentola ha una temperatura di 25 °C. Riscaldiamo l'acqua per 15 minuti fino ad aumentare la temperatura di altri 25 °C.

- Converti la temperatura finale in Kelvin usando 3 cifre significative.
- Calcola la variazione di temperatura in Kelvin.

[323 K; 25 K]

6 La scala Réaumur (°R) prende il nome dallo scienziato francese René-Antoine Ferchault de Réaumur (1683-1757), il quale la utilizzò per misurare la temperatura nei suoi esperimenti sullo studio del calore. Questa scala assegna il valore 0 alla temperatura in cui si forma il ghiaccio e 80 alla temperatura a cui bolle l'acqua. I fenomeni di riferimento di questa scala sono dunque gli stessi della scala Celsius, ma l'intervallo è suddiviso in 80 parti anziché 100.

- Converti 120 °C nella scala di Réaumur.
- Converti 240 °R nella scala Celsius.

[96 °R; 300 °C]

2 LA DILATAZIONE TERMICA LINEARE

7 Una sbarra di acciaio è lunga 45 cm alla temperatura di 27 °C e viene riscaldata fino alla temperatura di 824 °C. Il coefficiente di dilatazione termica dell'acciaio è $1{,}2 \cdot 10^{-5}\,K^{-1}$.

- Determina di quanto si allunga la sbarra a causa del riscaldamento.

[0,43 cm]

8 L'acciaio del piano stradale del Golden Gate si dilata di 0,53 m quando la temperatura passa da 2 °C a 32 °C.

- Calcola la lunghezza approssimativa del ponte.

[1500 m]

9 **UN DATO IN PIÙ**
Una trave è lunga 2,3 m alla temperatura di 24,5 °C. Riscaldandola di 37,9 °C misuriamo una dilatazione di $2{,}0 \cdot 10^{-3}$ m.

- Determina di quale materiale è costituita la sbarra.

10 Un telescopio si trova in cima a una montagna, dove l'escursione termica può variare da −5,0 °C a 40 °C. Alla temperatura minima, la lente di vetro del telescopio ha un diametro di 0,40 m.

- Determina la massima variazione del diametro della lente.

[$1{,}5 \cdot 10^{-4}$ m]

11 **QUANTI SU 100?**
Una trave di ferro è lunga 12,5 m alla temperatura di 0 °C. Durante il periodo estivo si dilata mediamente dello 0,035%. Il coefficiente di dilatazione termica del ferro è di $1{,}2 \cdot 10^{-5}\,K^{-1}$.

- Determina la temperatura media in estate.

[29 °C]

12 ★★★ Una sbarra di una particolare lega viene riscaldata da 25 °C a 100 °C e si osserva che la sua lunghezza aumenta di $8{,}47 \cdot 10^{-4}$ m. In seguito la sbarra viene raffreddata fino a 0 °C.

▶ Calcola la differenza tra la lunghezza iniziale e quella finale della sbarra.

[$-2{,}8 \cdot 10^{-4}$ m]

13 ★★★ Una barra di acciaio e una di alluminio sono attaccate, con i due estremi, a pareti fisse, vedi la figura. Alla temperatura di 25 °C sono separate da una distanza $d = 5{,}0 \cdot 10^{-4}$ m.

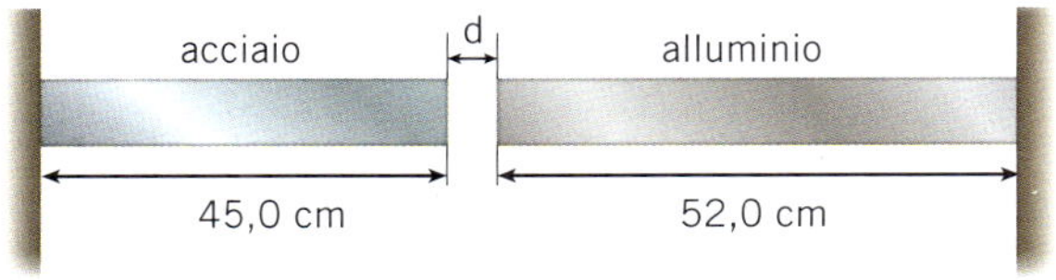

▶ Determina a quale temperatura le due barre si toccano.

[54 °C]

14 PROBLEM SOLVING

Alla temperatura di 20 °C una sottile lamina d'oro ha forma rettangolare ed è lunga 8,6 cm. Al centro della lamina c'è una fessura: ciascuna estremità della fessura (per esempio il punto B) dista 1,6 cm dal bordo più vicino della lastra (nel caso dell'estremità B, il punto A).

▶ Calcola la variazione della lunghezza della fessura quando la lamina viene riscaldata a 220 °C.

Dati e incognite

Dati	Incognite
Lunghezza della lamina: L = 8,6 cm	Variazione della lunghezza l della fessura: Δl = ?
Distanza tra i punti A e B: d = 1,6 cm	
Temperatura iniziale della lamina: T_i = 20 °C	
Temperatura finale della lamina: T_f = 220 °C	
Coefficiente di dilatazione lineare dell'oro: $\lambda = 1{,}4 \cdot 10^{-5}\ \text{K}^{-1}$	

Il ragionamento

La lunghezza della lamina aumenta quando viene riscaldata. Lo stesso fenomeno si verifica per singole parti della lamina. Applicando la legge di dilatazione lineare troviamo la soluzione del problema.

La soluzione

La lunghezza iniziale l della fessura è:

$$l = L - 2d = (8{,}6\ \text{cm}) - 2\,(1{,}6\ \text{cm}) = 5{,}4\ \text{cm}$$

Quando la lamina viene riscaldata, anche la fessura si allarga.
Consideriamo i punti G, H, L e M della lamina, posizionati come mostrato nella figura:

Poiché i tratti ML, LH e HG della lamina si espandono quando la temperatura aumenta, anche la fessura si espande e la sua dilatazione lineare è uguale a quella del tratto LH della lamina:

$$\Delta l = l\lambda\Delta t = (5{,}4\ \text{cm})(1{,}4 \cdot 10^{-5}\ \text{K}^{-1})(200\ \text{K}) = 0{,}015\ \text{cm}$$

15 ★★★ Un orefice sta creando degli orecchini con una sottile lamina d'oro e pratica un piccolo foro di diametro 1,5 mm. Per dilatare il foro, all'interno del quale vuole inserire una gemma, riscalda la lamina di 85,0 °C.

▶ Calcola la variazione del raggio del foro.

[$8{,}9 \cdot 10^{-7}$ m]

16 ★★★ **QUANTI SU 100?**
In una lastra di rame viene praticato un foro alla temperatura di 11 °C. La lastra viene poi riscaldata fino a raggiungere la temperatura di 110 °C.

▶ Calcola la variazione percentuale del raggio del foro.

[0,17%]

17 ★★★ Un pendolo d'argento ha un periodo di 2,0 s a una certa temperatura T_0.

▶ Calcola la variazione del periodo del pendolo quando la temperatura aumenta di 90 °C.

[$1{,}7 \cdot 10^{-3}$ s]

18 ★★★ **LEGGI IL GRAFICO**
Nel grafico è mostrata la variazione ΔL della lunghezza di una lamina di piombo al variare del tempo. Inizialmente la lamina è lunga 28,0 cm.

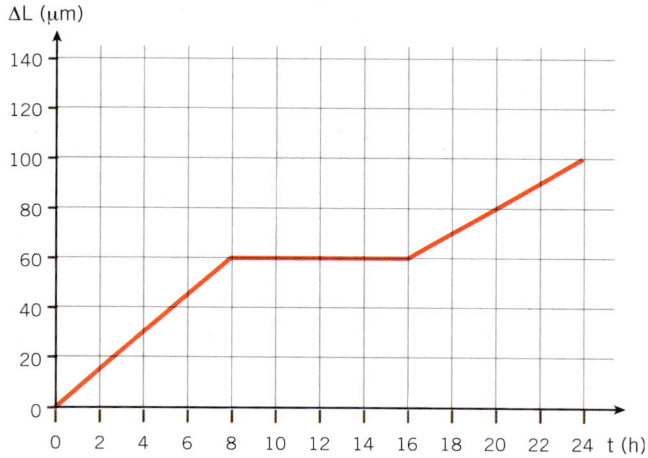

▶ Determina la variazione di temperatura della lamina dopo le prime 8 ore.

▶ Determina la variazione di temperatura della lamina dopo un'intera giornata.

[7,4 °C ; 12 °C]

3 LA DILATAZIONE TERMICA VOLUMICA

19 ★★★ Un cubo di piombo ha un volume di $1{,}4 \cdot 10^{-4}$ m^3 alla temperatura di 291 K. Inseriamo il cubo in un forno per aumentare la temperatura fino a 1173 K.

▶ Qual è il volume finale del cubo di piombo?

[$1{,}5 \cdot 10^{-4}$ m^3]

20 ★★★ Una sfera d'argento ha un raggio di $2{,}0 \cdot 10^{-2}$ m quando è alla temperatura di 18 °C.

▶ Calcola la variazione del volume della sfera quando viene riscaldata fino a una temperatura di 149 °C.

[$2{,}5 \cdot 10^{-7}$ m^3]

21 ★★★ **UN DATO IN PIÙ**
Il coefficiente di dilatazione volumica del cemento è $36 \cdot 10^{-6}$ K^{-1}. Riscaldiamo un metro cubo di cemento dalla temperatura iniziale di 18 °C fino a una temperatura di 60 °C.

▶ Determina il coefficiente di dilatazione lineare del cemento.

[$12 \cdot 10^{-6}$ K^{-1}]

22 ★★★ Una barra di ottone ha un volume di $1{,}3 \cdot 10^{-4}$ m^3 alla temperatura di 24 °C. Riscaldiamo la barra e il volume aumenta di $1{,}6 \cdot 10^{-6}$ m^3.

▶ Calcola la temperatura finale raggiunta dalla barra.

[240 °C]

23 ★★★ Un liquido occupa un volume di $1{,}5 \cdot 10^{-3}$ m^3 alla temperatura di 20 °C. Il liquido è raffreddato fino a una temperatura di –20 °C. Si osserva una diminuzione del volume di $0{,}57 \cdot 10^{-4}$ m^3.

▶ Di quale liquido potrebbe trattarsi?

24 ★★★ Un oggetto di piombo e uno di quarzo hanno lo stesso volume iniziale. Le temperature dei due oggetti variano e alla fine gli oggetti hanno di nuovo lo stesso volume, diverso da quello iniziale. La temperatura dell'oggetto di piombo è aumentata di 4,0 °C.

▶ Calcola la variazione di temperatura dell'oggetto di quarzo.

[230 °C]

25 ★★★ **QUANTI SU 100?**
Un cilindro di vetro Pyrex, utilizzato per un esperimento, ha un'altezza di 40 cm e un raggio di 1,7 mm alla temperatura di 272 K. Nel corso dell'esperimento il vetro si scalda e il suo volume aumenta dello 0,1%.

▶ Calcola la temperatura finale del cilindro di vetro in gradi Celsius.

[100 °C]

26 ★★★ **UN DATO IN PIÙ**
Uno studente vuole misurare la densità dell'acqua a diverse temperature. Riempie un recipiente con 2,0 L di acqua alla temperatura di 18,8 °C e ottiene una densità di 999 kg/m^3. Riscalda poi l'acqua fino a una temperatura di 94,5 °C.

▶ Determina la variazione di densità del liquido.

[–16 kg/m^3]

27 ★★★ **LEGGI IL GRAFICO**

Durante lo studio per la costruzione di una grande diga, la temperatura dell'acqua di un lago è stata misurata per un'intera giornata invernale. I dati raccolti sono riassunti nel grafico, che rappresenta la temperatura dell'acqua con il passare del tempo. Alla temperatura di 6,0 °C il lago ha un volume d'acqua di $1{,}2 \cdot 10^6$ m^3.

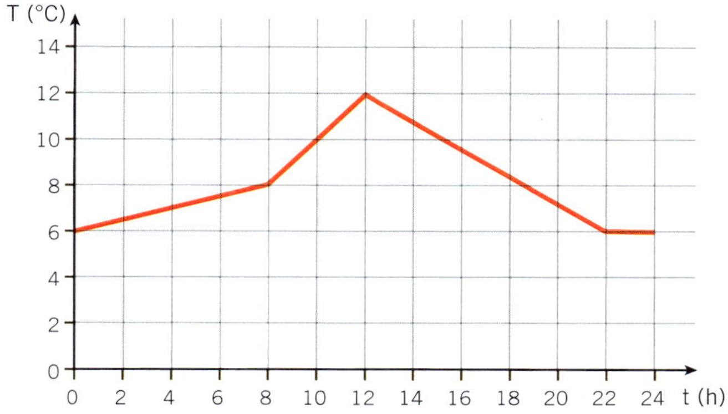

- Calcola la variazione massima del volume del lago durante le 24 ore.
- Disegna un grafico che rappresenti la variazione del volume del lago durante le 24 ore.

[1490 m^3]

28 PROBLEM SOLVING

Un piccolo serbatoio di rame raccoglie il fluido del radiatore di un'auto. Alla temperatura di 6,0 °C, il radiatore ha una capacità di 14 dm^3 ed è pieno fino all'orlo di liquido refrigerante, che ha un coefficiente di dilatazione volumica pari a $\beta_l = 4{,}1 \cdot 10^{-4}\,\mathrm{K}^{-1}$.

- Calcola quanto fluido refrigerante trabocca nel serbatoio quando il fluido raggiunge la temperatura operativa di 92 °C.

Dati e incognite

Dati	Incognite
Temperatura iniziale del radiatore: T_i = 6,0 °C = 279,15 K	Volume eccedente del liquido alla fine: V_f = ?
Volume iniziale del radiatore e del liquido: $V_0 = 1{,}4 \cdot 10^{-2}$ m^3	
Coefficiente di dilatazione volumica del liquido: $\beta_l = 4{,}1 \cdot 10^{-4}$ K^{-1}	
Temperatura finale: T_f = 92 °C = 365,15 K	

Il ragionamento

Quando la temperatura aumenta, sia il serbatoio che il liquido aumentano di volume, ma in modo diverso; in particolare, il testo suggerisce che il volume del liquido aumenta più di quello del serbatoio. Calcoliamo i due aumenti di volume: la loro differenza è il volume di liquido in più che trabocca.

La soluzione

L'aumento di temperatura è:

$$\Delta T = T_f - T_i = (365{,}15\ \mathrm{K}) - (279{,}15\ \mathrm{K}) = 86\ \mathrm{K}$$

L'aumento di volume del serbatoio è:

$$\Delta V_s = \beta_{rame} V_0 \Delta T = (51 \cdot 10^{-6}\,\mathrm{K}^{-1})(1{,}4 \cdot 10^{-2}\ \mathrm{m}^3)(86\ \mathrm{K}) \cong 6{,}1 \cdot 10^{-5}\ \mathrm{m}^3$$

mentre l'aumento di volume del liquido è:

$$\Delta V_l = \beta_l V_0 \Delta T = (4{,}1 \cdot 10^{-4}\,\mathrm{K}^{-1})(1{,}4 \cdot 10^{-2}\ \mathrm{m}^3)(86\ \mathrm{K}) \cong 4{,}8 \cdot 10^{-4}\ \mathrm{m}^3$$

Poiché l'aumento di volume del liquido è maggiore di quello del serbatoio, il liquido trabocca. Il volume di liquido in eccesso è:

$$V_f = \Delta V_l - \Delta V_s = (4{,}8 \cdot 10^{-4}\ \mathrm{m}^3) - (6{,}1 \cdot 10^{-5}\ \mathrm{m}^3) = 4{,}3 \cdot 10^{-4}\ \mathrm{m}^3$$

29 Un contenitore cilindrico di vetro contiene dell'acqua. Alla temperatura di 15 °C, l'altezza dell'acqua è 8,0 cm. Trascuriamo la variazione di volume del vetro al variare della temperatura.
- Calcola la variazione dell'altezza dell'acqua quando la temperatura scende a 4,0 °C.
- A queste temperature dobbiamo tener conto del comportamento anomalo dell'acqua?

[−0,018 cm]

30 Il bulbo di un termometro di vetro contiene 45 mm^3 di mercurio. Quando il mercurio si scalda, si dilata e risale lungo un capillare di raggio $1{,}7 \cdot 10^{-2}$ mm. La dilatazione termica del vetro è trascurabile.
- Calcola di quanti millimetri il mercurio sale nel capillare per una variazione di temperatura di 1 °C.

[9,0 mm]

31 La densità dell'acqua a 0 °C è 999,860 kg/m^3, mentre a 4,0 °C è 999,973 kg/m^3.
- Calcola la variazione del volume di $7{,}0 \cdot 10^6$ kg di acqua quando l'acqua viene riscaldata da 0 °C a 4,0 °C.

[$-0{,}79$ m^3]

4 CALORE ED ENERGIA

32 Calcola la quantità di calore necessaria per portare 0,45 kg di acqua dalla temperatura di 14,5 °C a quella di 15,5 °C.

[450 cal]

33 Per aumentare la temperatura di una certa quantità di acqua da 14,5 °C a 15,5 °C sono necessarie 7300 cal.
- Calcola la massa dell'acqua.

[7,3 kg]

34 La caloria è da sempre usata nelle scienze alimentari per quantificare l'energia contenuta nel cibo. Per esempio, 100 g di spaghetti al pomodoro hanno un contenuto calorico medio di 455 kcal.
- Converti questa energia in joule.

[$1{,}9 \cdot 10^6$ J]

35 Alle Olimpiadi, un'atleta consuma 837 200 J di energia durante una gara di salto con l'asta.
- Converti questa energia in calorie.

[200 kcal]

36 L'evoluzione finale di stelle massicce può terminare in un'enorme esplosione chiamata supernova. Questo fenomeno produce una quantità di energia dell'ordine di $1 \cdot 10^{44}$ J, che distrugge completamente la stella.
- Calcola l'ordine di grandezza di questa energia in calorie.

[10^{43} cal]

37 Il consumo calorico medio di un ciclista professionista è di circa 600 kcal ogni ora di corsa. Una lampadina a risparmio energetico consuma 3,6 kJ di energia ogni ora.
- Per quanto tempo rimane accesa la lampadina usando l'energia consumata dal ciclista in un'ora?

[29 giorni]

38 PROBLEM SOLVING

In un laboratorio di fisica si prepara una replica dell'esperimento di Joule usando un contenitore con 2,5 kg di acqua e due pesi di massa 3,5 kg ciascuno. I pesi scendono per 1,6 m e arrivano a terra con una velocità di 7,0 cm/s.
- Calcola la variazione di temperatura dell'acqua dopo che i pesi sono stati fatti scendere 20 volte.

Dati e incognite

Dati	Incognite
Massa dell'acqua: $m_a = 2{,}5$ kg	Variazione di temperatura dell'acqua: $\Delta T = ?$
Massa di ciascun peso: $m_p = 3{,}5$ kg	
Altezza da cui cadono i pesi: $h = 1{,}6$ m	
Velocità dei pesi alla fine della caduta: $v_f = 0{,}070$ m/s	
Numero di volte che vengono lasciati cadere i pesi: 20	

Il ragionamento

Calcoliamo l'energia meccanica dei due pesi all'inizio e alla fine della loro discesa. L'energia meccanica persa è stata trasferita all'acqua, compiendo lavoro su di essa. Il trasferimento di energia produce un aumento di temperatura, esattamente come succede con un trasferimento di calore.

La soluzione

Esaminiamo che cosa succede quando i pesi scendono una volta. All'inizio della discesa, l'energia meccanica E_i dei due pesi è la loro energia potenziale della forza-peso:

$$E_i = m_p gh + m_p gh = 2m_p gh = 2(3{,}5\ \text{kg}) \cdot (9{,}8\ \text{N/kg}) \cdot (1{,}6\ \text{m}) = 110\ \text{J}$$

Alla fine della discesa, l'energia meccanica E_f dei due pesi è la loro energia cinetica:

$$E_f = \frac{1}{2} m_p v_f^2 + \frac{1}{2} m_p v_f^2 = m_p v_f^2 = (3{,}5\ \text{kg})(0{,}070\ \text{m/s})^2 = 0{,}017\ \text{J}$$

L'energia meccanica non si è conservata. La quantità di energia meccanica persa (pressoché tutta) è stata trasferita all'acqua come lavoro L del mulinello:

$$L = E_i - E_f \cong 110\ \text{J}$$

Se ripetiamo la discesa dei pesi 20 volte, il lavoro totale compiuto sull'acqua è

$$L_{tot} = 20L = 2200\ \text{J}$$

Il trasferimento all'acqua di questa energia provoca un aumento di temperatura:

$$L_{tot} = c_a m_a \Delta T \quad \Rightarrow \quad \Delta T = \frac{L_{tot}}{c_a m_a} = \frac{2200\ \text{J}}{(4186\ \text{J/(kg}\cdot\text{K)}) \cdot (2{,}5\ \text{kg})} = 0{,}21\ \text{K}$$

39 ★★★
In una riproduzione dell'esperimento di Joule si usa 1,1 kg di acqua e due pesi di massa 4,0 kg posti a un'altezza iniziale di 1,0 m. I pesi scendono molto lentamente.

▶ Calcola l'aumento di temperatura dell'acqua quando i due pesi hanno raggiunto il suolo.

[0,017 K]

40 ★★★ **QUANTI SU 100?**
In una riproduzione dell'esperimento di Joule, due pesi di massa 7,0 kg sono posti a un'altezza iniziale di 2,0 m. La temperatura iniziale dell'acqua è 300 K. I due pesi arrivano al suolo con una velocità di 2,0 m/s. Dopo avere fatto cadere i pesi 20 volte, la temperatura aumenta dello 0,1%.

▶ Calcola la massa d'acqua utilizzata nell'esperimento.

[3,9 kg]

41 ★★★
In una riproduzione dell'esperimento di Joule, un recipiente termicamente isolato viene riempito con 200 kg di acqua. Il sistema a mulinello che mette in agitazione l'acqua è collegato a due grossi cilindri di massa 100 kg ciascuno. I cilindri scendono per 4 m e arrivano al suolo a una velocità di 6,0 m/s.

▶ Calcola la variazione di temperatura dell'acqua se i cilindri vengono fatti scendere 100 volte.

[0,51 K]

5 CAPACITÀ TERMICA E CALORE SPECIFICO

42 ★★★
Se trasferisci $1{,}0 \cdot 10^6$ J di calore a un determinato oggetto ottieni un aumento della temperatura di 20 K.

▶ Calcola la capacità termica di questo oggetto.

[$5{,}0 \cdot 10^4$ J/K]

43 ★★★ **UN DATO IN PIÙ**
Metti sul fuoco una teiera contenente 2,0 kg di acqua alla temperatura di 27 °C. Raggiunta la temperatura di 93 °C prepari il tè. La capacità termica di 2,0 kg d'acqua è 8372 J/K.

▶ Calcola il calore assorbito dall'acqua.

[$5{,}5 \cdot 10^5$ J]

44 ★★★ **UN DATO IN PIÙ**
Un uomo di massa 60 kg ha una capacità termica di circa $2{,}1 \cdot 10^5$ J/K.
In un'ora di camminata a passo svelto produce circa $7{,}0 \cdot 10^5$ J di calore. Questo calore è rimosso dal corpo attraverso il sudore senza il quale il corpo si surriscalderebbe.

▶ Calcola di quanto aumenterebbe la temperatura corporea dell'uomo se il calore non fosse rimosso dal corpo.

[3,3 °C]

45 ★★★
Il rame è molto utilizzato nei computer per dissipare il calore prodotto dai microprocessori. Il calore specifico del rame è 387 J/(kg · K).

▶ Calcola la capacità termica di 186 g di rame.

[72,0 J/K]

46 ★★★
La capacità termica di una lastra di piombo è 650 J/K.

▶ Calcola la massa della lastra.

[5,1 kg]

47 ★★★
Un pentolino con dell'acqua è posto sul fuoco e assorbe 2700 J di calore ogni minuto.

▶ Calcola la potenza con cui viene trasferito calore al pentolino.

[45 W]

48 ★★★ **QUANTI SU 100?**

Due bottiglie sono fatte dello stesso materiale ma la massa della seconda supera del 20% quella della prima. La differenza tra le loro capacità termiche è 90 J/K.

▶ Calcola la capacità termica delle due bottiglie.

[450 J/K; 540 J/K]

49 ★★★ Trasferiamo $2{,}5 \cdot 10^4$ J di calore a un litro di acqua alla temperatura di 15 °C. La capacità termica dell'acqua è 4186 J/K.

▶ Calcola la temperatura finale dell'acqua.

[21 °C]

50 ★★★ **UN DATO IN PIÙ**

Un cubo di acciaio di massa 8,0 kg e lato 10 cm ha la temperatura di 19 °C. Riscaldiamo il cubo all'interno di un forno: al termine i lati del cubo si sono dilatati di 0,10 cm. La capacità termica del cubo è 3616 J/K.

▶ Calcola la temperatura finale del cubo di acciaio.

▶ Calcola il calore assorbito dal cubo nel forno.

[850 °C ; $3{,}0 \cdot 10^6$ J]

51 PROBLEM SOLVING

In una giornata di sole, una piscina all'aperto assorbe una quantità di calore che fa aumentare il volume dell'acqua di $9{,}9 \cdot 10^{-2}$ m³. La densità iniziale dell'acqua è 995 kg/m³.

▶ Calcola la quantità di calore assorbita dall'acqua della piscina.

Dati e incognite

Dati	Incognite
Densità iniziale dell'acqua: $d = 995$ kg/m³	Calore assorbito dall'acqua: $Q = ?$
Aumento di volume dell'acqua: $\Delta V = 9{,}9 \cdot 10^{-2}$ m³	

Il ragionamento

L'aumento di volume dell'acqua è direttamente proporzionale all'aumento di temperatura, secondo la legge di dilatazione volumica. L'aumento di temperatura, a sua volta, è direttamente proporzionale alla quantità di calore assorbito. Da queste due relazioni ricaviamo il calore assorbito dall'acqua della piscina.

La soluzione

Dalla legge della dilatazione volumica ricaviamo l'espressione dell'aumento di temperatura dell'acqua della piscina:

$$\Delta T = \frac{\Delta V}{\beta V_0}$$

In questa equazione β è il coefficiente di dilatazione cubica dell'acqua e V_0 è il volume iniziale dell'acqua. Il calore Q assorbito dall'acqua dipende dalla massa dell'acqua, dal suo calore specifico e dalla variazione della sua temperatura:

$$Q = cm\Delta T$$

Sostituendo in questa espressione quella ottenuta in precedenza per ΔT ricaviamo:

$$Q = \frac{cm\Delta V}{\beta V_0}$$

In questa espressione compaiono due grandezze di cui non conosciamo il valore: la massa m dell'acqua e il suo volume iniziale V_0. Tuttavia, conosciamo il rapporto tra la massa m e il volume V_0, che è la densità iniziale dell'acqua; pertanto, la quantità di calore assorbita è:

$$Q = \frac{cd\Delta V}{\beta} = \frac{(4186\ \text{J}/(\text{kg}\cdot\text{K}))\cdot(995\ \text{kg/m}^3)\cdot(9{,}9\cdot10^{-2}\text{m}^3)}{207\cdot10^{-6}\text{K}^{-1}} = 2{,}0\cdot10^9\ \text{J}$$

52 ★★☆ L'acqua di una piscina rilascia calore durante la notte e il suo volume diminuisce di $5{,}2 \cdot 10^{-2}$ m³. La densità iniziale dell'acqua è 997 kg/m³.

▶ Calcola la quantità di calore emessa dall'acqua della piscina.

[$1{,}0 \cdot 10^{9}$ J]

53 ★★☆ Il volume d'acqua del Mar Mediterraneo nel periodo invernale è circa $3{,}7 \cdot 10^{15}$ m³, quando la sua temperatura media è 10 °C. Nel periodo estivo la temperatura del Mar Mediterraneo è 20 °C. Trascura il fatto che il Mar Mediterraneo scambia acqua con i mari confinanti.

▶ Calcola la quantità di calore assorbita dal Mar Mediterraneo tra il periodo invernale e il periodo estivo.

La profondità media del Mar Mediterraneo in inverno è 1480 m.

▶ Di quanto aumenterebbe il livello del Mar Mediterraneo nel periodo estivo se fosse un mare chiuso?

[$1{,}5 \cdot 10^{23}$ J ; 3,0 m]

54 ★★☆ **LEGGI IL GRAFICO**

Una lastra di rame di massa 540 g viene riscaldata. La figura mostra la sua temperatura al variare del tempo.

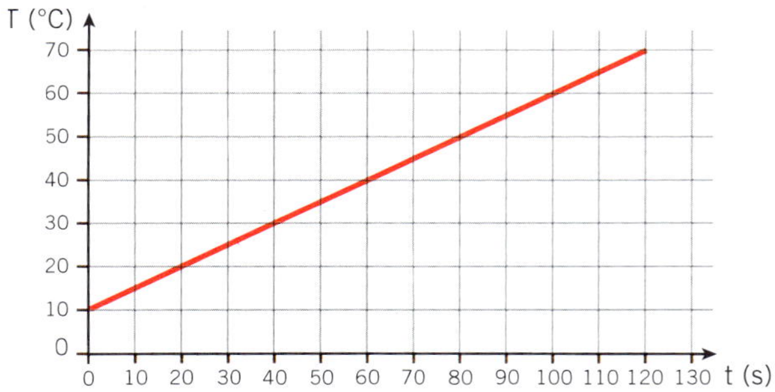

▶ Qual è la temperatura iniziale della lastra?

▶ Quanto calore riceve la lastra ogni secondo?

[10 °C; 100 J]

55 ★★☆ Un impianto per il riscaldamento dell'acqua eroga calore con una potenza di 10 kW per riscaldare 500 L d'acqua dalla temperatura di 15 °C alla temperatura di 35 °C.

▶ Calcola il tempo necessario per riscaldare l'acqua alla temperatura desiderata.

[70 min]

56 ★★☆ Il kilowattora (kWh) è un'unità di misura dell'energia usata per indicare la quantità di energia elettrica consumata. 1 kWh è l'energia consumata in 1 ora alla potenza di 1,0 kW.

▶ Converti 1,0 kWh in joule.

L'acqua contenuta in una piscina ha la forma di un parallelepipedo di lati 10 m, 6,0 m e 3,5 m. L'acqua è alla temperatura di 18 °C e il proprietario della piscina vuole riscaldarla fino a 30 °C. Il costo dell'energia elettrica è 0,17 € per ogni kilowattora consumato.

▶ Quanto costa riscaldare la piscina?

[500 €]

57 ★★★ **QUANTI SU 100?**

Una sfera d'acciaio di 1,5 kg non attraversa un foro circolare praticato in una lastra di alluminio di 0,85 kg perché il suo raggio è maggiore di quello del foro dello 0,10%. La sfera e la lastra hanno la stessa temperatura.

▶ È possibile far passare la sfera attraverso il foro aumentando in modo uguale la temperatura della sfera e della lastra? Se sì, quanto calore è necessario?

[$1{,}3 \cdot 10^{5}$ J]

6 IL CALORIMETRO

58 ★☆☆ **UN DATO IN PIÙ**

Un calorimetro contiene acqua alla temperatura di 298 K ed è in equilibrio termico con essa. Inseriamo all'interno del calorimetro un oggetto caldo di massa 5,0 kg, che cede all'acqua $1{,}3 \cdot 10^{6}$ J di calore. La temperatura di equilibrio del sistema è 308 K. La capacità termica del calorimetro è trascurabile.

▶ Calcola la massa d'acqua contenuta nel calorimetro.

[31 kg]

59 ★★☆ Mescoliamo 0,5 kg d'acqua alla temperatura di 20 °C con 2,0 kg di acqua più fredda per raggiungere la temperatura d'equilibrio di 8 °C.

▶ Calcola la temperatura iniziale dell'acqua più fredda.

[5 °C]

60 ★★☆ In una vasca da bagno viene miscelata acqua a 49 °C con acqua a 10 °C. Alla fine la vasca contiene 180 kg di acqua a 36 °C. Trascura la dispersione di calore tra l'acqua e l'ambiente circostante.

▶ Calcola le masse dell'acqua a 49 °C e dell'acqua a 10 °C messe nella vasca.

[120 kg; 60 kg]

61 ★★☆ Un calorimetro, perfettamente isolato dall'ambiente esterno e di capacità termica trascurabile, contiene 4,0 kg di acqua alla temperatura di 20 °C. Inseriamo all'intero del calorimetro un oggetto caldo e attendiamo che si raggiunga la temperatura di equilibrio. Misuriamo questa temperatura e otteniamo un valore di 50 °C.

▶ Calcola il calore assorbito dall'acqua ed esprimi il risultato in calorie, in notazione scientifica e con due cifre significative.

[$1{,}2 \cdot 10^{5}$ cal]

ESERCIZI

62 ★★☆ Un calorimetro contiene 5,0 kg di acqua alla temperatura di 293 K ed è in equilibrio termico con essa. All'interno dell'acqua è inserito un disco d'acciaio di massa 2,5 kg alla temperatura di 353 K. La capacità termica del calorimetro è trascurabile e non c'è scambio di calore con l'ambiente esterno.

▶ Calcola la temperatura d'equilibrio dell'acqua e del disco.

[23 °C]

63 ★★☆ In un impianto industriale, 75 kg di un metallo con calore specifico 430 J/(kg·K) vengono riscaldati per essere forgiati. In seguito il metallo viene immerso in 710 kg di olio alla temperatura di 32 °C per indurirlo. Il calore specifico dell'olio è 2700 J/(kg·K) e la temperatura di equilibrio dell'olio e del metallo è 47 °C. Trascura qualsiasi dispersione di calore nell'ambiente.

▶ Calcola la temperatura iniziale del metallo.

[940 °C]

64 ★★☆ Un calorimetro contiene 300 g d'acqua alla temperatura di 18 °C ed è in equilibrio termico con essa. Aggiungiamo altri 200 g d'acqua alla temperatura di 74 °C. Il sistema è perfettamente isolato dall'ambiente esterno e raggiunge l'equilibrio termico alla temperatura di 38 °C.

▶ Calcola il calore ceduto dalla massa d'acqua calda.

▶ Calcola il calore assorbito dal calorimetro.

[$-3{,}0 \cdot 10^4$ J; $5{,}0 \cdot 10^3$ J]

65 ★★☆ Un calorimetro di capacità termica trascurabile contiene 300 g di acqua e un cilindro di vetro di 200 g. Inizialmente l'acqua e il cilindro si trovano alla temperatura di 22 °C. Un oggetto di materiale sconosciuto, con una massa di 96,8 g, viene riscaldato fino a 100 °C e poi inserito nel calorimetro. Il sistema raggiunge la temperatura di equilibrio di 24 °C senza scambiare energia con l'ambiente esterno.

▶ Determina il calore specifico del materiale incognito. Di quale materiale potrebbe trattarsi?

[390 J/(kg · K)]

66 ★★☆ All'interno di un calorimetro, una sfera di ferro si trova in equilibrio termico con 200 g d'acqua, alla temperatura di 20 °C. Un oggetto di rame con una massa di 100 g viene riscaldato fino a 100 °C e poi immerso in acqua. Il sistema raggiunge la temperatura di equilibrio di 22 °C e il calorimetro assorbe una quantità di calore pari a 239 cal.

▶ Determina la massa della sfera di ferro.

[380 g]

67 ★★☆ Un oggetto di vetro si trova in equilibrio termico con 100 g d'acqua all'interno di un calorimetro, alla temperatura di 25 °C. Un pezzo di piombo con una massa di 200 g viene riscaldato fino a 150 °C e poi inserito nel calorimetro. Mentre il sistema raggiunge la temperatura di equilibrio di 28 °C, il calorimetro assorbe 400 J di calore mentre 610 J di calore si disperdono nell'ambiente circostante.

▶ Determina la massa del vetro.

[340 g]

7 CALORE E CAMBIAMENTI DI STATO

68 ★☆☆ Un recipiente contiene 15 kg di ghiaccio a 0 °C. Il ghiaccio fonde completamente trasformandosi in acqua.

▶ Calcola il calore assorbito dal ghiaccio.

[$5{,}0 \cdot 10^6$ J]

69 ★☆☆ **UN DATO IN PIÙ**

L'azoto è molto utilizzato nei sistemi criogenici (cioè nei sistemi che producono e sfruttano temperature bassissime) perché solidifica a una temperatura di −210 °C. Una certa massa di azoto si trova in forma liquida alla temperatura di solidificazione. Perché diventi solida, bisogna sottrarre 6140 cal di calore.

▶ Calcola la massa dell'azoto.

[1,0 kg]

70 ★☆☆ Una sostanza ignota di massa 2,0 kg, che si trova a una temperatura di 78,3 °C, cambia stato passando allo stato gassoso se forniamo 408 504 cal di calore.

▶ Determina il calore latente di vaporizzazione di questa sostanza. Di quale sostanza potrebbe trattarsi?

[$8{,}5 \cdot 10^5$ J/kg]

71 ★☆☆ In un recipiente ci sono 12 cubetti di benzene alla temperatura di 5,5 °C. Ogni cubetto ha una massa di 10 g.

▶ Calcola il calore necessario per scioglierli tutti.

[$1{,}5 \cdot 10^4$ J]

72 ★★☆ Un calorimetro perfettamente isolato contiene 440 g di piombo alla temperatura di 25 °C. Il piombo è riscaldato fino a fonderlo completamente.

▶ Calcola l'energia totale richiesta per fondere il piombo.

[$2{,}7 \cdot 10^4$ J]

73 ★★☆ Un recipiente contiene 500 g di benzene allo stato solido alla temperatura di 5,5 °C. Inseriamo il recipiente all'interno di un fornetto che scalda il benzene con una potenza di 630 W.

▶ Determina il tempo necessario per sciogliere completamente il benzene.

[100 s]

74 ★★☆ **LEGGI IL GRAFICO**

Il grafico rappresenta l'andamento della temperatura T di una quantità di ghiaccio, dallo stato iniziale (punto A) allo stato finale (punto D), al variare della quantità di calore Q ricevuta.

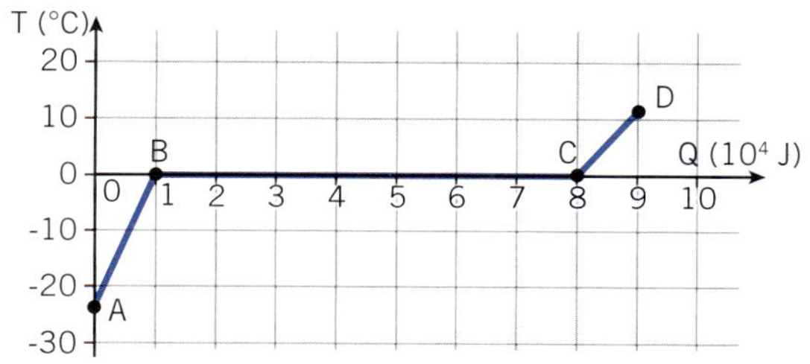

- Calcola la massa del ghiaccio.
- Calcola la temperatura iniziale e la temperatura finale.

[210 g; −24 °C ; 11 °C]

75 ★★☆ Un pezzo di alluminio di massa 0,45 kg si trova alla temperatura di 130 °C e viene riscaldato fino a farlo fondere. La temperatura di fusione dell'alluminio è 660 °C e il suo calore latente di fusione è $4{,}0 \cdot 10^5$ J/K.

- Calcola il calore assorbito dal pezzo di alluminio.

[$3{,}9 \cdot 10^5$ J]

76 ★★☆ Un blocco di ghiaccio di 10 kg alla temperatura di −10 °C assorbe $4{,}11 \cdot 10^6$ J.

- Calcola la temperatura finale.

[13 °C]

77 ★★☆ **LEGGI IL GRAFICO**

In un contenitore perfettamente isolante e di capacità termica trascurabile sono inseriti del benzene allo stato solido e 1,0 kg di benzene allo stato liquido. Il grafico rappresenta l'andamento della temperatura T del benzene solido in rosso e del benzene liquido in blu, al variare del modulo $|Q|$ del calore che si scambiano.

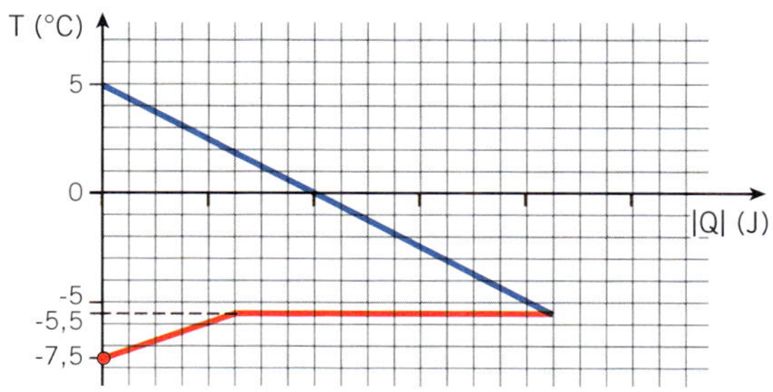

- Qual è la temperatura d'equilibrio?
- Calcola il calore assorbito dal benzene solido per raggiungere l'equilibrio termico.

[−5,5 °C; $1{,}8 \cdot 10^4$ J]

78 ★★☆ Un calorimetro è riempito con acqua e ghiaccio. La massa dell'acqua è di 0,40 kg mentre la massa del ghiaccio è di 0,30 kg. La temperatura iniziale dell'acqua è di 22 °C mentre quella del ghiaccio è di −8,0 °C.

- Quanto ghiaccio è presente all'equilibrio termico?
- Rappresenta in un grafico la temperatura della massa di ghiaccio e della massa d'acqua in funzione del modulo del calore $|Q|$.

[200 g]

79 ★★☆ **QUANTI SU 100?**

Un calorimetro perfettamente isolato e di capacità termica trascurabile contiene 480 g di acqua liquida a 25 °C, alla quale sono aggiunti 300 g di ghiaccio a cubetti alla temperatura di 0 °C. Raggiunta la temperatura di equilibrio osserviamo che all'interno del calorimetro ci sono ancora cubetti di ghiaccio.

- Calcola la percentuale di ghiaccio fuso rispetto al ghiaccio solido.

[50%]

80 ★★☆ Una certa quantità di azoto liquido bolle in un contenitore a −195,8 °C. Una moneta d'argento di massa $1{,}5 \cdot 10^{-2}$ kg e temperatura 25 °C viene lanciata nel contenitore.

- Quanto azoto evapora?

[$3{,}9 \cdot 10^{-3}$ kg]

81 ★★☆ Un calorimetro contiene 1 kg di acqua liquida alla temperatura di 28 °C e 100 g di ghiaccio alla temperatura di −20 °C. La capacità termica del calorimetro e lo scambio di calore con l'ambiente sono trascurabili.

- Determina la temperatura d'equilibrio.

[19 °C]

82 ★★☆ Un blocco di rame di massa 145 g alla temperatura iniziale di 905 °C viene fuso completamente fino a raggiungere una temperatura finale di 1500 °C.

- Determina l'energia totale fornita al rame.
- Rappresenta in un grafico temperatura-calore il processo descritto.

[$6{,}3 \cdot 10^4$ J]

83 ★★☆ Una sostanza sconosciuta ha il suo punto di fusione-solidificazione a −25 °C. Nella fase liquida ha un calore specifico di 160 J/(kg · °C). Un calorimetro di alluminio, di massa 150 g, contiene 0,10 kg di glicerina, a cui vengono aggiunti 100 g della sostanza sconosciuta alla temperatura di −25 °C. La temperatura iniziale del calorimetro e della glicerina è di 27 °C, la temperatura finale di equilibrio è di 20 °C. Supponiamo che il calorimetro non scambi calore con l'esterno.

- Calcola il calore latente di fusione della sostanza.

[$1{,}9 \cdot 10^4$ J/kg]

84 ★★★ Un proiettile di piombo alla temperatura di 30 °C si muove con un'energia cinetica uguale all'energia necessaria per fonderlo.

- Calcola la velocità del proiettile.

[$3{,}5 \cdot 10^2$ m/s]

85 ★★★ In un contenitore perfettamente isolato sono immessi ghiaccio a −10 °C e vapore a 130 °C. Il calore specifico del vapore è 2020 J/(kg · K). All'equilibrio termico nel contenitore si trova acqua a 50 °C. Trascura la capacità termica del contenitore.

▶ Calcola il rapporto tra la massa del ghiaccio e quella del vapore presenti all'inizio nel contenitore.

[4,5]

8 LA TRASMISSIONE DEL CALORE

86 ★★★ Una sbarra di ferro, di lunghezza 1,0 m e sezione trasversale $5 \cdot 10^{-4}$ m^2, ha un estremo alla temperatura di 300 K e l'altro alla temperatura di 600 K. Trascura le dispersioni di calore lungo la superficie laterale.

▶ Calcola il calore trasmesso attraverso la sbarra in 2 minuti.

[$1{,}4 \cdot 10^3$ J]

87 ★★★ Un cilindro di alluminio, di sezione circolare $4 \cdot 10^{-3}$ m^2, ha un estremo a 70 °C e l'altro a −70 °C. Il calore trasmesso in 5 minuti è 5000 cal. Il cilindro è isolato termicamente lungo la superficie laterale.

▶ Determina la lunghezza del cilindro.

[1,9 m]

88 ★★★ Il pilastro in cemento di un ponte è alto 10 m e ha una sezione di base di 1,0 m^2. Il pilastro ha un'estremità immersa nell'acqua di un fiume e l'altra in aria. In 1 ora fluisce attraverso il pilastro una quantità di calore pari a 3960 J. Trascura la dispersione di calore attraverso la superficie laterale del pilastro.

▶ Determina la differenza di temperatura tra le due estremità del pilastro.

[10 °C]

89 ★★★ Il componente di un circuito elettrico è lungo 1,0 cm e ha una sezione trasversale di $1{,}0 \cdot 10^{-5}$ m^2. Durante il funzionamento, le estremità si trovano a una differenza di temperatura di 25 K. In 400 s fluiscono 3900 J di calore da una estremità all'altra del componente.

▶ Calcola la conducibilità termica del componente. Di che materiale potrebbe essere costituito?

[390 J/(s · m · K)]

90 ★★★ Un muro largo 5,0 m e alto 3,0 m è costituito da un materiale isolante con conducibilità termica 0,080 J/(s · m · K). La temperatura ambientale esterna è di −5,0 °C mentre la temperatura interna è di 25 °C.

▶ Determina quale spessore deve avere il muro affinché si disperdano 100 J di calore al secondo.

[36 cm]

91 ★★★ Un frigorifero con una superficie di 5,3 m^2 è rivestito da uno strato di materiale isolante con conducibilità termica pari a 0,030 J/(s · m · K) e spessore di 7,5 cm. La temperatura all'interno del frigo è tenuta costante a 5,0 °C, mentre all'esterno la temperatura ambientale è di 25 °C.

▶ Quanto calore deve essere sottratto dall'interno del frigorifero affinché la temperatura interna rimanga costante?

[42 J/s]

92 ★★★ Il filamento di una lampadina irraggia a una temperatura di 3000 °C con una potenza di 60 W. L'emissività del filamento è pari a 0,36.

▶ Calcola l'area della superficie del filamento.

[$2{,}6 \cdot 10^{-5}$ m^2]

93 ★★★ Marco ha una leggera febbre, infatti ha una temperatura corporea di 37 °C. Possiamo approssimare la sua superficie corporea a 2,0 m^2.

▶ Calcola la potenza persa per irraggiamento considerando Marco un corpo nero perfetto.

[$1{,}0 \cdot 10^3$ W]

94 ★★★ Si vuole misurare l'emissività di un certo materiale. A questo scopo si usa un cubo del materiale, di lato 10 cm, portandolo alla temperatura di 1000 K. A questa temperatura il cubo irraggia 100 cal ogni secondo.

▶ Calcola l'emissività di questo materiale.

[0,12]

95 ★★★ Un estremo di una sbarra di ottone è mantenuto alla temperatura di 319 °C, mentre l'altro estremo si trova a una temperatura più bassa, ma sempre costante. La sbarra ha una sezione di $2{,}6 \cdot 10^{-4}$ m^2. La quantità di calore disperso attraverso le superfici laterali della sbarra, che sono isolate termicamente, è trascurabile, mentre attraverso la sbarra fluisce un tasso di 3,6 J/s di calore.

▶ Calcola la temperatura in un punto della sbarra distante 15 cm dall'altro estremo caldo.

[300 °C]

96 ★★★ Gli estremi di una barra sottile sono mantenuti a temperature diverse. La temperatura dell'estremo più freddo è di 11 °C; mentre l'estremo caldo ha una temperatura di 48 °C. In un punto distante 13 cm dall'estremo più caldo la temperatura è 23 °C. Il calore fluisce solo lungo la sbarra, poiché le superfici laterali sono isolate termicamente.

▶ Determina la lunghezza della barra.

[40 cm]

97 ★★★ Due lastre metalliche di spessore 3,2 cm e superficie quadrata di lato 78 cm sono poste l'una sull'altra. Quella superiore è di rame ed è a contatto con l'ambiente in cui ci sono 20 °C, quella inferiore è di ferro ed è a contatto con una sorgente di calore a temperatura 120 °C.

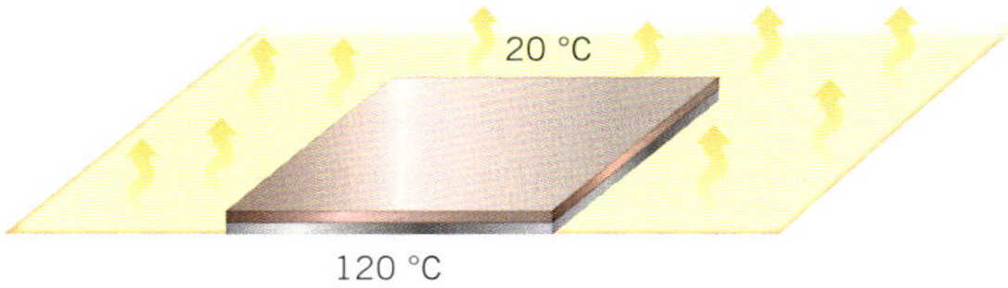

▶ Determina la temperatura delle due superfici delle lastre che sono a contatto tra loro.

▶ Calcola quanto calore si propaga attraverso le lastre ogni secondo.

[37 °C; $1{,}2 \cdot 10^5$ J]

98 ★★★ Il Sole irraggia $3{,}9 \cdot 10^{26}$ J ogni secondo. Supponi che il Sole sia un corpo nero di forma sferica con un raggio di $6{,}96 \cdot 10^8$ m.

▶ Calcola la sua temperatura superficiale in kelvin.

[5800 K]

PROBLEMI FINALI

99 ★★★ I pannelli solari dell'impianto di una casa ricevono dal Sole $1{,}8 \cdot 10^4$ J di calore ogni secondo e usano l'80% di questo calore per riscaldare 495 kg di acqua che all'inizio è alla temperatura di 12 °C.

▶ Calcola la temperatura dell'acqua dopo 1 ora di funzionamento.

[37 °C]

100 ★★★ Se una civiltà aliena si fosse sviluppata su Titano, la più grande luna di Saturno, i suoi scienziati avrebbero proposto una scala di temperatura basata sulle proprietà del metano, che su Titano è molto più abbondante dell'acqua. Poiché su Titano il metano solidifica a −182,6 °C e bolle a −155,2 °C, gli scienziati di Titano avrebbero potuto fissare a 0 °M (gradi-metano) la temperatura a cui il metano diventa solido e a 100 °M la temperatura a cui il metano bolle.

▶ A quanti gradi-metano corrispondono 85 °C?

▶ Rappresenta in un grafico la scala gradi-metano in funzione dei gradi Celsius.

[980 °M]

101 ★★★ La temperatura di una sfera piena di alluminio, di volume di 4,2 cm^3, aumenta di 300 °C.

▶ Determina di quanto varia il raggio della sfera.

▶ Se la sfera fosse stata cava, la dilatazione del raggio sarebbe stata la stessa?

[$6{,}9 \cdot 10^{-3}$ cm]

102 ★★★ **QUANTI SU 100?**

Come mostra la figura, due strisce sottili di metallo, alla stessa temperatura, sono bloccate insieme a un estremo. Una striscia è di acciaio, mentre l'altra è di alluminio. La striscia di acciaio è più lunga di quella di alluminio dello 0,10%.

▶ Di quanto deve aumentare la temperatura perché le due strisce abbiano la stessa lunghezza?

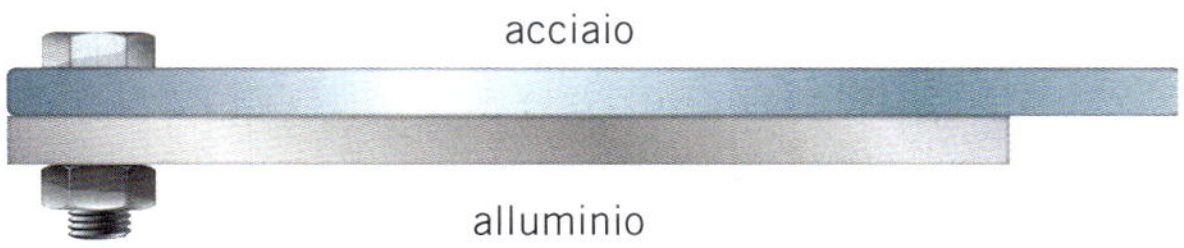

[91 °C]

103 ★★★ All'interno di un calorimetro viene inserito un cubo di rame. Scaldiamo il rame fino a raggiungere la temperatura di fusione. A questa temperatura il rame ha aumentato il suo volume di 1,2 cm^3.

▶ Determina il lato del cubo di rame alla temperatura iniziale di 10 °C.

▶ Calcola il calore necessario per fondere il cubo di rame a partire dalla temperatura iniziale di 10 °C.

[2,8 cm; $1{,}2 \cdot 10^5$ J]

104 ★★★ Un calorimetro contiene 120 cm^3 di acqua a 50 °C. Per raffreddare l'acqua si inseriscono 10 g di ghiaccio a 0 °C, che si fonde completamente.

▶ Determina la temperatura finale del sistema.

[40 °C]

105 ★★★ Una pietra di massa 200 g cade da ferma da un'altezza di 15 m e finisce in un secchio d'acqua che contiene 350 g di acqua. La pietra e l'acqua sono alla stessa temperatura. Il calore specifico della pietra è 1840 J/(kg · °C). Assumi che l'energia meccanica persa dalla pietra si trasformi in energia termica e trascura il calore assorbito dal secchio.

▶ Calcola l'aumento di temperatura della pietra e dell'acqua.

[0,016 °C]

106 ★★★ Lo Space Shuttle è stato un sistema di lancio spaziale riutilizzabile, usato dalla NASA tra il 1981 e il 2011. La superficie di base esterna dello Shuttle era rivestita con 7000 piastrelle a bassissima conducibilità termica 0,065 J/(s · m · K) che formavano uno scudo termico. Questo scudo termico permetteva allo Shuttle di rientrare in sicurezza nell'atmosfera terrestre senza bruciare. La temperatura esterna allo Shuttle durante il rientro in atmosfera era di circa 1180 °C, mentre la temperatura interna era di 20 °C. Le piastrelle sono di forma quadrata, di lato 15 cm e spessore variabile a seconda della posizione.

▶ Determina quanto calore fluisce ogni secondo durante il rientro attraverso una piastrella di spessore 4,0 cm.

[42 J/s]

107 Su 180 g di oro fuso, che si trova alla temperatura di fusione di 1063 °C, viene spruzzata acqua a 23 °C. L'acqua si trasforma in vapore a 100 °C e l'oro solidifica senza cambiare temperatura.

▶ Calcola la quantità di acqua spruzzata sull'oro.

[$4,4 \cdot 10^{-3}$ kg]

108 Un iceberg ha un volume pari a $9,66 \cdot 10^{11}$ m^3 e temperatura pari a 0 °C. La densità del ghiaccio è 917 kg/m^3.

▶ Quanto calore bisognerebbe fornire all'iceberg per fonderlo completamente?

▶ Nel 1994 il consumo di energia degli Stati Uniti è stato di $9,3 \cdot 10^{19}$ J. Se questa quantità di energia fosse ceduta ogni anno all'iceberg, quanto tempo servirebbe per fonderlo tutto?

[$3,0 \cdot 10^{20}$ J; 3,2 anni]

109 Una barra di alluminio di 200 g alla temperatura di −155 °C viene immersa in 1,5 kg di acqua a 3,0 °C. La temperatura di equilibrio è 0 °C. Trascura le dispersioni di calore.

▶ Calcola la massa di ghiaccio presente all'equilibrio.

[0,027 kg]

110 Un meteorite di 0,10 kg è costituito da ferro e nichel con calore specifico di 110 cal/(kg · °C), temperatura di fusione di 1500 °C e calore latente di fusione di 30 kcal/kg. Il meteorite entra nell'atmosfera terrestre a una temperatura di 80 K.

▶ Supponi che l'energia cinetica del meteorite sia uguale all'energia necessaria per fonderlo e calcola la velocità del meteorite.

[1300 m/s]

111 Una persona indossa un abito di lana, con una superficie di 1,6 m^2 e uno spessore di $2,0 \cdot 10^{-3}$ m. La temperatura all'esterno dell'abito è di 11 °C, mentre la temperatura della pelle è di 36 °C.

▶ Quanto calore perde per conduzione ogni secondo questa persona?

[$8,0 \cdot 10^{2}$ J/s]

112 Uno scaldabagno consuma energia con una potenza di 1,0 kW per riscaldare un volume d'acqua di 50 L dalla temperatura di 13 °C alla temperatura di 53 °C. Trascura le dispersioni di energia.

▶ Calcola il tempo necessario per riscaldare l'acqua.

[2,3 ore]

113 Una lamina di rame è utilizzata per dissipare calore all'interno di un computer. La lamina ha una superficie di 250 cm^2 e un'emissività di 0,58. Dopo molte ore di utilizzo del computer, la lamina raggiunge una temperatura di 90 °C mentre l'ambiente circostante è a una temperatura di 22 °C.

▶ Determina la quantità di calore emessa per irraggiamento dalla lamina in 1 ora di funzionamento del computer.

[$2,9 \cdot 10^{4}$ J]

114 È possibile stimare il raggio di una stella lontana misurando la sua temperatura superficiale e supponendo che sia un emettitore perfetto (emissività uguale a 1). Studiando con i telescopi la stella Sirio, la stella più brillante del cielo, si ottiene una temperatura superficiale di 9940 K e una potenza di irraggiamento di $1,2 \cdot 10^{28}$ W.

▶ Determina il raggio della stella.

[$1,3 \cdot 10^{6}$ km]

115 Una persona mangia un dolce da 260 Cal. La temperatura della persona è di 36 °C, quella dell'ambiente in cui si muove è di 21 °C. La pelle ha un potere emissivo di 0,75 e un'estensione superficiale di 1,3 m^2.

▶ Quanto tempo occorre perché possa emettere dal suo corpo un'energia radiante netta uguale all'energia contenuta nel dolce che sta mangiando?

[$1,2 \cdot 10^{4}$ s]

116 Due termometri identici di vetro Pyrex contengono volumi identici, rispettivamente, di mercurio e di alcol metilico. La dilatazione del vetro non è trascurabile. A causa dei diversi coefficienti di dilatazione del mercurio e dell'alcol metilico, le scale di misurazione sui due termometri sono differenti.

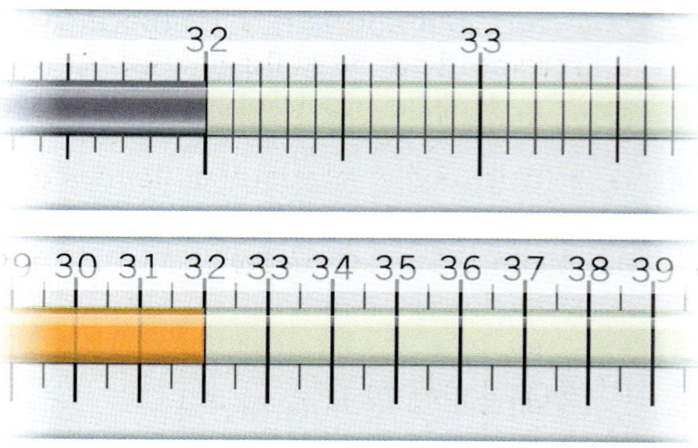

▶ Calcola il rapporto tra le scale del termometro ad alcol e di quello a mercurio.

[6,9]

117 Due barre cilindriche hanno la stessa massa: una è di argento (densità = 10 500 kg/m^3), mentre l'altra è di ferro (densità = 7860 kg/m^3). Se ai loro estremi viene mantenuta la stessa differenza di temperatura, entrambe conducono la stessa quantità di calore ogni secondo.

▶ Qual è il rapporto (argento/ferro) tra le lunghezze delle due barre e tra i loro raggi?

[2; 0,61]

118 ★★★ Una parete è costituita da tre strati di materiali da costruzione: intonaco (conducibilità $k_i = 0{,}30$ J/ (s · m · °C)), mattone (conducibilità $k_m = 0{,}60$ J/ (s · m · °C) e legno (conducibilità $k_l = 0{,}10$ J/(s · m · °C)). La temperatura esterna è 0 °C, la temperatura interna è 27 °C. I tre strati hanno lo stesso spessore.

▸ Calcola la temperatura dell'interfaccia intonaco-mattone e dell'interfaccia mattone-legno.

[21 °C ; 18 °C]

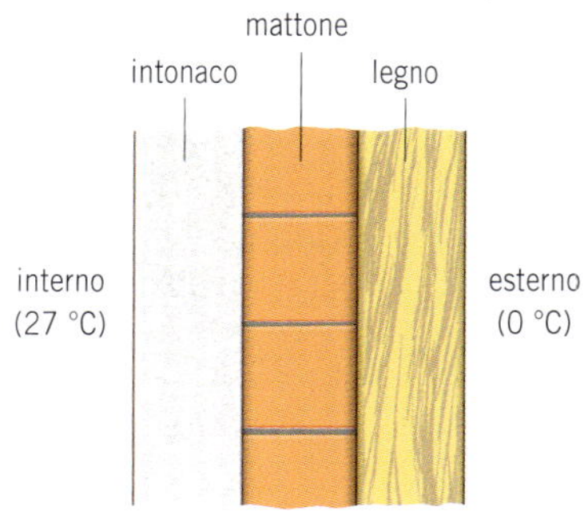

TEST

1 Un foro circolare in una lastra di alluminio (coefficiente di dilatazione lineare = $23 \cdot 10^{-6}\,K^{-1}$) ha il diametro di 2,725 cm a 0 °C. Qual è il diametro del foro a 100 °C.

A 2,757 cm
B 2,731 cm
C 2,728 cm
D 2,735 cm

2 Cinque oggetti sono fatti, rispettivamente, di piombo, argento, tungsteno, rame e cromo; hanno tutti massa di 10 g e sono alla temperatura di 20 °C. Se a ogni oggetto vengono forniti 100 J di calore, quale di essi alla fine avrà la temperatura più bassa?

A Il piombo, dato che presenta il calore di fusione più basso.
B L'argento, dato che ha la conducibilità termica più alta.
C Il tungsteno, dato che ha il calore di vaporizzazione più alto.
D Il rame, dato che ha il calore specifico più alto.
E Il cromo, dato che ha il calore specifico più basso.

Olimpiadi della fisica, 2008

3 Il coefficiente di dilatazione cubica dell'oro è pari a $4{,}20 \cdot 10^{-5}\,K^{-1}$. La densità dell'oro è 19 300 kg/m³ a 0,0 °C. Qual è la densità dell'oro a 1050 °C?

A 20 200 kg/m³
B 19 300 kg/m³
C 19 000 kg/m³
D 18 500 kg/m³

4 L'azoto liquido alla pressione di 1 atm bolle alla temperatura di −195,82 °C, cioè a:

A −195,82 K
B 77,33 K
C 195,82 K
D 468,97 K

5 Sulla lattina di una bibita dietetica c'è scritto «Contiene solo 1,5 kilocalorie». A quanti joule corrispondono?

A $6{,}3 \cdot 10^3$ J
B 6,3 J
C $1{,}5 \cdot 10^3$ J
D 0,36 J

6 Si sottraggono 560 cal da 1,0 g di vapore acqueo a 100 °C. Qual è la temperatura finale dell'acqua?

A 20 °C
B 80 °C
C 96 °C
D 99 °C

7 Una rotaia di acciaio è lunga 1,0 km (coefficiente di dilatazione lineare = $12 \cdot 10^{-6}\,K^{-1}$). Di quanto si allunga se la sua temperatura passa da −10 °C a 30 °C?

A 0,62 cm
B 24 cm
C 48 cm
D 480 cm

8 In un recipiente aperto all'aria è in ebollizione 1 kg di acqua. Vi si inserisce un campione di 0,5 kg di piombo a 250 °C. Per effetto di questo inserimento, come cambiano le temperature delle due sostanze?

A La temperatura dell'acqua diminuisce e quella del piombo rimane invariata.
B La temperatura dell'acqua aumenta e quella del piombo rimane invariata.
C La temperatura dell'acqua rimane invariata e quella del piombo diminuisce.
D La temperatura dell'acqua aumenta e quella del piombo diminuisce.
E La temperatura dell'acqua rimane invariata e quella del piombo aumenta.

Olimpiadi della Fisica, 2010

9 Gli estremi di una sbarra di ferro sono mantenuti a temperature differenti. Il flusso di calore lungo la sbarra non dipende da:

A la lunghezza della sbarra.
B la massa della sbarra.
C la conducibilità termica del ferro.
D la differenza di temperatura fra gli estremi.

10 Un blocco di ghiaccio della massa di 0,5 kg alla temperatura di 0 °C viene trasformato a pressione atmosferica in acqua alla temperatura finale di 10 °C. Il blocco richiede un dispendio energetico di 188 kJ per apportare tale trasformazione. Calcolare il calore latente specifico di fusione del ghiaccio. [capacità termica specifica espressa in kJ/(kg·K): ghiaccio 2,12; acqua 4,18]

A 376
B 167
C 334
D 355
E 372

Test di ingresso a Medicina e Odontoiatria, 2013

ESERCIZI

SEI PRONTO PER LA VERIFICA?

IN UN'ORA

10/100 **Problema 1**

Un bollitore di rame contiene acqua a 24 °C. Quando l'acqua viene scaldata fino al suo punto di ebollizione, il bollitore si dilata di $1{,}2 \cdot 10^{-5}$ m^3.

▶ Calcola il suo volume a 24 °C. [$3{,}1 \cdot 10^{-3}$ m^3]

10/100 **Problema 2**

Su un barattolo riempito per metà di acqua bollente viene avvitato un coperchio. Quando il barattolo raggiunge la temperatura ambiente è molto difficile svitare il coperchio. Perché?

10/100 **Problema 3**

Il parabrezza di un'auto è coperto di ghiaccio a −12 °C. Il ghiaccio ha uno spessore di $4{,}50 \cdot 10^{-4}$ m e il parabrezza ha una superficie di 1,25 m^2. La densità del ghiaccio è 917 kg/m^3.

▶ Quanto calore occorre per fonderlo? [$1{,}85 \cdot 10^5$ J]

10/100 **Problema 4**

Un bollitore di rame (coefficiente di dilatazione volumica pari a $5{,}1 \cdot 10^{-6}$ °C^{-1}) contiene acqua a 24 °C. Quando l'acqua viene scaldata fino al suo punto di ebollizione, il bollitore si dilata di $1{,}2 \cdot 10^{-5}$ m^3.

▶ Calcola il suo volume a 24 °C. [$3{,}1 \cdot 10^{-3}$ m^3]

Problema 5

Elisa e Fabrizio fanno un esperimento nel laboratorio della loro scuola per determinare il coefficiente di dilatazione volumica di un particolare tipo di alcol. L'aumento di volume è di solito difficile da misurare perché aumenta di volume anche il contenitore in cui si trova il liquido. Per superare questa difficoltà Elisa e Fabrizio usano il dispositivo schematizzato nella figura a fianco.

L'alcol viene versato nel tubo a U. La sua colonna di sinistra è mantenuta a 0 °C immergendola in un bagno di acqua e ghiaccio a 0 °C e ha densità d_0; la colonna di destra è in contatto con acqua alla temperatura T desiderata e l'alcol ha densità d diversa da d_0.

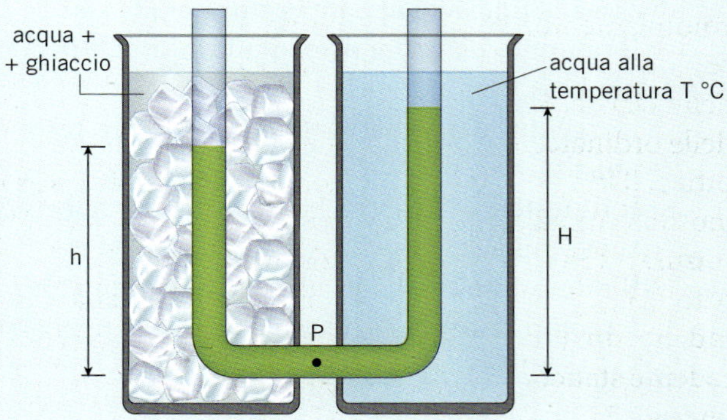

16/100 **A** Mostra che tra le due densità d e d_0 dell'alcol sussiste la relazione $d = \frac{h}{H} d_0$ attraverso la quale è possibile misurare la densità dell'alcol. La colonna di destra del tubo a U si dilata a causa della temperatura maggiore? Se sì, la dilatazione ha effetto sulla misura della densità dell'alcol?

14/100 **B** Il volume di un liquido dipende dalla variazione di temperatura secondo la legge $V = V_0(1 + \beta\Delta T)$. Di conseguenza, anche la densità del liquido dipende dalla temperatura. Dimostra che la legge che descrive la relazione tra la densità e la variazione di temperatura è:

$$d = \frac{d_0}{1 + \beta\Delta T}$$

14/100 **C** Dimostra che dalle due relazioni ottenute per la densità nei quesiti precedenti si ottiene:

$$\beta = \frac{1}{T}\left(\frac{H}{h} - 1\right)$$

16/100 **D** Elisa e Fabrizio misurano la temperatura T dell'acqua a destra e le altezze H e h ottenendo:

$T = (50{,}0 \pm 0{,}1)$ °C, $H = (37{,}0 \pm 0{,}1)$ cm, $h = (35{,}0 \pm 0{,}1)$ cm

Determina il valore attendibile del coefficiente di dilatazione volumica e la sua incertezza assoluta.

[$(1143 \cdot 10^{-6} \pm 9 \cdot 10^{-6})$ K^{-1}]

.../100

Indice analitico